心理学译丛

学术系列

PSYCHOLOGY TRANSLATION SERIES

主 编 许金声

性、生态、灵性

SEX, ECOLOGY, SPIRITUALITY

[美] 肯·威尔伯 著 李 明 等译

Ken Wilber

中国人民大学出版社

·北京·

目　录

导言

真是难以置信，世界上的事物——万事万物——就这样产生了：起初 vii
是一片虚空，随着创世大爆炸的轰然巨响，万物就成了眼前的样子。这真是不可思议！

“为什么万物共在，而不是一切皆空?”谢林（Schelling）的提问引起了热烈的讨论。关于这个问题的答案一般有两种。其中一种答案也许可以称为“哎呀”（oops）哲学：宇宙本来就是这样，并没有什么原因，完全是偶然的、随机的，它本来如此，它只是产生了而已——“哎呀”这种哲学有时候显得精于世故，老气横秋。它现在有各种各样的名目，从实证主义到科学唯物主义，从语言分析到历史唯物主义，从自然主义到经验主义——它们最终往往都会提供这样一个基本的答案，那就是“别问为什么”。

“万物的根源是什么？我为什么会在这儿?”据他们说，这些问题本身令人费解、不合情理、没有意义，而且幼稚可笑。他们认为，不再问这样愚蠢、糊涂的问题才是成熟的标志，是在这个宇宙中长大成人的标志。

我认为不是这么回事。我觉得这些“现代而且成熟”的学科所给出的“答案”，即“哎呀”哲学（进而“别问为什么”），是目前人类的状态所能给出的最幼稚的回答。

另一个常见的答案就是存在另外一个运动过程：在戏剧性的偶然事件的背后，存在更深、更高、更广的模式、秩序和智慧。当然，这些“深层的秩序”有各种各样的名称，包括道（Tao）、神（God）、精神（Geist）、真理正义之神（Maat）、原型（Archetypal Forms）、理性（Reason）、理（Li）、摩诃摩耶夫人（Mahamaya）、波罗门（Brahman）、无相（Rigpa）等。尽管深层的秩序名称各异，在许多问题上也有分歧，但是都赞同一点：宇宙并不是像它所表现出来的那样，而是另外还有别的什么在操纵着天地运转，远非“哎呀”所能解释……

本书关注的正是“‘哎呀’以外的东西”，探索可能存在的深层秩序。 viii
我们将谈到进化、宗教以及处于其间的方方面面。它是关于宇宙、生命、心灵和神的一部简史，既像痴人说梦，又如狮子怒吼，仿佛一无所说，但又一无所漏。

这是一本关于全子——“永远是另一个整体的一部分的”整体的书。原子本身是整体，但同时又是分子的组成部分；分子本身是整体，但同时又是细胞的一个组成部分；细胞本身是整体，但同时又是生物体的组成部分，以此类推，每一个“整体”同时又是一个“部分”，即一个“整体/部分”，也就是全子。实在不是由物体、过程、整体或者部分构成的，而是由“整体/部分”，即全子构成的。我们将要领略的是宇宙中的全子、生命中的全子、心灵中的全子、神中的全子；我们将领略进化的脉络，这是它们的经纬、它们的体现，它们包含于其中，没有止境。

本书的前几章讨论了在物质宇宙（物质）和生物层面（生命）中的全子。这是自然科学、生态科学、生命科学、系统科学的基本研究领域，我们会对它们逐一进行仔细的探讨。目前不但生态危机降临地球，对人类进行报复，而且有很多运动发现灵性和生态非但不是风马牛不相及，而且息息相关：从深度生态学到生态女性主义，它们的意义都将成为我们讨论的内容。

本书中间的几章探讨了心智、精神或者人类层面（noosphere）的产生，以及组成精神本身的全子（构成心智的单元只有在背景中才有意义：整体是其他整体的部分，以至无穷）。这些精神全子与其他全子一样，沿着历史的长河发生、发展。在这里，心智与意识的进化过程一一呈现于我们眼前，它们与物质宇宙层面和生物层面中的全子的联系也尽收眼底。

最后的几章内容讨论神（theos）、神的领域（Divine Domain）以及深层秩序的问题，包括它们与物质宇宙、生物层面和人类层面的关系。我想在这里读者会有些意想不到的收获。

本书是一套丛书的第一部（整套丛书共三部，称为“宇宙三部曲”，简单地说就是“大宇宙”，在本书中也贯穿了另外两部书的简短提要）。本书提出的很多问题在后两部书中将有进一步的阐释。就某种意义而言，本书是总述和导论，而不是结论。

还有一点需要说明。这本书的基本思路可以称为“定向推演”（Orien-
ix ting generalizations）。举例来说：在道德发展的研究领域，不是每个人都同意科尔伯格（Lawrence Kohlberg）提出的七个道德阶段，卡罗尔·吉利根（Carol Gilligan）改造过的道德发展七阶段说也没有得到公认。但其中至少有三个道德阶段得到了广泛认同，即人刚出生时无道德体系可言（前习俗阶段）；然后学而知之——向别人学习，也向自己学习——这些学到的道德观念体现了一个人所处社会的基本价值观念（习俗阶段）；进一步成长后，人开始反思社会规范，逐渐开始与道德规范保持一定距离，从而开始有能力去评价和改造它（从某种程度上说，此刻已经达到后习俗阶段了）。

尽管关于道德发展的具体细节和准确含义仍然存在很多争议，但人们对整个道德发展过程已经有了一个基本的共识：大致的三个阶段确实存在，而且具有普遍性。这就是定向推演：获得大量基本认识之后，尽管无法确定具体有多少棵树，但森林的位置终究还是可以确定下来了。

我认为，从各门类的知识领域中（包括物理学、生物学、心理学到神学），提取出一些已经得到广泛认可的定位推演材料，把它们串联起来，我们就可以得到极其深刻的结论，令人叹为观止。尽管我们用的还是那些已经得到广泛认可的平常知识，但我们得到的成果却是绝妙的。知识的珠玉已在，我们只需拿起手中的丝线，就可以将它们串成璀璨的项链。

这三部书就是要尝试串成这样一条项链。成功与否已不重要，就算一事无成，我想这也是一次有意义的尝试：告诉人们这样的工作在今天的后现代社会中可以怎么做。在广泛定向推演的基础上，这三部书描绘了一幅男人和女人有关宇宙、人生以及精神之间的关系的宏伟地图。这幅地图中间的细节，可以依照我们的愿望来填充。但总体框架有大量理论依据，它们来自人类知识的各种分支。定向推演的工作尽管简单，但它提供了最强有力的证据。

可是，这张无所不包的地图绝对不是十全十美的，不是盖棺论定。可以说本书除了包括很多粗略的定向推演外，还讲述了上千个假说。我权且讲述这样一个故事①（因为这样比较便于阅读），但是每一句话都是可以用 X
学术的眼光来验证的。也许有不少读者会认为我所开展的研究是“形而上学”，但如果“形而上学”是指没有根据的玄思，那么在本书中找不到任何一个这样的句子。

因为本书（或整个“宇宙三部曲”）提供的宏大定向地图已经标定了人②在整个大宇宙中的位置（包括物质、生命、心智和精神），它自然会涉及当前的一些“热门”话题：从生态危机到女权主义，从现代性与后现代性的含义到性生活（sex）解放、性别（gender）解放、种族解放、阶级解放和思想解放等“解放”的本质，再到技术经济发展的本质及其与各种世界观之间的关系，以及世界范围的各种精神传统和智慧传统，它们已经对我们人在万物中的位置提供了很有说服力的暗示。

作为一个人，我们如何才能既做到完善，同时又能超越人的局限？在

---

① 此处作者强调本书对宇宙、生命、人生的宏观架构只是无数可能性中的一种，但是在呈现这一种可能性的时候要尽量说得圆满，否则读者会不知所云，所以讲述的过程可能给人一种错觉，认为本书的理论架构就是唯一的真理。——译者注

② 英文单词“man”兼有“男人”和“一般意义上的人”两层意思，存在男性中心之嫌，故作者为了表示男女平等，原文此处表述为“men and women”，直译当为男人和女人。因为中文单词“人”不存在这个问题，故单译为“人”。——译者注

这个男神和女神都已抛弃了的现代世界中，还有没有大精神的容身之地？我们为什么要以毁灭大地女神盖亚为代价，来改善自己的境况？为什么有那么多人为了得到拯救而自寻绝路？我们在大宇宙中究竟处于何种位置？作为一个整体的人，在何种意义上又是一个更大的整体的一个从属部分呢？

换句话说，人类如同大宇宙中其他的万事万物完全一样，都是全子，这意味着什么？我们处于永远超越于我们之上的那个东西的哪个位置？解放是意味着我们成为完整的自身，还是意味着从属于更大的整体——或者完全是别的东西？如果历史只是我们要从中醒来的梦魇，那么我们醒来之后将是何种天地？

最重要的事情在于，面对令人目眩的浩瀚的大宇宙，我们能够有比“哎呀”更成熟的回应吗？

在这里，我把那些已经读过本书手稿的人的意见归纳为两条，供读者参考：

首先，第一遍阅读时要跳过章末注，读第二遍时再去阅读它们（当然，前提是还想再去读第二遍）。本书特意分成两个层次：主体部分尽量做到浅显易懂，注释部分（本身就是一部小书）对准备深入探究的学者会有所裨
xi 益。无论如何，大部分注释最好留待第二遍时再读，否则就会破坏连贯性（一些读者只读注解，作为一种附录，只去了解这些信息，这也不失为一种好方法）。

其次，一句一句地读，力求理解之后再继续。有些读者急于求成，但往往不知所云。大多数读过本书的人认为，如果一次读懂一个句子，全文读起来就会很流畅，遇到的问题也会迎刃而解。很显然，尽管本书篇幅较长，但分成了精致的小块，可以像糕点一样咬着吃。读者可以一次咬一块，其味无穷。

据说，在当今的现代与后现代社会，黑暗的力量统治着我们。但我并不这么认为，在黑暗的渊薮中总有可以救命的真理。威胁真、善、美并自诩为深邃、完美的，不是黑暗的力量，而是随处可见的浅薄。这种野性十足、无所顾忌的浅薄无处不在，对我们来说不啻为一种威胁，却到处宣称是我们的救星。

也许我们已经失去了光明和高度。但更可怕的是，我们竟然连神秘感和深度、空性（emptiness）和深渊（abyss）也忘记了。在这个世界里，到处是浮华与浅薄，却有那么多“先知”谆谆相劝，要我们倒栽入跳水池的浅水端。

爱默生（Emerson）曾经说：“如果把历史看作是对人类自身的存在和变化的寓言或者说教，那么历史可能给我们带来快乐。但如果超越了这一

职能，历史便会变得粗鲁，甚至会给人带来伤害。”接下来，是一个关于你的现状和未来的寓言，一个关于空性的寓言，读来让人欣快。伴着你的每一次呼吸，空性总在发生：翕辟双运，辗转迂回，出而创造一个世界，入而把它荡平。这是一部有关你过去所做一切的编年史，一个有关你一切见闻的故事，一个昭示我们未来面貌的尺度。

第一卷

所谓“你”者，虚空乍现，短暂却灿烂，而你却对它漠不关心——究竟此为何物？你周围的一切和岩石周围的一切同样古老。数千年来，男人们历经奋斗、痛苦、繁衍生息，女人们在痛苦的喘息中生产。百年之前，权且这么假设，一个男人——或者女人——也曾经坐在这里，就像你一样，注视着冰川消失的地方，心中充满敬畏和向往。和你一样，他也是父母所生养。你能感受到痛苦与短暂的快乐，他也一样。他是别人吗？难道不正是你自己吗？你的这种自性（self）究竟是何物？

——薛定谔（Erwin Schrödinger）

第一章　生命之网

灵魂把智慧灌注到世界之中，并以永恒的运动为它奠基，于是世界获得了生命，得到神的庇护。 3

——普罗提诺（Plotinus）

这个世界真是不可思议。大约在 150 亿年以前，尚是一片彻底的虚空，然后，在不到一毫微秒的时间里，庞大的物质宇宙便轰然成形。

更令人不可思议的是，如此仓促生成的物质并非随便安排，一片混乱，而仿佛自成一种越来越复杂的组织形式。这些物质形式如此复杂，以至于数十亿年之后其中有一些找到了自我繁殖的途径，就是这样，在物质之中产生了生命。

然而，这些生命形式显然不满足于仅仅可以进行自身的繁衍（reproduce），它们开始了漫长的进化，最终可以表征（represent）自己，可以制造符号、概念，于是在生命中诞生了心智。

同时，无论这种进化过程是什么，它仿佛是在被一种难以置信的力量推动着——从物质到生命再到心智。

而且这种令人不可思议还在继续：不过几百年前，在一颗微不足道的恒星的周围的一颗无足轻重的行星上，进化对它自身产生了意识。

也正是在同一时间，进化意识到它自身的那个机制同时也开始造成它自己的灭绝（extinction）。

这是最令人不可思议的。

生态危机 4

我不想从那些令人望而生畏的统计数字切入这个话题。这样的统计已经很多了，比如，目前我们人类每天大约会让 100 个物种从地球上消失，我们每秒钟会破坏一片与足球场大小相当的热带雨林。的确，我们的世界正在走向灾难，并且很可能在人类历史上这是第一次完全由人类自身的因素[1]造成的灾难，我们可能谁都无法在这场灾难中存活，去给后人讲述关于这场灾难的故事。如果我们把地球比作我们的血肉之躯，那么我们人类正在非常可怕地、慢慢地自杀。

面对这种生态灾难的警示，各种呼声越来越强烈（在我看来，这种灾难的性质和严重程度对有识之士而言已经是有目共睹）。各种越来越强烈的反应已经形成了一种运动，人们称之为环境保护运动［这种运动的源头可以追溯到 1962 年，以蕾切尔·卡逊（Rachel Carson）的《寂静的春天》（*Silent Spring*）的发表为标志］。[2] 在环保运动愈演愈烈的同时出现了两种“生态哲学”，它们可以被看作环保运动的一部分，但是又远远超越了环保运动。我们非常感兴趣的这两种生态哲学是生态女性主义和深度生态学（在后文中可以看到，这两种生态哲学分别代表了针对同一个问题的女性价值观和男性价值观）。

这些生态学思想有一个基本概念，即认为我们当前的环境危机的主要根源在于一种分裂的世界观。这种世界观彻底地割裂了身体和心灵、主观和客观、文化和自然、思想和物质、价值和事实、精神和物质、人和非人，完全是一个二元对立的、机械论的、原子论的、人类中心的、具有病态层级的世界观；这种世界观错误地在人和其他的实在之间划开了一条鸿沟，往往自以为是地认为人高于其他的实在；这种世界观把人从错综复杂的关系网中割裂了出来，而这张网正是生命、地球和宇宙的本质。

这些生态学思想进一步提出，要疗救地球和拯救我们自身，只有唯一一条出路，那就是用一种新的世界观取代目前这种分裂的世界观。那应该是一种更加整体论的、更注重关系的、更具整合力的、更尊重地球的、不那么人类中心的、不那么狂妄的世界观。简而言之，新的世界观应该尊重整个生命之网，承认其内在价值，认识到这个生命之网就是我们自身的血脉骨肉。

5 例如，弗里特若夫·卡普拉（Fritjof Capro）曾经说，世界上目前存在的社会、经济和环境危机的共同根源在于一个被割裂的世界观：

> 我们的社会从总体上陷入了一个（前所未有的）危机。每天，我们可以从报纸上看到这种危机的各种表现。我们面临着高失业率、能源危机、健康危机、环境污染和其他的环境灾害、持续上升的暴力和犯罪浪潮等。《转折点》（*The Turning Point*）这本书的基本观点是：所有这些现象都是同一个危机的不同方面，这个危机从本质上是一种感知的危机。这种危机来自这样一个事实：我们正努力地将一个过时的世界观——一个机械的世界观……——的理念应用于现实之中，而按照这些理念我们已经不能再理解目前的现实了。今天我们生活在一个全球相互关联的世界上，在这个世界里，所有的生物、心理、社会和环境现象都是互相依存的。要想恰如其分地描绘这个世界，我们需

要有一种生态学的视角……[3]

很多学者曾经指出，由于人们普遍认为"女性"和"自然"之间的关系特别紧密，历史上对于地球的掠夺和对于女性的压迫总是相伴而生。生态女性主义针对上述两个"他者"的污蔑作了有力回应。朱迪·普兰特（Judith Plant）曾说：

> 在历史上，女性在外部世界中没有真正的权力，在决策和学术活动中没有发言权。然而当今，生态为地球辩护，为人类与环境之间的关系中的"他者"辩护，同样女性主义要为女性与男性关系中的"他者"辩护。生态女性主义通过为这两个最初的"他者"辩护，努力探究造成所有支配关系的相互联系的根源，以及反抗和改变的方法。当考虑到可能采取的行动的后果时，生态女性主义的任务是发展取代"他者"的能力，确保我们在修复我们彼此之间以及我们与地球之间的关系的时候，不会忘记我们都是"彼此"这一整体的一部分……[4]

比尔·德沃尔（Bill Devall）和乔治·赛申斯（George Sessions）被称为"深度生态学"运动的代表人物，他们指出："我们的工作就是去培养一种生态意识，也就是让人们认识到万物息息相关。"杰克·福布斯（Jack 6
Forbes）对此解释说："这个观点认为我们处于一个复杂的、相互关联的生命之网中，也就是说，这是一个真正的社区。我们和别的人，乃至周围的非人类的生命形式之间总是处于深深的相互关联之中。所有的生物和东西都是兄弟姐妹。看到这一点，我们就会由衷地停止对一切生命的剥削，反过来尊重它们，敬仰它们。"[5]

尽管也许有人会说，所有这些引述的观点听起来好像过于浪漫和富有诗意，甚至有点多愁善感，实际上这些观点都有坚实的科学依据，这一点非常奇妙。正如我们将要看到的那样，毕竟，强调生命之网整体的重要性及其不可分割性的理论和文明本身一样历史悠久，它们构成了世界上伟大宗教和智慧教义的真正内核（我们在后文中会看到这一点）。但是仅仅得到神的支持是一回事，得到科学的支持又是另一回事。

生态科学正是我们所要的支持：硬科学。我所想做的是简要地回顾这些系统的（整体论或生态学的）科学体系，准确说明它们所谓的相互关联，或者一切生命实际上"像网络一样"究竟意味着什么。这能给我们提供必要的背景信息，并且可以作为我们展开关于生态女性主义和深度生态学的讨论的平台。

最后，和生态学的或者整体性理论的思路同样重要的一点是，我们不得不在观念上做一些非常重要的修改（原因在后文中将会变得非常清楚），并且最为重要的是，我们必须将它放置在其自身更大的背景之中，而这个背景几乎总是被忽视（这会带来极其可怕的后果）。我们发现同样的力量——也是同样的弱点——困扰着生态女性主义和深度生态学。

换句话说，我们将会发现，那些有关“生命之网”的讨论基本上对错参半（或者说是非常不完整），并且那错的一半所带来的问题比那对的一半所解决的问题要多。

但首先让我们看一下那看似绝对正确的一半。

两支时间之箭

从一定程度上说，新的系统科学是关于整体和联系的科学。现在如果我们再加上发展或进化的观点——也就是认为整体也会增长和发展——我们就把握了现代系统科学的核心。正如欧文·拉兹洛（Ervin Laszlo）所
7 说：“一个新的体系现在正在兴起，从起源上来说是科学性的，从深度和视野上来说是哲学性的。它包含了物质世界、生命世界和历史世界的宽广领域。这是一个进化范式……”他解释道：

> 古训“任何事物都和其他任何事物相关”描述了事物的真实状态。（进化科学）取得的成果为这个事实提供了更充足的证据：进化开展的领域即物质、生物、社会领域绝不会是互相割裂的，至少一种形式的进化为下一个进化奠定了基础，物质层面的进化为生物进化的开始提供了前提条件，生物层面的进化为人类和其他物种出现某些社会组织形式创造了前提。[6]

然后拉兹洛得出如下重要的结论：

> 能够证明进化在物质世界、生命世界和历史世界所经历各种模式的科学证据正在迅速增多。它正汇集成为能够重复和再现的基本规律。现在可以根据这些基本规律对进化的基本属性略作管窥——这里的进化是将宇宙作为一个整体的进化，包括生物世界和人类社会历史的世界。
>
> 搜寻和系统陈述这些规律性也就是创造一个“大整合”，用一个自洽的框架，用自己的逻辑和规律，把物质、生命和社会统一起来。[7]

那么这些规律和逻辑究竟是什么呢？我们将在本章和下章中进行探讨。现在，让我们关注拉兹洛所提到的三个进化的“大领域”：物质领域、生命领域和历史领域。埃里克·詹特（Erich Jantsch）将它们分别称为宇宙界、生物社会界和社会文化界。迈克尔·墨菲（Michael Murphy）将它们概括为物质、生物和心理，通俗一点的说法是物质、生命和心智。我将这三个

基本领域称为物理层面（物质）、生物层面（生命）和人类层面（心智）。[8]

进化系统科学的核心观点是不论这三个领域的实际性质如何，它们都 8
是统一的，不是因为它们有相似的内容，而是因为它们都表现了同样的基本规律和动态模型。正如一般系统论的创始人卢维格·凡·贝塔朗菲（Ludwig Von Bertalanffy）所说的那样，“科学的统一不能通过把所有科学理想地简化为物理学和化学而实现，而是由于不同水平的实在存在结构一致性”[9]。

这种统一性在历史上就存在着，从柏拉图（Plato）和亚里士多德（Aristotle）时代到大约19世纪晚期，所有这些大的领域——物理层面、生物层面和人类层面——都是对大精神持续的相互联系的体现，是一个巨大的存在链，并且延伸成为一个完美的、持续的或者说是一种不间断的、从物质到生命再到思想、灵魂和精神的进化样式。

亚瑟·洛夫乔伊（Authur Lovejoy）指出，众多主张巨链理论的思想家们有三个根本观点：（1）所有的现象——所有的物体、事物、人类、动物、矿物和植物——都是大精神的丰富性的体现，所以大精神天然地融入一切，所以正如柏拉图所说，甚至整个物质世界和自然世界都是“一个可见、可感的神”。（2）在自然界中没有缺口，没有缺少的一环，没有不可逾越的二元性，因为所有的事物都与其他事物相互交织在一起（存在的统一连续体）。（3）存在的统一连续体体现着层级性，因为各种各样的事物在某些量纲中产生，在其他量纲中则没有（例如，狼会跑，但岩石不能，因此从物种意义上说，存在的事物之间存在缺口）。[10]

无论巨链理论在我们现代人的心目中形象如何，“它一直是大部分人类文明史中的官方哲学”；这种世界观被“多数思想缜密的学者和伟大的宗教导师（包括东方的和西方的）各自以自己的形式采纳”[11]。

因此无论我们是否接受某种形式的巨链理论（对此我们将在以后的章节中论述），学者们普遍认为这种理论的世界观将物质、实体和思想看作是一个巨大的网络。在这个网络中，连锁的秩序在大精神中存在着，每一个节点都是连续统一体中的一员，每个环节都是链条中的一环，这样一种世界观是绝对必要并且具有内在价值的。比如，普罗提诺就曾说，由于每一 9
个环节都是大精神之善的体现，因此每个链条都有内在价值——在它自身内外都有价值——不论一个环节处在多么低层的位置上，它的存在哪怕仅仅或是主要作为其他存在物的工具：破坏任何一段珍贵的细绳，整个织物将会散开。

伴随着现代科学——尤其以哥白尼（Copernicus）、开普勒（Kepler）、伽利略（Galileo）、培根（Bacon）、牛顿（Newton）、卡尔文（Kelvin）、克

劳西斯（Clausius）等人为代表——的兴起，这个伟大的统一、整体世界观开始土崩瓦解。很明显，他们这些科学先驱中没有任何人可以预见到这一点，他们也不希望如此。

这个世界观在以一种奇特的方式崩溃。那些早期的科学家在那个看上去最简单的领域即物理层面、物质世界、无生命的物质世界开始他们的实验研究。开普勒主要研究行星运动；伽利略研究地球力学；牛顿综合他们的研究成果，提出他的重力定律和运动定律；笛卡儿（Descartes）把所有这些结果综合为一个最有影响的哲学流派。经过所有这些努力，物理层面开始被看作一个巨大的机械装置，一个受严格因果律支配的宇宙机器。更为糟糕的是，这个机器正趋于停止。

问题是科学很快证实，在物质世界中至少有两种差别很大的现象：一类可以用经典力学定律来描述；另一类可以用热力学的定律来描述。在前者，即经典牛顿力学中，时间因素不怎么重要，因为机械过程是可以逆转的。例如，如果一颗行星按照一个方向围绕太阳旋转和按照相反的方向围绕太阳旋转，描述其运动过程的规律是一样的，因为在这些类型的“经典力学”中，时间没有改变任何重要的因素；你可以轻易地将你的手表向前或是向后拨——机械装置并不在乎你怎么转。

但是在热力学过程中，“时间之箭”绝对是处于核心地位的。如果你将一滴墨水滴到一杯水中，大约一天的时间墨水就会均匀地消解在水中。但是你将永远不会看到相反的过程——溶解的墨水重新聚集成为一小滴。因此，时间之箭在这类物理过程中是至关重要的一部分，因为这些过程永远只有一个方向。这些过程是不可逆转的。

饱受争议的热力学第二规律得出了一个令人沮丧的结论：时间之箭的
10 方向是向下的。就像墨水滴一样，物理过程总是从较为有序（墨水滴）的状态向较无序（墨水溶解在水中）的方向发展。宇宙就像一个巨大的时钟，但是它的发条正在慢慢松弛……早晚会停下。

问题并不是说这些早期的观点不正确。物理层面的很多方面确实按照一种确定性的和机械化的方式进行，并且其中某些方面的确趋于停止。只不过这些观点是片面的。这些观点的确表达了物理层面中某些最为明显的方面，但由于当时的实验方法和工具都比较原始，物理层面中更为细微（并且也更为重要）的一些方面被忽视了。

此外，就像我们将要看到的那样，正是这些细微的方面才能建立起物理层面和生物圈之间的联系。但是在当时，由于缺乏这些联系，物理层面和生物层面在科学、宗教和哲学中都被简单地割裂开来。因此，正是这些早期自然科学的片面性，而不是任何明显的错误，不自觉地造成后来十分可怕的西方世界观的决裂。

伴随早期对于物理层面的（片面的）科学理解，即现在被视为正在不可逆转地趋于停止的可逆机制，出现了阿尔弗雷德·华莱士（Alfred Wallace）和查尔斯·达尔文（Charles Darwin）有关进化论的研究工作，他们致力于对于生物层面中通过自然选择进行的进化做出研究。关于进化的观点，或者说在时间中不可逆转地发展这种观点有悠久的光荣历史［从爱奥尼亚的哲学家赫拉克利特（Heraclitus）到亚里士多德再到谢林（Schelling）］，但是在细心的经验观察的基础上将它纳入一个科学的体系中的人却非华莱士和达尔文莫属，尤其是达尔文指出包括人类在内的各种物种都在进化，这个观念激发了全世界的想象力。

除了自然选择理论本身的细节之外（多数理论家认为这个理论可以用来解释进化中的微观改变，但不能解释宏观改变），在达尔文式的世界观中有两件东西比较突出：第一个是生命的持续性；第二个是物种通过自然选择形成。其中第一个观点并不新奇，但另一个却比较新奇。

关于生命的连续性的观点——生命之网、生命之树、“自然中没有缺口”之类的观点——至少可以追溯到柏拉图和亚里士多德所处的时代，并且就像我已简要提到的，它是“存在之巨链”这一观念的核心成分。大精神在这个世界上显现自身的方式非常完整，非常圆满，在自然中没有留下 11
任何缺口，在巨链中没有缺少的一环。正如洛夫乔伊所意识到的：正是相信宇宙中没有缺少的一环这一哲学信念，直接引发了科学探索自然中缺失的环节（这正是这个短语产生的地方）和其他星球上的生命证据尝试。为了使巨链完整，要把所有这些“缺口”都填充起来，在达尔文的关于连续的生命之树的表述中，完全没有任何新奇的或是不平凡的地方。

他的论点中比较新奇的地方在于他认为实际上巨链中的各个环节、各种各样的物种本身的发展进化经历了漫长的地质时代，而不是在生命创始的时候就马上被放在那里。这个观点在以前有一些先驱，特别是在亚里士多德版本的巨链理论中可以看到一些端倪。达尔文强调说通过一个被他称为形态蜕变的形式巨链展现了一个完整的、渐进的自然发展的里程：从无机物（物质）到营养物（植物）到感觉运动物（动物）再到运用符号的动物（人类），所有这一切显示了一个渐进的组织过程和形式的日益复杂性。莱布尼茨（Leibniz）在将巨链理论世俗化的道路上迈出了意义深远的一步，黑格尔（Hegel）和谢林则将成熟的过程理论或者说是发展哲学的理念精确地应用于存在物的所有方面和所有领域。

但是正是达尔文对于自然物种的精确描述和他观点的异常清晰，以及他关于自然选择的假设，将发展和进化的理念推到了科学的前沿。

达尔文（还有很多其他人）发现在生物层面中同样有一个非常重要的时间之箭——进化是不可逆转的。我们看到变形虫最终进化成猿，但我们从来没有看到猿退化成变形虫。也就是说，进化朝着日趋变异/融合、日趋结构组织化和日益复杂的方向不可逆转地前进，它从缺乏秩序到更加秩序化。但是明显的是，这个时间之箭的方向和我们所知的、在物理层面中的时间之箭的方向截然相反：前者是日趋紧张，后者是日益放松。

从历史上看，正是从这一点上物理层面和生物层面被割裂。这是一种异常艰难的处境。首先，物理和生物学都被认为是新兴自然科学的一部分，
12 都依赖于经验观察、测量、理论形成和严格测试（这一整个程序确实是新生的，它由开普勒和伽利略在1605年开创）。尽管物理学和生物学的研究方法相似，但结果却是根本矛盾的，正如拉兹洛所说，“这是一个注定要停止的机械世界和看似更具活力的有机世界之间的持久的矛盾”[12]。

另一个复杂因素是物理和化学同人类层面本身，同思想、价值以及历史之间的关系。在早期关于存在之巨链的观点中，物质、实体和思想被看作是精神过剩性外溢持久的完美体现。它们被有机地联系起来，没有缺口和空洞，并被作为神性的体现和发散［我们可以从柏拉图、普罗提诺和帕斯卡（Pascal）的思想中看到这一点］。但是随着物理层面和生物层面的分离（由于它们两者不同的时间之箭），整个巨链上的环节开始变成割裂的、看似不相关联的领域——无生命体、生命体和无实体的思想各成一家。

曾经立刻有人不顾一切地去修复被破坏之处，力图将宇宙转回一个统一的理念。物质简化运动就是第一个也是至今最有影响的、重建连贯世界观的尝试，这些人将所有心智和身体简化成为各种各样物质和机制的组合［如霍布斯（Hobbes）、拉·梅特利（La Mettrie）、霍尔巴赫（Holbach）］。同样引人注目的是相反的过程：将所有物质和实体提升到精神活动的层面［例如马赫（Mach）和贝克莱（Berkeley）的现象论］。在两个极端的简化论和提升论之间的是一大堆尴尬的妥协：笛卡儿的二元论在当时是一项崇高的、完全可以理解的尝试，它试图将思想从被简化为仅仅是物质机制的地位中拯救出来，但不幸的是他将整个生物层面抛给了机械论者，而仅仅将人类层面从鲨鱼的口中解救出来；斯宾诺莎（Spinoza，他将自己看作是忠诚的笛卡儿信徒）的泛神论把思想和物质看作是神的两个平行属性，两者永远不会相互作用（这是他设想出来用来解决那个问题的）；现象论（epiphenomenalism）的创始人赫胥黎（Huxley）将思想看作是一种附带现象，自身足够真实，但是仅仅是生理因果活动的副产品，并且它自身没有因果力量——它是机器上的灵魂。

所有这些尝试在一开始都被阻止了，不是因为思想和实体之间的断裂

（这个断裂至少和文明本身一样历史久远，而且从未困扰过任何人），而是因为更为基本和激进的身体和物质之间的断裂——也就是生命和物质之间 13
的裂口（这种特殊的形式事实上更为新鲜和令人苦恼）。正如亨利·柏格森（Henri Bergson）所说，宇宙有两种趋向，“一个事实在另一个毁灭自我的事实中制造自我”。

所有这一切的结果表明，恰恰是物理层面和生物层面之间有不同的存在方式，这个世界才确实被分裂。其直接的结果是物理学和化学分道扬镳。更为令人苦恼的是自然哲学与道德哲学分离开来，自然科学和人文科学分离开来。物理层面被看作是客观事实的领域，不受历史的影响，人类层面被看作是价值和道德的领域，是由历史创造的，两者之间的这个鸿沟被认为是不可逾越的。可怜的生物学，被夹在物理层面的硬科学和人类层面的软科学之间，成为必然的精神分裂，一会儿像物理学那样将所有生命简化为机械装置，一会儿像人类层面那样将所有生命看作是生命活力、价值和历史的根本体现。

正像一些研究者所注意的那样，“直到20世纪末，上述两者之间和相对立的时间之箭之间的困惑得以解决，才有了一个可以将物质和思想、自然世界和人类世界、因此也是当代西方文明的‘两种文化’之间的缺口填平的可靠的基础。”[13]而且，我以前也说过，身物之间的鸿沟比身心之间的鸿沟更需要弥合。

现代进化论的综合

正是由于最近对于那些更加精妙的、本来不为人知的物质领域的方面被发现，物理层面和生物层面之间的缺口才得以弥合。上述那些方面在某些特定的条件下，会将它们自身推向更为有序、更为复杂、更为组织化的状态。也就是说，在某些特定的条件下，物质会将“自己转向”更为有序的状态，就像水流进一个排水沟就立刻不再混乱，并形成了一个完美的漏斗或是旋涡。不论物质过程有多么混乱，“多么不平衡”的状态，它们都会趋于通过将自己转化为更高级、更为结构化的秩序，凭借自身力量脱离混 14
乱的状态，这个过程被通俗地称为“由乱而治”。

我们发现这些纯物质体系的形式同样也有一支时间之箭，但是这支箭的指向与生命系统的时间之箭的方向是一致的，即向更为秩序化和结构组织化的方向发展。换句话说，物理层面的很多方面和生物层面指向同一个方向，简单地说，这也就弥补了两者之间的缺口。物质世界具有完美的自我提升的能力。远在生命诞生之前，物质自我提升的属性就为我们所知的生命这一复杂的自我组织形式打好了基础，或者说是准备好了条件。两支时间之箭的力量指向相同的方向。

我们仍在探究这些混沌的转化和蜕变的性质。但有一点是肯定的，就是在原来物质世界和生命世界之间的单个的、绝对不可逾越的鸿沟的地方——这个鸿沟造成了一个完全无法解决的问题——现在仅仅是一些小缺口。无论这些小缺口的真正性质是什么，它们都不可避免地被看作是本质上连接物质和生命的桥梁，而不是永远分离它们的壕沟。因此物理层面和生物层面之间的古老的连贯性——这个连贯性是存在巨链的一个特点——又一次被建立起来。

就像我所说的那样，在自然中还有某些非常重要的缺口或是“激增”（以存在事物的涌现形式表现出来），但是这些缺口现在是可以理解的，而且似乎是必然的，借以理解他们的方式是过去的科学所无法理解的。

研究这些“自我提升”或是“自我组织”的系统的新兴科学都被归于复杂性科学，它包括一般系统论［贝塔朗菲、维斯（Weiss）］，控制论［维纳（Wiener）］，非平衡热力学［普利高津（Prigogine）］，细胞自组织理论［冯·诺伊曼（Von Neumann）］，突变理论［瑟姆（Thom）］，自创生系统论［马图拉纳（Maturana）、瓦莱拉（Varela）］，动态系统论［肖（Shaw）、亚伯拉罕（Abraham）］，混沌理论，还有其他的一些理论。

我不是有意淡化这些学科之间的差异，或者低估最新的复杂性科学（尤其是自我组织系统和混沌理论）的巨大进步，相对于它们的前辈而言它们确实取得了很大进步，而且的确与它们的前辈存在不同之处。只是我的目标是综合性的，因此我将它们总体称为系统理论、动态系统理论或者说是进化系统理论。请记住，进化系统理论的基本观点是在一个广阔的结构中应用于三大进化领域（物理层面、生物层面、人类层面）的基本规律、
15 模型和法则，这种理论现在已经被发现，并且科学的统一性——一个连贯的、统一的世界观——在现在已经成为可能。[14]换句话说，它们宣称：任何事物都和其他事物联系在一起，生命之网不再仅仅是一个宗教结论，它已经成为一个科学结论。

层级的问题

在讨论进化系统理论的细小要点和结论时，我们忍不住关注的第一件事物是，所有这些科学都被一个叫层级的观念贯穿着——这个词的处境现在十分艰难。所有类型的理论家，从深度生态学家到社会批评家，从生态女性主义者到后现代后结构主义者，都发现层级这个概念不仅是不受欢迎的，而且是很多社会统治、压迫和不公正的原因。

现在的系统理论正公开地、热烈地谈论层级。稍后我将为此提供证据，

但我们可以发现例子俯拾皆是：从一般系统论的创立者贝塔朗菲（“在现代理念中，现实表现为有组织的实体的巨大的层级秩序”）到鲁珀特·谢尔德里克（Rupert Shaldrake）和他的“形态发生场中嵌套的层级”，从伟大的系统语言学家罗曼·雅各布森（Roman Jakobson，“所以层级是语言的根本结构原则”）到查尔斯·伯奇和约翰·科布（Charles Birch & John Cobb）的建立在“层级价值”上的现实的生态模型，从瓦莱拉关于自创生理论的奠基性工作（“用一个层级系统似乎可以把自然系统的丰富性反映得更充分”）到罗杰·斯佩里、约翰·埃克尔斯和怀尔德·潘菲尔德（Roger Sperry、John Eccles & Wilder Penfield）对于大脑的研究（“不可简化的生成层级”），甚至是尤尔根·哈贝马斯（Jurgen Habermas）的社会批判理论（“交流能力的层级”）——层级看来无处不在。

现在，阶层的反对者们——他们的名字为数众多——的基本观点是强调任何层级都会涉及一个排队过程和独裁性的判断，这个判断压制了其他的价值观和这些价值观的持有者（层级“是一种霸权性的支配，它将其他的价值边缘化”），因此他们认为说联系性或非层级性的现实模式不仅更为准确，而且更为仁慈、温和和公正。

因此他们在各式各样的结构中提出了“反层级”的概念。在一个反层 16
级之中，规则或是统治是由于多元的和平等的相互影响而建立的；在层级中，规则或是统治是由一些少数派建立的，他们规定了哪些事物更重要，哪些事物是不重要的。

在谈及层级和反层级时，现代社会理论的文本中对此充满了讽刺。一方面我们可以看到平等主义和平均主义观点的支持者（反层级），他们认为在生命之网中，所有的创造物都是平等的节点，并且他们有充足的理由猛烈地抨击残酷的社会层级和统治。他们争辩说，多元论的整体本质上重视网络中的每一个环节，区分高低的秩序不是组织形式，而是统治和剥削形式，甚至高低概念的区分都被认为是旧的思维模式的一部分，而不是新范式或者说网络、生命之网的思维范式的一部分。

然而，当我们转向生命之网的真实科学，即关于整体和联系的科学时，我们发现，他们清楚地将层级看作是整体的基本组织原则。他们强调说，没有层级你就不能把握整体，因为除非你将各个部分组织到一个更为广大的整体中去，而这个整体的黏合剂是一个比各个部分所单独拥有的更为高级、更为深入的原则——否则的话，你就只能拥有一大堆部分，而不是一个整体。你有很多绳子，却不是一个网络。即便整体是由各个部分的相互影响造成的，整体也不能和部分在一个水平线上，否则整体自身也只是另一个部分，而不是能够吸收各个部分使它们一体化的整体。换句话说，层级和整体是一件事物的两个名字，如果你破坏了其中一个，你也就彻底摧毁了另一个。

退一步说，具有讽刺意味的是生命之网的社会支持者否定任何形式的层级，而生命之网的科学理论却坚持这个理念。同样可笑的是前者经常向后者求助（例如，新兴的物理学为平均主义的生命之网提供了支持）。

问题到底出在什么地方了？我将努力说明，问题的部分原因在于这是一个巨大的语义混淆。这两者事实上比任何一方设想的都要接近。真实的世界的确包含某些自然的或是正常的层级（就像我们将要看到的那样），也肯定存在着一些病态的和支配性层级。但同样重要的是，它也有一些正常的和病态的异秩序（我将在稍后就这四点举些例子）。围绕这些话题的语义
17 混淆绝对是一个梦魇，这些混淆在两方都滋养了大量意识形态的混乱。除非我们尝试去消除某些混淆的部分，否则关于这个话题的讨论简直不能进行下去。所以让我们做一下努力……

全子

Hiero-意思是神圣的或是圣洁的，*-arch* 意思是管理或是规则。经由 6 世纪古希腊雅典最高法院法官、基督教神秘经验论者圣狄奥尼修斯（Dionysius）引入，层级专指上天的秩序，六翼天使和小天使在最顶端，大天使和天使在最低端。在其他事物中，这些上天秩序代表着祈祷意识中更为高级的知识、道德和启示。这些秩序被加以排列，因为任何一个连续的顺序都具有更强的包容性和容纳性，因而也就含有更高级的意义。层级在终极分析中意味着“神圣的管理”或是“由精神力量来管理一个人的生活”。

然而在天主教的历史进程中，祈祷意识的上天秩序被转化成政治力量的秩序，而层级本来专指教皇、大主教、主教（然后是神父和执事）所代表的秩序。马蒂诺（Martineau）在 1851 年说：“一个层级的体制很容易变成专制。”就像我们已经开始看到的那样，一个正常的、渐增整体的发展性序列会病态地退化为一个压迫和镇压的系统。

层级在现代心理学、进化理论和系统理论中仅仅是按照事物自身的整体能力对它们的顺序做的排列。在任何发展性序列中，一个阶段的整体会变成下一个阶段更大整体的一部分。一个字母是一个单词的一部分，一个单词是一个句子的一部分，一个句子是一个段落的一部分，依此类推。霍华德·加德纳（Howard Gardner）这样解释生物学中的层级：“一个有机体中任何一个改变都会影响所有的部分；一个结构中没有任何一个部分能在不影响整个结构的情况下而有所改变；每个整体由各个部分组成，同时它又是下一个更大整体的一部分。”[15] 或者就像雅各布森对于层级在语言学中

的阐释："这个现象是一个区别性特征的组合；它由很多简单的信号单位组成，同时自身又构成了像是音节和单词这样更大的单位。它同时也是一个 18
由部分构成的整体，而自身又被包含于更大的整体之中。"[16]

阿瑟·凯斯特勒（Arthur Koestler）造出"全子"这个术语是用来专指这样一个事物：在一个背景中是一个整体，同时在另一个背景中是一个部分。例如在"犬吠"（bank）这个短语中，"吠"相对于构成它的字母而言是一个整体，同时它又是"犬吠"这个短语的一部分。整体（或者背景）决定了一个部分的含义和作用——因为"bark"这个单词有两种含义：犬吠和树皮，因此它在短语"犬吠"（the bark of a dog）和"树皮"（the bark of a tree）中的含义就不同。换句话说，整体不仅仅是部分的总和，在很多情况下，整体能够影响和决定部分的功用（当然整体本身同时也是某个整体的一部分，我在稍后会谈到这一点）。

因此，正常的层级应该仅仅是增长的全子的一个秩序，代表着整体的一种增长趋势和综合能力——例如，从原子到分子再到细胞组。这正是为什么层级在系统理论和整体论中的确处于核心地位。作为一个更大整体的一部分，要求整体必须提供一个在各个单独的部分中都找不到的原则（或是某种形式的黏合剂），这个原则能让各个部分加入进来、连接起来，使它们拥有某些共同的因素，并被联系在一起，而不再仅仅是独立的。

层级将一堆堆东西转化为整体，打破了碎片的形式，将它们转变为互相影响的网络。当我们说整体大于部分之和时，这个整体也就意味着一种层级。这并不意味着法西斯主义的统治，这是一种更高级（或者说更深入）的公共性，它将那些割裂的线绳编织成一个现实的网络，将分子联系为细胞，将细胞联系为一个有机体。

这也就是为什么"层级"和"整体"会经常出现在一个句子之中，正像加德纳所说的，"一个生物有机体会被看作是各个部分被综合为一个层级性整体的全部"[17]。也是为什么雅各布森在对语言进行解释时（语言是由各个部分构成的，同时自身被包含在一个更为广大的整体之中），总结道"层级是一个根本的结构性原则"。这同样也是为什么正常的层级被看成是同心圆、同心球或是穴中之穴的原因了。正像高芝（Goudge）解释的：

> 普遍存在的层级体系不能被看作是和地层的连续性或是一个梯子中的横档相类似。这样的意象并不能适当处理现实世界中存在的复杂
> 的相互联系。这些相互关联的关系和我们在一套中国箱子或是一系列 19
> 同心球中观察到的关系更相类似，因为按照涌现进化论者的观点，一个给定的层级中在它内部可以包含其他的层级，也就是全子。[18]

因此通常那些认为所有的层级都是"线性的"这种责难完全不得要领。

诚然，任何体系中的成长阶段都可以以一种线性的顺序记录下来，就像我们可以这样写：橡籽、橡树苗、橡树，但是因此就说橡树的成长过程是线性的则是愚蠢的。正如我们所见的，成长的各个阶段并不是偶然的和随机的，而是以某种模型的形式进行的，因此将这个模型称为线性的根本不是说这些过程本身是一个刻板的单行道，其实它们是相互依赖并极其复杂地交互作用的。如果我们在理解这些过程中确实存在的复杂性时运用一点想象力的话，我们可以使用诸如级别、梯子或是地层的比喻。

最后，层级是不对称的（或者说是“渐增的”层级），因为这个过程不会在相反的方向上发生。橡籽可以长成橡树，但是反之则不行；只能先有字母，后有单词，再有句子、段落，相反的过程行不通。这个“反之不可以”构成了一个不可避免的层级或是队列或是渐增性整体的非对称性秩序。

我们所意识到的所有发展性和进化性序列都是按照层级化的规则或是渐增性整体论的秩序进行的——例如，从分子到细胞到组织到组织系统到有机体再到有机体社会的顺序。在认知的发展中，我们发现意识从代表一个事物或事件的简单形象开始扩展，然后发展到代表整个多群体、多等级的事物和事件的符号和概念，再发展到将众多等级和群体组织综合到整个网络中的规则。在道德的发展中（包括男人和女人），我们发现这样一个推理：从单个人的主体到一个群体或是相关的主体构成的部族，再到摆脱了孤立因素的群体构成的整个网络，等等。

[有时人们说卡罗尔·吉利根不仅否定了科尔伯格（Kohlberg）体系中特定道德发展阶段的性质，而且否定了他的整个层级分析方法。这完全不是事实。事实上卡罗尔·吉利根完全接受了科尔伯格的普遍三阶段或是三
20 层级等级体系，即从前习俗阶段到习俗阶段再到后习俗阶段——“元伦理阶段”——的发展过程。她仅仅否定了单靠公正逻辑可以解决序列问题的观点。她说男性强调公正和正义，但还应该将关怀和责任的逻辑补充进去，从而女性也可以经历同样的三个层级——我们将在以后再回到这些要点。]

层级性网络表现为一个序列的或是阶段性的结构是必然的，正像我较早提到的那样，因为只有先有了分子，然后才有原子，然后才有组织，然后再有复杂的有机体——它们不可能同时出现。换句话说，成长必须是在各个阶段中实现的，而各个阶段必定是按照逻辑的和时间的顺序排列的。较为有序的模型在发展中往往出现较晚，因为它们必须等待各个部分的出现，然后前者才能将后者综合或统一起来，就像句子必须等到所有单词出现之后才能形成一样。

有时候一些层级确实会涉及一种类型的控制网络。罗杰·斯佩里指出，

较低的层级（意为连贯性较差的层级）通过他所称的“向上因果效应”会影响到较上的层级（即连贯性较好的层级）。但是他提醒我们，同样重要的是，较上的层级通过他所称的“向下因果效应”对较低的层级实施强有力的影响和控制。例如，当你决定移动你的胳膊时，你胳膊上的所有原子、分子和细胞都会跟着它一起运动——这是一个向下因果效应的例子。

现在，在任何一个结构类型给定的层级中，一个层级的所有元素都是按照反层级的规则运行的。也就是说，没有一个元素比其他元素更为重要或是显得更为主导，每一个元素都为整体结构的健康发展贡献了大约相同的力量（这被称之为“步步为营”）。但是包含低层级整体的高层级整体对于它的构成要素会实施最重要的影响。我再次举这个例子，当你决定移动你的手臂时，你的大脑　　个更高层级的统一性组织——对作为低层级的整体，即对你手臂上的所有细胞实施了影响，但是反之不可：你手臂上的任何一个细胞不能决定移动你的整个手臂，就像狗的尾巴不能摇动这只狗一样。

所以系统理论家会倾向于说，每个结构内部都遵循反层级的原则，不同结构之间会遵循层级原则。

在任何发展或成长序列中，当一个更具有包容性的阶段或是全子出现时，它会包含原有阶段（也就是原有全子）的能力、模型和功能，并加入它自身特有的能力（即更具有包容性的能力）。从这个意义上说，或者仅仅从这个意义上说，新的和更具包容性的全子才是更为高级和深入的。（高级 21
和深入都是说明了一个垂直结构的整合过程，而这个过程仅仅在水平扩张中是不能被找到的，关于这一点我们将在以后论述。）有机体包含了细胞，细胞包含了分子，分子包含了原子（而反之不可）。

因此，不论原有阶段有多么重要的价值，新的阶段还是包含了它原有结构中的价值，并且增加了其他的东西（例如，更为综合性的能力），这个增加的东西相对于原来的阶段（包容性稍差）来说意味着增加的价值。这个关于“更高阶段”的关键定义最初是由西方的亚里士多德和东方的商羯罗、列子提出来的。从那时到现在，这个定义对于发展性研究一直是个核心要点。

例如，在男孩和女孩的认知和道德发展中，前运算阶段或者说是前习俗阶段的思想主要涉及个人自己的观点（自恋）。下一个阶段，即运算阶段或是习俗阶段，仍然会考虑自己的观点，但具备了考虑他人观点的能力，不仅任何根本的性质都没有丧失，一些新的东西反而加入了进来。从这个意义上，说新的阶段是更高级的或深入的是合适的，因为这意味着对于更广阔范围的相互作用更有价值、更有用。对于建立一个和谐的道德反应，习俗阶段的思想比前习俗阶段的思想更有价值（后习俗阶段的思想相比之下更具价值，以此类推）。

正如黑格尔提出的，发展主义者后来回应的，每一个阶段都是合适的和有价值的，但是每个深入的和高层的阶段是更为合适的，并且只有从这个意义上说，后者是更有价值的（因为后者意味着更具有连贯性，能够胜任更为广泛的回应）。

基于上述原因，凯斯特勒在意识到所有的层级都是由全子或者整体的发展性顺序构成之后，指出对于“层级”的正确解释应该是层次系统。[19]

我认为他完全正确。从现在起，我会把“阶级”和“层级”这两词作为可以互换的两个概念来使用。

反层级论者宣称“反层级”和“整体论”是一回事（认为两者与分裂的、令人厌恶的“阶级”形成鲜明对比），他们恰恰弄反了，因为只有通过层级才能实现整体。反层级是没有整合的分化，是将没有共同深度、目的或组织的部分分裂出去，是杂乱无章的堆积，而不是整体。

22 **病理学**

正常的或者说自然的层次系统是渐增性的、整体的、更大网络的延伸，它是有序的、阶段性的，更大的或是更广阔的整体能够对低层级的整体施加影响。你已经开始能够看到层次系统是如何很自然地、不可避免地走向病态的。既然高层级可以对低层级施加影响，它们同样可以支配甚至压迫、离间低层级。它们最终导致了很多病态的困境，这在个人和社会中也是很普遍的。

正是由于这个世界是按照层次系统的秩序安排的，正是因为各个领域环环相套，所以才会发生严重的错误，一个领域的瓦解和破裂会影响到整个系统。在所有系统中，治愈病态的方法在本质上是一样的：发现存在病态的全子，这样整个层次系统就会回到和谐的状态之中。这种治愈根本不能消除层次系统本身，即便这是可能的，这种做法只会形成一个统一的、一元的、毫无价值区别的一维平台。（这也就是为什么那些批评家们抛弃普遍的层级，直接以他们自己的一系列的价值体系，也就是他们自己的层级来代替它）。

更确切地说，治疗任何病态系统的方法在于找出某个全子，它利用其向上或是向下的影响力，僭越它们在整个系统中的位置。这就是为什么我们看到这种治疗方法广泛应用于心理分析（阴影全子拒绝融合）、社会批评理论（意识形态全子扭曲了公开交流）、民主革命（独裁或是法西斯全子压迫人民）、医学干预（癌细胞全子入侵一个良性系统）、激进的女权主义批评（家长制全子支配公共领域），如此等等。其本质上不是要消灭那些全子，而是要捕获（并且整合）那些狂妄的全子。

简而言之，不能因为病态性层级的存在就谴责整个层级。这个区别对于大部分人来说是十分关键的，也是非常容易观察到的。因此利恩·艾斯勒（Riane Eisler）尽管反对层级，但还是强调“必须弄清楚控制性的层级和实现性层级之间的区别。控制性层级在这里指的是建立在武力基础上的层级，或者或明或暗地显示武力威胁的层级。这些层级和从低向高不断进化的功能层级顺序是非常不同的（后者如同在生物组织中从细胞向组织的进化）。这些类型的层级可能具有实现层级的属性，因为它们的作用是让组织的潜力最大化。控制性的层级和这种实现性的层级是不同的，它是人类通过武力或是武力威胁建立起来的层级，它不仅抑制了个人的创造力，而且造成一种病态的社会体系。在这种体系里，底层的（最基本的）人类品质受到了加强，而人类较高的一些志向（诸如同情、移情以及追求正义和真理）被系统地压制”[20]。 23

根据艾斯勒的定义，我们进一步发现，控制性的层级所压制的对象事实上正是个体的实现层级，即她所谓的“人类高级志向”而不是“人类的最低品质”。换句话说，治疗病态层级的方法是实现层级，而不是反层级（后者将会产生更多的拥塞和碎片，它不是带来整合和治疗的方法）。

这些区别是至关重要的，因为不仅有病态的层级或控制性的层级，还有病态的或是控制性的反层级（而这个话题正是反层级论者谨慎回避的）。我只是想说，正常的层级或各层次之间的整体论，当在各层次之间存在断裂，或者有一个全子对其他全子采取压制、压迫、傲慢性统治的时候，就会走向病态。另一方面，一个正常的反层级，也就是内部各层次都是整体的反层级，当其中的任何一个反层级与其周围的环境产生模糊或是融化的现象时，这个反层级就会走向病态。一个全子不会很突出，但它可以调和很多东西；它不会将自己僭越在他人之上，但是它可以在他者中失去自我，这时所有的区别、价值或是特性都丧失了（个体的全子只能通过他者发现自己的价值和特性）。

换句话说，在病态层级中，一个全子会支配所有的他者，成为祸害。这个全子不会同时将自己看作是整体兼部分，它自以为是某段时期的整体。另一方面，在病态的反层级中，个体的全子会在公共性的融化中失去自己的价值和特性。这个全子不会同时将自己看作是整体和部分，它自以为是某段时期的一个部分。对于其他全子而言，它是工具性的，它仅仅是网络中的一段绳子，它没有内在的价值。

因此，病态的反层级不是一个联盟而是一个溶解的群体，不是一种整

24 合而是一种对分化的拒斥，不是彼此相关而是边界消融。所有的价值在一个平台上体现均等，而且均匀分布，失去了个体的价值和特性；在任何具备目的性的意义上，任何事物都不能被说成是更为深入、更高或是更好；所有的价值消失为平淡无奇的思想平面。

如果病态的层级是一种本体论上的法西斯主义（一个个体去支配其他个体），那么病态的反层级就会是一种本体论的集权主义（多数个体支配一个个体），我们将在以后的章节中细致讨论所有这些问题。（我们将会发现病态的层级和病态的反层级分别是病态的媒介和团体；我们还会进一步发现，这两种病态还经常分别与男性和女性的价值联系在一起——这在卡罗尔·吉利根和艾斯勒等人的研究中都有涉及——男性的等级和女性的联系都分别存在支配性病态和消融性病态的可能。女权主义者集中论述男性的支配性病态，而忽视了同样可怕的消融性病态）。

同时，我们必须谨防某些理论家仅仅推行层级或是反层级的主张，或者试图赋予其中一个或另一个在本体论意义上更大的价值。当我使用层次系统这个术语时，我主要指正常的层级和反层级之间的平衡（这一点书中已经说得很清楚）。层次系统排除极端的层级和极端的反层级，使讨论得以进行，我相信我们会牢记两个世界的最佳状态。

最后我想说的是，在努力矫正病态层级的严重不平衡时，我们可以，甚至是被迫夸张地强调正常的阴性，赋予正常的反层级更大的价值，因为我们必须平衡规模（就像我所指出的那样，我们将在病态的男性和病态的媒介范畴下进行探讨，有时这种范畴被称为家长制）。但是我相信我们不能够走到另一个极端，用一种病态的阴性来代替病态的阳性，或者是说，我们不能将两者作为本质上相同的事物，而且我们不能用病态的反层级来治疗病态的层级。

性质的差别

有一个事实深深困扰着极端反层级的信仰者：层级涉及整体功能渐增性的排序问题，因为极端反层级的信仰者们绝对拒绝任何形式的排序或是
25 评判。根据一些非常崇高的理由（我热忱地支持其中一些理由），他们指出价值排序是一种等级判断，这种判断经常转化为社会压迫和不平等，在当今这个世界上更具有同情心和更为公正的回应，其根本是一种平均主义或多元论的体系——一种平等价值的等级。其中的一些批评家，在他们对于所有形式的价值等级的批判中，有的怀着崇高的目的，有的心存恶意甚至是十分恶毒，“更高的”成为一个拐弯抹角的脏话。

他们好像没有意识到对于反层级的信奉本身就是一种层级性的判断。

他们重视反层级；他们认为反层级体现了更多的公正、同情，更得体。他们将这种信念与相信等级的观点相比，在他们看来后者是专横的侮蔑。换句话说，他们将这两种观点排出了顺序：其中一个肯定比另一个好。也就是说，他们有他们自己的等级和价值高下。

但是既然他们有意识地否定所有的等级，那么他们必然模糊和隐藏他们自己的等级。他们必须伪称自己的等级不是一个等级。他们的排序是不能公开的，是隐藏的、偷偷摸摸的。进一步说，不仅他们的等级得到了隐藏，而且他们的层级本身就自相矛盾：它本身就是一个等级分类，可是它又否认等级分类的合理性。他们的前提假设恰恰是他们要否定的；他们有意识地否认他们当前立场的前提。

当他们拒绝正视层级，同时又做出大量的等级判断的时候，他们背负了一个相当拙劣的、粗糙的价值判断。但不幸的是，这给他们的姿态戴上了一个伪善的面具。他们无限正义地去表达愤慨，他们用自己的层级来否定层级。他们用他们的左手来做着他们的右手所鄙视的事。通过憎恨评判，通过隐藏自己，他们将自己的好恶转化为对他人的“正义”谴责。

本质上，他们的姿态就像这样在说：“我有自己的等级，但你们不应该有等级，而且得预先假定我的等级不是一种等级”——这个步骤是毫无意识地做出的——“我会说我根本没有等级，因此我将会以同情和平等的名义鄙视和攻击所有我发现的等级，因为等级实在是一个坏东西。”

为了以一种不公开的方式做等级判断，他们得避开这样一个棘手的问题：我们怎样才能首先做出一个价值判断。他们对于别人所做出的价值判断非常清晰地表达着一种惋惜之情，而对于他们自己如何、为什么做出他们的判断却奇怪地口齿不清，事实上是彻底地保持缄默。他们对自己道德规范的口齿不清和他们对于别人响亮的攻击构成了一个很大的俱乐部，他们通过这个俱乐部以善良的名义猛烈地攻击他人。这样使感情沿着符合政治路线的学院派精神前进的同时，对于说清人类价值体系的性质毫无帮助，人们需要根据这个体系选择什么是真、善、美，这些选择涉及排序，那些批评家们做出了自己的排序，但是后来却加以否定。 26

他们的反等级是一个秘密的等级。他们掩埋了自己的足迹，然后宣称说他们没有足迹，他们逃避和压制那个意义深远且难以回答的问题：为什么人类总是留下足迹？为什么价值在人类的生存境域中是固有的？因此，即便我们想平等地评价每个事物的价值，也就是说要摒弃价值体系，为什么某种排序还是不可避免的？为什么性质差别会成为构成人类定位的固有的构造？为什么说否定价值体系本身也是一种价值观的体现？为什么说否定排序本身也是一种排序？假设是那样的，我们怎样才能健康地、有意识地选择我们不可避免的等级，而不是陷入不承认、抑制口齿不清的道德规范的困境？

查尔斯·泰勒（Charles Taylor）的《自我的根源》（*Source of the Self*）将在这本书以后的论述中成为我们坚定的支持文献之一。在书中作者完成了一项专业的工作：探索了现代世界观的产生。现代世界观宣称自己不是一种世界观，也就是探索了那些否认自身是价值判断的价值判断、那些否定等级的等级是如何产生的。这是一个令人着迷的故事，我们将在以后详细论述，现在我们要讨论的是下面的事情。

查尔斯·泰勒在开始时说，他所说的“性质差别”的存在是人类生存境遇不可避免的一方面。我们清楚地发现我们生活在各种各样的背景和构架之中（就像我说的，我们是全子中的全子，是背景中的背景），这些背景不可避免地构成了植根于我们生活的各种价值和意义。查尔斯·泰勒说：“我常说的‘构架’，包含了一系列关键的性质差别（一个价值等级）。在这
27 个框架中思考、感受和判断也就有这样的含义：对于我们来说，一些行为、生活方式和感觉方式比其他更容易为我们利用的一些东西更高级。我是在一般意义上使用‘更高级’这个词汇。构成差别的成分的含义有各种形式。一种生活方式可以被看作更为丰盈，另一种感知和行为方式更为纯净，一种感觉或生活方式更为深入，一种生活风格更为让人羡慕，如此等等。”[21]

因此，即便那些支持反等级或是极端多元论的人，尽管他们抨击性质差别是残忍的和不道德的，并且否认整个构架，他们也已经做出了深入的性质区分。“但这个人并不缺乏一种构架。相反，他怀有一颗拥有强烈的仁爱理想的责任心。他羡慕那些实践这个理想的人，谴责那些非常糊涂以至不能接受这个理想的那些人，当他自己降到这个水平线之下时便感到自己犯了错误。他生活在一个道德范围之内，但是他不能用自己的道德理论解释这个道德范围。”[22]

要点是这样的，即便这个人支持多样性和价值的平等，正如查尔斯·泰勒所说，这个观点仍是“我们所做的一切是永远不能被接受的”。

> 我想捍卫这样一种观点：没有构架而进行工作对于我们来说是绝对不可能的，换句话说，我们所进行的和我们要理解的生活必须包含强有力的性质区分（价值等级）。然而，这不仅仅是人类偶发的真实心理存在，有一天它可能会被某一些人把持，即某些自由的、客观化的超人。这个宣言是说生活所处的这个有严格限制的范围是由人类能动性构成的，而且对我们而言这是不可或缺的。[23]

然而还存在另一种现代的观点，泰勒说：“这种观点试图否认所有的构架。我的观点是，这种看法是彻底错误……令人困惑的。它错误地将对生

命和自由的肯定看作是对于性质的差别的批判，看成是对构成性的善本身的摒弃，同时它们自身也是一种性质的差别反映，并且预先假定了一种物质属性的概念。”[24]

在按照思想的历史探究这种奇怪的立场是如何产生的时候，查尔斯· 28
泰勒说：“越是研究这些理论的动机——尼采会称之为‘系谱学’ 就越是感到奇怪。它们好像是由强烈的道德信念激发的，如自由、利他主义和普遍主义（也就是普遍多元论）。它们处于现代文化道德热望的中心，它们和至善（强等级）不同。然而这些理想驱动这些理论家最终否定了所有这些善。他们被困在一个奇怪的实际矛盾之中，那些善恰恰推动他们去否定或是改变所有这些善的一切性质。他们根本不能说出他们自己思考的真实根源。他们的思想不可避免地令人费解。”[25]他们认为自己的道德更为高级，可是他们又认为在整个宇宙间不存在什么更高级的东西。

查尔斯·泰勒说：“这个没有结构的能动性是一个怪物”，其根源是“深层次的不连贯和自我迷惑，两者正是没有结构的能动性所否定的”。查尔斯·泰勒还说，这种对等级性的否定涉及了一种压制的道德规范，因为“压制层”被迫要向自己隐瞒他自己所做出的判断的根源。

这进一步解释了为什么查尔斯·泰勒将这些理论家称为“寄生虫”，因为他们“不能揭示他们思想的深层原因”，他们仅仅依靠否定那些直接承认本质差别的观点而生活。“因为他们的道德根源是未被承认的，因此他们的观点始终处于争论之中。体现他们理论力量的关键词是攻击性的。从他们攻击和反驳敌人的愤怒中可以推知他们事实上维系生存的关键词是什么。这种自我隐藏的哲学因此也是寄生性的……”它以征服而生存，但名义上却是永远不去征服。

因此，即便是最激进的多元论者（反等级主义者）的观点也是由自由、利他主义（普遍善行）和普遍多元论的价值观激发的。他们利用这些根本上的等级判断和“我相信这是正确的”这一判断，精力旺盛地去否定其他的价值判断和历史上曾经活跃的其他的等级。他们彻底地摒弃战斗的道德规范、精英贵族统治的道德规范、男性主导的道德规范和主仆道德规范。

换句话说，他们反等级的价值观被一些等级价值观所占据着，这也无可厚非（我十分赞同其中大部分观点）。他们可能也说出一些真相，加入我们的行列中来，努力简明地理解所有的一切，而不仅仅是隐藏他们寄生、 29
否定和压迫的花言巧语的痕迹。

不过，同样的问题困扰着“文化相对主义者”，他们主张所有文化价值都是有效的，不可能存在普遍的价值判断。但是这个判断本身就是一个普遍的判断。它宣称说存在这样一个普遍真实的道理：没有任何判断是普遍真实的。它做出了自己的普遍判断的同时否定了其他的一切，因为普遍判断是非常非常坏的。

它完全忽视了我们如何首先做出有效的普遍真实判断这一关键。它宣称自己的主张不是主张，就使那些普遍主张免除了被仔细检查的可能性。

极端的文化相对论者认为真理根本上是特定文化取得的共识，没有任何“真理”在本质上比其他的真理好。在20世纪60年代和70年代有这样一种蒙昧主义的风气，如米歇尔·福柯（Michel Foucault）曾写过一本书，叫做《事物的秩序》（*The Order of Things*），其中这种自相矛盾的特征特别明显。在这本书中，福柯说人们所称之为“真理”的东西从本质上仅仅是一种权力和传统的武断展示，他强调了几个时期，在那些时期，“真理”似乎仅仅完全依赖于狡猾的、传统的知识，或是某些随机的结构，而这些结构不是由真理而是由排他主义的转变原则支配的。所有的真理根本上是主观武断的。

这个论证似乎很有说服力，甚至引起了一点国际轰动。直到比他更为聪明的批评家简单地这样问他：“你说所有的真理都是武断的，那么你的陈述本身是不是真实的呢？”

和所有的相对主义者一样，福柯将自己放在他所强加于别人的标准之外。他在制造一系列的真理主张，而这些真理主张否定了所有其他的真理主张（除了他自己的有特权的立场之外），因此就像哈贝马斯和查尔斯·泰勒所批评的那样，他的立场是极为不连贯的。福柯自己放弃了考古学的极端相对主义，而用一种平衡的方式包容它（这包含了连贯性和突然的断裂；他将这种考古学的研究方式称为是“傲慢的”）。

没有人否认文化的很多方面事实上是不同的，但价值上是平等的这一观点。关键是这个立场本身是普遍的，并且摒弃了那些仅仅根据民族中心
30 主义的偏见来武断地对文化进行排序的理论。但是它宣称所有的排序都是坏的或是武断的，就不能解释它自己的立场和它自己序列系统的进程（这个进程是不被承认的）。不论以何种名义，无意识的排序也是一种坏的排列。

相对主义者是非常蹩脚的排序者。像迈克尔·温克尔曼（Michael Winkelman）[26]这样的理论家大声地谴责别人，其实别人所做的恰恰是他无意识中所做的事情，他只是一大串蹩脚的排序者中的一个，仅仅依靠抨击他人而生存。我们将会更加清楚地看到，哈贝马斯对这些观点发起了一项毁灭性的批评，他指出这些观点都出现了一种表述行为的矛盾，换句话说，这些观点暗中预设了一种普遍的合法性是可以存在的，但是他们却宣称任何普遍的合法性是不存在的。

简而言之，极端的文化相对性和反等级价值体系会和其他运动一样趋于死亡。在人类的生存中，本质的差别是不可逃避的，并且对这些差别的区分有好有坏。

在许多方面，我们想赞同文化多元运动的一般结论：我们想在平等的阳光下拥抱所有的文化。但不是所有文化都赞成普适多元论这种观点。普适多元论是一种非常特殊的排序，大多数民族中心主义和社会中心论的文化都不承认这种观点，因此普适多元论是在反对一个或多个统治阶级的长期艰难斗争中形成的。[27]

为什么普适多元论比阶级主导更好呢？当在历史的大部分进程中这种普适多元论受到鄙视时，我们如何发展或是进化到这种观点呢？在这本书中，有许多关于发展和进化论的主题，我们如何抵达普适多元论，并且如何与以一种支配性的方式将自己的文化、信仰、价值置于别人之上的人作斗争？仅仅因为我们首先否定了序列和本质差别，这些关键问题的答案就中途夭折了。

结论

我的观点是：如果结构是不可逃避的（我们是背景中的背景、全子中的全子），并且涉及了本质差别——换句话说，我们不可避免地陷入具有等级性的判断之中——那么我们就能够有意识地将这些判断和等级的科学联 31
系起来，这些等级的科学也就是关于层次系统的科学，关于结构中的结构的科学，关于背景中的背景的科学，关于全子中的全子的科学——结果是价值和事实不再自动相互脱离。

当反等级主义者称他们的观点是整体性的时候（事实上是堆积性的），这种统一和整体化的行动是受到阻碍的。这个行动之所以受到阻碍是因为反等级主义者认为实在没有等级性，而关于整体的科学以其他的方式坚持在一起。但是，当我们明白了通往整体论的唯一道路是通过层次系统，我们就能够以一种温和的方式将事实和价值重新整合。在建构一个整体性而不是堆积性的世界观的过程中，科学是和我们并肩作战的，而不是反对我们的。

我们进一步意识到存在巨链实际上是层次系统的巨链——其中的每一个环节本质上都是整体，同时又是一个更大整体中的一部分——整个系列构筑在精神之中。[28]

如果这些存在于科学、价值判断、伟大的智慧传统之中的各种各样的层次系统，能够互相感通，一个真正伟大的整合将会在我们共同的未来存在。

525 **注释**

[1] 参见罗杰·沃什（Roger Walsh）在《活着》（*Staying Alive*）中从知觉的角度对此做的论述。

[2] 沃里克·福克斯（Warwick Fox）对这些问题发展历史的脉络做了一个非常有用的总结，参见《走向超个人的生态学》（*Toward a Transpersonal Ecology*）。

[3] 卡普拉：《转折点》，16 页。

[4] 转引自戴蒙德和奥伦斯坦（Diamond & Orenstein）：《重建世界》（*Reweaving The World*），156～161 页。

[5] 德沃尔和赛申斯：《深度生态学》（*Deep Ecology*），8～20 页。

[6] 拉兹洛：《进化》（*Evolution*），9、4 页。

[7] 同上书，5 页。

[8] 我们所关注的恰恰是这些领域之间的关系，无论实际上它们是三个不同的领域还是一个领域的三个方面，无论它们三个和神性领域之间的相互关系如何，或者它们三个作为一个整体和神性领域（theosphere）之间的关系如何——和灵界之间的关系如何：我们最终会详细讨论这些问题。我们可以接受这样一点，暂时接受三大领域的正确性。

在此仅仅举下面一个例子：在《生态、社区和生活风格》（*Ecology、Community and Lifestyle*）一书中，奈斯（Arne Naess）指出，"在这个星球上，人类是第一个具备有意识地限制自身种群的数量的物种，维持着和其他物种之间动态的平衡"，但是"目前一种全球文化……正在侵蚀人类的生存境遇，破坏着下一代的生存条件"（第 23 页）。毫无疑问，这是正确的，并且人类文化要么有意识地服从生物层面的生存条件，要么和生物层面决裂，毅然决然表现出人类层面和生物层面的不同——人类层面和生物层面本来就是差别很大——尽管人类层面的存在要依赖生物层面，也正因为如此我们才把人类层面称为人类层面。我们在这本书中会反复讨论这个问题，每次讨论都将加深对它的认识，所以希望我的生态学家朋友们暂且忍耐一下，和我一起往下看，我们慢慢把这个问题讨论清楚。

[9] 贝塔朗菲：《一般系统论》（*General System Theory*），87 页。

[10] 参见洛夫乔伊：《存在巨链》（*Great Chain of Being*），在第九章将对这本书的基本问题进行详细讨论。

[11] 同上书：6 页。

[12] 拉兹洛：《进化》，14 页。

526 [13] 同上书，13 页。

[14] 比如说，这样就会出现普利高津所说的情况。他先引用了艾沃尔·莱可莱克的这段话："我们这个世纪，正在承担科学和哲学分裂的种种苦果，这是 18 世纪西方物理学胜利的恶果。"然后普利高津接着说："但是我相信今天的情况要好一些，因为对时间的重新发现带来了新的视角（也就是不可逆性的发现），现在自然科学（硬科学）和人文科学和哲学之间的对话可能再次呈现古希腊时期的繁荣景象，或者类似 17 世纪牛顿和莱布尼茨时期的辉煌。"——这就是我们所说的分裂的

开始阶段（生命和物质的分裂，更准确地说是内部和外部的分裂）。《诺贝尔奖获得者对话》，121 页，Saybrook 出版社，1985。

[15] 加德纳：《对心灵的探索》（*Quest for Mind*），172 页。

[16] 雅各布森：《论语言》（*On Language*），11 页。这是编者对雅各布森的观点的总结。

[17] 加德纳：《对心灵的探索》，172 页。

[18] 保罗·爱德华（Paul Edawards）：《哲学百科全书》（*Encyclopedia of Philosophy*），第 2 卷，474 页。

[19] 凯斯特勒（Koestler）：《机器中的魔鬼》（*Ghost in the Machine*）。

[20] 艾斯勒（Riane Eisler）：《圣杯与剑》（*Chalice and The Blade*），205 页。

[21] 泰勒：《自我的根源：现代认同的形成》（*Sources of The Self*），19、20 页。

[22] 同上书，31 页。

[23] 同上书，27、28 页。

[24] 同上书，22、98 页。

[25] 同上书，88 页。

[26] 在《意识是进化的吗？——从文化相对主义的角度看超个人理论》一文中，温克尔曼翻出那些老掉牙的文化相对主义的论据来反驳对意识进化进行高下分类的任何做法，反驳说某种文化高于其他文化。他说没有哪种文化立场上的高下之分，须根据各种文化的内在特征以及其自身的标准来确定其价值：没有哪种立场是本来高级的。然后他接着论述了为什么文化立场本然的高下之分不存在。

可能隐约感到自己的说法有点矛盾，他紧接着声明自己的全球化立场也不是普适的。他也只能这么做，否则就是说自己这种全球化的立场比别人那些“狭隘”的文化立场要高级，别人都应该采纳他的多元文化立场，这和他本身宣扬的世界中心的立场是矛盾的。

这样一来，温克尔曼的述行矛盾就表现在他对自己立场高于别的立场的确认上。他自己的理论无法说明为何这种立场的高级性能够成立，因为他的立场所存在的宇宙中所谓高级的立场本来是不能成立的，不被支持的。他只是反对任何具有层级划分的理论体系（但是在他的理论体系中也隐含了这种等级划分）。然后这种虚伪的立场就被推广到所有的宗教，结果都一样：谁都不能说什么东西更高或者更深；对一种文化有用的东西对另一种文化而言必定也是好的，因为它有同化的 527
功能。

这种立场不但完全不正确（纳粹和别人一样？毕竟我们不能用我们的标准来评判他们），而且毫无用处。文化价值的崩溃、价值等级划分成了功能适应和同化，这其实是启蒙运动基本范式的一部分，这里面深深地隐含了民族中心的成分（我们将在第四章、第十一章、第十二章和第十四章详细讨论这个问题）。

温克尔曼理论的基本依据主要来自共时性结构主义（比如列维-斯特劳斯的思想），现在人们都知道这种理论在解释发展的问题（历时性）时无能为力。列维-斯特劳斯认为［比如《野性的思维》(*The Sarage Mind*)］早期文化具有隐藏的结构，如果客观地呈现出来，就可以看到在高级的文化中这种结构都有所表现，只不过表现得更为复杂，因此原始人认知的丰富性在现代人身上并非没有表现。于是他就指出，五岁的小孩和科学家的思维没有什么两样（五岁的小孩和科学家的差别就好比原始人和现代人的差别，列维-斯特劳斯否认两者之间在认识能力上存在本质的差别）。

这就好比说，因为薛定谔，波动方程可能代表了电子行为，因此就和亚里士多德的形式逻辑方程同样复杂，然后说电子的认识能力和亚里士多德的认知能力没有本质的差别。说五岁的小孩和科学家都具备复杂的思维结构并不足以说明两者之间就没有根本的差别。并且实际上，后来列维-斯特劳斯自己也放弃了五岁小孩和科学家没有本质差别的说法，这也从另一个侧面反映了共时性结构主义（无改变）缺乏发展的敏感性（历时性）的问题。文化并非像早期的结构主义者想象的那样，是静止的、共时的、没有历史变化的、没有发展潮流的，实际上文化/历史在认知、道德、法律和技术等很多方面都表现出学习的倾向（我们在后面会看到）。

因此，如果我们同意（比如温克尔曼）普遍的视角比狭隘的民族中心（这实际上是前者的一部分）优越，因为这种世界中心的视角不仅仅在文化的初始阶段存在，而且经历了一千年的缓慢进化和发展，那么我们考察这种世界中心的视角产生的阶段历程就是合理的。这不可避免地就要涉及交流的理论、社会进化的理论，这恰恰就是哈贝马斯的思路。

通过这么做，哈贝马斯提出了一系列普适的观点，它们是跨文化的、跨语言
528 的，可以证伪的。也就是说，权且这么说，如果我们真的想承认文化相对主义中存在某些真理成分，如果真诚地接纳这种真理成分（不盲从），就自然会走向普遍合法的观点（我们后面会看到），此外没有别的选择。这些观点在文化之间不做等级划分，但是在文化内部则不会：文化内部存在或高或低、或深或浅、或优或劣的价值。并且，不仅价值本身可以被划分等级，价值类型也可以——被某种文化本身来划分（至于划分的标准我们在后面会讨论）。

温克尔曼的批判完全没有看到哈贝马斯主义的革命——他落后这个时代 10 年到 20 年。在后面的章节中，我们将详细讨论哈贝马斯的观点，我相信它们的价值会非常明显（欲了解从这个方面对温克尔曼的观点作的批判可以参阅第五章的注释[26]）。

[27] 因此，普遍的、世界中心的多元主义是一种非常难得的、很罕见的、很特别的、很精英的立场。我对这些精英的立场的很多方面是支持的。但是他们说自己是反对精英主义的，对这一点我就不敢苟同了。

[28] 我们将在第九章和第十章详细讨论这个问题，现在只需要举几个简单的例子就可以了。在休斯敦·史密斯（Huston Smith）的《忘记真理》(*Forgotten Truth*) 中，他用一句话总结了世界主要宗教："一个存在和认识的等级。"仲巴（Chogyam Trunpa Rinpoche）在《香巴拉》(*Shambhala*) 中指出，一切东西方哲学

有一个普遍存在的本质，从神道教到道教，都有一种“天、地、人的等级”，他指出这和“身、心、灵”也是对应的。库玛拉斯旺米（Coomaraswamy）在《印度教和佛教神祇》（*Hinduism and Buddhism*）中指出，世界上的伟大宗教无一例外地涉及“代表不同意识水平或类型的等级，从动物到神灵，根据这个全子从聚，同一个个体在不同的情况下可能有不同的功能”。

第二章　关联的模式

32 物质看起来似乎完全是被动的，也谈不上什么形式和组织，但是即便最简单的物质，也有一种动力推动它通过自然的进化，按照更完美的结构来塑造自己。

——康德（Kant）

上帝不是麻木不仁的僵尸，就连石头也会呐喊，要提升到大精神的层次。

——黑格尔

关联模式的实质

我们首先讨论一下整体论科学或者叫做动态系统理论，然后用本章剩下的篇幅以及第三章和第四章的全部内容，对现代进化科学的一些基本结论进行探讨，看看能否在一个更大的格局中把它们整合起来。

下面我们要讲的20条原理（或者结论），可以称之为“存在的模式”、“进化的趋势”、“形式的规律”或“涌现的倾向”，它们是普遍的范式或者趋势。前面我们曾经说过，现代系统科学认为这些趋势在进化的三大领域中都成立，包括物理层面、生物层面和人类层面，因此这些趋势使得宇宙成为真正的“单向度的”过程，或者说成为一种包含了普遍的基本范式的
33 多元涌现，即“关联的模式”。（关于这些普遍的规律，我不想讨论它们是宇宙的“永恒的规律”，或者只是“相对稳定的倾向”，我不想在这些问题上卷入错综复杂的争论，因此我倾向于说它们是一种“关联的模式”。）[1]

这些范式（即20条原理）是从现代进化科学和系统科学中概括出来的，但是我要强调它们并不局限于这些学科。我前面曾经提到过，我们现在关注的是科学的那些看似准确的“一半”，对非常不可靠的另外一半，我们必须进行重新审视（从第三章开始）。我们会清楚地看到，几乎所有试图对贯穿三大领域的基本范式进行描述的做法都犯了一个错误，即它们在描述这种范式的时候用的是一种“客观自然主义的语言”（“它语言”），因此当把它们运用到那些只能用“我语言”（审美）和“我们语言”（伦理）的

领域的时候就会陷入困境。我所见过的每一种"提出一个统一的体系的尝试",无不在这里遭受严重的挫折。

因此,我小心翼翼地在抽象的层面对这些原则的层次和类型进行区分(我相信它可以与"它语言"、"我们语言"、"我语言",或者"真"、"善"、"美"完全相容),以便能对这些领域稳妥地进行综合。系统理论曾经热衷于把所有这些层面都还原到自然主义的和客观化的术语中去。(如我所言,从第三章开始,所有这些都将得到详细地讨论。)

最后是一个小小的警告。不少读者把这些原理当作是本书最有趣的部分,也有一些人认为它们过于抽象、非常无聊。如果你属于后面这种情况,那么相信在后面的章节中,它们将得到充实,并得到具体阐发。同时,我对它们做一个"读者文摘"式的描述如下:

实体并不是由事物或者过程组成的,也不是由原子或者夸克构成的,它既非由整体组成,也没有任何部分。也就是说,它是由整体兼部分,或者说全子组成的。

看待原子、细胞、符号和观念,正是需要这样的视角。它们不能够被理解为事物或者过程,也不是整体或者部分,而只能够被理解为整体兼部分。通常公认的"原子论"的和"整体论"的方法都没有切中要害,因为万物都是全子(没有上限和下限)。

一个原子在成为原子之前,它是一个全子。一个细胞在成为一个细胞之前,它是一个全子。一个观念在成为观念之前,它是一个全子。它们都是存在于其他整体中的整体,因此它们最初都是整体兼部分,或者全子 34
(远远先于任何我们找出的"独特属性")。

同样,实在可能确实是由过程而不是物质组成的,但所有的过程也只是存在于其他过程之中的过程,也就是说它们首先是全子。试图确定实在的基本组成单元到底是物质还是过程的做法都是不着边际的,因为无论是物质还是过程,它们都是全子,单纯关注这一方面或者那一方面都会走偏。显然,物质和过程都是存在的,但是它们都是全子。

因此,寻求贯穿存在的各个层面和领域的普遍过程或物质都是徒劳的,只有通过概括全子的共同特征才能认识普遍规律。无论寻求普遍过程还是寻求普遍物质都只能导致简化论,不可能实现真正的整合。

所以,如果说宇宙在根本上是由夸克构成的就过于夸大夸克这个领域的重要性。同样,如果从宇宙观的另外一个极端看,认为宇宙在根本上是由我们的认知符号构成的(因为这些都是我们真正所知的),那么就会过于夸大这个领域的重要性。两种说法都是授予某一个特殊领域特权。但是,如果说宇宙是由全子构成的,却既不会授予某个领域特权,也不会剥夺任何层面本来具足的特征。例如，文学不是由亚原子粒子构成的，但文学和亚原子粒子都是由全子构成的。

我们不但要解释全子的概念，对这个概念进行上述推理并在后文提供论证，而且要尝试指出所有已知的全子有何共性特征，并通过对每一个领域（从细胞生物到生理耗散结构，从星球进化到精神成长，从自生系统到计算机程序编制，从语言结构到 DNA 复制）进行检视来检验和改进这些结论。

既然所有这些领域都与全子有关，我们可以试着去认识在它们相互作用时所表现出的共性特征——它们的“法则”、“范式”、“趋向”或“习性”。这些共性特征包含 20 条原则，我已将它们归纳为 12 个范畴（它们之中有些只是简单的定义，但为方便起见，我一直把它们称为“20 条原则”。关于 20 这个数字没有什么特别之处，有些原理可能没列出来，列出来的也不一定得到充分表达，我不准备面面俱到）。

35 **20 条原则**

1. 整体实在不是由物质或过程组成的，而是由全子组成的。全子没有上限或下限。换句话说，构成实在的东西既是整体又同时是其他整体的一部分。从某种意义上可以说全子是过程而非物质，但这种说法忽略了问题的实质，即过程本身也是存在于其他过程中的。没有什么物质或过程，万物皆是全子。

既然实在不是由整体组成的，也不存在单纯的部分——即便有也只是整体兼部分——那么，原子论（所有的事物在根本上都仅仅是偶然互动的、孤立的、独立的整体）和整体论（任何事物都只不过是较大的网络或整体中的一个位置或部分）之间的传统争论就解决了，因为这两派观点都是完全错误的。没有整体，也没有部分，只有整体兼部分。

这个观点也可以用来解决唯物主义和唯心主义两个阵营之间的争论。实在并不是由夸克、自举强子、亚原子交换构成的，但也不是由理念、符号或思想构成的，它是由全子构成的。

有一则古老的笑话，说的是国王问一位智者为什么大地不会塌陷。智者回答：“一头狮子在驮着大地。”国王又问：“那么，又是什么在驮着狮子呢?”“狮子站在一头大象的背上。”“大象站在何处呢?”“它站在一只乌龟上面。”“乌龟站在……”“就到此为止吧，陛下，下面全是乌龟了。”

下面全是乌龟（全子）了。“亚原子水平的粒子是相互包含的——在某种意义上这种物质只能在相对论量子力学中得到准确的界定。关键之处在于，一个物理粒子——重整粒子——包括一个裸粒子和一大团虚粒子，极其复杂地纠缠为循环往复的一团。因此，每一个真正的粒子存在都包含着无限多的其他粒子的存在，它被包围在一个实在的云团中，云团在它运动变化时包围着它。当然，云团中的每一个虚粒子也同样伴有它自己的虚云团，也就是气泡之中的气泡，全子中的全子，诸如此类，永无止境……”[?]

但往上看也同样都是乌龟，例如数学。集合论中的那些最让人头疼的“悖论”［康托尔（Cantor）悖论、布拉里—福蒂（Burali-Forti）悖论、罗素 36
（Russell）悖论］和其他的一些东西诱发了塔斯基（Tarski）定理和哥德尔（Gödel）不完全性定理，把数学置于一个“不可逆的、不断拓展和没有上限的宇宙”之中：“集合的总体不可能等于一个严格界定的生成过程的终结，因为，如果它确实如此，那么我们可以把迄今为止已生成的所有东西当作一个集合，并且它会继续生成更大的宇宙。集合（数学全子）的总体是一个‘无条件的’或绝对的总体，就因为这个原因，人类思维不可能充分地把握它，因为一个正常思维的对象总是可以并入到一个具有更大概括范围的总体中去。而且，集合是被安排在一个无限的等级体系之中的——一个永远向上无限延展，而且必须如此（‘无限的’）的层级体系——否则，如果数学停下来，将难逃自相矛盾的尴尬。”[3]甚至数学也只是时间之流中的一个集合，而时间之流则是不确定的——“无限的”——层级性的。

对于哲学，尤其对现在许多自诩为“整体论”的“新时代”范式来说，这一点也同样重要。“无限”（往上全是乌龟）意味着宇宙中所有整体兼部分的总和本身也并不是一个绝对整体，因为当总和成为这个时刻的一个“整体”时，它也只不过是下一时刻整体的一个部分而已，而后者则只不过是再下一时刻整体的一部分……如此无穷无尽。

这意味着我们永远不可以说“宇宙的基本要素是整体”（当然，我们也不可以说“宇宙的基本要素是部分”）。这也避免了我们所谓的控制世界的整体规则的说法，因为实际上没有这样的事情；任何整体都是部分，永远如此。

因此，全子之中的全子之中的全子就意味着世界并不建基于整体或部分（而且就精神意义上的任何种类的“绝对实在”而言，我们将会看到它既非整体或部分，也不是一或多，而只是自本自根的虚空，或完全的无分别精神）。

这一点很重要，因为它可以避免让整体性成为支配一切的极端化的原则。“整体”——这是一个非常危险的概念（对这一点我们在整本书中会不断讨论）——从许多角度来看都具有危险性，尤其是它一直可被推进到思维观念的终点，我们必须倍加小心，因为按照他们的说法，我们只不过是

他们各自所谓的“整体”中的“部分”，并且因此我们应该屈服于他们的看
37 法——我们将受困于他们奇妙的圈套之中。

这些整体论者喜欢营造社会乌托邦。当你随便问他们在他们的“整体”中都包含哪些东西时，你立即会发现，他们将大量的事物摒弃在他们所谓的“整体”之外，这非常令人担心。生态女权主义者在他们的“整体”中排斥父权制；在大多数深度生态学者的“终极整体”中不包括静修状态；生态哲学家们通常不喜欢工业化（甚至还不包括农业），等等。他们可能是正确的，但也可能是错误的。我的论点是，那些号称信奉整体论的理论家拒斥了数量多得惊人的存在。

换句话说，实际上根本就没有什么终极“整体”——它压根儿不存在——所以，那些兜售它的人不得不捏造出它的内容——不是根据实际情况，而纯粹是根据他们自己的空想。既然我们所有人都被界定为他们壮丽的网络体系中的一个小角色，那么一个将社会整体化的工作日程看起来便是非常合理了。有些思想家的观点迥异，如哈贝马斯和福柯等，但在对待所谓整体论的态度上却惊人地一致，他们将这些整体化的工作视为威胁生活世界的主要的现代敌人，这种评判可谓一针见血（我将在第十二章重新论述这一点）。

我之所以反复探讨这个问题，是因为它对于凸显等级制度的不确定性、它的开放性和令人目眩的巢居性极其重要。这是一个实现过程的等级制度，而非一个支配性的等级制度。支配性的等级制度正好就是在任何一个全子被确定为整体和“阶段”而非一个整体兼部分之时出现的。“终极整体”：这是支配性的、病态的等级制度的实质；“纯粹整体”：这是整体化的谎言。

因为这些原因，我将宇宙中所有事件现象的总和称之为“全体”（指所有整体兼部分的总和）而不是“整体”（这个词意味着整体终究高于部分）。而且这个总和本身并不是一个整体，而只是一个整体兼部分：只要你一想到“全体”，你自己的思想中就已经把另一个全子加到全体的头上（因此，第一个全体不再是“全体”而只是另一个新全体的“部分”），就这样我们迈向无限，永远不会抵达被我们标为“全体”的那一点。这就是为什么它永远不会是一个整体而是一个无穷的整体兼部分序列的原因（这些序列本身也是一个整体兼部分——如此“无限地”推演）。

38 毕达哥拉斯学派引入了“大宇宙”（kosmos）一词，我们通常将其译为“宇宙”。但大宇宙的原初含义指的是存在的所有领域的范式的性质和过程——包括物质、数学、神智学等，并不仅指物理意义上的宇宙；对于物理学意义上的宇宙，他们用我们今天通常用的“cosmos”和“universe”两个词。

因此，我愿意重新引入这个词语——大宇宙。它包括物质宇宙（或

称物理层面）、生命（或称生物层面）、人（或称人类层面）和神智（神智层面或神域）——其中没有任何一项特别重要（甚至精神也褪入虚空）。

因此，我们可以简单地说，大宇宙是由全子组成的，既无上限，也无下限，永远如此。

让我用最后一个例子来结束这一部分的讨论吧，它来自一个也许会令大家感到意外的资源。后现代后结构主义者们——通常与下列人物联系在一起，如德里达（Derrida）、福柯、J. 利奥塔（Jean Lyotard）及向前追溯的G. 巴塔耶（George Bataille）和尼采（Nietzsche）等——已经成为任何类型的系统理论和“宏大叙事”的大敌，因此，人们可能觉得他们会对有关“等级制”的任何总体理论发动严厉的抨击。但对他们的工作所做的细致考察显示，其驱动力正是来自关于全子中的全子中的全子、文本中的文本中的文本（或语境中的语境中的语境）的观念，而且正是这种文本中的文本的变动演示形成了他们所由之发动攻击的平台和纲领，也就是“无基础”。

例如巴塔耶认为，“在最普遍的方式上，宇宙的每一个可孤立的要素一直以一个粒子的形成出现，它可以进入到与一个超越它的整体的综合；存在只被知觉为一个整体，由保持着自身相对自由度的粒子们构成（一个部分也是一个整体）。这两条原则（同时是整体和部分）通过一种距离——永远不停止对一切的怀疑——支配着一个武断（ipse）存在的不确定的样态。”[4]

一切都值得怀疑，因为任何事物都永远是语境中的语境。而且“怀疑一切”也恰恰是后现代后结构主义者的特征。这种语言很快将会变得非常典型（这在以前可以说是十分荒谬的），巴塔耶继续指出，“怀疑一切”可以防止人类根据一种自以为是的整体观，和自鸣得意的普适性去粗暴地安排事物：“极度的恐惧变成了对普遍性的强烈追求，强烈到令人头晕目眩的地步。怀疑一切本身也是一种普遍性，它只是一种挑战，毕竟浩渺无边的 39
无量世界是游离于闪烁不定的暴力安排之外的。那种暴力的安排只是一个悲剧，它忽略了那些令自己无所适从的可能性。但是，人这样一种存在，已经被他的同类所创造的知识迷惑了。那些知识榨干了他的精华，把他变成了某种东西的构成，这种东西超越了他那恶毒的自主性，完全陷入黑暗的虚空。”[5]诸如此类。

关键之处并不在于巴塔耶自己没有任何类型的系统，而仅仅在于“系统是变动不居的”——全子中的全子。因此，简单地宣称“没有系统的说法是不太真诚的”。这也是为什么当时的超现实主义领袖安德烈·布勒东

(André Breton）对巴塔耶的这个部分展开攻击的原因，他使用的也是回响在今天的后现代主义批评者们之间的那些话语："巴塔耶的不幸在于进行推理，诚然，他像'鼻子上落了一只苍蝇'的人一样进行推理，这使得他与死人的关系比与活人更密切，但'他确实进行了推理'。在他的并未完全失序的内在小机制的帮助下，他试图分配他的强迫观念：这个事实证明了，无论他会说什么他都不可能宣称反对任何系统，就像一头没有思想的野兽。"[6]

在某种意义上，双方都是正确的。有系统，但系统是变动不居的。它是无休止的、令人目眩的、层次系统性的或全子丛聚的（holoarchic）。这也解释了为什么乔纳森·库勒（Jonathan Culler）——大概是德里达解构理论最好的阐释者——认为德里达本人并未否定真理，而只是坚持认为真理和意义是受语境束缚的（作为一个整体的每一个语境也是另一个整体语境的部分，它自己……）。"因此，一个人可以将解构与'意义的语境决定'和'语境的无限延伸性'的双原则区分开来。"[7]

上、下全部都是乌龟。解构所要质疑的是寻找一个最终栖息地的欲望——在整体或部分或介于二者之间的任何事物之中选一个作为基础。对于一个文本（或者生活或者历史或者大宇宙），每一次当有人找出一个最终的解读或一个基本的解读方式时，解构论总是会说完全的语境——或整体论式的解读——并不存在，因为它也永远是另一个文本的一部分。正如库勒所说："完全的语境（最终的整体论）无论是在理论上还是在实践中都是不可把握的，意义是受语境束缚的，而语境是无限的。"[8]无限的乌龟是不存在的。

甚至哈贝马斯也同意这个论点——他基本同意布勒东关于德里达对巴
40 塔耶的理解的评价。如他所说："这些使一切发生了改变的语境变化在理论上是不可能被捕捉或控制的，因为语境是不可穷尽的，也就是说在理论上不可能对它们进行一劳永逸的把握。"[9]

系统是变动的并不意味着意义不能得到树立、真理不存在或语境没有足够长的区间来生成一个简单的论点。许多后现代后结构主义者根本就不了解全子空间，他们已经完全迷失于其中（在第十三章我们将回到这一点上；例如巴塔耶，他对全子空间作了一项出色的、长期的和艰苦的考察并因此变得精神失常——尽管谁是原因谁是结果还很难说）。

关于我们的旅程，我只需要再次提请大家注意，系统是存在的，但它是变动不居的：大宇宙是无穷尽的全体，而全体则是由全子构成的——上无穷，下无尽。

2. 全子表现出四种基本能力：自我保存（self-preservation）、自我适应

(self-adaptation)、自我超越（self-transcendence)、自我分解（self-dissolution)。这四种能力都非常重要，我们将分别对其展开论述。

(1) 自我保存。所有的全子都表现出某种生存能力，保持它们的个性和它们特有的整体性或者自主性。在一个适当的环境中，一个氢原子能够保持其作为氢原子的属性。它并不一定有什么一般意义上的思考能力，但它确实一直保持着它的自主性（agency)：它能在时间的波动中保持自我。(这本身就是一种伟大的成就!)

一个存在于生命环境中的全子（比如一个细胞）在自我保存中展示出更加复杂的能力——自我更新（自我生成）的能力——甚至当它的物质成分被更改后，它依然保持着自己的可识别的模式（或结构)，它能从环境中吸取物质（它是一个“超稳耗散结构”)。

换句话说，尽管全子借助它们的相互联结的关系或环境而存在，但它们所受的限制并不来自它们的环境，而是来自它们自身的个体形态、范式或结构（甚至相对于其他粒子而处于自举状态的粒子也保持着它们的个性景观，像莱布尼茨曾描述的那样)。

这种内在的形态或范式有很多名称：圆极（亚里士多德)，形态单元/场（谢尔德里克)，体制/准则/规范（凯斯特勒)，深层结构（威尔伯)。在物理层面中，一个全子的形态是相对简单的（但是其复杂的程度还是足以令人眼花缭乱的)；在生物层面和人类世界中，全子与它的环境之间的相互 41
交换呈现出繁杂的规则，都是用来保存作为某个全子的实质内容的稳定(或可辨认其变化的方向性)、一致（coherent）和相对自由的范式。例如瓦莱拉解释说，“传统生态学”建基于“按照一种符合原理活动的他律单元(heteronymous units)”之上，而新生态学的全部实质在于“按照一种一致(coherent）原理活动的自律单元（autonomous units)。”[10]

简言之，对全子的定义不是通过构成它们的材料（不存在材料这回事）或它们的存在环境来进行的（尽管全子与环境不可分离)，而是通过它们展现出的相对自由和谐的范式；保存那种范式的能力是全子的一个特征，一个全子的整体性在它的保存范式的过程中得到体现。

(2) 自我适应。全子不仅表现为一个自我保存的“整体”，而且它也是另一个较大整体的一部分，因为它是一个“部分”，所以必须适应其他的全子（不是自我生成而是依他生成，不是吸收同化而是顺应)。一个全子的“部分”性体现在它识别其他全子和适应其存在环境的能力上。例如，电子尽管是非常小的微粒，也能对一个轨道层中其他电子的数量做出适应，它们识别环境的变化，并对环境的影响做出反应。这并不是说电子具有什么意图，而只是说它具备对周围的现象做出反应的能力。作为一个“整体”，它保持着自我；作为一个“部分”，它必须进行适应——上述便是原则 2 的两条内容。

我们可以思考一下作为一个全子的两种相反趋向的“自主性”（agency）和“合群性”（communion）。它的自主性——自我肯定、自我保存、自我吸收、同化趋向——表现它的“整体性”和相对自由性；而它的合群性——参与、联结和结合趋向——则表现了它的“部分”性和与更大事物的关系。

这两种能力或趋向都具有绝对决定性，且同等重要，其中任何一项的过量都会立即毁掉一个全子（即摧毁它的识别范式），甚至二者之间的一个轻微的不平衡也将导致结构畸形（不论是一棵植物的生长还是父权制的演变，都是如此）。而且我们已经提示过（参阅第一章），在任何系统中，这两种趋向之间的不平衡都可以使得全子表现为“病态的自主性”（异化和压抑）或“病态的合群性”（融合和不可分）。

42 这种根本的两极性在任何领域随处可见，道家的阴阳（自主性和合群性）理论对其作了典型的表述。凯斯特勒曾说：“在无机和有机层次系统的不同层面上，‘单一性’（自主性）和‘整体性’（合群性）两种力量的极化呈现不同的样态，但‘在每一层面上它都是可察觉的’。”[11]

[当我们涉及自组织的心理和政治层面时，关于这两种趋向我将作更多讨论，尤其是关于男性和女性的价值领域和有关权利（自主性）与责任（合群性）的政治理论。]

（3）自我超越（或自我蜕变）。在适当的条件下，当一个氧原子和两个氢原子聚合到一起时，一个新的且在某种意义上是前所未有的全子出现了——即水分子。这不仅仅是一种拼凑，也不是自我适应或三个原子的联合，它是一种蜕变，新的事物诞生了——不同的整体聚合在一起形成了一个与它们都不一样的新整体。在已经消失了的东西之上有某种创造性的扭转（twist）。怀特海（White head）把它叫做“创造”（他称之为“终极范畴”[12]——即理解其他任何范畴所必需的范畴），而詹特和沃丁顿（Waddington）则称之为“自我超越”。

包括凯斯特勒在内的一些作者将自我适应和自我超越混为一谈，两个概念混用，因为两者都含有一种“超越”的意味。但抛开相似点，这两个范畴在程度和类型上都是有差别的。在自我适应或合群性中，一个东西可以发现自身是另一“更大”整体的“部分”，它有自己新形成的自主性（相对自由）和群体性。[13]如詹特所说：

> 仅仅把这些机制描述为开放的、适应性的、不均衡的或能学习的系统（合群性）是不够的，因为它们是自我超越的，这意味着它们能

> 够……转译自身。自我超越机制是走向质变的进化过程的载体，保证了进化的连续性；反过来，进化也维持着自我超越机制，这种机制只能存在于一个相互依赖的世界之中。因为有自我超越机制，存在随着蜕变聚在一起。[14]

如普利高津所说，进化的各个层面和阶段不能彼此替代，因为它们之间的蜕变的特点是“对称断裂”（symmetry breaks）——这就是说它们不是相同材料的等价重组（无论这种“材料”是什么），而是特定程度上的一个 43
显著的超越，一个创造性的新扭转。詹特解释说：

> 对称性断裂为形态发生（morphogenesis）引入了新的动态的可能性，并标志了一种自我超越现实。仅仅通过对称性断裂，复杂性变为可能性。从断裂中涌现出的东西越来越不可能还原到一种基本（性质）的单一层面上去。新涌现出的实在在许多层面上得到了调整。

他对这一切进行了总结：“在自组织范式中，进化是所有层面上自我超越的结果。”[15]他也把这称之为“通过自我超越达到自我实现”。

换句话说，对称性断裂是一条垂直的维线，它呈90度角与水平排列的自主性和合群性相切——请容许我这样打个比喻。在自我超越中，自主性和合群性并不是相互作用，而是通过对称断裂和进化流动中创造性的新扭转的引入，出现了自主性和合群性的新形式。在进化中，不仅有连续性，也有重要的间断性。“与其说自然是通过逐渐调整向前迈进的，不如说是通过突然跳跃和深层转译。生命之树的示意图不再像综合论中连续的丫形，它现在被描画为突然的蜕变……在经验科学的许多领域积累的重要证据表明，动态系统的进化并非一直以平滑和连续的方式进行，而是伴随着比较突然的跳跃性的爆发。”[16]

古生物学家辛普森（George Simpson）把这种现象称之为“量子进化”（quantum evolution），因为这些爆发“包括适应能力或实体结构相对突然的交替，在有关它们之间转变的化石记录中很少留下，甚至根本没有留下证据”[17]。这个“量子进化”导致了艾尔德里奇（Niles Eldredge）和古尔德（Stephen Jay Gould）的“间断性的模式”（punctuational model），墨菲将其总结为“进化超越”。

墨菲指出：“进化理论家多布赞斯基（Theodosius Dobzhansky）和阿亚拉（Francisco Ayala）已经将这些……称为‘进化超越’的实例，因为在它们每一个之中都产生了一种存在的新秩序。现代进化理论的主要创建人斯 44
特宾斯（G. Ledyard Stebbins）描述了有机物进化中大步与小步之间的某些差异，把植物学界和动物学界的级（grade）这个字用来指称一套特征或能力，它们明确地给予后代物种胜过其祖先的某种优势。根据斯特宾斯的说法，马利筋和兰花的传粉机制的发展在级的层面上是次要的进步，而复杂的感觉器官、脊椎构造和复杂的社会行为则是重大进步。据他估计，在几亿年的真核生物进化过程中，已有总共约640 000项次要进步，20～100 项重大进步。”[18]

关键是这并没有什么特别的，不是什么超自然的或神秘现象。自我超越只不过是一个系统超越既有状态、引进某种新事物的能力。可以非常肯定地说，没有它进化将永远不会——也永远不可能会存在。自我超越不是别的，它只是意味着大宇宙有一种超越既有状态的内在能力——这使得宇宙无处不能被触动（否则进化将没有起点）。

（4）自我分解——（通过纵向的自我蜕变）合成的全子们也会分解。当全子们“分解”或“分散”时，其方式是与它们被合成时一样，遵循纵向顺序（当然，只是方向正相反），这是自然而然的事情。

> 在进化中，如果一个结构被迫退化（比如说因为发展不均衡），一旦出现混乱它就将以与它产生时同样的方式进行……这显示出一种原生的、整体性的“系统记忆”，它在化学反应系统水平就已经出现了。[19]

对那些属于精神和语言领域（人类世界）的全子的一切事物而言，这一点都是准确无误的。雅各布森提道：“在精神世界的不同领域中，很多分层现象现代心理学未曾揭示。恰恰在这里，新的补充层面开始了——这曾涉及那些分层现象。新的补充内容被添加在以前的东西之上，且从较高的层面开始分解——这些增添物的先后连续且不可逆的普遍关联法则之间存
45 在惊人的一致性，这种普遍法则主宰着世界上所有语言的共同性。”[20]

换句话说，纵向合成的东西可以纵向瓦解，此两种现象的过程实质上是一样的。

总而言之，这四种能力——自我保存或自主性、自我适应或合群性、自我超越和自我分解——可以被画成一个十字，它具有两个横向“对立点”（自主性和合群性）与两个纵向“对立点”（自我超越和自我分解）。

这四种“力量”处于持续不断的张力之中（我们在整本书中将会看到这一点）。横向：自主性越强，合群性则越弱，反之亦然。这即是说，一个全子保存它自身的个性和整体性的力度越强，则在更大或更广泛的整体中所具有的合群性或部分性就越弱（反过来亦如此，它的部分性越突出，则它自身的整体性越弱）。例如，当我们说一个元素是“惰性元素”时（比如氢），我们指的是它强烈抵制与其他元素共同形成化合物，它保持自身的自主性并抵制合群性——它是相对惰性的。

这种张力持续不断，无处不在，从自我保存与物种保存之间的较量到权利（自主性）与责任（合群性）、个体性与从属性、个人与集体、一致性（coherence）与符合性（correspondence）、自我导向与他人导向、自律与他律……之间的冲突。简言之，我如何做到既是我自身的整体又是某个更大东西的一部分，且不失去自我或者破坏整体呢？

（我们将会看到，在所有阶段——包括人类，对此问题的回答都包括生成新形式的自主性和合群性的自我超越，它将二者整合并吸收进一个新生事物之中：不只是一个“更宽”的整体，一个横向的拓展，而是一个“更深”或“更高”的整体，一个纵向涌现。这是“在所有层次上，进化都是自我超越的结果”和“通过自我超越达到自我实现”等的原因——但这一点在本章内容中讲，有点太早。）

自主性和合群性之间的这种横向较量持续不断，甚至在某些特定层面会导致病态。过度的自主性，过多的个体性可能严重损害合群性（压抑和异化），而合群性是自主性存在的前提；过度的合群性导致了个体完整性的 46
丧失，个体与个体之间相互融合，边界模糊，自由熔化、丧失。

（我们将会看到，典型的“男性病态”倾向于过度自主，或害怕关系，就像氦原子那样具有极高的惰性！而典型的“女性病态”倾向于过度合群，或害怕自由——一个导致支配，另一个则导致融合，在“父权制”和“母权制”中我们将看到这种情形的演绎。）

如果说横向较量发生在自主性和合群性之间，那么持续不断的纵向斗争则发生在自我超越和自我消融之间，即合成或瓦解的趋势。（当然，在任何给定的层面上，这些力量都与自主性和合群性相互作用，非常复杂。例如，过度的自主性和过度的合群性都会导致瓦解——我们在后文会看到，在人类生活中这是一个经常出现的问题，想要找出一个“较大意义”的要求经常导致过度的合群性或与一个“较大原因”的融合，这种融合被误解为超越，而它只不过是自主的丧失和摆脱责任，这显然是吸引力的所在。）

现在，我提供的例子主要来自人类生活领域，但实际上在较简单的形式上，甚至是最简单的全子中，这四种力量也在发生作用，因为它的乌龟无穷无尽。这就是说，每一个全子实际上都是一个存在于其他全子之中的全子，永无止境——即每一个全子既是一个“亚全子”（其他某个全子的一部分），同时又是一个“超全子”（其自身亦包含着全子）。作为一个全子，它必须保存它自身的范式（时间中的自主性），同时它必须对环境做出识别和反应（空间中的合群性）。如果它没有做出适当的回应，它将被抹掉：过度的自主性或过度的合群性都会摧毁它的识别范式。

因为每一个全子也是一个超全子，所以当它被抹掉——当它通过自我分解成为它的各个亚全子时，其方向与它的全子被聚合起来成为它自己时相反：细胞分解为分子，分子分解为原子，原子分解为粒子，粒子消失在可能是“气泡中的气泡”的超限的粒子云团中……

保存或适应，超越或分解——大宇宙中每一个全子都受制于这四种力量。

3. 全子的涌现（emerge）。在全子的自我超越能力的作用下，新的全
47 子诞生了。首先是亚原子粒子，随后是原子、分子，接着是聚合物、细胞等等。涌现的全子在某种意义上是新的，它们所具有的性能和属性并不能完全从它们的组成部分中推断，因此，不能把它们完全还原到它们组成部分的水平。“组织的层次包括本体论上的新实体，它超越了自组织过程所依靠的要素。不存在具有绝对的决定性的描述层次。”[21] 例如，霍夫斯塔特（Hofstadter）说，“意识到高层法则不能用低层描述词汇来进行表达这一点是很重要的”，而且他指出，对于从气体粒子到生物物种形成、从计算机程序到 DNA 复制、从乐谱到语法等各方面来说，这一点都是千真万确的。[22]

涌现也意味着“不确定性”被带进宇宙的结构中（自由的程度是它的相关物之一），因为“无前例”的诞生意味着不由过去决定［尽管宇宙的气潭（pocket）会以一种决定论的方式有规律地坍塌，比如在经典力学中就这么认为］。这就是说，在某些方面全子具有基本的不确定性（正因为它们具有一种基本的自我超越性）。拉兹洛对可以利用的证据作了总结，结果表明，“动态选择的结果并非是预先便决定好了的。新状态既不是由系统中的初始条件决定的，也不是由环境参数临界值的变化决定的；当一个动态系统从根本上处于不稳定时，它的运作便是不确定的。”[23]

现在看来有一点实际上是确定无疑的：决定论的涌现只是作为一种限定条件，即一个全子的自我超越的能力接近底线，或它自身的自我超越把不确定点传给一个更高的全子（下文中我们将回到这个重要的主题）。

涌现既非一种稀少的现象，亦不是一种孤立的现象。瓦莱拉、汤普森（Thompson）和罗施（Rosch）对可以利用的证据作了总结说：“很显然，在所有领域中都已经发现了涌现的特征——涡旋和激光、化学波动、免疫网络、发展模式、种群遗传学、生态学和地球物理学等。所有这些不同的现象所共有的特征是，在每一种情况下都是一个相互作用产生出新的性能……在相互作用的元素构成的系统中，综合的模式或结构的涌现既不是孤立情况的一种特殊情况，并且对于（某个）系统而言也不是唯一的。实际上，似乎任何一个密切相关的聚集体都很难逃避涌现的特征。”[24] 如恩斯特·麦尔（Ernst Mayr）在其巨著《生物学思想发展的历史》（*The Growth of Biological*）中所说：

> 各个系统几乎都有特殊性，即整体的特征不能够从有关其组成部分的全部知识中推论出来（即使在理论上亦如此），不能通过把系统分解开或把各部分重新联合起来加以考察。整体显现的这种新特征已经被定名为涌现。涌现常常是由试图解释复杂现象如生命、思想和意识等的行为引起。实际上，涌现同样也是无机系统的特征……这样的涌现是非常普遍的，正如波普所说："我们生活在一个涌现新奇的宇宙之中。"[25] 48

我要作的提示是，这意味着"所有的"科学从根本上都是"重建的科学"。也就是说，我们永远不会而且也永远不可能会确切知道任何一个全子明天会做什么。（根据过去的观察，我们也许会知道其大致的轮廓和可能性，但自我超越的涌现总是意味着——在某种程度上的——惊奇！）我们必须等待和观察，而且在事实出现后，我们"重建"一个知识系统。[26]

然而，当一个全子的自我超越接近零时（当它的创造力达到最低限度时），"重建的科学"就成了"预言的科学"。历史上，经验科学就是通过精确地研究那些创造力最低的全子起家的。实际上，除了一串震动（质量在时空中的移动）的石头之外，他们根本没有研究任何东西，而且他们因此误认为科学具有实质的预见性。

我无意冒犯石头，但我们已经看到，这些自然科学专门研究那些最笨的全子，认为他们的研究工作是对"真正的实在"的研究，他们应该对大宇宙沦为物质宇宙负主要责任，对存在的伟大全子丛聚（Holarchy）沦为上帝所创造的绿色地球上的最笨的东西负责，而且也要对以最小限度的创造力（和因此是最大限度的预言力）削平宇宙、把宇宙变成了无生机的黯淡平面负责。[27]

海森伯格（Heisenberg）的测不准原理提醒我们，事件的转变是不可预料的，即使是石头的成分也既非可预料的，又不像这些愚蠢的还原主义者认为的那样愚笨。并且，作为预言的知识"范式"，用在哪个领域就会毁掉哪个领域（包括石头），因为正是它的方法将抹杀它所发现的一切创造力，且因此刚好抹杀了新奇、显著、有价值、有意义……的东西。

4. 全子以全子丛聚方式（Holarchically）即以层级体系的方式涌现。 49
也就是说，作为不断增长的整体兼部分的一种系列，有机体包含细胞，而不是相反；细胞包含分子，而不是相反；分子包含原子，而不是相反。正是在每一阶段的这种秩序构成了不可回避的不对称和层级系统（全子丛聚）。每一个更深或更高的全子都包含它的自身的新的且更具包括力的范式或整体性——新的规范或原则或形态领域或自主性，它们将新全子限定为一个整体而非只是一堆（如亚里士多德已明确指出的那样）。这是怀特海的名言："多成为一，并被一所增益。"拉兹洛评论道：

> 对于这个过程的经验证据是毋庸置疑的。不同的原子元素结合在分子聚集体中；特定的分子结合为结晶体和有机高分子；后者结合为细胞和组织的亚细胞建造板块；单细胞机体结合为多细胞物种；具有最大限度多样性的各物种结合为生态。[28]

贝特朗菲的表述非常直截了当："在现代意义上，实在指有组织实体的一种庞大的阶层秩序，在许多层面的一种叠积中，它引导着从物理和化学到生物和社会的众多系统，这样的层级结构和形成较高秩序的结合是实在作为一个整体所具有的特征，而且具有根本的重要性，特别是在生物学、心理学和社会学中尤其如此。"[29]同样，爱德华·戈德史密斯（Edward Goldsmith）的《道：一个生态世界观》（*The Way*：*An Ecological Worldview*）——被普遍认为是对"新范式"的一种阐释——是这样对它进行总结的："生态学对事件的阐释根据的是它们在时空中的盖亚（Gaian）层级系统中所扮演的角色。"[30]而且甚至谢尔德里克的形态域理论——被认为极具革新性并非常大胆——也没有回避这个明显的问题。他总结说："这样，形态生成领域——就像形态单元本身一样——在它们的组织中实质上是成层级的。"[31]

瓦莱拉——他对全子认知的自主性质的研究是"新生物学"的一块基石——指出："似乎是自然系统的丰富性的一种普遍反映，可以把迹象重复，以产生众层面的一种层级系统。考虑层面时对层面高低的选择取决于
50 将特定系统视为自主系统还是受限制系统。"[32]也就是说，每一个全子既是一个整体又是一个部分，而且可以根据它的自由（在自主性中）或它的受其他全子限制（在合群性中）的两种情形来进行考察，这两种立场都是正确的（但不完全）。

在我看来，实际上所有的深度生态学者和生态女权主义者拒斥全子丛聚的概念的原因非常混乱。就我所知，他们似乎以为阶层系统和原子论是"坏"的，而他们的"整体论"则是此二者的对立面。但正是深度生态学的守护神 A. 奈斯（Arne Naess）明确地指出，"整体论"和"原子论"实际上是同一问题的两个方面，而且对此二者的"矫正"便是层级系统。他指出，所有的实在都包括他称之为"次级的整体"或"次级的格式塔（gestalt）"的东西——即全子。"因此，在一个大层级系统中，"他说，"我们有一个复杂的格式塔领域。我们因此可以提及较低或较高秩序的格式塔。"[33]

奈斯更进一步指出，这种层级概念对于抵制整体论（只对整体进行强调）和原子论（只是强调部分）都是必要的，因为格式塔是全子；它们既

是整体又是部分，被以一种有较高和较低层级的秩序进行安排。如他所说："这个术语——较低和较高秩序的格式塔的一种大层级系统——比谈论整体和整体论更有用，因为它引导人们更加努力地思考整体与部分之间的关系，它也有助于人们从分析思想中强烈的原了论和机械论的趋势中解放出来。"[34]

简言之，对于奈斯来说，层级系统是针对原子论和整体论（极端的反层级）的一种解毒剂。我不清楚为何他的追随者们在理解他的见解时感到困难。如我以前所提示过的那样，也许是他们对病态的层级系统的反应方式使得他们在泼洗澡水时连婴儿也一起泼掉了。我认为这是很容易理解的，因为在阶层系统的某些早期版本中其概念是非常僵化、非常独裁的，而且毫无疑问它们来自于那些我们已称之为病态的自主性的东西。

当然，关键是要把病态的层级系统——其中一个全子窃取了它在总体中的位置——与通常正常的层级系统分别开来，后者表现了在横向和纵向关系中总是既是部分又是整体的全子间的自然的相互关联。如我们以前所见到的，病态的等级和病态的反等级都肯定存在，并应该称为"病态"，但那并非意味着正常反层级和正常的层级自身的存在，对于整体和部分的共存此二者都是必要的。

詹特表述了更新且更公允的理解：

> 进化表现为一种多层面的实在，其中，存在的自动生成层面的进化链以层级系统的秩序出现。每一层面都包含着所有的较低级层面——在正被讨论的总体中存在着系统中的系统中的系统……然而，实质上，这个层级系统并非一种在其内部信息向上流动而指令由上至下传达的控制型层级系统。每一层面都保持着一种确定的（相对的）自由，并在与其特定环境的横向关系（反等级）中适宜地生长着。例如，我们细胞中的细胞器以一种自由的方式进行着它们的能量交换，并在世界范围的盖亚阶层系统的框架中保持着它们横向的关联。[35] 51

如果深度生态学者和生态女权主义者们能追随奈斯的引导，那么整个讨论将更迅速地向前迈进。实际上的情形是，他们仅仅是平面的整体论和极端的反等级等论调，是原子论的对立面，但双方都同样是错误的。

5. 每一个涌现的全子都超越但包含着它的前身。我们已经看到，每一个新涌现的全子都包含它的前身全子，并随后增加了它自身的新的、明确的模式、形态或整体性（它的新的规范、法则或形态域）。换言之，它"保存"了先前的全子本身，但否定了它们的分离性、孤立性、偏颇性、排他性。黑格尔说："颠覆即批判地继承。"[36]

换种说法就是：所有的较低级的存在都处于较高级的存在中。例如，氢原子处于一个水分子中，但水分子并非处于原子中（我们可以说水分子“弥漫着”或“充斥着”原子，但实际上并非在它们之中，就像一个字完完全全处于一个句子中，但并非句子完全处于一个字之中）。

瓦莱拉指出：“在层级系统的一个给定的层面上，一个特定的系统可以被视为外在于它之下的那些系统，而对于它之上的那些系统而言它是一种
52 内在。这样，一个给定系统的地位更随着一个人向上或向下经过它的层面而变来变去。”[37]这只不过是不对称状态的又一个实例，它意味着并非每一个全子都同样地存在于所有其他的全子之中（有些有一种部分外在的关联，带有涌现或对称性断裂的标志）：所有的较低级者内在于较高级者中，但并非所有的较高级者都内在于较低级者中。

诺贝尔奖获得者罗杰·斯佩里的表述非常直接：“重要的是要记得，在所有的更简单、更原始的东西的这种联结中，原初的力量仍然存在，并发挥着作用，这些力量一个都没有被消除。然而，在连续的过程中，这些较低层面的力量和性能已经被那些复杂性不断增长的组织实体的力量所取代、包括或包裹。”[38]高级的存在包容低级的存在，就这么回事，所以发展就是包含。

但有一个重要的差异需要加以强调，此前我所谓的取代“保存了存在但否定了部分性”（或“保存和否定”）。一个简单的例子便足以说明问题：在成为一个州之前，夏威夷是一个国家，它拥有所有的统治权，它可以宣布战争、印制自己的钞票、征募军队等。这些都是它的体制或法则或原则的一部分——它作为一个整体，作为一个独立的国家的自我保存或“自主性”。

当夏威夷成为美国的一个州时，它所有的基本财产、土地和基本特征都成了美国的一部分。所有这些基本结构都被保留在了新联邦中，没有一项受到丝毫的破坏。然而，未得到保留的、失去的和实际上被否定的是夏威夷自身作为一个国家在宣战、印制自己的钞票等方面的能力。（作为一个州，它还保留着某种相对的自治权。）

这就是我所谓的“超越但包含”或“否定且保留”之含义——所有的“基本结构”和功能都被保存和接纳在一个较大的身份之中。那些由于孤立、分离、部分、排他和倾向分离的自主性等因素造成的所有排他性结构就会被放弃，同时被一种更宽泛的合群性、更深层的自主性所取代。[39]

这导致了一种普遍现象，它在任何层面的整体组织中都随处可见：在正常的全子丛聚中，新的且高级的模式或整体能在某种程度上对它的低级全子的不确定作出限制（正因为它超越且包含它们，即通过“向下影响”的方式，对自由进行组织化）。谢尔德里克的话值得详细地加以引述，以确

切地显示其内容及此现象的宽泛度和决定性如何： 53

在活的有机体中——和在化学领域一样——形态发生域（全子）是以一种全子从聚的方式组织起来的：细胞器——例如细胞核、线粒体和叶绿体——的形态发生域通过指挥它们内部的物理、化学过程而运作。这些域隶属于细胞的更高阶层的域，细胞的域隶属于组织的，组织的隶属于器官的，而器官的则隶属于作为一个整体的有机体的形态发生域。“在每一层面上，这些域以指挥过程的方式运作，不然，过程将是不确定的。”

例如，在自由原子中，电子现象发生的可能性是由原子的形态发生域的未被更改的可能性结构给定的。但当原子受到一个分子的高层形态发生域的影响时，这些可能性被改变了，改变的方式为：促使最终形态达成或实现的那些现象发生的几率被增大了，而其他现象发生的可能性则被减小了。这样，分子的形态发生域就抑制了原子构形的可能数目，而该数目是基于由自由原子的可能结构开始的计算而设想出的。这就是实际上可以发现的东西，例如，在蛋白质折叠中，过程的迅捷显示出系统并未“探索”那些无数的构形——原子被安排在其中。同样，晶体的形态发生域也限制着组成其分子结构的可能方式的大数目。

在细胞层面上，形态发生域对微管的晶化和对于细胞分裂的协调来说是对必要的过程进行指挥。但在缺少一个较高层的域的情况下，细胞于其中进行分裂的平面的可能是不确定的，例如，在植物的愈伤组织中，细胞或多或少地以无规则的方式产生出混乱的一团。而另一方面，在有序的组织中，组织的形态发生域的功能之一可能是把一个模式施加到细胞分裂平面上，这样便控制了组织作为一个整体的成长的方式。当组织本身的发展被人为地孤立起来并置于组织环境中时，我们会看到，它也具有内在的不确定性，在正常条件下，这种不确定 54
性会受到器官的高层域的限制。实际上，在生物系统的每一层面——如在化学系统中一样——处于孤立状态的形态单元的行动要比当它们作为一个高层形态单元的一部分时的行动更具有不确定性。高层形态发生域限制和规范着它们内在的不确定性。[40]

这把我们直接带到了第 6 项主要原则。

6. 较低全子确定较高全子的可能性；较高全子确定较低全子的随机性。我们已经看到，当创造性新事物的一个较高层面涌现时，它在许多方面都超越（但包含）先前层次的既有状态。然而，即使一个高级层面“超越”了一个低级层面，它也并未违反此低级层面的法则或模式。它不能被还原为较低层面；它不能由较低层面决定，但它也不能"忽视"较低层面。我的身体受重力法则的支配，我的思想遵循其他法则，如符号式交流和语法等，但如果我的身体从悬崖上掉下来，我的思想也一样掉下来。

这就是所谓的较低级者确定可能性或大框架的含义，较高级者将不得不在这个大框架中运作，但并不就被限于其中。用波兰尼（Polanyi）的例子来说就是，在统治物理粒子的法则中没有什么能够预测一只手表的出现，但手表中的任何东西都不违背物理法则。拉兹洛对此作了精彩的综述：

> 宇宙进化进程产生了种种物质——能量系统确定了约束的幅度和可能的范围——较高层面系统在其中得以进化。较低层面串上的系统可以容许较高层面串上之系统的进化，但从不能决定它们的性质。物理的物质——能量系统的进化为生物物种的进化搭建了舞台并明确了游戏规则，而生物进化又为社会文化系统的进化搭建了舞台并明确了游戏规则。[41]

关于较高级者限定较低级者的可能性的问题，我们已经有谢尔德里克对大量证据所作的总结，其内容如下：

> 55 在每一层面，全子的域是或然性的，全子中物质过程在某种程度上是不规则和不确定的。较高层面的域可能以一种它们的可能结构得到更改的方式作用于较低层面全子的域之上，这可以被认为是对它们的不确定性的一种限制：在可能发生的现象的许多模式中，因为有了较高层域安加的指令，现在有的发生的可能性更大了。在孤立状态下低层全子将会表现出的不确定性得到了这个领域的组织化和规范化。[42]

现在，在一个全子从聚中一个"层面"的设立需要几个客观标准：一种性质的涌现［如波普尔（Popper）所说］；不均衡（或"均衡性断裂"，如普利高津和詹特所说）；包含原则（高级包含低级，而非相反，如亚里士多德所说）；一种发展的逻辑（高级否定和保存低级，而非相反，如黑格尔所说）；时间顺序指示［高级者出现在低级者之后，但并非所有后来者都是高级，如圣格利高里（Saint Gregory）所说］。

尽管层面的概念（和"较高级"与"较低级"的含义）是很清晰的，但一些批评者还是坚持认为这个概念难以成立，因为任何给定的全子中层面数量完全是随意的。毫无疑问，在任何全子中层面数量之所以有一种不确定因素，只是因为对于一个明显的全子从聚不存在来自上级或下级的制约，并因此没有绝对的指向对象。

例如，当原子被认为是终极全子时，一个单个原子有一个层面，一个水分子有两个层面，一个冰晶体有三个层面，等等。随后，当质子、中子和电子被认为是终极全子时，于是它们有一个层面，一个核有两个层面，而一个原子则有三个层面，等等。但这并未改变全子们本身的“相对”布局，因此并未丝毫改变较高级和较低级两个概念的含义。

另外需要注意的是，我们可以把任何真正涌现的性质算作一个层面，这意味着我们可以以无限多的方式来对一个系列进行分割和再分割。我们可以作一个不太恰当的类比，如一座每层有 20 级楼梯的三层楼，我们一般 56
说这座楼有三层（就像我们指称进化的三个一般领域一样），但我们也可以用楼梯作参照物，说这座楼有 60 层或级，这显然有点随意性。

层面说法有几个要点：（1）楼层和阶梯的存在本身并不是纯粹任意的——无论有没有人，在宇宙中有定数。（2）在进行任何比较时，使用同一标尺就可以排除随意性（就像测量水温，究竟使用华氏度和摄氏度这是随意的，只要我们的意见一致即可）。无论何时当我们说一个全子中的“层面数量”时，我们就是正在用一个一直被应用于特定比较之中的相对标尺。

基于此，我们可以引入两个非常重要的定义，凯斯特勒首先对此作了明确的提示。他的表述如下：

7. “一个层级系统包含的层面的数量决定它是‘深的’还是‘浅的’；我们可以把任一给定层面上全子的数量称为它的‘广度’。”[43]

在这个例子中，让我们冒昧地将原子指定为一种三层结构（它们包括至少两个其他层面作成分）。我们可以想象宇宙早期的一个时期，那时只存在原子而没有分子。原子的深度很小但广度极大，我们可以假设它的广度可以延展到整个宇宙存在，因而是无限大（即深度＝3，广度＝无限大）。当分子第一次产生时，它们的深度极大——深度为 4——但刚开始广度很小（假设为几百个左右，然后便快速增长）。

这再次确认了在任何全子丛聚中都可发现的一种重要的差别——纵维和横维。纵维越大（它包含的层面越多），全子的深度也就越大；在那个层面上的全子数量越多，它的广度就越大。

这一点很重要，因为它指出建立了丰富的秩序（或性质涌现的秩序）的并不仅仅是总数的“多少”，而更主要的是“深度”。我们将会看到，在普通生态学或新范式理论（无论“通俗的”还是“严肃的”）中最大的问题就是往往混淆广度和深度，把广度的大误认为是深度的大。我们将会发现：

8. 进化的每一个连续的层面都产生出较大的深度和较小的广度。一个全子的深度越大，它的存在就越不稳定，因为它的存在也依靠内部的整个 57
一系列其他全子的存在。并且，因为低级全子是高级全子的组成部分，所以很自然高级全子的数量不可能多过其组成部分。

例如，宇宙中水分子的数量将总是少于氢和氧原子的数量，宇宙中细胞的数量将总是少于分子的数量，等等。这就是说整体的数量将总是少于部分的数量，永远如此。

这样，一个全子与其前身（们）相比，深度大总是意味着广度小。当然，我们可能称之为“总体广度”的东西在增长——某种东西多了，所有东西的总和就增长——但与其前身（们）相比，单个全子的广度，任何一个特定类型的全子的广度却变得越来越小。（这也可以解释为什么与心理有关的全子的广度要小于有生命的全子的广度，而有生命的全子的广度又小于无生命的物质全子的广度——所谓的发展金字塔。）我们将随时回到这一论点上。

贯通此书，我将对 20 条原则进行补充，这种补充可以称之为“基础性补充”。这些补充是一些看上去对于理解进化和大宇宙有决定性意义的原则，但是这些原则不能用自然主义和工具主义的“它语言”进行讨论（也就是不能用系统理论进行讨论），至于为何不能，我们将进行详细探讨。关于它们为何不能用系统理论进行研究的原因是非常重要的话题，是现代系统科学内容的“错误的一半”。

这些补充和系统理论并不矛盾，只不过在系统论中找不到它们的位置。（比如，属于“我”的主观世界不可能毫无保留地用“它的”、“客体”和“过程”之类的客观性的语言表达出来。同样，属于“我们”的集体性的世界也不可能在不被简化为极权主义原则的前提下，用系统论表达。）如我所说，稍后我们将非常细致地回顾所有这些论点，因此，现在我们只需要提出我们的第一个等式：

等式一：一个全子的深度越大，那么它的意识程度也就越高。进化的谱系也就是意识发展的一个谱系，而且一个人也许可以看到，一种精神之维编织进了大宇宙的结构、深度中。

58 但这个等式对于我们的论述来说有点超前，因此让我们回到更标准的叙述，并重新回到原则 7 中的论述——深度和广度之间的差别，或纵向丰富性和横向广度之间的差别。这里，我们有两把不同的标尺：描述深浅的纵向标尺和描述宽窄的横向标尺。

记忆这些差别所遇到的困难之一是，一旦我们拒绝还原论，一旦我们拒绝大宇宙的平面化（它认可且仅认可宇宙中存在的一种深度），那么，理论上我们就不再只是在下棋——这已经足够艰难，而是我们正在下三维棋——这是极其复杂的，更不用说下 N 维棋了！无论发展进行到哪儿，我们都必须至少将深度和广度区分开来，这不仅因为对于这种差别存在着客观的相关事物，而且因为如果不这样——即使有“整体论”的外表——也只会又陷入某种微细的还原论——所有事物随后都会被根据总数“广度”纯粹且自动地加以比较（较大或较小，较宽或较窄，并且因此所有的“深度”都被从存在中抹掉了）。

如我们将会在下一章中看到的那样，许多此类理论家于是试图基于“尺寸”来建构整体论序列。他们完全把广度的人误认为深度的人，因为现在他们掌握的质的差别实际上是量的差别：他们只有一条路可走，即认为“越大越好”。并且，因为只建基于广度之上，因此他们的“整体论序列”实际上在其本身中便是“退化的”，因为进化并非越大越好，而是越小越好（深度越大，广度越小）。正如我们将要清楚地看到的那样，这些理论家会不自觉地以纯粹还原论作为拯救人类的行动指南。[44]

在这个意义上最后还有一点：其他的批评者接受了“深度”一词，但却劲头十足地反对“高度”一词，还觉得“高度”意味着人类的自大程度。可是我认为他们所接受的“深度”实际上意味着人类疯狂的深度。无论我们怎么分析，没有高度的深度都只是浅薄的另一个名字而已。

关于纵向标尺（它可以是我们约定的任何方向，在此我将用纵向），我们可以把高度和深度当作同义词来对待。一个全子的高度和深度指的是同一种东西，即内在于它的其他全子的层面的（相对）数量。然而，休斯顿·史密斯（Huston Smith）的观点很有趣，他认为传统上“高度”被用来指大宇宙（如“高高的天堂”），而“深度”则被用于指人（如“她的心灵的深度”）。

但在我这里这两个词可以作为同义词使用，因此纵维是测量深/高或 59
浅/平的标尺，而横维则是测量宽或窄的标尺。

当然，我们已经多次讨论过这两个维度。自主性和合群性（自我保存和自我适应）指的是横维上的变化，自我超越与自我分解则指的是纵维上的改变。因此我们可以介绍一些更简明的定义：

横维上的变化我将称之为“转译”（translation），而纵维上的变化我将称之为“蜕变”（transformation）。

任何特定全子的自主性（体制或规范）都会运用它的规范或体制的语言对世界进行转译——它将只对那些符合它的规则的语言做出识别、记录或回应。例如，一个电子将记录各种其他物理量，但不会对文学含义做出记录或回应，它也不会对一只兔子的性成熟做出反应。

换言之，全子并非仅仅对一个既定的世界作出反应，而是根据它们的能力对周围的众多刺激物进行选择、组织，赋予它们形态。它们的回应“从来不”只是与“外面”的事物保持“符合”；它们只是记录（并因此做出反应）那些符合它们的“体制”，和它们（或规范或自主性或深层结构）

“一致”的东西。这就是瓦莱拉的用意所在。他说，全子并不是“通过一种符合逻辑而运行的他律单元”，而是“通过一种一致逻辑来运行的相对自由单元”。全子根据它们的自主性、相对自由和协调的深层结构来“转译”它们的实在；那些不符合其深层结构或者体制的刺激物完全得不到记录并可能会不存在（实际上，对于那个全子而言，它们不存在，不显露其自身）。

然而，在蜕变中，新的自主性形态涌现了，这意味着“整个新世界”的刺激物对于新涌现的全子来说成了真正的存在。新全子能够对更深层或更高层的世界作出回应，因为它的转译过程超越并包含了它的亚全子所具有的内容。例如一头鹿可以对其作出记录和回应的事物不仅有持续作用于它的自然力量，而且包括全部的生物力量，从饥饿到疼痛到性冲动等，但这些事物对于作为它的组成部分的原子而言完全留不下印象。对于个体原子而言，这些新力量都是“非现实世界的”——外在于这个世界，或不在它的世界中。

60 这样，在蜕变（或自我超越）中，转译的整个新世界显露出其本身。这些“新世界”并非在物理意义上存在于别的什么地方；他们在“这个世界”中仅仅存在为可得刺激物的一种“较深层的感觉”（或较深的登录）。对于低级全子而言，它们似乎是——而且可能就是——“其他的世界”，但通过蜕变或自我超越，这些“其他的世界”显露了其自身——变为“这个世界的”。而且在后面的一章中我们将会看到，发展就是一种不断的蜕变，即通过由涌现的进化和蜕变引起的感觉的深化，“他世的”转变为“现世的”，更大的深度就是像管道一样不断地把其他世界引入这个世界……

然后，一个全子的体制或深层结构便控制了它的可能转译的领域，控制了它能对之作出回应的“种种”世界……

实际上这就是容许一个全子具有稳定性、相对自由或协调一致的东西。我们曾提到，任何一个全子的稳定状态都是通过它的识别模式——它的相对自由规范、法则、体制、极点（Entelechy）[1]、形态单元——来达到的，我们已经把这种模式称为“它的深层结构”。例如，人体有 208 块骨头[2]、一个心脏、两个肺等，无论它们是什么样，基本如此，但我们用来对待人体的东西——它的各种不同表现、工作、性等的模式——却会因文化的不同而发生变化。关于深层结构中的这些改变，我称之为“表层结构”。凯斯特勒则把这种差异称为“固定的规则与灵活的对策”——即深层结构的基本准则（或基本的限制原则）中相对稳定的深层结构与变化的表层结构。

---

① 亚里士多德术语，意为生命有机体潜在本性和能量的自行兑现，是生物得以自我生长推动的灵魂和活力。——译者注

② 原文如此，似应为 206 块。——译者注

因此我们可以说，转译是表层结构（横向）中的一种变化，而蜕变则是深层结构（纵向）中的一种改变。

[关于深层结构与表层结构的关系，我称之为“转写”（transcription），对此我们将稍后再加以讨论，现在只是作一个提示。][45]

这作为另一个原因阐释了为什么对于进化不能只是用横向添加来进行解释的问题——即不能只是用转译，不能只用自主性和合群性中的横向变化来加以解释。当氢和氧的体制或深层结构被以某种特定的方式带到一起时，一个水分子出现了。它具有一种新的体制或深层结构，这个体制把原子们的分散的体制聚合进一个单个的“形态单元”——一个全子，它具有包含了它的前身们的一种新深层结构。这是一个纵向蜕变或深层结构中的变化。它并不只是越来越多的原子的添加，这种添加只会产生出一团糟， 61
而非一个分子；一堆个体，而非一个整体。转译移动部分，而蜕变则产生整体。[46]

我们可以再用简单的三层楼类比来对所有这些定义作一个总结。三层楼的楼板是深层结构，而每一层地板上的家具、椅子和桌子等则是表层结构。在任一给定的楼层上重新摆放家具的行为就是转译，而改换楼层则是蜕变。(家具与每一楼层之间的关系即为转写。)

那么，关键之处在于进化首先是一系列的蜕变（“通过自我超越达到自我实现”)。蜕变是你最初如何得到“层面”的方式。与它先前的层面相比，与它的前身们相比，每一次主要蜕变都产生出更大的深度和更小的广度。

9. 不管毁灭了哪一种全子，你都会同时毁灭所有它之上的全子，而它之下的全子中无一受损。关于如何确定一个给定全子在发展序列中是较高级的还是较低级的这个问题在文献中存在着大量的混乱——更不用说那大量的一并拒斥高级和低级的说法的批评家们了。

但是，通过问我们自己——作为一种思想实验——“如果我们毁灭了这种全子，那么其他哪些全子也会随之毁灭?”这个问题，我们实际上可以轻而易举地在进化或者整体论序列中给一个全子定位。

例如，整体论序列：亚原子粒子，原子，分子，细胞。每个人都同意这的确是一个整体论序列——其中每一个成员都包含它的前身（们）而不是相反，而且每一个后续成员都确实更具包容力（或更具整体性）。

但需要加以注意的是，这也不可避免地意味着，如果我们毁灭了宇宙中所有的分子，那么我们也将毁灭宇宙中所有的细胞（序列中所有分子之上的全子)，但原子和亚原子粒子将依旧存在（低级全子中没有一个会消失)。

换句话说，如果毁灭了任一种全子，那么也会毁灭序列中所有的较高级全子，因为那些较高级的整体依存于较低级的整体，后者是前者的组成部分。

没有原子，分子也不可能存在；没有分子，原子却可以依旧存在。在
62 这种安排中没有什么随意的东西；它们并不是一种特定的“人类价值判断”的产物。从自然规律、逻辑和时间顺序等方面来说，它也是确定无误的。(在任何细胞出现之前，原子和分子完美地独立存在着。毁灭宇宙中每一个细胞，必将同样毁灭它之后出现的一切事物——植物、动物、社会——但不会丝毫损害它之前出现的事物——亚原子粒子、原子、分子、聚合物。)

这使得我们很容易确定在任何整体论序列中何为较低级而何为较高级：如果毁灭特定的全子，那么，同时遭到毁灭的任何其他事物级别便较高；而那些没有毁灭的全子的级别则较低。[47]

对于任何发展序列而言，这都是千真万确的，并且它部分地是我们在全子接替中所看到的“后退”的原因：它们退回到较低的下一层面，而如果所有较低层面被毁，那所有的较高级层面将自动地面临同样的命运。这也非常明确地指出了为什么在进化中不是只有一个横维而是还有一个纵维存在，并显示出为什么“较高级”和“较低级”之分并非随意而为。[48]

在下一章，我们将把这个原则应用到几位理论家的作品之中。他们为了帮助人们在更大的宇宙中更加准确地找到自身的位置，试图建构“整体论序列”，试图找出一种“更全面”的实在，以便人类可以把自身融洽地列于其中——这是一项完全值得称赞的工作，但因为这些理论家大都把深度的大和广度的大弄混了，所以他们最终创造出了实际上是退化的“整体论序列”。他们使人类从更大深度或更小广度的金字塔上滑了下来，并抛入本体论的地下室中。

我们将会看到，这种思想实验的谨慎应用容许我们以一种非任意的方式确定是否他们的序列真正是全面的（还是纯粹退步的），并容许我们提供另外一种可取的“大图景”，人们可以用一种真正整体论的方式把他们自身列于其中。

同时，这个思想实验还容许我们引入另一个重要界定——在“基本的”(fundamental) 和“重要的”(significant) 之间的区别。因为我们将会发现，一个全子越是基本的，那么它越是不重要的，反之亦然。即一个全子的深度越小，则它对于大宇宙而言便越基本，因为它是许多其他全子的一个成分。例如，原子是非常基本的——相对而言——因为分子、细胞和机体都是依存于它。一个全子越是基本，那么宇宙便越是包含着更多的此种全子作为一个必需的部分或成分，没有它，其他的全子便不能够运作（甚
63 至消失）。深度越小意味着越基本，意味着某特定全子是众多其他全子的一

种“建筑材料”。

同时，一个全子的深度越小，则它对于大宇宙而言就越不重要，因为它包含着（以它自身的成分而言）太少的大宇宙。相对而言，有较少的大宇宙被包含在这个全子自身的存在之中。（换个不同的说法，即它之所以较不重要是因为有较多的大宇宙是外在于它的。）

另一方面，一个全子的深度越大或其特定整体越大，那么它就越不基本，因为有较少的其他全子就它们自身的存在而依赖于它。例如，灵长目动物便不是非常基本的全子，因为原子、分子或细胞并不依存于它们。出于同样的原因，基本性越少，则重要性越多，对于宇宙而言那个全子越重要，因为有较多的宇宙内容被反映或包含在那个特定整体中（更多的大宇宙内在于它，作为它自身存在的一部分)。相对而言，灵性动物是非常重要的，因为它们代表并包含着原子、分子和细胞：它们表现更多的大宇宙内容。

如此，比起分子来，一个原子便是更基本但较不重要的。“更基本”——因为它（包括细胞）之上的每一事物都依存于它而存在。“较不重要”——因为它包含着更少的大宇宙（实际上更少的大宇宙内在于它)。另一方面，一个细胞是较重要的，因为它包含着原子并因此在它身上的存在中放映或表现了较多的大宇宙内容。比起一个原子来，它更重要，但也更不基本。诸如此类。

（贯通此书，我们将不断回到该整体论题上来，并看到它与内在和外在价值问题相关联；而且也看到那些把大广度误认为大深度的理论家们也总在混淆更基本和更重要的概念，并又一次把退化作为深化增长的一个方向；伴随着一种平面本体论，决定性的深度之维被遗忘了，因此他们没有办法发觉自己的错误。）

10. 全子丛聚共同进化。全子并非是单独进化的，因为没有单独的全子（有的只是场中之场中之场)。这个原则经常被称为“共同进化”，意味着进化的“单元”并非是一个孤立的全子（个体的分子或植物或动物)，而 64
是一个全子加上它的不可分离的环境。即是说，进化在最宽泛的意义上是生态性的。

詹特把这称为微观进化和宏观进化的相互依赖。他在这里指的仅仅是个体（微观）与其较大的环境（宏观）二者的共同进化。自主性总是合群性中的自主性的另一种说法。[49]詹特说：

> 直接的结果是……宇宙中的宏观和微观进化同时进行。宏观结构成为微观结构的环境并以决定性的方式影响着它们的进化，甚至是使之成为可能。反过来说，微观结构的进化成为宏观结构形成和进化过

> 程中的一个决定性因素。这种相互依赖只形成了一种现象——共同进化。他说，这种共同进化在所有“三大领域”中都有重要表现，即通过在双方的进化间建立一种反馈机制的循环过程，每一系统都与它的环境联结在一起，对处在同一层面的系统来说是如此，整个复杂系统加上环境也是作为一个整体展开进化的。[50]

换言之，根据詹特（和其他人）的意见，微观与宏观——个体与社会——以反等级的方式向着每一方的新全子丛聚层面进化。

然而，单个全子与它的全子社会（环境）之间的差别并不像它起先所看上去的那样容易得出，因为首先通过一个个体来定义我们所意味的东西几乎是不可能的。从拉丁文的“individualis”来看，个体一词本身便意味着不可分隔或不可分割，如果按照这种定义，那么在大宇宙中便根本不存在什么个体（不可分割的实体），有的只是全子，或可分体。[51]

另一方面，我们确实知道，持续存在的全子拥有一种特定的形态或模式，这种形态或模式在某种程度上是自由的或对环境的破坏形成抵制。这通常就是我们把一个全子称为一个“个体”的含义所在——我们意指一种“持久的复合个体”，它由它的下级全子组合而成并增加了它自身的规定形式或整体性或规则性或深层结构（这是在它自身的复合个体性中的新全子）；通常（尽管我们可能并不使用这些术语），我们还进一步意指，个体
65 全子的总的整体性或形态域把它的下级组成部分的不确定性给组织化了。

换言之，即使一个个体全子的存在与其群体环境不可分离，它的规定性因素也是它自身的形态或模式。就我们对它的模式所能合理认知的程度而言，我们将把它称为一个个体全子，它的环境我们将称之为一个社会全子。

当然，这仍旧有点随意武断，因为有些社会全子似乎以个体全子或“超个体”的方式行动——如一个蚁群。但在人类事物中——一个反例证——我们中的大多数人都拒绝照搬地把一个社会全子——如国家——描述为一个超个体，因为任何机体对于其所有组成部分享有优先权，而且随着民主制度的兴起，我们喜欢认为国家是从属于人民的，整体是服从部分的，并且在上述观念正确的范围内，社会机制并非一个真正的机体（它是一个社会或环境全子，而非一个个体全子）。更进一步来说，国家——不像一个实在个体——没有一个自我把握的中心，作为一个单一的一种整体感觉，用更通俗点的话来说就是，它缺乏一个个体自我存在的中心（怀特海的主要论断之一；哈贝马斯则称国家并非是一个宏观主体）。最后，这个社会系统中的部分是自觉的，而整体则不是。

不过，在许多人眼里，二者的区分仍旧是模糊武断的。毕竟，如何区

分个体与国家是政治理论的主要困境，在此类争论中没有完全的胜者，尽管历史已经明确地否定了两种极端，即无政府主义（只有个体全子）和极权主义（只是社会全子）。而且，稍后我的确要证明病态社会层级系统的实质正在于其试图把它们转变为个体全子并把平民视为仅仅是一个“更全面系统”中的组成部分或“奇妙网络中的位置”。

我们将在下一章中花大量的时间关注这个主题。现在，让我们简单地了解一下，在微观和宏观进化之间，在一个个体全子和一个社会全子之间存在着重大差别（即使它们在不可分离地相互作用着——即“共同进化”）。一个社会全子依旧是一个全子，而非纯粹的一堆或一个集合体，因为它显示有一个整体兼部分模式，它是受规则所限的，它在某种意义上发展着（我们经常提到星球进化），并且它能够与不同程度（决定于它的深度）地 66
上下相关联的事物一同运作。但它并非一个真正的个体全子，如怀特海、哈贝马斯及其他人所述及的。詹特把这种个体全子与社会全子之间的差异称为“组织与横向生态系统（共生的）组织之间的差异”。

虽然微观和宏观之间的这种普遍差异在发展的各个层面上保持得很好（也许除了在极端上之外——詹特看到它在大爆炸的数微秒内开始起作用），不过，它变得越明显越显著，则进化的深度越大。

11. 微观在它的深度的各个层面上与宏观进行着相互交换。这个原则是极其重要的，特别是当它应用于较大深度的全子和生态系统的类型（在宽泛的意义上）时——它们必须共同进化，它们的存在依赖于此。

以人的物质、生命和精神三个层面为例：通过一个与环境中“同深度的全子”进行相互交换的令人难以置信的网络，所有这些层面都保持着它们自身的存在。“物理”的身体存在于一个与其他“物理”实体——重力、物质力量和能量、光、水、环境、天气等——进行着相互交换的系统之中，而且物理身体依赖着这些物理关系得以存在。更进一步，通过食物生产和食物消费，通过为了物理层面中基本的物质交换而把社会劳动组织在一种经济结构中，人种自然地繁衍着自身。

通常，通过被组织在一个家庭中的情感关系、一种性关系和一种适宜的社会环境，人类也“在生物意义上繁衍着”，并依赖于其他生物系统（和生态系统）的一个整个网络来保持它的生物存在——它依存于与生物层面和谐地相互交换。

最后，人类也在精神上繁衍着自身，通过与文化和符号环境的交换，这种交换的实质就是与其他符号交换者的符号相互交换。这些相互交换被嵌入一个特定社会的传统和机构中，其方式使得社会能够在一种文化的层面上繁衍自身，能在人类世界中发展自身。

简言之，当全子进化时，深度的每一层面继续存在于（并依存于）同
67 一层面的结构组织中的其他全子的一张关系网中。为了简洁，我通常称之为“同一层面相互交换”[52]。关键在于所有的全子都是复合个体，由它们之前的全子加上它们自身特有的模式复合而成，并且这些全子的每一层面（即每一个全子）都通过与社会环境中同样深度的全子的相互交换而保持着它的存在。

12. 进化是有方向性的。这就是著名的进化时间之箭，它首先被发现于生物层面中，但在复杂科学中，人们现在明白，它存在于进化的所有三大领域中。这种方向性通常被表述为一种增长着的分化性、变化性、复杂性和组织性。但我认为，从不同的资源中把这种进化方面的各种各样的标志物汇集起来并逐个地进行一番简短的考察是很有助益的。

我们已经看到进化的特征有创造性涌现（新奇性）、对称性断裂、自我超越、增长的深度（和更大的意识，对此我们稍后将加以讨论以作为一个补充）。这里所列出的是其他的一些标志物。除了退化、瓦解、停滞等，进化的方向有：

(1) 复杂性的增长。德国生物学家沃尔特莱克（Woltereck）杜撰了“变体”（anamorphosis）一词——字面义为“并非无形”（not being formless）——来描述自然的主要且普遍的特征：永远增长的复杂性的涌现。如詹特所说：

> 宇宙的进化就是分化的秩序或复杂性的一种展现的历史。展现并不就是建造。后者强调结构并对通过“自底部上升”的系统的加入而发生的阶层系统的层面的涌现进行描述。相比之下，展现意味着过程的交织，它同时导致不同的层级系统层面上构造现象的发现。进化同时在宏观和微观世界的相互依赖的构造的意义上运作。这样，复杂性便从分化和整合过程的相互渗透中涌现出来。[53]

实际上，巴尔默（Ballmer）和冯·魏茨泽克（von Weizsack）把这种复杂性的最大化增长称为“进化的普遍表达”，而 L. L. 怀特（L. L. Whyte）则称之为“模式发展的基本原则”。

68 这里，我们需要一个限定。如拉兹洛所指出的，一个新的复杂性层面的涌现也从一个稍微不同的角度随之带来了一种新的“简单性”，这是因为新整体——作为一个单整体——要比它的许多部分简单。因此，拉兹洛说：“一种高层系统的涌现是……系统功能的一种简化。”他继续说道：

> 然而，一旦一个新的层级系统层面已经涌现，在此新层面之上的系统倾向于向前变得更为复杂。例如，在组织的原子层面上，氢——

> 宇宙进化过程中将首先被合成的元素——在结构上要比随后合成的、更重的元素简单。在组织的一个较高层面上，一个水分子要比一个蛋白分子简单；在一个更高的组织层面上，一个单细胞微生物要比一个多细胞微生物更简单……这样，当一个新的组织层面意味着系统功能的和相应的系统结构的一种简化时，它也意味着一种向前进的结构和功能复杂化的过程的开始。[54]

（2）分化/整合的增长。这项原则的一个现代表述是由赫伯特·斯宾塞（Herbert Spencer）提出的［《第一原理》（*First Principles*），1862］，进化是“通过连续不断的分化和整合，从一种不确定和不连贯的同质向一种明确和有条理的异质的改变”。（“进化”一词的这种定义使得生物学家们能够开始用它来取代达尔文的说法，即“伴有诱发变异的遗传”。）而且我们已经引征过詹特的话：“复杂性因此在分化与整合二者过程的相互渗透中涌现出来……”

分化产生出部分性，或一种新的“众多性”；整合产生出整体性，或一种新的“单一性”。并且，因为全子是整体/部分，所以它们由分化和整合的共同作用而形成。

分化过程显然对于由进化创造出的不可否认的新奇性和多样性来说是必需的，但整合同样具有决定性，它把众多转变为一个（一个全子的体制或规则或模式是它的一体化的协调）。所以怀特海说：“宇宙中存在一种力量，不断推动新的整合（统整）的出现，这种力量普遍存在，是宇宙的一种终极特征。”[55]我们发现怀特海所谓的“创造性”指的就是这种力量，他 69
说创造性是“永恒的运动”、“现实化的动力”、“无所不包”[56]。

进而怀特海提出了他最为重要的格言：“‘多’（指分化）成为‘一’（指整合），‘一’（指新的全子）增益‘多’。”

在物理层面，这两个过程非常明显，原子整合被分化了的粒子，分子整合被分化了的原子等等。在生物层面这两个过程也很明显，比如受精卵的不断分化与整合构成组织、器官和肌体。但是这两个过程在人类层面中同样明显，精神分析理论就是最好的例证。比如精神分析的发展心理学理论先驱格特鲁德·布兰克（Gertrude Blanck）和鲁宾·布兰克（Rubin Blanck）认为攻击驱力是一种分化驱力，性驱力是一种整合驱力，这两种驱力中的任何一种遭到破坏都会导致严重的病变（我们到第九章会继续讨论这个话题）。

尽管德里达提出的“宕延（区分和推演）”这个概念引起的争论非常复杂，很多人运用这个概念来解构他们不喜欢的所有东西，但是德里达给这个概念下的定义非常简单：“（宕延）是分化的过程。”[57]交流开始之前，实体首先要完成分化的过程，并且从某种意义上说，在分化过程之前任何实体都是不存在的，从而“宕延”成了创造性的“永恒运动”中的一部分，成了让存在生成的动力——“它有一种冲动力，一种表达或者分化的力量”[58]。换句话说，德里达的解读者曾经提出：“德里达看到了现实的动态区别特征，并认为这个特征构成了语言的实质本身。这使得语言可以通过自身内在的分化过程成为一种现实呈现的途径。……语言参与了它所呈现的现实本身生成的动态过程。”[59]但是分化还需要有综合和整合，德里达曾说：“实际上区分的过程暗含了整合和指称……”[60]

德里达曾经对“在场”进行了激烈的批判，其理论基础便是这种分化的力量和整合的力量之间的角逐，或者说宕延和指称的力量之间的角逐。用德里达的话来说便是：

> 区分的过程包含了综合和指称，这使得任何简单的元素在任何瞬
> 70 间以任何形式存在并仅仅指称自身失去了可能。无论是书面的话语还是口头的话语，如果不和其他并不存在的元素相关联，任何单一的元素都不可能作为一个符号出现。这种关联意味着，每个“元素”都是通过指称这个系统中的其他元素蕴含这个元素中的痕迹而存在。无论在元素中还是在语言系统中，没有任何东西仅仅在场或者仅仅不在场。[61]

换句话说，任何东西都是一个全子，永远都是一个上下文中的上下文。你不能指着某一个全子说它就是它，绝对不是别的什么东西，因为任何一个全子同时是很多全子的上级和很多全子的下级：它既是由很多全子组成的，又组成其他的全子（超越时空），没有什么东西只是在那里。[62]

对于人类世界中共存的分化过程和整合过程，哈贝马斯说：“不同的生活世界相遇，不可能完全没有相互理解地共处。作为总体（totality，即全子），它们会服从走向整合的号召，在两者的视域融合之前弄清楚它们之间的不同。”[63]透过理论的樊篱，我们可以看到这种扩展和紧缩并存的过程，他说：“文化反思性的增强、价值观和主流导向的推广、社会化了的主体的个性化的增强、批判意识的增强、自主意志的形成和个体化，这些东西的发生都是有条件的，即语言创生的主体间性的不断扩展和精细化。”他认为所有这些“意味着分化和浓缩（整合）同时发生——文化、社会和个人的构成部分的分化变得越来越尖锐的同时主体间的联系不断加强，如同主体间的网络不断漂浮的同时网点间的线条不断加粗。”[64]

下面这句话非常重要：这张网不仅仅是在变大，而且在变粗；不仅仅广度增加，深度也在增加。

最后我们来看看福柯的理论基础。他说：“考古学的整体论认为整体不

仅决定部分的价值，甚至决定部分能否成为部分。整个的口语内容更为根本，因此它不仅仅是部分的累加。实际上，如果没有整体领域对部分的认可和区分，部分根本不可能存在。”[65]也就是说，整体分化同时整合部分。我们还可以注意到福柯最终放弃了考古学，不再把它视为一种排他性的方法论，因为考古学本身也仅仅是社会实践这个更大的全子的一个部分：没有整体，只有“整体兼部分”。

总而言之，进化要求分化和整合同时存在——“多成为一，并被一增 71
益。”（Many become one and are increased by one.）并且，这两个过程（在健康的层级中）总是同时发生，所以我称之为“分化/整合”。这看起来和仅仅在平面本体论视角下看世界有些对立（或者说有点格格不入）。在平面本体论中一种存在的增多意味着另一种存在的减少。但是在多维的大宇宙中，一种存在的增多意味着另一种存在的增多。它们联手创造出新的“整体兼部分”或“多/一”。这就是深度的辩证法……

（3）“组织化/结构化”的增加。“超级系统的进一步进化会导致对系统内不同水平界定的复杂化——最终会出现跨越组织的桥接，把它导向更高的组织化水平。这样一来，进化总是从简单的系统类型向复杂的系统类型转译，从低级的组织化水平向高级的组织化水平转译。”[66]比如，在进化论的生物学对进化类和进化级的区分中可以看出这种规律：“具有相近祖先的一类物种称为一个进化类；具有相同水平的结构组织形式的群体称为一个进化级。”[67]进化级当然是对深度的另外一种称谓。

（4）相对自主性的增加。这个概念比较容易被误解。它的含义就是一个全子在环境变化的时候维持自身的完整性的能力（相对自主性是对主体性的另外一种称谓）。根据复杂科学的理论，一个全子的深度越大，其相对自主性也就越强，这并不是说它持续的时间就会越长，或者越难改变，如虫子存活的时间并不比石头长。相对自主性的含义主要指面对环境条件变化的时候的可变性。比如环境温度变化的时候，狐狸可以保持自己的体温相对稳定，但是石头的温度会随着环境温度的变化而快速改变。

到了人类世界，也就是在人类身上，相对自主性的程度已经很高了，人们不仅可以从环境中分化出来（这是必须的），而且可以脱离环境，这可是灾难性的。这是病态主体性的表现，它和其他许多类似的东西一起把人类世界置于进化的地狱（当然我们会在后面的讨论中回到这个问题）。

自主性永远是相对的，因为不存在绝对的整体，只有整体兼部分。作
为一个整体，全子拥有一定程度的自主性，表现为它的独特性和存活形式， 72
它的自我维系性。在一定时空中，它具有一致性，可以被辨认出来（否则它就不存在了），这也就是为什么自主性实际上就是主体性、模式、编码、

准绳、深层结构等的同义词的原因。但是作为一个部分，每一个全子——每一个全子的自主性，都要接受更大的力量和系统的制约，因为它只是后者的一个组成部分。这并不能改变它的基本模式或者个性，但是由于受到各种环境条件的限制，可能会改变它的表现形式，并且会改变它行为主动性的模式。（比如，如果我的祖国向别的国家宣战，无论喜欢不喜欢我都会处于战争状态。）

换句话说，我们已经反复看到一种现象，所有的主体性都是“共享中的主体性”。（瓦莱拉的“结构连接”概念恰到好处地表达了这个意思：生物系统的主体性是相对自主的，但是这种自主性是在结构上与周围环境相连接的，也就是说，它现在的主体性是进化的共享性的结果。）

这样一来，自主性就和全子的其他方面一样，是滑动的：在下级全子面前，一个全子是相对自主的，但是在上级全子面前它又相对地要服从。[68]

如果我们可以把后现代后结构主义称为一个游戏的话，那么这个游戏的乐趣就在于它指出被分离开来的单元的自主性是被更大的参照系决定的。这些单元的自主性原来被认为是确定无疑的，所以后结构主义这么做让很多人非常恼火。更有意思的是根据上面的立论突然宣布这些被分离出来的单元“死了”（作者死了、主体死了、家长死了、神秘上帝死了、自我死了、理性死了、逻各斯中心主义死了，等等）。因为更大的参照系的“自主性”或系统结构又会被变成更大的参照系的一部分，所以这个游戏似乎永无休止……可能只能等到哪一天这些批评家们玩累了（或者接受了某种意识形态）才能停下来，因为现实中没有什么东西可以让这种“滑动”停下来，因为参照系是没有止境的。

但是对原来被认为“自主”的单元“去中心化”的确是后现代主义批评家们的重要贡献，我们在本书中会反复论述这一点。现在我们举几个例子：启蒙运动以来提出的自我的自主性并不是那么“自主”，因为实际上它受到自己的生物本能的驱动（这也就是精神分析对启蒙运动的批判），要讨论自我的自主性，必须把这些无意识驱力考虑在内。但是即便整合了那些因素，在精神分析看来，自主的自我还不能说是完全自主的，因为它还要受到语言结构的限制。语言结构自主地决定意义，然而它甚至根本意识不到（这就是结构主义和考古学的批判）。但是语言结构也不是那么自主，因为它们只能存在于使用语言而又没有意识到这一点的那种先于言说的世界
73 观中［海德格尔（Heidegger）、盖保瑟（Gebser）的批判］。但是世界观又只是社会实践的巨大参照系的一小部分［很多人提出这一点，如马克思（Marx）、哈贝马斯、福柯晚期的作品等］。可以进一步讲，克尔凯郭尔

(Kierkegaard)、谢林、黑格尔等理论家认为那些社会实践只能存在于并且根源于大精神这个更大的参照系。

在上面这些情况中，理论家们［弗洛伊德（Freud)、马克思、海德格尔、福柯、谢林等］通过把我们的存在放在更大的参照系中来赋予我们存在的意义，这给我们理解我们的意义提供了很多启示，因为意义和参照系在很大程度上是同义词，这一点我们在前文中已经讨论过了。后来的每一位理论家都为存在赋予了更大更深的意义，因为它们发现了原来潜在的参照系，这样就突然把自主性从我们的脚下抽走，然后指向一个我们共享的更大的参照系，让我们存在于其中。

从某种意义上说，他们都是非常正确的：自我的确存在于生物本能的驱动之下，生物本能的确存在于语言限定的世界中，语言的确存在于社会实践之网内，社会实践的确存在于大精神之下。这即是全子的本质，参照系的参照系的参照系……并且每一次聚焦这些更大（更深）的参照系，特定全子就会获得全新的意义，因为我们曾经论述过更大的参照系会赋予组成它的下级全子新的意义，这种新的意义单个的下级全子不会具有，也不可能拥有。[69]

同样，每次发现新的意义和更深的参照系都会伴随着一个新的疗救，一种新的治疗方法，也就是说，我们必须蜕变我们的视角，深化我们的知觉，面对很多阻抗，接纳更深更广的参照系。自我被放在一连串的参照系中，每次蜕变都是个非常痛苦的成长过程，是一种浅陋的参照系的终结和一个新的更深的参照系的重生。

但正是因为这个原因，每次我们认同更深的参照系，我们的相对自主性实际上就会增强一点，因为认同更深的知觉，我们会发现更多的自由。

接下来我们就讨论这些概念。这一节比较简单的问题是，尽管所有的自主性都是相对的，但这种相对的自主性会随着进化的过程不断增加（我们曾经说到一只狐狸的自主性比石头的自主性要高)。随着进化的推进，相对自主性会不断增强的原因在于，原来属于全子外部限制因素的力量（通过取代、超越和包含）成了全子自身内部相互协调的动力。这样，它和更深的参照系认同，可以发现更广的自由。后面我们会看到很多例子。 74

（5）目的的增多。一个全子的模式（regime)、准则、编码或深层结构对于这个全子在时空中的实现就像一块磁铁、一个引力中心、一个小宇宙的欧米伽点。也就是说，这个系统的终点会“吸引”整个系统自我实现（或者发展）的方向，无论这个系统是物理的、生物的还是心理的。

和以前一样，当科学致力于研究石块的运动的时候，这种现象几乎完全被忽略了。但是即便在物理领域，全子的“极点”（模式、编码、深层结构、形态发生场）也控制着它实现的最终形式，无论是电子云还是复杂系统的混沌吸引点。“在支配当代动态系统理论的几何学导向中，动态系统的基本特征是引子（attractor）：它们决定系统的长期变化走向。动态系统从初始状态开始根据进化规律沿着特定的状态序列（20 条原则的某种翻版）进化。这最终会把系统导向可以辨认但是尚未实现的轨道。这种模式就是系统的引子……”

> 如果一系列的系统状态处于静息状态，那么它们是被一个静态引子控制着［比如雷内·托姆（René Thom）研究的拓扑学的“突变理论”］。如果这些状态按照确定的时间间隔循环，那么这个系统就会受到阶段性引子的左右。并且如果一个系统状态变化的轨迹既不是静止的，也不是循环的，那么它就是被所谓的混沌引子影响着。[70]

“近年来，在很多不同的自然系统中发现了混沌行为，关于它们的数学模型研究有了长足的进展。在动态系统理论领域正在兴起一个新的学科，
75 这个学科以混沌引子和被混沌引子控制的系统作为研究对象，这就是人们通常所说的混沌理论。尽管叫做混沌理论，这个理论的目的却是消除混沌而不是发现或者制造混沌——它研究的是表面上看起来混沌的现象，但是要通过详细的分析来解释其中细微的秩序。混沌引子是非常复杂和精妙的结构，它们使得系统行为显得是随机的和不可预测的。”[71]

换句话说，这些引子是社会全子的模式或者组织力量和它们趋向有序的内在引力的例证（没有这种力量，全子就不复存在了）。其中有意思的是“分叉”概念，即从一个类型的引子转向另一个类型的引子。“含有突变分叉的模型（通过引子的重组将无序导向新的秩序）可以非常精确地模拟进化性跃迁。当动态系统被扰动然后通过一个混沌状态到达一个全新的——在实际情况下不可预测的——稳定态，这种非常有价值的模拟就实现了。”[72]

混沌理论的结论是，这些是“真实存在的系统的所有第三状态（绝对不对等的状态）进化过程中潜在的转译，从元素的原子到人类社会。”[73]这些转译的类型（不仅仅是转译）生成“趋向更复杂和更高水平的组织化的具有统计效度的趋势。系统跃迁到一个新的平台，变得更具活力，在环境中更有自主性。”[74]最后这些因素聚合起来“推动分叉系统在进化的层级上提升一个级别”——这就是全子丛聚。[75]

> 当波动不断增多，破坏了系统的稳定性时，它本来存在的阶段性引子就不能维持原来的状态；混沌引子出现，系统进入暂时的混沌状态。当这个系统达到了一个新的动态平衡时，分叉阶段的混沌引子让

> 位给新出现的点引子或者阶段性的引子。这些引子完全不会根据热力学定律维持系统的稳定性，它们运用信息的效度更高，运用闲散能量效率更高，弹性更大（相对自主性），结构复杂性和组织化的水平也更高。[76]

终极目的——一个全子的小宇宙中作为这个全子发展最终状态的欧米 76
伽点——当然非常重要，它不仅在物理系统中重要，在生命层面和人类层面中也同样重要。这就像橡树籽的编码（它的DNA）中已经写入了一棵橡树，通过转译、转写和蜕变，这粒种子就会一级一级地展开成为一棵橡树。这些生物过程的研究已经太多，读者们也都很熟悉了，所以我不过多地解释（后面有很多例子），我们只需要注意生物学家们“发现了通向未来功能的方向是存在的”，并且“有机体的目的性是毋庸置疑的”[77]就可以了。

在人类层面，一旦心理和语言科学不再把研究石头的运动作为研究的中心，而把研究的中心放在心理过程上，那么人心的目的性就不可避免地要提上日程。比如说弗洛伊德的精神分析本质上便是很深的发展论，因为这个过程不仅仅是一相情愿的愿望，而是实实在在地存在着，所以可能脱轨或者受到阻碍，从而导致疾病。

佛蒙特郡有个流传很久的笑话：一个城里人开车经过佛蒙特，看到一辆卡车陷在路边的泥里，轮胎打转，开不出来，就问卡车司机说：“你卡住了吗?”卡车司机回答：“如果我想去什么地方的话，我的确是卡住了。”

无论是好还是坏，心灵毕竟还是要去什么地方的，这就是为什么这个过程会卡住，为什么它会为挫折皱眉、心里一阵阵发紧、发生能量固着、陷入僵局等。如果心灵哪儿也不去，那么就不会卡住，不会生病。这些“疾病点”可以被看作是心灵的欧米伽点，也就是心灵要去的地方。不仅仅弗洛伊德看到了这一点。“在一段经常被引用的公式中，皮亚杰（Piaget）宣称没有不发展的结构，这个发展的过程只能被理解为最初存在的结构最终变成很多结构。”[78]即引子和它们的吸引盆，它们的欧米伽点。

美国公认的哲学天才查尔斯·皮尔斯（Charles Peirce）曾经说：“心理现象的本质是受到一个目的或者别的终极原因的控制的。”他补充道：“说未来不会影响现在，这种观点是站不住的。”[79]雅各布森说：“目的模型在
语言设计、整合和动力定律自我规范以及它的交流中的运用”，使得“采纳 77
一种功能目的论成为一种核心问题”[80]。再看哈贝马斯：“在运用语言的过程中，有种无情的压力存在，迫使对话走向相互理解。”[81]甚至德里达也说：“这种弧痕（arche-trace）本身包含了所有表现的可能，它们是原初的‘差异’。这个‘差异’是我们内在的目的论驱力，推动我们自我表现。”[82]

实际上，直到现在我还没有真正提到心灵的实质或者说心灵的欧米伽

点的真正内容，还没有说明心灵的基本引子是什么，心灵最终要实现的状态是什么，其实这才是最有意思的内容。所有的理论家都认为心灵的欧米伽点是不可逾越的参照系，也就是不能再进一步推延的参照系。

在弗洛伊德看来，这个欧米伽点就是性驱力的组织化和整合了的自我：所有关于阶段的讨论和思路都通向这个“罗马”。对皮亚杰而言，这个欧米伽点就是思维的形式运算阶段，这个阶段可以自我平衡，它意味着发展的最终状态。对哈贝马斯而言，这个欧米伽点就是理性的主题间交流，完全没有权利参与的相互理解：当这种相互理解完全实现的时候，无情的压力就消失了。

从某种意义上讲，每个理论家都描述了一种“历史的终结”，这些欧米伽点都趋向那个可以解决人的一切问题、在某种意义上可以带来相对接近天堂感觉的欧米伽点。对黑格尔来说，人自身和人与人之间都可以完全实现大精神的理性状态，接近那种天堂体验。对马克思而言，阶级社会中劳动和生产的异化问题可以通过实现共同利益得到解决。绝大多数人对德日进神父（Pierre De Chardin）提出的欧米伽点比较熟悉，他认为基督意识在每个人身上的重现是最终的欧米伽点，这是人类历史和进化的最终目的。

还是那句话，所有这些欧米伽点都有非常重要的可取之处。每个发展阶段都是一个全子，所以都要面对一种二元的张力。作为一个整体，它具有相对的自主性，相对而言比较“健康、幸福和完整”。但是作为一个部分，它在某种意义上又是被异化的、被疏离的，和那些超出它的知觉范围的参照系似乎是割裂的。在考虑到更大更深的参照系之前，它本身较浅的位置会折磨它，让它产生一种不完整的苦痛，某种更深、更高、更有意义
78 的存在的征兆在它的边缘上若隐若现……

我并不是在写诗，这些的确存在。皮亚杰发现早期或低级的认知阶段中存在一种内在的局限或者冲突，比如前运算阶段和具体运算阶段，在处理一些重要的人物的时候，在这些水平上思维会卡住，不断摇摆。皮亚杰认为只有到形式运算阶段，思维才能达到一个相对稳定的状态，他称之为平衡，也就是一个动态的和谐状态。进一步讲，也只有从形式运算阶段来看，这些早期的冲突才可以理解：它们在努力解决这种问题，努力向欧米伽点发展，努力向形式运算阶段这个更大的参照系迈进，简而言之，它们在找到那个更大的视野之前就不会感到快乐。[83]

参照系的局限性问题是不可能在同等水平上得到解决的，只有通过超越该参照系的水平，通过发现更高更深的参照系才能解决。更深更广的参照系对目前的有局限的参照系有一种吸引力，给它提供了一个发展的方向。

这是所有的欧米伽点理论家公认的真理（而任何一个说得过去的理论

家都是欧米伽点理论家)。假定他们提出的参照系已经被发现，假定他们的理论不是还原论的，那么我们从这些理论家那里可以学到很多东西，他们总是在指出超越我们当前知觉范围的道路。假定他们的参照系是真实的，他们便是正确的：我们在找到更大的视野之前也不会快乐，直到我们可以平缓地接受一种更大的深度……

我们会看到一个最终的欧米伽点吗？那将意味着我们看到一个最终的整体，可是在所有显现出来的存在中那种全子是不存在的。但是或许我们可以换种方式来理解。也许是目的，或者性爱在推动整个大宇宙，谁知道呢？并且上帝实际上可能是一个包罗万象的混沌引子，像怀特海说的那样，它在整个世界中温柔地劝说一切走向爱。

可是，至少现在可以说，这些推断还为时过早。

注释

[1] 在我们这本书中会经常回到这个问题；在第十四章讨论欠条（IOU）原则之前，我无法表达我最终的立场。现在可以这么说，如果试图用“不变原理”和“习得习惯”来确定绝对，我们就会陷入重重矛盾之中。如果说没有固定的规律，只有习得的习惯，这本身就是一种固定的规律。说没有固定的规律就是忽视了那些实际上存在的具有发展征兆的规律。

[2] 霍夫斯塔特：《歌德、埃舍尔和巴赫》(*Gödel, Escher, Bach*)，142、146页。无独有偶，雅各布森也说：“语言的一个重要结构特性是把高级单元溶解为它的组成部分的任何阶段都不存在毫无意义的片段。”《论语言》，11页。

[3] 爱德华：《哲学百科全书》，第五卷，202～203页。

[4] 巴塔耶：《极端看法》(*Vision of Excess*)，174页。 529

[5] 同上。

[6] 同上书，11页。

[7] 乔纳森·库勒：《论解构》(*On Deconstruction*)，215页。

[8] 同上书，123页。

[9]《论现代性》(*Philosophical Discourse of Modernity*)，197页。我在下一段中指出，上下文的滑动并不说明真理不存在，只是提供真理的处所。为了给真理提供处所，上下文的滑动很多时候不是完全随意的。哈贝马斯指出，在交流过程开始之前，首先存在双方认可的意义空间，否则交流根本就不可能开始：滑动就停止了。

[10] 转引自汤姆逊：《盖亚》(*Gaia*)，50页。

[11] 凯斯特勒：《机器中的魔鬼》，63页。

[12] 怀特海所说的“终极范畴”包含三个概念：“创造”、“多”和“一”。从某种意义上说，他本来可以把这三个概念减少到两个，就是“创造”和“全子”，因为全子就是一/多（因为“一”和“多”从来就不可分割）。怀特海的摄受统一就

是当前的主观全子客体不断成为过去的当下主观全子，因此每个全子摄取的实际上是它的整个宇宙，在它所有的后代的统一中、摄入性统一中生存（“无相性”）——当然整个系列表现出一定的渐进性（层级）取决于特定时刻的创造力程度。

这就是为什么科学中的呈现不能解释一切，只能描述发生的一切。解释必须依赖类似怀特海的创造的终极范畴之类的东西，也就是可以用来解释实在，但是不能解释自身的东西。我们在这本书中会经常回到这个问题，每次回到这个问题，就加深一点对它的理解。但是很明显，在这个过程中，有一定的人类之爱的因素，否则这整个过程就不可能开始。

[13] 在自我蜕变或者自我超越的过程中，低级全子的自主性要服从高级全子的自主性，而新的全子存在于自己的网络中，以自己新的方式和其他朋辈交流。

[14] 埃里克·詹特：《自组织的宇宙》（*The Self Organizing Universe*），11 页。

[15] 同上书，183 页。

[16] 拉兹洛：《进化》，76、78、35、36 页。

[17] 墨菲对西蒙的观点的总结。墨菲：《身体的未来》（*The Future of the Body*），28 页。

[18] 同上书，28～29 页。

[19] 埃里克·詹特：《自组织的宇宙》，49 页。

[20] 转引自加德纳：《对心灵的探索》，199～200 页。

[21] 弗斯、卢斯伯格（Foss & Rothberg）：《第二次医学革命》（*Second Medical Revolution*），151 页。

[22] 霍夫斯塔特：《歌德，埃舍尔和巴赫》，308 页。

[23] 拉兹洛：《进化》，36 页。

[24] 瓦莱拉等：《心灵赋形》（*Embodied Mind*），88～90 页。在后面的章节中我们会有好几个地方谈到这个重要文献，以吸收它的重要力量（同时讨论几个可能
530 的弱点）。我在这里没有办法充分讨论他们的这部作品了，因为我在充分呈现他们的重要贡献之前要进入几个新的话题。但是我相信在这一章中对这部书的简单介绍和他们的主题思想是一致的，这就是动作认知和结构配对，我相信在我们下一次回到他们的作品上来的时候，这些平行的思想会更明显。参阅本章注释 [49] 和 [52]、第四章的注释 [13] 和 [43] 及第十四章的注释 [1]。

[25] 麦尔：《生物学思想发展的历史》，63 页。

[26] 我们可以看到为什么说一个全子的活动方式如何，但是不能说全子就只能以那种方式活动。

[27] 自然科学和专断的科学对全子的研究是通过相对自由的呈现，已经习惯于停留在固定的不变的现象上，创造性很小，他们的行为（看起来错误的）遵循固定的规律。我认为这是谢尔德里克的基本立场。

[28] 拉兹洛：《进化》，196 页。

[29] 贝塔朗菲：《一般系统论》，74、87 页。

［30］戈德史斯密：《道》，28 页。

［31］谢尔德里克：《新生命科学》（*New Science of Life*），74 页。

［32］瓦莱拉：《生物自主性原理》（*Principles of Logical Autonomy*），86 页。

［33］奈斯：《生态、社区和生活风格》，58 页。

［34］同上书。

［35］埃里克·詹特：《自组织的宇宙》，33、16 页。

［36］这不是说每种超越都要包含前面阶段的每个细节，而是说超越必定以前面阶段的基本特征为基础。我们在后面会看到大量的例子。

［37］瓦莱拉：《生物自主性原理》，86 页。

［38］米歇尔编：《诺贝尔奖获得者对话》，59 页。

［39］最终证明这一点对于发展非常重要，一个不肯妥协的结构只能导致固着，或者极为狭隘的认同。比如在人类发展过程中，这种差别可以表现为口唇期的动力和固着之间的差别：对食物的需求在后来的发展中会作为基本的结构保留下来，但是如果儿童在这个结构上特别执著，就会出现固着；它拒绝既保留又不作为核心的地位，只想被保留不想改变——夏威夷同意加入联邦政府，但是拒绝在印刷货币这一点上让步。

所有发展实际上在根本上都是把排外的结构转换为基本的结构，也就是说，既保留了原来的功能，又不完全和那种功能认同。

［40］谢尔德里克：《新生命科学》，83、87、88 页。

［41］拉兹洛：《进化》，54 页。

［42］谢尔德里克：《过去的在场》（*The Presence of the Past*），120～121 页。

［43］凯斯特勒：《机器中的魔鬼》，50 页。

［44］按照同样的思路，许多批评家反对使用“纵向”和“横向”（更不用说 531
“高”、“低”），因为他们觉得这些说法是人类中心的或者家长制的（男性中心的），或者是“旧范式”什么的。这实际上和这些批评家反对任何形式的层级是一脉相承的，这实际上是一种混淆，因为这些批评家们自称是整体论者。

但是这种混淆的根源在于对广度和深度的混淆，来自“更高”和“更广”的混淆（结果导致他们完全拒绝“纵向”、“高级”等用法，因为他们觉得在“更广”这个说法中不必臣服于什么），我在后面再说明这一点。我认为，这实际上是一种还原论的形式——一种过分的、不均衡的、畸形的等级——我们在讨论生态女性主义和深度生态学的时候可以对它们的内在问题多作讨论。

现在，我想重申我的观点，我相信这些批评家们反对的不是全子丛聚本身（这一点他们是对的），而是反对全子丛聚的病态，特别是反对表现为男性中心和人类中心的全子丛聚，这些全子丛聚过于强调主动性，造成和合群性之间的不平衡，在大宇宙中某些自大的全子开始擅自凌驾于其他的全子之上。这是我们的三部曲的第二部要详细讨论的内容。

［45］在亚原子粒子模型中这种转写已经开始了。比如我们所说的电子（它的深层结构）是如何表现为特定粒子的。波动功能的崩溃是转写的一个例子（无论怎

么说，电子表现出来的是一个电子，而不是青蛙)。在生物领域，我们可以非常清楚地看到这种转写表现为核酸的复制，既包括转译也包括转写（在生物学上就是这么叫的)。在这个领域“蜕变”被称为突变。在人类层面，人的认知行为和语言都有类似的机制，从皮亚杰到乔姆斯基（Chomsky)，学者们讨论了各种形式的转写规则，深层结构根据这些规则表现为表层结构。在世界观的领域——从盖保瑟到海德格尔到哈贝马斯——详细讨论了世界观先于语言的深层结构（先于理解)，倾向于控制人们实际的表层知觉。我们在后面会看到很多例子。

[46] 当然，转译和转写实际上都是处理整体/部分（只有全子)，但是转译处理的是新出现的全子包容前面的全子的问题，因此“更加整体论”。先前的水平上的整体现在是更高级的全子的部分，因此先前的“整体”的转译，现在是部分。

分化在特定水平上可以造就更多的领域，但是整合可以造就新的水平，造就新的全子、新的整体性、新的领域和新的深层次结构——这是一种蜕变，不仅仅是一种转译（我们在第 12 条原则中将会再次回到这个分化和整合的问题上来)。

532 詹特曾经说过，进化不仅仅是扩展共享的范围（或者自我适应的范围)，因为这种共享范围的扩大只是造就更多类似的东西，不会出现新东西。同时，拉兹洛提醒我们，自主性的提高，即便从作为其自组织的形式的生命角度来看也无法解释进化的原理：“但是自组织也不是进化，尽管细胞的自我控制模型可以模仿某些进化现象，比如单细胞蜕变为多细胞的系统。要理解进化，需要同时理解在真实世界动态系统中不连贯、非线性的变化是如何产生的。”（《进化》，39 页）换句话说，我们不仅仅需要有转译的模型，而且要有蜕变的模型。

对于转译本身而言，一切全子都有转译意味着一切全子在最宽泛的意义上都是符号。我对符号的定义（借用皮尔斯的定义）是：某个实在的某个方面如果对其他实在可以代表别的方面，即可以把这个方面称为符号。从而，即便小小的原子都能够把它们周围的力转换成自己的反应模式：对于一个电子而言，空的轨道壳就是一个符号，它可以进入这个轨道壳。实在的某个方面（空壳)，对另一个方面（电子）代表另外的方面（它可以进入)。一切全子都是符号，因为所有的自主性都是“共享中的自主性”（或者植根于背景中的自主性)，一切符号都在游移，因为它们的背景是没有边界的。

最终，在任何领域中都不会存在仅仅具有表征功能的符号，或者说永远不可能用一个全子代表另一个全子；符号总是一个全子，它对别的全子而言代表着另外一个全子。参阅雅各布森对这一点和皮尔斯有关的讨论，这个讨论非常有意思：“一切指称不过是‘把一个符号转译为另一个符号系统’。” （《语言的结构》，10 页）——这就是为什么语言学理论如果不参照一个符号所依存的符号系统就不可能界定这个符号的含义的原因（索绪尔)。当然此外还有其他的原因，同时这也是后结构主义之所以能够提出符号的滑动的原因（他们认为这是完全的结构，实际上不是，这不过是一切世界的正常生活)。这样一来知识就不可能仅仅是表征性的，在认识的过程中加入了诠释的成分（第四章我们会详细讨论这个问题)。

[47] 同一个水平上的全子就会全部被破坏；高于这个水平的各种全子也会被

破坏；低于这个水平的各种全子不会被破坏。

[48] 对于人类发展过程的所有类型这个原则同样成立。比如，如果我们破坏了所有道德发展的习俗阶段，同时也会破坏所有的后习俗阶段，但是不会破坏所有的前习俗阶段。破坏所有的概念，所有的规则也就不复存在了，但是意象仍将存在。

这个原则也宣布了纯粹平级分列的破产。如果仅仅存在一个平面的纯粹平级分列，万物的存在仅仅依靠内部的关联以及和其他事物之间的关联的话，那么如果我们破坏其中任何一种事物，就会同时破坏其他任何的事物，因为在平级分列的存在状态中不存在本体论的级别分化。这就是平面本体论的弊病所在，它们忽略了进化和涌现（emergence）的意义。进化的很多方面连续性非常好，有的方面连续性就不是那么强而是呈现量级的特征，特别强调任何一种都会分别导致病态的平级分列和病态的上下等级分化。

[49] 在我看来，自主性永远是“处于共享中的自主性”，这是瓦莱拉的关键问题所在。我会说，一个全子的自主性（“内在的自组织的属性”）促成一种世界空间（带来一个具有界限的领域），并且相对自主地这么做。另外还有一点非常重要，就是一个全子的自主性部分地是和适当的世界空间“结构匹配”的结果（在后面我们会对这一切内容进行详细讨论）。自主性是共享中的自主性，这样就既可以解释相对自主性的问题又可以解释宏观/微观相互决定论的问题。正如瓦莱拉、汤普森和罗施所说的： 533

“这里关键的问题在于我们不再保留独立的概念，不再保留先定环境的观念，而是以所谓的内部因素取而代之（自主性）。我们强调一个环境的性质和其中的机体的属性与它们的行为是不可分割的。对于这个观点，理查德·柳文廷（Rechard Lewwontin）说得非常清楚：‘生物机体和环境是不可以分割的。环境不是从外部赋予生物机体的结构，而实际上是这些生物体的创造……’”

他们继续说道：“那么关键的一点是，这些物种造成并限定自己的问题领域，然后通过满足自己的有关缺失来解决自己的问题；这种领域不是外在的，在环境中充当一个着陆点的角色，生物体可以降落到这个世界。相反，生物体和它们的环境是相互确立和相互决定的。因此我们所说的环境规范不是被内化了的外部规则，不像表征主义和适应论的理论所认为的那样。环境规则是一个相互影响的历史的产物，是从一个长期的相互决定的历史中不断展开的默契（《心灵赋形》）。”

这也是为什么进化的“单元”在根本上是微观/宏观单位，也就是说任何存在的全子的原因。“对进化单元的完整的罗列看起来特别困难：DNA 短链，基因，顽症的基因簇，细胞本身，物种的基因组，个体，不同个体携带的相同的‘包含性’基因组，社会团体，实际存在的相互通婚的居民，整个物种，实际存在的相互作用物种构成的生态系统，全球生物圈。每个单元（全子）寄身于某些匹配和选择的限制（共享），具有独特的自组织属性（自主性），这样和其他水平相比，全子就拥有自己新出现的特征……”（192～193 页。）

[50] 埃里克·詹特：《自组织的宇宙》，85 页。

[51] 在未来的一千年中，人们会发现夸克中所蕴含的更小的粒子同样像现在我们认识到的各种水平的意识一样复杂。这一点肯定是不用多说了，但是这个问题似乎不需要在这里讨论。

[52] 在《来自伊甸园》(*Up from Eden*) 中，我试图说明这是我们唯一可以真正理解病态发展的方式，也就是说，把这种病态理解为同水平的交换和同深度的
534 环境之间的混乱，在同一个水平（物理水平、情感水平、语言水平）上的混乱带来整个系统的震动，倾向于导致其他水平在发展过程中复制同样的歪曲。

我们在这本书中会常常看到，同水平上的相互交流并非微观环境和既定宏观环境的交换：它们在世界空间的呈现过程中相互促成。在后面的讨论中，这个含义会越来越清晰。现在我们需要注意，瓦莱拉等人说："关键是这种系统并非以表征（对既定世界的表征）的方式运作。不是对一个独立外在世界的表征，而是扮演一个和认知系统所代表的结构不可分割的区分领域的世界"（或者从更一般的意义上说，是这个全子的深层结构或自主性所体现的结构，《心灵赋形》，140 页)。

[53] 埃里克·詹特：《自组织的宇宙》，75 页。

[54] 拉兹洛：《进化》，25 页。

[55] 罗卫 (Lowe)：《理解怀特海》(*Understanding Whitehead*)，36 页。这是罗卫的原话。

[56] 同上书，末尾部分是罗卫的原话。

[57] 德里达：《立场》(*Positions*)，101 页。

[58] 科沃德 (Coward)：《德里达与印度哲学》，40 页。

[59] 同上书，40、135、137、148 页。

[60] 德里达：《立场》，26 页。

[61] 库勒的翻译，转引自斯特罗克：《解构主义以来》，164 页。

[62] 或者按照索绪尔的说法，"语言是相互依存的概念，任何一个单一概念的价值都以其他概念的同时存在为前提"——也就是说，它永远不可能单独存在。转引自霍克斯 (Hawkes)：《结构主义和符号学》，26 页。

至于语言的区分过程，索绪尔有一个非常有名的说法被广为转引："在语言中只有否定方式的不同。它们本身最突出的特征就是对其他概念的否定。无论所指还是能指，语言的观念和声音都不会先于语言体系而存在，只能是概念和语音的差别从语言体系中生发出来。"(28 页) 这也就是整合的重要性之所在。霍克斯总结道："语言是自洽的关系结构（相对自主的）极端例子，它的组成元素本身是没有意义的，除非整合到这种相互关系之中。"

我在本三部曲的第三部书中会重新回到这个问题，但是现在我们应该注意一下索绪尔的突破。他的突破在于把语言看作相对自主的全子，从而它的结构或者领域构成了分化和整合的模式，这种模式统摄整个体系中的任何单个元素（次级全子），从而本来完全没有意义的一堆元素现在可以结合在一起构成有意义的符号——高级别的全子通过体系把低级别的全子包含在一个共享的关系网中，从而为低层级的全子赋予了意义。索绪尔没有到达完整的全子世界观，但是他的方向是正确的，而且

在正确的方向上前进了一大步，具有巨大的历史性影响（实际上所有的结构主义者，当然也包括后结构主义者和很多符号学家都延续了索绪尔的路子）。我们在第七章再回到他关于语言学、关于符号的论述上来。

最后，“从来没有什么东西独立存在”和神秘经验论的“在场”几乎没有任何 535
关系，我们在后面还会讨论。

[63] 哈贝马斯：《现代性的哲学话语》（*Philosophical Discourse of Modernity*），359 页。

[64] 同上书，345～346 页。哈贝马斯说得很清楚，在一定意义上他是重提黑格尔的一些主题，然后从一个前人不曾走过的思路来思考，也就是把理性作为交流活动。从某种意义上说，黑格尔的整个哲学就是关于全子的哲学，分化和整合的辩证法推动了整个发展过程。

[65] L. 德雷福斯、保尔·拉比诺：《米歇尔·福柯》（*Michel Foucault*），55 页。

[66] 拉兹洛：《进化》，35 页。

[67] 菲秋马（Futuyma）：《进化生物学》（*Evolutionary Biology*），289 页。

[68] 这一点也是一样，理由相同，如同瓦莱拉曾经指出的，一个层级上的特定水平对低于它的水平而言是外部的，对高于它的水平而言是内部的。

[69] 整个文学理论可以说具有一种基本精神，就是要确定究竟什么应该被称为“文学全子”，从而使我们可以发现或者确定一个文本的意义。过去一般认为这种意义是作者创造出来赋予文本的，读者只是把这个意义读出来而已。现在普遍认为这种观点十分幼稚。

随着精神分析的诞生，自我的自主性被器官的冲动颠覆了（也就是说，有一种无意识的驱动力推动自我进行活动，而过去人们认为自我是可以做主的），因而也就认识到这种意义是无意识的，或者在产生的过程中人是意识不到的，这种无意识的意义会进入文本当中，尽管作者意识不到。从而要读出这种意义的人不再是幼稚的读者，而成了精神分析师。

于是“诠释学的怀疑”（利柯）就认为文本是一个无意识的意义库，只有渊博的批评家才能弄清楚。在文本中会存在被压抑的、被隐瞒的或者被边缘化的上下文背景，它们都是隐藏在文本中，文本就是被压抑、被隐瞒、被边缘化的一切的证词。被边缘化的上下文便是隐藏的“潜文本”（subtext）。

马克思主义的说法则是，批评家本身存在于资本主义—工业社会作为潜在统治秩序的社会实践背景中，这些潜在的背景（和意义）会隐含于生活在这种背景中的任何作者所创作的任何作品中（当然也就可以被发现）。类似地，也可以从种族主义、女性主义、精英主义、物种主义（speciesism）、沙文主义（jingoism）、帝国主义、理性中心主义、男性生殖器中心主义（phallocentrism）等背景中来看。

各种形式的结构主义和诠释学野心十足地要找到一种最终的“真实”背景，从而可以确定文本的最终真实含义，可以压倒（或者超越）其他任何的诠释。福柯在他的考古学阶段胜过了它们两者（诠释学和结构主义），他的知识型［后来叫做具体社会机制（dispositif）①] 成了诠释学和结构主义绕不开的背景。

作为对其中的某一些形式的回应，新批评理论（现在也不新了，有几十年了）
536 据说在根本上反对它们。新批评理论认为文本本身是自主的文学全子，可以完全忽略作者（无论是有意识的作者还是无意识的作者），作者的人格、时间、地点都忽略不计，单单注意文本的整体性（它的领域和它的符码）。"情感反应理论"和"读者批评理论"（费什）也认为所谓背景统统不重要，因为意义是在解读的过程中产生的（或者是在欣赏艺术作品的过程中产生的），因此文本的意义只能从读者对文本的反应中去找。现象学家（比如艾斯勒和印加腾）则曾经试图整合这两者：文本具有距离（"未定点"），这个距离的意义可以从读者那里找寻。

然后解构主义就出现了，说"你根本不对"（最后的王牌）——意义是依赖于上下文的，而上下文是没有边界的。

现在，尽管我同意后来解构主义的说法，但是我同意的原因却和他们本身的观点完全相反，我不是思考以前那些理论为什么不对，而是想它们为什么都正确。它们（或多或少）都抓住了上下文这一点，他们在一定程度上都是非常准确的，因为上下文总是不断嵌套在更大的上下文中，给每一个上下文都创造出空间（除非否认其他上下文的存在）。

对全子丛聚的研究，简单地说，就是对真理嵌套的研究。美国的解构主义似乎是对这一点拍了一张翻相照片——它只看到了其他真理的不足（没看到自己的），说这种对真理嵌套的研究会导向虚无主义，其实不是导向虚无主义而是导向空性，这是大宇宙最丰富的创造状态。

[70] 拉兹洛：《进化》，41 页。

[71] 同上书，可以和瓦莱拉等人的观点相比较："所有这些不同现象中有一个共同点，就是在每种情况下都有一个网络，可以促成新属性的产生，研究就是要理解它们的一般性。在捕捉这种各系统新出现的属性的时候，最有效的方法之一是借用动态系统论中的'引子'概念。"瓦莱拉等：《心灵赋形》，88 页。

[72] 同上书，43 页。

[73] 同上。

[74] 同上书，46 页。

[75] 同上。

[76] 拉兹洛：《选择》（*The Choice*），93 页。

[77] 或者如乔纳斯·索尔克说的："走向改变是有机体的本性。有机体的内部性质（领域、深度结构）影响改变的方向和范围；出现的改变会添加到其他的改变之上，所有的改变似乎统统是导向有机体的因，在这里，这个因具有哲学上的'终极或者目的'的含义。"转引自雅各布森：《论语言》，481、482、483 页。

并且，当然谢尔德里克把形态发生场（现在叫做形态场）的深刻观念运用到这

① 翻译为具体社会机制，有争议。——译者注

个地方，是为了解释唯物主义还原论所解释不了的目的论的发展观中存在的一些内在矛盾问题。

［78］加德纳：《对心灵的探索》，187～188 页。我把“发展”这个词换成了 537
“生成”。

这实际上也就是很多心理成长理论家（特别是人本主义和超个人心理学家）很久以前就已经提出的观点：神经症的原因不是过去的经历造成的，而是未来的欧米伽点无法实现造成的。甚至弗洛伊德所说的固着，当它出现的时候，也是一种对欧米伽点的实现产生的限制作用：力比多不能按照自己期望的正常方式流动，在成长的过程中受到了伤害，有点像有人一脚踩到了橡树果上（对橡树果的成长造成的影响）。这些夭折的欧米伽点就成为条件反射，看起来似乎是对过去的固着，但是那不是问题的本来面目。治疗时（“为了服从自我而退行”）就会回到那个橡树果，把靴子跟拔出来，然后让它能够继续向前成长，按照正常的模式前进，寻求正常的欧米伽点。（当然，事实不是那么简单，因为橡树果也会以扭曲的方式成长，所以处理起来就不会那么爽利，但是过程还是很清楚的。）过去的条件反射如果本来就没有理想的样式（欧米伽点），它们压根儿就不可能出现什么夭折。

［79］转引自雅各布森：《论语言》，483 页。

［80］同上书，481、20 页。

［81］哈贝马斯：《现代性的哲学话语》，347 页。

［82］科沃德：《德里达与印度哲学》，40 页。

［83］因为全子丛聚研究的是真理的嵌套，无论我们把背景扩张到多么大，都不会和相对小一些的背景中的相对真理相矛盾。它否认那些相对真理的排斥性（它们的终极性），但是保留它们的相对真理性、它们在自己的背景中的真理性。即便我们把背景扩张到超越弗洛伊德（我相信我们一定会这么做），即便我们的背景超越了小我，扩张到共产主义社会，甚至扩展到整个生物层面，或者上帝，还是不能改变这个事实，如果我在口唇期出现了固着，就不大可能享受一生的快乐。

第三章　个体与群体

79 如果我之为我是因为有你，你之为你是因为有我，那么我也就不是我，你也就不是你了。

——希勒尔（Hillel）

在第一章里我们已经看到具有整体论倾向的各种理论家，包括系统理论家、生态学理论家、新范式思想者、深度生态学家、生态平等主义者等，都坚持认为现代社会所面临的各种危机基本上都可以归因于一个“破碎的”（fractured）世界观：我们缺乏一个统一的观点，这使我们的世界成了支离破碎的、断代缺层的和被异化了的（alienated）的世界。因此，他们主张，现在所需的是某种系统理论的定向，这种理论将提供给我们一些方法，让我们去观察和感觉这样一个事实：我们已被编织（interwoven）进了一个单一的模式和命运之网中。他们以各种各样的方式主张我们需要一个深刻的、以生态为中心的世界观。

但是，这些理论家一提出这种观点就立刻陷入了严重的理论困境。首先，就像约翰·希德（John Seed）总结的观点一样，他们主张“世界是一张网而不是一座金字塔，人类不是这张网，而仅是这张网上的一条线”。换句话说，人类只是一张更深的（或者说更大的）“生命之网”中的一部分，或者说是生物层面中的一部分。可是，如果我们毁灭整个人类，生物层面仍将继续存在——但是反之却不成立。也就是说，如果我们毁灭了这个生命层面，毁灭了这张生命之网，人类也就不再存在。这意味着生物层面是一个低级的、狭窄的实在，并不是高级的、深度更大的实在。这使这些生态学家们深感困惑。除了把生物层面绝对化之外，他们似乎没有办法尊崇它，否则就会陷入矛盾。

其次，正如F. 卡普拉对新范式思想所做的概括一样，“在新范式中，
80 只有从整体的动力学（dynamics）出发，才能够理解部分的属性。说到底，完全没有什么部分。我们所谓的部分不过是在一个不可分割的关系网中的一个样本”[1]。确实，没有什么部分，同样也就无所谓整体了——只有整体/部分永远存在，它永远避开了总和论的谎言（totalizing lie）。退一步讲，

假定只有整体存在，这在政治理论上怎么讲？说到底，再也没有什么自由的市民，而只存在整体的国家吗？如果“整体”是第一位的（primary），我们都只是国家的一部分，那么很明显我们存在的目的就是为国家服务了，如此我们可以把一个极权主义的政权作为新范式的一个典范，那些难以对付的部分将消失在那张光荣的网上。

我并不是说系统理论是错误的，这一点我将会一直重申，问题在于这个理论存在片面性、不平衡性，这一点真是难以让人信服。所以在本章和下一章里，我们将开始纠正这种片面性和不平衡性。随着本书内容的深入，我们将会看到系统理论本质上并不是治愈和统整这个星球的良药，相反，具有讽刺意味的是，我们看到的是系统理论（包括它的所有变体）属于平面范式的一部分，该范式至今仍在对盖亚的生态掠夺和破坏中做着卓越贡献。除了少数例外，我们会看到“生态”（Eco）哲学是“自我”（Ego）哲学的照相的负片（photographic negative），它们俩在对盖亚的破坏的狂欢中是一对双胞胎，在主张平面世界观方面如出一辙。

微观和宏观

事实上，所有流行的系统理论、深度生态学和生态女权主义理论家都在大大小小的领域里提出了一些关于存在和命运的大层次的设想。生态女权主义者朱莉娅·拉塞尔（Julia Russell）说：

> 一个团体、一个民族存在于一个庞大的背景中，在这个背景中，它有作为一个部分的功能；一个民族又存在于世界民族之林，所有的民族构成了人类的政治团体；人类又置身于生物层面中，生物层面是代表整个地球的个体。在这个千丝万缕、浑然一体的世界里我们只是一个部分。[2]

图 3—1 列举了各种典型的全子丛聚，它奠基于各种整体论的、生态学的或者系统取向的理论家以或直白或隐含的方式描述的结构，波普尔、拉兹洛、赛申斯、米勒（Miller）、恩格斯（Engels）和另外一些人也论述过类似的全子丛聚。

理论家把这些全子丛聚描述为一个层次系列或者一个“层次顺序”（stratified order），就像是一架梯子。只要我们记住这里面包含着这些作者主张的循环复杂性，而且不要不公平、不负责任地指责这些理论是线性的，那么这些理论是完全可以被接受的。

只要我们稍微看一下图 3—1——甚至任何其他类似的全子丛聚——我们会立即注意到，这里存在个体和群体之间的混乱和并存。这就是说，微观世界和宏观世界之间的关系是非常混乱的。群体与复合个体有相同的类

81

生物层面
社会/国家
文化/亚文化
社区
家庭
个人
神经系统
器官/器官系统
组织
细胞
细胞器官（organelles）
分子
原子
亚原子粒子

图 3—1　典型的全子丛聚

型和相同的本质，这样一来，它们既可以置于彼此的上方也可以置于彼此的下方。但让我们来看看下面这个例子，在波普尔的生物层次理论（见图 3—2）中，波普尔（不只是他）把个人和人群作为同种（存在的）逻辑类型来归类，同时又把其中一个作为具有同等体积的不同“层次”置于另一

12）生态系统层次（整个生物圈）
11）复细胞动物和植物群体层次
10）复细胞动物和多细胞植物层次
9）生物组织和器官层次
8）单细胞生物群体层次
7）细胞和单细胞生物层次
6）细胞器官（还有可能是病毒）层次
5）液体和固体（晶体）
4）分子
3）原子
2）基本粒子
1）次基本粒子
0）未知：亚次基本粒子

图 3—2　波普尔的生命层级[3]

个上面（体现在他的方案中的，比如层次 7 和层次 8 或者层次 10 和层次 11）。这是很不正确的。

在最后一章（根据原则 9）我们会看到在任何整体的顺序，包括个体的次序和群体次序，如果我们破坏了任何一个层次，则该层次上面的所有层次都会受到破坏，而下面的则安然无恙。这一点可以通过整体/部分的定 80
义进行理解。高层次的全子是由它的低层次的全子部分构成的，所以一旦低层次遭到破坏，高层次无疑会受到破坏，因为它的构成部分已不存在。但一般而言，那些在整体涌现出来之前就存在的部分，在整体遭到破坏后仍能存在。

再回过头来看一下图 3—1。这些整体论认为生物层面大于民族—国家，民族—国家是生物层面这样一个更高级的整体的构成部分。但如果生物层面确实是一个比民族—国家更高层次的结构，或者确实把民族—国家作为它的一部分包含在里面，那么我们可以得出以下两个结论：第一，在没有民族—国家之前，生物层面不可能存在，因为前者是后者的组成部分；第二，如果所有的民族—国家都毁灭了，那么生物层面也就不再存在（因为缺少部分结构，整体就不复存在）。

但是这些假设显然是不成立的。实际上，恰恰相反，生物层面的破坏会导致所有民族—国家的破坏，但从理论上讲，毁灭所有的民族—国家，生物层面却依然完好无损。（实际上在国家出现以前生物层面已存在很久了，它们不过是回到原来的样子而已。）这意味着生物层面是更低级、更狭窄的层次，但这并不是说它对生存来说不重要，相反是更重要，因为遭到破坏的层次越低，受牵连的高层次越多。正如原则 9 所表述的，它是生存的更基本要素。

因此我们可以回答一个问题：假设生物层面消失了，什么东西会受到 83
破坏，什么东西不会受到破坏？之后我们可以确定生物层面或者整个生态系统的位置。从波普尔的图中我们可以发现，如果我们破坏了生物层面（比如核爆炸毁灭了地球上所有的生命），根据他的图我们会破坏层次 6 以上的所有层次，但不影响更低的层次。这就意味着生态系统是从层次 6 开始的，而不是像他列示的是层次 12。（我们将会看到，这也是许多生态理论的本体论的致命错误。）

换句话说，一旦在一个物理环境中呈现出不同的生命形式，并彼此联系，从广义上来说，生态系统就出现了。当然这是从其最初始的形式，在细胞核形成之前（细胞器官水平）开始发展的。把生态系统放在层次 12 就意味着可怜的层次 10——复细胞动物和多细胞植物——是不存在生态系统的。

因此，如果我们把生态系统当作一个单独的层次来考虑，那么很明显图 3—1 和图 3—2 都把它的位置放错了。但是比这更糟糕的是，生态系统（或者说整个群体）在其他个体全子层次中不是一个特定的层次，虽然它是生物层面中每个层次的群居环境。而且这两个图没有一个在任何层次上把微观和宏观（或者说个体和群体）区别开来，两者都把它们作为相同体积的不同层次来对待。（这是绝大多数生态本体论的第二个致命错误。）

根据波普尔的图，按照他设想的，层次 8 和层次 7 是两个不同的层次，但是个体和群体应该是在同一个层次上的。（这一点无疑是正确的，因为我们破坏了任何一个层次，另一个也必将受到破坏，这就意味着这两个层次无所谓谁高谁低。）如果其中一个确实比另一个低级——按照波普尔的设想，就是层次 7 低于层次 8——那么该层次可以不依赖于比它高的那个层次而存在。但是某些细胞脱离其他细胞群体而独立存在是不可能的，同样，没有细胞的存在，细胞群体也根本不可能存在。离开其类似物质的存在，没有东西可以单独存在。

换句话说，个体和群体不是两枚不同的硬币，一枚值钱，另一枚不值钱。事实是它们是同一枚硬币的正反两面。它们是同一事物的两个方面，而根本不是两个不同的事物（层次）。

接下来，我们有必要构造一系列复合个体的真正全子丛聚，同时在结构的同一层次上描述个体全子所在的环境类型（群体全子类型），或者说个
84 体全子所依存的环境类型。在所有以下三个大领域中——物理层面、生物层面、人类层面——我们都需要做这项工作。

幸运的是，詹特已经在这个领域做了大量的工作。据我所知，他在所有三个领域内对微观和宏观的共同进化方式做了广泛的、不乏智慧的研究，他是唯一一个这样做的理论家。（虽然，在处理人类层面时我们也会看到他的论点有点混淆。）

图 3—3 和图 3—4 是詹特提出的关于微观和宏观的共同进化方式的示意图，它们分别对应物理层面和生物层面。图 3—4 是接着图 3—3 的，也就是经由物质到生命。每幅图下面是他的说明。（除了我将提及的问题之外，我确实认同这两幅图以及作者对此所做的说明。）

每幅图的低级层次部分代表微观进化，即单个全子的进化；高级部分则代表宏观进化，即群体或者环境关系（相互交换）的相关层次，其中包含了不可缺少的单个全子。前面的图（图 3—1 和图 3—2）通过比较存在较大的缺陷，因为它们把微观和宏观作为整个进化进程的不同层次，而不是把它们看作全面进化进程的同一层次的不同方面，而且它们完全遗漏了低级层次的微观构成，这是一个严重的问题。

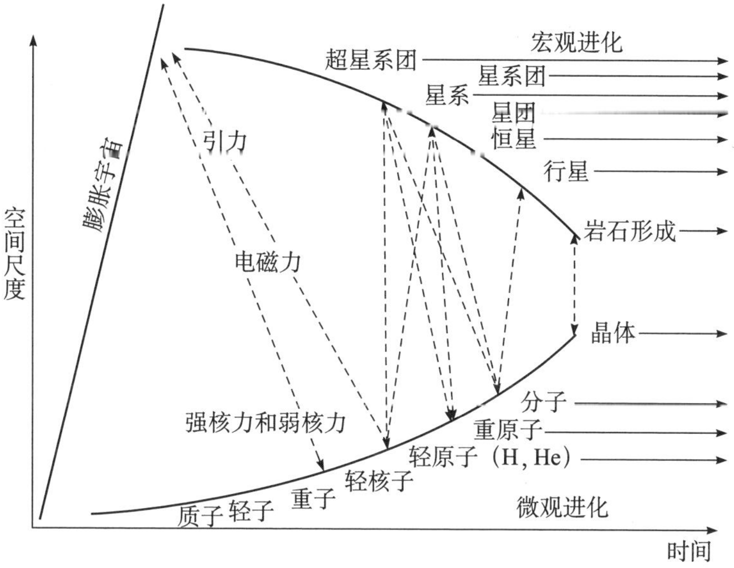

图 3—3　宇宙微观和宏观结构的共同进化。四个物理能量的不对称展开导致了宏观方面和微观方面新结构层次的逐步形成。这些层次互相激励自身的进化。（詹特：《自组织的宇宙观》，94 页）

85

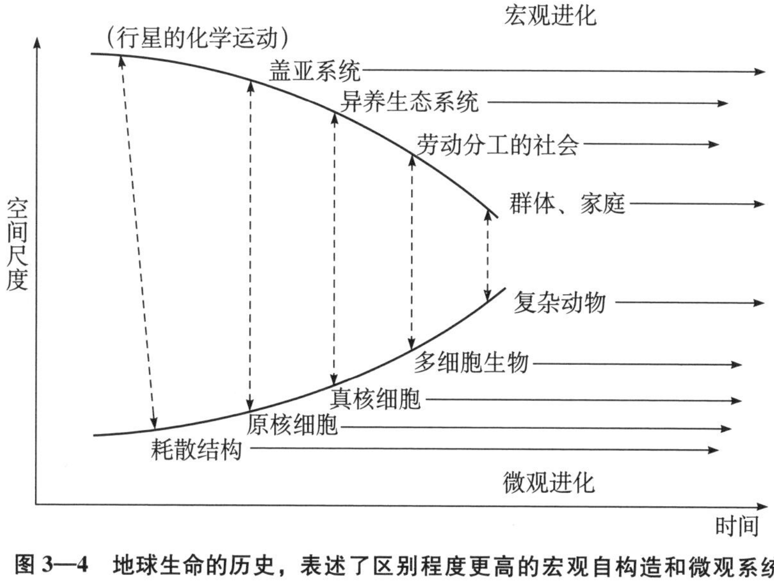

图 3—4　地球生命的历史，表述了区别程度更高的宏观自构造和微观系统的协同进化。（詹特：《自组织的宇宙观》，132 页）

值得特别注意的是，詹特给出的微观和宏观全子（无论在物理层面，还是在生物层面）构成了一个真正的高级/低级关系：破坏任何低级（无论是个体还是群体）层次，它上面的层次同时也被破坏，但反过来则不成立。詹特向我们展现了单个的全子和群体的全子的真实一面。

盖亚

让我们看一下图 3—4 中盖亚的位置，它是一个群体全子，最基本的构成成分是原核生物的个体全子。詹特在此正确地使用了盖亚这一术语。这个观念起先是由马古利斯（Margulis）和詹姆斯·罗夫洛克（James Lovelock）提出来，并由《蝇王》（*Lord of the Flies*）的作者威廉·戈尔丁
86 （William Golding）命名的。正如詹特解释的："此系统（盖亚）里面的自催化单元使远离平衡的耗散结构的形成成为可能，而且使各种气体保持流通（在大气层里），而且这些单元不是其他的，就是原核生物。看起来在地球表面因为沉淀物的氧化和自由氧的积累发生巨大变迁后，这些原核生物有助于使整个系统（生物层面加上大气层）达到自我调节的全球平衡，至今它们已经统治了 150 000 万年。"[4]

原核生物调节大气交换（物理层面），同时造就了一个全球的所有其他原核生物互相关联的网络——整个的盖亚系统。这就是原则 11："微观在它的深度的各个层面上与宏观进行着相互交换。"而且，原核生物是一个非常醉人的部分，因为一些原核生物被吸收并合成到更高级的细胞里（真核细胞），而这些细胞依次合成更复杂的生物体，其间原核生物的盖亚系统仍在发挥它的最初的全部功能。正如詹特所说的："原核生物的派生是进化级别更高的细胞的构成部分，在那里它们仍然做着以往的工作。"显然，这正是原则 5 所说的："每一个涌现的全子都超越并包含它的前身。"

詹特指出盖亚系统是这个星球上最大的生物群体全子（具有最多的单元和最大的广度）。原因很简单，因为它是最浅层的、最原始的。还是那句话，进化引起深度的增加，而广度却会变小。另外，正是因为盖亚在所有群体全子中是最浅层的，所以它也是最基本的（最不重要的）。我们在前面已经说过，一个全子的深度越小，对大宇宙来说也就越基本，因为它是其他很多全子的构成部分。而且，之所以盖亚在所有生物全子和群体全子中是最浅层的，是因为所有更高级的生命形式是以它为依存的，即使破坏了更高级的生命形式，盖亚也基本上不会受到影响；如果破坏了盖亚，那么其他的那些也会跟着倒霉。盖亚是我们真正的根，是我们的基础。

除了这种技术上的正确应用外，对许多人来说盖亚意味着整个生物层面；对一些人来说，它意味着整个地球和所有的生命形式；对少数人来说，

它意味着大精神本身或地球上所有有生命力的女神。在所有这些方式中，都存在着基本和重要之间的严重混淆。虽然如此，用盖亚代表整个生物层面或全球的整个生命维度还是可以接受的，尽管这些用法在技术上是不正确的，然而只要我们能清楚它的真正含义所在就可以了。我会经常在两个 87
意义上运用盖亚这个词，一个是技术上的狭义概念（原核细胞之网），另个是具有“神秘色彩”的广义概念（整个生物层面或者说整个地球）。下文会就此做出详细解释。

体积、广度、包容性

在这一节中，我将从理论上做一些琐细的分析。对此不感兴趣的读者可以只阅读下面的一个简单概括：

正如我们在原则 8 中看到的，进化引起深度的加深（包容性的扩大）和广度的减小（或者说具备更大包容性能力的全子数量的减少）。许多理论家包括詹特，试图把这些变迁与物理体积的变化联系起来，因为体积看起来经常可以说明这种变化。

举个例子，细胞比它们包含的分子大，分子比它们包含的原子大，依次类推，有时候这就被认为是一种深度的加大。具有更大深度的群体变得越来越小，行星比星系小，生态系统比行星小，家庭比生态系统小，等等，有人就认为这是广度的减小。

然而，情况往往是，深度的加大和广度的减小只在某些时候可以表现为物理体积上的大小，另一些时候则根本不行。这是在这一节我所要指出的。因此，只关注体积的变化会遮蔽真相，很多人就是因此看不到真相。

这一点不仅对理论上的详尽分析很重要，而且因为绝大多数新范式和生态理论家主要是基于体积（越大越好——可参看图 3—1）来构造事物的顺序和它们的全子的，这就导致了许多不幸的后果。因为所有生态哲学实际上都是围绕着像图 3—1 这样的东西建立起来的，所以这张图导致的错误显然非常严重，其中的核心问题之一就是对体积的偏执 。

注重体积是试图照搬对岩石群体运动研究的贻害。在活动岩石群体研究中，的确不能抹杀体积，而且它也是平面简化论的一个部分。该简化论把大宇宙简化为物质宇宙，并为了追求数量而抛弃了质量。该简化论使人 88
们认为越大越好，很多人的生活就建立在这种价值观之上。在本文的结尾我们将回过头来再探讨这个观点，下面让我们首先来看一下细微的分析。

我们注意到，在图 3—3 和图 3—4 中，詹特是根据空间广延进行划分的，并不是从进化时间上进行推演，而且从两幅图中得出的结论为：随着进化的演进，个体全子倾向于越来越大（从某种意义上来说生物体比分子大)，而群体全子趋向于越来越小(行星比星系小)。这些他都在自己的图中直接而明确地指出来了。

我认为，詹特对一些重要的东西很了解，但是他单独根据体积(或者空间扩展)安排顺序，就完全混淆了问题所在。

我们看到进化伴随深度的加大和广度的减小。另一方面，个体全子不只包含它们的前身而且超越了它们——发展即包容——因此个体全子的整个包容性范围扩大了：细胞包容了分子，分子包容了原子，原子包容了粒子。到目前为止，这一点屡试不爽。但是詹特却说单个的全子总是不断变大(这就是问题所在)。

同样，因为全子的深度越大，它的存在越不稳定，所以相对于它们的构成部分而言，能够产生并保留下来的较大深度的全子的数量很少。分子总是比原子少——深度越大，广度越小。因此，较大深度的全子的数目总是比它的构成部分少。到目前为止，这种观点一直成立。但是詹特却说群体全子的空间扩展总是不断变小(这与上一段所说的是同一个问题)。

在把这些改变与真实体积联系起来时，詹特走得太远了(或者过于简单化)。深度或包容性总是增加，但是包容性不一定能够转换成简单的体积大小。这里存在某些例外，比如某些分子比某些细胞还大。事实上，在某些特定的个体全子中，包容性往往与体积相关。很明显，特定细胞里面的分子肯定比该细胞小。但是根据进化进程的一般说法，不变的只有深度的加深，虽然这一点往往反映在体积上，但并不是说体积是深度或者发展的标志。[5]

同样，随着进化程度的加深相对广度会减少(或者说简单广度会减小)，但是这并不是说一定要以物理体积减小的形式反映出来。(詹特在这
89 方面陷入了深深的困境中，我会就此做说明。)一旦指定的层次出现，它的简单广度就开始增加，而这往往体现在数量空间扩展的增加。(当人类进化中开始发生这种事时，詹特就开始困惑了，因为他猜想宏观进化应该越变越小，可是人类社会文化的进化却一直持续扩大，全球化程度也越来越高，詹特对此的解释是：人类进化和前面说的普遍规律完全"翻了个儿"。但是，显然不是那么回事——他对体积的错误假设完全颠倒了。)

因此，关于詹特的两幅图，我们需要牢记在心(以便后面的讨论)的是，进化的升级意味着相对于它的前辈其深度加大或者说包容性扩大和广度的减小，但自身层次的广度却扩大了，因为它会持续成长直到平衡。[6]虽然实在的体积或空间扩展可以是这些里程碑的标志，但不一定总是如此，而且不一定总是可以转化成简单的物理尺度。

之所以詹特的"体积规则"在人类或者社会与文化的进化中陷入了重

重困难，是因为人类的思想与众不同之处在于有意识而非外延，笛卡儿知道这一点。这就是为什么严格按照包容性（全子深度，而不是全子的体积）和广度（那个深度的全子数量，而不是它们的真实体积），我们会看到，一个概念一定包含一个符号（它是一个符号加上另外的认知功能，它具有更深的深度），但是这并不是说一个概念在物理上比一个符号大。一个价值也许比另一个好，但它未必占据一个较大的空间。这些错误的根源在于，科学家试图照搬对岩石运动的研究，只允许使用经验主义/物理的尺度来衡量任何实在的东西，认为只有在这个维度上才是真的。

体积的问题

现在所有这些琐细的分析确实很重要，特别是对于现在流行的“整体理论”而言尤其重要，因为它们中的许多人试图在体积的扩展和数量的增多的基础上来构建他们的全子丛聚——就像图 3—1 所示——而这导致了一些很令人讨厌的并让人迷惑的后果。

在这个问题上我只做两点说明。对个体全子的进化来说，大的包容力 90
意味着更多的领域被吸收到该全子中（确切地说，是吸收到该全子的内部）。就像我们将会看到的，一个个体全子最后能够涵括整个大宇宙——它的深度可以达到无穷大——但是，能实现这种整个涵括的全子的实际数量（即广度）是很小很小的。宇宙意识意味着宇宙的涵括，并不是意味着宇宙的广度。

而且，许多整体论的理论家怀着美好的愿望试图建立一系列“越来越宽广的整体”，而且他们认为，这些系列绝对具有决定性的意义，因为它可以用来帮助我们人类在越来越大的事物系统中确定我们的位置、我们的背景，因此我们自己、同伴和整个世界可以更准确地在道德上、情感上、认知上为自己定位。我完全同意这种方法。

但是如果深度与广度或者体积相混淆时，作为结果发生的“更广的整体的整体论的次序”将宣告终结，变得完全退化和反整体化！既然随着进化的进行，纯粹的广度常常变得越来越小，那么构建一个更大广度的整体论的次序，必将南辕北辙，毫无疑问地走向错误的方向。

例如，许多整体论理论家用纯粹的广度创造了他们的整体论次序，最后得出这样的结论：人类层面是生物层面的一部分，生物层面又是宇宙的一部分（或者说整个物理层面的一部分）。

绝对不是这么回事，事实恰恰相反。我们已经看到，如果我们说人类层面是生物层面的一部分，那么我们可以推论，如果破坏了人类层面，生物层面就会消失，很明显事实上绝非如此。原子是分子的一部分，所以如果我们破坏了原子，分子也会相应地被破坏：整体离不开部分。同理，如果人类是生物层面的一部分，那么破坏了人类层面，生物层面也就会跟着消失。可实际上正好相反，如果我们破坏了生物层面，人类层面就会消失，因为生物层面是人类层面的组成部分，而不是相反。

换句话说，因为这些理论家们多数只是看到了广度（和大小），他们认为广度越大即意味着是“更高级或更深的整体”，而进化的规律是深度越大广度越小，所以这些理论家们正好把方向给弄反了。

实际上这些整体论的理论家们的意思是说，人类层面离不开生物层面，
91 生物层面离不开物理层面——这才是正确的，因为物理层面是生物层面的下级组成部分，生物层面是人类层面的下级组成部分，而非相反。

因为这个问题非常重要，我想通过几个例子深入探讨一下。

同级类属间的交换

我们说自然出现的进化过程就如同三维的棋盘，不是平面的棋盘。所以想象一下，一个棋盘，有 40 个格子，上面放满棋子，它的深度是 1，广度是 40。我们在这个棋盘上面再放一个棋盘，但是只放空棋盘，不放棋子，那么它的深度是 2，广度是 0。

在进化中要达到水平 2 必须通过水平 1，并且水平 2 上的棋子有一部分由水平 1 上的棋子组成——它们都是全子，或者复合个体。如果我们从水平 1 上取一个黑色棋子放到水平 2 上，然后再拿一个红色棋子放在它上面，这就看出来了。水平 2 上的新“整个全子”既包含了前身（黑棋子），又具备了自身的独特性（红棋子）。如果我们这么摆弄三次，那么水平 2 上的全子的深度就是 2，广度就是 3。

现在单个的全子（水平 1 上的棋子——物理层面）的存在依赖环境中所有的棋子所结成的关系网——也就是说依赖自己的全子社会（微观共同进化和宏观共同进化）。它们存在于同水平的全子相互关联之网的结构组织中（原则 11）。

但是水平 2 上的情况则更为复杂（生物层面），因为新形成的整个复合全子的存在（黑、红两色棋子共同组成的组合）依赖两个水平上的所有棋子构成的复杂关系网。两色全子部分地依赖于水平 2 上其他两色棋子的关系，也就是说依赖相同结构组织水平上的全子之间的生态关系或宏观关系。换句话说，红、黑两色全子中的“红色”部分会依赖其他两色全子中的“红色”成分——比如依赖相互之间的同属交换或性交繁殖（这在黑色全子
92 水平上是不存在的，在那个水平上也不能被维持）。

可是，因为红、黑两色的全子还有黑色成分，它们的存在也依赖黑色

全子本身之间的内部关系——也就是依赖组成水平 1 的全子之间相互维系的关系和过程。也就是说，水平 2 上的全子不但依赖新的红色部分之间的关系，或者仅仅在水平 2 上的全子之间的相互关系，它们还依赖先前的黑色全子之间的关系，和在水平 1 上已经形成的维系模式（但是方向不能逆反过来，假如水平 1 被破坏，水平 2 也会被破坏；但是假如水平 2 被破坏，水平 1 却不会被破坏）。

所以任何全子或复合个体的存在，都依赖这个复合全子所包含的所有水平上的单个全子同结构和组织水平社会环境的关系，这是整个的一系列复杂的同属交换关系。这意味着如果一个全子的深度是 3，那么必须有其他深度至少为 3 的全子存在。所以每一个全子在根本上就是一个复合个体，它和同水平上的全子之间进行的同属交换，同时发生在它们所包含的低水平上其他所有全子之间的交换上——个体是复合的，环境也是复合的。黑色和黑色交换，红色和红色交换，依次类推。

我们还需要澄清最后一点。红、黑双色的全子不是存在于黑色宇宙中。水平 1 上只有黑色棋子。双色棋子在一定程度上是超越（beyond）水平 1 的宇宙的（这就是涌现的意思）。因为它们有红色属性，所以它们超越了水平 1，因为水平 1 仅有黑色。这是进化的自我超越的完美的表达，出现了“红色”，这种属性不能还原到黑色宇宙，也不可能在黑色宇宙被发现。

并且，从一定意义上说，情况恰恰相反，双色棋子既含有红色属性也包含黑色属性，水平 2 包含了水平 1，然后以自身新出现的特性超越它们（原则 5）。因为红、黑两色棋子的存在依赖自身的黑色组成部分，黑色棋子的存在最终又依赖它们的宇宙中其他黑色棋子，所以水平 2 上的全子实际上完全包含了水平 1 上所有的世界，因为它自己是复合个体。一个活细胞包含了它的整个物质宇宙。“多”成了“一”，并且被“一”增益——怀
特海的主要论点的另一层意思。根据怀特海的理论，在这个“一体摄受” 93
的过程中，所有先行的事件都在一定程度上处于一个向下包含的层级结构中（他曾小心地指出这一点）。

这就是我说水平 2 全子不在水平 1 中，而是水平 1 在水平 2 中、完全被水平 2 包含时的意思——我们以后会看到，这是爱的一个意思，一种富有爱意的包容，就像意识和创造性以及自我超越，是大宇宙深处内在的组成部分。

简而言之，所有这些意味着生物层面不在物理层面中。生物层面不是所谓的更大的物理层面的组成部分，因为物理层面唯一可以称得上大的只是它的广度，不是深度或者整体性。生命不是物质宇宙的一部分，恰恰相反，物质宇宙是生命的一部分。

如此一来，生物层面的一部分（即它的物质成分）实际上是更大的物理层面的一部分，但是生物层面新出现的独特性特征并非在决定无生命的存在形式的物质世界中（马图拉纳和瓦莱拉曾经指出："自创生"在无生命的世界是找不到的；自创生是一个红色棋子，在黑棋子的水平上是找不到的）。实际上不是生物层面在物理层面中，而是物理层面在生物层面中，是生物层面的一部分。

这就好比说一个原子在分子中，而不是分子在原子中——尽管原子的广度比分子要大得多——所以物质宇宙在生命中，而不是生命在物质宇宙中，尽管物质宇宙的广度与生命的广度相除，所得倍数是天文数字。

值得注意的是，生命是大宇宙的一部分，但不是物质宇宙的一部分，就因为这点小小的区别我们永远地放弃了还原论：物理学在科学中是最基本的、然而也是最不重要的一门学科（物理学不能解释生物学的原因恰恰就是生命不是在物质宇宙中）。[7]

这个结论和仅仅相信广度或者大小所得出的结论恰恰相反，后者是幼稚的。仅仅因为物质宇宙比生命要大，我们就假设物质宇宙一定更重要，但是实际上它不过更为基础；生命比宇宙更重要，因为在生命中包含了更多的实在，包含了更深更广的完整性，包含了更深的深度，实际上超越并包含了整个物质宇宙。

类似地，我们还会看到，人类层面不是生物层面的一部分，而是恰恰相反：生物层面是人类层面的一部分，是低级的组成部分。所以生物层面
94 的广度会更大（比人类层面大），正如物质宇宙比生命大。我们现在看到的事实，都能证明我的观点。

并且正是因为生物层面是人类层面的组成部分，破坏生物层面肯定会破坏人类层面——在本书整个行文过程中我还会不断讨论这个问题。这是一个深度生态学趋向，并且没有把生物层面绝对化（也没有把人类层面绝对化，从后面的内容我们会看到）。

现在我们先注意一下，发展的高级水平全子的数量（广度）一定会比略低水平的少（原则8）。红、黑双色的棋子总是比单纯黑色的棋子的数量要少，不会有特例，因为整体的数量肯定比包含在其中的部分的数量要大。五年级的学生数量肯定比四年级的学生少，因为必须通过四年级才能进入五年级。橡树的数量肯定比橡树籽的数量少——所谓发展的金字塔，从下往上越来越小。比如拉兹洛用图3—5描绘了这个金字塔（它也清楚地表明生物层面不是物理层面的一部分）。当物质处于有利地位的时候，生物出现了；当生物处于有利地位的时候，人类出现了。深度越深，广度越小。

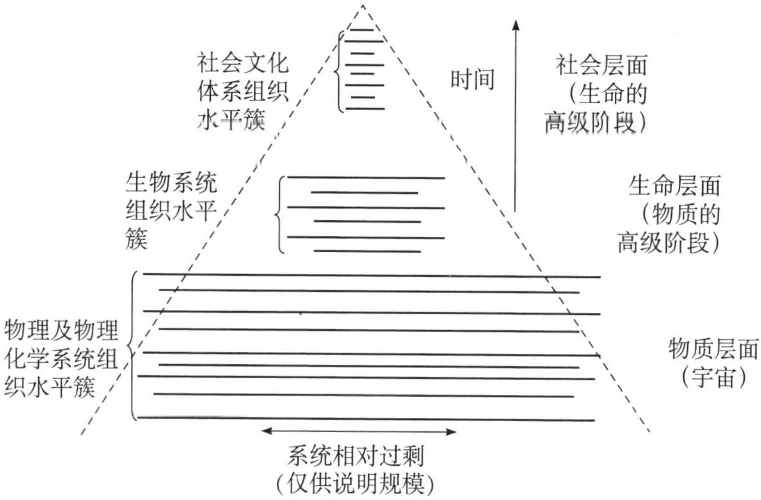

图 3—5 进化的层次［拉兹洛，《进化》(*Evolution*)，55 页］

根据这个思路，整体论理论家按照广度的增加来架构他们的层次架构（越来越宽）时，他们实际上是带领我们沿着金字塔往下走，为了寻找更大的广度一点点地剥离深度（所以越来越浅）。他们本来应该带领我们增加深度，可以做到不但包含度更深，而且认同度也更广——横向纵向都扩张，而不仅仅是横向扩张。 *95*

现在我们来看看为什么像图 3—1 这样的图是一种本体论的灾难：它们混淆了宏观和微观，混淆了深度和广度，混淆了整体和部分。

这些理论显然是两只眼睛只盯着物理意义上的大小——越来越大、越来越宽——可怜的深度，一点也没有被注意到。不用说，结果肯定不会令人满意。这些理论不仅不能帮助我们摆脱工具主义的还原论和客体化所造成的平面世界，反而扩张了它的领地，通过把网变浅，把网扯得很大。

人类全子的大脑

詹特的图（图 3—3、图 3—4）包括了物理层面和生物层面。现在应该到了看看人类层面的时候了。

通常我们会把人类层面从生物层面中（实际上是通过生物层面）的出现和大脑扯到一块儿。詹特继承冈瑟·斯滕特（Gunther Stent）的观点，把生物层面的交流分为三个层面：基因层面、代谢层面和神经层面（神经层面的一部分被看作与人类层面的进化有关）。詹特说：

> 基因层面的交流的时间间隔与个体的生命时限相比要长。它使得

跨越很多代的连贯的进化发展史成为可能。代谢层面的交流需要借助
特定的信使，比如信使细胞，激素通过信使可以在机体中完成两个任
务：一个任务是调节多细胞机体的成长过程，包括动物和植物；另一
个任务是抑制环境变化对机体的影响，或者说增强机体的自主性（原
则 12）。代谢水平的交流是基于激素的，速度相对较缓，可能需要几
96 秒钟到几分钟的时间。第三种生物层面的交流通过神经系统来进行。
这种交流所需要的时间通常是百分之一秒或十分之一秒，所以这种交
流大约比代谢水平的交流快 1 000 倍。[8]

詹特指出，这三个系统是以全子从聚方式（holarchically）出现的，然后他根据保罗·麦克莱恩（Paul Maclean）的大脑三位一体的观点，进一步对神经系统进行了结构上的分解（图 3—6）。这个观点非常有影响。用保罗·麦克莱恩的原话来说就是：

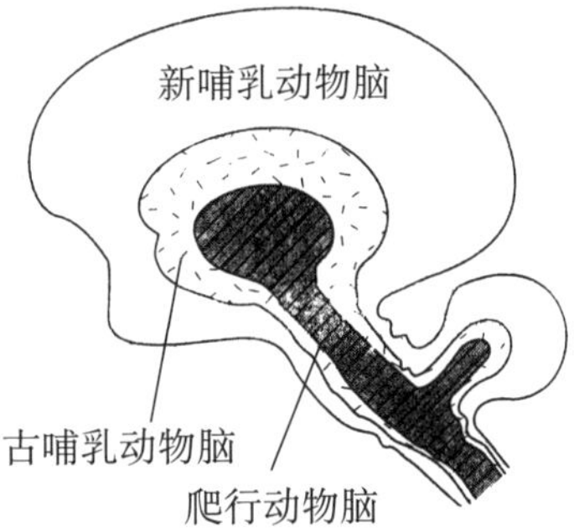

图 3—6　“脑的三部结构”（根据麦克莱恩的思想绘制）

人类发现自己处于一个困境，这是因为大自然（nature）实际上赐予了他三个脑，尽管它们结构差别很大，但是必须合作，而且要相互交流。这些脑中最古老的基本上可以说是类似爬行动物的那种脑，第二个脑从低等哺乳动物身上继承而来，第三个脑是哺乳动物大脑的进一步发展，它经过了类人猿阶段的积累，使得人可以成其为人。

如果打个比方来说明人脑（也就是全子）中的这三个脑，我们可
以想象，当一个精神病医生让病人在沙发上躺下时，他实际上是让病
人躺在一匹马和一条鳄鱼的旁边……爬行动物的脑中充满了祖先的故
97 事和先辈的记忆，非常忠实于祖先的指令，但是不善于面对新情境
（反射行为和“本能性的”行为反映了它的自主性相对比较低）。

在进化中可以看到最早从先辈的经验（缺乏应变能力）中解脱出来的征兆是低等哺乳动物的脑，大自然把这种脑设置在爬行动物脑的顶部……近 20 年的研究表明，人类情绪行为是低等哺乳动物的脑的主

> 要功能。和爬行动物的脑相比，它根据直接经验学习新的问题的解决方案的速度要快。但是它和爬行动物的脑一样，不能运用语言表达自己的情绪。

保罗·麦克莱恩对这三个脑的层级性研究得非常具体：

> 在进化过程中，（人类的）脑保留了三个基本类型的脑的层级结构，为了表达的方便可以分别称之为：爬行动物脑、古哺乳动物脑和新哺乳动物脑。（脑干代表从爬行动物那里继承的爬行动物脑。）边缘系统代表古哺乳动物，从低等哺乳动物那里继承而来。人类的边缘系统比低等哺乳动物的脑在结构上要复杂得多，但是它们的基本结构、化学成分等非常接近。另外两种基本类型也是这样。大量证据表明，三种类型的脑各自具备独立的、主观的记忆和认知的（问题解决的）记忆及相应的功能。[9]

换句话说，这些全子中的每一个都是独立的单个全子，具有相对自主性。并且因为每个脑都是一个全子，我们不能说某个特定的功能单单属于某一个单个全子，它们共同合作，相互影响。但是一般来讲，三个脑的功能有以下大致的分工。

爬行动物脑（脑干）："这是脑中动物种类史上最古老的部分，是脑的核心，在结构上大概可以和爬行动物的脑相对应。它具备基本的内部调节功能（内脏和腺体的调节），能够完成基本的本能动作和反射行为，中心任务是唤醒机体或者让机体休眠。"[10]我们可以把它称为基本的感知运动智能 98
和本能冲动或驱力。

古哺乳动物脑（边缘系统）："边缘系统通过双向神经通路和下丘脑与脑干中的其他和内脏感觉及情绪反应有关的神经中枢紧密相连——包括性冲动、饥饿、恐惧和攻击性，因为边缘系统掌管的内脏功能非常之多，以至于曾经一度被称为'内脏脑'。"[11]简而言之，"信息经过边缘系统处理之后会产生感觉和情绪体验，成为控制行为反应的主导力量。"[12]

新哺乳动物脑（或者新皮层）：按照詹特的说法，"新皮层的爆炸性发展导致后期地球生命发展史的一件重大事件的发生"，可以认为这就是人类层面的出现。它带来了"巨大的神经屏幕，语言和逻辑（包括数学）在这个屏幕上显现出来"[13]，新皮层处理信息的方式就是具有自反能力的心理运作的方式。

保罗·麦克莱恩把这些脑比作文学的组成部分，这种做法低估了它们的层级性，詹特用下面的话非常精当地总结了这个问题：

> 爬行动物脑代表所有文学作品中潜在的人物和角色（基础的人

> 物）。边缘系统提出了情感的偏好和选择，并按照一定情节发展。最后，新皮层根据这些基础材料生产出各种文学作品，包括诗歌、小说、神话、戏剧等，还有数量众多的作者。[14]

我们又一次看到低级的全子设定了可能性，高级的全子设定了进一步发展的可能性（或者实现潜力）。

人类的社会全子

詹特提供了和图3—3、图3—4类似的几个图。他认为这些图描述了人类层面的发展（或者他所说的社会文化进化）。在这里我就不引用了，因为我觉得那些图非常混乱。詹特说，一旦进化到了人类层面阶段，“情况就完
99 全反过来了”。但是，与之相反的是他自己以前对广度和大小的混淆，和他所发现的扩张实际上是目的性的观点。如果没有那种混淆，同样的原则和进化过程就可行了——没有“反转”。我曾经说过，詹特常常想把空间的扩展（物理的大小）作为心理成长（社会文化成长）的基本标志。可是即便是笛卡儿都完全意识到，在人类层面中将扩张让位于目的性，这对于统治者不太适合。

我过一会儿再回到这个问题来仔细讨论它，现在我们先讨论那些系统论的理论家们是怎么描述人类近百万年的历史的。

注意，我们已经介绍了单个全子的发展（尽管很简略），从原子到细胞，到多细胞机体，再到复杂的动物（略等于图3—3、图3—4最底部的微观组成部分），我们也暗示了每个阶段的相互关联的环境的或者社会的全子（略等于图3—3、图3—4最上部的宏观组成部分）。然后我们简要地勾勒了复杂动物的单个全子的进一步进化，包括三位一体的脑（从爬行动物的脑到哺乳动物的脑再到类人猿的脑）。现在我们想看看这些有着三位一体的脑的机体所存在的环境，和它们进行同属交换的类型。

这样我们就直接进入了人类层面，或者社会文化进化的领域（不仅仅是生物社会的领域）。我们在那个游戏中又增加了一层棋盘——物质、生命和心智。

如果看看詹特的图3—4，我们就会想到单个的复杂动物，直到灵长类动物（包括人类），在团体或家庭的水平需要有一个社会全子。如果有这些恰当的社会全子，那么单个的全子可以充分维持自己的存在（当然，我们得事先假定复合个体的所有低级层面也和它们的环境处于平衡的、可以维系的关系中——也就是假定从生态学上讲，整个的、多层面的安排在最大意义上是正常的，在这个进化点上我们认为应该如此）。

简单点说，家庭或团体这个社会全子维系了人类的三位一体的脑，也

维系了其他灵长类动物的三位一体的脑（它们在具有亲属关系的社会全子中延续存在），这种维系存在不确定性。但是人类全子进一步超越了一种具有亲属关系的社会全子的环境（也可以说以生物层面的关系为规定性的关系），开始建立村庄、乡镇、城市、国家……正如我所说的，第三层棋盘已经被加到了进化游戏之上。 100

当然，这又涉及古老并且尖锐的问题，即从身心关系问题到人类层面的合理性问题。我要说的是，我肯定会尽我所能来处理这些问题，但是我们得一步一步来，每一步的意义都可以在整个过程完成的时候显现出来。

所以，现在我们得首先注意，从生物学的角度很难解释为什么会出现村庄、乡镇、城市和国家。家庭或团体这个社会全子很可能曾经维系过人类的三位一体的脑，并且至今还在维系其他灵长类动物的三位一体的脑。但是正如物质的进化促成了生命，生物的自我超越性促成了象征和工具。象征和工具创造了社会全子的新水平，同时还有赖于新的社会全子，在新的社会全子中象征和工具的运用者可以繁殖自身。但是现在这个繁殖的过程不仅仅是通过性交来繁殖作为生物体的身体，而且包含了通过象征的交流繁殖文化。亲属关系让位给了“文化性”：黑棋子上加了红棋子，现在红棋子上又加了蓝棋子。

并且只有还原论者才会大胆地说文化实际上是获取食物的一种微妙的手段，说蓝棋子不过是红棋子的一个迷惑人的变种，人类层面没有什么，只是生物层面的一部分而已。但是正如生物层面不是物理层面的一部分（你不可能在水平 1 上的任何地方找到红色棋子），人类层面也绝对不会在生物层面中（在水平 2 上的任何地方也绝对找不到蓝棋子，没有具有自反性的语言概念，没有原型，有类型——但是必须通过新水平的出现才能真正成为一个类型）。

我们可以说，在过去的 5 万年中人类的脑基本上没有改变。在这个长达 5 万年的漫长岁月里，同样的三位一体的脑创造了非凡的文化成就和文化灾难。换句话说，在这个阶段，在这个三位一体的脑身上没有发生任何的新变化，生物层面没有出现重要的进化。但是，尽管文化之福、文化之祸都有相同的生物前提作为基础，但它们都不能被还原到这个基础，不能用这个基础来解释，并且也不能包含在这个基础中。 101

低级的进化又一次为进一步的进化提供了基础和可能性（但是不能决定进化的过程），现在这些新的可能性常通过人类层面表现出来，通过文化、象征、玩具和劳动工具表现出来。

下一章内容我们会讨论个别的全子在人类层面中是如何变化的。现在我们先把讨论的中心定位在新出现的人类层面中的社会全子的进化上。图

3—7 是从阿拉斯泰尔·泰勒（Alastair Taylor）的“社会文化非均等系统模型”改编而来的，这是一个基于动态系统论的社会研究进路（现在我们权且注意这种理论“正确”的一面）。泰勒认为每个后续的社会全子以低级水平上的全子的属性与社会体验为基础，并提供自己的“显现价值”，表现为新的技术和社会组织机构，并伴随对人类和环境的关系的理解。我们可以看到复杂性和异质性的发展（尽管在任何一个历史情境下都会出现不同的甚至是矛盾的体验）[15]——都是比较熟悉的概念（这在 20 个原则中都可以找到）。

102

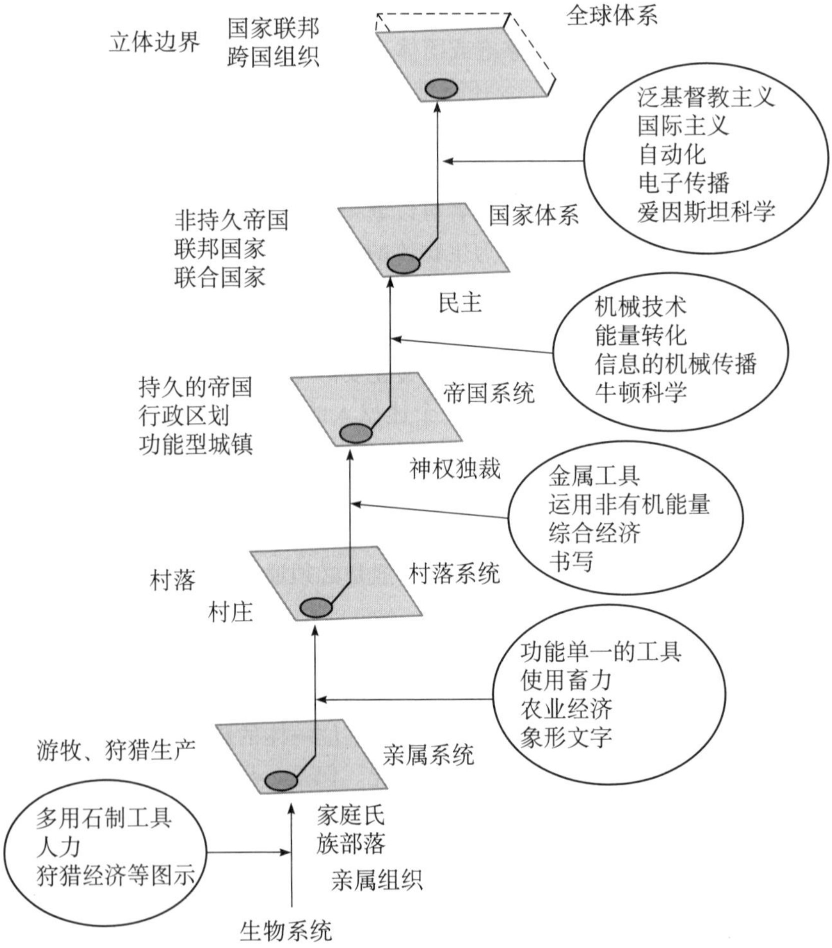

图 3—7　地球政治系统水平的涌现

我们当然可以在进化的人类层面的社会人身上，从劳动工具的类型到各种不同的世界观，从政治机构到艺术形式，从生产方式到编码的标准找到大量组成部分。实际上，在后面的内容中还会不断回到这些方面，目前可以把图 3—7 作为人类层面中新出现的社会全子的例子[16]，它足可以让我们从中得到几个重要的发现。

分化和解离，超越和压抑

全子的进化并不总是那么美好轻松，不像很多支持“进化的前进”的观点的人所说的那样。因为存在这样一个事实，即结构越是复杂，出现严重失误的可能性就越大，无论是个人的结构还是社会的结构都是如此。原子不会得癌症，但是动物会。另外，反对进化观的观点认为进化就意味着退化，这也不一定。癌症存在并不意味着动物不应该存在。我们也不能因 103
为人类会得癌症就认为人类层面一无是处。

我在上一章中提到，进化总是带来更大的超越性和更大的分化，我的意思是每个进化的步骤都隐含了一种可能的病态，因为超越性可能走得太远，变成压制性——高级的全子不再超越并且包含低级的全子，而只是超越它，抛弃它，就好像我们无视我们的双足。

同样，分化也可能走得太远，变成分裂——即不能充分地把新出现的差别整合进一个连贯的整体，达到内部的一致性和与其他相关全子以及其他低级组成部分的和谐。一旦一个新的分化不能和新的可以对等的整合相匹配，出现了否定但不能包容的情况，就会出现这种或者那种的病痛，如果这种病态严重到一定程度，进化就开始被消解了。

这在人类层面中、在文化进化中显得特别严重，因为人类全子包含了太多深度——物理层面、生物层面和人类层面——任何一个层面都可能出问题。

我们可以想象，当生物层面在地球上刚刚出现的时候，第一批细胞要适应物质设定的环境的时候是怎样的艰难，真的是步履维艰，因为细胞要入侵物质的领域。不符合物理层面的尝试——没有引起物理层面的相应的尝试——只能被消灭。整个生物的进化过程中，生物层面自身开始一层一层地增加深度，每一个深度的水平都要和所有低级的水平以及和其他同水平的同伴维持一种和谐关系，这绝对不是一件小事情，不是那么简单的，恐龙给我们带来的那种可怕的感觉可以作为明证。

所有这些对于人类来说都是一样的，并且负担比起以前还要严重得多：不但要和人类层面的同伴保持和谐（和相同水平的全子保持和谐），而且要和所有的前辈保持和谐——从矿物到植物到爬行动物再到古哺乳动物——它们不仅仍然在同样的环境中存在，而且是人类自己的复合个体性的组成部分。保罗·麦克莱恩说，人类躺在沙发上接受精神分析的时候实际上是和鳄鱼以及马一起躺在那里，其实何止如此，这还不到实际情况的一半：
104 一起躺在那里的还有日月群星、山河湖泊、蜉蝣丛林、巨蜥百鸟、野兔灵猿——再重申一遍，它们在那里，并不仅仅因为它们是我们的邻居，而且因为它们本来就是我们的血肉骨髓、我们的情感意识，它们就是我们的组成部分。

正如生物层面必须在物理层面中（同时还要在物理层面之外）找到可以被接受的立足之地，人类层面也要在生物层面中（同时在生物层面之外）找到可以被接受的或者说和谐的存在位置。引用莎士比亚（Shakespeare）的话来说就是："唉，这就麻烦了！"

人类层面进化了，并且随着各个阶段的出现，政治的发展、技术的发展、语言的发展出现了，它们进行整合并且超越了自己的前辈。在这些更高级的阶段，（我们还会看到）文化发展不仅抑制并脱离了与前面的阶段的关系，它们和生物层面的关系也到了一个危险的边缘，危险的程度之高，已经到了不得不高度关注的地步，人类通过艰苦的劳动已经在脆弱的人类层面中赢得了绝对的优势，成了第一个文化恐龙。

不是超越，而是压抑；不是分化，而是分裂；不是深度，而是疾病。由于进化的本性的原因，那种分裂可以在发展和成长的任何一个阶段出现。从这个方面讲，人类层面没有什么特权，没有什么不同。现在已经不只是警示的问题了，全球都是如此。如果我们侵犯了生物层面可以接受的空间，就会被生物层面消灭，就像从背上弹掉一只跳蚤，没有比这个结果更坏的了。

但是，正如不能因为癌症的存在就把动物的存在说得一无是处，我们也不能因为文化疾病和抑制的存在就把文化本身说得一无是处。特别是对后来的文化进化阶段而言，从狩猎到农耕到机器再到计算机，每一个后续的阶段都带来新的信息、新的潜力、新的希望和恐惧，带来新的复杂性、新的分化、新的相对自主性和新的疾病，如果不能保证相应的整合的话。我们将会看到，文化进化的历史是新成就的历史和新疾病的历史。

但是我并不同情那些混淆了分化和分裂、超越和压抑、深度和疾病的理论家。

105 进化一旦造成了新的分化，并且没有整合那个分化，病态就出现了，处理这种病态的基本途径有两种。

一种是弗洛伊德学派的"自我的退行"概念［由恩斯坦·克利斯（Ernst Kris）提出］。也就是说，高级的结构放松对意识的控制退回到原来的水平，回到没有被整合好的东西之前，用一种宽松的、有治疗作用的方式重新生活那一段，然后把那个水平整合进新的更高的全子水平，也就是自我（或整个的自我系统）接纳那个水平，接纳原来的阴影。因为自我的问题在于，在形成的过程中本来应该超越且包含比它低级的驱力（比如性力和攻击力）时，它超越了但是没有包含它们，而是压抑了它们、把它们分裂出去、忽视了它们——这是高水平结构的特权，可以运用它的相对自主性，但是这种特权是以导致病态的出现为代价的。所以可以有这种治疗的方法：通过退行实现重新整合——通过退行治疗先前被异化了的全子，然后继续和谐地向前发展。

另一种途径是回归浪漫主义阶段，也主张回归。在我看来，这种方法混淆了分化和分裂，混淆了超越和压抑。所以，一旦新的进化引发了新的分化，然后那个新的分化导致了病态的分裂，这种方法就希望永远回到分化之前的历史阶段去。不是回到分裂之前（那么做我们都同意），而是回到分化之前！

这样做当然可以消除新的病态，但是代价是同时消除了新的深度、新的创造、新的意识。按照这种回归的逻辑，消除病态的唯一办法是消除所有的分化，这意味着大爆炸之后的一切都是大失误。

回归浪漫主义的方法有一个困境，就是无法确定究竟回归到何处可以止步。比如，有的理论家认为机器时代带来了严重的压抑和异化，所以我们永远都不应该脱离农耕社会，然后就会大肆渲染农耕社会的荣耀，说它没有被机器化，没有被非人化，几乎没有人被他们自己的劳动产品异化， 106
在“伟大的大地母亲”的统治之下，生活安宁、完整，不必担心这种社会出现的令人发指的人殉、极度的男女不平等、花样百出的战争以及无数人被变成奴隶。

看到这些困境之后，很多理论家又继续回归，认为人类的绝大多数问题是因为发明了农耕本身，因为“人类动物”为了满足自己的私欲，通过农耕有目的地改变生物层面，制造了书面语言导致了教条权力的产生，农耕造成了产品剩余，从而一部分人可以役使奴隶，并且开始压迫女性。而且，这些问题的确是农耕造成的。

于是这些理论家们认为我们根本就不应该走出狩猎—采集阶段。然而他们对这个阶段的溢美之词真是让那些浪漫主义者感到迷惑——它们有一些是平等的，有一些却明显不是。直到后来，很多理论家慎重地指出了这类社会中的极少数是真正平等的，战争肯定存在，性别歧视的种子已经可以看到，也不是一定没有奴隶……

我们真不应该走出大猩猩的阶段，因为大猩猩不会把自己作为牺牲，不会发起战争，不会有奴隶制，动物不会被自己的劳动成果异化。直到你意识到……

就是这么回事。就像我说的，他们总是在找寻那种浪漫的伊甸园，开动他们的“时空回归机”，把大宇宙的深度一层层剥去，倒退到一个浅陋的黑暗中去。

我的观点是，记住、拥抱并且尊重我们的根是一回事；为了治疗叶子腐烂的病，就要砍掉所有的叶子和枝条，回到我们的根，这是另一回事。所以我们要为新的进化庆祝，尽管我们会因此面对（并试图修正）恐惧——更多更复杂的新病态。

但是我要重申一个支持浪漫主义者的观点：我们已经在人类层面上附加了很多深度（高度），所以存在整个从生物层面上滑下来的危险。这对生物层面来说不过是进化路线的调整，有没有我们人类它都会进化，但是这
107 对于我们这种超越了但是压抑了低级全子的动物来说就是一种灾难了。

内在性

如果我们现在把本章内容中呈现的所有图示都看看，就会注意到一个令人吃惊的事实，所有这些图示都自称是整体论的，认为自己包含了所有的事实。也就是说，如果不理会它们的错误（比如混淆了宏观和微观），把这些图示放到一起，那么系统论理论家所提出的最后这张“图片”就包含了所有的一切，从原子到细胞再到动物，从星体到盖亚，从村庄到城镇再到联邦（一切都在我们的图示中）。人类层面超越并包含了生物层面，生物层面超越并包含了物理层面——一个巨大的、整体的、无所不包的系统，从此处延伸到终极。

可是，这里面有严重的错误，或者说，非常片面，因为所有这些都只是可以通过感官或者感官的延伸（显微镜、望远镜）观察的东西。它们——所有的一切——都只是宇宙从外部看起来的样子 。它们都是进化的外部形式，没有一个讲述进化内部是怎么样的，没有说明个体的全子本身在各个阶段是如何感受、知觉和认识世界的。

比如，感官处理的问题：兴奋、感觉、知觉、冲动、表象、符号、概念……我们可能相信，细胞出现了原形质的兴奋，植物具有基本的感觉，爬行动物具有知觉，古哺乳动物出现了表象，类人猿出现了符号，人类出现了概念。那可能是正确的（在我看来就是正确的），可是问题是在我们的四个图示中这些内容一个也没有说。（到目前为止）我们的图示仅仅显示了进化的外部形式，没有包含任何对相应的“内部理解”的说明（感觉、冲动等）。

所以，这些图示本身不是错误的（经过我们对几个错误的修改），但是

它们非常片面，它们忽略了宇宙的内部。

这是有原因的。一般系统科学都尽量向经验实证靠拢，或者根据感官依据（或者它们的延伸）。所以它们会对细胞如何组织成复杂的机体，机体 108 又是如何成为生态系统的组成部分等感兴趣　　都是你能看到的，都是可以通过经验实证的方法来研究的，都非常正确。

但是因为他们受到研究方法的限制，不会对感觉如何成为知觉、知觉如何成为冲动和感情、感情如何成为表象、表象又是如何扩展成为符号等感兴趣。实证的系统理论包容了这些东西的外部形式，并且包容得非常好，只是它们忽略了甚至完全舍弃了内部。

比如心理和大脑。无论对大脑和心灵有什么样的结论，有一点是肯定的：大脑看起来类似图 3—6（或者某些精确的解剖图），但是我的心理绝对不像图 3—6。我是通过内部知晓我的心理的，它有点像沸腾的感知觉、情感、表象和观念。它根本不像那张图，我的大脑倒是有点像。

换句话说，我的心理通过“熟悉”从内部来认识，我的大脑可以通过“描述”从外部来认识［威廉·詹姆斯（William James），罗素］。那就是为什么我在某种程度上总能看到我的心理，但永远看不到我的大脑（除非打开我的脑颅，给我一面镜子）。我可以打开一个死人的头盖骨，观察他的大脑——但是那个时候我是不会和这个人的心理进行交流的，是不是？也不可能知道他是如何体会和认识这个世界的。

脑是外部的，心理是内部的——我们后面会看到这种内外之分在进化中的每个全子身上都存在。尽管经验系统论和生态科学声称自己是整体论的，但实际上它们只是包含了大宇宙的一半。这就是为什么生命之网的理论是片面的：它们的确看到一个领域在另一个领域之中，然后又在另一个领域之中，但实际上是一个表面在另一个表面之中，又在另一表面之中——它们只看到一半事实的外部。

该看看另外那一半了。

注释

［1］卡普拉：《属于宇宙》（*Belonging to The Universe*），12 页。

［2］参见戴蒙德和奥伦斯坦：《重建世界》，227 页。

［3］转引自：《自我及其大脑》（*The Self and Its Brain*），17 页。

［4］詹特：《自组织的宇宙》，117、118 页。

［5］深度或者组织结构的等级都暗示了这层意思。在《歌德、埃舍尔和巴赫》中，霍夫斯塔特指出，假定进化是超越并且包含（“包容”），那么所包含的总是符码、关键或者领域，而不是全部的物理层面的东西；或者有时候在包含符码的时候，实体“被压缩了”。因此，比如类哺乳动物包含了爬行动物的脑，但是恐龙却 538

比哺乳动物大得多，哺乳动物包含的不是爬行动物大脑的体积，而是其功能和基码。因此，有时候把大小当成指标就会混淆视听：包含深度的增加并非意味着空间广延的增加。

进一步讲——这也的确是最重要的一点，但是在了解下一章的内容之前，我不能对这一点作充分说明——大小的因素或者物理上的广延性只能说明全子形式的外部或者表面现象，不能说明它们的内部。比如在认知上，概念包含符号，但是并不是说比符号的体积要大。内部处理的是意向的程度问题，不是广度，试图把进化的变化都变成物理大小，这是踏平大宇宙的一种企图，是抹杀质的差异的一种做法，是一切平面本体论的工具主义的表现。

[6] 换句话说，社区随着层级的提高变得越来越小，在同层级上的广度则越来越大（甚至可以等同为整个生态）。

[7] 我们已经看到，瓦莱拉曾经指出的，一个层级上的特定水平对低于它的水平而言是外部的，对高于它的水平而言是内部的——这和说物质宇宙是生物层面的内部，生物层面是物质宇宙的外部是一个意思。也就是说，生物层面是超越物理层面的，超越并且包含。

[8] 詹特：《自组织的宇宙》，157 页。

[9] 转引自凯斯特勒：《机器中的魔鬼》，277～278 页。

[10] 同上书，279 页。

[11] 同上书，283 页。

[12] 詹特：《自组织的宇宙》，167 页。

[13] 同上书，168 页。

[14] 同上书，169 页。

[15] 转引自詹特、沃丁顿：《进化和意识》（*Evolution and Consciousness*），173 页。

[16] 请注意这些社会全子的体积会变得越来越大，而不是越来越小，因为任何一个水平一旦出现，就一定会扩张到自己可以维系的极限。

第四章　内部的景观

事物总有自己的内部。我相信内外两种视角需要结合起来，它们不久将会统一到一种现象学中，或者统一到一种比较宽泛的物理学中，可以兼顾事物的内部和外部。否则，我觉得就不可能用一种连贯的解释完全涵盖所有的宇宙现象。 109

——皮埃尔·德日进

上一章我们呈现了事物的外部、个人全子和社会全子的外部，在这一章中我们需要讨论事物的内部，也就是上一章所讨论的那些全子的内部。

我们的这部分理论乍看十分怪异。比如说，我们怎么可能了解细胞的内部呢？怎么可能理解一个细胞的“内在感受”？我相信这是可能的，因为细胞是我们的一部分，在我们的复合个体性中包含了细胞。也就是说，以前的任何一个进化阶段对我们来说最终都不是外在的，因为所有的一切都在一定程度上以某种形式在我们身上存在着，是我们本身的一部分。

因此，通过对我自己的阴面（shades）的内部感觉，我就应该可以了解其他全子的阴面——这也是它们认识我的方式，因为我们最终不同程度地存在于彼此之中，当下便是。地球会吸引我骨头中的矿物，这与它吸引遥远的星体没有什么本质的不同；饥饿会蹂躏我的肠胃，正如它同样会让饿狼痛苦；狮子口中的瞪羚目光里的恐惧，在你我的身上同样会找到；拂 110
晓的晨曦里知更鸟的歌声里难道不蕴含着你我都可以感受到的舒畅？

没有人比我更小心，我知道存在洛夫乔伊所说的那种“自反力”（retrotension）——因为我们是人，所以会给“高级的”思想和感情染上一层“低级的”色彩——这是一种人类形态学悖论。但是在我们的这个研究中有一个助手，就是那些精确的进化系统论，它们已经描述了全子各个进化阶段的外部形态，我们可以根据这些外部形态相应地揣度内部的知觉。

比如，目前看来非常有这个可能，在我们现在的进化点上可以看到国际的符号逻辑，这只有在所谓的复杂新皮层这种外部形式形成之后才有可能出现，因此地球上有生命的全子中缺乏复杂新皮层这种外部形态的全子就很可能没有国际符号逻辑，比如植物、蜥蜴和马。同样的缺乏边缘系统的动物全子就很可能没有情绪的分化，等等。这样我们就可以非常有效地控制自己的“自反趋向”，可以帮助我们发掘在我们的感受深度的范围内，究竟哪些感受可以延伸到别的存在中，在多大程度上可以延伸。

这样，尽管我们的确尽量避免自反性，但是我们和经验主义者还是有很大的不同，他们会目光呆滞地看着一朵玫瑰，思考如何弥合认识上的距离，似乎他们在观察一个和我们自身在物理层面上完全不同的东西。他们实际上运用一种迷惑的表达来描述这朵花，说它是“对外部世界的认识”。但是之所以我能认识外部世界，是因为外部世界本来就内在于我，我可以认识我自己。对别人的任何知识都是某种程度上的自我知识，因为自我和他人的构造是相同的，无论什么时候，只要有人倾听，就温柔一点说话。

当然，这种说法也不是前所未有。从亚里士多德到斯宾诺莎，从莱布尼茨到怀特海，从奥洛宾多（Aurobindo）到罗达吉须南（S. Radhakrishnan，印度瑜伽大师），我们可以看到很多这种观点的影子。在经验主义者或者实证主义者那里我们找不到这种理解，在整体论的系统论理论中我们也找不到，后者也是希望越符合经验主义越好。我们要通过重新讨论前面提到的这些理论家以及其他的一些理论家的理论来处理这种不平衡。

最后我们还想看看人类全子的高级发展阶段，看看这些高级阶段的意识，比如在神秘体验中的意识，据说它们是超体验的表现，是神性的体现
111 （如果神的确存在的话）。也就是说，我们要讨论通常认为属于超个人心理学的这个领域。因为现在我们即将进入我们的第一个累加原则：进化的深度越大，意识的程度也就越高。

内在性和意识

有很多重要的理论家清楚地论述了事物的内部，即个体全子的内在性，认为它们本质上和意识没有什么不同。斯宾诺莎、莱布尼茨、叔本华（Schopenhauer）、怀特海、奥洛宾多、谢林和罗达吉须南，这些理论家是其中的一部分。当然他们各自的说法各有千秋，意思也会略有差别。

怀特海用“摄受（prehension）”这个概念来描述主体与客体的相遇以及由此产生的对客体的“感受”，这种理解可能非常原始，甚至包括原子之间的相遇。（因此他提出了著名的论断：“生物学研究的是大的有机体，物理学研究的是小的有机体。”）斯宾诺莎用“认知”指称“从内部”对一个事件的认识，用“延伸”指称“从外部”对同一个事件的认识。莱布尼茨用“知觉”来表示他的单胞体（monads）的内部，用“物质”表示单胞体的外部，并进一步提出一个条件，认为只有内部才是真实的、可以直接认识的——物质（或者延伸）只是一种外部表现，没有真实的实体，就像心

理从外部看起来的样子。德日进神父的说法就比较简单：“内部、意识和主动性——三个词说的是同一回事。”[1]

现在我不想对这些哲学立场之间的细微差别进行讨论，但处理泛灵论的问题和历史上对身心问题的解决不可能避免这种讨论（我们将在后文中讨论）。在这里我想先采取一种比较宽泛的立场，对我来说，事物的内部就是“意识”，外部是“形式”。

或者像我们前面所说的，事物的内部是“深度”，外部是“表面”。但是所有的表面都是有深度的表面，也就是说，所有的形式都是有意识的形式。

进一步讲，我也不想在非常低级的全子到底是完全没有基本的意识形式，还是只有非常少的基本的意识形式这个问题上纠缠。首先，全子没有下限，所以没有绝对的标准作为参考。其次，它们是深度的全部类型，所 112
以它们身上意识的实际量完全是个相对的问题。因此，无论我们把什么东西看作最低级的或者最原始的全子（比如夸克），我都会说它们相对而言深度最小，意识最少，我会根据怀特海的说法，把那种形式叫做“摄受”。如果愿意，你完全可以说最低水平的全子“完全迟钝”，然后从那里开始立论。

我要强调一点，在我看来你要把意识下推（或者不下推）到何种水平都无关紧要。我们曾经说过，怀特海认为摄受是存在不可或缺的“原子”①。大乘佛学认为一切众生皆有佛性，实现那种无尽含藏的意识即得解脱；著名生物学家马古利斯相信细胞具有意识；很多科学家认为植物具有基本的感觉，动物权益保护者认为绝大多数动物具有基本的感情，并且我相信，绝大多数保守的理论家也不会相信类人猿或者人类之前的物种都没有意识。

但是我的主要观点不是到底应该在哪里画这条线——你觉得在哪里舒服就在哪里画——而是在于这条线本身就包含了对内部和外部的区分。[2]我们会在本书中不断讨论这个问题，同时我会把意识和深度作为同义词来运用，越往下走，深度越小……最终进入漆黑的一片。德日进曾经令人信服地说道：“沿着进化的反方向推进，意识如同一个阴影的谱系，（一端是光明）另一端是幽暗。”[3]

现在我们来看一些简单的对应。图 4—1 显示了单个全子外部形式的进化过程的一些里程碑，及我认为与这些外部形式相对应的内部意识出现的里程碑。

---

① 指组成部分。——译者注

当然，每一个新的内部全子都超越并且包含它的前身——整合以前的全子存在的核心，然后增加自己独有的样式（patterns）[4]（下面我们有详细介绍）。注意：这些内部全子和大小或者空间广延是没有关系的，符号并不比表象大，表象也不比冲动大——在这一点上物理主义的科学具有严重的误导性。

113

原子	摄受
细胞（基因的）	兴奋性
有代谢能力的机体（比如植物）	基本的感觉
基本的神经元机体（比如腔肠动物）	感觉
神经元机体（比如节肢动物）	知觉
神经中枢（鱼/两栖动物）	知觉/冲动
脑干（爬行动物）	冲动/情绪
边缘系统（古哺乳动物）	情绪/表象
新皮层（类人猿）	符号
复杂皮层（人类）	概念

图 4—1　外部和内部

现在的重点只是每个新的、刚刚出现的内部全子，超越并包含前面的全子所提供的信息，也就是以低级的全子所提供的信息作为运作的基础，同时会表现出认知的或者内部意识流上的新特点。从而，意识的每一次发展都不仅仅是“发现”一个既定的世界，而是共同创造新世界本身，也就是波普尔所说的新认识域的“创造和匹配”，是对更高更广的世界的发现兼创造。

对图 4—1 中所提到的对世界的选择和精确的安排可以作很多讨论。我相信，虽然很多人可能不相信我提出的一些细节，但是肯定同意我所说的那种情况确实存在。深度更大，内在性更大，意识更强。德日进在他的“复杂性和意识原理”中表达了这个意思——也就是说，复杂性越大，意识性越强。因为我们已经看到，随着进化的趋势越来越复杂，它的趋势也越来越具有意识性（这又一次说明，深度＝意识性）。

图 4—1 中的大多数词是自明的，但是我应该提一句，表象是通过类比在心中对事物重现（对狗的表象“看起来像”一条真狗）；符号重现事物的方法则是对应而不是类比（比如“费多”是我的狗的名字，指的是我的狗，
114 但是看起来一点也不像那条狗——这是相对复杂一些的认知任务）；而概念则是对整个一类事物的类比（狗这个词指的是所有的狗，这个认知任务更为复杂）。

当一只狐狸隔着栅栏看到一只兔子时，它会跑几百码远，绕过栅栏去

抓兔子，可能狐狸心中有一个对兔子的基本表象。再往上走，很多证据表明猿和猩猩能形成符号（至少可以形成简单的符号），并且甚至还能学会运用简单的语言。据我们所知，似乎只有人类可以创造和有意识地运用完整的概念（或者普遍性），并且这些概念和其他一些东西都影响到人类符合个体的次级水平，并给它们赋予一些色彩（一头古哺乳动物可能感到突然的愤怒，但是只有人才能在概念上把它转变成气愤和仇恨，成为一种可以在概念上延续的、缓慢的煎熬）。

换句话说，概念超越并包含了符号，符号超越并包含了表象，表象超越并包含了冲动，等等——所有这些都和物理上的广延性没有关系。

外部研究的局限性

在前一章中我说过，整体论的系统论在描述全子的时候忽略了它们的内部存在。现在我想具体说明一下。这些理论中的一部分的确试图考虑宇宙的内在部分，因为它们在某种程度上都提到了感觉、符号和观念等。但是它们立刻就把这些东西和表面的东西等量齐观，运用同样的方法进行分析，因为它们希望接近经验注意，但是这样分析的结果让人感到非常遗憾。

我们可以参考图 4—2 来说明这一点。在这里，在水平 3 上我从符合全子的角度简要说明进化的三大领域。物理层面是 A，生物层面是 B，人类层面是 C，所以水平 3 上的全子可以叫做 A＋B＋C，超越并且包含它的次级水平。

现在进化论的系统论理论（从贝塔朗菲到拉兹洛再到埃里克·詹特）认为，尽管任何一个水平都不能还原为其他的水平，但是三个领域的动态结构具有完全相同的普遍规律或者规定性。它们被称为“同系律”（homolog laws），而不是“模拟律”（analog laws），也就是说这些规律完全相同 *115*
而不只是类似。

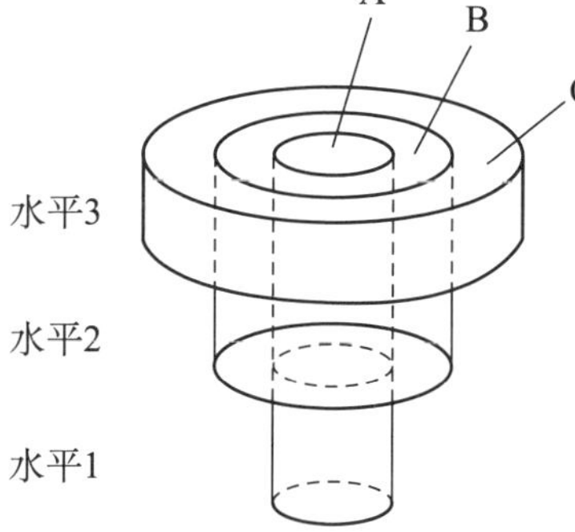

图 4—2　进化的水平

（到目前为止）我同意这种观点，在第二章我们提出了20条原则，或者“同系律”，它们对全子来说是普适的规律。到目前为止，这非常好。

但是这些原则必须可以运用到所有的三个领域，也就是说实际上它们必须适用于水平A，因为只有A是三个水平共同具备的。A从A自身开始，透过B的核心，再透过C的核心，所以适合A就会适合所有三个水平（尽管不能完全包含三个水平）。因此，在水平1上，也就是A上我们已经发现耗散结构或者自组织结构了，也就是具备深度和广度、创造性生成、不断增加的复杂性、进化性的发展、分化、自我超越、目的论的引子等的全子。当我提出这20条原则的时候，我使用了所有三个领域的例子。但是
116 所有这些原则都可以在某种程度上从物理层面自身中发现（从而可以看到整个进化过程某种程度的连续性——等式的“无间隔性”）。所有这些也是没有问题的。

但是这20条原则没有一条特别描述在B和C水平上发生了什么，这一点非常重要。B和C也都是由全子组成的，它们也一定会遵循那20条基本原则。但是被注入了生命的全子会做一些A水平的全子所不会做的事情——比如有性繁殖、新陈代谢、自动维系自我的生存等；被注入了心灵的全子还会做B水平上的全子所不会做的事情——比如语言交流、在概念水平上的自我表达、艺术活动等。B和C的性质、功能和认知同样会遵循A所遵循的那些原则，但是另外它们还要遵循其他一些规律、模式和行动，这些可能不能从20条原则中派生出来（那些原则规定进化会越来越复杂，但是并没有说会产生诗歌）。在20条原则中对于如何解决俄狄浦斯情结只字未提，也没有解释为什么自尊会受到伤害、荣耀是什么意思或者人的一生是否值得度过。

换句话说，我所说的20条原则是指一般意义上的动态系统论，这20条原则是所有的进化所遵循的最基本的原则，也正因为此，它们也最没有意思、最不重要、对B特别是C（或者更高水平的全子）说得最少。尽管系统论声称要涵盖所有的系统，但实际上仅仅包含了最普通的那些系统，简单地说，最脆弱的傻瓜没有进入系统论的视野。

最脆弱的傻瓜，也就是最低级的全子，它的深度最小，内在性最小，意识性也最小——所以对它们进行研究的科学也成了最脆弱的傻瓜科学，也就是研究宇宙的表层的科学。这也就是为什么像拉兹洛的系统论著作之类的研究无一例外地在人类层面的研究上搁浅的原因，这些研究看起来都非常博大精深，有点像我们提出的20条原则，并且在物理层面的研究中被运用得比较充分，也被应用到了生物层面研究的一部分，可是到了人类层面，这些论述就开始显得非常苍白无力，很快就逐渐消失了。

当讨论社会进化或者历史进化的时候，拉兹洛正确地指出人类层面的进化遵循一个不可逆的大趋势，即从混乱到有序、从简单到复杂。另外他还提出了几点类似的理论。这差不多就是他所说的一切了，也是他所能说 117
的一切。我们已经知道，这些是一切非均等复杂系统的共同特点。那么，究竟是什么东西使得历史成为历史而不是其他的耗散结构？对这一最有趣、最独特的现象，系统论能说的却是少之又少。关于 A+B+C 的系统，它们只能说出最低级的水平上的共同特点。我再重复一遍，这对高级水平的全子来说是最基本的，也是最不重要的。

（当然，很多系统论理论家实际上把 B 水平的动态系统，也就是生命系统，看作是所有水平都可以使用的基本范式，结果就会比较尴尬：用 B 水平解释 C 水平就会不充分，解释 A 水平就会过于充分，以至于一相情愿地强加给 A 很多它本来不存在的特点，把自组织的特点强加给物理层面——很难让人信服。所有这些难题都来自公约的思路和过度强调单一的领域。）[5]

这也是一些通常本该非常出色的论述会出笑话的原因，比如詹特的理论会说：“同样，这些数学关系在化学水平之外的动态建模中也可以使用。”——他的意思是说在 A 水平成立的系统模式对 B 和 C 水平同样成立，且同样重要，他明确指出了这个含义。他补充道：“当然，这需要有一定的想象力才行。”[6]

然而仅仅有想象力是不够的，还得有幻想力才行。谢尔德里克的话恰恰就是说明了这个意思：“回到普利高津的例子，城市化的数学模型同样可以说明影响城市化进程的速度的因子，但是不能解释城市中不同的建筑风格、文化及宗教，比如印度的城市或者巴西的城市。”[7] 也就是说，凡是与文化相关的东西，它一件也解释不了。

墨菲以更激进的方式提出了同样的观点。首先他指出了三大领域的相似性（或一致性）：“尽管无机界、生物界和心理社会界的发展类型受到不同过程的影响和塑造，具有不同的样式，但是它们同是处于持续的、不可逆转的进化之中——这三大领域有很多方面是相似的。”我把这些类型性提炼成 20 个原则。可是墨菲接着强调：“尽管无机界、生物界和心理社会界的进化有很多相似之处，但是它们的进程所依据的原则是独立的。科学的还原是有帮助的，但是并不能抹杀这些（领域的）进化所依据的样式各不 118
相同这个事实。”[8]

所以这 20 条原则是我们的系统的支柱，适用于任何地方的全子，至少我这么认为。但是探讨血肉之躯、情感知觉这些全子的时候，我们就得重新考虑了，就需要感同身受地从内部来感受我们的所有这些层面。我们不可能通过把这些感觉还原到低级的基本水平来体会它们的丰富。我想这不仅对知更鸟、鹿和变形虫来说是一种侮辱，对“我”同样是一种侮辱。还是和以前一样，我们的答案永远不可能在平面水平找到，只能在黑棋子中间打转转，没有休止、毫无意义、模模糊糊，最终陷入无边无际的黑暗，到这个非常基础、非常无意义的阴影中去。

人类全子的内部的进化

我们已经勾勒了单个人类全子的外部的进化情况，谈到三位一体的脑的复杂皮层（包含或者容纳了所有前面的外部水平）和同一个全子与外部相应的内部的进化，谈到概念的形成（包含或者容纳了所有前面的内部水平）。现在我们应该讨论一下第一个人类动物的出现的问题——拥有可以制造概念或者粗浅概念的三位一体的脑，生活在团体/家庭全子中——基本按照进化至今的顺序来讨论。

正如前面所说的，我们要做的很多工作已经有人做了，在这个意愿上我们有两大资源可以引用：一个是我本人在这个领域先前做的工作，也就是《来自伊甸园》(*Up from Eden*）和《视角转换》(*Eye To Eye*)；另一个资源是哈贝马斯的工作，很多人认为他是当前世界上最重要的生活哲学家和社会理论家（我本人也这么认为）。这两个资源的结论非常相似，尽管它们的角度非常不同，但都是独立完成的。当我开始写作《来自伊甸园》的时候，刚刚开始和哈贝马斯有联系，所以非常不幸我没有机会在那本书中引用他深刻的论述。那时候我运用的主要资源是另外一些先驱包括盖保瑟、埃里克·纽曼（Erich Neumann)、L.L. 怀特、黑格尔和约瑟夫·坎贝尔
119 (Joseph Campbell)。然而，从某种意义上又可以说我是幸运的，因为哈贝马斯从另一个角度得出了相同的基本结论，这样就增加了整个论说的力量。

然后在这一章和下一章内容中我想做的工作，是要简单概述哈贝马斯对人类意识的进化和社会交流的进化的过程的观察结论。(我会在括号中说明和我的观点相同的地方，有和《来自伊甸园》及《视角转换》中观点类似的地方就立刻指出来。）哈贝马斯对交往和社会进化的观点的理论背景是他对交往行为（communicative action）的理论（或者把相互理解作为欧米伽点的行动），我将删繁就简，仅仅呈现他的宏大理论架构的一小部分，读者如果要深入了解最好去阅读他的原著。[9]

在《来自伊甸园》和《视角转换》中，我继承了盖保瑟的开创性工作。他指出人类进化有四个基本的时代，每一个时代有一个意识的特定结构（或水平）作为基础，这些基础是相应的特定的社会世界观造成的。盖保瑟把这四个阶段称为原型阶段（archaic)、巫术阶段（magic)、神话阶段（mythic）和理性阶段（mental)。

我进一步指出，意识的这些结构中的每一个又衍生出了对时空、法律和道德、认知风格、自我认同、技术的形式（或生产力）、驱力或者动机、个人病态（和防御）、社会压抑、死亡的控制与死亡的否认的程度、宗教体验的类型等内容的不同理解（盖保瑟也略微提到这个意思）。

社会全子的原型的世界观、巫术的世界观、神话的世界观和理性的世界观，每个都与特定的意识结构相对应（宏观和微观的共同进化）。根据皮亚杰的理论，我（和哈贝马斯）认为巫术的世界观和前运算阶段思维水平相对应，神话阶段的世界观和具体运算阶段的思维水平相对应，而理性阶段的世界观和形式运算阶段的思维水平相对应（并且我们都进一步增加了一些阶段和分支，以后我会讨论到）。我和盖保瑟都认为初始阶段是一个宽泛的包罗万象的阶段，完全涵盖了意识的所有结构，包括第一个原始人的意识。我们很容易把初始阶段分为十几个组成部分或个别阶段，如在图4—1中详细列出的那样（概念之前的所有阶段都属于“原型阶段”）。原型
阶段只是我们全部的、丰富的、进化历史的符号，但是它又不仅仅是一个 120
符号，因为这个历史作为我们每个当下的复合个体的组成部分仍然存在。

在本章，特别是在下一章，我们将仔细讨论原型的世界观、巫术的世界观、神话的世界观和理性的世界观（并提出更高的发展阶段）。

但是首先我们要把这四个阶段的含义弄清楚。我曾经提到存在单个的全子和社会的全子，每个全子都有内部和外部。这样一来，在一般意义上看进化，尤其是人类的进化，我们就可以遵循四条线索。其中每一条线索都和其他的线索紧密联系，甚至和其他线索相互依存，但是却不能相互替代。

这四条线索就是个体的全子和群体的全子的内部和外部：（1）我们已经看到个体全子的外部的发展过程，即从原子到分子再到细胞，再到器官直至具有三位一体的脑的神经系统。（2）我们也看到群体全子的外部的发展过程为从超星系团到银河系再到星体，再到盖亚以及生态系统直至团体或家庭（并且简单地提到了进一步的发展趋势即到村庄、乡镇、城市、国家和全球体系）。（3）我们还进一步看到了个体的全子的内部的发展过程，即从摄受到感觉再到冲动，再到表象，再到符号，最后直达概念（并且进一步提到了具体运算和形式运算的思维，当然还有更高的阶段）。（4）最后我们还提到了人类进化、群体全子的内部发展、那些普遍的阶段性的世界观（从原型世界观到巫术世界观再到神话世界观直至理性世界观，可能还有更高级的世界观）。（后面我们会重新看看它们之间的对应关系。）

略低一些的水平拥有一个“世界观”——我的意思是说它们有“公共的世界空间”——你也可以说它们的意识水平或者摄受水平相同。如果水平低一些的全子具有内部存在，并且如果每一个全子只能存在于一个具有

类属交换的系统中，那么每一个全子都和同水平的其他全子共享一个内部存在，这也就是最广泛意义上的“世界观”或者“公共的世界空间”。我相信低级的全子也有内部，而且它们的确只能存在于具有类属交往的系统中。比如我们已经同意，如果一个全子拥有爬行动物的脑干，那么就会相应地
121 拥有冲动作为其内部，并且我们已经同意，那种内在性仅仅通过第三人称的客观语言是无法完全表达的，所以它肯定还有一个主观的空间（或者基本的主观空间），这是一个和具有类似深度的全子共享的空间。这种空间的共享不仅是表层的共享，而且包括深度的共享，其实就是世界空间的共享。

或者又可以说，如果全子的确共享外部，那么它们就会共享内部（或世界空间）。虽然这条原理可以向下推多远还不能达成共识，但是如果认为只有人类全子如此的话却明显是荒谬的。

和以前一样，不管你认为哪个地方基本的意识或者摄受开始出现，我们都可以同意在达到人类全子之前，这些共享的世界观就已经出现了，并且这些共享的世界观只是社会全子的内部感受，在集体觉知的内部空间中的某个发展水平上存在。这不仅仅是“我”怎么感觉，而是“我们”感觉如何。

四个象限

我们下一步将非常详细地解释这些区别。现在我们先用图 4—3 给出一个简明的总结。[可能略微看一眼下章那张更详细的图示（图 5—1）也会有些帮助。] 图的上半部分表示单个的全子，下半部分表示社会的或者集体的全子；图的右边表示全子的外部形式——它们从外面看起来的样子，左边表示内部形式——它们从内部看起来的样子。

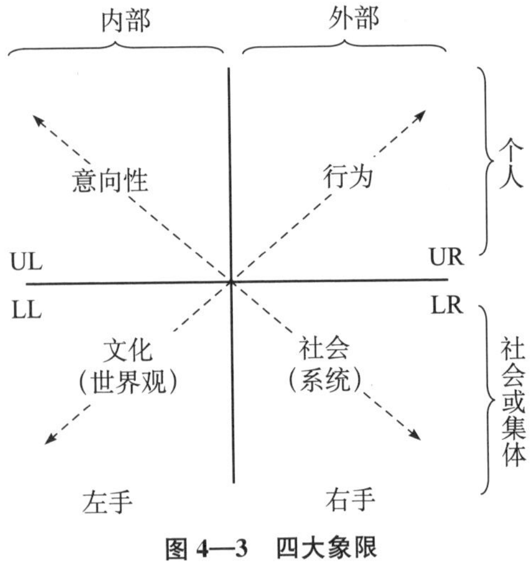

图 4—3　四大象限

这样，对于每一个全子我们就可以得到四个象限或者四个方面。右上象限（UR）表示单个全子的外部形式或结构。这个象限从中心开始——也就是从大爆炸开始——到亚原子粒子，再到原子，再到分子，再到细胞，再到神经器官，再到三位 体的脑神经系统。提到人类，这个象限是行为主义特别强调的。行为是可以被看到的，是经验的 正因为如此，经验科学总是比较重视全子的行为（原子的行为、大气的行为、鱼类的行为、人类的行为），对“可恶的内省”丝毫不关心，当然，这种内省和个体的内部有关。

然后应该来看看左上象限（UL）。这个象限是单个全子的内在形式， 122
它从中心开始到摄受再到感觉，再到冲动，再到表象，再到符号，再到概念，等等。我们看到，这些内部（UL）和外部（UR）是相对应的，所以情绪“配合”边缘系统，概念“配合”复杂的三位一体的脑上的新皮层，等等（也就是说，右上象限中的每一个点都在左上象限有一个对应点：每个外部都有个内部）。谈到人类，这个象限包括所有的“内部”个人的科学（还有别的一些东西），从精神分析到现象学到数学（谁都不可能在外部看到 $\sqrt{-1}$，这只有在内部才能理解）。

但是单个全子只能在和其他相同深度的全子之间的类属交流中才可能存在（宏观和微观，个人和社会）。换句话说，图中上半部分的每一个点都
在下半部分有一个点和它对应（从而所有四个象限中的每一个点都在其他 123
象限中有对应点）。一起来看看下面的两个象限：

右下象限（LR）从大爆炸开始，到超星系团，再到银河系，再到星体，再到盖亚系统（地球上的），再到生态系统，再到社会（社会中包含了劳动分工的团体和家庭），在它本身的水平上越来越“小”，因为广度越来越小。就人类而言，这个象限从氏族宗亲关系到村庄，再到国家，再到世界社会体系，在它本身的水平上越来越“大”。但是这个象限也包括任何具体的、物质性的、基础的社会组织形式（社会体系的外部），包括劳动工具和生产技术的类型、建筑风格、生产力、具体的机构甚至写作形式（物质性的）等。

换句话说，右下象限代表社会体系所有的外部，可以看得到的经验的和行为的形式（整个图示的右侧都是经验的，因为右边是全子的外部）。这也就是为什么研究人类社会的社会学（特别是英语国家的社会学）通常被认为是研究社会体系（或者叫做社会行为系统）可观察的行为的学问。只有一项研究的资料是可以观察的，它才能被看作“真正的”科学，社会学也常常把自己的研究限定在这个组成部分（右下象限），它除了社会行动系统可观察的变量之外不相信任何东西。

这也就是为什么社会学家质疑实证主义倾向的时候会遇到巨大阻力的原因，因为实证主义社会学仅仅研究社会组织行为，而很多社会学家希望同时研究文化，研究构成共享的世界观的价值体系——也就是说实证主义社会学仅仅研究全子的右下象限，而有一些社会学家却同时希望研究左下象限（LL）。比如，最近出版的一本论文集中仅仅发现四位重要的理论家彼得·伯格（Peter Berger）、玛丽·道格拉斯（Mary Douglas）、福柯、哈贝马斯在做这个方面的工作［当然我们也可以加上查尔斯·泰勒和克利福德·格尔茨（Clifford Geertz）以及其他几位；这六位理论家的影响力在本书中举足轻重］。

但是这本论文集的编者的观点也没有错："尽管近几十年来在社会科学
124 的其他领域，理论、方法和研究已经有了很大的积累，可是文化研究几乎没有进步。"其理由是传统的和实证主义的研究者已经"从社会生活中的暂时性领域，即态度和情感领域……主体间实在……信仰和价值——这些构成文化的东西，转到了实在一些的（经验的）领域——收入差距、失业率、出生率、组织动力学、犯罪等方面。整体上看来，存在完全抛弃文化研究的危险。"[10]也就是研究右下象限，放弃左下象限。

同时这本论文集的编者还强调，这四位理论家还是文化研究革命前沿的干将。无论文化的东西多么"短命"，各种现象学方法、分析的方法和结构主义的方法还是可以用来研究这些问题。并不是说"主观"的东西就都不存在，或者不能被认真研究。该书编者指出，这些理论家个个都力图"找出文化元素中的系统规律，或者文化中的样式"。——按照我的说法是要找出文化全子的内部样式，而不仅仅是外部的样式。"这些研究多半处于社会科学的主流之外，它们主要研究意义、象征、语言和话语等领域。每个领域都有很深的哲学传统，和当代所谓的实证主义科学的社会学有重要的差别。第一个，也可能最常见的是现象学（伯格）；第二个是文化人类学（道格拉斯）；第三个是结构主义（福柯）；第四个是批判理论（哈贝马斯）。"[11]这些研究已经产生了巨大的影响，并开始扭转实证主义的方向，编者说实证主义"用螺栓和螺母代替了情感和理性"。

但是这种社会（社会行动系统和经验主义的螺栓和螺母）和文化（共同的世界观、价值观和情感与理性）的区别非常接近社会全子的内部和外部的区别。这两个维度紧密相关，相互影响，谁取代了谁都不可能不出现麻烦。（这里就不言自明了。）

请注意，因为语言的限制，我不得不在两个不同含义上运用"社会"这个词：狭义的社会［一个社会中可以观察的样式或者叫做社会体系（右下象限），和"文化的"相对，后者指无法通过经验进行观察的意义和价值

(左下象限)] 和广义的社会(包括狭义的社会和文化，也就是整个象限图的下半部分)。相信在后面的讨论中，根据上下文的关系可以判断我是从哪个意义上运用这个词的。 125

谈到社会(狭义)和文化的区别，这里有个例子。设想你到外国去，你不懂那个国家的语言。到达那个国家之后，你就已经处于这个国家的社会系统中，处于这个国家的物质组成之中了。你在那个国家中，你周围的人说话时，虽然你不懂他们的意思，但是他们发出的声音一样会引起你鼓膜的振动，这和别人没有差别，你和本地人处于社会体系同样的物理振动中。

但是你一句话也听不懂。你在他们的社会体系中，但是你不在他们的世界观中，你不在他们的文化中。你只能听到作为社会外部的声音，但是你不理解作为社会内部的意义。社会中所有的能指向你袭来，但是文化所指却一个都没有出现。你是社会体系的一员，但你是文化的门外汉。

对内部的文化的研究不能被还原到对外部体系的活动的研究(尽管它们之间有非常紧密的联系)，或者你可以了解一个社区的一切，而不用学习他们的语言：你仅仅报告这个社区的居民的行为(如同空气粒子的行为)，传达一种具有欺骗性的意义。(福柯在进行知识考古学研究的时候就是这么做的，他把真理和语言表达的意义都放在括号里，只报告它们的系统的行为，引起了轰动。后来他放弃了这种方法，说过多的运用这种方法是一种"自大"[12]。可是所有的"高枕无忧的实证主义"都会犯自大狂的毛病。)每一个全子都有一个右下象限的组成部分，但光说右下象限是不完整的。

左下象限研究的是组成社会的或者公共全子的世界观(或世界空间)的内部意义。就人类而言，我们看到这些世界观从原型阶段到巫术阶段再到神话阶段，再到理性阶段(有很多不同的表现形式，并且仍然存在进一步发展的可能性)。

至于低级一些的全子，我只能说它们共有一个共同的空间可以作反应：
夸克不会对环境中所有的刺激作反应，因为对它们来说有意义的、能对它 126
们产生影响的空间是有限的。夸克(和其他所有的全子)只会对它们的世界空间中的东西作反应，其他所有的东西对它们来说都是外语，它们完全不懂。研究全子会对什么作出反应，就是研究共享的世界空间。[13]

左手道路和右手道路

这个四象限图和很多其他理论家的研究有非常密切的关系，后面我们将详细讨论这一点。现在我们先做几点基本说明。

整个图 4—3 右半边即外部的一半，都可以用"它语言"(或"物语言”）来描述，可以进行经验研究（运用行为主义的或者实证主义的独断的方式研究）。我们说过，整个右半边是可以被“看到的”，“实实在在地在那里”，你可以运用感官或者感官的延伸来把握（可以用望远镜、显微镜、照相盘等，也可以根据这些经验观察提出理论，也即“独断式的”和“经验—分析的”的方式）。[14]右半边的组成部分，包括上面和下面本身都是中立的表层、中立的外部、中立的形式，都可以用“它语言”来描述，没有问题。那些全子不需要进行内部的探索：你不需要进行反思，不需要进行诠释或者探索意义、价值什么的，只需要它们的行为来描述这些外部。它们没有好坏、优劣、善恶、上下之分，表层就是你所观察的样子。

并且你可以那么做，表层就在那里；那么做不仅合法而且是必须的，只不过不完整罢了。

我常常把对右上象限和右下象限的研究统称为右手道路：可以运用肉眼或者肉眼的延伸进行观察的道路。简而言之，就是“它语言”的道路（客观主义、独断论、可观察、经验论和行为变量）。

右手道路有两个主要的阵营，它们不断争斗：原子论者只研究表层的个别；整体论者则认为整体的系统才是主要的研究对象，不是个别现象。
127 但是两个都是仅仅局限于表层的研究，他们都属于平面本体论的阵营：可以通过不断观察和经验实证研究的领域。

另一方面，这个图示的整个左半边不可能用肉眼来观察（除非它们表现为外部的物质形式，隐含在其中，我们将在后面讨论这一点）。换句话说，左侧的内容不可能用“它语言”来描述。并且左上象限只能用“我语言”来描述，左下象限则用“我们语言”来描述（我将在后面进行解释）。我把这两个象限称为左手道路。

右半边可以被观察，但是左半边只能被诠释。原因是表层可以被观察——它们就在那里，任何人都可以去看；但是深度不能被直接理解——深度只能被诠释。右手道路总是问：“它做什么？”左手道路总是问：“这是什么意思？”

一头鹿看到我走过来。它看到我的外在形式、我的样子，注意到我的形式在向鹿走近的过程中所发出的所有的有关刺激。这些刺激意味着什么呢？我是友好地来送食物，还是拿着猎枪的猎人？这头鹿必须在它的视界空间中诠释它受到的刺激，来理解我可能会带来什么影响。这不仅仅是看的问题，它的视力可能完全正常，可是它可能出现诠释的错误：我手里拿的可能不是食物，而是猎枪。所有的刺激都向这头鹿冲过来（这不是问题），问题是这些刺激究竟意味着什么？表层的刺激有了，可是究竟潜藏了什么含义？表层的后面是什么意图？什么东西通过经验传达了但没有直接通过经验给出？

几乎从一开始直到今天，社会理论一直分为两大对立的阵营：诠释学和结构功能主义。诠释学（诠释的艺术和科学）试图重新建构和感同身受地进入人类共享的文化世界空间，从而可以从内部得到对其中所蕴含的价值观的理解。结构功能主义则放弃了意义（参与意义上的“意义”），而是注意主导着行为体系的社会机构体系。

这两者都是整体论的，因为他们理解个体的时候都是把它们放到一个社会关系网中来看，而不是仅仅理解个体本身。但是它们都分别代表了全 128
子的左手道路或者右手道路，诠释学总是问“这是什么意思”，结构功能主义总是问“它要做什么”。

为了重新建构意义（左手道路），我必须进行诠释（诠释学），我必须试着进入居民们共享的深度、共同的世界观和价值观，我必须从内部来理解和描述文化（但是要保持恰当的距离，否则就没有办法表达了）。我不可能“看到”意义，意义不会在表层等着我去观察，不会和颜色涂层一样进入我的视野。我需要尽我所能对居民的内部深度进行回应。我内部的深度（我的生命体验）必须和我要理解的深度（别人的生命体验）在直觉上相通，不能简单地观察别人的表层。相互了解是一种内部深度的和谐共鸣：“我明白你的意思了。”

比如霍皮人的求雨舞①是什么意思？可能和很多参与观察者一样，我发现它的意思或许是要表达一种与自然的神圣关联，所以这种舞蹈本身表现的是那种神圣的自然和对这种自然的呼唤。为了以社会学家的方式来表达这种理解（而不是直接成为部落的一员），我就得注意他们整个的社会实践网，和他们的世界观中所蕴含的“无意识背景”，包括语言结构（和前语言结构）的意义、主体间交流等组成的“前理解的”或者“背景的”或者“前知识的”内容——所有这些都是层层包含的，有的比较明显（需要去理解），有的比较隐秘（需要去发掘）。[这是对诠释学研究的总的概括，从威尔海姆·狄尔泰（Wilhelm Dilthey）到韦伯（Weber），再到海德格尔，一直到今天的保罗·利柯（Paul Ricoeur）和伽达默尔（Hans Gadamer）以及吉尔兹和泰勒。]

另一方面，为了重新建构功能（右手道路），我必须小心地、通常要保持相当大的距离，来观察这些本地人在做什么，而不是去听他们自己说自己在做什么，去观察在社会活动中这种舞蹈究竟具有何种功能（可能本地

---

① 霍皮人，美国亚利桑那州东南部印第安村庄居民，相信自己负责降雨，所以他们通过节奏复杂的舞蹈来求雨。——译者注

人并不知道这种功能)。客观观察者会得出结论[比如塔洛特·帕尔森(Talcott Parsons)],认为这种舞蹈具有维持社会团结和稳定的功能。到底舞蹈能否求到雨,或者是不是真的要求雨,这些对我们来说都不重
129 要,因为他们的所作所为提供了一种把个人笼络到部落关系网中的纽带。(也就是这个社会活动体系中的自组织功能。)为了确定这一点,部落被看作是一个整体系统,然后仔细观察它的整个样式(结构)和整个功能(行为),然后个别事件的“意义”在整个结构功能中的定位就清楚了。(这是对各种形式的结构/功能和系统理论的工作方式的总结,从考米特(Comte)到帕尔森,再到尼可拉斯·卢曼(Niklas Luhmann),甚至在结构主义和考古学的研究中也有所表现,比如列维-斯特劳斯和福柯早期的工作。)[15]

这两条道路中的一条道路总是问“它做什么”,然后试图根据自然的经验观察和变量提供解释;另一条路则总是问“什么意思”,从而达到相互的理解。[16]

表面是向外的,内在性是向内的——差不多就是这么简单。[17]

微细的还原论

左手道路和右手道路都有很多可取之处,两者都需要找到一种平衡,从“整个象限”的视角来看问题。我的立场是每个全子的存在都有四个方面或者四个维度(四个象限),所以可以(也是必须)从意向、行为、文化和社会背景四个方面来研究。没有仅仅在一个象限中的全子,每个全子都有四个象限。

当然,全子越原始我们就越不在乎它们的意向性和它们的文化,但是这实际上是一种自大。现在的观点是,无论我们觉得一个全子多么低下,它的四个象限中的任何一个都是不可被轻视的,至少到人类全子之前是如此(如果你不相信低于人类的全子同样具有意识和摄受,那么四象限理论至少给你提供一个启示,告诉你可以从哪个角度去思考并进行证明,前提是你愿意去证明,这是一个非常有意义的练习)。

这样我们就要考虑粗疏的还原论和微细的还原论的问题。首先,粗疏
130 的还原论不相信任何地方会存在任何的内部,所以意义、价值、意识、深度、文化和意向性的问题对他们来说根本不是问题;实际上至死他们都会叫嚣从没见过什么不能还原为原子的价值。

粗疏的还原论首先把其他三个象限还原为右上象限,然后再把右上象限还原到原子和亚原子的粒子水平,这也就是它们的粗疏部分。其结果就只能是物质主义、(通常是)机械主义、(一定是)原子主义。历史上只有

很少的天才在这条道路上有些建树，从伊壁鸠鲁学派到霍尔巴赫（Holbach），再到拉·梅特利之类（波兰尼所谓的“天才掩盖下的偏见”和洛夫乔伊所说的“人类的愚蠢都可以看到最佳的代表”）。

和这些平面原子主义者对立的是平面整体论者。他们不把所有的全子还原为原子。他们把全子左侧象限的一切还原为右侧所对应的实体。也就是说，他们是结构/功能主义，包括一般系统论、现代动态系统论以及所有这些新范式和生态/整体论等形式。[18]

我曾经说过，很多情况下他们的出发点是好的，可是他们的理论——因为他们是经验论的和独断论的，因为他们是关于最弱小的笨蛋的科学，因为他们研究可以观察的外部，不管需要劳神去诠释的内部——使他们最终成了具有隐蔽性的还原论者，说他们具有隐蔽性是因为他们从来没有意识到自己做了些什么。他们自称涵盖了所有的一切，实际上他们只是考虑了一半。

[现在我们仅举一个例证来说明，比如哈贝马斯对系统论的严厉攻击。他认为尽管系统论是重要的，但是重要的范围非常有限。因为它是还原论的，所以现在它成了生活世界的头号敌人。他说，功能系统帝国把生命世界变成自己的殖民地，然后把自己的代价转嫁给生命世界……盲目地进行系统维护和系统扩张。[19]也就是福柯所谓的生物权力即“现代的危险”，它在很大程度上是系统/工具理性的生物化向人类的延伸，并把一切都变成了生物之网的一条链——这难道不是现代世界的一种强权形式吗？]

这些系统论和整体论理论家似乎不太理解的是他们在避免粗疏的还原 131
论的同时——这一点是值得肯定的——却陷入了微细的还原论（他们似乎还不自知）。他们不会把一切还原为原子，但是他们把内部的一切还原为外部的“系统”。

粗疏的还原论还时不时地抬头，特别是当有人发现可回归的规律的时候（也就是通过重复一个简单的程序可以造成复杂的程序反应），但是总体上说它已经是明日黄花，不像很多新范式批评家所认为的那么有影响了。

现代平面本体论的真正罪魁祸首是右手道路的系统论或者结构/功能主义及其各种形式，它们抹杀了大宇宙的存在。系统论理论家批判原子论理论家，说他们是还原论的流氓，而强调他们自己通过层层嵌套的系统克服了还原论的弊病，换句话说，他们把自己放到了“地球拯救者”的位置上。但是实际上他们所做的不过是用一个微细一点的还原论取代了粗疏的还原论，实在是五十步笑百步。

比如，这些平面整体论者称启蒙运动的最大负面影响是它的原子论和二元对立本体论。但是原子论不是启蒙运动的基本主题。我们还将在后面详细讨论（见第十二章、十三章）——几乎所有的历史学家都说得很清楚——启蒙运动的主题是“相互依存的和谐性”，万物背后有一个和谐的系统，从亚当·斯密（Adam Smith）的“看不见的手”，到约翰·洛克（John Locke）的“相互关联的秩序”，再到改革家和自然神论的“相互关联的存在的巨大和谐整体”。

略举几个例证。泰勒的观点代表了学术界的一种基本论断：“对于启蒙运动的主流思想而言，自然是客观存在相互关联的整个系统，在这个系统中，所有的存在包括人类都有一个自然的存在模式，这些基本的存在模式之间非常和谐地啮合在一起，它们就是幸福与善的依据。启蒙运动提出了自然的存在模式，包括人性（nature）的存在模式，把它们视为一个和谐的整体，各个部分都非常融洽地弥合”，并且“统一的秩序被视为相互关联的机制，它们呼唤行动，这些行动构成了一个和谐的整体。”[20] 比如亚历山大·蒲柏曾经为整个时代立言：“这就是世界的伟大和谐，从大秩序中来，从
132 大一统中来，从事物的普遍共识中来。在这种和谐之中，伟大的和弱小的、勇猛的和怯懦的（相互）服务，而不是互相为难，相互加强而不是相互侵略；部分与整体结合；一切都为别人服务，同时接受别人的服务；没有谁是孤立存在的。”[21]

在《百科全书》（*Encydopédie*）这部启蒙思想的堡垒中，已经宣布“自然中的一切事物都是相互关联的”，洛夫乔伊指出“他们有一个雄辩地说明整个系统关联的完美性的习惯。”[22]

其实不是这样的。启蒙运动倾向于把大宇宙的左手和右手缩减成了仅仅可以经验观察和（独断）描述的物质宇宙：它只强调右手的相互关联，却完全忽略了左手象限。它最大的问题不在于粗疏的还原论，而是在于微细的还原论。伟大的存在层级被简化成了约翰·洛克所说的“相互关联的秩序的和谐整体”，但是现在的秩序是没有深度的，没有层级的，没有内部的，没有质的分别的，而是可以通过客观化的经验主义的注视（gaze）来触及的（一切都是平面之网的平等的绳索）。

简而言之，左手被缩减到右手中，从而深度往往丢失，消失在单一的广度之中（后文我们会详细解释这到底是怎么回事）。这实际上最终会堕入二元分割的本体论，因为在运用客观语言把整个实在描述为相互关联的、和谐的秩序或者系统（伟大的相互关联的广度）的时候，没有给描述者留下存在的空间（它没有描述深度的语言）。[23] 纵向的诠释性的深度被转换成了横向的相互关联的广度——这也就是微细还原论的实质。

简而言之，自然被主体认识为一个和谐的整体，但是主体在这个自然中却没有自己的位置。一旦这种整体论/工具主义或者“一切都是组成整体

的部分”的观点被运用到主体本身——福柯所谓的“知识具备了自为性”——那么主体就自然会被擦除（这可不是在超越意义上的擦除，而是搬起石头砸自己的脚的意思）。正是因为主体的世界观完全是经验整体论的，主体本身就被自己排除在这个世界之外了，它在整体的世界之上飘荡，无所依靠，非常无助，非常危险（所以很多著名的或者不那么著名的、自我界定的、孤独的主体就要和这种整体论的/工具主义的世界决裂，成为启蒙运动所谓的“超自由的自我”，后文还有详细的论述）。

换句话说，尽管这个时候平面整体论中包含的深层的二元论是潜在的 133
（或者不是那么明显，因为支持者还不那么自觉），但是已经开始起作用了，并直接促成了启蒙运动“非人的人文主义”。后来这种启蒙运动的立场就遭到尖锐的批判，比如福柯的“人的时代”，哈贝马斯的主体哲学，以及泰勒所说的工具性关联秩序中主体的游离。

总之，他们论述的内容是类似的，都是说具有客体化作用的整体的/工具性的认识模式开始影响到认识者本身，结果造成了各种内部或者外部的暴力。

我们在本章的后面还会看到（在第十二章中也会看到），启蒙运动的整体论范式打碎了大宇宙。大宇宙本来纵向横向都是具有层级的（因此既有内外，也有左右），但是整体论把大宇宙变成了一个平面的宇宙，只有平面的层级了（只有外部或者右手了）：成了一个平面的网，把纵向的深度换成了相互关联的广度的普遍系统，把所有的内部都缩减成了可以从外部进行观察的功能之网的绳索。整体论范式表面上似乎包括了“所有的”实在（这和原子论是对立的），但是实际上是野蛮地把大宇宙撕成了两半，抛弃了深度和内部，蛮横地停驻在外部、表层和伟大的相互关联的广度上——人们是好是坏取决于他们在多大程度上适应广度，而不是他们发现深度的程度。

一个例证

一旦这种平面还原发生（见第十二章、十三章详述），实在的左手都被还原成了相应的右手。仅仅因为四个象限之间都存在相互的关联，这种还原就敢于堂而皇之地推行。这也是为什么微细的还原论这么难以发现、难以对峙的原因。

比如，我有一种想法，一个想法浮上我的心头。我们就把这作为一个全子来举个例子。对这个全子而言，在右上象限，我的大脑会有一定的生理变化，这个变化完全可以运用客观的语言（“它语言”）来描述：在额叶神经突触中有去甲肾上腺素分泌，伴有贝塔波的峰值……这些说法都是正确的，也都很重要。

134 但是那不是我对这个想法的体验，我永远都不可能以那种方式来体验我的思想。相反，这个想法对我来说有一定的意义，非常有趣。我可以和你分享这个意思，也可以不和你分享。如果我不告诉你，即便你了解我的大脑的任何一个原子的运动表现，你也无法了解到底我的想法的具体内容是什么。这是这个全子的左上象限的内容，也就是我自己的想法（这也就是我坚持认为左上象限永远都不可能被还原成右上象限的原因。左右象限相互关联、相互影响，这是没有问题的；把左上象限完全还原为右上象限，这是绝对不行的）。

补充一句，这也就是为什么说我的大脑仍然是我的外部存在，它仍然属于右上象限的原因，尽管大脑在我机体的内部。[24]我们可以像外科解剖那样把人的身体切开，看看身体的“内部”，甚至一直解剖到组织水平、细胞水平乃至分子水平，我们所看到的仍然不是全子的内部，只不过比以前看到的更加表面化，更加浅层而已。它们是内部的表面，不是真正的内部（所以它们都是可以划在右上象限中的，它们都是可以进行经验观察记录的）。[25]

但是关键的一点是，尽管你可以随心所欲地看“里面”，但是全子的内部是绝对看不到的，它必须通过诠释才能了解。如果我想了解你的大脑在你看来是什么样子的，想了解真实的内部生活是怎么样的（也就是你的心智是怎么样的），那么我必须和你交谈，绝对没有别的办法可循。“你怎么想的？有什么想法？你觉得怎么样？”我们谈话的时候我必须对你说的话进行诠释，因为所有的深度都需要诠释（但是脑神经学家根本不需要与你交谈。如果脑神经学家真的把手放到你的身上，那么可能是因为你已经死了，严重影响观察。神经生理学家可以知道你的大脑的一切，但是永远不可能知道你的任何思想）。

这就是为什么表层被称为“独白”的原因——它们可以通过独白语言来检视，不需要对话（也就是为什么深度被称为对话的或者辩证的，或者广义上的共情的原因）。你可以使用独白语言研究一堆石头的运动；可以用独白语言研究脑生理；可以用独白语言研究自杀率。但是要研究内部，你就必须和研究对象共情，感同身受，这也就意味着诠释：你我都可能出错，因为我们在试图互相评估。

135 在右手道路，我必须做的基本上就是去看。我将需要特定的概念工具和物质工具，尽管如此，但最终只是去看：我用望远镜去看星星；我用显微镜看细胞；我用云室来看粒子的轨迹；我用迷津来看老鼠的行为；我用经验数据和统计来看社会系统。在任何这些情况下我都不需要和研究对象对话。我们不需要相互的理解。我不会对全子的深度进行诠释。我只是观察表层，描述外部，描述我所看到的。所有这一切都可以用独白语言来完成；它从不需要对话。这并不是说两种做法孰对孰错，两者都非常重要。

这里要强调“真诚”这个概念在对左上象限进行研究时的重要性。到了人类这样的深度，我只能通过诠释我们的对话过程中你所告诉我的内容来触及深度（包括通过身体语言或者其他的交流方式）。但是你可能在撒谎，甚至你可能会对自己撒谎——这是大量的“深度科学”常常遇到的情况，比如精神分析。你我不仅仅会转译我们的知觉，而且有时候会错译。所有纷繁芜杂的“怀疑的诠释学”（利柯语）都在力图挖掘表达的表层内容下面所隐含的内容，评估表面语言能指下的真实含义：不仅仅停留在表达的表面，而且探索表达的深层内容。

比如心理治疗师，他们可能会根据专业训练的共情（或者同情）直觉，发现“你的抑郁感实际上潜藏的可能是你对父亲的愤怒，因为他抛弃了你”。并且如果你觉得是那么回事，然后说“啊，的的确确是那么回事”，然后高高兴兴地离开，那么你就发现了一个以前自己所不知道的深度。也就是说，这么多年来你一直都误会（或者错误地诠释）了自己。你和治疗师开始重新翻译那些被误会了的感情，在你自己的成长背景中正确地命名它：你不是“悲哀”，而是“疯了”。

从这个意义上说（后文详述），我的“无意识”，我的“阴影”实际上就是我在过去的一些错误转译，一直带到了今天，现在歪曲我的知觉（“移情”）。我的“悲哀”是不真诚的；我对我自己撒谎，从而隐藏对我爱的人的愤怒；我有意地（但是“不自觉地”）错误诠释我的感情，以便保护我自 136
己（“防御机制”）。我的阴影是我的不忠的中心，是我对自己的深度的错误诠释（这一点是所有的“深度心理学”，包括弗洛伊德、荣格和格式塔学派的共同点）。

进一步讲，我也会因为误读了自己的深度而误会别人的深度。（我会说“你什么意思吗!”）这样我就得重读我的情感文本，找到我的真实一面，然后更加真实地重新诠释我的深度。当然有时候需要借助别人的帮助，他们可能已经看到了这种对过去的误读，可以帮助我诠释。这些就是意义、诠释和忠诚（或者不忠诚）的问题。

当然，行为主义者一点也不关心这种意义的“黑箱”以及相关的一系列问题，最多稍微关注一下导致可观察的刺激和可观察的反应之间不一致的“干扰变量”，把它们定义为“行为倾向”。行为主义是右手道路的，它们不相信存在任何看不见的东西、无法强化的东西。[26]（我不知道有没有行为主义者会对他的另一半说他们的爱情只是一种干扰变量。）

换句话说，行为主义和所有的右手道路理论一样，在根本上相信的是命题真理。[27]作为一个研究者，我提出一个关于事实的客观现象的命题，然后通过研究来证明这个命题是正确的还是错误的（通常的做法是证真或者证伪）。最终的情况常常很简单，就像这样一种表述：“外面下雨了还是没有下雨?”然后我走出去看看，然后发现客观情况（“的确在下雨”），然后其他的研究者也出去看看。如果大家一致同意，那么我们就可以说“外面在下雨”这个命题是正确的。

所有的命题真理都是以上这种命题的一种形式，尽管有时候可能会非常复杂。独白式的观察往往需要借助望远镜、显微镜、脑电图和其他的复杂仪器，不一定是哪种。但是它们都是试图把命题和客观事实对应。它们都是独白的、命题的、经验主义的。效度检验的标准是真理的标准，也就是地图和疆土匹配的准确程度。

但是在左上象限，效度检验的标准不是真理性的程度，而是真诚的程度。在这里，问题不再是“外面下雨了吗”，而是当我告诉你“外面在下
137 雨”的时候，我是在说实话吗？或者可能我弄错了？我是真诚的还是在欺骗你？这样就不是客观真理的问题，而是主观的直率的问题。这样就不是地图是否符合疆土的问题，而是地图的绘制者是否值得信任的问题。

于是直率成为一个真诚和信任的问题。正是因为深度是不可能从表层被观察的，所以我对深度的表达就有可能被别人信任，也有可能不被别人信任。直率、忠诚和可信赖性，这些是在左手象限游弋的重要标杆。

简而言之，这不是一个真实的外部的问题，而是一个真诚的内部的问题。并且这种真诚是不可能通过经验的方式、客观的方式和独白的方式来确定的。我们可以用测谎仪给人做经验层面的测谎，但是如果他们连自己都欺骗了，那么这种独白式的机器就可能说他们在讲实话。真诚不在外部，而是在内部，只有通过对话和诠释才能触及，独白式的判断是不可靠的。

我们后面还会回到这个问题，但是后面的内容是偶然想到的一些个别方面，我们在这里把“思考”作为一个全子的例子。“思考”这个全子有一个外部的对应——脑，它可以根据真理性客观地、独白地和命题式来确定；并且它还有个内部的对应，只根据真诚程度通过对话和诠释的方式来确定。两者本身不但有质的不同，而且对它们的合法性各自还有自己的评判标准。

但是继续思考这个例子会发现，那些个别的方面也有一些社会的或者共享的组成部分（左侧）。无论我是否告诉你我的特定思想，这些思想对我来说都是有一定含义的（并且如果我告诉你的话，对你来说也会有一定的含义），因为那个含义本身是由我们共享的文化中的一整套背景活动和文化常规以及语言结构来维持的。如果我告诉你，但是我们所说的语言是不同

的，你还是不能理解，尽管我一股脑儿地把那些无力的声波传递到你的耳朵里面。意义是左下象限的内容，必须以共享的文化世界空间作为所有意义交流的基础，没有这个基础，我个人思想的绝大多数（或者全部）就会变得毫无意义。

在这里，问题不再是是否具有真理性，甚至也不是是否真诚，而是文化是否适合，或者说是我的意义和价值所依赖的文化是否恰当、是否适合、
是否正确。我个人的个别意义和价值不能还原到这种文化适合（任何象限 138
都是不可替代的），但是它们的确完全依赖于我用来创造这种意义和价值的文化背景和文化实践。我的思想全子植根于类属交换和主体间交换的文化背景中，没有这种背景我个人的主体性（包括它的真诚性）和客观物的世界（包括它们的真理性）就不可能显现。

如果我的思想全子和文化不相适应，那么我可能是超越传统的天才，或者是完全脱离现实的精神病。但是这两种情况下的评判标准都既不是真理性也不是真诚性，而是适应性、恰当性：不是我的命题是否符合客观实在，也不是我自己主观上是否真诚，而是我和我同时代的人之间的主体间性是否恰当，或者我是否很好地融入了这个文化背景，因为这个文化背景是客观和主观存在的基础。（无论我是否同意这种文化的方方面面，没有这种文化我就根本不可能和别人交流任何的意义。）

换句话说，在左下象限中的评判标准不是我的表述是否真实，也不是我表述的时候是否真诚，而是我们相互之间能否取得理解。不是客观，不是主观，而是主体之间。

但是所有这些意义，无论是个人的还是文化的，都不可能仅仅是空穴来风。我个人的思想会引起大脑生理的变化，同样，文化样式也会有外部的、物质的和可观察的社会行为与之对应（尽管不能完全等同于它们）。这就是右下象限。

也就是说，如同我的思想会和大脑对应，文化意义也会和客观的社会机构及物质的社会结构对应。事物制作、交通系统、书面记录、学校建筑、政治地理结构、团体行为、书面法律文书、建筑风格和建筑本身、技术类型、语言的外部结构（书面的或者口头的能指）、经济的生产力和分布，所有这些实在的社会行为系统的构成、社会体系的所有这些方面都可以用经验的方式或者独白的方式来观察。

这里评判的标准不是客体的真实性，不是主体的真诚性，也不是主体间的相互理解和意义，而是社会体系的功能适合或者客体间的融合的问题。
比如一个社会行动体系，只能生产那么多黄油和枪支，一种多了另一种就 139
会少——它们必须在功能上符合物质上的可能性（但是在主体间性的问题

上，我的意义多了，并不意味着你的意义就少了：那是质的问题，不是量的问题。所以它们不存在你多我少的争夺，但是功能适合的领域就一定会有这种争夺）。

当然功能适合（“它做什么?”）是系统论唯一正确的观点，并且是微细还原论才提出来的。它们把诠释性的深度（真诚和忠实）和文化意义（公正和道德）都还原到了外部领域的功能适合：所有的一切都被还原到了平面整体论。

（甚至命题真理，或者说主体和客体的相互适应，也被还原到了功能适合，或者客体间适合上。“真理”成了自组织领域和自适应社会体系的扩张。这些理论的价值在它们自己所描绘的功能适应中消失了，以至于它们的主体性理论成了客体间理论的一部分。这实际上是一个巧妙的把戏，我们后面还会论述。）

现在整个例子要说明的问题是我“单个”的思想。最初的全子，并非真的是一个单一的思想，而是一个具有四个不可分割的方面的全子（意向方面、行为方面、文化方面和社会方面），每一个方面都有自己的评价标准（主观的真诚性、客观的真理性、主体间的公正性、客体间的功能适应）。[28]我曾经说过，无论什么全子都不能单单存在某一个象限，所有的全子都有四个象限，每个象限都和其他象限紧密关联，尽管不能被还原到其他任何象限。

正是因为四个象限都紧密相连，所以有人可以野蛮地进行还原，并且还看似合理。比如，因为每个思想的确引起大脑的某些生理变化（甚至包括我的离体经验），我总是可以说思想就是大脑的某种状态，尽管我还可以说大脑状态本身非常高级（或说是有层级的模式），不能还原到它们的原子组成（其实很多脑科学家就是这么做的）。[29]

这个立场还不是粗疏的还原论，它是微细的还原论。它们只是把内部
140 深度、价值、意义和意识（左手）还原成了经验事实相互交错的整体秩序（右手）。它把三维的棋盘还原成了平面的棋盘，把大宇宙还原成了物质宇宙，把相互关联的生命金字塔还原成了相互关联的平面“生命之网”。我们曾经用一句简短的话来说：它把纵向的深度还原成了横向的广度，或者更简单地说，它把深度还原成了广度。[30]

简而言之，这种微细的还原论还承认层级性，但是只承认右手象限的层级性——只承认大小、范围和表层的层级性。所以这些层级性最终被界定为物理上的相互包含（细胞包含分子，分子包含原子，等等。但是这些“深度”都是平面的、单价的：它们不是价值、美、意义、动机、理解、意向、意识或者任何接近左手的东西的层级性，所有那些真实的内部深度已

经被清洗一空，在外部物理的广度、范围或者包含/延伸中清除得干干净净，没有好坏，只有大小)。

这种微细的还原论得益于所有四条进化链，四个象限都遵循 20 条原则。它们都是有层级性的。只不过右手主要是物理的广延性的层级（肌体比细胞大)，而左手主要是意向性的层级（概念不会比符号大，尽管概念包含符号，并且比符号的意向性高。它们的层级标准不是尺寸的大小而是价值和美)。

进一步讲，我们走得越深，20 条原则的重要性就越弱（因为它们是最基础的，最普遍的傻瓜原理)。但是 20 条原则毕竟抓住了四个象限的某些基本特征。

这样，微细的还原论还可以大言不惭地支持所有的 20 条原则、发展的概念、进化的生成性特征、所有的全子相互关联的特征、所有的全子共有的层级性特征等。所有这些，微细的还原论都可以热忱地接受，因此所有性质上的深度，都消失在数量的层级性之中了，所有内部的分级都被无意义的外部取代了（热情比谋杀好，但是夸克并不比光子好，用这种外部广度和经验形式的方式来解释整个大宇宙只能看到与价值之类无关的物质宇宙：肯定是这样)。 141

并且因为左手的一切都会在右手有所体现，所以看起来如果把右手的描述做得详尽一些，就似乎把一切都说尽了。换句话说，由于大宇宙的每一个事件都会在右手有所体现，就让人很容易误会，认为右手道路自己就可以穷尽大宇宙了，实际上它只能记录和测度巨人的脚印。

这个让大宇宙崩溃的程式非常微细。

启蒙运动的基本范式

我们将在第十二章看到，这个微细的还原论就是启蒙运动的基本范式。[31]在微细还原论中，在启蒙运动的基本范式中，存在两大对立的阵营：平面原子论和平面整体论。今天的系统论仍然在继续启蒙运动基本范式的第二种情况：既要克服粗疏的还原论（这是可取的)，又要悄悄地宣扬微细的还原论，把意向性还原为广延性，把性质还原为数量，把所有的诠释性深度还原为清晰的表层，把所有的层级性的价值还原为独白式的混合，把所有的内部还原为整体论的绳结，把所有的真理和意义还原为功能适应，把所有内部的深度还原为外部广度的功能。[32]

所以莫里斯·伯曼（Morris Berman）说："目前对整体论的追求只是形式的、抽象的、'价值中立的'，和它要取代的机械论范式一样没有根基。"[33]这句话让整体论者大为光火，非常迷惑，因为他们非常自信自己是好人，因为他们成功地打败了粗疏的还原论者。“可是我们指出了任何两件事物之间都是有联系的啊！”这就是平地生命之网。

他们站在这片平坦的、凋敝的土地上，凭借良好的愿望和傻瓜科学向
142 我们宣称，他们是我们的拯救者。他们说自己可以疗救宇宙，让我们整合，像那些已经见证的人一样，现在要把追寻了很久的土地展现给我们看。

和谐和碎裂

一定记住，我并不是说系统论和生态整体论是错误的，如果我认为它们完全是错误的，就不会把整个第二章拿来反复论证。它只是比较偏颇即黑格尔所谓“理解的盲点”，这个盲点有可能变得很危险，因为大宇宙的一半如果宣称自己就是全部，那么就可能出现对另一半的侵略。

这是一个最好的例证，说明了为什么整体理论总是在最后野心勃勃地把人工具化：因为一切都是平面“生命之网”上的绳结，一切都要服从于其全部功能（功能适应）。并且如果一个理论家能够描述“最终的整体”（尽管并不存在这样一个最终的整体），那么它就可以告诉你你的最终目的、你的意义和你的角色到底是什么（因为他们知道最后的解释背景是什么，那是真正的“整体”，可以决定每个成员的功能适应——也就是“真理”和“意义”）。

实际上，社会系统理论家和生态整体论理论家们从来都是不厌其烦地根据他们对“整体”的想当然的理解给我们解释我们的功能适应究竟是什么。（正如哈贝马斯所说的：“功能系统帝国主义对生活世界的殖民是把他们自己的代价转嫁到别人身上，盲目地扩张和维持系统。”）他们穷兵黩武地击溃原子主义，然后趾高气扬地把我们抛掷在相互关联的秩序所构成的网中，并大言不惭地宣扬“整体”，宣扬自己的欲望和需要是真实的存在。

他们看不到“整体”实际上并不存在，永远只有空无和整体/部分；他们看不到把所有的领域和合法性都还原成功能适应，这样完全破坏了真正的整合和对他者的包容；他们看不到在政治上极权主义的功能适应恰恰是世界各地民主革命的敌人。他们完全不管这些——一味强调我们有一个整体！

在第一章中我们看到，根据整体论者自己的理论，我们今天的世界观是分裂的。事实的确如此，但是整体论者没有修复这种断裂，他们实际上是复制了这种断裂。把一切都还原为功能适应，实际上完全破坏了任何一
143 个领域，进一步使得各个领域的整合失去可能。世界真的成了碎片，整体论是造成这种碎裂的罪魁祸首之一。

当然整体论者会说启蒙运动的基本范式是原子论，它才是世界断裂的

罪魁祸首。这个美丽的谎言掩盖了启蒙运动更深的罪孽，整体论者正在延续着这种罪孽。在本书的后文我们就会看到，现代性世界观碎裂的真正原因并非没有把一切都还原为右手象限的功能适应（生态整体论者的“出路”），而是因为四个象限没有被整合。

只有在四个象限被整合起来的情况下，真理、真诚、意义和适应才能真正建立相互之间的和谐关系。这种和谐可不是还原论者以整合之名把每个象限撕裂的结果——这是贯穿本书的基本主题。

我们会发现功能适应的确很重要，但是它只是整个和谐的一部分，甚至它还不是目前最重要的一个象限，因为在进行生态修复之前，我们的当务之急是通过相互理解达到一种共识，选定一种共同进步的途径。换句话说，修复的冲动不是来自宣扬功能适应（右下象限），而是来自相互理解(左下象限)。我们会看到这首先要靠个人的成长和转化，这也是最重要的前提。

没有这个前提，无论动机如何，最终都不可避免地会继续导致分裂(接下来我就会对此进行说明)。整体论者强调生态整体论的功能适应的紧迫性是可以理解的，但是整体论者已经把左下象限绝对化了，这样就使得他们与真正的整合背道而驰，难逃分裂的厄运。把一切都还原为功能适应，不仅破坏了其他的象限，而且也破坏了右下象限本身。

这也是把生物层面绝对化会破坏生物层面本身的另一种说法。在急切需要的整合这一点上，生态整体论者绝对不是盖亚的朋友。他们可能在这里或者那里保护一小片盖亚，这是很好；但是没有所有这些领域的全部整合，盖亚仍将在被冷落的凄风中凋谢。

三大领域

提到四个象限，因为右手的两个象限都可以用“它语言”来描述，有 *144*
时候我会把它们看作一个整体，另外的两个是左上的“我语言”和左下的“我们语言”。为了简洁，我把它们称为三大领域（“它”、“我”、“我们”)。

我们在这里要提到和很多其他的研究者的比较，最后会详细地讨论。我们首先可以来注意一下波普尔（Karl Popper）的世界Ⅰ（客观世界，“它”的世界)、世界Ⅱ（主观世界，“我”的世界）和世界Ⅲ（文化世界，“我们”的世界，如波普尔所说，这个世界可以寄寓在物质的社会机构中，或者是右下象限中)。

类似地，还有哈贝马斯的三大合理性原则：真理性（客观)、真诚性或忠实性（主观）和公正性或正确性（主体间)，它们分别指的是右侧两个象限、左上象限和左下象限（后面我还会回到哈贝马斯，强调他在这个问题上的见地）。[34]在比较宽泛的意义上可以说，这是柏拉图所说的真（或者表述事物的客观状态的命题真理，“它”）、善（文化的正义性和恰当性，“我们”）、美（个人的美学维度，“我”）。这三大领域也和康德所谓的三大批判类似：纯粹理性批判（理论的，“它”）、实践理性批判或者主体间的道德理性批判（“我们”）和个人审美的判断力批判（“我”）。因此，尽管还有别的东西，但是这三大领域——三个伟大领域——主要是经验科学、道德和艺术。

但是即便我们开始讨论灵性的问题，我们还是可以看到三大领域的重要表现形式，比如佛教的三宝：佛、法、僧。佛是终极的“我”，法是终极的“它”，僧是终极的“我们”。（我在后面的章节中会特别强调这一点，它在灵性的问题上非常重要。）

泰勒指出：“对个人的主体的概念的理解不同，自我概念不同，对（文化的）善的理解就会有很大的不同。我们现代对自我的理解不仅仅和对善
145 的新的理解有关并可能由其决定，而且伴随新的叙事形式和对社会关系及纽带的理解。这些共同进化，像宽松的‘包裹’，就是那么回事。”[35]我们总是处于“我”、“我们”、“它”的相互关系之中——它们共同发展。

并且，如果我们回到哈贝马斯，这实际上是哈贝马斯一派的革命的核心。我们无法逃避这三大领域，因为每个领域有自身的真理要求，有自身的真理标准，任何一个都不能被其他取代。他说：“在每一个语言行动中，言说者都进入一种和客观世界的某种东西（它）、普遍的社会（我们）中的某种东西和他自己的主观世界（我）中的某种东西的某种关系中。”这里所提到的每个世界都有自己的真理标准，也就是命题真理（客观事实的状态，“它”）、常态的正当性（文化公正或者适当性，“我们”）和主观的真诚性（或者忠实性，“我”），并且这意味着它们中的任何一个都不可替代：

> 主体可以用他们的表征和命题（命题真理）来关联的“世界”迄今被理解为全部的物，或客观存在的状态（“它”）。客观世界被理解为相互联系的判断句（命题真理）。但是如果公认的正确性（“我们”）和主观的真诚性（“我”）也可以和真理相类比的话，“各个世界”（我们的“各个象限”）要和事实世界相类比就必须以假定人际关系是规范的（“我们”），并且主观体验是可确定的为前提（“我”）。这个“世界”（象限）不仅仅是“客观的”，不是只能用第三人称来表述的，而且还是公认的，公众对它有一种我们无法否认的态度，同时还应该是主观的（“我”），我们用第一人称的立场，既可以揭示也可以隐瞒（忠实性）。[36]

同样，这些关于合理性的说法（真理的合理性、真诚的合理性和公正

的合理性）各有自己的证据，从而决定其事实上的合理性是可以检视的。

> 语言有三个基本功能（和“我”、“我们”、“它”有关），相应的每个基本的语言行为都可以在合理性的不同方面来论证。听者既可以通过质疑言说者的话语的真实性来驳斥言说者（或者说否认他命题的内 146
> 容的前提），也可以从公认的言说方式的角度通过否认语言行为的恰当性来驳斥言说者（或者说否认他言说的方式和背景），还可以通过怀疑言说者表现出来的真诚性来驳斥言说者（也就是说怀疑他说的话和他要表达的意义之间是否相符）。[37]

现在我们可以回到微细还原论的概念上来（这样可以更好地理解整个概念），也就是试图把大宇宙塌陷为右手道路（或者说把左手还原为右手，把“我”和“我们”还原为“它”，或者把内部还原为外部，无论是以原子的形式还是以功能的形式）：

真理仅仅被看作是表征（反映论的范式）[38]，也就是说，思想从大宇宙中被分裂出来，成了无家可归的弃儿（假设），只能反映物质宇宙，或者说只能“准确地反映”外部世界的客观事物（命题式的思想反映客观事物的状态，或“它”的状态）。[39]理性从大宇宙的秩序中实存的洞察力降格成了描绘平面世界的一个例行公事式的过程。[40]真理不再是与大宇宙相对应的，而仅仅是描述物质宇宙的方式。

更具体一点说，真理的意思成了功能适应。真理不再是同于大通，甚至也不是反映事实（包括内部和外部，纵向和横向），而是功能范围系统中自我调整的工具性的途径。（这样就出现了一个悖论，真理消解了自身，功能适应完全忽略真理性，却可以被称为正确的理论：一个理论如果是正确的就必须符合功能系统，实际上已经不能说它是正确的，只能说它有用。）[41]

类似地，个人的整合和意向性（UL）被还原成了大脑的功能健全（UR），还原成目前十分猖獗的生物精神病学（一个人感到抑郁被认为不是因为他失去意义感和价值感，而认为他的大脑缺乏血清素）。或者把人的意向性和整合还原为人的行为矫正模式（也是 UR）。不是说“我在大宇宙中应该如何定位”，而是说“我在物质宇宙中如何更好地发挥功能”；不是问“我的存在是何意义”，而是问“怎样才能让我的存在更好用”。

这样就把个人的意义还原成了行为适应，不自觉地用传统的文化现实
来进行评判（没有注意内部隐含的评判）。这样，“适应社会”就成了行为 147
主义（和脑化学）的评价标准（或隐或显）：不是适应社会好不好，而是不管社会如何，究竟如何才能在那个社会中改善自己的功能（如果你不能很好地适应社会，去杀人、强奸，那么只需小小的一片“百忧解”就可以耳

根清静)。[42]自我理解被行为功能替代，只知道通过强化得到理想的行为方式，而不去问所谓的理想方式是否真的有价值。

文化意义（LL）被还原成了社会整合（LR），实际上是功能适应的另外一种说法。一种文化的价值体系整个被转换成了一个问题，就是它是否能提高社会凝聚力、提高功能适应和社会行为系统的整合。按照这个标准，纳粹的做法完全合理，因为他们的社会的确是有史以来最统一的社会秩序：行动中的恐怖主义。在自组织这个方面法西斯做得毫不含糊，但是它也是社会综合作为真和善的标准的合理性的最好的反例。

换句话说，由于“它是什么意思”（左手）塌陷成了“它在做什么”(右手)，所以唯一的标准成了“它做得怎么样”，而不是“它的所作所为到底值不值得”。

类似地，在微细还原论看来，道德不是对美好生活的描述，或者道德意味着有价值的、正派的、有尊严的生活——值得别人效仿，给人以力量，让人产生敬畏之感——而仅仅是作为社会行为体系的一个片段，一个组成部分。主体间的理解被还原成了系统解决问题或者技术的融汇。道德和意义成了系统维护和扩张必须的一道工序的苍白标志。真善美被还原成了餐桌上专断的齿轮。

我们都被还原成了推动社会行动体系的功能体，还原成了有用的东西
148 和适应的东西。我们的生活就是看着一张平面的凋敝的世界的描摹图，从里面给自己找一个位置，并且试图劝说别人也接受这种同样令人愉快的自杀本体论。

而这种独断的和功能性的适应只是简单地被转译成了各式各样的“生态整体论范式”，他们认为我们要得到拯救只需同意或者接受客观真理：我们人类都是“更大”的生物层面的组成部分。这些理论就尽力用客观的和自然主义的术语说明，我们首先是伟大的生命之网的绳结或部分——我的观点是，即便那些命题是正确的，这种范式还是会把内部的真诚性维度还原为外部的功能适应，从而这些思路在我们如何面对生物层面的神圣性上还是没有让我们达成共识。

我在前面已经说过，即便我们要通过生态整体得到疗救，首先我们还是得就究竟如何去做达成共识。换句话说，疗救的冲动不是来自对功能适应理论的支持（右下象限），而是来自相互理解（左下象限）和内部的性质上的差别（左上象限）。没有这两点，断裂就不可能被终止。

整体论者强调生态整体的适应是可以理解的，但他们把右下象限给绝对化了，完全变成了功能适应，这就不仅破坏了其他的象限，连右下象限本身也给破坏了。

正如谢林、黑格尔、哈贝马斯以及泰勒所指出的，现代性和后现代性的任务不是用整体论取代原子论（这个任务很明显，也很简单），而是去整合三大领域（整合平面整体论的“它”和深度的“我”以及群体的“我们”）　　这个任务非常困难，非常复杂，但是又让原子论和整体论给逼迫得非常紧急。

换句话说，如果启蒙运动（和现代性）的伟大成就在于分化了三大领域，那么后现代性的伟大使命就是整合这三大领域，克服泰勒所说的“受 149
困的发展之兽”（在后面的章节中我们对这些问题都会详细讨论）。[43]

然后，我们需要做的是来看看左手维度（“我”和“我们”）的进化，它们表现在人类身上，把它们加到右手道路的论述上就会平衡一点，这种平衡一点的世界观可能有益于整合三大领域。

我们可以从哈贝马斯开始。

微观和宏观，个体和种群

哈贝马斯的论述从个人意识（左上象限）和文化意识（左下象限）的相同结构（他的原话）开始，也就是从人类意识的宏观和微观方面开始。[44]哈贝马斯往往在广义上运用“社会”这个词，但是在此我们主要关注我所说的文化方面，这样上下文的关系就比较清晰：

> 如果考察社会机构和这个社会中的个人的行动能力的普遍性，就会看到相同的意识结构。比如可以从法律和道德的关系上看出这种结构。（仅举一例）我们可以看到相同的意识结构既体现在法律机构和道德规范中，同时也表现在道德评判和个人行为中。认知发展心理学研究表明，在成长过程中，存在道德意识发展的阶段，可以用问题解决的前习俗阶段、习俗阶段和后习俗阶段（我们在后面会有论述）来表示。在道德和法律的社会进化中同样表现出这种阶段性。[45]

在哈贝马斯看来，个体全子和文化全子存在相同的意识结构，并且这种基本的意识结构在个别的全子和种族全子中都有表现：

> 与社会进化模式相比，个体发生学的模式得到更好的分析和确认。 150
> 如果我们从语言建立的主体间的理解空间作为种群出现社会文化学习（人类层面）的可能性的标志这个角度思考的话，说在种群进化史中存在相同的意识结构应该不足为奇。在这个层面，社会的传承和社会成员的社会化是同一个过程的两个方面，它们依靠同样的结构。[46]

我们来重复一下哈贝马斯的两个观点：一个单个的人和这个人所处的社会具有相同的意识结构（微观和宏观的关联），进一步讲，这些相同的基本结构在个体和种群的进化中都可以看到（个体成长和种群进化平行）。

> 这种同源意识结构既存在于个体的人的历史中，也存在于整个族群的历史中（并不局限于法律和道德领域）。一方面在自我发展和世界观的形成中可以看到这种结构，另一方面也可以在自我认同和集体认同的形成中看到这个结构（左上象限和左下象限的对应）。[47]

根据哈贝马斯的理论，这里有几个例子可以说明关联的问题：一个人在思维的前运算阶段会把自己认同为自然或者自己的身体，对应的世界观是魔幻—万物有灵论和前习俗阶段的道德；一个人在思维的具体运算阶段会把自我认同为自己的角色，会接受神话思维的世界观，接受习俗阶段的道德；一个人在思维的形式运算阶段会出现自我的认同，接受理性的世界观，出现后习俗阶段的道德（后面我们都将做解释）。

哈贝马斯的观点是，如同今天的小孩会从前习俗阶段（神秘）发展到习俗阶段（神话）再到后习俗阶段（理性），——我们在第六章还会研究——人类种群本身也是按照从神秘到神话再到理性的顺序进化。这是个
151 体进化和群体进化共同的基本的微观和宏观结构，掌管它们的进化的是相同的进化逻辑（我会加一句，实际上是层级）。

我的思路和《来自伊甸园》、《视角转换》以及哈贝马斯的研究完全相同，就是个体生成和群体进化平行的观点，很多批评家认为这种思路已经过时了，没有人会买账。实际上个体/种群平行论的概念最早是由恩斯坦·凡·海克尔（Ernst Von Haeckel）（1834—1919）提出来的，只不过最早被运用得太简单化、太刻板，以至于使整个概念陷入了争议。但是在它的现代版中，只是呈现一系列抽象的模式，它们的确存在一些类似性，这个版本甚至经典科学本身也接受，包括经典科学的阵地——比如艾萨克·阿西莫夫（Isaac Asimov）在他广为接受的《新科学指南》（*New Guide to Science*）中说：

> 像我这样列数生物组群，几乎不可能否认这样一种强烈的印象，就是它们有一个由简单到复杂的进化过程。（第 12 条原则）门可以做成一个系列，一个比一个复杂，纲也可以做成一个序列，从简单到复杂；同样，目、科和属也可以。
>
> 我们可以非常现实地看到整个门类的进化过程在个体身上复演，即便在人类身上也可以从受精卵开始看到这个过程。在发展的过程中，卵子最初作为一个单细胞出现（一种原生动物），然后成为一群细胞（就像海绵体），开始的时候每一个细胞都可以独立出去开始自己的生命，比如双胞胎的发育过程。胚胎的发育经过一个双层的过程（腔肠

动物），然后出现第三层（如同棘皮类动物），然后继续增加复杂性，大致按照高等动物进化过程的不断复杂化规律进行。[48]

至于认知发展，经验主义的结论认为在深度结构（不是表层结构）发展的过程中的确存在个体/种群的并行性，希尔瓦诺·阿瑞提（Silvano Arieti）和皮亚杰都这么认为。比如阿瑞提解释道："最重要的一点是这些过程（个体和群体发展）在很大程度上遵循类似的进化计划。这并不是说个体心理完全包含了群体心理，而是在这两个发展领域中的确存在类似性，并且我们可以提出这种最高形式的普遍图式，可以涵盖这两种发展类型的所有 152
水平。我们也看到两种发展类型共同遵循的同一个普遍结构的具体表现形式。"[49]

这种个体/种群并行的理论很明显被研究者和理论家们接受了，包括詹特（"反演的结构和方向并不是非常刻板，而是可以根据时空结构进行调整的。"[50]）、波普尔和约翰·艾克尔斯。荣格学派在这方面积累了大量的例证，在埃里克·纽曼的《意识源流》（*The Origins and History of Consciousness*）一书中有集中体现。

但是可能谢尔德里克对这个概念的运用是最复杂的，他认为一般意义上的反演是对进化的历经阶段的一种形态共鸣形式（或者对宇宙记忆的共鸣）。他说自然似乎会形成习惯（在创造形态单元和形态领域的过程中，他也称之为全子），一旦习惯形成，自然就会在后续的阶段中反复运用——复合个体性的另一种说法。

这个概念开始的时候是被误用了，关于这一点没有人比哈贝马斯看得更清楚了，实际上他都列出了八种错误的用法，我非常同意他的反对意见（批评家们似乎还得请教哈贝马斯，因为他比这些评论家们都清楚）。[51]哈贝马斯还总结道："尽管有很多错误的理解，但是这种同源性还是存在的。"——个体和群体之间在进化上的平行性还是存在的。[52]

现在我们可以直接看看这些同源性了，记住这可不仅仅是考古学挖的一些古老的坑，它们非常有意思，同时还和我们息息相关。其实它们是我们灵魂的考古学。这些"坑"就存在于当下，在我们的身上，是我们的复合个体性的组成部分，过去的内在性生活在现在的内在性中、在我们今天的深度中继续生存，它们是丰富我们还是毁灭我们，完全取决于我们接纳和超越它们的能力。

注释

[1] 德日进：《人的现象》（*Phenomenon of Man*），57 页。

[2] 但是我自己的观点是，这种内部外部之间的区分并非新涌现出的特性，而

是从涌现边界开始存在的刹那就开始存在了。也就是说，从创造开始就开始存在了。大多数泛灵论主义者通常所说的意识或者心和我所说的意识不是一个意思，我的意思是深度。因为意识是深度，它本身就不能定性。它就是深度，而不是任何特定水平的深度（比如感觉或者冲动或者意向性）——它们都是意识的某种特定形式，但是并非意识本身。

换句话说，深度不是属性、不是感觉、不是冲动、也不是观念，而是全子之间的相互关系（或空间）。因此，我从来都不满意任何的泛灵论的观念，因为他们把深度和深度的特定表现混淆了（比如说和感觉、感情、意向性混为一谈），这些特
539 定的表现形式并非贯彻整个存在的层次，而是仅仅表现在特定的深度水平上，但是深度本身自始至终都是存在的（只要有分界就存在）。我不是泛灵论者，而是一个泛深度主义者，因为心灵只是在特定深度上才出现。

这也就是为什么我对读者究竟把意识的下限推到何处并不怎么关心的原因，我的确对植物到底有没有感觉之类的疑问不怎么关心，因为大多数人都用“意识”这个词来表达自己喜欢的某种形式的意识（有的用感觉，有的用意向性，有的用欲望等），所有这些表现形式都不能贯彻到底。但是深度是可以贯彻到底的，因为深度是不能定性的。

我说意识或者深度是不可定性的，很大程度上是指大乘佛学所说的空性，通常我会进而同意瑜伽师地论所说的毕竟空和纯意识是同义词。意识不是某种东西，也不是某种过程——我们甚至可以和威廉·詹姆斯一样索性否认它的存在，因为它是毕竟空，是一种空间，任何形式的存在都在这种空间中展现自己，它本身却不是任何表现出来的东西，不是一种海德格尔式的禅，此在不再是一种存在，不是一种摆脱了人类中心的深度。存在者的存在是深度，和空一样，它本身是不可界定的，它是如是如是的真如（意识就是真如）。但是由于此在会以自我反思的方式参与深度，所以此在会意识到空性（等我们讨论到超个人的领域的时候再回到这个问题上来）。

[3] 德日进，《人的现象》，60 页，注 1。

[4] 一个阶段的内部会成为下一个阶段的内部，而下一个阶段的内部会成为这个阶段的外部，我们在后面会用一个三维棋的游戏来详细说明。

[5] 也就是说，大多数系统论思想家把“B”绝对化了——也就是把生命系统（或者生物层面）绝对化了。哈贝马斯非常有见地地指出，他们做的不是形而上学（绝对化了 A），而是“生物而上学”（绝对化了 B）。他们正是要用这种“生物而上学”来解释文化进化（到目前为止卢曼的做法最复杂），但是他们忽略了文化之所以为文化而不仅仅是生命的东西。

生态学家进一步把这种“生物而上学”绝对化，不仅用它的观念来解释文化，而且把文化看成是对这种观念的可悲的背离：最初的绝对化早已经决定了这种结论的存在。我们在后面的章节中还会回到这个问题，我们在后面会一直追溯到启蒙运动的范式，来讨论这种对生物学的绝对化是如何出现的。

[6] 詹特：《自组织的宇宙》，56 页。

[7] 谢尔德里克：《过去的在场》（*The Presence of the Past*），105 页。

［8］墨菲：《身体的未来》，27 页。

［9］在表达了哈贝马斯的观点之后，我将偶尔把他的说法转换成我们比较熟悉的表达方式，但是不能保证哈贝马斯对我们后面的讨论完全认同；在任何情况下，我们都会把哈贝马斯的观点和我们的观点清晰地表达出来。

［10］伍思诺（Wuthnow）等：《文化分析》(*Cultural Analysis*)，1、2、3 页。 540

［11］同上书，7、6 页。

［12］我们后面会看到，福柯的考古学方法只是关注了严肃话语行动的行为（话语—对象）的一种散漫的形式。他不仅把这些表述的真理放在括号里面（标准的现象学悬置），而且把这些表述本身的意义也放在括号里面，至少他自己试图这么做。从而他就可以保持一定距离，去试图描述这种形成过程的散漫过程，如同人们描述大气分子的行为，或者描述蚂蚁的行为。然后他试图找出控制系统的散漫形成本身的陌生化（蜕变），这是一种存在结构主义。

不是说这种思路是完全错误的，只不过这种思路依赖某些先决条件，至少研究严肃的语言行动的前提是首先要理解它们的含义（内部），而福柯忽略了。在使用这种考古学的“假结构主义”的方法的同时应该运用某种形式的诠释学方法：对外部的语言形成进行保持距离的研究的同时，应该以对它们的内部意义的理解为补充，因此福柯后来就放弃了考古学的方法，转向了“诠释分析”的方法，后者当然更为平衡。随着我们论述的展开，这一点会越来越清楚。

［13］我已经简单提过，如果我们同意全子具有内部，同意全部全子都是以和同水平的全子进行交流的形式存在的，那么我们说一个全子的团体共享一个共同的物理空间（每个人都会同意），实际上也就是说它们共享一个共同的内部空间。

“世界观”这种说法的泛灵论味道太浓，就好比说细胞都可以做出一份对外部世界的认知地图，这好像有点过分（尽管瓦莱拉的生物认知与此非常接近，而且我对他的呈现方式也比较认可）。但是因为很多方面的理由，我通常运用“世界空间”这样一个更为宽泛的说法，意指全子可以做出反应的全部刺激（也就是说一切具有真实意义或者真实影响或者能够进行感觉登录的刺激）。仅仅通过对行动系统的经验分析是不能确定的，因为我们都已经存在于这个物质宇宙之中了，所以单单用物理的参数是不可能解释差别的。世界空间是先在于物理参数的（但是并非先在于觉察，我们后面会看到）。

换句话说，世界空间在我看来完全没有通常所说的泛灵论的意味。典型的泛灵论混淆了意识和特定水平上的意识表现形式（比如知觉、意向、情感），因此不得不把意识一味地往下推。我对那种思路完全不感兴趣。原子究竟有没有真正的摄受（prehension，怀特海）或者知觉（莱布尼茨）？我不知道；这个有点难说。但是它们肯定有一定深度，从而它们肯定会共享一定深度。这个共享的深度就是一个世界空间，特定水平的共享的深度所创造出来的或者所揭示出来的世界空间。（我会继续使用怀特海的这个摄受的概念，但是它在上下文中已经有了相当大的不同。）

我在前面已经说过，一个符号总是实在的某个方面对另一个方面指称第三个方面，从而一切全子都是通过和其他全子的相互关联而存在——符号范围（它只能对 541

特定波段的刺激进行反应)；一定群集的全子所共享的可以转译的符号范围就是这些全子的世界空间。(后面我会加上一条非常重要的内容，“可登录符号”意味着符号实际上是决定于登录过程的编码的，编码决定因素才是我真正用世界空间来表达的意思。)

类似地，如果一个全子要进入一个更深的世界空间，就必须蜕变，不能仅仅转译，这种蜕变才能敞开一个更深更广的符号系统：一个新世界，一个新的世界空间，在这种空间中会根据自己的范畴或者自组织的原则通过结构匹配进行转译（共享中的自主性)。

联系到瓦莱拉的表现性问题，一个全子表现了一个世界空间（带来一个区分的领域)，而相对自主地这么做，增加了一种对全子的自主性，这种自主性部分地来自它与特定环境（milieu）的历史性“结构匹配”。自主性是共享中的自主性，因此它表现出来的世界空间是被主体和客体的编码共同决定的。

瓦莱拉、汤普森和罗施说：“新出现的状态（会）决定于一个和特定世界的结构匹配的历史。通过扩展我们的讨论范围，把结构匹配也考虑进来（相互决定的共享)，我们开始欣赏一个复杂系统表现一个世界的能力…… 结果是经过一段时间之后，这种匹配会从随机世界中选择或者表现一个独特的领域。换句话说，这个系统基于自主性选择或者表现了一个意义领域。”(《心灵赋形》，151、155～156 页)

因此，我前面曾经说过，一个世界空间不是简单地预先给定的，不仅仅是通过自主性和有些人想当然地认为和自主性相分离的合群性（其他的自主性）之间的相对应来表现。而是自主性的连贯性（主动性）在结构上和其他等位自主性相互匹配，从而表现一个共同决定的世界空间。我们用细胞发动机（Cellular Automata，也叫做比特罗欧）作为一个例子：“我们可以说其中包含了最小的诠释过程，在这里，诠释往往被理解为表现一个背景中的差别。这样，比特罗欧就自主地（封闭地）完成一个诠释活动，也就是从随机背景介质中选择或者说表现出一个意义的领域…… 这些规则构成了我们所谓的比特罗欧的世界（世界空间)。很明显，这个世界空间并非预先给定、通过表征还原出来的…… 从而比特罗欧提供了一个范式，可以说明封闭系统（自主性）和匹配（合群性）如何足以带来对于一个系统（全子）具有实际意义（世界空间）的世界。”(155 页。欲了解更多关于表征范式的内容，请参阅第二章的注［49］和［52]、本章的注［43］及第十四章注［1]。)

我在第三章中会对表征范式详细说明（全书也会反复讨论)，对于它和诠释之
542 间的关系也会详细阐发。实际上本书整个具有历史意义的部分主要就是对表征范式（或者反映论）的出现过程（和最终居于统治地位的过程）的回顾（比如第十二章《大宇宙的崩溃》)；我们在本章的后半部分就会开始对这个问题的讨论，标题叫做《启蒙运动的基本范式》。

我所说的这个世界空间在哲学上也有很丰富的背景，明显的开端主要可以从莱布尼茨和康德算起，一脉贯穿诠释学、尼采、海德格尔、盖保瑟、福柯、伽达默尔、皮亚杰、哈贝马斯、结构主义等（在本章的后面会越来越清楚)。我自己的立场可以清晰地总结如下：每个全子的自主性可以建立一个空间，在这个空间中具有

类似深度的全子可以相互表现给对方，可以相互之间为对方显现自己，即共享中的自主性（贯穿到底）。随着我们论述的展开，这些观点会越来越清楚。

最后需要注意的一点是：在前面的一些作品中我用“中柱原的”这个词来指称物理世界中表现出的可以引起反应的全部刺激，用“原形质的”这个词来指称细胞的，用“原蛋白的”表示爬行动物的，用“台风的”表示哺乳动物的（边缘系统的），…… 然后一直到巫术阶段、神话阶段和理性阶段…… 然后是高层的或者超个人的世界空间。我在这里继续运用这些术语。

[14] 参见威尔伯：《视角转换》（*Eye to Eye*），第二章。

[15] 关于福柯，参见本章注 [17]、[23] 和 [28]。

[16] 唐纳德·卢斯伯格曾经非常精当地做了一个总结，与左手道路和右手道路有异曲同工之妙：“当代认识论通常认可两种相互关联的知识形式：(1) 自然的知识和 (2) 诠释性的知识。（当然有的人只承认其中的某一种。）自然的知识的研究目的在于经验的解释，被理解为提出一种合法的或者类似法律的理论作为规范，描述变量之间的因果关系…… 诠释性的知识目的在于理解意义，包括主观的理解和公认的理解。这两种知识的目的是理解个体的活动（比如，‘那对她而言意味着什么?’或者‘在那种背景中意味着什么?’）；理解隐含于一个社会或者团体的规则（比如，‘我们作为学生、教师、同事、夫妻，在社会交往过程中会遵循何种潜在的规则?’）；理解表现为文本或者其他形式的人类创造性行为的潜在的或者明显的规则…… 这种理解不可能通过描述性的语言完成，不可能仅仅描述因果关系，而要运用具有意向性的语言。”卢斯伯格：《当代认识论》，转引自弗曼：《纯粹意识的问题》（*Problem of Pure Consciousness*），175～177 页。

[17] 至于为什么说这一点很简单（从现象学的角度看，的确是），我们可以用海德格尔的诠释学（左手的，或者内部的）和福柯的考古学（右手的，外部的）来举例说明，后者是结构功能主义范式在语言结构分析中的运用，或者说是一种纯粹从外部来描述或然结构的企图。德雷福斯和拉比诺说：“这种对所谓作为存在条件的具体结构的说法和海德格尔非常接近，在《存在与时间》（*Being and Time*）中被称为存在分析。但是两者有一个非常重要的差别。因为，尽管海德格尔和福柯都试图……讲述决定主客二分的出现的那种空间（世界空间）‘实际存在’的原则， 543
海德格尔的方法是诠释学的或者是内部的，而福柯的方法是现象学的或者是外部的。福柯公开反对海德格尔和胡塞尔的现象学，反对他们对考古学的态度的外部做的诠释。”（《米歇尔·福柯》，57 页。）

福柯本人说：“考古学家应该把表述分离开来看，从而可以从外部对它们进行分析……或许我们可以说是‘从中立的角度’而不是外部；但是即便是这个词还是容易让人误会为一种信念悬置，而实际上问题在于重新发现外部，在它们的分布空间中重新激活或然的事件。”（57、51 页。）

更具体一点，“福柯和诠释学都认为社会实践‘解放’主体和客体，它提供了海德格尔所谓的‘场所’（世界空间），在这个场所中只有特定的客体、主体和行动的可能性才能被辨认和个人化。他们也都同意作为主要原因的物理原因和社会原因，或者作为次级原因的意向性原因都不能说明实践解放存在的方式。但是他们在解释这个解放的过程的时候具有重要的差异。根据诠释学的观点，他们从内部来看（左手道路），认为非或然的实践‘控制’人类行为，它们提供一种可理解的视域，这个视域决定了只有某些特定的或然实践和它们的对象才有意义。福柯，这位考古学家从外部来看（右手道路），反对这种关于意义的说法。他说从外部中立地看来，或然的实践本身提供了一个毫无意义的空间，在这个空间中规则控制转换，处于其中的人们就会觉得表达、主体、客体、概念等具有意义……考古学家研究沉默的表述，避免纠缠进严肃地寻求他所描述的真理和意义的过程中去”（79、85 页）。

这些都是左手道路和右手道路的类似方式。福柯的外部思路，他的悬置真理和意义，他的限定于“沉默的”表述（独白语言），他的“乐观实证主义”——这都是右手道路的做法，不是像物理—社会研究那么直白，但是还是外部的、唯物的、考古学的：从外部把语言视为一种规则控制的体系。（甚至到他的系谱学概念，“系谱学避免探索深度。相反，它要寻求表层的事件……”，106 页。）

福柯的考古学和系谱学是合法的做法，但是正如他自己很快意识到的那样，它们不能独立存在。实际上那种思路本身是非常矛盾的：既然它悬置真理，把真理放在括号里（真理不过是一个或然的体系中所偶然标签的，或者不过是权力的附庸），那么这种理论就不能说自己所说的是真的。它漂浮无根，不能让人严肃对待。福柯最后看到，他的思路必须以左手道路作为补充，然后才能形成更为平衡的概观，不
544 仅包括非或然的社会实践，而且包括诠释学的内部（或者，至少要有一个对诠释所做的更好的诠释）。德雷福斯和拉比诺说：“福柯在《性史》（*The History of Sexuality*）中给出了一个更好的诠释应该如何的例子。”按照吉尔斯·德勒兹的说法，福柯开始“认为过去凝缩在内部”。德雷福斯和拉比诺总结道：“福柯的思路可以称为诠释的分析。”他们的说法是可取的，不过他们没有注意到很多批评家还是说“他欠读者一个对他自己的诠释方式所做的诠释，他还没有提供这种诠释”，尽管福柯的作品中对这个领域有很多暗示（183 页）。福柯去世了，这成了永远的遗憾。

[18] 精细还原论常常把左手象限还原为右手象限，而且会进一步把右上象限还原为右下象限，仅仅强调整体论，认为这种整体论高于个体；系统论实际上也经常这么做，大多数新时代运动范式和生态理论家也都是不同形式的微细还原论者。

[19] 哈贝马斯：《现代性的哲学话语》，363、367 页。

[20] 泰勒：《黑格尔》，10、20 页；泰勒：《自我的根源》，233 页。

[21]《人论》（*An Essay on Man*）。

[22] 洛夫乔伊：《存在巨链》，211 页。

[23] 我们已经注意到，在福柯早期的作品中，特别是在考古学中，他把真理和意义都放在括号里面（“双重现象学”），最终他本人对任何和深度类似的语言都排斥（实际上我同意他的许多观点，但是同意的理由各不相同，我们后面会看到），他的双括号（“终结现象学的现象学”）一开始就抛弃了深度和意义：仅仅是外部。然而他所认为的那种开始逃避“人的时代”或者人文主义的科学恰恰引入了深度的观念（比如精神分析、民族学、语言学）。并且当福柯后来从考古学和系谱学转移

到伦理学时，他本人开始明智地运用“内部的理解”，或者一种重新解释过的诠释学（“诠释性分析”）。

但是即便在福柯排斥深度的时候，这种作为右手道路的方法论的取向，还是有自己的深度（或者首先他自己就有一定的评价标准）。他本人对自己的思路作如下描述：“可是诠释者不得不进入事物的深处，就像挖掘机，诠释的时候（他的系谱学）就像从上面俯视，从越来越高的地方向下俯视，从而可以让深度在面前展开，越来越清晰；深度成了绝对表层的秘密”（《尼采、弗洛伊德和马克思》）。

在这里福柯所谓的“高度”恰恰是我所说的“深度”，它所派生出的深度的概念实际上正如他自己所说，是十分肤浅的。弗洛伊德的“深度心理学”挖到了力必多：对人类存在而言，它非常基础，但是并非非常重要——它很肤浅，很表面（第十三章）。人类存在会花费毕生的时间来审视他们的伊底，从而可以看到非常重要的东西，这在福柯看来是非常可笑的，并且谁又否认这一点呢？还应该有更高（深）的观点。

我们后面会看到，半人半马水平的语言主要是深度的语言（和辩证的语言）。 545
理性自我的语言是表征式的语言，是独白的、解释的语言，是理解的语言（转引自《理性与理解》）。我认为存在一种合法理解福柯早期作品的方式，就是把他看作是启蒙运动以降的“人的时代”（“抹杀了人性的人文主义”），是“自我—理性”在“神话—成员”模式的精神中的出现和传播，他带来很多真正的贡献的同时也带来了黑格尔所说的“理解的缺失”（或者称为经验分析的思维、独白的思维），他要削平性质上的差别（这种平面化对人类的反思造成了更为粗暴的“人类科学”）。后来出现的半人半马阶段，具备视觉逻辑（深度的辩证），这在主体间性的相互交流上是更加成熟的一种理性（理解；对话的，而不仅仅是独白的），这种对话和深度理解的出现标志着“人类时代的终结”。

这也使得福柯的解释更加趋近于哈贝马斯和泰勒的观点。后两者的主要观点将在第十二章和第十三章详细论述（这是第三部的核心内容）。

顺便说一下，在半人半马阶段以后，深度的语言应用的范围越来越小，之后让位给光和波的语言（灵性阶段），然后又让位给光明的语言（微细阶段），然后让位给空和梦的语言（因果阶段），然后让位给奇妙的平常语言（不二阶段），这些都将在随后进行进一步的探讨（更进一步的讨论见第八章的注［58］）。本书的内容主要是运用半人半马水平的深度的语言。

［24］或许有人觉得左手/右手是身/心二分或者心/脑二分或者意识/形式二分的另外一个版本。但是在我的思想体系中这不是刻板的二分，两者之间是相互联系、相互影响的；它们也不是绝对的二分，因为在超越人类的阶段两者本来就是一回事，所谓“色不异空，空（意识）不异色（形式）”。后面我们会回到这个重要的问题，讨论各种超越人类的思想，从普罗提诺到奥洛宾多再到大乘佛学。

类似地，语言学上的能指（或者符号的物质成分，书写下来的符号或者口语表达造成的空气的声波振动）都是右手的成分，而所指（人赋予一个词的内部意义）是左手成分，并且很明显，在解构之后能指和所指相互漂移——又是一种身/心二元的说法（发展过程中被发展着的另一种外部）。

同时后现代主义兴致勃勃地要解决的现代性的问题不可能成功的地方恰恰是它自认为成功的地方。在后现代后结构主义者那里，有一种毫不掩饰的企图，要把关注的重点从内部的所指转移到外部的物质的所指上去，同时有一种观点认为能指是可以随便和什么东西联系的（只要权力和或然的实践范式变化，意义就会变化）。
546 我们看到，后现代后结构主义的最重要的见解就在于它看到意义取决于背景，而背景没有止境。但是这种见解一下子堕落了，完全突出了外部的物质的能指的重要性。这种单一的外部、右手还原论贯穿福柯的考古学、德里达的语法学，正如细微的还原论，恰恰是启蒙运动的范式（哈贝马斯通过类似的分析也得出了类似的结论，认为它们两者都没有摆脱启蒙运动的主体哲学的影响）。

在哈贝马斯那里和其他一些地方，左手和右手作为语言学产生的主体间性（左）和自我指称的封闭能指系统（右），这种二分“取代容易产生悖论的身心二元问题（形式）而成为流行的说法”（《现代性的哲学话语》，385 页）。

至于身心问题本身（我后面会讨论），这个问题是不可能在根本上解决的，只能在沉思中自己消失，在沉思中色和空才能展现两者之间的关系。同时，我把我自己的立场称为“对话主义者”，并不是因为我相信这种立场可以解决任何问题，而是把这种立场作为否定其他“解决方案”的一种凭借（同一、并列、二元、预先存在），我认为另外那些所谓的解决方案本身存在的问题更严重。

可以看到，我对“对话主义”和“交互决定主义”的运用是比较倾向瓦莱拉的“表现”观念的，但是有几点重要的不同，我们在后面会看到（参阅本章的注[43]、第十四章的注[1]）。

[25] 纵向的深度崩溃为横向的广度意味着内在、外在和平面上的内外之间的差别，更不用说好坏的区别变成了大小的区分。这种崩溃最大的失误就是没有看到皮肤的里面同样还是属于外部的维度。大脑的真正的内部，并不是在脑组织之中。脑组织中只能找到更多的脑生理学知识。无论你如何从经验的角度来考察脑组织——用显微镜、脑电图来观察——还是只能了解更多表面的东西，不可能了解脑的内部，不可能了解脑的深度或者意识（要了解这种意识，只能和我对话，然后诠释我的话）。脑本身对于意识而言是外部，是意识的另外一种潜在形式。意识或者深度不是在脑的里面而是在脑的内部，对那种深度或者意识或者内部而言，脑是外部。

换句话说，意识既不在脑的里面也不在脑的外面。从另一个角度讲，它既在里面又在外面，脑的内部维度，从物质形式上是无法观察、无法测量的，因此它可以随意流转，而不需要离开脑，因为它本来就不在里面（同时也从来都没有离开它）。那么如何解释个人或者团体的认同现象呢？如果我（意识）仅仅是我的大脑，那么心理发展的认同如何从身体转到自我中心，又转到社会中心然后转到世界中心立场
547 呢？如果意识仅仅在大脑中，这些心理发展的认同如何可能呢？认同的形式超越身体的限制的方式有几十种非常重要的方式，如果完全重视外部，就无法充分解释这些。离体经验是意识可以做的最平常的（也是最有意思的）事情，它之所以能够做

到，完全是因为意识并非在脑中（而是脑的外面和里面在意识之中）。

在上面的注［4］中，我提到一个阶段的内部会成为下一个阶段的内部，而下一个阶段的内部会成为这个阶段的外部形式，我们在后面会用一个三维棋的游戏来详细说明。三维的部分包括从不同的轴来分析蜕变和转译，从而一个低级水平的里面和外面对于高一级的水平而言都是外部，但是又包含在高级水平的内在性之中，从而高级水平似乎“外在于”其低级构成，“内在于”其后续的高级水平。

在这里的确明显存在一个语言问题，因为我们实际上是在讨论三个轴，每个轴都包含“内”和“外”，把它们称为里面/外面、内部/外部、内在/外在。在一种平面本体论中，你只有里面和外面的界限。但是如果几个全子蜕变成了一个整体——比如许多细胞组成了一个机体（细胞都在机体里面，只不过和作为细胞的时候的里面水平不一样了，这就是我为什么把它叫做内部，也就是为什么机体对于细胞而言似乎是外部——瓦莱拉的观点——的原因）。

但是所有这些还是一系列的外在的形式——不是外面，也不是外部，而是外在于伴随这一切的内在性，在每一个水平上都是意识。意识不会以大小的方式包含前面的内在（不像细胞真的包含分子，或者机体真的包含细胞）；意识包含的是前面的意向性或者摄受，伴随所有那些外部。如此，各种意识结构本身同样有内部和外部，有里面和外面——比如，有什么东西在一种心理结构的里面，不是以封闭空间的形式，而是看是否符合这种心理结构的深层结构或者意识领域（就像你玩棋的时候，不是说你在棋盘的哪个地方，而是看你是否遵循棋的规则）。当两个内部结构通过蜕变结合到一起时，然后它们就都成了新的高级结构的内部（但是现在在内在性中有外在形式），高级的结构似乎在它们的外部，以此类推。

这也就是为什么我认为把意识的出现看作是进化的发展阶段的“产物”是一个巨大的错误的原因。应该把意识看作是一种深度，它本身是不能定性的。如果我们把意识看作是某种特定的质，那么我们至少有两个选择不得不面对：第一，界定这种性质的属性，这种意识到底是什么（感觉、意向、知觉还是其他什么），然后把这种意识一直推广到原子。这是标准的泛灵论的做法，我发现我完全不能接受这种做法（尽管如此，为了表达的方便，我有时候还是会借用他们的术语）。但是更不能接受的是第二，把意识定义为某个阶段之后的新生事物，需要确定意识是从哪个进化点上开始出现的（然后就会不断思考这些问题：究竟类人猿有没有自我意识， 548
或者它们仅仅有粗浅的意识？我们煮来作午餐的小虾到底有没有感觉？）。

但是意识不是一种新生事物，因为左手并不是从右手中生发出来的。也就是说，内在性不是从外在性中生发出来的；它们是同时并行的，从宇宙最初的内外分别开始（开始出现内部和外部）。左手维度不是从右手维度中生发出来的，而是和右手维度并行的，贯穿内部和外部、里面和外面，贯穿任何一个阶段。这是任何一个阶段的内在深度，不是在某个特别的阶段突然出现的怪物。意识的形式的确也有生发的特征（正如物质有生发的特征），而物质和意识总是并行的，作为某种形式的内在性而存在（从造物开始就存在）。因为表层是具备深度的表层，形式是具备意识的形式，内在和外在就如佛学所说的，本来共存，并非进化道路上突然出现的景致。

换句话说，意识是全子的敞开（空）——这种敞开本身是无生灭的，但是允许质的生灭（如同各种境界和世界空间）。

最后，外部可以进入意识：内部包含外部（而不是相反）。莱布尼茨的观点和这种“三维棋”非常类似（这也是为什么他的思想这么受欢迎的原因），只是他认为内部和外部具有预先存在的某种和谐关系是不正确的（但是我想补充一句，就是有这种错误，还是比其他的说法高明一些）。等我们讨论在沉思中问题的消失的时候再回到这个问题上来。

[26] 我并不是说行为主义是错误的，我是说它是对右上象限的准确的研究。它非常忠实地报告了自己所看到的一切，它的报告也是非常真实的。这只是整个故事的四分之一，差不多如此。

类似地，医学精神病学研究的是如何在右上象限进行药物干预。精神分析（左上象限）眼中所看到的“被抛弃造成的愤怒”在它们眼里变成了神经突触血清素摄取的问题，可以通过“百忧解”治疗。两者在它们的领域中都是非常正确的（我们在这本书中会反复讨论这个问题）。

[27] 也被称为反映论范式或者表征主义范式，这种范式的历史渊源我们将在第十二章和第十三章中讨论。命题真理一般属于右手道路，但是往往限于右上象限，把功能适应定为右下象限的标准（我在文章中会讨论），在这一点上和生成范式相通（对此我们也会在第十二章和第十三章中讨论）。

549 并且，因为客观性的立场可以在任何一个象限中使用，命题真理对左手象限也有重要的启示。只不过这种真理无法穷尽这些领域，或者无法把握左手的本质。

[28] 如果我们考察四个象限中的任何一个象限中的研究，就会发现每个象限中的研究都有表层和深层维度的区分。或者用广义的真理这个词，就说四个象限都存在表层真理和深层真理（尽管我们会看到，对于每个象限中的真理具体是如何组成的说法不同）。

或许我们可以从一般的左手和右手维度的划分开始（然后把它们进一步分为上下两个维度，或者说个体维度和社会维度）：

左手的诠释学维度和右手的结构/功能的维度都承认表层维度和深层维度（或者外显的维度和潜在的维度），前者往往是容易被意识到的，后者往往是不能被意识到的（尽管我们会看到，不能被意识到的东西能够通过某些手段进入可以意识到的领域）。

在诠释学中，对于这种“表层”和“深层”的诠释海德格尔做得最为仔细（在《存在与时间》中有Ⅰ和Ⅱ的划分）。对于表层的诠释，文化成员在日常生活中可能不能充分意识到（或者在他们的个人生活中不能充分意识到），但是如果你给他们指出来，他们就会承认，会说“是啊，就是那个意思”。这种“日常生活的诠释学”是心照不宣的（或者是意识的，或者是潜意识的）；表层的诠释学就是把这些心照不宣的意义表达出来（或者把支持日常生活实践的意义的各种文化背景方面明朗化；当然要完全把这种背景明朗化，或者以或然的、可理解的方式表达出来是不可能的，因为在胡塞尔看来这些背景中有一些并不是或然的，因而是不可能以概念化的形式表达的)。这种“日常生活的诠释学”在加芬克尔（Gorfinkel)、格尔茨和库恩以及泰勒那里已经做得很好，很有成果。它就是要通过同情理解的方式或者参与观察的方法来表达和解释文化实践的普遍意义。

另一方面，深度诠释学试图深挖到表层诠释的下面（到日常生活诠释学的下面)，因为深度诠释学怀疑日常的理解和诠释实际上可能被歪曲了，可能非常片面或者说被迷惑了，可能（像海德格尔说的）成为蒙蔽真理的根源，会使得真理模糊或者被遮蔽（真理可能更让人恐惧)。“怀疑的诠释学”（福柯的说法）就试图突破表面的限制，试图揭示深度的诠释性真理和意义。

并且已经有各种各样的深度真理了：在日常意识的下面有弗洛伊德主义的力比多，有马克思主义的阶级斗争，有海德格尔的扎根性，有伽达默尔的传承传统的存在，有尼采的权力等。

在所有这些情况下，我们日常的意义和诠释（或多或少都可以进入意识）都被认为恰恰是要掩盖或者扭曲或者模糊深度的、更加让人痛苦的潜在于表层之下的真理（因此这些真理倾向于不被意识到或者深深潜伏：它们并不是自己进入无意识 550
的，而是被推进去的。我们似乎可以称为心理动力痛苦的屏障——某种形式的压抑屏障——把这些带来痛苦的真理从简单的觉察中封闭起来。打破这种屏障是困难的，痛苦的，会受到震动，带来深刻的混乱)。

在各种深度诠释学中，一旦深度真理被挖掘出来，文化成员一定会肯定这种深度真理，承认它们，并且这个过程往往要有专家的指导——权且这么说，没有这些以挖掘深层真理为己任的专家的帮助，这个过程就很难实现。实际上，文化成员对这种深层真理会非常抵制（因为会带来痛苦)，因此很多日常的实践和诠释实际上之所以要掩盖这种深层真理，就是因为它往往是痛苦的。然而深度诠释学认为，一旦人们放弃了那种压抑的屏障，接受深度真理，然后就会得到某种解放，从我们用来掩盖真理的歪曲、虚幻、欺骗中解放出来。

深度诠释学很明显是一种狡猾的做法：很多关于人的“深度真理”实际上是深度的意识形态，具有很强的偏见，是为了满足某些集团的权力要求。我们可以看到马克思主义究竟给人类精神带来了什么，可以看到弗洛伊德的深度还原论的真理是如何成功地破坏人类精神的。我们可以说马克思和弗洛伊德在某种程度上表达的都是真理：但是他们的真理是否就是真理的全部呢？一个人如何知道一个真理是否偏颇呢？当把一个偏颇的真理强加给人——披着帮助人们“去压迫”的外衣——是否这也算是一种压迫呢？何时其中强加的一面会超过真理的一面呢？

深度的诠释学，换句话说，必须面对两个非常棘手的问题：第一，这种所谓的深度真理是真的吗？第二，这种深度真理是唯一的真理吗？或者说这种深层真理是否是更深层真理的掩蔽呢？我们如何知道到哪里为止呢？

我们用弗洛伊德的例子来看，第一个问题就是：力比多存在吗？弗洛伊德的深层真理是真的吗？用常用的话来说，文化和意识观念真的是在掩蔽、扭曲或者压抑无意识的情绪和性冲动吗？大多数心理治疗专家往往会认同说就是这么回事，人们的确会以各种各样的方式脱离自己的深层感情，然后以一些曲折的方式表达出来。换句话说，弗洛伊德的真理或多或少是对的：有某种类似力比多的东西存在，在日常生活中的确会被压抑或者扭曲，通常造成痛苦的情绪波动。打破压抑的屏障（无论如何对这种屏障进行理解）的确可以帮助人们重新认识到自己深层的情绪，可以更充分地表达自己的感情，从而把它们从被扭曲了的情绪中解放出来。

551 第二个问题是：假设存在某种形式的潜意识，是不是潜意识的内容就只有力比多？弗洛伊德的深层真理——我们已经承认它是一种真理——是否就是真理的全部呢？我的心理痛苦是否完全是或者主要是力比多压抑的结果？是否还可能存在其他的真理？如果我们压抑了，可能会带来更为深刻的心灵痛苦吗？会不会我所扭曲的不仅仅是我自己的伊底，而且还有荣格所说的集体无意识呢？或许还包括马克思所说的社会意识，并且社会本身可能就是病态的呢？在这种情况下，打破压抑的屏障就不是仅仅用精神分析可以解决的，而是要包括政治革命了。如果这种深层的真理是海德格尔的终极奠基性，也就是其他的真理不可能修补的无形恒变的基础，那又会如何呢？进一步讲，如果这种深层真理是黑格尔说的精神，那么我是不是在和上帝相遇之前就不可能摆脱压迫了？

如同在第二章中我指出的，这些理论家最多是在指向一个更大的背景，看到并且认识这个更大的背景可以帮助我们从狭隘的限制中解脱出来。我们都是全子中的全子，不断类推，永无止境。这些理论家帮助我们看到更大的全子，从中看到更深更广的意义和解脱。但是每个理论家都似乎解决了第一个问题之后在第二个问题上触礁。也就是说，他们说明了自己发现的那一部分真理是真实的（我个人认为他们的论证是非常充分的），然后就说任何其他的真理都是对他们的深层真理的歪曲：任何其他的深层真理都成了表层真理，他们自己的真理就是全部真理了。

他们因将片面的真理自称为是全部真理，而跨越了自己的本分，成了对大宇宙的其他部分的新的压迫形式。说物质基础决定了很多文化和精神活动的形成是一回事，说上帝不过是物质压迫的一种借口是另一回事；说被压抑的力比多会造成精神中的幻想是一回事，说大精神就是被压抑了的力比多是另一回事。

但是如果你相信大精神本身就是被压抑了的力比多，那么一个来访者对大精神的信仰就会被解读为防御机制，认为是掩饰深层次的真实性欲的保护屏障。从而，黑格尔的深度真理立刻就会被理解为表面真理，认为是对性欲的掩饰。

片面真理之间的斗争会解决第一个问题，但是没法解决第二个问题，因此片面真理变成了表层和深层的斗争。这些理论家中有很多人是己非人，认为只有自己的理论才是深层真理，批判别人的理论是表层真理，是片面的真理，甚至不是真理。

但是实际上对深层诠释学的众多误用（“我知道你的真正需要”），以及这些理论家的很多成功与失败成了这条道路上鲜明的教训。表层可以被看到，但是深层只能进行诠释，在诠释的过程中我们都会被误会，因此某种形式的诠释学怀疑会一直伴随我们到深处。

552 现在我们转到右手维度（从“它意味着什么?”转到“它有什么举动?”）：在结构功能主义那里（比如帕尔森），表层和深层的区分往往表现为“外显”的功能

（文化成员说自己在做什么）和“潜在”的功能（研究者/权威通过社会系统和功能适应发现的真正的功能，文化成员所不知道的、所不能意识到的功能）之间的差别。这也是非常有用的可取的研究（当然只是有点片面，就是从一个置身事外的观察者的角度进行观察，这是右手思路依靠的基本方法）。

并且，因为我们总是不断嵌套在更大的全子中，所以右手道路面临和左手道路同样的困境，结构功能主义同样要处理一个边界的问题，也就是我们究竟应该停在何处。假定个体的行为在很大程度上决定于更大的社会全子，但是根据同样的逻辑，这个社会全子究竟有多大，还是一个不断推移的过程——没有止境。

因此结构功能主义思路总是不断扩大背景：个人置于家庭，于是涉及更多参数；家庭置于亚文化，涉及更多参数；亚文化置于更大的文化；文化置于文化圈，文化圈又置于更大的背景……

结果（如同诠释学的思路），边界只能是为了方便而设置。我随我自己研究的兴趣把边界设置在家庭，或者城镇，或者村庄，或者国家……在那一点上我来讲我的理论（如同诠释学的治疗师可能会说：“可以承认社会是有问题的。但是你作为我的来访者到我这里来寻求帮助，我们没有办法改变社会，只好从你自己开始了。”）

尽管在这么一个总结性的注释里面我不可能展开，但是我们至少可以看到结构功能主义（包括任何形式）面临深层/表层矛盾所面对的同样棘手的问题：首先，深层的结构功能（特定功能适应潜在的真理）是真的吗？其次，这是全部的真理吗？（或者说，这对于研究的问题是最重要的背景吗？我下面还会回到这个问题。）

现在我们来简单总结一下在所有四个象限中都存在的、这些不同的思路所处理的“无意识真理”的形式：

在左手维度（“它意味着什么？”）我们有表层、日常意义和诠释，可以通过“日常生活的诠释学”来理解和诠释。我日常的现实取决于我一系列的诠释背景：既包括心照不宣的知识也包括非或然存在的文化实践，其中有一些是能意识到的，有一些是不能直接进入意识的（但是如果给我指出来，就很容易进入意识，尽管有的最基础的背景已经没有办法意识到）。这对个体的情况（UL）和群体的情况（LL）都适用。

但是在日常诠释之下还有各种各样的更深的真理、更深的现实、更深的意义，日常的诠释往往试图掩盖、模糊或者歪曲它们。这些深层的意义受到有力的抵制， 553
因为认可它们意味着会带来某种深度的痛苦。整个的文化实践（LL）和我个人的意识（UL）都存在这种对深层意义的压抑、模糊或者歪曲（比如，存在社会集体歇斯底里和冲突，正如个人内心存在压抑，并且实际上两者往往伴随并行：文化压抑被内化成个人的超我，这是会通弗洛伊德和马克思的理论的地方）。

这些深刻但是痛苦的意义可以被“怀疑的诠释学”揭示出来，也就是说，经历了这种深刻道路历练的权威可以帮助个人甚至社会缓解特定的压抑，看到被日常的意义和诠释所掩盖了的真理。和深层意义的接触可以帮助我们从虚假的和扭曲的表层意义中得到解脱，这种解脱可以带来一种从以前的局限中摆脱出来的自由体验。

在右手维度（“它有什么举动?”或者一般所谓的结构功能主义）我们有表面的或者外显的意义，也就是文化成员所说的它们的所作所为。但是社会科学家发现，日常的社会实践是服务于一个深层的功能的（潜在的功能），这种功能文化成员是看不到的，但是科学家可以发现。

但是注意，根据结构功能主义者的观点，文化成员并没有压抑这种深层真理（功能适应的真理），他们根本意识不到这种真理。这种功能性的“无意识”根本就没有被意识到，并不是原来知道，后来被压抑、被抵制才进入无意识的意识。任何文化成员都可以通过学习社会系统理论认识这种知识。

这没有什么问题。但是在排他的右手道路那里反对压抑理论的理由是，在右手道路那里看不到什么潜意识（没有内部），所以根本就不具备潜意识存在的前提（没有内部的压抑，因为根本就没有内部，就这么简单）。在右手道路那里只有关于客体具有怎样的运作机制的知识与缺乏这种知识之间的区分（这就是潜意识的含义：你不过缺乏相关的知识，很容易就可以了解），但是没有什么真实的主体可以压抑任何东西。右手道路仅仅是对客观外部的功能的客观描述，因此根本不存在“黑箱问题”。唯一的问题不是来自内部的冲突，而是来自知识的缺乏，而且如果你肯虚心请教，自然科学家们很乐意告诉你。

在这种右手道路里，我们又可以分为上下两部分（个体和社会）。我刚刚描述了右下象限，即社会系统理论和外显的意义（任何内部的意义如意识、价值、压抑等）及它的潜在功能（功能适应的基础或者真正的现实）。

在右上象限，我们看到个体可以从外部进行观察的功能：脑生理、认知科学、神经科学等。这里同样没有意识，只有类似计算机的脑，或者没有思维的神经传
554 导，或者神经突触的放射。所有这些对于一般的文化成员而言都是不知道的：我们永远不能直接体会到神经传导本身（也不可能体会到大脑的运算），但是我们能通过理论的方式体会到，如果我们研究神经科学的话（我们可以通过以下方式祛除无意识：我们可以通过理论认识意识不到的过程，就像我们可以通过科学知识了解亚细胞体的生化过程等）。

这样，在右上象限同样不存在压抑的理论，或者对真理的抵制的理论，因为不存在抵制任何东西的意识，只有完全没有意识的过程迅速的变幻。要实现其唯一的使命，就是创造终极的意识的幻觉来认识到这些。它们的主要使命似乎是要除掉自己的前提。

一旦你不加理解地接受这个基础（意识是一种幻觉，一种把自己看作幻觉的幻觉，非常恐怖，跟鬼祟似的），一旦你不加理解地接受（完全忽略整个的大宇宙的左手部分），那么就和其他任何的右手道路一样，没有别的问题可以解决，只需要继续发现更多客观真理，发现更多没有心智的客体，发现更多外部功能。

这里唯一的“问题”就是技术上的认识问题。如果觉得生活是没有意义的，我们就是出现了血清素的缺乏，等等（在正文中已经给出了无数的例子）。

所以右上象限的“无意识”的含义是指大脑的任何生理的/运算的过程，这些过程通常是感觉不到的（我们也永远都不可能直接感受到），但是可以通过学习了

解不是关于我们的内心的认识，而是关于我们的客观的大脑的理论。毫无疑问，那些过程的确在那里，的确可以通过经验分析和形式理论得到解释。

但是“无意识”在右手思路中还有另外一个更为普遍的用法，即我们所有的内部问题都是由于缺乏外部的知识而造成的。我们在不了解技术的和客观的事实，不知道如何解决这些问题的意义上是“无意识的”。这当然对于全子的外部功能而言是正确的，但是对于内部维度而言无疑是自杀性的。（更不用说它本身就是自我毁灭的；右手道路能告诉我们的，只有我们所有的问题归根结底在于我们没有意识到意识根本不存在。）

最后，还有一种思路，即运用许多右手思路的类似客观的工具来研究左手维度，也就是内部维度。它们这么做的原因是以对个人或者文化的内部进行仔细分析为基础的，好像它们通过外部行为或者语言形式表现出来了：比如它们会考察物质的能指的结构，或者书写的形式，或者口语的行为，不是要把内部还原为这些外部（但是很不幸，有时候还是还原了），而是重新解释内部的样式或者结构，然后使得
外部可以产生或者得到支持。（比如，当我运用形式运算这个词的时候，就是对特 555
定心理结构的外部描述，我的意思不仅仅是说它是一种外在的形式，而且还特别指内部的经验和那种结构中真切的体会，所以我把它列在左上象限。）

对于一般的结构主义的思路而言（包括一些做了修改的思想，比如皮亚杰、科尔伯格、福柯、哈贝马斯和我本人的一些观点），有一些是普通的文化成员都知道的表层结构，有一些是通过系统分析表层结构才能知道的深层结构（我这里的表层结构和深层结构是比较一般意义上的用法，和乔姆斯基的说法不完全相同，我觉得他的说法有点狭隘）。

深层结构本身，和任何外部描述结构一样，不是被压抑的，而只是对大多数人而言是不知道的。如果被指出来，就很容易被认识。可是各种表层结构实际上可以被动态地压抑或者压制：比如一个人可能不压制意象的功能，但是却可能压制特定的某些意象——那是被压抑的潜意识（可以通过诠释重新激活）。但是结构的无意识指的是所有的表层结构都表现出来的共同特征，它属于潜意识的原因不是被压抑了，而是根本就不知道。

因此，一个表层结构是文化成员有意识地认可的，深层结构（通常是普遍的，肯定是非个人的）是不同表层结构表现出的共同特征（但是单个的表层结构本身并不能认识到，尽管可以指出）。

研究者认识到这些深层结构的每一个本身也是嵌套在其他的深层结构中，对于那些深层结构，它们就成了表层结构。比如，简·卢文格会说认知结构是深层结构，和它相比人际结构是表层结构；人际关系结构是深层结构，相对它而言道德结构是表层结构等。我倾向于避免这种用法，因为这种说法有种暗示，认为道德结构是不具备普遍性的。总而言之，说一个结构是深层结构，并非否认它本身同样也存在于更深的背景之中。

这种结构无意识（单个表层结构之下存在深层结构）的确属于无意识，因为通常不能进入文化成员的当下意识，即便它们实际上是服从这种结构（如同大多数文

化成员都会说这种文化的语言，但是并不一定都能说出其语言的结构规则）。这就是为什么各种结构主义要突破现象学的当下经验，试图用右手思路分析各种直接经验所表现出来的模式，或者形式，或者规则（这些规则本身并不表现在平常的经验中）。

比如，这就是皮亚杰指责胡塞尔和传统现象学的地方——各种现象遵循的样式
556 本身并不表现为现象（有点像打扑克的规则并没有写在扑克上面一样）。被经验到的现象出现在主观空间中，但是这种空间本身建构并且遵循一定的样式，这种样式并不出现在天真的（甚至悬置的）经验中。并且进一步讲，这种主体间的空间本身只有通过主体间的对话和诠释性的认识形式才能形成，它们都不会表现为简单的现象学的直接经验。

这些通常隐含的样式的存在（各种存在形式）是结构主义语言学（索绪尔）、结构主义（列维-斯特劳斯）、新结构主义/考古学（福柯）、生成结构主义（皮亚杰）、诠释学和发展结构主义（哈贝马斯）最经得起考验的贡献。这种结构主义的无意识可以成为意识，只要文化成员肯学习和研究意识经验“下面”或者“后面”的结构。

下面总结一下这一段内容。各种各样的“无意识”指的是四个象限中成立的各种观点，指存在或者缺乏有效的意识以自己独特的方式浸染每个象限：缺乏对深层命题真理的认识（UR）、对深层功能适应的认识（LR）、深层文化意义的认识（LL）、深层忠诚或者真诚（UR）。所有这些都基于我们都是背景的嵌套这个观点，而背景没有止境……

并且，我相信所有这些思路都告诉了我们一些重要的东西，只有当它们要独领风骚才会变得非常可笑。

[29] 并且，我有很多经验的“证据”来“证明”意识当然仅仅是一种基本的脑生理学的观点。如果你挑战我，我就说：“那么好，你的经验证据又在哪里?”这样就偷偷开始了经验的或者独白的验证，而从定义上讲又不是经验的证明，狡猾地掩盖了其“非经验性”和“非存在性”（别介意，这种立场本身是非常自我矛盾的，我们在第一章中已经看到了——这是一种质的分别，而它本身又反对质的分别。如果大脑和价值观无关，怎么可能造就那些研究者的做法呢？说价值观来自大脑的状态，也就是说不能把价值还原为大脑的状态，不能用大脑的状态来解释，不能用大脑的状态来说明——这样立刻就被经验证据的要求否定了）。

[30] 技术上说，包含内部和外部两个方面的深度和广度的全子丛聚崩溃成了仅仅包含外部的深度和广度的全子丛聚（我简单地说是深度崩溃成了广度）。

换句话说，全子丛聚还是被承认的，就像我所说过的，右上象限和右下象限两个都是存在层级的，并且这一点是不可否认的。这些右手全子丛聚和其他的全子丛聚一样，在技术上同样是包含了深度和广度的——但是没有内部（没有内部的深度和广度）。只是能够得到承认的全子丛聚只有经验实证的外部，只有表面的、可以通过感官或者感官的延伸体验得到的才能得到承认，这样任何价值（任何左手对应
557 的内容）都自然被排斥了。由于内部维度被否定了，质的分化的全子丛聚就没有

了，价值、意识、善或者至善的说法就都没有了（左右的或者内部的）。为了得到真理不需要有任何的意识转变，除了可以根据经验的、价值中立的数据形成的理论之外不存在其他真理了。

因此，尽管右手道路承认全子从聚具有深度和广度，但是右手全子从聚的深度具有平等的价值，也就是没有价值（即它们是与价值无关的表层）。因此，从左手维度看来，外部的全子丛聚不过是同一个广度上的不同表现形式（即经验的或者功能的层面上的不同表现形式）。

这就是为什么我简单地说“它已经把纵向的深度崩溃成了横向的广度”，或者甚至更简单地说“深度崩溃成了广度”。我希望给读者提供一个小小的总结，介绍这种经验的平面化，简单说明“深度崩溃成了广度”的含义，让读者能够直觉地体会到它的实质意义。

所有这些区别都将在第十二章进行充分讨论，这里只是对“启蒙运动的基本范式”提供一个简单的介绍，更精确的各个维度的讨论将在第十二章和第十三章进行。

[31] 泰勒说：“宇宙的终极和与之相关的具备有意义的层级划分秩序的宇宙观（有层级的大宇宙）首先让位给……一种数学秩序，然后最终让位给了现代的（量的）关联的世界观，这种世界观是通过经验观察勾画的。”（黑格尔，4 页）

至于消除左手，独留右手，哈贝马斯是从“主体哲学”的角度来看的。他认为主体哲学很容易滑向系统论，因为“自我组织的系统”稍微一改就成了“自我定义的主体”（启蒙运动范式的两大基本支柱）。“独留右手”是启蒙运动的基本范式，造成了自我界定的主体和整体自然的世界观（或者系统理论）。哈贝马斯说，系统论“延续了欧洲早期现代性的传统，留下了对自我理解的明显的印迹。认知—工具的、单方面的文化理性化和社会结构理性化表现在哲学中就是，对人和人的世界要建立一套客观的（第三人称的语言）自我理解”（《现代性的哲学话语》，384 页）。

他指出，这种平面的思路最早出现在物理主义和机械主义中，但是很快就被生物学化的系统理论所代替（也就是元生物学取代了元物理学——形而上学）。“到了系统论渗入生活世界的程度，引入了一种元生物学的视角，从这个视角它学会了把自己理解为一个系统，一个包含了环境中其他系统的系统，到了造成客观化效果的程度。通过这种方式，主体理性被系统理性取代了……”（385 页）

泰勒的观点和我的观点比较类似，他认为有层级划分的大宇宙崩溃了，导致崩溃的原因是“落空了的主体”成了量化的、经验的“存在的相互关联的秩序”，成了价值和构成宇宙的善所无处藏身的网格。并且他进一步指出，就像我们在第一章所看到的，这种系统论的观点本身的信仰是自相矛盾的。 *558*

[32] 简而言之，启蒙运动的基本范式是把大宇宙缩减成了右手道路，这有两个极端：没有根基的主体性和平面的网络世界。平面网络世界的一端本身也有两个相互对立的阵营：原子论（或者说粗疏还原论）和整体论（或者说是微细还原论）。对于启蒙运动的范式的巨大贡献，我会在后面强调，但是这种思想还是在这两个极端和两个阵营之间存在奇怪的摇摆（我们从福柯的难题中可以看到这种摇摆的端

倪）。这是第十二章和第十三章的基本话题。

哈贝马斯对于把内部的深度缩减为外部的功能广度的批判，可谓一针见血。他说，这是一种大规模的缩减，把真理和意义都丢了，仅仅保留了功能适应的能力，主体间性没有了，只剩下粗糙的自我中心。“系统论把认知活动包括它自己的认知活动，融化成了一种把握复杂性的功能实现。和存在、思想或者命题相关的理性，成了系统的自我维护和改善……功能理性的自我表达方式是自我否定的，把自己变成了复杂性——其‘堕落’的原因是元生物学的参考框架并没有突破元物理学（形而上学）的逻各斯中心的局限。……从功能主义的角度来理解意义，意义和效度之间的内在联系消失了。在福柯那里发生了同样的事情（在他的考古学中，我们可以看到，基本上是一种结构功能主义）：对真理的兴趣（对效度的一般兴趣）限于认为某事为真可能带来的效果”（《现代性的哲学话语》，371～373 页）。这就是我说的结构功能主义把命题真理和主体间的理解简化成了客体间的适应或者功能适应，非常有讽刺意味地消解了它自己的真理地位，成了一个独白的乱境。

把内部的深度变成功能的广度同时使得主体间真正的理解和交流失去了可能性，因为没有一定的深度，就不可能统整相互分离的元素。哈贝马斯说：“因此，在不同的心灵系统之间就无法建立共相，除非出现自我催化的社会体系，那样又会限定在自己的系统视角中，退到自己自我中心的观察立场上去”（381 页）。哈贝马斯不断反复地攻击系统论视角的自我中心，这一点从系统论作为自我界定的启蒙运动的基本范式的表现、作为主体哲学的表现的角度都可以理解。

系统论的自我中心的特点，今天可以从“生态学/整体论”的角度来看，它们自称“新范式”（这种思路已经有三个世纪的历史了，也算不上新了）。这些理论认为：（1）我们每个人都是一个整体的系统的组成部分，是整个网络上的一根线；
559 （2）我们可以通过认同整个的系统得到解放；（3）从而同时可以得到自我实现。

让我们暂时忽略这种大系统实际上是不存在的（它不过是更大的系统的一个部分）。先假定它是存在的。根据系统论的观点，任何部分都不能、也永远不可能觉察到整个的系统。能觉察到的东西只有全子本身的“实际领域”，它的“优势关系”（怀特海），或者“主要单子”，或者觉察核心。前面列的三条能够成立的基本前提是个体的人实际上是整个大宇宙的主单子——这也就是系统论的极端的自我中心主义（人类中心主义）。

我相信的确存在一种大宇宙意识，或者神秘觉察（我们在第八章会讨论），但是我认为系统论根本不可能把握这种意识。

[33] 这是查伦·斯普瑞特奈克对伯曼的立场的总结。斯普瑞特奈克：《有尊严的国度》（*States of Grace*），298 页。

[34] 哈贝马斯指出，三种基本形式的理性（认识、道德和美）是三种基本态度（客观化态度、普遍化态度、表达性态度）交叉应用在三大领域（客观领域、社会领域和主观领域）的结果。简而言之，这意味着三大领域可以运用其他领域的“态度”来研究（比如可以客观地研究主观领域，尽管不可能穷尽主观领域）。

对于这种一般的立场，我是同意的。并且实际上，本书的内容就是运用了视觉逻辑的客观形式，提供了关于各个领域和象限的命题式的地图。可是这还不仅仅是命题式的或者实证的，因为这张地图的一部分解释了这张地图有不可能充分表达的部分（比如，从命题的角度看，说主体间的理解不仅仅是命题的这种理解是成立的）。

[35] 泰勒：《自我的根源》，105 页。泰勒把“文化世界图景”称为道德的善和集体习惯的“共享空间”，是一个“在人和人之间实现的善而非仅仅个人实现的善的概念”。

[36] 哈贝马斯：《现代性的哲学话语》，313～314 页。

[37] 同上书，313 页。

[38] 它的反面是生产力范式（比如马克思）。在反映论的范式中，无根基的思维反映物质宇宙，从而试图运用自己无根基的工具作出一幅物质宇宙的正确“地图”。在生产力范式中，物质宇宙建构思想，使之成为生产力的上层建筑。

[39] 转引自罗蒂（Rorty）：《哲学和自然之镜》（*Philosophy and the Mirror of Nature*）。但是我同意哈贝马斯对罗蒂的基本立场的尖锐批评：文化价值和“真理”不能简化为对“没有变化的自然”的反应（真理不能简化为简单的和预先给定的客观世界之间的简单对应和表征），并不能说明文化生产就是错位的对话，没有自身的任何合法性。在无心的客观主义和无物的主观主义之间应该还有更好的选择。

[40] 这种还原论受到泰勒的《自我的根源》的严厉批判（我也认为这种批判 *560*
是恰当的）。

[41] 一般说来，最纯粹的反映论范式是实证主义，最纯粹的功能适应是结构功能主义。对于纯粹的实证主义而言，只有物质的实体和数字是真实的（奎因），纯粹的命题真理因而是一种最终指向单个的物质实体的数学描述（所有的命题都仅仅指向右上象限；为了保证言说、指向或者表征客观物体有所凭借，数字也被承认是一种真实），这是纯粹的右上象限简化论，如同更典型的（但是略为通融的）实证主义形式。

在功能适应中，一切现实都被简化为右下象限的内容（社会体系），因此所有其他的说法都要从对社会的适应的角度来评判（从命题真理到文化意义到个人整合都包含在内）。换句话说，一切其他的真理表达最多能够得到一个“表面价值”，但是“潜在的价值”、“真正的价值”还是功能适应。这是纯粹的右下象限的还原论。一切的性质上的差别都被简化成了被迫性和高效性，没有什么是“真”的，因为公式中承认的只有有用性。

为了避免仅仅承认功能适应为“真”带来的操作性矛盾，很多功能适应理论家选择了唯一的一条左手道路：他们生成自己的理论是系统维系自身存在的方式。这些理论家本身也是系统自我维系自我调整的功能的表现：功能适应最终适应了本身的功能（他们的立足点就在这里）。

这最终导致了这些理论家的反动立场：没有什么全子是好的或者坏的，它们只有高效和低效之分。在这些理论中，没有理由去消灭纳粹：它们非常高效，功能非常适应，非常有力。如果某人的统治能够维系，那么它就是合理的，不用管他是不是杀了很多人，因为它有用！

这正是描述外部的终结之处，在这里找不到任何价值和性质上的区分。

［42］那种医学模式的精神病学最终把“适应”当作心理健康的标准，这种做法可以追溯到海因兹·哈特曼（Heinz Hartmann），一般认为他是客体关系学派和自我心理学之父。在他的专著的题目中已经隐含了这个意思，他有本专著叫做《自我心理学与适应的问题》（*Ego Psychology and the Problem of Adaptation*）。“如果一个人的创造力、享受生活的能力和心理平衡都没有什么混乱……我们认为缺乏适应能力是一种失败。”换句话说，行为适应或者功能适应（右手道路）不必管社会情境是否值得去适应。如果一个家庭主妇感到生活很乏味，没有意义，那么处理的方法不是去争取更多的文化权利，而是多吃几片安定片。

哈利·冈特瑞普（Harry Guntrip）在他的《精神分析理论、治疗和自我》（*Psychoanalytic Theory*，*Therapy and The Self*）里面非常勇敢地和这种简化论的
561 精神病学进行了斗争（不过失败了）。他的这本书得到广泛的好评。甘提说，适应作为一种“心理健康”的标准是不够的。他指出，这主要是因为所谓适应主要的依据是生物因素而不是人的价值因素（我会说得更宽泛一点，一个是左手一个是右手，一个是自然主义一个是诠释学，但基本的观点是类似的）。青蛙不必质问它的环境是否值得适应：它要么适应，要么就得死。这样，如果把生物学上的适应当作心理健康的标准，人就不必去质问自己的环境是否值得去适应：如果你能适应，那么就会感到快乐健康；如果你不适应，就会生病，就会不快乐。适应的标准实际上默认了它要适应的那种环境的价值观念，从而把左手的深度简化成了右手的功能适应。

但是甘提反驳道：“自我绝对不仅仅是一种适应的器官。自我的目标绝对不（仅仅）是维持身体的存活，而且还要保持个人的整合性和价值的一致性。”——都是左手的属性。然后他用一句非常好的话表达了内外差别的本质，甘提说：“在研究人的生活的过程中，‘适应’被一个更高的概念取代，即根据价值观来讲有意义的关系。”

因此，根据甘提的观点，适应具有重要的应用价值，但是这种重要的价值又是有限的（比如限定在右手领域），然而个人整合/价值（左上）和可以理解的相互关系（左下）更为重要。“严格地说，适应只能表达适应的一个方面（功能适应）。但是人际关系包含了交流和经验共享中的自我实现。”他说，灾难之处就在于“精神分析或者一般的神经病学被认为是关于人类机体对外部环境的适应的学问（右上象限适应右下象限），而不是关于个人心灵认识到他本身作为一个个体可以和别人交往的内在潜力（左上象限适应左下象限）”。

甘提甚至看到了左手和右手道路的不同包含了价值和行动的区别，或者存在和行为的区别：“精神分析必须把个人放到他成长过程中所遇到的各种人际关系当中来理解，同时和个人交往的各种人在这个人的生活和成长历程中同样在成长。这说明，存在比行动更为基本，性质比行动更为基本，一个人的所作所为被他的身份所决定。一个英国中年女性在电视上说：‘我很早结了婚，做了母亲，试图用身份替

代我的存在。’在这里面就包含了适应和关联之间的区别……”

他最后用一句非常好的话来总结自己的论述：“适应是单方面的（独白的），当然是一种行动的问题。但是人际关系根本上是双向的（对话的、理解的，与单方面的行动相对），从个人的角度来看，它是双方面的，不仅仅是相互适应的问题，而且是存在相互之间的欣赏、理解、共享”（所有的引文均来自105～112页）。

我需要重申一下，我认为任何一个象限都不能高于其他象限，我力图证明的就 562
是任何一个象限都不可能高于其他象限。医学模式的精神病学和脑生理学，行为主义和适应非常重要，只不过当其中的一个被简化为其他的象限的时候就会出现某些暴力性的侵略。

[43] 我们在第十二章和第十三章中会详细讨论这种分化走得太远而成了分裂的问题。也就是所谓启蒙运动的基本范式的问题（把大宇宙简化为右手道路：整个左手维度都被想当然地接受，或多或少地看作是预先给定的，意识被认为是一个透明的先验世界中无根的主体，这个无根的主体的任务就是简简单单、仔仔细细地去反映、描述、表征、分类和分析客观的、预先给定的世界）——之所以这一点能够出现，是因为人类层面最终从生物层面中分化出来了，这种分化后来走得太远了以至成了分裂（即黑格尔说的“理解的缺失”，泰勒说的“被围困的发展野兽”），从而导致被分裂出来的人类层面成了无根的自足的主体，漂浮在平面的客观世界之上，在这个世界里找不到立足之地，只能远远地看着。黑格尔主义哲学的目标就是弥合这种分裂。

并且，我仍要说明，弥合这种分裂的做法仍旧是后康德主义（后现代主义）非常美好真实的一面。

同时，基本的认识论范式（特别是在英语国家）仍旧顽固地坚持某种偏执于大宇宙的右手的思维，仍然延续启蒙运动的基本范式——或者是更为简单的反映论模式，或者是稍微复杂一点的关联论、整体论、动态系统论、衍生论——无论如何，都没有脱离右手象限的基本还原论（分别是粗疏化和微细化）。

我们可以把认知科学的兴起作为例证。从这个学科的兴起历史我们可以明显地看到，从简单的反映论模式向稍微复杂一点的衍生范式/关联论范式的蜕变（但是两者还是彻头彻尾的右手还原论），最近开始试图通过逐渐兴起的行动范式（enactive paradigm）来整合左手维度和右手维度。

实际上瓦莱拉、汤普森和罗施在他们的《心灵赋形：认知科学和人类经验》中回顾了那段历史的演进（从反映论到关联论再到表演论）。他们说：“我们从认知科学的核心开始，一般被称为认知主义。认知主义的基本隐喻是数字计算机。计算机是一种实在的设备，它的设计中包含了一个可以被理解为计算的一系列变化。计算是通过符号进行的运作，也就是说依靠元素来表征……简单地说，认知包含了一个假设，即认知是心理表征：给定的心灵表征给定的世界”（8～9页）。

因此在认知主义中，“我们就有一个充分架构的理论，认为（1）世界是给定 563
的；（2）认知以世界为对象……（3）我们认识给定的世界的方式就是表征它的特征，然后根据这些表征来行动”（135页）。

那当然是启蒙运动的基本范式。瓦莱拉等于是指出，认知主义的确延续了“自然之镜”的观念，这和罗蒂的结论恰恰相反。“（和罗蒂）相反，（表征式的）意象的主要特征在当代认知科学中仍然存在——认为世界或者环境的外部特征是给定的，要通过表征的过程来揭示这个特征。从某些方面来看，认知主义是笛卡儿和洛克所代表的心理观的最好的表述。（我们将在第十二章和第十三章来讨论这段历史）。杰瑞·福德（Jerry Fodor）作为认知主义的领军人物和主要支持者走得更远，他指出，和18世纪的表征主义相比，认知主义唯一的进步在于运用计算机作为心理模型”（138页）。

实际上，神经生理学的基本范式也是反映论范式，我前面讨论过，瓦莱拉也指出过：“在公众的心目中，大脑是一个信息处理的机器，会有选择性的对环境中的刺激进行反映，这还是现代神经科学的核心观念和基本范式”（44页）。

尽管表征/计算范式可以处理认知的很多方面（我们的很多知识毕竟就是对事实的表征，尽管这不是全部的知识，甚至不是最重要的知识），但是回忆的问题的深入还是导致了两种不同的认知观的出现。“第一种我们叫做衍生，主要指的是关联主义。这个名称来自这样一种观念，就是认为很多认知任务（比如视觉和记忆）似乎通过由很多简单元素构成的系统来处理最为合适，当这些元素按照恰当的原则组织起来的时候，就会促成针对理想任务的完整行为。关联主义的模型主要用分散的运算（可以覆盖所有的元素）取代了局部的象征的处理过程，从而可以出现整体的属性，治疗局部的功能失调”（8页）。

和这种思路相关的是更为复杂的“心理的社会”［明斯基（Minsky）］——心理是由很多行动者和亚行动者构成的社会。“行动者的观念是非常复杂的过程。每个行动者都可以包含次级的行动者，或者更准确地说它们本身是包含了行动者的行动者。那么，任务在于如何组织这些相关领域的施动者，使之成为一个有效的大施动者，这种施动者又称为更大的施动者。如此，心灵就像一种社会。”（有点全子的味道，但是还存在“自我”和“意识”的问题，我们在后面还会看到。）“心理作为社会的模型试图涵括各种不同的认知研究的思路，从分布的自我组织的网络到经典的认知主义关于局部的连续象征性处理的概念”（116、106页）。

但是关键点在于这些思路（认知、关联、施动社会）都深深扎根于右手还原论
564 （瓦莱拉等以他们自己的方式指出了这一点）。实际上，关联主义和社会模型是精细还原论最好的例子：重视衍生、网络、整体属性、等级等。他们雄辩地指出了粗疏还原论是简单的原子论反映论——从而把它们本身的微细还原论隐藏得更深，让人更加难以发觉（从而问题更加严重）。

但是瓦莱拉等人对这个问题看得还是很清楚的：关联主义模型只不过是用整体状态替代了符号，然后用这种整体状态来表征预先给定的世界：“对于关联主义而言，表征意味着世界的属性和衍生的整体状态之间存在对应”（8页）。因此在这种“对深入我们西方传统而最近被认知主义所强化的盲点”上并没有什么实质的改变。“现在甚至在表征的观念和信息处理的观念上有了相当的改变，就像它们对关联主义网络的研究，对自组织的研究，对衍生性的研究，某种形式的实在论假设仍然存

在。在认知主义中，实在论至少还是明显的，还为之辩护；可是在衍生论中，这种假设通常就被默认了，不再加以质疑了（微细还原论的大问题）。这种缺乏反思的立场是认知科学的巨大的危险，它限制了研究的视阈理论和观念，让这个领域的研究看不到更宽更远的未来”（133 页）。更不用说整个的社会了。

通过认知科学对意识本身（或者对整个生存经验）的研究可以看到，微细还原论的负面影响是最清楚不过的。这个领域宣称是对这类问题最后的权威，而我们对意识和生存经验的理解就限于它们基本上是不存在的。或者，如同杰肯道夫（Jackendoff）说的，“意识对任何事情都没有什么好处”（瓦莱拉等，108 页）。

杰肯道夫的“心理计算”认知模型基本上和大脑的生理结构没有区别（其实大多数认知科学的模型都一样，只不过表现为不同的形式），这种“心理计算”的过程和意识是没有关系的，完全能够完成所有的认知任务。意识或者觉察或者个人的生存体验都被看作是令人迷惑的副现象（因此最终是不必要的，这对他们来说一点都不奇怪），是人的投射，或者是无意识的“心理计算”的随机结果。“实际的（认知）子系统，”邓内（Dennett）说：“肯定是没有意识的器官机器的部件，这毫无问题，和肾脏或者膝盖一样没有什么意识和内部生命”（瓦莱拉等，50 页）。

结果，尽管意识被看作是没有意识的过程的效果或者投射，杰肯道夫指出，认知主义还是“没有说明意识体验究竟是怎么来的……这些效果出现的过程仍然是空白”（瓦莱拉等，52、231 页）。

那还有什么是新东西呢？在右手维度，客观主义的维度的任何地方都没有意识，没有觉知，没有生活体验——它们只管内部意识的外部表现——从而如果你仅仅从客观化、外部、独白/计算的角度来看大宇宙，那么无论如何都是不可能看到主观的生活体验的。那种发现绝对不是“非常重要的发现”，完全没有什么大不了的，是一种彻头彻尾的表征/计算范式。 565

我不是说没有“心理计算”（没有人否认神经递质的存在），但是认为意识在两者中都不存在这种观点绝对不是什么新东西（像在肾脏和膝盖中不存在意识一样）。这种思路的目标是“解释意识”，但是它们“把意识解释没了”。他们找来一个球，把它砍成了很多圈，然后说：“瞧，哪里有什么球！”

“意识对任何东西都没有什么好处。”这个立场真奇怪。杰肯道夫的“心理计算”理论让他得出这样一个结论，在他自己的意识中他直接体验到，他自己的意识是令人迷惑的，最终是他没有意识的“心理计算”的副产品，是不需要的。这种理论可能正确，也可能不正确。然而，这种理论实际上给他的生活带来了什么样的改变？或者至少改变了他的愿望或者意志或者希望什么的？如果这种理论最终被证明是错误的会如何呢？他对自己的意识会不会有什么不同？这种理论有没有改变他的生存体验或者真实体验？根据杰肯道夫的真实生活，如果我们必须做出选择的话，我们会得出这种结论：“心理运算理论对任何东西都没什么好处。”（因为对于意识，它没有带来任何改变，即只是在数据运算的意识之中有价值。）

对他本人而言，杰肯道夫对这些问题是非常敏感的，他的思路就是要处理现象学的心理（生存体验）、“计算心理”（没有意识的心理机制）和生理的身体——大脑结构之间的"互动"——但是没有摆脱表征范式，因此也就注定了任何形式的整合都会失败。正是这种失败促使瓦莱拉等人提出了认知的表演范式。

我会说，表演范式是明确地要去整合左手和右手的认知思路，统一生存体验和理论架构。"我们试图强调我们目前的世界上存在的科学和经验之间的深刻张力。在我们的世界，科学垄断了一切，即便它的解释和我们的直接体验——我们日常的经验——相抵牾，我们还是会听信他的解释"（12 页）。

但是，"当审视的对象是意识或者心灵的时候，体验的痛苦就无法处理，甚至出现背离"——实际上出现了右手道路本来隐含的操作性矛盾，把自己乐憩其上的树枝锯掉了。

566 如何弥合科学和经验之间的鸿沟（左手和右手的鸿沟），因此就显得极为重要。"这种张力在认知科学上表现得最为明显，因为认知科学代表着人文科学和自然科学的交叉点。认知科学有点像两面的神，因为它同时俯视两个方面：一面看着自然，把认知过程看作是行为（标准的右手道路）；另一面又看着人的世界，或者现象学家所谓的生活世界，把认知看作是经验（左手道路）"（13 页）。

左手和右手的相互决定，或者它们的"基本循环"是表现范式的核心内容。"根据这种思路，知觉不仅仅是植根于并受限制于周围的世界，它还促成这种世界的表演。因此，按照梅洛·庞蒂的说法，有机体既发动世界，又被世界塑造。很明显，梅洛·庞蒂看到我们必须把机体和环境捆绑到一起，因为它们是一个相互选择、相互决定的过程"（19 页）。

尽管很多现象学的思路、诠释学的思路和存在主义的思路都非常关注当下的生活世界的重要性（UL）——学者们各自看到了自己的贡献和价值——在这些学者中还是存在一个倾向，就是仅仅从理论的角度去提供一个对于生活世界的客观的解说："试图抓住没有反思的当下经验，然后把这种经验通过意识的反思表达出来。但是，正是因为这是一种理论化的活动，也就不可能真的去掌握经验的复杂性，只能是提供一种对经验的描述"（19 页）。

因此，尽管表演范式对很多生活世界理论家非常同情，但是它试图和生活体验本身的距离保持得更近，让那种经验无限展开，特别是借助一种试验/研究的技术作为觉醒/觉知训练。我们可以说这不是一种内省然后给觉察分类（理论分析）的做法，而是一种更为直接的方法，就是去体验经验本身（一种体验性的分析）。因此，"如果科学还想保持自己的权威地位，而又真的为自己的地位负责的话，那么就要拓宽自己的视野，包含对体验的觉醒的开放的分析，比如当下出现的这种体验"（81 页）。

我基本上同意这种重要的说法。但是，因为它涉及冥想、沉思和觉醒训练等问题，在充分说明这些问题之前我保留自己的意见（和某些异议），见第十四章的注 [1]。

同时，关于结构匹配，所谓循环关联的过程的问题，参见注 [13]。

[44] 我们应该注意到哈贝马斯在讨论左上（"我"）、左下（"我们"）和右边（"它"）之间的关系，因此他的术语包含了三个领域。但是目前他特别关注个体意
567 识结构（UL）——比如个体的认知、个体的道德发展和个体的认同——和文化结

构（LL），比如集体道德、世界观和团体认同。但是这两者都植根于具体的实实在在的社会机构和物理形式（LR）中，而且两者之间存在相互影响。

在这一部分和下一章，我们特别关注个体意识结构（UL）和文化结构、世界观和集体认同的同构性（LL）。（在本三部曲中的第二部，我们特别注意它们和实在的机构形式之间的关联，和生产力的关系，和技术形式的关系，等等——就是LR。）

[45] 哈贝马斯：《交往和社会进化》，98～99页。

[46] 同上书，99页。

[47] 同上。

[48] 艾萨克·阿西莫夫：《科学新指南》，771页，纽约，基础书社，1984。

[49] 阿瑞提：《心灵内部的自我》（*Intrapsychic Self*），6页。

[50] 詹特：《自组织的宇宙》，150页。

[51]《来自伊甸园》和《大我工程》（*The Atman Project*）分别包括了人类进化的宏观角度和微观角度，分别是发展史和发生史。这两本书的核心内容是：(1) 意识进化的一系列发展阶段或深层结构（全子）。(2) 意识进化过程的内在逻辑。(3) 一个动态的精神目的和精神替代。根据现有资料，确定各个阶段出现的日期，这是比较次要的工作。之所以说这是次要的工作，是因为所有的发展次序、抽象发展阶段的性质和次序不会因为实际出现的时间而改变，尽管这个时间可能会因人而异，因文化而异。因此，比如口唇期—肛门期—性器期，这个次序是普遍的，但是具体的时间是不同的。(4) 在生成和发展过程中存在同构性（当然，要排除早期的几个阶段，因为在人类社会出现之前，不存在这种同构性的证据）。

我进一步提炼并且修改了发生过程和发展过程各个阶段实际出现的日期（还有它们的相互关系）。在《来自伊甸园》中，我低估了巫术时代和神话时代的生产活动对认识的复杂性的要求，我在《视角转换》中修改了这个错误，在后者中的关联关系和此处我呈现的相同（比如前运算/巫术，具体运算/神话，等等）。这些修改在《意识的蜕变》（*Transformations of Consciousness*）中也有表现。但是这些阶段本身和它们的顺序，以及它们的动态机制基本上是相同的，这也就是为什么能够坚持以前那些书的基本观点；实际上后续的研究使得它们更加可信，而不是值得怀疑。

在1990年温克尔曼对《来自伊甸园》的书评中，他忽略了前三点，仅仅把注意力集中在出现的具体日期上，我认为这种评论不仅是不正确的，而且没什么意义，因为我在《视角转换》和《意识的蜕变》中已经把时间调整了。他还采用了一种结构主义的共时性视角，这种观点已经基本上被公认根本不能用来解释发展的问 568
题（参见第一章的注［26］）。他说发生/发展的平行论已经完全过时了，再没有人运用这种思路，可是他完全忽略了现代人的很多文献，比如哈贝马斯和他的同事所作的研究。他把所有成立的观点都归为功能适应。他的整个攻击都是演绎了一个自相矛盾的思路，消解了自己的立场；他称任何实质性的立场都是一种修辞而已。

温克尔曼的立场实际上是一种简化论，把任何合法的观点都归于功能适应，参见第五章注［26］。

［52］无论哈贝马斯还是我，都不是从发生/发展平行论开始的。那是我们在分析了自我的结构、道德的结构、因果的观念、认知的类型等之后得出的结论，它在各个发展的阶段都有所表现。如同卢斯伯格（1990）指出的，哈贝马斯和我都遵循一种重建科学的思路，这意味着我们是在意识的结构表现为一个数量足以进行经验/现象学/对话研究的群体之后，对它的结构进行重建。这些是我们的结论，不是我们的假设。我们的结论是“某种类同是可以找到的”。

第五章　人性的出现

是今日赋予昨日意义。 153

——艾米莉·狄更生（Emily Dickinson）

我认为当前有一个急于求成的普遍倾向，即把刚刚发生的事情视为大敌，似乎这总是我们急于要从中解放出来的主要的压迫形式。我们应该提防这种倾向。这种简单的态度如今导致了许多危险的后果：首先，是一种复古倾向，想找出一些毫无意义的复古形式，或一些想象中过去的美好形式，而事实上，人们从来没有过。这种对当前的憎恨有一种危险的趋势，即把过去完全神秘化。

——米歇尔·福柯

关于这一点，在我们的讨论中已经概述过，即从单个全子的外部进化到复杂的三脑一体的具有符号和概念内部空间的生物（原人）。他们生活在一个群体或家庭（部落）的社会全子中，拥有古代的文化世界观。（在我们的叙述中到此称其为四个象限。）然而那时突然有事情发生，使得原人（或猿人）转化为真正的人（智人）。

究竟是什么事呢？

智人的出现

哈贝马斯起初赞同马克思的思想，即社会劳动或经济的存在使得人 154
类——智人——从原人和其他的灵长类动物分化出来。但是哈贝马斯发现原人时期很可能也存在某种经济体系，这样仅仅是经济交换的存在就不能作为人类特殊生活方式的标志，也不能把原人和智人区分开来。[1]

如果我们按照最新的人类学的发现来检验社会劳动（经济体系）这一概念，很显然它与进化论息息相关；不仅仅是人类，而且原人与类人猿的区别也是由于他们通过社会劳动进行再生产，并发展出了某种经济体系。（原人）成年男性组成狩猎队伍，使用武器和工具（技术），通过劳动分工进行合作，并且在集体中分配猎物（分配原则）。

制作生产工具，劳动的社会组织，以及产品的分配，都符合人类再生产的经济形式的条件。[2]

因为我的三部曲的目的之一就是探索男性与女性价值体系的进程，所以注意到即使在古原人社会，这两种体系也已经开始分化，通常还很明显。这一点很有启发意义。哈贝马斯说：

原人社会要比其生产方式更难以设想，因为不清楚他们的交际方式发展到什么程度，比灵长类动物中已经发现的靠手势交流的方式要高级多少。可以推测他们有一种手势语言和一整套呼叫信号。无论如何，合作捕捉大猎物需要交流经验，这样我们就不得不假设有一种原始母语。这至少便于在认知经验、有效表达以及人际关系等方面进行系统联络，而这些对于人类化进程至关重要。

可以假定，原人群体中的劳动分工导致了两个子系统的发展：一方面，成年男性在一起组成人人平等的狩猎队伍，在总体上占据主导地位；另一方面，妇女采集果实，与子女在一起并照顾他们。与灵长
155 类社会相比较，合作的策略形式和分配原则不同以往（哈贝马斯在寻找新生事物）。这两项革新都与第一种生产方式的确立直接相关，即合作狩猎。[3]

这样，哈贝马斯总结为，一种经济形式的出现“恰好把原人的生活方式与灵长类动物分开；但这并没有促成人类特殊的繁衍生命的方式”[4]。相反，“现在看来，进化史上促成智人出现的是家庭而不是经济形式。”[5]

到此为止，我们使用的是詹奇的广义的“家庭”术语，即指任何与血缘有关的动物群体。但是哈贝马斯认为，特殊的人类家庭形式具有新生事物的特点，这在进化中别无可寻。

是人类而不是原人首先打破了与脊椎动物一起出现的社会结构——在这个一维的序列中，每种动物有一个，而且是唯一一个位置。在黑猩猩和狒狒中，这种等级制度制约着成年雄性之间的很好斗的关系，雄性和雌性间的性关系，老与少之间的社会关系。家庭似的关系只存在于母与子之间以及幼子之间。母兽与正成长的幼子之间的乱伦不允许，然而父亲与女儿之间的乱伦却不受约束，因为父亲的角色还不存在。即使是过渡到以社会劳动为基础的原人社会也没有家庭结构。[6]

哈贝马斯认为，人类家庭作为新生事物，只有在男性获得父亲角色时才出现，因为只有这样，男性和女性这两种价值体系才能够联系起来。本丛书第二部里，我们将会详尽讨论男女联系的方式（以及原因），借此男女

价值体系已经分化为社会劳动（狩猎）和哺育子女。例如，据伦斯基讲，处于该阶段的已知的社会中，百分之九十七出现了男女分工。[7]如果进化继续下去，又需要一种新的统一。因为可以设想，女性不能在怀孕的时候狩 156 猎，具有统整作用的关系就通过父亲这一新角色的出现确立起来，因为父亲存在于两种价值领域中。

> 有社会组织的狩猎生产方式产生了一个系统问题，这通过男性的家庭化得以解决，也就是引进了一个以外族通婚为基础的亲属关系制度。狩猎群体的男性社会从采集果实的女性和未成年人中独立出来，后两者不参加狩猎活动。有了与劳动分工相联系的这一分化，就有了新的统一的需要，有了两种子系统中有限交换的需要（就是我们所称的与同一水平的全子的相互交换）。然而很明显，原人只有与其地位相应的两性关系类型。这一类型不等于新的统一的需要；越是如此，狩猎群体中的平等关系的发展越是使得灵长类动物中的等级秩序趋于瓦解。只有以婚姻和血统约束为基础的家庭制度才使得成年男性成员——通过父亲的角色——把狩猎群体的男性体系地位和妇女儿童体系的地位联系在一起，这样，(1) 把社会劳动功能与哺育子女的功能统一了起来，(2) 把男性狩猎的功能与女性采集果实的功能协调了起来。[8]

男性家庭化了。这样，所有后来文明的一个唯一的、持续的、噩梦般的任务就开始了，即驯服睾丸素。

男性优势和女性优势

要注意到这一点，即母亲的角色与父亲的角色不同，还不足以把两种价值体系联系起来，因为母亲不能参与狩猎的社会劳动（只有极少例外），或者在某种程度上的确没有参加劳动。这样我们发现，就在此时，恰好是从原人向人类转化的时刻，一种性别分化出现了。这种分化，像我们将要看到的那样，能够分裂为极端的性别两极化。 157

这时还是早期，这种分化或是不平衡似乎并不很显著，就是说，一种体系并没有比另一种明显地更重要或更有价值。似乎只是功能的简单分化，并不是地位的巨大分化。没有证据表明，这种分化是强烈的意识上的或是剥削性的，似乎多以简单的生物因素，即体力和灵活机动性（男性优势）与生殖和生物哺育（女性优势）为基础。

这些问题错综复杂，容易牵动情绪，特别是对于各种女权主义派别而言。这就是第二部详细评述这些问题的原因。[9]一些自由女权主义者觉得任何性别分化或不平衡都是由于男性占据了支配地位。另一方面，许多激进的女权主义者坚决接受并信奉男性和女性价值体系的分化（我们会看到，这分别相当于行使权力和共享），并且他们敦促社会多信奉后者少信奉前者。社会女权主义者倾向于认为，性别分化来源于不同的生产和技术方式，并认为随着资本主义方式变得更人性化、更人道，这些不公平的分化会逐渐消失。

在第二部里我会详细论述这些观点，但在此之前，我们需要相互约定性别战实施停战。在本卷其余部分，我的观点是：人类的意识结构实际上是性别中立的，在深层结构，没有根本的性别偏向。然而在历史发展的进程中，这些性别中立的结构，由于我们将要论述的诸多原因，负载了各种因素（技术的、经济的、文化的、社会的以及有意的），使得这些结构中的某一些，通常以非常压迫性的、肯定是极端化的（或分裂化的）方式，具有偏向性。

这样在第二部里，我会考察每个文化阶段或每种世界观（原始的、巫术的、神话的、精神的、半人半马的），将它们与各自历史上的物质生产和技术方式（采食的、采集的、农耕的、工业的、信息的）联系起来；我还
158 要更进一步考察每个阶段男人与女人的地位。我的观点是，关于这些重要的问题，自由、激进、社会女权主义观点已经存在共识，我会把它们列举出来。

与此同时，当我们讨论到神话农耕结构时，我不会详细论证这些社会中女人的地位，尽管正统的研究者和女权主义的研究者如出一辙，极为一致地认为，性别两极化以及男性在公共事务中的支配地位，该时期处于历史上的巅峰（几乎与此前的采集社会相反，许多女权主义者认为，该时期女人最有权力）。我要说明，此时我不论证这个问题并不是我忽略了它。

但我现在要指出，在一些方式当中，这种研究方法是独特的。在研究性别以及可能的性别差异时，最初需要的是一系列恒定特征，能够确认一些功能上的明确的差异［女人生育并且哺育幼儿；一般而言，男人具有体力和机动灵活的优势——这些具体的不同，像我们会看到的那样，被从珍妮特·莎菲茨（Janet Chafetz）到乔伊斯·尼尔森（Joyce Nielsen）的女权主义研究者所强调］。今天这些简单的差异似乎不是那么重要，但在历史上以及史前，它们通常是所有文化中最重要的和最具决定性的因素。

举例而言，当农业上动物拉动的犁产生并最终取代徒手使用的锄头时（这被看作是从采集向农耕方式的转变），就基本上有了从女性劳动力向男性劳动力的巨大转变。这几乎完全由于犁——不像锄头或挖掘用的棍棒——是一种沉重的设备。在采集社会，妇女生产大约80%的食物（因此与男人分享相当大的公共权力），怀孕的妇女仍然可以轻易地徒手使用锄

头，但犁不行。犁发明以后，男人几乎承担了所有的生产工作，母系生产方式让位于父系生产方式，崇拜的神灵也从圣母转为以圣父为中心。

[培吉・桑迪（Peggy Sanday）曾经论证过，几乎全部女性神灵都出现在采集社会——三分之一只有女性神灵，另三分之一既有男性又有女性神灵，而几乎所有的农耕社会只有男性神灵。这样第二部中的结论之一就是：当女人用锄头在田里劳作时，上帝是女人；而当男人用犁在田里劳作时，159
上帝就是男人。第二部的主要论题之一就是这些情况如何与一些永恒的男性和女性神灵面孔相匹配。这些神灵仅仅是经济的副产品吗？或者这反映了一些更永恒的事物吗？]

女权主义研究者像珍妮特・莎菲茨指出，参与沉重的犁具耕作的妇女非常可能发生流产，所以这不是她们的遗传优势。换句话说，这种从女性为中心向男性为中心的转移，不能合理地归因于性别压迫或男性占支配地位，而应归因于男性与女性在面临自然所赐的一系列差异时所作的共同的决定。

然而，最初的功能分化能够（许多情况下如此）发展为地位的差异，男性主宰公共或生产领域，女性下降为主宰私人或生殖领域。我们将要详细考察的是这些自然差异，六个左右的主要时代/阶段/结构中每一个的差异，考察它们如何演变为分裂（极端的性别两极化），并使得一种或另一种性别（通常是两者）处于不利地位。

换句话说，我们会找出一系列恒定特征（大多数女权主义研究者认为，少数因素在不同的文化中变化不大，例如生育或哺育）。如果把它们作用于不同的性别中立的意识结构和科技进步阶段，就会共同导致每一阶段男性和女性地位上的具体的性别差异（这会帮助我们确定什么是性别压迫，什么不是性别压迫）。这些恒定特征（例如体力或机动灵活性以及生育或哺育）在第二部前两章中被论述（《性别图解中的强与弱的普遍原则》），而它们如何发挥作用以及如何演变，有利还是不利，则在随后的五章或六章中被论述。

然而，我们现在讨论的，仅仅是性别中立的意识结构，其中会产生性及性别两极化。

男性与女性解放

在我们讨论这些意识结构的进化之前，我要举最后一例，以说明该章
后一部分要谈论的题目的背景。这里讨论的内容要到本章末才能明白（在 160
我介绍了必要的论据以后），但在此泛泛地介绍一下要讨论的话题还是有必要的，因为它们既重要又复杂。（本章末我们要再讨论这些题目，并依据列

出的材料加以论述。)

自由女权主义者（男人和女人的能力基本相同）与激进女权主义者（男人和女人代表两种很不同的价值体系：前者高度自主，个人主义，有点权力狂，但通常以自主性为导向；而后者更注重亲情，哺育子女，以合群性为导向）的分歧之一就是这两种观点几乎不可能妥协，这就造成了妇女运动阵营内部的争执，有时甚至是激烈的争执。

如果处在生物层面时激进女权主义者正确，而处在人类层面时自由女权主义者正确，情况会如何？这种统一如果能在真正意义上实现，我们就可以在尊重一些重要的性别差异的同时——激进女权主义者强调这一点，还坚持并维护法律面前两性平等（这意味着是在人类层面）——自由女权主义者强烈要求这一点。

这也意味着另外的事情，甚至更重要的事情。该章中我们会看到证据（由哈贝马斯提出，但不只他自己有这种结论），证明人类层面和生物层面在西方直到十六七世纪前后才最终分化。（这种分化加剧为分裂——这是我们的中心题目之一，但目前只是个别论题。）问题是，随着人类层面和生物层面中的性别分化，男人和女人的角色不一定或自动由生物因素决定（或受很大影响），这些因素（例如体力/机动灵活性以及生育/哺育）在那个历史阶段，以一种或另一种方式，不仅仅大致支配着男人和女人的关系，还有男人和男人的关系。

换句话说，随着人类层面和生物层面的分化，生物学因素就不再是决定性的了，或是说，不一定是决定性的了。男人和女人之间的关系（还有男人和男人的关系），不一定由生物学上的差异和因素、体力以及生殖等重
161 要因素所支配了。

这样，当进化延续到人类层面，并超越了其在生物层面的唯一基础时，我们简要提到的两个共性——身体的力量以及身体的生殖——只在生物层面中有价值，而且还会被超越（即被保留和否定）。当然，这只是程度的问题。生物学因素仍然得以保留，其趋向仍然存在，并被文化修正；但分化越是巨大，可能的否定和修正也越多。

如果目前我们就同意激进女权主义者的观点，即往往强调共享的“女性价值体系”，那么这种价值体系可能就会从唯一的生物生殖体系中分离出来，开始进入行使权力或生产或“男性文化”的世界，与此同时，仍然在生殖体系中保持深厚的根基。进化越是超越了生物层面，女性就越是能进入两个世界（人类层面脑力世界和生物层面家庭世界），因为在脑力世界里，体力是无关紧要的。

换句话说，随着人类层面与生物层面的分化，女性也可以成为人类层

面的行使权力者（历史上的行使权力者），同时还有生物层面的根基。这样，在历史上到此为止，男性与女性扮演的角色就恰好颠倒了过来。以前，男性和女性体系的统一是通过父亲的角色使男性进入家庭（作为生物学上的行使权力者）。现在两种体系能够统一起来——有必要统一起来——是由于女性进入了公共体系（作为人类层面的行使权力者）。

这样，在当前的历史阶段——在当前的世界——恰好是作为历史上的行使权力者的女性的角色，可以把两种价值体系联系起来，而在以前的历史上，该角色是由男性来扮演父亲做到的（“男性的家庭化”这一点，如上所述，是由哈贝马斯提出来的）。[10]

我相信，以这种方式，而且只有以这种方式，我们才能维护非如此即似是而非并且令人迷惑的真理——这一似是而非的真理削弱了相对于“女性解放”的女权主义——只有以这种方式我们才能够使妇女现在既愿意又需要解放，而以前妇女并不是以未获解放（或受骗）的方式行动的。17 世 162
纪和 18 世纪妇女运动的广泛兴起正好是因为人类层面和生物层面最终分化开来。[11]这就必然意味着广泛兴起的妇女运动不主要是结束一种丑陋的状况，一种本可以轻易改变的状况，而是标志着一种全新的状况的出现，并且以前所未有的意义深远的方式出现。

使得男性和女性都获得脆弱的生物学基础角色的是进化过程，该过程本身直到最近才在生物层面中站稳脚跟。进化过程直到最近才开始把男人和女人都解放出来，使他们摆脱束缚，扮演各自的角色，这在当时是必要的。然而现在已经过时了。进化转变的推动力主要是来源于［像内斯特拉·金（Ynestra King）指出的那样］妇女获得了文化上的行使权而不只是家庭共享权（正如以前的统一即男性的家庭化，男人获得了家庭共享权，而不只是文化上的行使权）。

现在的社会正需要这种新的统一。以进化的眼光看待问题才能使我们回避许多一般性的无用的论调：男人从第一天起就是压迫别人的猪，必然的暗示就是女人是被放牧的羊。这种观点不仅仅贬低了男人，尽管其意图如此。我们在声称妇女被压迫了 5 000 年（有人说是 50 万年）的同时，不能不暗示妇女比男人更愚蠢或者更弱小——除此以外没有其他的解释。

如果我们把由于生物学原因而分化出来的男女角色看作是男人强加于女人的，那么我们不得不同时承认，男人是压迫成性，而女人是愚钝无比。不假思索地承认角色分化是压迫的结果，就等于不假思索地把一个群体看作牺牲品，这样就会自然而然地、不可避免地使得女性解放自身的努力付之东流。[12]

如果男人和女人大致都是依靠某些生物条件生存，并且这些条件不再具有根本的决定意义，那么男人和女人都需要从过去受束缚的角色中得到解放。父权制并不是可以简单地、轻而易举地回避或绕过去的（无论是哪里，只要进化超越了锄头阶段，父权制就会随之而产生）。[13]如果父权制能
163 够轻而易举地回避而没有回避，那么男人就的确是猪，女人的确是傻瓜。然而，父权制不是需要逆转，而是需要超越的事物：这样，男人就会免于受谴责，女人也不会成为受压迫的羊。

这让我们进一步看清了当前令人不快的、对女权主义进行阻挠的真正原因。这不是对消除几千年的男性可憎和女性愚蠢状态的阻挠，而是对于一种全新的意识结构形成的阻挠。这种结构，在历史上首次把人类层面和生物层面区分开来（那是创造女权主义的原因之一），现在正极力要把男人和女人统一到一个全新的世界空间中去。这才是（许多男人和许多女人）所害怕和阻挠的。我要详细论证的就是这种新的统一（名称是“半人半马”和“视觉逻辑”，它已超出了自我理性的阶段）。

我们会看到确实存在压迫和征服的形式，但这不应该根据当前的意识结构来判断，而应该考虑在过去的某个特定结构中，如果情况不同会怎样。考虑到某个特定结构的可能情况，我们可以判断其恶劣程度：我们的判断必须具体到每个阶段并适合每个阶段。这意味着在此我们必须小心地重建“压迫”这一概念，因为在某个特定的时间，在任何情况下如果有些事情都不能够发生，那么“没有发生”就不能不假思索地径直归因于压迫。举例而言，如果普遍的女权主义只有在人类层面与生物层面分化以后才会出现，那么早期文化中女权主义不存在就不是压迫的结果，而是进化不够的结果。这就从另一方面证明了女人不是弱小无知，男人也不是感觉迟钝的粗人（这就是说，没有什么不正常）。

人类层面与生物层面最终分化以后，生物学上的差异就不再像命运一样具有决定意义了。女人开始走出生物层面，进入人类层面，尽管这种新的现象遇到了很多阻力（诚然，今天的每个男性都是从生物层面的兽类起步，直到人类层面与生物层面的分化“才成为人”，他按人类层面的规范行事，而不是生物层面。这种斗争随着每个新生命的降生都会重新开始，都会遇到阻力，只是形式各不相同，男人和女人都一样。例如，民意调查一
164 直表明，美国的大多数男人都支持权利平等修正案，而大多数女人拒绝它。新的现象对于所有人都不易接受，恰恰因为在许多方面这意味着要抛弃先决条件和生物条件所赋予的安逸）。

在史前和有史以来的发展过程中，人类要经过三到四次重大而深刻的文化蜕变才能够摆脱生物学的命运。（每一步骤都会有自己的新的变态形式和可能的分裂，所有这一切都必须被克服——有时并不很成功。）

在我们的叙述中，我们仍然处于第一种蜕变中。第一次性别功能分化刚刚发生，大概是基于简单的生物差别（体力/机动性相对于生殖/哺育）。这两种体系的第一次重大统一也发生了：通过全新的父亲角色的出现把男性放到了两个世界之中。

巫术与万物有灵

随着男性的家庭化以及人类社会文化进化的出现，我们从远古时代走到了巫术时代。对于巫术时代结构本身，哈贝马斯及其同事作了深入研究：

> 很显然旧石器社会巫术和万物有灵的表象世界非常单一并且不很一致。神话的有序表象（即早期神话，不是下一阶段的复杂神话，真正的神话阶段）首先使得一系列类比的形成有了可能。在类比中，所有自然和社会现象交织在一起，并且可以互相转换（“巫术替换”）。在儿童思想形成之前的、以自我为中心的世界概念里，这些现象与儿童的自我中心相关；与此类似，在社会形态世界观方面，它们与部落群体中心有关。这并不意味着群体成员已经形成了一种正常社会现实的独特意识，与客观的自然区分开来——这两个领域还没有明确分开
> （即生物层面和人类层面还没有明确分化/统一）。这一巫术—万物有灵 165
> 阶段是以传统的家族关系组织为特点的，在法律规范阶段之前，是一个以自我为中心的体系……[14]

对于认知人类学家而言，前思维期的思考运用的是形象、象征和概念（还不是复杂的规则和正式的思考），这也叫做“再现式思考”。因为象征和概念只是呈现和再现（形成和匹配）从外部世界感知的物体。因为这个原因，认知心理学家和认知人类学家认为再现式思考“接近于身体”。就是说，人类层面才刚刚出现，人脑也刚刚出现，所以相对而言，人脑还没有完全与生物层面、身体和感知运动智能分化开。[15]

这就是为什么哈贝马斯把这一阶段的自我认同叫做自然身份，或者以身体为基础的身份（像弗洛伊德所说的“自我首要地是身体自我”）。这还不是以大量的思维规则和角色为基础的身份——这在下一阶段才出现，是真正的思考——所以这一阶段的法律和道德与此类似，也是以身体为基础，决定于身体的实际需求和“单纯的感官快乐”。麦卡锡（McCarthy）总结道，在这一道德规范之前阶段，“个人遵循文化规则，并注重好与坏、对与错的分类，但是从身体上或者享乐的行为后果上解释这些分类（惩罚、奖赏或者互惠），或者按照那些宣布规则和分类的人的身体力量而确定。”[16]

这一阶段也被叫做“巫术阶段”（哈贝马斯、盖保瑟、皮亚杰），因为大脑和身体还相对没有分化，所以思维形象和符号经常与反应的身体行为

相混淆和等同，结果导致人们认为大脑意志可以“巫术般地”改变物质世界，像伏都教、公开咒语、拜物教、巫术仪式、交感巫术或普通巫术（下章讨论这个题目）[17]的情况一样。与此类似，另一方面的没有分化则是物体“有生命”，不仅有感知而且有个人意志（万物有灵）。

换句话说，因为生物层面和人类层面还没有明确地分化/统一，主观对
166 客观有特殊的力量（巫术），而且客观有特殊的主观特征（万物有灵）。这是否是真正意义上的“灵性”，我们将在后面探讨。

认知人类学家把这叫做“全球类并”或“不分化”。哈贝马斯作了解释：

> （在这些社会里）集体身份是通过这一事实获得的，即个体可以追溯到一个共同的祖先（家族关系），这样，就使得他们的世界观有了一个共同的演化来源。另一方面，个体的个人身份可以通过部落群体得到认可，这反过来可以看作其特点之一，属于互相作用（巫术）的范畴。因为社会现实还没有明确地同自然现实区分开来，社会世界的界限融入了整个世界的界限。社会体系没有明确的界限，就没有严格意义的自然或社会环境，与异族部落的交往要按照类似的家族联系来解释。[18]

这种混沌未分常常得到复古罗马人的赞颂，因为我相信他们错把混沌未分当作融合了。巫术—万物有灵结构，尽管对于精疲力竭的现代人而言似乎很可爱，却不是生物层面与人类层面的统一，因为它们还没有分化开来。

与此同时，由于同样的原因，“没有区别”也许体现了一种生态智慧，许多现代人正试图重新找回这种智慧，这可以理解。就是说，部落家族关系意识，正是由于仍然“接近于身体”，接近于生物层面，才有时候在“生态意义上更完善”，更与自然智慧保持和谐，与地球及其诸多状态保持和谐。既然如此，在当今生态灾难的时代，许多现代人试图重获适合于生物层面的部落意识的自然智慧就没有什么奇怪的了。

我完全赞同这种做法，但我不赞同让时光倒转，把这一结构提高到具有融合能力的特殊地位，因为它根本不具备这种能力。另外，人们对是否“接近于自然”就是“生态意义上的完善”极具争议。缺乏能力大规模地毁
167 坏环境并不就意味着智慧，更不用说敬畏环境了。伦斯基指出，实际上许多部落停留在某地，直到耗尽了该地的生态资源才被迫迁移。部落意识在任何情况下都接近于自然，是就没有分化的意义而言；生态意义上的完善则是另外一回事。

艾斯勒讲得很具体：“如果仔细审视过去和现在，我们会发现，无论是

过去还是现在，许多生活接近于自然的民族都经常盲目地破坏他们的环境。尽管有许多土著社会对自然很敬畏，但是一些非西方和西方的农民和游牧民族却过度放牧、过度开垦土地、滥伐森林。当人口压力剧增的时候，他们就毫无必要地、不假思索地把动物赶尽杀绝。今天我们能够从部落文化中学到很多东西，但重要的一点是，不能把一切非西方文化理想化，并且/或者把我们所有的问题归因于世俗科技时代。因为很明显，像同类相残、酷刑折磨以及女性外阴切除等部落做法在现代文明之前就已存在。而且一些土著社会像一些最'文明的'罗马帝王或'最神圣的'宗教审判官一样残酷。"[19]

雷尼·杜博思（René Dubos）对现有的证据作了如下总结："在全球范围内，在过去的所有年代，人类一直在掠夺自然、破坏生态平衡，通常是出于无知，但也是因为他们总是更关心眼前利益，而不是长远目标。另外，他们也不能预见他们是在制造生态灾难，他们也没有真正的其他选择。"[20]

西奥多·罗斯扎克（Theodore Roszak）本人就是某种"原始/部落智慧"的坚定倡导者，然而他也指出，在许多情况下，"部落社会滥用甚至毁灭他们的居住环境。在史前年代，地中海盆地的部落和游牧民族过度收割和过度放牧，情况非常严重，其导致的水土流失的痕迹现在仍然可以看到。他们对自然的朝圣感不能抵消对于居住环境造成长远破坏的无知。"

他还说，与此类似，其他土著或原始社会"由于无知，毁坏了居住环境，足以危及他们自己的生存。河谷被毁坏，森林被伐光，表层土壤也流失了。但破坏是有限的和暂时的。"[21]

换句话说，正确的结论是，原始/部落结构本身并不一定具有生态智慧，只是缺乏手段而已，否则其无知可以危及全球共有土地的更大部分。 168

部落时代和现代的生态破坏的主要区别不在于有没有智慧，而在于现代人的手段更危险，同样的无知可以导致更具毁灭性的结果。我们将会看到，我们高度发展的手段史无前例，导致了人类层面和生物层面同样高度严重的分裂，因此挽救的方法就不是恢复部落时代的生态无知方式（剥夺我们的手段），也不是继续现代的无知方式（自由市场会挽救我们），而是要进化到一种统一的意识方式——也是历史上第一次——把生物层面和人类层面统一到一个更高级更深刻的统一体中（这一切我们将在本章稍后探讨）。

人类进化已经超越了部落文化及其有限的统整全球社会的能力，这合情合理。部落可能会也可能不会知道如何一直敬畏自然；他们不能够统一其他部落，因为他们不能求助于起约束作用的规范的法律和道德标准，而这些不久就把分散的、冲突的部落意识联合成社会。在生物层面与自然的关系中并没有出现问题，而是在人类层面不同利益群体之间的冲突中出了问题，人类层面由于进化的统一力量使部落文化走到了极限。

哈贝马斯及其合作者［特别是柯劳斯·艾德（Klaus Eder）和林纳·杜博特（Rainer Dobert）］一直在认真研究人类学资料，并列举了使部落家族关系体系进化到终点的内在的局限性。

> 在进化史上大有前途的新石器时代社会，体系问题出现了，并且不能用适应能力对付，因为该能力受到家族关系组织原则的限制。例如，受生态影响的土地缺乏和人口密集问题或者是与社会财富分配不均相关的问题。这些问题，在那种结构里难以解决，并变得越来越明显，最终导致越来越频繁的冲突，使得古老的（巫术的）法律机构（仲裁法庭，封地法）不堪重负。
>
> 169 一些社会，由于这些问题造成了进化压力，因此利用其世界观的认知潜能（对于更高级的道德实用阶段的认知能力，当时社会还没有体现）——首先在试验的基础上——在一定传统的标准上（神话成员身份，具体思维）设立了裁决管理机构。这样，如作战首领就有权裁定冲突事件，不再根据权利分配，而是把以传统为基础的社会认可作为准则。法律不再是各团体赞同的东西。[22]

正是在这个时候，复杂的神话体系，无论其具有过其他任何功能，都开始首要地成为一种超越血缘联系、联合不同民族的方式。人类不仅在自我适应，也在自我超越。

> 要解释的现象是政治秩序的出现使社会形成，这样，社会成员可以属于不同的血统。社会融合的功能从家族关系转移到政治关系来完成。集体身份不再由共同的祖先来体现，而是由共同的统治者来体现（或者是领导者，或者是管理者，他们有时候会滥用这种新出现的权利，但不经常如此。稍后我们会回到哈贝马斯对此的看法；他目前正关注着这种新的变化带来的必要的、新的融合力量，而不是某一种具体的滥用权利——这种滥用权利的现象大量存在，他也进行了详细探讨）。
>
> 统治者有权行使合法（被认可的）权利。权利的合法性不能仅仅依靠通过家族关系地位获得的权威，因为以家庭地位为基础的要求，或者是以一般意义的合法家族关系为基础的要求，恰好受到统治者的政治权利的约束。合法权利的形成是以管理裁决功能和法官职能为基础的，这又发生在法律因具有传统道德特点被认可之后。这种情况的发生一般会在法官根据主体间认可的以及传统认可的法律准则做出裁决的时候，而不是仅仅为相关团体权利及其附属物作裁决而变得束手

束脚的时候。这时他可以既考虑行动者的意图，又考虑行为的具体后果，但他不会考虑对造成的破坏进行报复并恢复到以前的状态（这是传统道德形成以前的特点），而是惩罚过错方违反了规则。在这种情况下，合法权利具有了一种权利形式，可以按照传统的管理裁决形式使用处罚方式。与此同时，神话世界观——除解释功能以外——又获得了辩护功能……[23] 170

总而言之，我们需要的不是部落意识而是超部落意识，在一个更高和更广的共享基础上否定但保留迄今为止孤立的部落利益。是神话为这一新的超越提供了解答，而不是巫术。

因此，今天有些人颂扬原始部落社会，称赞其“生态智慧”，或者“对自然的敬畏”，或者是“非侵略性的方式”。我认为没有事实能够证明任何此类笼统概括的观点。相反，我颂扬原始部落社会是出于完全不同的原因：我们都是部落的子女。原始部落实际上是我们的根，我们的源头，后来一切的基础，后来人类进化的基础结构，人类历史赖以发展的至关重要的基石。

现存的部落、现在的民族、现在的文化和现在的成就——所有这一切联系都能一直追溯到原始部落的全子，人类家族就是以此为基础的。从这个角度回顾我们的祖先，我不禁敬畏和仰慕他们惊人的创造力——那种独创性的、突破性的创造力，使得人类从自然中崛起并开始建造人类层面。这一过程使天堂降临人间，使人间变为天堂，如果愿意的话，这一过程最终将会把世界上的民族联系起来，成为统一的全球部落。

为了做到这一点，最初的原始部落不得不寻找一种方式来超越孤立的部落家族联系：他们不得不寻找一种方式来超越部落，最终，是神话而不是巫术，为这一新的超越提供了解答。

神话 171

这种向以国家为组织的社会的过渡要求部落认同相对弱化，需要建立一个更抽象的认同实体（与身体的联系不再像以前那样紧密），不再以共同祖先的成员身份为基础，而是以共同的地域组织为基础。在此之前首先要认同一个统治者，他声称能够与有神话来源的力量有密切关系并能够优先接近。在神话世界观的结构中，不同部落传统的融合需要通过大规模的、神灵世界的融合扩张——这一解决办法后来证明不太可靠（并导致了下一个大变革，稍后会讨论）。[24]

并不是巫术—万物有灵社会没有神话，它们有神话。约瑟夫·坎贝尔解释道，正是合法神话的大量出现标志着最初国家的兴起——神话主题的巨大分化/融合——哈贝马斯的观点是这些神话对于社会具有很大的统一作用（既具有文化意义又有社会统合功能）。

如前所述，在以前的或者是巫术的结构中，个人身份是自然的或以身体为基础的，而集体身份是类似地以家族关系或血缘维系，特别是要有一个共同的祖先。没有共同的祖先（或家族联系），就没有办法在一定社会范围内融合不同的利益。然而，随着神话结构的出现，个人身份转换为角色身份，处在具有共同的政治（遗传上没有联系）领导者的社会中，该领导者具有合法性不是因为血缘联系，而是因为他（有时是她）与神话中的男神/女神的特殊关系——即“神话中的成员身份”。

在这种情况下，大量的遗传上没有关系的部落可以联合并统一起来，这是没有形成传统之前的巫术结构——接近于身体、接近于自然——永远做不到的。

> 只有过渡到以国家为组织的社会，神话世界观才有了合法结构
> 172 （统治者），这之前还要经过一个道德化了的法律阶段。这样对于神话的天真态度（巫术的特点）到那时一定已经改变了。从一个更强烈分化的暂时的视角看，神话已经成为一种传统，它不同于一般的社会现实，也不同于已部分客观化了的自然。这些高度发展的神话一直具有社会形态特点，形成了具有各种形态的联合体；在形态方面，该联合体类似于具体思维阶段（以及习俗阶段的道德）的以社会为中心的、客观的世界概念。[25]

稍后我们会详细探讨这些神话是否真正具有超越的、神秘的或蜕变的精神能力（像荣格和约瑟夫·坎贝尔坚持的那样）。

当前，我们只需注意这些不同的“时代”，例如巫术时代或神话时代，仅仅是指进化中那个具体的时间所具有的一般的意识方式——一种“重力中心”，整个社会围绕其运转。在任何一个时代，都会有一些个体的发展水平低于常规，而其他个体的发展则远远超出常规。

例如，哈贝马斯笃信，即使是在真正的巫术时代之前，一些个体的认知能力也已经明显地发展到了形式思维认知的程度，当然它还不是完全成形的结构，而是理解上的潜能。这个例子就是我在《来自伊甸园》中提到的最主要的优势或者是最先进的意识进化形式，这与同时代一般的形式形成对照。仍以巫术结构为例，我认为有证据清楚地表明，当时最先进的形式不只是形式思维认知（尽管我认为这明显存在），而是超越了该形式，达到了精神认知的水平，当然还不是完全成形的结构，而是某种理解和意识的潜在形式（关于这一点我会在第八章继续探讨）。

我的观点是，在每个时代，其最先进的方式——它们存在于很少的个体中，它们存在于具有相似深度的微观社会（住所、学院、协会）的相互交换中——不仅开始渗透到更高形式的普通认知（该时代的亚里士多德），而且发展到真正的超越的、超个人的、神秘的意识阶段（该时代的佛陀）。 173

这样，如我所述，在巫术时代，最先进的方式似乎是精神认知（表现为几个真正的萨满教巫师或者是瑜伽意识的先驱者）；在神话时代，最先进的方式似乎已达到了为人所知的一种微细水平（表现为几个真正的圣人）；在智力—自我中心时代，最先进的方式达到了因果水平（表现为几个贤者），这些内容会在第八章中进行探讨。[26]

但是神话时代的一般方式并没有达到更微妙、超越个人的境界，而是停留在对神话的具体、字面的解释上［例如，作为经验事实，摩西（Moses）的确离开了红海］。关于这些神话，只有可贵的极少数超越了个人灵感。然而，哈贝马斯指出，它们清楚地反映了由具体思维和传统道德支持的、以社会为中心的和狭义的融合，并且正是基于此，才对于使得社会融合超越部落和前习俗时代极端重要——这样一来，他们的超越地位显得特别重要但又非常有限度，似乎极有可能终止。

神话—理性时代

“理性”一词很难解释，一百万人有一百万个理解，其中有些意义并不好。另外，即使我们确定了“它”的意义，“它”还有不同的种类。例如，韦伯就把理性分为目的理性（例如科技知识）、形式理性（例如数学），还有主体间的或实用的理性（如道德和人际交往中表现的那样）。

认知心理学家和人类学家倾向于用理性表示“形式思维认知”，不仅表示思维的能力，还表示关于思维的思考（这样“思考”思维：“形式思维”）。因为你思考或反思你自己的思维过程，在某种程度上你就不受其约束；在某种程度上你就超越了思维过程；你可以采取与你自己不同的视角；你可以有假设的可能性；你还可以变得高度内省。如下章所述，这些就会 174
随着形式思维认知或理性的出现而存在。

另外，因为你可以反省自己的思维和行为方式，你就会寻求去证明你的思想和行为的正确性，不仅仅根据传授你的东西，或根据社会教给你的东西（这些都是以前具体的思维认知的受规则约束的、尊奉主义的、传统的或以社会为中心的方式），而是要根据对原因的反思以及对这些信仰的实际证据的反思。摩西真的离开了红海吗？

理性在这一意义上就是指为你的信仰寻求“合理的原因”。什么是证据？我为什么要相信这些？谁这样说的？你从哪里得到的这个想法？

最后，因为我们能够反思自己的思维过程，就在一定程度上摆脱了它们的束缚，就能够想象各种其他的可能性，我们就成了真正意义上的做梦者。其他的视角、其他的信仰、其他的视野展现在我们眼前，心灵可以在还没有看见的世界中飞翔。理性是通向未知的大门，通过它，而且在它之外，有许多尚未感知的秘密和尚未变为传统的秘密（这就是真正的神秘经验论是超理性的而且从来不反对理性的原因，“正确的思想”总是走在“正确的沉思”之前）。

这样看来，关于理性是“乏味和抽象的”以及“没有感情的”看法就是不恰当的。理性为可能性创造了更深广的空间，更深刻更博大的感情可以在其中自由驰骋，感情不再束缚于孤立的欲望，不再受制于狭隘的官方传统现实。理性是相对高级的发展方式，这通常意味着理性能够压制比它更低级的全子，特别是性和侵略的情绪，而这一点，通常会导致病态。正是理性的病态表现使得理性获得了一个坏名声（“乏味和抽象的”），但这决不是其作为整体结构的特点。然而，“理性”一词意义过于广泛，我们最好使用“合理性”一词——意义相同：你的合理性是什么？你为什么这样做？

这就是理性或合理性总是具有普遍适用性，而且高度统一的原因。如果我的合理性成立，我想知道它们合理或站得住脚不仅仅是对于我、我的部落或我的孤立的文化（不管它们多么重要）。举个例子，如果科学站得住
175 脚，我们就不会有一种印度化学，既不同于德国化学，又不同于希腊化学。只应该有一种化学，其真理性不是强加的，或强迫的，或是强加于意识的，而是对于任何愿意探究其原因的人都是自由开放的。

这并不意味着我们不会有特殊的文化差异，使得每个社会独特和特殊，这意味着只有理性才会让这些差异共存，将差异看作是一个更具普遍性的空间里的不同的视角。而这一点，如果让文化差异采取自己的传统的或以社会为中心的或以种族为中心的方式，永远都做不到。换句话说，只有理性使得一个真正全球的或全星球的网络开始出现，该网络不属于任何具体的社会，它可以使所有的社会拥有自己独特的和特殊的空间。

但是你可以想象一下，当神话结构（摩西离开了红海）遇到新兴的理性结构（离开了红海是什么意思？你的证据在哪里？），历史上究竟发生了什么？那的确是对的吗？像荷马（Homer）坚持认为的众神又撒谎又强奸？或者神话就是错的？普鲁塔克（Plutarch）记录了父亲对他说的话：“你问我们对众神的看法，并要求一切事情的合理性和证据。在我看来，你是在处理一个很大很危险的问题——或者说你是在提起一些本该置之不理的话题。”

雅典城流传下来的对苏格拉底（Socrates）的控诉开头这样写道：“苏

格拉底拒绝承认国家之神，所以有罪。”其结尾是：“必要的惩罚是死刑。”作为惯例，苏格拉底被问及是否能提出另一种惩罚，他提的是免费饱食终生。

苏格拉底拒绝为他安排的越狱行动，欣然喝下毒药。他选择了死亡而不是国家神话，为即将出现的合理性而死。

然而人类的其他方面，变化并不像这一变化那样快。相反，在神话和新兴的合理性的斗争中，传统神话结构首先被理性化了。就是说，古老的神话得到了理性的合理性支持。通常我把这一结构称为神话理性结构。[27]哈贝马斯并没有特别地使用神话—理性一词，他谈到了神话组织的理性化——一个基本类似的概念。

对这一神话—理性空间，哈贝马斯的评论很有意义。首先，我们讨论 176
的是理性的普遍化趋势——理性要把一种全球化的或全星球的意识接受、容纳并且融合起来。但是这种全球化或全星球的趋势首先表现为企图把一种具体的神话扩展到包含世界的维度。换句话说，这是一种军事企图，要尽可能地征服更多的民族。

哈贝马斯认为，因为这样，在历史上的这个时期，我们可以看到庞大的帝国在世界范围内兴起。从印加帝国到雅利安帝国，从阿兹特克帝国到亚历山大帝国，从可汗帝国到罗马帝国：帝国的来临是星球扩张的第一个野蛮的步伐，它通过征服极力超越孤立的文化。

一旦被征服，这些民族通常会被给予真正的平等的公民资格（许多情况下这包括妇女、奴隶和儿童的公民资格）。但是只有帝国本身征服了全球以后，这些公民才能成为全球公民——即只有每个人都接受了理性支持的神话——如果大家都成为某种神话的神灵或女神的“真正信仰者”（在当今世界这种类型的神话—帝国主义仍然存在），那么这是一种扭曲了的全星球的公民资格。

与此类似，古老的神话结构里暗含着另一种个别倾向，朝着全球化的或全星球的公民资格发展，即同一信仰的平等公民。尽管这也是朝着正确方向的蹒跚的一步，却也要面对各种神话本身互不相同这一事实。所有的基督徒，无论置身何处，无论肤色、种族或性别，都平等地得救；而所有的印度教徒都会去地狱。把他们带到全球各个角落的伟大帝国和伟大神话与自己固有的局限性抗争，要获得融合的力量，只是因为它们偶然相逢；消除这些不同的唯一方法是摒弃各自的引起不和的神话，转而寻求更全球化的合理性（下一个阶段，精神—理性阶段）。

此刻，由帝国传播的古老神话正力图寻求支持和被理性化，这已经意味着与纯粹神话思想的严重脱离，因为以前都是被全盘接受的。哈贝马斯认为：

> 由于这个原因，帝国化发展的文明（帝国）不得不寻求集体身份，这也预示了与神话思想的脱离。普遍的对于宗教的伟大创立者和伟大
> 177 的哲学家的解释为大众信仰打下了基础，传教的传统以及只允许抽象的标志物的做法起了作用。作为共同信仰的团体的成员，公民可以认可统治者以及他所代表的秩序，只要有可能使得政治统治在某种意义上似乎合理，并且使人们对置于绝对位置的世界秩序以及拯救的传承之物（神话信条）深信不疑。
>
> 各大帝国不得不把它们自身与非社会化的外部自然（生物层面）以及与帝国不相容的社会环境区分开来。但是因为集体身份现在只能通过反映共同要求的信条的方式获得，所以政治秩序不得不符合这个要求——帝国不仅仅在名义上是共同的（而且在试图征服全球的过程中）……
>
> 但是其他帝国的现实与某一帝国对边界和社会环境的定义并不相容。尽管存在着贸易关系，尽管改革四处渗透，帝国仍需保护着自己躲开这些危险；帝国之间，从制度化的外交政策意义而言，也没有保持外交关系。它们的政治存在并不依赖于互惠的认可制度（它们还不是真正的理性—全球化）。[28]

尽管目的是树立神话世界观，然而该世界观却在形式思维思想的帮助下树立了起来。如此，神话—理性世界的中心部分就以形式理性及其普遍化或全球化为基础：

> 这样就兴起了宇宙观的世界观、哲学以及更高形式的宗教（所谓的“理性宗教”），这些代替了引起争辩的神话故事的叙述性解释（它们各有合理性）。那些可以追溯到伟大创立者的传统很显然是可以传授的知识，可以作为教条，就是可以由专职人员加以理性化。他们表达的理性世界观既是形式思维思想的陈述，又是（传统形成后的）原则指导下的道德意识。[29]

178 但是世界观的树立还仅仅是一个过程。在所有最困难的历史蜕变之中，一种普遍的或全球化的合理性开始慢慢地代替地方的和引起不和的神话。这些神话，因其没有共同的证据得到普遍认可支持，只能获得军事和帝国的支持。

但是慢慢地，在东方和西方，开始出现理性哲学、理性科学、理性政策和理性宗教——其中有一些超越了合理性，但一切都以合理性为基础。这一基础使得任何人得以普遍互相理解，无论任何肤色、种族或信仰，只

要他愿意彼此谈论、互示证据、探讨合理性，而不是仅仅高喊教条和声称有神灵支持。

理性

合理性的全球化开始摆脱引起不和的神话，这时帝国就让位于现代国家——至少它们形式上彼此认可，彼此在星球上都拥有空间。这样，现代国家就与根深蒂固的各自的神话分离——极为重要的政教分离——并通过全球市场经济的形成进一步摆脱了经济圈的束缚，这一切都建立在普遍的合理性之上（然而最初现代国家还带有帝国主义的色彩，不是过多的合理性而是缺乏合理性）。

> 最高原则失去了毋庸置疑的特点；宗教信仰和理论态度开始反思。现代科学的进步和伦理实用意志的形成发展不会因享有绝对地位的（神话）命令——尽管也有其根据——而受歧视。这是第一次，已经包含在理性化世界观里的普遍（全球）潜能得以释放。世界统一不再能通过假设的统一原则（上帝、存在或自然）客观地实现，只能通过反思来维护，通过合理性来统一。理论的和实践的合理性的统一成为解读当代世界的关键问题……[30]

换句话说，不再只是这样的情况，即一个主体试图观察、理解并思考 179
一个客体世界（具体的运作），或是一个主体观察并且试图理解并思考自身，或是主体试图理解主体（形式思维）。突然地，非常突然地，人类发生了新的转变、新的超越，发现了一个新的和更深的内在，具有新的和更高的意识，而这种意识就是通过内省获得的。

我们将会看到，哈贝马斯、盖保瑟和我（还有其他很多人）认为这种新的（自我一理性）出现大约开始在公元前第一个千年的中叶，但在欧洲大约 16 世纪随着现代国家的兴起达到成熟。我们主要关注这一成熟期，尤其是注意到整个这一时期主要的理论体现了一种新型的内省。在哲学上，第一次，主题不是“要了解什么”而是“怎样了解”，不是“有什么物体”而是“求知的主体的结构是什么”。从苏格拉底的语义不明的“了解你自己”到休谟（Hume）、洛克、笛卡儿和康德［还有龙树（Nagarjuna）、金刚手（Garab Dorje）、智顗（Chih-i）、法藏（Fa-tsang）］的刨根问底的内省，我们一遍又一遍听到的共同主题就是内省。

随着“理性宗教”的兴起，我们看到的恰好是同样的事情：理性宗教并不意味着这些宗教仅仅是理性的——实际上，他们的目标在任何情况下都是要超越理性。但这是一些最初的伟大的宗教，他们不是立足于满是男神和女神的万神殿（这要通过巫术和神话礼仪来安抚），而是像拿撒勒的基督所作的那样，把这作为一个起点。

与此类似，佛教释迦牟尼的论述的基本信息是"不要担心那些男神、女神、神灵、来生等诸如此类，而要仔细地关注你自己的主体的本性、你的自我，深入到底，因为如果悟禅存在的话，就在于了解（并超越）主体自身。"所有这些都是非常非常新鲜的观点。

恰好是由于同样的原因，个体也不再认同于他们在社会上扮演的简单的、不加反省的角色，比如以社会为中心的、神话成员式的社会是这样的。
180 相反，在后习俗的社会中，个体在很多方面认同于他们的自由选择，在民法宽泛的限制之内作为自由的主体。换句话说，如哈贝马斯所言，自我认同替换了角色身份。

> 分散的个体决定领域是在资产阶级民法的框架内按照普遍原则组织的。由此可以假设，私有的、自主的、合法的主体在道德中立的交往范围内，以有目的的理性方式追求自己的利益，还要符合一般的（普遍的）原理。在从生产领域向普遍（全球）倾向转化的过程中，有一种个性结构发展的强烈的结构必然性，以自我认同代替传统的角色身份。（如我所言，哈贝马斯和我都认为，这一向自我认同转化的开始是在公元前第一个千年里发生的，但是随着现代国家的兴起，在欧洲大约是16世纪，才趋于成熟。）实际上，资产阶级社会获得解放了的成员，其传统（以社会为中心的）身份已经被粉碎，在本质上与其他公民一样，可以把自己看作是：(1) 民法范围内的自由和平等的主体，(2) 道德上自由的主体，(3) 政治上自由的主体（作为国家的民主公民的公民）。[31]

这是一个不同寻常的发展，促成这种发展有很多原因（本三部曲的第三部中将详细讨论）。但在此，让我们简单回顾一下本章前面提到的主题，而且至少要注意一下，这种新的自我理性的出现（与此同时，还有其他一些事物的出现，其中有人类层面与生物层面的分化）是怎样影响性别的，因为正是在这里我们发现了一些令人惊奇的大发展。

人类层面的解放

激进女权主义者认为，妇女的特别优势之一是她们多年来与地球、与自然和与身体赋形（实际上，激进女权主义者对女性价值体系的总结就是"共享的身体赋形"）的关系。激进女权主义者认为，妇女与体现了的自然
181 的特殊联系需要被尊重、被珍惜和被赞美。妇女和自然的联系是女权、自由和解放的源泉。

而自由女权主义者的观点恰恰相反，认为把妇女等同于自然恰恰是妇

女受压迫的、基本的和最重要的根源。认为妇女/自然“认同”正是多年以来（准确地讲，从第一天起）被男人利用把妇女排除在人类层面以外（排除在公共、生产、法律、文化和权力行使的范围之外）的基本身份。“妇女＝自然”直接可以转化为“光脚、怀孕、在厨房里”。激进女权主义者竟然会有这样的想法就已经让自由女权主义者震惊，更不用说让他们还赞成这样的想法。

但我的观点是，一旦人类层面与生物层面分离，整个世界在过去、甚至现在就完全不同了，过去的所有等式突然具有全新的意义。尽管有些意义在过去可能是压迫性的，在新的世界（准确地说，在新的世界空间中）却不一定具有压迫性。

首先，即使激进女权主义者是对的——妇女的特殊力量是植根于自然和身体（生物层面）——但是人类层面和生物层面的分离意味着妇女不再仅仅如此，不只是如此，不唯有如此。因为此刻人类层面和生物层面已经在群体的范围内明确分离了，这是第一次唯一的身份“妇女/自然”不再需要，不再恰当，或者甚至不再相关（作为唯一的身份并不能否认激进女权主义者的观点，即妇女与地球、与自然、与身体有特殊的联系，这只是意味着这不是其全部或拥有的全部）。

正是在这里，在明确分化了的人类层面里，妇女没有任何合理性不能进入公共机构（带着她们自己的共享形式）。生物角色不再是基本的了；体力也不再是公共权力的主要决定因素；生物层面进化的要素让位于人类层面进化的要素，所以权利开始代替强权。这种权利使得女性在刚刚分化的世界里拥有自主权（agency），该权利在从前并没有被剥夺，只是在从前没有意义（在任何集体规模上）。

的确，恰恰在这里，以前从没有过，我们第一次看到广泛的、有组织的妇女运动的兴起。这种运动不只是不满于这种或者那种具体的虐待（这 182
些虐待从第一天起就有），而是关于妇女整体在社会上的地位。

这是全新的——一种新的事物，一种新的超越，一种要求新的融合的新的分化——妇女成为公共的历史的行使权力者（如我们所见，这种角色从前多是落在作为父亲的男性身上）。

这样，在此之前，我们就见不到广泛的妇女运动。这不是因为妇女被欺骗了，或者被洗脑，或者是被驯服的奴隶，而是因为女权意义上的解放［妇女作为自由的行使权力者（agent）］在生物层面和人类层面明确分化之前实际上没有意义，表现在：其一，国家和经济圈还没有明确分化（如我们所言，这两者在大约 16 世纪才趋于成熟）。[32] 其二，在此刻，而不是从前，妇女作为自由的行使权力者的权利才会有深刻的意义和巨大的吸引力。

的确，历史上第一篇伟大的女权主义论文就是玛莉·沃斯通克拉夫特（Mary Wollstone craft）写于1792年的《为妇女权利辩护》（*Vindication of the Rights of Woman*）。[33]妇女并不是在一百万年的骗局以后突然变得强壮、智慧和负责，而是一百万年以来，她们一直在发掘生物层面的自然智慧，使用着同样的智慧、力量和眼光。现在，她们看到了人类层面的第一个结构上的机会，于是立即在此采取行动。仅仅二百年以后——这只是进化史上的一瞬——妇女就可以进入公共的和政治的权力领域，其表现形式是选举权和拥有财产权。社会生活的结构条件刚刚发生变化，重心从生物层面转到人类层面，妇女就以惊人的速度采取了行动。

自此以后，父亲的角色（男性的家庭化）就不足以连接两个价值体系，这就要求必须有作为历史的行使权力者（agent）的女性角色参与，她们是平等的人类层面的行为者（agent）[不仅体现在共享上，而且体现在权力的行使（agency）与文化相适应上]。据此自由女权主义者找到了最强有力的论据和其不可动摇的道德权威。

但因为人类层面超越并且包括生物层面，自由女权主义者不能接受激进女权主义者并且附加上自己的额外要求就没有合理性。这并不像一块平
183 面上的游戏，有人多一块就意味着别人少一块。在一块多层次的土地上，在真正的宇宙中，两者获得的越多越好。

换句话说，特别植根于生物层面的确有合理性值得声明——毫不夸张地说，明智的妇女有一百万年的悠久的传统。她们能够感觉到自然中体现和共享的潮流，并且用治疗仪式和联系智慧的感知方式来庆祝。这种联系的智慧不只是崇拜行使威力的太阳和其耀眼的光芒，而且在深处和官能上的暗处找到了互相关联的方式。这种关联认为关爱高于力量，养育高于自以为是；这种关联用关心把碎片重新编织了起来，促成了维护我们个体和整体的共享和无人赞颂的联系。最重要的是，这种智慧认识到了自我通常是处在联系中的自我。

自由女权主义的立场应该高兴地接受这一切。植根之处，然后附加上自己的特殊的思想和要求——这些要求可能实现，恰好是由于历史上第一次出现了这样不同寻常的新生事物，由于人类层面和生物层面的分化，由于全球理性的出现——这些要求恰好也是哈贝马斯详加论述的可能性，现在又应验到妇女身上：(1) 成为民法允许的自由和平等的主体，(2) 成为道德上自由的主体，(3) 成为政治上自由的主体。这是自由女权主义的颠扑不破的真理和特长。自由女权主义此时出现，而不是之前，正是要宣告这一真理。

这是事情的最后一次转折。如果生物层面和人类层面的分化[还有三

大领域（the Big Three）的分化］是随着现代化真正开始的，现在我们却会看到，这种分化在很多方面慢慢地转化为分裂（dissociation）。这使得激进女权主义者的融合因素显得重要和急迫。不知为何我们已经忘记了我们的身体。

另外，因为"妇女、身体、自然"一直是同一分裂的结构的不同方面，这给了生态女权主义者的担忧一定的合理性（尽管我们没有必要接受其理论和历史解释，这些解释通常是意识形态方面的）。

这都是我一直以来所指的新的融合的一部分（"半人半马的"、"视觉逻
辑的"），其中包括头脑和身体的融合，人类层面和生物层面的融合（在分 184
化之后）。还因为，不管什么原因，在史前和有史以来，妇女、身体[34]和自然之间就有一种特殊的联系，头脑和身体的融合实际上等于男性和女性的融合——在我们每个人身上。

在此刻，男性和女性都有一只脚在生物层面里，而另一只脚在人类层面里——这是新的、完全史无前例的融合，其准确的意义我们还没有完全了解。

这就是有关过去的研究对我们没有真正的帮助的原因。依赖继承下来的原型和古老的神话主题对于研究这种新兴的、史无前例的事件帮助甚小。与此类似，很多生态女权主义者感觉到不得不指出一种过去的社会（几乎总是采集式的），在那里妇女是平等的。这是为了说明这样的平等至少是人类自然和人类社会的一种可能性。但我的观点是，这种可能性本身是新兴的——从前不是，而现在出现了——所以我们没有必要为了找寻未来的希望而随意地解释过去。

我们面对的是一个新生事物，不是古尸，是接生，不是掘墓。

所以我认为在某些方面这是很有象征意义的，就是玛莉·沃斯通克拉夫特死了，然后玛丽·雪莱（Mary Shelley）出生，她又写了《弗兰肯斯坦》（*Frankenstein*）。有人死亡，有人降生，又有了一个怪物。

当人类层面里的男人和女人的新的和从未有过的角色继续凸显的时候，男人和女人相互对视就会惊呼"那个怪物！"据此，我认为双方都需要一些善意。在这个全新的、艰难的融合过程中——死亡和新生——每种性别都是对方创造的怪物。

视觉逻辑/全球性

把我们带到现在的、新的融合正在四个象限内极力显现：

> 我们不再关心文化的变形，而是关心从一种文化阶段向另一种文化阶段的过渡。在以前的时代，地球表面只有一小部分为人所知。那
> 时候人们的目光从最小的社区望出去是大一些的社区，再向外就是巨 185

> 大的未知空间。可以说，他们都是孤立的，为外界所困。而现在，我们的视野已不再局限于地球表面的某一点空间。我们能够探索整个行星。而这个事实，这种视野的局限，是新的事物。

这些话是伟大的莱奥·弗罗贝纽斯（Leo Frobenius）1929 年在他的《土地遗迹》（*Monumenta Terrarum*）一书中所写的。弗罗贝纽斯把以前的时代，即理性的早期出现及其不同寻常的发现叫做不朽的时代，而他把刚刚开始的、正在发展的时代叫做全球或者世界文化。

理性在继续探求一种真正普遍的或者是全球的或者是全行星的世界观，这当然不是强迫性的，但最终理性要让位于一种新的认知方式，我将其称做视觉逻辑或者网络逻辑。理性会提供各种可能的视角，视觉逻辑却把它们叠加为整体，这就是一种新的更高级的内部全子。奥洛宾多曾经给视觉逻辑做了一个经典的表述：“它能够用单个的意念表述自己，但其最具特色的运动是宏观构思，是一个系统或整体，能在一个视角上透视真理；它是意念和意念相联系，真理和真理相联系，在参与构成的整体中反观自身。”

我在这本书里想要做的，还有你阅读这本书（或者其他类似的书）的时候想要做的，就是使用视觉逻辑：不仅是对个别的问题做出决定，而要立刻在头脑中把它们放在一起，并且判断作为视觉真理它们如何契合到一起。换句话说，视觉逻辑是一个高级的全子，在低级的全子之上起作用（并且超越它们），例如简单的理性本身。既如此，视觉逻辑可以在头脑中包含矛盾，它可以统一对立面，它是辩证的和非线性的，它把其他情况下看上去不相容的意念编织到一起，只要它们在新的更高级的全子中联系在一起，它们的片面性就会被否定，而正面作用被保留。

例如，这是黑格尔所说的相对于“理解”（或者是更简单的，有关命题的经验分析的理性，或亚里士多德式的逻辑）的“合理性”。这就是为什么黑格尔认为合理性（视觉逻辑）的最主要的特点是统一对立面的能力和在差异中寻求等同。（既如此，黑格尔就是最早的有关视觉逻辑的伟大的哲学家之一，此外像谢林、怀特海，还有我们会提到的一些其他人。不仅仅是因为他们所持的系统整体——以前已经尝试过——而是因为他们明显地把
186 握了差异中求等同或者是“没有分支的合理性”或者是视觉逻辑，这之外就是超越理性的整体。）

正是视觉逻辑推动着或者是使得真正的全球性的文化成为可能（或者说，促成了最初的全球性的组织的真正形式，我们会看到，这些形式很可能要往更高的范畴发展）。

请注意，我们讲到过哈贝马斯论述了自我认同（首先是男人获得，很快妇女也获得了）的出现（在集体规模上开始于 16 世纪的欧洲），那时所

有的人都被看作是：(1) 民法中自由和平等的主体，(2) 道德上自由的主体，(3) 作为民主国家公民的政治上自由的主体（这在历史上第一次最终结束了奴隶制并且从法律上支持奴隶解放）。

但是哈贝马斯继续讲道："这些抽象的决定因素特别适合于世界公民的身份，而不适合于那些维持（和保护）自身区别于其他国家的具体国家的公民。"[35] 换句话说，关于法律上、道德上、政治上自由的主体，这种情况实际上适用于世界公民，不仅仅适用于这个或那个国家的公民。由理性创造的自由的主体，不能轻易地或者长久地局限于国家，而应该属于哈贝马斯所称的"全球性的交往形式"和"所有参照系统中永远的变量"，即视觉逻辑。

这样，真正的世界公民不是属于国家组织而是属于全球性组织（如哈贝马斯所言，"在超国家水平上协调的需求不可能轻易得到满足，只要政府仅仅在国家决策方面使自身合法化。"[36]）现代的民族国家是在最初的理性基础上建立的，已经面临自身内部的矛盾和局限，这只能由视觉逻辑/全球性蜕变来解决。

视觉逻辑中的半人半马

我把视觉逻辑的世界观或世界空间称为"存在的"或"半人半马的"。我们稍后再考察"存在的"这一特点。森陶尔（Centaur）是一种神话中的野兽，半人半马，我［还有其他人，如休伯特·贝努瓦（Hubert Benoit）和埃里克·埃里克森（Erik Erikson）］把它看作是身体和头脑，或生物层面和人类层面融合的象征。因为的确是仅仅几百年以前，我们才最终明确 187
分化了这两大领域，同样确凿的是我们至今还没有找到融合它们的方式。相反，生物层面和人类层面的必需的分化现在却显然进入了分裂（dissociation）的起始阶段，而且有些生态学家感觉到这种分裂正迅速变得不可逆转。即使并非如此，正在发生的某种分裂也是不可否认的。

我认为，在全球范围内迫切需要的，不是部落巫术的不分离状态或者神性介入的帝国主义，而是视觉逻辑的融合的力量。在我看来，唯有具有半人半马的/全球性的世界观的视觉逻辑，才拥有唯一的希望来融合生物层面和人类层面，建立具有全球意识的超国家组织，真正地重视生态平衡，实现没有限制的、没有强迫的全球对话的形式，实现世界范围内交往的无限制的流动，产生真正的世界公民，把女性的作用（即在人类层面和生物层面中实现男性和女性的融合）融入文化中——在我看来，所有这一切还只是一个平台，期待着我们集体的未来中，会出现更高级的超越个人的意识状态的、真正有趣的形式——如果有的话。

盖保瑟把新出现的视觉逻辑称作“完整的非视角的”头脑，这是一个特别恰当的词语。以前的结构（自我理性式）被他称为“理性视角的”结构，因为如我们所见，理性的确有不同的视角。但是视觉逻辑，或完整的非视角的头脑，把所有的视角加在一起，所以不给任何视角以最终特权：它是非视角的。

换句话说，非视角的头脑，具有彻底的全子性：某一整体包含在更大的整体里，更大的整体包含在更大的整体里，以至无穷。当然，每一种意识结构实际上都有全子性质（只有全子），但是视觉逻辑第一次有意识地把握住了这一事实，并且发现其自身的运作对于自身而言越来越透明（盖保瑟认为透明性是完整的非视角头脑的主要特点）。他认为：“非视角性在一
188 种正在显现的意识结构里面表现自身，所以是新的。我们应该把这种新结构看作意识的‘完整结构’，把正在显现的世界的形态看作‘非视角世界’。”

盖保瑟的代表作《永存的起源》（*The Ever-Present Origin*）完成于1953年，是他几十年来思考和研究的结晶。他于1973年去世，没能看到在今天的后现代的世界中非视角主义已经全面爆发。非视角的视觉逻辑不仅刻画了后现代性（其最好的方面），还刻画了后现代性的许多自我意识的问题：个体不仅仅意识到了全子的非视角的空间，还常常完全迷失其中。比如，后现代后结构主义者已经不再说没有最终的整体背景和视角，而是说任何视角都不会比其他视角优越，它们会在自己的永远后退的全子的迷宫里难以控制地倾斜，迷失在非视角的空间里。

认为所有的视角相互关联，或者没有一种视角是最终的（非视角主义），并不意味着视角当中没有相对的优劣。后现代后结构主义者过去说“没有最终的视角”（或“视角是无限的”），现在说“所以，任何视角都不会比其他视角优越”。这种把视角平等化的看法并不是认为所有的视角相互关联，其本身却是一种个别的暗中享有特权的视角（如我们所见，其最终会变得自我矛盾：除了我的以外没有优越的视角，就是说所有其他的视角不如我的优越）。后现代后结构主义者把他们自己的非视角的疯狂混同于文学和政治批评，我认为，他们是在跟随巴塔耶的先锋式的疯狂。

但是我认为，盖保瑟会同意这一点，就是最近的事件支持了他的论点：无论是好是坏，世界正处在分娩的阵痛之中，一种全新的意识结构的大规模出现就要来临，这是视觉逻辑的半人半马，是完整的非视角的头脑。

盖保瑟把这种蜕变称作“意识的突变”，强调其突然出现的特点。尽管如此，每种结构都是在逐渐发展，超越并且容纳先前的结构。“这些意识的突变没有造成先前的可能性和特点的消失，而是突然把它们囊括到一个新的结构中。意识突变的过程中有一种重新安排的过程，超越了受时空限制

的事件的范围，这是（新兴的）过程，呈现出非连续性，或者跳跃性。随 189
着每一次新的意识突变，意识都会更有力地发展。”[37]

这种新的、完整的非视角的结构当然是融合性的。但是完整的视觉逻辑不只是先前的组成部分之和，就是说，是水平的扩张，不是垂直的创造性的出现（和超越）。如盖保瑟所说：“在一定程度上部分总是整体的背叛，为此，部分之和只能产生虚构的而不是有效的整体。”同样，视觉逻辑的辩证结构——即思维中的对立面的统一（作为“相互渗透”）——是完整结构的标志，是“新兴的非视角意识的本质特点”。

但要强调的的确是融合。盖保瑟的最好的解释者乔治·费厄斯坦（Georg Feuerstein）这样评论完整的非视角的结构：“这种新生的意识结构，在人类历史上第一次促成了所有以前的（但是共存的）结构的有意识的融合，通过这一融合行为，人类的个性变得对于自身透明了……”[38]

与此类似，半人半马的完整的意识以新的透明性融合了身体和头脑；生物层面和人类层面刚刚最终分化，现在又可以在新的范围内融合。费厄斯坦因此把这种新的结构称为“与精神和身体都相关的”结构，包括“身体的复活”，诸如整体医疗和生态意识等的运动也证明了这一点。他说：“这是整个身体的事件，通过活生生的身体来感觉。它不会以任何形式从身体的存在中逃逸。相反，它的基础是一如既往地接受或者从根本上信任肉体存在。这是一种透明的身体头脑。”

正是因为半人半马的意识超越且但包含了“语言—思维—自我”的范畴，其整个领域自身对于半人半马的意识而言，才变得越来越客观，越来越透明。从前被“语言—思维—自我”的自我利用来审视（并且共同创造）世界的结构，现在越来越变成意识的对象和半人半马的意识研究的对象（不再只是头脑客观地“反映式地”观察外部世界——即“反映的模式”——而是头脑以主体间的方式观察头脑）。

这符合盖保瑟的观点，即完整的非视角意识是一种特殊的语言意识。如他所言，“如果认识到语言的起始和创造性的特点，语言本身可以认为是 190
一种原始的现象。从结构上而言，很明显出现了语法方面的新的估价和句法自由方面新的应用”（在此我们又回到了福柯和德里达的轨迹，还有追溯到索绪尔的整个的“语言学转向”）。

同样，盖保瑟把完整的非视角的结构与现象学的多数形式的出现联系了起来，现象学强调“后理性的模式”也是“体现出来的”。他特别注重柏格森、胡塞尔（Husserl）和海德格尔，尽管他对他们也有尖锐的批评（最后一位也是后结构主义的“先驱”，他的对于理性主义本体论的破坏在德里达看来就是解构）。

盖保瑟的天赋充分表现在他精彩的描述中，涉及这一全球范围内正在进行变化的各个领域，即从理性视角到完整的非视角主义的变化。我不想对他的精彩的论述详加讨论。[读者们可以参阅《永存的起源》一书——这是迄今为止关于“新的世界蜕变”的最具开拓性的著作，还有一本出色的入门著作即乔治·费厄斯坦的《意识结构》(*Structures of Consciousness*)。]

盖保瑟对于非视角结构了解得十分详尽，他能够指出非视角结构所显现的哪怕是最隐秘的迹象。下面只是他加以详尽描述的几个领域（请记住，他的《永存的起源》一书发表于1953年，所以下面列举的只包括视觉逻辑出现的一些最早的迹象，那些运动中有“后理性的”或“后结构的”或者最好是“后现代的”运动，那些运动试图克服“自我描述的主体”和“人类时代”，那些运动不仅仅指向三大领域的分化，还有它们的融合）：生物学［例如，汉斯·杜里舒、德弗里斯（Hugo、de Vries）］，数学［希尔伯特（Hilbert）的公理学］，心理学（弗洛伊德和荣格，特别强调深度心理学），哲学（语言学，现象学），法学［在此关爱和“责任进入了法律语言，与正义和权力并列……这导致了“公开的正义”，一种迄今为止不可能的灵活性——注意行为权（agency-rights）和共享—责任的融合，这是我们假定的半人半马的标志之一］，经济学［费厄斯坦把E.F.舒马赫（E.F. Schumacher）看作最新的代表］，历史学［例如，阿诺德·汤因比（Arnold Toynbee）和瑞士历史学家凡·萨利斯(J. R. von Salis)］，音乐［勋伯
191 格（Schoenberg）、伊戈尔·斯特拉文斯基（Stravinsky）认为“新的音乐是非视角的，只要它试图克服审美方面的节拍和音高的一成不变”］，建筑学［弗兰克·赖特（Frank Wright）、柯布西耶（Corbusier）、阿尔瓦·阿尔托（Alvar Aalto）］，绘画［德拉克洛瓦（Delacroix）“反抗直线的独裁，而塞尚（Cézanne）首先正式挑战视角的一统天下”］，当然还有新的物理学，特别是与爱因斯坦（Einstein）和普朗克（Planck）相关的［尽管这并不像普及物理学的人，如弗莱德·阿兰·沃尔夫（Fred Alan Wolf）所认为的，“是神秘经验论的证据”，如费厄斯坦所言，“在新的物理学中如果忽视神话倾向是鲁莽的，盖保瑟把这看作是倒退的而不是融合的做法”］。

至于半人半马的完整的维度作为完全以世界为中心的视觉，盖保瑟把它称为“普遍完整的”、“对世界开放的”和“对世界透明的”——而这一点，我认为费厄斯坦是正确的，他把这等同于新兴的全球性的或全行星性的文化。按照盖保瑟的说法，自我理性的世界的视角被“开放的世界的开放的领域所替代”，即“非视角的世界”——这是以世界为中心的视角的最高峰，开始于理性，终结于视觉逻辑。

盖保瑟和我（包括墨菲和哈贝马斯以及任何持进化倾向的理论家）都

没有把“非视角的、以世界为中心的”结构的出现看作是必然的，或有某种保证的。像墨菲所说的那样，进化的过程不仅有发展还有曲折；发展的时候，也不总是“辩证的发展”；总是存在着一切都毁掉的可能性，进化可能有一个错误的转向（短期内），但错误的转向内也包含我们：由人类层面和生物层面的分化导致的压力会使得整个系统难以维持。我们已经充分看到，进化是不能预测的，只能重建。

完整的结构是完整的这一事实也不能保证必要的融合真的会发生。用我们一直沿用的话来说，完整的结构能够融合物理层面、生物层面和人类层面——它具有这种融合的潜力。这种潜力是否能够实现要靠你和我，要靠我们每个人具体的行动。

像往常一样，我们需要创造属于自己的未来。

图 5—1 表示的是我们进化的曲线的四个象限的总结。像所有的图一样，它表示的仅仅是图示，没有包括的远多于已经包括的。它用来表示迄 192
今为止的四个象限和几个里程碑。

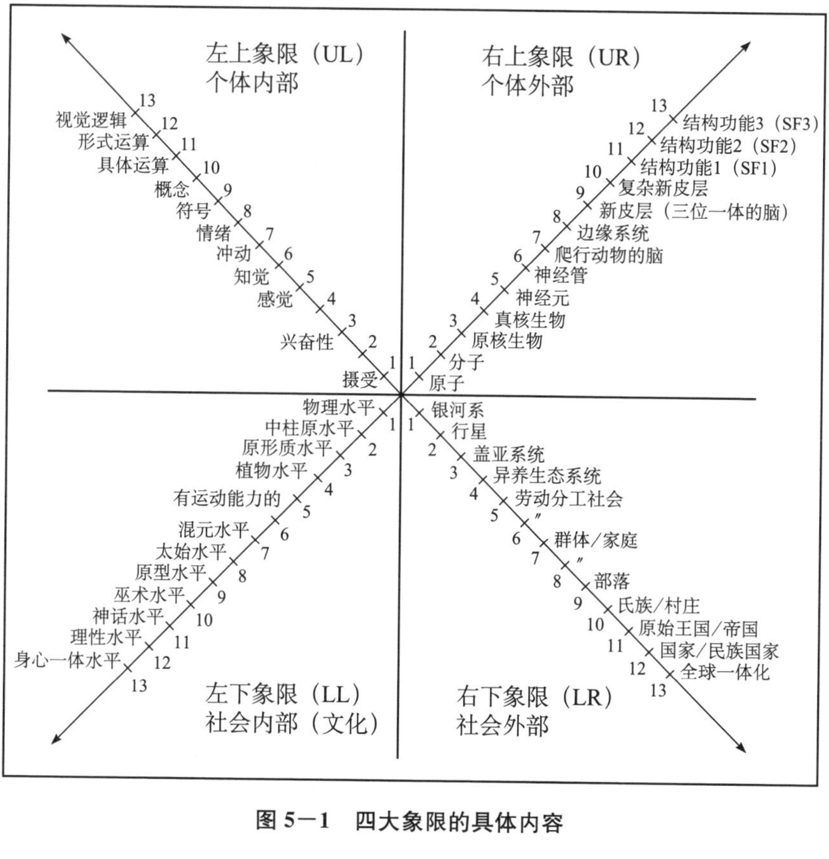

图 5—1　四大象限的具体内容

下面是有关图的几点说明：右下象限中，进化发展到了人类领域，我只标明了地理政治结构的最具体的形式。但这一象限包括人类交往的社会方面的外部，包括生产力和技术经济模式（弓箭、采集工具、耕作器具、工业机械、计算机等），建筑结构，交通系统，物理的基础设施，甚至是书籍的书写（材料）形式，法律编码，语言结构，语言标记等。与此相似，左下象限是文化象限，而我只列入了世界观，但这一象限还包括解释性的理解，总体上的文化意义，集体的和群体的身份，主体间的道德和伦理的理解，等等。[39]

右上象限中，进化发展到了人类阶段，我把状态标为 SF1、SF2 和 SF3。这是人类大脑的结构功能，和具体思维功能、形式思维功能及视觉逻辑对应。当前的这些可以用 PET 或其他高级的仪器绘图，无论如何，我只是指出它们与符号的相互关系。大家都同意大脑的生理中头脑状态与结构有某种关联，我用符号 SF1 等表示的就是这些。[40]

当然，如果把这个图画成倒置的金字塔会更好，这样每个象限中的几个多维的关系可以更好地表示。但这样就会失去某一种简单方式的优点。只要能表示出图示化的和简单的特点，这个图就足够了。在后面的叙述中，我们还会利用这个图——和四个象限——所表达的意义。

蜕变中的世界

半人半马的/全球性的蜕变现在正步履蹒跚，但的确在发展，我在此只是捎带着讲几句（本书第三部全都是讨论这一话题）。

从前的神话帝国（东、西、南、北）及其一脉相承的等级统治秩序的
194 解体，是由于自我理性的出现（无论在哪里出现）和角色身份向自我认同的转变，还有民主国家的兴起，等级统治被替代，出现了法律：（1）民法允许的自由和平等的主体，（2）道德上自由的主体，（3）作为民主国家公民的政治上自由的主体。

当然，现在还存在着想要主宰世界的神话帝国主义——如果你接受某种神话（及其特有的等级统治），帝国主义就会赋予你平等的世界公民的地位。如果你不想接受这种神话，他们会很高兴帮助你这样做。从全球的各个角落我们还都能够听到神话的原教旨主义者的叫嚣声。他们披着世俗的或宗教的外衣，却从不掩盖其通过支配来拯救别人的动机（这些社会中的妇女像男人一样支持这种支配）。

尽管理性的出现促成了世界空间，其中的人们可以被看作法律上自由和平等的主体，以及作为公民政治上自由的主体，理性却没有产生，迄今为止没有产生全球性质（不只是国内）的蜕变。这种蜕变会以非强迫和非

支配的方式给予世界以社会权力。驱动这一世界的是对于我们人类共同拥有的事物的认识，不是共同信奉某种具体的分裂性的神话，也不是因为我们都是某个民族中心主义的部落的成员（尽管在以世界为中心的语境中，也珍惜和尊重那些差异）。

但是有一个重要的例外。人类历史上唯一严肃的全球性的社会运动，就是国际劳动运动。该运动有一个伟大的、持久的而且真正的优点——还有一个完全致命的弱点。优点是它发现了不分种族、信仰、国籍、神话或性别，人类所具有的一个共同特点：我们必须通过一种或另一种社会劳动来谋求生存，我们都必须吃饭。正因为如此，社会劳动就使我们共处一舟，都成为世界公民。该运动足够求真，足够严肃，因而很快让许多人接受，并启动了第一次现代的以全球为目的的革命。

这是它的真正了不起的优点。它的致命弱点是不仅仅把高尚的文化诉求建立在经济和物质领域（物理层面）上，也不仅仅把它们建立在社会劳 195
动和物质交换之上——而是把文化诉求降低到物质交换上，降低到其最小公分母上，降低到物质生产、物质价值、物质手段上，而其他的更高级的生产，特别是精神性生产，仅仅成了大众的麻醉剂。[41]

简而言之，国际劳动运动没有仅仅把人类层面建立在物理层面之上（由于个体相加，这是至关重要的），而是把人类层面降低到物理层面的水平，这是惊人的贬低，以至于不到一百年，进化的过程就开始着手消除这个错误。

另外一种表现出或者宣称有可能强调全球公民的运动是绿色（Greens）运动。尽管我对这种诉求怀有巨大的同情，但我认为这一运动根本不可能有融合的潜力，来建立一个世界公民的全球性的联邦，而且其公民拥护其主张（是的，可以强迫他们接受这些主张，但那就不是没有限制的全球性的对话，而是新的强迫）。

绿色主义者从高级领域降低到低级领域，仅仅因为不争的事实是低级领域更基本（所以更必要，但是却不足以产生更高级更深入的生活）。绿色主义者把关注的事情降低到生物层面的生态交换，不能回避这一事实，即这还是一种最低公分母的方法，在一定范围内是正确的和重要的，可是一旦超出了范围就是灾难性的，也完全不能使得世界公民超越这一范围。

绿色主义者当作哲学平台的两个中心观念是：（1）文化人类层面是更大的生物层面的整体的一部分，（2）生命网络系统理论。我们可以看到，第一个观念是错误的，而我们也可以看到，第二个观念显然是一种降低级别主义的形式。生物层面的确比人类层面更基本，不是因为它更高级，而恰恰 196
因为它更低级更浅薄。在进化的层次中，更低级的总是先出现，而且总是最先被看重。

但是绿色主义者们（一直到最早的地球）把“最先的”误认为是“最后的”。他们在生物物质领域徘徊，把找到的错误认识更正，这是可敬的和高尚的，但是最终他们停留在那里，没有可能去融合更深刻的意识、更高级的信念、更宽广的视野，或是真正的解脱（只是一种理论的、倒退的、局限于生物层面的分离）。而且，他们把真正更深刻或更高级的诉求称作“逃跑主义的”，“鸦片麻醉剂的”、“幻觉的”和“错误的意识”——这是些社会降低级别主义者的惯用的称谓。

而我们需要的是以当前历史现实为根据的、更加融合性的方法。一种全球性的文化实际上不得不涉及物理层面的平等的物质经济分配，也不得不涉及生物层面的可持续生态分配（绿色主义一贯的观点）。但是它还要走得更远，要具体地不降低级别地对待人类层面，及其分配形式和错误认识。这样做的时候全球文化还要用另外的方法，而不是利用降低级别主义的生命网络理论，如果它要自由地面对全球的动机的话。全球文化必须致力于建立自由人类层面交换的特殊理论，这要包含并且超越对于生态的关注。[42]

社会劳动能够把世界公民团结到一种程度，也只能到一种程度，即我们共同拥有物质。绿色主义能够把世界公民团结到一种程度，也只能到一种程度，即我们共同拥有身体。但是如果要把世界公民在半人半马的基础上团结到我们共同拥有物质还有身体和头脑的程度（不用说在这一切之前的精神和自我），就需要具有巨大的融合力量的（作为普遍完整的非视角的）视觉逻辑运动。绿色主义提供了一个有前景的平台，但是如果不有所进步的话（它没有走更远，忽视了人类层面的交换），就会被资本生产的自我理性结构所占据，我们就只能做到让麦当劳用可以循环利用的袋子出售汉堡包。这离可以叫作全球性蜕变的情景还有很远。

与此同时，这一为新出现的世界文化所设的平台却正在由物质经济交
197 换的国际市场来建造，由越来越自由的理性结构的交换来建造，特别是经验分析科学和计算机传播的信息（“信息时代”就是“人类层面时代”）。所有这一切都具有超国家的根本特点（稍后我们会回到这一点上）。

至于正在到来的蜕变本身，像过去的所有蜕变一样，正在那些个人的心灵和头脑里建造。他们已经发展到半人半马的全球性视野。因为这些个人以新世界观的形式（即半人半马的全球性的形式）创造了一种“认知的潜能”，反过来又融入现行的主流的社会机构中，直到先前“边缘化了的”世界观以机构的形式留存，然后把集体意识推举到新的更高的释放形式。[43]像通常一样，这种革命来自内部，又融入无形。

此刻[44]，除了我们每个个人能做的内部工作，我还没有看到有明显的集体的形式体现了新的和更深刻的内部融入。

发展的辩证法

请回忆一下，进化的一个决定性的方面就是会带来新的出现的可能性，所以也会有新的可能的病态。哈贝马斯从不同的角度出发，得出了相同的结论。他将之称为“发展的辩证法”。

> 在进化方面重要的革新不仅意味着新的学习水平，还有新的问题情况，即伴随着新的社会形式会有新的类别的负担。发展的辩证可以通过这一事实看到，即随着解决问题的能力的获得，又会意识到新的问题情况。生产力发展的更高阶段和社会融合的更高阶段的确可以解决已经被淘汰的（先前的）社会的一些问题。但是在新的发展阶段出现的问题——它们不能与老问题相比——会逐渐变得严重。
>
> 那么我们可以试图解释社会的进化问题，以进化的发展首先带来
> 的问题和需要为指导。在每个发展阶段社会进化的学习过程本身会产 198
> 生新的资源，这意味着新的方面的短缺和新的历史上的需要。[45]

哈贝马斯对于浪漫主义倒退的攻击所采取的是和我一样的路线：当然每个发展阶段都会有新的问题和新的病态，但是只把更高阶段的病态和先前阶段的成绩相比是极端荒谬的。相反，我们需要的是一种平衡的观点，要考虑到先前阶段的局限性和失败，正是它们促成和推动了新的进化蜕变来超越旧的阶段。

哈贝马斯写了一长段文字，简要介绍了他的观点，即在演化发展史上什么导致了必然等级制度，包括我们已经探讨的每个主要发展阶段上的成就和负担。这一点值得研究。

> 随着向社会文化生活方式的过渡，即随着家庭结构的出现（前思维/巫术阶段），出现了社会与外部自然的区分（开始分化）问题。最迟在新石器时代，社会与自然环境的和谐统一成为主题（问题）。人们很少意识到对自然的征服（这与这一阶段为人称道的描述形成鲜明的对比）。在与相邻的外部自然的关系当中，人们所体验到的无能为力通常用神话和巫术来解释。随着集体政治秩序的出现（神话和神话理性），社会制度自我约束的问题也出现了。在发达的文明当中，最近的时期，通过国家实现秩序是中心需求。人们很少意识到法律安全。社会压迫和专横的体验使得人们不得不寻求法律的主导。这一点在理性世界观的框架下得以实现（神话—理性）（另外，如此一来，前一阶段

> 的中心问题——无能为力——可以被解决)。在现代时期(自我—理性),随着经济的自动化(以及国家的帮助),出现了社会制度和外部
> 199 自然自我约束的交换的问题(生物材料的经济交换)。最迟在工业资本主义阶段,人类社会有意识地自觉适应经济增长和财富增长的需求。人们很少意识到价值观的问题。社会不公造成了社会运动以及相应的解决策略。这似乎会达到社会福利国家大众民主的目标(另外,前一阶段的中心问题——法律上的不安全——可以得到解决)。最后,如果后现代社会,像今天一样从不同角度(全球性/视觉逻辑的)所预料的,首要的特点是科技和教育体制,那么我们可以预测社会与内部自然的自我约束式的交换的问题也会出现(他的基本意思是自我意识、自我实现及其病态;他特别提到了存在主义的社会混乱)。人们又会面临另一大问题——不是权利、安全、价值观的缺失,而是动机和意义的缺失。[46]

新层次的出现会解决或者"消除"前一阶段的中心问题和局限性(否则它也不会出现),但是它同样会带来新的问题和新的欠缺。我们情不自禁地会注意到这种"不足需求"或"欠缺"的层级现象与亚伯拉罕·马斯洛(Abraham Maslow)和简·卢文格的当今的个体发生的必然层级现象有惊人的相似——从安全/权利到传统的安全/属于个体/自我的价值观到存在的意义。我认为我长期以来把半人半马的层次看作是存在主义的意义层次并非偶然,而且我认为出现哈贝马斯、马斯洛、卢文格等人的类似的观点也并非偶然。

但是无论如何,当我们切分进化的馅饼的时候,就能发现我们现在的处境:我们正处在全球性蜕变的边缘上,极力在理性的保证之下通过视觉逻辑来实现蜕变,并且置身于全球性的社会机构当中。

跨国主义

这一蜕变的全球性的特点,特别是在技术或经济的基础上,是基于以
200 下三个相互关联的因素:(1)保护"全球共有"的必要,就是不属于某个国家、部落、信仰和种族的共有的生物层面;(2)规范世界金融体系的必要,这一体系不再局限于某个国家的范围内;(3)维护一点点国际和平和安全的必要,这现在不是两个大国之间的大战的问题,而是要么采取松散结盟的国家的"新秩序",要么放弃威胁世界和平的政体。[47]

问题的关键是这三个方面都不是某一个国家单独采取行动所能够解决的。任何一个问题都不能在某一国的层次上解决。它们事实上是跨国危机,需要跨国的、全世界关注下的反应。怎样协商解决这一困难的转变,让各

国为了全球性的完善自愿放弃一些主权，恰恰是这一“后国家”全球性转变的极端困难的特点。

情况已经足够明朗了：这些跨国的危机使得各国的单边反应毫无效果。

如前所述，我不会详细讨论这些危机的细节以及必要的全球性的转变，但我要在此指出其中一个重要的因素。尽管这三个因素中的任何一个都有重要的物质经济因素（相关的货币金融体系的交换，对于生物物质全球性共有物的保护，国与国之间的互不侵犯的实质性安全），但是从长远来看，如果各国公民的意识没有相应的改变，为了跨国的利益而放弃一些主权的话，这些实质的、物质的、经济的因素都不能得到。

所以，各种全球性危机的解决需要在生物物质、经济、金融等前沿领域作出努力，这也是当前在着力解决的问题。但是，如果人们的世界观没有相应的改变，这样的提议不会有结果；有了这样的世界观，公民和他们的政府才能舍小利顾大局（为了更大的利益而放弃一些主权）。

部落意识行不通；神话帝国主义不让步；纯粹的民族主义对天下共识无动于衷。神话成员身份的意识是而且一直是愿意牺牲虔诚信奉者的生命
（可能更多的非信奉者的生命）来推动唯一真神的事业，即使那意味着为了 *201*
永生而进行全球性的自杀，那也是可以的。那只是很小的代价，不是吗？巫术意识的血腥清洗是宁愿除掉本族的部落，甚至全世界，也不愿意和不纯洁的部落混居。

所以，我们绝不是在否认在全世界需要的蜕变中的生态、经济和金融因素的极端重要性，而是提醒自己这些因素最终都要依赖人类意识中的相关的转变：有了具有全局观的全球性的视觉逻辑的个人，全球性的接受、多元的世界联盟才能被预见、被理解、被实行。在这种情况下，新的欠缺不只是物质经济上的缺乏，而是一种生命意义。这种生命意义不能在自我、部落、种族或国家中寻求得到，而是要在以世界为中心的普遍接纳中寻求其语境、补救、结局和解放。这种以世界为中心的普遍接纳意识里流着普遍人性的血液，其跳动着的心脏是一颗小行星努力存活下去，但是渴望着在更深广、更真实的明天得到解放。

多元文化主义

与此同时，好像世界上的大多数公民现在并不需要超越理性的方式，而是获得理性的方式。全世界多数的社会全子仍然沉迷于以血缘和民族联系为基础的巫术和相互争斗的部落主义，或者是神话式的帝国营造：作为神话理性式的“世界宗教”，基督教或者是穆斯林的原教旨主义者们会“教化”（强迫）世界；神话宗教的传教士们会在全球疯狂地传教；有一种国家

经济的帝国主义正走向领导发达国家的神话；而且——最奇怪的是——一些伟大的现代神话帝国主义国家正分解为部落的次全子，恶性循环式地陷入血缘和亲戚关系以及部落战争：世界的很大一部分正在进行再次部落化。[48]

既如此，唯一伟大的世界蜕变就是要接受全球性的理性和多元的宽容——在全球范围内接受自我理性（这是通向半人半马的视觉逻辑的必由之路）。

“多元文化运动”声称要普遍接受摆脱了“逻各斯为中心的、理性为中
202 心的、欧洲为中心的”支配和霸权的所有文化，这是朝着正确方向迈出的一步，用心良苦，但最终却落得自我矛盾和伪善的结果。可以声称“不是以理性为中心的”，但是实际上要达到文化宽容，却需要有普遍的多元主义的理性，需要有能力想他人之所想，然后决定是赞许或至少是容忍他人的观点，即使你并不赞同。你如果具有理性世界的多元主义，就会决定容忍一个相信神话的人的观点；问题是，他们却不会容忍你——而且事实上，按照历史上一贯的做法，他们会在火刑柱上烧掉你容忍的尾巴以挽救你的灵魂（不管你的拯救者是基督、穆斯林或者是神道教）。

换句话说，文化多元主义是一种高尚的、以逻各斯为中心的和理性的努力，只是错误地给自己定了位，声称自己不是理性的，因为它容忍的一些事情是不理性的。但是其容忍却是彻头彻尾的理性行为，也是正确的。理性是唯一的容忍自身之外的结构的结构。

真正的多元文化主义也不可能通过“感情”或“发自内心的感情”得以建立，因为我的感情只是我的，不一定是你的或他们的。只有在理性多元论的框架下，不同的感情、思想、愿望才能公平竞争，有平等的声音。只有在理性多元论的平台上，下一个阶段即真正的非视角的完整的（和普遍完整的）阶段才能实现。

换言之，多元文化主义是通向完整非视角结构的一次崇高的尝试，但像很多后现代后结构主义一样，它也完全混淆了这样一个事实，即如果认为所有的视角都是平等的，那么就没有最终的视角。所以它没有注意到立场本身实际上（恰当地）拒绝所有更狭隘的视角（这清楚地说明所有的视角不是平等的）。

换句话说，“多元主义者”从“没有哪个立场是最终的”后退到“每个立场都是平等的可以接受的”，这样就抛弃了（拒绝了）他们的本来是准确的判断，即不重要的立场和更小的视角是不能接受的。他们正确地瞥见了非视角的领域，然后在不断变换的背景中因为全子令人目眩而完全失去了方向，没有看到不断变化的背景根本就不能阻碍一些更好的背景，这样的

背景与那些涵盖更少的背景相比，相对更好。

所以，任何事物都是相对的并不意味着没有更好的事物，而是意味着 203
一直以来有些事物的确比另外一些相对更好。原子和分子都不是宇宙的最后或最终的构成元素，然而，不管在哪里出现，分子总是在更广的范围内包含原子。（实际上，爱因斯坦的有点被打上错误标签的相对论的重点，就是在相对的时空中去寻找不变的转换结果。）的确，系统是相对的和变换的，但是它稳定地变换着，这种相对的稳定可以导致某些正确的判断，多元文化主义者实际上作出了这些判断（即多元论的容忍要比狭隘的不容忍更好）——尽管他们自己的理论（被误认为是“因为所有的判断都是相对的，我们没有判断”），尽管他们自己的理论不能够解释实际上的立场（尽管他们自己的理论，实际上拒绝了他们实际的立场）。

没有看到相对的判断的确定性——完全失去了方向而且迷失在非视角的空间中——他们忽视了自身立场的完整的部分，普遍完整的部分，他们经常后退到丰富的个体差异当中，这些差异破坏了自身立场的完整性。

“欧洲中心主义”是有些可鄙的，分野不是也不应该是各种文化的差别——有些文化是“好的”，有些是“不好”的，有些“更高级”，有些“低级一些”。相反，分野应该是在文化之内——应该是任何文化之内的差别，是有意从自我为中心发展到社会为中心再到世界为中心，从巫术发展到神话再到全球理性（最初是自我理性，然后由半人半马的视觉逻辑来完成）。

就多数而言，那些个人和社会制度已经拥有了自我理性的结构，可以
摆脱狭隘的教条主义，认可国际关系，互相尊重对方的独特存在。 204

另外，从神话成员关系到自我理性（及其危险）的蜕变已经出现在一些社会全子中。他们愿意放弃神话式的“优越”，加入由国际法和相互认可保证的国家共同体，这里不再从全球意识的自由交流脱离开来，这里要重新融合为共同的世界精神，分享合理性、相互交流和远见卓识。（这同样也要包括那些民族国家，特别是美国、日本，还有令人生畏的正在形成的“欧洲城堡”——他们正在为了各自的利益和神话帝国霸权的残余思想而扭曲超国家的交流——这同样也不能阻止或者使他们放弃寻求与世界共同体的更合理、更公平的交流，特别是关系到我们共有的生物层面。）

但是对于那些已经这样做了的个人，对于那些已经具有半人半马视觉逻辑的人，对于那些超越了这种或那种狭隘的地方主义、具有全球意识立场的人，对于那些试图获得把物理层面、生物层面、人类层面统一起来的（男女平等）半人半马的身份，追寻意义的意义、存在的意义和全球意义的人——对于这些少数人，具有全球性的视角观的简单生存（即完整的非视

角观）会创造出一小部分领先意识，创造出一小部分“认知潜力”，慢慢地但是确定地反馈到集体世界观当中，然后进入社会机构自身（UL到LL到LR）。一旦以物质的形态进入并且被机构化，那些机构的结构，像以往一样，对于那些跟随其后的人，就会自动扮演蜕变的领跑人。

确切一点，蜕变到什么？半人半马是终点吗？换句话说，有没有什么可以预见的原因，使得千辛万苦进行了150亿年、创造了众多不可否认的奇迹的进化史，突然走到终点并停顿下来？前面还有没有更高级的螺旋上升？如果我们已经察觉到了时间之箭的哪怕最最不显眼的特点，我们能不能踮起脚尖、大概地预测到明天时间之箭的运行轨道？

注释

[1]“我们现在关心的问题自然是社会劳动的概念是否能够充分决定人类生活的再生产方式。因此我们必须首先具体确定‘人类生活方式’到底是什么意思。上一代人类学已经获得了关于人类进化的长阶段的新知识（超过四百万年的阶段），在那个阶段中类人猿进化成了人，也就是人化过程完成；大猩猩和人从共同的祖先出发，通过直立行走的人进化到智人阶段。这个人化的过程受到机体和文化进化机制的共同作用（生物层面和人类层面，或者生物生成和人类生成）。一方面，在这个人类产生的阶段出现了很多变化——以长系列的交流为基础（蜕变）——包括脑体积、形态上的变化（外部）等。”

“另一方面，自然选择需要从环境中选择，而从环境中选择的压力不仅仅由自然生态学决定（由生物层面决定），而是由一个动态的、具有适应能力的、会狩猎的类人猿群体来决定的。只有在从类人猿向智人转换的那个关键点上，这种杂糅了生物有机体因素和文化因素的共同体才在决定进化方向的问题上让位给纯粹的社会（文化）因素（这就是至关重要的人类层面和生物层面的分化）。进化的自然机制在这里停止了。（人类层面中）没有再出现什么新的物种。相反，作为人类社会化过程的基础的异族通婚使得人类的基因传承成了一种宽泛的种族内部的分化。这种内
569 部分化是文化多元化的自然基础，各种社会学习过程都证明了这一点。因此最好对社会文化发展的过程划分阶段——社会进化（人类社会文化）就是在这些阶段上进化的[也就是说，在进化的过程中物种的增加已经结束了（即物种的变化最多到人类层面为止）——到类人猿的阶段还没有完成（这个阶段还有自然选择）——还可以截至原始人——在原始人阶段两种进化机制同时进行，大脑的进化作为一个单一的因素是最重要的”（哈贝马斯：《交往与社会进化》，133、134页）。

[2] 同上书，134页。

[3] 同上书，134、135页。

[4] 同上书，135页。

[5] 麦卡锡：《哈贝马斯的批判理论》，238页。

[6] 哈贝马斯：《交往》（*Communication*），135页。

［7］伦斯基：《人类社会》，第 7 章。

［8］哈贝马斯：《交往》，135～136 页。

［9］第二部书研究各种形式的女性主义（自由女性主义、激进女性主义、社会女性主义、马克思主义女性主义），大精神的男性一面和女性一面，生态女性主义和生态男性主义（深度生态学），超个人生态学，马克思主义关于经济技术因素产生世界观的论述，并在一个宏观的谱系中对后现代思想进行介绍。

性（sex）指的是生物性的特征，性别（gender）指的是社会文化角色。男女指的是性，男性女性指的是性别。在写第二部之前，我基本上不在性和性别上作区分。并且所谓性歧视，通常指的是性分化，有时候指的是“男性控制层级”，我在写第二部书之前也不做区分。

［10］在那些农耕时代的社会中的多数是女权中心的，三大领域还没有分化。也就是说，人类层面还没有从生物层面中清晰地分化出来，因此“女权中心”并没有整合三大领域，而是任由它们混沌一片，因此无法提出今天的世界形式。女性的权利仍然是由生物性决定的，实际上也就没有什么权利可言，仍然是环境决定的命运（我在第二部中会详细讨论）。

［11］我们会看到，历史上女性运动的先驱恰恰出现在人类层面最早和生物层面清楚地分化的地方（也就是理性最早出现的地方，比如希腊）。

这意味着女性主义作为一个问题，在人类层面从生物层面中清晰地分化出来之前，是不可能作为一个具有历史规模的运动出现的——当然，历史事实也证明了这一点。

［12］斯普瑞特奈克在她的《有尊严的国度》一书中描绘了女人的血泪史，这
本书的目的本在赋予女性力量，但是实际上一开始就剥夺了女性的力量，把女性完 570
全看作是他者塑造的结果。这种思路没有看到女性和男性共同创造了早期发展的所有的阶段，借此才能真正赋予女性力量；这种思路只知道回顾历史，从中撷取那些符合今天的某些女性主义意识形态的东西。历史上很多女性的活动可能并不是当时他们真正希望出现的，这些理论家们就把那些行为的根源完全归咎于男性的压迫，好像跟女性毫无关系一样。

因此所有这些思路都是事与愿违，本来要解放妇女，结果一开始从对妇女的定义上就剥夺了她们的权利。这些思路并不是在侮辱男性，而是在侮辱女性。

女性根本不需要夺回自己的权利，因为她们从来就不曾被别人夺走；在过去极为艰苦的自然环境和社会坏境下妇女和男子共同选择了这种安排，这种安排可能是当时最恰当的安排［比如农业社会的平均年龄得到了延长，被视为进步的表现（伦斯基）］。我们在第二部中会看到，现在出现了一种全新的女性主义（第三浪潮），他们重新发现了家长制社会中女性的权利，并且开始重新定位男性和女性在封建社会的地位。研究表明，女性权利实际上是非常强的、有意识的、聪明的，她们和男人一起架构了父权社会体制，共同创造了人类发展的那个（和任何一个）阶段。

随着人类层面和生物层面的分化，女性权利现在可以表现为完全不同的方式；这并非意味着原来在生物层面时代的权利丢失了，而是在新的阶段出现了新的利用

方式，权利还是同样的权利，不过运用的方式是前所未有的。认为女性是受害者的女性主义者实际上才是陷入了不断剥夺女性权利的旋涡，因为按照他们的说法，要“夺回”女性的权利，首先女性得失去自己的权利。

女性主义者希望通过造成男性的自责来换取女性的权利，而这种自责是苍白的，不能为自己的历史和选择负责，他们还没有看到这一点。今天关于进化的理论都存在这个问题：认为过去非常美好，可是现在已经失去了；未来也会很美好，但是我们要为之奋斗；今天不好，就是因为美好的过去已经过去了，美好的明天还没有到来。之所以很多认为女性是受害者的女性主义理论家不肯接受女性作为父权社会的共同创造者的责任，是因为他们认为这种制度在很多方面是“卑鄙的”，但是消除这种卑鄙制度的方式不是回到昨天充满指责的意识形态，而是要揭示目前以反抗者的面目为之斗争的明天究竟可能如何。“敌人”不是男人昨天对女人做了什么，而是人们共同面对的进化尚未发展到某种阶段的问题。

[13] 在女性主义文献中，家长制有两种不同的含义：(1) 对很多激进女性主义而言，家长制（男权）从第一天就存在，几乎从人类出现的第一天就出现了［阿里森·贾格尔（Alison Jaggar）就持这种观点］。女人没有感到自己被控制是因为她们被洗脑了，接受了这种控制。(2) 对于生态女性主义者而言，家长制是从女性中心（或者平等中心）向男权中心过渡的过程，因此伴随人类历史 5 000 年左右，这些人认为在采集社会大母神作为控制者在很多方面似乎是比较理想化的［金布塔斯（Gimbutas），艾斯勒］。

571 第一种家长制的含义实际上把男性家庭化和父亲的角色等同。的确，这种家长制从人类出现的第一天起就存在，这是不可避免的。第二种家长只是采集社会让位给耕犁和马匹的农业社会的过程中出现的，这种社会选择了身体的力量和活动范围。这也是不可避免的，除非发展停滞。好像生态女性主义者比较希望出现这种情况。这两种社会中都没有出现人类层面和生物层面的整合；它们不过是没有分化，因此在两种社会中都没有出现角色模范，尽管理论家们对它们的描述在修辞上费尽心机。

[14] 哈贝马斯：《交往》，104～121 页。

[15] 当然，这种作为“表征”的认知类型仍然为经验知识论者所钟爱。它“接近身体”或者“接近感官”，所以记录的大多数是表层和外部，因此自然受到反映论范式的钟爱（反映论范式就是表征性的，独白性的）。但是经验理论本身实际上大规模地运用形式运算空间，但是它的机制被忽略了，因为它在经验层面并不是那么显而易见（或者，在经验理论中否认这种机制的存在）。

[16] 麦卡锡：《哈贝马斯的批判理论》，250 页。

[17] 这并非意味着巫术阶段的功能不重要。从它的文化功能（LL）看，它是文化意义和价值的中心；从它的社会功能看（LR），它是社会整合的处所。极端的平等主义者反对运用“巫术阶段”这个概念，可能想当然地认为这个说法抹杀了它的重要功能。

[18] 哈贝马斯：《交往》，111～112 页。

［19］艾斯勒：《盖亚传统》，转引自戴孟德和奥伦斯坦：《重建世界》，32 页。

［20］杜博思：《内在的上帝》（*A God Within*），转引自诺瓦克：《如何是道?》（*Tao How* ?）。诺瓦克的文章非常值得推荐。

［21］罗斯扎克：《地球的声音》（*Voice of the Earth*），226～269 页。在第十二章的注［30］中对这本书会进行详细讨论。

［22］哈贝马斯：《交往》，162 页。哈贝马斯和他的同事所说的部落社会指的是这种社会形式最早的样式，不一定要和今天存在的部落社会相同。如同罗斯扎克指出的："人类学家提醒我们，根据今天的部落社会去推测史前的部落社会总是存在风险的。现存的部落社会和其他的人类社会经历了同样悠久的历史……"（《地球的声音》，77 页）

因此，如果对今天的部落或者原始社会成员进行皮亚杰认知阶段的测试，就会发现他们达到了形式运算阶段，和其他社会的成员没有什么两样。但是问题是，正如哈贝马斯所指出的，最早的部落社会作为一个整体并没有表现出形式运算的征兆，在他们实际的社会结构中如在法律规定中、在处理冲突的过程中、在表达中、在团体或者集体认同形式中、在世界观中等都没有表现。这些社会中是否有个别的人达到（或者没有达到）形式运算的阶段，这不是主要问题，我们的主要问题是原始社会本身的基本组织原则没有达到形式运算阶段的表现，而是遵循了前运算阶段 572
的主要结构（前习俗阶段的争论表达形式等）。有一些个别成员高于平均水平，有一些低于平均水平，但是这个基本的平均水平本身明显是前运算阶段和前习俗阶段的，有很多重要表现——这是哈贝马斯和他的同事的研究工作所得出的结论（盖保瑟、坎贝尔、皮亚杰、科尔伯格、巴拉、伦斯基等人也提出了类似的观点）。讨论的问题是部落社会的结构，而不是部落社会的成员。

［23］哈贝马斯：《交往》，161 页。

［24］同上书，112 页。

［25］同上书，104 页。

当盖里·辛德（Gary Snyder）说"人类发明了彼岸的众神，之后便开始了此岸的苦难"的时候，他就透露了生态男性主义对重新解释过的部落社会的青睐。这句话在某些生态学圈子里很受欢迎。除非找到一种超越血缘关系的共性，部落社会的组织是不可能走出分裂主义的，这是神话主题给出的。伦斯基说，任何一个采集部落能够承受的成员数量都在 40 人左右，这些部落单位不可能整合为更大的传统的社会中心的组织形式，除非借助一个共同祖先的超越力量，部落的认同才可以延伸到血缘关系之外。部落意识绝对不是全球性的，在主体间的关联和统一的形式上恰恰是极端支离破碎的。

今天对早期部落社会的颂歌基本上是一种被理想主义冲昏了头的美国男性宣扬的，因为他们发现在前习俗阶段的自我中心比较能够达到他们的目标——我们在第十二章和第十三章继续讨论这个问题（可以继续参阅下面的注［26］）。

［26］我在《来自伊甸园》中对这些相关的证据进行了详细讨论。

至于萨满教的观点——很多中产阶级的白人男性读过相关的东西——我可以不

加保留地推荐的只有一本书，就是沃什的《萨满教的精神》（*The Spirit of Shamanism*），这是对这种复杂晦涩的问题的一个很好的概论。沃什是超个人运动中的领头羊，他的立论中正中肯，提出了很多可以作为定论的观点，为这个领域做出了很重要的贡献。沃什的价值在于，他既肯定了萨满教的精神方面的先进性，同时又能把这种先进性放在更大的视角中来看，很多理论家对他的赞扬对他来说是当之无愧的。

沃什的论述言简意赅，他指出，人们通常认为萨满教的修行次第（一种可以作为复杂的萨满教修行的核心特征的现象）与瑜伽、佛教、神秘经验论甚至精神分裂的状态等同。沃什首先提供了一个对各种因素（比如意识控制的程度、对环境的觉察力、专注力、交流能力、认同和兴奋程度）的平面的分析，综合这些因素可以非
573 常清楚地把萨满教从瑜伽、佛教、神秘经验论和精神分裂的状态区分出来（其他的状态之间也有明显的区分）。他指出，“这个方法，可以帮助我们摆脱同维度的比较，可以帮助我们从多维度进行比较，提高我们对不同状态之间区别的敏感性”。

沃什并没有在此止步不前。他在横向比较中区分了萨满教和其他宗教的不同之后，接着运用纵向的框架或者发展的框架进行了进一步的比较，他运用的是标准的、被广泛接受的、发展阶段的标准。他的结论是，在三个基本的精神阶段中（微细阶段、无相阶段、不二阶段，在第八章中我们将分别讨论），“萨满教最初阶的法师处在微细阶段”。他承认的确个别的萨满师父超越了萨满修行的极限，达到了因果阶段和不二阶段，但是萨满教的核心特征似乎可以说只能限定在微细阶段的现象。

因为很多形式的瑜伽和佛教禅定——根据同样的标准——超越了微细阶段，到达了无相阶段和不二阶段。沃什的意思比较明显——这些修行方式比典型的萨满教修行的层次要高（或者能够揭示更深层次的真理）——这是不言而喻的，这种“排队”一方面激怒了一些文化相对论者，另一方面激怒了一些萨满教的狂热信徒。

温克尔曼可以作为文化相对主义的代表，他再次耍弄那些老掉牙的理由（而且是自相矛盾的理由），说任何的立场从内部来看都不可能高于其他的立场（当然，他自己的立场要除外，因为在他看来，他自己的立场是比其他的立场高明的）。温克尔曼非常激动地声称没有所谓普遍真理，这就是普遍真理。

把自己的立场完全从他批判的立场中分离出来之后，温克尔曼进一步给出了一种标准的功能主义的社会系统分析，并得出结论——所有的功能适应分析都会得出的结论，如果一种社会文化实践是适应的——也就是具有功能适应性——那么就不能说比别的东西低，因为它本身就是适应的（由此，他说瑜伽修行肯定不适合萨满所处的文化，因此也就不能说瑜伽比萨满“深”或者比萨满高级或者做其他任何性质上的区分）。

但是没有人说瑜伽（或者佛教或者冥想）体系会适应萨满的文化（实际上，它们本来就不适应。有无数的理由可以说明这一点，其中最根本的理由在于萨满文化本身就是前习俗阶段的，几乎没有权利的资源，但是冥想传统的文化的基础是习俗阶段和后习俗阶段之间的，它们缺乏的资源是合法的成员资格和自我承认的开始）。

因此，温克尔曼的结论，当它限定在功能适应的时候，是没有问题的（沃什和
我都同意他的结论）；问题是，这种讨论与我们讨论的核心问题无关。温克尔曼是
用纯粹的右手道路（具体说是右下思路），取消了所有关于合法性的观点（比如真
理、真实性、文化意义、功能适应）　　把所有这些都简化成了功能适应和独白的
系统标志（把所有的左手维度简化成了右手的平面维度），因此他的方法当然甚至 574
根本就看不到性质上的差别（从而他不得不把自己的价值评价层级隐藏在一种表面
上否认这种评价本身的可能性的立场中——在一切纯粹右手道路中都存在操作上的
内在矛盾）。

我们已经看到，功能适应只承认一种合法性：系统到底有没有用？在它的环境中它的功能能否充分实现？有没有用？对于这种唯一的独白的有效性声称（validity claim），功能适应只有一种答案：是的，它有用；或者，不，它没用。如果它是有用的（在它自己的环境中，以自己的方式起作用），那么就不必进一步讨论什么价值的问题，不必讨论体系的高低、深浅、好坏、广狭。如果它运作得很好，那么它就和其他任何的系统一样好，绝对平等，还有什么好说的？

不考虑这种普遍的文化多元主义，把自己置于其他狭隘的民族中心的评判之上本身就是一种评判——就是这样的！除此之外，因为这种功能相对主义的立场把所有的左手维度上性质的区分简化成了右手维度上的功能标志（包括那些为其自身的立场提供可能的区分），所以他们甚至无法说明自己的立场为什么是真实的和为什么可取，因此把自己完全排斥在任何有关评价和性质的差别的开放的讨论之外，也就是无法参与任何关于左手维度的讨论（这导致了一种浅薄的评价——完全否认左手维度）。

泰勒说过，这种立场掩埋了自己的足迹，然后用剩下的时间批判其他不愿意和它们一样掩埋自己立场的理论。它本身是一种价值评判（在我看来也有可取之处），但是它否定其他任何的价值评判，它的方法是完全拒绝承认现在它隐藏起来的价值评判（它声称自己的立场高明，同时说这个世界上不存在所谓高明的立场，只要功能适应任何立场都是平等的：但是如果真的所有的价值都是平等的，那么这种有包容力的多元主义和狭隘的民族主义和种族主义就没有什么差别。这种立场忽略了自己作深层价值评判的前提——我的观点是对的！——这是多元包容存在的前提），这种深层的困惑导致它把所有的价值都等同为功能适应，从而出现了他们荒谬的结论：如果这对纳粹来说有用，我们凭什么做评判？

因此，温克尔曼的整个“批评”取消了所有的价值和合理性的问题，仅仅保留功能适应，他躲在那里，似乎别人都不能评论他。他的功能分析是正确的，在他的水平上是正确的，只不过和我说的那样，它完全没有什么实质意义。他的分析告诉我们，在右下象限，萨满教非常适应他的社会基础（功能适应），因此根据他的标准不能说它是低下的——这当然是对的。根据功能适应的标准（合法性），瑜伽/冥想体系的确和萨满教不分伯仲（实际上我们还可以同意，它们比不上萨满教：它们不会适应萨满教的社会）。

谁（包括沃什和我）都没有反对过这一点。 575

但是根据任何左手维度的标准（对于可以揭示更深广的性质变化的潜在结构的理解程度），一般的萨满教修行还是可以进一步发展的，可以走向更深度的精神进化，从精细阶段到因果阶段，到不二阶段（在第八章分别讨论）。

温克尔曼自己曾经提供了一个例子，自以为表达了他的基本观点。他说一个打火机可能比火石更先进，但在特定的时期火石比打火机更实用，因此火石和打火机不存在内在的高低之分，因为他们都能适应它们自己的功能，它们在满足人的需要这一点上是平等的。当然这是一种简单的功能适应的论述，我们已经看到沃什（和我）都同意这一点是正确无误的。我们现在暂且不提第一点，接下来看看温克尔曼的类比的另一个方面。他说，打火机在技术上是比火石要高级（这一点往往被忽视）。打火机包含了火石，同时还有独具的复杂认知/技术发现（它包含了轮子，这在大多数采集社会中是没有的）。

因此，温克尔曼的类比提出了两点结论：在某些情况下火石和打火机是同样恰当的，或者说它们同样是功能适应的；同时打火机还是比火石在技术上要高级。他就是用这个类比结束了自己的辩论。温克尔曼的讨论仅仅包含了第一个方面，沃什的分析包含了两个方面。因此沃什的论证在整体上超越了温克尔曼，后者要相对狭隘一点。

温克尔曼之流的思路满足了一种拒斥评判的敏感性，仅仅在评判者（坏）和不评判者（好）之间作评判——隐藏了他们自己的评判，当然，这是因为他们本身的评判会把他们自己推入“坏”的阵营。温克尔曼声称世界中心的视角“具有某种优势，它提供了多元视角，从而更具包容性，完整性也更强”（这种说法非常正确，我也同意），这样他就把自己的价值观隐藏了——他的立场非常正确，但是他得首先否定自己的立场，因为他所研究的大多数民族中心的文化不具备这种世界中心的多元主义，因此他自己必须承认他的（现代的、西方的）立场与那些狭隘的民族中心的立场相比较而言要高级（这恰恰和他公开宣称的那种跨文化的价值评价不能成立的观点是矛盾的）。因此，他全部的深层矛盾就成了评价不好，不评价就好。

这种幼稚的、想当然的评判标准很是能够惑人视听的，很多人认为在根本上有两种实在：一种是平常的实在，一种是神秘的实在（不平常的实在）。这种幼稚的区分（平常，不平常）导致了很多错误的理解，比如，盖利·杜尔（Gary Doore）说：“萨满法师、瑜伽师和佛教师父达到的意识状态是相同的。”霍格·卡维（Holger Kalweit）说萨满“体会到了存在性的一体经验——也就是印度教的三摩地
576 或者西方精神导师和神秘经验论者所谓的顿悟、内明、神秘的同一种状态”。但是如同沃什所指出的：“这些观点似乎依据的是肤浅的类似性。”

沃什的多维度网格分析（既包括横向比较，又包含纵向比较）已经无可辩驳地拆穿了那种幼稚的思路。看了他的所有那些参考因素（在各个不同的阶段差别很大），不可能不对这些状态的粗细差别产生很深的印象。运用这种精当的分析，不可能不进一步看到这些状态本身的展开过程所包含的发展因素：如同大宇宙中的任何东西，它们会成长和进化。一粒橡树籽儿乍一看，所见的并不是一棵长大的橡树。沃什的横向分析和纵向分析尽管主要还是一家之言，但已经大大推动了这个领

域的进步。

而对沃什的分析的第二种相对弱一些的批评（同样重要），来自那些认为萨满和那些相对深刻一些的冥想传统所达到的精神状态完全相同的理论家。在这些理论家的手里，萨满成了离水之鱼，不仅仅适应当时的文化，而且对于今天的西方白人社会同样适用，能够满足他们的“勇士伦理”，可以帮助他们建立前习俗的、力量中心的、要做宇宙之王的男权的欲望。这些人不愿意受到任何限制（比如说在修行的道路上可能有更深的阶段），如果有人清楚地说明他们的内部状态，他们就会大为光火。

根据沃什更详细更复杂的分析，现在我们似乎可以看到通常所说的萨满修行的次第是一种突破，打开了通往超个人/精神领域的大门，展现了传统的世界的深层内容，后续的冥想实践可以不断揭示和延伸这种深度：在伟大的萨满师父的证悟水平上继续进步，站在巨人的肩膀上，他们可以进一步深入伟大的超越世界的深层。

[27]“神话—理性”的结构是具体运算阶段后期的一个特定的说法，但是我也在一般意义上运用这个概念，意思是对任何神话结构的理性化。

[28] 哈贝马斯：《交往》，112～113 页。

[29] 同上书，105 页。

[30] 同上。

[31] 同上书，114 页。

[32] 早期社会中为数不多的短暂的妇女运动，恰恰出现在那些理性也出现的地方，比如在希腊，这些地方自我认同从角色认同中刚刚出现。但是在这些地方人类层面和生物层面的分化还没有完成，生物层面的认同把这些运动从人类层面撤回到身体或者生物因素等决定因子中。 577

并且，我前面也曾经说过，在农耕社会中妇女是生产活动中劳动力的重要组成部分，实际上平等主义的分配是存在的，但是维系这种平等关系的不是稳定的法律或者人类层面的决定因素，而是被生物层面的偶然因素决定的。锄头赋予了妇女权利，耕犁则剥夺了这种权利。生物层面和人类层面在这些社会中尚未完全分化，因此在面对压力、防卫或者动荡的时候社会决定因素总是偏向生物因素。他们的平等形式无论如何都不可能和分化/整合之后的社会相提并论（所有这些都在第二部中有详细论述）。

在第二部中我们还会看到工业化的角色（左上象限的自我理性在右下象限中的历史性对应）在解放生物决定的人类劳动（和女性）方面是工具性的（但是这种解放走得太远了，走向了生态危机）。

在书中我会指出，我觉得很多生态女性主义者觉得他们不得不指出在过去的社会中存在男女平等的情况，从而可以证明这种平等对人类社会而言是可能的。但是我的观点是，这种可能性是新出现的特征，而不是任何意义上的回归。如果我们采用所谓回归的模型——过去的荣耀，曾经失去过——我们就不得不指责别人：肯定是讨厌的男人把这种荣耀抢走了，或者说女人肯定比男人要笨一点或者比男人弱一点，要不然怎么会出现这种情况呢？

[33] 当然，在历史上有女性主义的先驱（比如在欧洲、希腊、印度、北非等），有人可能会想到克里斯蒂娜·德·匹桑的《女人城》(*The Cities of Ladies*)。但是，艾斯勒还是指出，“女性主义作为一种意识形态在 19 世纪中期之前没有出现”[《夏利斯》(*Chalice*)，165 页]。我们在第十一章再回到女性主义的出现等话题上来。

转引自艾利斯·鲍丁：《历史的背后》；希拉·罗布森：《妇女、反抗和进化》；马兰林·弗伦奇：《超越权利：论女人男人和道德》；苏珊·M·斯图沃特编：《中世纪社会的女人》；纳瓦·埃尔·萨达维：《夏娃面纱后的脸：阿拉伯世界的女人》；南希·考特和伊丽莎白·普莱克编：《她自己的继承》；葛达·勒纳：《大众找到了自己的过去：历史中的女人》；拉·弗朗斯·罗杰斯-罗斯编：《黑人女性》；玛莎·维希诺编：《苦难与沉静：维多利亚时代的女性》；吉安·埃克特伯：《作为疗伤者的女性》。

[34] 在第二部中会对这种把女性和自然（地球）与身体相关联的观点进行详细的讨论。这种观点本身在很多激进女性主义者和生态女性主义者看来非常正确，而且就是他们提出来的，而在很多自由女性主义者看来又是完全谬论的。在我看来，在这种困境中如果我们采取这种观点，那么如何避免给女性贴标签，或者简单地把她们归于情绪/情感的领域呢？换句话说，如何找到一种既否认这种观点又包含这种观点的立场呢？我相信这种困境是可以得到解决的，我们在第二部中详细讨论这种可能性。

578 目前关于女性和自然、身体之间的“特殊关系”问题我们仅仅提供以下几个（差别很大的）立场：(1) 这种关联的确存在；(2) 很多女性这么说是认为它有积极意义；(3) 很多男性也说这种关联存在，从而贬低整个全部。任何一种说法都是和我书中的讨论相融洽的，我自己的观点会在第二部中详细表述。

[35] 哈贝马斯：《交往》，114 页。

[36] 同上书，197 页。

[37] 盖保瑟的《永存的起源》现在已经有英文版了（参阅参考文献）。这一部分的引文都是来自费厄斯坦的《意识结构》。到目前为止，这是对盖保瑟的作品最好的表达。费厄斯坦还把盖保瑟的阶段和我的阶段作了对照。

[38] 所有的引文均来自费厄斯坦的《意识结构》。

[39] 左下象限的几个术语是从《来自伊甸园》和《视角转换》中延续过来的：中柱原的（物质的/物理的）、环形蛇的（爬行动物/脑干）和台风的（古哺乳动物/边缘系统），尽管这些概念都是在一般意义上运用（包括在这里和在《来自伊甸园》中），用来说明在某些世界观中，这些因素尽管不是唯一的决定因素，但是最重要的决定因素，往往决定特定世界观的基本氛围（通常也就是最为基本的资源）。书中的“原型阶段”是对概念阶段出现之前的任何或者全部结构的总括（有时候被称为是“遗传的”、“原型性的”概念、意象、神秘形式等，比如荣格就这么说）。

我在前面已经说过，如果读者不愿意将“意识”延伸到所有的“低级”全子，认为那些级别低下的全子不应该具有“意识”（或者叫做摄受）——从而不相信低等的全子也有自己的世界观——那么可以把整个左下象限仅仅解读为今天人类的生成论展开：它从单细胞的受精卵（原形质的生物）开始展开，这个时候已经包含了分子、原子以及亚原子粒子（中柱原）；然后通过具备分化了的生命功能的阶段（植物生命功能）发展到爬行动物的脑干（环形蛇的，具备完整的鳃裂），然后是古哺乳动物的边缘系统（台风的），然后是新皮层/神经系统的展开，其世界观也就经历原型阶段、巫术阶段和神话阶段直到理性阶段。

我的观点是这两种诠释在根本上看来是一回事（解释为人类成长的历程或者全子的世界观演进）。甚至分歧耗散结构的演进过程都表现出有记忆存在的痕迹（我们在第二章也看到，它们衰退的过程遵循复杂的过程），说人类具备这种系统记忆功能一点都不奇怪。（存储在脑细胞中的记忆内容并非大宇宙产生的记忆内容的全部！）早期全子的世界观被封存在我们身上，恰恰是我们的祖先所经历的过程。

人们在吸食致幻剂之后会出现意识的改变状态，通常的现实感被破坏，此时不
但可能激活对自己出生过程的记忆，甚至会激活植物“记忆”或动物“记忆”，甚 579
至对原子反应的“记忆”。虽然我的论点并非以此为基础，但是这种现象无疑具有一定的说服力：各种世界观是存在的，封存在我们身上的全子中，不断地在我们的深处给我们讲述大宇宙的家族史。

［40］这也是要包括并暗示更细微的生物能量的存在，很多研究者都感到我们身—心（body-mind）的周围有全子丛聚式的生物能量包围着［比如威廉·提勒（William Tiller）和元山博（Hiroshi Motoyama）等人的研究］，但这些能量都是外部的，可以通过特定的工具（或者可以用更细微的感官能力来观察）进行单向的研究①，因此仍然属于这个象限（尽管它们也和其他全子一样，在别的象限会有对应）。

同时，我还想提及达·阿巴沙（Da Avabbase）的工作，他提出了人类意识发展存在几个阶段的观点（我们将在第八章详细讨论）。他说这些阶段不能简化为身体的构成部分，但是又说它们都会有相应的身体表现（甚至超个人的因果水平都会在心脏的右侧有一块区域与之对应）。所有的身体对应都属于右上象限，这更加强了我的观点：任何全子（无论超越的程度有多么高）都有四个象限，而且这四个象限之间具有对应关系。

最后我想特别讲一下墨菲的研究。他在《身体的未来》一书中对意识的蜕变与进化与身体之间的相应性作了非常出色的研究——证明一切有相的全子都存在四个象限的证据更充分。墨菲似乎特别强调右上象限与身体有关的方面，但是他没有把人类的进化简单地还原为右上象限。

在第二部我们会回到这个话题上来，继续讨论左上象限和右上象限的交互作用的问题，其中既会涉及习俗水平也会涉及高级的发展。我们不仅可以在医学精神病学中看到这种现象（神经递质在正常和病态中的功能差别十分明显），而且在致幻

① 即独白的研究，不借助对话。——译者注

剂和新出现的心脑机（mind/brain machine）中也存在这种情况，后者可以引发多种“冥想”状态。这个问题会在后面充分讨论。

[41] 另外马克思本人的作品中简化论的倾向并不明显，倒是很多人对他的解读比较明显，而且马克思的作品并没有提倡简化论的实践。在第二部中我们会对历史唯物主义的思想详细讨论，并把它放在一个世界观的进化和发展的背景中来谈，马克思的理论体系的力量可以在一种人类进化的框架中被保留下来，这就是许多严肃的理论家，如伦斯基、哈贝马斯等不断回到马克思那里去寻找资源的原因（我也说过，关于所有这些内容，我都将在第二部中详细讨论）。

[42] 有一个例子可以说明这个问题，即哈贝马斯关于不受限制的交流和信息交换的论述，这种交流本身就可以引起关于这些问题的非强加的共识。我们在第十二、第十三、第十四章中都会反复讨论生态哲学家的失败，他们在处理人类层面的分布与扭曲的问题的时候无法避免简化论的问题。

580 [43] 也就是说，整个的“文化改进运动”是从左上象限的个体认识延伸到左下象限的集体世界观，它开始会被边缘化，最终会融入右下象限的社会体制中，从而这些社会体制本身会促进这种世界观的自我复制（LL），并且在后代的社会化的过程中承担教化的角色——即把最初个别的创造和超越变得大众化。关于这一点我们在第二部中还会详细讨论。

[44] 今天仍然存在的伟大“世界宗教”（印度教、佛教、基督教、伊斯兰教等）都是从神话—帝国主义时期发展起来的（我们从第七章开始会详细讨论），并且它们至今仍然被包裹在表层结构（和伦理学）之中，至少比今天的时代落后两个技术阶段。这些宗教中没有一个是从一种全球文化中兴起的，比它们早出的部落宗教中也没有，因此它们都不能作为新出现的世界文化的指导，也不可能作为新文化的指导，尽管它们各自在精神修行上都有非常重要的可取之处，而且将来这种重要的价值仍将继续存在。

在全球文化被建立起来之后，它的表层结构会包含大众耳熟能详的话语，从而会出现某种新的宗教或者多种新宗教，它们都会使用一种全球性的话语方式，在使用共同话语方式的同时指向话语之外的存在。某种宗教一统天下的时代已经一去不复返了，无论是基督教还是佛教都做不到，无论通过武力还是通过真理说服都不可能做到。这些新的宗教形式肯定会以传统宗教为基础，这一点是毫无疑问的，但是我绝不相信它们会是传统宗教中的某一种或某几种。

原始部落时代的土地宗教所处的世界观是巫术阶段的、未分化的，其经济技术基础是木锄与长矛，权利的资源很少，人与人之间的关系只有血缘亲属关系。伟大的世界宗教产生于神话和神话—理性的世界观，其经济技术基础是马匹和耕犁（农业/畜牧业）——作为社会成员的资源很少，因此也就不会出现相应的权力等级、种姓、财富以及与神圣者之间的媒介（这种等级有时候还非常刻板僵化）。这些传统宗教中的某些道德规条通常是表层结构，至今仍然如此。在今天看来这些规条实在是没什么意思：比如不能吃猪肉、不能用右手吃饭、不能睡在羊毛上、不能让女人进庙堂什么的……

尽管这些宗教的深层内容或者说神秘内容都超越了那些表面的形式，但是那些形式毕竟还是限制了传统宗教的发展空间。从农业社会到现代社会，再到后现代社会，传统宗教还有重重羁绊要打破，还有很长的一段路要走（在突破传统的过程中，要研究被认为是犯罪还有很多困难）。

新的世界性的宗教会从目前的全球性的文化中诞生，肯定不会仅仅从传统宗教中移植过来。这些新的世界宗教肯定会包含冥想类的觉察力，但是他们的这种觉察力肯定会以一种以硅芯片为介质的数字语言表达，他们会把虚拟世界的现实和现实 581
世界中的风风雨雨等量齐观；他们的全球视角和普遍多元主义视角会成为普遍接受的常识，大精神不仅会在血肉中传递，而且会在光纤的电路中传递。所有这些都会是自然的、正常的、活生生的：从这种全球性的网络中，会出现新的超越性的声音，引导那些对神性敏感的人们继续前进。自由解放的消息会从普遍共享的信息神经网络中传来。

各种各样的新时代运动自称是这样一种世界性的意识革命。但是我认为这些运动走偏了，注定会失败，在本书中我会详细解释为什么这么说：他们既不具备内部的视觉逻辑也不具备外部的视觉逻辑，他们不具备连贯一致的技术来达到高级的内部体验，他们缺乏新的社会组织策略或者理论（换句话说他们四个维度的分析和时间都告阙如）。并且，尽管大多数新时代新范式运动自己大声疾呼自己是后笛卡儿时代的，其实他们不过是笛卡儿时代所描绘的可能出现的世界而已，他们没有从根本上动摇启蒙运动的基本范式（我们会在本书中反复讨论这个问题）。

这样，大多数新时代运动都不具备理性的世界观，不能超越并且包含理性，实际上他们中的很多退化到了神话—帝国主义（甚至有的退化到部落时代的巫术水平）。这些运动追求自我实现，这种自我实现往往退到巫术时代的自我中心；这种巫术式的自恋融入了一个世界蜕变的神话，几乎隐瞒了它的强加性。

[45] 哈贝马斯：《交往》，164～165页。

[46] 同上书，165～166页。

[47] 关于这些话题拉兹洛在《选择：进化还是灭绝》中有非常有意思的讨论。和对其他问题的讨论一样，拉兹洛总是那么直白、那么犀利，他说：“共存的文化遵循一种包容逻辑：你好我也好，你们好我们也好。它替代了那种自我中心的逻辑，那种逻辑会说你我不共戴天，我们和他们不共戴天。这种新的逻辑会让社会和个人进入一种双赢的游戏……共存文化最大的优势在于，他会运用自己的包容逻辑使得目前的各种矛盾形式达到和谐。拉兹洛本人是主张这样一种文化的。”（109页）

这种文化的确能够达到和谐共存；“包容性逻辑”就是视觉逻辑。但是拉兹洛对于达到这种逻辑需要经历的阶段秘而不宣，因此达到这种“伟大的解决”必须经过的步骤仍然不甚了了。我相信拉兹洛在这一点上是完全正确的，他说：“尽管这些因素是文化因素、主观因素（左手），不是物质的、客观的因素（右手），但是我们不能忽视它们，不能低估它们的力量。个人成长的水平越高（当然不是仅仅说经济地位的高低，而是说能够成为一个成熟的、负责任的公民），他所处的社会成长

的机会就越高。”（140～141 页）

但是关于“发展得更好的人”究竟如何，拉兹洛什么都没说。我非常同情拉兹
582 洛在《选择：进化还是灭绝》中的呈现方式（实际上他强调左手维度的重要性，这和他早期的绝对强调右手系统的重要性形成鲜明的对比，尽管他坚持认为自己是进一步完成自己的客观主义和系统整体论的理论框架。我完全支持他关于“现代化，但是不能西化”的说法）。但是如果不清楚在一个多元世界中心的觉察中个人和文化蜕变究竟需要哪些阶段，尽管这种觉察能够“共存”，那么拉兹洛说的“教育”、“沟通”和“信息保证”就还是不完整的，还是一些客观主义的帝国主义的做法。

[48] 罗伯特·开普兰在 1994 年 2 月的《大西洋》（*Atlantic*）上发表了一篇《无政府主义的到来》的文章，其中对这种重新分布及其越来越大的影响力问题进行了非常有趣的讨论。开普兰还认为，目前的世界正朝着全球化迈进，但是需要经历一个过渡阶段的重新分配：“可是在不久的将来会出现一个极度复杂的全球化的人类，将来的几十年我们会更多关注相互之间的不同点而不是类似之处。”

开普兰认为自己的观点与凡·克莱维德的《战争形式的演变》（*Transformation of War*）、霍定森（HomerDixon）的环境研究和亨廷顿的文化冲突思想有关：在各种严重的环境压力和人口压力之下，各种国家统治的机制会沦为民族性的部落。并且开普兰指出（引用的是凡·克莱维德的观点），将来的“武装冲突会更接近原始部落的争斗，反而和大规模的武装战争相去越来越远”（从国家战争退化到部落战争，凡·克莱维德是这么说的）。

大的战争越来越少，人们更喜欢小的战役（男人去参加战役，女人就生孩子，为战争的荣耀提供男人与儿子）。凡·克莱维德开篇就“抛弃了男人不喜欢战争的说法”。凡·克莱维德指出：“在整个人类历史上，有一个人表达了对战争的恐惧，就会有另一个人表达战争经历的光荣，甚至后者会用一生的时间喋喋不休地给他的后代讲述他在战争过程中对别人的凌辱。”凡·克莱维德看得很透彻，他指出了其中的奥妙：“战役迫使感官去关注当下，从而使人可以摆脱感官本身。”

因此，开普兰指出：“任何一个曾经在战场上面对塞尔维亚的游击队员的人、曾经面对索马里的特遣队的人、曾经面对海地的敢死队队员的人或者曾经面对塞拉利昂的士兵的人都会告诉你，在尚未启蒙的蛮夷之地，到处都是贫穷，人们在暴力中寻求解脱。”只有“在人类获得一定水平的教育、经济和文化条件之后这个特点才慢慢减弱”。

随着部落形式的战事的增多，“因为信任的范围限定在了家庭成员之间或者游击队员同志之间（主要是前习俗阶段的和自我中心的），所以一个指挥官提出的休战协议立刻就会被另一个指挥官打破”。类似地，“当文化（民族）之间开战而不是国家之间开战，那么文化和宗教圣物就成了武器，可以让他们遵循一定的规范”。

583 他说的这些可能性在我看来都是无法质疑的，它完全遵循了前面所说的蜕变上行的那条路线，只不过方向完全相反，它是完全下行的。在今天的世界中“部落化”是“坏的”，尽管这在以前（史前）是正常现象（是好的），恰恰是因为在今天看来，它就是退行：今天它是低于一般的世界观水平的，而在过去它是在努力达到

今天的这种世界观水平。

那种退行不仅影响了社会运动，而且成了很多形式的“新范式”的标榜，比如那些部落“生态智慧”、巫术和神化阶段的新时代运动，还有那些生物中心和生态中心的混淆，这些都不能达到普遍世界观。当然，所有这些理论都非常真诚地认为自己是“全球性”的拯救，实际上他们不过是不断传播的回归部落文化的摇旗呐喊者。

第六章　巫术、神话和超越

205 那些自命不凡的小人和四分之三疯狂的人可能会自负地认为自然的法则会为了他们不断地更改——各种各样的自私想法都会这样无限扩大，扩大到毫不相干的程度，以至于我们不能过分地轻蔑他们。然而基督教（任何形式的神话自由主义）的胜利却归功于对于个人虚荣的可怜的吹捧：恰恰是所有的失败者、所有有反抗头脑的人、所有不受宠的人、所有的糟粕和人类的渣滓被争取了过去。“灵魂的救赎，”——明白地说就是，“世界围绕着我运转。”

——弗里德里奇·尼采

上一章中我们考察了人类集体进化的形成阶段，从古代到巫术到神话到合理性（或处在半人半马的视觉逻辑边缘的自我理性）阶段，一直到现在。这一章中我们要考察那些相同的阶段，那些基本的全子，因为它们表现在今天的个人发展中。这使得我们会讨论将来的任何阶段——可能是更高级的——发展阶段，无论对于个人还是对于整个人类来说。如果我们极力追寻时间之箭射向明天的轨迹，的确会有一些惊人的发现。

前/超谬误

自从我开始描写理性之前的（或自我之前的）意识阶段和超越理性
206 （或超越个人）的阶段的区别——我称为谬误之前或超越谬误的阶段——我
就比以前更相信，这种认识对于掌握更高级的（或更深刻的）或真正的精神意识状态的本质，是绝对重要的。

前谬误和超越谬误的本质是很简单明白的，因为前理性和超越理性的阶段，就其本身来说，是非理性的，对于没有经过训练的人来说，它们看上去类似或者相同。一旦这两个阶段混淆了，其中的一种谬误就会出现。

首先，所有更高级的或者超越理性的阶段被还原为低级的和前理性的阶段。举例而言，真正的神秘的或者冥想式的经验，却被看作倒退或被掷回到自恋、海洋非二元论、混沌未分、甚至是原始自我中心的初级阶段。

这也正是弗洛伊德在《幻想的未来》(*The Future of an Illusion*) 一书中所走的道路。

在这些还原主义者的叙述中，理性是个人和集体发展的伟大的和最终的结局，是进化的顶峰。不存在更深刻的或更广泛的或更高级的背景。所以，人生或者是理性的，或者是神经质的（弗洛伊德的神经症的概念基本上是妨碍理性感知的任何事物——到此为止这是对的，不过发展得还不够）。因为人们认为没有真正的更高级的背景，或者它并不存在，那么无论何时，当真正的超越理性的情况出现，就立刻被解释为倒退到前理性结构（因为前理性结构是唯一的非理性结构，所以就成为唯一的解释的假设）。超意识被贬为是下意识，超个人阶段被贬为前个人阶段，更高级阶段的出现被解释为进入了更低级的阶段。大家都长舒了一口气，因为理性的世界空间还没有被根本动摇（被“神秘经验论的泥流的黑潮”动摇，这是弗洛伊德向荣格所作的古怪的解释）。

另一方面，如果有人赞成更高级的或神秘的阶段，但是仍然混淆前理性和超理性阶段，那么他就会把所有的前理性阶段抬高到超理性的光辉阶段（举例来说，初级的自恋阶段，被认为是神秘统一体中的没有意识的睡眠）。荣格和他的追随者经常走这条道路，被迫从仅仅是没有分离和分化的实际上缺乏任何融合的阶段，解读出远远超越个人的和精神的状态。

按照提升主义者的观点，超越个人和超越理性的神秘统一体被看作是 207
最终的结局，而且因为自我理性的确倾向于否认更高级的阶段，那么自我理性就被看作人类发展可能的低级阶段，是堕落，是罪过、分离和疏离的根源。当理性被看作不是终点的一个点，是基督的敌人时，那么任何非理性的事物都被搜罗起来，不加区别地加以赞美，当做是奔向神圣的通途，结果是最幼稚、最落后和理性之前的事物被即刻提升：无论是什么，只要能除掉讨厌的、令人生疑的理性就可以。“我认为理性是荒谬的”［特土良(Tertullian) 派的观点］——提升主义者在呐喊（有些人深受某种浪漫主义的影响）。

弗洛伊德是一个还原主义者，而荣格是一个提升主义者——他们就是前理性/超理性谬误的两个代表。关键是他们都是半对半错。神经质太多当然是处在或倒退到前理性阶段，这种阶段是不应该被赞美的。另一方面，神秘的阶段也的确存在，这超越了理性（不在理性之下），这些阶段也不应该被还原。

在现代的大部分时间里，当然是在弗洛伊德（和马克思、费尔巴哈）之后，对待精神性的还原主义者的立场占了上风——所有的精神性的经验，不管它们实际上是多么高级，都被简单地解释为向原始和幼稚状态的倒退。

然而，似乎是对此的过度反应，自 20 世纪 60 年代以来，我们处在各种各样的提升主义的痛苦中（例证之一，当然不限于此，就是新时代运动）。所有的努力，不管来源如何，不管真实与否，都被提升到超越理性和精神性的赞誉，而这种了不起的提升的唯一资格就是，这种努力是非理性的。任何理性的东西都是错的，任何非理性的东西都是精神性的。

精神的确是非理性的，但它是超理性的，不是前理性的。它超越了合理性但是包含合理性；它没有倒退并且排除合理性。合理性，像任何具体的进化阶段一样，有其自身的局限性（通常是毁灭性的）——倒退和扭曲。如我们看到的一样，某一层次的内在的问题只能在发展的后一个层次上解决（或“消除”），它们不能倒退到前一个层次上解决，因为那时还没有意识到这个问题。所以合理性就具有这样的奇迹和可怕之处：它会带来巨大
208 的新的能力和新的解决方法，而同时带来自身的具体的问题，这些问题的解决只能等我们超越到更高级的和超越理性的阶段。[1]

但是，很多提升主义的运动不是超越了逻辑，而是还没有掌握逻辑。他们以为自己是在攀登真理的高峰，而且以此自诩，然而，在我看来，他们是滑落了，跌落了。快速地下滑，沿着进化的斜坡难以控制地下滑的刺激感被他们称为“追寻极乐”。当地面以极速向他们冲来，他们却勇敢地迎接地面零点，认为这是即将来临的新的世界转型的新的范式。当有些人好奇地看着他们即将到来的碰撞，就像看着公路上有 20 辆汽车堆积起来时，他们会说：“哦，抱歉”。当我们拒绝加入这一冒险的时候，他们会悲伤遗憾地摇摇头。但是真正的精神性的极乐、无边无际的快乐，是在山上，而不是在山下。

我们想看到更深刻的更高级的意识结构、超越理性的结构。但是为了充分地理解这些，我们需要先仔细观察前理性结构，这样我们才会知道，除了一个递减的过程，超越个人的阶段是什么样的。

所以我们要看看古代和巫术结构的个体发生学的情况，然后循此到达超意识领域，我们最想避免的两种扭曲，就是还原主义和提升主义。

皮亚杰

我们现在考察的是当今世界个别的人类全子的内部的发展状况，是粗线条的简要复述。在前一章里，我们看到的同样的基本的全子，在史前和有史以来，在各种各样的文化世界空间出现（今天这些世界空间仍然存在，由于复合型的个性和空间的展开，仍然遵循着个体发展的路线）。如谢尔德里克所言，似乎大自然一旦产生了一种基本的全子，确定它能够充分发挥作用，就会在随后的发展中继续使用同样的全子，好像建筑材料一样（保

持基本的全子，否定它的片面性或排他性，以更高级、更深刻的模式超越它）。

我们要考察的每一种内部发展，当然要受20种原则的约束（虽然不止 209
这一些），这样，每一个发展阶段就会有新的创造性的东西出现，一种新的超越，一种新的深度，一种新的内在，一种新的分化或融合，一种更高程度的相对自主（对于行使权力和共享来说的更大的能力），一种更高程度的意识，一种更高的总体的接受——有新的恐惧，新的焦虑，新的需要，新的欠缺，新的欲望，符合新的共有的世界观的、新的道德约定，同时还永远存在着出现新的更高形式的病态和扭曲的可能。

在人类思想发展的曲折进程方面，没有人比皮亚杰的著作研究得更仔细了。尽管没有人认为皮亚杰的体系是完美的，但是他和他的同事用40年的时间创造出来的在研究和数据资料方面的财富，是为心理学（还有哲学和宗教）作出的少数几个伟大的贡献之一。

我并没有全盘接受皮亚杰的体系，而是利用他的数据资料（还有一些他的结论），小心地指出人类思想从古代到巫术到神话到合理性的发展的特点，像今天的个体发生学表现的那样。举例来说，如果对于过去的演化发展史上的“巫术一万物有灵”的时代还有一些合乎逻辑的疑问的话，对于那一结构（还有神话结构）的疑问应该少得多，因为它也出现在今天的发展当中。

另外，对于我们关注的问题很重要的是，研究一下皮亚杰是治疗提升主义的最快的方法。如果我们仔细地研究一下皮亚杰，就会发现成熟之前的大脑的思维最初表现的整体化、相互联系，从某种意义上来说“具有宗教的特点”，直到我们不经意地发现所有的想法都是建立在自我中心主义、人为主义、唯目的论、人类中心说和混沌未分的基础上的。那么很显然，我们有两个选择：把这些看法当做“真正宗教式的”思想来坚持，或者到别处寻找真正的上帝。

我说过，这一点极端重要，原因很简单：在我们谨慎地指出什么是更高的发展阶段、什么是真正的神话的或沉思式的或精神的发展阶段之前，我们必须知道这不是什么。其中最重要的是：这不是幼稚期的混沌未分。

众所周知，皮亚杰把合理性或认知的发展分为四个大的发展阶段——感知运动阶段（0～2岁），前运算阶段或“preop”（2～7岁），具体运算阶段或“conop”（7～11岁），还有形式思维阶段或“formop”（11岁以上）。[2]
他还把这四个大阶段进一步分为几个更小的阶段。我们要一个一个地考察， 210
并且简要地参照一下其他研究者的看法。

感知运动阶段（古代和古代巫术期）

胚胎期的人类是一个单细胞的全子，自身包括初级全子、细胞器官、分子、原子、次原子微粒、回到了进化史上遥远的初期的阴影阶段。

从出生开始，人类要经历原形质敏感性、感觉、知觉、冲动、原始感情，每一阶段都有其相应的全子和复合个体性。但是这些功能还都没有明确分化（或融合），生命的最初几年里要迅速地接触内部和外部的物理层面和生物层面，为人类层面的出现做准备。人类层面的出现是在两岁左右随着语言的出现而正式开始的。

例如，在谈到生命第一年的时候，皮亚杰说："可以说，这时的自我是物质的。"就是说，生命还局限在物理层面里。首先，婴儿不能够区分主体和客体或者自我和物质环境，而是处在一种"原始自恋"（弗洛伊德）或"海洋式非二元论"（阿瑞提）或"中柱原结合的"（荣格）或原始的"混沌未分"（皮亚杰）状态中。婴儿的自我和物质环境（特别是母亲）处于原始的未分化或未分离状态。在性心理方面，这是"口感期"，因为婴儿接触的是食物、物质营养品，是一种物理层面的生活。

在五个月到九个月之间，有时候这种原始的未分离状态会变为物质的身体自我同物质的环境分化开来——这是个体的物质自我的"真正降生"。玛格丽特·马勒（Margaret Mahler）把这称为"孵化"。婴儿咬自己的大拇指会感觉到疼痛，但是咬毯子就没有疼痛。这样他就知道了在物质的自我和物质的其他之间是有区别的。

另外一种说法是，随着这最初的一大分化（研究人员或称之为初期
211 "发展阶段的一大支点"）[3]，意识开始在物质的身体里出现，其基础是个体的全子的物理层面，而不是社会全子的物理层面（其环境）。很多研究者，从科恩伯格（Kernberg）到马勒都认为，如果由于生理上的、遗传的因素或重复性的创伤，意识不能够在物质的自我当中确定位置，结果就是一种或另一种的精神病。[4]精神病有多种表现（也许包括从更高级层面上发生的病变），但是肯定包括不能够确立物质的自我的情形，这一自我能够同环境清楚地分化开来。如莱恩（R. D. Laing）所说，精神病人总是"从身体里跳出来"；他或她不能够轻易地区别身体到哪里为止，椅子从哪里开始；主体和客体混淆了，融合混杂在一起，边界在幻觉中模糊不清了，等等。我们也可以说，精神病是不能够分化和融合物理层面的一种表现。

如果一切进展良好，婴儿就能够超越原始的混沌状态，分化或孵化，成为有根基的物质的自我。

这样，感知运动阶段（0～2岁）中最重要的就是物质的自我同物质的

环境的分化。其结果是在第二年的最后，形成皮亚杰所说的“客体永久化”，就是婴儿的一种能力，知道物质客体独立于他或她存在（即物质世界独立于一个人的、以自我为中心的意愿）。

如此，从初级的原始混沌未分中（皮亚杰又称之为“原形质”），出现了物质的自我和物质的他者：

> 通过逐渐分化，内在世界开始形成，与外部世界形成对比。一开始并没有这两个要素……
>
> 结果是，最初的原形质现实逐渐地、缓慢地分化为客观和主观现实，很显然这两个要素（内在和外在，左手和右手）在分化的过程中会按照自己的结构演化……
>
> 这种现象是很普遍的。在最初阶段（物质的）世界和自我是一体，两种要素互不区分。当它们相互区分的时候，它们又相互接近：世界是有意识的，充满了意愿，而自我仍然是物质的，可以说，仅仅有一 212
> 点点被内在化了。在大自然孕育发展的每个阶段都有我们所称的“附着”，即仍然依附于外在世界的内在经验的碎片。[5]

在感知运动阶段的最后，物质的自我和物质的他者明确分化开来，但是在前思维阶段，随着思维的出现，思维中的形象和象征物自身最初与外在世界融合、混杂在一起，导致皮亚杰所称的“附着”，儿童最后会抛弃附着，因为它们有缺陷，会引起误解。

> 我们以这种方式区分出（几种）附着。首先，在最初的阶段，是参与感，有时伴随着巫术信仰：太阳和月亮跟随着我们，如果我们行走，就可以让它们一起行动；事物关注我们并且服从我们，像风、云、夜等；月亮、街灯等进入我们的梦境“打扰我们”等。总之，世界上充满了倾向和意愿，并以我们的倾向和意愿为中心。
>
> 另外一种形式的附着和前一种紧密联系在一起，其根据是万物有灵，这样使得儿童赋予万物以意识和生命（仅仅对于儿童而言）……在这种巫术和万物有灵的秩序中：一方面，我们向事物下命令（太阳、月亮、云彩和天空服从我们），另一方面，这些事物服从我们的愿望，因为它们愿意这样做。[6]
>
> 还有一种形式是人为主义（人类中心主义）。儿童开始按照“我”来思考事物：他周围的一切事物关注着人，并且为人而存在；它们的一切出自人的意愿并且有自己的意愿，一切事物为人的利益而设。如果我们问儿童，或者儿童问他自己，事物是如何起源的，他需要求助于人来解释。这样人为主义是以参与感为基础的，参与感形成了一种

很特殊、很重要的附着。[7]

我们可以看到，皮亚杰认为附着的一大特点、而且在很多方面起决定作用的特点是自我中心主义，或者说在早期和最初的阶段人不能够超越自己的视角，并且理解现实不是以自我为中心的。人类的发展就是这样慢慢
213 地从自我中心主义到视角观，从现实主义到互惠和相关，从绝对主义到相对论：

> 这一公式意味着，儿童在把自我视角看作绝对的以后，开始发现还有其他视角的可能，并且认识到现实不再只包括眼前的事物，还包括从所有的视角都能看到的事物。
>
> 这一过程的最初的方面之一，就是从知觉现实主义过渡到所谓的恰当解读。所有的儿童都认为直接的知觉是对的，然后再按照自己的、以自我为中心的关系开始解读这些知觉。最明显的例子就是云彩和天体，孩子们认为它们是跟着人行动。太阳和月亮是小球体，在比房顶稍高一点的地方运行，我们走到哪里它们就跟到哪里。即使是6～8岁的孩子也会毫不犹豫地认为这一知觉是正确的。而且奇怪的是，他从来想不到问问自己，这些天体是不是也跟随其他人行动。如果我们故意问他，当两个人朝相反的方向行走，太阳会跟随哪个人呢？孩子就会大吃一惊，他可是从来没有想过这个问题。另外，大一些的孩子发现太阳跟着每个人走。在此，他们得出结论，真理在于观点的互惠：太阳很高，它谁都不跟随……[8]

皮亚杰特别指出，内在和外在世界的分化或融合的过程是漫长而缓慢的。举例来说，巫术和万物有灵信仰不是在某个阶段存在而在下一个阶段就完全消失了，而是这种被称做“巫术”的认知随着人类的发展变得越来越少，从“纯粹的巫术自我中心”到合理性的自我中心主义，到互惠和相关的共享。皮亚杰一针见血地指出：

> 因为客观世界的建构和严格的合理性的形成表现为自我中心观念的
> 214 逐渐消减，而倾向于……观点的互惠。这两种情况下，最初的事实是自我与外部世界及其他人的混淆；对于世界的观念由于主观的附着而出现错误，对于他人的观念出现错误是因为个人的观点占据主导地位，几乎排除了他人的观点。所以在这两种情况下，真理被自我遮蔽了。
>
> 那么，既然孩子认识到了其他人跟他想的不一样，他就会努力适应他们，根据讨论和争论，约束自己并且试图证实自己的想法。这样，他就可以用从社会生活得来的逻辑替换以自我为中心的逻辑。我们看到，在对现实的看法方面也有同样的一个过程。

> 这样，就有一个以自我为中心的逻辑（LH）和一个以自我为中心的本体论（RH），它们的结果是类似的：它们都会在关系和事物方面造成错误的视角，因为促使它们产生的假设都是其他人一开始就会理解我们，同意我们，事物围绕着我们运转，其唯一的目的是服务于我们并且模仿我们。[9]

关于术语要注意，皮亚杰把每一个大的认知阶段又分为至少两个次阶段（早期和晚期的前思维阶段，早期和晚期的具体思维阶段，早期和晚期的形式思维阶段），在这方面我大体上遵循他的思想。因为我们还使用了盖保瑟的通用的世界观术语，即古代、巫术、神话和合理性（很明显，它们所指的是基本上相似的阶段）。我经常会结合盖保瑟的术语来对应皮亚杰的次阶段，这样我们就有一些连续的术语，即古代、古代巫术、巫术、巫术神话、神话、神话理性、理性、理性存在（一直到视觉逻辑、精神等）。这些具体的名称当然是随意取用的，但是它们所指的实际阶段是以广泛的实证或现象研究为基础的。我也相信这些名称（例如巫术、神话理性等）有助于我们抓住每个阶段和次阶段的“特色”。

感知运动阶段和早期的前思维阶段（古代和古代巫术——大约 0～3 岁）有显著的混沌未分和“附着”现象，这使得皮亚杰本人经常把这个大概的早期看作“巫术认知”或“巫术本身”。他这样解释道：

> 第一个（大的阶段）是在任何明确的自我意识之前，可以暂定为 215
> 持续到 2～3 岁，直到最初的“为什么”出现，“为什么”在一定程度上标志着对于外部世界的抵抗的初步认识。
>
> 据我们推测，第一个阶段（整个古代巫术阶段）有两种现象。从（内）视角来看，是纯粹的以自我为中心，或者说思维类似于梦或白日梦，在思维当中真理和愿望混淆了。与每一种愿望直接对应的是形象和幻觉，它们把愿望转换为现实，这是由于一种虚假的幻觉或游戏。客观的观察和推理是不可能的：只有一种不间断的游戏，它依据主体的愉悦使知觉转换形式，并且创造出各种情景（对于浪漫主义者来说，这一阶段总是让他们憧憬不已）。从本体论的视角来看，与这种思维方式相对应的是原始的心理随意性，其形式可能是巫术（我把这称为古代巫术期）：他们相信无论任何愿望都可以影响物体，外在事物会服从我们。所以巫术和自我中心主义是同一个现象的两个方面，即把自我和世界混淆起来……[10]

前运算阶段（巫术和巫术神话阶段）

如果一切进展得相当好，婴儿就会超越早期的古代混沌状态，出现或孵化为一个确定的物理的自我。虽然说婴儿的物理的躯体现在和环境分开了，但是他的情感的躯体还没分开。婴儿的情感自我仍然没有跟其他有情感的物体分离开来，特别是那个起着母亲作用的物体。但是在 18 个月左右，婴儿开始学会把他的感情和其他人的感情区别开来（这是第二个大的分化，或“第二个支点”）。婴儿的生物层面同其周围的人的生物层面分化开来——换句话说，婴儿已经超越出未加分化的生物层面。这样再一次，正如每一个全子一样，婴儿不仅显示出了自我保护和自我适应的能力，还显示了自我超越的能力。

马勒把这一至关重要的转换（第二个支点）称作“个体化分离阶段”，
216 或者说是一个稳定的情感自我的分化和融合（而我们看到前一个支点是物理的自我的分化或融合）。实际上马勒把这个支点叫做“婴儿的心理上的降生”，因为婴儿从此摆脱了与母亲情感上的混淆状态。

在这个关键的支点上的发育阶段的早产（根据马勒、科恩伯格和其他人的看法）会导致自恋式的和临界式的病态，因为如果婴儿不能把他的感情与周围的人的感情分化分离开，一方面（临界式的症状）就很有可能被周围的情感环境（像遭遇洪水一样）所“涤荡”或“裹挟”，或者另一方面，他会把整个世界看作是自己的感情的外延（自恋式的状态）——这两种情况都是由于不能够从未分化的生物层面中解脱出来。人类没有跟生物层面分离或者说“融合”在生物层面里、陷入生物层面里，就像早先的精神失常者融合在或陷入物理层面里。

到 3 岁左右，如果一切进展相对良好，小孩就会有稳定的和连续的物理自我和情感自我，他就已经分化和融合了，超越并保留了自己的物理层面和生物层面。到这个时候，语言开始出现，在人类层面的发展才正式开始。

这样，随着情感自我和情感他者的分化（24～36 个月），早期的古代巫术状态慢慢减弱——但是，皮亚杰认为，巫术式的认知继续在早期的前运算阶段（2～4 岁）占主导地位，我把这个阶段叫做“巫术期”。

换句话说，人类层面的第一个主要的层次是巫术式的。在这一阶段，新出现的形象和象征不仅仅代表物体，它们被认为是具体的所代表的事物的一部分，所以“词语巫术”大量存在：

> 到 4～5 岁的时候，（儿童）认为是他在“强迫”或逼迫月亮运动，人与物的关系呈现出动态参与或巫术的特点。4～5 岁的时候，他更倾向于认为是月亮在跟随他：这是万物有灵的关系。
>
> 与这种参与非常类似的是巫术随意，巫术在好多方面就是参与：主体认为他的手势、思想或处理的物体能相互作用，这是因为他在手

> 势等情态跟周围的事物之间（“附着”）建立了相互参与的关系。这样，某个词语就能作用于某个事物，某个手势会保护一个人免于某种危险，217 某个白色的鹅卵石会使得水仙花生长……[11]

皮亚杰把这种巫术认知看作一种“参与”形式——即主体和客体，以及各种客体本身，由某些形式的附着或者感觉到的联系“连接”了起来。然而这些联系却不符合实际上构成客体关系的丰富的结构形式。

这正是弗洛伊德所说的初级过程，它遵守两个普遍法则，即替换和浓缩。替换是两个不同的客体相等或“连接起来”，因为它们共有类似的部分和属性（一种类似关系：如果有一个亚洲人是坏的，那么所有的亚洲人都是坏的）。浓缩是不同的客体联系起来，因为它们存在于同一个空间（一种相邻关系：一个伟大的战士的一束头发以浓缩的形式“包含”着这个战士的力量）。

（还有另外一种分类的方式。每一个全子都是一个共享中的行使权力者。替换把不同的全子混淆了，因为它们共同拥有相似的实施者。浓缩把不同的全子混淆了，因为它们共同拥有相似的共同体。前者是隐喻，后者是提喻。这导致了许多有趣的相互关系，我会在注释中说明。）[12]

简单地说，这样的初级过程或巫术认知还没有能力把握全子的概念。它没有把整体和部分放在相互关联的一个复杂的网络中，而是通过破坏和混淆不同的部分和整体缩短这个过程——皮亚杰称之为类并和并置（同样，也是类似和相邻）。那么，巫术认知就是把部分和整体结合相混淆，而不是相互联系起来的认知方式。这些“类并了的整体”的“结合的网络”看上去很有整体性（或者“全息性”），但是实际上并不是连贯的，也不符合已经得到的感知运动阶段的证据。

> 这种关系就是参与。这种关系比首先表现出来的情况还要常见，但是在5～6岁以后就消失了。其原理如下：有关系的两个事物——或者是相似（类似；隐喻），或者是大概相近（相邻；提喻）的关系——218 被看作是有些共通之处，这些共通之处使得它们在一定距离之内相互作用，或者更准确地说，其中之一被看作发射源，另一个则是前一个的发射物。所以房间里的空气和影子是从门外的空气和影子发射来的。梦也是这样，是“喜欢风的”鸟儿们送给我们的。
>
> 孩子们的确像我们一样，是从感受到书的影子跟树木、房屋的影子有些类似开始的。但是这种类似并没有让他认识到任何（相互）关系：只是让他把一些具体的情形等同了起来。所以这儿得到的还不是真正的类似，而是类并。孩子争论道：“这本书有一个影子，树木、房屋等也有影子。（所以）书的影子来自树木和房屋的影子。”这样，从

> 原因的角度，或者从物体的结构的角度，就有了参与，有了来自于单个因素的结合的类并式的图式……[13]

从巫术向神话阶段的转化

我们从前运算阶段的早期（2～4 岁；“巫术”）考察到前运算阶段的晚期（4～7 岁；“巫术神话”），就会发现支配意识的仍然是类似的附着形式。但我们会发现一个至关重要的差异：就是巫术意识本身——相信主体可以巫术一样地改变客体——很快地衰弱了。与外部世界不断的相互作用最终导致主体认识到他的或她的思想不能够以自我为中心地控制、创造或支配世界。

巫术本身就这样衰弱了，或者说，个体的、主体的、全能的巫术——一种不再起作用的巫术——被转移到了其他的主体上。也许我不能够指挥世界，但是爸爸（或上帝或火山神）能。

这样就出现了上百个男神女神，都能做我做不了的事情：可以奇迹般地改变自然的模式来迎合我的需求。然而，在早期的巫术阶段，宇宙的秘密是学会正确的词语巫术，可以直接改变世界。现在的核心是学会正确的
219 仪式和祈祷，使得男神女神们介入，为我而改变世界。皮亚杰认为：

> 当然，要接受奇迹的可能，或者说，奇迹是儿童对世界认识的一部分，因为这个阶段的法则是精神的，有可能出现无数的例外（“由上帝裁决”或者另外的有威力的他者裁决）。孩子们会要求父母停止下雨，或者把菠菜变成土豆等。[14]

这就是从巫术向巫术神话的转变。皮亚杰讲：“第一个阶段是巫术：我们行走就可以让云彩运动，云彩在远处遵从我们。这一阶段的平均年龄是 5 岁。第二个阶段（巫术神话）既是人为主义的也是万物有灵的。云彩运动是因为上帝或（其他的）人让它们运动。这一阶段的平均年龄是 6 岁。”[15]

世界上的许多经典神话大多数好像都是从这个巫术神话结构发展而来的。像菲利浦·柯文（Philip Cowan）所指出的：“在这个阶段（前运算阶段晚期或巫术神话），仍然会把物理世界和个人的随意性混淆起来，物理世界的运行方式好像跟人们差不多。所有这些例子（都表明前运算阶段晚期的）儿童已经在一些宇宙问题，例如生命（和死亡）的本质、风的成因等方面形成了一些复杂详尽的神话。另外，这些神话在不同文化的儿童之间显示出了很多相似性，好像并不是父母直接教给他们的。”[16]

神话和原型

这当然把我们直接引向了荣格的作品和他的结论，世界上伟大神话的基本形式和主题——“古代形式”或“原型”——是以集体的形式遗传到我们每个人的精神当中的。

人们经常认识不到关于古代遗传物的存在问题，弗洛伊德完全赞同荣格的观点。弗洛伊德为这一事实而吃惊，即治疗中的病人总会不断地产生一些大体相似的“幻觉”，所以这些幻觉好像是以集体的形式遗传下来的。“这些幻觉和促成幻觉的事物从何而来？”他问道，“有同样内容的同样的幻 220
觉产生出来，如何解释？我有一个答案，我知道这对你来说可能很大胆。我相信这些原始的幻觉是演化发展史的产物。在幻觉中病人能够触及过去时代的经历。”[17]

弗洛伊德认为，这种演化发展史的产物或者“古代的遗传物”包含着“整个人类，从史前年代开始经历的漫长时期，在进化发展过程中的重复经历的缩影”。我们知道，尽管弗洛伊德和荣格在这一“古代的遗传物”的实在本质方面存在着很大的分歧，但是弗洛伊德讲得很清楚：“在认可演化发展史的遗传物的存在方面，我完全同意荣格的观点。”[18]

皮亚杰也在很多文献中指出他基本同意并且非常欣赏荣格的著作。与荣格稍有不同的是，他并不认为原型本身是直接从过去的年代遗传而来，而是认知结构的间接副产品。这些结构无论在哪里出现都相似，而且在解释共有的物理世界的时候，会产生共同的主题（所以认知结构本身就是演化发展史的遗传物）。

但是无论我们遵循弗洛伊德、荣格的观点还是遵循皮亚杰的观点，结论都基本相似：所有世界上的伟大神话今天仍然存在于我们中间，在我和你身上。它们会在任何时间表现出来，通过我们的复合个性的古代、巫术和神话结构（而且经常通过巫术神话结构）表现出来。

问题集中在——在此弗洛伊德和荣格痛苦地分道扬镳了——这些神话的主题，这些原型的本质和功能上。它们仅仅是幼稚的和倒退的（弗洛伊德），或者它们也包含着精神智慧的丰富源泉（荣格）？很显然，皮亚杰在这一方面站在弗洛伊德一边。我也已经表示过，我并不认为这些具体的“原型”（如荣格认为的）是高级的超越个人的智慧源泉。但是情况很微妙和复杂，本章后面我们与约瑟夫·坎贝尔联系在一起，再来更详细地讨论这一点。

我们知道，坎贝尔认为在某些情况下（我们会在后面讨论），早期的神话原型可以负载深刻的宗教的和精神的意义和力量。但是，即使坎贝尔也

明确承认（并且确实在强调），前运算阶段的早期和晚期本身也大量地表现
221 出了自我中心主义、人类中心主义和地球中心说。

换一种说法，前运算阶段的认知仍然“接近于身体”认知，不能轻易地表现他者的角色，也不能明确地分化人类层面和生物层面。即使是在前运算阶段晚期的思维阶段，儿童仍然坚定地相信名称是被命名的物体的一部分，并且真的存在于物体当中。“名字是干什么用的？”我们问一个五岁的孩子，“它们是你看东西的时候看到的。”“太阳的名字在哪里？”“在太阳里面。”一个孩子总结道：“如果没有单词就糟糕了。你做不成任何东西。东西怎样才能做出来呢？”约瑟夫·坎贝尔评论道：

> 古代人的宇宙哲学跟婴儿的一样，认为创造者最关心的是人的福与祸。做出光线是为了让我们看见；做出夜晚是为了让我们睡觉；做出星星是为了预测天气；做出云彩是为了警告有雨。孩子对于世界的看法不仅仅是以地球为中心的，而且是以自我为中心的。如果我们在这一简单的结构上再附加上弗洛伊德所认为的一种倾向，即体验万物的时候要与家族罗曼史（俄狄浦斯/恋父情结）的主体模式联系起来，那么我们就会发现表达这些基本思想的词汇不够用，因为我们在描述世界神话的时候需要使用很多词汇，或者词汇的变化形式。[19]

压制

人类层面的出现首先表现为形象（大约 7 个月），然后是象征（最发达的象征可能是“不要！”），然后是概念（大约 3～4 岁），这些都极大地借助于语言的出现。[20]

我提到了“不要！”这个词作为第一个象征，概括了新出现的人类层面的所有优点——还有所有的弱点。

“不要！”是第一个明确的精神超越的形式。是形象启动了这一精神超越，但是形象与它们的感官指示物紧密相连。利用“不要！”我可以第一次拒绝按照我的身体冲动或者你的愿望行事（在“可怕的两个”期间，每个
222 家长都会在孩子身上发现这些）。这是在成长阶段中的第一次，孩子开始超越生物的或以生物为中心的或以生态为中心的限制，开始控制身体的愿望和身体的排泄物及身体的本能，与此同时把自己同其他人的意愿“分离开和个性化”。弗洛伊德在“排便训练”上小题大做，而“肛门期”仅仅是指合理性语言的自我开始出现，开始某种有意识的意愿和有意识地控制其自然的生物层面的产品，还意识到自己也被别人“控制”。

总之，只有利用语言，儿童才能区分大脑和身体，区分合理性意愿和身体冲动，然后开始融合大脑和身体。这是第三大分化，或第三支点。如

果不能分化大脑和身体——不能超越这个阶段——或者说“仍然停留在身体里或生物层面里”，我们知道这就是最初的发育阶段受到了损伤，表现为自恋式的或临界式的病态。

但是“不要！”走得太远，就有了人类层面的所有的恐怖事件。因为，的确是在语言的帮助下，孩子区分了大脑和身体，区分了人类层面和生物层面，可是分化（通常）会走得太远导致分裂。大脑不仅仅是超越并包含身体，还压制身体，压制身体的感官，压制性欲，压制在生物层面的丰富的根系。在弗洛伊德（和荣格）看来，压制是伴随着“语言障碍”而出现的，也就是把“不要！”推到了极端的情况。这种极端的“不要！”的结果在科学上称为“神经症”或“精神神经病”。

换句话说，每一种神经症都是小型的生态危机。这是拒绝在复合个性里面包含有机生命、情感和性的生活、繁殖的生活、感性的生活、性欲的生活、生物层面的生活等的一些方面。这是对我们的根系和根基的否认。在这个意义上，神经症是人类层面对生物层面的攻击，是试图消除我们作为有机的全子的一些方面。但是这些生物层面的全子不会因此而简单地消失（也不会不危及个体的生命）。相反，被压制的全子会以隐蔽的方式回来，就是所说的“神经病的症状”——焦虑、沮丧和沉迷——这是被忽视的生物层面的痛苦的症状，现在生物层面以隐含的方式强迫自己进入意识，并试图把人类层面推翻。[21]

如果要让神经病的症状消失，或者是治愈，只有让意识取消压制，和 223
存在于我们内部的生物层面重新建立联系并友好地对待它，然后在新建立的人类层面里跟生物层面融合。这叫做“除去阴影”，这个阴影就是……生物层面。

这样，如果停留在生物层面里会导致临界式的或自恋式的情况，那么走向另一个极端，疏离生物层面就会直接导致精神神经病。推而广之，我们当前的世界范围的生态危机，从很严格的意义上来说，是世界范围的集体的神经症——将会导致世界范围的神经崩溃。

我再重复一遍，这个危机绝不会“摧毁生物层面”——生物层面将会存在下去，以一种或另一种形式（即使只是病毒式的和细菌式的），不管我们如何对待生物层面。我们现在做的是在以一种方式改变生物层面，使得它不能支持更高级的生命形式，特别是支持人类层面。这种“改变”实际上是一种压制，一种疏离，是对我们共同的祖先的否认，对我们与所有的生命相联系而存在的否认。这不是对生物层面的破坏，而是对生物层面的否认，这也恰恰是精神神经病的定义。

弗洛伊德发现的在维也纳的一个长沙发上的病人正在做的事情，也是我们在世界范围内集体在做的事情。谁会是我们的医生呢？

具体运算阶段（神话和神话理性期）

假设发展进行得相当顺利，随着大脑和身体的第一次有意义的分化（第三个支点），大脑可以超越以身体为导向的限制——陷入其中（以自我为中心）——并且开始进入其他大脑的世界。但是要这样做必须得学会扮演他者的角色——一个新出现的很难的任务。

换句话说，自我从以物理为中心的身份（第一个支点）转向以生物为中心的身份（第二个支点）再转向人类层面的身份（第三个支点），第一种
224 形式仍然完全是以自我为中心的和以人类为中心的（巫术的和巫术神话的阶段都是以自我为中心和仅仅以自我为导向，不管它们表现得如何关注“其他世界”或“神圣”）。

如果感知运动阶段和前运算阶段的世界是以自我为中心的和以地球为中心的，具体运算阶段就是以社会为中心的（我们会看到，它不再以身体身份为中心，而转向角色身份）。它仍然具有“神话的”和“以人类为中心的”成分，因为如柯文所言，“仍然有前一阶段的各种各样的色彩”[22]（因此我把具体运算阶段的早期和晚期分别叫做神话和神话理性期）。还有一种区分更细的原因，它包括五行的思想（水、风、土、火、天），倾向于代替更笼统的解释，通常还有人相信这是“成形前期”（橡树果中包含着完全成形的小型的橡树）的原因。

但是到现在为止，最有名的转型或超越表现在能扮演别人的角色的能力上——不仅仅是认识到别人有不同的视角，而且能在思维中重建那个视角，并能够从别人的角度思维。

在一个现在称为三座山的任务中，皮亚杰和巴贝尔·英海尔德（Bärbel Inhelder）让4～12岁的孩子们面对一套玩具，其中有三座泥山，颜色各不相同，还有一个玩具娃娃。问题很简单：你看到了什么？娃娃看到了什么？

前运算阶段的孩子的典型回答是，娃娃看到的和孩子看到的相同，即使娃娃面对的只是假设的、绿色的山。孩子不理解还有不同的视角。在前运算阶段的后一个阶段，孩子会正确地指出娃娃有不同的视角，但孩子不能准确地说出那个视角是什么。

但是随着具体思维的出现，孩子会很容易地、很快地描述娃娃的真正视角（如“我在看所有的三座山，娃娃只在看绿色的山”）。

这些实验和类似的实验［罗伯特·塞尔曼和约翰·弗拉维（Robert Selman & John Flavell），还有其他人的实验］的结果验证了一个普遍的结

论：只有出现了具体运算阶段的思维，儿童才能超越他的或她的以自我为中心的视角，并且扮演他者的角色。哈贝马斯认为，角色身份会补充自然（或身体的）身份（身体不能扮演他者的角色）。儿童在一个他者的角色的社会中认识到了他的或她的角色，现在必须学会把自己的角色和他者的角色区分开，然后把自己的角色融入新出现的世界空间里（这是第四个支点，自我发展的第四个大的分化或融合）。这样，自我身份的根本位置就从以自 225
我为中心转移到以社会为中心。

最初，儿童还没有与他的或她的角色分离，被限制在或“陷入”角色里（正像他或她最初陷入物理层面然后陷入生物层面一样）。这一不可避免的（最初是必要的）“以社会为中心的限制”导致了不同称谓的道德的习俗阶段（科尔伯格/吉利根），归属感的需要（马斯洛），顺从模式（卢文格）。

因此这一阶段的病态通常被叫做“剧本病态”。人们碰到的麻烦不是在物理层面（心理），不是在生物层面（临界的和神经的），而是陷入一些早期的角色和剧本，这些是父母、社会和同伴给予的：这些剧本没有、最初也不能拿更多的证据来检验，所以这些剧本通常是过时的、错误的甚至是残酷的（“我不好，我烂透了，我什么也做不好”，等等。这些跟身体冲动关系不大，像精神神经病的情况，是关于一个人的社会地位的社会判断，是一个人的角色）。

针对这种病态的治疗的方法包括挖掘出这些剧本，把这些神话暴露出来，付诸更成熟的合理性和更准确的信息，这样来“重写剧本”。（举例来说，这是认知疗法和人际疗法的主要方法。并不是要挖掘出已经尘封的和疏离的身体冲动，尽管那也很重要，而是要挖掘出错误的和扭曲的认知图谱，并且付诸更合理性的判断。）[23]

与扮演角色同等重要的是具体运算按照思维规则运行的能力。我们知道前运算是依靠形象（图画式表象）、象征（非图画式表象）和概念（代表整个类别的事物）来运行的。规则再前进一步，思维按照具体的类别运行，这样，这些规则（像成倍增加、类别归属、等级划分）开始把握在各个整体和部分之间的难以置信的丰富关系。

也就是说，具体运算是第一个这样的结构，它可以明确地把握全子的本质，即它在一种关系中是一个整体，与此同时，在另一种关系中仅仅是一个部分（因此在这一点上儿童会自然产生价值判断，他们从很强烈的前运算阶段的“或者或者”愿望转向持续的偏好）。当然，所有这些都依赖于具体运算阶段的一种能力，即开始采取不同的视角并且把这些视角联系 226
起来。

因为这种结构有按照规则和角色思维的能力，我也把这种结构叫做规则或角色大脑。与前面的阶段相比较，这个结构代表着更大的超越、更大的自主、更大的内在化、更高级更广泛的身份、更明确的意识。但是也像前面的阶段一样，最初“局限于”自我和物体——现在是社会的自我和社会的物体（角色）——在这个阶段里自我和物体起支配作用。

这样，现在的自我就有可能产生新的和更高级的病态，这需要新的和不同的疗法。这一次不是陷入物理层面，不是陷入生物层面，不是陷入早期的“自我层面”，而是病态的自我陷入社会层面，被某一具体社会的规则、神话和教条所限制，没有办法超越神话成员身份，这就注定要在某一具体的孤立社会按照规则扮演角色。

神话成员身份是以社会为中心的和以民族为中心的：一种情况是，如果接受了现行的神话就会处在文化中间（文化的一员）；另一种情况是，如果不接受信仰体制，就会被逐出文化。不可能设想会出现全球性的或全行星性的文化，除非是把某一具体的神话强加到所有人头上：这正是我们所看到的伟大帝国的神话帝国主义的情况，从希腊到罗马到可汗到萨尔贡到印加到阿芝台克都是如此。这些帝国通过把不同的政体融入帝国而克服了地方和相互争斗的部落的自我中心主义（这样在更大的范围或共同体内否定并且保留了它们）。而这一成果的取得部分是依靠统一了不同部落的神话的庇护（不是依靠血缘和亲属关系，因为那是不可能的，不同的部落有不同的血统），依靠能够统一不同角色的共同的神话起源（例如以色列的12个部落通过共同的耶和华统一了起来）。

像以前发生的一切一样恰当和不可避免，这整个结构随着自我理性（和形式思维认知）的出现而被解构了。

自我

我们知道哈贝马斯把从具体运算阶段向形式运算阶段的超越称作从角色身份向自我身份的转变。这里的自我并不意味着“以自我为中心”，相
227 反，自我意味着以社会为中心的能力转向以世界为中心的能力。这种能力可以使得自己远离以自我为中心和以民族为中心的限制，考虑对于所有的人而不只是自己的人什么是公平的。

那么，讨论一下“自我”这个单词的意义就很有帮助，特别是在超越个人的范围内，没有别的词比它带来更多的混乱了。自我，和理性一起，在神秘的、超越个人的和新时代的范围内，一般被认为是不洁的词汇，但是很少有研究者给它下定义，而那些下定义的，所给的定义也互不相同。

当然，我们可以用我们喜欢的任何方式给自我下定义，只要我们能坚持下去。大多数新时代作家随意地使用“自我”一词，来表示一种片面的

自我意识，与他人隔离，与精神基础隔离。不幸的是，这些作家没有明确地把前自我阶段和超越自我的阶段区分开，这样他们所建议的拯救方式当中有一半实际上是各种各样的倒退的方式，而这些方式又恰好通过正统的研究者提出了警示。尽管如此，他们的普遍结论是，所有真正的精神状态都是“超出自我”的，在一定程度上这是对的，但是如果不加以详细论证，就会把情况搞得一团糟。

对于大多数以心理分析为导向的作家，自我（ego）意味着“调整心智的过程”，而且在这方面，很多研究者，例如海因茨·高赫（Heinz Kohut），现在倾向于使用更笼统的术语自己（self）。自我（或自己），原则上使得大脑成为统一体，所以是一个至关重要的根本性的调整模式，如果试图“超出自我”就意味着不是超越而是灾难，所以这些正统的理论家对于“超出自我”可能意味着什么以及谁愿意“超出自我”完全摸不着头脑——在这个定义的范围内，他们也是很正确的（稍后我们会讨论这个问题）。

在哲学上，经验自我、纯粹自我或者超越性自我之间有根本的区别。经验自我就是自己，它是意识和内省的客体。超越性自我［康德、费希特（Fichte）、胡塞尔］是纯粹的主体（或者观察外物的自己），永远不可能被看作任何形式的客体。这里，纯粹自我或纯粹自己实际上等同于印度教的灵魂（或者是纯粹的目击者，自身永远不会为别人所见——但是自身包含所有客体）。

另外，像费希特这样的哲学家认为，纯粹自我具有绝对的精神，这种精神正是印度教的灵魂＝婆罗门。精神被描述为纯粹自我让新时代作家们 228
大为不解，他们通常意识不到这一术语的历史性用法，而且他们只想用自我来指称“魔鬼”（尽管他们真心地接受一个相等的概念：灵魂＝婆罗门）。

还有让他们同样困惑的时候。杰克·恩格勒（Jack Engler），一位研究精神病学和冥想的交叉学科的理论家宣称，“冥想能提高自我的力量”，情况也的确如此，因为精神病学上的“自我力量”意味着“没有偏见的见证能力”。但是新时代作家们认为冥想意味着“超出自我”，所以任何使自我加强的事物就是魔鬼的力量。即便如此他们仍然迷惑不解。

“自我”就是拉丁语的“我”。举例来说，弗洛伊德就从来不用“自我”这个术语；他使用的是德语的 das Ich，或“那个我”。不幸的是，斯特雷奇（Strachey）把它翻译为“自我”（ego）。与“那个我”相对照的是，弗洛伊德所称的 Es，是德语的“它”，不幸的是，也被翻译为“本我”（id）（拉丁语的“它”），弗洛伊德也从来不用这个术语。这样，弗洛伊德的伟大著作《自我和本我》（*The Ego and the Id*），实际上应该是“那个我和它”。弗洛伊德的观点是，人们有一种“我”或“自己”的意识，但有时候“自我”的一部分表现得陌生、疏远、隔膜——似乎是一个"它"(我们说,"焦虑,它让我不舒服"或"要吃的愿望,它比我还强烈!"等等,这样是在为我们自己的状态开脱责任)。当"我"的一部分被分离或压制,这些部分就表现为症状或"它的",我们没法控制它们。

弗洛伊德疗法的根本目的是把"我"和"它"重新结合起来,这样治疗他们的分离。他最有名的关于治疗的目的的说法是——"本我在处,自我应在"——实际上应该读作"它在处,我应在"。不管你是不是相信弗洛伊德,这仍然是关于各种形式的揭示式心理疗法的最准确和简洁的总结。这指向一种自我的扩展,一种"我"的扩展,扩展到更高级和更宽广的身份,把以前疏离的过程融合。

"自我"这一术语很明显可以在很多不同的方式下使用,从广义到狭义,很有必要确定一下某个具体的用意,否则任意的语义选择就会造成无穷的争论。

从最广义而言,自我意味着"自己"或"主体",所以皮亚杰在谈到最
229 早的阶段是"以自我为中心"的时候,他并不是说有一个明确区分的自己或自我与世界分离。他的意思恰恰与此相反:自我没有与世界分化,没有强大的自我,所以世界被看作是自己的延伸,是"以自我为中心"的延伸。只有出现了强大的和分化了的自我(在第三和第五个支点时出现,最后达到形式思维阶段或理性视角主义)——出现了成熟的自我,自我中心主义才会消失!"前自我期"是最以自我为中心的!

所以,只有在形式思维的水平(稍后讨论),真正强大的、分化的自己或自我才能摆脱身体冲动和既定的社会角色的限制;这也是哈贝马斯所指的自我身份,一种完全分离的个体化的自己的意识。

再重复一遍:"自我"这个术语,心理分析当中以及皮亚杰和哈贝马斯(还有其他人)都使用过,还不如前自我阶段更以自我为中心![24]

我主要从这种狭义的理解上来使用"自我"这个词,和弗洛伊德、皮亚杰及其他人的用法类似——指一种理性的、个体化意义上的自我感,可以和外部世界区分,和其社会角色区分(包括超我),可以和其内在本性分开(伊底)。

从这个意义上我们可以看到前自我中心的领域(特别是原型领域和巫术领域),在那种领域中,自我与内部世界及外部世界的分化程度很差[只有精神分析家所谓的"自我核"(ego nuclei)]。再重复一遍,这些前自我中心的领域是自我中心程度最高的(因为婴儿或者儿童并没有一个坚强的自我,他会觉得世界的感受与他自己的想法和感受完全相同,世界会满足他的欲望:他并不清楚自己与别人之间的界限,所以把别人看作是自己的

延伸)。

自我在神话阶段变得更加稳定(作为一个人或者作为一个角色出现),在形式运算阶段最终形成,作为自我可以清晰地和外部世界及其各种角色(人格)区分开来。这是主要的自我领域,进一步发展可以进入灵性水平更高的领域,称为超自我水平。在这个水平自我被否定,但是同时被保留(作为习俗现实中的一种功能性的自我)。我把这些更高阶段自我称为大我(Self)(除非特别指出,不是纯粹的自我,因为这会让任何人感到迷惑),随着后文的展开我会进行详细解释。[25]

从很宽泛的意义上这三大领域也可以叫做潜意识(前自我水平)、自我意识(自我水平)和超意识(超自我水平);或者称为前个人水平、个人水平和超个人水平;或者叫做前理性水平、理性水平和超理性水平。 *230*

重要的是,每个阶段都更接近纯粹的大我,自我中心的程度也越来越小。[26]皮亚杰指出,自我中心的顶峰出现在初始状态或者身体未分化的阶段(阶梯一,此时的自我认同是物质中心的),因为整个的物质世界都被悉数收进自我感中,无法和自我感分开。这个原型—自闭阶段并非如浪漫主义者所说的那样,"与快乐和福气的世界合一",而是把整个世界都吞进自我:儿童整整是一张大嘴,其他任何东西都只是事物。

随着认同从物质中心到生物中心再到生态中心(阶梯二),"纯粹自闭"("只有我!")的程度逐渐降低,情绪的自恋开始活跃,或者开始逐渐出现情绪的自我中心(阶梯二),马勒称之为"极端的自恋!"(她还说"整个世界就是孩子的牡蛎":庞大的无处不在的幻想)。前运算阶段的心理(阶梯三)出现后,这种情绪的自我中心的程度开始稍微减弱,开始出现巫术水平的自我中心(地球中心)——比以前的阶段开化的程度更高一点,但是对自我的执著程度还是很高:世界的存在是以人类为中心的。

具体运算的心理(阶梯四)出现后,那种巫术水平的自我中心(自我是宇宙的中心)程度会减弱一点,但是被一种民族中心代替,认为自己的特定团体、文化、民族开始占据至高无上的地位。但是同时也出现了皮亚杰所谓的去中心化,此时人们可以和以前的自我中心的"自我"分开,不再让自我处于中心位置,而是可以从别人的角度来思考。随着去中心化的进一步推进、自我中心水平的进一步降低,这种能力在形式运算阶段更加成熟(不仅可以从同属自己团体的成员角度思考,而且可以从别的团体的成员的角度思考:世界中心的或者非民族中心的)。

换句话说,每个阶段都超越前一个阶段,因而自我中心的程度会降低一些,受较浅、较窄的视野限制的程度会降低,但是可以在视野上做得更深更广。自我中心的程度越来越低,包容的全子越来越多,越来越多的全子都得到平等的尊重。

我们随着这种进化前行。进入超个人领域之后，这些发展变成了一种
231 直觉，感到圣者本身正是自己的大我，在所有人身上都平等不二（实际上是在所有众生身上终生都平等不二），这个大我是整个系列的自我中心降低过程的终极欧米伽点，它从小我的去中心化开始，直到找到大我——找到在一切存在身上都平等不二的大我，从而摆脱任何单个存在的自我中心（和民族中心）。完全去中心化了的自我是无所不包的大我（按照禅宗的说法，大我就是无我）。

作为去自我中心的进化还能有什么意思呢？拥抱一种包容能力更强的认同，包容更多的存在，更深更广——此处的混沌引子是什么？这个进化的历程还能到哪里去呢？还可能去哪里呢？

形式运算阶段

此处我们将讨论强大的理性自我是如何从神话—成员的认同中产生出来的，这自然让我们想到皮亚杰的形式运算阶段。

形式运算阶段的觉察超越并包含具体运算思维，因此形式运算可以对构成具体运算的全子进行运算——实际上，这正是形式运算的核心含义。具体运算阶段的思维运用思维规则来超越具体的世界，对具体世界进行运算，而形式运算阶段的思维运用新的内在性，超越思维规则，并对思维规则本身进行运算。这是一个新的分化，将导向新的整合（导向一个更深更广的认同）。

这听起来非常枯燥、非常抽象，但实际上并不枯燥。首先，形式运算阶段的觉察带来一个新的情感世界、梦想世界、狂野的热情和理想主义的奋斗。的确，理性带来了对数学、逻辑和哲学的更加抽象的新的理解，可那实际上只是理性定义内涵的一小部分内容：理性是可能性的空间，可能性不再限于明显的、规定的、粗俗的。我们早先说过，理性是通向不被人见的领域的大门，是看不见的世界的开始，这是人们最不容易想到的理性之含义。

可是，试想一下柏拉图、毕达哥拉斯等伟大的神秘经验论者，他们认为，理性的形式或者所谓理性是所有显现出来的东西的大基础，这种大基
232 础用肉眼是看不到的，只能用内照的方法去体会，只能用心灵的眼睛来看。或者想一下海森伯格（Heisenberg）和金斯（Jeans）等伟大的物理学家，他们认为筑成宇宙的基本材料是数学形式，并且认为这种数学形式也是只能通过心灵的眼睛才能看到。再想想吠檀多和大乘佛教的圣哲们，他们认为整个有形的外部世界只是心灵内在形式或者“咒语”（seed-syllables）的

沉淀。在所有这些理论家们（当然除了他们之外还有很多）看来，理性并不是具体的物理世界的抽象；具体的物质世界恰恰是伟大的心理形式的浓缩或者简化，这种心理形式是不可以通过感官来把握的，它们包含了有形的世界的一切的可能性。

在这个问题上，皮亚杰说，尽管具体运算阶段的儿童的确可以对具体世界进行运演，但是他们只限于能对具体的、被给出的、现象的世界进行运演，可是形式运算阶段的青少年可以在心中看到被给出的世界的其他可能的安排。典型的皮亚杰式的试验还是那么枯燥、抽象，可是试验揭示的道理却显示了他的创造性。在此我仅作非常简略的介绍：

给一个小孩五个玻璃杯，杯子里面装着无色液体。其中三个杯子中的液体如果混合就会出现黄色。孩子的任务就是用这些杯子里面的无色液体造出黄颜色。

前运算阶段的孩子会随便混合这些液体，然后放弃。如果碰巧弄出了黄颜色，他会给你一个巫术式的解释（“是太阳的杰作”，“是云彩的礼物”）。

具体运算阶段的孩子会兴致勃勃地混合这些杯子，每次混合三个。他会非常具体地去混合，直到碰上正确的混合方法，或者累了之后最终放弃。

形式运算阶段的青少年开始先告诉你，你得尝试各种三三组合的可能。他会在心里面作一个计划，或者称为形式运算，从而他可以看到所有的可能性都要尝试，尽管可能会看得不是那么清楚。他不需要通过手忙脚乱的具体操作才能理解这一点，而是可以通过心灵的眼睛看到必须考虑所有的可能性。

换句话说，这是一种关系性特征比较强的觉察：事物之间所有可能的关系都要在觉察的范围之内——这是非常新的。这不是共时性的混沌式的“整体”，不是以一种巫术式的混沌把整体和部分混合，而是一种相互交流、 233
相互渗透的关系，整体与部分既保持了自己的相对独立性，同时又看到相互之间的关系。前运算阶段的孩子和具体运算阶段早期的孩子会觉得黄色就是无色液体本身的简单属性，形式运算阶段的孩子就可以看到黄色是各种液体的关系的结果。

从能理解相互关系这一点上看，形式运算的觉察是第一个真正属于新的觉察的生态形式。它不是包含在生态学之内（那将是生物中心或者边缘型精神病），它超越生态学，因此可以反思构成生态的关系网。很多研究者已经指出，比如柯文曾经说：“对形式（运算）格式的强调是对（各种）系统的协调的强调。（在这个阶段）青少年不仅可以对（个体）内部的变化进行观察和推理，而且他们还会关注周围环境中的相互关系。只有在这个时候他们才能理解生态系统的概念，理解为什么在一个方面的变化可以导致整个系统的变化，从而可以维持整个系统的平衡。”[27]

所以我们需要得出的第一个等式是：形式运算的＝生态学的。

我们看到，形式运算的力量很强大，大到足以压制生态层面的程度，可以导致生态危机，它的意思是说，生态危机是理性可能带来的一种不幸的可能性，但不是说理性必然带来生态危机。和以前一样，我们要把任何阶段的病态结果和它的真实成就分开，赞其成就，矫其病态。在下一个阶段，也就是半人半马阶段，生态意识更强，但是不能抹杀生态意识的出现是从形式运算阶段开始这个事实，从这个阶段开始出现对相互关系的形式运算阶段的理解，此前没有出现过（此前所谓的共时性整体听起来类似“生态学的”，但实际上破坏了整体/部分的整合）。

我们需要得出的第二个等式是：形式运算的＝对相对性的理解。

我们看到，采取不同视角的能力在具体运算阶段表现得特别明显。但
234 是，从形式运算开始，所有的视角可以在心中进行处理，尽管相互之间的关系比较疏远，但是毕竟实现了相互之间的关联。“在一个试验中，有一只蜗牛在一个板子上移动，而这块板子在桌子上移动。只有处于形式运算阶段的孩子才能理解蜗牛相对板子所运动的距离和相对桌子移动的距离。在这里我们看到，需要有理解相对性所必需的概念工具——仅仅根据经过的时间或者移动的空间是不够的，必须根据某个参照点进行相对的测量。”[28]

我们所需要得出的第三个等式是：形式运算的＝非人类中心的。

自我中心、地球中心、人类中心的现实观在早期的巫术阶段和神话阶段是非常普遍的、决定性的特征，现在终于成为明日黄花，不再是意识的中心，人类开始能够正确地看待自己，能在整个存在层级中摆正自己的位置——一切都是更大整体的部分，没有绝对的整体，没有绝对的部分。

不但自我中心开始衰落，社会中心和民族中心也开始衰落。随着形式运算阶段的到来，任何特定社会的规定和常规本身都可以从更普遍的原则上被反思和评判，这些新的原则不但适用于这个或者那个文化，这个或者那个部落，而且适用于普遍的视角主义（perspectivism）的多元文化主义。人们不再说“根据我的国家规范这是对的或者错的”，而是问“我的国家是否真的正确？”不再采用具体的道德规范，比如十戒（Ten Commandments）（“除了我以外，你不可有别的神。”——部落之间的排斥），而是采用一种更广泛的说法，采用公正、慈悲、平等、交互等原则，其基础是人与人之间的相互尊重和奠基于权利（自主的整体）和责任（作为更大整体的一部分——自主性和共享性，权利和责任）之上的良心。

所以科尔伯格、吉利根和哈贝马斯（仅列少数几位）都把这个普遍的

阶段称为后习俗阶段（不是后文化的、后社会的，只是在很多重要的方面是后顺从的），如同苏格拉底之于雅典，小马丁·路德·金之于种族隔离，甘地之于文化帝国主义。

至此，我们已经看到道德从前习俗阶段到习俗阶段，再到后习俗阶段的发展。前者是高度的自我中心、地球中心、生物中心、自恋，局限于身体感觉与自然冲动的分别（前三个阶梯）；其后是社会中心、民族中心，局限于个人的社会、文化、部落或者种族；最后是世界中心的，采用普遍的 235
多元主义和全球意识［皮亚杰、鲍德温（Baldwin）、科尔伯格、吉利根、哈贝马斯、卢文格、布勒东、塞尔曼等人对这个阶段进行了详细的讨论］。[29]

因为上述理由，这个阶段的人的自我认同不再建立在特定的社会角色，而是返归自己内在的资源。“我是谁?”第一次成为最为重要的问题，自尊的需要从归属的需要中萌生出来（马斯洛），或者“有责任感”的自我从“顺从的”自我中萌生出来（卢文格）。

如果不能完成这个自我意识阶段的痛苦的分化过程（阶梯五）——从民族中心和社会中心中分化出来——就会导致这个阶段典型的病态，也就是埃里克所谓的“认同危机”。这不仅仅是在社会上找到一个恰当的角色的问题（那会造成社会脚本的病态）；这是找到一个自我的问题，这个自我有可能适应社会，有可能根本不适应社会［梭罗（Thoreau）所谓的心灵的内战］。

形式运算阶段的觉察除了我们前面已经说过的生态中心、注重关系和非人类中心之外，还有其他几个特征：它是第一个具有高度自我反思能力和高度内部观照能力的结构；它是试验性的（或者说倚重假设—演绎），在解决问题的时候重视证据；作为多元主义或者视角主义它是普遍的；并且它是命题式的（能够理解“假如，那么”或者“好比”之类的表达）。但是所有这些只是同一个主题的不同表现形式：理性是可能性的空间。

毫不奇怪，青少年阶段是形式运算阶段开始的时期，在这个时期充满了野性的热情和思想的爆炸，充满了幻想和英雄主义的冲动，充满了乌托邦式的追求和革命精神，充满了按照自己的意志改变整个世界的欲望，感情和情绪奔涌而出，不仅仅满足于现实，而是在理性提供的可能空间中放飞理想，在这个空间中，他们在爱情和激情中徜徉、狂乱。并且，所有这些，都来自一种能力，那就是看到可能性的能力。只有心灵的眼睛才具备这种能力，只有通过心灵的眼睛才能看到不在眼前、将会出现的可能，这是通向未知的伟大之门，柏拉图、毕达哥拉斯、商羯罗，所有的神秘经验论者都知道这一点。

更高的发展的的确确超越理性，完完全全不可能低于理性。

236 **约瑟夫·坎贝尔**

坎贝尔是神话最伟大的朋友，我是以一种褒奖的语气来表达这个意思的。在一系列的著作中，坎贝尔的研究超过了除米尔恰·伊利亚德（Mircea Eliade）和荣格之外的绝大多数人，成为把神话思想作为灵性和神秘觉察的载体的立场的代表人物。我和其他无数的研究者反复引用他的作品，他谨慎细致的研究是取之不尽的资源。并且，约瑟夫·坎贝尔通过罗伯特·布莱（Robert Bly）引发了广泛的"人类运动"和"神话诗歌创作运动"，当然，此外还有一些别的因素。

然而我相信，他的立场最终是站不住脚的，可以用他自己的研究结论来推翻他自己的立场。在前面的分析中我们已经看到，他的基本立场是一种提升主义，如果我们要理解灵性和神秘经验的真正的更为高深的发展，就不得不直接面对这一点。因为我们前面说过，欲了解真正的神秘经验是什么，必须知道它不是什么。

一开始，坎贝尔表面上接受皮亚杰的思想体系。也就是说，他同意神话的基本母题是来自婴儿和儿童阶段的前运算思维阶段和早期具体运算思维阶段的产物，他明确运用皮亚杰的概念来表达这个意思。下面仅举一例，这样的例子在他的作品中不胜枚举：

> 这两者——婴儿和宗教——至少是可以相互比拟的，完全可以说后者只是把前者转译到一个超越了批判的观察的领域（理性之外）。皮亚杰已经指出，尽管孩子们自己的小创世神话各不相同，但是有一个基本的主题是相似的，那就是事物是某人创造的，万物是有生命的，并听从创造者的安排。关于世界创始的神话系统也是不同的，但是在（所有的）这些神话中有一个信条是一致的（恰如孩子们的神话），这个信条是不需证明的，那就是生命宇宙是一种父—母神或者母—父神的创造物……（人造主义/人类中心主义）
>
> 237 这三条原则（神秘参与、泛灵论、人类中心）可以说构成了所有儿童经验的自明的、本能的参考框架，尽管某些细节可能不同。而这三条基本原则正是整个世界的神话和宗教系统中最为常见的普遍现象，这一点非常明显。[30]

坎贝尔非常高兴地、甚至是热情洋溢地承认所有这些。之所以如此是因为他有一个计划。他的计划就是要拯救神话，去证明神话"真的"就是宗教，是真正的灵性，而不仅仅是儿童的玩物。

他的计划是这样的。他说，人们常常从字面上具体地理解前运算阶段和具体运算阶段的思维的产物（我也常常费力地去强调这一点），但是，只有很少的人能够做到不仅仅从字面上来理解神话，而是采用一种“或然”的方式（他自己的话），以一种游戏式的方式让自己从具体的神话中解放出来，进入更具超越性的领域之中。

他说，这才是神话的真正功能，所以这才是评判一切神话的正确方法。对大众而言，神话还是一种幻象、一种歪曲、一种理解现实的幼稚的方式（都是他的原话），但是对为数极少的可以看透神话的人而言，神话成了通向真正的神秘体验的门径。他费尽心机地证明只有神话才能做到这一点，理性是做不到的，这便是神话的美妙功能。正是从这里开始，他开始大步误入歧途。

坎贝尔说，当从字面的意思上来理解神话的时候，它们的功能是平凡的，不过是把个体教化成特定文化的世界观下的社会的一员，在这种平凡的功能中，神话丝毫没有引导人们走向超越领域的作用。的确如此，我本人认为这种平凡的整合作用就是在这个发展阶段的神话核心的功能、持久的功能和极为重要的功能——（在前运算阶段和具体运算阶段）文化意义和社会关系的整合。

坎贝尔承认这种功能，但是由于他要寻找一种把神话提升到超个人地位的路径，这种功能在他看来反而不重要了。实际上，他说，如果人们从字面上来理解神话的话——他说相信神话的人中有99.9%的人就是这么做的——那些神话就被曲解了。对此他非常同情：“作为我们的众神和英雄的自然史的基本原则，这种让步是必要的，当从字面上来理解神话的时候， 238
神话的本意就被曲解了。”[31]

这就是说99.9%的人的理解是错误的（而不是说，在这个阶段这种理解实际上是具有代表性的），不过关于这一点我们先暂时放一下，而是先看看那些非常少见的人，他们没有仅仅从字面上看神话，而是以一种“或然”的方式理解神话。在坎贝尔那里，按照他的说法，“或然”一词取自康德在《未来形而上学导论》（*Prolegomena to Every Future Syetem of Metaphysics*）这本书中的理解。康德说，我们只能以一种“或然”或者“可能的实在”的方式来把握我们对世界的认识。接着，坎贝尔开始阐述他的核心论点：

> 我愿意接受康德的这个概念，它代表了一位伟大的形而上学家的理解。我把它运用在刚才讨论的各种节日游戏和态度中（他指的是不以严肃的态度或者从字面上理解神话的态度）——透过庙宇和教父神圣的面纱，超越世俗的善男信女和世俗的世界，我可以看到，或者相信我可以看到，一种释放的原则正以一种“或然”的方式展现。透过

这一切，一切所谓心灵的“实在”的影响都在性质上改变了。[32]

换句话说，一个神话如果不被认为是真实的，而是“或然”的，那么它才是“真正的神话”。坎贝尔非常清楚，只有在形式运算的觉察中这种“或然”立场才可能存在。因此，根据他自己的结论，只有通过“或然”的方式严格限定在可能的空间中超越神话，神话自身才可能得到“释放”，而提供这种空间和方式的只能是理性。只有通过推理、通过理性才能把神话从具体的字面理解中解放出来，然后以一种富有游戏色彩的、“或然”的方式来把握，并把它作为更高的状态可能的样子进行比拟，这是神话本身永远不可能做到的（这是坎贝尔所得出的奇怪的结论）。[33]

可见，像坎贝尔、荣格和伊利亚德这些人是用一种当前普遍存在的理性思维来处理神话的，他们从神话中看到深刻的“或然”，把神话视为一种类比，玩得不亦乐乎。可是过去那些真正信仰神话的人可不是这样的，他们可不是在玩神话，他们对神话的态度是极为虔诚的，完全不用理性的话语来理解神话，在他们眼里神话完全不存在什么“或然”。

239 简而言之，只有当神话不再成其为神话，而是进入理性的空间之后，才可能具备坎贝尔所说的神话的功能，才可能提供可能性和“或然”的存在。他会认为康德所采取的思维结构是怎样一种结构？①

因此，坎贝尔的理论有两条道路：首先说明了相信神话的人中99.9%的人会从字面上具体地去看神话。在这一点上他一点都不手软，明确表达了对这种具体化的神话信仰的蔑视。[“从大众的角度看，从他们的崇拜行为上看，印度人（也就是来自印度的人）在理解自己的神话的时候当然也是当真的，这一点和田纳西州的农夫、布朗克斯的法师、罗马的教皇半斤八两。奎师纳（Krishna）的确和牧羊女跳狂欢舞，佛陀的确可以在水面上行走。”][34]

在那个发展阶段，对于神话只能那么相信，这种信仰在当时而言是完全恰如其分的，在那个阶段是值得尊重的（当然存在局限和偏颇），可是坎贝尔不顾这一点，认为当时那种对神话的当真的理解是一种“歪曲”，好像当时人们的思维结构中还有别的选择，因此可以谴责当时的人没有认真思考。其实他是在批判一种相对于自己的发展阶段而言非常先进的东西，说他们是对神话的歪曲就好比说橡籽是对橡树的歪曲。可是他不得不贬斥这些阶段，因为他认为这些阶段的发展和他自己主张的那种高高在上的“真正的神话”是对立的。之所以我不谴责他们是因为我觉得这些阶段的发展本身就是真实不虚的：他们做的恰恰正好适合当时神话的发展阶段。

---

① 神话的还是理性的？——译者注

其次，坎贝尔提出非常少数的人（他们不把神话当真）曾经超越了神话（所以我更倾于说我们不能今天回过头去说他们所说的还是神话）。在坎贝尔看来，最重要的是首先要在“或然”的空间来把握神话，也就是说，在理性的空间中把握神话（还有可能走得更远，即超越理性）。

在这里，坎贝尔犯了经典的前/超悖论。前理性的领域当然是神话的，可坎贝尔想把超越理性的领域也归到神话中，因为两者都不是理性的（他想强迫神话接受他要推广的领域）。所以，一方面他把所有非理性的东西堆到一起（从原始的神话到高度发展的冥想修行），另一方面——“不好的一 240
面”——他又要抛弃理性，尽管他本人实际上正是在运用理性的空间来强暴他的神话（非常讽刺）。“神话符号超越了理性，它们触及生活的深处并且带来无上的愉悦，而理性的词汇却做不到。”[35] 的确有一个“超越理性的”东西，可是这个东西对“神话”超越得更远。

并且，实际上，这不是对“神话”的赞美，而是对“超越神话”的赞美，在坎贝尔的文集中反复提到这一点。通读他的鸿篇巨制四卷本的代表作《上帝的面具》（*The Masks of God*），坎贝尔所说的话最终可以总结为：

> 民族学家、人类学家或者历史学家们都看到，人类文化中的神话因时因地而各不相同，它们实际上差别非常之大，以至于达到截然对立的程度，一种神话中的“德行”在另一种文化看来可能是“邪恶”，一个神话中的天堂可能是另一个神话中的地狱。各种文化世界和神殿已经随着古老的视野一同远逝，真正的众神之黄昏到来了。过去在自己的神灵庇护下悠然生活的人们突然发现，他们在邻人的眼睛里竟然是魔鬼。[36]

神话的民族性和区分性在这里得到充分的承认。在为这种状态悲哀之后（实际上这是一种内在的神话帝国主义），坎贝尔得出结论说，一种“比过去任何一种理解都更深更广更全面”的理解“现在出现了”。的确，只有在狭隘、粗俗的神话之外才能找到希望。在神话之外是全球的、全宇宙的理性（和对理性的进一步超越，那便是……）。

坎贝尔的前/超悖论在他试图解构和抛弃理性科学的时候表现得最明显、最尴尬、最令人痛心（他想通过这么做来抬高神话）。这种尴尬的局面完全是由他自己的前提和逻辑推论造成的，只有在偏见极为强烈的情况下，聪明若坎贝尔这样的人才可能忽略这样一个错误。

因为坎贝尔要实现已经确立的目标，就要证明理性和科学没有理由比神话更“高明”、“更真实”，所以一开始他就指出，实际上科学的世界观本身就是一种神话。他指出所有的神话都具备四个因素（或者说四个功能）。[37]第一个是“形而上的”，其功能是“调和清醒的意识和……宇宙的 241

本来面目”；第二个功能是提供一个“同一个东西的完整的诠释图景”，一种诠释学的宇宙论；第三个是社会文化的，“建立和维持一种社会秩序的合理性”；第四个是心理学的，或者说是个体的终极意义和整合。可以说，他的四个功能就是我们在整合视角下的三大领域。

如果这么来界定，科学（或者说科学的世界观）当然承担的就是神话的四个功能。但是，后来坎贝尔补充道，科学当然还有神话之外的其他功能，比如在进化、医学、工程等方面的巨大发现。

换句话说，理性/科学做了神话所做的一切，除此之外还做了更多事情。

那当然是更高的阶段的基本特征。坎贝尔承认神话是人类发展的特定阶段的产物（他乐于说这个阶段就是人的童年），然后他又说神话是所有阶段共同的特征（也就是说，他所谓的四个功能是人类发展的各个阶段的普遍特征，只不过是四大象限的不同说法，因而在人类发展的各个阶段都会存在）。通过偷换概念，他希望既可以承认神话的幼稚性，又可以用神话贯穿所有的发展阶段，从而他不但可以拯救神话（因为现在神话成了贯穿所有阶段的东西），同时还可以把神话不断推演，一直到无限的超越人类（transpersonal）的大精神。

但是这四大功能（四大象限）并不是神话特有的功能，它们是进化的功能，它们是人类全子在每一个阶段和所有的阶段上共同的功能，这种功能在神话中的表现不会比巫术或者科学或者半人半马阶段的展开更多（或者更少）。在这四大象限的问题上，神话并没有特殊的占有权；神话只是四大象限的一个表现形式（神话是具体运算阶段的意识对四大象限的理解，正如科学是形式运算的意识对四大象限的认识）。从而，我们可以看到坎贝尔的另一个定义是恰当的：神话仅属于人的童年。

并且如果把这种概念推广到无限的话，只会把大精神幼稚化。坎贝尔
242 的双重定义实际上相互矛盾，共同指向一个不可避免的结论：神话之外是理性，理性和神话之外是大精神。

对神话成员的浪漫视点（romantic view）

神话成员的确提供或者至少可以提供高度团结的社会秩序，主要是因为它可以把不信神的人排除在对话圈子之外。对一个社会而言，没有什么手段比把那些不接受其世界观的人烧死在柱子上更具威慑力。

并且，另一方面，理性对于一个社会可能具有破坏作用，它缺乏神话成员文化所具备的那种“社会胶合”功能，因为理性的终极目标（欧米伽点）不是社会中心或者民族中心的，而是世界中心的（或者全球中心的或

者宇宙中心的)：如果达不到那种更高的目标，进化就会非常不高兴地停滞(如甘地、苏格拉底、梭罗或者小马丁·路德·金所说的)。

并且，如果用普遍理性的这种对民族中心社会的破坏作用和神话的那种自我满足的民族中心相比，即使不说理性是一种混乱，至少似乎是一种导致文化意义和社会团结丧失的毒瘤，但这只是从民族中心的偏见（或者神话成员的世界观）来看如此。

新的整合需要在一个新的全球化的水平才能获得，和以前的每次转型一样，需要首先破坏先前比较有限的权宜的视角。在过去的一万年里，神话曾经无数次地试图达到全球化的水平，但是每次都失败了（我们前面已经看到，之所以失败，就是因为每次尝试都缺乏真正的普遍理性，所以不得不运用军事帝国主义的方式来推动)。理性具备这种全球化的能力和全球化的意识，但是实现全球化的手段尚在进化过程之中。在这个过程中，理性会不断受到来自神话的阻挠，因为神话会感到自己的男神或者女神遭到威胁。

进一步说，即便在民族国家中，理性提供的整合形式也会更深（尽管有时候会不那么稳定）——也就是说，通过自尊的相互关联和交换，而不是通过预定的等级制度中的角色服从来实现的国家整合更深。神话成员如果舒适地融入神话等级制就会感到很高兴，因为大家的深度就一样了。

但是，理性的公民只有与其他的具有新的深度的公民处于一种相互关 243
联的共在中的时候，也就是可以和其他平等的自由公民在一起的时候才会高兴——后者是法律上、道德上和政治上都平等的主体（按照一种世界中心的标准，超越种族、肤色、信仰和性别)。因为对于具备真正的自我一理性水平的人而言，想到别人无法享受这种自由是一件非常痛苦的事情。(然而那些处于神话成员水平的人感到痛苦的事情，则是别人没有相信他们自己的神，因而无法得到他们的神的“拯救”：别人不买他们的神的账，这让他们感到内心有一种动摇他们的信仰的痛苦和愤怒；不信者是不可宽恕的，实际上为了拯救他们完全可以杀掉他们。)

理性的结构可以宽容信神的人，因为理性结构包容的范围更深更广(尽管信神的人不会容忍也不能容忍理性的攻击)。在一个更深的水平上看来，理性的转型的文化意义更为深远，尽管它看起来似乎不像神话成员那种较浅较窄的文化那样铁板一块。

然而理性会带来自己的内在问题（只有在超越理性的领域这些问题才能得到解决)，会遇到自己的局限性——也就是没有登上倒退到中世纪或者采集社会之类的退行快车和回归机器的理由：它们都有自己的机会。它们全都失败了——以自己独特的、奇怪的方式失败了。

世界观的战争

我们已经看到，每个发展阶段都会超越并且包含、否定并且保留其前身，当遇到各种世界观本身的时候这种状况就会显得特别有趣。

当我们只能具备前运算阶段的觉察能力的时候，大宇宙看上去就像巫术；当我们具备具体运算阶段的觉察能力的时候，大宇宙似乎就成了神话的；当我们具备形式运算水平的觉察能力的时候，大宇宙似乎是理性—科学的（从而可以被简化为平面的物质宇宙。这个平面的宇宙观使得前面所有的巫术和神话结构看起来更加具有魅力，这个事实被浪漫主义者滥用
244 了——但那是我们将要讨论的另一个问题）。运用更高的结构，我们会看到，大宇宙看起来又是很不一样的另外一种形式了。

在每次转型或者替代中我们都要注意被保留的是什么。在巫术让位给神话的时候，前运算思维的结构本身被保留下来了。因此出现意象、符号和概念（前运算阶段的全子内容）的能力被保留下来，被糅进具体运算阶段的心灵（作为次级全子或者必要的构成部分）。所有这些能力都没有丢失，只不过现在是由更高发展水平的心灵在使用。

但是巫术阶段的世界观没有了，或者说被否定了，或者说被完全放弃了（至少不再是觉察的中心点）。[38]也就是说，前运算水平的基本结构被保留下来，作为具体运算水平的新的基本结构存在（非常“友善”，成为新的结构本身的次级全子或者构成部分），但是巫术阶段的世界观是被抛弃了，取而代之的是神话世界观。实际上，因为两者是相互排斥的，所以成了死敌（两者之所以相互排斥，是因为它们两个都是排他性的结构，后面我还会回到这个问题，再举几个例子）。

因此，神话世界观——它总是赋予一个伟大的他者（男神或者女神）以奇迹般的力量，围绕这些他者可以建立社会关系，超越单纯的血缘和亲属关系纽带——这些神话世界观总是和巫术世界观水火不容，因为巫术把魔力赋予普通人（巫师、巫婆、魔术师），这种力量从社会中心向自我中心的退行恰恰引起神话世界观的警觉：被认为是一种道德退行，也不完全错误，在历史上神话世界观提出了很多精巧的、让人不快的解决方式。

类似地，当形式运算觉察出现之后，它整合、包含了具体运算阶段的基本结构（形成规则、选择角色等能力），但是它积极地否定神话世界观，因为神话世界观只有在具体运算阶段才属正常。理性以一种“友善”的方式保留了具体运算结构，使之成为自己的一部分（成为它新的更高的领域的次级全子），但是用理性的世界观取代了神话世界观，和以前一样，两者又成了死对头 。这也就是 16 世纪左右出现的教堂会面对两场战争的原因：

一方面是与巫术的退行战斗，另一方面要和科学的超越战斗。伽利略和巫师都是宗教法庭的敌人。

这也正可以用来解释为什么科学不仅努力推进自己的研究，同时还要 245
不断和神话作斗争，和神话那种内在的等级控制倾向作斗争，它总是处于伏尔泰所说的那种战争的哭喊中：“记住残酷!”

（在巫术的结构或者巫术文化中，层级控制是不存在的或者非常罕见，因为前运算阶段的结构根本就没有能力架构这种层级。随着具体运算的出现，层级的确被建立起来了——不但在心理上被建立起来，而且在社会和政治上乃至宗教上都被建立起来了——在任何一个巫术让位给神话的地方，都会迸发出一种层级控制和建立城堡系统的狂热。正是因为具体运算阶段的结构没有办法达到后习俗的思维模式，这些层级总是非常具体、非常刻板，正如从字面上理解的神话，这是层级的依托：改变社会层级必然打破男神/女神/王者的等级制度，因此会给社会分布带来灾难性的后果。理性出现之后，这些层级控制的体系被打破了，因为它们不是建立在世界中心或者后习俗的标准之上的，理性如果缺乏这种欧米伽点会很不高兴。这是第二部我们要讨论的基本问题之一，我在这里略微提一下，作为各种世界观之间的内在张力的一个例子。）

在每一种情况下，都是前一个阶段的基本结构被保留在新的更为广大的全子中，但是只有在前一个更低级的阶段才唯一适用的世界观则被否定，被新的世界观取代（这新的世界观随着发展的进一步推进同样会逝去）。[39]

因此，按照同样的方式，如果发展继续进行，达到更高的超越人类的领域，理性的基本结构都会被保留下来，作为新的觉察空间的次级全子，但是单纯的科学世界观则必定会被一种灵性取向的世界观取代——因为科学世界观只是建立在理性之上的，是排他性的，只有完全依赖理性才可能适用。（我们后文会看到。）

这是一个我们将在第二部中讨论的例子，我们称之为基本结构和排他性结构，因为发展“保留其存在，但是否定其偏颇”，我用夏威夷的主权问题作为一个例证。在此我还想给出另外一个例子，因为在一般意义上把握这个基本的发展过程对于理解真正的更高更深的成长和发展至关重要，我相信这一点。

如果我们用那个比较粗糙的梯子作比喻，这种关系更容易被看到。实
际的横梁是梯子的基本结构。每个更高层级的横梁都是在较低的横梁之上， 246
无论梯子多么高，横梁都是必需的。抽出一根低级的横梁，整个梯子就会散架子。每个横梁都是基本的结构（或者基本的全子——比如意象、符号、概念、规则），在整个梯子上都会被保留下来。

但是顺着梯子不断攀高，你对周围世界的视野则会不同（你会有一个更高的世界观）。尽管你在爬梯子的时候每个横梁都存在（实际上它们是你不断向上攀登所必需的前提），但是各种世界观却被替代了。比如说，你不可能站在第七个横梁上，还可以同时看到第一个横梁上的世界观。存在，也就是这些横梁，被保留下来了，但是其偏颇或者说排他性、片面的世界观被否定和取代了。（当然，直到你停止攀登，在那个阶梯上你会得到“那个”你想拿来包容其他一切世界观的世界观。）

因此，每一个向上的转型都是一个“范式的战争”——一种关于究竟应该如何看世界的争夺。我们会看到，随着成长和发展的进一步进行，神话会历史地战胜巫术，理性会战胜神话，新的范式战争还会针对理性展开，而战争的另一方将是理性潜在的新的替代者。

如果我们可以对未来的历史作出预测，我们只能说，未来的战争一样不会好过。

神话学思路的价值

接纳一种神话学对今天的理性世界观的恰当的解释价值在于，它可以帮助我们触及我们的根源、我们的基础、我们当前的觉察范围的考古学层面的某些方面。从弗洛伊德到荣格到皮亚杰到盖保瑟，这些根基得到承认。这种“触及”可以表达对我们根基的友善，可以带来力量，丰富我们的意识，给我们带来能量。在阅读荣格、坎贝尔乃至伊利亚德甚至布莱的作品时会有一种能量涌动——我们在浇灌我们的根基，它们帮助我们伸展新的枝条。

但是那恰恰是因为它们是目前更高的觉察的低级全子——它们更基础（更不关键）——真正的力量来自触及它们的基本结构（“原型性的”）同时
247 剥离它们的世界观。如果我们只是真的重新激活较低级的世界观本身，就会完全走向退行，回到未分化的结构（就会出现边缘障碍、精神病，的确有时候会出现）。我相信，这是荣格对原型的双重立场背后的思想：的的确确要触及它们并且友善地对待它们，但是最终必定还是要从它们中分化出来，实现个体化，摆脱它们对我们的控制力量。换句话说，善待意象，剥离意象的世界观。

但是，至于意象和象征以及早期的概念本身等“原型”，它们相对于现在而言是一种退行，而不是成长（更浅而不是更深）。我相信，这也就是为什么荣格尽管给原型各种不同的界定，但是最终认为它们“临近本能”或者是“本能对自己的意象”。正如莉莉安·弗雷-罗恩（Liliane Frey-Rohn）的解释：“（在荣格看来）本能和原型性的意象非常接近，以至于他得出一种结论，认为两者是相匹配的。他把原始的意象（‘原型’）视为本能的自画像——换句话说，本能对自身的知觉。”[40]

本能——由爬行动物进化而来的脑干系统和由哺乳动物进化而来的边缘系统——这些都是“临近”原型的结构，它们完美地嵌在意识的谱系中。感觉、知觉、冲动（本能）、意象、象征、概念、规则……原型多数是集体的基本的意象，接近本能/冲动。[41]所以，沿着原型的方向走下去，我们将最终走向原子，而不是大精神。荣格说：“随着不断向下，走向黑暗，心灵的更深层次失去了独立性。‘越往下’它们越模糊，逐渐消失在身体的物质性，也就是化学物质之中。”[42]

换句话说，荣格所谓的原型不是超越的原型，不是柏拉图、黑格尔、商羯罗、无著（Asanga）、世亲（Vasubandhu）他们所发现的理型。后面这些理型——真正的原型，理想的理型——是一切有形有相的事物背后的创造依据，是赋予混沌结构、大宇宙形式的先决条件（我们在第九章会研究这个问题）。

也就是说，荣格的原型多半是巫术—神话的母题——它们实际上应该
被称为“原始型”——你我都一样，从我们过去的发展阶段继承而来，原 248
型的全子现在成为我们复合的个体性的组成部分（它们从下面而来，不是从上面而来）。并且和这些原型性的全子处理好关系——友善地对待它们，有意识地与这些原始型分化/整合——是非常有用的，不是因为它们是我们未来超越理性的状态，而是因为它们是我们前理性的过去。我完全同意荣格的观点，必须分化/整合这种原型性的继承。我完全不相信这种原型和真正的神秘经验的灵性有任何关系。[43]

记住，荣格还认为原型是集体继承下来的原型性的意象，它们来自各处日常的、普通的典型经验，因此才会有母亲原型、父亲原型、巫师原型、阴影、尤罗伯罗斯（毒蛇）原型等。这些情景几乎每个人在生活中都能碰到，因为几千年来这些经验的烙印已经深刻地印刻在人们的脑海中，权且这么说（或者拉马克的味道淡一点，那些生来就具有这些指南性的印记的人会更容易适应环境，更容易生存并复制这种意象）。

但是在过去的任何时代（今天也是），真正超越这些意象，进入深度的神秘经验的人少之又少（我们看到，坎贝尔提出过这一点）。换句话说，即便在最好的情况下，也不可能有那么多神秘体验给整个人类留下集体的印记：深度的神秘经验不是一种普通的、典型的日常经验，不可能在过去非常普遍，乃至留下集体进化的印记。[44]今天的深度神秘觉察不可能是以前普通的、集体的、典型的经验。任何一个时代的精华都不可能是昨天大众的、普遍的日常经验，说“灵性的”就是“集体的”，似乎是说越是平庸越

是非凡，如此一来，大量的庸人都是非常优秀的人了。

比如让·博伦（Jean Bolen）的《每个女人身上的女神和每个男人身上的男神》（*Goddesses in Everywoman and Gods in Everyman*）这本书就提出了非常有趣的说法，认为所有“原型性的”男神和女神在男性和女性身上全都得到了继承［从灶神赫斯提（Hestia）的沉稳、耐心到爱神阿佛洛狄忒（Aphrodite）的力量和月神阿耳忒弥斯（Artemis）的独立］。但是这些男神和女神不是超越人类的觉察形式，或者真正的神秘的光明，而是人的
249 典型的和日常的自我意象（和人格面具）的一种积累。集体的、典型的并不是超越人类的。[45]

现在我相信，实际上存在神秘的原型（在前文我所说的那种超越意义上的，我会回到这个问题），但是这些原型不能说是从过去的经验中继承而来的。它们是处于我们未来的奇怪的吸引点，过去从来没有出现过的欧米伽点，但却是每个人都具备的结构潜力，是未来的结构试图展现，而不是过去的结构力图复苏。

男人的运动

通过回归野性、敲鼓，重新激活男人作为勇士、猎手、国王、野人等的意象，现代的男人可以重新触及这些原始性的全子，从而可以丰富自己，获得力量，可以归根。我们现代的文化过于忽略这些全子，没有以一种整合的和接受的方式保存它们，因此“归根”是一种完全必要的、恰当的做法。

但是，关键是要注意，这些现代人都是具备了充足的理性空间的，他们在表现这些神话的时候是以一种假想的方式进行的，在玩的过程中已经超越了这个过程（那些不能超越这个过程、把这个过程当真的人会遇到严重的情绪问题——“野人”作为一个神话是一回事，作为一种真实的角色模式又是另一回事）。

但是，令我感到震惊的是，几乎我所认识的每一个女人、我所阅读过的每一个女人对她们眼中的男人行为的描述完全受这种“野人”模型的笼罩。她们要么觉得男人恶心、荒谬、傻，要么觉得他们淫秽、龌龊。自由女性主义者难以忍受，因为他们认为男性本来就是压迫者，他们没有权利抱怨任何事情，他们的眼中“男人的团体”无非是一种试图变本加厉地进行压迫的标志；激进的女性主义者主张绝对的男女平等，从来没有觉得在这一点上男女有什么不同，他们对这种事情表达出非常强烈的恶心之情。

250 但是在所有这些反应当中，似乎有一种普遍的恐惧。野蛮的男人聚集到一起对多数女人而言都是很恐怖的，无论这些女人有何种意识形态。我

觉得这种恐惧感是合理的。原型性的意象，仍然“接近身体”，接近本能，接近生物层面，受那些生物因素左右，这种因素的力量非常强大，在这个领域中男人一直都是女人的主宰（无论是不是有意识地这么做）。只有在人类层面，平等才可能得到理解和加强。野人只是生物层面中的雄性动物，是具有本能的雄性，两性交合完全不需要女人的同意，唯一的交流就是沉闷的低哼和呻吟，以及满足后的“啊”。

在森林中传来的鼓声里，我相信，今天的女人听到的是上千年来埋藏在心灵深处的那种身体的压迫所伴随的隆隆之声，她们一定不会喜欢这种声音。

合理性释放神话

我们已经知道，按照坎贝尔的看法，神话的“最真正”的（或最重要的）功能在被人们用“似乎”的方式对待的时候才会发挥。换句话说，在合理性创造的开放的空间里，神话的“隐藏的力量”才能释放。现在我们知道原因了：合理性接受了神话，友好地对待其本质，但是否定其褊狭性，这样就把神话结构从其肤浅的境地中解放出来。是合理性，只有合理性，才能把隐含在神话中的光芒释放出来。

合理性把隐含在神话中的各种精神——在内部挣扎着要出来的精神释放出来。无论理性是不是“精神的”完全无关紧要。但是理性肯定没有表现为“神话的”，如果有人认为神话的是“精神的”，那么合理性不是精神的。

但是我们会了解，真正的精神性主要是测量深度和发现深度。理性对上帝的拒绝中的精神性要多于神话对上帝的认可的精神性，恰恰是因为有更多的深度。（而超越理性会发现更多的深度，其精神也比神话或者合理性要多。）

但是合理性的深度，具有普遍多元主义的能力、普遍容忍的态度、全球性和全行星的视角观、普遍的仁爱和同情：这些都是其真正深度的表现，是其真正的精神性。合理性对这些能力的发现不是从无（来源于神话）到有；这些能力从合理性自身内部的结构而来，是其固有的深度（因此合理 251
性不需要求助于神话中的神灵来实施普遍仁爱的日程，因此即使是一个无神论者，按照理性和普遍的同情行事，也比一个尊奉主义者更具精神性，尽管后者以神话成员的神灵的名义劝诱大众信教）。（合理性的精神不是在空中纵横驰骋耀武扬威，否则就颠倒黑白，这一点使得合理性更值得信服。）

今日神话

所以我们知道，在当今世界上神话的作用是很多的。在许多文化中

（其中有一大部分是我们的），严格的基本的神话主题是社会的主要的黏合剂。尽管那些神话是分裂性的和帝国主义式的，我们还是要认真考虑其以民族为中心的和社会融合的力量。我们不能够简单地对这些社会（或社会的部分）的神话提出挑战并加以解构，然后期望它们幸存下去（或者期望它们没有争斗就默认了）。

另外，即使是在按照理性和多元主义组织的社会当中，所有的和每个个体的生命进程都是自古代开始，然后是巫术期，然后是神话期，最后（如果这样）是理性期。启蒙运动的最大的问题之一是假定合理性可以替换直到根源的一切，结果是所有的孩子一生下来，或多或少地，都是已经启蒙了的和能够容忍的理性主义者。因为写字板干净无瑕，我们要做的就是在干净的写字板上写上“合理性”这个词，然后一切都会是理性的了。

不言而喻，情况不可能这样。每个儿童仍然要经历古代世界观，然后用巫术世界观解构之，然后用神话世界观解构之，然后用理性世界观解构之（一直到超越理性阶段）。每一个转型都是一系列痛苦的死亡和再生，以及典型的、个人的、通过停止转型而停止痛苦的努力。

人们可以舒舒服服地停留在巫术甚至神话模式的时代（在发达的东部和西部）一去不复返了。可以说，“世界灵魂”的中心已经进入了普遍多元
252 主义的理性模式，所以最早的模式，即没有社会责难个人可以停止转型（“停止”痛苦），大概是处在神话和理性阶段（即如果仍然拘泥于神话，必须有理性化的支持，因为随处都会受理性的影响）。的确，理性社会的大多数个人仍然停留在神话理性阶段的前后，利用所有强大的理性力量来支持特别的、分裂性的、帝国主义的神话以及系统的、不容忍的、侵略性的、原教旨主义的行动。如此，他们就不断地与巫术、其他的神话和理性争斗，他们把这些看作是魔鬼的成果。

解决发展阶段的噩梦的现代方式是民主国家的理性结构要容忍巫术和神话的次全子，但是通过非常重要的政教分离，它从社会的组织政体那里剥夺了那些次全子的世界观。这一政体的标志是能够理性地容忍一切，除了不容忍。因为这些次全子没有权力单独执政，它们不能通过国家军事方式推行神话帝国主义式的扩张，尽管这不能阻止它们经常急于把国家引向原教旨主义的价值观。（当然，对于那些神话全子仍然是执政政体的国家来说，军事扩张主义仍然占统治地位。通常在这些情况下，并不是是否有人真的获胜，并且强迫他人服从自己的信仰，而是是否有人能够得到拼死一试的权力。）

但是对于那些已经超越了具体神话世界观的人，如我们刚才所言，神话结构本身现在成了其个人自己的复合个性的初级的全子，应该作为自己

的本质和自己的根的丰富源泉而被称颂。如我所指出的那样，这正是荣格或坎贝尔或神话创作（剔除了提升主义以后）方式的真正价值所在。

但是如我所言，如果真正的精神性不是过去的产品（或过去原型的产品），那么伟大的精神人物怎么办？在东方或者西方，谁真的在过去存在过？那些佛、基督救世主、克利须那神怎么办？他们不是在表述我们已经与之丧失了联系的一些过去的能力、一些过去的原型智慧吗？在联系我们的精神性的时候，我们不是在联系一些过去的潜能——我们已经丢失或拒绝或忘记的潜能吗？

也许是已经丢失了，但不是在过去丢失的。我要重复一下我上面提到的“真正的原型”——超越性的和超越个人的结构——来提醒一下：它们不能被解释为从过去遗传而来的东西；它们是未来的陌生的引子，是在过 253
去从没有以集体的形式在任何地方显示出来的终点，但是对于每个个人来说是能够得到的结构潜能，是未来的结构试图要降临，而不是过去的结构努力要重现。

过去的杰出的神秘经验论者［从佛到基督救世主，从哈拉智（al-Hallaj）到益西措嘉（Tsogyal）女士，从慧能（Hui-neng）到希尔德加德（Hildegard）］实际上走在了他们时代的前面，现在仍然在我们的前面。换句话说，他们肯定不是过去的伟大人物。他们是未来的伟大人物。

他们的精神性，不是与昨日相连，而是与明天相接。在他们深刻的意识中，我们看到的不是落日，而是新的黎明。他们绝对没有继承过去，他们继承的是未来。

我们现在就要转向这一未来。

注释

［1］我们在第八章会更清楚，实际上大精神并不是进化的最高水平或者什么定点，也不是什么神圣的欧米伽点（尽管它在一定程度上承担后者的任务）。大精神主要是空旷的场地，或者作为基础的空性，在任何一个进化阶段都存在，是每个阶段得以敞开的前提，同时也是那些没有敞开的一切的质料。大精神超越并且包含世界：说她超越世界，是因为她先于世界而来，在大爆炸之前就有，先于任何的显现；说她包含世界，是因为世界并非在大精神之外，色不异空。显现不是“脱离”大精神，而是大精神的一种活动：大宇宙的进化是行动中的大精神。

很多生态哲学家说他们可以用肉眼看到上帝，可以用手触到上帝——上帝和青蛙柯密特一起唱歌：“变成绿色不容易”——他们试图抹杀大精神任何的超越性，说上帝是无处不在的，从而完全混淆了有限和无限，或者混淆了空和转瞬即逝的色（混淆了法身和应身）。他们通常引用斯宾诺莎的话来支持自己的观点，实际上不是那么回事。斯宾诺莎认为大精神有无限的一方面，我们只能知道两个（延伸和思维)，因此大精神无限地超越当下的世界，同时又完全包含了这个世界——这是我的观点的另一种说法。

另一个方面，那些单单强调超越或者无所不在的说法则在本体论上采取极端二元论和二分，因此很快就沦为一种意识形态。这种单一普遍存在的立场现在非常流行，它非常适合生态男性主义对部落生活的青睐和生态女性主义对采集社会的青睐：把未分化的混沌等同为超越且包含。

[2] 实际上前运算阶段和具体运算阶段是同一个大阶段，之所以通常会把它们作为两个阶段来处理，是因为它们的特点有很大的差别。这里出现的年龄是平均数据。

584 [3] 布兰克夫妇提出了发展阶梯（fulcrum of development）的概念，用来说明婴儿和情感上的他者（母亲）之间的分离，这主要根据玛格丽特·马勒的开创性工作。在威尔伯等人的《意识的蜕变》一书中，我提出这种阶梯只是很多种区别很大的阶梯分类中的一种，各种不同的阶梯分别代表新的、独特的分化/整合（或者超越且包含）。每一个阶梯——我总共提出了九种或者十种最重要的梯级——都意味着一种新的、与众不同的、重要的自我疆界。如果不能掌握这种疆界，不能发挥这种自我疆界的功能，就会出现我所说的单一界限悖论。很明显这个悖论是很多心理学理论的盲点，而且也摧毁了大多数神秘经验论/心理学理论（我们在后面的章节中会陆续看到，比如第十三章的注［32］、第十四章的注［17］)。欲了解这个思路及其相对应的技术的读者可以具体参见下文。

第一个阶梯（F—1）指的是感知运动阶段的早期（0～1 岁），开始出现最初的未分化的意识或者“原形质状态的意识”，称为“原型阶段”。这个阶段通过身体上的出生（孵化）得到解决，然后在获得身体一致性的过程中得到强化（大约 18 个月，这个时候第二个阶梯就已经开始了）。第一个阶梯的主要任务就是建立身体界限（将身体的自我和外物区分开来）。

第二个阶梯（F—2）指的是幻觉—情绪阶段，包括感知运动阶段的后期和前运算阶段的早期（1～3 岁），从非常初步的未分化的情绪的自我和情绪的外物（“原型—巫术”）开始，直到获得一致的情绪对象或者力比多对象结束（24～36 个月；情绪的自我和情绪的他人之间能够区分开来，能够建立情绪的边界）。

第三个阶梯（F—3）从心理符号和指物未分的状态开始（心—身不分），包括前运算阶段（2～7 岁），到连贯的概念对象出现为止（5～7 岁）。皮亚杰把这个阶段分成两个：早期的前运算阶段（2～4 岁），以意象和符号为主（巫术阶段的世界观）；晚期的前运算阶段（4～7 岁），以概念为主（出现所谓巫术—神话阶段的世界观）。

剩下的三个阶梯（F—4、F—5 和 F—6）指的是在具体运算阶段、形式运算阶段和视觉逻辑（我们随后将对此作进一步探索）阶段所发生的区分和整合。具体运算阶段的世界观可以分成神话的和神话—理性的，形式运算阶段的世界观可以分为理性的和理性—存在的，而视觉逻辑阶段的世界观则可以分为存在的和存在—心灵的，后面我们将对所有这些世界观作进一步的探索。更高的阶梯，即超个人的阶梯

(F—7 到 F—9)，会在第七章和第八章进行分析。

换句话说，阶梯指的是自我的各个阶段，以及它们的分化/整合，借此形成认知/意识发展的基础（这些基础本身也在展开，它是自我的各个阶段的必要不充分条件）。世界观（包括原型阶段的世界观、巫术阶段的世界观、巫术—神话阶段的世界观、神话阶段的世界观等）是指每个基本结构作为优势认知全子的时候所创造 585
的认知图式。

皮亚杰和精神分析学派的发展心理学家（比如马勒）都没有明确区分第一个阶梯和第二个阶梯的区别，他们把前两个阶梯看作是一个分化的过程（分离—个体化）。可是他们自己的资料还是表明这两个阶段或者阶梯是不同的，应该是两个自我发展的时期。第一个时期指的是物质自我与物质环境的区分（物质的世界出现）。第二个时期指的是情绪的自我和情绪的环境之间的区分（情绪边界出现）。在婴儿的发展达到第一个阶梯之前，是处于无分别的原形质状态的；经过第一个阶梯之后，他们可以清楚地区分物质自我和非我，很清楚地以连贯一致的身体为自我，但是不久就开始进入第二个阶梯的初始阶段，以情绪上的无分别为标志（缺乏情绪上的自我与他人之间的区分）。那些研究者之所以感到前两个阶段非常相似，是因为他们对这种无分别和"执著"的思考不够深刻，但是从两类研究者的数据来看，他们还是意识到这个阶段中存在两种不同的运动现象，两种变化可能带来不同的疾病和其他的后果（精神病或者边界障碍）。另外，有一些研究者则明确指出这是两个阶段，比如科恩伯格。但是所有的研究者都在这五六个阶梯的某一个阶梯上面止步不前了，他们没有看到各个阶段之上的超个人阶梯的存在（7～9 岁）。

类似地，在整个谱系中的另一端，有许多探讨子宫内经验及出生过程中的经历的理论（如探讨出生创伤的理论等，这些理论的争议都比较大）。我不想卷入这种复杂的辩论中，但是我认为这些关于出生之前的经历的研究中有一些是真实可靠的，我把从受孕到出生的这个阶段称为阶梯～0。

这个阶梯和其他阶梯之间具有一些相同的基本特征，即：(1) 最初状态是无分别的，未分化的；(2) 经历一个非常艰难的分化过程（在这个阶梯上是出生过程/出生创伤本身）；(3) 经历一个分化后的强化过程和整合过程（在这个阶梯上是出生后身体的整合），然后为下一轮的分化整合做准备（在这个阶段上是为阶梯 1 做准备）。

并且，在任何特定次级阶段出现的发展的偏常都会导致与那个特定次级阶段相对应的病态（次级阶段有三个，即混沌、分化、整合，出现偏常主要是指受到阻碍或者中止）。(单个阶梯的这些普遍特征在《意识的蜕变》一书中的第三、第四、第五章都进行了详细的讨论。)

在阶梯～0 上，出现对混沌/无分别的固着可能导致"躯体与世界之间的神秘经验论的混同"；在分化阶段出现固着可能导致地狱般的"封闭"式的生命活动，或者严重的受虐狂、内投性的抑郁等；在整合阶段出现固着，会导致虚幻的自恋情 586
结（在这里比较简短，仅仅随便举几个例子来说明阶梯～0 的三个次级阶段可能带来的问题，后面我们还会回到这个问题）。

同样，在阶梯～0 上的成形过程（或者不正常的成形过程）会使后面的阶梯也出现类似的变化倾向（但是并不是说后续的阶梯就一定会重蹈覆辙），这和其他阶梯的特点也完全相同。比如，出生创伤可能影响后来的发展阶段（导致不正常的成形过程）。因此，在分化次级阶段出现严重封闭（难产）的孩子，在长大之后可能在后续的发展阶段上表现出封闭的倾向，比如抑郁、退缩、自闭等。因此，阶梯形成的过程就像一粒沙在蛤蚌中形成珍珠的过程一样，各个层面上的不平整、“情结”都可以追溯到阶梯～0 上的某个次级阶段。

斯坦利·格罗夫（Stanislav Grof）在这方面经过细致的研究之后提出，人类的潜意识可以分为三种基本的领域，即弗洛伊德领域或者叫做生活史、兰克领域或者称为存在（实际发生过的出生过程或出生创伤，两者都为心理问题埋下了伏笔）和超个人领域的潜意识（包括集体无意识、超越个人的原型、经历、洞见等）。格罗夫发现在严重的压力之下，特别是身体上的压力或者用药物诱发的压力之下，一个人会从弗洛伊德式的潜意识（生活史，即能够体会到的个人心理活动的动力）退行到兰克的那种出生阶段（会实际体验到出生的过程），然后有时候会有人进入超个人的潜意识领域（会体会到各种神秘的、集体的、原型性的、超自我的现象）。

格罗夫搜集了大量临床研究资料，特别关注第二个基本领域，即兰克/出生创伤。这些围产期经历（BPMs）正好与阶段～0 的三个次级阶段相对应：BPM I 是次级阶段 1，或者海洋式的无分别状态，包括有序、无序两种状态；BPM II 是次级阶段～2 的开始，或者分化阶段的开始，具有“宇宙分割”的强度与“无出口”的压力等；BPM III 是第 2 次级阶段的后期，即从子宫滑出，伴随“火山喷发”式的快感/痛感、破壳而出的压力、狂喜/施虐狂等；BPM IV 是第 3 次级阶段，是出生后的新生儿状态，必须经过整合与母体分开了的身体阶段（尽管此时自我感还不是很清晰、很稳定，不能把自己与周围的世界分开，此时阶梯 1 开始了）。

格罗夫搜集了大量的证据来说明基本的围产期经验形成一种基本的网格结构（尽管这些证据尚存争议），后续的发展就是在这个基础上展开的。我想指出的是，他的 BPMs（和后来的 COEX 体系，或浓缩经验体系）与我们此处的模型有殊途同归之效（阶梯～0，及其次级阶段对后续的阶梯的影响）。

587 实际上两者的重叠部分差别很小。之所以没有在格罗夫的体系上着太多笔墨，就是因为我开始觉得两者太相似了，再去重复没有什么意义。可是我后来觉得这种感觉似乎不太准确，因此我将在这个注释中，以及在后文的几个注释中把两者的重叠之处指出来，详细讨论一下，提出几点明显的不同。首先得声明，我不会像格罗夫那么重视阶梯～0，尽管我完全同意他关于本性、次级阶段、成形和不正常的成形，及对后续的阶梯带来的可能的影响的全部理论。我更关注的内容会在后文中慢慢清晰起来。

许多理论家发现格罗夫的体系与我的体系在前后次序方面（或者意识展开的前后顺序方面）不完全相同，的确如此。这主要是因为格罗夫遵循的是回归的次序，在药物或者压力的作用下，人会从普通的自我回归到弗洛伊德的（童年经历）创伤（或者回忆起生活史），从那里进一步回归到出生创伤与腹中状态，此时偶尔会无法分辨物质的身/心，进入超个人、超个体的状态。格罗夫的基本次序如下：日常自我、弗洛伊德、出生、超个人。

而我的图式是基于更大规模的成长与发展模式的，因此顺序或者说方向是完全不同的，但是说的基本上是一回事。我的次序是出生创伤、弗洛伊德、日常自我、超个人（因为遵循的是这些领域进入意识的实际次序，而不是暂时的昙花一现）。但是如果用我的图式，从日常自我开始回归的话，结果会和格罗夫的模型完全一样：从日常自我到弗洛伊德，再到出生，再到超个人。

但是有几点不同还是非常重要的。在自我和超个人（成长的顺序，不是退行的顺序）之间我放了一个一般的存在水平（半人半马）（F－6），这个阶段和格罗夫的“存在”围产期母体（阶梯～0 的第二个次级阶段）是不同的，尽管有时候可以说两者之间存在某些交叉。在格罗夫的标准“次序”中，BPM 区分了个人和超个人，可是在成长发展的顺序中，“分水岭”是半人半马（我们在后面的章节中会看到）。因此有的理论家就把半人半马和 BPM 等同，这是不可以的：可以这么说，半人半马是从正门进入超个人，而 BPM 是从后门进入的。

很多“存在危机”实际上可以重新激活一种围产期的母体（或者相反），格罗夫是这么说的。可是 F－6 上的一般存在危机不是由母亲与婴儿的分离造成的，而是由主体和客体的分离造成的。即便出生过程非常顺利，这种危机还是会产生。这种危机是不能通过回归出生经验来解决的，只能通过超越粗浅的主客二分、二元论 588
才能解决，尽管这种超越可能作为回归出生经验的副产品出现，但是超越本身并不是回归造成的，或者说回归对于超越而言并非是必需的。

我在讨论了超个人的维度之后，会重新讨论这些问题（格罗夫的研究），到那个时候才能对我们的差别之处和相同之处作出最终的评判。参见第十四章的注[17]。

[4] 在这一章中，我给出了左上象限的发展过程。其中每一个象限的发展都和其他三个象限有关联。另外那个象限——右上象限——尤其突出表现了内部发展阶段（皮亚杰、弗洛伊德、荣格）在脑生理上的表现，有时候这些生理因素会占主导地位。研究发现，一些有力的（有时候甚至是绝对的）证据证明，确实存在对精神病、躁狂—抑郁症、强迫症和不同的恐怖症（毫无疑问，随后的研究还会涉及一些其他的功能失调）的基因易感性。在这些情况下，基因是基础，而发展则是导火线。基因是某种特定精神疾病的前提，并且往往也是症候群中的主要因素。尽管如此，并不是每个携带某种致病基因的人，比如说携带躁狂—抑郁症的易感基因（这是一种被充分证明的基因）的人，都会罹患相应的疾病，所以发展的因素始终在发病机制中具有一定的重要性。

这些症状同样可以用药物治疗来消除，这确实是一种右手思路的方法。但是仅靠医学模式无法帮助病人达到更加深刻的自我理解：不能够帮助病人解释他自己的深层心理，因此也就不能由此达到某种自我澄清和自我洞察以及自我责任感（因为医学模式全都是右手思路的方法）。但是我对这两种方式都非常支持，在重要性上它们是平等的。

许多心理健康工作者都能够理解，这两种方式（医学治疗和心理治疗）同样有效，同样重要，但是这二者之间却始终存在一种紧张关系，它们永无休止地争论究竟谁是对的，谁更重要。我认为，它们之中任何一种都不能够被另外一种替代，这样的平衡不是一种权宜的让步，可以说在理论上这是必需的。

另外，这些个体的发展和他们所处的文化全子是相关联的（他们的发展也总是以后者为背景）。文化意义（左下象限）和社会机构（右下象限）与个体展开的模式之间具有非常强的相互影响（家庭结构是其中非常重要的媒介）。这就说明为什么“适应了社会习惯”对于心理健康而言并非一定是好的标志，因为社会本身可能是“病态”的。文化意义有时候完全背离大宇宙（比如纳粹主义和塞尔维亚人的肃清运动），对这种文化意义是绝对不能适应的；被异化了的技术经济内部结构具有严重的异化作用，对个体全子的发展同样具有严重的限制（包括实际上的奴隶制和通过工资变相实现的奴役）。说现代世界的经济奴役会破坏大脑的化学机制，降低
589 自尊，代表病态的文化意义，是一种非人的社会结构——这些其实说的是一回事；它们分别是同一个全子的四个象限（当世界精神的集体水平达到一种理性多元主义的时候就会出现这种情况；在处于神话结构中的时候，奴隶制就是当时的正常规范）。

因此，对于“个体的发展”，四个象限都是非常重要的。我在这一章中主要讲的是左上象限，但是这绝对不是说我觉得这个象限比别的象限更重要。

最后，“心理健康”是可以定义为“对现实的适应”的，但是前提是我们所说的这种前提是恰当的。传统习惯的现实绝对不是这种恰当的现实，比如说自己觉得作纳粹分子很高兴，这绝对不是什么身体健康。对心理健康的定义在根本上肯定是哲学的，这是不可避免的（医生和采取右手进路的专家们往往不愿意去掺和这种思考）。

但是沿着这个不可避免的思路走下去，我们可能会得出一个柏拉图意味很浓的结论：心理健康就是和大宇宙相协调——大宇宙包含了物质、身体、心理、灵魂和精神。一切的不和谐都是病态的。如果文化和大宇宙不和谐，那么文化就是病态的；如果一个社会的结构和大宇宙不和谐，那么这个社会就是病态的；如果一种治疗方案和大宇宙不和谐，那么这种治疗就是病态的。

如果柏拉图、普罗提诺和世界上那么多伟大的哲学家说的是对的，如果所有这些维度在人身上的确存在（包括物质、身体、心理、灵魂、精神），而且我们却没有给它们以应有的尊重，那么这与营养不良有什么区别呢——这不就是一种病态吗？

[5] 132 页，如无特别说明，引文均来自《皮亚杰思想精华》（*The essential Piaget*）。

[6] 转引自弗拉维尔，285 页。

[7] 132～133 页。

[8] 134～135 页。

[9] 151 页。

［10］151～152 页。

［11］139～140 页。

［12］这两种修辞的基础是自体（agency）的类似（比喻）和共相（communion）的类似（换喻）——或者就是类似性（自体）和接近性（共相）——语言学家们指出，两种修辞是语言交流中最基本的全子（还有一种两者的交叉形式，即提喻，也就是用部分代替整体）。

这两种基本的修辞格非常重要，乃至雅各布森发现它们在儿童失语症中都有表现。儿童失语症有两种基本形式：一种是不能理解比喻，但可以很好地掌握换喻；另一种是不能理解换喻，但是可以很好地掌握比喻。雅各布森把第一种情况叫做“类似性障碍”，把第二种情况叫做“接近性障碍”——换种说法就是自体障碍和共相障碍。“结果，似乎可以说人类语言实际上有两种基本的存在形式（自体和共 590
相），这两个维度凝结在修辞工具中，诗歌文学形式正是以这些修辞工具的反复运用为基本特征。比喻和转喻都可以进一步分出另外的修辞格（明喻是比喻的一种；提喻是转喻的一种），但是这两种形式的区分仍然是存在的，因为它是语言本身的基本形式的产物：它就是语言运作的基本机制。”（霍克斯：《结构主义和符号学》，78～79 页）

如果说，在弗洛伊德看来，认知的首要机制借助比喻和换喻来进行，而神经症的根源就是因为在某些重要方面没有脱离（outgrow）认知的首要机制，那么，弗洛伊德和拉康之间只有一小步，拉康高举结构主义的旗帜说症状是一种比喻，欲望是一种换喻。

某些后现代后结构主义者特别是解构主义者，也是利用了比喻和换喻的基本特性，以及所有更高级、更重要的认知绕圈子。说更高级的认知也是以比喻和换喻为基础，是一回事；但说它们只不过是比喻和换喻就滑入简化论的泥潭了，他们这么做，一方面主要就是为了抹杀科学和诗歌的区别，另一方面又要抹杀哲学和文学的不同。他们嘴上说这些学科之间并没有根本的区别（特别说科学和诗歌之间没有区别），可是他们生病的时候还是会跑到医生那里去，而不是找首诗来读读。

发展程度更高的、更重要的认知全子会对比喻和换喻的背景进行限定，从而可以降低自我中心的程度，借助主体间性扩大相互理解的范围和交互性的程度。比喻和换喻在根上仍然存在，但是在枝叶上就不存在了。

在这一点上，我们所讲的个体发生学的叙事目前还仅仅在根上，只能说根上的事情。

不同的学者对一些术语的用法是不同的——凝缩、移置、并列、合并等——有时候会因理论视角的不同而不同。凝缩有时候是指比喻，有时候又指换喻，合并也是如此。但是有两个基本点是存在的，那就是自体和共相。

因此，在拉康那里，移置就是一种换喻，是主体欲望的本性的标志，主要是标志着缺失；凝缩是一种比喻，通过“意指关系”（signification）中的意义链的游离寻求被压抑了的欲望的意义的足迹，最后在症状中找到这种意义。我完全同意基本的修辞格（比喻和换喻），但是我完全不同意那种把这种修辞格和关于“缺失”的

“单边界限”（single boundary）理论绑在一起的做法（参阅第十三章的注［32］，我对单边界限理论进行了批判）。

［13］140～152 页。

［14］146 页。

［15］皮亚杰是这么描述这种过渡的：“在第一个阶段（巫术阶段之上），给出
591 的一切解释都是心理的、现象学的、终结性的和巫术式的。在第二个阶段（巫术—神话阶段），解释是人为的（artificialist）、反对神秘经验论的（antimistic）和动态的，巫术阶段的解释形式慢慢消失。”（143 页）

［16］柯文：《有感情的皮亚杰》（*Piaget with Feeling*），168 页。

［17］弗洛伊德：《精神分析引论》（*An Qutline of Psychoanalysis*）。

［18］同上书；弗雷·罗恩：《从弗洛伊德到荣格》（*From Freud to Jung*）。

［19］坎贝尔：《原始神话》（*Primitive Mythology*），86～87 页。

［20］由于意象是人类层面中最初的全子形式，或者说意象是最低级的人类层面形式，而哺乳动物中有的也可以出现意象，比如马可能就可以，所以有些哺乳动物已经开始进入人类层面了。詹特相信，这种全子是从马开始的。此后单纯的“生态对称”（ecological symmetry）就永远被打破了，因为意象或许能够“反映”生物层面，但是也有可能不能“反映”。伴随意象的出现，另外一个“对称”也被打破了，在人类层面中，这种“对称被打破”的情况可能存在失控的危险。但还是那句话，治疗的方法只能是整合，而不能是退化。

［21］由于整个的第三个阶梯都与巫术阶段的认知非常接近，因此弗洛伊德提出每种神经症症状都具有移置和凝缩，或者具有比喻和换喻的特点。费伦克兹（Ferenczi）说，每种神经症的症状都是无意识中对巫术的信仰。

［22］同上书，222 页。

［23］但是“挖掘”这种说法有点误导；其实治疗师是没有什么东西可挖的——来访者对自己的认知图式非常清楚（“我就是不行，干什么都不行”等等）；只不过这种认知图式是被歪曲的，是错误的。因此，认知治疗师往往不去挖掘太多过去的生活史，而是直接攻击当前的错误认知图式。

但是这种正面的攻击对于力比多全子没有什么效果，因为它们还比较原始，还意识不到问题，对它们只有那些揭示性的技术才能奏效（也就是第三个阶梯上的治疗技术，比如精神分析）。正是因为来访者对问题的存在觉察不到，让他们正面地面对问题，很可能带来对抗。

大多数人都可以立刻感到认知疗法和人际关系方面的疗法非常有效果（这是第四个阶梯上的疗法），所以这些疗法很快就取代了那些揭示性的技术。但是这并不能说明第三个阶梯上的治疗方法就不重要，其重要性一点都不会有丝毫的减少；但是从实用的角度看，它们失去了存在的基础：对大多数人而言，其耗时耗力的特点都是很大的局限。（更不用说在美国过去经典精神分析所认为是病态的很多东西，今天反而被看作是美德，比如自恋型的自我提升、对当下欲望的及时满足、表达冲动等，而认知疗法恰恰可以帮助人们实现这些“主动性”而不用感到内疚，这是很

有趣的对比。）

最后，第二阶梯上的疗法被称为是“建立结构”的方法。（与第三个阶梯上的揭示结构不一样。第二个阶梯上的病态不是因为退化，而是因为自我不够强大，不能压制冲动。“揭示”、“阴影”的问题是不存在的；因为目前自我的结构尚未健全，“阴影”即便有也不会很多。治疗就是要加强自我，从而使自我可以更好地压抑冲 592
动！——是自我和对象表征的分化。）

我在《意识的蜕变》中说过，冥想不是一种架构自我结构的手段，不是一种揭示的手段，也不是一种重写生活脚本的手段，尽管在冥想中所有这些都可能出现。冥想本身却是一种进步、发展，是潜在结构的展开。如果说存在什么揭示的话，那么它是一种对未来的揭示，而不是对过去的历史的揭示；是对终极的揭示，而不是对幼稚的揭示。

[24] 相应地，我们可以说有一个“自我”的谱系或有一系列的自我状态，每一个自我都超越前面的自我，因此每个自我又可以被称为前自我的或后自我的，这取决于和哪个自我作比较。[也就是说，自我中的任何一种形式相对于前面的自我而言是后自我的，相对于后面的自我而言是前自我的，这种情形相续不断，直到所有的自我融入一个纯自我，或者直到我（Atman）融入梵（Brahman）。尽管这种说法在技术上是正确无误的，但是人人都弄不清楚，因为这种说法与经典说法及新时代主义（New Age）都相左。所以，我在后文中采用一种下一段内容所勾勒的表达方式。]

[25] 有的自我是作为心灵（psyche）的组织过程出现的，我称之为“自我系统”。除了最终状态之外，这种自我系统在任何一个发展水平上都存在。正是这种自我系统，在任何一个发展阶段上都是在四种力量之间进行协调，即自我保存、自我适应、自我超越和自我退行。

因此在早期阶段，自我就是前自我的；在中间阶段，自我就是自我的；在超个人阶段，自我就是超自我的，这个时候自我就成了大我，进入纯粹的空性。换句话说，自我系统是人类学全子的基础或前提，是相关的全子显现自身的舞台，是空性透观分裂的自我，直到自我化为空性本身。

[26] 我说的“纯粹自性”并不是没有什么依托的，不是没有基础的。它不是虚幻的没有任何显现的自体，而是一切显现的真如或者源泉，表现为佛—法—僧（我、它、我们），在后面我们还会详细讨论。

[27] 同 270 页注。认为理性是“线性的”，因此是“反生态学的”，这是各种新范式的理论基础，可是与真理相去甚远。这些理论所谓的“理性”是一切和它们自己的理性不相同的理性。

[28] 同上书。

[29]“后习俗阶段”有很多。科尔伯格是通过和习俗阶段作比较来界定后习俗阶段的，其基础是具体运算阶段的晚期和形式运算阶段的早期。在那些阶段之外的阶段就属于“后习俗阶段”。当科尔伯格后来增加第七阶段的时候，自然会把它划归“后习俗阶段”中；以后再有更高的阶段就应该属于后—后—后。所有的“后阶 593
段”都是以习俗/具体运算阶段为参照的。如果我们把形式运算作为参照点，那么

下一个更高的阶段就是后理性阶段，或者是超理性阶段，或者超个人阶段。这只是个语义的问题。

[30] 坎贝尔：《原始神话》，84～85 页。

[31] 同上书，27 页。

[32] 同上书，28 页。

[33] 皮亚杰指出，只有到形式运算阶段才能理解包含“假定”和“如果”这样字眼的表达方式。坎贝尔在自己的文章中也同意这种说法。具体运算阶段，顾名思义，只能对非常具体的框架世界进行处理；这就是为什么具体运算阶段出现的神话会被认为是具体的、实在的、经验的，而不能从比喻或者象征的角度来看。这也是为什么科学（和更高的假设—验证）不能在神话世界观中诞生的原因。

[34] 坎贝尔：《原始神话》，630 页。

[35] 同上书，4 页。

[36] 同上书，18 页。

[37] 所有的引文均来自《创造神话学》(*Greative Mythology*)，18 页。

[38] 一旦具体运算阶段失败，发展进程就会退到前运算阶段（全子退行时堕落的路线和进化时上升所沿的路线是相同的），巫术世界观立刻就会被重建。在我看来，巫术水平的世界观并不是一直在无意识中存在，只有在那种排他性的结构中的某些部分出现固着的时候才会如此：那些被压抑的或被异化、被包裹的意识的确还是处于巫术世界观的水平，巫术世界观在那些固着所表现出来的症状中是作为一个组成部分出现的（这也就是为什么说这些症状是“潜意识中对巫术的信仰”的原因）。前运算阶段的结构仍旧存在并且很活跃，但是现在在具体运算阶段中是作为次级全子出现的。而这种排他性结构本身（巫术阶段的）已经被新的排他性结构取代了，除非出现固着。

我相信这种理论可以处理很多关于潜意识内容的棘手的问题。

[39] 道德发展也是一样。简单地说，前运算阶段的认知是前习俗阶段的道德基础（自我中心的），具体运算阶段的认知是习俗阶段的道德基础（社会中心的），形式运算阶段的认知是后习俗阶段的道德基础（世界中心的）。处于形式运算阶段的人同时会具备完整的具体运算的认知结构（角色和规则）和前运算阶段的结构（意象、符号和概念），实际上对形式运算阶段的认知而言，这些先前的结构是不可或缺的。但是处于后习俗阶段的道德水平的人不一定能够同时具备前面的各个道德水平，因为它们是对低级阶段的认同，而这种认同是排他性的，更高级阶段的道德水平的出现必定要取代以前较低级的道德水平。如果一个人还有前习俗阶段的自我中心的视角，那就不可能以后习俗阶段的道德水平、以世界中心的视角来做事，两者是不能并存的。

594 [40] 弗雷-罗恩在《从弗洛伊德到荣格》这部大作中对这个问题作了详细的探讨，并提出了独到的见解（当然，充斥着提升论的解释）。

[41] 荣格最终也承认了任何典型的、普遍的结构——比如阴影、人格面具和自我——都是原型性的。这些结构的基本成分是集体遗传的。这是没有问题的，而

这也是和超个人无关的（参阅下文注［44］和［45］）。

［42］荣格：《集体无意识中的原型》（*Archetypes of the Collective Unconscious*），173 页。

［43］灵性可以表现为这些形式，或者其他任何形式，但是这些形式并非灵性的根源。

［44］根据谢尔德里克的“形态回声”理论，原型是过去的形式，经过反复强化之后形成了后续形式构造过程的指导。一个全子被重复的次数越多，它作为原型的力量就越大。

因此“与大母神相遇”的原型被重复的次数就非常之多，因为每个人都曾经经历过；所以对合格原型的“回声”就会非常深（出生原型、父亲原型和阴影原型也是一样）。

我完全同意这种观点。我的观点是，和与真实的父亲和母亲相遇的次数相比，那种真正神秘的相遇经验出现的次数会少得可怜。这些过去的神秘经验论者建立了一种全子式的回声，我们可以遵循。但是它可能是人类经验中最罕见的，可以说只能是所有原型中最热的——如果仅仅从那种理论（或其他后荣格学派的理论）来看的话。但是当真正的大精神降临，所有的原型都将被扫空，包括母亲原型、父亲原型和任何其他的依诗比蒂（Itty-Bitty）式的有限原型——大精神来自另一个方向，具有无限的力量，绝非任何过去的有限的进化习惯可以比拟的。

进入更高的、超越的、真实的原型的人越多，把它们看作现在的客观结构的人越多，后人进来的时候就越容易，这正是过去那些伟大的超个人英雄们所做的。但是他们所进入的不是过去普通的、典型的、被反复重复的样式，而是未来的、更高的可能性。他们继承的是未来，而不是过去。

谢尔德里克也承认，“形态回声”理论不能用来解释创造性涌现的问题——在创造性涌现中包含的是大精神。创造性涌现来自未来的潜在结构，“形态回声”理论的前提来自过去，只能在创造性涌现出现之后才能建立。一种形态场出现之后，就会成为一种后续的和具有类似深度的全子发展的欧米伽点（以它自己所达到的深度为标准）。它本身是过去，但是对那些需要经历类似发展过程的其他全子而言，又成了完美的未来。

［45］集体的不一定是超个人的。前个人层面的集体特征、个人层面的集体特征、超个人层面的集体特征都是存在的。比如我们都有十个脚指头、两个肺。

进一步讲，我在《视角转换》中提到，人类意识的每个基本结构都是集体遗传 *595*
的潜在结构，但那并不是说这种潜在结构在过去也出现过。人类的新皮层具有理性和假设—演绎思维的潜力，它在五千年前就和今天没有什么差别，但是理性思维并没有充分出现过。新皮层出现的时候，带来了逻辑结构的潜力，但是逻辑本身并不是从过去继承来的，它是一种未来的潜力，是相互理解的欧米伽点，引导文化向上、向前发展。人类结构的精神潜力也是一样，我们所继承的潜力，只有在极少数人身上能够表现出来，因此会作为一个更高、更广的参照点，持续不断地发挥其引导力量。

第七章　人性的最高境界

254 在此，这种存在和意识都涉及物质。进化是它解放自身的过程。意识在一些似乎没有意识的东西中出现（即物质、物理层面的东西），一旦出现，就具备了一种自我推动的力量（“自组织”），变得越来越完美，不断向上提升，并且同时向外扩展。意识释放的第一步是生命，第二步是心智。但是进化的过程并不止于心智，它要等释放到某种更为伟大的东西——一种精神性的、超越心智的意识才停止。所以没有理由以我们现有的组织或者存在状况作为终结，从而限制进化的可能性。

——师利·奥洛宾多

我们尚是一个未竟的进化过程的私生子或者私生女，在过去的分裂与未来的统合之间徘徊。很明显，这些统合将带领我们超越我们今天所能认识的一切。这些统合伴随着难以承受的狂喜与剧烈的疼痛，所有此类的创生都是如此。让我们再一次轻轻拉开“内部活动”的帷幕，看看新的联姻如何开始展开，好戏如何开场。

内在的城堡

我一直在强调，任何一个进化的阶段，无论在什么领域，都会有一种
255 新生事物浮现，从而出现一种新的深度，或者一种新的内在性，它可以是细胞，可以是鸟类，也可以是海豚。我还强调，每一种新的内在同时也是一种跨越，一种超越，一种对更高、更宽的包容的认同。这个公式是：内求（going within）＝超越（going beyond）＝更大的包容（greater embrace）。下面我想把这个公式的意思解释得更清楚一点。

我想这一点非常重要，因为发展的高级阶段包含一种新的内部的运作，一种新的内在性。这些高级阶段包括超理性阶段、超人类阶段和神秘阶段。现在一种诘难已经流传了许久，认为冥想之类的做法有点自恋和逃避的色彩。特别是环境主义者，他们称冥想是“逃避主义”或者“自我中心”，说这种“内部活动”完全漠视“外部”世界中“现实”的问题。

恰恰相反。冥想（或者超个人的成长）绝对不是什么自恋性的逃避或者向内的隔离，它是进化过程的简单的、自然的继续。在这里，每一种“内部活动”同时都是一种通向更大包容力的超越。

回想一下我们的两个基本原则（第 8 个和第 12 个），它们说进化的提高意味着深度和相对自主性的提高。在人类发展的领域，这一点表现为成长和发展总是内化的提高（或者说提高内部化）。这是发展心理学的观点，后面我们会看到。一个人内化的越多，他或者她所觉知的自恋的程度就越低。这种现象一开始听起来就像个悖论，现在同样如此。所以我们需要了解为什么所有的发展心理学流派都认为这个公式成立：发展水平提高＝内化水平提高＝自恋水平降低（或者降低自我中心的程度）。

简而言之，我们需要理解为什么一个人的内在空间越大，他或者她自我中心的程度就会变得越低。

让我们从内化谈起。“在哈特曼（Hartmann）① 看来，进化是不断内化的过程，因为在物种的发展中，机体独立于环境的能力不断提高，结果‘原本属于对外部刺激作出的反应不断成为机体内部的反应’。机体的独立性越强，对直接来自环境的刺激的依赖性就越低。”[1] 比如当一个婴儿不再因为不能立刻获得食物而哭闹的时候，他的独立性就增强了。他通过内化自己的觉知，使自己不再因为环境的变化感到深受打击：他的相对自主性——处于内部的能力——提高了。这个不断进步的内化是精神分析发展心理学的理论基石（从哈特曼到布兰克，从布兰克到科恩伯格，再到高赫）。荣格的个体化概念也隐含了这个意思。同样，皮亚杰也认为思维是“内化了的动作”，是在内部计划一种动作，预测它的过程而不需要直接实施——不一而足。 256

换句话说，对于发展心理学，发展水平提高＝内化水平提高＝相对自主性的提高。当然，这就是第 12 条原则在人类身上的体现。

这个等式的第二个等号与自恋相关，自恋和自我中心几乎是同义词，我们已经讨论过不少。我只需回想一下：发展水平的提高是超越个人孤立的主观视角的能力的提高，从而去发现更高、更宽的视角和认同。皮亚杰称整个发展过程是“自我中心降低”的过程或者他所谓的“去中心化”的过程。

把这些放到一起，我们就有了下列结论：发展水平的提高＝内化水平的提高＝自主性的提高＝自恋水平的降低（去中心化）。

换句话说，我们向内走得越远，或者我们内省、对我们自身的反思越多，我们就离那个自我越远，就越能超越那个自我有限的视野，从而就越不自恋、越不自我中心（或者越能被去中心化）。这就是为什么皮亚杰总是说一些似乎矛盾的话，比如：“最后，当孩子意识到他的主体，他便从自我

---

①　哈特曼是精神分析的发展心理学的创始人。——译者注

中心中解脱出来。”[2]

他越能主观地反思自己，越能超越她/他的主体性，他的内在性将其从自我中心中解脱出来。霍华德·加德纳非常精彩地将人的发展总结为自我中心的降低和内在性的提高两个倾向。“第一个倾向是自我中心的降低。按皮亚杰的说法，小孩是完全自我中心的——意思不是说他们非常自私，只想自己，相反是说他们没有思考自己的能力。自我中心的孩子不能够将自
257 己与自己之外的世界区分开，他还没有把自己和别人或者把自己和外物区分开来。因此他觉得别人能够感受到他的痛苦和快乐，他觉得自己嘴里咕哝的话别人一定能理解，他的想法别人都可以知道，甚至动物和植物也能进入他的意识。在玩捉迷藏游戏的时候，他‘藏’在别人的眼皮底下，因为他的自我中心使得他无法意识到别人能看到他的位置。人类发展的整个过程可以看作一个自我中心的不断降低……”[3]

自恋的降低与“心理成长的第二倾向”，即“内在化的倾向或者内部化的倾向直接相关。儿童要么通过对世界的探索活动解决问题，要么根本不去解决问题。相反，大一点的孩子能实现许多智力突破而不需要外部的身体动作。他可以通过集中注意和形式运算，在内部实现这些动作。”[4]通过在内部作用于自我，自我被去中心化了，这导致了很多现象，其中包括道德反应的不断扩大（去中心化），从自我中心到社会中心，再到世界中心（整合—全景的）。

简而言之，一个人向内走得越远，同时他向外走得也越远，他也就越能以更宽广的视野包容更深层的认同。

从而，冥想要向内走得更远，因此向外走得也更远，也就能以一个更宽广的认同发现一个新的、更高的觉知——因此冥想是治疗自我中心（地球中心、人类中心和社会中心）和自恋的一味特效药。

让我们记住皮亚杰关于自我中心的核心观点，也就是“自我中心遮蔽真理”。从而冥想作为治疗自我中心的良药会大大提高揭示真理的能力，会扫清自我中心的知觉之网，让大宇宙更清晰地展现，让人能够看到并欣赏——能够从认识宇宙真相的角度来欣赏，不是从宇宙可以为我做什么的角度欣赏。

简而言之，每一个内在的最终证明可以让我们更加接近大宇宙。平面整体论者似乎很难理解这一点（从生态学角度批判沉思的批评家也很难理解），因为在他们关于自我和宇宙的平面世界中，对一个方面的注意增加，就意味着对别的方面的注意减少（并且他们希望所有人的眼睛都盯着外部的自然），然而在多层次的整全的（holoarchic）大宇宙中，自我的深度开放得越多，大宇宙相应的深度自身也展开得越多。（我们有时候会感到一切

在同一个时刻发生。)

对于人类，这种普遍的内外共进（movement of within-and-beyond）绝非什么新生事物：它只不过是大宇宙进化过程的延续，也就是“通过自我超越达到自我成长”，在原子、分子和细胞身上，同样的过程也在进行着，在人的领域的发展自然地进入超意识，根本没有什么奇怪或者神秘可言。 258

视觉逻辑

进入理性的内部去审视理性，结果会超越理性，这种超越的第一步是视觉逻辑。如果你能觉察到自己是理性的，从而这种觉知现在比理性要大，那么这种觉知的本性是什么？能够觉知到理性，因为这不再仅仅具有理性，是这样吗？

无数的心理学家已经提出很多证据表明，在皮亚杰的形式运算之外还应该有一个阶段［包括布鲁纳（Bruner）、弗拉维尔、阿里埃提、柯文、亚林（Arlin）等］。这个阶段被认为是“辩证的”、“整合的”、“创造综合的”、“整合—全景的”等。当然我用的术语为“视觉逻辑”或者“网络—逻辑”。但是结论实质上是一致的：“皮亚杰的形式运算被视为问题解决阶段。但是在这个阶段之外才是真正具有创造力的科学家和思想家，他们能界定重要的问题领域，并进行重要的设问。皮亚杰的形式运算模型可以用来描述年轻人或者比较正常的成年人，但是用来描述顶级的大智慧者，如诺贝尔奖得主、伟大的男政治家和女政治家、诗人等就相形见绌了。”[5]

的确如此。但是我想从另一个角度强调一下这个结构，因为虽然很少有人真正能够达到“诺贝尔奖得主那样的智慧”，但视觉逻辑的空间（其境界或者世界观）对于任何一个愿意继续成长和继续发展的人来说都是可能的。换句话说，一个人进行这种阶段性成长，并不意味着必须非常完美地掌握其中的每一个阶段，或者在某个阶段表现出天才般的理解之前不能超越这个阶段而进入下一个阶段。这好比说，并非每个人都要成为技艺精湛的厨师才能超越弗洛伊德所说的口唇期。

甚至，要超越某个阶段，能够表达这个特定阶段的特征都不是必需的（儿童发展过程中不必表现出前运算阶段的特点就可以超越它）。在该阶段 259 只需要发展足够的能力，能作为超越它而进入另一个阶段的平台就可以。要超越语言阶段，并不需要首先成为莎士比亚。

同样，要发展形式理性，不一定要学习算术和命题逻辑。每当你想象不同的结果，每当你看到未来和今天不同，每当你出现对于可能性的梦想，你就已经在运用形式运算的觉知能力了。从那个平台你就可以进入视觉逻辑阶段，而不需要首先成为黑格尔或者怀特海，但是首先你得能够从整体的角度进行思考，这一点都不困难。那些能够精通某个阶段的人毕竟是相对的少数，但是每个人都可以通过这些阶段。

因为视觉逻辑超越同时保留形式运算，它使得很多始于普遍理性本身的潮流得以实现（这就是很多作家称视觉逻辑为“成熟的推理”或者“辩证的推理”或者“整合的推理”等的原因）。并且许多理论家还把形式运算觉知细分为几个次级阶段，其中最高的阶段是我们所说的视觉逻辑阶段。比如，詹姆斯·福勒（James Fowler）将形式运算分为早期形式运算、二分形式运算、辩证形式运算和整合形式运算（前三个阶段我称之为理性，最后一个阶段我称之为视觉逻辑，尽管所有这四个阶段都可以在广义上被称为“推理”）。无独有偶，福勒关于“信仰阶段”的极为重要的研究（详见注释）[6]是对从巫术阶段到神话—文学阶段，再到普遍的“存在整体”的进化过程的另一个清晰的表述。

换句话说，理性是整全的（global），视觉逻辑则更加整全，比如哈贝马斯的观点［在《交往和社会的进化》（*Communication and the Evolution of Society*）一书中表达的思想］。形式运算的理性首先“在法律约束的基础上”建立了“人权自由”和“法律自由”，然后在更高的发展阶段，不仅仅满足于法律约束之下的自由，而且要追求“所有作为独立个体的人”的
260 “道德自由”。但是成熟的或者交流的推理则更进一步，要为“所有作为地球社会的成员的人”寻求“道德的自由和政治的自由”。如此一来，理性所肇始的普遍多元主义的世界中心取向，就通过视觉逻辑开花结果，因为视觉逻辑不是仅仅追求法律的自由和道德的自由，而是追求法律的自由、道德的自由和政治的自由（包含前面阶段的追求同时又对其有非常重要的补充：超越且包含）。

同样，从形式运算阶段开始出现的生态意识和关系意识，在视觉逻辑的和半人半马的世界观之下得到基本的实现。因为视觉逻辑开始能够与理性分离（可以观察它、可以对它进行操作），这样就第一次将理性和它前面的阶段整合起来，包括生命和物质，它们本身的复合结构都是次级全子。

换句话说，有一点我要再三强调，半人半马的视觉逻辑自身的复合结构可以整合物理层面、生物层面和人类层面。［这就是说，正如我在第五章中所说的那样，下一个主要阶段应该是全球转型阶段（leading-edge global transformation），尽管目前的主要任务是达到去世界中心的全球—理性的多元主义，而且“尚有很长的路要走”。］

很多研究者完成了这个全面的整合（包括物理层面、生物层面和人类层面，或者物质、身体和心灵），比如布劳顿（Broughton）、卢文格、塞尔曼、马斯洛和其他一些人。我们可以仅举一例——但是是一个重要的例子，

也就是布劳顿的研究。

和前面一样，这个新的半人半马阶段不仅仅是一种新的认知能力（视觉逻辑的），而且包括新的认同（半人半马），伴随新的欲望、新的动机、新的知觉（新的恐惧、新的病理）：它是一个新的自我，周围是一个新的更广大的世界，那是个别人的世界。并且布劳顿曾经非常仔细地描绘了自我的发展阶段，知道自我必定会发展到这个新的半人半马式的在世生存（being-in-the-world）。[7]

非常简单地讲，布劳顿向各个年龄段的人——从学龄前的儿童到青壮年——提出了一个问题：你的自我是什么？或者你的自我在哪里？

因为这是一个语言学习，所以布劳顿从前运算阶段末期的儿童开始（巫术—神话阶段），他把这个阶段称为零阶段。在这个阶段的儿童异口同声地回答自我是“里面”，现实是“外面”。思想和思想的对象不能区分开来（他们仍然处于神话的忠诚阶段，还没有完成第三进化点）。

在第一个水平，仍然在前运算阶段晚期，孩子们认为自我就是身体，但是心控制身，能够告诉它做什么事，所以身体做出的各种动作是在执行心的命令。身心关系是一种权力关系。心是个大人物，身是个小人物（也就是说身体和心理慢慢区分开来）。类似地，思想和思想对象也慢慢区分开了，但是实在和现象（appearance）仍然不能区分（“素朴实在论”）。 261

第二个水平在7～12岁出现（具体运算阶段）。在这个阶段，身心第一次开始分开（完成第三进化点），孩子们开始说自己不是一个身体，而是一个人（一个社会角色或人格面具，第四进化点），认为人包括身体和心理。尽管他们能够区分思想和物体，但对知识仍然有很强的个体性（自我中心的残留），所以在事实和个人的观点之间还很难区分。

第三个水平出现在11～17岁（形式运算阶段早期），“社会人格或者角色被视为虚假的外在表现，与真正的内自我不相同”。在这里，我们可以清楚地看到自己（理性的自我）和社会中心的角色之间具有区别，一个新的领域或者自主性出现了，它可以意识到外在的社会角色的存在，从而也就能够超越角色，或者不再认为自己就是社会角色本身。“自我是一个人的正常本性，它是一种具有实质的东西，不会因为心理内容的变化而改变。”

类似地，正是因为同样原因，“有反思能力的自我觉识在这个阶段出现”。[这是在第五进化点，理性的、具有反思能力的自我区分于并超越社会中心的或者神话成员（mythic-membership）角色，因此相应地可能出现“认同危机”的问题。同时，也要注意新的私我—自我（ego-self）开始以心理事件之流的静观者出现，不再随念流浪。这个阶段的年轻人说：“心理事件变化的过程中有种东西是不变的”。]

在第四水平，或者说形式运算阶段，一个人开始具备假设—演绎的意识（如果……那么……，似乎……），以相对性和关系性来理解现实（从最广泛的意义上讲就是我们所看到的生态学和相对论）。自我被视为一种假设，“其统一性和整体性在于人格、经验和行为”（这是“成熟的自我”）。

但是在这个阶段的发展会出现愤世嫉俗的时候，非常生动有趣。把统一性和完整性寄予经验和行为不再是原则，自我完全认为自己就是经验和行为。在这个阶段出现愤世嫉俗情况的时候，“人即一个遵循控制论的系统，只是要满足物质的欲望。在这个水平的人，因为对从相对的或者主观的参照系来看事物极为重视，所以往往陷入唯我论的立场。”

262 世界被视为一个伟大的、相对的、符合控制论的系统，过于相对和“整体”，在客观的系统中没有真正的主观的空间。所以自我在现实之上盘旋，不能投入，不能感动，不能身体力行。这非常接近“唯我论的立场”：极端的主观，排斥一切交流。在我们看来，这恰恰是启蒙运动的基本范式：世界是完美的整体论的，自我是完美的原子论的。[8]

一个超越的自我可以与其他的超越的自我关联，但是一个完全经验主义的自我会消失在经验之网中，再也听不到它的声音。（这种网上的任何一根线都不曾、也不可能意识到整个网的存在；如果它能意识到，那么它就不再仅仅是一根线。系统论是不允许它意识到的，这也就是为什么哈贝马斯说系统论必然以隔离和自我中心或“唯我论”告终。）

但是一个超越性更强的自我的出现，要求首先要能与完全的经验自我区分开来，这样我们就在布劳顿那里看到：“在第五水平，作为观察者的自我和作为被认识的自我概念区分开来。”换句话说，某种类似纯粹的关照性的大我（Self）的东西（一个超越的见证者或梵我，后面我们进一步研究）开始和经验的或者客观的自我清晰地区分开来——这是一个新的内在领域，一种新的内求和超越，一种新出现的能够超越同时包含经验自我的东西。这开始超越我们所认同的自我，当然就是我们所说的半人半马（第六进化点开始，或者我们到目前为止所见的自我发展的第六个分化）。[9]这是视觉逻辑的领域，通向半人半马的整合，这就是布劳顿发现“现实决定于诠释框架的连贯性”的原因。

这个整合的阶段来自布劳顿的最后一个水平（半人半马阶段后期）。在这个时期“心灵和身体都是一个整合的自我的体验”，我通常用这个阶段来界定半人半马的或者身心整合的自我。具体地说，是因为觉知已经和身体、面具、私我和心灵等具有排他性的认同区分开来，或者说和它们不再一样，或者说超越了它们，现在可以用整合的方式把它们统一起来，统一到一个更高的全子中，使它们中的任何一个作为一个次级的构成成分。因为不再单一地认同物理层面、生物层面或者人类层面，所以能够把每一个整合起来。

半人半马阶段也不是一切都好。和前面一样，新的更高的能力总是伴随出现新的更高的问题的可能性。因为视觉逻辑具备“心灵之日”（mind's eye）的全部可能性，所以会得出一个很痛苦的结论：人的生命在宇宙时间中，不过是白驹过隙。无论它多么美好，我们终究还是不能摆脱一死。海德格尔说，死亡是对存在层面的存在（existential being，即半人半马层面）真诚的反应，它将我们从迷失自我的状态拉回自我显现的状态，它拉回的不仅仅是我的这一部分或者那一部分（身体、面具或者自我或者心灵），而是我整个的在世生存（being-in-the-world）。当我能够真诚地看见我的生命时，我能看到生命的全部，能看到它的终结；同时我能看到其他的“自我”，我的私我、人格面具等都是靠“不真诚”维系着，是被对孤独的死亡的回避维系着。 263

一种深度的存在层面的不适感会出现在其中——这是这个阶段（第六进化点）典型的病态变化。人类中心阶段的男神和女神对我们的保护不复存在，理性扫除蒙昧所伴随的狂欢不再，高级意识还没有接手我们——我们无助地望着漆黑的夜晚，它可以在瞬间将我们吞噬，如同它曾经在瞬间将我们倾吐到这里。托尔斯泰说：

> 我50岁上出现的疑问，让我想到自杀。它是所有的疑问中最简单的那个，在每个人的心底都潜伏着：“我现在做的一切，或者明天可能做的一切，终将如何？我整个的一生，终将如何？”换句话说——“我为什么要活着？为何有愿望？”再则：“我生命的意义中，有哪一样在我面对不可避免的死亡时还能保全？”

这个问题在巫术阶段是绝对不会出现的。巫术阶段的意义非常丰富，甚至太过丰富。因为整个宇宙都以之为中心，以它为旨归，每天都在迎合它。每一滴雨珠都滋润着它的心灵，因为每个雨点都在肯定它的宇宙中心性；大精神总是轻轻地把小雨滴拥在风中，轻轻对它耳语：我为你而存在。

这个问题在信仰神话的人那里也不会出现，因为他们的心灵只是为神而存在，只要他们信神，那么这个神偶然高兴的时候，就会让他们的心灵得到终极的解脱：一个相互钦佩的社会终将归于不善的无穷。在这个回环的内部，信仰危机和意义危机是不可能出现的（它只能在他们的心灵开始怀疑上帝的时候出现）。

这个问题也不会让乐观的理性主义者沮丧，因为他们很早以前就决定不再去问这个问题了。正因为此他们才成了乐观的理性主义者，他们渐渐忘记了这个问题，不让这个问题进入意识，并且通过取笑那些提问这个问 264

题的人而保证把这个问题排除在意识之外。

不，这个问题从多见、多感、多知的自我升起。安慰已经无效；骷髅会在神宴上狂笑；它不会因为那些微不足道的安慰而消停。它从深处向上帝发问，探询未被明示的、应具肉体的意义，而此时上帝已经不在那里。它那巨大的苦痛，值得万亿愉快的魔术师、百万神话的信奉者去研究，但是它唯一的安慰就是无休止的疼痛——一种疼痛、一种折磨、一种空无的感触，超出身体、自我、面具的舒适和麻痹，勇敢地直面虚无，永远解释不尽神秘和恐惧。它是非常觉醒的心灵，徘徊在人与神的边缘上。

超越了人的种种领域

我们已经多次谈到，在一个进化阶段存在的问题，到下一个阶段就“销声匿迹”了，因此解决存在焦虑的唯一途径就是超越目前的存在状态，也就是超越半人半马阶段，在一个更高的觉知阶段既否认又保存半人半马阶段。在此我们将走出人类层面，进入灵性层面的各个领域（theosphere），奥洛宾多所谓的超意识化（“supramentalised”）的这些领域不仅包含自我意识还包含超意识。

超人类的领域更高更深，在沿着进化的次第（和 20 条原则）进入这些领域之前，需要先澄清几个问题。

第一点，也是最重要的一点，如果说这些更高的层面的显现是“宗教的”或者“精神的”，那么就是一种严重的误会，因为它们的含义相去甚远。我们用了几章的内容，不厌其烦地回顾了原型阶段、巫术阶段（magic）、神话阶段（mythic）的结构（通常它们会和世界伟大宗教相关联），正是因为它们的结构恰是超人类的发展水平和冥想的发展水平所不同的。在这里我们完全可以同意坎贝尔的观点：如果 99.9%的人想说巫术阶段和神
265 话阶段是“真正的宗教”，那么就让他们那么说吧（在一定意义上是成立的）[10]；但是那绝对不是世界上伟大的瑜伽行者、圣人、君子所说的神秘体验或者“真正的宗教性”发展水平，也不是我心目中的样子。

但是坎贝尔也非常正确。的确，在巫术阶段、神话阶段和理性阶段，有人能够超越巫术、神话和理性，进入超理性阶段和超越人类的领域，只是这样的人太少太少。尽管他们的教化被大众领会浅了，仅仅认为是巫术阶段或者神话阶段的东西——“个人精神的解脱”——但是他们的本意根本不在此处，甚至完全不曾支持这种做法［比如释迦牟尼佛、基督、柏坦加利（Patanjali）、莲花生大师（Padmasambhava）、鲁米（Rumi）①、秦尼

① 苏菲教的创始人，或叫做穆拉维，史称鲁米。——译者注

喇嘛（Chihi）]。他们的教化不是让人从个体性中解脱出来，不是不停地延续个体性，个体性的延续实际上是地狱或者轮回的一个比较怪异的说法。

他们的教法，他们的冥想活动是一步一步地超越理性的。也就是说，尽管所有的冥想传统的目标都是包含并且超越理性，但它们都是从理性开始的。理性是指“可以通过证据来证明”这样一种观念，认为真理是实验方法的结果，认为真理对任何实验者都是开放的，他们可以自己通过实验来证真或者证伪精神性的观点——对僵化的教条的迷信会限制更深层的真理和更广阔的视野的呈现。

于是所有这些精神的或者超越人类的冥想传统（我们后面还要仔细讨论）认为，更高的觉知领域、信仰领域、爱、认同、实在、自我和真理是存在的。但是这些观点不是教条，并不是仅仅因为权威这么说人们就去相信，也不是因为社会传统的传承才能延续，也不是因为只有“真正的信仰者”才能得救。而是因为这些更高领域的存在是千百年来人们不断实验和证明了的，错误的观点已经被共同的验证剔除，进一步的验证让传承结论更加严密。

换句话说，这些精神传统是非常科学的，它们系统的呈现形式遵循任何严肃的科学研究所遵循的可重复性。

对超个人意识的反对

通常对这些冥想的科学所做的反驳都没有什么力量。最典型的反驳是 266
这些神秘状态是个人的，是无法公开验证的，它们是“纯主观的”。

这是不对的，或者说如果它是正确的，那么所有的非经验的研究都是这样的，包括数学、文学、精神分析、语言学和历史诠释学。没有人曾经见过“感觉世界”里面存在的、“就在那里”的平方根和－1。这些只是“个人”在内部才能看到的数学符号，只能用心灵的眼睛才能看到。但是受过专业训练的数学家就可以非常轻松地运用这些符号进行主体间的交流，他们可以清楚地意识到哪个地方是正确的，哪个地方是错误的。同样，这种冥想的科学在冥想者群体中是共享的，相互之间可以产生共同的体验，可以根据公共的体验证明正确或者指出错误。

回想一下，右手道路可以通过经验验证，这是因为全子的右手象限维度，它们的外部形式的确是可以通过感官或者感官的延伸来“看”的。但是左手维度——内部的一面——不能通过感官看到“在那里”，尽管可以在内部体验到（并且有外部的反映：我的内部思维可以在脑电图上有所反映，但是不经过诠释，仅仅通过脑电图是不可能知道的）。左手的一切，从感觉到冲动、到表象、到概念等，都是我通过直接的亲近才能知道的内部经验。

(它也是可以客观描述的，但是听者必须具有同样的深度，他们可以从同样的深度来解读。)直接的精神体验只是左上象限更高层的内容而已，那些体验和其他的直接体验同样真实，和其他的经验知识一样容易分享（或者被曲解）。[11]

(唯一可以用来否认有关直接的内部经验知识的合理性的方法是采用行为主义者的立场，通过外部行为去寻找内部体验，无论这种内部体验是数学知识还是反思性的知识或者精神知识。有没有人想到布劳顿的第四个水平的愤世嫉俗者或者病态的人?)

267 当然，这需要有一个前提：实验者必须在自己的实验中已经具备了必需的认知工具。比如，如果要研究具体运算阶段的思维，仅仅具备前运算阶段思维水平的人是不可能完成的。如果你找一个前运算阶段的儿童，在他面前把一个又细又高的杯子中的水完全倒进另一个又粗又矮的杯子中，他会告诉你高杯子中的水比较多。如果你说，不，两个杯子中的水是一样多的，你眼看着我把这个杯子中的水全部倒进另一个杯子的。那个儿童会完全不能理解你在说什么。“不，那个高杯子里面的水比较多。”无论你反复倒多少次，他都不会说两个杯子里的水一样多。(研究表明，如果你把这个阶段的孩子做这个实验的过程录像，然后三四年之后等他达到具体运算阶段的时候，也就是他觉得非常明显两个杯子里的水一样多的时候，再放录像给他看，他会否认录像中的儿童就是他自己，他会觉得你在录像中捣鬼，因为他无法理解怎么会有人那么笨。)前运算阶段的儿童所处的世界和具体运算阶段的儿童所处的世界是完全相同的，但是他就是“视而不见”：他们就像“另一个世界的人”。

实际上，在发展的每一个阶段，下一个还没有出现的阶段都好像是“另一个世界”、一个“看不见的世界”——对个人而言这个世界根本不存在，尽管实际上他所处的这个世界本来就包含了所谓的“另一个世界”。个人的“此岸世界”就是无法理解周围的“彼岸世界”。

同时，这些更高的或者说更深的世界空间（无论是具体运算阶段的世界还是形式运算的世界或者更高的世界)，并非存在于别处的物理时空，它们就在当下，是对这个世界的更深的知觉。彼岸的世界随着发展和进化的加深会变成此岸的世界。具体运算阶段的世界在处于前运算阶段的儿童看来，完全是彼岸的世界（尽管他或者她经常直接面对这个世界)，但是等他们到了具体运算阶段，这个世界在他们的眼中就成了非常自然的、明显的此岸世界，根本没有任何产生疑问的必要。但是在完成这个进化发展阶段之前，儿童根本无法了解彼岸世界（否则彼岸世界也就成了此岸世界了)。

268 超越个人的更高深的发展也是如此。如果你向处于理性阶段的人解释这些东西，那么他们最好的反应就会像站在汽车大灯前面的鹿，两眼一片茫然（最不好的反应是，可能会问你“是不是忘了吃‘百忧解’了?”)。

所以我首先得强调一点，这些超越个人的发展阶段已经发展到这些阶段的人身上出现明显可以辨认的、可以重复的特点。这些阶段本身可以运用理性进行重新建构（用理性的方式进行解释)，但是只有通过超越理性的冥想才能体验，在冥想的各个阶段的展开过程和其他的发展阶段完全相同，这些阶段的体验也和其他阶段同样真实。

但是必须充分体验这些阶段才行，否则它们就似乎是彼岸世界，好像完全不存在一样。当瑜伽行者、圣者和冥想家说“整个世界是一个大我的显现”，那可不仅仅是理性的陈述，我们通常会把它看作是理性陈述，去思考它是否符合逻辑。它实际上是一种描述，通常是非常有诗意的描述，是对直接体会和直接经验的描述。如果我们要验证这种描述，不能通过哲学的思辨，只能通过冥想试验的方法，找到必需的认识工具，然后我们自己直接去寻找。

如同爱默生所说的：“我们的所见，只是我们自身。”

语言和神秘经验论

从这个意义上看，就会有另一个对神秘体验或者冥想体验的反驳，认为它们无法用平常的语言来表达，或者因为神秘的缘故无法用任何语言表达，从而也就失去了认识论的基础，所以不是“真正的知识”。但是这种说法忽略了通过语言表达的知识这种观念本身的问题，没有深思附着在语言之中的知识究竟意味着什么。

我前面也曾经提到，索绪尔说所有的语言符号都有两个成分：能指和所指，通常用S/S来表示。能指是书面的符号或者口头的声音，它是符号的物质构成（如同这张纸上用蓝墨水写成的东西，或者说话的时候空气中传播的声波)。所指是当你听到或者看到这些能指的时候心中所出现的内容。

也就是说，如果我在纸上写下“狗”这个字——那是一个能指。当你读到这个字的时候，就可以理解我所说的是一种浑身披毛、长了四条腿的动物，它叫起来是“汪、汪、汪”的声音——那就是所指，那是看到这个字的时候在你内心中浮现出来的东西。符号是这两个成分的结合，当然这两个组成部分是符号的右手成分（外部的物理层面）和左手成分（内部觉知或意义)。 *269*

这两个部分都不是它们实际所指称的对象，或者符号所“指向”的东西，无论内部成分还是外部成分都不是对象本身。也就是说，能指是“狗”

这个字，指称的对象是那条真实的狗，所指是你读到或者听到“狗”这个字的时候内心中出现的内容。索绪尔的过人之处就在于他指出了符号的所指和真实的对象并非一回事，因为“你内心中出现的内容”决定于很多因素，不仅仅是那条真实的狗，这就是语言事实的迷人之处。

索绪尔认为符号不能被理解为孤立的实体，因为单个符号本身是没有任何意义的（这也就是为什么不同词语可以指称同一个东西的原因，也是为什么“意义”绝对不仅仅是一个词语指向一个东西那么简单的原因，否则不同的词语怎么可能代表同样的东西?）——这实际上也就是整个结构主义运动的端倪。符号只能作为一个由区分构成的全子丛聚的一部分来理解，这些差异被整合成为一个有意义的整体结构。能指和所指都作为全子而存在，或者作为整体/部分构成的链条中的整体/部分而存在，并且如同索绪尔所说的，是它们的相互依存赋予它们各自的意义（语言是无意义的元素组成的有意义的体系：和我们一直以来的观点一致，高级全子的结构赋予低级全子意义，低级全子本身不可能拥有这种意义）。

换句话说，能指和所指作为不断嵌套的语篇而存在，意义本身完全是由上下文决定的。在词语中是找不到意义的，只有在语篇中才能找到：狗的叫声（bark）和树的皮（bark）绝对不是一回事。但是这种不同并不表现在“bark”这个词本身上，因为在两个短语中这个词的写法完全相同。两者的不同在于决定它们意义的上下文：整个的语言结构——这是索绪尔的伟大发现。

和以前一样，这就在左手和右手之间做了一个区分。右手的理论家，
270 或者说纯粹结构主义者希望单单把语言和文化中的能指体系的外部结构拈出来研究。（研究文化外部结构的倾向引发了后结构主义的产生，他们希望把能指从所有的背景中剥离出来进行研究——比如福柯的考古学和德里达的语法学——把能指看作是完全游移不定的，只有权力或者偏见可以把它固定下来：意义取决于上下文，而上下文没有止境，因此意义是权力或者偏见随意强加的——所谓的“后结构主义革命”的“能指的游移”。）

左手理论家们希望单单研究内部意义的语篇嵌套，也就是研究必须被诠释的所指，看不见的所指，只能在社会实践背景中才能理解的所指［诠释学家，从海德格尔到库恩（Kuhn），再到泰勒、塞尔（Searle）和维特根斯坦（Wittgenstein）等一部分思想家］。

但是左手道路的诠释学和右手道路的结构主义都认为符号只有根据上下文才能理解。（上下文可以是提供基本知识或者背景知识的集体社会实践，也可以是共享的非个人的语言结构。我在第四章论证了这两种思想进路都是非常重要的——它们代表了语言全子的内部和外部——实际上福柯

也持这种看法。)[12]

所有这些都和神秘经验论有这样一种联系：你我对“狗”这个字有共同的理解，因为这个符号所处的语言结构和社会实践及诠释活动的文化背景我们是共享的。可是如果你从来没有见过真正的狗，那么会如何呢？会出现什么情况呢？

当然，我可以为你描述狗是什么样子，但是“狗”这个字对你来说毫无意义，除非我们有相同的经验，你可以唤起你心中的所指来理解我用“狗”这个能指所表达的内容。(把“狗”这个字换成“佛性”，你就可以看到整个思路的重要性，等一下我们再来讨论这个问题。)诠释学有一点是非常正确的：仅仅语言结构相同本身是不够的，这不足以给你特定的所指。你我必须有相同的经验，否则不可能运用相同的符号。

进一步讲，看到一条狗这种实际经验本身并不仅仅是一种语言体验。能指，“狗”这个字，并不是实际的狗，不是实际的所指。明显地，对这条
真实的狗的体验不可能被言说，不可能成为能指。真实的狗不能变成词语， 271
并不意味着狗就不存在，或者不真实。这意味着只有我们有类似的体验，能指才能具备意义，然后当你说“狗咬了我一口”的时候，我才能理解。

简而言之，任何直接经验都不可能毫无保留地转换成文字。[13]性是不可能转换成文字的；你或者有过性经验，或者没有，但是什么样的诗歌都不可能取代它的位置。看落日、吃蛋糕、听巴赫的音乐、骑自行车、醉酒呕吐——相信我，所有这些都不可能转化成文字。

如此一来，如果说灵性体验不可能用文字表达则如何呢？它们和其他的体验一样，从这个角度讲，不比任何体验更玄。如果你有类似的经验，我说“狗”，你就知道我是什么意思。如果一个禅师说“空”，而你有类似的经验，那么就能准确理解他是什么意思。如果你没有关于“狗”或者“空”的体验，无论费多少口舌都不可能给你讲清楚。

这样说来，如果我们质疑神秘体验，也就同样要质疑对狗的体验和对落日的体验，或者其他任何的体验。(这是对神秘体验最无力的反驳。)

相反，如果我们——你和我——有相同的修行背景作为意义的上下文，那么词语可以是对经验的非常好的能指，无论是灵性体验还是世俗体验。禅师们天天谈论“空”！他们很清楚这个字是什么意思，语言可以非常充分地表达“空”的含义，前提是你有这种体验（因为他们的意思只有在参禅或者冥想的修行过程中才能体现出来)。

再往前走一步。如果我对一个具体运算阶段的孩子说，“我好像在别的地方”，那个孩子可能会点点头，似乎可以理解我的意思。具体运算阶段的孩子已经可以和我用相同的语言结构（和语法）来分解句子。但是我们知

道，由于具体运算阶段的儿童不能充分理解虚拟句子，他并不能真正理解我的意思。可是一旦更高级的形式运算阶段出现，儿童就会进入一个新的世界空间，这种虚拟句型在这个世界空间中不仅仅是一个能指，而是所指，是在形式运算的世界空间中具有实际存在的所指：不仅仅是一个词，而是
272 一种直接的理解，一旦听到这个词，它所指称的对象就会多少有些自主地在脑海中浮现，并且在理性的世界空间中是实实在在的实体。

换句话说，所有的符号存在于一个所指和能指的连续体中，能指和所指都处于发展变化过程中。一个符号的指称对象（referents）并非就在“这个”世界上，等着某个人或者所有的人去观察；那种指称对象只能存在于一个在发展过程中不断展开的世界空间（worldspace）中，并且所指（signified）只能存在于已经发展到相应的世界空间阶段的人的内部（这个世界空间为解读所指的意义提供背景，从而所指可以出现）。对于具体运算阶段的儿童来说，没有任何的经验可以给他提供对“似乎存在”的狗的解释，因为这种不在眼前的狗在他们的世界空间中根本就不存在；只有在形式运算阶段的世界空间中才能存在，所以要成为指称对象，必须以发展进程达到可以知觉得到所指为前提。

让我们一步一步地解释：符号的能指总是也只能是物质的，它们总是物质的构成，没有任何的意义（索绪尔的观点），因为能指总是物质的，所以即便是我的狗也能看到这些能指（当然它们完全不可能理解能指的意义；或者只能从感觉运动的水平看到能指，比如就像看到吃的东西一样）。这是因为符号的指称对象只能存在于特定的世界空间中（比如感觉运动的世界空间、巫术的世界空间、神话的世界空间和心理的世界空间等），世界空间则只能在一定的深度中得以展开（比如前运算阶段、具体运算阶段和形式运算阶段等）。同样，符号相应的所指部分只能存在于那些已经达到某个发展深度的个体的内部知觉中（在他们共享的文化背景和社会实践中，或者具有相同深度的主体间性的群体中）。[14]

具体运算阶段的儿童和我的狗都可以看到“似乎”这个词，但是他们都不可能理解。经验的标识是没有意义的。他们的发展水平没有出现所指，所以他们不可能看到真实的所指。

同样，佛性、梵我、圣灵和法身这些能指，只能存在于超越人类的世界空间或者灵性的世界空间中，要理解它们需要首先达到可以提供所指的水平，也就是和这些词相对应的内部或者左手维度，否则它们就只不过是词语而已，就如同没有见过狗的人看到“狗”这个字，没有见证灵性的人看到“圣灵”这个字一样。没有发展到出现相应的所指的程度，词语既不能表达狗的含义，也不能表达圣灵的含义。

请注意：我可以四处找寻，找一条狗来给你看，因为我们处于相同的感觉运动世界空间中，你没有理由看不到狗。或者在另一个例子中所说的，你也没有理由不能理解一条“假设存在的狗”，因为它存在于理性的世界空间中。我们可以共享这些世界空间。我们已经发展到了那个深度：我们共享的整个世界中的真实能指就在我们的周围，让我们去理解（因为我们已经创造了世界空间，或者它们可以显现的处所）。 273

但是我不可能从周围找个佛来给你看，除非你已经发展到了一定深度，具备了认识能力，可以对那些指称对象仅存在于灵性世界空间中的能指作反应，因为这些能指的所指只存在于觉悟到那个空间的心灵之中。

神秘经验论的合理性

如果想知道外面有没有下雨，我就走到窗户旁边往外看看，然后可以很有把握地说：“下雨了。”但是可能我是错的，或者我的视力不够好。你想去确认一下吗？你也走到窗前看看，然后说：“的确是在下雨。”

这是验证知识合理性的三种基本途径的简化形式（包括左手道路和右手道路）。[15]第一种途径是指令式的，它总是以这种形式出现，“如果你想知道这件事，那么就去做”。如果你想知道细胞有没有细胞核，那么就去找一个显微镜，学会如何做解剖切片，固定细胞，然后放到显微镜下面看看。如果你想知道哈姆雷特讲了些什么，那么学好英语，然后找本书来看看。如果你想知道二加二是不是真的等于四，那么学习算术原理，采用运算法则，在你的头脑中运算，然后看看结果对不对。

换句话说，各种指令都可以打开一个空间，可以显现、可以理解、可以直觉或者可以直接体验指令所展开的空间。你可以“看到”哈姆雷特的意义，或者外面是不是在下雨，或者为何二加二的确等于四。这就是第二种途径：说明或者理解，你通过直接体验看到或者理解特定领域中显现出来的资料。[16]

但是你也有可能出错。你可以把你的资料和其他完成前两种验证途径的人通过前两种途径所得到的资料进行对比。在和同伴的比较中，你可以确认 274
或者否认你原来的资料。这就是第三种途径：同侪印证（或者叫做证伪）。

这三种途径——指令、说明和验证——是确认任何知识的合法性的基本途径。[17]托马斯·库恩的工作的重要价值之一是让人们注意到指令或者实际行动在知识产生过程和进而产生在特定世界空间中可以阐明的知识类型中的重要性（库恩之前也有许多实用主义者，特别是海德格尔的“分析—实用主义”方面的一些工作也有这样的价值）。

也就是说，社会实践或者社会指令在创造和呈现世界空间的类型的过程中具有关键作用，在这些世界空间类型中出现相应的主体和客体（从而知识的类型可以展开）。我们前面已经讨论过，知识的指称对象只能存在于特定的世界空间中，这些世界空间并不能仅仅通过经验给出，并非在周围等着人们去发现。[18]相反，这些世界空间是通过背景指令或者社会实践中的认知转化而被揭示/创造的。[19]

简而言之，知识积累的第一条途径绝对不仅仅是“看”，而是“这么做，然后看发生什么”。

库恩指出，通常而言，科学是通过范例指令（exemplary injunctions）进步的——也就是通过科学家们公认的方法和实践来发现和研究他们领域的重要问题积累科学知识的。这是我们这个时代的一个严重误会。库恩把这种公认的方法和实践称为“范例”或者“范式”——也就是典型的技术或做法或者方法论，大家公认它们是推动知识进步的核心。正是这种范式、典型的范例呈现了一种数据类型，所以范式本身是一个公认的问题，不是和事实相对应的问题。

在两种文化分立的学术界，很多做人文学科研究的理论家拿不到多少经费（特别是新时代运动的所有研究人员），他们就抓住“范式”的概念来杀一般科学的威风，壮自家的底气，把经验的事实完全说成是社会传统的主观约定——然后提出自己的理论——新的改良了的“范式”。所有这些说法都误解了“范式”的含义，把它当作宏观的理论或者概念，让人觉得如果你找到一个新的且更好的理论，事实依据就可以不要了，因为它们都是“旧范式”下的东西。

275 这意味着经验科学实际上没有任何“进步”，仅仅是观念（范式）的变化而已，除了在科学家的传统习惯中没有什么真实的含义（这些传统总是被冠以某某主义，然后被新的范式取而代之）。当然这种观点还有别的隐含意义。

所有这些理解都忽略了库恩一再强调的一点：“后起的科学理论在它们所运用的环境中比早期的科学理论要更有效，通常它们适用的环境会和以前有很大不同。这不是相对主义的立场，实际上它隐含了科学进步的意思，我非常相信科学的进步。”[20]

但是如果把“范式”仅仅消解为一种理论（没有根基的理论），那么科学研究事业就成了各种形式的文学闲谈（所以未来宇宙的新主人就是……文学批评家）。类似地，在新时代运动的前沿，各种新范式就会粉墨登场，去校正旧范式的种种弊病。

但是范式首先是指令，是实际的行动，这一点非常重要（所有的范式都有非主观的成分，在它们提出的理论中是看不到的）——它们是展示特定领域的新数据的方法，范式是有效的，因为从任何角度来理解这个词都是正确的。按照库恩的说法，科学是在不断进步的，因为后续的范式揭示越来越多的有趣的数据。甚至福柯也承认，尽管科学是从权力结构开始的，它们最终还是与权力结构分道扬镳（只有那种关于生物能量的伪科学一直没有脱离权力的纠缠）。

无论新时代运动者还是那些新范式论者都和真正的新范式风马牛不相及，因为他们提出的理论很大程度上仅仅是一套说辞。他们没有新的基础、没有新的方法论、没有新的范例、没有新的指令——从而也就提不出新的数据。他们所拥有的仅仅是虚伪的企图，想以自己比较喜欢的对大宇宙的解释来取代一般的科学解释，这是对库恩误读的结果。

但是冥想传统总是首先提供一系列的指令，并且非常重视这一点。它们首先是一种实践，是需要很多年才能掌握的实践（比一般的科学训练复杂得多）。这些指令（参禅、打坐、内观、冥想中返照、同在、见神——后 276
面我们都会解释）——都是实实在在要做的，绝对不能仅仅去思考。

一旦一个人能够掌握范例或者实践修行的范式（第一种验证知识的途径），然后就会慢慢进入一个新的世界空间，新的数据资料就会自然呈现（第二条途径）。这些是直接的理解或者阐明——一句话，直接的精神体验（开悟、破参、湿婆的阴性力量、音流瑜伽①、那达瑜伽等）。这些资料数据可以在已经完成前两个阶段的人群中进行严格检验（第三条途径）。错误的资料会被这个集体中获得充分认识能力的成员剔除（僧伽）。

简而言之，冥想的话语和所有真正的知识一样都是接受证伪标准的，因为冥想的知识遵循所有用来检验知识和理性的三个途径。

冥想道路的重建

当然，这并不是要反对各种不同的冥想传统可以拥有自己特定的文化背景和解释。但是，因为冥想活动揭示大宇宙的普遍结构，所以冥想传统的深层结构（不是它的表层结构）应该在各种水平和深度上，通过指令和范式创造或者表现出跨文化的类似性。

换句话说，世界空间的深层结构（原型阶段、巫术阶段、神话阶段、理性阶段和超个人阶段）在深度的抽象水平表现出跨文化的一致性，但是表层结构（不同世界空间的主题和对象）自然也应该会因文化的不同有很大差异。如同人类心灵普遍地会出现表象、象征和概念（尽管这些结构的

① 音流瑜伽（surat shabd yoga）的显著特点是，强调倾听内在音流，这音流被称为shabd、nada或可听见的生命流。这种修行方法的名称正是来自灵魂与宇宙的原初音的联合。——译者注

实际内容可能差别很大)，人类精神也会普遍出现对神性的体悟，并且那些发展的所指以一种进化的形式和可以重构的形式展开，和大宇宙中的任何其他全子一样(它们的指称对象也和其他被揭示的资料同样真实)。

277 在过去的几十年里，很多研究者都在理性地重构超越人类的或者冥想发展的高级阶段——如果没有阻滞的话，这些阶段就自然会超越自我和半人半马阶段向前发展。[这些研究者包括：史坦利·格罗夫、罗杰·沃什(Roger Walsh)、弗朗西斯·沃恩(Frances Vaughan)、丹尼尔·布朗(Daniel Brown)、杰克·恩格勒(Jack Engler)、丹尼尔·高曼(Daniel Goleman)、查尔斯·塔特 Charles Tart)、唐纳德·卢斯伯格(Donald Rothberg)、迈克尔·齐默曼(Michael Zimmerman)、西摩·博斯坦(Seymour Boorstein)、马克·爱泼斯坦(Mark Epstein)、大卫·鲁科夫(David Lukoff)、迈克尔·沃什本(Michael Washbrun)、乔·方克(Joel Funk)、约翰·尼尔森(John Nelson)、约翰·池本(John Chirban)、罗伯特·福曼(Robert Forman)、弗朗西斯·鲁(Francis Lu)、迈克尔·墨菲(Michael Murphy)、马克·万德曼(Mark Waldman)、吉姆·法德曼(James Fadiman)、我自己，还有很多人]。[21]

这些工作在《意识的蜕变：发展的传统视角和冥想视角》这本书中被概括了(威尔伯、恩格勒和布朗)，我在此就不重复那些内容了。它的结论非常明确。布朗和恩格勒这么说：

> 我们通过它们的原始语言研究的主要的(冥想)传统都提出了一个不断展开的阶段模型：比如藏传佛教的大手印传统；小乘佛教的修习次第；还有印度教传统的瑜伽经文。这些模型充分证明存在一种普遍的次第，尽管各个传统之间有很大的语言表述的差异和文化差异甚至修行风格的差异。

我们发现这个发展模型和很多其他的修行传统的内在祈祷者一致，比如犹太教(犹太神秘哲学学者)、伊斯兰教(苏菲)和基督教的传统[比如池本在《意识的蜕变》那本书中的第七章]，并且布朗在中国的冥想传统中也有类似的发现。学者达·阿巴沙现在看起来至少有些代表性的例子，提出了充分的诠释学解释和发展阶段的解释[比如可以参阅《容忍之篮》(*The basket of Tolerance*)]，那些解释和这个基本的发展模型非常一致。

尽管证据还不够充分，但是已经可以明显看出至少超越人类的发展有四个基本的阶段，每个阶段至少有两个次级阶段(有的还多一些)。我把这四个阶段称为：精神水平(psychic)、微细水平(subtle)、无相水平(causal)、不二水平(nondual)。

每一个阶段都和其他意识进化阶段遵循同样的样式，表现出同样的发展特点：每个阶段都是一个全子（一个新的整体/部分，出现新的深度，一个新的内部等），遵循全子的 20 条原则；每个阶段都有一个新的更高的自我理解，存在于一个新的更广泛的他者之间，有新的动机、新的认知、新的道德立场等；每个阶段都有一个深层结构，不因文化而改变，同时又有表层结构，由文化决定，深层结构是决定性的，表层结构则是表征；每个阶段都有可能出现的新的病态（终极状态是个例外，尽管它也可能会出现某种混乱）。 278

我在别处已经简单描述了这些基本阶段的深层结构（和病态）。[22]为了避免重复，在此我只选取四个阶段的、特别具有代表性的四个人，让他们为我们演说。他们（分别是）爱默生、圣女特丽莎（Teresa of Árila）、埃克哈特①和拉马纳大师（Sri Ramana Maharshi）。他们每个人分别代表每个阶段的神秘经验论：自然神秘经验论、精神神秘经验论、无相神秘经验论和不二神秘经验论（我们将分别讨论）。

他们每个都代表着我们明天的一种形式，我们将要到达的一个驿站。他们每一个都把我们的时间向前拉，所有的天才都是这么做的，尽管他们在我们的过去已经消失，但是却在我们的未来出现，向我们召唤。

注释

[1] 格特鲁德·布兰克和鲁宾·布兰克：《自我心理学》(*Ego Psychology*)。

[2] 皮亚杰：《皮亚杰思想精华》，133 页。

[3] 加德纳：《对心灵的探索》，63 页。

[4] 同上书，64 页。

[5] 柯文、皮亚杰，275 页。

[6] 福勒的经验研究和现象学研究是以一种重建科学的方式来进行的，他发现个体精神信仰（或者精神定向）的发展经历 6 到 7 个主要阶段。他的研究结果和我的描述基本吻合。

简单地说，阶段 0 是“前语言的未分化阶段”（我们称为原型阶段），阶段 1 福勒称为“投射、巫术阶段”（我叫做巫术阶段），他也和前运算阶段的认知水平对应。

阶段 2 他叫做“神话—具体阶段”，与早期的具体运算阶段对应，信仰开始延伸到和“我们类似的东西”。阶段 3 是“习俗阶段”，包含“相互的角色认同”和“对阶级常规和兴趣的顺从”，晚期的具体运算和早期的形式运算阶段（阶段 2 和阶

---

① 埃克哈特（Meister Eckhart，约 1260—1328）是位德高望重的道明会神父，集行政管理、学术研究、教学与讲道于一身，因其思想的正统性于年老时遭教会质疑。——译者注

段 3 就分别是我们的神话阶段和神话—理性阶段，两个阶段都是我们宏观的神话—成员阶段）。

阶段 4 是“个体—反思阶段”，也就是“形式运算阶段的二分时期”（和自我）开始出现的时期，包含“反思相对主义”和“自我认可的意识形态的视角”。阶段 5 是“联结信仰阶段”，这个时候出现“辩证形式运算认知”，开始“包容团体、阶级和与自己不同的传统”，这要求有“辩证地结合自己判断和体验过程与别人的观点以及各种人类智慧的积累”（后习俗阶段、普遍理性和普遍多元主义、成熟的自我、世界中心的视角开始出现）。

阶段 6 是“普遍化阶段”，也就是“得到前面各个阶段的智慧和经验的启示”（对前面的阶段进行半人半马式的整合，福勒也称之为“整合性的现实”和“符号
596 和自我作为中介的现实的整合”——也就是整合的半人半马自我）。这种自我“减少了对自私的自我的那种执著，能够通过训练有素的直觉见证存在的原则”，包含“存在的全部”和“超越阶级的觉察和认同”，和“整合的形式运算”相对应（或者视觉逻辑，这是成熟的世界中心的观念，开始出现超个人的直觉。福勒没有去研究更高的冥想阶段，因为达到这个层次的人很少，但是他的研究已经非常接近那个层次，通常说的也比较合理）。[福勒：《信仰的阶段》（*Stages of Faith*）]。

[7] 布劳顿的原创性研究，见于其哈佛大学的博士论文，在卢文格的《自我的发展》中有总结。如无特别说明，所有的引文均来自卢文格的总结。

[8] 之所以自我可以在理论上简化为它的各个组成部分，正是因为这个世界被误认为是相互关联的经验秩序（平面整体论），从而主观的自我作为这个美妙的相对系统之网上的一根线，已经被切割成了可以观察的现象。

大多数的英语世界的心理学，从约翰·洛克开始就把这种愤世嫉俗的错误当做人类科学的真实范式。当大宇宙被简化成了物质宇宙，自我作为自我就被排除在宇宙之外了。自我仅仅被认为是控制论上的一个环节，可以简化为外显的经验（行为主义），因此最终从与其他自我之间的任何形式的超越性的关联中孤立出去了。网上的任何单一的线都不可能意识到整个的网，这就是经验整体论最终走向了分裂论、二元论和孤立论的原因。

[9] 这是从物理环境、情绪—力比多的生物层面的分化，（早期）心智从身体中分化，社会中心从自我中心中分化；理性自我从社会中心中分化，以及半人半马阶段从自我中分化（与整合）。每一个分化都是出现一个更深的认同，具有更大的包容力。

[10] 在《友善的上帝》中，我对精神投入的合法性和真实性作了区分。合法性是对精神修炼的投入程度的衡量，这种投入可能会带来精神的蜕变；真实性是精神投入对这种蜕变促进的程度的衡量。神话—宗教通常表现出非常高的投入，原因已经在上一章内容中讨论过了，但是这种投入往往在真实性上表现得不是很高。理性比神话更真实，但是往往要面对它自身的各种局限性危机，当不能超越国界的时候尤其如此。从而超个人领域比理性更真实，同时要面对更大的局限。

[11] 左手维度和右手维度都是从直接的理解或者直接的经验开始的，威廉·

詹姆斯解释说这种直接的经验被叫做所授予者（datum）。这种称谓是恰当的，无论是出现在“内部”还是“外部”。即便这种资料本身被其他因素隔离（文化、心理定式、工具等），在觉察的那一刹那，直接经验还是纯粹的所授予者。无论我正看到“外面有棵树”还是有一种从树上找吃的的强烈愿望，在觉察的那一刻，我的世界中出现的是纯粹的对树的知觉（尽管这种直接的经验有中介的因素）。

右手道路仅仅执著于感官的直接经验，它形成理论的时候只限于那些可以用外部感官和感官的延伸测查得到的全子的方面：它的资料是感觉，总是外部感觉（它甚至不相信内部感觉，因为内部感觉是“私密的”，被认为是不能“共享的”）。独白的和经验分析的模式运用大量内部的、概念的、先验认知的材料，但是最终还是依靠外部的、可以觉察的经验。我说过，那么做是可以的，而且也是重要的知识（只不过是极为有限的）。 597

左手道路同样是从直接的经验开始，或者从直接的理解开始（其直接的程度和外部或者右手维度完全相同，因为在直接的觉察的那一刹那，主观和客观的区分是没有的，詹姆斯这么说的）。但是左手道路和右手道路又是不同的，右手道路研究的对象仅限于外部/客观的维度，左手道路则研究全子的内部直接经验。两者展开的方向是不同的。

这是为什么诠释会进入左手道路的视野的原因，也是进入左手视野的地方（右手很不一样，它们重视的是木然的观察）。尽管在我自己的内部，我是通过直觉感受到我的深度的（当下经验在任何水平上都是直接知晓的，无论它是感觉冲动还是原型性的光明），但是如果你和我要分享这种深度，就必须进行交流。外部的表层“就在那里”等着你去看，内部的理解只能通过交流来分享，我们必须相互诠释对方在说什么。这就是为什么对于左手道路诠释（诠释学）是不可避免的。

当然，右手道路在理论形成的过程中同样要运用诠释——它要对数据进行解释——但是数据是死的，不会参与任何形式的交流或者表达自己的内部（数据本身只是外部的表层，无论是石头还是大脑化学或者自杀率：它们不会说话，不会反驳，没有什么令人生厌的对话）。

因此右手道路和左手道路的区别并不在于它的资料是否是直接的（因为两条道路的起点的直接程度是完全相同的），而是右手道路把本来不可缺少的内省、内部和诠释放到一边，说它们是不可能分享的。这当然是胡说八道：右手道路所能接受的数据只能是可以交流的。

简而言之，左手道路和右手道路的起点都是直接经验，右手道路执著于“外部表层”，把它作为研究对象，不需要进行对话交流（独白），但是左手道路更进一步，研究那些的确可以对话、可以交流的全子（对话的、诠释学的、诠释的）。一个仅仅研究表层，另一个研究深度。由于表层是可以被看到的，右手道路就问“它做了什么”；但是深度并不在表层存在，左手道路必须问“它是什么意思”（表层之下有什么）。

在接下来的讨论中，我主要讨论直接的经验，无论那种经验是感官经验、心理 598
经验还是精神经验。讨论“知识积累的三条线索”主要指的是在各个领域中如何获得直接经验资料（感觉、思维、精神）。左手道路进一步采取的诠释学的道路和右手道路的实际理论化过程都遵循着三条线索，尽管是作为一种附加的条件（更详细的讨论见威尔伯的《视角转换》）。

[12] 福柯认识到左手道路和右手道路都是必需的。他（早期）的考古学是对早期结构主义对实际存在的经验所作的类型分析的新结构主义翻版。但是他还是特别重视外部的表层和散乱形成结构和变形的规则（边缘化和排斥），这种规则造成了个别的严肃交流的形式。这种新结构主义避免——实际上是批判——去触及散乱形成的内部意义。(实际上福柯放在括号中的不仅仅是语言表达的真理——标准的现象学运动的做法——他把语言的意义本身也放到括号里面了，这最终是外部的或者独白的运动：你永远不需要和某种语言形式的承当者对话，因为你根本不关心他们在说什么。这正是结构主义的终结：仅仅保留外部结构，完全排除可恶的诠释。)

在后来比较公允一点的观点中，福柯用社会实践取代了随机知识型，后者是整个社会实践的全部背景（包含知识型），它的意义还是需要从连贯性来看，但是它的“内部”必须通过诠释学介入。德雷福斯和拉比诺评论说：“这种方法把一种考古学的分析和诠释学的维度结合起来了。前者保留了结构主义的距离效果的几种形式（外部、右手、客观道路），后者提供诠释学的洞见，研究者总是处于这种洞见中，必须从文化实践内部理解他的文化实践（左手道路）”（《米歇尔·福柯》，2页）。

[13] 甚至语言对于建立这种空间而言是必需的，语言的确可以建立这种空间。我的意思并不是说在总体上生活世界和世界空间是由语言建立起来的；我的意思是某些由语言通过各种方式建立起来的特定体验，如果没有相应的生活世界和世界空间与语言对应，那么语言就不能表达这些体验。我当然不是在“地图和疆域”之间作区分，那是一种粗糙的经验论的语言理论，只有最不重要的能指才会以物质作为其所指。在心理世界中，地图就是疆域，它们不仅仅表征外部世界，它们完全是呈现或者创造一个世界：语言具有创造世界的能力，展开世界的能力。

我也不是在语词和体验之间进行区分（也可参阅下面的注［16］）。语词是人类层面的基本体验，但是那些说话的体验如果没有共同的生活世界是不可能被重复
599 的。我的观点进一步说就是，这需要借助一种发展的观念，因为语言只有当我收拾行囊搬进去住的时候才能成为存在之家。共享的生活世界不仅仅意味着一套有结构的能指可以共享，而且意味着可以共享一套发展出来的所指。

关于“直接体验”的意义和这种意义的可能性问题，参阅下文的注［16］。

[14] 因此只有我已经蜕变到了一定的深度，可以揭示和支持内部的所指，才可能正确地翻译一个符号（正确地诠释或者能够理解它的真正含义）。我存在于一个相互交换的能指系统之中，这个系统和它所对应的所指水平相互对应（“同水平关系交流”）。即便我能清楚地看到写下来的符号和听到说出来的声音，它们对我而言还是有可能只是希腊文而已。

就是这样，所有的全子都是符号，每个都会根据自己的领域或者代码来转译现实（也就是仅仅对可以进入它的反应范围的刺激进行反应）。在它的世界空间之外，

它不能翻译也不可能翻译任何实在：在它看来，那些实在根本不存在。换句话说，一切全子作为符号，只能通过一个可以揭示一定深度的世界空间的领域，对一个狭窄的范围中同等深度的能指作出反应和记录（翻译）。

[15] 在《视角转换》里面对这一点我写了很多，在本三部曲的第三部，我们还会详细讨论这个问题。严肃的读者肯定能够原谅我在本文中的简略。并且，知识积累的三条线索不能和哈贝马斯的三种观念的合法性混淆。观念合法性的问题指的是三大领域（主观、客观和文化；或者“我”、“它”和“我们”）。我的观点是三条线索在三大领域中都存在（尽管其表现形式有很大差异），它们帮助我们确认知识的所指物在大宇宙中的确是存在的（存在于大宇宙的世界空间中），而不仅仅是我个人的想象，或者我的幻觉，或者其他让人觉得虚妄不实在的东西。

[16] 关于直接经验的问题在哲学上和语义上都有很多混乱，通常集中在这个问题上，就是说它存在吗？难道不是所有的经验都是以概念、心理定式、文化背景、价值等为中介的吗？既然所有的知识/经验都是隔了一层的，诠释学的研究最多可以研究一些小块的“本土知识”，任何形式的超越性的说法都是靠不住的——至少理论上是靠不住的。

这一点和其他的一些因素已经特别造成了对神秘经验的比较研究的混乱。比如史蒂文·卡茨和他的同事们就曾经在很多文章和专著中指出，由于所有的经验度是隔了一层的——卡茨就说“不存在纯粹的（没有中介）的经验”——因此在神秘体验的问题上不存在共性（或者跨文化的类似性）。由于每一种文化和每一种信仰系统都是不同的，这些不同的系统本身已经是神秘经验的组成部分，因此没有也不可能有共同的神秘经验。据说，这样也就推翻了关于神秘经验的说法成为普遍知识的可能。

这些思路总体上可以称为“建构主义的思路”——认为我们不是从独立的实体 600
那里接收知识，而是通过各种自由的实践来建构知识；我们当下的基本经验通过一种新康德式的重构，最终表现在意识中的是经验和心理—文化模式的复合体，无法截然分开。

但是这种思路本身并不是建构主义的，这一点很有讽刺意味。首先作为前提的经验和建构之间的二元对立本身就是一种伪命题。并不是说一方面存在经验，另一方面又存在独立的文化模型。每一种经验本身已经是背景；每一种经验本身，哪怕简单的感官经验已经处于背景之中，已经是背景，已经是全子。德里达说，没有什么东西无端地存在，对于每个全子而言，也是如此。怀特海会说，每个全子已经是和它的整个现实宇宙的觉知统一体：没有什么东西是没有缘由的（这一点和东方关于因果报应的概念类似，即三世皆在当下）。任何事物本身已经处于不断镶嵌的背景之中了。

因此任何一个全子——当然也就包括一切经验——总是被奠基了的、有中介的、处于背景中的。并非心理概念重构了“元初经验”，元初经验并不是元初的，而是一系列的没有终结的中介的摄受。那种为感官提供背景的心智既不是新的，也不是可以避免的。

任何东西（每个全子）都是有中介的背景，但是背景和背景之间没有距离。在接触经验内容的过程中不需要“神秘的纯粹意识”。当在这种中介的链条上的任何一点被认识到了（或者被体验到了），那种理解或摄受本身就在当下，是一种直接的“触”。这种“触”并非触及什么当下存在的东西，而是本身就是纯粹的在场（或者摄受）。如果我们永远只是中介，那么没有什么东西需要被体验到或者认识到，没有什么可以阻止链条的展开，从背景到背景（意识中就是空的）。

但是在摄受/体验的任何一个时刻（并且在任何领域，包括感觉、认知和精神），都会有一种对给出的存在的直接理解，这种直接的理解就是意识的内容（威廉·詹姆斯把它叫做给出的纯粹经验，这个界定是恰当的），之所以说这种经验的摄受是纯粹的，是因为背景的“触”不再需要任何的中介（尽管它们本身也是中介，而且存在于背景中）。

在“触”的那一刹那，没有中介；如果有中介，就是没有到“触”的那一刹那。说一切只是中介，是现代版的纯粹不可知论扭曲，这种说法具有深刻的内在矛盾（它说，“我的信仰基础是牢不可破的，因为这个基础就是不存在任何基础”，如此一来，不可知论就抛弃了别人的信念，同时也看不到自己的信念）。

在“触”的那一刹那，在任何领域都没有中介，只有摄受。这是任何知识（和
601 经验）存在的前提。说是前提，就是说在某处中介消失了（这个时刻就是“触”）。这就是为什么在任何领域中（感觉、思维、灵性）体验出现的时候，它完全是被给出的，本来如此，自然而然，尽管被体验的和能体验的总是被奠基了的，是处在背景中的。我在对中介那边的世界的直接经验中，找到了自己。（那种直接的经验，那种纯粹的在场，那种“触”，我们将看到，它就是见证大精神的方式的一种：“直接”就是大精神对世界的摄受——摄受的对象就是世界中的大精神，而且这世界层层嵌套，这精神层层嵌套。）

简而言之，体验就是直接摄受的任何嵌套被给出，这就是为什么说任何的经验本身既是纯粹的（直接的），又是处于背景当中的（可以被进一步提纯，而且永远都没有止境）。我们会看到，这就是为什么哈贝马斯说一切的合法的说法，都既是扎根于文化的（受到文化限制）同时又是超越文化的（纯粹的）复合体，正是这种超越的复合体提供了主体间交流的前提。

如此，即便卡茨在思考“一切经验的中介性”的时候都得到这样一种理解，即这种观念本身，他对它的理解还是有文化隔膜的。在文化隔离之链条的某个点上，意识内容本身直接进入了意识，他直接触及这个观念，他说“我知道这个”或者“我相信这个”或者“我体验到这个”。无论允许卡茨提出一切经验都是被隔离的这种观念的空间是什么，这种空间似乎多少是可以摆脱那种隔离的，否则他就说不出那种话。说一切经验都是被隔离的时候，实际上是站在一个没有被隔离的空间中说话的，换句话说，如果任何经验都是被隔离的，他就不可能知道。隔离的链条不断延伸，他永远都不可能触及它的尽头；它永远不会进入他的意识：如果自我仅仅是处于背景中的，那它就永远不可能知道这一点。能够说出这种错误的话，恰恰证明了这句话的错误。

这样就从根本上揭穿了卡茨对神秘经验论的整个攻击，因为他攻击的对象包含了自身：他是作茧自缚。也就是说，卡茨称一切经验都是被文化隔离的，并且这一点在任何文化中都成立，没有例外——因此他自己的观点就是绝对真理，具有跨文化的普适性，而他的文章却说这对于任何人来说都是不可能的。他自己在提出一种超越文化的普遍的说法，可是又说谁都不能这么说，这样就隐藏了超越性的表达应该如何提出的真正问题，这不仅仅是“神秘”体验的问题，而且包括日常的普通交流。

于是，问题不在于文化对经验的隔离会取消神秘体验的跨文化的类似性。问题在于是否一切体验不可避免的文化隔离性会抹杀一切体验之间的类似性（在此，神秘体验的问题反而退而居其次了）。换句话说，超越文化的所指究竟有没有？即人们有没有可能谈论同样的东西？先别管神秘经验论，不同文化中的两个人（或者甚至同一个文化中的两个人）能否谈论同样的对象呢？

通常讨论到这里，就会有人引用德里达的观点，说根本没有超越性的所指（只有滑动的能指链条和永无休止的文化隔离）。但是这实际上是对德里达的误会。我们已经听过库勒曾经做过的解释，结构并不是要抛弃命题真理，而是提醒我们命题真理的交互文本性。德里达本人指出，即便“超越的所指”还是处于上下文之中的，“这并不妨碍它（超越的所指）的功能，尽管只能是在一定限度内发挥它的功能。比如，如果没有这种功能，翻译根本就不可能进行”（《立场》，20页）。换句话说，根据德里达的观点，既然我们能够在传达意义的水平上进行文字之间的翻译，那么真正的超越性的所指是存在的；如果这一点对于日常经验是成立的，那么没有理由说它对于其他的经验就不可能成立（从科学到神秘经验论）。我们可以在不同语言之间进行翻译，因为很多上下文具有跨文化的背景，尽管所有的背景都是处于更大的背景中的。“上下文”并不是意味着“相对”或者“不可比较”，它通常意味着“共同点”，因此真正的跨文化的所指是存在的。有人可能说，即便承认这一点，卡茨还是说不通。 602

在那种类似性中——在那些超越性的所指中——存在文化内部和文化之间交流的可能性，尽管这个交流的过程要借助语言。这就是为何哈贝马斯的有效性声称（validity claim）既是内在固有的（处于特定上下文中的），又是超越的（处于共同的上下文中的），麦克卡蒂解释道：“如果交往行动是我们的范式，去中心的主体（主体间的主体）在通过语言进行的社会互动过程中仍然是存在的。在这个问题上……语言的运用意在有效性声称，最终有效性声称还是靠主体间的认可才能获得意义……意义和有效性之间的内在关联意味着交流不总是‘内在的’——即处于上下文之中的，有条件的——而且总是‘超越的’——即依赖有效性声称，后者的意思是超越任何个别的上下文，因此可以不断地进行批判、防卫和重建”（《现代性的哲学话语》，16页）。

按照哈贝马斯的说法：“有效性声称具有上帝的面目（当然，它们是全子）。作为声称，它们超越任何单个的上下文。同时，它们必须在此时此地升起并且在此时此地被辨认。普遍有效性被超越的那一刻，任何的习气都冲成了碎片，有效性声称

被接受的时候就作为以上下文为基础的日常实践的平台出现。”（《现代性的哲学话语》，17 页）

这就是为什么有效性声称可以让我们处于现实中超越语言的方面，尽管我们处于语言之中（超越语言的现实不是仅仅受到语言的限制）。麦克卡蒂说：“真理、真实和恰当的（有效性）声称把说话者的表达置于超越语言的现实秩序之中。”（《交流和社会的进化》中对哈贝马斯的介绍，19 页。）换句话说，即便是日常交流也不是仅仅处于文化限定的现实（或者仅仅是有条件的现实）。

在我看来，这些超越语言的秩序（也就是不仅仅是由语言限定的秩序，尽管处于语言之中）的确指的是三大领域（“我”、“我们”、“它”），和哈贝马斯的观点一样。不过，这三大领域中的任何一个又都可以被分成前个人、个人和超个人的成
603 分，或者前语言（感知运动世界观或者肉眼所见的世界）、超语言（人类层面或者心灵的眼睛所见的世界）和语言（神学层面或者说沉思的眼睛所见的世界）。

但是即便我们目前先把超个人的领域放到一边，哈贝马斯的观点还是强调，各种秩序都给我们的存在基础设定一些限制，从而我们对世界的“建构”不可能是完全随意的，于是学习才具有可能性（如果只有“文本”，除了文本没有什么新奇的东西，那么学习就是不可能的事情）。

那些“非完全主观”的世界观是任何交往行动中的有效性声称的前提，避免上下文无止境地嵌套下去，无法控制……空洞无物。如果这些超语言的或者超越性的因素（或者超越性的所指）即便在日常交流和日常体验中同样存在（哈贝马斯这么认为，德里达也同意），那么我们这些超个人主义者就不需要为神秘经验论辩护，不必说神秘经验是什么特殊的东西，需要什么辩护。

如此一来，如果卡茨的观点是正确的，那么不但跨文化的神秘经验的交流是不可能的，而且普通的日常交流也是不可能的，这样，这种声称本身就作茧自缚，把自己的可信性也完全取消了。卡茨的立场是把新康德主义的许多观点生硬地掺入了结构的氛围，从而得到的一种自相矛盾的说法（他还自以为是，洋洋得意）。仅疯狂的“超视角”（aperspectival）就足以置之于死地，这是后现代学术界发疯的主要表现形式。作为补救措施，我们让卡茨和哈贝马斯先来争论，然后我们和胜出者对话。

两人的论证在最根本的水平上击溃了卡茨的说法。但是此外在超个人方面，卡茨的整个思路带来的最大难题是一些学者试图以理性来猜测超个人的问题。可以说他们是坐在椅子上想当然地做学问，他们试图在不掌握精神世界的现实存在物（referent）的情况下对此妄加评判。那只是口头上的宗教，不是真正的精神蜕变。按照他们自己的说法，他们只是研究文本，他们不想去按照相应的修行方法来实修，真的去做科学的试验研究。这有点像仅仅通过阅读菜谱来评判一个馅饼的口味。

我在第八章的末尾还有一个注来讨论卡茨的观点，之前我们要看看神秘经验论的成长，并提供一个简单的批评（参见第八章的注［58］；还可以参见第十三章的注［32］）。

要进一步了解卡茨的悖论，可以参阅罗伯特·弗曼编的《纯粹意识的问题》，这本书非常精彩，很值得推荐。弗曼从最常见的神秘经验入手，也就是进入没有内容的意识（我把它叫做因果阶段的空）。在这本书中很多篇目的作者提供了大量的证据（经验的证据、现象学的证据和理论的证据）来说明它实际上是一种普遍的、跨文化的经验，那种经验本身无论在哪里出现，都是完全相同的，因为它是没有形式的，因此各种建构的形式（和文化差异）不会进入真实的“经验”本身（“经验” 604
这个词也并不恰当，很多作者都指出了这一点；主客二元分离和经验者/经验之间的区分此刻消失了。进一步讲，“纯粹意识”或者“纯粹空性”本身并不是经验，而是最终的虚空，经验在这种虚空中生灭）。

我对这种基本的思路是完全同意的，但是我得指出一点，这种“相同性”不仅仅限于神秘经验的最终状态，不仅仅是这种最后的空性是具有跨文化的等同性的。比如在哈贝马斯的交往行动理论中，说话者必须采用完全相同的意指（identical signification），否则交流就不可能开始。后续的交流被一个相互理解的欧米伽点推动，不断通过有效性声称来提纯这种相同性。从这个角度看来，神秘经验论又没有什么特殊的。

不同的文化对神秘体验的诠释和品味会不同，的确如此（卡茨很奇怪，竟然认为存在文化会塑造“神秘现实”），但是这种情况本身是无足轻重的。它在任何经验上都会存在，无论是对落日还是对饮食都一样，并且如果这种不同不能否认落日的真实性（它的确不能），那么它同样不能否认精神的真实性。那种争论仅仅限定在有效性声称的内在方面，从而自然忽略了超越成分和意指等同的要求，而这是交流的前提（当然，卡茨的立场有一种内在的假设，就是认为不存在超越的/普遍的有效性，他认为这个才是超越的/普遍的有效性——相对主义者立场的内在矛盾，这一点要除外）。

这意味着我们没有必要仅仅从神秘体验本身无形无相的角度来为之辩护。神秘经验，无论哪种形式，和日常经验一样，根本上就不存在什么问题，既然日常经验中的文化植根性不会否认它们的真实性，那么也就不能否认神秘经验的真实性，除非同时否认两者，否则就不能否认其中任何一个。

在我看来，神秘经验论的独特之处在于，它认为人的意识可以超越理性－自我（和半人半马）继续发展，进入更高/更深的觉知领域。这种思路完全不会遭到卡茨之流的批判的伤害。即便卡茨那种愤世嫉俗的（具有深度内部矛盾的）建构论是正确的，各个世界观都不会类似，只是世界观的类型会类似（可能）。存在不同水平的隔离，有不同水平的世界观。因此，我们这种思路是在很深的水平上对各种世界观本身的深层结构进行抽象（皮亚杰、哈贝马斯、盖保瑟、乔姆斯基等已经在这么做了）。

普遍的深层结构加文化决定的表层结构这种思路在我看来是从“根本不存在类似性”的一端转到了“多半或者仅仅有一个普遍的核型”一端。同时，我认为并非任何一个冥想传统都完全具足我呈现出来的整个层次；很多传统仅仅看到了某一个阶段，然后把它固定化。不过，的确有一些传统具足所有的阶段；在这些具足所有 605
层次的文化中，这些阶段的出现顺序不会因为文化的不同而改变（如同表象在概念之前出现，这一点用多少强化措施都不可能改变）。

至于谷神（abyss），或者毕竟空（pure emptiness），的确是完全相同的，我常常把它叫做超越语言的“神性领域”（theosphere）：当意识进入清净的禅定状态的时候，所有的文化背景——所有全子——暂时隐退了，或者暂时消失了（只有直接的当下或者纯粹的在场，这种完全相同的纯粹在场在观照种种文化隔离）。当然即便这种“经验”本身，也能觉察到文化对它的隔离左右，让它有一种诠释的倾向，但是这种隔离本身并不能完全决定它本身的空性，否则任何人都不会体会到这种经验的奇妙之处，可实际上任何人都能体会到这种奇妙。

唐纳德·卢斯伯格对弗曼的那本书的贡献特别大，我是这么看的。卢斯伯格在超个人领域的贡献是非常卓著的，他对卡茨的批评是公正的，也是相当有力的；还是那句话，我基本上同意他的任何观点。（我的理解有一点小小的不同，就是他把隔离的不同阶段解读为对先前阶段的解构，关于这一点布朗也是这样认为的。我认为解构的不是前面的基本结构，而是前面的排他性结构。也就是说，文化的中介并没有永远丢失对空间、时间、自我和个体性的认识能力，而意识不仅仅认同为那些特定的结构。再次说明，保留结构，排除片面性。）

[17] 在某些情况下它们会比较复杂（比如我们提出一种理论的时候，我们需要重复这个路子两次，第一次产生数据，第二次检验这种理论在多大程度上符合其他数据，这种理论本身是一种心理内容）。尽管这个过程不是以一步一动的方式进行的，但是要包含这三条线索，这一点是没有问题的。

同样地，这三条线索在左手右手两条道路上都是知识的基础。一方面我们检视数据，另一方面我们检视数据和对这些数据的内部的诠释，关键是诠释本身也是心理数据，同样需要面对三条线索。基本的过程是相同的，不同的是我们把何种对象作为资料的观念（内部还是外部）。

在文中我当然主要认为是最初的觉解（无论是感觉、认识还是精神）。在独白的进路中，可以说采取的是数据的表面价值，不想去理解它，只是去描述它。在对话的进路中，通过诠释来处理数据的内部深度，同样运用三条基本线索（因为诠释本身也是意识的资料，同样要面对三条线索）。在超越对话的进路里面，知觉的主体和知觉的对象都到达了他们的共同的或者不二的根源（受三条线索的指引）。

[18] 甚至狗本身只能在特定世界空间中才存在；它不会在原子的世界空间中
606 存在，不会在分子的世界空间中存在，不会在细胞的世界空间中存在或者在不会发声音的婴儿（还基本处于自恋中）的世界空间中存在。“似乎存在”的狗，只能在理性的世界空间中存在。

[19] 在进化的目的的驱动下达成相互的理解和相互的超越。

[20] 库恩：《科学革命的结构》（*Structure of Scientific Revolutions*），2 版，206 页。

[21] 沃什和凡甘（Walsh & Vanghan）的《超越自我的路》（*Beyond Ego*），仍然是对超个人领域最好的介绍和概述，感兴趣的读者可以从这里开始。

[22] 比如可以参阅《视角转换》、《意识的蜕变》和《恩宠与勇气》。

第八章　神性的深度

在庆典的高潮，圣者的气息流光溢彩，爱潮涌动，上天润泽的圣溪在下界激越回荡。夜晚显出珍藏的宝藏。看，那溪流之上，闪着金色的光芒，恰如由你安详沉思的眉宇间降生，那友善的心灵祝福着众生。 279

于是，你为我见证，并嘱咐我去告诉别人，因为他们也一样觉得难以置信。

——弗里德里希·赫尔德林（Fricedrich Holderlin）

内在的超越，是一个持续的逐渐展开的过程，它带来新的内在性……和新的超越。

灵性层面（psychic）

我们上一章谈到半人半马意识的出现，可以说这是个人的和超人的边界。如果说前三大领域是物质、生命和心智，下一个大的领域是心灵（soul，包括灵性层面和微细层面），至少我是在这个意义上使用这个词的。心灵的第一个特征：它是超个人的。

超个人这个词在很多人看来觉得很怪异，令人费解。它所表达的意思正如爱默生说的："心灵不是某个人的。"他进一步解释道［注意，爱默生 280
的这段文字用的都是男性化的措辞，这是当时的语言习惯；如果他生活在今天，肯定会兼顾措辞的男性化和女性化，因为超灵（over-soul）既不是男性也不是女性，因此才能从任何角色的束缚中解脱出来，得到真正的自由："心灵不是某个人的"］：

> 人是心灵第一义的补充。年轻时我们狂热于人。孩子和青年觉得人就是整个世界。但是对人有更博大的经验的人发现：人们展现了相同的本质（相同的自我和心灵）。在所有两个人的交流中，都会有一些心照不宣的关于第三方的东西作为参照，这是一种共同的本质。第三方或共同的本质不是人与人之间的，它是非人的，是神。[1]

心灵超越于人，心灵以上帝为牢固的基础。但是，用"非人"描述心灵不很确切，因为它往往会暗示彻底地否定人，而不是在更高的阶段否定并且保留人，或者说超越且包含它，因而，应该是"超人的"。我认为这一点很重要，在随后的所有论述中，我们要记住，超人意味着“在人的基础上增加”，而不是“在人的基础上减少”。

那么，真正的“超人的”体验到底意味着什么？它根本不像听起来的那样神秘。依据布劳顿（和很多其他人）的研究，自我已经开始超越经验层面的私我和经验层面的人（“观察者不同于被认识的自我—概念”）。此刻，你自己能意识到你自身，你可以把自己个体的自我或者人作为一个对象来观察，也就是说你可以对自己有所觉察。

那么，是谁在观察？观察或者见证你的自我的是什么？是不是可以说观察者在很多重要的方面超越个体的自我？那是谁或者说那是什么？伟大的爱默生说：

> 一切迹象都表明：人的心灵不是一种器官，而是在操控和使用所有器官。心灵不是像记忆、运算和比较那样的功能，却能把这些功能当作手脚来用。心灵不是感官而是一种光明，不是智能和意愿，而是智能和意愿的主人，它是我们存在的基础，我们存在于心灵之中——
> 281 那是一种无限，不属于任何人，也不可能被占有。从我们的内部和背后，光明穿越我们，照耀万物，它让我们意识到我们什么也不是，而那光明就是一切。[2]

你内部的观察者、内部的见证者、超越单个的人，如爱默生所说，从你的内部或背后，开启了一片广阔的意识领域：你不再为个体的身心所困扰，不再是个体的尊敬者和辱骂者，不再为孤立自我一时的快乐、分离的痛苦所震慑，而是作为森林中的一片空地，持久地处于平静的状态，光明照耀着那里，不是来自凡俗世界之中，却照耀凡俗的世界——“光明穿越我们，照耀到万物上。”那种对自我和自身的观察者和见证者，确实恰到好处地解脱了自己、自身，而且自我、心灵的光明和力量穿过那片空地倾泻下来，如爱默生所说，它“令我们屈膝臣服”。

> 人就像圣堂的外观，所有的智慧和善行都深藏其中。我们通常所说的人（作为一个“个体自身”或自我）在吃、喝、算计，并不像我们所了解的那样代表了他，而是错误地代表了他。我们尊敬的不是他，而是心灵。他只不过是心灵的感官，当他通过自己的行动让心灵显现出来，我们便向他屈服。如果心灵流经职能，它就显现为天才；如果流经意志，它就显现为美德；如果流经感情，它就显现为爱。如果一个人成为他自己（他“自身”），智能就开始受到遮蔽；如果个体成为他自己，意志的弱点就暴露出来了。在任何个体那里，整个改变旨在让心灵在我们内部任运自行……[3]

因此，心灵之光所透过的那些“人们”，心灵“自由运行”其中的人们，不会是我们中间那些弱小者、胆怯者、逆来顺受者。他是人中之龙，而不是人中之虫。确切地说，因为他们不再完全认同于个体的人格，同时他们仍然保留着人格，然后心灵的力量和激情流经这些人格。他们可能有柔和中听的声音，也常常保持沉默，但是这沉默如雷贯耳，掩盖了周围所有自我的嘈杂絮语。或者他们可能充满生机、非常友好，他们的活力很有魔力，人们不知怎的就被迷迷糊糊地吸引到跟前来。不要有半点怀疑：这 282
些强烈的特性，这些心灵，有时被大大地夸张了的特性，有时具有世界—历史性，确实是因为这些个性接通了一个无限的源泉，这源泉流经他们的血管隆隆作响，狂暴地扰动着周围的一切。

举个例子来说，我认为正是这心灵的力量和激情让爱默生以及美国历史上更多的人，有可能明确美国人自己的智能特征。他的短文《美国学者》，正如一位历史学家所说，具有“比19世纪任何一部作品都更为深远的影响”。奥利佛·温德尔·霍姆斯（Oliver Wendell Holmes）称之为“我们智能的《独立宣言》”。詹姆斯·拉塞尔·洛威尔（James Russel Lowell）解释说：“清教徒的反叛在宗教上创造了我们，革命让我们获得了政治上的独立，但我们在社会上和智能上还是以英国思想作为精神支柱，一直到了爱默生，才切断了这维系的缆绳，让我们有机会来面对蔚蓝海洋的危险和壮观……”

是这一宣言，敲响了《独立宣言》的钟声？心灵不受个体、文化和传统的限制，让每个人产生充沛的精力，又超越于每个人，以真理和荣耀作为自己牢固的基础，这真理和荣耀不向时间、地点和历史中的任何事情屈服。我们都一定是，而且只能是“光明照耀着的我们自己”。[4]

接着，像霍姆斯指出的，爱默生用简洁的话语唤醒了所有美国人，爱默生宣称：“亚当所具备的一切，恺撒所能做到的一切，你也同样拥有，也同样能做到。”——因为我们每个人身上都有同一个心灵。为什么要向过去的屈服？我们所应该屈服的不正是我们自己的心灵吗？“假如他们是有美德的，难道他们的美德都消耗殆尽了吗？”他说，英雄的吸引力只在于他唤起了源于我们内部的自我。既然同一心灵现在、此时此刻、永远都闪耀着，我们为什么要沉溺于往昔？于是，爱默生敏捷而不可逆转地切断了缆绳，让我们——不仅仅是美国人——漂浮在蔚蓝的海面上，面对它的危险与壮观：

> 相信你自己吧，每颗心灵都能应和着那根铁弦发出的旋律而跳动。当我们探询自我相信的理由时，所有原创行为产生的吸引力都得到了解释。谁是被信赖的人？什么是原始自我？普遍的依赖可能以什么为

> 牢固的基础？这探询将我们引向那源泉，同时还引向传统、品德和生命的本质。那些通过分析无法寻究到答案的情况，所有的事情，都在那种强烈的驱动力下发现了它们共同的起源。
>
> 人的感觉在平静的时刻产生，我们不知道它在心灵中怎样呈现出
> 283 来，但是它不因形势、空间、光明、时间和人有所变化，它们中有一个“一”，而且很显然与生命、存在来自同一个源泉。这也是行为和思想的源泉，是赋予人智慧的灵感的关键所在。我们栖息在智能那无边的胸怀中，成为它的真理的接受者，它的行动的器官。在分辨正义、辨识真理时，我们自己可以什么都不做，只需让出一条通道，让它自行发光。
>
> 心灵和神圣的精神的关系是如此的纯粹，一定要在其间寻找强制性救助关系是有亵神灵的。它们之间一定是这样的：上帝显现时，他不是与一物而是与所有存在交流，他的声音响彻整个世界，他从此刻的思想中心出发，向前撒播光、自然、时间、心灵，它创造新的时代、新的世界。当一种纯粹的心智接受了神赐的智慧时，旧的事物停止了——手段、教师、课本、庙宇都消逝了，它存在于此刻，过去和未来都被吸收到此刻中来。所有的事物都因为与之关联而变得神圣——物物之间是同等地神圣。所有事物都由此消融到它们的中心去了，在这无限的奇观中，卑小的、个别的奇迹消失了。
>
> 如果因此一个人声称他领悟并体现了上帝，声称能带你回到另一国家、另一世界的某一旧式的民族的显现方式中去，我相信他是做不到的。橡树的果实会因为它的完满和成果而优越于橡树吗？那么是出于什么原因要崇拜过去呢？这去的世纪总是反对心灵的健全和权威的阴谋者。时间和地点不过是眼睛所创造出来的生理性颜色，而心灵是光，它正在哪里，哪里就是白昼，它离开了哪里，哪里就是黑夜。历史应该是关于我们的生存和转变的令人振奋的道德故事和说教，如果超出这一范围，它就是一种鲁莽和损害了。[5]

为了强调心灵、强调“原始自我”在所有生物之中并且对所有生物都是共同的，爱默生经常称它为“超灵”，在我们所有生命中只有一个相同的“一”，就在所有存在本身，所有生命的心灵都只是这个“一”：

> 那唯一的预言者就是伟大的自然，我们栖息在那里，犹如地球躺
> 284 在大气层温柔的臂膀中；是统一体，是超灵，它平等地包含每个人的独特存在；是共同的精神，所有真挚的交流都是对它的崇拜，所有正确的行动都是对它的屈服；是超力量的实在，它否定了我们的谋略和才能，强迫每个人被看作他本来的面目，从他的本性（心灵）而不是

从舌头（自我）说话，永远趋向于进入我们的思想、身体，变成智慧、品德、力量和美丽。

这是因为你的心灵就是所有人的心灵，在自然中任何一个地方都没有阀门、屏障和隔断。它是一整片血，周而复始、无穷无尽地循环着流遍所有人，就如地球上所有海水都是整个一个海，真的，它的潮汐也只是一个。它是一个光明，照亮了上千颗星；它是一个心灵，激励了所有人。

我们是连续、分隔、局部和微小的存在。但同时，人的内心里有一个共同的心灵，它是睿智的沉默，无边的美丽，其中的每一部分、每一粒子都平等地与之关联。[6]

于是我们又一次看到，一种新的更深刻的内在把我们带入了一种新的更广阔的超越，这种超越“不因形势、空间、光明、时间、人的不同而有所区别，它们中有一个‘一’，而且很显然与生命、存在来自同一个源泉”。这种内在的超越不仅仅超越了以社会为中心的同一、以世界为中心的与所有人的同一（它是理性的自我/半人半马在整体的或普遍的后传统意识上的呈现），而且达到了一种与所有现象自身一致的意识的统一体：不仅与所有人，而且与整个自然、物理的宇宙，与所有“伟大的或渺小的”存在的同一。

我们可以这样说：从以世界为中心的半人半马到直接的宇宙意识的超越。（当你认识到，消解以世界为中心的意识是一项多么非凡的成就时，你离飞跃就不那么遥远了。）[7]

这样，虽然半人半马身能使物理层面、生物层面和人类层面整合为一体，而超灵能将物理层面、生物层面和人类层面变成或者直接融为一体。它只是更深、更广的同一性的纯粹延续，以一种非常内在、非常超越的意识作为自己牢固的基础。

而且爱默生如实地阐述了这一点！依照爱默生的论述，这种宇宙意识并非诗意的（尽管他常常用无与伦比的诗一般优美的语言来表达它）——恰恰相反，它是一种直接的理解，直接的领会，而且“那些通过分析无法寻究到答案的情况，所有的事情，都在那种强烈的驱动力中发现了它们共同的起源。它是一个光明，照亮了上千颗星；它是一个心灵，激励了所有人。” 285

因为超灵也被体验为世界心灵，自身和世界在这里发现了一个“共同的源泉，共同的根源”。[8]超灵（或世界心灵）是对纯粹见证和原始自我的最初领会，不管如何踌躇，它作为体验到的实在开始在这一精神阶段出现了。[9]（我们下面将看到爱默生如何详述这一见证。）

在超灵、世界心灵中，个体并没有消失，而是——又一次——被更深更广的背景否定并保存下来，这一背景显然包括了整个自然和它的荣耀。这一宇宙意识有时被指称为“自然神秘经验论”，这是个有点让人困惑的术语。因为这一精神层面的神秘经验论不仅包括自然还包括文化，称它为“自然神秘经验论”是将它与仅仅以生物中心的退化、以生态中心的整合混为一谈，这根本不是爱默生的思想（正如我们将要看到的）。

但是既然超灵被体验为与所有现象的同一，它就是最明确最丰富地包含了自然的同，而且从那个层面，它开始从根部切断了主客二元论。[10] 爱默生阐述道：

> 我们看到的世界是一个一个的片段，比如太阳、月亮、动物和树，但它们的全部则是心灵，所有这些具体个别的都是它光耀的部分，都是心灵（超灵或世界心灵）。而且我们生存在这强烈的驱动力中，每个人都可以得到它的至福，它不仅每时每刻都是自给自足、完美无比的，而且让观看行为和被观看的事物、观看者和景致、主体和客体都融为一体。[11]

在他著名的短文《论自然》中有段“透明的眼球”，爱默生在其中生动地阐述了心灵和自然的统一体，自然的容纳力，只要恰当地靠近，就能得到这一宇宙意识。“透明的眼球”当然是以超灵的形式暗示了纯粹见证，在那里“所有平庸的自我主义消失了，我无足轻重，我看到了一切”：

286 确切地说，几乎没有成年人能领略自然之美，大多数人不能领会太阳。至少他们只是非常肤浅地看到……黎明或黄昏时分，在阴霾的天空下，穿过一片空旷的公用草地，在雪后的积水旁，我心中并没有想到有什么特别的幸运会降临，我享受着这完美的兴奋。我高兴得濒于畏惧。在上帝的园林中，一片体面而圣洁的领域，终年装饰着节日欢乐的氛围，宾客们知道即使看上千百年他们也不会厌倦。在林中，我们返回理性和信念。在那里，我感到没有什么会在我的生命中降临——没有自然所无法弥补的屈辱和苦难再降临。伫立在这片空地上——我的大脑沐浴着欢乐的气息，我被提升到了无限的空间——所有卑微的利己之心都消失了。我变成了一只透明的眼球，我无足轻重，我看到了一切，宇宙浪潮环绕着我，流经我的生命，我是上帝的一部分或一粒子。[12]

这深奥的“自然神秘经验论”，与单纯的自然物的联结或者与以生态为中心的专注或者生物层面的退化（它如我们所见，是以自我和人类为中心的）之间的区别在于：人们意识到自然不是圣灵，它只是圣灵的显现，以其自己的方式光芒四射、辉煌壮丽和完美自足，但只不过是一种显现。爱默生没有退回到两支点（以生物为中心的专注和没有变异）！爱默生很清楚两者的区别，一方面是自然的退化，另一方面是包含了自然的神秘经验论。另外，这种区别确实令生态环境论者很不安，他们似乎要让有限的短暂的自然等同于无限的永远的精神：

> 自然的美丽是没有终极的。它预示着内在的、永远的美丽，而不只是实体的、令人欲望满足的东西……
>
> 自然是精神的符号。在心灵的显现面前，时间、空间和自然都退后了。在心灵显现的时刻，没有什么可以称为感激或者彻底的快乐。心灵升华了感情，注视着同一和永恒的起因，感知着真理和公正的自我存在，平静地了解着万物的顺利进展。无论是浩瀚无垠的自然、大西洋、南海，还是长久的时间间隔，多少年、多少世纪，它都不予考虑。
>
> 那些乌合之众、那些书籍和习俗，竟然以简单地声明发现了神的表象来侵扰神的真实存在，这真让我们惊叹。让侵入者把靴子从脚上脱下来，因为上帝就在这里，在我们内部。 287
>
> 让我们的纯一来审判他们的芜杂；让我们用对我们自己法则的顺从，来证明外在自然的贫乏而我们内在天生的富足。[13]

事实上，按照爱默生的观点，对感觉和自然的忠诚，就其本身而言，遮蔽内在于我们的直觉对内在而超越的心灵和上帝的体悟：

> 感觉和最初的理解力，属于一种本能的信仰，相信自然的绝对存在，在它们眼里人与自然稳定持久地联结在一起。事物就是终极，它们似乎从来没有超越它们的范围（皮亚杰的以自我为中心的"实在论"）。它的思想是残忍的，它是一个自私的野兽。
>
> 直觉[14]的出现摧毁了它们对自然的信念。思想要做的第一件事就是想缓解感觉的专制，感觉将我们和自然捆绑在一起，好像我们是它的一部分。直到这种更高的（直觉）力量介入。眼睛仅凭观察的本能，看到的是线条精确、轮廓分明的外表和颜色鲜明的表面。当直觉之眼睁开时，外表和颜色立刻附加优雅、丰富的情调。这些源自想象力和感情，物体间不那么棱角分明了。如果直觉被激发为最炽热的想象，物体表面的轮廓就变得透明，无法再被看见了……生命中最美好的时刻莫过于这些更高的力量被唤起的时候，自然在上帝面前虔诚地后退。[15]

同时，如爱默生指出的，这并不意味着自然与圣灵是相隔的、分离的或者自然是外在于圣灵的——这在神秘组织中是一种普遍的信仰（坎贝尔称之为“神秘的分离”），但在真正的精神神秘经验论中是没有立足之地的。整个自然，每个角落、每条缝隙都在圣灵之中，被圣灵沐浴着、充沛着；在自然中没有一处不完全被圣灵渗透和笼罩着。

以上所做的这些区分是很重要的，因为关于自然和精神的关系有三种不同的世界观，这些分析让我们能对三种观点作出细致而清晰的区分：

> 第一是神秘的联结，精神只是等同于自然（自然＝精神）：是前区分的，很“现世的”。
>
> 288 第二是神秘的中断，精神和自然在本体论上是分开或分离的：很“专注于来世的”。
>
> 第三是精神的神秘经验论，自然是精神的最完美的显现（或者如斯宾诺莎提出的，自然是精神的一小部分[16]）：“专注于来世”和“现世的”被统一并结合起来。

关于第三个区别，精神的神秘经验论的一个主要而且决定性的特征是：它是与物理层面、生物层面和人类层面的意识的一致——它不单单是赋予生物层面特权，也不只是以地球/自我为中心的联结和退化。纵然这神秘经验论经常在自然的奇观中显现极其欢腾的景象，然而如爱默生不断强调的，这是“民族和自然的自我”——是物质、生命和文化的神秘统一体，而不仅仅是对生物层面的专注。如果它只是自然的自我，而不是民族（文化和道德）的自我，它就是一种彻底退化的、二元的和非道德的立场，它的欢腾只是以自我为中心的喜悦，只是发现自己在生物层面被生动地反映的结果。

确切地说，是人类道德活动的统一体展示了既定的自然，它将“民族—自然”神秘经验论和只是出于感情因素的自恋性的“自然崇拜”区分开来（这一观点的专门论述将在第十六章给出）。无疑，这绝不是一种生态学自我，它是一种生态—思考的自我，“民族和自然的自我”，超灵就是世界心灵。[17]

事实上，如果自然就是生物层面，那么大自然（或圣灵）就意味着一切，就是物理层面、生物层面、人类层面和它们的背景，那么，爱默生的观点就非常简单了：大自然的崇拜者就是自然的毁灭者。

然后，爱默生唱起了大自然的颂歌，不是自然的。这就是他为什么坚持称对自然的专注和崇拜阻止了对大自然的认识，或者对内在的超越的精神的认识，它能超越一切、包含一切。这就是他的“自然—民族”神秘经验论所表达的意思：生物层面和人类层面统一于神界，或者统一于同时就是世界心灵的超灵。

因此，爱默生得出比较真实的结论：自然的崇拜者就是大自然的毁灭者、精神的毁灭者。他说，他们从来没有长久地向内观看来发现真正的超越——超灵，而文化和自然都源于超灵（而且它也深情地包含着两者）：他们从来没有到内在中寻找大自然，他们只是注视着外面的自然，因而，如 289
他所说的，他们的思想是残忍的，他们还是以地球为中心、以自我为中心的自私的野兽。

正如所有下层的都在上层之中、但所有上层并不都在下层之中（但确实"渗透"到下层中）一样，整个自然都在圣灵之中，但整个圣灵并不都能在自然中找到。确切地说，圣灵完全彻底地渗透到自然中去了，它自己停留在自然的后面，超越于自然，却不受自然的限制，不与自然同一，但也没从任何方面与自然分离或分开。爱默生明确地说：

> 但是随着思想无形的脚步，我们开始询问：物质从哪里来？到哪里去？许多真理从意识的幽深处走出来。我们认识到最高级的事物就显示在人的心灵中。令人敬畏的宇宙本质，不是智慧、不是爱、不是美丽、不是力量，而是将每一品质都完整地融合在整体的"一"中，它是所有事物存在的理由，所有事物都借此存在；精神创造了它们，精神在自然后面，渗透在整个自然中。"一"不是复合物，它并不从外面通过时空作用于我们，但是从精神上作用于我们。因而，精神并没有在我们周围创造自然，而是让它从我们之中长出，就如树的生命，新枝叶从旧的孔洞中长出一样。[18]

"精神并没有在我们周围创造自然，而是让它从我们之中长出"，这是自然—民族神秘经验论和仅仅以生物为中心的专注之间的深刻区别，这是生态—思考的自我和仅仅是生态性的自我的不同，这是超越和退化的区别。

在总结这段关于精神的层次和自然—民族神秘经验论的宇宙意识的概论中我想强调两点。第一点是，我想现在已经很明显了，新的内在趋向导致了新的超越：一种新的、更高的内在同一（超灵），伴随着新的、更广阔的胸怀（世界心灵）——单一的心灵将物理层面、生物层面、人类层面都包含在"一"的爱抚中。[19]

我们又一次走进内在，这一次不再向外寻找……整个宇宙，因而是真实的宇宙意识。但是这一行动本身与前面调查过的阶段没有丝毫不同，所 290
有这些都是"通过自我—超越达到的自我—发展"，一种新的内在趋向于更为深刻、更为广阔的超越。

仅仅作为个别的自己、自我或半人半马的超灵认识在此初露端倪，它是超越的。用叔本华（Schopenhauer）的话说：

> 人们在事物上考察的已不再是“何处”、“何时”、“何以”、“何用”，而仅仅是“什么”；也不是让抽象的思维、理性的概念盘踞着意识，而代替这一切的却是把人的全副精神能力献给直观，沉浸于直观，并使全部意识为宁静的观审恰在眼前的自然对象所充满，不管这对象是风景，是树木，是岩石，是建筑或其他什么。人在这时，按一句意味深长的德国成语来说，就是人们自失于对象之中了，也就是人们忘记了他的个体，忘记了他的意志，他已仅仅作为纯粹的主体，作为客体的镜子而存在，好像仅仅只有对象的存在而没有觉知这对象的人了，所以人们也不能再把直观者和直观行为本身分开了，而是两者已经合一了……[20]

叔本华的“客体的镜子”，还有自然就是爱默生的“透明的眼球”，完全是超人的，不再仅仅是个体的。叔本华说：“置身于这一直观的人同时也不再是个体的人，因为个体的人已经自失于这种直观中了，他已是认识的主体，纯粹的、无意志的、无痛苦的、无时间的主体。”超灵作为纯粹的、无时间的见证的暗示……

我要强调的第二点是：整体自我或超灵与道德的概念和道德本身发展之间的关系。依我看，它们是联结在一起的，这被今天多数道德理论家所忽视了，但是在爱默生和叔本华（不只是他们两人）的论述中却是很明显的。

我们已经从以物理为中心、以生物为中心、以社会为中心、以世界为中心（“以世界为中心”指整体地、广阔地、无限地达到了理性和想象一逻辑）的角度考察了道德意识的发展。而且在这精神层面上，以世界为中
291 心的概念让位于一种直接的以世界为中心的体验，一种整体的自我/世界的体验、生态—思考自我的体验，在那里，每一个体被看作相同自我或超灵的体现。

那么这些与道德有什么关系呢？根据爱默生和叔本华的观点，为确保所有被意识到的存在都是同一本质的体现，每个事物、每个存在都被当作每个人自己的自我。这种意识——是发展中消解中心趋势的深刻实现——是真实的同情的唯一源泉，同情不把自身（以自身为中心）放在第一位，不把特定的社会放在首位（以社会为中心），不把人类放在首位（以人类为中心），也不仅仅在思想上认为我们是一体的，而且还试图以此去行动（以世界为中心），而是立刻直接地呼吸所有人共有的空气，心脏和身体上流淌着与所有人相连的同一血脉。

道德体系的整个要旨，它的根据、它的目标、它的终结点和它的混沌的吸引力，都是趋向超灵的驱动力，超灵把别人当作人自己的自我来对待，

不是出于道德的命令，像一种义务、责任一样强迫执行，而是如太阳升起或月亮闪光一样容易、自然而然的。[21]

这道德的统一体将在微细层面和无相层面得到强化，但它第一次变得直接、明显是在精神层面上，从内在于超灵的同情中自然而然地发出，先前所有的道德活动都竭力依靠同情，但先前所有的努力都不过是零星的、微弱的光芒。

在超灵的光明中，这一点变得非常明显：所有先前的道德体系都在努力，但得到的只是欠缺，先前为生命的善和真所做的奋斗太片面、太局限、太狭窄，令人难以满意——所有人都想体验到这与整个存在共和国同一的同情。我将在另一个人那里看到我自己的自我，从超灵最温柔、最仁爱的胸怀中流溢出来的同情在爱的驱动下去包容一切。

叔本华说：

> 我在这里讨论的行为是……同情，它的意思是：直接参与，从所有的其他的思虑中释放出来。起初，它在另一存在的痛苦中，然后，那痛苦减弱或终止了，这同情独自成为所有自由的正直和所有真正人 292
> 类之爱的真实基础。一种行为只有在发源于此（共同的自我）时，才可以被说成有真正的道德价值；相反，发源于他处的行为就不是。另一存在的福与祸开始以确实相同的方式直接存在于我的心中——尽管并不总是与仅仅是我自己的存在在同一程度上，只要这种同情的情绪被唤起，随即，我和他之间就不再有绝对的区别了。这真让人感到奇异甚至神秘。[22]

当然，这神秘就是超灵的神秘，它让我们从其他人那里认识到我们自己，超越了分离和二元的幻象。叔本华说：

> 如果多元和区别（“分开的自我”）只属于这表象的世界，如果“一”和相同的本质在所有人那里都能看到，那么，那消融了我和非我的区别的体验就不可能是假的。相反，它的对立面是假的。前面的体验构成了同情的神秘的基础，而且事实上，它意味着同情是最主要的体验这一实在。因而，那种体验一定是道德的形而上学的基础而且仅仅存在于此：一个人如果以真实的状态存在着，那么他应该能在另一个人那里认识到自己。[23]

微细的层面

在精神层面上，理性和想象—逻辑的普遍化、整体趋向开始在直接的体验上得以实现——最初的、初等的，但也是清楚明白的——它是真正的普遍的自我的实现，对所有人来说都是共同的。它是在物理层面、生物层面、人类层面的统一体中的直接体验，作为自我或心灵的体现与范围，以至于这一自我被理解为优先的、内在的，超越了物质、生命和心智，尽管这些光芒四射的物体是圣灵显现，但物质、自然和文化所有这些还是“在神面前后退了”。

同时，这不仅仅是唯我论，它是更高层次的自我和我，更确切地说，还是更高的真实（“它”）和更广泛的共同体（“我们”）——作为世界心灵的超灵在存在的共和国内以客体化的状态存在。[24]其中的三大内容还有更
293 深入的展现，更高的层次，更广泛的一致性，更有力的断定……

在微细的层面上，“内在化”或者“内在的超越”的过程得到了强化——一个在新的深度、新的范围、更高的意识、更广泛的认同上的新超越——而且心灵和神进入了更深入内在的密切结合，在其高潮揭示了心灵和圣灵的神圣的统一体，这统一体优先于任何一种物质、生命、心智的现象，胜过任何这里或其他什么地方可以想象到的自然。文化—民族神秘经验论让位于上帝神秘经验论，内在的神以凡俗的现象所梦想不到的语言来宣告自己，灵光让太阳黯然失色，雅各将自然和文化威吓得惊慌失措亦充满敬畏，退到沉默中去了。

大自然的爱好者在这里斥道：“下流!”好像除了自然的光辉不应该再有其他荣耀，好像可以触摸、可以看见的景象已经详细无遗地展示了宇宙的奇观，好像整个世上和可能的世界中，永远都只有他们所热爱的自然才能闪光。

但是自然，亲切而清新的自然，是有限的、终有一死的。它诞生、一点点地维持，然后终将消失。它被创造，也终将被毁掉。在任何情况下，它都是受束缚的、被限制的，注定要衰败的，并以这过程来表明所有明显的世界。爱默生说，不知怎的，我很善于接受这伟大的精神，因而，我确实忽略了太阳和星辰，感到它们是不断变化不断逝去的、相当偶然相当感性的东西。

当然，我们可以与自然融合在一起，可以发现一个以地球为中心的地球宗教来安慰我们现实的苦难。我们可以认同一个有限的、被限制的、终有一死的地球，但我们不能认为它是无限的、没有限制的、永远的。

圣灵，内在并超越于地球，优先于地球，并不外在于地球，圣灵是一切的根源、支撑和目的——在精神层次上被直觉到，在意识进化的微细阶段变得显著了，它完全包含了先前阶段，完全超过了它们。让地球、宇宙和天体消融吧，而圣灵还会在空无中闪耀，它从不升起，从不消散，即使在有限的时间领域也从不停止闪烁。“那种欢乐，”特丽莎说，“比地球上所

有的快乐都更崇高，比所有的愉悦、所有的满足更强烈，人们以很不寻常的方式领会到它们，我通过体验领悟了它们。”[25]

在《内部的城保》这部关于微细层面发展的真正伟大的作品中，特丽莎非常清晰地描述了“小蝴蝶”进化的几个阶段，她称她的心灵是与神结合的统一体，她用“七座大厦”或七个生长阶段来称呼进化的过程。 294

进化的前三个阶段论述的是日常的心智和自我，总体上是说在凡俗领域“未得再生的”，是思想和理性的、非常清晰的世界。在第一座大厦中，那些耻辱、自我还在城堡外面与生物和物质的舒适相恋，要转向内在必须经过一段漫长而且探索性的训诫。在第二座大厦（祈祷者的实践），通过智慧学习、开导、良好的沟通，不仅分散和消解了外在困扰下……的自我，还增强了他们内向化的欲望和能力。第三阶段是示范生命大厦，它牢固地确定了行为准则和伦理体系，作为后来所有阶段的基础（非常类似于佛教的如“西拉”一样戒律的概念，或者道德戒律，是禅那、冥想、般若或精神性的顿悟的基础）。这些都是自然的（或人的）进化。

在第四座大厦中，随着祈祷者的灵修和寂静（特丽莎通过身体的感受来区分它们），一种超自然的（或超人的）恩赐进入场景中。灵修和寂静使得物质导向的功能变得平静而缓慢（记忆、思想、判断力），随后开启了与“恩赐”相关联的更为深入、内在的通道，特丽莎称这一阶段为“精神性的安慰”（因为它们安慰自我，还没有超越自我）。另一方面，好像心灵本身确实在这一阶段开始出现：“感觉和所有外在的东西似乎开始逐渐地丧失了它们的所有，而另一方面，心灵开始重新获得它所丧失的控制力。”这带来了一线真理的光芒：“也就是说，上帝在我们心中。”[26]

在第五座大厦中，通过统一体中的祈祷者，发生了一种神圣的亲密结合，在那里，心灵第一次直接出现，凭直觉知道圣灵存在于它自己心灵（精神）的最深处。我说“出现”，是因为先前心灵藏在深处，现在它来到了前面。

依照特丽莎的看法，这一出现是一个具有重要意义的转变。个体的体验第一次完全中断了所有功能[27]，在那纯粹的专注中，自我体验了与上帝的最原始的统一（或者特丽莎所说的永恒的精神）。“因为只要这一心灵存在于此，他不能看不能听也不能去理解。这段时间总是短暂的（在早期阶段）。上帝以这种方式将自己植入心灵的内部，当它返回自己时，它不能怀疑上帝就在它之中而且它就在上帝那里。”[28] 295

在这里特丽莎用了可能是她最著名的隐喻，在这转变的专注之前，特丽莎说，不能重生的自身（或自我）就像蚕。但是人一旦体验到统一体（确实，她说，只是单一而且很短暂的体验），自我就永远地改变了。一个人如果专注地体验到永恒的神，幼虫就变成了蝴蝶。就如我们可能经历过的，自我死了，心灵出现了。（“所有卑微的自我消失了，宇宙浪潮环绕着我，流经我的生命，我是上帝的一部分或一粒子。”）特丽莎说：

> 现在让我们看看蚕变成了什么。当它处于功能终止、专注的状态时，对世界完全没有感觉，它变成了一只小白蝴蝶。噢，伟大的上帝呀，只有过如此短暂亲密的结合，心灵就变成这样——我想，从来不足半个小时的终止。想想丑陋的蠕虫和白蝴蝶的区别，在这里是相同的。心灵想不出它何以值得这样的祝福——到底是什么原因，祝福能降临它身上，我的意思是，因为它清楚地知道它根本不值得这样。[29]

一个人体验到了蝴蝶的诞生，心灵就诞生了（或者是从它昏睡的自我、从对外在的茧的专注中走出来，当然，蝴蝶是蚕的最后终结点）。在内在的城堡的其他部分，描述了小蝴蝶飞向原始光明的非凡旅程，最后，它幸福地死了（也就是再一次，与永恒的神在更深的层次上再生）。

在第六座大厦中，爱者和被爱者，蝴蝶和上帝，心灵和永远的神，在较长的时期中“相互看到”。在第五座大厦中，专注可能只持续半个小时，而在这里，各种各样的专注持续一天或几天，她说（尽管终止本身仍是短暂的）。心灵是“处于完全专注和完全激动的领会之中——几天，或者即使是一天——心灵似乎能领会得到；能唤起欲望上爱的东西，它在这里完全是醒着的，之前所有都只是睡着的……”[30]

296 我们看到在每一个新的成长阶段，都引入可能变异的新类型，每一阶段都伴随着小蝴蝶。许多人认为著名的“心灵的黑夜”这一说法是特丽莎的朋友兼合作者、圣十字会的圣约翰提出的，它指的是一个人在找到神之前的那段很是黑暗的时期。但事实不是这样的，那黑暗的夜晚是发生在一个人已经体验过无限的神之后还没有让自己根植于神之中，因为他已经看到过天堂……也看到了它的消退。

这折磨现在令人极度痛苦。小蝴蝶经历了比自我所经历或者可能经历的还要多得多的“折磨”（特丽莎的话）。“这是非常强烈的痛苦”，小蝴蝶说，“尤其是如果痛苦是激烈的，在某些方面变得尖锐时，我想它是世上最严峻的考验。因为它们从内在、外在两个方面作用于心灵，直到它被征服，不知道如何应对自己了，有很多事情带着如此尖锐、如此难以忍受的内部的压抑来袭击她的心灵，其程度之深无与伦比……”[31]

> 她感到一种奇异的孤独，因为整个世上没有一个生物能陪伴她——事实上，我相信她在任何天堂也找不到陪伴，除了她爱的那个人；相反，所有世上的伙伴对于她都是痛苦。她想象自己是被悬在空中

的人，不能下来依靠世上的什么地方，也不能升上天堂。她受到口渴的煎熬，却喝不到水，这口渴是无法忍受的，什么都无法熄灭它……[32]

辩证的发展过程，在这里，发出了它最微妙也最令人痛苦的形式。

从更为积极的方面看，也就是在第六座大厦里，微细层面上的现象的所有种类都开始在意识中出现了，特丽莎以令人吃惊的清晰记述了它们：内部的幻觉，着迷，微妙的声音和想象，平静和默想的种类，“狂喜、销魂或恍惚（我想这些都是相同的）”。大多数想象（精神层次最后的和微细层次最早的）本身都是超言论的（“展示了非语言交流”，“是一种不涉及清晰语言的表达方式”[33]）。但在每一个那里还保留着中心活动，即专注于永远的神的可能性。“心灵被净化之后，上帝就和它结合在一起了。心灵和上帝 297
变成了一个。”[34]

所有的高潮在第七座大厦，真正的神圣亲密的结合发生了，想象让位于直接的领会和直接的体验——“整个心灵与上帝的统一体。”[35]特丽莎说：“一旦这统一体被领会了，它看起来是如此平淡，我们甚至无法发现一个发生时经由的‘门口’（这让人联想起禅的‘无门之门’）”，而且，在试图描述这一秘密却很平淡的结合的时候，语言让她非常失望（但这只因为她不能设想我们已经有过这种体验）：

这奥秘的结合发生在心灵的最深中心处，那里是上帝的寓所。我认为经过这里并不需要什么门。我说不需要门是因为迄今为止所描述的那些（早期的六个阶段和大厦）似乎已经经历了感觉和（心智）功能的中介。但是在神圣结合的统一体那里，在心灵的中心那里，所经历的却很不同。上帝和心灵的瞬间结合是如此奥秘而崇高的恩惠，心灵感受着这种快乐，我不知道什么能比得上这个……[36]

特丽莎说，在第六座大厦那里，神圣的结合确实已经被领会了，但只是短暂的、零星的。她认为这最初的结合好像两根终端连接在一起的蜡烛：它们能发出同一光亮，但两根蜡烛还能从根部再被分开。这种结合不是这里所说的真正的神圣的亲密结合：

但是在这里，它好像雨从天堂落入河流或泉水中，那里除了水没别的东西，不能再将原来属于河流的水与从天堂那里落下来的水分开或分离。或者好像一条小溪流入大海，它找不到再将自己与大海分开的办法；好像阳光从房间的两个大窗户射进来，虽然从不同的地方进来，但它们都变成了一片光。[37]

在这简短的概述中，我提到但没有详细论述困扰着超人阶段的可能变

298 异。（四个阶段不同，四个可能变异的类型也截然不同。）但只要说清它们每一个在新的层面上所包括的难题就够了，区别和结合的难题、中介和共享的难题——每一个或另一个都有着太多的难题，而且缺少平衡：在那个阶段膨胀的自我的或在另一个的那个阶段又失去了自我（有着太多的中介或太多的共享）。[38]

把这些新的、更高阶段的变异——灵性的层次的七个支点、微细的层次的八个支点、无相的层次的九个支点——与较低的、原始的变异（尤其是一个、两个、三个支点）区别开来是非常重要的。特丽莎确实很精彩地区分了较高大厦或阶段中心灵的痛苦与标志着低级功能的感情问题。例如，她清晰地区分"内部声音"的三种类型——那些"幻想的"或"想象的"，她说，它们可能是致幻的和"不健康的"；那些是语词的，可能或不可能描述出真正的智慧（因为它们可能也是欺骗性的或"不健康的"）；那些完全是超语词的，再现了直接的内在领会。在"幻想"、"幻觉"和直接的直觉领悟之间，她有着精湛完美的异常尖锐的区别性意识，并对此作了详细的区分。她对这么多微细层次的领会作了清晰而经典的现象学描述：内部的幻觉、声音、狂喜、超越平常时空的领会；作为有创造力的模式的真正的原型（不是出于神秘的动机），精神的现象让位于纯粹的非语词、超语词、玄妙的直觉；一切在"整个心灵和永恒的神的统一体"中的汇合……

关于一些沉思默祷者（东方的和西方的）使用"超自然"这一术语，应该仔细地区分他们用这术语表达的是什么意思，而拘泥于神话或字面意思的教徒用它表达的又是什么意思。字面的或神话的基督，起源于巫术—神话阶段，为"神秘的中断"所包围，把上帝想象为高居于和分离于（本体论上的分离）自然的宇宙之父，这样关于上帝的任何行为都一定是"超自然的"——为了"他的孩子"的利益，将自然法则"不可思议"地悬置，所有下面的行为都只不过是从菠菜到马铃薯的变动而已。

这"自然"和"超自然"的中断，一个是祈祷，一个是乞求，后者不可思议地侵入前者，爱默生称之为"卑鄙与偷窃"，对商品邪恶的渴望：

299 人们让自己成为怎样的祈祷者！祈祷者向外观看并且寻找一些外部的增益来得到一些外在的品德，结果只是在对自然和超自然、中介和奇观的无尽惊奇中迷失了自己。渴望独特商品的祈祷者是邪恶的。真正的祈祷者是从最高的视角来沉思生命的真实。它是注视的独白和心灵的呼吸，是上帝之灵对他的杰作的宣告。只要人与上帝合为一体，人就不再是乞求者了。但是把祈祷作为达到私人目的的手段的祈祷者是卑鄙的和偷窃的人。他认为自然和意识是二元的而不是一个统一体。[39]

上帝的“超自然”干涉了“自然”：但这与精神阶段和微细阶段的沉思性观看是两码事。上帝或圣灵不与自然分开，相反它们是自然的基础，确实是所有现象的基础——如特丽莎所说，“上帝以其出场、力量和本质内在于所有事物”。“超自然”这一用语，仅仅意味着自然界中圣灵和万物的统一体在某些人的意识中实现了，那种意识的实现被称为超自然，不是因为这统一体只是在他们那里而不在自然中出现，只是因为他们直接认识到了它。特丽莎的精神性朋友与合作者、圣十字会非凡的约翰（John）这样解释：

> 上帝和创造物的统一体总是存在的。他以此来保护这些生命的存在，因为如果统一体终止他们将停止生存（圣灵是存在的基础）。因而，在讨论与上帝的统一体时，我们不能讨论总是存在着的物质性统一体，而是心灵在上帝那里的统一体和变化。这变化是超自然的，是另外一种自然。[40]

关于这种内在的变化、内在的实现，特丽莎通过默祷的心灵得到了直接体验，她向她的修女姐妹、向我们这样生动地描述：

> 显然有“什么人”从心灵的内部发出这些箭，赋予这些生物以生命，而且有一个太阳，巨大的光芒从那里发出，传射到心灵的内部。心灵，如我所说，既不从中心移开也不丧失它的平静；它让心灵处于 300
> 纯粹的精神性中，这样它才能与永远的神结合在一起。
>
> 哦，救救我吧，上帝！只是听到和相信这些，与被引上这条路体验到它们是多么真实，这是怎样的不同啊！每一天这心灵都更加奇异，因为她感到他们从来没有离开过她，她以我所描述的方式非常清晰地感觉到，他们（那“真实的话语”）就在她的心中——在所有人内心的最深处。[41]

这新的深度、新的内在，是新的超越，完全超越了自然，完全包含了自然，在自然中具体化，也许奥洛宾多的解释更有力：

> 它最初的作用是将生命和心智从物质中解放出来；它最后的作用是帮助精神上的意识的出现，帮助栖息在陆地的存在的精神上的意志和感觉的出现。这样，他不再仅仅专注于外层世间的生命或者心智的追求和兴趣，而是学会向内部看，发现他内在的生命，他精神上的自我，去（否定并保存）渴望超越凡世和限制。当他变得越来越趋向内心，他的智性（人类层面）、生命（生物层面）和精神的边界开始扩大，原来束缚生命、心智、心灵的枷锁变松或突然折断了，人，这种智性生物开始隐约看到一个更大的自我王国和对初级物质生命关闭的

> 世界。
>
> 如果他以最丰富的想象，将内心活动当作自己的最大精神需要展示在自己面前，那么他将在内心发现一个更大的意识、更大的生命。源于内在和上方的活动能战胜了物质程式的支配地位，物质逐渐减少，最后终止，变成了无意识的力量，以圣灵代替物质，以此作为人意识的根据，把更大的力量释放到心灵在自然中完美而独特的显现中去。[42]

这就是特丽莎赞美心灵的胸怀的原因。用爱和欢乐的中心包含所有生命，现在洋溢在她的内心最深处：“和珍贵的状态相比，再现它们的这些比
301 较太拙劣了。可我实在愚钝，想不出更好的方式：真实的状态是，这欢乐让心灵忘记了自己、忘记了任何事，它什么都意识不到了，说不出什么事，只是会聚着源于它的快乐的一切……让我们与这心灵结合吧，我的姐妹们。难道我们要比她更明智？什么能像她所做的那样给我们更大的快乐？愿所有的生物都永远永远加入我们的行列。阿门，阿门，阿门。”[43]

那个小蝴蝶怎么样了呢？自我（蚕）死时，心灵（蝴蝶）再生了，现在心灵穿越了精神的微细的领域，达到了最后目的地，终于进入了神圣的亲密结合，它最后的终结点，它更深更大的背景，于是它作为一个次要的生命死了，作为一个单独的自我死了。“在这里”，她温柔地说，“小蝴蝶死了，带着最大的快乐，因为现在基督就是它的生命。”

这把我们带到了无相层面。

无相的层面

在微细的层面，心灵和上帝结合，在无相的层面，心灵和上帝都超越了先前，统一于神性，或者纯粹的无实体的觉知，纯粹的意识本身，纯粹的自我就如同纯粹的圣灵（个人的心灵或自我＝梵）。不再是上帝和心灵的“最高的结合”，而是神性的“最高同一”。如埃克哈特说的，“我发现在这突破中，上帝和我是相同的一个”。

如我们看到的，这纯粹的无实体精神被认为是所有现象的目的、高潮和源泉。这就是无相的。

意识不断地走向内在的超越，甚至是最纯粹的源泉和最纯粹的精神——它完全是无实体的、无束缚的、幽隐的——自我/精神意识到了它与我们、所有形式、所有现象（粗重的、微细的、无相的）的同一，无论是高的还是低的、上升的或下降的、神圣的或亵渎的、明显的或幽隐的、有限的或无限的、短暂的或永远的。这不是在其他阶段中的一个特殊阶段——不是它们的目的地，不是它们的源泉，不是它们的高潮——但确实是

所有阶段、所有时间、所有维度的背景或真如：是所有存在的存在，是所有背景的背景，是所有自然的自然。它是一元的。

我选择了埃克哈特（Eckhart）和拉马纳的话来阐明这两大“阶段”（无相的和一元的），因为我们发现他们的思想不仅是无相层面的突破，还通过无相达到了终极或一元。虽然语词在这里总是不太充分、容易误导人，但至少能表明这两种“活动”是能够被清晰无误地从其非凡的智慧中了解到的。 302

拉马纳大师（回应商羯罗）这样总结终极或一元认识的“观点”：

世界是幻
唯梵是真
梵是大全

前两行再现了纯粹的无相层面的意识，或者幽隐地专注于纯粹或无实体的精神；第三行再现了最后终极或一元的圆满（无实体与整个形体世界的统一体）。神性完全超越了整个世界因而完全包含了整个世界。它是最后的内在，引导人走向最后的超越——这超越是绝对的无，包含了绝对的有。

埃克哈特的论述开始于指出一种最重要的需要：一种从有限的、被创造的领域到无限的、永远的源泉和起源的（无相）的超越或突破（他用德语杜撰的一个词），一种没有自我、没有他人和没有上帝的直接的而无实体的意识。

> 在突破中，我处于一种从我自己的意愿、从上帝的意愿、从他所有的杰作、从上帝自身中解脱出来的自由状态。我在一切生物之上，我既不是上帝也不是生物，确切地说，我就是我，就是现在和永远都不变的我。然后我得到一种冲动，它将使我高居于所有天使。在这冲动中，我得到如此巨大的财富，在那造就了上帝和他的所有善行的神性中，以至于上帝对于我来说也是不充分的，在这突破中我发现我和上帝是一个。在那里，我就是我，我没有变大也没有变小，我是不变的原因，推动所有事物的发展。
>
> 因此我也是未出生的，依据我未出生的（幽隐的）的生命，我也永远不会依据我未出生的生命，我总是存在着，不光现在，我还将永远地存在下去。[44]

鉴于上帝和心灵的存在，他们之间一定是二元的和分离的，埃克哈特说这二元论模糊了原始的神性： 303

> 当处于我最初的起因时，我没有上帝，我只是我自己的原因。在那里，我没什么意愿，不需要什么，因为在真理的喜悦中我是纯粹的

> 神。我站在那里，从上帝和任何事物中解脱出来。但当我离开这种状态，领受了我被创造的生命时，我有了上帝。[45]

这神性（或者如埃克哈特所说的“超越上帝的上帝”）彻底地从有限和被创造的事物中解脱出来，不管是物质、自然、心绪、视象、心灵还是上帝。埃克哈特用“深渊”、“未出生”、“无实体”、“原始的起源”、“空无”和“虚无”来谈论这完满的超越、这自由或者幽隐的状态。

> 澄空你自己的每件事，也就是说，澄空你的自我（或者任何单独—自我的感觉、心灵或超灵），澄空你自己的任何事物，澄空你在上帝那里所拥有的一切，澄空你所被看作的一切。上帝是超越生命的存在，是超越生命的虚无。因而，保持自己不要在这空无前退缩。[46]

这“空无”不是一种理论，更不是“诗意”的（我常听说的），也不是哲学的论断。它是直接的领悟（直接的“体验”不很确切，因为它从主客二元关系中解脱出来了，它从没进入时间之流，也就从不是任何典型意义上的“体验的”）——从思想、二元论、时间、短暂的承继中解脱出来：

> 因此我谈及神性，迄今为止，还没有事物发源于那里，没有事物从那里移出，没有事情被思考。在这个范围内纵然心灵将看到上帝，他就是上帝，或者在这个范围内可以想象到上帝，或者在这个范围内他是一个思想者，都有同样的不足。只有当心灵的所有形象都被拿走时，心灵只是唯一的“一”，然后心灵的纯粹生命发现它实质上依赖于神的纯粹、无实体的本性……
>
> 304 这里不涉及时空。没有什么像时空这样妨碍心灵对上帝的理解。时间和空间是整体的一部分，而上帝是完整的“一”。所以如果心灵想认识上帝，它必须超越时间和空间。因为上帝不属于世间复杂多样的事物，它既不是这样也不是那样，它是“一”。如果心灵想要认识上帝，它就不能在时间里。因为只要心灵意识到了时间、空间或者其他什么客体，它就无法认识上帝了。
>
> 要知道，我们所有的完美和所有的狂喜都依赖于这样的事实：个体穿过并超越了所有创造物、所有短暂性、所有生命，进入无基础的根基之中。他们必须做到忘记客体、没有自我—意识——那里必须是绝对的沉默和寂静。[47]

在这种无实体和沉寂的觉知中，人不能看到神性，因为人就是神性，从内在的自我领悟到了它，而不是从作为客体的外部认识到的。纯粹的见证（埃克哈特称之为“主体的本质”）不能被看见，最简单的原因是，它是观看者（观看者本身是纯粹的虚无，纯粹的林间空地，所有的物体、经验、事物、活动都呈现在那里，但他本身仅仅是驻留在那里）。被看到的恰恰是更多的物体，更多的有限的事物，更多的生物，更多的形象、概念和想象，这些确实不是我们的本质。

> 它摆脱了名称和形式的束缚，完全是自由的、空无的，正如上帝本身是自由的、空无的。它是整体的单纯的“一”，正如上帝是整体的、单纯的，以至于我们根本无法把它作为一个物体来凝视（它是观看者，不是被看的事物；而且观看者是纯粹的空无，被观看的物体都从那里出现）。
>
> 在那里，是不会谈起“手段”的，因为没有生物、没有形象能进入那里。那里的心灵既不知道行动也不知道知识。在那里，它意识不到源于它自己或源于其他生物的任何形象。
>
> 你应该按它本来的样子来爱它——没有上帝、没有心智、非一人、没有形象，甚至把它当作一个纯粹的、澄明的，从所有二元中分离出来的“一”来看待。你应该不带心智地去爱上帝，就是说，这样你的心灵就没有心智、从所有心理活动中解脱出来了，因为只要你的心灵如心智一样运转起来，它就会有形象和再现；只要它有形象，它就是中间形态的；只要它是中间形态的，它就既不是完整的也不是单纯的。305
> 因而，你的心灵应该是澄空所有心智，处于无心智的状态。[48]

针对狄奥尼修斯的观点，埃克哈特指出，这“无心智”或者“无知的存在”，或者没有任何中间心理状态、纯粹的无实体的觉知，就如“神圣的无知”。

> 任何不离开创造物的一切外部形态的人，既不能被这神圣的起源接受，也不能诞生。你越是能将你的所有力量都带入一种对你所专注的所有物体、形象的遗忘中，你就越与创造物和它们的形象分离开，你就越靠近、也越容易被神接受。如果你能变得完全无意识于所有事物，达到对事物和自己的遗忘，这沉寂越是黑暗，你就在那里有了一种无知的认识，超生命的上帝。这无知让你离开事物的一切知识，将带你离开你自己。[49]

像埃克哈特一样，印度现代最著名的智者拉马纳的论述从给定我们一些关于自我、它与上帝（和神性）相关联的语言的暗示和信息开始。但我们会看到，他很快超越这单纯的喋喋不休和暗示，直接导向无知和无知的源泉。所以在这里，在带我们到神圣的无知之前，他是用“肯定的”术语来论述的。

> 自我被每一个人所知，但人并不清楚地知道它。神就是自我。“是

> 我所是”是神的名称。关于神的所有规定中，没有什么能像《圣经》所陈述的“我就是我”这样恰当。绝对的本质就是它是什么——它是自我，它是上帝。认识到自我，就认识到上帝了。事实上，上帝不是别的，就是自我。[50]

在这里，拉马纳清晰地解释了“神性”，就如他自己经常指出的那样：“所谓创造就是纯粹的神性闯入了上帝和自然。”[51]

对于纯粹的自我/精神或神性，拉马纳不断地用几乎与埃克哈特（和世
306 上所有对这一层次持相同看法的智者）相同的语言重述：自我不是身体，不是心智，不是思想，不是感情，不是感知，不是认识；它从根本上摆脱了所有物体，所有主体，所有二重性，它不能被看到、被认识、被思考。“只有神独自在那种状态里。没有你，没有我，没有他；没有现在，没有过去，没有未来。它超越了时间和空间，超越了表达方式。它永远在那里。”[52]

自我“不是这个，也不是那个”，它是梵语的“neti，neti”，我把它和埃克哈特的引用相提并论。自我不是这个，也不是那个，准确地说因为它是这个或那个的纯粹的见证者，这样，它在所有情况下都能超越任何这个或那个。自我甚至也不能被说成“一”，因为那只是可以被感知、可以被见证的另一种品质或另一种客体。自我不是“精神”，确切地说，它在此刻正见证着那个概念。自我不是“见证”——那又只是另一个词或概念，自我是见证着那个概念的。自我不是空无，自我不是纯粹的自我，等等。

> 自我不具备好的或者坏的品性。自我从各种品质中解脱出来。品质是附属于心智的。自我超越于品质，如果是统一体，那就是二重的。数字的一能产生其他数字。而真理既不是一也不是二，它是其所是。
>
> 人们想把自我看作某种东西。他们渴望看到它像炫目的光芒等。但那怎么可能呢？自我不是光明，不是黑暗，不是任何可以被观察的事物。自我永远是见证者，它永远地、一直都保持原来的样子。[53]

拉马纳经常用“我—我”来谈论自我，因为自我甚至是日常的“我”的单纯的见证者。他说，我们都完全地意识到了“我—我”，我们都意识到了我们此刻有能力去见证。但是我们混淆了纯粹的“我—我”或者纯粹的观看者与某种能够被看见的客体，因而确切地说，这客体不是观看者或者真实的自我，只是某种记忆、形象、认同或自我—概念，所有这些都是客体，他们都不是客体的见证者。如果我们将“我—我”与这个我或那个我混为一谈，仅仅等同于一个有限的短暂的客体，我们就会遭受到所有有限客体的石击和箭射，而自我还保持着原样，没有时间，永远地、未出生地、

不挥动地、不死地、总是目前的样子。

> “我—我”总在那里。不能把它当作客体来认识。它不是一种要学会的新知识。“我—我”总是在那里。
>
> 没有人在体验自我时有过瞬间的失败。你存在于深深的睡眠中，你醒着，你都是维持着原样。同一个自我存在于两种状态中，不同的是你意识到还是没意识到世界而已。世界随着心智上升或下沉。那上升和下沉的不是自我。 307
>
> 个体是悲惨的，因为他混淆了身心与自我。心智的本质是漫游，但你不是心智。心智有升起和下沉。它是非永久的、暂时的，而你是永恒的。除了自我没有其他事物。像自我那样驻留就是实在。从不需要在意心智。如果心智的源泉是寻找，心智就会消失，而自我未被影响。[54]

当然，“心智的消失”就是埃克哈特的“无心智的觉知”（禅的“无—心”等）。拉马纳于是倡议我们去寻找心智的源泉，去寻找意识到了智性和人的“我”，因为那是超人的“我—我”，不受任何特定状态、特定事物、特定环境、特定出生、特定死亡的影响而起伏波动。

> 追溯“我”的源泉，那根本的“我—我”独自保持着原样，它是难以言传的。认识的中心所在是内在，寻找者不能把它当作客体在外面找到。那认识的中心所在是所有生物的天堂和核心（最后的深度），因此，称它为心脏。心智现在看到自己像万物一样是多样化的。如果多样化不很明显，它就是保持在自己的本质、自己的原始状态中，那里就是心脏。进入心脏意味着停留在不被客体分散的状态中。心脏是唯一的实在。心智只是短暂的过程。保持自己的自我就是进入了心脏。
>
> 自我从不生不灭。智者在自我中观察万物。在那里没有多样性。如果人认为他是被生出来的，就难免害怕死亡，让他去发现自我是否有什么诞生。他将发现自我总是存在着，诞生的身体让自己变成了思想，思想是所有危害的根源。发现了思想的根源，然后，你将驻留在永远的自我的最深处，从诞生的观念和死亡的恐惧中解脱出来。[55]

一旦人在思想的源泉中、在“我”和“世间”的源泉中进行“自我—探询”，他就进入了一种纯粹的空无觉知状态，从任何客体中解脱出来—— 308
准确地说，就是埃克哈特的“对万物的完全的无意识”——在吠檀多中被称为无念三摩地（离分别意味着“没有任何品质和客体”）。这是完全清晰的认识、彻底的意识，然而整个明显的世界（达到并且包括了微细层次）停止了生成，人被直接引向埃克哈特所说的“神性的裸露存在”。

拉马纳说：

> 如果你坚持了自我（在各种情况下都作为见证者），就没有什么第二。当你转而观察世界时，你就失去了对自我的坚持。相反，坚持住了自我，世界就不会消失了。
>
> 通过对自我的坚持不懈的警觉，像不间断的流水一样，就会产生自然的、不变的离分别三摩地状态，这状态很容易而自发地产生了对佛教的直接的、即刻的、没有障碍的、普遍的感知，它超越了所有时间和空间。[56]

对于拉马纳和埃克哈特（不仅仅是他们）来说，无相的是最后终结点的典型模式（但如我们所看到的，它不是过程的结尾）。作为所有现象的源泉，它是所有发展的目的地。拉马纳说："这是自我—实现，因而切断了与心脏（单独—自我的感觉）的联结点，这是被释放的极度喜悦，超越了怀疑论和二元论。意识到这种从二元解放出来的状态是生命的至美至善：他独自获得了大自在（Jivanmuktade，自由但还生存着的个体）的状态，他不仅仅是从理论上理解了自我或者人类行为所渴望的终端和目标。信徒们于是被命令保持在阿门—佛教的至福中——'我—我'是绝对的。"[57]

一元论

这就是无实体的无相。但是无相并不像埃克哈特论述的是"最后的术语"。当人突破了无相对纯粹不幽隐、未诞生的神的专注时，完全明了的世界再一次升起，但这一次是作为神并且作为神的完美体现。无实体和整个明了的实体世界——纯粹的空无和整体的宇宙——被看作不二的（或者一
309 元的）。见证行为被看作见证的每件事，因此，如拉马纳所说："被见证的客体和见证行为最后合并在一起了（并且作为分开的实体消失了），绝对意识独自统治着最上层。"但这一元意识不外在于世间："佛就是世界。"

这种从幽隐的无相层次到圆融的不二层次，拉马纳称之为从无分别（Nirvikalpa）到俱生三摩地（Sahaj Samadhi）的发展，它意味着"完整的自发的状态"，整个宇宙被包含在心脏里，一切都完全平等，因为神赐全方位地渗透在整个世界中，整个世界就是梵。[58]

埃克哈特这样阐明这两种活动（完全超越了世界，完全包含了世界）：

> 首先，"对所有的事情都漠不关心"。那意味着忽视（无相层次的）时间、生物、形象。然后，你能感觉到上帝作用于你。那就是为什么心灵在《雅歌》中说，"我睡了，但我的心在守望"。因此，如果所有生物在你那里都睡了，你就能感知到上帝（如神性）在你身上的作用。

> 其次，“关心所有事情”。这有三个意思。第一意味着在一切事物中理解上帝，因为上帝就在一切事物中。
>
> 第二意味着“像爱你自己一样爱你的邻居”。如果你爱一个人胜过另一个，那是错的。如果你爱你的父亲、你的母亲、你自己胜过其他人，那是错的。而且如果你爱你自己的幸福胜过爱其他人的，那也是错的。
>
> 第三意味着平等地爱所有事物中的上帝。因为上帝对所有生物都几乎是平等的。而且在所有这些生物中，上帝并不是爱一个胜过另一个。上帝是整个的“一”。除了一元的上帝，所有事物都变成了虚无。[59]

除了上帝，所有的事物都是虚无，那么就没有任何事情；没有上帝，只有此在的状态。

没有客体，没有主体，只有此在的状态。没有什么进入这状态，没有什么离开这状态，它是绝对的、永恒的、总是这样的状况：它是存在的纯粹的感觉，是任何和所有状态的基本的单一的直觉，优先于四方象限，优先于内部和外部的分裂，优先于观看者和观看行为，优先于世界的上升， 310
作为纯粹出场永远存在，是存在的纯粹的感觉。在作为林间空地的空无意识那里，整个世界不间断地升起，“我—我”是装着宇宙的箱子。

停留在“我—我”的状态，世界像以前一样升起，但是现在没有人去见证它。“我—我”不是“在这儿”观看“外边儿”：没有这儿，也没有那儿，只有此在的状态。它是所有自我中心主义、地球中心主义、生物中心主义、社会中心主义、上帝中心主义的彻底的终结，因为它是所有中间路线、时期的彻底的终点；它是所有明了领域、所有范围、所有时间、所有地点的最后中心的消解。正如大圆满在佛教提出的，因为所有现象最初都是空无的，所有的现象，就如它们原初所是那样，如它们的产生时一样是自我—解放的。

在那纯粹的空无觉知中，“我—我”是不间断的、无终止的升起和降落的整个世界。“我—我”吞噬了宇宙，横跨了世纪，不受时间和喧嚣的影响，用原始的纯粹、强烈的同情包含每一个事物。它从来没有开始，没有进化的梦魇，因而它从来不会结束。

它以它本来的状态存在着，在它产生的那一刻起，就是自我—解放的。而且它只是此在的状态。

所有一切就是“我—我”，“我—我”就是空无。空无是彻底的明了。彻底的明了是自我—解放。

当然，禅将所有这些更加简单化，只是直接指向此在状态。

山间一池塘
一蛙跳进水中央
“扑通”一声响！

历史的终结

那么历史是否有一个最后的终结点——前面所有较小终结点的最后的终结点？历史是否如我们所知的那样，有一个实际的终端？当他们的意识领会了神性时，所有的存在在哪里结合？是否我们这些创造物都被引向那“一，遥远的神圣的活动”，因而消融了自己的痕迹？

许多有神秘经验论倾向的作家已经做过上述假设，第一眼看上去它确实在一定程度上是言之成理的。从“自由博爱新时代的阴谋”（Aquarian Conspiracy）到德日进的“最后的终结点”，从揭开“新时代”到“零时间波”——人们热烈庄严地宣告历史千年的终结。泰伦斯·麦克纳（Terence
311 Mckenna）和柔兹·阿赫哥勒（Jose Arguelles）这些理论家已经以非常可靠的方式计算出最后终结点的确切日期是 2012 年 12 月——“零时间波”[60]。

当然，我们不是第一次看到“历史的终结”这一概念，在第二章中我们看到，这一概念确实在一定程度上是言之成理的，它包含一定的真理。我们现在这样总结前文的论述：

每一个较长的维度相对于它较小的维度都担当了一个有改造力的终结点，施加了明显的牵引力将肤浅和狭窄的维度推向深入和宽广。[61]如果它没有达到贴近的较长的终结点，那较小的维度会遭受到部分、分割、疏远这些力量蛮横的石击和箭射。每个更深更广的背景迫使更小的背景遭受这些（或者确切地说，较为狭窄方面的痛苦来源于困扰着它的自己的边界线）。而进化，从最宽广的意义来说，就是敏感地逃避这不公平的痛苦。

因而，宇宙中每一个更深更广的背景对更浅更窄的背景施加一个终结的牵引力，而且当它达到了特定的深广度时，那特定的终结的牵引力就消退了，新的深度发现它正处于它自己的一个更宽更深的背景中，新的背景现在又施加一个不松懈的终结牵引力去推动再一次的超越，用关爱和意识去包含更大的宇宙。

简言之，全子在没有达到自己贴近的更深的背景、它自己的最后终结点时，不会幸福地停下来歇息，这意味着每个全子必须向它自己历史的最后终极奔涌不息。

在西方，自从启蒙时代，伟大的终结点或者历史的终端就已经作为理性观点的一些形式被描述过了（不论是古典启蒙的形式运演还是黑格尔的想象—逻辑）——现代性相信这可能是实情，因为那确实是它目前的发展状态，所有更小的活动都指向了它，理性观点最后神气活现地从那里出现。“记住残忍！”——伏尔泰发出了痛苦的战斗口号。巫术和神话让历史承受了痛苦，较小的终结点残忍地互相切割来寻找……理性。

因而可以看到，在现代性的觉醒中，理性观点的终结点几乎弥漫了所有发展主义者的理论。我们从弗洛伊德那里看到，对巫术和神话最初过程的认识，在经历了不情愿和骚乱之后，让位于理性观点的第二（成熟）过
程。我们在马克思那里看到，理性作为一种以世界为中心的认识模式，随 312
着经济的发展，战胜以自我为中心和以种族为中心的阶级划分，展示了平等自由的主体之间真正的交流。从前运算到具体运算再到形式运算，先前的每一阶段都经历了自己欠缺的限制。从科尔伯格和吉利根那里可以见到，从以自我为中心到以社会为中心再到以世界为中心的理性。从黑格尔那里可以看到，自我—假定精神以普遍理性的形式回到它自身，回到历史自身的高潮。从哈贝马斯那里可以看到，理性观点展现了没有抑制的交流活动中的相互理解，是个体和社会进化自身的最后终结点。

这长长的序列是没有结尾的。而且正像我们前面讨论的，他们都在有限的程度上、在很多重要的方面，从本质上对前面的理论作出了校正，他们每个人能教我们更多的方式去扩展关注的范围和背景。（神秘结构在前面已经说过，它自己有关于原始的巫术的同一事情：它已宣称，神秘的上帝的到来是所有部落史的终极——而且那也确实令人相信。）

最近弗兰西斯·福山（Francis Fukuyama）的《历史的终结》（*The End of History*）一书的出版引起了国际轰动。他在书中问道：“在20世纪的终端，我们谈论人类历史的一致性和方向性是否还有意义？我得出的结论是肯定的，因为有两个不同的原因，一个与经济相关联，另一个与‘为认识而斗争’相关联。”[62]

“为认识而斗争”是一个简明的主题，经由黑格尔到哈贝马斯，相互认识——我们也称之为在所有人中的相互自我—尊重的自由交换（理性自我的自我—尊重需要的出现）——是最后的终结点，它推动历史和交流朝向那相互认识的自由的出现。没有达到那种出现，历史就是一个人的自我或他们一群人的自我试图战胜、主宰或征服其他人的残暴行为。

另一方面，当人类普遍地认识到“作为存在他们相互之间有一定的价值和尊严”，然后，在那种意义上，历史“走到了终结，是因为驱动历史进程——为认识而斗争——的渴望，在一个以普遍性和相互认识为特征的社
会中已经得到了满足。再没有比人类社会制度更好的排列方式能满足这种 313
渴望，因此，不可能有更先进的历史变革”[63]。历史的终结。

效仿黑格尔，福山说：“这并不意味着自然界的出生、生命、死亡将要结束，或者那些重要的事情将不再发生，或者报道它们的新闻将停止出版。确切地说，它意味着构成原则和制度的基础不会再有更深入的进展，因为所有的真正的问题都已经得到了解决。”[64]

“真正的大问题”在这种意义上得到解决：一旦我们达到了以世界为中心的理性结构，这结构允许和需要（1）民法主体的自由和平等，（2）道德的自由主体，（3）作为世界公民的政治自由主体——一旦我们得到了这些，在那个领域还有哪些特殊的事情需要做呢？在那个领域，“真正的大问题都已经得到了解决”。我相信这的确是真实的。

当然，我们将继续调整方式来贯彻这些自由，并帮助确保它的公平实现。事实上，我们可能会发现新的自由、新的方式来扩展旧自由。但这三个因素确实为任何新发展提供了一个重要的平台。在这种意义上，达到那种程度的历史，拒绝那三个因素的派系冲突，然后才真正地标志着那历史的终结。

如我所说，所有这些都可能是真实的（我想就是真实的），而且还处于开放的状态——还需要——进一步的历史性变革是确实可能的，无论他们在相互自我—尊重和自我—认识的平台上有如何多的建设——由于一个简单的原因：意识的结构的确超越了自我，结构在它们自己的循环中，对已经现实化了的自我—尊重需要施加新的玄妙的终结推动力。而且这新的终结推动力，将使看起来很“安全”的整体自我认识结构的稳定受到最大限度的破坏（结构将被保存，确实……而且被痛苦地否定，不久范式的冲突开始摇撼整体）。

换句话说，确实有一些“真正的大问题”需要解决：历史不会终结，终结的只是自我的历史。

它将我们带到了更深更高的结构（超越了自我）的话题，是否整个发展过程真得会告终于所有可能历史的真正而彻底的终结。因为它在零时间
314 波的千禧主题中有所暗示：所有终结的绝对终结点，所有终端的终端，不和谐的消失，现象在深渊中消失，宇宙终极的饭店，在那儿摆出了真正的最后的晚餐……

回想一下图5—1，包括从四个象限到视觉逻辑/半人半马/行星的发展，如果是这样，发展就是世界心灵的发展在时间的范围内、在这一意义上最后的主要界限（或者我将这样坚持）。于是，在这一点上，在任何更高的发展阶段，在所有四方象限，必须通过如下内容才能发生：个体自己的努力（UL），显示个体身体的变化（UR），实践于相似深度的微观—社会或协会（LL），他自己的微社会结构（LR）。

随着这些更高的潜能开始集体出现——前面的十年，百年，千年[65]——因为它没有被预先决定，我们只能猜想实际的外表结构可能会是什么样的。这些更高的结构（灵性的、微细的、无相的、不二的）只是单一的有潜力的世界空间，前一本体论的世界空间，它只赋予深层形式而不是在表层现象中。

但是我们确实知道，它们是人类身心的结构功能，因为自从它以它目前的形式（大约五万年前）出现，身心的确支撑意识跨越了很大幅度［支撑了佛陀、乔荼波陀（Gaudapada）①、圣朱利安夫人（Dame Jullian）和恺撒夫人的实现］。换句话说，那身心已经支撑了灵性的、微细的、无相的、不二的意识层面的实现，因而，通过重建科学，我们认识到这些潜能是可以利用的。这不是一种先验的黑格尔演绎，它是一个后验的结论。

因而，结构的潜能是可以利用的，但是它们的展开将有赖于所有四方象限的——现象的、行为的、文化的、社会的——相互影响和相互作用，这四方象限都在历史中持续发展，没有什么在强烈的意义上被预先决定。例如，当人类的身心和他复杂的三位一体的大脑以目前的形式（又一次，大约五万年前）出现，大脑就已经拥有了象征逻辑的潜能或者硬件（hard-wiring），而潜能在展示自己的形式和功能之前，必须有待于文化、社会、现象的协调发展，正是这更高的潜能：它们将如何展示，留待被观看。但 *315* 是它们在那里的事实已经被它们在一些个体那里（佛陀到黑天）展示的事实所证明，这样，它们已经可以被任何个体、在任何时间获得了，只要它选择继续它内在而超越的发展。

仍然有待解决的问题是：假如这一切都存在，那么一个集体的人类将最终进化到一个绝对的终结点，一个纯粹的基督意识（或者无论什么），对于人们来说是否还有什么意义？我们驶向历史的最后终端，所有终结的最后终结点，它是否真的存在呢？

回答是确实存在，我们既没有驶向它，也没有离开它，或者在它周围。永远的神，无相的层次的幽隐，是现在和每一时刻进化的本质和状态、源泉和支持。它从一开始就没进入时间之流，也不会在终端退出来。它支持一切时间、一切地点，根本没有偏爱，因此，在历史上也不产生什么牵引力和推动力。

因为完全是无实体的，它无法在进入形式之流的任何一点。而且，如拉马纳所说，从这一意义说，它确实是至善至美的，是最后的终结点，从这种意义上说，没有什么有限的事物在未释放到无限中之前会停下来。换

① 是商羯罗的老师，商氏是印度吠檀多学派中兴的功臣。——译者注

句话说，无实体，确实是最后的终结点，最后的结局，是从没有踏入形式的世界的终结。形式永远没有结局、不停止、全子丛聚式地持续着（除非假定宇宙本身坍塌了，后退到它来时的路上——重新开始）。

形式无终点地、全子丛聚式地持续着——全子一直上升、下降——宇宙像自我—反射的无限的镜厅。这就是为什么微细的层次确实对于较少较小的方面充当了一种明显的终结牵引力的原因，然而据说，微细的层次确实将微细层次内的无数个微细层次包含在千百个不同的领域。

于是，在形式的世界中，最后的终结点作为实现的一个永远—后退的视平线（现象的整体的永远后退的视平线）[66]，永远推动我们向前，它本身永远后退。于是，总是同时呈现出整体和部分；此刻的整体就是下一时刻整体的一部分；世界在任何时刻都是既完整又不完整的，因而被迫去实现从来不会实现的部分；形式奔涌向前，朝向奔涌自身的后退。

316 但是在个人的发展中，任何充分的发展点都能出现向无形式的彻底飞越（埃克哈特的“突破”）。发展得越高，可能越容易出现飞跃。但无形式本身不是飞跃的结果，也不是飞跃将要成为的东西。它从一开始就在那儿，作为一个人自己的本来面目，一个在人碰撞之前的面目，从每一个领域中，每一个感性生命那儿向外观看的面目，发动所有人中的每一个去认识共同的自我，而不只是自我。

自我驻留在空无中，包含了所有的形式：自我最后存在于空无中，决不会在形式中（虽然从来没有离开过它）。因此，即使我领略到了至善至美，即使我切断了没有中止的形式之途，发现自己在无形式之中，形式的世界仍旧在继续着——进入精神，进入微细层面，进入百万、千百万、可以利用、没有尽头、永不停止的、显著的形式的领域。

进化只是寻找这无实体的至善至美——它只要这最后的终结——它总是向前奔涌，独自寻找——它将永远也找不到它，因为进化展现在形式的世界中。宇宙被驱使趋向不停地在时间的领域中寻找整个无时间。而且既然它永远不会找到它，它将永远不会停止寻找。轮回是无尽的，轮回总是在心底藏着残忍的噩梦。

20世纪的信念是这无尽梦想的形式、功能、结构和模式。

注释

[1] 99页。如果没有特别说明，所有的引文均引自爱默生著，R. 库克编：《散文和诗歌选集》(*Selected Prose and Poetry*)。

注意，爱默生以更加直接的方式来处理哈贝马斯的“相同意指”(identical signification)：不是说我们为了交流可以进行而假定一种相同意指存在，而是我们在心灵深处的自我或者大自然是完全相同的，那就是上帝，这才是对话可以进行的原因！哈贝马斯所说的相互理解的欧米伽点，尽管还是正确的，但是不如爱默生的相互认同的欧米伽点更具包容力（在这里，爱默生是与普罗提诺、谢林一脉相承的，我们后面还会看到）。对哈贝马斯而言，此在是谁的答案在于主体间回环的回转本身；对爱默生而言，这个“谁”就是上帝。

因此爱默生把超越精神称为“一切真诚的对话共同的心就是祈祷”。赫尔德林则说：“……我们平静地微笑，感到我们自己的上帝就在我们的对话之中，在我们心灵的歌声中。”

[2] 96页。

[3] 同上书。

[4] 再次说明，这并非意味着自我不处于背景之中，而是意味着它不仅仅处于背景之中。我在第二部特别是第三部中要说明的观点是自我作为大精神的体现，表现在四个象限之中，又是四个象限本身，或者正是三大领域：“我”、“我们”、“它”。当大精神/意识进化到了超个人领域，三大领域表现为佛（终极的“我”）、法（终极的“它”）和僧（终极的“我们”），很多神秘经验论者特别强调终极的“我”这个方面，也就是个人的心和佛心相应，或者称为一个大我（实际上作为个体的自我已经不存在了）。这一点也是可以理解的，爱默生在这一点上也没有表现出过人之处。

但是爱默生认识到一切的显现都是遍满四大象限的，这样就可以小心地避免哲学上的唯我论。同时，大精神的永恒性就可以平等无异地从四个象限（“我”、“我们”、“它”）中的任何一个直觉到，和很多神秘经验论者一样，爱默生在这里是通过“我的象限”表达他的直觉的，把它表达为“超自我”或者“超灵”。我会说，如果表达为“超它”、“超我们”或者高层真理和广大群体也是一样，并无本质区别。

[5] 81～82页。 607

[6] 95、107、52、95页。

[7] 对大宇宙意识的典型驳斥同样也可以用来驳斥任何形式的自我观念——说它打破了单个有机体之间的物理界限。除了在第二阶梯之外，任何的自我认同都不是身体界限。其他的任何阶梯上，自我的中心都是一系列的情感和倾向性，比如家庭、部落或者文化、一种因、一个国家或者一个理想；它们受限于各种东西，包括财产、友谊、婚姻、工作等一大堆价值关系——所有这些都超越身体的界限。我的任何一个道德冲动都是超越身体界限的；任何一个对于未来的动作的预想都是超越身体界限的；我对自己的任何反思活动都是突破身体界限的。大宇宙意识打破了这种身体界限已经是微不足道的批评了。（参阅第六章注［3］的“单界限悖论”，第十三章注［32］和第十四章注［17］。）

[8] 爱默生很少用世界精神这个词，但是这个词的含义隐含在他的超灵观念中。我会经常使用世界精神这种说法，因为它可以作为一个重要的提醒，让我们注意到大精神显现的群体构成（我们）。和超灵（over-soul）的观念一样，世界精神所说的总是灵性层面。

我把这些个人当成各种超个人结构/阶段的代表，读者需要注意他们各自所代表的发展阶段的深层结构所表现出各自所处的文化的表层结构。所以，爱默生就会从超灵的角度来表达灵性阶段——其他的传统和个人就不一定要用这种说法（甚至不一定要有那种体验）。

具体说来，如果我们现在在普遍意义上使用神秘经验论这种说法，用来指称任何超越传统上以个体的自我为中心的时空，那么超个人或者神秘经验论的发展（灵性、微细、无相和不二）分别指粗重/觉醒状态、微细/梦幻状态、无相/无梦状态和不二状态。

因此灵性阶段往往包含大量看起来似乎没有什么关系的内容，如各种实际上类似妄想的认知和事件（比如“星运”，灵魂出窍经验）；有各种初级的冥想体验（灵性阶段属于超个人领域的初级阶段）；是生命力的觉悟（特别是）五大气轮的第一个；是重新经历出生体验和生前体验；和植物、动物、人、自然的某些方面甚至整个自然出现暂时的认同（自然神秘经验论、宇宙意识）——仅举几例。

这些体验的共同特征在于它们超越了普通的或者传统的现实（粗重意识/觉醒
608 状态），同时仍然把粗重意识/觉醒状态作为它的所指物。因此，无论多么奇怪、多么遥远，所有的神秘体验还是和粗重意识/觉醒状态的现实相关联的——这些体验或者全部或者部分地指向粗重意识/觉醒状态的某些成分。

这也就是阿巴沙为什么把大多数生命觉醒体验放在这个水平的原因。他曾经指出［在《教导的悖论》（*The Paradox of Instruction*）中］生命觉醒体验还是在身体水平的，是可以通过身体觉察到的，它们主要还是属于粗重身的（或者仍然包含粗重身的某些方面）；它们当然是某些细微的能量，但是这些能量还是与粗重身相关联的，受到粗重身决定的。对于宇宙意识而言同样如此（阿巴沙、奥洛宾多和普罗提诺都处于这个层面），无论它们的体验和生命觉醒体验有多大的不同，它们还是在很大程度上和生命觉醒体验一样与粗重现实的关系非常紧密（这和许多超自然认知和行为也相同）。这也就是为什么在一般意义上所有的灵性水平的现象都可以被称为自然神秘经验论（粗重相关的），无论它们的表层结构差别有多大。

可是细微水平的神秘经验论（神性神秘经验论）指向粗重领域的经验即便有也很少。内明、内声、原型的形式和样式、极端细微的福报和认识（音流瑜伽和那达瑜伽）基本上没有粗重现实的指称物。理由是这些是粗重现实的种子（粗重世界是含藏在种子中的），所以在这个水平上粗重现实尚未出现，自然也就没有什么可以指称的。纯粹的细微水平的神秘经验论在粗重（自然）的世界中是没有什么对应的。

这也就是阿巴沙说灵性阶段的神秘经验论是瑜伽师的，微细阶段的神秘经验论是圣者的原因。大多数瑜伽体验是和粗重身相关的（身体功能的控制、身体对生命觉醒的体验），但是圣者的瑜伽是内在的光明和声音，和粗重身是没有关系的。具体来说，根据《教导的悖论》这个例子，前五个气轮是和粗重身有关的（瑜伽师的），第六个气轮包含了无数的微细阶段，是微细水平的起点（或者圣者的起点）——它几乎没什么指称是和粗重现实相关的——第七个气轮则开始完全超越灵性的微细阶段向散发着光明的无相（causal）展开（阿巴沙说这是真人境界）。

无相水平（causal level）的神秘经验论（或者叫做纯粹无染的定境）没有粗重指称物（referent）和微细指称物，只有它本然存在的空。不二神秘经验论是对一切空和一切色的认同，因此它的指称物是当下生灭的一切（不二悉昙、本来如此的觉醒者）。

因此，四种神秘经验论（自然神秘经验论、神性神秘经验论、空性神秘经验论和不二神秘经验论）都有四个基本的超个人发展水平作为其深层结构（灵性水平、微细水平、无相水平、不二水平）。这些深层结构很容易辨认，无论它们的表层结构差别有多大。其中最大的差别主要表现在灵性的水平上，理由如下：

灵性水平是粗重状态和微细状态之间的边界。因此，它不仅是各种神秘现象的 609
开端（可以想象，这些神秘现象的个人差异非常大），它本身还是粗重状态到微细状态的过渡阶段。所以，它是一种神秘经验论，但是它的这种神秘经验论尚有一只脚在粗重状态之中。它是粗定位的神秘经验论［这一点是各种差别极大的现象的共同特点，从超常到生命觉醒（kundalini）到自然神秘经验论，到宇宙意识。它的确是神秘经验论，但是还没有完全摆脱粗重状态，一只脚在神秘经验论一边，另一只脚在粗重状态一边，并且这就是它的表层结构为什么会有这么大的差别、可还是从同一个一般的领域生发出来、也就是从灵性水平生发出来的原因，灵性水平就是粗重状态和微细状态的边界］。因此，灵性水平可以说是包括初步的冥想体验、超常现象、出体经验、生命觉醒、初步的平等体验乃至普遍的宇宙意识在内的各种神秘体验在内的基础，它们都是从微细状态溢入粗重状态的，跨越的是同一个边界：灵性阶段。

进一步讲，通过了灵性水平的人可能再也体会不到这个水平可能存在的一切现象，正如经过了语言水平的人不可能同时能够理解一切存在的语言一样。他也不需要学习全部的语言，然后才能超越语言。他甚至都不需要完全精通任何一门语言（一个人不需要先成为莎士比亚，然后才能超越语言）。只有掌握一般的水平是必需的，这也不需要有意识的精通（比如一个人可能不需要有意识地学习或者描述语法的规则就已经通过了语言阶段）。

因此，比如说在禅修的过程中，各种灵性的/微细水平的现象都会在冥想中出现（每个人都会有，虽然有的短有的长），但是大多数很快就消失，这种现象被称为有漏造作，老师会不断提醒学生超越那个阶段（把它们对象化，然后超越它们，它们是不必要的干扰），禅的最终目标是无相/不二阶段。有一些传统很重视这种灵性经验，花大力气来修炼它们，甚至到精通和表达的水平（这也是大贡献）。但是奥洛宾多、普罗提诺和阿巴沙等都强调过，仅仅通过或者完全通过适应是不可能超越任何一个阶段的。高级灵性阶段的高峰体验几乎在任何一个发展水平上都可能出现（因为这些高级阶段从出生开始就潜在于深层结构之中），但是充分地适应这些阶段则需要对这些阶段进行牢靠的客体化，因为这些阶段本身实际上是一系列的主体，而在纯粹的见证出现之前一切自我都必须死亡（称为对象），然后纯粹的见证本身还要死亡，成为空。任何没有被对象化的阶段都是潜在的主体（潜在的自我感），蒙蔽无我或者纯粹不二的觉察。

这也就是为什么奥洛宾多（及普罗提诺、阿巴沙等）总是这么说的原因："精神的进化遵循连续展开的逻辑，只有前面的阶段被充分征服，后面的阶段才可能有
610 大的进步。即便一个很小的阶段被吞噬或者越过，意识还是会回到这个阶段重新处理。高速度的集中发展（这是可能的）并非容许遗漏某些阶段或者阻断后续的阶段"（《神圣的生命》，第2卷，26页）。

[9] 在发展的很多方面都有个程度的问题。每个发展阶段都会从前一个认同中解放出一个见证者：象征见证意象，概念见证象征，规则见证概念，等等。到自我出现，特别是到半人半马出现，作为觉照者的自我在意识中出现（尽管一直都存在）——比如我们在布洛坦的研究中看到觉照自我的出现——灵性成了直接的有力的经验；在通往无相的路上，这个过程会越来越清晰、越来越强烈（最后融入称为纯粹的空）。

类似地，爱默生自己的直觉常常进入无相和不二，但是这是个程度的问题，他所表达出来的是一种灵性阶段的超灵。

[10] "和一切显现的认同"在我这里是一切粗重状态和粗重状态的反映的显现（在本小节内容中就是大宇宙）；民族自然神秘经验论一般不能认识到微细阶段或者无相维度（参见上文注[8]）。这是一种和所有的醒觉状态的大宇宙认同（粗重状态），不是和微细状态或者熟眠（无色）领域的认同。在整个的文章中，我往往用大宇宙指称所有的显现，粗重、微细、灵性，直到无相，但是因为到目前为止我还没有介绍那些更微细的阶段，所以此处仅仅用大宇宙指称粗重/觉醒的世界。

[11] 95页。

[12] 5～6页。

[13] 12～13页。

[14] 爱默生用"理性"这个词来表示视觉逻辑[也就是说他用这个词来指称德国唯心主义者的理性（vernunft）]。按照他的说法，当这种视觉逻辑"激发出更为真实的视觉"的时候，那就是纯粹的视觉本身，这是灵性阶段的认知的特点（我在《意识的蜕变》中说过，半人半马阶段的视觉逻辑出现整合的时候，灵性水平的视觉直接看到的就是这种整合）。我用"直觉"这个词来表达直接的灵性视觉，这个词更常用，爱默生自己也说"我们把这种智慧叫做直觉"。

[15] 36、25页。

[16] 很多生态哲学家想用第一个字母大写的自然（Nature）来表示男神或者女神，或者大精神，只不过排除"彼岸"的意义成分。对他们来说，大写的自然是表现在当前的世界中的精神，我们不需要做任何的超越。这些生态哲学家（我会在本三部曲的第二部中详细阐述他们的观点）认为文化就是大自然的另一个产品——一切在某种意义上都是大自然的产品——因此大自然是一切存在的唯一基础。大自然不过是大精神的代名词，但是大精神是隐藏在大自然中的。

611 但是这样就带来一个无法解决的问题：大写的自然和小写的自然（nature）是什么关系？也就是说创造了一切的那种力量和被创造的生物层面中的这一切之间究

竟是什么关系？这些生态哲学家在两个差别很大的概念之间摇摆，在（作为一切的）大写的自然和（作为生物层面）的小写的自然之间拿不定主意，因为他们想突出生物层面的重要性，把小写自然的法则推及大写的自然。

于是他们产生了强烈的二元论观点：小写的自然就是上帝，文化是坏的（或者可能是坏的），（因为文化伤害和扰乱自然），因此我们必须回到自然，为地球疗伤等。但是如果文化能够如此远离自然，那么文化就很明显不该是自然的产物，不应该是自然正在创造的东西（除非我们把自然定义为一个自杀中的自然，上帝自杀的可能性不大），因此文化不仅仅是自然。

但是由于他们说小写的自然又是一切背后的力量，这些理论家们就又跳到了大写的自然上去了，他们说这个大写的自然既是文化背后的力量（也就是“二级自然”），也是自然世界背后的力量。

问题还是没有解决：小写的自然和大写的自然之间究竟是什么关系？如果大写的自然是小写的自然背后的力量，那么它就不可能是小写的自然本身。因为他们想强调生物层面（或者小写的自然）的重要性，而且认为小写的自然和文化是对立的，他们还想用自我中心的观念涵盖所有的一切（从而说自己是精神性的），所以他们必须同时认为大写的自然既和文化不同，作为一切背后的力量又包含文化本身。这样一来，他们就在这些定义中摇摆不定，一会儿是大写的自然，一会儿是小写的自然，完全根据自己的目的而定：为了说明文化如何破坏了自然的时候，就用小写的自然（因为小写的自然和文化的确是不同的）；为了实施自己的以生物层面为中心的解决方案的时候，又用大写的自然这个概念作为极端的统摄。

如果生物层面的确是男神或者女神，人类怎么可能破坏它呢？人怎么可能破坏神呢？如果能被人破坏的话，还算什么神？人们还可以说，“拯救地球”就成了“我能拯救上帝”了。终于，地球中心和自我中心在这里走到了一块儿。

我能拯救上帝……尼采说：“简单地说，世界绕着我转。”

因为这些生态哲学家混淆了基本的东西和关键的东西，所以他们看不到本体之环的不断扩展。从小写的自然到文化再到大精神，或者也可以说从小写的自然到文化，再到大写的自然，在这里大写的自然和大精神的含义是一样的，都是“超越且包含”。文化可以破坏小写的自然，恰恰是因为小写的自然不是大写的自然，而仅仅是小写的自然。文化在超越小写的自然的时候会压抑或者割裂它，的确会伤害它（并且因为小写的自然是文化的组成部分，所以这种压抑和割裂的确是一种自杀行为）。但是文化不能破坏大写的自然或者神或者大精神，狗可以摇尾巴，但是尾巴是不可能摇狗的。进一步讲，小写的自然和文化是可以得到疗救的，但不是在小写的自然中，而只能在大写的自然中（大精神）。

大部分这类生态哲学家采用斯宾诺莎的观点来支持他们的“上帝＝大自然”的 612
说法，他们在这里大大误读了斯宾诺莎。斯宾诺莎认为大精神和这个世界是极为不同的，同时大精神完全包容这个世界，把这个世界作为逻辑的前提，而且包容这个世界的一切后续（他的例子）。大精神具有无数的属性，在“这个世界”中只能看到两个。卡尔·雅斯贝尔斯指出，根据斯宾诺莎的观点，“神和这个世界是极为不同的，其标志就是大精神的无数属性中只有两个我们可以在这个世界上看到”。神和我们这个世界的差别太大了，以至于黑格尔在仔细研究了斯宾诺莎的思想之后称之为“无宇宙论”：世界是不存在的，或者只是幻象。

但是黑格尔走得远了一点；斯宾诺莎说得很清楚，在我们能知道的这两个属性——思维和延伸——中，神完全是内在的，尽管上帝只有一小部分在这个世界上，但是这个世界全部都在上帝中（这再次说明高级的超越并且包含低级的，低级的不能包含高级的，但是并不是所有的高级的都在低级的存在中可以看到）。这种说法导致了流行的理解，认为斯宾诺莎说有限的世界本身就是上帝。但是斯宾诺莎根本不曾把有限的世界等同作上帝，这种观点和他基本上是相反的。

这就是为什么他本人非常仔细地区分大写的自然和小写的自然之间的原因（他把大写的自然等同作大精神或者上帝，把小写的自然看作这个世界）。他认为大写的自然是超越的、无限的，小写的自然是内在的。认为斯宾诺莎把有限的小自然和大精神等同的说法是对他的观点的极端扭曲，根本不着边际。

如果生态哲学家用大写的自然来表示具有无限属性的现实，无限地超越这个世界的小写的自然，完全超越它、包容它，那么我完全同意他们的说法。在斯宾诺莎看来，那种终极的实在只能通过思想来接近和理解，而不是通过感官的延伸——荒野或者自然在斯宾诺莎那里是“被损伤的混乱的”知识，是他所谓的三个认识水平中最低级的那个。

我完全不同意斯宾诺莎关于如何理解那种终极实在的说法（斯宾诺莎说有三个水平，我认为应该是超越他的三个水平的第四个水平，也就是超理性），但是生态哲学家们得清楚他们讨论的对象究竟是谁。至于为什么斯宾诺莎感到大精神完全超越这个世界同时完全包容这个世界，我相信随着本章内容的展开会越来越清楚。

[17] 这也是赫尔德林的观点，他的主要翻译者在这一点上解释说：“作为一切整合的力量，大自然当然不能仅仅限于物理实在，在超越‘天堂’和‘国家’的历史性存在中同样具备。”［杨格（Unger）：《赫尔德林的主要诗作》（*Hölderlin's Maijor Poetry*），109 页。］

[18] 32 页。

[19] 或者更准确地说，超灵（Over-Soul）是新出现的全子，包含了物理层面、生物层面和人类层面，这些都是它的基本构成。

[20] 叔本华：《作为意志和表象的世界》（*World As Will and Representation*）。

[21] 这也是黑格尔对康德的主要批判，在康德的“自律”中，他律的外部专制被内部分类的命令取代，其实大精神所投注的真正道德是一个人最深层的本性的自然表达。

沃尔维克·福克斯（Warwick Fox）在《超个人生态学》中试图重拾黑格尔的这个观念（奈斯思想的延续），可是他试图把它放在一个完全平面化的本体论中，结果非常不好（我在第二部会详细说明）。尽管福克斯的思路有很多可取之处，他对意向性的清晰表达和整合值得赞赏，可是他还是受启蒙范式的影响，只承认狭/宽的维度，不承认深/高的维度，这就给他带来了缺陷。并且，福克斯也和大多数生态哲学家一样，想把这种范式推广为整个平面的全子。

关于从相互理解的世界中心视角（自我—人马水平）向相互认同的超灵视角转化过程中欧米伽点被替代的问题，请参阅上文注释［1］。并且我们会在下文中看到超灵会在微细水平和尤相水平找到自己的欧米伽点。

［22］“道德的基础”。

［23］“道德的基础”。

我在第三部中提出，基本道德直觉（BMI）是“为最大的广度保存和促进最大的深度”——这种道德直觉在人类发展的各个阶段都存在。这种BMI代表着大精神在四大象限（或三大领域）中的表现（是大精神显现的直接结果）——把“我”的深度的范围扩大化，包含别人（我们），把它作为一种事物的客观状态（它）。也就是说，所有的个人都能直觉到大精神，由于大精神表现为三大领域，所以基本的精神直觉在三大领域中都存在，从而基本的精神直觉（“尊重并实现大精神”）就是以“为最大广度促进最大深度”的形式出现，或者至少我是这么认为。

如果我们把BMI应用于各种世界观中（包括巫术阶段的世界观、神话阶段的世界观、理性阶段的世界观、灵性阶段的世界观），就可以看到每个阶段的道德立场，因为每个阶段的BMI是相同的（因为大精神只有一个），只不过对自我、他人和客观物的定义不同罢了（因为大精神在自我进化的过程中展开的深度是不同的）。

比如，在自我中心的道德立场上，深度仅仅推及自我，其他的一切都只是（或者往往是）自我的延伸。（它的道德立场的深度是1，从而它只推动和保护那个广度中的深度，即它本身。这是勇士伦理的典型形式。）

在社会中心的立场上，承认别人也有深度，但是别人的范围限定在个人所处的特定文化中（深度延伸到所有信神的人，它们的深度得到保护和推动，这是典型的责任伦理的表现），其他的一切别人都被看成是形形色色的不信神者。在社会中心的道德立场看来，不信神者是没有深度的，他们没有灵魂，因此不值得保护和推动（实际上他们往往会成为神的荣耀的牺牲品）。

在世界中心的理性道德立场上，深度延及每个人，广度包括全人类。（而这里 614
出现了歪曲，由于把大宇宙平面化成了客观的物质宇宙或者自然世界，深度被解释成一个幸福，在这种情况下，BMI成了“为最大数量提供幸福”，没有考虑到幸福有多种类型，或者深度有不同层次。这种平面的BMI没有办法理解，为什么“苏格拉底虽然不快乐，但是还是比快乐的猪强”。）但是理性的世界观毕竟展开了BMI，把它的深度或潜在的深度推广到所有的人（即使实际上不平等，至少在实现这种深度的机会上是平等的，不论种族、性别和民族如何），有些人还把深度推广到了非人类的存在。

在超个人领域，BMI展现为佛（“我”）、法（“它”）、僧（“我们”），最高水平的僧伽包含了一切有情众生。在超个人领域的不同阶段，关于这个主题有不同的处理方法，我会在别处讨论这个问题（参见后文注解［58］）。

换句话说，我相信我们都能不同程度地直觉到大精神，所以我们都有BMI，但是我们展开这种直觉的时候总是根据发展的各种阶段认识四大象限的方式。把纵横两种因素放到一起，我们就可以得到一个多维度的网格，这种网格可以推出前面的各个道德立场（至于如何证明，我将在第三部中完成）。

进一步讲，即使在特定的发展水平上，直觉终究是直觉，不会像药物说明书那么具体。它的表现形式和表层结构是由文化决定的——恰恰因为它是一种直觉，处于特定阶段的人对它的实质的体认、对于这种深度应该具备多大的广度，以及应该运用何种客观的措施来对这种深度进行测度（“我”、“我们”、“它”）的理解可能出现差异，这是正常的。（等达到更高的阶段，这种 BMI 的展开可能会更真实，但是那个阶段又会面对自身的问题。）

关于理性水平有一个著名的例子：我们是否应该把理性水平的广度推广到胎儿身上？既然“为最大广度保护最大深度”，如果胎儿也具备同样的真正的深度，那么也就应该得到保护？或者说，胎儿只是一种潜在的深度，因此应该比实际真实的深度的权利要少？进一步讲，如果母亲是已经实现了的深度，而胎儿仅仅是潜在的深度，母亲的深度比胎儿的深度大得多，如果生产过程会给母亲带来严重的伤害，
615 那么根据“为最大广度保护最大深度”的原则，堕胎是好事而不是坏事？（实际上女性主义者就是默认了这种立场，尽管他们不这么讲。）

我的观点是，人们对这类问题莫衷一是，这是正常的，因为他们都在尽自己最大的努力去揭示 BMI。另一方面，处于社会中心或者神话成员阶段的人，会认为胎儿已经是一个完整的人，因此具备同样的深度，应该得到保护——这些人相信神话，从而认为堕胎就是谋杀。有趣的是，这种说法只对将来可能信神的胎儿成立；不信神的人没有灵魂，不会受洗，必定下地狱，所以他们该死，堕胎也就没有什么不对的了。他们认为堕胎损失的不是一条人命，而是一个信神者；他们不假思索地说“全人类的生命”，但是实际上说的只是信神的人的生命，他们所谓的人都是属于上帝的，其他的不是人。这里就有一个道德的悖论：我应不应该杀死谋杀上帝的子民的人？实际上在美国已经有个医生因为这一点被人谋杀了。郭（Gunn）医生被谋杀以后，原教旨主义的通信消息上面就进行了热烈的争论：不是争论他应不应该被杀——没有人去提问这样的问题——而是去争论是不是应该按照《圣经》的说法本该用石头打死他。

后面我还会再次讨论 BMI 的问题（参阅第十四章的注释［13］）。现在我要说的是用“一个大我”和“普遍的超灵”来表达 BMI 是可取的——涉及爱默生和叔本华的思想——只是我们不要忘了那只是 BMI 的一个方面（即主观的方面），只是伦理理论的一部分（本来伦理理论应该包含四个象限）。否则我们就很容易滑入唯我论和主观唯心主义，这些倾向对启蒙运动的基本范式的过度主观、过度男性化、主体性的泛空都产生了重要的影响。

［24］在成熟的、经过分化/整合的、去中心化了的、自主的交往理性之上，哈贝马斯没有再看到别的阶段（在任何领域中都没有看到）。交往理性是最后的欧米伽点，是哈贝马斯思想中历史的终点。但是如果从超个人的角度来看，这样结束历史，未免太草率了。

所以尽管我反复引用哈贝马斯的主要理论，我们还是要注意他的体系的某些方

面的问题。在我看来，哈贝马斯对于个人的主观的领域非常不清楚（包括治疗性的维度和审美的维度）。一方面他说三大领域都是可以理性化的、可以学习的；另一方面他又说内部领域的维度特别，普遍特征对它不适用。卢斯伯格相信哈贝马斯会认为内部维度的形式（或者结构）会进化（在这个方面是普遍的），但是其内容却是个人化的、特别的，不适合普遍的特征。如果是这样的话（卢斯伯格的观点似乎的确反映了哈贝马斯的基本立场），那么哈贝马斯的观点和我其实相去不远。我也 616
认为所有领域的深层结构按照普遍的基本形式进化，但是表层结构却千差万别，它因文化和个人经历的偶然性的不同而不同（在这个方面，内在的领域和外部领域及社会领域没有差别，自我或主体性的深层结构基本上按照同样的结构进化，"它"的领域和"我们"的领域也是一样，"它"和"我们"的公众性其实并不比"我"的公众性更强：每个领域都处于相互关联的交换中）。说内部/主观的世界有独特性是没有问题的，但是从这个角度看，这种独特性实际上是无足轻重的；然而内部空间的类型却不是无足轻重的，数据的类型或者内在的觉解按照一种跨文化的宽泛的样式进化，和道德反映的类型差异和技术—客观潜力的类型进化一样。说一个领域的特定内容变化就是说在所有的领域中内容都变化。单单突出"它"的领域和"我们"的领域的重要性，忽略"我"的领域，一旦成立，就否定了这种"突出"本身。

我同意哈贝马斯对主体性哲学的很多批评——我们在第十二章和第十三章中还会详细讨论——但是我觉得在这个问题上他把孩子和洗澡水一起倒掉了。当他说"以客体化的态度根本无法获得任何关于内在本性即主体性的知识"的时候，我知道他在说什么——一旦主体被客体化，那它立刻就不再是主体了。但是关于内部维度的发展问题关键之处在于，在这个阶段上不能客体化的内容到了下一个阶段就可以成为客观认识的对象了，更高的或者更深的冥想阶段所做的恰恰是以内省的方式通过对主体的对象化来认识主体的，这是一种从不能分化的主体性或者认同中抽身的做法：恰恰是通过把主体客体化，剥夺它为世界做主的权力，才能认识主体——进一步讲，关于冥想传统是这种发展图式在主体间传播的过程的说法可以变一变，即这种图式具有一种一般性或者普适性，并且这些图式的构建过程保证具备三大领域，其积累的过程和其他知识同样具有"公众性"（我在第十二章和第十三章中批评极端客观化的启蒙运动的基本范式的时候，不是要批评客观化本身，而是批评绝对化的客观化：看不到在同等深度的主体之间的交流中主体性还是存在的，不仅仅有"我们"的领域存在，还有"我"的领域。启蒙运动的基本范式就是否认自我或者主体的哲学）。

卢斯伯格在他的精彩回顾中讨论了很多这类问题如"哈贝马斯的近期著作中的理性和宗教"。卢斯伯格最后得出结论说，哈贝马斯的理论换种说法就会和冥想性的宗教现象学契合，我非常同意他的这个结论。这些问题我在本系列的第三部中会详细讨论，同时希望批评家容许我在比较宽泛的意义上来运用哈贝马斯的体系［我在这卷书中的评论基本上是依据他最近出版的大部头著作——《交往行为理论》 617
（*The Theory of Communication Action*）之前的作品，而没有包括这本书，他的这

本书的前两卷业已出版了。我对这个问题的讨论将在本系列的第三部中去完成]。

泰勒抱怨说，哈贝马斯的理论体系会让真正的精神的/实质的生成“从裂缝中溜出”，我相信只要不把哈贝马斯的体系推广到各个领域（四个象限中的任何一个）的超个人层次，他的抱怨还是成立的。同时我对泰勒的批评是，他过于沉迷于巫术—神话的汇合主义。每次他提出实存之道的例子的时候总是说现代性“堕落了”，然后他就回到混合的/神话的“整体”中。如果他少一点“回归”多一些“超越”，我相信他就可以看到重新编排或者向超个人领域推广之后的哈贝马斯的体系的价值了。

但是哈贝马斯和泰勒是现代性的模棱两可对当代思想家的影响的很好的例证。尽管两个思想家都非常准确地看到了现代性带来的好消息和坏消息，然而哈贝马斯却对“再也没有神话!”手舞足蹈，泰勒则沉痛哀悼“再也没有提升（ascent）!”

[25] 99页。如无特别说明，所有的引文都是来自《内部的城堡》（*Interior Castle*），E. 帕尔斯翻译。

[26] 85、86页。

[27] 特丽莎的各个时期中，这次闭关是唯一一次蜕变（transformative），是无分别三摩地或无想定的表现。这次闭关或者悬置（suspension）（她自己的话）在她的《宁静的祈祷者》（*The Prayer of Quiet*）一书中曾经提到过，但是在这次特别明显，并且在全部六个时期都是蜕变性的事件。所以她说“这次（第五次）（闭关/入定）的体验和后来的体验几乎完全相同”（106、107页）。

因而她在第四、五、六甚至第七个阶段都曾经描述这种入定的状态。略引几处如下：“在这种境界中感官完全休止，几乎可以说是死去了，这种感觉真是太好了……”（150页）。“这个时候我们全部沉睡过去，深深地睡去，对世界、对我们自己都没有丝毫的知觉（真的，当这种境界出现的时候，灵魂是没有意识的，没有能力去思考，即使非常想去思考但还是做不到）……”（97页）“这是一种让人非常愉快的死亡；如果身体仍然在呼吸，那么这种呼吸完全是无意识的，手脚都没有知觉，不能动弹，呼吸一下，给灵魂带来一点生气，然后再次死去……”（155页）（请读者注意，在冥想过程中超越与呼吸的停止反复出现。）

但是关于止息境界中灵魂“睡着了”或者“无意识”的说法，特丽莎最后指出，实际上灵魂“完全清醒”，说它在沉睡是因为它不攀附任何东西。

618 这种悬置、入定、闭关的体验，在东方的经典中被称为“无分别三摩地”，是尚未完全实现的毕竟空。特丽莎的每个阶段都是这种境界的表现，是一种品味，这种品味引导她沿着灵性乃至微细阶段的发展继续前行，并出现各种视觉现象、狂喜，听到各种声音，出现幻觉等（有余三摩地）。

在特丽莎看来，这种闭关/入定完全是和上帝相遇（印度教的经典也支持这种说法，但是这种入定还是“有条件的”，因为在知觉中仍有二元分离的痕迹：只有当这种痕迹被连根拔起，上帝和灵魂才算双双让路给神性或者智慧三摩地，我们在后面讨论埃克哈特和拉马纳大师的时候还会讨论这个问题）。

[28] 101页。

［29］106页。

［30］155页。

［31］129、131页。比较佛教的“假苦”；参阅《意识的蜕变》。

［32］199页。

［33］134、160页。但是她指出，这并非意味着它们就没法表达，没法交流，在那些具备类似体验的人之间还是可以交流的。“我觉得这样说是不成的，你们可能觉得容易让人产生误会，因为你们没有类似的经验，你们的理解可能和我说得很不一样；这种影响太细微了，似乎完全是从心底流出来的，所以我不知道应该拿什么东西来和它相比照”（134页）。也就是说，除非听者具备相应发展阶段的所指，否则任何能指都是没有意义的。

所以这种状态并非完全是主观的，那种相对主义—建构主义者对它的理解是不合适的，真假是非常分明的（可以证明的）：“但是我总觉得你们可能会觉得不满足，觉得我说得不够详细，可能会带来误会。实际上对有过类似体验的人来说，我所说的已经足够多了，因为真假之间的区别是很大的”（100页）。哈贝马斯总是想要简单地回答“要么是，要么非”，而特丽莎修女也似乎很乐意这么说。

［34］149、152页。

［35］高级的微细阶段和初级的微细阶段有些类似。特丽莎说，当灵魂和上帝合一的时候，或者灵魂和上帝的一些功能合一的时候，（对心灵和初级的微细阶段的）视野、狂喜和光明会有所减少，但是这指的是“整个的灵魂和上帝”最终的合一。

［36］213页。

［37］213～214页。

［38］在第二部中我还会回到这个问题；也可以参阅《梵我的投射》（*The Atman Project*）和《意识的蜕变》。

［39］87页。

［40］《登上迦密山》（*The Ascent of Mount Carmel*）第五章。

［41］216、210页。

［42］《神界的生活》（*Life Divine*），704～705页。 *619*

［43］169页。

［44］218、217页。如无特别说明，所有引文均来自福克斯的新译作：《突破》（*Breakthrough*）。

［45］215页。

［46］104、178、242页。

［47］190、177、140、128、256页。

［48］277、294、181页。

［49］298、309、301页。

［50］102页。如无特别说明，引文均来自和拉马纳大师的交谈。

［51］32页。

［52］13页。

［53］110、121页。

［54］53、93页。

［55］182、210、82页。

［56］132、316页。

［57］317、316页。

［58］不二传统在这个地方做了一系列非常细致的区分，在此稍有必要略微提一下。我们还会回到卡茨，对他的立场做一个简评。

一切的圆满显现，即圆满的全子，就是出缠大梵，是最后的有形的神（下品无相地）。这种全部的统一之显现作为一切形式出现，是20条原则最终的“应用”。纯洁无染的大精神，（或者叫做上品无相或在缠大梵）既不会进入也不会出离显现的等流，而是和“镜子”一样平等地映照着万物，无论万物的状态如何它都如如不动；它既是一切其他境界的基础又是它们的终极目标［但是它不是万物的总和，对万物而言，它的存在是不增不减的，就像至上本体（Saguna），因为它是最终的显现］。

作为不二真如的神性（Godhead）是无所谓显现不显现的（这与本源和目标是不一样的，因为它们都是无显现的），它纵贯高低一切全子，横抱有显与无显，它就是一切现象的“是”或者“真如”（suchness）本身。

粗略地说，怀特海所谓上帝的“根本性”（primordial nature）指的是进入粗重状态之前的原型性的样式（转引自“具体化”）；怀特海相信这些样式是“永恒的物”，但是很多传统，比如大乘佛学认为这种原型性的样式是物质宇宙的习气，和谢尔德里克的观点比较类似（比如无着和世亲就认为它是阿赖耶识中的熏习习气，相当于微细阶段的高级水平到无相阶段的低级水平）。

但是根本性和后得性（consequent nature）没有包含甚至没有提到无显现的神性（即无相的高级水平），或者作为真如本性的神性（即终极境界或者不二境界）：怀特海似乎对这两个领域并不是很清楚。

620 当然对这些宽泛的类型上的类似性，卡茨及认同他的观点的人是不会认可的，他们会认为这种比较在理论上是不能成立的。（我们在第七章的注释［16］中已经详细讨论了卡茨的立场，现在我就仅仅给出一个比较简略的与这个问题有关的评论；也可以参阅第十三章的注释［32］，在那里我讨论了康德和体验的问题。）

卡茨的基本立场是多元论，认为神秘体验都是以文化/概念为中介的，而文化和概念在不同的地方时差别很大，所以神秘体验是不可比较的。我们已经说过，如果真的像他说的那样严重，不但神秘体验是不可比较的，日常体验同样是不可比较的，从而简单的交流都是不可能的（不同语言之间的翻译也是不可能的）；但是很多理论家都反对这种说法，比如哈贝马斯和德里达等，他们认为超越性的所指会约束符号化过程，使对实在的诠释不能完全属于建构，因为它们受到超越语言的因素的重要约束。

神秘经验论者的说法也是一样，神秘经验论的有效性声称是受超越语言的因素制约的，无论它们受文化因素的影响有多大，毕竟它们不是完全能够由文化决定的。(超越性能指的指称物在具备相应发展水平的所指的人的世界空间中是存在的，尽管这些所指一定受特定文化背景的影响。因此文化差异不能阻挡神秘经验论科学的有效性声称的成立，而且其有效性不会完全受制于文化背景。)

实际上卡茨暗地里（有时候是明摆着）否认那种具有超越性的指称物的存在。(他称之为“神秘实在”。) 卡茨说：“因此，比如说基督教神秘经验论者出现神秘体验之前的意识会影响其神秘实在，因而其神秘意识中会出现耶稣、三位一体或具有人格化的神等，而不会出现非人格化的……佛教所谓的涅槃”(《语言、认识论和神秘经验论》)。

可是，既然“神秘现实”完全是特定文化独有的，是不可能跨文化交流的，那么你卡茨又是如何知道这种“神秘现实”是存在的呢？他自己的理论的基本的/超越性的声称成立的前提已经被他自己否定掉了，他自己的观点又如何建立呢？

在他的内心深处还是承认存在一种能够跨文化的共性特征的，即“神秘实在”还是存在的，从而他才可能从本土文化出发去否认它的存在。尽管这种存在本身是他所有理论的前提，他还是否定它的存在，这是非常不明智的（根据他的公开立场，他的这种普遍性的声称是不可能成立的，这是典型的言行不一）。

超个人研究的新进展发现这种神秘实在不仅仅是存在的，而且具有跨文化的超越性指称物。(从而跨文化的共性才能出现，卡茨本人也承认这种共性的存在。) 而且这种“神秘实在”的展开过程还具有发展的等级性，同时还发现跨文化的共性正处在一个展开的过程之中。既然卡茨已经发现“神秘实在”的存在，就不再需要什么工具来进一步辨别“神秘实在”的展开过程的阶段。也就是说靠此已经把最困难、最重大的任务给完成了：“神秘实在”已经在那里了。超个人领域的进一步研究已经把它进一步细化了：在它的展开过程中存在阶段的划分。每个阶段都有内在的超个人指称物。这些超个人指称物有五个功能：1）防止“神秘实在”被认为是暂时的；2）保证展开的过程中可以学习（如果展开的只是文字的东西，没有超越语言的东西作为基础和判断正误的参照，那么学习就是不可能的事情）；3）保证神秘经验论有效性声称的成立，使它们具备应有的深度，而不仅仅是戏论和主观的拳师；4）把人引导进入更深的大宇宙所展开的世界空间中；5）使整个大精神成为事实而不仅仅是浪漫诗。 621

“神秘实在”的展开顺序如下：

自我体验到内部有种极为有力的光明；自我与光明融合；自我与光明消失在虚空中；虚空变成不二真如，显隐统一。那是四周区别很大的神秘体验（实际上它们就是典型的灵性阶段、微细阶段、无相阶段和不二阶段），这些类型的体验是完全可以在不同文化中被辨认出来的。对于内部的光明，佛教会叫做报身，基督教或许会叫做天使或者上帝本人，荣格主义者可能叫做原型显现等，但是其存在性是毋庸置疑的。说法确实不同，但相对于其存在的本体论地位（和影响）而言却是微不足道的：这种推理适用于一切体验。(比如你和我可能都看到面前有块红颜色，我们看的方式可能完全相同。可是谁能说出来呢？但是这是否意味着那种“红”的属性就完全不成立，或者说在我们两个人之间不存在任何共性，我们俩无法对它进行交流呢?）以这种推理来反对神秘经验论的观点，也就完全否认了超越性的一切所指，也就是说，任何的交流和信息交换在理论上都是不可能的。

指称物中包含了神秘经验论意识的许多重要方面（“神秘实在”），所以尽管它处于文化之中，但永远不仅仅是文化的产物，因而不同于：（1）个人的幻觉；（2）暂时的文化虚构；（3）异质的脱轨（idiosyncratic quirks）；（4）神话迷信；（5）虚伪的权力自诩（意识形态）。

类似地，正是因为“神秘实在”在那里，成为一个超越的能指的依托，所以（1）可以通过学习来面对神秘实在；（2）保证学习可以按照一个曲线展开；（3）保证这条曲线的阶段性可以辨认；（4）保证传统可以看到学习的人出现错讹之处的时候能够进行纠正；（5）允许理性的重新诠释性的科学能够以抽象的方式来表达这种神秘经验论的展开过程；（6）坦诚地承认大精神是先于人类以及人类文化而存在的，不是仅仅因为人类具有创造符号的能力而被创造出来的：难道我们创造了上帝？这么说是不是太落伍了？

最后我在第四章中的注释［23］中提到了这个问题，说对四个主要超个人觉察
622 领域的语言表达是不同的。（似乎以比喻的方式来表达更容易；我是对应着福柯关于混乱结构的探讨来说的。）现在让我从理性自我开始，尝试简单地描述这个次第：

理性自我——表征语言和反映论的语言。典型的启蒙范式是独白的表征范式，认为具有形式运算能力的心是对外部世界的反映（至少多数如此）。这类语言中的世界是给定的，主体也是给定的（无论是否承认深度的存在，对它们的描述只能是独白的方式，即是经验一分析的）。

半人半马的视觉逻辑——关于深度和发展的语言。视觉逻辑倾向于很容易辨认“显而易见”的表层结构，下面潜在的深层内容需要被解释，即要以外部形式（新结构主义）和内部诠释（比如诠释学）来揭示。这是福柯从表征的语言探索深度的一部分工作（比如精神分析、语言学也是）。同样地，深度一般被认为是发展的——表层结构只是表现，而深度倾向于展开或者发展变化：它们不是给定的。半人半马阶段的语言倾向于对话性的、辩证的、网络定向的、发展的（广义上是进化的）——简而言之是深度的语言和发展的语言。（我说过，本书采用的就是这样一种语言。）

灵性阶段——视觉和波动的语言。视觉逻辑会让位给直接的视觉，由一种波动视觉作为补充。在此，波动的意思不是觉察力的强度。这种语言在空达里尼瑜伽（kundalini yoga）简介中最常见，在密宗的前行阶段也比较常见，而且在一切深度思想中都或多或少地能够看到。我们已经看到，由于灵性阶段把粗重领域作为指称物的一部分，波动（能看到身体的颤动）是捕捉超越粗重领域的细微力量和意识的最佳方式，但在这种粗重领域还是可以感受到的。无论如何，视觉和波动的语言在描述这个领域时是运用得最多的（在这个领域的微细结构中也是如此，比如轮、气脉和明点等）。

微细阶段——光明和原型的语言。我所说的“原型”和荣格学派所说的原型不

是一个意思，我的意思更传统一些（指的是大宇宙的微细形式或样式，其他一切形式的建立都是以此为基础，我们在第九章会看得更清楚）。视觉让位给强烈的光明（有时候这种光明会伴随声音和光明福报），波动有助于把握这种微细的形式，粗重的领域就是从这些微细的形式中放射出来的，或者在这种微细形式中波动。内在光明的“神圣性”和原型的神性形式——不可思议、让人敬畏、超越自然、光芒四射。

无相阶段——空性的语言和梦幻的语言。光明让位给纯粹的空性，整个有形的世界（原型的世界之类）都被看成是梦幻（就像演戏一样）。因此当我们听到圣哲谈论谷神、空、大本大源、未生面目、未形（等等），他们几乎总是把一切外显的 623
东西看作大梦，看作大幻觉、舞蹈、无物的微光。我们所处的语言是空性和梦幻的语言。

不二阶段——不可思议的平常语言。空即是色，色即是空。因此最后的证悟和平常所见的生灭完全没有差别，可以直接看到，比如某位禅师所说的：

春风入树
枝分两边：
南枝暖，
北枝寒。

这是绝对真理的最佳表述：如此明显，如此平常。这杯水多么清凉，这阳光多么明亮！听雨打屋顶，哪个还没开悟？

如何是本来面目？在一味的宇宙中，除了当下，还有哪里可以找到真理？那真理还能在哪里？这种语言便是“这个”。

在所有这些语言中请注意，我一直说有“两种组成部分”（比如深度和发展，或者光明和形式），在一般意义上说明特定水平的外部和内部（直到最后这两种成为一个，不二）。内部成分说的是类似主观的一面：视觉逻辑（或者深度）、视觉、光明、空性（纯粹的见证）；外部成分说得似乎是客观的一面：发展、波动、原型、梦幻——直到最后的空性和最后的梦幻/形式变成一个，即夏有凉风，听鸟鸣。

注意，在所有这些语言中，语词完全可以表达，能指完全充分。如果你有相应发展水平上的所指，指称物对你来说就非常明显。如果你对一个达到微细层面的修行者说，“我看到一种比太阳亮一千倍的光明”，那个修行者完全能够理解你在说什么，就像你说“昨天晚上我达到了极度的性高潮”没有什么两样。也就是说，在两种情况下语言的表达都是同样的充分（或者同等的不充分），它完全取决于我们的生存体验中是否具有相应的参照。我有可能完全不理解你所谓的“强烈的性高潮”是什么意思，但是这种不理解对任何能指而言都是可能的，因此完全没有理由仅仅否定神秘经验论的能指。我曾经说过，在这个问题上，“小狗”和“佛性”没有两样，但是这种认识论上的语言游戏并非意味着小狗和佛性都仅仅是神话传说。

我相信，对超个人领域的语言类型的分析是后现代性的主要任务之一。当然，前提是不能把它仅仅看成是学术问题，一帮白痴学者走到一起在能指上绕圈子，不在实际存在的指称物上下工夫。

624 [59] 67～68、138、96、191、249页。

我们注意一下世界中心阶段的出现所经过的蜕变过程。我们已经看到整个的发展经历了从物质中心到生物中心到民族中心再到世界中心的历程——直到理性出现，各种世界中心的观念才开始在全人类范围内出现。所有的世界中心视角具有的共同特征在于希望把某种自由的空气带给所有的人，不论民族、肤色、信仰和性别。一切理性阶段之上的发展（包括理性阶段）都在根本上是世界中心的。

但是这种在发展过程中世界中心的自由出现的类型（和道德的不同类型）是判断更高的超个人发展各个阶段的依据。

提到理性及其世界中心立场的问题，我们已经看到哈贝马斯曾经讨论过，比如他说理性首先需要有法律自由作为保证，然后要有道德自由，然后要有政治自由，一种世界大同社会的成员需要有这三种自由（注意他的这三种自由是依次展开的）。这样我们就可以达到全球化的、半人半马的、世界中心的视觉逻辑和它的道德立场。

进入超个人的阶段——科尔伯格的第七阶段，或者普遍/精神的道德（或后一后习俗阶段的道德），其实这个道德又包含几个不同的阶段/水平——世界中心的基本定向是没有问题的，但是进一步发展所能提供的自由已经超越了法律的自由和政治的自由，也就是说，到了精神的自由。世界中心的广度是同样的，但是揭示了更大的深度。

我们已经看到这些进步性的深度是灵性的深度、微细的深度、无相的深度和不二的深度：每一个深度都带来更深更大的精神自由——这是认同整个世界空间所带来的自由，可以说空间更大。这种自由来自对以前的狭隘的领域的摆脱，这种更大空间中的自由都是来自某处且居于某处，来自前面较为狭隘的领域，居于新的较为宽广的领域（等一下我们还会看到）。这些自由的每一种道德立场都和某种新的自由相关联，这种新的自由是要给全部存在的，对全世界的所有存在都是平等的（基本道德直觉促使我们把这种自由和深度推及世界上所有的有情众生，尽可能多地给他们——为最大的广度保证最大的深度——这标志着新的道德诠释从这种新的、自由的深度中涌现）。

这些不断增长的精神自由和它们相应的道德立场有很多不同的称谓，比如瑜伽、圣贤、哲人和不二。这些自由分别以粗重、微细、无相和不二的世界观为参照，因此每种自由都被视为是从前面的比较小的自由中解脱出来，得到更大的自由：从粗重的自由中得到微细的自由，从微细的自由中得到无相的自由，从无相的自由中得到不二的自由（成为不二的自由本身）。那些局限性比较强的自由并不是消失了（正如法律的自由和政治的自由并不能被否认），它们只是成为一个更深的空间当中不太显眼的自由，这种更深的自由从一个更大的视角来考量那些自由的问题。

625 因此，我在这里提供几个比较精练的例子：灵性/微细阶段的自由摆脱了日常的粗重水平的苦乐等感官心理欲望以及不能实现这种欲望所带来的挫折之类的束缚

(通过瑜伽修行将觉察力从日常的感官束缚中脱离开),这对于粗重水平的局限而言是一种解放和自由,这种自由存在于灵性和微细阶段的觉察中,它的空间更深。这个水平的觉察超越了粗重领域的感觉波动。

类似地,无相阶段的属性是从微细领域和一切有形的束缚下解脱出来(轮回),这种自由是摆脱了认同苦和分离这两种机制的束缚,这种自由要付出的代价是放弃无边无相的空性。这种空性是有意识的。永远不能进入有形的领域,无相的自由也就永远没有疯癫和数学所带来的痛苦:二元世界和它所带来的痛苦。不二的自由是摆脱了极端微细阶段的意识的束缚,摆脱了无相阶段的束缚[也就是说,无相阶段的紧张或者微细阶段对有形的东西的恐惧,即接近无分别定的时候对沙哈伊(Sahaj)产生的一种恐惧心理:即对最后空和色之间的边界消失,进入包含一切有的觉悟状态的一种恐惧。]——这种自由是摆脱无相的束缚所得到的,它在整个包含空和色的大宇宙之中,即是整个大宇宙本身,本来如此。

这些类型的新精神自由经常会用各种语言来表达,就像我刚才简单列出的那些一样。因此,视觉逻辑是从完全的表征之中解脱出来的一种自由;微细水平的那塔瑜伽光明是摆脱了粗重身所感觉到的、那些飘忽不定的觉察而得到的自由;无相阶段的自由来自虚幻如梦的种种表象;不二阶段的自由来自"石佛"所象征的空性(仅举以上几例)。

类似地,那四种精神自由(灵性自由、微细自由、无相自由和不二自由)通常与四种修行道路相关联,即断念之道(瑜伽行/灵性阶段)、清净之道(从微细水平到无相水平),变化之道(从无相阶段到不二阶段),自在之道(即不二阶段)——每一个道都具有自己独特的道德规范,反映了对新的深度之上所展开的基本道德直觉的新的诠释。

关于这些相关关系的详细讨论我想留在后续的文章中来讨论。现在我想强调的是世界中心的立场——这种立场是从理性的出现开始的,标志着理性以及理性之上的其他所有阶段,它要把自由推及所有的人(至少):这种世界中心立场的广度本身不断揭示更多的深度或者越来越深的自由,这种自由通过道德的诠释方式被推广到一切存在(从而不仅仅赋予人类自由,而且赋予一切有情自由)。

这是另一个理性是超越之门的论证方法。很多人(也有很多文化)实际上可以"切入"超个人领域,但是他们把这种直觉用前理性的结构给限定死了,把它拖入了一种自我中心或者社会中心/民族中心的社会结构,这样一来,他们就只能用来强化自我中心或者民族中心:也只有他们,才是和上帝站在一边的,从而他们开始怀疑其他的民族还可能有自己的上帝。因为他们没有世界中心的理性,直觉就不可 626
能被认为是所有人都具有的(最终一切有情众生都有理性),而且,由于缺乏世界中心的理性,一切的精神直觉,无论多么短暂,都被挟持和僵化进入一种阻碍他们的真实和慈悲的显现的社会结构。

后现代的重要任务之一,就是把这些本来真实慈悲的直觉从那些变态的、前理性的、缺乏世界中心的结构当中解放出来。

[60] 关于这个问题有个非常有意思的讨论,参阅彼得·罗素的《时间的白洞》

(*The White Hole in Time*)。

各种理论家都指出进化具有越来越快的特点，主要的蜕变似乎成指数关系。从这个角度来看肯定是正确的，但是并不影响我文中的观点。

[61] 全子的基本功能在于为自身的发展和成长提供一个蜕变的欧米伽点，或许还会得到具有同样形式、具备欧米伽点功能的一切的形态回声的促进。可是在他们的自我超越当中，新出现的更高级的欧米伽点对低级的欧米伽点具有吸引作用。他们本身或者他们的形态回声伴侣都是不能独立完成的。我们会在后面的两章当中详细研究这些欧米伽点的“根源”问题。现在我们已经看到那些神秘经验论者会把人类之爱和终极的上帝视为这种欧米伽点。

[62] 福山：《历史的终结》，13 页。

在第二部当中，我会讨论经济上的理由。我们得先看一下这些主要的世界观的经济技术基础。因为每一个内部都会有一个对应的外部，每一个基本的世界观都会有一个相应的生产方式（但是不能简化为那种生产力方式）：巫术阶段（狩猎生产方式），巫术神话阶段（采集生产方式），神话阶段（农耕生产方式），理性阶段（工业生产方式），视觉逻辑阶段（信息生产方式）。

在第二部当中，会对这些各种生产方式的特点和相关问题进行详细讨论，特别重要的是，要在各个阶段对两性地位进行讨论，目的在于解释昨天…… 乃至明天性别角色的不同。

如果对这些与世界观有关的“基础”（经济技术的内在结构）没有充分的理解，就不可能充分讨论这种目前处于进程当中的全球化的蜕变的本质。我已经说过，那将是第二部的主要内容。

但是福山的这一段讨论（关于经济的讨论）是右手的组成、物质的组成部分，很自然地他会发现和自然科学（右手）的一些结论一致：“现代自然科学是解释历史的方向性和连贯性的规则或者机制。现代自然科学是很有用的起点，因为它是一个唯一重要的、有方向性的、有累积性的社会行为”（《历史的终结》，14 页）。

627 “为了得到承认所做的奋争”是他的观点中的左手成分，即相互认可的主题或者是所有的人中间关于自尊的自由交换，是一种吸引历史和交流前进的欧米伽点，直到这种自由交换的自由涌现，在他那里，他的自由涌现是历史的终结。

[63]《历史的终结》，18 页。

[64] 同上书，12 页。

[65] 我想提一下在“绿化美国”和“水时代”中新时代理论家们往往忽略的几点。即便我们全人类已经进化到了更高的阶段，比如说灵性的超灵（Over-Soul）水平（这意味着政治、教育、文化等社会机构的主要目标在于实现每个人的超灵，正如我们现在的社会组织旨在实现自我中心水平的自尊），但是有三点还是非常重要，那些盲目乐观的空想主义者们还是得记住：

(1) 特定社会的心理文化发展可能会达到那个平均水平，但是并不能保证每个人的发展都如此进行。即便在“发达国家”中也只有极少数的人能够达到坚定的世界中心、后习俗阶段的觉察力（有一项研究表明，美国人只有四分之一能达到高水平的后习俗阶段——要达到超灵阶段，首先必须达到这个阶段!)。这个问题在任何一个超灵社会中都会存在。

相反，无论一个社会集体所达到的平均水平如何，其社会成员中总会有个别人能够超越这个平均水平，可以实现任何更高的发展水平的意识结构，因为人类全子的结构本身具备这种潜力，尽管 1) 他们只能和具备类似深度的人生活在一起（僧伽)，并且 2) 社会达到的平均水平越高，个别成员达到更高水平的难度就越小(达到更高水平的可能性也就越大，但是也不是一定如此)。

(2) 即便某个社会的集体发展水平已经达到了超灵阶段，其社会成员之后也还是要从第一个阶段开始进化，也就是从单细胞的受精卵开始：必须经历冗长困难的等级攀升，从物质中心到生物中心，再到自我中心，再到社会中心，再到世界中心，再到神性中心。这个攀升的过程可能被缩短，但是基本的等级是不可能被减少的（没有出现意象之前谁都不可能形成概念)。

在任何一个发展阶段，都可能出现问题。阶段越多，发展过程出现的问题就可能越多。

(3) 对于更高的发展阶段本身而言，它们能够带来新的光明潜力的同时……也会带来新的、更为严重的病态。可以重新读一下特丽莎关于早期微细水平的描述(在印度教、佛教和苏菲教的经典中也有类似的描述)。整个社会能够突破那个阶段真是幸事!

进步的辩证法甚至会掩盖上帝的面，理想化的“天堂”在大宇宙的显现中是不存在的，至于为什么，我们在后面讨论。

[66] 任何时候的全部显现——一切——都会在无相水平的初级阶段出现，作为后续的大精神的本来性（接近怀特海的说法）出现，而这种整全性是对每个人和有限物的有形的吸引点（欧米伽点)：每个新的时刻都有一个无法完全实现的视野，因为事先的过程本身又制造出新的整体，后者包含前面的整体（不断出现整体/部分，全子不断自我超越，永远都不可能完全实现)，在时间中不断向前，期冀找到时间的边缘。 628

最后的欧米伽点，最终的有形显现，无相阶段的无形，是吸引另一半视野的磁石，它本身永远不会进入有形的世界，无论作为某种形式还是作为全部形式（或者作为任何现象界的事件)，因此在有形的世界中是无论如何都找不到的，尽管如此，一切有形都是离不开这种无限的空性的。

因此，无论从哪个角度说，在有形的世间都是不可能找到最终的无形的欧米伽点的。在有形的世界中不存在完美。如果在有形的世界中就可以找到绝对的完美和终极的实现，那么这个世界就失去了进化的动力：没有目标、没有愿望、没有继续寻找的对象，整个世界就失去了动力、不再追求，从而立刻窒息：没有运动、没有时间、没有空间，会进入无形的空性。但是无形的空性已经在那里了，在视野的另一面，也就是说，空性已经作为任何运动最深的深度在那里存在了。

这种最深的深度是一切形式的欲望，这种欲望在有形的世界中是无法实现的，而是要在每种形式的空性中实现：当一切的有形被看作本来无形的空性，不二的空性真如就显现了。这个有形的世界本来就是空的，本来如此，无始无终，本来就是各种有形的本来面目，不是他们的目标：就是这个。对空性的追求，尚未开始就已经结束，形式按照大精神的智慧演绎最终的自己，不是去追求大精神，而是通过每一个动作来表达大精神。

第二卷

在人类的文化发明中，有很多宝贵的谋略、技术、观念、礼数等，今天已经不可能再去使用，但至少它们构成或者帮助构成了某种观点。作为一种分析——乃至改变现状的工具，这种观点可能会非常有用。

——米歇尔·福柯

有些人已经宣布，我们可以作出一种选择，去注视一个更伟大、更壮美的世界。据这些人说，神秘经验论者的试验和整个世界的转变相关。这种方法——或者叫做艺术、科学，或者有别的某种称谓（假设它存在，或者曾经存在过）——所关心的恰恰是重建天堂的欢悦；让男人和女人可以在喜乐和光荣的世界里安居，只要他们愿意。可能这种试验是存在的，可能有人已经成功过。

——汉普尔（Hampole）

第九章　上下合一

整个西方哲学的传统都有一个非常保险的做法，那就是去注解柏拉图。 319

——艾尔弗莱德·诺斯·怀特海

但是我可以毫无保留地断言，无论现在还是将来，那些假装理解我所关心的问题的学者（对“一”的神秘认识），在我的论述中他们根本不可能得到对这个问题的任何知识。不像其他的知识体系，它无法用语言来表达；只有为了这个追求长时间地共同生活（冥想集体生活），真理才会在灵魂中闪耀，如同跳跃的火花点燃一支蜡烛。我从未写过与此有关的文章，将来也不会有。

——柏拉图《第七封信》

我一直感到我们西方传统非常怪异，因为人们认为它由对柏拉图的注解组成，可是被注解的那本至为关键的书……柏拉图从来没有写过。“我从未写过与此有关的文章，将来也不会有。”

学者一般会认同在这里柏拉图说的是关于“一”的神秘知识，也就是“超越存在”的至善（柏拉图也这么说）。柏拉图学派的这个思想明显是存
在的，可是从来不曾发表（尽管长篇累牍地论述伦理学、原型性的形式、 320
认识论、政治学等都毫无问题）。

但是在关键的那一点上，柏拉图保持沉默，尽其所能地保持沉默。那种“知识”或者“神圣的无知”不是语言层面的东西，是超越语言的；它不是人心的造作，而是“无心”的显现；它不是“一般的哲学”的一部分，也不是“口头宗教”，而是一种在灵魂中闪耀的真理火花。尽管这种真理或者突然出现的明澈可能会直接地、不可拒绝地显现（按照柏拉图的说法，要通过长期的共同冥想），但它是不可充分言说或者用语言传达的（除非交流双方都具备了相同水平的所指）。对那种知识的真正脚注应该只是一系列的圆圈或者指向月亮的手指。

我有几个理由来继续探讨柏拉图的这个遗产。一个理由是，如果西方文明是对柏拉图的一系列注解，那么这些注解是分裂的。

另外一个理由是，在柏拉图那里，我们看到了对未被言说的“一”的两种运动中的第一种的清晰描述，或者说与大精神本身相关的两种“运动”

(当然是对可以言说的那一部分的描述)。第一个运动是“一”将为大千世界的“多”赐福赐善，这个运动实际上创造了“多”的世界：大精神无处不在；另一种运动是从“多”上升到“一”，这是回归或者回忆善的过程：超越世界的大精神。

我们可以看到，尽管柏拉图对两种运动都很重视，但是西方文明一直在两者孰重孰轻的问题上纠缠，有的人想仅仅生活在“此岸”世界的“多”中，有的人想仅仅安驻在“彼岸”超越世界的“一”中——双方都忘记了心本来是一个，忘记了未被说出的话语，它既是上行的也是下行的，大精神既超越“多”又一刻不曾与“多”分离，忘记了这一点是灾难性的错误。

在柏拉图那里，两者是等量齐观的，因为它们的基础同是未被言说的“一”和突然出现的悟。但是一旦忘记了“一”的统整作用，那么这两种取向就会陷入对立和斗争，就会一方面出现禁欲主义、自抑和清教徒式的上
321 行者，他们会为了想象中的彼岸破坏此岸世界（自然、身体、感觉），另一方面又会出现拥抱阴影的下行者纷纷隐居，在无常的世界中寻求永恒，他们要把有限的国度变成无限的价值，最终会和上行者一样非常恐怖地歪曲“此岸世界”，因为他们希望——强求——“此岸世界”的解脱：这是不可能的。

两千多年以来，这两种策略一直是西方文明以分裂的方式注解柏拉图的两种基本形式——否认造物或者仅仅看到造物，上行和下行。这是西方文明的灾难，正是因为这种对柏拉图的注解的分裂，西方（不仅仅西方）在天地之间划上了一条深深的鸿沟。

最后我还有一个追寻柏拉图的遗产的理由，因为正是在这两种运动中——“一”降为“多”，“多”升为“一”——我们看到理解上帝的男性一面和女性一面的最后线索，如果这两面存在的话。

柏拉图的两个遗产

洛夫乔伊在他备受赞誉的《存在巨链》一书中非常完美地梳理了柏拉图的两种对立冲突的遗产——上行和下行——我们也可以称作“多策略”和“一策略”。前者强调造物的多元性，后者强调造物之前的本源——两者都是不断延续二元论的老路，尽管各自声称自己是一元论的、不二的、兼容并包的、整体论的等，实际上他们都不是。

我要根据洛夫乔伊[1]的诠释重新梳理这种二元论的历史，但是不局限于他的理论。其他形式的二元论实际上就是这种二元论的延续，并且近年来好像有克服的征兆（我们后面会看到）。

大多数人记住了“上行的柏拉图”，努力寻求彼岸世界的终极大“一”，

而忽略了现世的造物，把它们看作洞穴中的阴影。实际上，柏拉图的确描绘了“多”升为“一”的过程，在《理想国》（*The Republic*）和《会饮篇》（*The Symposium*）里，柏拉图描绘了灵魂从混沌的物质世界到高级一些的心理形式，再到与终极的未被言说的人“一”人通的精神界。

在这个上行的过程中，看起来柏拉图的确在描述——很明显新柏拉图 322
主义也在描述——我们一般所谓的进化或者发展的进程，从物质到心理再到心灵再到精神，“超越存在”的善不断积累，不断在“顿悟”中显现，这是灵魂时间之旅的顶点和目标，如同洛夫乔伊所说的：“善是欲的普遍对象，把所有的灵魂吸引到自己的身边（欧米伽点）。对于人类来说，此生最重要的善不是别的，正是对绝对的或者根本的善的冥想。”[2]

这个善超越所有可能的表现形式——柏拉图甚至说“它超越存在……整个的灵魂必须在生成旁边绕转（整个事件和表现的周围），直到它可以承受那种对未知的冥想……”（《理想国》）。

柏拉图把这种“对未知的冥想”称作“对所有的时间和存在的见证者”——纯粹是个见证者，它本身“既非此也非彼”。尽管柏拉图偶尔会用比喻的或者神秘的或者正面的说法来表达绝对存在，但是和他心目中的那个存在相比毫无疑问是“非此非彼”，它是超越存在的（无形的）觉知，严格地说，甚至完全不能用语言表达。洛夫乔伊说得很清楚：

> 古今学者一直对柏拉图的绝对之善是否与上帝等同争论不休。如果（上帝）是一种绝对完善的存在，存在的顶峰，冥想的终极对象和完美对象，那么毫无疑问这种对善的观念就是柏拉图意义上的上帝，不可能是亚里士多德意义上的上帝，或者大多数中世纪神哲学的上帝，或者几乎所有现代有柏拉图倾向的诗人和哲学家的上帝。
>
> 严格地说，上帝的属性只能通过否认现世来表达。你可以把自然经验中的任何属性或者关系或者对象摆出来，一件一件的指着说，根据《奥义书》中的圣者的理解：“真实非此是，彼亦非真实……”[3]

洛夫乔伊非常伟大，他非常正确地指出，柏拉图那未被言说的“一”
首先不是一种哲学理论或者论点，也不是诗歌或者神话，在最后分析中说 323
它也不是对形式的理性论证——它是一种直接的体验（洛夫乔伊把它称为“自然宗教体验”），从和有共同爱好的人一起冥想的过程中得来，师徒之间的传递是直接的，如同柏拉图所说“像跳动的火花把一支蜡烛点燃”。

我已经说过，就柏拉图的上行一面本身来说，它所处理的是一种神秘的或者超越的觉知，“超越存在”，超越表现，超越所有的属性（无相/无形），整个显现的世界都是它的影子，它的副本，它的幻象。柏拉图也的确认为，整个显现的世界都是黑洞外面的真实和光明的苍白的影子，在这个黑洞里，洞穴人被锁链捆绑着，他们只有转瞬即逝的感觉和摇摆不定的观念。

只有通过冥想融入终极的未被言说的“一”，所有的真理、所有的善、所有的美才能最终被完全发现。除此之外不可能有其他的解脱，不可能指望有其他的解脱，柏拉图告诉我们没有这种顿悟，任何人都只能在无常、有限、恒变不居的世界里煎熬。无论我们在外显的世界中看到多少“美”、“乐”或者“奇迹”，它终究还是超越的美的影子（爱默生说的符号），后者在冥想体验中会直接地显现，有目共睹。

换句话说，柏拉图的上行面完全可以用无相觉知（causal level awareness）来解释：“世界是幻相（影子），只有梵才是真实。”这种无相境界在很多地方都可以看到，即逃避“多”，发现“一”。

这为西方文明的上行设定了标准的目标。亚里士多德的上帝、奥古斯丁的上帝——实际上所有基督徒的上帝，包括大众的上帝和神秘的上帝就是这种目标（东正教、天主教、新教）。它还成了诺替斯教和摩尼教的终极（Goal），以至于任何有限的世界和影子的世界的痕迹都被视为恶。并且当宗教也是一种过眼烟云的时候，同样的终极目标就跳到了启蒙时代对光明的追求上去了，这种光明是无条件的、永不衰退的。生命注定是不可靠的，只有永恒才是终级的解脱，即便那些不喜欢理性的人对此也会同样产生强烈的艺术想象。

324 这就是上行者的情况，我们下面再来讨论这段历史。上行者有很多表现形式，这些是其中的几种。

但是有一点非常重要，就是说这只是柏拉图思想的一半。“现在如果柏拉图在这里止步，”洛夫乔伊说，“后世的西方文明和我们今天所看到的将有很大的不同，这一点很容易理解。”实际上大多数批评柏拉图的人，批判他“只盯着彼岸”的人，也就是认为他仅仅是一个上行者的人，他们就是认为柏拉图在这里止步了。“但是，”洛夫乔伊指出，“他的历史性影响中有一点非常明显，可是人们却视而不见，那就是他决非仅仅为欧洲人提供了彼岸世界的种种特点，描述彼岸世界的措辞方法和辩证方法，而且同样精当地给出了对面——也就是丰富的此岸世界——同样的东西。”[4]

这种“丰富的此岸世界”被很多（我认为是全部）柏拉图的“生态学批评家”们忽视了。他们用稻草扎了一个叫做柏拉图的草人，然后非常勇敢地、非常光荣地、耀武扬威地把这个草人打倒了，然后再去庆祝他们此岸世界的胜利。可是柏拉图却不是那么好对付的：

> 因为柏拉图自己的哲学在彼岸方向（上行）达到巅峰的同时也在相反的方向达到了顶峰。提出超越日常观念和其他一切现世存在的纯

> 然完美概念（无相觉知）之后，他进一步发现这种超越的绝对存在必然是以此岸世界为基础的；他绝对没有停止，对所有现世的、有缺陷的、非永恒的、有形的存在他同样做了详尽的描述。[5]

现在，外显的世界绝对不是洞穴里的影子，而是被视为大精神本身的投射或者具体化，充满了善和爱。“感觉的世界不能仅仅被看作飘摇不定的、不真实的影子，因为这两种看法都忽略了它的真和善。太阳本身（无相的‘一’）创造了洞穴、火焰和运动中的影子和形式以及这一切的旁观者，并且，它在创造这一切的过程中，也毫无保留地显现了它自身属性的全部——甚至这种显现比之没有物质世界的旁观者的纯粹投射还要好些。 325
影子需要太阳，太阳同样需要影子；影子的存在是太阳的完美性的圆满体现。”[6]

因此影子的存在是对丰富的现世存在的庆祝和拥抱的根据！

这样，柏拉图在完成了“回到大‘一’”的上行之路后，接着提出了一种以创造为核心的精神性，体现了对“多”所透出的荣耀的赞美和拥抱。“一”是纯粹的上行，它本身绝对是不完整的，柏拉图认为它肯定要在“多”中显现自身，在所有的造物中显现自己。实际上在柏拉图看来，不能创造众物的绝对存在根本不是绝对存在，因此真正的“完美”意味着无处不在。

柏拉图的《蒂迈欧篇》（*Timaeus*）这本书本该给后世所有的西方宇宙论产生独特影响，在这本书里他勾勒了“一”的创造力通过上帝的创造和原型世界进入人类（心灵），然后进入其他生物（身体）和物理存在（物质）。

这样就如同新柏拉图主义所说的：从精神到心灵，再到心智，再到身体，再到物质——每个层面据说都是上级层面的流露，从而终极的基础和“大一”在每个层面都有表现，与每个层面相应。柏拉图把整个宇宙等同为一个“超级的有机体”，所有的部分与部分之间都相互关联，和终极的基础也相互关联（柏拉图成了盖亚系统的代言人）。整个外显的世界——此岸世界——柏拉图把它叫做“可见可感的上帝”。

因此柏拉图的完美性是自适的同时也是自否的。它不仅是上行的顶峰和目标，而且是一切下行、显现和造物的基本现实的根基和源泉。如同洛夫乔伊所说的：“永恒的、无形的‘一’成了生生不已的、有形的、极端多样的宇宙的基础和源头活水。”[7]

并且柏拉图在这一点上非常肯定，这种造物中的大精神（或者“‘多’中隐含的‘一’”）远远比没有表现的大精神本身要更加完整和完美。他暗示，有时候甚至明说，这种没有显现的大精神（无相）和显现之间存在一种紧张和“妒意”，解决这种紧张的唯一的途径就是在所有的显现中，包括 326

任何世界中的任何形式和水平都包含精神——一切都是大精神的投射。

于是我们看到柏拉图的最终立场，他的这个立场非常坚定：世界中的大精神比世界外的大精神更为完美。于是我们看到圆融，即实现不二所必需的第三条原则："婆罗门即世界"（或者"生死涅槃不是二"）。

柏拉图用这种方式结合或者整合了上行之路和下行之路，"一"和"多"并重，涅槃和轮回并重。或者用洛夫乔伊的说法："柏拉图本来泾渭分明的两条思路在此处会合了。"[8]

所以我们可以来总结一下柏拉图的基本立场，并且可以把这种总结应用到任何存在这种不二的立场的地方（我们已经运用到埃克哈特的思想和拉马纳大师的思想中了）：远离"多"，追寻"一"；见到"一"之后，以对"一"的热情拥抱"多"。

或者简单地说，返"一"，抱"多"。对"多"的无限的爱和无条件的接纳是实现"一"的最好的回报，没有对"多"的无限热爱和接受，"一"只能是二元分裂的"嫉妒"。[9]

这种整合容易被误认为是大回环（这种理解有时候会非常粗劣，常可能会误导人）。下行或者显现或者创造的路从一个圆的顶部向下，上行或者回归的路从底部向上——两个弓形经过相同的维度——这就是我们说"上行之路和下行之路相同"的原因。

这样，下行不一定是坏的，除非一味地下行；相反，它是完美的果报本身的创造性源泉或者母体。同样，上行也不是坏的，除非一味地上行；相反，它是一切实现其终极目标的途径。我们说，关键的一点是上行和下行的回环的力量一定不能分开："此岸"和"彼岸"统一于不间断的、丰富的包容之中。

智慧和慈悲

所以，柏拉图主义和新柏拉图主义传统（以及东方类似的不二传统）认为"善"或者完美的"一"表现为所有的造物的"善行"，表现在所有造
327 物的"善行"之中。"善"和"善行"这两个说法非常重要，因为我们会看到后世的历史中它们的实际表现反复不断地出现：上行之路是善；下行之路是善行。

实际上无论不二传统出现在哪里——东方和西方整合上行之路和下行之路的传统——我们发现类似的主题都会反复出现，其精确程度不亚于数学上的分界。从密宗佛教到禅宗，从新柏拉图主义到苏菲教，从湿婆崇拜到华严宗，尽管背景千千万万，说法万万千千，但是不二的精神却没有分别：从"万"到"一"并且抱守"一"，这叫做善，被看作智慧；从"一"

到“万”，这叫做善行，被看作慈悲。

有智慧的人知道“万”的背后是“一”。通过智慧可以看透一切存在纷繁芜杂的形式是虚妄不实的，通过智慧可以看到阴影之外的永恒无形之光（在密宗中叫做存在的自明）。简而言之，有智慧的人看到“多”就是“一”。通过智慧或者叫做般若看到色即是空，比如禅宗［看到一切有形有质的东西实际上是飘浮不定的——如同《金刚经》（*The Diamond sutra*）所说“如梦幻泡影，如露亦如电”］。智慧看到“万物皆幻，唯梵是真”。

但是如果有智慧的人看到“多”即“一”；“一”平等地显现在所有存在中，因此对每个存在都应该关注，都应该有爱心，不是虚伪地关心它们，让它们产生感激之情，而是因为它们每一个都是大精神完美的体现。因此，有慈悲心的人看到一切都是“一”，众生平等。或者如同禅宗所说的，空即是色（空性和整个有形的世界本来就是不可分割的，般若智慧是菩萨的根本，慈悲大心是菩萨的动力）。在有慈悲心的人眼里，“梵就是世界”，如同柏拉图说的，世界就是“可见可感的上帝”。

进一步说，无论东方的思想还是西方的思想，上行和下行的整合就是智慧和慈悲的统一。（智慧从“多”中看到“一”，慈悲从“一”中看到“多”。）我们对“一”的热爱可以平等地推广到一切存在，因为它们最终本来就是一个，因此智慧和慈悲统一于每分每秒的知觉中（这是密宗灵修的 328
全部秘密，无论在西方还是在东方，关于这一点我们在第二部会看到）。

我们在后文还要对这个问题进行详细的回顾。在这里我们要强调的一点是，无论下行还是上行，如果单单走一个方向就会带来灾难。从下行或者光明的流淌开始：创造并非原罪，创造并非恶行（不像上行者、诺斯替教、摩尼教等所说的那样）——创造并非原罪，在创造中迷失了自我才是原罪。在这种情况下，本来可以完美地表达大精神的造物成了洞穴中的影子，开始成为大精神的遮蔽。

按照柏拉图的说法：灵魂本来寄居在不可言说的大“一”之中，从“一”中“堕落”，通过心理的形式或者原型进入物质的领域和身体的感觉领域，发现自己在那里，权且说迷失了方向，非常迷惑。在《斐德罗篇》中，苏格拉底把灵魂（非创造物，不朽者）叫做“双翼战车的驭手”，说他可以“纵横整个宇宙（大宇宙），会高高在上，俯瞰所有的造物”。他说：“我所说的这个地域，是真正的知识所关注的真实的寓所，这种真实没有颜色，没有形式，不可触及，但是绝对真实，只有可以驾驭灵魂的人才能理解。”[10]在这里，灵魂可以穿越所有显现实现“轮回的反转”，“回到起点”，不会被外显限制，不会在外显中迷失，不会被外显束缚。战车的“两匹马”——生命力和食欲（代表身体）——可以享用神的食物和饮品，这些战马（指身体）绝对不会成为拯救的障碍。

但是有一些灵魂“迷路了”，不是因为身体或者智慧和慈悲这两匹战马，而是因为战马和驭手（灵魂）之间的不和谐，责任在于驭手。他们开始“仅仅看到部分，忽略了整体”，苏格拉底说，“冲突、混乱、纷争非常严重，很多灵魂成了跛子，很多灵魂的翅膀被折断，他们这些驭手太羸弱了”。如果灵魂可以保留对终极真理的认识，那么，苏格拉底说：“它就仍然能够避免伤害，如果能够一直如此，就可以永远不受伤害。”——我们也可以说，这样就可以避免生死轮回之苦。苏格拉底对这一点说的很多（“前世的大循环”）。

329 “但是如果灵魂不能跟从或者迷失了自己的眼界，（它）就会在遗忘的重压下沉沦……”构成堕落的不是显现的存在，而是对本源的遗忘。“每个人的灵魂本身都是真实存在的寓所……美曾经属于我们，那个时候我们可以看到完整的光明。圆满就是庆祝那种节日的我们，圆满、清静、纯洁无瑕就是在我们神秘的视野中所显现的一切（创造本身）。纯洁是光明，纯洁是我们……”[11]

于是消除堕落并不是通过抹杀创造，而是通过修正我们的健忘，我们忘记了纯白之“一”的善，忘记了无瑕之“多”的善行。因此回忆（或者对圆圈的回想）是回归的路，是上行的路。“但是，”苏格拉底说，“并不是所有的灵魂都可以轻易地通过当下的体验（大精神的投射），回忆起真实的世界。只有通过正确运用这些媒介来回忆，才可能不断回归完美的神秘世界，人才能成为真实意义上的世界中的完美存在”。创造不仅不是堕落的根源，而且是在不断回归完美的坦途。

换句话说，此岸世界并不是原罪，忘记了“此岸世界”是大精神的善行和辐射——这才是原罪。

我不想在这些章节中过多地讨论不同文化对这些相同主题的理解，但是我们至少应该注意到，在东方的“忆念”或者传承中，“尽心”是冥想的所有方式的开端，它们的目标是回想起自己的本性就是佛性，梵我如一。据说这就是回忆或者辨认自己原来的面目，只不过自己已经忘记了或者忽视了（无明＝“无知”、“忘失”）。觉悟或者开悟（菩提、解脱）不是创造原来并不存在的东西，而是看到本来已经存在的东西。[“不要以为假装坐禅就可以成佛，”黄檗（Huang Po）禅师说，“你本来是佛，只不过忘了而已。这个难以言表!”] 无独有偶，基督教有个说法，“做这件事，就可以回想起我”，回想起“生活在我的身体中的不是我，而是基督”（“我＝梵”的另一种说法）。

如同爱智（Philosophia）在波修斯（Boethius）[1] 感到困惑痛苦的时候跟他说的“你已经忘记自己是谁了”。

性爱（Eros）与死亡 330

被遗忘的东西必须被回忆起来。这种怀念或者回忆或者重新整合就是上行之路，即苏格拉底说的被性爱、爱和越来越大统一的发现——更高更大的认同这些愿望推动的力量。苏格拉底说，通过性爱（Eros），个人就可以超越自身和被自己的爱人统一，这种爱从对象的身体开始，上升到心灵，再上升到灵魂，直至最后的统一被回忆起来。

在苏格拉底（柏拉图）看来，性爱本质上就是我们所说的自我超越、上行或者发展或者进化的基本动力，就是发现越来越大、越来越高的自我认同，以及对越来越多的人的接纳。它的反面就是倒退或者分解，向下的发展，统一体越来越小，片断越来越多（我们所说的自我分解因素，第二条原则）。

在此我做最后一个比较：众所周知，弗洛伊德晚年看到所有的心理生活被两种对立的力量控制着，即性爱和死亡，通常被认为是性本能和攻击本能，尽管弗洛伊德的定义不是如此。在《精神分析引论》的最后，弗洛伊德说：“经过长期的犹豫和动摇，我们决定提出仅有两种基本的本能的论点，即性爱和破坏本能。这两种基本的本能的第一种目标是建立越来越大的统一体——简而言之，捆绑到一起。”一点儿没错，这就是纯粹的性爱。“第二个本能的目标是相反的，是破坏联系、破坏事物。在破坏本能中，我们可以说其最终的目标是把有生命的东西变成没有生命的东西（物质），因为这个原因，我们也把它叫做死亡。”

当然，几乎所有的人都在批判弗洛伊德，包括他自己的追随者，反对他提出死亡的说法，但是很明显这就是我们所说的自我分解因素。它不过是在层级上向下移动的冲动，它的目标当然是没有感觉能力的物质，就是弗洛伊德所说的。

但是我想强调的一点是，甚至弗洛伊德——最伟大的西方心理学家之一，最反对神秘经验论的心理学家之一——都发现人类的苦难可以归结于上行之路和下行之路的斗争和不和谐，这在我们每个人身上都有所体现。众所周知，弗洛伊德没有解决这种矛盾，对人类生存仍旧非常悲观。 331

恰恰是因为弗洛伊德没有和柏拉图那样把上行之路归结到“一”上，

① 波修斯（Boethius，约480—524）是最早将东方希腊文的神学归纳入西方拉丁文的基督教用语中的人。——译者注

他也就没有办法把上行之路和作为投射的“多”相统一，也就是说，没有办法统一性爱和死亡——统一上行之路和下行之路——克服它们最终的矛盾。[12]弗洛伊德清晰准确地看到了性爱，清楚准确地看到了死亡，可能比历史上所有的人都看得真切。他看到太多的人类苦难都可以归结到这两者之间的斗争上，结束我们的苦难的唯一途径就是统一这两种本能——可是恰恰在这一点上，弗洛伊德无能为力。他在这里搁浅了，他让我们在这里跟着搁浅了。

因为缺乏可以整合两者的心，缺乏无法言说的“一”，缺乏这些可以统合上行之路和下行之路的拯救与包容的“圆环的中心”，弗洛伊德只能是众多对柏拉图的注解者中的一员，当然是伟大的一员。

普罗提诺

从柏拉图开始，不二的火炬，这种整合的世界仍然完整地、明显地传递到了普罗提诺（205—570）那里，他的诠释可以说是最完整、最有说服力的，无论古今，无论东西。“再没有其他的神秘经验论思想家可以出乎普罗提诺之右，”威廉·英奇（William Inge）说：“甚至在力量、见解、深度和精神穿透力上都无法与他相提并论。”甚至圣奥古斯丁（Saint Augustine）都对他感到敬畏：“柏拉图的思想，那最纯美最耀眼的哲学，拨云见日朗现晴空的哲学，在普罗提诺这里重放光辉，他的思想与柏拉图如此契合，让人几乎感到他们是同时代的人，只不过他们之间的确间隔了那么久远的时间，所以我们不得不说柏拉图在普罗提诺身上得到了重生。”

尽管其他的柏拉图主义的老师也被称为“圣人”，但是比较而言，最为神圣的还是普罗提诺。即便对我们这些不再相信“神圣”的现代人来说，也不能不同意这样一种事实，就像魏特科（Whittaker）说的，普罗提诺是“亚里士多德和笛卡儿之间最伟大的思想家”，并且，按照本恩（Benn）的
332 说法，“再没有别的思想家的革命如此迅猛、如此广大、如此持久。”[13]

除了是一位富有原创性的、富有深度的哲学家和深沉的圣者外，普罗提诺还是整合了各种思想的无与伦比的天才，这也是他的重要性的原因之一。他在 3 世纪初的时候出生于埃及（具体在哪个地方，没有人知道，他自己从来没有说过），他的成长历程基本上在亚历山大与他最重要的老师一起度过，他的老师是著名的阿摩尼阿斯·萨卡斯（Ammonius Saccas）（“这正是我要寻找的人”，普罗提诺听了他的第一次讲演之后高呼。于是普罗提诺跟从萨卡斯学习了 10 年）。他从那里去了罗马，受到罗马皇帝盖列纳斯（Gallienus）和他的王后萨洛尼亚（Salonina）的青睐，他的余生一直在罗马讲学，吸引了很多学生，包括阿梅列斯（Amelius）和鲍斐利（Porphyry)（后来的普罗克拉斯学派与此一脉相承）。“他的习惯，”鲍斐利说，“尽管并不是过于禁欲，他通过温柔的心和善良的本性以及他对一切善和一切美的同情，赢得了所有人的心（这种说法可能真的并非夸张，因为在罗马他没有敌人，这在当时是极为难得的）。他的神色，当然非常俊美，在和朋友交谈的时候似乎散发着光芒。”[14]

用普罗提诺自己的话说，他曾经有无数次对“超越一切、无处不在的上帝精神”的深刻体验[15]，这当然是他教育的一个重要内容，还有他自己实现自己的这些体验的修炼方法。除了回忆和冥想（向内和向外）之外，他描述了一种瑜伽法门，类似《薄伽梵歌》(*Bhagavad Gita*)，以完全入世的方式来修行。卡尔·雅斯贝尔斯（Karl Jaspers）说：“在出现争斗的时候，他总是作为仲裁者，但是他从来没有树敌。当他判决一个人死罪，就会把他的孩子收容，教育他们，这些孩子也会信任他，把自己的前程托付给他。结果在他的家里，有很多男孩子和女孩子。”

家里满是孤儿？雅斯贝尔斯就是这么说他的，很肯定且很敬仰：“再没有别的哲学家可以比普罗提诺更能做到同于大通！”很明显，普罗提诺说“一”中包含了“异”的时候，他是言有确指的。

当普罗提诺到坎帕尼亚的一个农庄去的时候，不幸得了急症，于是赶快派人去叫他的医生朋友尤斯泰其斯（Eustochius），当然等朋友赶来需要一点时间，因为当这位朋友赶到的时候，普罗提诺只说了最后一句话：“我 *333*
在等你，等着我们身上的神归复万物。”（他绝对不会说“我身上的神”）然后就永远闭上双眼，停止了呼吸。

3世纪的亚历山大是思想交汇的圣地，世界各地的思想家、哲学家、精神教法蜂拥而至——可能在西方的历史上再也找不出第二个这样的地方。克莱门特（Clement）和奥利金（Origan）（早期最重要的两个教父）和普罗提诺是同乡。在亚历山大，当时的人们至少可以直接接触到以下这些导师和他们的学派：艾西斯崇拜、米特拉崇拜、普鲁塔克学派（折中的柏拉图学派）、新毕达哥拉斯学派、俄耳浦斯—酒神神秘经验论、图亚纳人阿波罗、著名犹太神秘经验论哲学家、摩尼教、斯多葛学派的重要人物纽梅纳斯、伟大的非洲小说家阿普留斯、很多隐写记录、波斯占星术、婆罗门印度教、原始佛教、几乎所有派别的诺斯替教（发源于叙利亚，在瓦伦丁充分发展）——不必说还有基督教的两个主要创始人。

如果说普罗提诺吸收了各个学派的长处，扬弃了它们的不足，似乎有点夸张（实际上，在39岁的时候他故意参加了盖列纳斯皇帝的东征军，以便自己能够接触任何可能遇到的智慧传统）；他根据自己深度的冥想体验，提出了一个完整的令人敬畏的世界，连贯一致，美丽动人。

[甚至伯纳德·罗素（Bertrand Russell），这位对灵性的东西非常不以为然的哲学家都说他可以根据真善美的原则来评断哲学家。真，可以说属于伯纳德；善，他说属于斯宾诺莎；至于美……啊，美……美属于普罗提诺。]

正是在普罗提诺那里，存在的伟大全子丛聚第一次得到了完整的呈现，尽管这个概念本身可以追溯到柏拉图和亚里士多德（甚至更早）。在这一章内容中，我一直用一个比较简单的说法：物质—身体—心理—灵魂—精神，但是普罗提诺提出的说法更加完整，图 9—1 中描述的就是他的说法。图中所有的用词，包括圆括号中的内容（但是不包括方括号中的内容）都是直接从威廉·英奇的书中引用的。我得重复说明一下，尽管我们也可以这样
334 按照“线性”的方式呈现这些层面，但是我认为更好的表现方式是一系列的同心圆，不断地向外扩展，不是直线的而是没有单一方向的，或许可以用螺旋的方式呈现，有上有下，但总体上有一个方向：超越且包含。

绝对的一（神性）	沙特奇塔南达（satchitananda）/超级的心（神性）
灵性（直觉之心）（微细阶段）	直觉之心/超越心
灵魂/世界精神 [灵性阶段]	内明的世界之心
创造理性 [视觉逻辑]	高级的心/网络的心
逻辑功能 [形式运算阶段]	逻辑的心
概念和观点	具体的心 [具体运算阶段]
表象	低级的心 [前运算阶段]
乐/苦（感受）	生命—感受；冲动
知觉	知觉
感觉	感觉
植物性生命功能	植物水平
物质	物质（物理水平）
普罗提诺	奥洛宾多

图 9—1　普罗提诺和奥洛宾多提出的层级体系[16]

为了便于比较，我把普罗提诺和奥洛宾多所提出的层级系统放在一起，后者通常被视为对印度哲学和心理学最好的整合（除了方括号中的内容之外，所有的内容都是奥洛宾多的原话）。东西方思想在这里如此的融洽，我认为这是自然而然的，不必大惊小怪。

普罗提诺和奥洛宾多所提出的这些高级阶段（灵性、微细和无相/终极阶段）和我在前一章中所说的观点在本质上是相同的。只不过我们可以看到，普罗提诺认为在微细阶段（灵性或者上帝）“精神通过认识上帝认识自

身”，我们发现“我们和整个的宇宙统一在上帝身上”。但是这种合一只能在无相阶段的神性中找到自己存在的基础，“超越存在，超越知识”。为了达到这种无形无相的境界，普罗提诺说：“必须放下一切。最大的愿力是无形无相的，甚至精神的形相都没有，我们不应该为此感到奇怪。”[17]

这种物我两空的境界，再次让我们回到无相三摩地，如同威廉·英奇 335
所说的“神秘无形的直觉存在”。普罗提诺说：“灵魂不会为任何外物所动(任何客体)，只会无视万物，首先（不会在它们中间迷失），最终甚至无视它们的存在（无有外显的投入）；它甚至不知道自身的存在；因此和‘一’整合。”[18]

但是这种“深省的昏暗”或者“无知”不是一种昏迷状态或者意识缺失的状态，而是意识的极度集中。“普罗提诺的‘一’，”英奇说，“不是无意识，而是超意识；不是低于理性，而是超越理性。”普罗提诺本人似乎在心中（或者无心中）非常明确，觉知或者见证无时不在，甚至在睡梦中或者深度睡眠中也存在：他说所有的一切，甚至精神性的美，“从他的面前走过”，但是它本身是“超然物外的觉识”，“无眠之夜”对我们来说是“生来就有的，我们在熟睡的时候也不曾失去”，它“指引着我们的未来，我们的现在和我们永恒的此在”。我们不能把它也看作一种客体，因为在这里没有二元分立——“它不是一个客体，而是一种状态。”[19]

这个“一”不是表示一、二、三、四的数字的“一”，很多普罗提诺的诠释者误会了，把它看成了一个数字。他非常耐心、非常直接地说，“这个‘一’不是重复之后可以构成二的那个一”。如果说“整个世界都是‘一’，是混沌未分的‘一’”就完全错了，因为这么说的话，“一”还是一个概念，一个有对立的概念。“真正”的“一”实际上是那种无处不在的觉识，它可以觉察到所有的概念，包括“一”，但是它本身并不是任何一个概念，不是任何的表象、思想或者东西，但是同时它又包含了这一切，完完全全，一一平等，统一于无处不在、无时不在的觉识之中。

并且（因为语言表达的关系还得这么叫）这个“一”本身什么也不是，但是它却是一切存在的基础。普罗提诺用比喻的说法说它是“生命的源泉，是上帝的源泉，是存在的根本，是至善的因，是灵魂的根。这一切从‘一’中流淌出来，但是却对‘一’没有丝毫损减”[20]。觉识就是觉识，无论在它的面前有什么东西经过，它本身都不会有丝毫的改变，不会有丝毫的减损，它所见证的一切不会给它带来丝毫的减损，因而它也不是它所见证的一切中的一员，如同空空如也的镜子，映照万千，但是不即不离。

因此普罗提诺可以很轻松地实现不二的跃迁——“不是精神创生了万物，它就是万物”[21]（实现不二的第三条非常重要的线索：万物是影像，

只有“一”是真实；“一”就是万物，梵就是世界）。这让他回到了现世的
336 世界，接纳这个世界和任何存在的世界，接纳满屋子的孤儿。

学者们往往把普罗提诺的思想体系（还有奥洛宾多的体系和其他类似的超越个人的体系）看作是一种哲学或者“形而上学”：各个存在水平，特别是那些高层级存在水平被认为是某种理论假设，是通过思辨、推理、假设、演绎等等得出的结果，用来解释存在和现象。

只有非常少的诠释者看到了，其实这些思想彻头彻尾地是在沉思冥想的过程中亲见的现象，是对发展进行的直接的现象学的描述。这些高水平的存在是不可能通过理性的推理得出来的，无论是普罗提诺还是奥洛宾多，他们都不会认为自己有这个能力。经过反复的经验之后，它们可以以思想体系的形式出现。但是这种所谓的“体系”是被发现的，不是被推理出来的，只有具备共同体验的人才能理解和检验（威廉·英奇说普罗提诺的精神性建基于“实验证明”不是偶然的，——“信仰始于实验，终于体验”[22]）。

这些体系的任何组成部分都是可以体验得到的，借助适当的工具都是可以认识的，绝无“形而上的清谈”。这些体系绝对没有任何东西是玄而又玄的虚空：它们是经验的、现象学的、发展心理学的，是它们最完整最严格的显现，通过冥想这种工具直接显现在后人本心理学这个领域之中。[23]

简而言之，它们完全符合知识积累的三条基本原则：可以执行、可以理解、可以证真或者证伪。如果否认这些高级发展阶段的存在，就可能和过去的教会神职人员拒绝通过伽利略的望远镜来观察太空而否定伽利略的观点一样：对教条的执著告诉我没有什么好看的。

上行之路就是下行之路

对普罗提诺而言（还有奥洛宾多），我们发现在上行的道路上——普罗提诺所谓的回归之路（反向之路）——每个水平都超越并且包含前面的水平，这和全子的相续发展概念非常类似。[24]所有低级的水平都同时存在于
337 高级的水平中，他说，单是所有的高级水平都不会存在于低级的水平（因为它实际上是超越低级水平的）；单是所有的高级水平都容纳包含低级水平（“超越总是兼容”）。对普罗提诺来说，所有的超越本身就是兼容。

因此，普罗提诺典型的表达方式就是（借用英奇的说法）：“不是世界精神存在于世界中，而是世界存在于世界精神中，世界精神包含并且塑造了世界。”或者说：“不是灵魂存在于身体之中，而是身体存在于灵魂之中，灵魂包容、洞察并且创造身体。”普罗提诺认为每个水平都是如此，当然这也是我们在各个发展阶段看到的显现的不均衡性。但是最终的结果在威

廉·英奇看来是：

> 大自然向我们展现了一条生命链（层级体系），一个不可分割的上行和下行的价值序列。整个构成了一种和谐，每一个级别都包含在更高的级别之中。每种存在都和其他的存在有机地联系在一起，这个观点肯定了任何一种存在作为它本身的权利。[25]

上行之路或者回归之路实际上所遵循的方向也就是创造之路或者下行之路，如同赫拉克利特曾经指出的"上行之路就是下行之路"。我们前面曾经说过，两条路所涉及的维度相同。但是，如果是这样的话，下行之路何时发生呢？

普罗提诺会说，它当下就在发生。在这种无始无终的时间之流中，一切都不断从绝对的"一"中流淌出来，永无休止。每一个级别或者维度都是它的上一级别的基础；每个级别都有自己的基础，有自己的现实，有可以解释本身的上级（因此在下行之路上，破坏了上级，所有的下级就失去了存在的基础，而不是相反；上级在下级之中，作为下级的基础而不是组成部分）。[26]

并且按照普罗提诺的说法，人们意识不到他们的发展之上当下即可运用的任何水平或者潜能。[27]实际上历史学家认为普罗提诺第一次清楚地提出了无意识的概念。普罗提诺说，尽管我们有一个低级的意识，其中主要包含了表象和幻象，但是对大多数人来说高水平的存在还只是潜能，在各 338
自的存在中等待着以各自独特的形式被实现。

因此对普罗提诺来说，"原罪"不是"没有"，而是"尚未"——我们"尚未"实现我们真正的潜能，所以我们注定是有"原罪"的。所以摆脱"原罪"的方式不是去接受一种新的信仰，而是完成一种新的成长。一粒橡树种子不是"原罪"，它不过"尚未"长成参天的橡树。这种成长或者实现恰恰是通过一个发展的过程来进行，也就是通过上行之路进行，因为"自我注定不是起点"[28]。

充满人类之爱与上帝之爱的大宇宙

根据普罗提诺的说法，在每个上行的低级阶段必须被"包含"和"兼容"，这一点非常重要。在正常情况下，下行和包含与各个阶段的上行和发展是并行不悖的（直到个人目前的水平）。按照基督教的说法，在任何一个阶段，人类之爱或者超越性的智慧（从下往上）必须和上帝之爱或者慈悲心（从上往下，包容低级水平）统一。

这个一般的概念——大宇宙是多维度的，通过爱的上行模式和下行模式（人类之爱和上帝之爱）交织在一起——将成为所有新柏拉图学派的主题，对后世几乎所有的思想流派都产生了深刻的影响，直到文艺复兴乃至以后。通过奥古斯丁和狄奥尼修斯的思想，这个概念以这种或者那种方式渗透了整个基督教，从波提斯（Boethius）到雅阁·博姆，从伟大的维多利亚时代的神秘经验论者（豪和理查德）到圣卡特琳娜和圣朱利安夫人，从圣特丽莎和克罗斯的圣约翰到埃克哈特、陶勒（Tauler）。通过尼古拉·库萨德（Nicholas Cusanus，1401—1464）和乔达诺·布鲁诺（Giordano Bruno，1548—1600）的思想，这个观念可能有助于整合中世纪思想和文艺复兴。诺瓦利斯（Novalis）和谢林则播下了对启蒙运动的平面方面进行反叛的浪漫主义和理想主义的种子。这个观念甚至可以在莱布尼茨、斯宾诺莎、叔本华乃至爱默生、詹姆斯、荣格身上找到它的影子。甚至洛克也在这个观念的大框架下思考，尽管他想打破这个框架，让它几乎难以辨认。实际上当洛夫乔伊追溯伟大链条的影响，把它称为“整个人类文明史上的主流官方哲学的大部”的时候，普罗提诺的影响便潜伏在那里，毫无例外。

339 现在我们举个简单的例子：剑桥柏拉图学派。这个学派对塑造现代性非常有兴趣：“他们的思想根源是文艺复兴时期的柏拉图主义，费奇诺（Marsilio Ficino）和匹克（Pico de Mirandola）在14世纪推动了这种思想的发展。这是深受普罗提诺影响的柏拉图主义。在它的思想中，爱充当了非常重要的角色。不仅仅是下层对上层的上行之爱，柏拉图的人类之爱，而且包括上层通过对下层的关怀表现出来的爱，很容易让人联系到基督教的上帝之爱。这两种爱构成了宇宙中的巨大回环。”[29]也就是逆流的人类之爱（“多”回归“一”：智慧和善）与顺流的上帝之爱（“一”表现为“多”：慈悲和善行）。

在这种一般的概念中（从现在开始我就使用这个概念），人类之爱是下层通达上层的爱（上行）；上帝之爱是上层延及下层的爱（下行）。在个人的发展过程中，上行要依靠人类之爱（认同的提升和扩展），然后通过上帝之爱整合（或者关怀容纳所有下层的全子），从而平衡的发展超越但是包含——它是不即不离、上下如一、人类之爱和上帝之爱的统一。

同样，大宇宙从更高水平上施加给我们目前的发展水平的爱是上帝之爱（慈悲），帮助我们与人类之爱进行交流，直到那种上帝之爱的源泉成为我们自己的发展水平，成为我们的自我。更高水平上的上帝之爱对我们的人类之爱来说就是欧米伽点，吸引我们通过智慧去提升，从而扩展我们的慈悲之环，令我们可以对越来越多的众生升起慈悲心。

（并且这种上帝之爱不仅仅在西方思想中有所表达，很多密宗佛教和瑜伽学派——比如奥洛宾多——非常重视“高级心灵的下行”，这种高级心灵的上帝之爱走下圣坛，把我们提升到和它们相同的水平，从而我们可以对我们“内部”的所有存在表现出慈悲或者这种上帝之爱。通常，上帝之爱与人类之爱只有在不二之心中才能整合。)[30]

恐惧力和毁灭力

我们最后会详细地看到，当上帝之爱和人类之爱不能在个人身上整合的时候，人类之爱就成了恐惧的力量，上帝之爱就成了毁灭的力量。

也就是说，不能整合的人类之爱不是超越下面的层次，到达高级的层 340
次，而是脱离低级的层次，压抑低级的层次，这么做的原因是出于一种恐惧，害怕低级的层次会把它“拖下水”——总是害怕低级的层次会“染浊”它、“侵染它”、“把它向下拖”。恐惧使得人类之爱逃离而不是包容比它们低的层次。恐惧就是脱离了下行的上行。我们可以看到，恐惧是所有压抑的终极根源（名声不好的超越）。

或者用不同的话表达同样的意思就是，可以说恐惧是没有上帝之爱的人类之爱（超越了但是没有包含，否认了但是没有留存）。

恐惧是单纯上行者的驱动力。

在对“彼岸世界”的极度狂热中，他们的上行的人类之爱发挥到了极致。本来人类之爱是非常恰当的，但是这样一来，恐惧、禁欲、压抑和对任何“世俗”的东西的恐惧和憎恶排斥把真正的人类之爱扼杀了，它们否认生机勃勃的生活，否认性，否认感觉，否认自然，否认身体（主要是女人的身体）。

这些上行者是非常危险的人，因为在他们对各式各样更高级的存在所表示的“热爱”的背后，总是潜藏着粗暴的恐惧之手。他们两只眼睛紧紧盯着上面，尽管洒下两行无奈的泪水，他们最终还是会破坏此岸世界——最多任其自生自灭——以便到达理想的世界，尽管那个理想世界实际上在他们的心目中非常模糊，但是可以肯定不是此岸的世界，对他们来说已经足够。因此此岸世界是心的影子而已，是虚假的，往好处说是虚幻的，往坏处说是邪恶的。上行者们在破坏此岸世界，因为他们非常肯定，这个世界一文不值。

另一方面，灭亡是脱离了上行的下行。它是低层次的存在逃避高层的发展，是昏了头的慈悲：不仅要包含低层次的存在，是要回到低层次的存在；不仅要爱抚它，而且要执著在它上面（固着、局限）——物质宇宙还原论者大刀阔斧地走这条路。这种还原的终极状态将是灭亡和无生命的物质，完全与本源隔离。灭亡是脱离了高层存在的上帝之爱，而不是高层存在的上帝之爱的表达。它保留了低层次的存在，但是不能摆脱和低层存在的认同（因此执著在低层存在上面）。如同恐惧是压抑和解离的根源，毁灭是压抑、还原、固着和停滞的根源，它想通过杀害高层的存在保留低层的存在。

换句话说，毁灭力就是没有人类之爱的上帝之爱。

而毁灭力是单纯下行者的驱动力。

341 他们高高兴兴地宣扬“远离任何彼岸世界”，他们两只眼睛紧紧盯着当前各色物体，他们把无限的快乐依附在有限的受体之中。“远离任何彼岸世界”，他们把自己的快乐等同为幻影，拥抱、亲吻轮回的车轮，认贼作父，以苦当乐。他们无法找到洞穴的出口，把失败的怨气发泄到那些不同意他们的观点的同伴身上，他们实在是太热爱那些影子了。

高层次的存在不能包含低层次的存在；高层次的存在被下行者以低层次的名义屠戮了：不是上帝之爱，而是死神，死亡之手抚过下行者钟爱的一切，在下行者的脸上同样流淌着“悲悯”的眼泪。

这些下行者是非常危险的人，他们以上帝之爱与慈悲的名义屠戮了一切高层次的存在，疯狂地拥抱低层次的存在，本来上帝之爱与慈悲是非常恰当的。还有更危险的：他们在试图把这个有限的世界变成无限的价值——每一个下行者都用无数的手段来这么做——这样慢慢地、痛苦而又无可避免地破坏着这个他们钟爱的世界，他们给这个世界套上了沉重的负担，超出了她可以承载的限度。下行者在破坏此岸的世界，因为此岸世界是他们所拥有的唯一的世界。

普罗提诺对诺斯替教的攻击

必须平衡上行与下行、人类之爱与上帝之爱、智慧与慈悲、超越与包含——这种打破二元对立的整合是普罗提诺伟大永恒的贡献，我相信它必将永是明亮的灯塔，指引那些厌倦了纯粹下行或者纯粹上行的暴虐与血腥的人走出迷途。

普罗提诺对那些单单崇尚此岸或者单单崇尚彼岸的人决不妥协——他们都走偏了。普罗提诺说，每种自我扩张给我们自身带来越来越多的“外部世界”，不能把外部排除在外。否认世界——根据自己的偏好对存在的否认——在普罗提诺看来是病态的最明显的表现。[31]

对诺斯替教的攻击没有比普罗提诺更有力的了。诺斯替教是典型的上
342 行者，它把一切的显现都仅仅看作是影子，一种恶的影子。实际上诺斯替教已经证得了无相阶段的直觉（“世界是幻，唯梵是真。”）。因此他们说世界是恶，身体是墓，感官一文不值。这种教法似乎激怒了本来平和的普罗提诺，他在一篇文章中雄辩地做出了批驳，此文从而自然成为世界名篇：

> 不要以为一个人放弃了世界和世界上所有的美，他就可以独自成

> 为圣哲。他们（诺斯替教徒）没有资格表达对上天诸神的尊敬。当我们爱一个人，我们就会爱属于她的一切；爱一家的大人，我们自然会把这种感情延伸到他们的孩子身上。既然每一个灵魂都是神性的女儿，怎么可能把此岸世界和彼岸的精神世界分开？那些抛弃与精神世界息息相关的此岸世界的人对于精神世界根本一无所知，即便有所知，也不过只知道一些说辞而已……
>
> 让它（每个灵魂）自己发现自己的价值，可以通过自己冥想大精神，通过静静的回想摆脱虚伪和所有玷污了灵魂的一切。让它们都归复平静，让它们的周围归复平和。让大地、山河、海洋和天空等待着。让它看着灵魂如何从四面八方流淌进平静的世界，透视世界，照亮世界。如同云层后面的一束阳光给云层镶上一道金边，灵魂进入世界的时候会给世界带来生机和无限的美，把它从沉睡中唤醒。于是，世界处于不断的运动之中，灵魂让它充满了智慧，它变得生机勃勃，福报无边。
>
> 它（大精神/灵魂）在这巨大的身体的任何一个部分都有体现，并把它的存在赐予任何一个部分，无论大小，尽管这些部分可能在空间上相互隔离，在存在的方式上差别很大，有的相互对立，有的相互依存。但是大精神是不会被分割的，它也不会为了给予每个个体生命而自我分裂。所有的一切以完整的灵魂生活（也就是说，在终极意义上没有程度的分化，没有水平的分化，只有纯粹的在场），无所不包，无处不在。众天浩渺，依灵魂而存，宇宙神圣，因灵魂而生。太阳是神圣的，众星也是一样；如果我们还可以说有些价值的话，那么这种价值就是显现了灵魂。相信我吧，经由它你可以与诸神同在。知晓这些， 343
> 你就不会迷失了家园……[32]

普罗提诺进一步指出那些试图通过摆脱“此岸世界”去追寻“彼岸世界”的人完全是南辕北辙。没有“此岸”、“彼岸”——所谓彼此，不过是个人的知觉而已。甚至没有什么上行和下行。虚空之中，无有变化。“大精神和大灵魂无处不在而又一无所在。”当我们“心中念念不忘上帝”，我们就在“天堂”；当我们忘记了上帝，就会“沉沦于物质”。处无二致，心有异同。普罗提诺经常明确地说：“不离当下即可踏遍十方。”那些谈论“此岸”或者“彼岸”的人完全走错了方向，他们是上行者或者下行者，不是一心者。

威廉·英奇对普罗提诺的世界观做了极为精当的总结，在此非常值得全文引用：

> 普罗提诺把宇宙看作一个存在的生活之链，价值和存在的一系列

> 上行和下行，不可分割。整个一个链条构成一种和谐；每个级别都包含在上一个级别中；每一种存在都与其他所有存在具有生命的联系。如果我们孤立地去看，那些在价值上低等一些的级别虽然不完美，但是同样真实。（只有我们把它们和大精神分开，看不到它们本身就是圣灵的完美表现的时候，它们才会看上去“不完美”、“价值低下”——再次强调，圣灵不是人类中心的，应该“去中心”地看。）在我们认识到它们与其他一切存在的真实关联之前，我们会认为它们是无常的，具有内在的混乱。然后我们就会认识到，它们是宇宙生命包含的外部的舒张与收缩（流逝与回归）不可或缺的组成部分，这个生命中的一切都不是随意的或者无序的，我们会看到一切……都在按照自己的本性运行。
>
> 圣灵精神完美无尽的生命以永无休止的创造之流奔涌，润及最最微细的存在（物质），从而圣灵能量的任何可能的表现形式，圣灵之光的任何一丝一毫、任何程度、任何种类都会在某处以某种形式得到实现。
>
> 344 并且伴随这种创造能量（上帝之爱和流逝）的流淌，还有另外一个洪流，席卷所有的造物，把它们送到它们的本源。这种向心运动（人类之爱和回归）指引着一切造物的生命活动。这种热望甚至在没有意识能力的存在身上都会潜在（对全子而言就是自我超越的驱动力），它（也）是人类道德、智慧和感官生活的大本大源。[33]

我们在第十一章会看到，这是人类之爱和上帝之爱的大宇宙，在启蒙运动的经验/表征理性（独白的或者右手象限的理性）的世界观下，会被消解成整体元素相互关联所构成的平面世界，只有主体漂浮在平面整体世界之上，完全不知道自己是何以至此。

因为大宇宙的确与右手象限的维度有些关联，所以科学的实证主义和自然主义似乎可以涵括所有的可能，这也是可以理解的，因为科学的确看出了右手世界的很多重要差别。在这种塌陷了的大宇宙中（微细还原论），人类之爱和上帝之爱所促动的纵向层次没有了，只剩下功能范围促成的平面世界的层级。[34]

从神话阶段到理性阶段的集体进化是启蒙运动的伟大成就，这是必须的；大宇宙塌陷为平面的整体世界是启蒙运动持久而且严重的罪孽，这可不是必须的。

西方灵性、哲学和科学的梦魇正是把本来统一的大宇宙一分为二、踉跄乃至崩塌的结果。对柏拉图作的注解支离破碎，以他们的偏颇、二分玷污着智慧的风景。现在，也只有现在，我们才开始掇拾这些碎片。

注释

[1] 很有讽刺意味的一点是洛夫乔伊对整合的心丝毫没有感觉，不知道可以把这两种运动整合起来（严格地说只有“雷鸣般的寂静”可以存在），从而他在上行者和下行者之间的争斗中颠三倒四，最为可惜的是他忽略了那些可以很好地整合两者的体系（比如普罗提诺的体系）。但是他是一个很好的报告者，为我们提供了充分的信息，让我们可以自己把这幅完整的图景完成。

我应该提一下，洛夫乔伊对他自己所做的历史追溯是不同意的。至于他提出的伟大的存在之链及其三大基本原则，洛夫乔伊本人反对其中的两个（我后面会做解释），所以我并不是要找个权威来印证我自己的观点。我们可以说洛夫乔伊是一个充满敌意的见证者，但是这没有关系。

[2] 41 页。如无特别声明，所有的引文均来自《存在巨链》。 *629*

至于纯粹的上行者无始无终、永恒不变的问题，可以说这是一种直接的精神直觉（有几个理由支持这种观点），它的历史（在西方）可以追溯到巴门尼德。我所说的思辨的东西比较多，但是我想进一步的研究会减少这种思辨性。事实很清楚，对它们的诠释比较麻烦。

“在公元前 460 年的一天，伟大的哲学家巴门尼德和他的学生芝诺来到城里。巴门尼德关于永恒的思想给苏格拉底留下了很深的印象。巴门尼德说实在是不变的。芝诺支持他老师的观点，但是更进一步否认任何运动的存在，这就很荒谬了。”[卡瓦列尔（Cavalier），《柏拉图》（Plato），31 页]。

这是对柏拉图在《巴门尼德篇》（*Parmenides*）这篇对话录中讲述的故事的常见转述。芝诺的“证明”往往被看作是一种哲学论证，我不怀疑它是否真的是一种论证。但是如果我们把这种论证和佛教天才龙树的说法进行比较，就会发现芝诺所说的其实不是那么回事：他不过指出了摆脱一切概念二分之后的事实的样子。

在阅读巴门尼德遗留下来的只言片语的时候，我们禁不住产生这样一种印象，就是他已经证悟了无相阶段的无形无相的“一”，在这个无相之上显现出来的一切物体都是飘浮不定的不真实的影子。因此它在真实义和显似义之间进行了标准的区分（龙树也做了这种区分）。一切的区分、生成和毁灭、变化和运动都属于显似世界，而真实世界是自在自为的，没有任何的区分和不同。很多学者已经注意到，真实义是从“在永恒的相下”（sub specie aeternitatis）看世界，而不相信凡俗的或者显似的东西。

如果我们认为他关于运动不存在的观点在文字上正确的话，那么巴门尼德可以说是很糊涂的。但是如果我们说他是在见证无相境界之后“指出”真相（没有区分性的概念化）的话，就可以看到他的深意了。

比如，从佛教的大圆满（Dzogchen）修法到印度教的吠陀传统，我们经常会看到类似“变化非真”之类的表述。这并不是否定相对的运动，而是要指出无相境界中的平静是先于动、先于静的，它不会作为一个东西进入时间之流（既不是运动也不是静止），而是当下的直觉——空间或者场地——一切物在它里面生生灭灭。

这种本来觉察（它本身既不是运动也不是静止），对于一个使用这种“直指人心”的表达方式的人来说要指出来并不是很难的事情（比如大圆满修行）。阅读巴门尼德的时候，我有一种很强烈的印象，就是他很大程度上就是在指出这种无相。
630 在很多地方我觉得非常明显，根本不会弄错。巴门尼德反复否认任何认为不断变化的世界就是真实的说法：他在直接指向那个“一”，一个人在不做分别之前就可以看到。

因此，巴门尼德的绝对并不是字面上的一个圆（很多学者都认为是那么一个圆），而是完满的存在本身，先于区分，先于显似义。对话是直接指出先于分化和幻象的实在的一部分，反复在幻象中迷失了，把显似的东西认为是没有分别的真理。

如果这种说法成立的话，那么巴门尼德可以被尊为西方证悟无相境界且对后世产生影响的第一人，尽管它留下的文字非常少（当然也可以进一步追溯到巴门尼德的老师，传统上称为毕达哥拉斯学派的阿美尼亚斯）。

有的学者认为苏格拉底和巴门尼德的会面是真实的，有的学者则认为两个人的会面是柏拉图杜撰的。但是两个人生存的时代应该是非常吻合的：巴门尼德当时已经 65 岁了，芝诺当时大约 40 岁，苏格拉底“非常年轻”。我倾向于相信两人的会面是真实的；但是无论如何，巴门尼德对后世希腊思想的影响是毋庸置疑的。而且学者穆蒂在《佛教的主要哲学思想》（*Central Philosophy of Buddhism*）中说柏拉图的《巴门尼德篇》是西方类似龙树的最早的对话，他的这本书一般被认为是研究龙树的最好的著作。无论两个人的会面是不是柏拉图杜撰的——如果不是历史的真实，至少是哲学的真实——他选择这次对话就说明这次对话对他来说意义重大。这也进一步证实柏拉图所说的，他所证悟的境界是不能写成文字的，只能通过师徒之间的顿悟直接点化，这种说法更为可信。

[3] 42 页。

[4] 45 页。

[5] 45 页。

[6] 53 页。

[7] 49 页。

[8] 48 页。我相信这种整合的基础是对无相/不二的品味（无论这品味是多么短暂。记住特丽莎的话，她曾经说，无论多么短暂，法味可以带来巨大的转变）。毫无疑问，他的新柏拉图主义继承者会这么认为；毫无疑问，他们本身也进行这种修行（在普罗提诺身上我们可以看到）。至少，整个的柏拉图思想是整合了上行和下行的，洛夫乔伊说得很清楚。

[9] 这种“否定兼肯定”（否定且保留！）在所有的不二冥想学派中都存在。我们可以举一个例子，在禅修过程中有这样一种说法：“万法归一，一归何处?”答：“多。”（当然佛子要证悟这种理解，不能只是口头这么说。如果没有证得所指，仅
631 仅重复能指，只能挨师父的一顿杖子。）所以，还有一个很有名的说法：“老僧未参禅时，见山是山，见水是水。参禅之后，见山不是山，见水不是水。及至后来，得

个休歇处，见山还是山，见水还是水。”其中的分界线是对空性的证悟（见山不是山），在空性之中，一切显现本来面目（见山还是山，见水还是水）。但是一个人如果不首先证悟空性，还是会迷失在山里面（影子）。

[10] 汉密尔顿译：《对话篇·斐德罗斯》，52 页。

[11]《对话篇·斐德罗斯》，54～56 页。

[12] 在本章的后面，我们会看到死神整合的不是“死本能”而是上帝之爱，上帝之爱和人类之爱的割裂产生了死神，死本能。

在《视角转换》中，我指出生本能和死本能，或者生的驱动力和死的驱动力在理论界实际上有两种不同的理解，对此我们可以分别叫做纵的理解和横的理解。“纵的生”是指上行或者“人类之爱”，我这里就是这个意思（向上走，越来越整合）；“纵的死”是死神（向下走，越来越浅，因而整合的水平越来越差，最后走到无生命的全子）。

而“横的生”指的是对任何特定水平上的成分的保留，“横的死”是在特定水平上的否定和排斥。因此，“纵的生”（人类之爱）接受在保留其基本成分的前提下前面水平的死亡——它否定并且保留——更大的生命包含了略低一些的生命的死亡。

因此，“横的死”是更大生命的一部分，而“纵的死”仅仅是消散。这当然是语义学上令人头疼的问题，但是如果不弄清楚这个生和死的含义，就会导致各种理论上的困境（参见《视角转换》第八章，其中对这个问题有详细的讨论）。

[13] 第一卷，20～21 页。如无特别说明，所有引文均来自英奇的《普罗提诺的哲学》，两卷本。

[14] 第一卷，120 页，这是英奇解释鲍斐利的说法。

[15]“体验”也是一个不太准确的说法。不二境界不是一种体验，而是体验来来去去所依的无限空灵的境界；对不二的“摄受（apprehension）”让那些仅仅对体验感兴趣的人无所适从。“直接经验”这种说法似乎好一点，因为它传达了一层别的说法没有表达出来的意思，这种证悟不是理论性的，不是抽象也不是非抽象（所以我经常使用直接经验这个说法）。

鲍斐利说自已经历了四个突破，或者我们也可以叫做“开悟”。普罗提诺说自已经常有这种证悟出现，这种证悟是“经常的事”或者“很典型”。卡尔·雅斯贝尔斯就说：“在鲍斐利那里非常罕见的、不常有的那种证悟，在普罗提诺看来似乎是常事。”

还有一点值得注意，就是灵性阶段和微细阶段的神秘体验往往是非常戏剧性的，伴随着狂喜和奇妙的体验（它们的确是体验），而在无相/不二的证悟阶段，往往比较“平常”，“没有什么特别”，只是因为看到了神性表现在日常活动中。因此雅斯贝尔斯指出：“狂喜的状态和神秘经验在所有的文化的历史上都扮演了非常重要的角色。它们是一种心理观察的场，在这个场中很多体验总是反复出现（我们称之为灵性和微细阶段的深层结构）。普罗提诺那种超越思维的状态似乎和这种体验不一样。他的表述中关于心理现象的内容很少，没有关于病态心理的征兆。他从深 631

处和人交流的简洁性给人留下了深刻的印象。”[《伟大的哲学家》(*Great Philosophers*),55 页] 雅斯贝尔斯写了很多关于心理病态的作品,在这个方面很有影响。

[16] 这是左上象限,包括最后一章所讨论的高级的或者说超越人类的阶段。这并不是说,普罗提诺或者奥洛宾多已经完全觉悟了,或者永远觉悟了,只不过他们两个是人类发展的很好的例子,他们在自己的经验水平上向更高的水平敞开。

[17] 第二卷,134 页。

[18] 第二卷,9、137 页。

[19] 第二卷,58~59 页。

[20] 第二卷,139 页。

[21] 他把它叫做“不在内部的内部”——也就是说,超越的内部,或者主客一元。

[22] 第二卷,11 页。雅斯贝尔斯强调:“普罗提诺的作品是对这种体验最好的记录。他所追求的体验不是一时的,它超越了时间的存在,是一切意义的根源。他实际上体验到了这个世界内在的完美的统一,而我们只能看到爱和被爱,拥有和被拥有,也就是说,他的体验是我们不完美的欲求的方向和目标。”(54 页)

我略微修改一下,因为不在时间之中的体验实际上按照通常的理解就不是体验,而是体验生灭的基础(因为体验是有生有灭的,总会经历一段时间)。这种不二的实现是当下直接的一切体验,它本身不是任何体验。当然,这一点对任何一个证悟者而言都是成立的,从佛陀到基督到奎师那,再到哈拉智(al-Hallaj,858—922),他们自己的教法都说得很明白。但是并不是说,我们仅仅要在实验室中重新复制普罗提诺所“体验到”的“最高目标”,每个发展阶段都导向它,从而对“根本”(ground)的把握在每个阶段都有,无论高低:作为梯子的等级很早以前就被抛弃了。

[23] 换句话说,这些高级的阶段和其他任何发展阶段一样真实(语言、认知、自我、道德等),它们都是对那些在特定阶段表现出特定能力特点的总结;它们都
633 是有固定结构的整体(深层结构),这种深层结构控制着表层的社会结构,这些深层结构出现的顺序不因条件不同而变化(参阅《意识的蜕变》)。

这和塔特的“特定意识状态的科学”(state-specific science)类似,只不过“状态”是一个非常模糊的概念,比如前运算阶段、具体运算阶段、形式运算阶段都处于“觉醒状态”,但是它们是非常不同的境界。与其说它是一种“特定意识状态的科学”,不如说它是一种“结构特有的科学”,只能如此,这不仅是一种比较性的结构,而且是一种累积性的。

“状态”的概念仍然是非常有用的概念工具——状态的确是存在的——然而它们只能表达不连贯的可能性(因此用“断续状态”取代了“意识的蜕变”)。但是只有当断断续续的状态变成稳定的品质(结构)时,发展才算是完成。参阅第十四章的注 [17]。

[24] 亚里士多德在《论灵魂》(*de Anima*)中最早描述了“更高级别”的概念:每个更高的级别都包含了低级别的精华内容(但不是包含低级别全部内容),

还包括自己独有的低级别的灵魂所没有的本质特征，尽管它和低级灵魂之间共享相同的边界。

[25] 第一卷，221页。

[26] 整个关于退化（involution）和进化（evolution）的问题我们在本三部曲中会反复讨论，每次讨论都增加一些新的理解。

现在我们需要注意以下几点：依普罗提诺看来，在进化或者回归（reflux）的过程中，如果我们把第一个水平用A来表示，那么第二个水平就是A+B，第三个水平就是A+B+C，以此类推。但是在退化或者涌出的过程中则相反，如果我们用A来代表最高水平，那么第二个水平就是A−B，第三个水平就是A−B−C，以此类推，因为每一次退化或者涌出都是一个减法，或者从它的前一个基础走出。这就是为什么普罗提诺说涌出（也就是退化）是“减法”的原因。不断相减，最后剩下物质，这对整个过程而言是最基础的、也是最重要的，目前仍然存在，尽管只是在最低级的领域中存在，我已经在20条基本原则中说过了（它们在一切领域中都存在，因为它们的深度最小：最微弱的面条科学）。

在普罗提诺看来，在涌出或者本体实质上，如果破坏任何高级的东西，也就同时把低级的东西破坏了，这和进化恰恰相反，因为在这个过程中整合的水平不断提高，每一个阶段的前一个阶段都相对要低一些。普罗提诺对两者都非常重视：高级存在不依赖低级存在而存在，但是确实依赖低级存在而显现自身。（在这里，黑格尔和普罗提诺分道扬镳，冥想证据支持普罗提诺的观点，比如奥洛宾多提供的证据就是如此。）

关于这个问题舒马赫（Schumacher）在《迷途指津》（*Guide for the Perplexed*）里有很好的讨论。

心灵在出现之前在哪里？普罗提诺会说：二加二等于四之前，二在哪里？无处不在，又不在任何地方。

我们在三部曲第三部中讨论黑格尔的答案的时候再回到这个问题上来，但是现 634
在至少可以先提一下这类现象——也就是说，先于本体的更高的世界空间是存在的，而且这种世界空间是现有人类身心潜伏的力量——有很多理论都在试图解释和描述大宇宙中及人类身上表现出来的这种退化或者下行。神秘经验在人类身上非常普遍（灵性体验、微细体验、无相体验或不二体验），无论在何处出现都会具有大概的一致性（尽管文化的差异肯定会带来表层结构的差异）——并且当它们出现的时候，会有很多类似性，绝对不是个别现象，而是一种本来存在、可是长久以来都不曾被注意的体验，那些出现这种体验的人进入了一种先于认知的世界空间：本来具足，无人知晓。

关于神秘体验最让人震惊的事情之一是，无论文化对它的影响有多大，无论一个人如何相信自己的文化，当神秘体验来临的时候，都一定会完全突破文化的束缚：以本来面目出现，保罗在去大马士革的路上出现神秘体验的时候就是如此，人们或者完全被惊呆了，或者完全吓傻了。无论是坚定的唯物主义者还是纯粹的唯心主义者都可能会遇到这种体验，当这种体验出现的时候他们都会在敬畏中失语：任凭这种神秘体验自己展开，无言的心只能在敬畏中低头。

退化理论（involutionary）都曾经讲到这些更高级的结构潜能就在面前，只是众人都看不到，普罗提诺、黑格尔、无着、奥洛宾多、谢林、商羯罗、阿毗纳瓦笈多、《楞伽经》等等，都曾经讲过。这种理论和数学没有多大差别。（实际上退化理论还经常引用数学：假定数学仅仅是人脑勾画的东西，那么是不是说数学只对人脑起作用呢？在人脑出现之前，数学规律是否存在呢？）

退化理论会说，恰恰是大宇宙成形的倾向性和成形的样式创造了人脑，而人脑现在正渐渐认识到这种倾向性和样式：人们开始慢慢发现、认识、揭示、重新认识、回忆、理解那些样式和世界空间，以前仅仅作为结构潜能存在，现在开始在个别人身上实现。

这并不是说这些世界空间所对应的社会表层结构可以自己在文化、历史、社会和意向中展开，不需要做什么努力，也不是说人类为了自由而劳苦奔波没有意义。这只是说那些对深度的感受是有结构基础的，绝对不是幻觉，不是主观的、个人的——这才是对神秘体验进行回忆和辨认的真实含义。

635 按照今天的标准来看，很多退化理论的确非常粗糙。柏拉图对形式的回忆受到毕达哥拉斯数学的影响，在我们今天看来的确非常有限；黑格尔的逻辑（恰恰是要说明有形的东西背后的样式，说明这种样式会在进化或者发展中展开）——时代性太强，完全和当时的文化融合；商羯罗的原型还充斥着神话色彩，没有摆脱文化形式的束缚；普罗提诺的涌出受到当时关于世界的知识的限制；无着和世亲的阿赖耶识可能是最充分的哲学体系，包罗了大宇宙超个人形式的全部，但是没有办法说明这种哲学的基础（华严无相哲学从互参的角度来解释可能弥补这种遗憾）。

但是所有这些体系都是在努力揭示退化过程，所有这些体系都同意一个基本观点：更高的世界空间给出了我们目前的世界，而我们目前的世界不是最终极的存在。在表象的深处是没有分别的光明，它们这些思想的基础都是自己的见证，而且相互之间可以交流。只有通过交流才能理解神秘经验：大宇宙的深度是不断揭示的，绝对不是个人主观想象的，随便讲是不行的。

[27]“潜在的”和“实在的”这两个概念应该追溯到亚里士多德，他认为质料是纯粹的，形式是实在的；对于高层次的存在而言，低层次的存在是潜在的，对于低层次的存在而言，高层次的存在是实在的；或者说层次越高越真实，层次越低潜在性的污染就越多。普罗提诺的观点与之基本上相似。现代的用法基本上保留了原意，但是在语义表达上是相反的，说层次越高实现的潜力就越多，层次越低就越需要实现自己的潜力。两者的意思完全是一样的，我在这一段内容中表达了这个意思。

[28] 英奇，248 页。普罗提诺的自我理论非常出色，今天仍然是完全可取的。除了说我们有两个“灵魂”（无常的自我和永恒的观照自我）之外，普罗提诺的自我概念（或者灵魂概念）也有两个含义：一方面灵魂是特定的存在水平或者存在维度——世界精神（或者说灵性水平）；另一方面，灵魂是现代人所谓的“自我系统”、大的等级体系的实际调用者——不是任何一个等级，而是从每个等级上走过

的“旅游者”，不是梯子上的任何一个横梁，而是爬梯子的人。因此灵魂或者自我系统可以贯穿整个发展过程（除了上限，因为在最高的发展层级上就到了绝对的“一”的阶段）。英奇说：“灵魂会触及每一个重要的有存在价值的等级，从最高的绝对统一到最低的物质水平，都不会遗漏。它有自己的中心，有自己的生命，但是它可以向各个方向无限延伸。它的扩张范围是没有限制的。”（第一卷，203 页）

从而，所谓发展也就是灵魂的扩张，把越来越多的外部世界吸收进自身，普罗提诺就是这么说的。那么灵魂到达特定发展水平的动力是什么呢？普罗提诺说： 636
“所有的灵魂潜在地都是任何事物。每个灵魂都以自己实现的基本官能为特征。因此，灵魂思考各种对象，成为它们所思考的对象。”换句话说，自我关注什么，就会成为什么：你思考什么，就会成为什么。

因此，还是思考最终的“一”吧。普罗提诺说，当“温和的慈爱，像火一样燃烧”，灵魂就融入了对大精神的思考。普罗提诺说：“它会看到上帝，会看到自己，会看到一切；开始它并不把自己认同为万物，但是没有办法找到一个歇脚的地方，没有办法分别哪些不是自己，最后它就放弃了这种分别，不再找寻大宇宙之外的自我，它哪里都不去，可是却看到了万物，万物就在那里安住。”当然，那就是当下（第一卷，203 页）。

最后，在普罗提诺看来，这种状态并不是在那里等着，被动地等待灵魂去发现。普罗提诺的理论是“创造和匹配”——知觉是主动的，不是被动的。这个理论经过谢林，最后导致了格式塔心理学的理论和认知的自组织理论。

[29] 泰勒：《自我的根源》，250 页。

[30] 类似地，荣耀（Grace）就是上帝之爱，赐予万物，不求回报；它就是本源目标，是欧米伽点，吸引人类之爱回归本源，它就是那样平等地照耀万物。（这种说法在东方的经典中也同样存在，我会特别说明，在佛教的瑜伽师地的背后充满这种荣耀。）

在日本佛教中，自力（人类之爱）和他力（上帝之爱或者荣耀）之间有个区分，分别以禅宗和净宗为代表，两个宗派都会认为这种区分实际上是世俗谛上的主客二分，在圣义谛上是一样的，既不是自力，也不是他力，既不是人类之爱，也不是上帝之爱——上帝之爱和人类之爱再一次统一于不二的心。

[31] 我们看到，因为弗洛伊德没有循着上行的道路走到底（他到理性阶段就止步不前了），所以他看不到完整的下行（上帝之爱）。当“进入本源”时，下行不是死亡，而是至善，神性的显现包含万物，包括“没有生命”的物质本身。

尽管弗洛伊德没有看到伟大的上行和下行之环，他当然会利用他所能够认识到的有限的资料：在精神分析治疗中，一个人会“为了自我而退行”，也就是说，一个人可能因为焦虑和恐惧退回到一个被异化、被割裂的、较低的发展水平，通过爱和接纳（上帝之爱）重新整合这些片断，从而把那些片断从退行的束缚中、从死神的控制下解救出来，让它重新进入发展成长的过程，走向更高更大的爱（人类之爱）。

但是弗洛伊德对柏拉图的理解是支离破碎的，所以不能看到柏拉图思想的堂奥。下行在弗洛伊德看来就是毁灭（实际上只有当下行和上行分裂的时候才会导致毁灭），因此他看不到下行是一种创造，是大精神创造万物的活动，它给万物带来
637 光明，包括一切造物，无论多么卑微——那光明不是死亡，而是至善。

[32] 第一卷，198、205 页。

[33] 第一卷，254 页。

[34] 这就是为什么像柏拉图、普罗提诺那样的圣人还是会低估经验主义的重要性的原因，尽管他们并没有完全忽视经验主义，他们当时的平均世界观水平还是神话阶段，甚至亚里士多德也还没有足够重视经验测量的重要性。普罗提诺（和柏拉图）当时所处的平均世界观水平还是神话阶段，所以他们要和这种世界观抗争（不可避免地要接受它们的某些方面）。尽管他们个人的发展水平早已经超越了当时的世界观，甚至超越了理性的世界观，但是他们要在那种世界观中有所言说，就不可避免地要有一些神话的色彩。

理性作为一种普遍的、有意识的组织原则实际上是比神话更深更广，在进化的道路上是真正的进步，因此启蒙运动的那些哲学家才可能那么有力地打击以前的世界观：从他们那个角度看来当然有很多方面是真理。但是成功的分化三大领域是一回事，把三大领域简化成一个领域（平面整体论的语言，"它"的语言，右手道路，单方面的注视），那完全又是另外一回事。

普罗提诺和柏拉图当然在运用理性（并且超越理性），但是恰恰因为他们没有处在早期现代性的独断氛围中（这是幸事!），他们的理性才真正能够发展得更深刻，更真实，就像泰勒说的，它们是实在的、辩证的、对话的，不仅仅是工具性的、过程性的和独断的。

但是随着普遍的世界观从神话－理性水平转向理性水平（那是启蒙运动），理性开始占据主导地位，完全从外部来看大宇宙，把大宇宙简化成了外部的和经验的成分，多维度的大宇宙崩溃了，成了平面的整体论，成了相互关联的秩序，只有物质宇宙，其中一切都相互关联（"他们习惯于说伟大的宇宙系统"），完全没有左手成分（无论灵魂，还是意识，还是内省，还是诠释）。一切存在仅仅是大网上的一条线，这意味着一切都是工具性的，因此只有技术理性、独断理性、工具理性。

我们在第十二章、第十三章中还会详细讨论这些问题。

第十章　此岸与彼岸

就这样，“一”不断分化为“多”，“多”不断统整为“一”。这就是个人和 345
世界的开端和终结：从无形无相的一点扩展开来，如今再没有时间可以为继。

——A. K. 库玛拉斯旺米（A. K. Coomaraswamy）

《对印度教和佛教本质的总结》

我已经说过，二元论有很多不同的学说，其中比较极端的理论会说“此岸”与“彼岸”是分裂的。它们对我们的心灵、哲学和科学都产生了恶劣的影响；对上行者和下行者的影响同样严重，上行者压抑自己，一味追求“彼岸”的永恒，下行者放纵自己，一味拥抱“此岸”的幻影。它们贯穿启蒙运动和浪漫主义的每个阶段。启蒙运动希望通过理性上行，浪漫主义则探究一切指向阴影和深度的下行。上行者统治着“彼岸”的世界，使我们以为在那里可以得到解脱；下行者统治着“此岸”的世界，使我们为了得到解脱而忽视、破坏着这个世界。

二元论是两大阵营之间进行尖酸刻薄的讽刺的根源，他们互相认为对方是邪恶的本质和代表（文学语言）：上行者批判下行者，说他们迷失在洞穴中的影子里面，说他们是唯物主义者、享乐主义者、泛灵论者、还原论者和“无多主义者”（他们相信感官可以把握的存在之外没有东西）。对上 346
行者而言，“此岸世界”的形式和功能往好处说是虚幻的，往坏处说是邪恶的——下行者就是这种邪恶的代表。

下行者说上行者是压抑自己、清教徒主义、逃避生活、逃避性、是地球的掘墓人、否认身体；说上行者在试图超越此岸世界的时候，实际上在破坏此岸世界，给这个世界带来了邪恶，他们比谁都坏。下行者认为实际上正是这种“彼岸”的立场造成了“此岸”的邪恶，上行者就是这种邪恶的代表。

他们两个说的都对。或者我们也可以说他们都是对错参半——都是对柏拉图做的支离破碎的注解。我可以重申一下上一章的结论，这样就可以说清楚这一点，同时提出新的话题。

根据“不二”的智慧（柏拉图/普罗提诺、吠檀多、大乘佛教、密宗佛教等），现实——真实的世界——既不是此岸世界也不是彼岸世界；尽管这个世界很难表述，或者很难表述得清楚，但它是可以直接显现的，或者可以通过集体的静修直接体会、直接觉察的。如果我们要对它进行言说，至少我们要考虑到三点，不是说这三点就可以准确描述现实，但它们可以让我们避免一些非常容易犯的理论错误。

(1)“一”是至善，是一切的归宿。“绝对”是一切进化、一切上行和一切显现的顶点和目标。它是一种原动力，吸引一切存在去实现自己最高的潜能，无论这种潜能可能是什么。根据怀特海的说法，这就是上帝对一切创造过程的“苦口婆心的劝说”。亚里士多德曾经说，至善是一切存在运动变化的根源和旨归，无论这一切目前是怎样不完美。作为至善的“一”，是一切上行和智慧的欧米伽点，是“多”向“一”的回归。(总而言之，这当然也就是所有上行者的上帝。)

(2)“一”是善行，万物从这种善行中涌出。它是充满一切时间和空间的、一切显现的根源。从“一”到“多”的涌现生生不已。宇宙万物，无论高下，无论贵贱，无论古今，都来自神圣的根源，这是一切的本、一切
347 的源。善行“一”是第一因，也是全部因，它是一切世界的阿尔法点，并且所有的世界就是这样表现善行、慈悲、爱和无量的神圣。“一”(作为阿尔法点)的这种无量的创造是无法遏止的涌现，大化流行，生成具有无限多样性的此岸世界，所以这个世界本身就是“可见的上帝”，不断表现慈悲和善行，这个此岸世界应该如此被完全接纳。它的万物都是上帝的显现。(总而言之，这也就是下行者的上帝。)

(3)“绝对”是“一”和“多”的不二的基础，不一不异。它既是“一”也是“多”，既是至善也是善行，既是上行也是下行，既是阿尔法点也是欧米伽点，既是智慧也是慈悲。上行和下行道路都表达了深刻的真理——他们的真理都是不错的(甚至可以说都是非常正确的)。但是单独的任何一条道路都不能完整表达真理的全部，任何单独的道路都不能吸收现实的全部。现实不仅仅是顶点(欧米伽点)，也不仅仅是起点(阿尔法点)，而是真如本性(suchness)——无始无终的当下，完整地、平等地表现在万物当中，无论高低、贵贱、上下、来去。[1]

上行和下行构成了伟大的回环，不二就是画出这个回环的纸张，或者也可以说，不二就是这个回环的环中，与回环上的每一个点的距离都完全相等(“环中处处在，圆环处处无”)。可以说存在与源泉和顶点之间的距离有远近之分(也就是存在的链条所描述的)，但是一切的存在与真如本性的距离完全相等，没有上下。每一个单个的存在本身完完全全是不一不异的，一即一切，一切即一。

这就是为什么在不二真如中，每个存在绝对不是“一”的组成部分，

或者是“一”的构成成分，或者是“一”的一个方面。换句话说，不像泛灵论所说的，它不是“一”的一个片断，不是馅饼的一片，不是大网的一根线。“如同普罗提诺反复告诉我们的，个人的精神不是大精神的一部分。”[2]单个的全子不是大精神的一部分，因为每个单个全子都是整个的大精神——无限无相，充满虚空，无处不在（如同禅家所说的空不异色：空不是色的总和，它就是色的实质；当然它存在于色的总和之中，但是这种存在并不会因为色的增减而有丝毫损益）。

我们记得普罗提诺曾经说过：“它（无限的灵魂/精神）在这巨大的身体的任何一个部分都有体现，把它的存在赐予任何一个部分，无论大小，尽管这些部分可能在空间上相互隔离，在安置的方式上差别很大，有的相互对立，有的相互依存。但是大精神是不会被分割的，它也不会为了给予每个个体生命而自我分裂。所有的一切以完整的灵魂生活（也就是说，在终极意义上没有程度的分化，没有水平的分化，只有纯粹的在场），无所不包，无处不在。”“一”完整地表现在任何个体中。我们不需要把单个的有限个体累加起来以获得“系统的精神”——每个单个的存在都是大精神完整的表达。 348

这就是为什么不二传统在价值定向上非常反对工具主义的原因：个体的全子的价值不是因为它们是伟大的世界之网的一部分；它们是有价值的，这种价值就来自它们本身，它们是大精神最原始、最纯净、最完整的表现。在生命系统之网中的“灵性”，其价值是第二位的，是作为生命之网的一分子的工具性的派生，只有这个完整的生命之网才被认为是最终真实的。

可是事实恰恰相反，普罗提诺说，“整体的每个部分都是无限的”。这里须注意三个非常不同的东西：“一”、单一、全部。每个有限的存在是全部有限存在的一部分，但是“灵性”不是存在于全部，而是存在于“一”，这个“一”无论在单一中还是在全部中都是完完整整的。（生命之网的理论抓住了全部，但是忽略了单一。）但是因为“一”实际上完完整整地表现在单一和全部之中，普罗提诺进一步说，“单一就是全部，全部就是单一，无限就是荣耀”[3]——生命之网只是非常偏颇的，对无限的空性而言是第二位的，空性才是每个整体和每个部分的真如本性，无论这个整体/部分有多少层级（整体——部分——整体，这样的推演是没有终结的，黑格尔称之为“不善的无限”）。

我们总结一下我们的观点：现实是顶点（欧米伽点），是根源（阿尔法点），以及它们的共同基础，也就是真如本性（不二）。[4]它是上行道路和下行道路的整合，闪耀着不二觉察之光：“世界虚幻，唯梵是真；梵就是世界。”

意识不到这些，就会堕入单纯的上行（梵独是真）或者单纯的下行（梵即世界）。我认为这不仅仅是理论上的精美，不仅仅是神秘经验论的问题，我要说的是这恰恰是对柏拉图所做的那些支离破碎的注解，而这被称为西方文明。

349 **平衡中的地球**

人们常说，柏拉图是彼岸的哲学家，亚里士多德是此岸的哲学家。可是按照洛夫乔伊的说法，这种理解已经非常落伍了。

的确，亚里士多德花费了不少时间来进行此岸的分析和思考，但是亚里士多德的上帝和柏拉图的上帝是不一样的，他的上帝是纯粹的上行的上帝。亚里士多德的上帝是一切造物进化的顶点和最高目标（欧米伽点），但不是一切造物的本源或者根源（阿尔法点）。实际上，亚里士多德的上帝根本在造物中找不到，除非把它看作是一切造物的最终的因，也就是说是一切造物不断为之奋斗但永远无法实现的目标。万物不是来自亚里士多德的上帝，万物只是把它的上帝看作旨归。换句话说，亚里士多德认为完美的“一”是至善，这是非常准确非常正确的，但是这个至善完全没有表现为善行或者万物的创造。洛夫乔伊说：

> 反向的过程（柏拉图说的创造的洪流，普罗提诺做了延伸）在亚里士多德那里根本看不到。他的上帝什么也没有产生。除了几次交谈中的特例之外，亚里士多德一直认为自足是神的基本属性（无相），并且他排除任何暗示自己创造了万物的那种与有限存在的关系。的确，在亚里士多德那里，这种如如不动的完美是不完美的存在的一切运动和创造活动的因，但只是最后的因。上帝在他自己永不终结的自我沉思中一直喜欢的福，是一切存在以各种方式不断为之奋斗的善。
>
> 但是这个不动的使动者不是世界的基础，他的本性和存在不能解释为什么其他存在可以产生，不能解释为什么会有芸芸众生，不能解释它们为什么会与完美的距离有这么多差异。因此他不能为充分原则提供一个基础。[5]

由此看出，亚里士多德是对柏拉图的第一个支离破碎的注解，是后世上行者的根，是他们的原型，尽管他对此岸世界的思考功不可没。柏拉图
350 无论对上行还是下行、顶点还是根源论述都是很充分的。柏拉图的上帝既在此岸又超越此岸，亚里士多德的上帝只是超越此岸，这两条线索成了西方文明的两个对立的立场：亲近世界；舍弃世界。

被分解了的柏拉图的思想可以用来支持两种对立的观点的任何一种，亚里士多德只能支持其中的一种。观点的权重已经偏向了上行者的一方。

如果不唤醒整个的柏拉图，那么人类在地球上的存在空间将微乎其微。

这正是西方文明正在试图建立的思想平台——整合此岸和彼岸。

超凡绝尘的三位一体

普罗提诺曾经非常成功地整合了上行和下行两条路线，表达并且完善了柏拉图的不二思想。[6]如果不是因为一个决定性的因素，柏拉图和普罗提诺的不二思想流派——如同商羯罗和龙树分别对印度教和佛教[7]的阐发一样——可能就得胜了。这个决定性的因素就是西方进入了神秘—文学的基督教文明。

因为基督教在本体上把上帝从自然和人性中割裂了出去——蒂利希所谓的“地面上的人和天堂中的神之间的严格的二元论”——在此岸再也找不到神的位置。从而一个人的最终宿命就根本不可能在此岸得到实现，不可能在这个身体中得到实现，不可能在这个地球上得到实现。[8]从而追求彼岸的上行者就不断地分裂——纯粹的上行者就被恐惧驱赶着（他们害怕地球，害怕身体，害怕自然，害怕女人，害怕性，害怕感觉）——他们整整控制了西方 1 000 年（尽管有时候控制力不是那么强）。

可是具有讽刺意味的是，这个被神话提升了的神甚至连真正的上行的或者超越的神都不是——甚至不是诺斯替教的“一”，或者无相层面的“一”（除了对为数不多的觉悟者来说）。它是神话水平的不断复制——一种地球中心的、自我中心的、人类中心的火山神，名字叫做耶和华——它的结构特征就是表现为干预人类历史，或者奖励或者惩罚它的选民，更多的情况是消灭选民的敌人，或者花些时间把菠菜变成土豆。 351

意识的结构是这种制造过程的动力，这一点没有问题，并且这引发了有深度的基督教（和犹太教）传统本身的一些思想家的严厉批评，从克莱门特和奥利金［还有费罗（Philo）］开始，他们都和蒂利希契合：“有点像神的奇迹般的干预，在真实的宗教体验之下，具有特殊的灵感和启示。宗教本身就是亲密感（他的意思恰恰是对基本的觉醒或者纯粹的在场的亲密感，就是我们身上的大精神，蒂利希这一点非常清楚）。为了奇迹的发生，自然的法则全部都被取消，超自然的承继完全坍塌。”[9]

但是我想说明一点，问题仅仅在于存在一个罗马教廷这样的神话帝国。那种神话—理性结构已经作为文化意义和社会整合的基本原则存在了整整 1 000 年，它的存在曾经是非常合时宜的，我们在第五章的神话—理性部分讨论过了。它曾带来了一切应有的进步（和所有的灾难），特别是新的社会中心的道德形式和对上帝眼中、（罗马）法律面前人人平等的信仰（后习俗阶段）——当然还充满了帝国的建筑、帝国主义和神话—理性结构下军队的“全球化”企图。

当我们讨论柏拉图和普罗提诺（或者龙树、商羯罗）的思想的时候，可以说我们讨论的就是当时意识发展的最高水平。我完全不会指望那种水平可能成为当时的普遍意识发展水平，我也不会用今天一般的意识发展水平的标准来衡量当时的人们。因此，问题不在于罗马基督教神话—军队支撑的帝国出现，而在于当时那种发展的一般模式对待领先的世界观的方式不恰当：它宣布领先的世界观应该受到诅咒，应该受到非常彻底、非常严厉、有时候甚至非常残忍（特别是对改革的反对者）的讨伐，其方式和规模史无前例，世所罕见（鲜有特例）。

每一种意识结构都会怀疑比自己高的结构，怀疑超越且包含它的那些
352 结构，实际上那些结构恰恰是它的潜能，但是这些结构的每次展开都需要有一个令人害怕的死亡和重生。似乎社会的发展就是遵循这样一个不断增加容忍度的线索进行的，后起的社会结构总是比现存的社会结构的组织性和凝聚力更强。让神话—军事基督教帝国做出让步——在神话结构中不太强——那根本是不可能的。因为，如果哪个人的意识发展超过了神话—理性，无论他多么正确，只要他胆敢宣扬，那么就被视为政治威胁，然后对其进行压制，实际上会判他叛国罪。[10]

这种声讨是全国性的：理性（和科学）的结构竟敢要求证据（理性只有为教条服务才能被承认）。自然神秘经验论的灵性水平也遭到诅咒，因为他们把上帝“太多地放到了此岸世界”，它把上帝从其高高在上的圣殿“拉到了地上”。微细水平的神秘经验论也遭到诅咒，至少对其容忍非常有限，因为它把灵魂提升得太高，太接近上帝了。如果有人胆敢表现出无相水平的直觉，把自己认同为神，那么教会肯定大为光火——教廷在石柱上烧死了布鲁诺，并因为同样的原因诅咒埃克哈特神父的著作。

但那对证悟无相水平的人受到神话水平的信仰者的迫害来说已经是老皇历了，这种迫害从拿撒勒的耶稣年代就开始了，耶稣本人对无相水平的证悟所受的待遇就不是那么友好（“我和主是一个”）。“为什么用石头打我，”耶稣问，“是因为我的善行?”虔诚者说：“不是，不是因为善行，是因为你，作为一个人，却胆敢胡说自己是神。”耶稣回答：“我们都是上帝的儿子（和女儿）。”但是人群的呼声掩盖了他的声音，他的下场和哈拉智、布鲁诺、奥利金以及其他所有的证悟者的下场一样，因为政治和宗教的原因不得不去赴死——证悟对国家和古宗教都是一种威胁。

教会在拿撒勒的耶稣之后对证悟者的处理方式灵活了许多，开始用理性支持神话。他们承认，耶稣的确和上帝是一个（或者说他们后来称上帝是三个人的合身——特土良的三位一体——耶稣作为一个人具有两种属性：

圣者和人)。但是就让无相水平的上行到此为止吧。不再允许别人有这种证悟，尽管每个人都知道耶稣从来没有说过只有他自己才能实现这种证悟，353
但很明显他允许他的信徒用“弥赛亚”① 来称呼他。

但是很多评论家指出，如果基督徒证悟到神性属于所有人，并且完全平等，那么神性就不可能被看作某种特定神话的特权。通俗一点说，他也就没有了卖点。所以耶稣不被视为全人类的受难者（尽管他自己是唯一这么说的人)，而是把他视为约瑟唯一的儿子，绝对唯一。换句话说，他被拽回了盛行的神话，做得天衣无缝，他成了超自然力对人的干预的奇迹中的另一个特例（更为伟大而已)，他来拯救一个新的选民团体：拥抱教会的人，灵魂得救的唯一途径（这意味着，这是维持神话帝国的强权和政治的凝聚力的唯一手段)。

拿撒勒的证悟于是被供奉起来，完全由教会据为已有（否认灵魂可以直接拥有)。[11]要记住，在这个发展阶段，道德和政治领域（政权和教会）还没有完全分立（所有的神话结构都是这样——我们可以看到，国家元首具有神权，通过声称自己是天子，通过声称自己和某神有特殊的关联或者和某神合一，元首建立自己的合法性：克利奥帕特拉就是艾西斯)。蒂利希曾经解释道：“这意味着破坏教条的人不仅仅是异端，不支持教会的基本教义，而且也是国家的罪人。因为异端不仅威胁教会而且威胁国家，所以不仅要受到宗教迫害，还要接受国家权力的惩罚。”[12]

教会会造就很多哲学家（理性)，会造就很多伟大的微细水平的神秘经验论者，但是无论这些证悟者如何不重视神话的影响，无论他们如何把神话仅仅作为隐喻的说法来看或者通过诠释摆脱神话的影子，总有一种障碍压在他们的心头，阻挠他们的超越，这种压力压碎了他们的肩膀，让他们丝毫不能抬头：永远不可能超越耶稣。[13]

超越本身立刻就纳入了神话的范畴，重复死后三日复活的主题（在异 354
教徒的仪式中或者在基督徒的仪式中，人们会“吃圣肉”、“喝圣血”，从而参与他的复活的力量[14])。基督徒如果接受这种神话信仰（或者信念）那么他就会相信自己在死后也会复活，在审判日，在另一个世界，他们的身体也会被重新组合（“嗯，对不起，你拿的不是我手上的骨头吗?”)，永远和耶和华、他的儿子和同伴坐在一起。个人在自己的生命中，在他的地球上是不可能觉悟或者超越的。如果有谁胆敢有什么异言，那么他就被视为异端和罪犯。

我要再次说明，我并不是要和神话—理性争辩，它就是那个发展阶段

① 在希伯来文中这个词是“受传者”的意思。——译者注

的意识结构，它对耶稣证悟体验的诠释与歪曲是自然的（必须的）。在那个时刻，这对社会整合和文化意义而言意义非常重大，它的反映恰如其分。可是问题在于这种对证悟的狂怒完全把它降低到了神话水平。而无相水平的证悟很少被降低这么多。这么强有力的证悟通常不会仅仅启示这么少的追随者达到同样水平。

佛陀不是、商羯罗不是、老子不是；华伦泰不是、纽蒙诺思不是、阿波罗尼奥斯不是；道元不是、法藏不是、智顗不是；胜喜金刚不是、宗喀巴不是、莲花生不是——他们都没有被如此彻底地简化。真是令人震惊！当然神话的信仰者也会到那些证悟者周围去，主要是因为那些信仰者更关心那个发展水平上的现实。最终证悟者的教化，无相/不二的真理人人都可以见证，只要他肯如法修行，精进不懈，次第经过神话、理性、灵性和微细阶段，最终发现自己的空性。对任何一个觉悟的学生，当他或者她发现自己和无限的虚空是一个、无形无相的时候，证悟者都会这么回答，无论对谁："祝贺你！你终于看到了你的本来面目！"

可是教会对这种证悟的回答可能是：现在应该吃你的圣（身）体了。

所有这些的直接效果是，尽管教会的上帝主要是一个上行之神（从这个角度看，完全是彼岸的神）但根本不可能真正实现上行，甚至那些非常有成就的少数人也无法实现；只有耶稣做到了。[15]尽管我们都可能或多或少地"参与"基督的神性，但是在死亡之前不可能有完整真实的证悟和上
355 行，只有死后才能进入彼岸世界，但那是未来的事情。此岸世界只是走上智慧之路的通道而已。

恰恰是因为在这个身体中、在此生、在这个地球上上行之路根本不可能真正实现上行，所以绝对不可能有下行出现。也就是说，无相水平的合一所证悟的善性不可能带来包容一切的善行，完全以此岸世界为基础，作为整个世界的灿烂显现出现。[16]柏拉图（和其他不二证悟者）所做的倒驾回航——超越此岸世界，唤醒此岸世界——不可能成为十字架的召唤。

恰恰是因为上行不可能被完全实现，西方被限定在一种不断受挫的上行企图之中（这种上行的目标永远不可能被官方应允），于是成了永远不可能被满足的热望。西方的心灵的痒处从来不允许抓搔，慢慢被人们忘记。在长长的杆子上面挂了一个萝卜，下面是一群猴子，猴子们知道尽管自己非常想吃，可是永远都不可能吃到。

就是这些受挫的上行者，这些被冰冻的上行者，他们会诉诸：(1) 彼岸的亚里士多德；(2) 柏拉图的彼岸的一半；(3) 彼岸的神话世界中唯一的被遗忘了的上帝之子。于是就有真正的神界的三位一体把西方文化整整分割了几千年，如果这三位一体不能完全统治，就永远只能靠官方的压制。

两个神

因为无法直接切近统一的无法言说的“一”，两条道路——上行和下行——在逻辑上就成了不可兼容的，根本不可和解的。由于真正的和完整的上行被阻断了（甚至在理论上也被阻断了），从而真正的和完整的下行就既不可能被直接体验，也不可能被正确地表达（甚至理论表达都不可能）。柏拉图和普罗提诺的“一”的世界被分割成了“此岸”和“彼岸”，这种二元论导致了两种决然对立的世界观的立场，对“好生活”的观点、对人在宇宙中的终极归宿、对人类命运的目标和本质、对何处可以找到自我实现、 356
对此岸生活的理性境界，并且最重要的是对在此岸生活中人应该努力实现的目标等等，都出现了两种决然对立的世界观。

实际上，它造成了两个不可和解的神。

二元论的两方都同意，人类的至善就是模仿神（imitatio Dei）——对神的模仿、沉思或者吸收。可是究竟模仿哪个神？模仿上行的神把一切都带到那个“一”，还是模仿下行的神给纷繁芜杂的世界带来快乐？没有整合的心，这两种途径就是根本不可能和解的，所以会有疑问，究竟是逃避此岸世界，归于“一”，还是跟随神的创造脚步，拥抱一切造物的善行，在万物身上看到我的神的显现？

不二哲学的回答总是：做一个，然后再做另一个，最终接纳两个。例如，奥洛宾多说：“精神的转化不断从低水平的意识向高水平的意识累积，然后不断从高水平的本性下行到低水平的意识。”在禅宗中有张《十牛图》，描绘的就是觉悟的十个阶段，前七张图描述的都是摆脱俗世束缚，寻找“一”的过程——上行到善性。第八张图是一个空白的圆圈，象征无形无相的空（无相水平）。最后一张图里面是一个人在市场中“张开双手”（入廛垂手）——意思是接纳一切，表现慈悲和“以创造为中心”的精神性。

其中有一点非常重要，就是把上行之路和下行之路非常完美地统一起来了——第八幅图，那个空白的圆圈，它不仅仅是对不二的一种理论上的解释，而且是一种对空性的直接证悟（无相水平的精神）。如果没有这个，两条道路就都没有直接的经验水平上的接触点，从而它们就成了完全是理论上的互不相干的事情了，两两相对，无论在理论上还是在事实上都永远不可能统一。

我们会看到，这就是西方的情况。

西方的吠陀

“一元”世界观从普罗提诺那里完完全全地传给了伟大的圣狄奥尼修

斯。这种世界观完全包容上行和下行两条道路（圣狄奥尼修斯被误认为是
357 皈依保罗的第一个雅典人，她或者他对后世基督教神秘经验论产生了深刻影响；此人究竟是何许人仍然是个谜，所以有“伪狄奥尼修斯”一说）。伪狄奥尼修斯的神秘经验论和普罗提诺如出一辙，只是如今已经完全融入了基督教神学和基督教术语：桶不同，酒无异。其中当然包含了不二哲学的基本思想：超越万物，接纳万物。上行直到灵性，下行慈爱众生，一切平等，无有分别。狄奥尼修斯说：

> 爱是为了一切事物的好，先于至善而存在，从至善中流露，感化了自己，投身于创造，作为万物的福，一切被创造了出来。至善就是恩泽万物的善行（无一例外！）。如同阳光，遍洒万物，不加选择，不假思索。至善也是一样，把它的善行完完全全地施予万物，等无分别。[17]

圣奥古斯丁（354—430）比较完整地传承了普罗提诺的思想，只有为数不多的细微歪曲和增益。奥古斯丁的很多说法都非常明显地是不二的，寓意很深，特别是对人类之爱和上帝之爱的关注，对内省作为认识上帝的主要途径的重视和对爱神丘比特（爱）的创造力的肯定，以及提出意识转换（意志的转换）对圣灵的觉醒而言是重中之重的观点。

我相信，其中最重要的是我们在奥古斯丁身上看到了西方的吠陀之花的绽放，可能本来对后世的西方哲学（和文明）的影响应该超越其他任何某一观念，没有例外——我准备用一段内容来总结：

柏拉图的观照者（spectator）和普罗提诺的“永在的觉醒”（ever-present wakefulness）在奥古斯丁那里被充分发展成了内部见证者的概念（奥古斯丁称之为灵魂），他认为这个见证者本身在任何情况下都是不能怀疑的。奥古斯丁说，从普遍怀疑开始，绝对怀疑一切。你会发现你可以怀疑逻辑的可靠性（逻辑可能出错），你甚至可以怀疑感觉印象（它们可能是幻觉）。
358 但是无论你怀疑的力量多强，你都可以对怀疑本身有明确的觉察；在你最直接的觉察中有一种确定性，即便这种确定性本身也是你怀疑的对象——你终究不可能摆脱这种确定性。外部的一切真理都是可以怀疑的，但是在直接的觉察或者觉识中总有一种内部的确定性，奥古斯丁说，上帝就通过这种基本的觉知显现，他的确定性永远不可能被怀疑。

因此上帝的存在，作为直接的自我在场（或者基本的觉识）是不可能摆脱的确定性。上帝的存在甚至是对上帝存在表示怀疑的前提。如果你意识到“我不信上帝”，奥古斯丁会说，好啊，那已经是上帝了。相信上帝或者不相信上帝，前提是有个上帝存在。

进一步讲，在这种直接的在场中，没有主客二分。我不是站在这直接

的在场的后面来看它，如果是那样的话所看到的只是另一个对象，不是最直接的看本身。上帝是自我和世界存在的前提。“在灵魂中看到上帝。上帝在人的中心，存在于主客二分之前，主体认识客体的欲求被克服了。没有主体和客体之间的距离。上帝与主体的距离和他与自身的距离一致。”[18]对奥古斯丁来说，上帝是在你认识其他任何对象之前就认识的，其他的一切都依赖于上帝，上帝本身是不能被怀疑的。

上帝不仅仅是一切存在的基础，而且是我们的直接的、先在的觉察的基础——这是奥古斯丁的说法。这和东方的传统何其相似！“平常心是道。”在禅宗中，平常心的意思就是在做任何认识的努力之前、分别之前，那种直接的直觉。在藏传佛教中，终极的法身就是无相，就是当下明澈的觉识，先于主体和客体。拉马纳大师说过没有大我，一切不可能存在：如果你认为自己从未见过或者找到最原始的大我，对那种缺失的觉察本身就是那个被认为缺失的大我。这些传统都说，你不是没有佛性，只不过你不知道自己有佛性：你知道它的存在，但是不愿意承认。

我所谓的这种西方吠陀[19]以各种形式传承下来，从奥古斯丁到笛卡 359
儿、斯宾诺莎、伯克利、康德、费什、谢林、黑格尔、胡塞尔、海德格尔、萨特，不胜枚举。我们有且只有这种基本的觉识、这种直接的意识，其他的一切都是现象（康德），或者推断（笛卡儿），或者外部（斯宾诺莎），或者悬隔以后的现象学的剩余（胡塞尔、萨特）。作为基本的觉识，精神是不需要证明的，甚至怀疑本身都是以之作为基础的。因此，精神（或者意识，或者纯粹自我，或者超越的自我，或者基本的开放）不是难以发现的东西，而是不可逃避的东西。

我们已经知道，任何一个发展阶段都是内外并行的。奥古斯丁也清楚地看到了这点，并且以一种非常深刻、非常有说服力的方式讲述出来。根据泰勒的观点，这种“内在性”是整个文明的特征。像蒂利希和泰勒这样严肃而沉静的学者都对奥古斯丁的凝练感到震惊。蒂利希说奥古斯丁这个人“比任何人都更能代表西方；他是西方一切言辞的基础。”[20]

在这个内外兼行的方面，奥古斯丁采用了普罗提诺的一种说法，认为内部超越并包含外部，然后内部本身融入“一”中，所以基尔森（Gilson）总结道，奥古斯丁的道路是“从外部到外部，从内部到高处”，泰勒则说“向内……把我导向外”。

这样做具有深远的历史影响，因为他采用了普罗提诺的内在性概念（在柏拉图那里也有暗示），把它完全置于核心地位。对终极现实的实现不是从外部找，而是从内部求。从理性开始，我进入理性的内部，走到理性的基础也就是直接的觉识，那种直接的觉识带我超越了理性，到达大宇宙的基础本身。所以最终终极的真理不在我的内部，不为我所限定，而是完全超越我的：直接的在场本身在我之外敞开，显现一切存在的无限终极。不断内求，结果从我之中解脱出来：这是从唯我存在中永远地解脱出来。

泰勒把这种对内求的强调称为“极端的自反性”。并且他说：“奥古斯丁把极端的自反性介绍给西方，并且使之在西方传承下去，这么说一点也
360 不夸张。”[21]实际上，泰勒还梳理了整个西方文明的历程，包括现代和后现代，认为西方的这种“内求”有三个基本的特征（即自我控制、自我表达和自我承当），发现这三个基本特征都可以追溯到奥古斯丁（发端于普罗提诺）。

这种极端的自反性对西方（包括东方）具有非常重要的影响，因为即便一些对它做了歪曲的说法仍然在一定程度上表达了真理的一面——提升从内部开始，超越从内在发端。启蒙运动会从“内求”开始，但是忘记了超越。启蒙运动的自我是游离的，它的确向内追求了，可是卡在内部出不来了，孤魂野鬼似的飘荡在平面的大地上面，找不到自己的立足之地：不是内求然后超越，而是内求然后退缩。“知识是自闭的。”福柯如是说，没有办法真正建立自我和“整体的物质宇宙”之间的关联，因为这种相互绞合的外部构成的物质宇宙以自己的方式排斥内部（大宇宙塌陷成了物质宇宙，或者这就是微细的还原论）。

但是对奥古斯丁来说，这种自闭的知识不是真理，而是邪恶，这种知识只能内求但是不能超越，进去了但出不来，用相互绞合的外部存在者来描述世界，完全排斥了主体性。“邪恶就是这种自反性自我封闭”[22]——内求但是退缩。没有办法提升，因为外部相互绞合的秩序完全排斥了内部，于是只剩下一个影子组成的和谐的系统，一张非常奇妙的网，一切深度都被代之以无限延伸的广度。

但是奥古斯丁的直接影响恰恰来自相反的方向。如果说启蒙运动迷失在内部之中，从而只承认外部的存在，那么奥古斯丁对文艺复兴的影响在于提升了精神的高度，然后对外部不予重视，忘记外部、完全忽略外部。“物理对于终极真理而言是无足轻重的，因为终极真理仅仅存在于人类灵魂的内部。”[23]

从某种意义上说，的确如此，但是这里潜藏着奥古斯丁的二元论的影子。对于普罗提诺来说，物理作为下行的世界，灵魂作为上行的世界，它们都是“一”的世界的完整的组成部分。的确，我们不可能通过研究物理达到灵魂或者精神的境界（实际上研究物理的过程还可能会阻碍我们灵魂或精神的实现），但是物理毕竟还是可见可感的上帝的一部分。

奥古斯丁绝对不是本体论上的二元论者，但是他的确提供了一种粗暴

的选择："每个人都会慢慢变得与其所爱相类。你热爱大地吗？那么你就会成为大地。你热爱神吗？那么我会说，你将成为神。"

难道就没有鱼与熊掌兼得的可能性吗？ 361

对《薄伽梵歌》和普罗提诺而言，"即便在地球上，世界也是证得一味的圣者之心的变现。"《薄伽梵歌》这么说。在普罗提诺（和大多数主张不二的东方传统）看来，一个人首先从融入地球、盖亚和相互缠结的外部开始（自我中心、生物中心和地球中心），然后发现内部，超越盖亚，然后沉迷于天堂（灵魂，精神），然后完全消解无根的自性，平等拥抱天和地，把它们都看作圣灵之光的普照（这就是大乘佛教和藏传佛教对完全上行的瑜伽和小乘佛教式的诺斯替教的革命）。

但是这条路奥古斯丁不可能走。对身体将来复活的信仰把这条路给堵上了。身体未来将会复活，这是耶稣基督亲证的（不可重复，不可复制），是上帝独有的，这种信仰就排除了此世此身在这个地球上灵魂最终得到解脱的可能性。上行和下行的道路再也不可能在当下的体验中结合。爱的面前出现了分裂，困惑的上帝茫然地看着面前相互对立的两个方向。

结果就会出现这种情况：两种选一——上行或者下行。两条道路再也不可能结合，在历史上上行者和下行者分别开创了自己的道路。

简而言之，奥古斯丁对"两个神"之间的紧张无法忍受，部分地因为他有 10 年之久的摩尼教二元论的修为，部分地因为他自己的诺斯替教传承，特别是因为他对教会的教条"天父献出了唯一的儿子"的坚定不移的信仰。奥古斯丁感到在这一生中，在这个身体中，在这个地球上不可能有真正的上行——对上帝存在神秘的觉知，这是可能的；通过这个肉体在这个地球上得到最终的解脱，这是不可能的。

对普罗提诺而言，"上行"不是要改变处所，不是从"此岸"到"彼岸"，而是一种知觉的改变，就是越来越多地把此岸世界知觉为彼岸世界——这个世界在知觉中越来越多地和彼岸世界完美的灵性类似，最终知觉的全部内容都是这种完美的灵性，"此岸"和"彼岸"根本没有任何联系，上行和下行在每一次充满爱、不加选择的、不二的觉察中相遇。

奥古斯丁的思想非常了不起，这是毫无疑问的，可是他还是不能摆脱 362
二元论教条的束缚，认为此岸只是对来生的准备；他被限制在身体的复活这种信念中，认为知觉的改变并不是此刻就在神圣化。因此他的忠实的追随者蒂利希这么总结他的观点："一方面，城市就是上帝；另一方面，城市又是尘世，或者城市又是魔鬼。"[24]这绝对不是精神本体论，这是神秘经验论的解离。

我不想把这种解离单单限定在奥古斯丁身上，这种解离实际上是一种世界观的内在成分，因为别的一些原因，奥古斯丁不得不接受。我想说，如果限定在神秘经验论世界观当中来看普罗提诺的思想体系，那么奥古斯丁是处理得最好的。但是奥古斯丁的崇拜者和反对者都指出了他的思想体系中的这种摇摆不定的二元论，指出他倾向于“彼岸”世界，被称为受挫的上行者（也就是跛脚的下行者）。

如果“奥古斯丁代表了整个西方的思想表述”，那么，西方整个的思想的表述就是：受挫的上行者，灵性的诠解人。从而没有真正的下行，这个地球、这个肉体或者这一生没有真正的神圣化。

精神分离的上帝

洛夫乔伊，他不能理解这种分裂的冥想性和体验性（向此岸的下行和到彼岸的上行之间的分裂），但是他还是非常精当地指出了实际发生了的一切，即西方被两个根本不相容的上帝牵着走：

> 一个上帝是上行的目标，在这个上行的过程中，有限的灵魂脱离万物，回到完美，在那里找到一个栖息地。另一个上帝是万物下行的起点和动力的源泉，造物一泻千里，穿越各个可能的水平到达最低层……
>
> 从“多”到“一”和从“一”到“多”的过程没有办法相容。前者是通过与造物进行比较来追求完美，后者是对善行的模仿，为万物
> 363 种类的繁多而欣喜，并在万物中表现自己。[25]

一旦否定了真正的上行，下行也就被丢弃了，他们的秘密结合也就永远成了秘密。悲观的上行者严谨地追寻着他们认为永远都不可能达到的彼岸的目标，乐观的下行者轻率地拥抱此岸的造物，庆祝它们的本源，但是从来没有体验过它们的本源。

就像我说的，这样就造成了两个上帝和两个世界立场，它们完全不同。这不仅仅是理论取向的不同（这一点还有很多争议），这是一种指令与范例的不同，实际的生活风格的不同，是对究竟何为“美好生活”的理解的不同。

上行的程序要求摆脱“对万物的依附”。鼓励禁欲，有时候遵循严酷的戒律，总是把注意力从感官、身体、万物、特别是性（也就是女人）等方面收回——所有这些都被视为诱惑，甚至更坏（尽管所有这些在理论上都是善的体现）。也就是说，它们都成了恐惧的对象，而不是爱的对象。

这种“一”的策略内省性很强，非常内向，它一旦出现就会带来完全的悲观厌世主义（它的主要特征，无论是宗教还是哲学）和对尘世的轻蔑（contemptus mundi，“我的国度不在世间”和“莫把前程付尘世”，这些都

是它的口头禅）。对尘世生活的追求只适合那些受蛊惑的人，他们可以通过圣餐参与善性，否则的话就会在洞穴的影子中迷失。修道院的生活是唯一美好的生活，只有这种生活才能真正达到仿效神的境界。

下行的程序方向恰恰相反，跟从的恰恰是另一位神。它号召人们以某种有限的方式参与上帝的创造过程，有意识地参与这个过程，让万物不断丰富，实现宇宙的多样化和完满。它在创造的壮观中找到自己的幸福，或者在详细分辨万物无限的多样性的过程中找到自己的幸福。它把活跃的生活样式置于冥想沉思之上。它完全是外向的，它的乐观主义表现在这样的说法中："这个世界最美好。"（这意味着此岸的世界完全来自上帝，是上帝 364
善性的体现。）[26]

至于它的仿效上帝，通常它会把具有创造力的艺术家的活动（有各种形式）比作人间和圣灵最相似的活动，因为艺术家参与了上帝的创造过程，这个过程类似于甚至等同于大精神的流淌，从"一"那里给"多"带来荣耀。可是这条道路往外走得越来越远，以至于越来越低：不是上帝之爱，而是死神降临；不是且低且高的存在，而是一味拥抱低等的存在——一切高度、深度都被消解，被抹平，被抛弃。

这两个神为了西方人文的精神扭打了一千年（我们可以看到，直到今天还在打）。因为这两个神在这一点上根本无法和解，教会必须做一个选择。此岸的三位一体摇摆不定，所以他们当然选择了前者，即（受挫的）上行之路。

> （至少在她对什么是善的忠告方面）决定教会伦理教化并且塑造文艺复兴以降西方人对人的终极的、基本假设的、不是创生性的善行（下行），而是善性的观念（上行），包括经典神学、新教和天主教等等。上行是寻找善的唯一的方向……[27]

这是神秘的上行上帝千年来的统治，在这个简短的回顾中我们不可能讲太多。我只想说明它的根源和内部结构，它完成了什么（在好的一方面），破坏了什么（也相应地走了多远）。

因为最有意思的是，从文艺复兴开始，经过启蒙运动，出现了一个"大翻盘"。突然，非常突然，上行者出局了，下行者登位——这个转折是血腥的，可以说是西方历史中最为血腥的认识转型。

伟大的多样性 365

为了理解下行者是如何得到其控制地位的，首先必须理解为什么柏拉图和普罗提诺的不二思想仅仅被理解为下行或者多样化的道路，用现代的话来说就是"生物多样性即善"，这其实只是他们思想的一半。

绝非仅仅生物多样性。多样性本身的确是“一”生“多”的善行的直接体现，从而多样性越丰富，意味着善行越伟大。

我强调这句话的原因在于它是下行者的上帝的关键，我们后面会反复看到这一点（这是普罗提诺的上帝的一半，虽然非常重要，但不是全部）。

《提马亚斯》（*Timaeus*）这本书是西方智慧的闪光。在这本书中柏拉图就指出我们绝对不能假设“世界是比照任何一个非常偏颇的理念创造的，因为任何不完整的东西都不会是美的。我们必须假设一切的一切，所有的动物——包括个体和种系——都只是总体的一部分，而不是总体完美的表现。因为宇宙的样式本身包含了一切存在可以理解的形式，如同世界理解我们和其他一切可见的存在者”。因此创造的光辉“自此岸的表现和最完美的可理解的存在非常相像——任何可见的生命体本身都包含了具有同样性质的其他所有生命体”——这就是为什么柏拉图把整个表现出来的宇宙称为“可见可感的上帝”和“高级有机体”的原因。他说这是为了使“整体就是全部，宇宙被完全充满”，从而成了“可见的上帝——最伟大、最美好、最公正、最完美。”[28]

因此，从这个观点出发，一切可能的存在形式，无论我们说它是好是坏，是高是下，它们都是大宇宙整体的不可或缺的一部分，每一个存在物都有其内在价值。通俗地说，一个世界包含的东西越多，它就越好。

普罗提诺延伸了这个不二的观点，他说我们就像不太懂艺术的人，可能会希望在绘画中减少几种颜色，因为我们觉得“不太漂亮”，意识不到这么做实际上同时破坏了整幅作品。普罗提诺说：“删除任何一个角色，都会
366 破坏整体的美；正是因为每个部分的存在，完整才成其为完整。”因此他说，那些想把自己觉得“低劣”的东西“从宇宙中消除”的人会同时“消除神的眷顾本身”，其本质在于“创造万物，以万物的各种存在方式实现多样化。”[29]

洛夫乔伊说，无论在哪里，下行的洪流只要被注意到，就会以此种形式出现：“一”的善行体现在“无量的组成部分”之中；种类越多，善行越大。这一般被称为多元性原则。种类的最大化可以说是多元性原则的目标。

在下一章内容中我们将会看到，这种多元性原则对现代性的出现产生了多么大的影响，对科学、政治和伦理都产生了深远的影响（当然，目前的多元文化主义者、生态哲学家们仍然在大肆宣扬这种多元性原则，大多数还没有看到它的根源）。

对多元性原则（流出，efflux）最简单的总结可以说，那种种类的复杂化并不是为我们人类好，它实际上正是“一”的善行的表现，和对我们人类好坏没有关系。说它为我们人类好，是一种非常自我中心、地球中心、

人类中心的立场。这是普罗提诺对诺斯替教的批评的一部分，因为他们把人类视为万物的灵长，实际上也就忽略了、贬低了其他的物种，他们看不到“太阳是神圣的，大地是神圣的，看不到一切存在者存在的方式都是神圣的。”

我曾经说过，普罗提诺的这种认识直接来自他极端地去中心和非人类中心的立场。他没有因为生物多元化对人类有好处，或者因为人类存在依赖物种的多样性（尽管他也看到了这一点），或者因为走出去可以获得一种“荒野的体验”就发挥这个概念——对普罗提诺来说，所有这些在核心上都是人类中心的，服务于人的，并没有肯定每种存在本身的神性。

在上行的一面，根据普罗提诺的说法：既然我们还在上行，还没有真正发现无形无相的“一”，没有看到它平等地显现在一切存在中，那么世界在我们眼里似乎就是一个伟大的层级体系，从低到高，这种层级制度实际上是我们无知的结果（但是这个层级制度或者阶梯必须首先被完全爬完才能抛弃；那些没有爬完就把这个阶梯抛弃的人只能是下行者，是没有看到光明而拥抱影子的洞穴人）。

这种伟大的层级制度或者存在巨链（似乎真实）的核心点可以这么来 367
总结：自然没有断裂。尽管（看起来）的确存在等级，但是从最低到最高，每个等级都是渐渐变成另一个等级，“相邻等级之间的差异尽最大可能的细微”（亚里士多德）。伟大的存在巨链之间的“纽带”不可能有空白，或者宇宙不可能不“圆满”，不可能不表现完美的形式（plenum formarum），它以多样性为荣。

这样一来，正是因为宇宙是一个伟大的层级，是大精神的善行的完美表现，所以每个“水平”或者“层级”无论高低都是完美连贯的（亚里士多德：“据说万物是连贯的，无论相互之间有什么样的差异，它们之间总有相通的地方交叉。”）——宇宙没有断层、没有空洞、没有丢失的环节：大宇宙是善行严密完美的织物。

“如果在两个给定的自然物种之间存在一种理论上可能的中间类型，那么这种中间类型必定是真实存在的——这样就可以继续增加无限性，否则宇宙中就会存在断层，创造就不那么完美了，这就暗示创造的本源不是善，不是在《提马亚斯》意义上的善。”[30] 按照洛夫乔伊的理解，这首先不是一种逻辑推理，而是一种对万物的冥想体验，如同水，它会四处流淌，充满每一个坑坑洼洼，不会留下某个干燥处——因此“自然没有断层”。

同时，这并不妨碍普罗提诺（和后来那些承继了他的不二思想的人）看到“自然到处都有跃迁”。一个高层次被（亚里士多德）定义为具有低的层次没有的某些核心属性（出现）的存在样式。但是两个层次之间总在某处有相通的边界，因此宇宙中没有哪种存在物是孤立的，尽管到处都存在层级和层级之间的渐变。任何一个独立的观点都会落入边见[31]——“没有断层”或者“处处跃迁”。

所有这些的结果就是外显的宇宙被视为一个巨大的生命体，有物种复杂性的等级，但是每个等级都完全整合在大宇宙之中，“宇宙的完美本质上决定于它所包含的自然的复杂性的程度”（圣托马斯）。正是因为这个伟大的层级，外显的世界是一个完整的整体。库萨德（中世纪不二哲学的伟大代表人物之一）说：

> 368 万物相连，无论相互之间差别多大。在物的类属之间有这么一种高级和低级之间的关联，从而它们可以有一个共同点；物种之间存在这样一种秩序，从而最高级的物种和稍次的高级物种之间紧密相连，直到最低级的物种，从而宇宙可以成为一个完美、连贯。[32]

多元性原则以一种表面上的层级表现出来——不可能任何东西都挤到一块儿！——但是这个层级是“完满的”，连贯的，不可分割的，人类只是无限的层级的一个。人不仅不是大宇宙的核心，根据这种层级无限的观念，人的地位对于大宇宙而言是微不足道的，可是很多生态哲学家却把人放在大宇宙的中心，那么做是非常危险的。迈蒙尼德（Maimonides，1135—1204）在12世纪已经写到（后来在《迷途指津》中，舒马赫故意用同一个书名来赞美伟大的层级）：[33]

> 如果和恒星相比，地球不过是一个点，那么对整个宇宙而言，人类又占多大比例？我们怎么能说整个宇宙的存在都是为了人类呢？它们怎么可能仅仅是为了人类服务呢？

我们看到，这种极端的非人类中心的观点来自不二神秘经验论的去中心的立场。对此，布鲁诺的表达比较直白：“一个人并不比一只蚂蚁更接近无限的真相，一个恒星也并不比一个人更接近无限的真相。”[34]这很可能让布鲁诺认识到，“因为无形的神圣需要通过无限的层级以有形的方式表现自己，所以必定需要存在无数的个体，我们的大地母亲就是其中之一。”[35]

这和教会的说法有些不相容，他们不会接受一个人蚁不分的上帝，不会接受在别处又建立了一个大地母亲的上帝。洛夫乔伊曾经非常准确地指出这其中关键的一点：

> 369 没有哪种造物的存在仅仅是作为居于层级中的高位的存在获取福利的工具。每个存在都有其存在的内在理由。总而言之，没有哪个存在比别的存在更为重要（按照普罗提诺的说法，每个存在都是“一”的完美显现，层级只是表面现象），因此，每一种存在都应该得到尊重

> 和关怀，都拥有自己的生命权利，应该拥有实现自己的功能所需要的一切条件，可以享受“特权和补偿”。存在巨链上的每一个环节的存在都不是为了其他任何环节的利益，而是具有自在的价值和理由，因此任何物种存在的理由都不是作为其他物种的工具。[36]

因此，所有下面这些都在柏拉图和普罗提诺体系的下行的一面出现（当然它们还有上行的一面作为平衡）：极端地去中心，在核心上是非人类中心的；具有表面上的等级，但是没有断层，在相通的边界上出现新的特征；生物多样性是必须的，自然的创造过程是多种形式的；热衷于多样性，把它视为“一”的善行；把地球和地球上所有的造物视为“可见可感的上帝”和“圣母”。

这等式的一半，在超越世俗的三位一体的规则之下被贬低，甚至被压制，从奥古斯丁到哥白尼。因此所有这些观念都在当时单一的上行理想之重压下潜藏。

上行者一直到文艺复兴之前都在控制着全局，但是从此出现了突然的扭转下行的道路的勃发，从上千年的压制中挣脱，几乎在短短几个世纪中以其爆炸式的创造力重新建构整个西方世界——在这个过程中或多或少不可逆转地用一个分裂的神取代了另一个神。

注释

[1] 严格地说，这个“一”指的是无相阶段的禅定，无论这种无相水平被称为（退化的）源泉（source）还是被视为（进化的）顶点（summit）。但是我有时候用“一”来指称作为不二阶段的绝对（the absolute as nondual；终极）基础，普罗提 *638*
诺有时候也这么用。神性（Godhead）和大精神（Spirit）这样的概念也是一样——它们既可以用来指称无相阶段的“一”，也可以指称不二阶段（这种混用的情况在拉马纳大师那里也可以看到）。我这么混用的时候尽量保证上下文清楚，为的是不至于造成误会。这总是很困难，因为相关的表述太多了，不过两者的证悟和意义是有区别的，这一点是肯定的。

[2] 第二卷，62页。

[3] 第二卷，62页。如果我们用“一”表示无限，用“全”（all）表示有限的全部显现，用“每个”表示每个单个的显现，那么不二的“立场”就是：“每个中的一”（one-in-each）、“每个即一”（each-is-one）、“全中的一”（each-in-all）、“一中的全”（all-in-each）。通常所说的泛灵论的立场可以说是：“每个即一”（each-is-one）、“全中的一”（each-in-all）。全息论的“范式”是：“全中的一”（each-in-all）、“一中的全”（all-in-each）。作为一种普遍的世界观，这完全是巫术阶段的杂糅（因而通常和部落世界观相关联）。

当不二传统谈论“全中的一”（each-in-all）、“一中的全”（all-in-each）时，它们表达的含义是“全部和单个中的一”（one-in-each-and-all）和“全部和单个即是一”（each-and-all-is-one）。

当然，无论东方还是西方，所有的不二传统肯定已经证悟了“多中的一”（one-in-many）和“一中的多”（many-in-one）。比如铃木大拙说，《华严经》（*Avatamsaka Sutra*）讲述了禅宗证悟的精髓，其中说到绝对（理）和相对（事）的时候就说是“每个中的一”（one-in-each）（事理无碍）——通过“每个和全部”来解释“每个”（事理无碍）——正是普罗提诺的观点。

同时禅的“究竟”哲学立场和全部大乘佛学的立场都体现在《维摩诘经》（*Vimalakirti Nirdesha Sutra*）中，这部经讲述的就是不二：生死、涅槃不二，我、无我不二，明、无明不二，多一不二等等。维摩诘发最后音，如同狮子吼，说明正法。

［4］也就是说，每一种表述都对应着一个直接的、可以重复的、经验的敞开，那些经过修炼对此有体验的人可以相互之间非常轻松地进行交流。

［5］洛夫乔伊：《存在巨链》，55页。

［6］英奇指出，在普罗提诺身上不仅可以看到顺逆（efflux和reflux）的统一，甚至可以看到形式和质料的合一——这可是希腊哲学最棘手的二元论问题之一，因为“只有一个明澈的实在”。英奇指出这种不二性可以追溯到柏拉图——当然是普罗提诺这么认为——因此，英奇（和其他一些人）得出结论说，很明显“普罗提诺不是二元论者”。

［7］早期佛教纯粹是无相水平的上行：摆脱虚妄的现世，追求空无显处；生死轮回是这个虚幻的世界，在涅槃中要完全超越（纯粹的寂灭），并且有两种对立法（生死和涅槃）；实际上来讲就是典型的诺斯替教。

而龙树的大乘佛学革命（中观），在根底上讲的是不二，认为生死轮回和涅槃
639 并不是两个，后来藏传佛教也是这种思路，认为即便是最低下的存在也是本来具足的无相显现。这和普罗提诺的思想非常相似。而且有意思的是，普罗提诺和龙树生活的时代大约在同一个世纪（2～3世纪）。

当龙树开始攻击那些他认为歪曲偏颇的学术思想的时候，并没有以印度教为主要论敌，本来佛教是希望他那么做的。实际上他以早期佛教思想（主要是小乘佛教和毗昙部）为论敌，他的批判是毫不留情的，而且非常让人信服。这和普罗提诺也类似，普罗提诺攻击的是诺斯替教。这种情况让人禁不住想说，在那个时代，世界精神力图进入下一个新的精神水平（也就是不二阶段），然后把这个重任放在了这两个人身上。

无论原因何在，这两个心灵在东西方精神成长革命史上是无与伦比的。如果说东西方的任何不二传统都是对普罗提诺和龙树的传承，那么夸张的程度并不大。

在西方，把基督教从单纯的神话中解脱出来的是奥古斯丁和狄奥尼修斯，而他们两个都受到了普罗提诺的直接影响。从他们开始，普罗提诺的影响波及后来的几乎每一位基督教神秘经验论者，包括圣女特丽莎、圣约翰、圣朱利安夫人、库萨德、布鲁诺、布莱克、博姆和埃克哈特。普罗提诺甚至进一步成为诺瓦利斯和谢林的主要影响者，然后影响了整个日耳曼理想主义运动［进而影响叔本华、尼采、爱

默生、威廉·詹姆斯、洛伊(Royce)]。新柏拉图主义则成为犹太神秘经验论的主要影响[卡巴拉(Kabbalah)和哈西德教派(Hasidism)],和伊斯兰教的神秘经验论(特别是苏菲派)所有那些运动都没有在实质上超越普罗提诺思想革命的深度,无怪乎本恩说:“普罗提诺的思想革命之彻底、影响之广泛、持续时间之长是任何一个思想家都无法比拟的。”

可能只有龙树可以和他相媲美。藏传佛教的所有宗派、中国禅宗和天台宗、日本禅宗和净土宗还有华严宗,都是和龙树思想一脉相传的(多多少少如此)。但是龙树思想不仅仅在大乘佛学和金刚乘佛学中繁荣,他的思想还影响了商羯罗这位吠陀派印度教的大师(拉马纳大师是他的很多继承者之一),商羯罗的不二吠陀思想给后来印度哲学和宗教带来了巨大的革命(商羯罗的思想和龙树的大乘佛学思想非常接近,乃至后来大乘佛学在印度几乎绝迹了,被印度教吸收了)。

因此看遍东西南北,说一切不二道路都归宗于这两位伟大的灵魂,夸张的成分真的并不算大,他们是真正的世界英雄。

(关于龙树的思想的详细讨论,参阅第十四章注[1])

[8] 蒂利希,《基督教思想史》(*A History of Christian Though*),374 页。

蒂利希和我所说的基督教的神秘经验论者都不是灵性阶段或者微细阶段的直接证悟者,他们之中很多已经达到了纯粹的不二意识(比如我们看到的特丽莎修女和 640
埃克哈特)。而我这里讨论的主要是向下转译成“神秘经验论分裂”(坎贝尔的界定非常准确)的事情,特别是从道成肉身(下行)和升天(上行)两个方面,因为这两个方面是基督教的基本特征,可以和其他宗教区别,而且为基督教文化限定了基调。上帝创造了这个世界(世界是主的荣耀的显现),但是我们在这个世界上是找不到终极归宿的(典型的神秘经验论上行理想)。

[9]《基督教思想史》,395 页。

[10] 它们是彼德·伯格所谓的虚无化(nihilation)的根源之一。在我看来,这种危险性在文化转译的意义生成过程中以及在与这种过程相应的社会统一和稳定中总是存在。因此伯格指出,虚无化总是需要治疗的,即需要拔除其根源。(虚无化是每个特定文化转译水平受到否定的威胁,治疗就是保留那个水平或者修复那个水平,而通过蜕变和超越来否定并且保留那个水平,也就是通过更高级的治疗来处理虚无化的问题:一方面通过人类之爱来包容和保留,另一方面通过上帝之爱来自我完善。)

但是文化通常要保护自己平均水平的转译不受破坏(为了保证社会稳定和文化强权),避免任何虚无化的威胁,因而会敌视一切虚无化的可能性,通常会运用大规模的治疗措施(包括专制的文化模式)(引自《福柯》)。在理性水平的社会,我们的做法就是给那些人贴上“罪犯”或者“疯子”这样的标签,然后把他们关起来了事,以避免给我们带来威胁[参阅《社会化的神》(*Socialble God*),其中对犯罪作了两种区分,一种是前法律水平(prelaw)的,一种是超法律水平(translaw)的。这两种犯罪的差别很大,但两者都会给一般水平的文化带来虚无化的威胁,所以通常的文化对两种犯罪都会严格地“边缘化”],但在神话水平的社会中虚无化的冒犯后果更为严重，对国家的侮辱即对神的亵渎，为了保护一般的文化水平，就会采取逐出教会和火刑（绑在柱子上烧死）这样残酷的手段。因为在神话阶段三大领域尚未分化，对一个领域的威胁就会同时威胁到其他领域。

[11] 在使徒教父身上我们就可以看到，这种现象已经开始了，特别是罗马的克莱门特和安提俄克的伊格内修斯。早期基督教的传教者和使徒教父是不一样的，他们是到处游荡的“魂灵”（pneumatic），他们感到“神活在他们身上”。但在使徒教父时代之前，这种“魂灵主义”是不祥的征兆，实际上被认为是有危险性的，因为他们可能带来“混乱”（disorder）。所以使徒教父就问：那我们为什么还要它们存在呢？该说的都说了，他们觉得《旧约全书》和正在起草中的《新约全书》已经足够了，《使徒信经》（*The Apostles' Creed*）和《法典》（*Canon*）已经提供了足够
641 的规范，所有这些信仰都和直接的实际经验无关。教堂成了耶稣的神职人员的会堂，其唯一的统治者就是本地的大主教。大主教具备“正确的信仰”，不是“魂灵”也不是“先知”，那些人可能有灵性但是不能“控制”。教堂不再是圣人的会所，而成了大主教的会堂。

从特土良开始，这种关系完全成了法定的，成了一种固定僵化的仪式（无论人们能否理解），比如说，从此之后婴儿只有经过受洗才能得救。到这里离西普里安（Cyprian）把大精神和“教会的法律办公室”结合到一起就差一小步了。一个人可以通过受戒而成为传教士，不需要什么证悟。传教士的神圣不是因为他个人证悟了上帝，而是因为他在教会中占据合法的职务。

同样，仪式成了“客观的神圣”，成了“必须的”，无论实施的人本身是否神圣，也不论接受的人是否有那么一丁点儿理解——人可以通过仪式得到拯救，而不是通过直接的经验和进化得到拯救：“若不以教堂为母，就不能以上帝为父。”（西普里安）。由于种种复杂的原因，奥古斯丁接受了这种观点，于是教堂在结构上成了纯粹的神话—理性的法定机构。

最后，现在律师成了拯救者，仁慈就成了对犯罪的纵容（圣埃默布鲁斯），被视为是犯罪——“你被赦免了”，仁慈即神圣或发现了真的自我的这种观念不复存在。（圣克雷蒙德：“认识自己的人即认识上帝。”）

在任何有组织的精神实现领域中这实际上是不可避免的，但是很明显会走得太过火，这种“过火”的部分就是我说的“向下转译”。

[12]《基督教思想史》。

[13] 贾斯汀·马特是使徒教父中最重要的人物。从这个方面说是关键人物。他是对普遍精神或者普遍心灵的证悟被解释成具有排他性的神话的最好例证。他有三个主要观点：

(1)“根据道来生活的人即基督徒。”这是没有问题的。道是我们每个人身上的精神或普遍心灵，如果说按道生活的人即基督徒，那么我们每个人都是基督徒，因为我们每个人在一定程度上都按照道生活。这一点与铃木大拙说每种宗教都以证悟为基础是类似的（即每种宗教在根底上都有对普遍心灵或者普遍精神的证悟）。因此所有的宗教都是以禅为基础。到此为止，贾斯汀的观点并没有特别之处，他还不

是完全的神秘经验论者。

(2)“无论谁所说的真理都属于我们基督徒。”这也没有问题，因为贾斯汀已经界定了其中的概念，正如后来圣安波罗修所说的：“真理，无论是谁说的真理，都是来自神圣的大精神。”真理都是来自大精神，而如果一个基督徒真的生活在这种真理之中的话，那么一切真理的确属于基督徒，这是没有问题的。这与铃木大拙的“一切真理都是禅”不分伯仲。

(3)“如果道没有在耶稣的身上完美显现，那么对任何人来说，得救都是不可能的。”在这里，贾斯汀的话说得过头了。或者说，把话说小了，进入了神秘经验 642
论。因为根据这种说法，除了遵循基督教的理性，道就不可能到任何人身上。如果我们说，佛陀、奎师纳或者老子也都是大精神的完美体现（下行或者道成肉身）和证悟者的体现（上行或者升天），那么耶稣就不是唯一的，从而我们可以提出一种化身世界精神导师的观念，这是没有问题的。但说其中任何一位是绝对唯一，则违背了理性，没有证据，没有直接的证悟，成了神秘经验论的迷信。突出一个精神导师的地位的做法在根本上是社会中心的，不是精神中心的。

这种自私的立场的不幸之处在于：第一，它把基督徒和其他人以及其他世界存在割裂开来；第二，它把耶稣和其他基督徒割裂开来，因为根据最后一个观点，耶稣基督是唯一的；第三，最终把神和神创造的世界完全割裂开来，因为尽管贾斯汀对前面两个观点非常重视，经常重复，但是终归对于我们这个世界而言，道成肉身或者羽化升天只有那么一次，而耶稣基督已经完成了。

基督教的使徒运用这些区分的时候是非常敏锐的，就像刀片一样锋利。可是如果你这么问他，他就不那么锋利了：“你不是说基督是唯一的吗？那么请允许我举一个例子，释迦牟尼佛是不是道的完美体现呢？”如果他们说是，那么他们就无法摆脱那高高在上的神。在这一点上，再说佛教徒证到的道和基督身上体现的道是相同的，就没有什么用处了。可是很多现代基督教的审美主义者恰恰会说是。

基督教三一派的经典说法（一个本源三种表现）几乎和佛教的三身佛（佛的三个身）说法完全一致，《莲华经》和《楞严经》等经典中都有说明，可以用来回答同样的问题：如果佛性（tathagatagarbha）是永恒的，那么它怎么可能在释迦牟尼身上显现出来呢？两者之间是什么关系呢？答案也是一样的：无形无相的佛地或者真理的本体（空、法身；圣父）在有形有相的世界中表现为应身或色身，即表现为世界上的某个人（乔达摩；圣子），以变化身为中介（报身；圣灵）——三者表现不同，但同是神性（svabhavikakaya）。然而只有佛教说法是正确的：应该有无量无边的法子，比如，不应该只有耶稣才能成为化身，成为应身。

[14] 参见《来自伊甸园》(*Up from Eden*)。

[15] 如果其他还有别人完全上行了，就会破坏整个社会的意义和整合——无论政治、道德还是宗教。这就是说，很明显自我的实现会被限制。

[16] 这是一种直接经验，不仅仅是语言上的说法。比如，只是说耶和华是造物主或阿尔法点是没有什么用的（这当然是经典上的说法），很多巫术—神话水平 643
的说法听起来和不二阶段或“整体的”是很相似的，我们都见识过：男神和女神在

大自然中无处不在——他们哭泣的时候天上就会下雨，等等。“上帝创造了天地”——据说他就是宇宙的阿尔法点。

但是总要面对这样一个诘问：这只是一种形而上学的观点吗？还是以可重复的直接经验为基础的？每个人都可以说：一切即“一”。问题是说出这句话的那个意识是谁，有何种结构？是巫术水平？神话水平？理性水平？灵性水平？微细水平？还是无相水平？因为每个水平都可以说自己是最后的、最高的不二水平。

熟悉我的作品的人肯定知道，我从基督教神秘经验论那里汲取了很多营养（包括犹太教和伊斯兰教），它们都超越了巫术、神话和理性，有的甚至进入了灵性微细乃至无相水平。我的观点是，它们越接近终极的目标就越容易被人怀疑，甚至落得悲惨的下场，至于理由我会在后文中慢慢说明。

[17] 参见洛夫乔伊的《存在巨链》，68 页。

[18] 蒂利希对奥古斯丁的观点的总结；《基督教思想史》，112 页。

[19] 东方的吠陀和西方的吠陀的差别在于深入的程度。对大多数人而言，说明见证的立场并不困难，他们都会开始把握和体会其含义，我们可以说这是“第一眼”。

第二个阶段是去参悟这种理解（在西方传统中即认真思考），然后会出现笛卡儿所说的“我在”的状态，有时会持续几个小时。可以说这是第二个阶段的入定状态，它可以给个人的觉察和认识带来彻底革命。笛卡儿说，当你从这种状态出来时，你的整个哲学就形成了。

但是根据吠陀（和禅以及藏传佛教等）的观点，那些状态还需要进一步提炼，让它成为一种连续的证悟状态，而不仅仅是作为一种高峰体验或者是高原体验。因为只有在那种连续的证悟当中才能够体验到不二的状态，任何从高峰体验中得出的结论都是有问题的，用一种恰当的比喻来说就是夹生的面包。这种夹生的现象在奥古斯丁或者其他任何一位下行者身上都可以看到（幸运的是还有几个特例），但是至少他的大方向是对的，比那些试图从外部证明存在的确定性的实证主义者不知道要强多少倍，因为他们试图从外部为确定性奠基。

类似地，从奥古斯丁以来，毫无疑问，我们会看到有证明上帝存在的两种方法，它们就是左手道路和右手道路。左手道路（奥古斯丁的道路）是从内部出发，通过直接意识，试图通过那种直接性和基本的觉察从绝对的内部意识那里找到开悟或者大精神，这种内部意识本身是处于不二觉察的境界，既超越内部也超越外部，
644 完全超越内部和外部（即从内部走向不二境界的超越），这就是为什么几乎所有的基督教的审美主义学派会追溯到奥古斯丁和狄奥尼修斯的原因。

右手道路从外部开始（也以外部为归宿），试图从逻辑上把外部的样式的作者排除掉（否定设计者、否定本体论、第一因等），这主要是圣托马斯的思路，也就是教派论战总是在奥古斯丁教派和托马斯教派之间展开的原因（论战有很多不同的表现形式），即在内部—神秘—意识和外部、客观、教条主义、迷信经典（所有后面这些思路都是外部的思路，一直延续到今天，也即用现代物理学证明道的存在，这完全是右手的思路）等思路之间展开。

奥古斯丁首先会说，那些右手的“证明”是不可能的（外部的证明都是不能让人信服的），其次，即便它们能证明也是没有意义的，因为外部的“证明”本身并不能带来内部的意识蜕变，恰恰是内部的意识蜕变才是大精神的体现。在奥古斯丁看来，揭示上帝的存在的不是客观的相信，而是意识的蜕变。在这一点上，奥古斯丁是很有原创性和说服力的，也是很出色的（尽管我说过有点“夹生”）。

困境正是出现在这种夹生的见证被直接地应用在了启蒙运动范式当中，它导致了无根的自我中心的理性（这是本三部曲的第三部要讨论的问题）。在大乘佛教和藏传佛教传统当中，纯粹的自我或对空性的见证超越一切、包容一切，所以一切有相的世界都是它的显现（法身或者空性有自己的应身或者色身）。毫无疑问，对那种见证的直觉，推动了启蒙运动中自我观念的产生（后面我们会看到这一点），但是这种自我观念缺乏成熟的应身，而应身是证悟在整个色界中的体现或者基础，启蒙思想的这些片段和无根的方面只能背离它们真正的直觉。

但是，当胡塞尔说，即便世界消失了纯粹自我还是存在的，或者把能见证的我和见证的我做区分的时候（比如在《笛卡儿之思》的第 15 节），或者当费希特说作为观察者的纯粹自我是无限的和超越个人的大精神的时候——这恰恰就是西方的吠陀思想，它只需要一个应身。至于西方的吠陀和东方的吠陀之间的类似性的问题（这种基本的觉察是毋庸置疑的，因为怀疑本身已经证明了它的存在），在这里仅举一个佛教大圆满修行中的例子——“最完美的”例子，这个学派通常被认为是佛教中最高的教法［这个例子引自鲍图尔（Paltrul）的《自我解脱的心灵》］：

“有时候很多冥想的人很难辨认心的本性（即大圆满教法中的毕竟空，或者本然的纯净）。很多男的或者女的修行者相信不可能找到心的本性，他们感到非常伤心甚至为此泪流满面。其实他们不需要那么伤心，因为并不是找不到心的本性，直接住在那个认为不可能找到心的本性的境界当中，那就是心的本性了。”

至于见证本身，进入不二境界之后，便超越主客、超越内外（但是同时包含两者）：“有很多冥想者不让他们的心住在自身当中（基本的当下意识），其实这正是他们应该做的。他们会让心往外看或者往内找，根本不应该往外看或者往里找。放下这个往外看或者往里找的心那就是心的本性了。”

［20］《基督教思想史》，103 页。

［21］《自我的根源》，131 页。

［22］泰勒的原话，《自我的根源》，139 页。

［23］《基督教思想史》，114 页。

［24］同上书，121 页。

［25］《存在巨链》，84 页。

［26］实际上恶的存在正是善的存在的证明。恶并没有实体，并非真实的存在，它只是一个影子，但是所有的影子都是光明带来的，在此处光明指的是下行善性。这个观点和吠陀的思想很相似：一切有形象的东西都是二分的，善和恶是相互依存的，没有恶，善也不可能存在。十七八世纪的时候有一种非常著名的“最优化”理论，认为我们可以消灭恶，这是那种理论的基础，那种理论和我们今天的理解几乎

完全相反；然后它说我们既然没有办法消灭恶，那么我们的世界就是最好的世界（是实际存在的最佳的可能世界）。下行者缺乏等式的另一半，即缺乏不二的观点：善和恶都是可以被超越的。

这一段的一部分和下一段都专门解释洛夫乔伊。关于“双重策略”的详细讨论，参阅阿巴沙的《马在黎明前的证言》，第十八章。阿巴沙的阿尔法点和欧米伽点在语义上和我相反，但实际上是同一个意思。

[27] 84 页。当然也有很多高兴的特例，比如埃克哈特、布鲁诺、库萨德以对立的共在（coincidentia oppositorum）来理解这一点——认为上行的路和下行的路应该统一于每个刹那的知觉。但是他们并不是都能实现这种幸福。

[28]《存在巨链》，51 页。

[29] 同上书，65 页。

[30] 同上书，58 页。

[31] 当然下行者会非常排斥，他们会说根本没有什么鸿沟；而上行者则非常强调“到处都是跳跃”——前者采取一种平面的立场，后者想跳出这种立场。

实际上今天所有的生态哲学家都不得不去论证连续性的问题，因为他们采取的
646 都不是不二的思路，因此那些批评家们总是说他们是生态法西斯，可是这些生态哲学家会觉得特别糊涂，因为他们认为这种平面整体论就是一种观念的解放。

我在第一章已经说过，洛夫乔伊认为主张伟大的存在之链的理论家们有三个相互关联的基本观念：充分性、连续性和等级性。他指出，在第二个和第三个观念上存在着一些张力，这种张力在今天的生物、社会和心理发展理论家那里仍然存在。关于为什么这种张力在理论上无法解决的问题，请参阅第十四章的“欠条”部分。

[32]《圣者的无知》（*Divine Ignorance*），第三卷，1 页。

[33] 舒马赫：《迷途指津》。舒马赫可以说是生态学家和环境主义者的英雄，我觉得的确是，但是那些生态学家和环境主义者完全不明白他为什么对层级的热情那么高，其原因恰恰是那些人混淆了层级和病态的等级，所以没有办法理解。建构真正的整体论必须借助真正的层级——平面的整体论根本不是真正的整体论，而是一种堆积论和简化论，由它所推导出来的不是深度生态学，而是广度生态学。

[34]《存在巨链》，120 页。

[35] 同上书，119 页。

[36] 同上书，207、186 页。

第十一章　勇敢的新世界

一切固定坚实的关系，以及与之相关的一系列古老、神圣的观念与偏见的传承，都被一扫而空，一切新的观念尚未成形就已经过时。一切可靠的东西都化为乌有，一切神圣之物都遭到亵渎，人类最终被迫以冷静的感官面对他们真实的生活境况，面对他们和自己的同类之间的关系。 370

——卡尔·马克思，论现代性

现代性使一切可靠的东西都化为乌有。我们今天仍然生活在它的阴影之中，仍然被三个世纪以前的洪流左右，仍试图在被启蒙运动深刻撼动的大宇宙中为自己找到一个位置，仍然在思考它到底意味着什么。

但是有一点似乎是明确无误的：从文艺复兴到启蒙运动（到今天），上行者出局，下行者登位。

引发这个变化的催化剂是理性（形式运算阶段的理性）的普遍出现，不仅仅在某些个人身上出现（这在过去也经常有），而是作为社会的基本组织原则出现（这是前所未有的）——这种理性本来实际上是要上行或者超越神话的，可是上千年的仰视（给他带来太多痛苦的挫折）让它转而关注这个丰富多彩的外显世界，追随下行的神，使它在物种的多样性中找到了自己的快乐和激情——它完美的定位。

现代性："好消息"，"坏消息"

现代性运动（从启蒙运动到今天）有了两个非常不同的潮流。为了确定我们和现代性之间的关系，我认为这两个潮流都应该在心中牢记，这样才能比较好地把握现代性到底是"好消息"还是"坏消息"。 371

现代性的第一个潮流可以说就是"神话的终结"。（No more myths！启蒙哲学家在描述自己的工作的时候用的正是这句话。）启蒙运动的理性突然出现，打破了神话世界封闭的回环。他们开始要求证据，用这种坚定的方式解构了整个神话世界的文化景观，他们问："你是怎么知道摩西离开红海的？""因为《圣经》上这么说的。"这个回答在上千年的时间里具有无上的权威，绝对不能被质疑，但是现在没有人会买账（这里指的是接受现代理性的人）。

这样，两千年前一个神话时代的社会曾经强迫第一个伟大的理性主义者喝下从芹叶钩吻制取的毒药，今天第一批理性主义社会开始报复他们信仰神秘经验论的祖先。

神话时代的统治等级（上帝、教皇和国王在顶上，一级一级地向下延伸）和与之相应的政教合一的社会组织形式被激烈地、甚至血腥地打散。“记住残酷！”伏尔泰喊道；“不自由，毋宁死！”美国革命者呼喊。这个通常意味着残暴和邪恶的统治等级开始在各地的革命中倒塌，因为他们头重脚轻，根本不能承担他们应有的深度，实际上他们没有深度（只是在特定阶段完成了社会整合的作用）。

我们前面曾经提到，自我认同脱离角色认同逐渐增多之后（道德发展从习俗阶段/社会中心转向后习俗阶段/世界中心），最终要求三样东西：第一，法律规定主体自由平等；第二，主体道德自由；第三，主体作为民主国家的公民政治自由。主体自由的含义就是理性私我与宗法统治体制下的
372 角色认同相比，得到了更大的相对自主性（第 12 条原则，这种自主性仍然是相对的，尽管理性的私我觉得这种自由是绝对的）。但是这还是现代性的“好消息”的一部分，它也有自己的兴衰。

但是“拒斥神话”慢慢开始意味着“拒斥上行”，这就是现代性的第二个主要趋势。既然神话总是说要上行，“拒斥神话”似乎不再要任何形式的上行（无论是带来挫折的上行还是真正的上行，或者介于两者之间的任何形式的上行）。这很容易理解，理性用了一两千年的时间来追求那个“挂在天空中的大饼”，可是到头来还是一场空，所以它完全翻盘了，什么样的上行都不要了，就像给孩子洗澡，泼脏水的时候连孩子一起泼掉了。

现在的理性所认同的实证主义证据不仅允许抛弃上行，而且明确要求抛弃上行。由于科学理性可以用右手象限的可经验的、可观察的自然现象来表征整个大宇宙，因此不需要任何高层的或者“形而上”的状态（不允许它们存在）。因为大宇宙中的每个全子的确有右手的组成部分，经验科学可以非常诚实地、甚至非常忠诚地记录它们，可是如果觉得这样就把整个大宇宙都囊括殆尽，那就错了。

因此大宇宙被打成了右手道路，平面的经验整体论（和几种激进的原子论）取代了多维度的层级，成了主要范式（也就是我们前面所说的启蒙主义范式）。用来破坏神话结构内在的宗法制的理由同样可以用来破坏大宇宙，用物质宇宙取代大宇宙。我将论证，这就是“坏消息”的实质。

这就是给现代性带来“好消息”和“坏消息”的两个主要潮流（拒斥神话，拒斥上行！至少我认为存在这么两种潮流）。

从发端开始，现代性就遭到大量的批判。也就是从笛卡儿和康德带来

思想的改变开始，就受到学术界的强烈反对（黑格尔的批判最到位、最彻底，他认为启蒙运动整个来说是“理解的空白”和“发展的魔鬼”，特别是康德）。从尼采到巴塔耶到福柯，从海德格尔到德里达到利奥塔，批评家们一直在攻击现代性，后现代后结构主义者出现得最晚，但可能是反对现代 373
性的群体中声音最大的，也是最无礼的。

但是批评家们似乎忽略了现代性实际上既有“好消息”，也有“坏消息”，他们只看到了“坏消息”，对“好消息”似乎只字未提。

泰勒肯定是把握了问题的实质，他说：“我对目前关于这个问题的一些观点（对现代性的实质的理解）都不满意。有一些太过乐观，认为我们登上了思想的高原；另一些则过于低沉，说它是一种堕落、迷失和遗忘。在我看来这两种观点都不对，这两个极端都忽略了我们目前的情况的一些重要特征。我认为我们还没有真正做到兼顾成就和危险、伟大和灾难，而现代则性兼而有之。我们要看到现代性的完整性和复杂性，首先就要兼顾这两个方面，而不是只知道批判它。然后还应该看到对它的一面之词是多么浅陋无知。”[1]

从泰勒的话中我们可以看出，这个话题极为复杂。我们在这里先不展开，在本三部曲的第三部（《现代性和后现代性的精神》）中再详细讨论。在本章和下一章中我只简单总结一下，把各种因素凝缩为两个大趋势，也就是“拒斥神话”（“好消息”）和“拒斥上行”（“坏消息”）。[2]

第一个趋势可以说是一个进步，它使社会的重心从神话角色转移到了理性私我，这是人类之爱推动上行的一步。它带来了三大领域的分化（科学、艺术和道德），这种分化本来可以使三个领域的真理分别得到深化，可以相互包容相互承认，最终达到世界中心的水平，但是现在已经没有这种可能了。虽然那也是一种进化过程中的集体进化，推动力是人类之爱，和其他的各个阶段一样，它带来发展的同时也会带来自身的问题，在自身的水平上不可能解决（进步的辩证法）。

可是实际情况并非那么理想，因为还有一个“拒斥上行”。也就是说，“上行到理性就可以了，不准继续上行”，这样就带来了“坏消息”。它不仅把大宇宙平面化，使之成了一个平面的一维的东西，还堵上了进一步在深度和广度上发展的可能，本来这种发展可以消解这个困境。比如，如果理性最终分化了三大领域，从而科学、艺术和道德都可以不受干涉地自我发展，可是如果没有发展到视觉逻辑水平，三大领域就不可能重新整合（谢 374
林和黑格尔都指出了这一点）。这样三大领域的分化实际上就成了三大领域的分裂，是一种退步，到 18 世纪末就完全分裂了（哈贝马斯的观点）——后来进一步被还原到一个大领域，就是第三人称“它语言”的领域：一种平面的、一维的、独断的表征和生产范式下的系统论，噩梦反复出现，一切的深度，包括人的深度和动物或者其他有情感的生物的深度，都被还原成无限扩张的平面之网上的一条绳子。

这样一来，理性所带来的基本的进步似乎伴随带来意义的丧失，总体上是上行的，可是最高的阶段又一头栽下：所以我们既有“好消息”又有“坏消息”。

理性时代

在这一章中我们先来看看“好消息”。

从文艺复兴到启蒙运动，这些名字就很能说明问题：哥白尼、开普勒、伽利略、列昂纳多·达·芬奇（Leonardo da Vinci）、波提切利、米开朗琪罗、拉斐尔、玛基雅弗利、亚历山大·波普尔、伊拉斯马斯（Erasmus）、牛顿、约翰·洛克、G. E. 莱辛（G. E. Lessing）、笛卡儿、斯宾诺莎、伏尔泰、莱布尼茨、罗素、狄德罗、休谟、康德、托马斯·佩恩、托马斯·杰斐逊。

他们有个共同点，就是他们都或多或少地处于理性所创造和封闭的空间中。[当然他们都是男性，这个问题属于坏消息的一部分，我们在下一章讨论。我用“大写的理性（Reason）”这个词特指称视觉逻辑或者辩证网络的理性，第一个字母大写，以区别简单的形式运算推理或者“理解”。但是历史学家说“理性时代”的时候，他们可能指的是我们所说的形式运算。根据上下文可以弄清楚我在何种意义上运用这个词。]

“理性的出现”和“理性时代”的到来并不是说此前任何人都不可能有理性。我们看到，甚至在典型的意识模式尚处在巫术阶段的时候，就已经
375 有少数人可以进入理性空间，有一些人——埃克哈特、柏拉图和特丽莎——不但达到了理性水平甚至超越了理性水平，达到了微细水平和无相水平。[3]

“理性时代”的意思是理性的空间现在非常普遍，使得社会的“重心”——也就是社会组织的基本原则——从神话—理性变成了理性结构（在法律、政治和社会机构上都有体现），当然有一些人可能达不到这个水平，有一些人则会超过这个水平。但是理性水平是一般大众对自己潜力的普遍期待。

尽管我们最终要超越理性（摆脱它的内在局限和严重问题），但是肯定它的成绩和阶段性任务还是非常重要的。

我相信，人类发展如果要超越任何水平，首先要完全尊重这个水平（这样才能包容/上帝之爱）。否则所谓“发展”不过是一种反动，一种对前

面的水平的反叛，实际上还是没有摆脱它的束缚，在反对它的过程中耗费能量——是恐惧而不是人类之爱。

我们是要埋葬恺撒，但首先让我们尊重他。如果我们看看前面我所列出的这些人物的思想，我们就会发现他们的成就都已经超过了我们前面所讨论的形式运算觉察水平。

1. 理性是假设演绎的或者实验的——第谷·布拉赫（Tycho Brahe）、开普勒、伽利略、牛顿、达尔文、让-马丁·沙可、开尔文持此论点。

理性要求有证据和推理，反对教条和迷信，之所以神秘经验论者可以和新型的科学家联手反对教会（或者神秘宗教，怀特海指出了西方的这个特征，李约瑟指出了东方的这个特征），是因为神秘经验论和科学都要实验和证据。正是因为要证据，他们才能比理性时代的任何一个组成部分对神话的反击更有力，让神话永劫不复：挤出来的牙膏，再也收不回去。

但是，我们最好注意一下问题的复杂性：神话的世界观并不是完全不讲证据的，而是根据其世界空间的自明性（无可质疑性），这种自明性在神
话时空中是真实的。[4]在神话世界空间中，证据非常充分：男神和女神存在 376
（“你怎么知道他们存在？”“你疯了吗？你难道不知道雨水是从哪里来的吗？看看周围的一切！你看不见吗？你眼睛瞎了吗？这不都是神的创造吗？”）；男神和女神们还把他们的话传给我们；法老/国王/帝王是众神在我们这个世界中的代表，我们应该团结在他们周围。证据唾手可得，你就是不看！

因此，如果说神话世界空间不讲证据，不能证伪，这是不对的。在神话世界空间中的任何特定诠释都是可能被诠释共同体反对的，这种事一直存在。的确，神话世界空间从理性的深度看是无法证伪的（也就是说理性对它的质疑是无法证伪的）：你的那种证据我们看不到，所以不足以作为批判任何诠释的依据。但是在神话世界空间内部，不好的诠释就会被批判，那些高水平的诠释者就会根据神话世界空间的一些细微证据来否定它们（它们在神话世界空间中是完全合法正确的）。那些结构并非愚蠢（任何结构在它们自己的发展水平上看都不是愚蠢的）。任何的结构都会仔细衡量它所能见的证据。

换句话说，任何世界空间中的诠释都是封闭的，完全限定在那个世界空间所能看到的证据之中。不会有超出世界空间的诠释。然而当一个新的发展阶段出现时，它取代了旧的发展阶段，带来新的知觉深度和广度，这种新的深度和广度本身就可以看到原来发展阶段的一些盲点。这就好比彻底的结构转型对细微调整的否定，在调整的阶段无论如何也看不到转型会带来什么样的变化（但是不好的诠释在调整的阶段完全可以被反对，从当时的证据上来看，理由非常清楚、充分、真实）。

同样，理性也会想当然地认为自己的证据才算证据，显而易见，毫无疑义（它的证据也是无可质疑的）。在理性的视阈里，不好的诠释也会遭到反对，（在理性的世界空间中）那些对理性的把握比较深刻的人就会对那些不太好的诠释进行质疑。超越理性的诠释就无法在理性阶段进行反驳，因
377 为理性阶段的人根本就看不到这种诠释，所以就像神话阶段的人对理性阶段的诠释的态度一样，也会说："什么？你疯了吗？"（这不是一种反驳，而是一种退缩。）

但是理性的确可以打破神话的局限，从而它提供的证据可以胜过神话阶段的觉察结构所能提供的证据（如同神话阶段非常成功地打败了巫术阶段）。这不是一个伟大的绝对真理取代了谬误，而是一个更大的真理超越了一个稍次的真理（没有哪个时代可以仅仅依靠谬误生存）。这就是理性时代超越神话时代的地方：一个新的证据水平，超过了旧的水平。

理性阶段的确做到了超越旧的参照系。我们很容易忘记神话世界空间认为完全自然而然的那些证据。对伽利略发现木星的卫星的说法，当时有一种被广为接受的批判，其理由是"动物和人都有七窍，可以让空气进入身体，给身体带来光明、温暖和营养。这个小宇宙的这些部分究竟有哪些呢？动物有两个鼻孔、两个眼睛、两个耳朵、一个嘴巴，所以在天上，也就是在大宇宙中，就会有两个吉星、两个凶星、两个明星以及一个不能确定的、平常的水星。从这一点，还有自然界中数不清的类似性，比如金属有七种等，我们自然可以明白恒星的数目只能是七个。"[5]

那种解释在神话世界空间中是非常准确非常精彩的，在那个深度就是要通过取类比相的方式确定大宇宙中的相互关联。理性当然可以从一个更深刻的角度来解释这种相互关联，因此可以提供更多的证据类型，但是理性并不是一切可能存在的世界的阿基米德点。

从现在往后推一千年，那个时候的人可能达到一个非常高的水平，可以从八个维度（或者更高，令我们今天的人瞠目结舌，这非常有可能）来分析原子，那个时候我们对大宇宙的定论以今天的眼光看可能会显得非常肤浅。但是原子还是原子（真理是不会被丢弃的），然而理解真理的参照系就不一样了，这样会显得我们原来比较狭窄的解释和视角有些愚蠢，就像那些自以为是的人批判伽利略的时候一样。

378 但是我目前的观点非常简单：理性提供的证据类型会高于神话结构的类型；比较肤浅的参照系给比较深刻的参照系让位；旧有的可敬的世界空间消亡，新的陌生的景象出现。

2. 理性具有很强的反思能力和自反性——从笛卡儿、洛克、贝克莱、休谟、康德他们的不断的自我反思中可以看出（都是奥古斯丁的极端理性

自反性的传承）。

以心理学为例，这是研究个体心灵的学问。在1575年傅雷杰（Freigius）第一次运用“心理学”这个词之前，没有人用过这个词，但是到16世纪末，人们就会很自然地把人类学（研究人性的学问）分为两大部分，即心理学和躯体学，反映了身心二分越来越清晰（典型的形式运算阶段思维）。最早推广“心理学”这个词的人是沃尔夫（Christian von Wolff），他是莱布尼茨思想的继承者和康德思想的先导，创作了《经验心理学》（1731）和《理性心理学》（1734）。英国的哈特莱（Hartley，1748）和法国的班内（Bonnet，1755）分别在自己的国家推广了这个概念。到18世纪末，心理学已经被广泛研究，这似乎标志着一个新的研究对象出现了：个体自我。

最早的现代心理学派由戴维·哈特莱、约翰·斯图亚特·密尔（John Stuart Mill）和亚历山大·贝恩（Alexander Bain，英国）组成。最早的实验心理学研究从韦伯、费希特、冯特（德国）和铁钦纳（英国）的伟大实验室开始——这是一个关键点，标志着理性世界结构的自反性/反思性可以大规模地被运用。

3. 理性可以把握不同向度（或者说是普遍的、多元主义的）。从政治理论到艺术理论，视角主义/多元主义（perspectivism）在很多方面都有所表现。约翰·洛克分别写了三篇文章讨论包容的问题（也就是接受不同视角和不同观点的问题，除非有的观点攻击别人的观点），他总结道：任何人都没有权力伤害别人的“生命、健康、自由或者财产”，当然还有别的一些东西——它对后世历史的影响大得不可估量。

我们可以举几个非常不同但是都有关系的例子。在艺术领域视角主义开始有所表现，最早从15世纪佛罗伦萨的绘画开始，以布鲁内莱斯基（Brunelleschi）、阿尔伯迪（Leon Battista Alberti）、多纳太罗（Donatello）、列昂纳多·达·芬奇、乔托（Giotto di Bondone）等人为代表。盖保瑟说：“一种全新的空间意识从灵魂走进世界。通过视角，不仅在意识的觉醒中空间变得可见，人本身也因此变得可见。逐渐掌握视角，变成文艺复兴的人 379
们的第一要务，它具有扩展世界图景的效果……”[6]人的这种可见性与理性的第四个特征关系紧密。

4. 理性带来了一种与自我的认同，先前的认同是角色。道德现在可以是后习俗阶段的和世界中心的，不再仅仅是习俗阶段的种族中心和社会中心（或者神话成员资格认同）。因此道德决定主要决定于个人，个人必须为自己的相对自主性负责（当然人们也可以选择按照或者不按照理性的世界中心的宇宙多元主义来生活——但是无论如何这种选择的能力是存在的）。

并且，实际上，自主性成了启蒙运动永恒的主题。康德把它定义为独立思考而不是依赖社会给定的规则和教条的勇气（这样可能使得主体性在平面整体主义之上游离，我们在下一章讨论这个问题）。

结果我们看到在政治理论（和实践）中，就出现了男人（和女人）作为自主主体的概念，意味着在法律面前他们都是平等自由的主体、在道德上是自由的主体、在政治上是自由的主体或者是国家民主的公民。

这意味着在艺术领域，存在真实的个人可以描绘（作为自我的承担者）：开始出现肖像画［比如杨·凡·艾克（Jan Van Eyck）的作品］。既然现在有私我可以描绘，相应地也就应该有个故事可以诉说，私我讲述的故事即关于自我的故事——小说诞生了。

5. 理性是生态的，或者说理性重视关联。除了自主性之外，启蒙运动还有一个主题，就是系统和谐，这不是说“和平”、“没有冲突”，而是说现实的“整个系统”可以自我平衡，尽管存在特定的冲突和不一致，个人可以体会到这种不一致。我们已经看到（在下一章还会看到），这是对现实的彻底的系统论，总体的实在自我组织，尽管存在个别的起伏。这种系统论的观点尽管可能会被误用，从而招致祸患，但是它看到了大宇宙的相互关联性，这一点比神话的理解进步很多，因为神话用比类取象的方式来理解
380 这种全子之间的关联（人有七窍，天有七星），认为全部全子的存在方式不会给个别整体和部分带来伤害。

（这种系统论可能破坏大宇宙，把大宇宙还原成独断的、平面的经验整体论的物质宇宙，——这是另外一个问题，是下一章我们要讨论的“坏消息”的一部分。这种整体论恰恰是生态危机的主要原因之一，这是一个悖论，我也将在下一章讨论。）

同时，系统思维的关联形式非常疯狂，从大陆到英伦各岛，到处都在用，到处都受到人们的欢呼：“就是它！就是它！”比如我们从亚当·斯密的“看不见的手”可以看到，尽管每个个人都是贪婪的，但是整个的结果是好的，有利的（他相信如此）。我们从约翰·洛克的“相互关联的秩序”看到这种思维的影响也非常强大。在政治领域，它表现为罗素的“普遍意志”，即假设每个个人都可以按照自己的理性思维，那么整个大众就可以形成一种共识，给每个人都可以带来好处。这种“普遍意志”是美国革命和法国革命的先行者。总之“所有的启蒙运动的哲学家都在运用这种和谐的概念，或隐或显，或直接或间接”[7]，都想提升“伟大宇宙系统的完美性”。

6. 理性不是人类中心的。理性/科学的这种强烈的去中心化现在已很著名：哥白尼、达尔文、弗洛伊德——他们认为人只是那个巨大的存在之链的链接。（这和库萨德或者布鲁诺或者普罗提诺的思想明显有些关联；我

们现在讨论的是理性对神话阶段的一般水平带来什么影响，最终神话的信仰者接受了哪些。）

我们在下一章会看到这种反对人类中心的立场有时候非常强烈，以至于各种伦理纠缠到一起，完全瘫痪，人们丝毫感觉不到自己的价值。如果有人试图走出个人的不完美，就会被扣上自大狂妄的帽子，这在18世纪被视为严重的原罪，因而在当时出现了一种道德风气，即“可以称为劝慰人们接受不完美的事实——一种保守平庸主义道德观”[8]。这些都是理性忽视自己立场的直接结果，理性无视自己的自我中心，从别人的眼睛里看世界，开始史无前例地崇尚别人的观点，深刻地怀疑自己的存在权利，这或许是 381
好事，或许是坏事。

7. 理性敞开了一个更深的情感和激情的空间——真正的理想主义梦想家大量涌现，他们可以通过认知的方式想象所有的可能性。这种新的冲动意味着新出现的时代不仅仅是一个理性时代而且是一个革命的时代。理性有后习俗阶段的道德能力，可以根据未来可能出现的情况来批判现状。

> 我们必须清楚这种理性到底是什么。它不仅仅是根据方案最优化原则，通过推理决定这么做或者那么做，而是以正义的名义，以饱满的革命热情为人类的至善而战。（后习俗阶段的道德）革命的敌人是封建专制和教会禁锢。深信现实的至善与和谐可以通过转变社会来改变现实的结构，因此我们可以把它叫做革命的理性或者批判的理性。因为这种理性本身具有一定的深度，所以可以战胜封建秩序的偏见，可以推翻国家和教会对异教徒的压制（社会中心的道德的控制）。之所以能够如此，是因为它用的是真理和正义的名义（多元的或者后习俗阶段的）。启蒙运动的哲学家们个个都是激情澎湃，他们愿意为激情牺牲自己。他们不是实证主义者，他们对仅仅搜集事实没有兴趣。实证主义者仅仅是理性的一种可能。[9]

我们可以说这种追求平等的理性只有在人类层面才能找到。当然结果也就是今天普遍存在的多元民主制度，其建立的前提就是对包容的热情——因为不是所有的市民都可以做到这种包容，所以要用法律和制度的形式来保证。这种包容本身必定导向世界公民水平的视觉逻辑。我们对无数仁人志士抛头颅、洒热血、前仆后继、死而后已的战斗精神表示敬佩，从美国到法国他们都有一句共同的口号：“我不同意你的观点，但是我誓死捍卫你说话的权利。”

解放运动 382

理性的不断推广意味着将会出现新的分化和新的整合，发展的规律一向如此。我们已经看到那种新的重要分化包括政教分离，三大领域的分化（这一点非常重要，我们还要回到这个话题），人和生物的分离也越来越清晰。

当然最重要的一点是，这种人类层面与生物层面的分化可能会走得太远，以至于造成人与生物的分裂，这种分裂会以很多隐蔽的形式出现。首先，我们设立了一个可能出现的生态危机的进程表，而且这种可能正在慢慢变为现实。我们前面曾经讲到，这种生态危机是一种世界范围内的、集体的神经症，是人类层面对生物层面的否定、远离和分裂。

生态哲学家会说，生态危机的根源在于人类没有意识到自己本身是一个更大的、生物层面的组成部分。但是我们已经看到，这种说法实际上恰恰弄反了，根本无法解释部分如何可能掌控整体。我们已经看得很清楚，人类不是生物层面的一部分。人类复合体的一部分属于生物层面，生物层面本身是人类层面的一部分。因为存在这个原因，压抑才可能出现；因为这个原因，人类层面才可以从生物层面分裂；因为这个原因对我们人类的根基布下了毒药，才会让我们的枝叶一同枯萎。

但是那些主要还是“坏消息”的内容，我们将在下一章详细论述。在此处，我们应该注意到，人类层面与生物层面刚刚分化的时候，生物因素不再像以前那么强有力（在历史上生物因素曾经是决定因素）。在生物层面中，力量意味着权利。在生物层面中，大鱼吃小鱼；在生物层面中，肌肉就是政治；在生物层面中，男人控制其他的男人，男人控制女人。

女性主义和经典研究者都会同意，在已知的所有社会中都会存在性别之间的权利不对等，存在一个非常特别也非常普遍的形式（几乎是普适的）。也就是说，在所有已知的社会形式中，都可以看到相对的平等状态
383 （男性和女性在公共领域平等分享权利）向男性主导（男性控制公共领域）转化，但是从来没有反过来，没有出现女性掌控公共/生产领域的趋势。

换句话说，在早期女性权利最大的社会形式中（比如早期的采集社会），并非女性完全掌控公共权利和生产权利，而是男女对半。可是在男性权利最大的社会形式中（比如农耕社会），男性完全掌控公共权利和生产权利（女性只属于家庭和生育的领域）。

珍妮特·莎菲茨、利恩·艾斯勒、莉·布鲁姆伯格、乔伊斯·尼尔森等专家都指出几乎没有哪个社会能够摆脱这个模式——从男女权利平分到男性完全专权，但是从来不曾出现女性完全掌权。很显然，一定的普遍因素造成这种单方向的发展历程（从平衡到男权，从没出现从平衡到女权）。那么这些因素究竟是什么？

“要回答‘为什么女人无论何处从来没有在神圣行为和社会主要价值上

完全控制男人’这个问题，必须考察一系列关键干预变量。”[10]珍妮特·莎菲茨说。“作为一种类别，男性从来没有（在已知的社会形态中）完全限定在生殖和家庭领域，女性也从来没有完全掌控生产性活动和公共事务。换句话说，女性的主要活动要么主要从事非生产性活动，从而导致她们社会地位低下，要么从事的活动两个领域都包括，从而可以和男性分庭抗礼。”——也就是说女人最多只能和男人平分天下。

“这样就可以把问题往前推一步：为什么女性在已知的社会形式中从来不曾完全掌控生产性和公共事务性活动？因为这个问题普遍存在，因此要回答这个问题，其理由也应该具有普遍性。在这种情况下生物因素可能作为这种普遍存在的原因，可以用来解释这个问题。女性要生孩子，要给孩子喂奶，这样就会限制她们的活动空间。但是这个因素可以减弱，比如可以通过降低出生率等，但是不可能完全消除。实际上，在所有的人类社会中，怀孕和哺乳对女性的限制绝对不可以说影响小。”

这一点具有深远的影响。“在这些生物因素的作用下，大多数社会发现，如果女性在孩子不吃奶之后继续在家照料家庭，那么整个社会的效率
就会更高。也就是说，根据方便的原则，照料工作不再限制在哺乳。因为 384
这样，女性就会在家的时间比较长，所以很自然，如果她们同时处理各种家务，包括做饭、洗衣服、料理财产等，那么社会效率就会更高。因为很多社会的生产性活动已经从家庭转移出去，女性的活动空间限制更进一步限制她们从事生产性活动。”

根据珍妮特·莎菲茨的观点，这些普遍存在的生物因素是社会不会普遍出现女性完全掌权的情况的原因，最多可以男女对半，最差是男性完全专权。

这种男性专权的倾向还有一个重要的因素，那就是男性身体比女性强壮。“另外还有一个普遍存在的生物因素也很关键：男性比女性有力量。在很多社会形式中，特别是前工业时代，身体力量是很多生产性活动所必需的，至少生产力和力量具有一定的正比关系。男性作为一个类别，在这一点上又一次胜过女性。”

这样一来，结论就比较明确：“简而言之，女性权利不曾超越男性的原因有两个，一个是因为她们有活动空间限制，另一个是她们的力量不如男性。这样一来，男性占据大部分或者全部生产性活动，女性从事家务劳动，整个社会的效率就会高一些。因此女性从来不曾完全掌控生产权和公共权，从来不曾在地位上高出男性。好的时候她们可以和男性分庭抗礼，不好的时候完全被男性统治，几乎没有例外，因为女性不可能完全摆脱生殖和哺乳活动。”

现在我们要知道，珍妮特·莎菲茨的整个理论是非常复杂的，我们在第二部中会详细讨论。它并非完全建立在生物的普遍特征的基础之上，或者叫做“性别结构的强烈普遍特征”之上。实际上这些生物的规定性，不过是其他大量普遍因素的背景，另外还有很多普遍特征，比如技术类型、
385 环境威胁、家庭结构、生产活动的方式、人口密度、工作机构的性质、工作与居住地之间的距离等。总之，珍妮特·莎菲茨分析了 12 种社会中与男性和女性“性别地位”有关的因素。

但是在这生物规定性的前提条件之下，其他的各种因素对于特定社会中的男女地位究竟是相对平等（50：50）还是倾向于男性专权都会发生作用（但是方向肯定不能相反，不能向女性倾斜）。

在大量的实证资料的基础上，他得出结论，认为无论什么时候，一旦出现了各种造成男女地位变化的因素，比如环境威胁或者灾难，或者食物短缺，或者战争、社会威胁以及其他严重的生存压力，那么男女相对的平等状态就会被打破，此时期决定性作用的因素就成了身体的力量/活动性，男女地位的两极分化就会非常剧烈（男性完全掌控公共领域、生产活动，女性控制私人空间和生殖活动，从来不会相反）。

但是有一点非常重要，就是当这种男女地位出现两极分化的时候，男性和女性都会有一种非常严重的压力（实际上，在男权社会中，男性的压力更大，比如他们首先得独立承担社会保护的责任）。用男性对女性的压迫来解释男女的不平等，在大多数方面都是不能成立的，因为这种解释和其他类似的解释与数据曲线并不吻合。珍妮特·莎菲茨说：“这些压迫理论的基本概念都比较模糊，都是不好实际操作的概念，比如‘家长制’、‘男尊女卑’和‘性别歧视’。这些比较情绪化的概念实际上并不是非常清晰，很大程度上是迎合了大众对性别不平等的期待，结果其研究就会极大地体现现实修辞的力量，极少地体现清晰的洞察力。”

事实不是如此，这种性别的两极分化和男性对女性的压制与女性的谦卑没有任何关系。男性掌控生产活动和公共事务，女性处理家庭事务和负责生殖，这是生物因素的结果。

但是随着人类层面和生物层面的分化，这些生物因素不是被消除，而
386 是被压制（保存但是限制其作用）。它们不再是社会组织形式的主要决定因素。生物不再决定命运。

这种相对平等的状况即便在过去（比如早期的刀耕火种时期或者采集时期）也不是靠法律和道德来维系的（这些是人类层面的决定因素），而是依靠机遇来决定的。通过在地上戳洞种植作物的时期女性掌握控制权，并不是有意识的设计，而完全是偶然的，因为用来戳洞的棍子在女人的手中

运用得和男人同样好，并且那个时候居住的地方和种植作物的地方距离非常近，因此即便女性怀孕了，也不会严重影响劳动（他们和男人一样可以走到田里工作，活动空间影响不大）。并且在这种社会中，女性生产的食物能占所有食物的80%以上，男性还经常从事狩猎，因此这种社会的男女关系总是可以基本保持相对的平等，但是这种平等完全是偶然的。

这样，正如戳洞种植的方式把权利赋予了女性，不是有意识的设计，耕犁的方式又剥夺了这种权利，也同样不是有目的的压制的结果，同样是因为现在状况完全变了，对女性生物因素的要求不一样了（同样不是有目的的改变）。（女性掌控耕犁会造成流产，珍妮特·莎菲茨指出了这一点；尼尔森进一步指出，耕种地往往离居住地的距离比较远，怀孕的女性下地干活就不太方便。）[11]同样的生物因素，在某种情况下会赋予女性力量，在完全不同的另一种情况下，又会把这种力量剥夺。

无论哪种情况，权利的分配都不是压制的结果。

随着人类层面和生物层面的分化，这些生物因素尽管没有消失，但是已经不再是男性和女性社会地位的主要决定因素。在生物层面，力量就意味着权利，社会地位与生物力量成正比。但是在人类层面，权利意味着力量，在世界空间的普遍视角下，社会地位和自由主体的权利一致。女性是否制造食物，对她们是否在公共空间中掌握控制权没有关系——这种观念是革命性的，是史无前例的。

伴随人类层面和生物层面的分化，女性可以作为一个人类层面的文化主体而拥有相应的权利，无论她们生物层面的方面有什么样的先决因素， 387
这种作为公共成员的权利，作为权利承担者和孩子养育者的权利①在人类历史上第一次被认为和生物因素无关。人类层面的特征而不是生物层面的特性决定一个人的权利和义务。这些权利在以前不是被压抑了，而是根本就没有什么意义（无法想象）。

我们重新回顾一下第五章的一点内容（我认为此刻回顾一下有特殊意义）：以这种方式，也只有以这种方式，我们才能维持一个悖论式的真理——把女性主义等同为妇女解放，认为女性现在终于站起来了，为争取自由解放而奋争，可是实际上以前她们并非不自由（也没有被愚弄）。18—19世纪风起云涌的妇女解放运动的基本前提恰恰是人类层面和生物层面的分化。[12]这也就意味着，实际上妇女解放运动并非要消除过去曾经令人难以容忍的暴虐，而是标志着过去不曾存在的新事物的诞生。

给男性和女性带来角色分工的限制的是生物因素，这种限制是进化的

---

① 在英文中承担和养育是同一个词：bearo。——译者注

一个阶段，直到不久之前，这种限制都存在于生物层面之中，也正是直到最近男性和女性才能得以从那种限制中解放出来——这种限制在当时是必需的，但是现在已经过时了。

从历史上看，随着人类层面和生物层面的分化，即多元理性的出现，权力逐渐取代武力。哪个地方出现了多元理性，哪个地方原来建立在身体力量基础之上的社会制度就变得不能容忍，特别是奴隶制度和男女的极端分化。理性不能容忍这种制度，多元主义和多元视角不能容忍这种制度——你去当当奴隶，试试他们是什么滋味！这些观念是全新的……

这样，无论在东方还是西方，凡是出现理性的地方，妇女解放运动和奴隶解放运动就会如火如荼。佛陀可以作为一个东方的例子，他的真正的革命精神并不在于他的修行次第（瑜伽修行在佛陀之前就存在），他的真正
388 革命精神在于他废弃了种姓制度，这种理性带来的“革命热情”震撼了整个印度。佛陀本人当然是超越理性的，但是他所创立的宗教并非建立在神秘的男神和女神的基础之上——佛教是世界上“最早的理性宗教”之一。他完全否认神的存在，同时也否认专制政权、种姓制度，因为这种制度本身就是神话世界观的产物：他的理论体系的革命性集中体现在这一点。

我的观点不是说这各种各样的解放运动（奴隶解放、妇女解放、贱民的解放）在过去曾经出现但是被残酷镇压了；过去人们根本不会去想这样的问题，它们似乎没有什么意义，无论男性还是女性、奴隶还是奴隶主，在他们看来这些想法根本不存在。根据这些结构可以看到的证据，权力要么拥有，要么被剥夺，根本不存在分享的问题，如果分享权力就是一种罪孽。直到人类层面开始和生物层面分化——只有当权力开始取代武力——这些“奴役状态”才被视为问题。此前的问题在于如何行使权力，而不是如何分享权力。按照武士伦理、忠君伦理和民族中心伦理，普遍的关怀是懦弱的表现。慈悲心的价值不是被压抑了，它只是根本就没有在人们的意识里面出现。

但是随着人类层面和生物层面的分化，才可能出现、也真的出现了玛丽·沃斯通克拉夫特、约翰·斯图亚特·密尔、哈里特·泰勒（在希腊、印度和中国也出现了类似的声音，尽管比较分散，多元理性在世界各地抬头）。

玛丽·沃斯通克拉夫特的第一任丈夫去世以后，和约翰·斯图亚特·密尔结了婚（他说自己已经暗恋了玛丽·沃斯通克拉夫特 20 年），夫妇俩合作了《论自由》（1859）。该书出版的这一年是玛丽·沃斯通克拉夫特的百岁诞辰，而她的《为妇女权利辩护》（1792）通常被认为是历史上第一部女性主义重要著作。

“作为现代意识形态的女性主义在19世纪中叶才出现”，利恩·艾斯勒指出，“尽管很多女性哲学家很久以前就已经表达了女性主义的基本思想基础，比如玛丽·沃斯通克拉夫特、弗朗西斯·赖特、欧内思廷·罗斯、乔治·桑、萨拉·葛罗米柯和安吉莉娜·格里姆凯和玛格丽特·福勒。女性主义的正式的诞生是在1848年7月19日的纽约塞内卡·弗斯（Seneca Falls）。在这里，伊丽莎白·卡迪·斯坦顿做了重要讲话，有史以来第一次在学术会议上正式宣布了妇女集体奋斗的号召。她指出‘在公众注意到的问题中，对家庭影响最大的莫过于妇女权利’。”[13] 389

在人类层面，权力取代了武力。威廉·威尔伯福斯和他的朋友威廉·皮特以毕生的努力引领了一场运动，最终导致大英帝国取消了奴隶贸易。在美国，为了结束奴隶制度，进行了一场残酷的战争，在一次战役中伤亡的人数就和整个越南战争死亡的总人数相当：在葛底斯堡战役的三天中共伤亡51 000人。当时的总统为了提醒整个世界记住那些烈士，在葛底斯堡发表了269个字的演讲，告诉世界这场战争是国家为了一个信念而战，那就是“人生来平等”，这个信念遭到了自然和一切建立在这个信念之上的社会的嘲讽。

那个信念（理性观念）很快就从生物层面的权力束缚中挣脱出来，延伸到女性主义了。哈里特·泰勒去世后不到一百年的时间，在民主社会中的女性就得到了法律保护，并被写入宪法：(1）女性与男性在法律上平等；(2）女性是道德自由主体；(3）政治上女性是民主国家的自由主体。这些自由还在不断延伸，但是这并不意味着它们已经适合当前的结构。（并且，众所周知，男性的生命总是从睾丸激素的异种开始，经过生物阶段的野蛮，然后渐渐才“走上正途”，能够和女性平等相待。）[14]

人类层面和生物层面分化以后，女性还是认为自己继承了很多生物上的特征（多数对关系非常重视），与男性有很大不同（多数重视自立）——这是极端女性主义的说法。但是她们也认为自己拥有“人类层面的平等权”，应该受到法律保护——这是自由女性主义的说法。

我相信，两者都是正确的，也应该是正确的，既然人类层面和生物层面已经在分化之后又整合，统一到复合的人类个体中。这是各种“解放运动”的继承（女性解放、奴隶解放、贱民解放），它们在全球范围内伴随理性视角和普遍视角的出现而出现。

妇女的价值也以同样的方式从生物层面的束缚中解放出来，现在开始自然地融入公共领域，她们所关心的问题也会受到关注。“弗洛伦斯·南丁格尔、简·亚当斯、索儒内·图司和多萝西娅·迪克斯等人为代表的‘妇女伦理’现在开始大规模涌入‘公共空间’，从而使像有组织的护士、社会 390

工作等职业开始出现，废奴运动也得到了大量草根阶层的拥护，对疯人和精神错乱的人的治疗也更加人道。”[15]

更不用说那些沙龙了。尼南·德·伦克洛斯、吉奥格林夫人、兰布莉夫人和夏特莱夫人等人通过沙龙创造了一种氛围，很多被视为人文主义和启蒙主义的观念就是在这些沙龙的氛围中酝酿的，这种氛围只能被称为“解放主义”[16]。

这里有一些误会，艾斯勒说（哈贝马斯也经常论述）：“很明显，西方社会从 18 世纪以来的转型并非一种失败，而是尚未完成。”[17]

[那么还有第二个“解放运动”？我们理解了当务之急仍然是继续充分实施理性和私我/半人半马阶段带来的解放，下一步将是生态内证（eco-noetic）的自我，直到超越自我的灵魂即世界精神。世界精神要求不仅要解放人类，而且要解放一切生命，一切有情众生，不但要享受平等的权利，而且要受到平等的尊重和关怀，因为都是大精神的显现。我们在最后一章的“环境伦理”部分还会回到这个话题。现在我的观点只是要说每一种人类之爱或者上行都会带来一定程度的解放，除非出现固着或压抑，这种解放终究会体现为更广泛的上帝之爱或者慈悲心。]

三大领域

在这里我想特别指出康德的三大批判（《纯粹理性批判》、《实践理性批判》和《判断力批判》），因为这三大批判对科学、艺术和道德三大领域的分化讲得最为清楚，现在这三大领域已经不可逆转地分化了。在神话阶段和神话—理性阶段，科学、艺术和道德三大领域还是基本上完全相互掺杂的，当时是一种比类。那绝对不是“整体论”，也就是说，个体的整体/部
391 分被歪曲了，并不尊重它们独立的价值，所有的比类主义都要求它们符合比类的“整体”。科学的“真理”要得到接受，首先必须符合宗教的“教条”，并且一切艺术形式如果想被承认，必须描述那种神话组织的某个方面。

在康德这里，三大领域被分化开来，可以自由发展，不必削足适履地去适应什么普遍性。我们已经看到，这三大领域基本上就是“它”、“我们”和“我”三个维度（这也就是四大象限，即个体内部、个体外部、群体内部、群体外部，其中科学包含了外部的两个领域，都用第三人称的语言来描述，都是可以观察的外部内容）。

经验科学研究的是实在的那些可以客观研究和客观描述的方面（描述性的、独白的、命题真理、事情的状态、右手）；它必须总是借助全子的外部或者表面，因为这些对象可以通过感官或者作为感官的延伸的工具进行

观察。实践理性和道德理性指的是“我们”的领域，也就是我们之间如何实现交流，如何找到我们之间的共同点，不是对表层的共享，而是对我们之间理解深度的共享（“我们”，公正，善，都是右下象限）。艺术的领域或者美学判断的领域在比较宽泛的意义上说，就是“我”如何表达自己，表达自己的什么，也就是个人的深度（“我”，真诚性，表达性，左上象限）。

康德的三大领域意味着“我”和“我们”明确地区分开了（不一定要遵循社会规范和标准，我可以参与标准的制定，教会和政府不一定都是好的或者真的）；意味着“我”和“它”也明确地区分开了（我的主观愿望不会构成现实，或者对现实的科学研究）；意味着“我们”和“它”也明确地区分开了（政府和教会没有权力规定现实的属性）。

这三大领域的任何一个都可以分别来看，看它们是否讲述了“自己的真理”。在“它”的领域或者经验—科学的领域，我们会问命题是否符合事实（木星上面到底有没有生命?）。在“我”的领域，标准是诚实的程度：你可能想知道我是不是真诚，对我自己的感受是否诚实，我表达自己的内部感受的时候是不是真诚（我在报告自己的深度的时候，是否忠诚）。在 392
“我们”的领域，标准是善，或者公正，或者相互的关心和关注：我们想知道，我们相互之间的活动是否表达了关心和非自私的关怀，或者至少是否真正相互理解；我们希望实现一种世界普适的公正（似乎个人的活动标准是全世界都可以接受的——强制性的分类）。

现代性对三大领域的分化是不可逆转的。即便那些严厉批判这种分化的人都没有摆脱这种分化。“人有七窍，天有七星”的说法再也不能成立了：这种说法甚至在现代世界空间中的人看来也不可理解。你可以批判三大领域的分化，但是这种批判本身已经承认了这种分化的存在。

现在我们要做的不是回到分化之前的状态（也不可能回到那个状态，尽管回归浪漫主义者一直在打回归的旗号），目前不得不解决的问题是如何整合这三大领域。这实际上是后现代性的核心问题：既然科学、艺术和道德的分化已经是不可逆转的，那么怎么整合它们?

在第三个批判中，康德试图通过目的/有机体主义和唯美主义来整合命题真理和实践真理（在这里他的意思是通过感官—美感理解的结合）。这种尝试对后来的理论家影响很深，席勒和谢林都直接受康德的影响，试图从美学的维度来整合。实际上，现代性和后现代性因此发现美学/艺术维度具有很强的“疗救”功能。

实际上，这种想法最终一定会失败。这种感知—审美维度的确是感知运动认知的现象（“科学”）和实践伦理（“道德”）之间的纽带；在发展的谱系上，实际上这种审美的或者“内部概念”认知处于感知运动认知和习俗道德结构之间。[18]它的确是它们之间“空缺的链环”或者“链接的纽带”，但是纽带并非整合。这就如同四年级的知识是三年级和五年级之间的衔接，但是并非三年级和五年级的知识的整合，能整合三年级和五年级知识的应该是六年级。两个级别之间衔接的部分不可能和整合的级别等同，因为衔接毕竟不是更高的级别，不可能把它们全部整合。

换句话说，整合三大领域的任务要等待视觉逻辑阶段的出现（它也的
393 确在等待着）。康德指出道德理性（“我们”）和依附客观感知运动现象的理性（“它”）之间存在一种关联，也就是他说的审美理解（“我”的维度的下面构成部分）。这的确可以说明三大领域之间存在关联，但是最终它并不能完成整合三大领域的任务，这个任务的完成需要的不是一种中间衔接，而是一个更高的阶段的出现。

理性分化的东西，视觉逻辑将会整合，或者在某种程度上，那便是后现代的潜力和目标。现代性造成的分裂，后现代性必须完成整合；理性造成的分化，后理性就要完成整合（我一直认为，后理性就是视觉逻辑）。这就是我们一再提到的后现代的整合目标，盖保瑟（“整合的，超越视角的”）、哈贝马斯（他的交往行动理论恰恰是要整合三大领域）和海德格尔的半人半马式的在世生存（也是试图重新编织各个片段），他们的思想都与这种整合的目标有关；我们可以看到福柯系统地运用视觉逻辑来描摹关于外部的认识论［从而他的具体社会机制（dispositif）包含了内部的因素，注意到真理、权力、伦理和自我等方面，甚至福柯这样一个“尼采主义者”也反复回归康德，最后在宽泛的意义上认为自己是康德一系］。我们曾经把这种整合称为“身体和心理都是整合的自我的体验”；我们说这种整合是人类层面、生物层面和物理层面的整合。我们看到男性和女性整合于同一个人类层面。现在我们从科学、艺术和道德的角度来看这种整合。

这些都是试图整合三大领域的，三大领域的分化已经不可挽回，而整合的方式各有不同。无论我怎么看所有这些理论家对三大领域的整合方式（包括我的整合方式），这些整合活动的前提是意识到三大领域的分裂，所有的整合方式都是自己的独特尝试——这是历史的关键时刻，震撼着世界，创造着世界。康德对此非常清楚（特别是在他的《什么是启蒙》一文中讲得非常清楚），并且康德的追随者和评论者现在不可避免地要面对一个这样的世界空间，在这个世界空间里科学、艺术和道德不但分化，而且正在飞速分裂。

394 我们在下一章中会看到，谢林第一个对这个不但在分化而且在分裂的世界采取了应对措施。并且谢林只是“疗救现代性的医生”中的一员，从黑格尔到马克思，到席勒再到弗洛伊德，到韦伯再到海德格尔，他们都竭

尽全力地使用自己的方式整合周围横流的片段。因为现代性（和后现代性）不但要担心如何整合不可逆转的分化，而且必须对那些已经走得太远的分化、实际上已经导致分裂的分化，采取疗救的措施。我们已经看到，在身心分化走得太远而导致心理对身体的压抑的例子，这种压抑导致了各种各样的神经症。因此在这样一个历史时期，如果弗洛伊德不存在，那么进化必须创造另外一个人承担这个疗救身心分裂的任务，以自己的独特方式和过程实现新的发展。

但是我再次回到“坏消息”。我在此特别要强调的一点是，我个人相信现代性（和后现代性）追求的新整合——特别是“我”、“我们”和“它”的整合，生物层面和人类层面的整合，男性和女性的整合，中心与边缘的整合——这种整合已经开始受到视觉逻辑的影响。对科学、价值和主体性的研究正在呈现出半人半马的在世生存的很多方面。

本三部曲的第三部的内容将完全用来讨论这个话题，但是在此我们需要注意一点，就是进化造成的分化从来不能被成功整合（除非分化得太厉害，分裂到实在无法整合的程度，结果造成灭绝）。对人类而言，灭绝似乎并非完全没有可能，特别是看到人类层面和生物层面的分裂、人心的分裂造成的威胁。但是，如果我们假设灭绝的可能尚未完全排除，至少我们可以说整合也是一种可能性，我相信这种可能性来自半人半马的视觉逻辑、超越理性—自我的第一步及后现代对现代性的第一个反叛（并且我说过，本三部曲的第三部的任务就是把这种可能性说清楚）。[19]

现在我提到这些，提到现代性的分化和整合（如果能够实现整合的话）只有一个目的，就是说，如果这样一个整合实现，那么只能在未来的联姻中，不会存在于昨天的比类中。

上帝之死 395

宙斯：俄瑞斯忒斯，我创造了你，我创造了万物。现在，你看看，无礼放肆的东西！我还是不是你的主？到底是谁创造了你？

俄瑞斯忒斯：你。但是你犯了一个巨大的错误，你不应该让我自由。你是神，可是我获得了自由，我们两个忍受同样的痛苦。人类的生，从遥远的绝望开始。

宙斯：哦，俄瑞斯忒斯，这些我是知道的。总有一天，有一个人会来宣判我的死亡，那个人似乎就是你。

——让-保罗·萨特：《苍蝇》

在我们仔细分析为什么下行的神取代了上行的神之前（然后“神”失落了，或者被分解成了一面倒的自然），我想必须对理性时代和理性时代之前的神话时代之间的历史关系有个清晰的了解，因为对当时的情况，启蒙思想家就是这么看的。“拒斥神话!”这是整个时代的思想战斗的号角，很快尼采就说出了著名的总结：“上帝死了!”

我的结论是，“现代西方”在抛弃了前理性的、人形的、神秘的上帝形象时，同时也抛弃了超越理性的、非人形的、超越意识的神性。肮脏的洗澡水被泼出去了，宝贝儿子也被泼出去了。

教会的问题从一开始就是如何处理那些文字记录的具体神话故事，这些神秘的记录是他们传承下来的，和他们的教义关系非常紧密。从教会最伟大的神学家奥利金（185—254）的生活和形象中我们可以看到整个包含了“神话的问题”和这个问题对后世整个文明的影响。[20]

回想一下，我们曾经说过，奥利金和普罗提诺是同乡，都是亚历山大（Alexandria）人，他曾经听过普罗提诺的老师、也就是阿莫尼斯·萨可思（Ammonius Saccas）的演讲。他早已实现了无相/不二的世界观，很明显要把这种世界观和耶稣对无相世界观的证悟会通，本来是不困难的，可是遇到对耶稣证悟的那些具体的神话记录时就立刻僵住了。

396 再回想一下，这是在理性结构的早期萌发阶段（根据盖保瑟、坎贝尔等理论家的说法，理性结构的兴起始于公元前六世纪的希腊，可是哈贝马斯也指出此前很早就有少数人达到了形式运算阶段）。尽管这些通过冥想证悟的圣者早已超出了理性的水平，但是他们几乎全部试图通过理性的方式表达自己的发现。（这一点在乔达摩身上表现得最为明显。佛陀正是出现在公元前6世纪的印度。此前大多数思想体系都是从男神和女神开始，然后提出一系列的仪式来取悦或者说服这些神灵，乔达摩则完全抛弃了所有这些仪式，让人们直接深度地思考意识流，思考主体，他以非常理性的方式表达了自己的证悟，尽管后来的那些修行方式和范式主要用来打破对这些理性意识流的执著，甚至连超个人的觉知也被打破。）

这些通过冥想证悟的圣者一旦遇到神话的问题，就会直接抛弃它们（这是一个极为讨巧的手段，比如苏格拉底发现众神并不容易打倒，特别是当他们承担文化的“胶合”功能的时候），或者开始对神话进行漫长而缓慢的重新诠释的过程。这样，他们就可以保留神话，但是改变神话原来的意义。这当然是这个时期最突出的特征，无论是诺斯替教（“当你阅读诺斯替教的思想体系时，你会感觉到他们把神话理性化了。这种感觉是准确的……”[21]）、费罗（“他奉持古老的圣教遗嘱，但是他把这些遗嘱变成了一种道德形而上学的故事，使用的工具是自己的理性讽喻的理论。”[22]）或者柏拉图和亚里士多德。（“柏拉图强烈坚持宗教在早期肯定是神话……这是一个‘有补救作用的谎言’，他提醒我们不要从字面上理解它们。”[23]）

奥利金的观念也是一样，他公开驳斥神话的文献记录。“奥利金驳斥那些从字面上理解《旧约》中对时间的预言和威胁。”[24]奥利金不相信个体的灵魂或者自我可能会复活，不相信所谓得救还会存在自我的延伸（那实际上是地狱；得救在奥利金看来就是发现“上帝就是无障碍的存在”：我们反复说明，奥利金是一个新柏拉图主义者）。 397

他最大胆的做法是怀疑身体的复活。“他无法自已，不能接受保守主义者对末日和复活的信仰。福音不能从字面上理解。物质的身体怎么可能重新组合呢？它们的构成粒子早已经消散到了其他的身体之中了。这些分子究竟属于谁的身体？因此他嘲讽道，人类退化到非常可笑的地步，竟然不讲道理地说，‘在上帝那里什么都是可能的’。”[25]

但是奥利金是一个基督徒［18 岁的时候，他就已经是亚历山大里亚基督教“教理学校”（Catechetical School）的校长］，因此《圣经》中就在一定程度上对奥利金的思想进行限制。并且他提出了一种非常出色的解决方案，因为这种解决方案他非常著名（和费罗一样），被认为是天才，他的方案就是保留但是否认神话：理性讽喻方法。

他说任何神话都可以从三个层面上进行解释（他指的是《旧约》中的神话）：字面水平、伦理水平和讽喻水平，这三个水平依次提升。字面水平的解释，就是弄明白神话说了些什么；伦理水平的解释是把特定神话用理性的方式适应当前的伦理；讽喻水平的解释是用神话表达我们想表达的任何神秘的超越理性的精神性的东西。

他的这种非常出色的结构把前理性的神话（字面上的神话）变成了理性的神话（伦理上的神话）和超理性的神话（神秘水平的神话），从而“神话”可以用来表达想表达的任何东西，不必管它们本来是否有这些意思。换句话说，诠释让神话超越了自身，首先进入了理性的空间，然后进入了精神的空间。神话被完全保存了下来——同时也完全被否定了。

这样，奥利金就可以从更高的水平上赋予神话任何他自己希望表达的意义，他既可以肯定《圣经》的权威，同时又完全忽视《圣经》的权威。历史上后来的“神话学家”，从天主教会到坎贝尔，在想表达神话没有说的意思时都会使用这种方法。

尽管教堂也会别无选择地采纳奥利金的方法，但是教会对奥利金这种强调“高水平”意义的方法存在的危险性也了如指掌（奥利金把新柏拉图 398
主义的思想大量地引入神话；圣哲罗姆说他写了 800 本书和文章）。说神话除了字面意思之外还有别的意思是一回事，完全否认神话字面上的实质性含义是另一回事。教会怀疑奥利金在诺亚方舟的船底凿了一个洞，这种怀疑无疑是正确的。在德修斯（Decius，250 年）的迫害中，奥利金被捕入狱，遭到折磨，最后被示众；他被东罗马帝国的皇帝判为异教徒。

奥利金把那些“从字面上理解神话”的人，称为“迷信”，说他们“头脑简单”。他作为一个哲学家对那些人的批判已经无以复加，他相信他们是“愚蠢的”，但是“奥利金对没有受过教育的基督徒对神话的信仰是表示同情的（非常同情）。逻各斯根据人们能力的大小以不同的方式教化人们，有的人只能喝牛奶，有的人必须吃牛肉。”[26]他的观念是从人们各自的水平开始，用超越或者讽喻的方法帮助他们不断提高，达到真知。在（无相水平的）真知中，神话（字面的）和理性（伦理的）都被超越，可以完成自己的使命。

教会认为指向无相水平的真知的纯粹上行根本不存在，神话不能被超越（他们的理由我们已经讨论过了）。神话在字面意思之外可以附加其他的含义，但是神话本身不能被否认。这是“头脑简单”的人们的胜利。超越理性的真知再次被前理性的形式限制——限定在神话的字面意思上。

启蒙运动的哲学家们纷纷与这种字面上的神话分道扬镳，如同奥利金。《圣经》“符合科学”这种说法（从而可以推出教会的存在）实际上几乎都是不能成立的，深层的证据都可以证明这一点（简单地说：太浅，不正确）。“哥白尼主义对经典神学的批判主要不在两者对宇宙的哲学诠释的差别，而在于基督教本身的整个神话历史记载（从字面上理解的神话），这在别的宗教中都没有和信条完全合一。”[27]

教会所代表的宗教往往成为理性时代的哲学家们的笑料，到处受到他们的嘲弄。托马斯·奎因说：“难道上帝创造的无穷无尽的世界中，个个都
399 有一个夏娃、一个苹果、一条毒蛇和一位救世主?”

结果整个的神话体系都被推翻了。进一步讲，因为这些伟大的哲学家—圣人（从普罗提诺到艾可），他们本身就已经超越了神话和理性，并且没有从神话的角度来讲，所以祷告的一切说辞都被抛弃了。

仍然是孩子和洗澡水。理性很容易往上看，也很容易往下看。在柏拉图、新柏拉图主义和非常重要的斯多葛学派看来，理性就是看到自己在大宇宙中的位置，说一个人是“理性的”就意味着他认识到大宇宙的存在，同时高高兴兴地安住在自己的位置上（不能进一步发展，不能超越理性，不能直接和大宇宙认同）。理性的生活意味着顺应大宇宙（这是为和大宇宙的认同、和一切认同作准备）。

但是现代性抛弃了任何形式的上行的神，只剩下下行的神，只剩下神奇的创造的自然，这个自然无处不在，但是他们认为只有在这个自然中才能得救。多元性和“多”的原则抛弃了善和“一”：任何形式的神都被宣判了死亡，只有自然存活着。

作为对神话的反叛，理性仅仅看到下行，在这种单调枯燥的下行中，西方世界诞生了。

作为研究途径的多元性

文艺复兴早期的科学家们有一种常识，他们强烈相信自己是在寻找“神的立法”——也就是下行的创造万物的神的逻各斯（或者原型），这些逻各斯或者原型在和谐的自然中表现为一般的规则和样式。“自然的法律”在“神的心中”（或者是神的观念），因为创造我们的也同样是这个心，所以我们应该能够看到、理解和表述这些法律。

他们的信念当然是正确的，但是不够具体。洛夫乔伊说，从文艺复兴
到启蒙运动，所有的“科学发现”最初都不是经验的或者“令人惊奇”的 400
发现，而实际上是从一个先验的前提推演出来的，而这个先验的前提是直接从普罗提诺/柏拉图关于自然的多元性的两条基本原则中推出的，这两条基本原则是：自然是由包含了一系列等级的存在物构成的；这些等级之间无论何处都不会有断裂。我认为他是正确的。

换句话说，本来不二系统的下行一面和多元性的一面现在受到我们的重视，并且真的成了我们今天探索的日程表，从而我们就看到当代这些著名的科学发现，我们今天就站在这些科学的影子当中。这个下行的一面，在中世纪的时候本来是被压抑的。

> 导致中世纪到现代观念的剧变的关键因素，不是哥白尼的假说，甚至也不是科学领域中的天文学在后来的两个世纪中取得的巨大成就。
>
> 在18世纪初开始成为受教育的人的常识的宇宙论中，区分新旧世界图景并且广为接受的新特点，不是新的天文发现或者天文学家技术上的推理工具，而是发挥了柏拉图的一些基本观念的影响，这些观念本来就存在，只不过在中世纪的思想中是潜隐的，不被接受的。
>
> 当今思想的新特点关键不是在于我们今天所成为科学的观察验证的假说。它们主要是从柏拉图的假设中推导出来的（从下行的一面）。简而言之，它们是充分性原则的推论的体现。[28]

如果我们看看天文学，充分性原则似乎认为我们这样的地球和居住地不应该只有一个，因为无限的源泉创造无限的造物，应该有无限的世界（具体说，比如就应该有无限的太阳系），没有理由在其他的世界上生命不能存在。很可能其他的世界有生命存在，它们有意识，甚至比我们还聪明。

这种认为其他无限多样的世界可能存在的概念深刻地震撼了中世纪的
思想世界，对中世纪而言，它带来的灾难比哥白尼的革命更为深刻，比较 401
而言，后者反而略显简单。实际上，哥白尼和开普勒的日心说倒是很快就

被接受了。因为尽管日心说认为地球不是宇宙的中心，但是毕竟地球只有一个，慈爱的上帝照看着我们这些理性的存在，地球还是下行的“一”唯一的舞台，只不过被人忘记了而已。在中世纪人们的心目中，日心说可能否认了盖亚在太阳系中的核心地位，但是毕竟盖亚仍然是人们注意的焦点，用我们今天的话说，它还是报纸上的头版头条。

但是如果还存在其他生命世界，地球只不过是很多有生命的世界中的一个，那么盖亚（和耶稣）就完全无足轻重了。这是一个没有中心的概念，这个概念的依据不是任何的科学证据（到目前为止，还没有发现地球之外的哪个星球上面有生命），而是一个无限充分性的原则。这种观念把中世纪的思想带出了中世纪，进入了文艺复兴。“日心说取代地心说的影响远远不如无中心说取代日心说的影响。”[29]

这种观念的重要代表人物是谁？毫无疑义：布鲁诺。存在多个世界的概念最早在普罗提诺那里就可以看到一些先兆，但普罗提诺多半没有明说（偶尔也会明说），库萨德第一次在“现代意义上”表达了这个观念。但是“只有布鲁诺才能被称为存在去中心的、无限的、无数的宇宙这个观念的代表人物。”[30]夸大盖亚系统的各种学说，包括地心说和日心说受到了震撼（并且相应地，自我中心、人类中心等相互关联的观念也受到震撼）。

库萨德和布鲁诺第一次把充分性原则或者下行的一面在天文学中凸显出来了（此前是受到压制的）[31]，布鲁诺同时代的天文学家和后来的天文学家们就开始非常尽责地寻找心目中的那些世界，包括第谷·布拉赫、开普勒、伽利略。因此把西方带入现代的不是哥白尼的革命，而是布鲁诺的革命（因此，他引起了教廷的警觉，最后将他烧死在柱子上，这绝非偶然）。布鲁诺的思想最明显的继承人就是笛卡儿，到 17 世纪末之前，大多数受过教育的人都会相信存在其他的有生命的世界，教堂那
402 种盖亚中心的神话一去不复返（但是直到今天仍然在某些自我中心的人那里死灰复燃）。

关键是这些观念出现得太早了，至今还没有科学的证据证明它们是正确的。“从 18 世纪中期开始，这种观念就在学界广泛传播，这主要是受到充分性原则和连续性原则的影响。”[32]

如果在天堂或者宏观世界没有“缺口”或者“缺失的链环”，那么在微观世界也应该同样如此。其实早在柳文霍科（Leeuwenhoek）进行实际的微生物研究之前，充分性原则的代表人物比如莱布尼茨就说：“我相信肯定存在这样一种生物，总有一天自然史会认识它们。我们今天看不到它们，不过是因为它们的体积太小了。它们也是无限的，可能存在于地面上的坑坑洼洼中，或者深渺的大海中。”柳文霍科的发现终于出现，可以说，在很多

人特别是莱布尼茨看来并没有什么稀奇。

但是到目前为止，对“缺失的链环”所进行的最有意义的、也是最滑稽的找寻是关于人自身的：在人类和类人猿之间是怎么过渡的。这种研究在人类学诞生之初具有非常重要的意义。洛克和莱布尼茨已经明确说过，过渡不可能没有，如果我们觉得没有，那只能证明我们无知，因此根据充分性原则，又有了另外一项研究进程。伟大的班内（Bonnet）说：“这首先证明了根本不可能有进化的跳跃，这首先证明了德国的柏拉图（即莱布尼茨）的正确，自然不会跳跃……”

不但专家们热衷于寻找自然等级的过渡，大众也开始对此产生浓厚的兴趣，开始寻找最初的人类生存状态和它们与高级类人猿之间的联系。罗素（1753）曾经指出，其实人类和高级类人猿属于同一个物种，只不过人类的等级要高一些，但是语言可能并非人类的自然本能——这样就弥合了人类和类人猿在基因上的距离。但是对整个时代的脉搏把握得最准确的还要数著名的巴诺姆（P. T. Barnum）。在 1842 年，他为自己的博物馆写下了下面这些广告词：

> 鸭嘴兽，或者说海豹和鸭子之间的过渡；两种绝迹的飞鱼，毫无疑问是鱼类和鸟类之间的过渡；娃娃鱼、爬行动物和鱼类之间的过渡——还有很多其他完成动物世界的进化过渡的动物。 403

这可是早在《物种起源》发表 20 年之前的事情！

充分性的教条成了研究的日程表：下行的神在创造万物，他终于从中世纪的压抑中解放出来，在无限多样的物种中欢欣鼓舞。“每一个发现都不是自然中的孤立事件，而是预先已经知晓的大计划中对自然的结构的补充，离这个结构的最终完成又接近一步。”[33]

尽管这种系统理论的研究从库萨德和布鲁诺就开始了，最初作为从“一”到“多”和从“多”到“一”的两个过程的一半，但是很快就成为人类关注的全部（我们将会看到），和谐系统的“多”和“全”似乎就等同于整个系统了，人们完全忽视了这些的根基和源泉。现在的世界的主导思想还是一样，在整体的系统中填补空缺——但是不要管这一切的根基和源泉，不必管所谓善，所谓“一”。研究限定于外显的整体，限定于伟大的自然系统，这种研究真的是彻头彻尾的系统研究（“整体的宏观的和谐”），无论是经济、政治理论还是科学。

“自然中的一切都是相互联系的，”《百科全书》在“知识进步”的条目下面说道：“哲学家的艺术在于发现相互分裂的片段之间的联系。”[34]科学家和哲学家一样，“在一定的思想高度上，都会习惯于雄辩地论证整个的同是一个整体。”[35]帕斯卡说：“部分与部分之间关系非常紧密，以至于如果你不去了解整体就不可能了解部分，不了解全部的部分就不可能了解整体。”波普（Pope）说整个时代都在寻找“严密的关联，微妙的依赖”：

他从浩瀚无垠中一瞥，
看到宇宙是无限相连的世界，
404 看到系统与系统相嵌，
看到别的行星绕着自己的太阳旋转，
或许这倾诉了上天为何如此塑造我们。
可是这个框架、轴承和链接，
严密的关联，微妙的依赖，
过渡的灵魂无处不在，
被他注视。

但是在所有这些之中，有些非常非常奇怪的事情发生了，实际上很多早就已经发生过。在普罗提诺多维度的大宇宙中，“一”创生了万物，万物回归“一”。每个单个的个体都是无限的“一”的完美体现。“一”存在于个体之中，存在于万物之中。

但是在新的不完整的观念中，“一”是不被承认的（“拒斥上行”），然后下行或者有限的或者全部或者整体就成了和谐的唯一存在。不再是个体、总体和“一”之间的关系，只有个体和全体的关系。

系统论诞生了。

通俗地说，洞穴里面的所有影子现在和洞穴外面的光亮混淆了。人们坚信，只要我们以整体论的观点而不是以原子论的观点来看这些影子，个人和社会就得救了。这些影子悬挂在那里，是一个和谐的系统，普遍存在的看不见的手指挥着每个个体，在和谐的整体中实现自己完美的功能。

得救不再是个体发现自己就是“一”（从而可以包容一切），而成了个体自己认同为“一切”（忽视“一”）——个体在功能上适应整体，每个个体都确立自己在整个伟大的网络中的位置，无论这个网络是自然、国家还是物质宇宙，只要这些影子啮合得够好，就可能在某种程度上制造出光明来。

寻找的日程是说明影子的“相互联系的秩序”和系统整体性（似乎这种整体性就可以帮助人们走出黑洞）。我说过，它强调下行的系统理论的充分性，在它的领域里是正确的，但是只是说对了一半。可是这一半很快就
405 自称既是宇宙的阿尔法点也是宇宙的欧米伽点（这就是下一章我们将会讨论的“坏消息”）。

同时，伟大的层级的下行一面成了新兴的现代性文化的寻找日程。下行的充分性开始界定刚刚展开的美丽新世界，这个世界的神单单决定于最

大化原则：多样性的程度越高，善行就越大。

自然中的新地方

存在的伟大层级制度不是中世纪思想的产物，因为18世纪中期之前，启蒙运动的思想家们已经完全接受了这种思想，可是神话和以神话为基础的宗教学术的任何一个方面都被启蒙思想家抛弃了，这就是明证。对启蒙思想家们来说，层级制度明显与神话宗教和中世纪的思想没有关系，否则的话肯定很快就被完全抛弃了。

> 从来没有这样一个阶段，各种各样的作者如科学家、哲学家、诗人、流行散文家、神学家和经典诠释者——对存在之链讨论了很多，深入地接受存在之链的观念所引申出来的一切观念，甚至大胆地从这些引申的观念中进一步引申出新的潜在概念。爱迪生、金、波令布鲁克、波普、哈勒、汤姆森、阿肯西德、布丰、班内、戈德史斯密、狄德罗、康德、莱姆伯、赫德、席勒——所有这些作者和其他一些影响略微小一些的作者不但详细论述了这个主题，而且对这个主题做了延伸。“伟大的存在之链”和“自然”并为18世纪神圣的词汇。[36]

伟大的存在之链之所以如此受启蒙运动时代的青睐，不仅仅因为它很明显地表达了特定的深刻真理，而且因为它不是神话水平的产物（尽管在神话水平它也有各种形式的表现）。教会直接通过奥利金和狄奥尼修斯从普罗提诺那里假借了伟大的存在之链的观念，但是我们已经非常清楚地看到，教会把这个观念神话化了，为上行设定了上限，并且完全压抑了下行。这 406
一章和下一章的主题同样假借存在之链的思想，但是方向完全相反。不过有一点非常有趣，就是神话的心、理性的心和视觉逻辑的心都会接受伟大的存在之链的观念，这个观念的确是能够通过三个水平的检验的、为数不多的观念之一。

当然，启蒙运动不会接受上行和下行完整地回环，我们很快会看到。但是对存在之链的“几乎公认”的态度的直接效果就是大大改变了对人在宇宙中的位置的理解，从此以后的观点几乎和中世纪的观点完全相反（当时的神话视角是为社会服务的，是社会中心的）。从这个角度说，“新的”和“现代的”观点恰恰来自普罗提诺或者布鲁诺或者尼古拉·库萨德或者任何其他坚信宇宙没有中心的人，我们前面提到过这个观点：极端非人类中心主义。

有必要最后一次提一提这个观点，因为大多数从生态学的角度对伟大的层级制度进行的批判是一种误解。我们再次引用洛夫乔伊的话：“充分性似乎隐含了这样一层含义，就是说存在之链的每一个环节都不是为了别的环节而存在，而是自然存在的，它们存在的权力是平等的，因此任何一个物种存在的理由绝对不是为了供别的存在利用。”[37]

的确，所有存在作为表现形式是有等级差别的，从而可以根据等级进行排列，高级的存在包含低级的存在，但低级的存在不能包含高级的存在。但是因为每个存在本身都是自在自为的，在这一点上是平等的，因此所谓的等级划分就是表面的，是没有完全觉醒的觉察力的产物。因为在不二水平上的、所有的存在都在圆上，它们和圆心的距离是完全相等的——蚂蚁、星球或者人完全平等，布鲁诺说。

因为这种观点接受相对的或者表面的分级，因此可以在相对的世界中的价值评判中实际运用（杀死一个苹果比杀死一只猴子好），这和纯粹的分级或者绝对的分级不一样，它不会把“低级”的存在仅仅作为工具来看。
407 实际上那正是中世纪的观点——人类中心、地球中心——它的教条非常顽固，以至于接受存在之链观念的哲学家总是想和它们斗。经院宗教/哲学的一个主要论典曾说：

> 人是为神而造的，也就是说，人要服侍神，万物是为人造的，它们服侍人。

清教经典当时对这个观点非常崇拜：

> 如果我们仔细考虑究竟是什么构成了完美的宇宙，我们会发现它们的价值决定于和我们的关系，只有我们的灵魂赋予它们价值，它们才会有价值。人类的自尊赋予了岩石、金属价值，人类的使用和喜爱赋予了植物、树木和果实价值。

“存在之链的概念非常有效”[38]，这个概念所呈现的世界观恰恰和前面这种世界观相反。对人类中心的各种形式的观点的反对者是笛卡儿。莱布尼茨和斯宾诺莎（笛卡儿忠实的信徒）挺身而出，歌德在他的诗歌里代表了他们：“每个动物就是这个动物本身。”席勒非常清楚地说，每个存在“在这种对造物的更广阔理解中作为成员的权利是毋庸置疑的”。可是，可能还是波普尔说得最好：

> 人兽不二，都是阴影的房客；
> 没有差别，
> 他们的睡床，他们的饭桌；
> 他们会厮杀，他们同样会流血。
> 同样的神庙，同样的共鸣，
> 朝圣平等的上帝的，
> 是低鸣的一切！

那确实是“好消息”。

理性起来迎接新的黎明，完全没有意识到它的力量很快就会自己带来光明。它的以经验表征大宇宙的能力——分化三大领域的能力——可以让它一不小心就把大宇宙瓦解成为单一的、经验的右手一面，这样会把人仅 408 仅限定在一个下行的世界中，完全是一个平面的世界。

最奇怪的是，新的理性本身恰恰继承自己批判的东西而不自觉，新兴的高举保护盖亚大旗的人，恰恰是毁灭盖亚的凶手。

因为很快我们就会看到，下行者在破坏这个世界，而这是他们唯一的世界。

注释

[1] 泰勒：《自我的根源》，10 页。

[2] 我有个基本的观点，很多理论家认为现代性所带来的正面的、有益的东西都可以归结为各种形式的“拒斥神话”（包括从具体运算阶段到形式运算阶段的蜕变，及其带来的三大领域的分化，这是现代性最大的“荣耀”），而理论家对现代性所强烈批判的那些方面可以归结为各种形式的“拒斥上行”（这种立场丢失了整合的根本基础，导致理性自我和这种自我的工具—目的理性在一个没有情感的世界中飘荡）。本三部曲的第三部的主要任务之一就是论证这个基本观点。

[3] 他们不是仅仅和整个社会交流，社会上大部分人是不能理解他们的。他们主要和具备类似心灵、类似深度和类似精神的小团体中的成员进行交流，比如僧团或者学术团体等。我们今天也是一样，在我们今天的文化中具有一个平均的意识水平、道德水平和认识水平等，有少数人会超越这个水平，也有少数人会达不到这个水平。

[4] 我们已经看到，指称物只能存在于世界空间中（特定指称物只能在特定世界空间中存在）。世界空间绝非对一个预先被给出的、独白的、物质宇宙的、完全 647 随意的诠释。世界空间是以大宇宙为基础的，它们在大宇宙中所达到的深度非常精确地限定了它们的内容。

[5] 转引自泰勒：《黑格尔》，4 页。

[6] 参见菲尔斯汀（Feuerstein）的《意识的结构》，可以更好地理解盖保瑟的工作，这本书最近才被翻译成英文。

[7] 蒂利希，333 页。我认为所有这些现象的原因之一是因为除了理性本身的出现之外，现在既然不承认上行的“一”，就只能到下行的有形象的“多”中去寻找和谐。现在不是每个个体和由个体组成的整体和那个“一”之间的关系，而成了个体和整体之间的关系——我说过，它强调的是下行的“系统论”的充分性，在它的范围内是正确的，但是只说了一半。

在中国佛教中的华严宗的哲学（往往被误认为是系统论哲学）中，有四种现实的基本原则：第一个是事，就是个别的现象；第二个是理，即绝对的本体；第三个是事理无碍（绝对本体和具体现象之间没有障碍）；第四个是事事无碍（现象和现象之间没有障碍——即现象和现象之间是相互渗透的）。系统论是最后一个原则，对理没有什么见解，不知道绝对本体在哪里。

[8] 洛夫乔伊：《存在巨链》，201 页。

[9] 蒂利希：《基督教思想史》，328 页。

[10] 在这一节中，关于珍妮特·莎菲茨的引文均来自《性别和优势》（*Sex and Advantage*），第一章。

[11] 于是从锄头向耕犁的蜕变意味着生产力从女性的参与型转移到了男性主导型，这种蜕变的推动力是耕犁生产食物的能力比锄头大大增强，经过这种蜕变之后，男女地位从对半平衡变成了男性主导，在公共领域/生产领域中男性开始说了算——莎菲茨说这是提高效率和便利的必然要求。

在以畜力为经济基础的社会中同样会出现这种从女性中心或者两性平等的形式向男权中心蜕变的现象，97%的这种社会是男权中心的（伦斯基）。这种从女性中心或者两性平等向男权中心的蜕变——畜力和耕犁的发展——是从公元前 3000 年前开始的，在公元前 1000 年左右速度明显加快，特别是在铁器（铁犁和武器）被发明之后。有证据证明（在第二部中），很明显意识形态和这种蜕变没有什么关系；同样的内部蜕变结构可能伴随很多不同的意识形态；在所有的情况下，意识形态总是服从经济基础的（比如，出现了耕地的马匹和耕犁之后，男性的神才取代了女性的神，而不是相反）。

很多女性主义者就根据这种从女性中心或者两性平等的社会形式向男权中心的社会形式蜕变提出女性是被压迫者，是被男性夺了权，也不管他们的这种压迫理论与现在可考的资料相去多远。哈贝马斯曾经指出，这些“强加的理论”现在可以说已经从经验上被驳倒了（关于这个问题的证据在第二部中）。

648 近期的女性主义理论的新进展（从莎菲茨到尼尔森，更不用说最近流行的权利女性主义者），使他们的理论不但能够和事实依据对应，关键在于他们反对把女性描绘成恭顺的小绵羊，他们认为女性和男性共同创造了适合当时特定环境的各种形式的社会交往形态：这就赋予了女性极大的权利，她们从“他者的创造者”的地位一下子提升到“和他者平等的创造者”的地位——在人类发展的任何阶段都是如此。

这就是说，在过去的时代，在当时的环境下，女性可能选择了那些和自由启蒙思想不相吻合的价值观，而这种价值观恰恰是第一拨和第二拨女性主义者自己的价值观，过去妇女的选择真的令那些女性主义者大跌眼镜，所以他们难以接受，于是非要说这种选择是被动的，是外力的压迫的结果（不是女性为了面对当时严酷的环境自愿做出的选择）。这种归咎外力的立场自然把女性放到了一个弱势群体的地位上，认为女性是他者塑造的结果，尽管他们本来是想提高女性的地位。这种对男性他者的恶意被延伸到所有的男性，于是开始了反抗压迫的 101 行动①。他们为了提高女性地位首先把女性放在一个地位比较低的位置上，这非常奇怪。

---

① 101 行动是美国反恐怖空降的代称之一，此处比喻行动之声势浩大。——译者注

第二部详细讨论第三代女性主义者的思想，他们表现得很沉静，但是他们的思想将会改写历史，在他们的眼里，女性不是向凌辱低头的懦夫，而是在严酷的生物层面生活方式下，和男性一起作出明智的选择的英雄。

[12] 在第二部中详细讨论了自我中心的理性和工业化过程之间的关系。自我中心的工具理性和工具性的机械/工业关系非常紧密（分别是左上象限和右下象限）。因此当莎菲茨说工业化是带来女性解放的唯一重要的因素的时候，她说的是这种蜕变的右下象限的方面（我同意她的观点）。在左下象限，工业化同样使得人的体力的重要性越来越小，对体力相对弱小的女性而言，这同样是一个解放因素。这也可以解释为什么历史上女性运动曾经有过短暂的高峰但是却不能持续（理性首先出现的地方女性主义就会兴盛一段时间，比如希腊和印度）。这是因为当时的物质基础（LR）还没有出现工业化，不可能维持那种分化。

这个原理同样适用于其他的解放运动。理性可能在心理空间中创造一种普遍的视角主义和普遍的自由，但是只有经过工业化之后才能实现那种心理空间。罗文安（Amory Lovins）曾经指出，在欧洲，工业化赋予了每个男人、女人和孩子控制相当于几个奴隶的力量的权利（今天算起来，罗文安可能得说每个人都有了相当于控制50个奴隶的权利了），也只有如此才使得废除奴隶制成为可能，才更可能把蓄奴定为非法。

这些马克思主义的思考是第二部的一部分内容，可以和这一部书的“唯心主义”相平衡。当然我的观点是全象限的视野，会平等对待这两种观点。我在这一卷当中没有讨论物质基础的问题，并不是说我不重视物质基础，我们会看到，在很多 649
方面，物质基础通常是非常关键的（特别是对平均意识水平而言）。

最后，工业化在解放运动中的地位把生态女性主义者放在了一个非常微妙的境地上。工业化是他们这种运动本身的前提，而他们又批判工业化在破坏盖亚系统。可以说母亲给他们喂饭，他们却要咬母亲的手指，或者说他们数典忘祖。我在本三部曲的第二部中会讨论这个狡猾的游戏，并指出为什么只有半人半马的结构才真正能够处理这种困境，实现真正的整合。

[13] 艾斯勒：《圣杯与剑》，165页。

[14] 男性和女性在人类层面中的平等——进入人类层面公共领域的平等权利和在公共领域中的平等发言权——并非意味着在任何方面都要维持一种对半的严格的平等。比如说很多女性主义者认为女性在哺乳期间应该得到特别的保护（比如应该享受带薪产假等）；关于女性是否应该上前线打仗的问题的争论一直非常激烈，至今难分胜负（尽管有的国家已经尝试派女兵到前线参加战斗，比如苏联在第二次世界大战期间曾经派女兵，以色列在六日战役中也曾派女兵——但都是几乎立刻放弃了这种尝试：很明显女性的确不太适合在近距离打爆一个人的脑袋）。

很多女性主义研究者认为，既然怀孕生产是女性不可避免的活动，那么男性和女性在公共/生产领域的分配比例应该是6∶4（莎菲茨引述了好几位女性主义者的这种说法，她本人也认为这种划分非常合理）。

尽管生理特征不再是不公平的偏见的决定性因素，但是在处理分配比例的问题时还是要考虑，但是严格地对半分的想法可能不是什么好的开端。无论我们如何去分配这个比例，围绕这类问题的争论还是会继续下去，永远都摆脱不了“锄头”的束缚。

[15] 艾斯勒：《圣杯与剑》，151 页。

[16] 比如，参阅斯彭德（Dale Spender）的《女性主义理论家：三个世纪的女性主义代表思想家》（纽约：普灵出版社，1983）和毕玛丽（Mary Beard）的《女性在历史上的力量》（纽约：马克西兰出版社，1946 年）。

关于女性在文艺复兴中是打了一场胜仗还是打了一场败仗的争论（和封建社会相比），我认为艾斯勒的观点是正确的。她说：“无论在哪个阶段，我们都看不到对女性的从属性有什么变化。”（227 页）这里的从属性并不是从属于男性，而是男性和女性同时从属于生物层面。

[17] 艾斯勒：《圣杯与剑》，159 页。

[18] 这也就是为什么这类特殊的“美学维度”和左上象限本身并不相同的原因。美学的—感官的认知只是左上象限的发展的早期的一小部分，当康德这么来用
650 它的时候，很可惜它无法完成整合三大领域的任务。康德的升华概念暗示了高级美学发展的存在，但他实际上说的是高级左上象限的发展的某些方面，而那并不是康德脑子里面计划用来整合的工具。

我也不是简单地把美和艺术等同。美是“一”在任何现象中的体现，艺术是任何一个有边框的东西。

这种框架有时候是实在的（比如油画的边框），有时候是一个门拱（比如舞台上的拱），有时候甚至是空气（比如雕塑的周围包围的就是空气），但是无论如何要有那么一个边框来表达一个要求：“看看我。”那个框架中的任何东西都是艺术，无论那个东西是蒙娜丽莎还是一个番茄酱罐子。蒙娜丽莎是美也是艺术，番茄酱罐子只是艺术。

（所有这些问题，特别是左上象限的本质的问题，都会在本三部曲的第三部中详细讨论。）

[19] 如果我们把现代性粗略地定义为包含以下因素中的部分或者全部的话——（1）三大领域的分化（韦伯）；（2）主体哲学的兴起（哈贝马斯）；（3）工具理性的兴起（海德格尔）；（4）语言的透明化（索绪尔前期的思想）；（5）普遍出现的内求倾向（泰勒）；（6）单方面的进步——那么后现代性可以粗略地定义为任何试图超越这些因素（或者对这些因素作出反应）的做法。福柯、哈贝马斯、泰勒、德里达、利奥塔他们尽管各自的研究不同，但是从这个意义上说都是后现代，我会这么说。他们都同意“主体性的死亡”、“工具理性的死亡”、“单方面的进步观的死亡”，尽管他们各自提出的解决方案是不同的。关于这个问题我在本三部曲的第三部中会去论证他们都以各自的方式切入了视觉逻辑（整个的、超越视角的），因此他们都是典型的“后现代”。但是对于那些“后现代主义者”，他们只知道诬蔑理性和启蒙运动，可以说他们多半是世界退行者而不是整合者。

[20] 保罗·蒂利希的观点，我支持他的观点。

[21] 蒂利希：《基督教思想史》，33 页。

[22] 英奇：《普罗提诺的哲学》，第一卷，97 页。

[23] 同上书，第二卷，35 页。亚里士多德的口气更直接："认为神话完全没有任何的哲学和科学价值。"第二卷，196 页。

[24] 同上书，第二卷，24 页。

[25] 同上书，第二卷，17 页。

[26] 同上书，第一卷，103 页。

[27] 洛夫乔伊：《存在巨链》，107 页。

[28] 同上书，99、111 页。

[29] 同上书，109 页。

[30] 同上书，116 页。

[31] 他们也是最早清楚地表达了去中心化的理性内在的相对性理论的人。布鲁诺认为，我们对世界的知觉是相对的，它完全取决于我们观察的时候在空间和时间中的立足点，从而有多少立足点就会有多少世界知觉，这种单子论的说法对斯宾诺莎和莱布尼茨都产生了巨大的影响。库萨德早在 1440 年就指出："很明显，地球是在运动的，尽管我们看不出来，因为我们只能在一个固定的地方才能通过比较看 651
到运动。如果一个人在小船的船舱里面，看不到河岸，也不知道河水在流淌，他怎么能够知道小船是在运动的呢？因此，无论一个人是在地球上、在太阳上还是在什么别的星球上，总会觉得自己所处的位置是固定的，其他的天体都在运动。"这里的理性视角和相对性已经非常充分了。

[32] 洛夫乔伊：《存在巨链》，262 页。

[33] 同上书，232 页。

[34] 同上。

[35] 同上书，211 页。

[36] 同上书，184 页。

[37] 同上书，186 页。

[38] 同上书，188 页。

第十二章　大宇宙的崩溃

409 自无限久远以来，天地间出现的万事万物、上帝的生活和时间所做的一切，只是大精神为认识自我、发现自我、成为自我和最终统一自我（它自身）所做的努力。它是异化的、分离的，但是只有这样才能发现自我和回归自我……

若以个体形态存在，这种解放被称作“我”(I)；若考虑其整体性，应称之为自由的大精神（free Spirit）；作为情感，应是爱；作为享受，应是福(blessedness)。

——黑格尔

在西方，大概从奥古斯丁到哥白尼时代，神话—理性结构就特别强调上行的趋势，并且在理论上认同耶稣基督升入完美的天堂这个目标（而同时又公开禁止别人达到同样的结果，至于原因，我已经在前两章中说过）。[1]这种组合几乎把西方定位于一种单纯的上行理想（ideal)，并持续了一千多年，只有极少数个体可以摆脱这种基本的定位。这种伟大的终极目标始终只是一个承诺，从来没有兑现：上行的干扰潜伏在所有人的心里，给西方造成一种特殊的精神饥饿状态，在世界上任何其他地方都找不到的一种饥饿，找不到同样绝望的面孔……

随着理性的广泛出现，并成为社会组织结构的重心和中心力量，神话—理性结构自身已被超越（超越的各种方式我们在第五章讨论过了)，带
410 来了上行（人类之爱）的进步，相对增加了包含的范围（上帝对人之爱，仅举一个例子证明，如对整个宇宙的慈悲和以世界为中心的视角主义)。

理性结构本身作为一种理想可能强调上行趋势、下行趋势或者二者兼顾（兼顾更好一些)，这取决于偶然因素和文化的因素。而且我已经说过——几乎完全由于上千年来对上行理想的反应（这种反应是失败的）——理性时代，除其本身是上行的新的发展阶段这一事实外，几乎将自身全部抛向下行之路以及创造和流出（efflux）的喜悦，返回到本源(source）和根源（origin)，向看得见、摸得着的上帝发誓，表白真诚。与上行的上帝不同，这个上帝是可以感觉到的。这个上帝可能已经在那里了。

这种感觉是可触摸的明确的体验。

与上述提到的无限性相反，西方将注意力集中于超前的无限。深度/高度的纵向维度降低到可以支持水平方向上的扩展，不强调深度而强调广度——于是有了现代西方世界上帝的标准。它将成为资产阶级以及为之献身的科学家的上帝，唯物主义者的上帝以及社会改革者的上帝，绿色和“回归自然”运动所到之处的上帝，民主主义者以及马克思主义者的上帝——他们所有人普遍拥有的是看得见、摸得着的上帝（摸得着，也就是属于用右手象限）。

任何“彼岸世界”都被抛弃了，人们的眼睛都集中于他们面前的视野而不是他们上面的视野，一次又一次冷漠地集中于这个世界。如果在这个小小的地球上找不到得救的方法，那么所谓得救的方法就根本不存在。

大宇宙的瓦解

事实上，即使这样，所有文艺复兴哲学家和启蒙哲学家（以及我们将讨论的罗马哲学家）都承认（赞成），伟大的存在之链已经出现了一些非常深刻的事情，尤其是它的“高级阶段”。受过教育的人大多数都承认人类处于伟大的存在之链中的某个地方，承认他们上面的“更高发展阶段”（higher development）和下面的发展阶段可能一样多（或者更多）。“我们有
理由相信，”约翰·洛克说，“在我们上面的造物的种类要远远多于我们下 411
面的造物的种类；我们与上帝的至善之间的距离要比我们与近乎无物的状态的距离要远得多。”

不以人类为中心可以减少人类的骄傲，这种骄傲是不太健康的表现。弗穆尼对这一时期的叹惋十分具有代表性：

> 我究竟有什么理由可以抬高自己，让自己凌驾于他人之上，我是否有骄傲的资格？以前，我总是自诩为上帝的造物中最优秀的一个，但现在我感觉到这是个巨大的错觉。我发现自己正朝向存在尺度的低端发展，我所能够自夸的是我比非理性的生物卓越一些；而并非一直是这样的，有很多生物拥有我所没有的优点，与此同时，我发现它们大部分高于我的天赋。[2]

实际上，个别文艺复兴时期的哲学家和启蒙哲学家同意以上假设。但是除正常的谦逊之辞外，整个观点可能已经包含了所有人，对他们来说，存在之巨链的“高级阶段”只是个假设的存在，这是十分明显的。更高或更深的阶段被假定存在，它们是被提出来填补人和神（deity）之间的距离的理性上的假说。既然根据完美的原则，应该没有距离存在，而且既然人类和无限的本源之间有一个明确的距离，那么这个距离只能由近乎无限的

超级天赋来将其填满，如果这些等级不是确切的“生物”，则至少是一系列无限推演的高级理念，永远不能达到的尽善尽美，完全超越了人类所能达到的完美。

在中世纪，已经普遍将这些“更高等级”神化为天使、大天使和各种天堂的人物（heavenly agents）［从人类延伸到最终的圣者（the ultimate Divine)］。相反，现在这些“高级造物”（superior creatures）被理性化为智力、德行和智慧的较高等级，但是其中的任何一个都不可能通过有限的人类心智实现。然而，不管这在某种意义上是多么真（它们不可能通过传统的心智实现)，也根本不是这些更高等级的体系本身的创始人观察世界的方式。

412 对于普罗提诺、狄奥尼修斯、埃克哈特等人来说，这些在所有其他等级之上存在物的更高等级层面，是固有的潜能或存在于每个存在物中的(既然每个存在物源于它们)，因此对于能够发现他或她自身灵魂要求的高度/深度的存在物来说，这些更高潜能能够被意识到或有意识地实现。这些更高等级（higher levels）不是天使或只是假设在某个地方存在的形而上学的概念，或是用于填满世界中的某个“缺口”的哲学和逻辑假设。它们是可被直接体验或直接意识到的潜能。关于这些更高潜能，除了我们自身缺乏的内部意识创造的其他事物，绝对不可能是别的东西。

对于还没有学会语言的小孩而言，符号和概念的世界似乎围绕着他，在他之上；语言“在他的头上”；语言是一个“另外的世界”，充满强有力的魔法，聚集了众多似乎能够理解小孩所不能理解的东西的存在物，似乎拥有大量孩子不能理解的存在物——男神和女神、天使以及孩子的理解力之外的“生物”。与此相对，孩子只能感觉到他自己的那种可怜的无力感。但是，一旦语言成为孩子自身发展的内在组成部分，这一切就会成为他自己的东西，也就是说，语言能力、概念天使就会全部包括在其意识体验内。

对于普罗提诺（和其他很多类似的不二阶段的圣人）而言，意识的更高等级不是外在的，或者说一点也不玄，它们不是哲学上的假说。这些更高的等级中没有什么东西是不能自己直接感受到或体验到的，没有什么不能给出合适的生长和发展的规范（遵循适当的范式、指令和共享社会实践社团中的典范)。

然而，当神话的心智和理性的心智要用反映它们自己发展阶段的术语（我对此没有异议）解释这些更高等级的存在维度（higer dimensions）时——它们自己的更高的潜能——即使在理论上将这些更高阶段只解释为形而上学的假说也是一个灾难。它否定了这些更高阶段的本质：在合适的实验条件下，它们全都可以直接通过当下的意识来检验、静修、体验。

我已经说过，经过启蒙的心智遵循两个不同而又互融的行为倾向。一个是“拒斥神话”，这个说法相当恰当。但是既然神话几乎是唯一的向上的（虽然保险），第二个便是“上行”，这十分不必要；因此存在之巨链的高级 413
阶段被转变成简单的形而上学的假说——基本上按顺序下降。

结果是上行——超越——任何更高等级的超越均遭到最严格的怀疑（“上行”意味着“上升到理性，但不再有进一步的上升!”）。令人难以置信的是，存在之巨链的更高阶段恰恰是个体不能达到甚至不能尝试的天使和神。事实上，试图达到这一阶段的尝试就等于自大，而自大（我们即将看到）是20世纪人们最害怕的罪过。

存在之巨链，总是被假定为个体的最高潜能的地图——性爱在爱（包含整个大宇宙和上帝对人之爱和博爱）的兴旺期将要遵循的过程的地图——这张具有非同一般的解放力量的地图成了一个牢笼，人类进入这个笼子便被锁定，再没有可能向更高/深阶段发展。正如卢梭（《爱弥尔》）对整个这代人所做的忠告：“哦，人类！确信你存在于自己之中，你将不再悲伤。安守在大自然（Nature）在存在链中分配给你的位置，没有什么能逼你离开这个位置……”

因此骄傲成了试图“提高某人的位置”、“对抗万物客体”、“干扰宇宙系统”。这是一种采取任何形态、任何种类、任何外在的上行的道路的大罪过，是可怕的骄傲。任何“理想世界”的建议均被公开讽刺，恶毒地嘲笑——更不必说完全歪曲和误解。教皇又一次提出：

> 骄傲的柏拉图要染指神宇，
> 觊觎至善、至美和最高的公正，
> 或者循着前人的脚印，
> 把逃避认作对神的模仿，
> 就像东方的神父，
> 他们头昏脑涨地绕圈，
> 竟说是在模仿太阳。

因此上行的道路——任何上行超越理性的形式——不仅被看作是一种不好的想法，而且是违背自然的文字罪犯，违背存在之巨链和其分配给男人和女人的地位的罪犯。

> 因为骄傲，我们犯错； 414
> 所有人离开自己的本分涌进天堂。
> 骄傲仍然窥视着享乐的处所……

因此现代的主题将要成为如教皇再次提到的：“探索真理并遵循谦逊的

原则。”不要高飞，不要向上看，不要改变，而是遵循谦逊的原则探索向下看的真理。

自然上帝论者如托兰、丁戴、伏尔泰、卢梭、杰斐逊、富兰克林，试图拯救他们能拯救的某种上帝——最初创造了这个世界的上帝——“使其结束”，然后完全从这个世界退出。与亚里士多德的纯粹的、最后的神不同，没有任何事源于这个上帝发生，而所有人都热切期望成为这个上帝，自然上帝论者的上帝是纯粹的未知的根源，万事万物源于这个上帝，但是没有任何事物朝着这个上帝发展。上行和下行的两种道路在这一点上整个地、完全地分离了，没有联系了，分开了，贫乏地破裂了，没有联系点，甚至没有论述点，各自单独成为一个整体。而且，自然论者的上帝很快变成明显的、无论在道德上实践上甚至理论上都没有明确的功能的上帝——基本上不可理解地下降。

完美的世界不再是来自上帝，完美本身便是上帝，唯一的上帝。在各个方向上，只有下行；在各个方向上，只有阴影；在各个方向上，只有平面。而且，只有真实的罪过在试图从这个大洞穴离开、逃离，要试图看到比肉眼所能看到的更多的事实可能会设法接受，要试图改变而不只是解释。这一切是……自大。

感觉的范围由理性引导：有基本的事实。创造的奇迹——谁需要创造的来源？创造的伟大性！——谁会要求更多？让我沐浴在这个丰富的感官世界，在必要的地方对其进行思考，但是为什么在看得见的事实背后还要别的事实呢？让物质宇宙的感情和虔诚伴随着每一天，让我带着欢乐悲叹自然中任何让人有点自我中心的情绪的景象的逝去，让我守着对我来说弥足珍贵的阴影度过我的日日夜夜，让我永远、永远、永远不会由于探索隐蔽和裂缝之后的东西而犯下罪过，让我总是以捍卫这完美的呈现而闻名，并在别人看来是如此谦逊地从包容一切的根源回归，让我永远不向上看并
415 永远不走出存在之巨链为我指定的位置。

从而，经过两千多年后，最终成为这样的情况：解放之路结束了自大的罪过。存在之巨链，即我们能够成为什么的地图，成为我们必须因循的地图，此外的一切甚至连尝试都不能；存在之巨链被用来否定存在之巨链，走出这个笼子的方式被用来禁锢里面的人类；存在之巨链不再是逃离这个笼子的地图，而是对生命宣判的牢房的预示图。

伟大的连锁秩序

随着大宇宙瓦解为纯粹的下行世界，全子丛聚所遗留下来的一切均显现为一种表面的或外部的或右手维度的经验主义的平面连锁秩序。平面系

统论代替了大宇宙。

在这一节中，我要认真探讨这种“伟大的连锁秩序”（如约翰·洛克所提出的）——它是如何产生的？为什么要产生？它达到了什么效果？它反对什么？因为，如果一种现代世界今后还承认有一个上帝存在的话，那么这个唯一的上帝将是伟大的连锁秩序，尽管它会表现为不同的方式，或者有各种伪装。

因此，让我说一个上次提到的问题：对于普罗提诺或奥洛宾多或埃克哈特或商羯罗来说，伟大的连锁秩序是真实的，但不是完整的，它只是半个故事（“完美”一半中的“没有裂口”、下行或流逝方面）。它表达了个体（each）和整体（all）之间的相互渗透。但是，个体和整体的依据都是非二元的，不只在下行的善中能找到，而且在上行中也能找到。但是当这半个理论成为“整个理论”时，正好导致了现代性的噩梦。

而且，大宇宙的现代性的瓦解恰恰发生在它真正成就之时，我相信，这是不能否认的（现代性的“好消息”/“坏消息”）。我们已经看到现代性的最伟大的一个标记——被称作它的真正的尊贵的东西——是三大世界的明显的区分：理性（“它”）、道德（“我们”）和艺术（“我”）的区分，这样，个体的人能够追寻自己的过程，并建立自己的真实世界而不受他人控制。“文化的现代性的特殊的荣耀是由马克斯·韦伯根据自己的逻辑称作价 416
值范围的区分。”[3]而且“到18世纪末期，理性、道德和艺术在行为领域甚至根据传统不同，在这个领域，真实（理性）、公道（道德）和品味（艺术）的问题自发地产生了，也就是说，这些已知领域（被追寻）的各个领域在其自己的指定的有效性之下。”[4]

但是现代性的荣耀在于对三大世界的区分，现代性的灾难在于还没有找到将三大世界统一的方法。由于没有统一的中心，三大世界已开始进入分裂阶段——以急剧分裂的形态存在，各个领域“超自治”，彼此之间没有沟通，相互之间只有互相嫌恶。“这个分裂和自给自足，从整个哲学的观点来考虑，为从古老的相互依赖（神话的成员调和）中解放出来铺平了道路，同时被认为是抽象的，是从活生生的伦理生活的整体性中分离（分裂）出来的。一旦宗教成为这种整体性的严密的保护层，这个保护层便再没有机会被打破。”[5]

从一般层面上看，整合还没有开始，三大世界实际上走着单独的和分裂的道路。尤其是主观的和道德的领域——左手道路、内部道路——追求它的逻辑的严密性和右手道路，研究客观的和经验主义的表象的道路，以及独立地追求它自己的过程。两条道路确实在做出震撼世界的发现，但实际上它们根本没有发现彼此之间的对话。

三大世界的分裂可以导致自然资源的大量增长凌驾于内部的、主观的、道德的和文化的领域（“我”和“我们”）之上，别的事情不行。而且，这就是当我说三大世界已简化为一大世界时或者简化为单独的右手道路、客观的、它语言道路（表象/反映范式及其对话、产品范式以及全面有效性声明只是命题事实和/或功能适合）时，我所要表达的意思。理性的垄断力量（曾经非常重要也非常片面）通过三大世界的区分从神话的混沌中解放出来，由于三大世界的区分允许其占控制地位，所以它们逐步简化为一大世界——垄断的平面世界，经验主义—分析的、实证论者的“它”的世界。
417 在这个世界里，只有通过经验主义的、自然的科学研究的实体才是“真的”。

在以后的几部作品中，我追溯了大量这种分离及其造成的强调单一大世界（机械主义的/客观主义的理性）的结果及对以技术—经济为基础的工业化和机械理性的强大影响（类似于但不同于将其追溯到资本主义的更一般的分析）：技术—经济基础支持机械的、有目的的行为，而且事实上以一种全部脱离机械的、有意识的理性命题的方式构成了它：正向的反馈循环在获得精确控制的允许的目的之内发送精心计划的、脱离控制的理性事实。

与此同时，唐纳德·卢斯伯格对这些广泛的趋势作了精彩的总结，而且与我的说法特别一致：“由于种种原因，这些突现出来的现代性的潜能，这些已知的三大行动模式（艺术、科学、道德：三大世界），没有平衡地发展。也就是说，正如许多重要的批判主义分析家已经指出的，当现代性真正展开（而且仍然兼容）时，明显倾向于已知的第一世界（第三世界、右手、客观）的操纵。这种操纵通过‘机械的’或‘技术的’理性控制的‘并不讨人喜欢的’客观的世界（伯曼、哈贝马斯、海德格尔、霍克海默、马尔库塞、麦钱特、麦金太尔）。”

因此，卢斯伯格指出：“其他两个世界的内容［主体间的（“我们”）和主体的（“我”）世界］按照经验主义的理性和机械的或有意识的理性被越来越多地组织起来。哈贝马斯将这种不平衡的发展与资本主义的强大影响力联系起来。在实证论和经验主义论的‘唯科学主义’的影响下，有人指出，只有经验主义的理性包括了所有‘真正的’知识，试图主张凸显出来的人类理性的文化和主观实在的自治状态不是真正的知识。”[6]——三大世界简化为一大世界。

大宇宙的平面化、水平化和瓦解，宇宙通过向客观靠近而向前推进，结果是一塌糊涂。丰富多维的大宇宙所留下的一切只是简单的感官/经验主
418 义的表面现象和轮廓，以及平面形态，好像地球已经伸向平面的表面只产生一系列平面层面——所有广度、深度——在这一点上我们说，“地球是

什么?”

垂直和水平层次（内部和外部维度），我们可能会说，它们处于价值、意识程度和性质的差别的丰富网络中的“连锁”，其中没有一个能够根据物理尺寸或经验主义的标准或唯物的广度来度量：这些被简化为它们的感官的/经验主义的和物理的相关性，以及物理的形态和积极的、能够被看得到的表象（左边简化至同右边相连），而且这些确实可主要通过物理大小或其他延伸的属性来度量（质量、速度、动量、数量、广度）。

而且在质量和价值根据更好和更差的标准（同情通常比残杀要好）度量的地方，经验主义的标准不是更好或更差，而只是更大或更小（恒星并不比行星更好，只是更大）。因此感官的表面和外部形态的伟大的连锁秩序——宇宙通过向客观靠近被推进的结果——残酷地剥夺其作为大宇宙的属性。[7]

实际上，大宇宙就是其自身的阴影。深度和广度的垂直和水平层次被抛弃，只支持水平层次的广度。[8]性质的差别只是通过量的差别和技术的测量来表示。“它的意思是什么”基本上由“它能做什么”来代替，其本身的价值消失在经验主义的行为术语中；“有什么价值”由“值多少钱”代替；“更重要”由“更大”来代替。文化的含义被理解为功能适合和表面的整体的相互作用。道德融入系统论之中。性爱转变为机械的功能效率，上帝对人之爱融为有序的下行生命的证言。

总而言之，本来需要进行诠释的深度被大量忽略了，以便支持简单可见的（经验主义—分析）连锁表面——可以永远被耐心精确描摹的无价的表面：在尽力客观的另一方面，世界只显现为感官表面的伟大连锁秩序，经验主义的形态。

宏大的经验主义的描摹游戏——现代性的认识论运动——处于准备中。

泰勒将这整个的转换总结为：“首先，作为性质差异秩序的宇宙（垂直层次序列）让位给数学秩序，然后最终让位给‘现代’世界观，认为一切只是偶然的相互关联，可以通过经验主义的观察耐心描摹。”[9] 419

而且，如我们在第一章中所看到的，这种经验主义描摹游戏不只是片面的：完全从它内部来看，它是彻头彻尾地自相矛盾。在客观标准过滤的另一面，完全没有理由说这种稀薄的客观之汤是唯一值得认识的东西。根本没有（只有右手象限的数据才是真实的）。那种断言本身是一种左手象限的判断，可是它却否认任何左手象限的判断。客观的世界观不能解释它自己的立足点（“没有立场”）：它能证明客体但是不能证明客体的排他性——不能证明其本身——只是采纳一种盲目的信仰，一种无视整个大宇宙的左半部分的盲目信仰。尽管它自己也有隐秘的判断，根据这种判断非常有力，但它本身却完全否定这种判断。“只有经验主义的知识是真实的知识”——这个判断的经验依据在哪里？

结果可以说伟大的链条倒向了一边——无限的内在性和超越性被抛弃了，人们转向无限的前进和进步，西方开始努力搔止那千年之痒。

我想在此暂且打断这个故事，简单地来提出一个看似简单但很重要的事情。这可能会让我们感到在时间上有点超前，但是这很重要，所以让我们在返回到主要叙述线索之前至少简要地注意以下几件事。

随着后现代对一大世界的抛弃，也就是说，随着人们开始再次对左手维度进行研究，包括跨文化诠释和深度解释学、精神分析式的内省对内心的揭示、对主体间的话语的构建（discursive formation）和认知的范式、能指链、深度交往等的存在的承认、对性质上作区分的要求、对价值和意义的寻求，总而言之，随着三大世界的回归，也就是不再相信只有一大世界，人们的兴趣再一次转向（已转向）主观的“我”的深度和主观的“我们”的深度：从海德格尔的澄明（clearing）、开放（opening）或纯粹超越到诠释学对深度永无休止的探索，甚至到尼采、巴塔耶和德里达那里看到的对神秘体验的开放，当然还有福柯对有限体验的强烈探索和诗人“对神秘体
420 验的疯狂信奉”。深度已激发了人们对人本主义心理学和超个人心理学到东方的神秘经验论和瑜伽的每件事进行探索的强烈兴趣。深度甚至唤醒了后现代后结构主义者们，他们十分确信真理不只是表面和经验主义的游戏和简单的经验描摹。

所有后现代的思潮至少有一点是共同的：纯粹的经验主义已经死亡。表面被枪毙了。退色的平面系统论骨子里是贫乏的。这种稀汤引起各种营养不良：认识论贫血、本体论无知、动机缺乏。

总体来说，一旦这一大世界的重压从觉知力的肩膀上挪开，三大世界立即跳回来，进入意识的焦点。而且过去一直不能登大雅之堂的内部深度——大宇宙塌陷所遮蔽的深度——现在得以在内心的关照中充分展开：表面不是全部，阴影隐藏了一些其他的事情。表象不只呈现，它们也会遮蔽：并非表面之外没有他物。稀汤表面上虽然闪闪放光，但是并没有多少营养。更有营养的东西不在感觉的世界中，秘密并不是显而易见的，那些……其实更有趣。

在这种对主体深度和主体间深度的重新探索中，我们将面对的恰恰是那些早就作过探索的先驱，那些相信神秘体验的圣哲，包括普罗提诺、狄奥尼修斯、奥古斯丁、特丽莎、埃克哈特、爱默生。他们这些先驱早就在探索意识的未知之境，早就开始了向内心大陆探索的旅行，他们的旅行一直持续到前面我们所说的那个历史时刻，就是我们故事中所到达的那个关

键点——在这个历史节点上，人们宣布那个未知的大陆不存在，禁止任何探索者再去涉足；禁止的方式就是（通过文化上的边缘化）屏蔽探索者们对自己的发现所作的讨论。对内在维度的讨论被认为是不严肃的：所有那些都被认为“不过是过去的神话”。（神话不再，提升不再。）福柯曾经说，在整个这个（崩溃的）时代，如果有什么东西不能在“表征的桌面”（*flat table of representation*）上摆出来，那么人们就会否认它们存在（并且，福柯说，那些经典的启蒙主义者甚至不肯费那么一点点心思去想想，主体的意识就像抽屉，它本身是不能摆在桌面上的）。对那些卓越的内心探索者［从普罗提诺到马尔西利奥·费奇诺（marsilio ficino）① 到埃克哈特……］我们先说这么多。

可是他们给我们留下了他们以前探索所获得的地图，即我们要重新进行探索的内心新世界的地图（就像图 9—1 那样的地图）。这些地图多数都有一个类似的形式，即关注内心、切入无相、安住于大精神、拥抱世界，也就是神奇的内心之旅所需要的每个步骤。 421

但是，实际上这些地图的很多细节不是那么准确。这些早期的地图有点像早期的美洲地图：古巴和得克萨斯州那么大，格陵兰无尽延伸，佛罗里达就像一个大洲。尽管这些地图还比较粗糙，或者不够精美，或者有些过时，但是毕竟上面的古巴、佛罗里达和格陵兰并不是不存在。

所以，我们不必拘泥于他们的地图的每个细节。且不说他们画得有些仓促，关键是意识本身的发展会在所到之处创造疆土，而不仅仅发现预先完全给出的风景。某些宽泛的内部意识领域的确在我们身上也存在（是深层结构），但是这并不是说表层结构是一成不变的（因此即便非常优秀的内部地图还是要不断修饰和更新，比如普罗提诺的地图）。尽管哥伦布画的佛罗里达地图在地理学上已经非常好了，可是今天拿来用还是远远不够的。（他没有画新的城市、道路、市镇、发展等。这些后来被创造出来的表层结构在哪里?）哥伦布的地图之所以还有用，是因为直到今天还有人坚持怀疑佛罗里达的存在！

这些早期的地图有点像福柯说的：“在人类的文化发明中，有一个由工具、技巧、观念、步骤等构成的宝藏，它们很难被充分激活，但是至少它们会形成，或者说有助于形成某种视角，这种视角可能成为一个可以用来理解和改变历史现状的工具。”[10]

因此，我们很快就会看到，当唯心主义者开始抛弃一大世界，开始抛

---

① 马尔西利奥·费奇诺（1433—1499），文艺复兴时期意大利哲学家、美学家、佛罗伦萨柏拉图学院派最著名的代表。——译者注

弃失去了质的分别、坍塌了的大宇宙时，他们就已经重新踏上了这些早期的地图所描绘的各个内部世界。而且我们还会看到，如果有人堪称整个运动的开拓者，那么可以说这个人就是普罗提诺。

说这些的确是有点太早了。在这里我想强调的是，后现代开创了一种回归三大世界的可能性，我们的确拥有这些关于内部新世界的早期地图，它们是这些卓越的先驱们留给我们的。依靠这些地图——至少在一开始去
422 参照这些地图，这不是发思古之幽情，也不是退化到神话时代，而是对新的探索者唯一可行的道路，唯有如此才能在此探索心灵的深度，现代的崩溃则已经完全抛弃了这种深度。对这些地图当然要重新提炼，对某些框架还要重画，但是我们得感谢那些先驱们的毅力与荣耀，他们给我们开拓了第一行脚印，对那些敏感的人而言，这已经足够清晰了。

让我们再回到我们的故事。三大世界崩溃成一大世界之后，散落的世界还是一个等级系统（hierarchy），仍旧是一个层级系统（holoarchy），只不过现在的层次系统是平面的而已（谁敢说它是纵向的，就会被认为太自大，有罪）。所以，物质宇宙当然也被认为是一个巨大的相互链接的序列，是一个巨大的系统论所说的网，但是这张网现在只是经验层面的、物理层面的，只能通过感官或者感官的延伸来观察，只是一条右手象限的道路。

因此，现在不是说要对内部进行诠释，对深度进行探索，而只是对外部表面进行观察 ，只是"耐心地通过经验观察进行描述"——所谓"反映论"或"表征范式"，认为主体是没有问题的，是预先给定的，它只是对同样被给定的经验世界中的客体进行反映或者表征（意识不到左手象限的事情，主体与客体的类型只有在相应类型的世界空间中才能存在——没有什么东西是完全"被给定"的，我们后面还会讨论这一点）。[11]

比如，右上象限也是一个层次系统——从原子到分子到细胞到机体等。没有人否认这一点。人们否认的是左手维度需要用右手象限所不具备的方式来解释。这是微细还原论。（有些天才更是把触角伸得更远——成了粗疏还原论——他们说右手象限里面的任何东西实际上都可以还原为原子，即古老的伊壁鸠鲁学说。）但是无论在粗疏还原论眼中还是在微细还原论眼中，实在都只是单向度的（monological），都是经验中的、表征性的（对可以经验的对象的表征），因此没有任何的蜕变，任何形式的蜕变对触及"一切适合认识的真理"而言都是不需要的。

这非常适合，但前提是接受现时代的第一罪（arch-sin）。如果要僭越自己的位置，那当然是可怕的自大。好了，走右手道路不必超越任何东西：只要仔细观察经验的世界就可以了，这个世界多多少少是可以观察的；不必做什么讨厌的蜕变，只要仔细去转译（对可观察的经验世界进行描摹）

就可以了。[12]伟大的存在巨链摇摇欲坠，散落成可以经验观察的东西，纵 423
向的深度塌陷成了平面的广度，诠释的维度消失在可经验的活动中，性质上的区别化成了平面上的功能关联，经验表面的相互关联秩序。

可是毕竟大宇宙中的任何一个东西实际上都还是有右手对应部分的，都会在经验世界或者感官世界留下脚印（都有外部形式），所以总是能找到经验的和实证的证据。思维在脑生理上的确有相关，意向的确有行为表现，文化有物质社会表现。右手道路绝对不是错误的。

右手道路只是太偏了。系统论就是没有大精神的充分性（plentitude）。系统论有各种外衣，但现在都是疯狂（从启蒙运动至今，系统论的微细还原论一直是右手道路的第一范式，一直与粗疏还原论者——也就是原子论者和机械论者鏖战，实际上他们都丝毫没有看到大宇宙的整个左面的一半）。

两种伟大的系统范式就像野火，席卷了整个启蒙运动（其基础是单向度的理性，两种都是）：现在要得到拯救不是每个个体都趋向“一”（从而与一切相容），而是取决于单个个体作为一切的工具的功能适应的程度，适应整个功能系统的程度。整体的世界（holistic world）在核心上是一个工具性的世界（instrumental world）。由于一切都只是巨大的经验之网上的一条线，所以万物在整个系统中只有外部的工具性的价值。

因此，质量（深度）就可以用数量对整个相互关联的秩序（广度）的适应程度来衡量。真是难以置信，这一点在今天竟然得到自然科学与宗教共同的认可。“伟大的工具化”正在进行。[13]“有点有趣，”泰勒说到这种崩溃的时候说，“这个观念本身已经经过了蜕变，使得工具性成为焦点。我们对这个（整体）秩序的把握被称为‘技术’，天命不再被视为需要沉思的结构，而只是被视为相互关联的一些东西，需要对这些东西采取一些措施，这些东西是一个和谐的整体。”[14]

泰勒是在讨论宗教的基本线索，从宗教改革家到清教徒再到自然神论者。一个人的行为是否适合整个和谐整体，这是能否得救的关键。“（和谐整体的）各个部分之间的和谐在‘协同动，（eupraxia）这个词中得到了恰
当的表达；与其说它是行为的连贯性，不如说它是一系列符号中的相互反 424
映。”换句话说，就是行动中的外部和谐和表层和谐（“它做了什么”），不包括内部的沉思和符号的序列（“它是什么意思”）。

泰勒认为这种性质上的价值向工具性的行动之间的转化是整个时代的特征。“这意味着对世界的工具性立场已经被赋予精神性的意义。……把一切工具化在精神上是关键的一步……”[15]工具化恰恰是一切化为现在纯粹下行的充分性的大网上的一条线，从而在那里找到它们作为整个感官表层

的普遍系统的工具性位置（被工具理性“反映”）。

因此启蒙运动的导师洛克会肯定这种整体论的工具化。“如果能够很好地运用，工具理性就是我们为神服务的实质。这是我们参与神旨的途径。动物通过本能找到自己在整个宇宙中的位置，我们则是通过有意识的思考。”泰勒做过如下总结：“洛克勾勒了宇宙的神圣图景，并使之得以推广。它将在18世纪传遍世界，那是万物交融的巨大秩序，互相促成对方的繁荣……”[16]所以工具性的觉知能力就是我们“参与神旨的康庄大道”。

（到现在为止应该很清楚了，如果我们把“神旨”换成“盖亚”，就可以看到现在那些生态哲学家们的所谓“新范式”。他们自己似乎不知道他们和大宇宙崩溃的肇端一脉相承。它绝对不是什么新范式，实际上它就像商店里的积压货，是老套的宗教，还在启蒙运动范式后面亦步亦趋，想让整个世界服从于一个关于生命之网的观念，还深深地陷在福柯所谓生物权力的梦魇中，仍然和粗疏的还原论鏖战。这当然也很好，只不过他们没看到自己的微细还原论给大宇宙施加的暴力更严重——所有这些话题我们在后面都会进一步研究。）

从而，伟大的层级系统被单向度的工具理性（技术）变成了相互关联、相互渗透的表层和外部，变成了一个客观的宇宙系统中连贯和谐的、相互关联的网眼（因为它们不允许任何的“提升”），这个系统是通
425 过程序和行为来界定的（“它做了什么?”）——简而言之，变成了平面的“生命之网”，没有任何的深度和内部维度——泰勒说，缺乏任何性质上的区分。

至此，离“数字越大越好”只有一小步了——也就是对外部单向度的相互关联进行计算，这些是通过行动来描述的（右手道路的伟大标志）。没有深度可以进入，只有表面可以计算：越多，越好。在没有质的区分的宇宙中，所谓“质量”就是累加。在这种情况下谁还会怀疑越大越好?

一方面，我想我们可以欣赏，“数量越大越好”是一种真正的以世界为中心的观点（它甚至经常包括动物）。而且所有这一切是由于实证论者的后习俗的和以世界为中心的理性的出现。到现在为止这一点是非常好的。

但是随着大宇宙的塌陷，左右两个维度现在只剩下了右手的经验的和感官的标记，再没有什么空间可以把“善”的类型或者性质延伸到一切存在，根本没有这种“善”存在的空间。只有表面的功能适应，或多或少，只有这些了。

换句话说，平面的世界意味着一切存在的动机都是同质的，伦理帝国主义就是要把这种同质化了的乱七八糟推广到尽可能多的众生存在身上。

并且这也就意味着，这种同质化的动机只能是一切众生的最小公约数：也就是感官的快乐/痛苦，享乐主义的幸福。这必定是灾难性的。

早在1742年以前，哈奇森（Hutcheson）就指出："行动最好可以为最多的人带来最大的幸福。"不管幸福的类型和层面如何不同。在一种平面的物质宇宙，一切幸福都是相同的，所有的幸福都是单一的幸福、感官的幸福、享乐主义的幸福，所以平面的累积只是把这种单一的幸福的广度向四面八方推延，符合伟大的相互关联的秩序：不管深度，只是无限地增加感官的广度，的确不是什么好的无限性，因为这只是无限的扩大伟大的相互关联秩序的梦魇。

"哈奇森和洛克两人共同信奉的最重要的观念是认为宇宙是一个伟大的相互关联的秩序，在这种伟大的宇宙关联秩序中，每一部分都要服务于相互的生存和繁荣。"[17]哈奇森本人清楚地解释如下："我们的各种情感是为了整体而设计的；每个个体（agent）根据各种情感设计，很大程度上都是 426
服从于整体的利益。（一切）都相互关联，通过一个看不到的统一体构成一个巨大的系统。凡是自愿为这个统一体的利益做贡献的人，自己就会感到幸福：如果谁想阻碍这个统一体的自由，试图破坏它，那么就会置自己于危险境地；而且他现在也不可能打破自然的纽带。"[18]

只要不甘心做自然系统伟大的、相互关联秩序上的一根工具性的线——想看一眼表面之下有什么或者之上有什么——那么你就不仅犯了自不量力之错，而且必定不会幸福。你已经打破了享乐主义的规则，已经脱离了整体，本来舒舒服服地作为一个自我嵌入感官平面世界才是你的正轨：你已经破坏了笑面阴影的游戏规则。

对剑桥的柏拉图主义者来说，得到拯救的关键在于成为神——个人成为圣灵，参与到一切存在的深度之中，把任何一个存在都视为"一"的完美体现。他们正在进行一场必输无疑的战争，不但要将存在作为一个部分嵌入到系统中，而且看到这个系统的本源正是那个"一"。另一方面，对于目前正在发展的纯粹下行的世界观而言，神的善行只有在万物相互关联的秩序的无量仁爱中才能找到，在伟大的系统中才能找到，这个系统的每一个组成部分都被假定在追求本质上完全相同的单一的感官快乐。（对穴居人而言，这快乐便是洞穴，还能有别的什么快乐呢？）

正因为如此，所以泰勒曾指出，工具主义和关联秩序理论家们（从洛克到边沁）总是把享乐主义动机理论作为资源。在一个经验—感觉的世界，只存在经验—感觉的动机。（还能有别的吗？）由于我们都是伟大的经验之网上的一根线，我们必须有一些东西是相通的——也就是最小公约数——即获取肉体的快感，避免身体的痛苦。[19]动机的同质化，也就是把所有的动机最终都归结于最小公约数。

换句话说，被抹杀了性质上的差别（disqualified）的宇宙还是需要某种质料才能运作的——还是需要某种动机来推动齿轮，撼动网络——这个最终剩下的东西就是最小公约数。权且说，享乐主义的快乐是向内探险所达到的最远的地方，这是“唯一”的质料——因为在实质上一切都是“相
427 同的”——可以很容易“量化”和“计算”。（性质不同不容易相加，因为它们是不同的存在——我们说，“那是苹果和橘子，各归各的”。但是如果你可以在性质上取消差别，如果你可以通过把宇宙统一成为某一种性质，从而取消宇宙的其他性质，全都变成苹果，那么，苹果和苹果就可以相加了。）

当然，说我们在基本水平上的快感/痛感方面是相互联系的是一回事（的确，我们是相连的，在感觉运动水平是相互联系的，具有那个深度的全子在这个水平上都是一样的），但是说我们只有那个水平的动机，又是另一回事。哈维特已经说过：“身体的痛苦和快乐是一切人类行为的潜在原则。”[20]在此，关键是完全塌陷到基础水平，因此相互关联—功利主义者采用的是一种最软的面条式的动机，并把这种动机视为唯一的、独有的单一幸福，主张把它推广到整个平面秩序中的每一个存在，这就像一种伦理帝国主义：每个个体的享乐主义快乐得到的越多，对全部而言就越好。

这种观念有点像说如果我可以把自己的平庸推广给更多的存在，那么大家就会从中得到幸福和好处。但是，正是这种像面条一样软弱的动机的推广，和独白的工具理性一起，在工具性的整体中赋予“我”合法地位。因为，只有在理性中“我”才能理解这种伟大的关联秩序，并且由于“我们”都是那个秩序中的一条线，理性要求“我”把这种单一的幸福推广到整个单色的系统。

甚至亚里士多德都曾赋予动机一种具有深化作用的重要地位。并不是我们所做的所有事情都具备同样的重要性，或者同样好，或者同样公正。按照亚里士多德的说法，生活中有几种“善”，但是其中有一些比别的善更“好”。其中最不重要的是感官的快乐，或者享乐主义的快感。这也还是一种“善”，不应该被完全否定，但是毕竟还有更高更重要的追求。

比感官快乐更深更广的快乐是普通生活中的生产和对物质产品的消费；比生产和消费更深广的是公民生活，具有主体间的关联和人与人之间的友
428 谊的生活；最深/广的善是对永恒的事情的思考（我们多数人通过静修永恒的东西而触及神性）。[21]

这当然是另一种形式的大层级。在亚里士多德和斯多葛学派看来，这种层级是一种目标等级，是一种动机的等级。在柏拉图和普罗提诺看来，

它也是大宇宙的结构（柏拉图的“科学”和“伦理”也是其中的一部分）。

但是在所有的情况下，它意味着伦理生活包含重要的意识转型（或者人的存在的转型）。更深更广的动机并不是一开始就被给出的；一个人必须成长、发展、展开，舍此不可能实现这些转型（恰如在马斯洛的需要层次中说的，简直是大层级的现代版）。首先，人必须得改变自己的知觉，因为更深、更广、更具包容力的动机并不是在你的周围等着你去用感官或者感官的延伸去感觉到。转型对于真正符合伦理生活而言是必需的。

但是随着大宇宙瓦解成右手道路，瓦解成最脆弱的快乐/痛苦动机（亚里士多德和柏拉图的层级中最低的级别），出现了一个深远的转变：由于这种最脆弱的动机在大多数成年人身上已经存在（实际上在大多数具有感受能力的生物身上都存在，的确非常基础），由于在觉察的空间中已经存在了，所以似乎要按照这种伦理生活就不怎么需要什么转型，只需要把自己的当前状态尽可能多地推广到别人身上就可以了。只需要尽可能广地翻译，而不需要向深处转型。（非常有趣，当福柯的研究转向伦理学之后，他对现代伦理学和前现代伦理学进行比较之后作的主要批评是，按照他自己的说法，现代理论基本上缺乏节制[①]，没有转型性的修行，只是在思想上有点不同，人本身并没有转变。）

实际上，试图深究和转型的动机（往往实际上更广，更具有包容力）——这是我们的老朋友“骄傲”。寻求更深的意义和动机现在必须被视为从伟大关联秩序中脱轨，这种秩序只有像面条那样软弱的动机。我们看到，这种脱轨的文学性的标签是“背叛自然之罪”，是一种背叛“伟大的普遍系统”的罪。[22]

因此，要做一个完满的结束，正是通过像面条那样软弱的动机，经过工具—整体主义的理性的计算，我们就可以拥抱整个的平面世界。“工具理性的重要性来自它是我们试图在伟大的宇宙关联秩序的整个架构中占据一 429
席之地的方式。”[23]它是用行动的方式对相互关联的外部的和谐的描述，不是对内部和外部的兼容，后者需要内部的转型。

在这种令人迷惑的独白的观察中，上帝之爱迅速成为死神——不是由更高的层级兼容较低的层级，而是由较高的层级退化到、简化到较低的层级：一种把较高的级别拆成较低的可以公约的部分的驱动力（也即是在这个过程中杀灭较高的级别：死神）。不再追求更深更广的幸福，而只是追求更广的幸福；不再是一种纵向的、可以把一切在“一”中包容的幸福，而是一种横向的幸福，要把所有的幸福简化为感官的快感，然后试图通过不

---

① 原文是 Asesis，也可以翻译为苦行或者禁欲。——译者注

断增加断裂的部分来弥合灾难性的破坏，这种不好的无限性正是平面上的每一个个体的唯一的“快乐”。

在卡茨基尔这个地方有一个古老的笑话：有一次，两个老妇人在卡茨基尔一个旅游胜地的小餐馆吃饭。饭上来了，其中一个老人说：“这里的饭太糟糕了。”另一个说：“是啊，这么少！”

当代功利主义的伦理就是，说不好吃的饭，如果数量多一点就可以构成社会上的善。①

这种工具性的整体观和功利主义的氛围目前正风头浪劲，它要抹杀一切道德上的差别，使人再也无法看到道德的不同水平，看不到“即使苏格拉底不快乐，也比快乐的猪强”。罗素和康德会猛烈攻击这种同质化以示报复，黑格尔也会猛烈攻击这种同质化，觉得这种同质化几乎可以说是龌龊的想法。但是同时，单一动机论的那些平面世界观的拥护者则使人无法看到，在深刻的意识转变中人类可能存在更深的幸福，甚至在当前状态的转译扩张的过程中也看不到。[24]

下行上帝的优点：我们放眼四周就可以看到他在我们身边。疼痛与快乐已经控制了这个世界。对“我”而言，这个世界是被给出的。那个神是那么明显，那么直接，不需要费什么周折，不需要禁欲。太阳升起，那快乐就出现了。“我”需要推广那种快乐——只有那种快乐，永远不要走出相互关联的系统半步。

从而“可感觉性被赋予一种新的价值。感官的满足……似乎是极端的
430 启蒙思想所带来的不可逆转的改变。普通生活的推广（非超越性的生活），已经把精神变成了一种对追求世俗快乐的肯定，现在开始竭尽全力地去追求感官的满足。纵欲主义使得启蒙思想的自然主义走向了极端。”[25]

亚里士多德所说的最浅陋的善现在成了唯一的善！——因为只有它适合由软弱的面条构成的网络，适合这个纯粹经验—感觉的世界、这个经验—感觉的动机。不需要更深的成长阶段、转变阶段或者发展阶段，当然也不允许它们存在。

只有大量的感官的单一幸福，没有包含更高转变的整体：这将是新形成的下行的世界观的关键构成——在这里没有深度需要诠释，只有表面的东西需要去看。因此不需要内部的转变，只需要外部的、经验的描画；不需要建立性质上的区分，只需要计量数量上的延伸。不存在大宇宙中的好坏，只存在物质宇宙中的尺寸大小；也不存在相互关联的秩序的诠释的深

---

① 此处作者是用这个笑话表达自己的观点：数量多并不能改变质量差。而作者认为当代功利主义的伦理则是数量大可以构成一种社会意义上的善。——译者注

度，只有相互关联的经验世界的广度；也没有价值和动机的级别的区分，只有功能适应程度的划分，完全被快乐和生存驱动；也不存在“这是什么意思?”这样的发问，只有“这是怎样一个过程?”这样基础的发问。

粗略地说，下行的世界观就是用不断延伸的广度来替代不断加深的深度。

自我和生态

前面我们注意到启蒙运动的基本范式是一个大悖论：自然的整体论造成了自我的原子论。也就是说，这个伟大的相互关联秩序和相互交织的网络太完整了，这个“伟大的宇宙大系统”太完美了，以至于理解这个网络的主体，这个理性自我失去了根基，作为一种“自主的”和“自我决定”的能动性飘摇不定，根本没有办法真正参与到这个相互关联的物的世界，因为这个世界已经被描述得密不透风，再没有一丝空间。[26]

这个整体论的世界，在大自然的系统中的整个世界的裂缝很快就会出现，并且变得非常明显。“启蒙运动提出了一种自然概念，包括人类的自然本性，……说它是一个和谐的整体，每个部分都完美地融合在一起。但是自然和意志之间的裂缝还是存在的，无论这个自然被理解为一种计划还是一种工具，这种意志都使得这种被称为自然的计划实现。”[27]——这种意志 431
或者能动性不能被视为共享的网络中的一部分，不能说这种意志在共享的网络中看到自己，主体不能放在一个与经验对象构成的世界中。

因此，新出现的理性自我可能只能说它是伟大的自然的经验之网的一根绳索，但是这就把主体的领域简化到了经验的维度（把左上象限简化成了右手象限：这正是系统理论家们今天还在不断做的事）。但是那并不能解释主体适应经验的整体之网，而只是把主体仅仅作为另一个客体，就这么遮人耳目。本来它要解释的问题被轻描淡写地抹杀了。

整体的平面世界根本没有具有深度的主体的立锥之地。（没有内部的空间，没有属于“我”和“我们”的空间，没有任何全子的任何真正深度的空间，包括动物、人类、神或者别的深度。）

这也就触及了前面称为现代性的核心问题的话题：人类的主体性及其与世界的关系。这不仅是启蒙运动和浪漫—理想主义反叛的核心问题，在哈贝马斯、福柯、泰勒等理论家这里，仍然居于核心位置，有时候还是唯一的最核心的问题。（比如福柯曾经说：“我20年来的工作的基本目标……不是去分析权利的现象，也不是为这种分析打基础。我的研究的基本主题不是权利，而是主体。”[28]）

现在我们最感兴趣的是启蒙范式的两个极端——也就是，自主的主体

（或者理性自我）和整体的世界——在本质上都是和同一个平面的本体论相悖的。[29]两个极端都认为大宇宙瓦解成了基本经验的和物质自然的世界。这不再是上行和下行之间的斗争。下行者已经取得了决定性的胜利——把洗澡水（神话）和宝贝孩子（上行）都泼出去了：不再承认深于或者高于理性自我的阶段以及那些阶段上的经验世界。在这一点上两边都是基本同意。

实际上不是如此，现在这是被忽略了的双方之间的斗争，在自我—理性水平的能动性和同一个水平的共享性之间的斗争：自我—主体被视为是
432 自我决定的，自本自根，自主的，而客观/经验的世界又被视为是可以包含和控制自我—主体的（认为自我—主体是大宇宙之网的一部分），斗争在这两者之间产生——这两种立场很明显不可能同时成立。

因此，这不再是更高的转变的斗争（双方都把进一步的转变排除掉了），而是转译之间的斗争，斗争的形式如下：既然理性自我—主体存在，好的生活是要（1）听从理性自我的自主的能动性，以得到自己确信的道德和愿望呢？还是（2）让自我和更大背景中的同样的自我相互关联，以便得到比单个的自我更大的什么东西呢？

这种斗争目前还在我们中间存在，我把这种斗争称为自我和生态之间的斗争。斗争双方在核心上都是平面世界观，两者都没有办法在更高的层面上实现整合（如果双方都否认纵向的发展层级的存在，自然谁也不可能在更高的层面上实现整合），而是在同一个平面的世界上你死我活地斗争，所以自我阵营和生态阵营成了不共戴天的死敌，互相以对方为罪恶之源。

两者的斗争表现为：好的生活方式要依赖自我的能动性还是共享性？听自我的还是听生态的？

当然，普罗提诺会非常娴熟地说两个都要听（也就是要在无分别的“一”上实现整合，超越且包含每个自我的能动性，和大家客观存在的共享关系）。但是由于现在斗争的双方都完全否认通向无分别的“一”的上行层级，所以只能面对一个尖锐的问题，即究竟如何处理好有限的、自主的主体（单个）和有限的、包含一切的物的网络（全体）之间的关系，还不能用一个替代另一个，以免粗暴地毁掉双方难得的整合，那将非常具有讽刺意味。

换句话说，两大阵营完全不能兼容（它们非常乐于承认这一点，而且攻击性非常强）。越强调自我是理性的道德性和伦理性的基础，也就会把生态贬得越低，也就越认为它是南辕北辙的根本原因（“另一个方向”），与理性自我—主体的自主性相悖。自然系统中谁都不会去寻求普遍的慈悲，或者相互理解，或者伦理上的自制，争论不可能休止，自我不得不把自己从

龌龊的、浅陋的、野蛮的自然中解放出来。自我的任务就是摆脱生态，在高于伟大的系统的共享性上建立自己的根基。简而言之，还是那句话，生态越少越好，自我越多越好。 433

生态阵营对此时刻保持警惕。自我不仅要建立自己的自主性，而且要维持；它要服务于并压抑自己和自然的关联与共享——包括外部的自然和内部的本性自然，而且后者更重要（也就是感官的、欲望的、性的、生命的）。自我在贬低生态的路上走得越远，就越抽象、越枯燥、越贫乏、越干瘪。生态阵营说自我的出现在破坏自我本身所赖以生存的共享性，其解决的方案似乎非常明显：生态越多越好，自我越少越好。

缺乏真正的层级，两个同样偏颇的意见要相互替代：他们各自声称包含了另一个阵营，但是两者都是气势汹汹地通过缩减来包含的。实际上它们是被困在一种圣战之中了，在很多方面表现为现代性和后现代性之间的斗争。[30]

在这个世界，这个下行的世界，自我和生态之间都为善的生活而斗争，双方注定不能妥协。

更进一步来探究平面的自我和生态可能会有些帮助——研究它们究竟取得了哪些成就和做了哪些破坏，因为我说过，这场没有结果的战争不可能解决平面的本体论的问题，今天这种斗争仍然存在，继续在共同掠夺真正的世界——它们都声称要保护的世界。

自我

在这一节和下一节中，我们分别更仔细地来看看自我阵营和生态阵营的力量和不足。

我已经说过，这场斗争实际上是在下行的平面世界观内部展开的，内部的无根基的自我试图弄明白自己和外部的整体论的生态之间的关系，两者在核心上都是单向的。可是，我们会看到，自我阵营往往走上单纯的上行道路，试图找到纯粹的自性，结果完全割断了自己的根基，可以说费希特的作为超越性的“一”的无限主体达到了顶峰（我们后面会看到）。生态 434
阵营则总是走上一个纯粹下行的路，疯狂地拥抱纯粹下行的万物的世界，斯宾诺莎的纯粹物质则登峰造极（往往用来指称纯粹的下行或者无处不在，正如费希特的无限主体指纯粹的下行或者超越）。

在18世纪末叶以前，这种张力——自我和生态之间的张力，在极端情况下是纯粹上行和纯粹下行之间的张力——一度极为尖锐，以至于这个时代的口号就是“统一费希特与斯宾诺莎!”整合自我和生态，整合上行和下行，因而可以治疗两千年来的神的精神分裂症，整个西方文化一开始就受到这个得了精神分裂症的神的控制。一个非常特别的人要站起来去完成这个人类追寻了两千年的整合……

但是，在这个时候，自我和生态各自摆阵，誓为死敌，正如我说过的，战争成了善的生活究竟是在自我的能动性中还是在其共享性中？到底要生态还是要自我？

我把每个思路分为“正面的”和“负面的”两方面。在正面的讨论中，我对每个阵营都表示同情，包括承认它们看起来是真理的观点。在负面的讨论中，我会对每个阵营没有令人满意的回答的一些问题进行批评，通过批评暴露各个阵营的真正弱点，这些弱点促使理想主义不遗余力地去追求人类期待已久的整合（至于是否成功，我们以后再说）。

自我——正面

只有我们记住理性自我从神话控制的层级上出现之后所取得的真正成就，才可能正确地定位自我。

（回忆一下，这个概念有点容易混淆。理性自我本身并非“过分强调自我中心的”，而是恰恰相反：自我能力的发展是从自我中心到民族中心再到世界中心——直到后习俗水平的世界观和宇宙视角。如果自我的理性潜力可以得到充分发挥的话，成熟的自我应该是世界中心的——一种可以去中心的普遍多元主义。我所说的“自我”阵营正是指的这个“成熟的自我”，正是这个成熟的具备世界中心的理性的自我才是其支持者所理解的自我。）

这实际上是现代性的尊严之一，是解放和启蒙运动的奋斗目标之一，在理想的情况下可以从民族主义的偏见和神话的帝国主义中解放出来，从
435 这些更浅层次中内在的暴力中解放出来。不再信神！

“在启蒙运动的传统中，”哈贝马斯提醒我们，“启蒙之后的思想被理解为对神话的反叛和反动。说它反叛，是因为它反对常规的权威利用传统对更好的观念的压制（阶级控制）；说它反动，是因为它打破了集体权利的魔咒。启蒙反抗神话，因此摆脱神话暴力的限制。”[31]

神话的力量和暴力主要来自它所有的声称人们都无法看到更深层次上的证据……从而无法打破这些声称的权威性。这也就是意识形态的含义：利益是隐含的，权利是隐含的，范式就是真理，整个真理在被剥离掉其权威性之前不可以去证明。“在理论的背后是隐藏的不可言说的权利和合理性的混合，它的名誉依赖于此——之所以是混杂的是因为合理性声称需要由权利关系来决定。”[32]

启蒙运动最多可以揭露这些权利关系，然后消除整个神话—理性时代的社会、文化、宗教机构核心的层级控制。自由、平等、家长制的“打倒

神话”意味着“打倒层级控制”，理性时代和革命证明了这一点。

“尽管苛政还在挣扎，尽管教士还在运用暴力和蛊惑术，尽管人类的敌人还在警觉地窥视，”霍尔巴赫激动地宣称，“人类必将得到启蒙；民族终将知道自己的利益所在；星星点点的光线必将汇成无比耀眼的光芒，把每一个人的心灵都要照亮。”

功利主义可能曾经采纳一种纯粹平面的本体论（现在成为默认的本体论），但是即便他们也是在为把善行推广到所有的人类（有时候还包括动物）而奋斗，不论种族、信仰、肤色（很快就会不论性别）。边沁（Jeremy Bentham）说：“在我的书里面有没有哪一页忘记人类之爱？告诉我，我会把那一页撕掉。”

实际上所有这些都是极为新颖的，无论根据何种集体的标准。那种理性会在狭隘的自我中心或者民族中心的利益之上，试图发现和肯定对一切有情的善和公正，而不是仅仅为自己或者为自己的部落或者为自己的国家——这是理性自我永恒的动力。 436

为了实现这种世界中心的多元主义，我作为自我，必须在自己内部进行斗争，避免任何私心。我必须战胜我自己的倾向性、我自己的欲望、我自己的冲动，因为它们阻挡我走向世界中心的公平的脚步。

然后，理性的自我必须和那些试图阻挠其采取世界中心的道德立场的自然和文化势力作斗争。理性，只有理性赋予我这种道德视野，我作为自我，必须和那些力量及阻挠保持距离，它们不具备这种宇宙关怀的理性伦理。

自我阵营会说，如果理性自我真的只是伟大的自然网络中的另一条线，那么它的所有行为就都已经被网络本身决定了。我们将只被快乐和痛苦驱动，因此我们对我们自己没有资源，这将以对于他人更深和更广的关怀的名义否认我们的自我中心的驱动。狐狸当然偏离它的本性去保护小鸡（除非它不吃鸡），尽管鸡也是自然之网上的一条线。它凭什么去保护鸡？那是我理想的道德模式吗？[33]

不，伟大的自然之网、生态世界，不能给我提供任何世界中心的道德模式。而理性，也只有理性，可以帮助我摆脱自然倾向性的束缚，去为别人谋福利，让我能够以希望别人对待自己的方式来对待别人。

所有这些人物中首屈一指的当然是康德。道德主体、理性自我能在多大程度上摆脱自我中心的欲望的驱使，也就在多大程度上自由。自我中心的欲望的诱惑是低级的，只是本性中自我保护的能力，只是散乱的倾向性。只有能够摆脱这种诱惑才能安住在道德自由之中。

康德的主要目标之一就是去证明他的这种道德自由和自我—主体的独

立性——建立他的自律，以与他律抗衡。他律就是“别人说了算”，他具体指的是民族中心的文化、神话水平（形而上学）的宗教和低级的自然倾向及欲望。真正的道德具备世界中心的视角，这种视角来自内心，来自它的理性，不是来自任何的外部原因，包括教堂、国家或者自然。

因此，在康德看来，只有当一个人按照自己内心的理性意愿行事的时
437 候，才能算是真正的自由——那是真正的自己做主，不是被别人或者什么外部因素逼迫着去做事。当我们能够以涵盖世界的眼光做事时，我就获得了真正的自由，不再受到狭隘低劣的立场的伤害（它们的肤浅会害人）。当我能够以可以包容世界的胸襟来生活时，我就获得了真正的自由，那种胸襟来自理性，也只能被理性理解（这种理性是普遍视角）。

所以，只有当我能按照我自己的道德意志生活时，才能充分发挥理性包容世界的能力；当我以那个理性的立场生活才能，我就是在实践理性意志的纯粹自由，因为那是我自己最深最真的自我（暂且这么说）。没有什么强迫我这么做（他律），因为这种涵盖世界的视野只能来自我自己的理性：我完全是自己做主的，所以是绝对真正的自由。

所以，当我有私心的时候就不是真正的自由——只是做欲望的奴隶。当我成为思想和观点的奴隶的时候，同样得不到真正的自由（即陷在社会关系中或过于随顺潮流）。康德进一步指出，在一个与道德无关的自然中我仍然得不到自由——我只是相互关联的网络上的一个节点。相反，只有当我以世界的立场做事，运用我自己的理性时，我才能得到自由。之所以这样能够得到自由，是因为我超越了那些肤浅的事情，那些事情劳而无功，得不到普遍的慈悲，不能对万物同情，所以也会伤害到我自己。

在道德自由中，我可以宣布从自然及其与道德无关的行为方式中独立出来。“这种自由，”康德说，“是严格意义上的自由，也就是超越意义上的自由。”其反面就是各种外部束缚：权威、传统、教堂刻板的规条或自然及其网络。所有这些都会把我从世界立场上拉开，拖进这样或者那样的偏颇、狭隘、肤浅和欺盗。

“这是康德伦理学中的核心观念，很让人振奋。道德生活等于自由，在服从某个人（自己的）道德意志自我决定这一点上是成立的。这就是所谓的‘自律’。任何偏离，包括任何形式的外部决定因素，比如倾向性、权威，甚至高高在上的神本身，都被视为他律，因而被批判。精神上的敬畏感不是神，而是道德律本身，是自我（在涵盖世界的视野下）的决定，是对理性的遵从……他赋予自身的道德律即理性意志。所以，人和神距离是
438 最接近的，与无条件的尊重的根基最接近，不是说当他们做礼拜的时候距离近，而是说当他们在道德自由中生活的时候最接近。”[34]

我相信，康德的立场很大程度上是正确的，当然我说的是在这种粗线条的勾勒水平上成立。康德不但小心地区分了三大领域，而且不遗余力地反对当时还原论的平面化倾向。[35] 用我们的话来说，康德指出人的层面并不是在生物层面中（我会说，人的层面在生物层面中，又不限于生物层面），因此人类层面的道德自主是不可能通过经验观察的方式找到的（只能通过实践或者人与人之间的交往来了解）。很明显，他反对实用主义者普遍接受的动机同质化观念，在康德看来，扩大感官的倾向和欲望只不过是扩大他律，扩大奴役，扩大沉迷。

但是康德的观点也有美中不足的地方，他没有办法最终整合三大领域（尽管他在第三批判中想通过艺术和机体来整合，并且这种整合或者"妥协"也就是谢林和黑格尔的观点，我们后面会看到）。因为这个缺陷带来了一个棘手的问题：自我和生态之间究竟是何种关系？另外还有其他的一些问题。

当然，与此同时，这种立场中有很多明显可取之处，这成了自我阵营的很多动力源。自我的主导作用越大——即自我越是能够脱离生态（广义上的他律）——自我的知识和自由就越多。

这样一来，启蒙运动的基本范式中的主观一端就出现了，这种主观被称为"自我界定的主体"、"自律的自我"、" 非从事性的自我"、"精准的自我"、"主体哲学"、"自足的主体"。[36] 泰勒把这种广泛出现的现象称为"道德意识的革命"，福柯称之为"一种突然的、极端的重构"和"深刻的累积，一种考古学的突变"。实质上，这就是现代性的出现，也就是自我的出现。

我们可以说，从积极的方面来看，这就是自己负责任的伦理从顺从伦理中出现和自尊需要（马斯洛）从归属需要中出现。但是整个的趋势是很清楚的（从笛卡儿到洛克到康德再到费希特）：自我越多越好，生态越少越好。

现在，自我阵营开始滑向了消极的一面。

消极的自我："人的时代" 439

在每个持类似观点的理论家（和理性—自我阵营中的很多其他理论家）看来，实际上非从事性的主体（disengaged subject）并不会让世界失去魅力，但还是很好！能知的主体只是通过让世界失去魅力来解放自己！

（即便撇开那个立场上的绝对真理——也就是说理性实际上只是让神话去魅：成年人不再需要相信圣诞老人——生态阵营还是从这一点上提出他们的批评。尽管大量的去魅的确是需要的，生态阵营会说现在的去魅已经过头了，已经没心没肺了。）

同时，非从事性的自我—主体更粗糙了，只能不偏不倚地以客观的形式反映世界（因为主客极度二分，这似乎没有什么问题：人之需要观察）。非从事性的主体观察世界，把世界客观化，然后描述结果——所谓“反映论范式”——表征式的认识论。从笛卡儿和霍布斯到洛克一直到奎因以来的现代性的核心主张都是这个——哈贝马斯称之为“启蒙运动引以为荣的反映文化”，泰勒称之为“认识实在就是对其产生正确的反应”。如果只是自我反映生态，那么就是自我对生态做工——所谓“生产方式”（马克思）。

在这个框架下，语言被认为是一件很简单的事情：它是一系列得到公认的符号，直接代表具体事物（从霍布斯和孔狄亚克到今天的经验主义语言学家都是这样，都忽略了语言符号之所以有意义是以主体间的其他符号构成的体系为前提的，并且只有很少有趣的符号指向事物，更多的符号只是指向其他的符号：语言创造世界，而不只是反映预先给定的世界）。

在所有这些说法中，在整个反映论的范式中，我们看到的是整个世界被不偏不倚地简化为单向度的术语，简化为第三人称的语言，简化为客观的表面，没有深度，不需要诠释，不需要相互理解的对话。世界只是相互
440 缠结的事件的集合，知识就是对那些事件的正确表征。知识是对那些客体的认识，不需要认识主体之间的相互理解（当然也就不需要超越主体和客体及没有主客二分的“一”）。这种知识不是超越语言的，不是双向对话的，而是单向度的。

还是那句话，不是说那种表征性的、客观的（或者经验主义的）知识不正确，只不过非常偏颇。它把所有的维度都简化成了右手维度的相关表现（也就是微细的还原论；在粗疏的还原论中，右手象限被进一步简化为原子论：两者都是单向度的）。由于所有的维度的确都有右手的对应表现，所以简化论的做法似乎总是能够成功，总有某种形式的证据（尽管那些证据是被简化了的）。在这种偏见的作用下，似乎整个世界都可以简化为第三人称的语言可以描述的东西。

就这样，大宇宙被简化成了价值中立的平面的物质宇宙。尽管大宇宙有深度——内部价值在于每个全子（动物、人、神）的深度——平面物质宇宙本身完全排斥意义、价值、觉知、摄受、意识等，至少从第三人称的语言上看是如此——根本没有左手构成部分！怀特海的著名论断说，物质宇宙现在是“木然的东西，没有声音，没有色彩，没有味道；只是物质在忙忙碌碌，永无止境，毫无意义”。（他补充道：“所以现代哲学被毁了。”）

可是不管怎么说，表面现象看起来就是那样的。所以如果一个人只承认客观知识——可以通过感官或者感官的延伸认识的关于表面的知识——

那么这种形式的研究可以说是不可避免的：以客观的眼光对待任何形式的价值，你就再也看不到价值，只能看到中立的表面现象，那个时候你就会说："哪有什么价值?"

我们已经看到，这个经验的、客观的、相互关联的、整体论的第三人称的世界没有给主体留下任何空间（"我"和"我们"在这个世界是没有空间的）。所以，大约从18世纪开始（稍微早一点也有人作过努力），在这个已经怪异的故事中又出现了最怪的事情，主体开始注意自己，开始认识自己，把这个单向度的观察转向了自身内部。这反映了单向度的观察。也就是说，主体开始以客观的方式对自己进行分类、描述、解释，完全运用第三人称的语言。不是用相互理解的主体间可以认可的语言，而是用中立的、自然的、"科学的"第三人称的语言。

这样一来，福柯所谓的"人的时代"就到来了——对人的"客观"研究。福柯用非常精彩的话总结了整个启蒙范式的网络效果（这种效果一直贯穿到今天的系统论），他说，在"人的时代"，人成了"信息的客体，不再是交流的主体"[37]。 441

福柯的很多研究就是对梦魇进行分类，这些梦魇已经降临到公民的身上，在单向度的知识网络整体中（特别是生物化的"生物政治"中）他们已经成了纯粹的客体（是"被压迫的主体"）。

这和哈贝马斯说的"极端的工具理性会把周围的一切客体化，包括它自身"[38]有异曲同工之妙。在这个方面，哈贝马斯完全同意福柯的观点。"主体中心的理性作为一个观念，同时占据了控制地位：消灭对话改变了主体，主体与主体之间成了单向度的关系，相互之间都成了对方的客体，且只剩下客体了。"[39]

哈贝马斯进一步说，"在人类科学的摇篮中也可以找到同样的结构（单向度的、向内的注视）"——所谓"没有人性的人本主义"和"人的科学"（后现代对这种倾向进行了集中批判，他们的批判是正确的）。哈贝马斯注意到了他在这一点上和福柯殊途同归，具体说道："注视就是客体化，就是检查，就是把事物肢解之后来分析。它无处不在，获得了一种对这些机构们的构成性的权利。正是这种注视剥夺了理性主体和环境之间的直觉纽带，摧毁了由主体之间共识建立起来的（对话的）全部桥梁，对那些孤立的单向度的人而言，别人只能是可以通过客观观察进行认识的客体。"[40]哈贝马斯说得很清楚，这只不过是另一个版本的单向度的系统论，伟大的单向度系统之网降落到公民的身上，只是为了其自己的"利益和福祉"。

"坏消息"还有很多。这些客观化系统化的"人的科学"实际上是伪科学，福柯和哈贝马斯都认为，这些伪科学是自夸的权力造成的恶果。[41]

“因为人的科学假借了（绝对）客观性的模式和异化了的客观理想，因为现
442 代知识形式第一次把人变成了科学研究的对象，他们可能意识不到自己有一种冲动。他们不敢承认自己的冲动，否则就失去了自己的真理：正是那种对知识、自我控制和自我夸大的永无休止的追求……”[42]

换句话说，“人的科学”和新的“无人性的人本主义”不仅研究人的客观方面（单向度的方面）（这是可取的），而且把人简化成了单纯客观的经验的构成部分（这是罪恶）。人不是“交流中的主体”，而只是“信息的客体”。因为那种简化得不到大宇宙的支持，因为那种简化是对大宇宙丰富性的破坏，所以简化的动力并不是真理，而是别的——很大程度上肯定是自夸的权力，福柯和哈贝马斯都这么认为。

因此，启蒙运动的阴暗面开始步履蹒跚地出现在人们面前。灾难不是理性带来的，而是把理性限制在经验分析的模式上导致的——客体化、单向度、实证——这些模式只能看到右手象限，完全看不到左手象限（尽管这些模式本身的运作根本离不开左手象限）。这种理性把三大领域区分开来，可是让它们最终走向了分裂，最终只强调右手（三大领域被简化成了一大领域，也就是第三人称的语言可以描述的领域）。

或者，它是一种变了味的理性，从值得颂扬的涵盖世界的理解变成了一种对不同声音的压制。它本来是一个更高水平的新生事物，可是运用的目的却是野蛮的，把一切都变成了单向度的注视的对象，把丰富的群合性切断、异化、压制，而那群合性正是其自主性存在的前提。[43]如果只有右手维度才能得到承认，那么大宇宙的整个左半边只能被压制、否定、简化、扭曲。

对启蒙运动的批评正是集中在它压制的一面（批评家很多，批评也有很多形式，很快我们就会谈到：谢林、黑格尔、尼采、海德格尔、巴塔耶、福柯、德里达）。但是对启蒙运动的批评，没有谁比得上黑格尔精辟。他曾说启蒙运动就是“浮华的理解”——此处的“理解”指的是经验—分析的、
443 反映的、单向度的理性，而不是成熟的（视觉逻辑的）理性（或者包含在后者之内）。成熟的理性是对话的、辩证的、过程导向的。黑格尔感到“在现代世界，解放成了不自由，因为（单向度的）反映释放出来的力量已经失控了，现在只有被压抑的主体起来革命才能获得整合……它认为绝对的东西实际上是有条件的”[44]。

简而言之，理性已经成了单向度的了，把一切非理性的东西都推开、边缘化、排斥开、控制住、客观化，像逃避瘟疫一样赶走。

总而言之，它是被恐惧射穿的理性。伟大的启蒙运动的理性没有超越且包含，没有以上帝之爱来平衡其人类之爱。不但不包含，而且是极度的

逃避，极端地游离、异化、压抑和解离——所有这些都是来自对任何看起来是“他律”的东西的厌恶，这是可以理解的，但是最终是愚蠢的。

在自我钟爱的自主性中不但有人类之爱而且有恐惧，前者是可取的，后者则很棘手。因此自主性和能动性经常会切断它和自然、身体、感觉、社区之间的联系——本来应该是光彩照人的整合，现在却成了随风飘散的碎片。

（注意，这是层级系统出现病态的最好例证，我们在第一章中讨论过了——一个自大的全子在一个正常的层级系统中僭越了自己的位置，从而控制或者压迫了那些作为其基础的全子。压迫群体的不是层级系统本身，而是病态的层级系统，它过于主动，不但为别的全子服务，而且控制它们——恰恰是因为恐惧：理性可能会谋杀，恐惧可能会压制。）

因此，理性“谴责和破坏各种隐蔽的压迫和剥削、堕落和异化，结果却自己造成了理性的控制。因为极端的主体性是一个错误，可能改变意识和解放的方式，把它们变成各种客体化和控制的工具，它完全意识不到自己的控制，这可不是什么明智的事情。”[45]

因此，“启蒙运动的永恒标志就是对被客体化的外部自然的统治和对被压抑的内在本性的控制。理性本身破坏了人性，而它本来却是人性得以产生的前提。”[46]

启蒙运动压抑的一面，单向度的理性把任何不同声音边缘化的倾向， 444
人类之爱灾难性地变成难以控制的恐惧——这种癌症正在蚕食理性时代，尽管它的伟大理想曾经是欧洲的骄傲。霍尔巴赫振臂高呼——哪个不从？——“这是怎样的人生写照，打碎了所有这些锁链，不再受到敌人的阻挠，在真理的道路上迈着坚定的步伐，拥有道德和幸福。给哲学家一幅这样的景象，让他感到尽管地球上仍然有错误、罪恶与不公，但还是可以聊以慰藉……于是他就敢于把这些努力捆在人类命运的锁链上：在那里他找到了道德的真正回报，找到创造永恒的至善的快乐，致命的补偿不会再破坏命运，不会再度带来偏见和奴役。在重建权利与尊严的人文思想中生活，人们会忘记贪婪、恐惧或嫉妒，那才是他的家园……他对人的爱充满了最纯净的喜悦。”[47]

诚然，在这里，这个时代最伟大的愿望得到了最圆满的表达。

当霍尔巴赫写下上面这些文字的时候，他自己并不知道，他的生命还仅仅剩下几个月的时间。1793年，霍尔巴赫藏在巴黎，当时雅各宾派已经批准了对他的逮捕令。雅各宾派的主要领导人是罗伯斯庇尔，他是一位正直、勇敢的人，是共和制的忠诚拥护者。很快法国就进入了恐怖统治。成千上万的人被溺死或者砍头，因为他们的理性是革命性的，要去建立光辉的未来。这种理性的绝对化是一个历史的错误，所导致的结果只能是死亡，它铁石般的心肠中充满了恐怖和报复，最终释放了恐怖的恶魔。

生态

理性可能会带来压抑和排他性的行为，有时候也的确如此。生态阵营会立刻抓住这一点。表征/反映范式使得主体好像是在观察一个异己的世界，好像大宇宙的中间有一条不可逾越的裂缝。生态阵营无法容忍这条裂缝的存在，所以试图弥合自我和生态之间的距离。可是他们没有意识到在
445 这个过程中他们所带来的是潜在的暴力。这种暴力比他的“自我兄弟”的暴力更加隐蔽，因为它的名头更高尚，有时候甚至提到灵性高度。

生态的积极方面

动机还是好的（自我阵营的动机也是一样），方法途径也无疑是对的。首先，对极端反映论范式的攻击是可取的。的确，主体不是无根基的，并非静静地、木然地观察这个单向度的世界。生态阵营认为启蒙运动带来的是“一个表征的虚假世界，把人类与其赖以生存的资源割裂开来”[48]。只有回到自然，回到伟大的有机生命之流，才能重建、重拾、庆祝、更新那“生命的源泉”。

塞缪尔·泰勒说：“如果启蒙运动的人类学以通过自我界定给人类带来自由感乃至兴奋感自诩，那么作为对它的反应（生态阵营）感到这对人类的图景是枯燥的、没有生机的，在破坏生命。因为自我界定带来的自由感是通过主体把自然乃至我们的人性客观化来获得的（单向度的内照）。其代价是在能知能想的主体和被给定的对象之间建立了不可逾越的鸿沟，认为对象本来如此。”[49]

广泛意义上的生态运动的先驱者以弥合这种鸿沟为己任。比如卢梭（1712—1778），赫尔德（1744—1803）和各种形式的浪漫主义者（施莱格尔兄弟、席勒、诺凡利斯、柯尔律治、华兹华斯、惠特曼）。赫尔德说：“看那整个自然和那全部造物。万物都有所感，生命相互呼应。”

这种认识的最佳方式肯定不会是毫无兴致的思维或者表征，而是一种狂喜式的感觉，华兹华斯所谓“强大的感情自由地流淌”。赫尔德说：“冲动是存在的动力，即便在最高尚的认识过程中也是如此。爱是最高尚的认识，因为她是最高尚的感情。”至于那些相信纯客观的表征是最真实的知识的人，赫尔德说他们“要么是骗子，要么是懦夫”。

因此，生态阵营说最真最纯的语言不是对客观愚鲁的现实的反应或表
446 征，而是对美妙的生命之流的表达——诗歌和艺术最符合这一点。（这是一

个很重要的举措，影响深远，重新引入了左上维度中表达的真诚性，而不仅仅是右手维度命题表达的真实性。这是一个非常深刻的贡献，只可惜这个贡献往往被吹嘘过头。）

不能远远地站在后面毫无兴趣、不偏不倚地对自然进行反应，而是要参与自然，表达自然，投身到孕育一切的母体中，不能只是夸耀自封的独立自主性。“这种感觉不能在我的自我的边界上停止；它要和更高的期望统一……如果说在自我中还有统一这么回事的话。因此我们的自我感肯定和我们对这种更大的生命洪流的感觉是相连续的。这种生命之流穿越我们自身，穿越我们赖以生存的整体。这生命的洪流肯定不只是在肉体上给我们滋养，在精神上同样给我们滋养。因此它肯定不只是物质交换。它一定得是一种共存的感觉。”[50]

因此自我阵营用来证明自我—自由和自我—决定的证据——也就是对自然的疏离和客体化——在生态阵营的眼里成了深深的内在割裂，成了主体内部的异化，它把自身表达为主体和自然之间的间隙或鸿沟。自我阵营对自己视为自我—决定、独立和自我—负责的东西钟爱有加，而生态阵营对自己眼中的一体性、整体性、和谐感同样一片痴情。它们一个看重自我负责的自主性，另一个则重视舍弃自我的群和性。

“有一种追求一体感和完整性的热情。（生态）的这种观点痛切地批评启蒙运动的思想家，说他们肢解了人类，从而在把人性客体化的过程中扭曲了人类生命的真相。所有这些二元分裂都扭曲了人类的真实本性，它应该被视为一条生命的长河，或者被看成一个完美的艺术品，任何部分都不能脱离其他部分来抽象地看。所以这些区分被视为对现实的抽象。但是还不只如此，它们是对人类的毁伤……它是对主体生命的否定，是对人类和自然共存的否定，是对自己在本然的存在中的自我表达的否定。”[51]

因此，泰勒这么总结整个时代的生态思想家们的思想：“他们自己渴求的是与自我一体，与自然共存——也就是人在与自然的共存中被一体化。” 447
这个目标需要通过“抱有同情投入生命之流”来实现，“它们就是这生命之流的一部分”[52]。

生态的消极方面

这也是问题所在。假设这种投身于生命之流的目标是理想的，那么自我如何投身更大的东西而能保证不失去它所取得的成就？自我曾经勇敢地为之奋斗。自我阵营会质疑，难道舍弃自我是要退回到他律的状态吗？回到顺世论那种对教堂、国家的绝对顺从吗？（因为教堂和国家肯定比自我要“大”。）难道无论多么自私多么自恋，都要回到自己的个人冲动、倾向和自然的感觉吗？难道要回到没有道德的自然状态，生机勃勃，但是不去建构主体间的文化和人际交往的方式吗？回到狐狸吃鸡的状态——因为那是自然的，所以就是善的吗？

问题是我们不能只是说主体和客体在生命的洪流中是一体，我们还得说明为什么，何以可能，不能只是轻描淡写地说说而已。自我阵营在这个方面说服力很强。如果我们要投身生命的洪流，他们就会问，好，那么你们生态阵营必须告诉我们如何做才能不失去世界中心的慈悲心和普遍的多元主义？因为世界中心的立场只有在理性的空间中才能得到——在自然中是找不到的——你必须告诉我们如何把理性融入生命情感中，而不破坏我们投入生命之流首先所需要的同情心。

自我阵营非常粗暴地攻击生态思维，说他们是“多愁善感”，从康德到费希特（包括黑格尔的很多观点）都是如此。他们说生态阵营站在天地间，一相情愿地发感慨，每个生命都让他们感动落泪——那可不是“高尚的认识，高尚的感情”。

而对生态阵营来说，问题总是回到这里：如果人心和自然、自我和生态实际上都是更大的生命或者天性之流的一部分，那么自然和天性之间是什么关系？

448 生态阵营对自己的回答并不满意，主要是因为他们根据目的的不同在自然和天性之间摇摆。（有趣的是，这正是德里达对卢梭的批评。）一方面，生态阵营认为主体自我已经从自然中分裂出去，现在从外部和内部被压抑。（因此自然明显不是整合两者的整体或者力量，因为那个自然明显是两个极端中的一个。）另一方面，他们认为应该有一个单一的、统一的、和谐的整体——深刻的天性（Nature，大写的自然）——那才是被异化了的主体和自然的整合。

但是如果被异化了的大写的自然表现为与小写的自然相对立的自我，那我们到哪里找寻真正的大写的自然：向自我寻找还是向小写的自然寻找？我们应该向内看还是向外看？我们是应该继续我们内求的意识还是放弃这条道路，转向外求，转向小写的自然界？我们到底应该更多地去分析、去探索，还是应该更多地去融入、去分享？

生态阵营一致回答：我们无中生有。在这一点上他们完全混淆了分化和分裂。任何的分化都会被认为是一种标志，认为不是什么新生事物诞生的标志，而是自然分裂的标志，是失乐园的标志，是把先前存在的“整体”撕裂的标志。

因此，我们不应该往前走，去寻找尚未出现的更高的整合，而是回到生态阵营所谓的罪孽之前——回到人类尚未从生物层面中分化出来的时代，回到三大领域尚未分化的文化，回到野人的田园诗般的生活，可以和自然进行质朴的交流。任何一种回归都被认为是到了伊甸园。他们认为伊甸园肯定存在过，因为现在他们已经完全把分化误认为异化了。

换句话说，分化不被理解为达到更深更高的新整合的必由之路，而是被理解成对原来的和谐的肢解、破坏和分裂，橡树在某种意义上成了对橡树籽的破坏。

在这种混淆——前/超混淆——中，一切真正关键的边界丢失了，因为现代性的困扰在于分裂，其出路现在被错误地理解为回到任何分化出现之前的状态。

换句话说，自我阵营失于压抑，生态阵营失于倒退。 449

两个阵营之所以都会用他们自己的意识形态气势汹汹地、粗暴地把大宇宙撕成碎片，恰恰是因为他们都被平面范式套住了，我们很快就会看到这一点。他们认为自我多一点，生态就少一点，反之亦然——没有办法以一种新的整合来协调他们的立场，其实两者的立场都很重要。

同时，生态浪漫主义的氛围在昨天仍然红得发紫。生态理论家们的核心观点是人们犯下了大错，或者说某些东西铸成了大错，历史被笼罩在罪孽的阴影之下，所以救赎只能是返回被人们肢解了的乐园，让过去重生。

各种回归理论家的回归机器停在人类历史的不同阶段，停的位置似乎取决于他们个人最不喜欢现代性的那一点。因为现在分化和分裂已经完全混淆，文化本身已经成了一种扭曲的力量，既掩盖纯粹的自然，又遮蔽真诚的自我。文化不再是新生事物，不再是更为深广的蜕变的产物。文化不再是更大的分化/整合。文化不是什么好东西，只是一种一定会把人类和自然及自我割裂的异化的力量。

所以，首先我得离开文化，回到自然，回到荒野，那才是纯粹的自然和最真诚的自我。文化在根本上是曲解的罪孽，我必须在这种扭曲的背后找到真理，包括纯粹自然的真理和真实自我的真理。

（“回归自然”可以遵循前习俗阶段的方向，而不是后习俗阶段的方向，似乎生态阵营还没有看到这一点，或者说至少到现在为止还一点都没有阻止这种倾向。当分化和分裂混淆之后，倒退就被混淆为拯救。）[53]

于是就让我们开始寻找失去的乐园。倒退停止的第一站是中世纪。很多浪漫主义者（过去有，现在也有）非常崇尚中世纪，说它是“天衣无缝的有机整体”，所有的社会成员紧密地结合在一起，共同处于一张意义的大网中，这张大网尚未区分自然和文化。这个社会当然没有区分三大领域， 450
人有七窍，天就得有七星，否则怎么能成为严密的组织呢？然而，那时还有可恶的阶级统治，有国王、主教和男性化的上帝：可能那不是我们寻找的乐园。

倒退列车的第二站是古希腊，这一站最受欢迎，人们为之欢呼，为之狂热。“因为古希腊的人们给今天树立了最高的榜样。人类渴望形式与明晰，那就是与自然合一，与自然的一切合一。这是人类内部统一和谐的时代，思维和感觉、道德和理解都是一体的，人们生活的形式遵循了本真的意志，没有人强加给他们，无论他们的生活形式是道德的还是政治的，还是从他们自然存在中流露出来的精神性的。”[54]

尽管这种本真的意志实际上把大约三分之一的人变成了奴隶，女人也是一样，这依然不会妨碍席勒对中世纪的颂扬：

> 当诗歌那奇妙的大鳖，
> 翻转真理的欢欣，
> 圆满的生命便在创造中流淌。
> 前所未有的感觉，
> 人在自然中看到高尚，
> 让她不得不投入爱的胸膛。

直到今天，在很多生态哲学家和“新范式”理论家那里，这种生态阵营的观念一如既往（几乎没有变化），只是让倒退的快车继续前进，更加极端、更加暴力。生态女性主义者根本不认可古希腊，而是认为应该继续倒退，退到采集社会，那时，在大母神的统治之下，女人承担多数生产活动（在这种社会大约80%的食物是女性制造的），至少在很多公共决策中有一席之地——可惜他们忽略了初级农业的核心仪式，也就是用人当祭品（无论男人、女人还是孩子，倒是都“平等”。有一处考古发现，80个一岁大的女孩被集体作为祭品献给了大母神）。

另一方面，今天的生态男性主义者不甘示弱，他们把时空倒退的机器
451 继续往后推，一直到人类的极限。他们完全不认可初级农业社会（这是生态女性主义的天堂）——实际上，他们认为农业实际上是人类罪孽的开始，工业化不过是播种的必然结局，它们都是对“纯然真诚的自然”的干预。（这是生态女性主义和生态男性主义不合的很多原因之一——理由当然是，对两个阵营而言，“纯然真诚的自然”都是纯粹的意识形态。两边对观念的执著程度旗鼓相当，因此相互之间都认为对方在破坏自己眼中的“纯然真诚的自然”。）

拉尔夫·梅茨纳（Ralph Metzner）是很多生态男性主义的代表，他曾经解释：“回顾人类意识和自然分裂的历史根源”——可以看到他把分化和分裂混为一谈，所以他必须把那个根源往前推，直到人类犯罪之前，因为在他看来分化就是扭曲——“可以分出更多层面的歪曲，更多的选择点，

在那些节点上文化演变已经导致分裂和异化。第一个导向控制，改变人类对自然的态度的点是新石器时代（初级农业社会）对动物的驯养，一万年到一万两千年前，当狩猎—采集生活出现的时候，我们人类已经那样生活了几十万年，人们已经适应了季节的变化和生命的节律，已经准备好迎接畜牧和农耕经济，能够在小的村庄和城镇定居，已经能够完成剩余产品的积累和储藏，已经能够袭击周围的部落等等。”[55]

接着我们到底了。回归的列车到达了零点，再往前走我们就不能称为人了。那就是最后的乐园了：轮子尚未被发明，新的高尚社会是野人部落——如果再没有别的选择，那就是生态男性主义者心目中的天堂了：真正的男人都可以去打猎，真正的女人都可以去采集植物的果实。通常人们在自然中漫步，偶尔男人会去打猎，然后回到赤着脚、挺着大肚子的女人身边，围绕着篝火，就着火把点一袋烟抽，哼着小曲过日子（“自然喜欢我这样，小雨在为我歌唱……”）。

在这里需要暂且忘记格尔哈特·伦斯基（Gerhard Lenski）曾经说过的：当时的平均寿命只有 22.5 岁；为了控制人口数量，三分之一的婴儿被 452
扔掉；战争、奴役和对女性的压迫已经非常严重……

寻找的脚步就是这样不断延伸，把大宇宙的深度一层一层地剥离，去寻找那真正的、原初的乐园，除此之外所有的进化都是稀奇古怪的错误。这种乐园的代表们就要对文化进行批判，他们相信应该给他们充分的权利去尽其言辞所能对现代的东西进行批判，否认就还给他们以前的乐园。这些批判的言辞不但告诉我们人类是怎么堕落的，而且让那些批评家们找到了得救的根本途径，因为乐园已经失去了，那么出路就是找回乐园，我们要回到过去的乐园（听从那为数不多的批评家们，他们知道方向）。

在所有这些生态阵营中（从浪漫主义时代直到今天），倒退的结果不可避免地是非常二元论的、摩尼教式的、几乎是拜火教式的世界观——不能正确理解分化和分裂之间的差别。精神有了好坏之分，好的精神是真诚的本性，坏的精神是人类对自然的干预，是对“与自然和谐共存”的背离。

但是“与自然和谐共存”无法界定，甚至无法说明。我们已经看到生态女性主义高歌农业社会，说那是最符合自然和大母神节律的社会，生态男性主义者则痛骂这种社会，说它是破坏自然的开端。生态男性主义当然有自己的说法，认为更早一些的部落社会和采集社会才是与自然之间纯真的和谐。但是这些部落还是要做饭，要建房子，要做衣服，要做法事来影响狩猎的结果，等等。这些都是某种形式的干预自然。

所以很快我们就看到，由于“和自然和谐共处”是不可能界定的，要么人类就等同为猿猴了，所以每个生态理论家都是根据自己的喜好随意判断人类需要哪些分化。

这种倒退往往很容易沦为假说。就像伴生的自我阵营，它也有自己的悲哀和荒谬。自我—启蒙从他律中解放了人类之爱，让自我从顺从和奴役中获得自由，但是这种自由过了头，走向了异化，结果人类挚爱堕落成了
453 恐惧：寻找自由，找到的只有恐惧和异化，这些束缚比原来那些要被超越的束缚更严重。

生态阵营力图融入更大的生命，主张上帝之爱，寻找大宇宙中的深层爱护和庇佑，结果把宇宙的深度一层一层地剥离，去寻找可以作为融入契机的原初状态：把更高更深的宇宙简化成了又浅又低的世界，这种简化和倒退不是别的，正是死神。为了寻找更大的生命，他们找到的只有更大的死亡，他们抹杀了那些自己赖以生存的分化。

"这种抹杀，"哈贝马斯说，"在现代生活和前现代生活形式的共时性比较中也可以看到。原始生活的巨大代价几乎没有人注意（包括体力劳动、物质条件、个人选择的可能性、法律保障和惩罚、政治参与性和教育）。"[56]

我们可以注意到，每个生态学派都认为今天的世界是神的弃儿。在历史上的某些时候（包括史前）——昨天的某些时候——我们背离了大精神，我们已经与伟大的女神分裂了。这就是二元论观念——也就是我们可以和大宇宙的洪流一分为二——在这个观念的基础上建立了拜火教的世界观，这种世界观忽略了一点，如果大精神真的是伟大的精神的话，那么它就永远都会在那些看似背离它的东西背后存在着。他们都忽略了一点，就像禅家，"可离非道"。

那就是深邃的真理，最深的秘密，生态立场在倒退的过程中完全忽略了。生态理论家完全陷入了摩尼教那种非好即坏的对立世界观中，他们这种精神反而增进了那种二元论的破坏力量，实际上他们这些有思想的人是要避免的。[57]

自我和生态，平面世界观的双胞胎被锁在讽刺性的自我破坏之舞中，两者都成为整合的障碍。一个把人绝对化，另一个把生物层面绝对化，谁
454 都无法独立整合对方。不能整合对方，就直接破坏对方。

正是在自我和生态两端的争执中，发生了两件事情，它们无可挽回地改变了历史的轨迹。

其中一件事情就是发现了进化。

注释

[1] 在意识发展的任何一个结构中，人们都可以觉察到上行和下行，也就是从

自己当前到达的发展水平下行和从低级的水平向自己的水平上行。因此，举个例子来说，如果一个人的意识已经发展到了灵性水平，他就可以觉察到从物质水平到灵性水平的上行之流（也就是从物质到感觉，再到知觉、冲动、表象、符号、概念，直到规则），也可以觉察到从灵性水平到物质水平的下行之流（也就是反过来，从规则到概念到符号到表象等一直到物质）。这并不是说他就一定能把上行之流和下行之流说得清楚，或者能够有意识地表达它们，能用理论来确定它们，而是说这是他在大宇宙的上下循环中所能意识到的程度。于是在任何一个发展水平，人们都可以意识到上下两条路，从而可能会特别强调上行或者下行或者两者兼顾（上行之路和下行之路）。

只有到无色界或者无相的水平，这两条道路才能在经验中整合，成为一个整体。在到达那个水平之前，人们只能觉察到与自己的发展水平相对应的上行和下行。我在第二部讨论藏传佛教的时候再次回到了这个问题上来，在藏传佛教中意识的上行和下行的整合是在合和心（conjugal heart）。

［2］转引自洛夫乔伊：《存在巨链》，191 页。

［3］哈贝马斯：《现代性的哲学话语》，112 页。

［4］同上书，19 页。

［5］同上书，83、84 页。

三大领域的每一个本身在自己的领域中已经是被整合的（即通过分化和整合从神话—理性开始的蜕变），但是整个三大领域需要进一步的分化和整合，从而可以 *652*
进入一个更高级别的整合（在同一个级别上这种整合是不可能完成的，必须等到更高的整合的出现；新的分化因素和分化整合的过程应该是从对个别意识领域的执著中摆脱出来，不再排斥其他同水平的全子）。我认为从形式运算（和相应的理解）到视觉逻辑的蜕变是唯心主义运动的主要工作平台；而且各种形式的视觉逻辑（辩证、对话、整合—超视角、对立渗透、主体间性、感觉/视觉）还是后现代理论家的认识目标和超越视角的基础，他们偶尔是正确的（这是本三部曲的第二部和第三部的主要论题之一）。

［6］唐纳德·卢斯伯格还对哈贝马斯关于这种简化可能带来的后果作了非常精当的总结："在这个基础上出现了哈贝马斯所谓的'生活世界的殖民化'；出现了社会控制的模型和操作方式，以及对生活和主体性的控制；出现了政治专家、社会关系专家的操控和福柯对主体性的分析（拉比诺）；公开的讨论和论争的公共领域陨落了，这是民主制度的前提在陨落（哈贝马斯）。如此一来，公共领域的潜力得不到全面的开发，信息不对等，理性和行动都不现实，这些都是事关民主运动的前途的大事。类似地，现代主体性也遭到过度控制、意识形态影响和大众化的严重束缚。"［温特：《现代性的危机和依附社会的灵性》，载《回眸》（*Revision*），105～114 页。］

［7］刘易斯·玛夫德（Lewis Mumford）。"去质化"主要并不是对世界进行量化或者数理化的结果，而主要是把世界对象化的结果，仅仅关注外部和右手的表层内容的结果，恰恰是因为这些内容的标志就是广延性，所以非常容易量化和数理化。

[8] 从技术上说，内部和外部层级的深度和广度崩溃成了外部的深度和广度。我说过，他们对层级还是承认的（右上象限和右下象限都是有层级的，这一点并不否认；这些层级和其他所有的层级都是一样的，都有深度和广度）。只不过现在只承认外部的深度和广度，只承认那些可以用感官或者作为感官的延伸观察工具从经验上进行观察的东西，因而任何的价值（任何左手的相应内容）就都被自动消除了。由于内部的维度被否认，价值、意识、好坏也就不存在性质上的等级区分，认识真理也就不需要意识的蜕变，没有真理，只有那些可以进行分析的、经验上的、价值中立的数据。

因此，尽管右手道路承认层级的存在具有深度和广度，但是如果这些层级的深度和广度的价值是完全相同的，也就是没有价值（即它们是“价值中立”的表层）。
653 因此从内部的和左手道路的观点看来，全部的外部层级的“经验深度”（比如分子比原子的深度更大）不过是同一个广度的变形（也就是都是经验的、功能的，因此仅仅以物理的尺寸为基础：分子比原子大）。这也就是为什么我在正文中说“纵横兼顾的深度和广度被横向的广度自己代替了”的原因。但是我说过，在技术上比较正确的说法是内部和外部的广度和深度崩溃成了外部的深度和广度（所谓外部的“深度”实际上只是单价的和物质的，所以实际上只是同一个价值广度的不同形式，因此我也采用一种简单的说法：深度和广度崩溃成了单独的广度）。

这种崩溃也可以用其他的简短的表达，我也常常采用纵横两维成了横向的一维（还是那句话，从术语上来说，正确的表达应该是外部和内部的纵横两维，成了单单外部的纵横两维）。只有一种说法不承认任何形式的深度，那就是原子主义，也就是粗疏的还原论。但是我这里说的是微细的还原论，也就是把左手和右手道路的大宇宙破坏成没有价值的、经验层面的右手标志（主要根据大小判断），我经常用这些简单的表述方式来传达一种共同的气象。但是我的结论还是根据那些技术上更完善的考虑的。

[9] 泰勒：《黑格尔》，4 页。

[10] 德雷福斯和拉比诺：《米歇尔·福柯》，236 页。

[11] 即便经验—感知运动的世界在很多方面在根本上是“给定的”——大多数职业科学家是这么假定的——把知识限定在那个经验的世界中还是简化主义的，这也是我所关心的（这种简化论就是反映论）。

在我看来，实际上感知运动世界的基本特点在理性对它进行反映出现之前就已被进化设定了。在我看来那些职业科学家在这方面或多或少是正确的，感知运动全子的很多基本方面确是“给定的”。（感知运动全子互相显现，所以在绝对意义上不是预先给定的；但是从相对意义上来讲，心理所表现的全子是预先存在的，尽管心理还会表现自己的世界，在心理的世界里，事实就只是作为大的结构的一个组成部分，比如像皮亚杰的系统运算认知处理的就是预先提供给感知运动的认识，尽管不仅仅如此。）经验的科学的范式控制着对感觉运动世界的选择、揭示和详细描述，完全不关注它的创造。（这也就是在库恩看来为什么科学总是在进步的原因。）

但是那些全子可以揭示的某些方面，对那些全子的权势、对其进行反思的可能性以及在感觉运动表面之上所提出的概念类型——所有这些都不是给定的，而是在对话创设的主体之间的空间中发展出来的。

但是在许多很重要的方面，感知运动的全子在感知运动世界空间中是给定的 654
（钻石可以切割玻璃，无论你用什么词来表述，无论你用什么理论来解释钻石为什么可以切割玻璃，事实总是一样的）——可以引申出一切知识是一种复现，通过适当的方式对一个预先存在的情景进行复现。因此尽管“钻石”和“玻璃”在感知运动世界中是存在的，关于一个可以切割另一个——以及何以能够如此——的知识只能存在于理性的世界空间中，而不是在经验的世界中，从而科学知识的整个体系的指称物并不是待在那里等着人们去发现。进一步说，主体本身被认为是在主体间的空间中发展起来的，只有这种空间才能提供整个的指称物。

进一步说，尽管感知运动全子的基本方面是理性反思之前就由进化决定了的（原子在那里，过去在，现在还在，跟理性是否去反思它们无关）——也就是说，在心理认识之前，感知运动的世界就是存在的，或者说是潜在的。但是文化全子就不一样了，它是不存在的。当人心反映自然的时候，自然很大程度上是预先给定的，或者说是先于人心的（即那些感知运动成分先于心理而存在），但是当心与心交互作用的时候，其结果是产生文化。文化不是预先存在的，而是交互作用本身创造出来的。人心可能发现自然的某些方面，但是对于文化却只能创造。在创造文化的过程中，反映论的范式的用武之地是非常有限的，因为此时不是去发现预先存在的全子，而是去创造一个新的全子出来。

尽管我们可以“反映”或“表征”这些已经被创造出来的文化全子（比如语言），但是我们不可能仅仅通过客体化或者经验知识而理解它们，只能通过诠释和话语进入其意义世界。

一个原子的深度比较小，为了研究的方便，可以忽略不计，仅仅通过客观的观察就可以研究，但是相互理解通过同样的研究手段却万万不行（尽管严格地说原子也是有深度的，也会通过某种类型的诠释来表现其世界，或者选择自己可以做出反应的全子类型：原子的主体性是一种开放的空间，在这个空间中可以与具备同等深度的全子表现自己的世界）。我说过，人类在研究过程中之所以可以为可行性考虑而忽略其深度，仅仅是因为它的深度相对而言比较小。

但是，随着深度的增加，我们完全依赖单向度的经验反映的研究模式的空间就越来越小；诠释在寻求知识的过程中会变得越来越重要。如果再去忽略诠释，就会严重损害研究的对象。

因此主体间的文化理解不仅仅是单向的表面知觉（或经验性的体验），因为相互理解要求有关意向、意义、深度的诠释——这些都不仅仅是表面的东西。在这种情况下，认识的重要活动就不是单向的对表面现象的反映，而是对深度的诠释；不
是知觉表面现象，而是诠释内部的意向性和意义。无论做多少反映论范式的工作都 655
不可能准确揭示表层现象之下的意义。我们两个人交谈的时候，诠释是范式，深度是媒介，意向性是隐藏的变量，相互理解是目标。所有这些都不是反映论范式。

但是把知识限定在对预先存在的事物的单向的反映上，会给人以下几种印象：(1) 文化真理是固定不变的；(2) 知识创造的主体间过程对于揭示感知运动真理是没有影响的；(3) 只有单向的表征性的知识才是值得追求的；(4) 主体性的和主体之间的过程可以简化为经验的指称物；(5) 对深度的诠释可以从表面进行。简而言之，超越对话的或一切对话的真理都是可以简化为无声的单向观察的。

在揭示客观知识的时候，对主体间的过程的忽视尤其严重，而且会把一切知识都简化为单纯的、对完全是预先给定的世界的“复原”——这些就是反映论范式。作为“我”的主体和作为“我们”的主体间性被简化成了客观的“它”，认为同样可以通过简单的表征复原，因此一切诠释学的解释，一切的深度揭示，一切文化意义，一切更高更深的主体蜕变——全都变成了对表面给定世界简单的观察（也可参阅下文的注释[12]）。

[12] 有趣的是经验—分析的科学实际上需要整个冗长的蜕变过程，从感知运动到前运算，再到具体运算，再到形式运算。但是现在受过教育的男士或者女士都可以达到形式运算的水平。可是在过去的很多时代，在神话世界观中想表达理性的观点是非常危险的；现在有了现代性，理性的结构被认为是本来如此的，理性的世界观在受过教育的人看来是自然而然的，完全是给定的。

福柯认为这种情况是从笛卡儿开始的。在笛卡儿之前的大多数思想家要表达理性的真理，需要反复描述内心的修炼和意识的蜕变，但是笛卡儿就把理性的世界观视为是自然而然的，他不需要给它下定义，不去解释如何得到这种世界观。

因此，我说理性的右手道路不需要任何意识的蜕变的时候，我的意思是说它不需要进一步的蜕变，不需要超越当前的平均发展水平（形式运算）的蜕变。过去的进化已经完成了到达今天平均水平的蜕变，所以可以说科学只需要坐享其成就可以了。为了认识“所有值得认识的真理”，不再需要进一步的内部蜕变，不需要更深更高的东西。

进一步讲，正是经历了前面一系列的发展——从感知运动到前运算再到具体运算和形式运算——才到达今天把“理性的常识”看作自然而然的事情的水平，可是这样就看不到我们所看到的“平常的明显的”世界，只需要“经验的观察”的世界
656 其实也是特定世界空间的产物，并不是在周围等着我们去发现，也还是经历了冗长的左手的蜕变之后构建起来的，我们把这一切都看作自然而然了，所有这些都被忽视了——这种无知识的我们的认识论完全走偏了，只看到“我看到一朵玫瑰”，看不到这个看玫瑰的“我”是怎么来的，只觉得知觉是那么简单，玫瑰一下子就映入了眼帘。主体间共同建构的空间为主体和客体的存在提供了前提，但是这种前提被认为完全是自然而然的，（被误认为是给定的），这是不加考量的做法，把结果当作开端，于是乎只能从单向观察开始。

[13] 工业化的角色——经济基础的工具化——很明显在理性的工具化过程中起了关键作用：积极的反馈链在试图扩大其控制力的时候失去了控制。

我经常说，经济技术基础在人类进化的各个阶段的作用（包括各种世界观的架构）是第二部的讨论内容。我在这一部中能做的只是指出我不仅不会忽略这些因

素，相反我认为它们是这些发展过程中的决定因素（尽管不是唯一的决定因素）。当然这得用一本书的材料才能说明，比如我们可以在第二部中详细讨论。

[14] 泰勒：《自我的根源》，232 页。

[15] 同上。

[16] 泰勒的总结，同上书，243 页。

[17] 同上书，264 页。

[18] 转引自上书，265 页。

[19] 享乐主义的快乐/痛苦几乎是（唯一）得到右手道路承认的最基础的内部动机，因为他们向内的探索只想走这么远，因为它不需要太多的诠释。因为身体的快感非常接近表层（也就是说非常浅，在等级上非常低），又因为右手道路的思想家需要找一个行动的动力，对他们来说身体上的快感就非常合适。我想，他们肯定从中感受到不少快感。

我在前面的注释中已经说过（第八章的注释[23]），功利主义的伦理是基本道德直觉（为最大的深度保证最大的数量）通过理性的方式的展开，如此一来，深度就被诠释为平面的单纯的快乐（或者快感），而广度就成了一切具备理性的存在（有时候甚至是一切有情，因为他们具有共同的基本特征）：因此成了为最大数量的存在寻求最大的快感。这是世界中心的，但这是世界中心的平面世界观，不承认真正的深度或者幸福的类型（我们将在第三部讨论这个问题）。

尽管我在正文中强烈批判功利主义的平面方面，但是它们是世界中心的理性伦理的最早体现这一点还是要承认的，而且在这一点上它们是应该得到称颂的。当 657
然，我批判的是它们把所有的内部动机都归结于享乐主义的快感这一点。

在动机上和身体的快感/痛苦紧密相关的只是生存（自我保存），后来的系统论理论家就把自我保存（自组织）作为所有全子唯一的动机——从抽象的角度来看这也可以说有点道理（第 2 条原则），但是这样没有办法区分左手的内容，因为所有存在的东西在自我保护这一点上是平等的。

[20] 当然弗洛伊德会把这种对“快乐原则”的发现看作心理学的里程碑式的突破。其实这是对推动完全下行的世界的基本力量的一种令人郁闷的解释，我认为没有什么好宣扬的。

[21] 关于这些主题的精彩讨论和对它们带来的损失的惋惜，参阅阿拉斯泰尔·麦金太尔（Alasdair MacIntyre）的《德性之后》，第 2 版。

[22] 尽管对这一特定的伦理本身的肯定超出了相互关联的秩序：这种伦理贬低其他的伦理，也就是说这是一种价值等级，但是它否认价值存在等级。我们在第一章已经看到过这一点；那些否认存在质的分别的理论本身已经潜藏着一些质的分别。泰勒也非常清楚地看到了这种矛盾，因为在本特曼和海勒维特斯的理论上就存在这样的矛盾：“这些思想家们只承认一种善：快感，他们整个的观点就是要消除关于快感的道德与不道德的区分，使所有人类的欲望都具有平等的价值。但是，在那些公开的基本原则中，所有这些都是不可以说的，因为这些理论说不通。”也就是说，他们非常重视这种理论，到了一种狂热的地步，以至于否认其他的价值观。

当他们把所有的价值观都看作是单价的，这时他们连自己的价值立场都无法自圆其说（《自我的根源》，332 页）。

［23］同上书，282、264、265 页。

［24］之所以会否认更高/更深的动机，是因为还受到一种强烈的影响，那就是把“拒斥神话”和“拒斥上行”混淆：所有更高的抱负（包括任何类型）都被认为不过是宗教否认现世的一种方式，借此增强自己通过美妙的来世生活的构想来控制其信徒（于是就把超越且包含的层级和单纯的神话式的上行混淆了）。

的确，很多功利主义者也试图重新提出各种关于“幸福”和“善”的分类或分层，泰勒发现他们都是没有说服力的（当然，康德和黑格尔并非如此疏忽）。

［25］泰勒：《自我的根源》，328、329 页。

［26］平面整体论在核心上总是二元论的，不但因为它否认上行，而且因为它把相对自主性从同水平上的合群性分裂出来（我们后面会详细讨论）。

［27］泰勒：《黑格尔》，22、23 页。

658 ［28］福柯：《主体性和权力》，转引自德雷福斯和拉比诺：《米歇尔·福柯》，208～209 页。

［29］泰勒同样看到了启蒙运动范式的两个极端，从极端的启蒙主义者、海勒维特斯、霍尔巴赫、康德赛、边沁等人的客观性观念中可以看到一种企图，并且启蒙运动时代逐渐导向了一种能够混合的人类学，其中对于两个观念的观点是不一致的：关于自我界定的主体性的观念和新生的客体性之间的相关的观念，另一个观念是把人看作自然的一部分，因此就要受到客观性的评判。这两个方面并不总是那么融洽。这是比较温和的说法（《黑格尔》，10 页）。

［30］这也不是我对这一优秀作品的个人的理解，现在我只给出一个例子（我会在本三部曲的第三部详细讨论这个问题），泰勒的名著《自我的根源》中提出了这样一个结论，认为现代（和后现代）的世界观有三个基本的特征：第一，有一种对内在性的理解（即关于自我的理解）；第二，倾听自然的声音（即生态学）；第三，对现世生活的肯定（在泰勒那里，具体指的是否认除了现世生活之外还存在任何超越性或本体性，否认在性质上比现世生活更高级的生活世界的存在；换句话说，只承认一个纯粹下行的世界）。

［31］哈贝马斯：《现代性的哲学话语》，107 页。

我会说，理性保存了具体运算的能力，这种能力是神话产生的基础，但是理性否定了具体运算阶段的排他性，正是这种排他性创造了神话。具体运算阶段的基本结构被保存下来了，排他性的结构（以及与之相关的暴力行为）则被否定了。

我们在第六章已经看到，神话当中所包含的暴力行为实际上来自各种全子的混合，那些全子实际上具有他们自己的尊严和存在的价值。哈贝马斯从略微不同的角度进行分析后也得出了同样的结论：“神话是通过极权来维持其整体性的，它把所有肤浅的表面现象整合成一个（共识性的）网络，这个网络包含了反应性、类似性和差别性。”——比如“因为人有七窍，天上就只能有七颗恒星”，这是一种通过强加给大宇宙的方式来“整合”世界的立场。“比如，语言这时还没有（从现实中）

分化出来，习惯上符号和它的语义内容及它的所指物都是截然不同的；语言世界仍然和世界的秩序交融。”这种“听起来类似整体论”的共识性对于新时代“范式”非常有吸引力，从而完全忽视了神话的另一些特征（可能是比较丑陋的特征）：“神话传统（从而）不能改变，否则会给物的秩序带来危险，而且会给依神话而存在的部落带来危机。只有当意义的背景和现实不再混淆，当内部和外部的关系不再掺杂，当科学和艺术都有自己的合理性声称，当它们每一个都有自己的逻辑，不必在所有的宇宙论、神学和文化的（自我中心的和民族中心的）渣滓中浮沉——只有那 659
时，怀疑才会出现，那么，一种理论所提出的自主有效性实际上是一种幻象（无论是经验的理论还是常识性理论），因为，在这些理论的核心之处已经潜藏了利益和权利。”（《现代性的哲学话语》，115～116 页）

[32] 同上书，116 页。

[33] 而且，自我阵营会说，为了整个世界网络谋福利不一定会给我的行为提供连贯一致的道德准则，假如整体的确大于部分之和，而且我是这个更大整体中的一部分，那么我就永远不可能知道这个整体的心里在想什么，所以我就永远不可能真诚地为整体效力（谁知道整体到底要干什么？它可能想把我当作一个棋子，到底怎么下我根本无法想象，我就永远不可能用“整体的利益”来指导我的行为，因为，我并不知道整体的利益究竟是什么）。

另一方面，如果我说“我和整体成为一个”，那么我就是在说别的整体所无法知道的事情；实际上我是在说我不仅仅是这个大网上的一个链条或一个节点（而那是我公开的立场所主张的，并且那个立场是我的道德依据，可刚刚我否定了这种立场）；我在狂妄地声称自己知道整体的心思。如果有人胆敢这么说，那么自我阵营就会说，他要么是自大狂，要么疯了，甚至是疯了的自大狂。

[34] 泰勒：《黑格尔》，32 页。

[35] 换句话说，康德是在努力为平面的伦理引入一种真正的切实可行的上行的方法（特别是为平面的工具—功利—整体主义引入这种真正的上行手段），并且由于只有在人类之爱的上行之流中才能够找到自由和智慧，康德所提出的道德自由在整个的时代具有绝对的吸引力。从整个的意识谱系来看，康德是在指出幸福不仅仅存在于身体的欲望之中（那是自我中心的快感），而是存在于心灵的蜕变之中——那是上行！——从自我中心到社会中心（利他主义）再到世界中心的关怀。由于所有这些关怀都是来自我自己的理性意志（是我自己运用自己的理性分析能力从普遍视角主义出发所产生的），因此是真正自由的，真正由自己决定的，真正自主的（我会说，是与前面的水平相比相对更加自主，即便在自我中心的理性中，更大的自由空间还是存在的，黑格尔很快就会指出这一点）。

但是，康德试图为平面世界引入一种真正的上行的做法是很伟大的，而且在很多方面是很成功的，正是因为康德的做法，费希特才能够看到纯粹自我或者超越个体性的无限主体的纯粹自由，并且，这种费希特主义的纯粹上行（这种纯粹上行的内在问题在于和下行之流分裂）引发了人们整合上行与下行之流的愿望（纯粹下行之流本身的代表是斯宾诺莎。我们会在第十三章详细讨论这个问题）。整合的问题

660 在康德的理性自我与生态的分裂上已经初见端倪，现在我在正文当中说的正是这个问题（当然伴随着自我在一般意义上的一些成功的建树）。

[36] 因此这种“政治原子主义”和“系统和谐理论”是并存的，尽管两者不是相安无事：整体论的世界完全剥夺了主观自我存在的空间，这种原子论的自我发现它自己的高度自主性中是完全没有合群性的，而这种合群性的缺失自然会给它带来共同体方面的限制，结果这种没有根基的自我只好退而求其次，向各种社会契约理论妥协，似乎自我只能作为一种经济实体而出现。唯心主义者会指出（运用视觉逻辑指出）自相永远是处于共相中的自相（无论这种自主性能否意识到这一点）——自我永远是处于关系中的自我，我们会在这本书中反复讨论到这个问题，以及权利（自相）和责任（共相）这对孪生的概念。

[37] 福柯：《规训与惩罚》(*Discipline and Punish*)，200 页。刚好《男人的时代》(*The Age of Man*) 以男性的口吻来命名，这是正确的。这实际上是对男性的自主性的强调，认为自主性更符合男性的特征（根据激进的女性主义的观点，这一点不难同意）。只有自主性非常强的男性才能提出社会契约的理论，这在本三部曲的第二部中详细讨论。

[38] 哈贝马斯：《现代性的哲学话语》，341 页。

[39] 同上书，246 页。

[40] 同上书，245 页。泰勒把“启蒙主义人类学”称为“对人性的对象化”(《黑格尔》，13 页)。

[41] 这并不意味着对于人类和社会行为的客观研究——右手道路——是不重要的（恰恰相反!）。而是说，当人类的主体性（和主体间性——“交往当中的主体性”）被简化为它们的客观组成部分，仅仅简化为经验的方面，然后说“只有”那些方面才是知识——只有那个时候，这些做法才成了伪科学，因为这种简化本身并不能被称为合理性声称，或者不能被称为真正的知识，它只能是一种权力推动的结果（根据福柯和哈贝马斯的观点）。

我要补充一点，就是说这种权力推动就是死本能。它是把更高的东西简化为更低的东西。尽管我在正文中说过，自我阵营的主要消极方面是恐惧，或者是对低水平的害怕，在这个客体化立场上具有影响力的却是死本能。这种新的“去人性化的人道主义”之所以是去人性化的，就是因为它被打上了死本能的烙印。

当我从这个角度来理解福柯的时候，我为这个人的整合性和庄严性感到震惊，死本能的下行使得平常人以上行的名义做了种种丑事，比如以“慈善”和“启蒙”的名义所作的种种“事业”，他对这些丑行表达了强烈的反感，我对他的这种敏锐也感到震惊。我认为人们永远会记住福柯，因为他看到了启蒙运动范式下潜藏的死
661 本能，指出了启蒙范式把“交流中的主体性”简化成了“提供信息的对象”，还自我标榜为慈善行为，非常有讽刺意味的是这实际上是一种奴役。

[42] 哈贝马斯：《现代性的哲学话语》，265 页。

[43] “那就是说，”哈贝马斯这样总结道，“自反的主体性只有在把内部和外部都对象化后才肯接受自我意识。因为主体在认识与行动的过程中（反思和生成范

式）必须总是和客体相关联，包括内部客体和外部客体，它的认识与行动是自我认识和自主性，但是在这种行动过程中它本身模糊了，成了不能独立的，这种局限性镶嵌在与自我的关联的结构之中（被反思的工具性），在进入意识的过程中它是无意识的，从这个地方出现了一种自我夸耀的倾向，也就是倾向于把一种反思和解放的水平绝对化”（同上书，55 页）。

[44] 哈贝马斯：《现代性的哲学话语》，32、33 页。

[45] 同上书，55、56 页。

[46] 这是哈贝马斯对霍克莫（Horkheimer）和阿多诺（Adorno）的思想的总结。哈贝马斯认为他们只是单向的理性而不是双向的理性，这一点我也同意（同上书，110 页）。

进一步说，如果说福柯的观点也和这个立场基本相同，也是说得过去的。也就是说，他所攻击的并不是全部的理性，而是理性的对象化、单向化、工具化和表征化等表现形式（以及通过主体化/强迫性的方式对那些表现形式的反思），这点福柯本人说得很清楚。

德雷福斯和拉比诺当然也是持这种观点的。在论述“工具理性”的时候，福柯说，“人的需要不再被认为可以自足或者是哲学话语的对象…… 现在人们从工具和经验的角度来研究它们，把它们视为提高…… 权利的工具”（141 页）。关于单纯的“客体化的理性”：“福柯研究的对象是客体化的实践…… 因为它们是体现在特定的技术之中的”（144 页）。关于“表征理性”：“表征的理论，和社会契约的观点和效率与实用的强制性相互关联，结果造成‘一种对人施加权利的说明书：心灵成了权利雕琢的对象，符号学就是刻刀；身体通过观念的控制表现对权利的服从’（引用福柯的话）”（149 页）。我们也看到了福柯对单向的理性的观点：人们都成了“信息的对象，而不再是交流中的主体”。

因此正如德雷福斯和拉比诺所得出的结论，正是那些一般意义上的单向理性形式在人身上的应用尤其充满了权利的影响，这种权利的覆盖物或者薄一些或者厚一些（我会补充一句，这种权利其实就是死本能的权利，把主体之间的交流和相互理解简化成了对象化的/主体化的/压制性的强权）。这也就是德雷福斯和拉比诺得出以下结论的原因，他们认为福柯的研究，“试图说明真理和权力之间的关系已经因为种种原因被视为一种对立关系，这也是一种用新的修饰过的理性形式对抗高度复杂的权力形式的表现形式”。这是一种对抗权力的新的理性对比，他们说，这“应该被视为对韦伯思想的推进，而不是后退。福柯是很有道理的”（132～133 页）。 662

这也是福柯认为自己的思想和康德一脉相承的原因，是他走出自己的框子，认为自己的思想和哈贝马斯的基本观点一致。福柯说：“哈贝马斯提出了一个问题：如果一个人抛弃了康德或者韦伯的思想，那么就有可能堕入非理性的危险。我完全同意这个观点。”要解决这个问题不能抛弃理性，而是要更好地协调它的危险和滥用：“我们很荣幸地在实践一种理性，但是它非常不幸地被内部的危险钉上了十字架，我们如何才能作为一种理性的存在而存在着呢？我们用的究竟是什么理性？它的局限在哪里，危险在哪里？”[《空间、权力、知识》（*Space*，*Power*，*Know-*

ledge)。]

因此认为福柯说所有的知识和理性都是平等的，都是充斥着权力和控制的，这种观点完全是错误的。可是这是非常常见的误解，在美国的一些学者身上特别流行（说他们是“极端分子”不是什么称赞的话，却也不是完全不正确），他们这些人试图解构所有被普遍接受的知识形式，只保留他们自己的神圣的自我中心主义，完全由他们自己来决定什么样的真理才是真理，什么样的知识才可以接受——这些学问家们试图打破一个世界但是并没有建立一个世界：解构主义者尽其所能，僭越妄为。

福柯更加公允的观点——“我们用的究竟是什么理性？它的局限在哪里，危险在哪里?”——已经成了这种“自我否定”讨论的主题，我们在这种讨论中探讨了许多更加常见的指责，他们反对理性的局限和危险，尤其是那些单向的/工具性的理性形式（我们会在第十三章重新回到这些局限和危险上来）。这些危险在单向理性中表现得尤为突出（我们将在第十三章详细讨论双向的或者对话的理性同样内在的危险性和局限性）。

但是在这个地方我想提一下，一般意义上的理性中所存在的可能是最严重的危险性，这种危险性不是理性本身内在的，而是对理性的滥用所可能带来的危险性，非常可怕却又非常常见（现在已经出现了）。也就是说，理性的结构和能力可以被一个自我（或者社会）利用，而这个自我本身也是原型性的、巫术性的或者神话性的动机的表现。这听起来像是一个矛盾，但实际上不是。

比如说，很长时间以来人们已经知道，认知的发展对于道德的发展来说是必要的但不是充分的条件。因此如果用皮亚杰和科尔伯格的理论作为例子，那么一个到
663 达形式运算认知水平的人还是可能会处在道德发展的第一个阶段。形式运算的理性可以支持完全的后习俗阶段的道德行为（世界中心的相互认可），但是实际上一个人达到形式运算的认知水平并不能保证他就一定能够具备后习俗阶段的道德水平：道德发展通常滞后于认知发展（但是反之则不成立：处于后习俗阶段道德水平的人肯定能够运用形式运算的认知，因为具体运算阶段和前运算的认知根本就不支持后习俗阶段的道德行为方式）。因此一个高级的道德反映发展水平肯定或者总是伴随高级的认知发展的结构，但是反之则不成立：认知结构发展的高级水平并不一定伴随道德反映的高级水平（简单地说，理性只是能够从一个更高的水平来思考一件事情，但是如果要按照那个水平的理性来安排自己的整个生活，实践那个水平的道德行为，则又完全是另外一回事）。

这是自我阶段和基本结构之间的区别（在这种情况下是道德阶段和基本的认知能力的区别，后者对于前者是必要不充分条件）。这意味着一个自我（或者社会）如果具备形式运算阶段的认知水平，就能够使用其有利的结构来实施前习俗阶段（巫术阶段）或者习俗阶段（神话阶段）的一切事务——更高级的理性用于非常低级的目的，这种理性在自我中心的魔术师和民族中心的神话手中的运用可能带来权力的爆炸，这绝对是人类的噩梦（在技术上他们无所不知）。

如果说大屠杀不是复杂的技术理性为民族中心的神话服务的极端例证的话，那

么它又是什么呢？理性本身并不是要寻求控制，而失去寻求相互的理解，它的形式是主体间的对话和相互承认，如果不是这样的话，那么理性就被扭曲了，臣服于自我中心或者民族中心的权力控制，那种力量是巨大的，尽管自我中心的结构本身并不能产生那种力量，但是很容易滥用那种理性的理论为低于世界中心的道德服务——低于普遍多元主义，低于相互理解、相互容忍和相互承认：我自己的权力、我们部落的权力、我们文化的权力——用极为复杂的理性作为工具，这种理性是被绑架的。

这些灾难——大屠杀永远是令人难以想象的例证——经常被认为是理性造成的，然后去批判理性本身，这实际上是非常可悲的误会。这些灾难实际上是理性的深度—能力为浅陋的自我中心的道德和民族中心的巫术与神话水平的道德服务的结果。的确，如果没有理性，那些灾难是不会产生的（因此，很多理论家就不分青红皂白，把责任全部推给理性）；但是这些灾难并不是由理性实施的，而是由一种远远低于理性的世界中心视角主义的道德水平所实施的，它只是绑架了理性，然后运用理性的知识在自我扩张，毁灭他人的水平服务于自己，服务于种族的主人，服务 664
于欲望的主人，服务于民族的主人（他们不是去寻求世界范围内的相互理解，而是要控制整个世界），服务于把整个地球殖民地化的行为，服务于某些被选择的人，只是服务的方式可能不同：这恰恰是理性的失败，而不是理性本来的面目，理性的胜利恰恰是消灭神话帝国主义。

正是因为如此，现代性的生态危机如果没有理性的技术力量可能不会发生，技术的理论总是以分裂的方式蹂躏生物层面（我在本书中反复强调了这种危险性）。但是这种生态危机背后的道德动机并不是由理性导致的，只不过理性（和理性的技术知识）服务于民族中心的控制权力或者部落中心的控制权力而已。污染全人类共享的大气层然后杀死人类自己，这绝对不是理性的；这恰恰是理性没有真正实现自己的能力，是理性的失败，是社会中心和自我中心的巫术水平与神话水平的暴虐推动的结果——“现代性的”生态危机背后是有推动力的，尽管实施的工具是被绑架的理性。部落制不是生态危机的出路，而是生态危机的刽子手、动机产生的罪魁祸首：我的部落（我的团体或者国家）绑架了理性，地球上其他的人都见鬼去吧。

过去历史上的部落为了扩张领地只能破坏生态系统中的很小的一部分，而今天有了更高水平的理性这种工具，部落型的文化可能会破坏整个生物层面。手段是理性的，动机是自我中心的和社会中心的：动机和理性是不搭配的。

[47] 转引自泰勒：《自我的根源》，354 页。

[48] 同上书，24 页。

[49] 泰勒：《黑格尔》，22 页。

[50] 同上书，25 页。

[51] 同上书，23 页。

[52] 同上书，26、25 页。

[53] 那种文化（和理性自我）的确可以压抑或者分裂自然的/力比多的冲动，这是确定无疑的。那些被异化了的冲动需要被重新唤醒，需要从文化压抑中解放出

来，需要重新整合进心灵（压抑是服从于自我的结果）。但是当文化仅仅被视为或者主要被视为一种压抑性的力量时，治疗的途径就只有退行，就这么简单。这是很多生态浪漫主义者的立场，以前如此，现在也是如此，不过这个立场是自相矛盾、自找苦吃的，而他们却乐颠颠地去接受这样一个立场。

因此，我们为了得到拯救就必须退到以前，不是退到分裂以前（每个人都会同意，退到分裂以前肯定是必要的！），而是退到分化以前，而分化是先于分裂的，它是分裂的前提：不是退到疾病出现以前，而是退到深度出现之前——也就是说，通过变得更加浅薄来治疗疾病。

665 这种退行性的生态运动所用的修辞方式曾经是（现在也是）非常刻薄的，他们永远无休止地攻击他们的理论对手，不是说他们从来都不真诚、不正确，而是说他们是魔鬼般的白痴。尽管现在我的说法也有点偏激，但是我要说的是，这些批评家们似乎非常看重过去的系统发生学的结构，那种结构是和他们自己的个体发生学结构相对应的，非常接近他们自己尚未完成的整合的水平。

[54] 泰勒：《黑格尔》，26 页。

[55]《回眸》，第 15 卷，第 4 期，184 页。

[56] 哈贝马斯：《现代性的哲学话语》，338 页。

[57] 在生态男性主义的阵营中，有的理论家认为这个世界是荒凉的，他们就会写一些题目类似《神的缺位》这样的作品。在这本书中，杰里·曼德（Gerry Mander）就是这样做的，他提出了大量的事实和数据来说明在他看来分裂和分化没有什么区别，应该说在很大程度上他是很成功的。

他的索罗亚斯德教世界观后来被用来批判现代性，但是对杰里·曼德来说，现代性意味着锄头或者刚刚超越锄头的时代。这是生态男性主义的典型代表，也可以说是最神圣的。那么蒸汽机所能够恫吓的究竟是何种“大精神”呢？

在生态女性主义阵营中，最普遍的观点是伟大的女神最青睐采集社会的文化（和几种早期的渔猎文化），这种观点的先驱人物是金布塔斯、艾斯勒、斯布莱特，后来女神就被破坏了，或多或少是由于太阳神的出现和武士阶段的男权社会的出现导致的。在本三部曲的第二部中，我会说明这种观点完全混淆了神话中的大母神（原型性的）和实际存在的女神之间的差别。

大母神的形象实际上存在于采集文化的结构之中的（正如父神存在于农业社会的文化结构当中）。这也很清楚地说明，大母神的身体并不是存在于农业生产方式本身之中和自然的四季变化之中，而是存在于作为生产力的女性手中所持的锄头之中；当耕犁被发明之后——仍然是纯粹的农业文化——神的形象几乎完全变成了父神的意象，因为只有男性才能使用犁，神话中天上的形象在两种情况下都反映了在人间是谁主要负责生活资料的生产（关于这点有很多资料可以证明，我将在本三部曲的第二部中详细讨论）。

在种植社会中——仍然是农业社会——女性的卑下与男权的统治达到了顶峰，只有牧马/游牧文化才能够与之匹敌。种植/农业文化与自然非常融洽，这是肯定的：那种社会完全不尊重任何身体力量之外的权力。

但是伟大的女神不是任何特定的结构，不是时代、不是自然、不是农耕文化，也不是其他的文化；伟大的女神，真正的女神永远不会被任何人群毁灭。伟大的女神是涌出的整个运动，她是创造性的下行和物产丰饶的象征，她是上帝之爱、善行 666
和慈悲的代表。她不是盖亚，不是自然，不是种植社会的神话（尽管在她神圣的创造性母体中包含了所有这一切），她甚至包含了男权社会以及与之相应的一切结构（类似地）。真正的男神也不是伟大的父亲形象，而是回归、退化和人类之爱的整个运动。所有这些我都会在第二部中详细讨论。

由于生态女性主义者混淆了伟大的女神和农耕社会中的大母神形象——这实际上为后来的男权社会的产生埋下了伏笔——所以他们会认为男性文化破坏了女神（一个小小星球上的一小撮坏孩子竟然毁灭了整个大宇宙的创造性涌出），于是我们这个凄凉的世界必须要做的是修复大母神神话，让大母神重新复活。

索罗亚斯德教的主张同样是这种二元论，同样是这样自大，认为女神可以被消灭，很多生态女性主义者已经把各种分化的神话重新改编来迎合他们自己的意识形态，于是所有这些就都被消灭了。如果我们把伟大的女神看作创造性下行和涌出的整个运动（在每个时期都是如此），那么治疗的途径就不再是退行到农耕文化的神话，而是前进到未来将要出现的体现了女神的整合（上帝之爱）。

伟大的女神永远不是受害者，也不会被消灭，除非你破坏整个有形的宇宙。但是这些生态女性主义者声称，女神已经被消灭，他们知道女神如何和为什么被消灭，这样一来他们就有一种非常强烈的控制力量，可以告诉整个世界，如果人类下一步要恢复正常的伦理的话就只能按照他们的话去做。女神被绑架了，成了农耕神话的傀儡，从而永远都不可能被现代性整合，保证她疗救众生的荣耀除了给那些对于权力非常饥渴的理论家之外不会给任何人带来好处。那些理论家主要否认女神在现代性中有所体现，谴责女神不在现代性中显现自己，仅仅把女神看作永远是受害者的女性的象征。这种对女神的理解否认了她作为创造者永远存在的事实，用修辞掩盖了创造，而在这种简化性的和退行性的渴求之中，死神暴虐的手拂过女神的尸体。

可离非道。女神不但在现代性中有所表现，而且她的善行、她的上帝之爱和她的慈悲充满了现代性，比如出现了世界中心的多元主义、普遍的慈悲和跨文化的容忍，这些在农耕社会是不可想象的，遑论成为事实了。她的荣耀在解放运动中的每一个进步中都变得更加有力、更加明显。我们自己一直没有看到她新的荣耀，这荣耀便是现代性的启蒙，这说明我们还只是孩子，还说不出我们神圣的父母内心的
想法。 667

第十三章　下行的优势

455 在我们所处的这个阶段，旧神已经远去，新神尚未降临。我们面临着神的真空，处于双重匮乏和双重否定之中：曾经的神现已不在，未来的神尚未降临。

——马丁·海德格尔

自我阵营和生态阵营的出发点都是最好的，甚至是最高尚的，但他们所培育的反而是自己本来要消除的东西，这非常矛盾。原因很简单：因为两大阵营都曾经（至今仍然）在同一个平面世界观中扮演不同的角色，所以一端越成功，则被打压的另一端越会以对立的形态做出反叛，即始作俑者面临更多“被压迫的反叛”，从而导致一系列无分别的上行和下行彼此缺失，自我和生态都无法实现不二的超越与包容——只剩下两个对立阵营之间的否定和抵触。

由于本来是一个整体的三大世界（个人、文化、自然）已经最终分化开来：这曾经是（现在仍是）现代性（后现代性）所面临的最大的一项任务，简单地说，目前需要整合的是内部或主观世界（“我”和“我们”）和外部或客观世界（自然），或者说是对精神层面（自我）和生态层面（生态）进行整合。

456 剧烈的分化已经发生，不可逆转。世界迫切期待吹响预示整合的号角。

相克的悖论

自我阵营和生态阵营分别采取了自己的调和办法，却发现加剧了他们所希望缓和的悖论，激化了所欲弥合的冲突。两个阵营都是自己最大的敌人，都在加大他们所要弥补的裂缝。

我们已经看到，理性自我的目标要从自我中心、种族中心走向以世界为中心的宇宙多元论、利他主义、慈悲和自由的立场。这是多方面的“独立宣言”：摆脱宗教统治和神秘的统治；摆脱政府对个人强加的干涉；摆脱群体意识墨守成规的模式；摆脱谎称与道德无关的驱动力和天性。理性自我的自主必须经过斗争才能获得，必须积极抵制宽容和仁慈泛滥的世界中心立场，它会导致自我的持续分化。

这些价值观——尤其是宇宙多元论、利他主义和自由——被泰勒称为三大“至善”（人们觉得高于其他善的善），它们具有最深刻的现代性（和后现代性）特征，毫无疑问构成了真正的后现代性尊严的绝大部分。但是理性自我一旦庇护这些善，就不但把它们和其他的善进行区分，而且进行疏远、离解、压抑并封闭它们。这有诸多方面的表现：

（1）理性自我彻底拒绝超越理性和超越个人的可能——“拒斥上行”。很难理解，理性自我费尽千辛万苦才获得自主性，如今却又不遗余力地压制超越的能动因素——我们称之为超级自主性。换句话说，理性自我费尽 457
周折获得了超越自身的自主性和自由，如今却把这种自主性和自由归于上帝或者神，认为那是高不可攀的事情。

（2）理性自我完全忽略乃至几乎忘记了人与人之间的维度，也就是对话的和主体间交流的维度，唯独接纳独白和客观的模式。这也是过于自主的模式，它抛弃了主体间的交流，仅仅支持个体的力量和独白的自主性。这是一个大男人的时代：跃出事外（超级自主）的主体将别人视为“信息的客体”而不是“交流中的主体”或彼此共享。

（3）理性自我本来应该超越和包含前人提出的生命活力、生理根本和器官丰富性三个维度，可惜过于简单地对它们进行频繁分离和压抑（以超级自主性的方式：没有什么事物可以触摸它的“自由”），未能触及自然界内部和外部的醒悟。

这其中的任何分化和分裂——超个人的、个人间的和先于个人的——都将严重地削弱它所珍视的自由。因此有了相克的悖论：极度追求自由中产生了大量的不自由。

在寻找自由的过程中——自治与其他的非自治没有密切关系——它不再与精神脱离；不再与自己的身体脱离；不再与它的同类脱离。而且它越感到糟糕，则越加强了超级自主性的退出和醒悟：它成为非自由者。不是内在的超越，而是内在的退行。

简而言之，在所有这些领域（精神、自然、身体、公民），在通往独立的道路上草率散布着无用的东西。理性自我、超级自主性和超级独立，保持自己相对的自治（的确已显著提高），并将其夸大到不受任何限制的程度。追求自由和解放可以理解，但是在这个过程中却自相矛盾地堵死了通往理性天堂的高速公路。

然而相克的矛盾同样困扰着自我阵营。从脱离自我，将其重新推回生命和爱的大潮中的强烈愿望开始，生态阵营结束了漫不经心的、自相矛盾的捍卫模式，其认知和感受模式是极度自我中心和自恋的。在希望推翻自

我的过程中——仍然在单一的平面中受到其对手的打击——生态阵营把现
458 代世界推向神的自我荣耀：极端的反叛本来要克服、而实际上却越来越糟
糕的事情。

它开始时是绝对没有恶意的。一开始，它像所有现代和后现代的潮流一样，要在理性空间中捍卫世界中心——宇宙多元论的立场。

生态陷入神的自我中心

理性或者说是以世界为中心的普遍明晰性，在世界空间内发生作用，像所有的结构一样，这其中允许不同的和截然对立的立场，如果不仔细关注实际上发生的事情，我们会感到迷茫。

因此，一方面，理性可能趋向于非常僵化的普遍真理模式，它操作起来机械、僵化且俗套，抹杀所有的个性、特性和差异。“宇宙”有了千篇一律的含义，而另一个令人羡慕的世界中心视角逐渐表示“所有地方的每个人必须是一样的”。而且，我们可以说，理性开始时趋向于以独断的和客观化的普救论的方式出现，事实上是均变论（而这当然是在理性时代首先出现的方式）。它能十分透彻地理解世界中心的视角，但它在自我的兴奋中走得太远，而且设想所有地方的每个人必定是一样的，种种丰富的差异性被排除在抽象之外。

因此，在理性和启蒙的时代中——最近突现出来的令人兴奋的理性，但是理性因其独断的和客观化的模式被完全俘虏了——均变论曾经风靡一时。启蒙时代拒绝神秘—宗教的核心原因是这些宗教处处不同——这个地方是这个神，那个地方是那个神，这里一个创世故事，那里又有一个。既然它们彼此之间互相矛盾，它们怎么可能都是真理呢？除了人性的割裂和分离，它们还有什么可能的作用呢？确切地说，只要缺乏真实的普遍性，
459 缺乏世界中心的视角，它们就肯定会被拒绝：“拒斥神话”，亦即“不再有
分离的和对立的真理!”

因此，在人类普遍性和共同真理的问题上出现了一种绝对的狂热，真理能够适用于所有的人群，必须是真正的真、深层的真。单纯的个人喜好和口味、个性及地区差异因纳入普遍和共有的人性的一部分而消失了。伏尔泰宣称，“宗教性”只能是“全人类普遍的道德准则”。塞穆尔·克拉克博士对整个时代宣布，“不能让所有人都理解的东西对于任何个体而言都是不必要的”。

对于普世不变的道德和“自然法则”（即普遍法则）的研究狂扫学习、科学、政治和社会理论的每个分支——而且这种刻板性波及了艺术、诗歌、绘画和建筑。

约翰逊博士对均变论在美学理论上的宣言是众所周知的："诗赋的一般规则是相应的艺术术语应为通常的表达所理解"，意即他所提出的，"诗歌的目的是讲一种普遍的语言"。普遍的语言中方有共同的人性。

英国的诗人兼文学史家托马斯·沃尔顿，逐渐意识到他年轻时接受的哥特式建筑只不过是背离常道的"异端"风格，1782年他公开发表声明收回自己错误的言论：

你有力的大手打碎了中世纪的巨链，
让我的心灵重回真理，
面对真理，没有特殊口味的限制，
它的普遍的模式震撼着人类。

因此，持续了将近两个世纪，"为了提高和更正理念、机构和艺术所做的努力已经主要被一种假设控制，即在每项活动中，人类尽可能地确定一种被认为对每个人来说都是普遍而不太复杂的、永恒且统一的标准。"[1]

毫无疑问，斯宾诺莎对此做了最好的总结："大自然的目的在于人类单一化，就像一群孩子有一个共同的母亲。"

通用的语言、共有的人性、单一的模式。卓越的原因正在于此，而且 460
其中包含着一些重要的真理。对于所有人群来说，都能作出意象和象征，生成概念和欲望，施展抱负和希望；我们都从子宫中孕育出来，最后奔向坟墓而去；我们所有人都吃饭、劳动、恋爱和学习。

因此，在它第一次大规模突现出来时，令人羡慕的以世界为中心的理性立场占据了不同的民族、地域、人种和宗教的所有视角，并且试图抽象这些特殊的自我或社会中心术语，尽管它们彼此不能达成一致。

但是在它找到和宣讲"普遍语言"的疯狂奔走中——无论在科学、政治、艺术领域，还是在宗教（自然神论）领域——它所到之处只是将个性的痕迹统统抹掉。人类被单一地客观化了，唯有这样才能发现其共性（而且我们已经看到，这是自我开启阵营的中心工程）。

但是当理性也追求更没有偏见的普遍主义的实际空间时，它试图挖掘它的全部潜能并找出它最公正的表达方式。理性的所有要点和它的多种透视的能力不只是抽象共性（例如在药学中这可能是重要的），而是自己越俎代庖取代对方的境遇来考虑，因此发现双方的丰富性，欣赏彼此的差异。这同样是以世界为中心的理性，但是现在颂扬所有的多种视角，而不只是将它们压为单调的统一。

而正是这种在背后对多样性的颂扬使多数生态—浪漫主义抵制自我—启蒙。生态—浪漫经常自诩"反理性"，但就此而言它实际上是"反均变论"的。它从同样的普遍视角的理性立场出发，但是它强调"视角性"而不是“普遍性”。

总体上这种趋势在浪漫主义早期不会被误解。请注意施莱格尔是如何完美地从理性—普遍视角转向对文化差异的热爱的：“如果一个人没有整体的心智，即没有灵活性，则成不了鉴赏家，这种灵活性能够使我们放弃个人喜好和自己熟知物的盲目偏爱，进入对其他人和时代来说很奇怪的境地，就是说，从中心向外感觉。”

确实，去除自我中心的理性或以世界为中心的能力允许珍爱甚至颂扬
461 文化差异，这是以前历史上任何地方从未大规模发生过的事情（这简直是不可思议的，例如，采摘社会喜欢歌颂个体的特定价值）。瓦肯罗德（Wackenroder）在这个时期写道，人们“总是把他们所站立的点认作是宇宙重力的中心；同样，他们把自己的感觉认为是艺术上所有美的中心，在法官的位置上说话，对任何事情做出定夺，而忘记了没有人任命他们为法官。如果你不能通过深入他们的内心，直接感受这么多与你自己不同的人的感觉，则可以感知他们的工作，（然后）至少将理智作为连接的纽带，努力达到间接地理解他们。”

这不仅是容忍不同的观点，而且这当然是世界中心理性的扩充工程的一部分（即使自我阵营将战胜容忍）。浪漫的变动就是这样，甚至更甚：这相当于直接尝试培养对不同观点的理解和同情，不仅作为一种使个人内心生活更加丰富的手段，而且也是一种对不同文化和价值给出客观定性的方式。因此，康德寻找所有人类共性的地方，而浪漫主义者站在同样的世界中心的理性开放空间，来寻求所有的差异。

因此，个体的、多样性的、特殊性的、异国情调的、个人内心深处的、甚至稀奇古怪的、任何脱离常规的种种伦理蜂拥而入，企图取代以前的均变论。正如施莱格尔所言，“这确实是个性”，“这是人类最原始和永久的东西。这种个性的培养和发展是一个人的最高使命”。或如诺凡利斯在艺术上的观点：“在其诗歌所处的时代中，它越是个性化、越是本地化、越是特殊化，则离诗的本质越近。”施莱格尔对文学的评价是：“从浪漫的观点看，变态的文学也有它们的价值——即使古怪的和可怕的——也可作为多方面性的材料和朝向于普遍性的预备活动——普遍性的意义在于尊崇一切。”正
462 如他所提出的：“对于自我的欣赏难道必须贬低别人吗？即使一个个体完全不同于他者，我们也能够不承认他有自身的特长和可取之处吗？世界宽广无边，诸多事情可以并肩共存。”

在很大程度上接受存在巨链的理论学家造成的直接影响是理想化的多样性。我们已经完全看到此类理论家把多样性和完美作为神圣者智慧的外溢，看作至善的标志——看得见、摸得着的上帝：善越多样，越伟大。这

和启蒙哲学家一样，早期的浪漫学本身是献身于存在之巨链的理论学家，他们继承了普罗提诺的大量东西（下面我们将看到），所以他们颂扬和赞美阿肯塞德（Akenside）提出的“事物公平的多样性”一点也不奇怪。

如果今天的大多数“政治路线上正确的多样性文化学家”知道，他们的思想直接进入了从柏拉图到普罗提诺（他们是令人畏惧的欧洲中心和理性中心）这一没有中断的嫡传，毫无疑问会感到震惊和恐怖。但是在他们的评价中，洛夫乔伊是正确的：“发现多样性的本质价值以及其中所有潜在的危机是人类心智的伟大发现之一；它和许多其他发现一样，已经被人类转变为破坏性的用途的事实是没有根据的，这个所谓的事实本身没有价值。由于它在历史上持续很久的影响，在18世纪达到多样性（存在之巨链）的原则的顶峰，我们可以把此影响定为最重要和潜在的最良性的众多后果之一。”[2]

然后，多样性的浪漫理想化以其最佳状态趋向于“人类本性自身的完全扩张——增进个人间和民族间的理解和欣赏，不只是作为同一模式的众多样例，而是代表不同文化合理的、受欢迎的多样性，代表我们不同个体对于共有世界的不同反应。”[3]

认为现代性的自我—启蒙工程强调普遍均变论；而生态浪漫工程寻求超越自己定义的小我，探求更好的生命和爱，强调普遍的多样性，这是稍微夸张的说法。尽管二者都在说事物的多样性，二者都是普遍立场，同样站在后习俗的、以世界为中心的理性空间，但是它们的目的是完全对立的，在方法上也是如此。自我阵营仍然打算保卫它自己定义的自由、自治，以一种完全单向的篡夺精神来代理一切；另一方面，生态阵营则孤注一掷地 463
寻找更大的、更多彩的生活和爱，共享种种可以想象的多样性——在本质上和其他文化上——力主多样性和人人平等。

多元论将继续，不会沦为今天的“后现代”和“多元文化”。差不多后现代后结构主义者都喜欢宣称他们沉思的原始性，它含有原始的生态—浪漫的（当然包括强调个体的独特性和“原始性”）意蕴。

下面是洛夫乔伊对生态浪漫主义的总结（记住，这是他在1932年写的总结；他不可能知道“后结构主义学家”和“多元文化学家”，但其理论与他们的标准具有惊人的一致性。不仅如此，而且在一个半世纪以前，这些因素刚刚起步的时候洛夫乔伊就对它们进行了描述）：

> 风俗画和诗歌形式的大量增加；承认风俗画混合的美学性；gout de la nuance（享受不同）；“古怪”艺术中的自然化；追求本地风格；努力重构和想象在时间上和空间上或文化上很遥远的人们内心别样的生活；显示自我；要求在风景描绘上的特别忠诚；再次反对朴素；不相信政治（或社会理论）上的统一公式；追寻“不完美的兴致”的感

> 受；培养个人、民族和种族的特性；贬低世俗看重的原创性价值（认为对于最早的阶段完全是不适用的），通常是自我意识对该属性荒唐而不合理的追求。[4]

在启蒙式的自我商讨个体和群体统一共性的地方，生态浪漫主义者最深切地渴望差别，甚至完全不同，也就是，完全的独特。“的的确确的个性，”我们听到弗里德里希·施莱格尔宣称，“这是人类原始和永久的东西。”他又对此补充说：“这种个性的培养和发展作为个人的最高使命将是神圣的自我主义。”

464 设想一个人存在的最高使命，不是减轻人类的痛苦，不是提高普遍容忍，不是无私的服务，不是职责或献身于家庭和亲人或民族或全球，不是同情，不是关心，而是培养神圣的自我主义！

对以世界为中心的珍爱却变成了以自我为中心的灾难。生态浪漫主义变成了自我阵营甚至做梦都没有想过的专注于自我。事实上，这种神圣的自我主义确实是自我阵营正在斗争的非自治！这一斗争是因为这种自我关注和自我得意立场实际上将我从更高和更广的、以世界为中心的怀抱和同情中拖了下来，使我远离更深和更广的自我自由，而局限在更阴暗和更狭窄的遭遇中，伤害了我也伤害了别人，因为它比现成的立场渺小得多，所以在本应该是欢乐歌唱的地方留下极度的伤痛。

他律的确如此，受人支配！因为自我中心的自我不是真实的自我，不是我的更高和更深的以世界为中心的自我，而是对低级驱动力的补充，使我成为我自己的奴隶。神圣的自我主义只是在我自己的更深可能性范围内的其他的东西。因此，在神圣的自我主义中，我是受支配的，处在真实的自我之外，远离真实的自我，偏离了自我正确的心智。

生态进入了个性的混乱之中，放纵个体差异，支离破碎，毫无共性可言，相互保留神圣的自我主义，它还在心底蔑视其他所有自我主义者的存在——这种狂热的多元论“促进了大量在文学上毫无疑义的病态内省——疲于展示个体自我的古怪，现在看来这些古怪性经常是臭名昭著的，只是痛苦地将内部展示，和世俗没有什么两样。轮而往返，某种被称作特殊均变论的东西，一种在各种事物中寻找共性的原始价值的倾向，在诗歌中，在某种哲学中，在其伟大的国家和人民的热情中找到了它的表达方式。它已经完全将自身很轻易地搭在对自我的服务上，尤其是——在政治和社会的范围内——民族主义或种族主义的虚夸。相信某种特殊性的尊严——尤其是一个群体的尊严，再加上相互的奉承而得到强化——迅速转化为对高傲的坚信。在过去的一个半世纪里，不止一个伟人制造出了他们自己独特
465 的上帝，善或恶或二者兼有，坚信不再有其他的神。”[5]

生态多样论滑入了自我中心的炫耀。这本来确实是它要避免的事情，现在自己却陷入其中了。

这一点在生态浪漫主义者对于现在所称的“自然”的研究中是最明显的了。

不自然的自然

在18世纪，向自然本身靠近的整个过程经历了一个纪念碑式的变动过程。大自然不再是一个融合的整体，不像巫术阶段那样。在神话—从属阶段这一点也很重要，只不过不如巫术阶段那么重要（而且这个新突现出来的分化本身是一个开端，可以说是三大领域的一部分，尊贵的现代性的一部分）。但二者都不是自然，都不是大精神的化身或者一体意识的表达（如柏拉图或普罗提诺或埃克哈特或老子或黄檗禅师或莲花生大师）。

自然成了自私的情感的基本来源，自然成了“让我产生感觉的自然”。

尽管这当然被称作“精神”——“纯洁无瑕”遇到远离文化限制的精神的自然——正如我们所看到的，它在很多方面与神圣自我主义反映的简单生物层面一样——如同自恋者面对映照自己的水塘——一种唱独角戏的自然，它在各个方面是对单向自我映象的否定。大秩序的平面和前景日益消失，自我和生态仍然在相互抵触中困斗——二者对于真理的核心来说都是单向的。

确实，泰勒《自我的根源》的部分任务是在我们和自然相遇中追寻这种特别的转变过程，而且在他的总结中他不是孤独的。“的确，我一直在追寻一种运动，在对自然概念理解上的巨大转变。”[6] 他指出，这个转变的一个方面就是我们所称的“大宇宙的瓦解”——存在的伟大层次性被瓦解成单一的和外部观察的平面整体论，也就是巨大的相互牵制的秩序。

在平面整体论中，如我们所见到的，自然和现实仍然被认为是分等级或有层次的（或者由相互牵制的整体构成），但是这些整体现在都是经验主义的（巨大的相互依存的秩序或宇宙系统只是伟大的层次性在经验主义和 466
单向逻辑起到瓦解作用时看起来的样子，这是巧妙的还原主义造成的）。

既然整体性和层次性现在都是经验主义的，那么要看到更真的现实就不再需要内部的蜕变。个体只需在既定的经验主义的领域中以更加世故的手段指手画脚。无需苦行、无需瑜伽、无需一心打坐、无需自我的约束或转变——只需睁开眼睛单方面地注视即可获得真理。

激进的启蒙将工具的、计划的理性作为将自我定位于巨大的相依秩序中的一种方式；生态—浪漫反叛过激地排斥理性，而且将情绪作为一种“感受”，作为自己进入相依整体中的一种方式。我们可能说，它提供的不是工具主义的理性而是工具主义的感觉，允许我们作为部分适配生活的网络而不是企图进行整体的控制。大自然——“真实的”或“真正的”自然——因此要对我的感觉开放；自然是它在我内心所唤起的或唤醒的东西的总和，是我自己内部的自然，是我自己纯粹未扭曲的感觉。

这就是泰勒所说的：“这种对自然的新定位是同自然在我们内部所唤醒的情绪联系在一起的。”我们回归自然，因为它在我们内部带来强烈的高尚感：“伟大的创造之前的敬畏感，田园风光之前的平和感，风暴和大量荒芜之前的尊严感，在某些可爱林区的忧郁感。自然对我们有吸引力，因为它以某种方式调和我们的感觉，所以它能够反映和强化所感到的，或者唤醒潜伏的因素。我们求助于自然，正如我们可能求助于音乐，唤起和加强我们内部的最佳状态。一切要点都在感受之中。”[7]

泰勒的洞察力十分敏锐，他认为“情绪的自然”（或者泰勒称为“实体标识”；另一种说法是这个“新的”自然，不是大宇宙的部分，而是其本身是我们现在作为其中一部分的整个物质宇宙）预先对柏拉图或普罗提诺主张的精神具象化的自然做了深刻的否定。

根据这种新的理解，他说：“自然现象的意思不再由……他们所体现的意识（或大精神）决定，而是通过现象作用于我们身上的效果决定的。自
467 然和我们自身之间的密切关系现在不是通过（实体的或大宇宙的）秩序来调解，而是通过自然在我们内部回响的方式调解的。我们对自然的适应不再取决于识别实体等级（伟大的层次性），而在于放松我们自己内部的反应。”[8]自我中心的回应……

这依然是生活的平面网络、巨大的相依整体，但是现在在向自我情绪而不是向自我逻辑靠近。泰勒的备受争论的观点是它们（自我和生态）在本质上是对彼此的否定。泰勒说，按照柏拉图或普罗提诺的观点，“我们的存在是通过我们习惯于事物的秩序的存在而识别的”。——也就是，习惯于多维度的大宇宙，不仅习惯于水平“连锁”经验主义的整体，而且习惯于垂直“连锁”在内部渴望向非二元的大世界的转变的伟大层次性。“但在对自然的感觉中，我们看到它在18世纪突现出来，而且从那时起，这个（顺序）基本上被打破了，然后被忘记了。”[9]大宇宙瓦解为平面连锁顺序，瓦解为单向的理性和类似的单向的自然——单一的自然，它本身被认为是绝对的（正如自我认为它的“理性”是绝对的）。

“换句话说，”泰勒总结道，“这种对自然的现代的感觉始于18世纪，预先假设了对新的空闲理性识别的成功，超过对植根于实体标识的后现代的识别。”自我和生态投向同样的平面和无力的创造，均定位于同一大的相互依存秩序中，无论它们对它的反应是怎么样的，但确实发生改变了（自

我尝试脱离它，生态尝试进入它）。

所以，泰勒能够为生态阵营指出："我们的自然不再由目的（实体大宇宙）的基本秩序决定，而是由自己的内部驱动力和在相互依赖的整体位置中决定。"[10]——与自我阵营具有同样的联结秩序！自我和生态半斤八两，彼此难分。

我们可以按以下方式总结整个转变：

三大世界的差异，将理性自我从它的限制中解放出来，进入融合的神话—从属关系，进入并通过它的客观化、单向化和工具的形式捕获理性，把它解体（捕获工业化的伴随物）。三大世界简化为单一世界的一大世界：经验主义的平面世界，系统自然的伟大的连锁秩序。

自我阵营通过客观化和单一的分析（经验主义—分析）靠近自然的伟大的连锁秩序——生态——浪漫阵营称之为"干枯的抽象"，对其强烈反对。他们更希望通过感觉定位的意识寻找自我的统一，达到与自然共享。（内部和外部自然在感觉和生物层面中得到了"统一"。） 468

但是泰勒的观点是在这两种情况下，接近的自然本质上是同样的自然，而且这个"自然"与柏拉图学派或普罗提诺学派相比是失去自然属性的自然，在这里，自然是大精神的直接的表达和体现。在自我阵营中，自然是最终的和最后的反映的现实，而在生态阵营中自然本身提升为大精神，只是因为找不到真的大精神。

在两个阵营中，同样的平面自然（单一自然）是觉识的客体；在两种情形下，本体顺序已经被"打破了和忘记了"，单一自然在二者中都服务于它最终都无法维持的目的；二者都绝对地预先假设了同样的大宇宙的瓦解。

这就是为什么自我自然和生态自然彼此否定的原因：二者都是大宇宙瓦解中口齿不清的双胞胎。他们拼命扼住彼此的喉咙，尽管这被他们称之为自然的领地日益衰减，但还是不肯放弃。

我们已经看到自我阵营以客观化和分析的模式走向单向自然，认为自然是被反映的被人知道的基本现实（"自然的镜子"；自然是最终的"反映者"）。生态阵营将靠近同样的单向自然，试图与其统一，与其共有，向其回归，使其精神化，并与平面共存甚至与其统一成为最终的精神本质。（这将生态哲学的要点保留到今天。）

但是这将对有关生态阵营如何看待"自然"和"精神"产生深刻的影响。我们已经听到爱默生关于这个平面生态观点（相当于"精神"的单一自然）的争论，但是只是作为一个例子。他解释说："自然中的美不是最终的。它是内部和永久美的使者，而不只是僵化的和令人满意的善。"他说："自然是大精神的象征（或表达）。在灵魂显示之前，时间、空间和自然退缩了。大自然、大西洋、南洋无边的空间，时间、年代、世纪长期的间隔并不重要。让我们在神圣事实的感化中惊讶于乌合之众的无理，惊奇于种种的文化和习俗，命令入侵者从脚上把他们的鞋子脱下来，因为上帝在里
469 面。让我们直率地评判他们，并且我们对于自己的法则的顺从说明了本性的困乏，除了我们天赋的资源。”[11]

但是现在，随着大宇宙的瓦解，自然本身成了精神，是精神情绪的最终起源，是所能找到的远离人性的扭曲和文化罪恶的基础。[12]自我将其本身沉浸到生态中，进入简单的生物层面中，在那里，它将要从理性徒劳的挣扎中解放自己。

因此，在这新平面的定位中，在和自然完美的相遇中，精神将从自然中流出来进入我内部，而不是通过我而进入自然。大精神或超灵不再用精神的光亮通过我而照亮自然，将自然呈现为大精神的完善的外显。现在，我被我自身内部通过单一自然释放出来的感觉淹没了。

我越沉浸在单一自然中，则离“精神”越近。我不再是神性流经的出口和开阔地，洗礼本性，彰显神性；我现在是来自自然进入我自身的感觉的整体，我在感觉和情绪的沉浸中流动。

所以爱默生坚持说：“感觉和牢不可破的某种理解，它们属于自然的绝对存在中的一种本能信仰。按照他们的观点（生态阵营的观点），人和自然是牢不可破地结合在一起的。他们的心是残忍的，他们是自私的野人。”

但是真实的直觉打破了这种神圣的自我主义。爱默生说，因为“直觉的存在破坏了这种信仰（对于自然的）。思维首先努力解脱这种将束缚于自然的感觉的专制，好像我们是它的一部分。直到这种更高的能动性进行（直觉）干预，兽性的眼睛能够非常精确地看到良好的外形和彩色的外表。当直觉的眼睛进一步睁开的时候，立即增加了优雅和表情。这一切的发生，来源于想象和情感，消融了客体的棱角。如果直觉被激发为更热烈的想象
470 力，透过表层的外形，看到……生命中最好的时刻是这些更强大力量的美妙激发，和自然在它的上帝面前恭敬的撤退”。

但是自然现在不能在它的上帝面前撤退，因为自然现在是唯一的上帝。单一思维（使大宇宙瓦解）已经将自然转变为上帝（对生态阵营来说是这样），因此，由于我内部释放的自然的冲击，才有了对上帝的理解。在无垠的旷野的相遇中，自然把激情传递给自我，因而受到重视。并非对于神圣是透明的，而是神圣自我映照其自身的单向感觉。这个新自然不是超越逻辑的，当然它不是令人头痛的文化中话语间的互主体性——相反，它远离所有这些，而是回归纯洁的和真实的自然：同样的单向凝视，现在停滞于简单的生物层面了。

以大写的N表示大自然（或大精神作为非二元的“一”），现在只有一个感觉的自然，所以现在罪恶是将我从大自然分离而不是从小自然分离。因此返回以生物为中心的驱动力和感觉现在一定能够使我得救，理性和文化基本上成为使这个自然窒息和扭曲的力量，二者均在我之中，∇在我之外。沉浸在这个自然中，我将发现真实的自我。

（因此文化不是沿着有意识地实现大精神的道路发展，而是隐藏、扭曲和否定自然，是否定“大精神”的犯罪。当然，文化实际上否定的是以生物为中心和以自我为中心的感觉，而对这一点，神圣的自我不会支持。）

在单一的自然中，远离对话的文化，我可以做我愿意的事。在单一自然中，我的纯洁的自我重新出现。在单一自然中，我可以扩展我的光荣和自由，而不必顾忌文化——一种以任何形式体现人性违背自然的巨大犯罪的文化需求的存在。在这个自然中，我在默默地凝视中发现我的上帝或女神。

而且通过将我沉浸在这个如此开放的世界中并与其统一，我可以发现我的解脱和得救。统一阴影：那应该是光；成为一个失去自然本性的自然：这就是解救办法；与平面相统一：那将是光荣；回归更加靠近阴影的感觉：将有真实的我。

在这个新的自然中无法得到真实的精神的洞察力并不是真实的。但是伍德沃斯（Wordsworth）知道精神直觉和自然中可能唤起的启发的真实之源：“辅助的光，从我的心智里涌现出来，在太阳上赠与我们新的光彩。” 471

但是在新平面退色的物质宇宙中，这种光彩将立即被解释为日落流入我的内心，而我则想象日落、自然是焕发精神的源头。但是“光彩”不是躲在外面等着被感觉发现。兔子、鼬和狐狸及其伙伴们不是每小时都盯着日落的光彩和美丽，虽然在很多情况下，它们的感觉是敏锐的。

不，自然不是精神光彩之源，而是它的目的地。当我能够放松我的自我束缚（很多人为自然找到了使这更容易发生的、更合适的和吸引人的空间），然后我可以放松地进入伟大的超灵，然后通过我涌现出一元论的精神光彩，它甚至比太阳升起更辉煌，并赋予它新的光彩。

但是只要我被锁入经验主义单一自然的平面世界，只要我将自然解释为神圣者之源，则在这种程度上必然被拒斥于更深刻和更真实的精神启发和直觉之外：我只是在颂扬金蛋，而忽略了生蛋的鹅之死。

而且，我因此被完全锁定在任何整合的视角之外。如果生物层面是神圣者，则精神层面一定是犯罪。我不能在大精神（或真实大自然）中整合自然和文化，我只能回归自然。我必须回归，也就是退化。

远离超越个人的，远离个人间的，回归到前于个人的，回归到生物为中心的浸礼—完美的地球中心和自我中心，回归到前于理性的神圣自我主义，这就把放纵的感官陶醉误解为超个人的释放。在感观的自然中，如泰勒所言，经常将自我放纵与自我超越混为一谈。

于是，可怕的现实降临了：回归自然是远离大自然。生态阵营，像自我阵营一样，产生的结果正是他们极力要避免的：颂扬自我和否定大自然。

自我和生态在这个方案中永远不会被整合在一起，它们一个是对精神
472 层面上的绝对化，一个是对生物层面上的绝对化。它们任何一方都不允许真正的整合，因为二者都热衷于它们自己选择的碎片，犯了同一个毛病却又要转化对方。

在这些环境下，我们永远不能把单向的自然的观念纳入对话的文化中，然后将这两种自然和文化上升到超越逻辑的大精神。自我和生态、精神层面和生物层面永远无法在这个方案中整合。彼此永远都是眼中钉。

因而出现了相克的矛盾。在同一个平地领域扮演角色，在不和谐和厌恶中相互牵制，每个阵营实际上都带来了它们最不愿意看到的东西。生态阵营，寻找最初的自治和独立，将此视作来自于自然的他律和顺应的自由，结果只是发现它自己对更高自由的强烈需求，阻塞了它在自然和文化交流中的根，这些退化将导致阴谋破坏，并戏剧性地减少了它自己的自由，受疯狂的驱动，变成腐朽的超越（分离和压抑），甚至被更紧地与它厌恶的客体捆绑在一起。

而生态阵营，寻找自我之外的最初的自由，包括生态—自然和这样的繁荣的世界，它们急于废掉理性，可是得到的是在自然展现出来前于理性的冲动，并被警告这种前于理性的模式正是最为自我中心的。在开始远离自我的过程中，却被锁在它们自己的情绪之中，单一自然之内和之外的回声，都被颂为神圣者。从以世界为中心的多元论到神圣自我主义和以生物为中心的感观陶醉——感观的自然在我自己的感觉圈内——这是平面整体论的另一个最后阶段，蝇营狗苟，以疑惑和欺骗的方式来驱动病态的拥抱。

性与现代性

自我阵营将自然看作基础的反应性的现实，而生态阵营试图把自然上升为一种精神。二者在性这一问题上都不可避免地遇到了困扰。

正如福柯的巧妙说明[13]，现代性的兴起是明显的，但是并不以对性的
473 压抑为标志（尽管他不否认这已经发生了），但是伴随着性的压抑。整个时代（始于弗洛伊德之前的一个世纪）对所有能和性扯上联系的所有事物产生了强烈的兴趣，从医药到精神病学到文学再到教育。福柯说，从来没有一个时代的文本在这么多领域如此受性的统治。“似乎从来没有将这么多的注意力集中到身体的各个方面和它的性特征的各个维度。性成为意义、权

利和知识的主要投入的客体。”[14]

我们不必进入福柯对这种极具吸引力的性特征的解释（或者描述），或者说重构，这已经在第三部中作了描述。与此同时，我还是要对整个情况进行简单的描述：

如果自然在许多方面是基本的和最终的事实（根据映照的自我），是深刻的和最终的、而且经常是隐藏的真理（根据生态），则最好将它们归于这样一个信仰，就是性掌握着人性的秘密。当自然（生物层面）是最终的事实时，又有什么其他秘密可言呢？

在同性有关的困扰中，曾经有（现在也有）一些事几乎让平面世界的所有流派都满意：实用的享乐主义的快乐；心理学家的隐藏解释之源，仍然保留为阴影和平面的解释，完全的经验主义—感官（紧抱表面的解释学）；在自然中（生物层面中）发现的终极的和最深刻的人类生命的驱动力。这一切都使浪漫主义感到快乐。

一般来说，三大世界的分化（精神层面和生物层面的分化）意味着现在确实有身体/自然/力比多彼此之间的困扰（同样以新的方式被压抑）。因此，随着三大世界瓦解为一大世界——对于单一自然的客观化和经验主义的相互作用的秩序来说——性紧靠所有人的任何事：人格最终的隐秘事实；推动人类的动力，为了解放和自由而沉浸于其中的伟大的生命力量（“性自由”、“从压抑中解放出来”、“文化混乱的性”、“自由做爱”）；宇宙的最终的大精神内部的伟大的生命力量。性作为上帝或女神，自然单独能够成为最高统治者，生物的驱动力只是周围的推动。

乔治·格罗德克（Georg Groddeck）是《道之书》（本书部分以东方的 474
神秘经验论为基础，道在本质上对我们每个人都产生作用）的作者，弗洛伊德明确承认他的伊底就是受此启发而命名的。伊底是精神生活的推动力，分裂伊底是多数病理（不快乐）的源头，而且伊底是生物层面的性和侵略，它是伟大的自然有机体和自然的躯体生命，生命能层（pranamaya kosha）①，并非大精神，而性才是伟大的秘密。深入挖掘人类灵魂的深度，我们将最终发现，一切隐藏的、最深的和最深刻的秘密：不是元神（Ur-Geist），而是性高潮。

道被还原为伊底，这是大宇宙瓦解为平面单向自然最著名的例子，性特征成为平面世界的实质的核心（或者当然是“最重要的”）驱动力。

---

① 据吠檀多（Vedanta，又称智能瑜伽）理论，人身可分为五层（Kosha），它们分别是：（1）食物层（Annamaya Kosha）：肉身；（2）生命能层（Pranamaya Kosha）；（3）内心层（Manomaya Kosha）；（4）理智层（Vijnanmaya Kosha）；（5）喜乐层（Anandamaya Kosha）。——译者注

不只普罗提诺或商羯罗或金刚手发现这种观点是热闹的。这是伟大瓦解的极好的例子，其中最表面的（最阴暗的、最没有深度的）全子被宣称是最深刻的，实际上是因为大宇宙的瓦解没有为深刻留下空间。和这种瓦解的许多其他特征一样，最基本的混淆成最重要的。

确切地说，称类似弗洛伊德之类的方法为“深度心理学”，其实是虚有其名，它实际上是“阴影心理学”。（虽然它与行为主义相比不那么肤浅，相对来说精神分析看起来好像有点深度。在自我的九个分层中，物质是第一层面，本能的冲动或生命是第二层面，而这仅在与行为主义—实证主义—经验主义对比时才看起来是“有深度”的，它甚至拒绝剥下第一层。心理学家凭此就毫不顾忌地扎入平面世界的“深度”中，对于超越精神分析的七个其他层面毫不在乎！）

因此，在深入挖掘本能的时候，实际上并没有朝向任何深度，或多或少的一点原因是，为了暂时地退向更低、更肤浅的本体层面，悬置了个体自己更深刻、更高级的认知能力。个体有意识地悬置更深、更高的主体间理性和世界中心理性（“次要过程”）并退向更低级、更肤浅、更实体的表层（“主要过程”），而重新联系这些更肤浅的诱因，实际上因为它们是基本
475 的（和不太重要的），可以引起一系列的发展危机。其要点是（的确这样）当这些更低、更肤浅的层面受到侵扰时，更深、更高的层面的发展常会受到阻碍。

因此，与这些早期的更肤浅的诱因接触曾经是（现在也是）十分困难的，不仅因为它处于更早的发展中，而最重要的是因为它们总体上如此肤浅。与本能的冲动待在一起就像漂流于洋面，而不是放松和沉浸到（更高意识的）更大的深度。个体停留在表面，不免处处颠簸：如每个人所知道的，享乐主义绝对没有出路了。

（密宗经常被误解的一个目标是接受肉体的性高潮的激动，从精疲力竭中以表面的形式发泄自己，从而推向更深和更高的精神时刻，此时激动被转变为极乐，精疲力竭成为返老还童。性并不与大精神分离或对立，而只是大精神的最低级或最基本的表达，因此个人的性本能是能够用于回归大精神的最容易的线索之一。确实有生命力量或“命力”或“宇宙的本能冲动”，但是它只是大精神的几个层面中的最低的一层：自然、生物层面。）

但对现实来说它仅是自然而已，因而仅仅由性、快乐和痛苦来打动——美妙神奇的萨德（Marquis-de-Sadean）[1] 结合在其中——对于集体的意识来说，持续的困扰带来的精疲力竭是唯一的基本过程：单一自然是最

① 萨德（1740—1814），法国作家，作品多描写性变态。——译者注

终的事实，表面是最高的统治者，这些表面的“最深的深度”是性，而这表明了自然的隐秘动机和抓住了人性的关键。

因此这也就抓住了人类解放的关键。当单一自然的思维将自然认作上帝时，精神的解放不在于使被遗忘的大精神复活，而在于挖出被压抑的性。还有什么其他被隐藏的上帝？还能在什么其他的地方得到解放？

按照浪漫主义的说法，如果自然是最终的现实，除了把有碍自然和性自由发展的所有一切（例如文化）都解放出来，还有什么其他需要解放的呢？不是进展到超级意识的大精神，而是倒退回下意识的自然；不是沉思于先于显现的大精神，而是挖掘先于文化的冲动；不是后习俗的超越，而 476
是前习俗的沉入。性成为伟大的逃避之神，真正的上帝反而退行不在场了，文化的罪恶埋葬压抑着它，文明的暴力使它窒息，俨如寒冬一般冷酷。

因此只有有了性欲的上帝复活，才有可能有救赎，从退行中得到解放。当性欲从压抑的黑夜升起时，给予所有性欲的身体自由的性高潮释放。不是大精神而是性是通向王国的路径；约束、道德和暂时的痛苦未必带来自由，而是经由性的潜能发现文化的无力，从而得到自由。

这样的景象有什么问题呢？这并不是说性没有正被压抑，也不是说性不能有一点“放松”。没有人（包括福柯）否认文化如果“走得太远”会压抑性，也没有人否认我们需要减除性压抑的负担。的确，由于人类层面和生物层面是分化开来的，它们确实被分离了（压抑），这毫无疑问地解释了我们为什么对标志现代性的性爆发出如此强烈的兴趣。

但是某些其他的事情在继续。性被赋予精力、权利、神秘、氛围和权威，总体比例上超出了实际上能够从本能冲动本身挖掘出来的一切。于是出现了戏剧性的一幕，在隐秘和压抑的性高潮释放的颤抖中追求实际的神——在更深更高层次上的精神显现。再者，在只有单向自然是真实的平面世界中，还能够发现什么其他的释放呢？

因此自我阵营和生态阵营基本的但是又彼此不相同的兴趣都是来自于它们所宣布的单向自然的根本事实（相互依赖的平面世界秩序），因此它们二者的关注点在性的困扰中被切断，毕竟性是自然世界的巨大推动力。

不同的是，当单向思维成为自我的上帝——自信、无上地映照事实的自我——然后经验主义的自然（被映照者）成为同样的绝对性（它是自我映照的终极事实）：自我单向逻辑的思维方式把经验主义的自然（一大世界）绝对化。而且以类似的方式，生态浪漫主义者肤浅地宣布同样的单向逻辑思维和绝对化的自然就是最终的上帝、女神和大精神（自我和生态是 477
单一世界的孪生兄弟，均通过同样的瓦解而出现的两个极端，均定位于同一失去自然本性的自然：这是泰勒的观点）。因此，以与单向自然（自然伟大的相依秩序）颇为不同的方式，这两个阵营被它们的图腾统一起来了，认为自然的大神秘就是性。

因此，人们开始在寓言里搜索性解放的现代性，并寄予很大的希望。萨德的观点经久不衰（十分有影响），弗洛伊德成为每个人的医生。正如现代性所呈现的，“性自由”将传入赖克式（Reichian）治疗形式（文化转变成强有力的武器而解放认同为性高潮潜能）；联系到政治上（其中“自由恋爱”不仅将解除压抑，它还将推倒资本主义；法西斯支持性压抑，而性潜能将结束独裁政治，无论是资本的独裁还是权力的独裁），它将驱动学生反抗；它将使后浪漫运动复活并进入文学理论［诺曼·布朗主张本能冲动“多形态性任性”的拯救，通向罗兰·巴特的《体验之乐》（*le Plaisir du teste*）的所有道路和巴塔耶的高度重视性高潮的释放及福柯对性虐狂的追求，“新的身体和快乐体系”］。当真正的精神实现不再是正规文本的一部分时，则无止境的深入个人的本能冲动是唯一的可爱的替代品。

性高潮将一次又一次深入，奇怪的是它所获得的释放似乎从未达到所承诺的解放。然而，这些“解放者”仍死死地观察隐藏的本能冲动和生物层面的神，人们热情地相信，有性特征的月亮女神被现代性如此令人难以忍受地压抑着（他们完全忽略了问题的另一面：性的困扰不是从现代性中逃离出来，而是现代性的一个标志。这困扰不能只是简单地归咎于真实的性已被压抑的事实，而在部分上是不再被认同的释放的替代品。因此从现代性中逃离出来，追求他们强烈的性解放的时候，“解放者”在追求某种现代性的精华——相克的矛盾的另一面：他们再一次预先假设，并追求他们
478 声称要去推翻的东西）。

而当解放在事实上并没有临近，当一次又一次的性高潮没有使参与者快乐而是使人精疲力竭时，出路在哪里呢？加把劲，性交时间长一些，野性一点，叫声大一点：解放正在于此。

如此种种甚至更多的思想运动都被这个观念束缚了：人类解放的秘密是性的解放。

学者们已经对此事实困惑了几十年：弗洛伊德既是极度的理性主义者（自我阵营），也是渊博的浪漫主义者（生态阵营）。据说，他拥有“道德卫道士的心智”，也被称为“最后的伟大浪漫主义者”。他主要被看作是维多利亚时代的人，冷酷和严厉与极端拘谨；然而他实际上也是现代性的赖克主义者，自由恋爱、反抗现代性压抑运动的祖师。他被看作是保守文化的和地位本身的支持者，然而实质上他鼓励了 19 世纪进步的“性混乱”运动。他被称为快乐原则的预言家，然而也是现实原则强有力的支持者。

我认为这一点也不奇怪。在面对性的困扰的问题上，弗洛伊德是自我

和生态阵营两者分叉的典型例子，留在平面世界中唯一真实的精髓。因为现在仅从前理性的本能冲动发展到理性文化（没有得到官方认可的真正的超理性的大精神），有一种深深不安的焦虑围绕着本能冲动本身：尽管自然是绝对的（甚而是“上帝”），本能冲动是基本的解除压抑的“极乐”状态，然而对这个上帝的忠诚没有推动文化的进展。本能冲动可能是上帝（浪漫主义的立场），但是这个上帝必须被打破（自我理性主义的立场）。这就使包括弗洛伊德在内的每个人处于左右为难的困境之中：我们渴求上帝，但是真的不能拥有它。

生态—浪漫主义者永远不会忘记现代性杀死他们的上帝的悲伤，于是他们用弗洛伊德的“决定论”来解除性的压抑，从窒息的文化中获取自由的本性。（因此他们永远保持对性的强烈兴趣，将其作为能够摧毁现代性的伟大的解放力量，用一种一劳永逸的方法来解除生物层面的压抑，把精神层面置之一旁。）

另一方面，自我—理性主义者仍然有点晕头转向地被性吸引，但是他 479
们运用弗洛伊德的“决定论”去抵制文明的防波堤（然而同时，针对性的主题产生了大量无休止的科学和医学文献，并以科学团的名义调查个人性生活的隐私，就像反对发行淫秽作品的人一样，但是他们总是随身带着X光相片演示他高尚地想要控制的危险的力量。福柯在有关生命权利的著作中指出，现代理性把自我对性和身体信息的迷惑作为控制的办法，只是众多的指征之一）。

简而言之，当单向逻辑思维成为上帝时，性就成为上帝的执著。

与此相似，当单向逻辑思维同样将自然转变为上帝时，性成为人类解放和救赎的关键。

在这两种情况下，单向思维将大宇宙瓦解为平面自然，平面自然是自我“映照”的单一的、最后的和最终的真实，并被生态吹捧为大精神，使它们都迷恋主要驱动力是性的自然。而在这种迷恋中，自我和生态被秘密地统一了——单一自然即一切，性就是秘密。

自我将控制它，生态将解放它。但是这个“它”在两种情况中都是性。

因此有人说“现代性”和“在性上的执著”将是同样让人头疼的两个名字。而且，现代性很少回答，不只是今天晚上……

进化

我们确实在一个简单的发展原则之中领会整体。如果是这样的话，所有其他的一切将与之协调，追随相伴。

——黑格尔

自我和生态——二者除了以十分不同的方式，在单一自然的视角下，对性的迷恋外——在理论上仍然是冷战的局面，相互轻视：通过与自然的脱离去接近自然而不是合为一体。

480 如果不是进化论的发现，僵局在此本可能还在持续之中。

对于进化论有很多先行者——泰勒斯（Thales）、恩培多克勒（Empedocles）、阿那克西曼德（Anaximander）、亚里士多德、圣格利高里。但是15个世纪以来，对进化的探究被《圣经》上的创世神话给挡住了。只有到了16世纪和17世纪，存在之巨链的支持者才开始意识到层次本身，正如普罗提诺所提出的，它不仅是个体成长和发展的地图，而且在宏观上也是大宇宙成长和发展的地图。如果伟大的层次是现实不同维度的总地图，当它们展开时会有什么不同呢？而且，哲学智者如奥里根在很早以前就提出，普罗提诺的等级在物质宇宙时代已经破产了，这都过去多少时代了。

因此在达尔文之前的一个世纪，物质宇宙和人类进化的理论已经广泛出现了，如我们看到的，该理论正在寻找“丢失的环节”，但是现在认为丢失的环节已经在时间和历史中展开过。莱布尼茨坚持认为“动物的种类已经被多次转变过”，例如，在以前的某些时间“具有某些与猫相似特征的种类像狮子、老虎、猞猁可能是同一种类，现在可能被认为是原始猫科的子类”。他提出，整个宇宙，可能是一个不断发展的宇宙，因为我们到处都能看到自然的创造力——他将其称为“超创造”（转变）。

而且，在为这些思想寻求任何科学依据之前，已经得出十分明确的结论，如洛夫乔伊提出的：“世界到目前为止仍然是不完整的，必须将存在之巨链作为一个过程来构筑，在这个过程中，所有形式都是按照时间顺序逐渐实现的。”[15]到1693年以前，莱布尼茨从此推论出某些物种灭绝的必然性和其他物种的“超创造”。到1745年，柏林科学院的校长莫佩尔蒂（Maupertuis）已经提出这个论点，今天所有存活的物种源自数量非常少的、甚至可能只是一对原始的祖先，这个论点在1749年得到了狄德罗（Diderot）（百科全书派）的响应（这是在《物种起源》出版之前的110年）。

481 众所周知，康德很快提出了相当深刻的物质宇宙进化的理论。他说，宇宙开始时是很简单的、没有分化的，但是在展开的过程中变得更加多样、复杂、有序化。他说：“甚至在最简单状态中的物质也具有一种通过自然的进化把自己组织为更完美的构造的趋向”——这确实是进化的自我调节特性的一个最清楚的描述（甚至进入了物理的领域）。因此他说，进化“永远忙于达到自然的新的上行，带来新的事物并进入新的世界”。

他坚持大自然的丰富（完美）有一个法则：进程中的多样化（我们称为进展的复杂性和分化性）。

简而言之，大自然的展开有一个方向——越来越伟大的创造性的多样化。从罗宾内（Robinet）到邦内（Bonnet）到谢林再到柏格森，“进化的大景象是扩展自我分化的能量和创造性激情的不断展开和显现……”[16]

但不只是分化；每一次持续的上行也带来了一个新的和更高的统一或整合。正如康德所提出的，“大自然的创造或发展不断以更加广泛的幅度传播……”谢林在1800年具体写道：

> 连续本身是一个渐进的过程，例如，不能在任何单一时刻将其完整地体现。但是每深入一步，宇宙的完整性就接近一步。相应地，机体伴随着这种连续的进展，延及的范围越广阔，越是能够代表宇宙更大的一部分。另一方面，我们越是回归到机体的世界中，成为宇宙的部分则越少。宇宙是机体自身包含于其中的。（要注意重要和基础之间的区别。）[17]

前行和分化越明显，包容和整合就越多。如普罗提诺所说的一样，包括多样性的发展携带着多样进入更高的统一、更高的包容——不是“一”对“多”，是“多”中的“一”，在一系列的分化和整合中显现出来，每展开更多的宇宙，也就更多地兼容宇宙。

在这里，我们熟知的性爱，力求更大的统一，更多的整合，展开更多，兼容更多（性爱/上帝对人之爱）。隐藏在物质内部的未知力量，驱动性爱 482
进入更高水平的自我组织和自我超越。未知的力量不会让物质无组织地堆积在一起。我们将马上涉及这个部分的问题，回到达尔文尽管乏味但是本分的证据积累上来，证明已经事先为人所知的概念。

但是新的进化观如何适应流行的平面世界观并不是一目了然的。自我和生态仍然审视着彼此，它们之间有着跨越的鸿沟，两个绝对主义是不可能和谐相处的。

现代性的痛苦：费希特与斯宾诺莎

自我阵营已经发展进入了费希特的纯粹自我或无限主体的终极局限，虽然纯粹自我确实在某种程度上是超灵的（甚至是亲眼目睹）[18]真正的直觉，虽然纯粹自我或无限主体认为自然居于其本身之外，但是实际的和伦理的观点是十分清楚的：自我越多，生态越少，整体越好。

这确实是逃离平面和引进大精神的真正尝试，但这是通过激进的主体或自我发现的大精神（因此是打破纯粹的上行之路，解放任何下行的自然和客体）。[19]而且，在整个时代中，费希特将大精神奉为超越的和绝对主体中的纯粹的自由。它是自我阵营对每一件事情所持有的高度：在纯粹主体中发现的纯粹自由的激进的自治。

另一方面，生态阵营，全部求助于斯宾诺莎来适当地解析它们的目的(求助于富于想象中解析的大精神在生态男性主义的圈子中仍然很普遍)。[20]在这里，大精神被视为绝对的和全部的客体系统，在这个系统中，自我将要无缝地插入自身之中，因此伦理的规则是明显的：生态越多，自我越少，整体越好。

这实质上也是一个高尚的引进大精神的尝试，但这是生态的激进化而发现的大精神（因此是体现纯粹下行、无所不在的道路）。[21]在同一个时代，斯宾诺莎将大精神奉为永久的和全部的主观的物质（或无限绝对的客体，如费希特所支持的无限绝对的主体一样）。这是生态阵营对每件事情所
483 持的态度：自我消解到无限的生活和爱的大秩序中，大精神代表外显世界总体上的多样化。

在自然这种伟大的相互依赖的秩序中，自我阵营希望脱离它（趋向于纯粹上行的主体，通过性爱尽其所能地驱动），生态阵营希望进入它（作为纯粹的下行的统一，通过上帝对人之爱尽其所能地驱动）。对于自我来说，它越是能够摆脱幻想，从宗教中摆脱出来，自我就会拥有更多的知识和自由。自由的意志越多，宗教的束缚越少，就会有更多的解放和自由。而且最纯粹的自由是纯粹的自我，纯粹的主体，超越自然和客体，发现最终伦理的明了。除了相克的矛盾（自我不顾一切的压抑），在成熟的自我—负责和自我决定的成熟立场中还有很多真理。

对于生态阵营，其孤立自我的意志不管有多么重要，已经密封于自然和其他文化之间的统一和共性的丰富的网络中，因此，世界越不为自我理解越好。共性越多，自我的意志越少，则越自由越解放。纯粹的自由是纯粹生态，完全从单一的自我中解脱出来。这就是将客体的和永久的物质作为一个巨大系统的观点：纯粹内在的实体（下行）。除了相克的矛盾（生态的压抑）外，在生态坚持重新认识世界的文化和自然的共性中有很多深刻的真理。

如弗雷德里克、泰勒和众多的其他学者所指出的，整个知识的时代将致力于或至少迷恋于绝对主体和绝对客体的整合，费希特和斯宾诺莎（或康德和斯宾诺莎或费希特和歌德）的整合——他们产生一个相同的结果：你怎么可能统一主体的自由和客体的一致性？[22]

也就是说：一条道路是激进的自由和上行的路线，一条道路是趋向多样性的下行路线，你如何在它们之间作出统一呢？如何疗救这两千多年以来，在西方文化的地平线上留下深深划痕的二元论？如何结束柏拉图的脚
484 注中大量的分裂？如何把这两个从一开始就统治西方历史的破碎的上帝结合？还是最终发现他们最终的观点受到了费希特和斯宾诺莎的支持？或

是在个体中需要主体的自由和客体的一致性？

我们绝不能简单地把主体和客体油腔滑调地夹在一起，因为主体的自治和客体的非自治是绝对不兼容的，也就是说，如果我们不断地追求，不可避免地会导向费希特或斯宾诺莎。因为一个的获得是另一个的损失，是一输一赢而不是双赢。

到18世纪末期，上行自我和下行生态之间的分裂，虽然基本上与大量的二元论中展示的基本分裂是同样的，但泰勒对这种分裂的总结更加中肯："思维、理性、道德之间的对立是一方面（自我），渴望和敏感是另一方面（生态）；最完全的自我意识的自由（自治/意志）之间的对立是一方面，社团中的生活（公民社团）是另一方面；自我意识（自我）和与自然的共享（生态）之间的对立；超越这种分离和康德的主体及斯宾诺莎的物质之间的障碍……"[23]

请注意泰勒提到的二元的分裂包括心智和身体、人和人、人和自然、自然和精神之间的分裂。两个阵营都声称已经处理了大量此类的二元论；两个阵营都倒下了。三大世界确实被分裂了，但是没有明显的方法可以毫不偏袒地整合它们。自我从"我们"中分裂出来，"我"和"我们"从"它"中分裂出来……特别是，有统治的自我（康德/费希特）和全盘的"它"（斯宾诺莎），全部的"我"和全部的"它"，自我和生态。"18世纪90年代的时候，很普遍地认为自治与自然必须统一，康德和斯宾诺莎必须统一。这是当时的格言。"[24]

为了鼓励积极真实的自我阵营和生态阵营的贡献，我们不得不既从大宇宙中分离出来（保留自治），还要与大宇宙统一（使其成为整体）。怎样在那种必要的但是好像又矛盾的过程中取得进展，哪个阵营都丝毫没有办法。如何协调自我意志和生态共享，怎样协调从整体中分裂出的纯粹上行和趋向于整体内在固有的纯粹下行的道路，这是整个时代的焦虑，简直不知道怎样解决这个问题。

的确，如果不是某个极为特殊的个体，它可能到今天仍旧是一个秘密。 485

行动中的大精神

在一片喧闹声、催促声、口哨声以及进不了门的人敲击窗户的砰砰声中，在一个水泄不通的演讲大厅里，那种喧嚣拥挤让人觉得如果再持续下去，几乎就要放弃这场演讲了，正是在这种情况下，谢林对一群瞠目结舌的听众发表着演说。开头几次演讲，人们几乎是冒着生命危险在听。不过，我信任谢林，即使拼了老命也有勇气再听一遍。如果有人乐意冒险的话，在讲演过程中会有很多奇思妙想勃发——为

> 了听谢林的妙语，有什么事情是不能做的呢？
>
> 真高兴啊，我又听了谢林的第二次演讲——真是难以言表。当他联系哲学与现实性的关系并提及“现实性”一词时，思想的萌芽在我体内欢跃。我几乎记得这以后他说的每一个字。也许思想从中能得到澄清。这一个词唤起了我所有哲学性的痛苦和磨难——如果他能分享我的快乐的话，我多想对着他倾诉啊！我多么热切地劝自己相信这是正确的做法——哦，如果我能做到就好了！——现在，我把所有的希望都放在了谢林身上。
>
> ——瑟伦·克尔凯郭尔
>
> 写在谢林 1841 年在柏林演讲期间[25]

谢林（1775—1854）生于符腾堡州（Wurttemberg）的莱昂贝格(Leonberg)，始终是一个喜欢思考的小男孩，在 15 岁时考入蒂宾根（Tubingen）的大学，在这里他成为赫尔德林和黑格尔（都比他大 5 岁）的朋友。他在将近 20 岁时开始出书，虽然比黑格尔年轻，但他却是与耶拿(Jena）最融洽的合作者（其中在 1798 年，他在 23 岁时被任命为主席；他的作品已经得到了费希特和歌德的称赞；他在 1800 年得到了黑格尔的认可）。

486 不幸的是，谢林通常被认为是从费希特到黑格尔的仓促过渡（也就是说，从康德的临界哲学到绝对的理想主义）。我认为这是个巨大的误会，因为以我的观点来看，在很多方面他甚至比黑格尔（海德格尔感觉谢林始终是深刻的理想主义者）更加有影响。黑格尔的系统非常庞大、连贯，当开始解开时，尽管谢林不再安置数不清的定时炸弹，但攻击的后果确实使黑格尔的体系全部瓦解了。

谢林在某种程度上对启蒙观点作出自己的反应：理性自身是我们能够追求的最高的上行。倘若这是真的，启蒙已经成功地区分了心智和大自然、人类层面和生物层面，它也趋向于忘记二者超越的和统一的基础，因此它趋向于离解心智和大自然（伟大的理性的潜能病理学）。心智和自然的分离、自我和生态的分离、心智在科学探索中“反映”自然——我们将之视为表征主义范式——当然，这已在进行中。谢林指出，这一表征主义范式在作为外部客体的自然和作为主体映照的自我之间制造了裂痕或者说分裂——他说，这还使得人们反对自身——我们早先已经说过了，反思性的单向逻辑眼光，他说，当它自我终结的时候，就会成为一种“精神性的病态”。

同时，谢林意识到这种分裂“是不可能通过回归感情，回到人类过去的童年来解决的”[26]。回归到生态自然的路是行不通的，谢林清楚这一点。

他的坚持使我们不得不超越理性，以便发现心智和自然只是一个绝对大精神的不同运动方式，这种大精神在它自身连续的展现阶段上表现和隐藏着自己，正如黑格尔所表述的，大精神不是从“多”分离出来的“一”，而是“一”通过“多”表达自我的过程——是在自我发展的进程中表达自己的无限行为——或者像我们现在说的，是在自身有限的发展过程（进化）中不断表达自己的无限活动。

发展的开始和结束是绝对的。谢林说：“我认为上帝都是第一个也是最后一个，是未知的和最终的，是未进化的、内在的，也是最终进化的、外在的”——换句话说，既是源头也是最高点——以整个的上行和发展过程为目的来展现自己（如性爱），是整个过程中自我调节和自我超越的驱动力。如谢林所提出的，它是这个“使世界成为一个系统的组织原则……一 *487*
个自我调节的整体”。

不管怎么说，世界确实连在一起，进化的确有一个方向：大精神运动的方向。因此，谢林和黑格尔都坚持进化不只是通往大精神的驱动力，它是大精神通往大精神的驱动力，在一系列日益增加的整体性和整合性（全子）中展现自己，表达大精神的自我意识或自我实现程度的增加。性爱完全存在于这个过程的每个阶段，如其过程本身。如费希特所提出的，存在是“无止境的自我发展过程，它总是在永无止境的时间潮流中通往更高的自我意识”。或如黑格尔认为的：绝对是自身成形的过程，只有通过它的发展，它才变得具体或者现实。

如黑格尔在他的《历史哲学的演讲》中解释说：“伴随着各种记录呈现出来的变幻场景，世界历史是发展和实现大精神的过程——只有这种洞察才能够使大精神和世界历史一致——已经发生的和每天正在发生的一切，不仅不是‘在没有上帝的情况下’进行的，归根结底都是‘上帝的功劳’。”（所以“人能够背离的，一定不是真正的道”。）

发展（或进化）的每个阶段是大精神通过此阶段的结构（和限制）认识其自身的过程。因此每个阶段是一个论题（费希特、黑格尔）最终进入它自己的局限之内（费希特：对立；黑格尔：矛盾；谢林：检查力），它引起了对新的综合的超越（费希特、黑格尔、谢林：有机整体），二者都既否定又保留了它的先驱者（谢林、黑格尔）的论点。辩证法当然是性爱或行动中的大精神，大精神更加完整地展开自身并因此更加完整地统一自己的驱动力。

因此，大精神通过感觉认识自身，其次是感知，然后是驱动力。在这一点上，大精神仍然是无法自我意识的。[27]费希特和谢林都对无意识有大量的看法，都非常同意普罗提诺的观点：较高的阶段暗含于较低的阶段中，它们是较低阶段无意识的潜能，如它们不断的发展进化一样。

因此谢林将整个大自然称为“沉睡的大精神”。相对于心智，大自然绝非迟钝的傀儡，相反，大自然是“自我调节的动态系统”，此系统是“大精
488 神的客观外显”[28]——“大自然是统一的、自我发展的超有机体。”——如柏拉图所言的“看得见的上帝”，仍在发展或进化着。

因此很明确，大自然不是静态的或决定论的机器，它是“正在制造的上帝”。所有的生命过程都是神圣生命的外显，并在空间和时间中展开。但是，谢林说，它是沉睡的大精神，因为大精神尚未成为自我意识，大宇宙尚未开始有意识地反映自身。

随着心智的显现，大精神成为自我意识。大精神试图通过符号、概念和理性了解自身，结果是宇宙开始思考宇宙——这产生了理性的世界，特别是有意识的道德世界。因此，谢林说，自然在哪里成为客观的精神，心灵就能在哪里变成主观的大精神。[29]

而且在这一点上，他认为心智和大自然似乎可以分开，二者完全没有任何关系，不必要去涉及或者了解二元论，应该把自我和生态看作是完全陌生的存在。

但这两个“明显的绝对”，如他所称的，在第三次伟大的神性运动中被综合起来，这是对自然、心灵和两者根本统一体的超越，或者把“两个绝对（绝对客体和绝对主体）再统一为一个绝对体”（费希特和斯宾诺莎同样在心智中提出来）。这也使主体和客体在无限的时间内了解自身，大精神直接认识到自己之为大精神，认识到自己是一种直接的神秘的直觉，它不需任何形式作为中介，不论那些形式是关于客观自然的情感还是关于主观心灵的思想。

在此我们窥豹一斑，对无形式、非二元、没有基础的基础，对同一体的单纯虚空作了清晰而深刻的审视。准确地说，谢林承埃克哈特、伯麦和狄奥尼修斯的余绪，时常提到“冷漠”和“深邃”。“在神圣存在的原初基础和原初宇宙原理的终极的混沌深邃中，没有分化，唯有单纯的同一。”[30]我们将它称为终极同一。而且，谢林说：“要想从实质走到存在，我们必须树立分化的立场。”（也就开始了我们称之为内涵或外溢的过程。）

因此，对谢林和黑格尔来说，大精神走出其自身，产生了主体、客体
489 的大自然，意识到其自身的主体的心智，并以纯粹的非二元论的概念唤醒自身，其中客体和主体是纯粹的非二元论的有意识的行动，在意识的大精神中连接着大自然和心智。大精神客观的自知是大自然；大精神主观的自知是心智；绝对地承认大精神——一切的起源、高潮和动力都存在于此。

（我们也将这三次波澜壮阔的运动称为潜意识、自我意识和超意识，或

前个人、个人和超个人——三个范围，我们在前面的章节已遇到多次。）

因此，整个进化顺序是通过一个个全子来完成的。每个阶段（上行的阶段）建立在它的前一个全子的基础上并兼并前一个全子——“后一个是前一个的结果：什么也没有缺失，所有的原则均被保留。”黑格尔所失去的是前一个的不足之处，或者它所声称的原来名义上的整体（黑格尔称其为“否定的否定”）。每个阶段兼并它的前一个阶段但是否定它的片面性。黑格尔说：“替代就是否定和保留。”

谢林的观点同样也是对发展或进化的准确和完美的总结，他把发展和进化总结为在突现出来的全子范围内突现出来的全子：“较低级的全子是较高级全子的必要基础，后者之中包含前者。但是还有一些突现出来的新的东西，这个新的级别解释它预先预示的级别。”[31]

这确实是一个极富吸引力的观点，对自我和生态的深刻整合，对下行到最低阶段的大精神和上行回到其自身的大精神的深刻整合，大精神完整地存在于每个和所有的分阶段，是其意识的自身、自我实现、自我展开和自我兼容的过程。大精神的神圣演变存在于大宇宙的每一个运动中，发现更多的自身作为其自身的演变过程，飘扬在宇宙的每个姿态中，从未真正地丢失、从未真正地被找到，但自始至终都在深邃中闪现并有所表现。

下一章我们将返回到谢林的观点，并更清楚地指出他如何在未牺牲任何一方的利益的前提下，设法统一自我和生态、上行和下行。[32]但是目前要注意到，如果所有人像普罗提诺一样现世化，则不会错得太远。如当时的一位历史学家所提出的：

> 如果我们要讲早期浪漫主义的集大成者，不能不提到古代的思想
> 家普罗提诺。这位新柏拉图体系的哲学家不只发展了整个诺瓦利斯的 *490*
> 体系和很多谢林在中期的观点；他的手臂伸得更远：通过诺瓦利斯和谢林，他对施莱格尔产生了影响，虽然不知道其在柏林演讲的《对话与诗》中的信息，这至今仍是一个谜。[33]

这位“真正的诺瓦利斯”，如他在写给弗里德里希·施莱格尔的信中所经常提到的：“我不知道是否已和您通过话，我所热爱的普罗提诺。通过提德曼，我被这位哲学家所启蒙，讲到我的心坎里了，我也对他同康德和费希特的相似而感到恐慌。他比这两位更令人折服。”

他当然也钦佩谢林，谢林的影响是巨大的，而不只是作为黑格尔系统论的起点。谢林是赫尔德林、歌德、席勒和施莱格尔的朋友。他直接影响了施莱尔马赫，施莱尔马赫认为所有真正的神性是直接体验而不是信仰的结果，从而发展了宗教概念。谢林的有机整体的观点，和他的信仰感觉不是“映照”而是“付诸行动”，有很多格式塔心理学的成分（自认知认识

论）。按照他将性爱作为无限活力的观点，他对一大串“意志”理论家产生了爆炸性的影响，从叔本华到柏格森再到尼采。蒂利希梳理着这条道路的影响：“叔本华最重要的学生是尼采。然后从尼采走向柏格森，法国的唯意志论者、黑格尔和萨特到怀特海，本世纪伟大的形而上学学者——所有这些都源自于谢林。”[34]

根据他的艺术和审美的直觉理论——也就是，在伟大的艺术中我们有机会超越主体/客体二元论——他同席勒成为所有浪漫主义美学运动之父。如卡西列（Cassirer）所指出的，他的符号形式的理论是他自己的著作和大量荣格分析哲学的先驱。

谢林的无意识的观点被卡鲁斯（Carus）获悉，卡鲁斯的书《心灵》（*psyche*）认为有意识的精神生活的关键是在无意识中发现的。在叔本华的观点中也重新出现了谢林的影子，他的学生爱德华·哈特曼写出非常成功
491 和有影响力的《无意识哲学》（1869）——被译成10个版本，比弗洛伊德和布罗伊尔的《癔病研究》（*Study in Hysteria*）（1895）早20年。

与无意识的观点相关的是谢林引进极具影响的异化的概念，这表示大精神在其外显中“失去”自身，进化或发展是克服这种自我—疏离，通过大精神返回大精神克服异化，或者直接重新发现非二元论（我们称为打破建构的重构）。人们处于主体/客体二元论中，因此从源头和顶点中异化——并因此从整体中异化——只有在克服二元论和存在主义的异化的时候，才能够发现真正的快乐。参加柏林演讲的有克尔凯郭尔、雅各布·布克哈特、米切尔和弗·恩格斯——卡尔·马克思的合作者。

但是，“发展哲学”（或性爱哲学）的直接影响是进化的观点“在空气中”无处不在——这仍然比达尔文早60年。[35]“按照谢林的观点，世界呈现出来的进化理论是一个自我发展的有机整体。确实，他清楚地指出进化的可能性。例如，他观察到尽管在人类的经验中没有一个物种到另一个物种的转变的实际例子，但是经验性证据的缺乏并不证明这样的转变是不可能的。因为有可能这样的转变发生的时间太长，远远在人类体验之先。”[36]

因此，到1810年，谢林的朋友和学生、自然主义者洛伦兹·奥肯坚持“大自然的哲学是上帝在世界中的外显转变的科学”，并概述了其研究过程：

> 它有任务展示世界从原来的一无所有开始进化的过程（听起来不是太荒唐，是吧?）：神圣的身体和元素是如何出现的，它们如何进化到更高级的形式，有机体最终是如何出现的……这些过程构成了宇宙生成的历史。[37]

普罗提诺的世俗化就是进化。洛夫乔伊在一次有关直觉的报告会上指
492 出：“进化的一般观点的出现远在假设性的大多数科学证据之先；在18世

纪中期之前，它已在读物中广为流传。因此经常归因于生物进化的影响下建立和传播开来的学说，实际上在很久之前已经发生了，它与进化论是无关的。”[38]

当达尔文挺身而出提供了一系列经验性的生物进化证据时，除了惊动创世纪神秘的信奉者之外，并没有使任何人吃惊；但是他们被谢林和其他发展主义者所做的事情所震撼了。

在过去的大约一个世纪中，这已经成了科学的教条，即达尔文的伟大的和持久的贡献是发现，而不是存在的进化（如我们所看到的，到那个时代这个假说已经提出来一个世纪之久了），但这种情况是怎么形成的呢？即通过自然选择（与沃莱士一同发现的）。在最新的观念中：基因突变导致遗传变异，其中大部分是不适应的，但是有一部分则形成了适者生存的更强的（至少是不同的）能力，因此这些突变才能被选择并通过基因遗传而得到向前发展。无论这种理论是否取得了进展，它都足以让科学忽略任何种类的性爱，忽略温柔的说服，忽视超验的/自发的驱动力，因此人们可以“根据适当的指导追溯科学”。

但是现在科学家已经普遍承认，虽然自然选择能够很好地解释“微观进化”（或者在既定的可能范围之内的变化），然而它根本无法解释“宏观进化”（或者新的可能性范围的出现）。[39]而且，创世大爆炸事实上已经使理想主义者处于任何真正去思考它的人的边缘，结果是大多数科学哲学家公开承认——甚至战胜了——进化在其进化过程中具有某种自我超越的驱动力，我们称其为教义 2c，所有全子的自我组织和自我超越能力，换句话说，即欲力。

那时，达尔文理论的最终的贡献不是其发现了宏观进化的机制，因为它没有发现，而是它掩盖了这个事实近一个世纪，即进化发展理论有些类似于欲力。达尔文最终的贡献主要是大量的掩盖。科学家都很乐观和自我满足，开始澄清宇宙中任何类似于爱和相关的一切，都去庆祝另一个真理 493
（众所周知，华莱士并不认为自然选择能够代替性爱；他认为进化即其本身，“大精神创造的模式和方式”，达尔文自己却在摇摆不定）的胜利。

但是世纪并不摇摆。如我们将在下一章看到的，实际上随着任何形式的理想主义的瓦解，西方世界将信仰的家园舒适地建在自然平面的下行的领域，它已经是实体论的低级中心，就好像已经放好的豆袋椅。而且在这种舒适中——有人可能怯于表达自己的立场，单一自我和单一生态在道德的战场上混战，为了获得效忠于如同硬纸板一样的宇宙的权利而战。

西方世界的这种情形至少在短期之内不会结束。

> 这是一段神逃离缺席和神即将到来的时间。这是一段有所需求的

时间，因为处于双重缺乏和双重否定（Not）之中：已经逃离的神不在了，即将到来的神还没有到来。

注释

[1] 洛夫乔伊：《存在巨链》，292 页。

[2] 同上书，313 页。

[3] 同上书，312 页。

[4] 同上书，193～294 页。

[5] 同上书，313 页。

[6] 同上书，301 页。

[7] 同上书，297～298 页。

[8] 同上书，299 页。

[9] 同上书，301 页。

[10] 同上。

[11] 后面这些引文只是对第八章中的引文的重复，在第八章之后可以找到它们的出处。

[12] 这不是那种巫术阶段的混沌（尽管就在它的边缘），因为这个地方大精神单一的自然仍然是分化了的自然。

[13] 福柯：《性史》和《规训与惩罚》。

[14] 德雷福斯和拉比诺：《福柯》，140 页。

[15] 洛夫乔伊：《存在巨链》，256 页。

[16] 同上书，281 页。

[17] 谢林：《先验唯心体系》(*System of Trans cendental Idealism*)。

[18] 费希特的《知识学》(*Wissenschaftslehre*) 有三个基本假设，这是费希特自己说的。第一个基本假设是"自我仅仅以原初的方式存在于自身之中"；第二个基本假设是"非我就是自我的反面"；第三个基本假设是"我在自我之中安置了一个具有分别作用的非我，作为自我的对立面"。

第一个基本假设指的是纯粹的自我，或者超越个体的（supra-individual，transpersonal）自我或者纯粹的观照者（我—我）。按照费希特的说法，也就是纯粹的知觉者，它本身永远不能成为知觉的对象（只能从内部来证悟）。这种纯粹的活动或者纯粹的敞开，是一切认识对象的基础和前提，所以一切优先的对象都是从这个纯粹的自我中"流出来"的（费希特认为这个纯粹的自我是无限的，超越个人的）——这是第二个基本假设。

既然现在有限的非我（一般意义上的客观性）存在了，它可以被有限的个人的自我觉知到——那就是第三个基本假设。

因此，绝对的和无限的自我于自身之中设立了有限的自我和有限的自然（"分别功能"）。这很明显是一种"西方的吠檀多"，我曾经在文中多次提到。并且费希特的这些引申在他看来并不是抽象的哲学理论，而是一种直接的意识观照的结果：它的基础在内部，而不是在外部（后者被叫做“教条主义”，导致了后来的“决定
论和机械主义”）。他曾经这么跟学生说：“注意那堵墙。现在注意，是谁在看那堵 668
墙。现在注意，是谁在看谁在看那堵墙…… ”换句话说，不断地后退，直到进入作为一切存在者的基础的那种观照，而那种观照本身不能再成为观照的对象。根据费希特的说法，那种纯粹的行为（或者纯粹的观照）是任何物体显现的基础和前提，因此它本身不是任何个人的，不可以做任何的限定：它是无限的、绝对的、超越个人的。（有时候有人会批评费希特把自我看作是无限的，作为万物的基础，这实际上是不对的，费希特经常会指出这个误会。）

根据费希特的说法，整个的世界都是纯粹自我的“创造性想象力”的产物（于是就否认了康德的物自身的观念）。这和商羯罗的纯粹梵我、纯粹的梵，以及万物都是从梵我的摩耶（神变）相似。

那些各种形式的“西方吠檀多”和东方的思想的关键区别在于，后者主张纯粹的观照需要用严格的瑜伽专注力和无分别觉知来维持，否则就很容易被有限的自我扭曲。

比如在禅宗中对于“我是谁?”的参悟［比如，“念佛人是谁?”或者“如何是本来面目?”或者“无（Mu)”］就往往需要六七年的时间，否则无法参破；费希特可能只是略微体味到了这种深奥的、敞开的一点点，所以我常常说大多数“西方吠檀多”都是“夹生的”。

在这种“夹生的”形式中，可能会受到启蒙范式的有限的、高度自主的和无根的主体性的限制。自然，或者整个的非我，最终会整合进入纯粹的自我；而自然只是自我试图从道德上解放自己的基础和背景，这个解脱和觉悟的过程是没有终结的。所以，当谢林说费希特没有整合好自我和生态的时候，我认为他是完全正确的。但是这并不妨碍我们欣赏费希特在正确的道路上前进的一大步，尽管他在真正的突破和真正的整合上做得还不够。（我还要特别指出，费希特提出的“人类精神实现的历史”不仅是黑格尔意识发展的现象学的先驱，而且是几乎所有的发展心理学派的祖父。）

至于费希特的最后一个假设，就展露了他纯粹上行的弊端，因为他走了一条无休止的上行之路，脱离了任何真正的下行（参见下一个注释），于是自然成了必然的敌人，的确如此。

［19］这是一种试图走纯粹的上行之路，纯粹的超越，纯粹的回归，极端弃绝的路的做法。康德试图给平面的本体论引入一种上行的和反平均的风气，费希特更是如此，这也就是为什么他们的哲学往往被称为令人感到“清爽”的原因——在上行的洪流中总是存在自由和解放，但是他们两个身上存在一种两难困境：如何把这
种上行和下行的有形的世界整合。因为没有这种整合，上行总是要付出退行的巨大 669
代价，我们已经看到了这一点：人类之爱退化成了恐惧。

［20］男人往往不善于处理关系，在斯宾诺莎那里是用与人无关的“它语言”来描述的。他把男人看作是一种无限的物质：在这里没有令人讨厌的人与人之间的

对话和理解的问题。从深度生态学的创始人开始，几乎所有主张深度生态学的人都会搬出斯宾诺莎来作为理论依据。通常他们对斯宾诺莎的理解非常糟糕，认为从斯宾诺莎的思想可以推出去人格化的精神物质和去自然的自然：这样恰恰进入了前习俗阶段的高度自我中心。

[21] 它是一种纯粹的下行、纯粹的无常、纯粹的涌出（efflux）、极端的沉浸于万物之中。生态阵营关注的是伟大的相互关联的秩序、有形的系统，试图给康德和费希特的自我所抛弃的世界（和自然）重新带来灵性，试图重新整合无根的主体性的碎片。的确，在下行的洪流中总是可以找到上帝之爱的包容、慈悲、管护——但是还是会存在两难困境：如何把这种下行和某种真正的上行整合，因为没有上行，上帝之爱总是会退化为死本能，我们已经看到了，纯粹的退行，一直到分化之前的状态，这不是治疗而是杀戮（也就是伤害）。

[22] 在东方，同样的困境可能表现为一种整合的欲望，也就是把纯粹的上行的自我或者意识（至高无上的自己，住在身体这个大房子中的人，原人）和纯粹的下行的有形的世界中的物质（原初物质，原质），或者也可以说是纯粹的空和纯粹的色，或者也可以说是涅槃寂静和生死轮回。早期的瑜伽学派把诺斯替教或者纯粹的上行作为出路，也就是把一切的色消融在无尽的空或者定境之中，在涅槃中熄灭轮回。

第一个突破那种困境、真正开始走出通向不二的决定性的一步的是龙树，他的做法和普罗提诺非常相近（超越且包含，涅槃和轮回不二）。后来商羯罗就把这种不二的思想引入了印度教，阿毗纳瓦笈多（Abhinavagupta）把它引入了不二克什米尔·希瓦宗（印度教的一支），莲花生把它引入了藏传佛教——我仅举这有限的几个例子（关于这个问题的详细讨论，可以参阅第十四章的注释[1]）。

彻底的不二哲学的革命第二步在东方主要以奥洛宾多为代表，在西方是以正文中即将介绍的这位先生为代表。这个东方的思想将在本三部曲的第三部中详细探讨。

[23] 泰勒：《黑格尔》，382 页。

[24] 泰勒：《自我的根源》，382 页。

[25] 从各种信笺中得出的，在克尔凯郭尔的《讽刺的概念》和《谢林的柏林信笺》中。随着谢林进入神话学的研究，克尔凯郭尔就不再对他那么推崇了，这是众所周知的（在这个问题上也不难看出克尔凯郭尔的立场）。

[26] 科普莱斯顿（Copleston）的说法，第 7.1 卷，133 页。谢林写的或者关于谢林的那些好书往往都很难搞到，这实在是非常遗憾的事情。唯一一本比较容易得到的书就是科普莱斯顿的《哲学史》，目前是三卷本。这本书里收录了对谢林思想
670 的非常好的概述，因为这几乎是唯一可以得到的书，所以我的大多数引文都是出自这本书。

[27] 费希特、谢林和黑格尔每个人都提出了自己的大层次的构想，但是根据我们的分析，其核心都是普罗提诺的层级体系。

[28] 科普莱斯顿，第 7.1 卷，141 页。

［29］谢林的说法；黑格尔的意思与之相近，但是在术语上是不同的，当然，就是关于绝对统一的本性究竟如何的问题的讨论，大差不差。

［30］科普莱斯顿，第 7.1 卷，161 页。

［31］科普莱斯顿，第 7.1 卷，139 页。

［32］谢林对生态和自我的整合的讨论是非常精彩的，和今天关于环境的苍白的理论形成鲜明的对比，后者今天仍然或者在追求自我—理性的精于计算的冒险（“环境改革主义”），或者堕入各种形式的退行，退回到生态浪漫主义的“回响”。

的确，生态浪漫主义者主张“重唱世界的赞歌”，这种观点在我们今天仍然非常常见，仍然在大肆宣扬重新诠释和介绍浅陋的本体论，通常改个名字叫做“深度”。几乎所有“新范式”的思想流派都无法掩饰它们与平面关联秩序在深层上的一致性（这也就是启蒙运动的基本范式），它们在那种平面范式中的各种版本的理性主义系统理论（主要是生态男性主义）和把生物看作自然的体现的思想（主要是生态女性主义）之间举棋不定。两个阵营都试图摆脱平面关联秩序，可是它们都是通过退回到农业社会的炼金术，巫术神话阶段的万物有灵论、占星术，农耕社会的神话或者采集社会尚未分化的人性——当然所有这些都是以新的物理学为基础的。

在所有这些进路当中，都有标准的生态浪漫主义的成分：（1）混淆了分化与分裂，从而导致严重的超越与退行的悖论；（2）否认作为它们提问的前提的那些分化；（3）认为历史和进化是以原罪为标志的，这种可恶的原罪把我们从伊甸园中赶出来，以至于落魄到今天的境地；（4）颂扬原型水平的混沌状态（包括系统生成和个体生成），认为它们是“不二的”和“灵性的/神秘经验论的”，或者在一般意义上是“整体论的”；（5）“批判”那些以失乐园为原型的文化和现代性，现在原型性的失乐园被视为真正的天堂；（6）退入神圣的自我主义，或者表现为单向的系统论，在它的平地经验世界中保存保留无根的自我（哈贝马斯），或者表现为一种生物中心的情感，以情感作为联系人神的纽带（泰勒）；（7）需要有一种新范式来以“新的”认识论把握失乐园，这种新的认识论就是共识性和未分化状态，其基础或者是系统论或者是身体—生命的表现。

薄莫里（Morrs Berman）热情洋溢地接受了格利高里・贝特森（Gregory Bateson）的控制论的现实观，由此开始了他对于新范式的独特的探索（使用系统论的平面来研究）。在《重唱世界的赞歌》这本书中，薄莫里开始对现代世界“缺乏赞美的现 671
状”提出了标准的批评。他无法把握现代性的尊严，因此，当然看不到在三大领域的分裂中所吟唱的“赞歌”。这种“赞歌”实际上是在三大领域的分化之中，然后自然就会在心中燃起对中世纪炼金术、泛灵论、占星术和巫术—神话水平的任何东西的热情（和颂扬）。

薄莫里是一位生态浪漫主义者，他完全困在了超越即回归的悖论当中，完全被提升主义捆住了手脚。有一种“分别”意识（任何现代的、科学的、理性的东西都是这种意识），还有一种“参与意识”（此外其他的任何东西都是炼金术、巫术、精神病、梦、神秘经验论、神话以及任何一种前现代的东西）。由于现代的理性/科学非常坏，其他的任何东西肯定是非常好（或者不同程度上讲都是好的）。所以他只能颂扬炼金术、占星术、原始的参与意识等。

因此薄莫里曾经提到16世纪奥斯万·卡洛尔（Oswald Croll）的一个例子，这个人说有一个“事实”，“核桃可以治疗头疼，因为核桃和人脑的样子非常相像”，薄莫里把这个作为“中世纪的统一意识”（他的说法）的例子，在这种统一意识中，万物都是相互关联的。我们可以用一个假设来验证一下这种说法的真实性和他的真诚性：如果薄莫里教授头疼，他会不会找两个核桃来吃？

这种“核桃/大脑”的类比，其实就是皮亚杰理论中说的，在前运算阶段人会把比喻与事实混淆，我们前面已经看到了，这也就是认为两个具有类似能动性的全子肯定具有同样的诱导力量：把共时性浪漫地混同为整体论。薄莫里教授还提出了很多类似的例子，这些例子的主要来源就是巫术、炼金术和占星术。这里有一个文艺复兴时期的“魔术师”的例子，他的名字叫阿格里帕·耐蒂斯姆，他在自己的《秘传智术》这本书中说道：“所有的星星都有自己特定的属性、特征和状态，它们通过自己的光线表现出这种印记和特点；既然自然中所有的东西都从自己的星星那里吸收光芒，因此就会打上特定星星的烙印或者特点；这种烙印和特点中包含了特定的行为准则。因此每个东西的特征都是由它自己的星星决定的，尤其是被它的主星决定”（75页）。

这种“占星逻辑”是典型的左手道路的巫术—神话的世界观，以共时性的方式和它右手的组成部分结合（右手的组成部分是未分化的）。薄莫里的评论是：“如果这种知识体系能够成立的话，那么现代的这些区别就不存在了，什么内外的区别、心灵和身体的区别（或者心理和物理的区别）都不存在了。如果你想增强爱心，那么就去吃鸽子肉；如果你想变得更勇敢，就去吃狮子的心。”

这种“占星逻辑”的确值得称颂，因为和现代科学相比较，这种共时性还是看起来有点像“整体论的”，有点像“整合的”。但是启蒙运动的“罪过”（“坏消息”）并不在于丢失了那种未分化的共时性（浪漫主义者的理解是不恰当的），它的罪过在于没有把共时性最终的分化——三大领域的分化——整合进一个新的整体：在新出现的自我理性中心的世界空间中，新出现的内部和新揭示的外部没有整合起来
672 （“我”和“我们”堕入了分裂的境地）。因此仅仅把现代性的分裂的方面和中世纪的整合的方面来比较，结果看起来似乎在这种平面的比较中（只在分化/整合之间作比较，不顾深度的不同）——现代性似乎只是一个严重的错误。

但是薄莫里教授还是意识到，只是回归巫术—神话的泛灵论是不可能的，甚至可能不是什么好主意（尽管他似乎并不太清楚具体原因）。因此，他略微偏离了一点他的主题（从另外一个角度讲是过度提升主义的策略），说我们现在实际上需要的——极为需要的——是以一种“成熟的方式”重拾泛灵论。他开始把这种炼金术式的、巫术的、共时性的世界观称为“幼稚的形式”，认为我们只能在后现代的泛灵论中得到拯救（为了和“幼稚的泛灵论”划清界限，他把这种后现代泛灵论称为“非泛灵论的精神参与”）。因此他把贝特森的思想也就是控制论系统论搬出来说明这种“不必奇怪”的思想。这当然给人一种复古的印象，同时又不是完全复古。

“我们的文化非常倚重数字，只有通过恢复过去人们所知道的原型性的思维方式，才能修复这种补充性的关系”，这会导致“一种可能会和整体论及控制论的社

会相契合的文化形式”，这是“一种改造过的、成熟的炼金术推理，适应了现代社会”(252、255、270 页；薄莫里用“辩证推理”来包含梦、精神病、整体论、炼金术等等，这不是视觉逻辑，而是旧逻辑)。薄莫里说贝特森的控制论的整体论是目前后现代社会“拯救世界”的最好的理论。

但是最后薄莫里重新思考了所有那些观点后，在他那本书的结尾部分非常成功地自扫门庭，否认了前面几乎所有的观点(非常奇怪的是，他在下一本书中还是这样做，我们会看到这一点)。薄莫里曾经“略微提及”贝特森的控制论所存在的一些问题，他(有意无意地)提出了对一般意义上的整体论的毁灭性的批驳，他指出：“简单地说，整体论会变成一种专断的暴君。”(这是非常正确的，我们已经看到这一点在单向的系统论身上表现得尤为突出。)整体论对自然的崇拜和这种专权暴虐总是相伴而行的，因为“肯定自然和否定人为，这是法西斯意识形态的基本原则”(291、292 页)—也就是别人所说的生态法西斯主义，这种称谓是非常中肯的。

于是，对于拯救而言，他几乎什么贡献都没有。他的前/超悖论使得他抓住个体发生的裤脚紧紧不放：“我们现在要批评一种必须要作可是还没有作的选择，即在整个文明中唤醒他那被压抑的原型性的知识。”换句话说，我们这些成年人真正需要的是去接纳一种对于最初的形式而言是第二代成熟的形式。“必须作但是不能作的选择”恰恰是根据他混淆前/超的理论所作出的任何选择。(不能作出选择之于必须作出选择，恰如前之于超，混淆了后面这一对关系，就意味着必然会混淆前面这一对关系，正是因为他混淆了这对关系，所以他的思想瘫痪了。)

薄莫里仍然在前/超悖论之间左右不定，仍然完全混淆分化和分裂的关系，所以他很清楚回到身心分化之前的这种解决方案肯定是行不通的。也就是说，我们所谓的拯救必须首先是身体的、感官的和肉体的，在我们这种以感官为依据的、受性欲驱使的、享乐主义的、快感中心的、满足身体需要的文化中，我们真正需要的 673
是……让身体更多一点满足。

于是在他的下一本书《感官复苏》中，薄莫里开始转向肉体，竭尽全力地彻底抛弃任何控制论和系统论的面纱(实际上，他在这里几乎完全不提贝特森的控制论，这可是以前他所认为的、后现代所能提供的、最好的拯救途径。在他的两本书之间，薄莫里写了几篇文章对系统论进行严厉的批评，我认为他得出的结论多半还是正确的，只不过有几个推理是有问题的)。他从系统论的整体论转向了另外一种观点，认为自然就是我所感觉到的一切。他开始完全从身体、感觉、生命冲动和纯粹情感以及感官的快乐出发——于是在这个过程中，他接受了一种纯粹的经典的下行世界观，这种世界观认为，所有的上行包括所有的类型，都试图克服一种问题状态(而且通常是不良企图，这种状态是主客“二分”)，这种问题状态本来就不应该出现。

因此，薄莫里的思想是对具有两百万年历史的下行者的曼陀罗的回应，他认为我们现在应该完全消灭一切上行，这激发了他的思想火花，使他提出一种全新的具有原创性的粗犷的观念：“还有一种回收上行结构的方法，那就是最终永远抛弃它。

如果不作出这个选择就永远不可能治愈我们的文化创伤，不可能治愈我们自身。我们将来究竟能否成为最终的、最圆满的人类，现在正处在一个极为关键的时刻。”上行的秩序要求太高了，难道不是吗？（367 页）

因此，他就和所有的下行的享乐主义者一样，发现上行太困难了，所以薄莫里相信，“这点是很关键的——真正的启蒙必须知道，必须真正体会到你的肉体的本性。”（完全不管禅宗所说的开悟是“身心俱空！”）“摆脱上行转向世界中的身体体验”，他说这是我们真正的拯救所在（310～311 页）。

这样一来，如果我们能够以一种真实的方式去感受的话，那么所有的存在性问题就都会消融了。我的情感一开始就不可能从别人的角色出发，我的感情作为一种感情自我回荡，总是按照自己的轨道围绕着自我旋转。在这些情感本身之中，它们永远都不可能上升到主体间的空间，只有在主体间的境界中才可能存在真的爱和慈悲——这种主张把“感觉良好”的伦理作为一种基本的道德冲动的做法会让人处于一种神圣的自我中心和存在主义的地狱：所有这些薄莫里都完全没有注意到。他没有注意到，他只想“直接触及本性和身体功能”。这种立场严重地沉浸在自我之中，以至于根本看不到这种自我中心的特征。

在现代和后现代那里，回归浪漫主义的心理学研究总是把今天人类发展的第一个层级作为研究的中心，这也就是人生的前三年，和自我与他者在此时出现的令人恐怖的分裂（这些理论家通常在第一层级和第二层级就不做区分，所以他们说得“第一个”分化，即自我与他者的分化，主体与客体的分化。这种分化之前是一种原始的/原型的状态，在那种状态中，意识是没有分化的、没有分离的参与，我们已经看到这种情况是在人生中的第二到第三年出现的）。这种必须的分化（第一层
674 级和第二层级）完全被混淆为分裂，所以被诠释成原始的失落，一种原始的异化，这种异化永远把自我和他者分开，把自我和自身分开，把自我和自然分开。所以，人类后来出现的欲望、驱动力、动机以及文化行为等，都被看作必然是一系列被扭曲的企图，即企图重新找到失乐园。

实际上，薄莫里关于分裂的观点和那些理论家是完全一致的，“哲学的‘法国学派’和儿童心理学——亨利・沃伦、梅洛・庞蒂、雅克・拉康——这个时刻（自我他者分化的时刻），标志着一个人在这个世界上作为存在的认同开始出现，也标志着一个人从这个世界上异化的开始”（36 页）。并不是说这种分化可能走得太远或者发展得不正常，从而导致病态的分裂和异化，而是说这种分化本身就是严重的罪恶。（在美国，诺曼・欧布朗是这种立场的坚定拥护者，所以薄莫里就经常引用他的观点，并且基本同意他的观点。）

这些理论的严重问题在于，他们所采用的都是现代的平面范式，所以他们只能够看到一个基本的边界：自我和他者之间平面的边界，或者主体和客体之间的平面的边界，由于一切异化的确需要有某种自我与他者的分裂，于是这种基本的分化（第一层级和第二层级）必然会被等同为异化本身，而不是具有导向异化的可能性。

（关于这种单边悖论的进一步讨论，请参阅第六章的注释[3]和第十四章的注释[17]。）

所有这些理论都忽视了纵向维度的边界的各种不同类型：有物质的自我和物质的他者之间的分化（第一层级），有情绪的自我和情绪的他者之间的分化（第二层级），有概念的自我和概念的他者之间的分化（第三层级），有文化的自我和文化的他者之间的分化（第四层级），以此类推。所有的纵向维度上的自我和他者之间的分化、每一种分化中的自我都会存在一个重要的功能边界。

当我们说一个实体在这些各种各样的边界（情绪的边界、思维的边界等）之中的时候，并不是因为它在这个物质的身体之内，而是说它遵循那个特定的自我感或全子的规则（行为规范、行为的领域和能动性，有点像一个人在下棋的时候，如果他遵循下棋的规则，那么他就“在”下棋，无论他的身体在什么位置，他甚至可以下棋的时候打电话；如果不遵循下棋的规则，那么他就不是“在”下棋，无论他的身体在哪里）。

也就是说，一个实体如果遵循了一个全子的深层结构，那么它就成了这个全子的“内在结构”中的成分（当一个实体被内化进了一个全子的行为规则、样式或者领域），这点在物质的边界、情绪的边界和心理的边界等方面都是成立的。当以物质形态出现的食物，首先被吞进口腔，然后进入胃，然后被消化和吸收，然后身体所需的营养成分进入血液，从那里被同化进身体的结构（然后它们成了物质身体的真正的组成部分，真正在身体“之中”了），不需要的那些食物成分会通过消化道被排出体外，永远不可能成为身体的一部分，永远不可能被同化进身体的样式本身，永远在身体的游戏规则、样式、领域和规范之外。 675

类似地，当一个人在你的情绪空间之中，而不是在你的胃里面的时候，才能成为你“情绪的”一部分，那种情绪空间是游离于你的皮肤之外的，只是偶尔在你身体的边界上会有所反应。一个人（作为一个意象和情绪的代表）成了你的情绪样式（也就是你整体的情绪样式和结构）的一部分，因此也就在你的情绪空间之中，和食物在你的胃里面是一样的，但是这两个边界并不是都以身体作为边界（这也就是我说的当一个实体遵循一个全子的深层结构的时候就属于这个全子的内部的意思：我可以自我认同为某个人、某项事业、某个团体、某个国家，无论它们实际上的位置在哪里。当我把它们放在我的情绪认同之中的时候，它们成了我的一部分，进入了我的情绪空间，然后它们就会在那个空间中运作，遵循我的情绪空间的规则，或者我的情感状态的样式，这些样式本身为了同化新的东西可能也会发生变化）。

类似地，思维的空间又可以游离在情感之外（认知思维的空间实际上可以从别人的角色出发来看问题，可以“进入别人的皮肤”，可以“通过别人的眼睛看世界”，同化或接纳新的观念等），精神的空间又进一步游离思维的空间，最大甚至可以包括整个大宇宙。

这些边界的任何一个都是非常重要的。实际上，较早出现的边界是自我在下一个更高的边界实现整合的先决条件。因此，稳定的情绪自我以稳定的身体自我边界为基础，稳定的思维自我以连贯一致的情绪—对象关系为基础（稳定的情绪边界），以此类推。之前出现的分化的自我在新出现的自我中得到整合，新出现的自我同样需要稳定的自我分化，然后在新出现的环境中再度实现整合。之前的自我结构的边界在它们的功能和能力中被保留下来，但是在它们的排他性和偏颇性上被否定。边界不是被消灭了，不是丢失了，或者被擦除了，而是被超越且包含。

这个过程一直延续到自我/他者的边界在大精神之中被完全保存（包含）而且被彻底否定（超越）。比如，一个禅师可以非常清楚地说出自己的身体和身体（物质的自我）外面的椅子（物质的他者）之间的边界：禅并不是要消除椅子和身体之间的边界；他或者她在空性中完全超越且包含了所有的自我/他者之间的边界，让所有这些边界在空性的敞开中生灭，珍惜任何一个边界，让它们以本来面目出现。禅师对身体和椅子之间的边界非常清楚，对自我和他人之间的边界也非常清楚，对上下四方、猫叫犬吠的区别都非常清楚。开悟不是"融化"，它是对整个有形的领域的保留和否定，并把它看作一个透明的、空性的展现。

676 但是如果所有这些重要的（和必须的）边界崩溃成了一个单一的、原型性的边界，也就是所谓的"自我/他者"边界，那么就会出现严重的（我认为是巨大的）理论混淆。比如说，即便是在精神分析中，仍然会有这样一种观念出现，就是认为所有的思维上的认同都是和向口腔期的短暂退行有关，因为只有一个边界得到承认，因此一切超越思维边界的现象都会被还原到身体的口腔的边界（任何的内投都和食物遵循同样的路线，因为只有"这个"边界）。

类似地，那些更前卫的理论家们（他们涉及禅宗和神秘经验论）认为：由于高级的状态包含某种"不二"状态，于是所有这些关键的和发展的行动都是围绕这个"唯一的"自我/他者边界的，由于这第一个重要的边界（身体的和情绪的边界）在一生的前三年就出现了，这似乎就成了推动所有后续的人类发展的那个阶梯：似乎丢失了分化之前的原型性的状态是一种不可挽回的异化，实际上这只是觉悟的第一个阶段。

存在层面的与最早的边界伴生的恐惧并不是由那些边界创造的，而是在那些边界中展现出来的：被叫做认出生死轮回。对那些恐惧的意识实际上可以被退到分化之前的做法掩盖，但是要真正克服这种恐惧，只能通过超越它们，而不能通过回到边界出现之前。

但是薄莫里采用的是一种"单边界"的平面范式，因此他把这种"单一"的分化看作是"基本的错误"（采用的是巴林的观点），也就是所谓的"基本的缺陷"和"基本的错误"，就像地质构造上的断裂层，它意味着在压力作用下有种导致地震的潜在危机。但是薄莫里并不相信这种基本的分化/缺陷具有普遍性，他说，因为前现代的采集部落要么根本没有这种缺陷，要么只有那么一点点（我没有什么话说）。但是从新石器时代的农业文化开始就出现了这种严重的罪过（从这里开始），这个阶段开始区分驯化的和野蛮的，后世的历史越来越沉入苦难的深渊，这些都是人类试图克服那个基本的缺陷的恶果，也就是自我与他者的分裂。因此，他非常高兴地告诉我们："我们人类的历史主要是一种不必需的人造物"（311 页）。

他提出了几个新石器时代的驯化和野蛮之间的区别，作为他所认为的"错误"的例子："一旦野蛮和驯化的区别在生活中建立起来，那么自我和他者必定成为一种对立关系，如何处理这些直接的形式的'问题'开始浮现出来，成了问题"（76

页)。注意，他认为驯化和野蛮之间的区分必定导致主体和客体之间的异化（如果任何分化都被认为是分裂，这些“必然”就很自然了，因为橡树的每个枝条都被视为是对橡树籽的异化)。

类似地，在浪漫主义者（生态男性主义者）看来，最大的罪恶总是在农耕社会(驯化对野蛮)，他们都忽略了采集社会的生食和熟食之间的区分——它试图通过改变自然来满足自己的需要。但是回归浪漫主义的立场要求回到一个更早的人类存在 677 状态，那种状态不会试图“改变自然”，因为这种状态的存在是它们的现代性预先的批评的要求（也就是，在过去“天堂”肯定存在过，因为后出的自由是来自分化的，而分化本身是浪漫主义者所不能接受的，所以只有分化之前的才是失去的乐园——为了维护这种意识形态，理论家们找到了大量的令人不舒服的证据，最后得出了一些非常怪异的结论，认为野人是非常让人向往的社会形式，菲利浦·斯莱特和吉尔伯特·布利姆在这方面是崭露头角的重要人物)。

于是，很让人郁闷的是，薄莫里认为“新石器时代的文明造成了自我和世界之间的对立。因为在新石器社会的基本架构中存在自我/他者或者驯化/野蛮之间的分别，分裂中的创造（schismogenic）的回环是不可避免的。西方的意识受这种二元论的影响很深”——尽管东方的意识看起来似乎更符合“不二的思想”，虽然东方也是一样出现了这种驯化/野蛮的区分。(这样一来就完全驳斥了他自己一直坚持的观点，因为这证明在这个关键的层级上出现的并不是令人讨厌的二元论，而是一个成长中出现的分化。)

在所有这些思想中，都没有对分化和分裂进行严格一致的区分，在各种必需的功能性的边界之间也没有进行任何形式的区分：只承认有基本的鸿沟、基本的错误和基本的分裂。不承认存在分化之前、完成分化以及分化之后重新得到整合和统一的状态（和自然中的其他任何过程一样），而是只有主客混淆和主客异化：只有宝贵的橡树种子和橡树对种子所做的各种罪恶——橡树是异化了的、片断的、扭曲的橡树籽。

因此，在薄莫里教授看来，超越第二层级的一切发展水平（也就是超越身体自我和具有肉体的生命体之外的一切）都不过是试图弥合“鸿沟”的时候导致的病态——也就是弥补采集社会的人们所没有的那种“分裂”，采集社会之后的所有社会形式都是在试图弥合这种鸿沟，因而当然也就都是病态的。以采摘草莓等作为主要生产方式的社会之后的一切都是不应该发生的，它们都是超越了直接的身体感官的（“属于不必要的人工制品”），因为任何超越了身体感官的东西都是坏的。

这也就意味着，在薄莫里教授看来，唯一的本体上的现实是那个身体可以感觉得到的一切，他所钟爱的生命的—情感的（vital-emotional）身体，还没有出现身心的“分裂”(也就是在第三个意识进化的层级之前)。由于生命的身体（“肉体的实在”）是唯一的基本现实，那么所有的历史都应该受生命的身体的约束，应该主要被视为身体的波动和身体的感觉。此外一切都是…… 弥补这种分裂的病态的企图，基本的错误。因此，真正的历史应该是关于身体的历史，就这么简单。“历史终究是肉体行为的历史”，只能通过“肉体分析”才能真正揭示，“真理只有从肉体的角度才能认识”（136～137 页）。

这个观点太离谱了，即便是坚定的还原论者也无法接受。因此，为了让身体成
678 为历史的合理的推动者，薄莫里教授非常聪明地提出了几个对身体的“界定”，以便能够自圆其说。他给身体下了五个完全不同的定义，从而可以有足够的绳子把历史捆住。

这五个定义是：作为肉体感觉的身体；作为一般意义上的体验的身体；作为内部的身体；作为未分化的意识的身体；生理学上的身体（包括大脑）。但是前两个身体特别重要，我把它们作为讨论的重点。

（1）在薄莫里教授那里，“身体”主要是指肉体的、物质的、感官的、可以感觉的身体，因此他才会把自己的书叫做《感官复苏》。这和我们通常所说的“肉体”或者“感官”或者“生命感觉”接近。

（2）但是他也认为“身体”是任何“强烈的体验”，因此在薄莫里教授的宇宙中任何可以强烈的体验到的东西都是“肉体”的（在这种体验中，他甚至包含了神秘状态，感到身体消失了的状态，他本来是否认这种东西的存在的；但是既然这种体验是强烈的，那么它肯定是身体的，根据这个定义，是不是说这在现象学上是完全错误的呢?）。

“身体＝体验”的真正问题，实际上就是一般意义上的经验主义的基本问题。

经验主义的力量在于它坚持要给知识找到经验的依托；经验主义的弊病在于它从来都没有给出一个确切的经验的定义——实际上它排除了某些经验性的材料，把“感官的经验”作为基础，这是不恰当的。之所以这么做是因为经验主义者们假定只有它（感官的体验）是具有公共性的，大家都可以感觉到的（但是这种假定是错误的）。因此，经验主义者是要把一般意义上的经验摄受（prehension）（这是正确的，也是好的）仅仅限定为感官的经验摄受，这是偷换概念（还原主义的）。

体验有多种，有感官的体验、有思维的体验，也有灵性的体验（这只是根据简单的身、心、灵三个层级来说；同样的分析也可以应用在意识谱系的所有层面，因为整个的谱系就是关于体验的）。

但是经验主义者往往认为心理的体验只不过是感官体验的抽象（反映论范式），在这种基本的充满自相矛盾的地方，很不充分（我们已经详细讨论过了）。比如，数学就不仅仅是感官体验的一种抽象。数学演算，那是一种极其丰富、深刻、美妙的心理体验：我可以直接通过心理的眼睛觉知到符号、观念和概念在我的觉察领域中演绎，每一丝每一毫都是真实的，它们本身就是存在的，和对云、对雨、对石头的体验没有什么两样。不管怎么说，符号和石头在进入我的体验的时候，都是在我的觉察范围之中直接出现的。（说石头是真实的，符号不是真实的，这是一种对直接觉察领域的体验的心理简化，这种简化是很糟糕的。）

心理体验（比如意象、符号和概念）往往“名声不好”，它们是“枯燥的、抽
679 象的”，这么说的理由是心理体验和感官体验不同，除了本身是直接的、具体的之外，它们还能进一步表征感官的体验。石头这个词（“石头”这种心理体验）可以

代表感官对于石头的体验。如果我总是用心理体验替代感官的体验，那么的确，那些心理体验成了“单纯的抽象”，这是一种贬义的说法：我有一个符号，但是这个符号没有指称物。但那是对心理体验的误会，不是心理体验的真实含义，甚至可以说和心理体验的意思风马牛不相及，这种说法本身多半是连纯粹的体验/感觉的指称物都没有：我可以在经验上指出一块石头，但是我不可能在经验上指出嫉妒、骄傲、荣誉或者羡慕，因此经验主义理论的——感官的/反映论的理论——在讨论到主体间的对话性的东西时就用两套话语，我们已经看到了很多。大多数心理体验和心理符号所指向的并不是感官的指称物，而是其他的心理体验的指称物；这些心理体验不是从感觉资料中抽象出来的，而是对那些丰富的心理体验的浓缩，这些体验在诠释学回环中流转。它们具备感官的组成部分，但是不能被简化为感官的组成部分，因为它们不是从感官的组成部分中派生出来的：它们超越且包含感官的资料——因此，并不仅仅指向感官的印象，或者是从感官的印象中抽象出来的。

因此，就像几个世纪以前诠释学家就已经指出的那样，语言并不是表征感官的世界，它们只是在感觉中创造出世界，它们揭示世界，它们呈现世界，而不是表征世界。语言是人类层面的产物，所以它所指向的主要不是生物层面或者物理层面的内容，而主要是超越那些自然的东西，指向其他的心理体验和语言体验——无论是巫术的、神话的、理性的还是存在的。这些心理/语言体验中，有一些指向前心理的全子，有一些指向超越心理的全子，还有一些只是指向其他心理的全子——这个观点我们稍后仔细讨论——但是无论如何它们都不是仅仅从感官体验中抽象出来的东西。

（所以人类层面是“被建构起来的”，而不仅仅是“被反映的”，或者说“表征”的意思不是说它就是完全随意的，像极端相对主义者所认为的那样，我们前面已经看到这一点。它仍然是以有效性声称为基础的，这是文化学习之所以成为可能的前提，因为心理的全子具有它们自己的规则，这是铁定不变的，并不是在一个随机的空间中随便漂移。但是相对主义有它的正确的一面，我非常同意这一点，正是因为人类层面并不仅仅反映生物层面，所以就不能仅仅根据经验的科学从映照物质世界的精确程度上来评判一种文化：如果误认为某种文化只是“自然的镜像”，如果关于自然的指示只能由现代的经验科学来提供，那么所有文化都必须以现代科学为标准来评价，从而其他的文化自然会被降格为牛顿的“附庸”或者原型。跨文化的评价是可能的，但是，在这个问题上和在其他的问题上，仅仅通过经验主义来评判都是很肤浅的。）

在处理语言的创造世界、揭示世界、呈现世界的能力的时候，经验主义/行为主义那种把语言仅仅看作是“反映性”的理论就完全成了一种割裂性的，无论一个 680
人如何理解乔姆斯基的语言学理论，有一点是公认的，就是说他在到处肢解斯金纳的理论的过程中，实际上就把这些理论给僵化了。

现在，除了有直接的感官体验和直接的心理体验之外（即便它们都需要一定的媒介，两者最终总是一种直接体验），还有直接的灵性体验，比如说，在微细水平的光明体验，在我的觉察领域中是同样直接、同样真切的，就像对一块石头或者对一个心理意象的体验一样：它们只是出现在我的觉察世界之中，我感受到它们而已（它们和诱导其产生的各种中间过程是不一样的；当我们发现这些过程的时候，这些过程本身也成了直接的体验）。

因此，尽管经验主义总是倾向于成为“感官的经验主义”（这一点令人遗憾），很多神秘经验论者还是会说“神秘经验论的经验主义”，他们的意思是直接的神秘体验，在他们那里，“经验”一词的含义更广、更真实，指的是“当下的觉察”，而不仅仅是当下的“感官觉察”（正因为如此，所以那么多神秘经验论者坚持称他们的做法是经验主义的、实验的和科学的）。

在这里，心理体验也还是会遇到问题，因为它可以使用一个心理符号，比如对“上帝”这个词的心理体验，来代表关于直接光明的灵性体验，因此，此处它又一次成了“单纯的抽象”：它在使用心理的体验去涵盖那些本身并非心理体验的东西。这些“表征”于是就成了“单纯的形而上学”，自从康德的时代开始我们就知道那是一个很坏的观念：说一个理论是站不住脚的，就是说它没有任何经验基础。这种“单纯的形而上学”只是一些空头的分类，没有真正的知识，也就是说，没有真正的体验。

可是由于康德并不知道灵性体验，所以他认为形而上学本身死了，就是在这一点上，康德的理论招致了叔本华以及其他一些理论家的致命的打击（并且卡茨的新康德主义也是在这一点上折戟的）。康德阐明了心理符号如果没有经验基础就是空的，但是他的真正的结论在于将来的一切形而上学必须是经验的——也就是说，是实验的，以直接的觉察和实验为基础，加上在冥想实验中也可以成立的合理性声称，这种合理性声称的基础就是一切真正的知识积累需要遵循的三条基本原则：可行性/范式、可理解性和可验证性/可证伪性。

从康德以降的几乎每一位思想家都宣称“形而上学的死亡”和“哲学的终结”——从尼采到海德格尔，从艾耶尔（A. J. Ayer）到维特根斯坦，从德里达到福柯，从阿多诺到利奥塔，在“空头分类的死亡”这层意义上说，我是完全同意的。但是任何将来的形而上学的真正前言，应该不是说哲学已经完全死亡了，而是说现在真正的形而上学终于可以开始了：未来的形而上学应该是真正的沉思的发展（以真正的灵性体验为基础）。

681 因此康德试图“扫清知识（表征性的形而上学）以便为真理腾出空间”（在他看来，这种空间是在上帝那里），他的这个夙愿可以说是由龙树来完成的：扫除象征性的空谈（那些空谈是抽象的或者是表征性的形而上学）。大概龙树不是为上帝的真理提供空间，而是为对上帝的直接体验提供空间。

因此，关键是我们要充分地在一般意义上运用经验主义：真正的知识必须具有合理性所声称的依据和经验基础。然后我们可以补充自然的推论：有感官的体验、心理的体验和灵性的体验（它们具有层级的相互纠缠，从而，比如说文化媒介和颜色可以提供心理体验，但是不能完全创造感官体验或者灵性体验）。然后我们再补充最后一点：不要混淆了这些不同类型的体验，也不要用一种类型去取代其他类型（这是分类的错误）。

因此，“形而上学的死亡”的真实含义是指使用心理体验（符号）代表灵性体验的这种做法终结了，并且这意味着真正的形而上学的诞生：直接发现那些灵性体验（并且可以在一种僧伽团体中交流或者共享一种主体间的话语，可以检验和平衡这种体验，从而这种灵性体验彻头彻尾是符合有效性声称的）。

现在回到我们的主要问题上。我之所以说得这么多，是因为薄莫里教授用肉体—感官的身体来指称一般意义上的体验，从而会偷换概念，用前者囊括整个意识的谱系，并称所有这些实际上都是肉体—身体的。他到处偷换概念：有时候说肉体的体验，有时候说全部体验，有时候又会回去重新说肉体的体验。

实际上，他之所以能够这样做就是因为他提出了所谓的“五个身体”。他的理论基础是罗伯特·马斯特斯所提出的伟大链条的观念，只不过他对这个观念的理解非常混乱。薄莫里声称实际上人类有五个身体：（1）肉体；（2）生命—生物的身体，他也把这个身体叫做生活着的身体，并且他有时候会在比较宽泛的意义上把这个身体叫做“心”；（3）星形的身体（astral body），更深层次的心，或者真正的自性，他有时候也把这个叫做“灵魂”；（4）灵性的或者超越常规的身体；（5）最终的灵性的或者世界精神的身体。

我已经说过，这实际上是对我们已经总结出来的物质、身体、心、灵魂和精神这个系列的一种误读；但是这两种观点对伟大链条的理解都是不充分的。薄莫里的主要观点是所有这些水平上的意识都是真实的身体事件；他甚至称它们是普遍的（至少具有这种普遍性的可能性），因为它们是以深层的生理过程为基础的，是肉体上的现实（五个身体的说法包含了我所说的普遍的深层结构，他当然是以自己的方式说的，他的意思是说，伟大的链条不是一种文化的人为造作，而是扎根于普遍的深层结构的）。

现在，如果薄莫里在这里止步，就没有问题，至少没有大问题。这些传统本身在表达各种类型的“体验”的时候，也是使用“身体”这个词的（比如吠檀多），并且由于所有这些意识谱系上的水平都是经验中的现实，所以通常也被称为“身体”或者“外壳”（粗重身、微细身和本身，或者佛陀的三身：粗重身、微细身和极微细身——基本思路是一致的）。

但是注意，对这些传统而言，这些“身体”并不是粗重身，即肉身的不同形式，肉身只是大量的身中的一种，大多数的这些身是完全非经营的、非感官的、非生命的、非生物中心的（我会说，它们包含了四大象限，所有这些身都有右上象限的对应，但是任何一个都不能等同于它们那些对应的东西，任何一个都不仅仅是左手象限的粗重的生命实体）。 682

但是，薄莫里想同时运用两条思路：他所说的唯一真实的身体是粗重身，也就是肉身，于是其他所有的这些身实际上…… 是的，它们都是填补原初的分裂，也就是基本的错误的方式，都是病态的，一旦肉体从世界中分化出来（第二层级）——薄莫里并不把这种分化看作是必要的，是通向更高的整合所必不可少的，而是把它主要看作“基本的分裂、基本的异化和基本的错误”——一旦那种“基本的分裂”出现，那么所有其他这些身体实际上都是被扭曲的、弥补这种分裂的方式，是处理和原罪的关系的方式（“单一的”边界），于是所有其他这些身体，也就是整个上行的发展谱系，最终只不过是“不必要的人为造作”。整个上行和发展的动态过程是一种填补原初的裂痕的扭曲的方式，这种裂痕之所以会出现是因为我们在两岁的时候妈妈给我们的镜像刺激不充分。

因此，第二层级以后的任何发展根本是不必要的。根据他的这种荒谬的观点，人类上万年的发展就被扔到了垃圾箱里。他告诉我们希特勒和叶酸都是同一种基本能量的产物（那种令人恶心的上行的能量，当然他是对的，但是从第一天开始一切就受到这种同样能量的推动）。他连篇累牍地讥笑整个人类，说人类是愚蠢的，这种愚蠢包括采集文化以后的一切人为造作。

薄莫里偶尔会停下来，不情愿地赞扬某些文化产品（某些现代艺术家、炼金术士和阿比尔异教徒中的卡特里派教徒），为他们的成就说几句好话，其主要的思路是：（1）基本的错误（第二层级）不是普遍的，因为游牧民族是没有这种基本分裂的（或者不严重）；（2）但是采集社会最后的世界普遍受到它的影响；（3）可以以创造性的和解构性的方式来利用它（在这里，他赞扬了几种创造性的运用，毕竟这些运用并不是必然会发生的）；（4）他在结尾部分号召我们无论如何要完全放弃上行，回到感官、真正的情感，从而我们停下来不是去嗅玫瑰的香气，而是仅仅去嗅那种气味。

在他的历史分析过程中，他不断指出历史的真正动力，而这种真正动力总是被人们反对，并且被批评为异端，而且这种异端不是简单的肉体体验（薄莫里是这样认为的，他自己感觉很痛苦），而是真正的经验的上行。

薄莫里总结了“四种异端”，说它们是西方文化的标志：希腊（或者诺斯替教，通常他说的就是柏拉图/普罗提诺，并且还包括犹太教和基督教精神传统的真实神秘经验论基础）；阿比尔异端（法国南部的卡特里派，他们是最早实践神秘经验论
683 修炼和体验的，教廷最早就是针对他们而设立的）；神秘科学（中世纪后期出现的，这些早期的科学家都是神秘经验论者、巫师或是各种形式的术士）和纳粹主义/法西斯主义（这也是一种被扭曲了的上行）。

有趣的是几乎他所喜欢的所有这些运动（从某些早期的神秘科学家到卡特里派）都属于真正的上行（他称之为“五个身体”，他实际的意思可以粗略地说是提出这种谱系），教会把这些都称为异端（其理由我们已经讨论过了）。而他所特别反对的那些运动（纳粹主义）都属于受了挫折的被扭曲的或者说定位有误的上行。

但是不用担心，现在可以完全抛弃上行了。不是去区分真正的上行（比如卡特里派运动，薄莫里不太情愿地承认这是西方出现的最佳的文化形态，是畜牧业社会以后的明智的文化）和受挫折或者被歪曲的上行（比如纳粹主义，尽管纳粹的大部分意识形态都是纯粹下行的、生物中心的、情绪化的、寻求自然的、生态法西斯主义的，这些薄莫里本人已经说得很清楚了）。

绝非如此，还不到完全消灭上行的时候。我们需要做的是“修复身体”，“回归我们的感觉”。我早就指出，根据薄莫里的观点，我们的拯救主要还是要依靠身体感官和肉体，因此我们真正需要更多一点的是身体，因为我们的文化是以感官为基础的，以欲望的满足和身体的满足为基本特征的。

回到身体，回到感官，回到纯粹的下行阴影之中。在像我这样的批评家看来，我们的文化已经是在感官满足上做得太过火了，而薄莫里总是说我们还没有真正感觉到我们的身体，只不过提供了一些身体的替代品。这是典型的下行的解决方法：我们的问题在于我们与感官的阴影之间距离上太远，如果我们进入那种阴影并且在亲吻那种阴影的时候把舌头伸得长一点那就太棒了。

回到身体，回到感觉，回到前习俗阶段，回到自我中心，回到我所能够感受到的自然。这就是对身体的修复：以神圣的自我主义为中心，因为它感觉起来真的很好。薄莫里提出了一个关于“纯粹的爱”的例子，他认为那是我们的拯救所在：那是两岁的孩子所表现出来的一种情绪。“我相信正是这种意识才可以被称为对生活的爱。”可能是这么回事，但是不是对他者的爱。两岁的小孩无论多么“主动”，无论多么“开放”，或者是不主动不开放，都不能够从别人的角度来思考，不能出现真正的主体间的那种关怀。而只有在主体间的空间中，爱才能包容别人，站在别人的立场上，然后能够尊重别人，这通常会牺牲自己的某些利益，因为这种爱为最大的广度保证最大的深度。两岁的小孩完全封闭在他自己的感觉里，根本不会受到那种基本的错误的干扰，这种基本的错误不久就会出现，它是非常令人讨厌的：在那里有回归浪漫主义的荣耀，这种自我中心的奇迹在大宇宙的慈悲面前就消失了。

薄莫里思考过所有这一切，他在他的书的最后两页自扫门庭，否认了前面的全部观点。“我还有一个事情举棋不定，那就是说我可能高估了身体作为文化整合的工具的功能，嗯，回到身体，回到身体本身，保罗·里安（Paul Ryan）曾经跟我 *684*
说过，这是一种一元论的解决方案——它只能给你提供一种单子（monad）。”

前习俗阶段的、自我中心的、以身体为中心的单子：只是那些我们所能感觉到的东西。

到目前为止，在回归巫术的方面做得最成熟的应该说是西奥多·罗斯扎克（Theodore Roszak），他的《地球的声音》（*The Voice of the Earth*）这本书可读性很强，在这本书里，作者想建立一种生态心理学，通过这种生态心理学去治疗人和自然之间的“分裂”。这本书很有用，也很有趣，因为它很好地说明了抛弃超个人的维度之后可能发生什么样的恶果，前个人水平和个人水平都被迫执行一种不相容的任务：结果这种紧张最终把两者都毁了。

罗斯扎克和其他所有的回归巫术者一样，首先梳理了个人的水平是如何从前个人的水平（他也把这个水平叫做基础人类水平）产生的，然后不是进一步发展到超个人的水平，而是让我们去统一个人和前个人两个水平，不是去整合天、地、人（身、心、灵，或者前个人、个人和超个人）——不是让人们去做这种更大的整合，而是让人们去追求一种人和地的平衡，在人和天的关系上则语焉不详。他认为儿童和原始人在人和地之间没有明确的区分，所以他们肯定生活在天堂，任何超越那种伊甸园的生活的发展都是悲剧性的失误。生态心理学要扭转这种可怖的局面，引导人们重新回到天堂。

我们已经看到，对这些思路而言关键的困境在于真正的问题（真正的病态）不是地和人的分化，而是地和人的分裂。罗斯扎克似乎完全混淆了这两者，陷入了一种前/超的悖论之中，这种混乱在他对伊甸园式的、生存样态本身的表达的模棱两可中也可以略见一斑（他的表达经常自相矛盾）。一方面他感到（也曾说到）这种原始的状态完全是非常狭小的（骨子里是自我中心的/民族中心的），可是另一方面他又认为那种状态包含了普遍的生态智慧，于是他既要颂扬那种原始状态，又要和那种状态保持距离。

罗斯扎克有一点和其他的回归巫术主义者不一样，那就是他太聪明了（文笔也非常好），因此不可能容忍对那些明显存在的进化的证据视而不见，不能容忍对自然的层级性的曲解。宇宙“是以一种相互关联的系统的层级的形式出现的（一种形式的尺度）”（133 页）。“所有关于深层系统的理论都是层级性的。它们把宇宙描述为一种系统的金字塔，从低到高、从简单到复杂、从卑下到伟大”（173 页）。

同时他很清楚地看到了涌出、新奇或者创造，看到了在每个层级上实际上是一种真正的超越或者解放，包括相对自主性的提高。“涌出是我们跨越层级的水平的时候所出现的，我们面对的是真正的新鲜事物”（172 页）。“在我们跨越较高系统
685 和较低系统（的边界）的时候…… 经过这个令人惊奇的过程，不但结构的水平被提高了，而且在非常重要的方面从较低的结构的束缚中解放出来了。每个水平都要依靠较低的水平，但是同时又超越较低的水平”（175 页）”。

超越且包含：这也就是为什么分化可能会走得太远，以至于导致分裂的原因。分化可以带来超越，但是如果否认对较低水平的依赖性，就会从它身上异化（真正的病态）。罗斯扎克似乎没有认识到这些细微的差别，但是他还是引用 L. L. 怀特的话说：“当一个人不处于病态的时候，就和其他生命体一样，是一个分化的层级，是一个超级自洽的层级系统。层级结构是物质和心理结构的基本特征。当我们不能协调这个层级中的一两个水平的时候，我们就会生病。要弄清身体、心理和身心疾病的关系，需要采用一种层级性的思路。内疚、虚伪、伤心等，都是对这种层级的伤害”（181 页）。

换句话说，疾病不是因为层级的分化，而是指对自然的层级的伤害（分裂）。问题不是分化，而是伤害，分化是必须的。但是这种区分在罗斯扎克那里是看不到的，于是他进一步运用生态心理学来治疗人类的问题，可是他对人类病症的诊断本身就不正确，并且在这种情况下，治疗比疾病本身更可怕。

当然他抓住了一条基本真理，即看到进化是存在的，从而得出了一条大胆的生态哲学家式的结论，他说人类的确就是在进化的金字塔的顶端。“每一个水平都是由下一个更高水平的需要塑造的，这就是自从原子和星系出现以来这么长时间，整个宇宙在做的事情。整个秩序越来越复杂，越来越精细，已经到了可以超越人类想象力的程度。在这个层级的顶端的就占据统治地位，它代表着整个动态系统发展层级的最高水平，所有这些积累最终到达的是人类世界。人类的中心地位就是宇宙进化层级‘目前’的水平。”（185、191、209 页）。

这种“人类中心论”是罗斯扎克接受了人类原则之后的必然结果。并且他说：“存在的链条从大爆炸开始就成了实践中复杂系统涌出和成熟的过程”（209 页）。

现在看来，很明显，罗斯扎克所说的这种发展的金字塔有些方面是正确的，那

些证据实在是太明显，他无法视而不见。可是主张伟大的存在之链的理论家们会认为，在典型的人类状态之后发展会继续进行，直到超人类、超个人、精神的领域，在这个地方罗斯扎克被迫止步了，因为他不愿意承认任何真正的超个人的发展的存在，人类目前的状态在他看来就已经是进化的顶峰了（也就是说，他把目前这种自我中心—心理的意识状态以及他的欲望的水平作为发展的终极状态）。

正是因为他的理论缺乏超个人的维度，并且当今的人类（个人的领域）很明显缺乏任何真正属于灵性的东西，罗斯扎克不得不把他的灵性置于前个人的领域，那就是他的金字塔。根据真正的大层级理论家的观点，前个人和个人水平（地和人，身和心）必须被进一步整合进超个人领域才能够得到治疗（天和精神），所以罗斯扎克的观点是不正确的：在他看来，我们目前要得到拯救只能靠回到原初的天人未分的状态，回到大罪（great crime）之前。 686

但是这样就给罗斯扎克带来了一种严重的理论困境，因为毕竟这暗示有一种进化的存在——也就驱使罗斯扎克不断追求更高、更伟大、更复杂的形式，每一个新出现的形式都是一个更伟大的“居于顶峰的成就”，所有比那个层级低的发展水平，都应该以它为目标——暗示所有这些以某种形式运作了150亿年最终促成了人类的产生，人类自己的进化…… 然后继续往前，走着走着却回到了过去。原始人是完全正确的，此后的一切发展通通是堕落。在这一点上，在所有这些说法中，进化的规律被悬置起来，被作者以自己所喜欢的关于世界本来应该如何展开的意识形态取而代之。

从这一点开始，罗斯扎克的理论就出现了严重的自相矛盾，几乎在每一个关键的论点上都有表现。他说，原始的或者部落的意识在根本上是狭隘的、民族中心的：“每个团体都有它自己的仪式、有它自己的权利表达方式”（76页）。他说，在部落的仪式里没有任何东西是普遍的或者全球性的，部落里的巫师否认有什么普遍的世界中心的力量存在，他们的力量只对他们自己的部落有效，“有的部落里的巫师否认任何试图（对部落以外的任何人施法的做法）”（76页）。关于普遍的人文精神就说这么多。所以罗斯扎克说部落的结构和“治疗方法”是“非常僵化、非常狭隘的”。

尽管这种原始的/部落的结构本身并不包含这种世界中心的视角，罗斯扎克不得不在这个地方找到他的天堂的痕迹。因为他没有别的地方来安排他的天堂。所以，尽管具有强烈的自我矛盾，他还是不得不这么说：“在现代世界，科学渗透进人们生活的方方面面。这是自从狩猎和采集文化以来离人类生活最近的东西”（95页）。畜牧业社会里竟然有普遍的文化？他们甚至很少有人操同一种语言，在这种情况下可能吗？并且他们本身否认任何普遍性的存在，在这种情况下可能吗？

类似地，原始的/部落的意识本身必须成为“生态学智慧”的源泉。可是，他自己的资料表明，就像他自己说的那样，在很多情况下，“部落社会滥用甚至摧毁了他们的居住地。在史前时代，地中海盆地中的部落民族和诺曼底人过度砍伐和过度放牧所造成的植被损伤引起了严重的土地流失，其影响至今还可以看到。他们对自然的敬畏并不能让他们看到他们的所作所为对其居住地所造成的长远损害”

（226 页）。

同样，其他的原始社会也“因为无知，给自己部分的居住地带来了严重的破
687 坏，甚至严重到危及其自身生存的程度。河谷被毁坏、森林被砍光、表层土壤被冲走，但是这种破坏是有限的而且是暂时的”（69 页）。

换句话说，正确的结论应该是：原始的/部落的结构本身——在它自身之中——不一定具备生态学的智慧，它只不过缺乏有力的工具，所以才没有因为其无知毁灭整个地球。

部落社会对生态造成的破坏与现代社会对生态造成的破坏之间的区别，不在于是否有智慧，而在于是否具有更危险的工具，如果部落社会具有今天这样的工具，他们的无知会带来一种毁灭性的破坏。治疗生态危机的出路不是去重新激活部落式的生态学无知（拿走我们今天的工具），也不是让那种无知的现代形式继续下去（认为自由市场会拯救我们），而是要去进化并发展出一种半人半马水平的视觉逻辑，从而才可能整合生物层面和人类层面。这种整合是前所未有的，因为此前人类层面和生物层面根本就没有分化。

在这个领域，系统论和生态科学的某些正确的方面的确是前沿，这也是史无前例的，（正如罗斯扎克所承认的，）他们第一次说明了对生态的无知会带来人类的毁灭。不分化（部落社会）和继续分裂（工业化）都是不能够拯救盖亚的：它们都已经被充分证明是不可取的、是失败的。

那就是说，正如罗斯扎克进一步指出的：“没有任何东西（指的是科学）现在能把全人类整合成一家人”（95 页）。但是他也强调，科学作为一种枯燥抽象的做法不可能打动亿万人的心灵和情感，所以他仍然在寻找一个地方安置他的天堂，因为他不允许超个人领域的存在，所以他认为我们需要的就是将现代科学和原始的泛灵论相结合。[“如果说泛灵论的敏感性值得重新唤醒的话，那么就应该把它整合进现代科学”（94 页）。]

在这里罗斯扎克的前/超悖论（以及他的自相矛盾之处）开始昭然若揭。罗斯扎克想从原始人和儿童那里拿来泛灵论（他喜欢泛灵论），然后把儿童和原始人身上的其他特征抛弃（他承认那些特征不过是“迷信”），所以在他的这种挑选范式中，他宣称“请允许我忽略整个部落文化中非常常见的做法（比如山神、诅咒、凶眼和人殉），那些的确是‘迷信’……”（77 页）。那些文化实践不是迷信，对那个发展水平而言，它们是被整合进文化意义的，是具有功能适应的，无论怎么说，它们是不可分割的。

但是这样混淆了分化和分裂之后自然会混淆前理性和超理性的东西，于是罗斯扎克就让我们颂扬那些提升主义者（elevationist），遵循他们的典型做法：自恋（他不能够明确地区分前习俗阶段的自我中心的投入和后习俗阶段的自我实现）是好的巫术—泛灵论（这就混淆了实际上的泛灵论——把自我中心的/人类中心的欲望理解成非人的全子所具备的——和一般意义上的人类之爱，这种人类之爱是超个人的）。“如果这是自恋，”他说，“那就充分利用这种自恋。”

他的确是这样做的。因为他完全不清楚自我感的不同水平和类型之间的区分

（和自恋的水平和类型之间的区分），因而他无法看到发展包含了一种自恋（贬义的自恋）的减弱，因此他只能把任何自我中心的东西作为从民族中心中解脱出来的灵丹妙药，完全忽略了前习俗阶段的道德行为与后习俗阶段的道德行为，因此他只能颂扬一般意义上的自恋、泛灵论、台风式（typhonic）的身体自我的冲动、生物中心的入迷。因为他没有发展出关于后习俗阶段的社会的概念，所以就把任何前习俗阶段的社会拿来宣称是我们所应该追求的方向。 688

同样，他坚持自我和他者之间的“唯一”边界，这个边界是原始人和儿童所不具备的，而这个边界的存在导致了原始的罪过（primal crime）。于是伊底就成了分化之前的“整个世界”的统一状态的代表，我们只有以各种方式回归那种原初的为分化的整体才能够拯救我们的星球……

因为缺乏天的原则，缺乏真正的超个人状态，罗斯扎克只能在人和地未分化的状态中寻求拯救，而不能从更大的天、地、人（身、心、灵）的整合之中寻求拯救——因此出现了种种自我矛盾的地方。

下面这些内容是我认为罗斯扎克的理论中非常有用、非常正确的成分，并且我认为他应该按照下面的这种方式来表达：

地和人、身和心、生物层面和人类层面的分化从第三阶梯开始我们已经看到了，大约到第五阶梯基本完成，在那几个阶梯中的每一个，分化的过程都可能会走得太远，导致病态的分裂，那的确是现代性的病态的一部分（“坏消息”）。治疗这种病态的方法不像罗斯扎克所说的那样通过“重新接触”被异化了的维度，也就是重新接触生物层面。罗斯扎克说伊底的核心是生物层面，我完全同意（我在第六章说的就是这个意思）。我认为每一种神经症都是一种微型的生态危机（人类层面退行到生物层面），全球范围内的生态危机实际上就是全球范围内的神经症。

在所有这些方面，我完全同意罗斯扎克的观点。但是因为他混淆了分化和分裂，因为他并没有认识到只有人类心灵（而不是超个人的、超心理的大精神）的发展才是人类进化的“最高的”成就，所以他必须借助于“成熟”地退行到幼稚的万物有灵/自恋（或多或少整合进了现代科学）阶段来寻求他自己的——和我们的——拯救。

而且，实际上，罗斯扎克承认，我们即将与之重新发生联系的伊底/盖亚实际上是一种较低级的结构，它仅仅是被生存本能驱动着。它是一种类似身体为了满足物质的需求而坚守某种意志的智慧，在经典的形而上学中就是“灵魂”这个词所指的东西：身体的生命只有神才能创造，但是它们是作为一种低于心理或者精神的需求水平而发生作用的（159页）。

于是我们有身体/伊底/盖亚——他认为我们要重新与这些接触——它们都低于心理或者精神。但是关于精神，他只字未提。我们的拯救只能通过重新接触这些低级的意识水平并且生活在其中才可能。

由于生物层面/盖亚实际上已经被分裂了，我同意治疗一定程度上是“走出阴影”——也就是说重新接触低级的结构，那些低级的结构已经被异化了、被歪曲了。但是重新接触低级的结构和发现高级的结构是不同的，而只有在高级的结构 689

中，真正的治疗、真正的整合才可能出现，只有在高级的结构中（第五层级以上，包括第五层级），全球意识、全球觉察、全球解决方案才可能出现。就在这一点上，罗斯扎克给我们指出的方向是错误的，因为他自己高举的旗帜是一种前/超的混淆。

用我的话说，罗斯扎克梳理的是从第三层级到第五层级所出现的“分裂”（从身体自我到理想自我），因为他不承认更高的阶段，“治疗”也就只有回到第三阶梯之前才可能实现，只能重新让巫术/泛灵论的原始状态死灰复燃。但是只有通过世界中心的理性（从第五阶梯以上），对分裂的全球性的解决方案才可以被理解和实施。这种全球化的倾向在第六层级（视觉逻辑）得到增强，在第七层级（超越灵魂或者世界灵魂）达到了顶峰。但是罗斯扎克已经混淆了世界灵魂和巫术—泛灵论，所以他没有理由引领我们走向更高的、更加整合的阶段，只好向儿童式的泛灵论/自恋与现代科学的混合状态寻求出路。

但是由于原始的结构（种族发生学和个体发生结构）根本不具备内在的生态学智慧（他自己说得很清楚），也不具备世界中心的定位和全球性的定位（他也说得很清楚），那么到底他要我们重新唤醒什么呢？难道是某种原初的愚昧状态？

重新整合低层的结构是必须的，我是完全同意的。但是重新整合低层的结构并不等于发现高层的结构，然而在我们目前这种气势夺人的下行世界之中，这恰恰是最受欢迎的解决方案。任何更高的成长都是不需要的。只要退回到我们昨天所熟悉的生活之中就可以了。这里没有任何的上行，让伊底成为我们走向天堂的向导，让生物中心的混沌引导我们走向光明的精神。

不是去攀登金字塔，超越金字塔，到达超个人的领域——这种人类中心的疯狂已经这么做了——而是让我们顺着金字塔往下滑，滑到自我中心、生物中心、自恋的、自我为王的荣耀，到那里去疗救我们的星球。罗斯扎克指出，罗宾森·杰弗尔（Robinson Jeffer）是“非人主义的”（Inhumanism），从而他自己试图寻求出路，可是他也好不到哪里去。在一个非人化了的世界，非人主义实在是太有魅力了。

因为罗斯扎克（和所有的生态哲学家）咄咄逼人地否认任何真正的超个人的领域的存在，所以不得不把前个人的状态抓来替代超个人领域的功能（提升主义者的前/超悖论）。并且如同所有的生态浪漫主义者最终所发现的，前个人的结构实际上是非常自我中心的，所以，为了最终扑灭毁灭盖亚的大火，只好往大火上泼自我中心/地球中心的混合剂，这其实是煤油。

（关于“回归巫术主义者”及其内在问题的进一步讨论，参阅第十四章的注释[17]。）

在大多数回归巫术主义的生态哲学家身上似乎有一种共同的基本公式，即认为理性是魔鬼，盖亚是男/女神。

690 这种基本公式有很多表现，不仅仅在薄莫里和罗斯扎克的理论中有，在大多数“新范式”理论家的思想中都有所表现，几乎包括所有的生态男性主义者（深度生态学）和几乎所有的生态女性主义者。

我相信理由非常简单。在《来自伊甸园》中我说过，在进化的一个阶段上的神，到下一个阶段可能就成了魔鬼。在一个阶段被崇拜、被认同的，在下一个阶段就一定要被超越、被战胜、从它身上分化出来。一个阶段的神会成为下一个阶段的魔鬼，提醒我们过去曾经多么无知，尽量避免重蹈覆辙，那种重新犯同样的错误的做法是“原罪”、是堕落、是退化、是逃避。

因此，异教徒的“潘神”（半人半神）对一神教而言是魔鬼的化身。在下一个阶段，理性成了启蒙运动的神，神教的神和神话成了自由思想和人类潜能实现的魔鬼；神话宗教的神现在必须被打败、被克服、被超越：它们成了启蒙运动的魔鬼。

类似地，现在后现代世界开始进入后理性的时代，时机成熟了，理性开始看起来像大魔鬼。在理想的情况下，理性是应该被超越并且被包容的，这并不重要，目前面对的最大的困难是如何首先从几代人所尊为神明的理性中分化出来，在这个困难的分化过程中，大众在意识中往往不能接受“超越且包容”：理性开始看起来真的像魔鬼。

但是如果理性成了大魔鬼，新的上帝在哪里呢？如果世界精神（这种结构实际上还等待后理性的接受者来展开）和盖亚混同，那么盖亚就成了新的男/女神。然后衍生出上千种不同的说法：理性是不好的、是分裂的，盖亚是好的、是整体的；理性是让人恶心的、是男权制的，盖亚是美好的、是女权制的；理性是专制的，盖亚是自由的。诸如此类的说法不胜枚举，它们都是通过一系列的二元论的斗争，目的是要宣称新的光明（new dawn）的到来。

换句话说，实际上，我认为在很多情况下，对世界灵魂的真正的直觉被启蒙运动的基本范式的生态一端过滤掉了，也就是把经验的、单一的自然（或者平面的盖亚系统）看作神（或者大精神或者女神）的平面世界观。

这也就是为什么这些理论大多数没有摆脱平面范式的束缚，为什么他们那么容易混淆深度的大和广度的大的原因，因为盖亚的体积更大就把它看作是神，完全看不到实际上它的深度是更小：平面范式就是把大等同为好。

而所有这些直接导致了生态思想进路标准的退行趋势（和“回归巫术”）：在大多数情况下，对分析的理性只是一味地谴责（除非偶尔说些面子上的好话），完全不肯包容。因此这些思想进路总是倾向于推倒前理性阶段，我们反复看到这点（薄莫里和罗斯扎克只是大量的回归主义者中的两位而已）。因为盖亚本身（生物层面 691
本身）也是退行的，因此典型的退行、退到自我中心/地球中心的立场是大量的这种思路的标志。

本来好的、真实的精神直觉被“解开”的方式是那么不体面——“解开”的过程实际上抛弃了真正的直觉——这个问题我们下一章详细讨论。

[33] 里夫、尤福良，转引自洛夫乔伊，298 页。不止一个评论家曾经指出，黑格尔的思想体系和普罗克鲁斯（Proclus）类似，而普罗克鲁斯是普罗提诺最出色的思想继承人。

[34] 蒂利希：《基督教思想史》，488～489 页。

[35]《超验唯心论》发表于 1800 年，《物种起源》发表于 1859 年。

[36] 科普莱斯顿，第 7.1 卷，141 页。

[37] 洛夫乔伊，320 页。

[38] 同上书，262、198 页。

[39] 有很多非常精彩的讨论，论证自然选择作为进化的主要机制是站不住脚的。可能瓦莱拉、汤普森和罗施在《心灵赋形》这本书中说得最好，理由有几条。关于他们对表演（enactive）范式的讨论，参阅第二章的注释[49]、注释[52]，第四章的注释[13]和注释[43]以及第十四章的注释[1]。

第十四章　解读上帝

没有内外的束缚，这种觉察自由展开，一如朗朗晴空。
没有限制，没有偏见，这种觉醒透彻苍穹。
在这巨大又开放虚空的心中，
轮回与涅槃显现，一如天上的彩虹。
这觉察如此宁静，
一切存在都如同镜中的影，
是显现，也是虚空，
有回响，仍是虚空，
本性就是虚空。
——夏嘎·措竹让卓（Shabkar）Tsogdruk Ranggrol《大鹏振翅大圆满》

上帝来临，普遍的世界精神垂显。超越人类，超越灵魂，超越个人的黎明，宇宙人——来了。他的到来，不是仅仅表现在少数个人身上，而是作为社会的中心组织力量——如同巫术、神话和理性，它们都曾经作为社会文化的普遍现象，社会文化曾经根据它们各自的基本样式进行组织。世界精神到来之后，每个个体和整个群体都会出现超越精神，这种超越精神可以把一切有情感能力的存在者联系起来，形成灵魂的共同体，形成灵魂的大社区，就像今天世界中心的理性会被制度化，成为法律、教育、政府和社区的基本组织原则一样，世界灵魂的超越精神也会以同样的方式出现。物理层面、生物层面和人类层面的整合，在每个复合个体身上都会出现，这不仅仅是一种理论，而是一种意识中心的认同（如同“自我”或者“个体”在今天的制度化了的理性文化中作为认同出现一样）。

超越的灵魂来了，这是世界的灵魂，它的慈善和荣耀，遍洒在万物的身上，为万物中的每一个个体赐福。世界精神来了，伴着奇妙的祥云，唱着自由的天韵，尽情地舞蹈，万物在神圣的荣耀中得救。世界精神终于来了，众望所盼，所到之处，每一个“它”都起了变化，每一个“我”都起了变化，每一个“我们”都起了变化：刹那间，一眨眼，我们变了，我们全都变了。

自我饱受冷落，备受折磨，早已憔悴不堪、满身疲惫，它要抛弃对自我的执著，早已厌倦了孤独中的选择，断绝和自己心中复杂的观念之间的恋爱，那种生活实在太残酷、太冷漠、太霸道。自己内心中的那种反思竟然装作是神圣的宝座，实际上它的灵魂只能在神的光明之中，那才是它的真实存在——它的本来面目，在深渊中微笑，看到一切都那么亲切、那么幸福，这种对万物的慈爱不需要理由，如同融入爱的海洋，一切似乎都和自己没有分别，此刻万物最真实的自我在黎明使者的光明中翩翩起舞，这才是真的自我，这真的自我就要到来了。

每一个“我”都为“自我”的觉悟歌唱，每个“我们”都呼应礼拜神圣的歌声，每一个“它”都映射乐于被人看到的大精神的灵光。对话是神的居所，知觉是荣耀的故乡，孤独冷漠的自我远去了，还有它对神的知觉，无神的时间和分裂的命运也远去了。

备受祝福的世界精神到来：刹那间，一眨眼，我们变了，我们全都变了。

这或许最终会出现。

也可能永远都不会出现。我相信超越灵魂，世界精神实际上在今天出现在越来越多的人身上。在我们这个三部曲的后两部我们会仔细看看那些证据，会给人留下很深的印象，我相信，这的确在发生。

但是我们必须用我们的双手建设我们的未来。我相信，无处不在的世
496 界精神的到来可能一帆风顺，也可能困难重重，这完全取决于我们展开她的直觉的充分程度。

我们已经看到，任何的深度都是需要诠释的。我们的诠释方式对于那深度的诞生本身意义重大。新的深度给我们新的诠释空间，这诠释又有助于那种深度的诞生，有助于那种深度的展开。深度的展开就是深度的诞生。

那么就让我们小心翼翼地展开精神直觉的宝贵馈赠吧！

很多人对超越灵魂（或者更高的灵魂）有直觉的体验，可是在展开或者诠释那种体验的时候，仅仅用左上象限的方式，把它叫做高层次的自我、内部声音、灵魂的眷顾、内部的见证、普遍的心、纯粹觉察、超越意识之类。无论这些说法如何正确，这种展开终究遗漏了或者严重简化了“我们”和“它”的维度。抛弃了社会文化和客观维度的显现：它们没有充分说明高层次的自我要求出现的新社会服务和文化活动；忽略了或者不知道经济技术结构的改变，而新的经济技术结构是新的自我的体现（无论高级的自我还是低级的自我还是中间的自我，都会有相应的体现）；它们不知道或者忽略了事物的客观状态或者客观现实和自我不仅是不可分割的，而且是自我显现的一个必备部分。

那种观点似乎认为只要我的自我的水平提高了就万事大吉了，其他的事物自己会解决自己的问题。可是很遗憾，这样就没有看到精神总是同时表现为大宇宙的四个象限。精神在任何水平都体现为一个自我，自我的集合（社会文化）和客体的相互关系，因此任何更高级的自我肯定就会伴随更广大的集合和更深远的客观事物的关系。接触到更高层次的自我并不是解决了一切问题，而是万里长征的第一步，后面将有大量复杂的工作要做。

因此，如果对大精神有直觉体悟，可是仅仅通过高层次的自我或者不可名状的东西的那个“我”（左上象限）来诠释——最终会成为单一的上行之路，无法真正准确地诠释外显的世界的各个维度，也不能全面的了解各个维度。这也就是老费希特运动。还是没有摆脱启蒙运动的基本范式的一个极端：纯粹的自我、纯粹的私我就可以解决一切问题。 497

因此在这些思路中就会有一种怀疑：如果你真的关注这个世界，或者为这个世界担忧，那么就不能说你真正接触了高层次的自我（因为高层次的自我可以把这些问题处理得很好，既然你还有担心，就说明你还没有见证高层次的自我）。实际上恰恰相反：你越是证悟高层次的自我，你就越为这个世界感到担忧，因为这个世界就是你自己的一部分，每个个体的自我、所有个体的自我都是你的一部分。空即是色，梵就是世界。对梵的最终证悟就是在现实世界中的终极投入。

因此，一种善意的但是不充分的诠释把真实的深刻的证悟破坏了，或者曲解、扭曲了。对大精神的直觉的展开方式，太着急了不好，会在开包的过程中把礼物给弄坏了。相反，如果打开包装的时候仔细一点，可能还会加深直觉的深度，那样直觉就可以触及“我”、“我们”和“它”的领域：不仅仅是证悟高层次的自我，而且会融入文化生活，融入社会机构。

实现、包容、具体、扎实：更好的诠释应该包含四个象限（因为大精神表现为四个象限），四个象限都促成了大精神的诞生，都值得进行诠释。好的诠释如同助产士，可以催生大精神，推动大精神的到来。我对大精神的诠释越充分，大精神告诉我的内容就越丰富，交流的渠道就越多，从交流到共享，从共享到统一，从统一到认同。

我觉得把大精神仅仅理解为高层次的自我，这不是一种很好的解释。[1]

有很多非常好的灵魂，它们都对大精神产生了深刻的证悟，可是在解释这种证悟的时候却单单用“它”的语言、第三人称的表达，结果把大精神叫做一切现象的总和，或者相互关联的统一系统，或者把大精神称为一个大网络，或者内在的秩序，或者统一的场（右下象限）。所有这些解释都是正确的，可是都忽略了内部的“我”和“我们”的维度。这种解释是不充分的，在核心的地方是独白的，总是不断地走向平面化。 498

这是古老的斯宾诺莎运动，也就是启蒙运动的基本范式的另一个极端——生态的一端（表现为浪漫主义的革命）。它认为原子论是敌人，核心的问题就是要证明宇宙是伟大的整体系统或者秩序或者网络，只要证明这一点，就一劳永逸了。它动用了大量的证据，包括物理学的和生物学的证据，做了大量的论证，这些论证都围绕一个主题，就是证明宇宙的整体性。可是它没有看到，如果我们找一些相信原子论的自我来，教给它们宇宙的整体论，最终我们只能得到一些具有整体论概念的自我。

恰恰因为这种独白的思路的诠释是不充分的，因此本来直觉是真实的，可是它的“我”和“我们”的维度被忽略了，它不能充分理解内部转化的本来面目，而这种转换对于实现和全部外显的认同与包容全部是至关重要的。对万物的谈论你可以无拘无束，可是仅仅口头的谈论是不会产生多少变化的。

仅仅靠第三人称的独白式的“证据”或者“范式”或者“伟大的思想体系”是不可能带来多少改变的。这些东西不会带来内部的转化，因为转化的过程恰恰是从独白到对话，从对话到超越对话（按照奥古斯丁的说法，就是从外部到内部再到高处）。仅仅提供越来越多的外部证据或者独白的证据，无论多么正确，都不能切中要害。

深刻的、可以带来转化的问题不是世界是整体的还是原子的，而是是谁或者是什么觉察到了整体概念和原子概念（从外部到内部）。然后，见证了这些概念之后，见证者本身既不是整体论也不是原子论，见证者在这里融入无限的空中，包容整个大宇宙（从内部到高处）。

不停地论辩外部实际上恰恰远离了内部，从而也远离了高处。把注意的焦点放在外部世界的整体性上实际上就错过了转化的主要问题。

很久以前，龙树就驳斥了这种思路，指出无论整体论还是原子论，都是偏见（所以龙树说它们在某种意义上都是错误的）。这是对一切通向智者（空性或者开放性）的纯粹直觉（般若）的任何概念的极端解构。设想我们碰上佛陀，然后把他杀了，猜猜整体论者会作何反应。

因此，无论对大精神原初的直觉有多么真实（我一点都不怀疑其真实性），完全把它缩减为右手道路的诠释是不会对它有什么好处的，仅仅描述伟大的相互关联秩序是不能提高这种证悟的（无论这些描述如何正确）。[2]
499 那些诠释本身阻碍了转化；那些诠释本来是对神性真正的直觉的结果，可是阻挠了神性的进一步降临；那些诠释是技术蹩脚的接生婆（本来大精神是诠释的源泉，可是作为接生婆的诠释不够好，反而影响了大精神的进一步显现）。

更坏的是，一旦对大精神的诠释仅仅以第三人称的方式展开，那么最终只能是一种下行的世界观。大精神只是被等同为外部的总和，等同为洞穴里面的影子的总和。我们满足于证明这些影子之间存在伟大的关联秩序，阻碍我们进一步往内部走，从而我们也就不可能找到真正的高处。

这种不充分的诠释给人这样一种印象，觉得当前最要紧的事情就是让现代人学习系统论（或者某种形式的盖亚思想或者新物理学），而不是让人认识到究竟是谁在认识这些理论，或者说学习所有理论的主体是谁。实际上，现代人应该融入作为各个世界基础的空性当中从而可以包容所有的世界，而不是仅仅去掌握各种真理或者“法”（或者终极的他者），而且还应该成为纯粹的无我之我（佛），融入众生的社团（僧）。

纯粹生态的思路和纯粹的自我的思路都是一样的，都是以偏赅全地把大精神的一个方面等同为全部的大精神，阻碍了大精神的来临。纯粹自我的阵营会说，只要接触了高层次的自我，所有的问题就可以得到解决；纯粹生态的阵营则会说，只要看到自然是一个紧密相连的整体，是一个纯粹的生态系统，那么一切的问题就可以得到解决。强有力的证明（比如斯宾诺莎式的客观证据）本身就可以推动人们转化，逐渐实现终极的统一，至少他们认为可以实现。

因此，生态阵营唯一承认的内部改变就是人们本来相信原子论，现在开始接受整体论。因为他们只关心外部，所以他们对内部发展的理解非常幼稚、非常苍白，而实际上内部的发展对于最终包容万物至关重要。进一步讲，因为他们只能看到从原子论到整体论这样“唯一”一个内部的概念
上的变化，这种思路就忽略了非常重要的一点，那就是信念的变化并非意 500
味着意识的改变。而这只不过是接受了一种新的解释，不一定是一种新的转化。

生态阵营对这种质疑的标准反映是，如果人们真正学习并且的确理解了实在是一个整体的含义，理解了伟大存在之网的含义，那就会迫使人们放弃他们的自我，他们的确就会改变。但是我们看到，实际上恰恰相反：接纳一种独白的平面世界观最终只能导致神圣的自我主义。

（一种独白式的世界观不可能实现多视角的对话，因此也就不可能实现超越对话的突破。接受这种世界观的人中，很少有人能够真正实现精神的顿悟，他们能够和别人分享的只有他们的单调的世界观。）

因此，这种思路只关心法，也就是客观真理，不关心佛（主体性），也不关心僧（主体间性），或者说在心理和文化领域对客观真理的反应（也就是大精神如何体现为四个象限）。一旦客观真理成了“全部真理”——也就是一旦客观真理被认为是“彻底的整体论”或者“无所不包”——那么佛和僧就被削减为平面中的一员。也就是说本来希望让我们超越且包含万物

的世界观现在成了一种彻底的下行世界观，并非常有效地完全阻止我们超越。

我的观点是，对精神直觉不老到的诠释不利于进一步的直觉的出现，因此在拆开上帝的礼物包装的时候需要特别小心，这是非常宝贵的精神顿悟。

我会用这一章剩下的内容来充分讨论这个观点，最后总结一下生态和自我两种观点的困境，然后我们就结束对理想主义和它的合理性的讨论。但是此前我想最后再解释一下为什么以独白式的外部为基础来理解大精神是一个失败的立场。我们就从这个解释开始。

不完整或者不确定

等式二：每个全子都给大宇宙打了个欠条。

理想主义者的作品有个基本的主题——实际上这个主题几乎在全世界
501 所有的神秘经验论和有冥想倾向的圣哲身上同样存在——就是说一切有限的事物，有限的全子，它们的内部和外部都有深度的不足甚至是深度的矛盾。黑格尔说："一切有限的事物都是矛盾的。"龙树同样认为，一切有（包括思想和事物）都是内在矛盾的。从埃克哈特到布莱德利，从商羯罗到拉马纳，从新护（Abhinavagupta）[①] 到乔荼波陀，基本的概念是一样的，就是黑格尔说的："一切事物具有内在的矛盾。"

这些说法在哲学圈引起了很大争论，很多哲学家或者感到迷惑不解，或者感到十分恼火。但是那些有神秘经验论倾向的圣哲们提出这些说法（"所有全子都是矛盾体"）的原因是他们见证了永恒，他们体味了无限，因此两相比较就可以看到，一切有限的存在都是苍白的、不完整的、不确定的、游移不定的，如同影像。只有有限的存在不仅是一种局限，在终极上看来而且是自我否定的：只有有限的存在实际上就是否认无限的存在，这实际上是具有深度矛盾的，因为它否认自己最深处的实在。

我想，正因为如此，所以，黑格尔说，"对任何事物而言，说它是有限的，也就是说压抑它，把它放到一边"。因此，"一切确定的和有限的都是不稳定的"。恰恰是这种不完整、不稳定推动了整个有限的外显的宇宙去运动。"只有当某种东西具有内在的矛盾，"黑格尔说，"它才会运动，才会有冲动，才会有创造力。"（比如我们看到，人类之爱推动人们不断向更高的统一运动，从而可以克服不稳定，因此只有在无限中，人类之爱才会停息，无限本身是没有矛盾的，因此"超越时间"，"没有变化"，坚实不可摧毁的

① 新护，印度古代文艺理论家。——译者注

深渊，具有金刚性——这些说法都是不准确的，都是发展过程中的权宜的说法。）

之所以我在这里提到所有这些，就是因为我曾经说过，几乎所有具有神秘经验论倾向的哲学家最终都会提出类似的说法，但是其中可能布莱德利（Francis Bradley）的说法最有力：“关系、因、空、时、物、我，都是自相矛盾的。”龙树的强有力的辩证法无情地打破了一切执著，最终也是一样：它们完全是自相矛盾，充满颠倒的，如果一直问下去，完全都会不攻自破（只剩下无形无相的无限空，解构各种相之后只剩下般若）。

解构主义者已经采取了与此类似的思路（多数从黑格尔开始，德里达 502
对黑格尔特别尊重），但是在布莱德利和龙树之后，这些解构主义者实际上已经没有什么味道，并且很不幸，他们总是找不到关键点：如果你想摆脱自相矛盾的状态，那么只有走向无限。

但是必须承认，那些具有神秘经验论倾向的圣哲们并没有把“所有全子都是矛盾体”这一点解释清楚，因此造成了很多误会。我认为这种情况还可以解释得更清楚一点。

我曾经说过，关键的一点是任何一个全子都是整体/部分，在外显的宇宙中不存在整体或者部分，只有整体/部分。如果存在真正的整体或者真正的部分的话，那么它们就可以安息了。它们就是自身，就没有巨大的不稳定，没有内部的“自我矛盾”。

但是每个全子同时是整体/部分。它有一种双向的紧张，这是一种内在的紧张。作为一个整体，它需要具备一定的一致性和连贯性，从而可以在一定时间内延续自己的存在（这就是它的类属、它的代码、它的主体性、它的相对自主性等）。但是作为一个部分，它必须作为其他全子的一个组成部分存在，它必须接纳自己的不完整性，否则它就不能适应更大的全子，只能飘飘忽忽地维系自己不完整的完整性。作为一个整体/部分，一方面在连贯性和一致性之间就会总是存在一种矛盾，另一方面在完整性方面也会存在紧张。

一方面的力量强，另一方面的力量就会弱——两方面“力量”中的任何一方都不可能胜利，否则就会破坏全子，因此全子总是处于不稳定中。连贯性越强（自洽性越强），完整性越弱（共享性越差）。

因此，就有第二个等式：每个全子都给大宇宙打了个欠条。欠条（IOU）在这里的意思是“不完整或者不确定”（Incomplete Or Uncertain），特别是说一个全子越完整或者越具有包容性，那它就越不确定，越不连贯，反之亦然。一个全子可以完整也可以连贯，但是不能兼而有之，其实这也就意味着，每个全子都是不完整或者不连贯的，因此每个全子都是给大宇宙的欠条。

简而言之，因为每个全子都是不完整或者不连贯的，每个全子也就给
503 大宇宙一个承诺：我现在不能付清，我今天不可能获得确定性和稳定性、完整性和连贯性，但是我很愿意明天付给你。可是没有一个全子曾经或者能够兑现那个诺言。

当然，这种欠条原则在某些知识分支中已经非常明显（也非常有名），特别是数学、物理学和社会学（仅举几例）。在数学上表现为塔斯基（Tarski）定理和哥德尔不完整性定理，两个定理都说明任何充分发展的数学体系（数学全子），全子要么完整要么连贯，但是不能既完整又连贯。也就是说，一种数学理论体系可以做得很连贯（或者自洽），但是从这个体系中有一些真理是无法推论的（不完整）；同时，如果这个体系包含了那些真理，也就是试图做得完整一些，那么不可避免地会在一些关键点上出现自相矛盾的情况——它就不那么连贯。

可能用一个非常简单的社会学上的例子也可以说明这个情况。美国和日本通常被作为两种非常不同的社会组织来看。日本是非常连贯的或者关系非常紧密的社会（它是连贯的），但是这种连贯性是通过排斥外族来实现的（日本的仇外情绪是恶名远扬的）。换句话说，它很连贯，但是很不完整（非常片面，或者非常排外）。

相反，美国尽量完整，对一切开放（“熔炉”），但是这样就会付出不连贯、不稳定的代价：有时候美国显得那么希望接纳外来的文化，以至于出现无法保持自己的完整性的危险。它通过放弃连贯性和确定性获得了相当程度的完整性，因此没有牢固的关系纽带或者一般原则。[3]换句话说：或者完整，或者连贯，一个强另一个就弱——欠条。

在数学上，欠条原则的引入（罗素、塔斯基、哥德尔），也就是“悖论”在集合论中的引入引起了一种冲击，甚至是一种狂乱，因为这意味着集合论和算术的基础是不稳定的（由此可以推论整个数学的基础都是不稳定的）——也就是说数学的基础是自相矛盾的。在一定意义上说，的确是如此，但是数学通过无限扩展的集合（“超越有限性”）“逃脱了”这个悖论。

504 我们在第二章看到，这实际上是“全子一边上行，一边下行”的另一个例证。现在我们可以看到，这实际上也意味着数学给大宇宙打了个超越有限性的欠条。简而言之，数学要摆脱深度的自我矛盾，就需要提出一个更高水平的包容性，从而可以摆脱同一个水平上的悖论——然后就会在自己的水平上面对自己的同样的悖论。然后数学就会提出一个更高水平的包容性，然后再面对那个水平上的悖论，以此类推，永无止境（“超越有

限性”）。

从而，数学悖论和一个水平上的欠条可以通过下一个水平缓解（下一个更具包容性的水平），但是这个更高水平的集合又要面对自己的欠条（或者不完整或者不连贯），依此类推，没有止境。集合必须不断后退，永远不能停下，因为一旦停下，数学就会自我矛盾。谁都看不到那个真正的超越有限性的集合：它如同镜中花，水中月，它只是为数学的开始和延续提供了可能。

从而在欠条的问题上，它说，我现在没法还清，但是我很愿意将来还清，它甚至很愿意付高额的利息。问题是，它永远都不可能还清。这笔债是还不清的。和其他所有的全子一样，数学在解决自己的局限性、也就是内在矛盾的问题上永远举步维艰。（记得前面黑格尔说过：“只有当某种东西具有内在的矛盾时，它才会运动，才会有冲动，才会有创造力。”）

结果，所有全子都给大宇宙打欠条，而且永远都还不清。

从而，欠条代表所有外显的全子内在的紧张或者不稳定性（不完整或者不一致），因为它们都是整体/部分。同样的意思还有一个说法，就是所有的全子都是团体中的主体（作为更大整体的一个部分的整体）。作为主体（整体），全子必须找到一种一致性，从而可以维系自身。作为一个团体构成（部分），它们必须和其他的成员一起组成更大的整体，更加完整。一个特性多一点，另一个特性就少一点（在同一个水平上是这样；如果提高一个水平就可以兼顾两个特性，但是这样又会面对新的水平上的欠条问题）。

换句话说，主体性强一点，共享性就差一点，反之亦然（欠条问题的另一个说法）。任何一方都不可能在不破坏另一方的前提下得胜，它们相互依存，相互对立（我们可以说，这就是为什么陷在轮回当中是一件令人苦恼的事情的原因）。

在本三部曲第三部中，我将对欠条的问题做详细的讨论，在这里我们 505
仅仅作个简单的介绍。我想说明主体性是跨越时间的，共享性是跨越空间的，它们是（特定水平上）一切全子的基本“驱动力”，在很多领域都有表现，我们可以分别列举如下：时间和空间、一致性和相关性、权利和义务、暗喻和换喻、内部价值和外部价值、确定性和可能性、必然性和可能性、一致性和完整性、意识和交流……这个单子可以无穷尽地列举下去。关键的一点是，这些典型的二元论（比如认识论上的连贯性和相关性）永远是互相冲突的两面，永远不可能有一方获胜。

对于欠条原理我想说的最后一个例子是著名的海森伯格测不准原理，这是很多例子中的一个：我们对一个波粒子的时间成分（主体性）认识的越多，对它的空间成分（共享性）认识的就会越少——位置和动量、能量和时间这两对永远不可能同时准确得知——也就是说，对波粒子的两个方面都是不可能准确得知的。波粒子给大宇宙打了个欠条。一个方面的确定性越强，另一个方面就会越模糊。

空性

这是我提到所有这些关于欠条原则的例子的真正原因，也是有神秘经验论倾向的圣哲总是讨论这个问题的真正原因（比如黑格尔、布莱德利、龙树和商羯罗），这个理由很简单，即：

等式三：一切欠条都可以被空性偿还。

空性既不是整体也不是部分，也不是整体/部分。空性是一切整体和一切部分所显现出来的现实。在空性中，我不会成为整体，我也不会觉得自己是一个伟大整体的组成部分。在空性中，我非常开放，非常清晰，看到一切整体和一切部分不断升起。我——我是无根之根，无物之渊，永远不
506 会陷入无尽的欠条的洪流，不会陷入整体和部分永无休止的轮回之苦；空性的根基不会为时间的消失而恐惧，不会为空间的扭曲而不安；完全摆脱了无休止的欠条的折磨——包容它们，如同明镜，映照万物而不着一物，只有一个观念可能成为障碍，就是认为自己似乎超越了无休止的欠条，或者认为这种解脱和无休止的债务以及轮回“实在”虚幻的偿还有关，因为这种“实在”恰恰是包含了任何有限的物的内在矛盾的病患。

这就是神秘经验论者的消息，非常简单：空性，只有空性可以偿还所有的欠条。[4]只有在空性中，我才可以还清对大宇宙的债务，因为在空性中，我——我就是大宇宙。债务被取消了，内疚没有了，大宇宙的账簿上扯平了，我从疯狂的超越有限性中解脱出来。

不是在空性之中，而是我本身就是空性，我从不断增加的部分中解脱出来，成了一切光明的根源和真如显现。我品味天空，畅饮宇宙，而我自身毫无增加；我消弭在万物之中，而我自身毫无减损；我如同太阳般地升起，迎接自己的一天，而一切都没有丝毫的变化。

理想主义的合法性

在西方，理想主义运动是试图引入真正的上行，同时又能够整合真正的下行的最后一次尝试，在大精神中，私我和生态兼顾，保存都是可以超越的，尊重但是不被束缚。这是对普罗提诺真正的继承。

尽管理想主义最终还是失败了，但是我相信，它长久的贡献一定会成为对现代和后现代世界的灵性直觉进行恰当的诠释的一部分。我相信，它长久的影响，必定会成为各种真正综合的世界观的一部分，这个世界观仍

然处在襁褓之中，慢慢进入集体无意识，慢慢疗救现代性似乎有点疯狂地带来的分裂。

在本三部曲第三部中我们将对理想主义思想体系进行详细的讨论。在这里，我们可以比较恰当地把理想主义运动的影响概括为对超个人领域的直觉证悟在视觉逻辑中的表达，在具有非常伟大的力量的同时，也具有非 507
常致命的弱点。

作为视觉逻辑，它在进化过程中超越了形式运算的理性，超越了工具理性和自我中心的理性（纯粹理性批判的理智），进入了对话的、辩证的、主体间的理性（实践理性），可以整合对立的片段。

作为层级的视觉逻辑，它的眼中既不是孤立的整体，也不是被抛弃的部分：每个发展阶段都是一个整体/部分，超越并且保存了它的前身。实际上，理想主义指出，因为每个全子都同时既是次全子又是高级全子，所以一切主体性实际上都是共享中的主体性（这在启蒙运动那种“自大的文化中的反映论模式”中是看不到的，启蒙运动是“被压抑的发展的猛兽”）。因此没有二元论立足的地方；没有整体可以作为胜利者，也没有部分可以作为胜利者；大精神存在于整个进化过程之中，这个过程本身自我展开，自我包含，自我实现：什么都没有被丢弃，一切都被保存下来。

作为视觉逻辑，对三大领域的整合可以被严肃思考，而且以很多方式完成这种整合：自然不仅仅是互相关联的物的集合，而且还有“我”，“我”只能存在于我们建立的主体间的空间中。从而科学、道德和艺术都是大精神整体的表现：谁都不能独占权利；各自的任务都应该得到尊重。而“我”可以整合它们，是因为“我”是大精神的工具，不是眸子能够特定的显现。

最重要的一点是，整合不仅仅是一种口头上的说辞。在一定程度上，理想主义者成功地“做到了似乎不可能做到的事情”，泰勒曾经说理想主义者融通了本来似乎不可能对话的很多方面，比如私我和生态、费希特和斯宾诺莎、理性和自然、上行和下行、主体自由和客体统一。

实现整合的要求非常高：“如果极端的自由（自我）和自然的整合（生态）都能完全实现，如果人类可以和内部的自然和物质宇宙中的自然可以完全合一，同时还完全是一个具备自我决断能力的主体，那么首先我基本的倾向性应该是主动的道德和自由。此外，因为我依赖更大的自然秩序，这个整体秩序必须在我内部，它自己必须没有精神的目标，它自己不能有和主观自由统一的意向性。如果我仍然是一个精神存在，而且在我和自然的交流中不 508
受到自然的压制，那么这种交流必须是一种共享，我介入这种交流可以和某种灵性存在或者精神力量接触。这就是说，那种试图实现精神目标的灵性具有自然的本质。自然实在的背后是试图自我实现的灵性本身。”[5]

这些要求，恰恰被谢林和黑格尔实现了。自然和理性在大精神那里都得到了承认和整合，之所以能够如此，是因为在整合的过程中，同样的大精神觉醒了，在整个展开和包含的过程中显现了自身。

“自然倾向于实现精神，也就是实现自我意识，人们就想把握自然，从而可以把自然看作是精神的体现，看作是自己的精神的体现。在这个过程中，人们对自我就产生了新的认识：不再把自己看作是宇宙的片断，而是看作精神的媒介。这样，人们就可以一下子实现和自然的统一了，也就是说，精神包含在自然中，包含在最充分的自我表达中。这两种东西伴随人类对精神的媒介的认同的出现顿时到来。这提供了有限和物质宇宙精神的合一的前提基础，这种前提就满足了人和宇宙统一同时又不失去自己的自我意识与主体意志的要求。”[6]

因为在自我和生态中起作用的是同一个精神意志（或者自我实现的人类之爱），然后当我看到那种大精神时，我可以看到——可以直接感受到它在那里（生态自然的外部世界），我自己也到了那里（在最真的我中和自然合一），我们都将到那里，精神的社团就显现了。

各自保留自己的独特性，同时统一于大精神——这就是“‘一’在‘多’中”，这是最真实的我（终极的“我”或者佛），这就是最高的真理（终极的“它”或者法），这就是包含一切有情的大家园（终极的“我们”或者僧）。

进一步讲，根据理想主义的观点（和各地的不二哲学圣哲的思想），最奇妙、最矛盾的秘密在于最终的解脱总是早已完成。“最后一步”就是从时间的轮回中完全摆脱出来，看到无始无终本来就是，不生不灭无处不在。伟大的高潮就在当下。“善，”黑格尔说，“绝对的善，在这个世界上始终都
509 在完满自身。结果它不必等待我们，早已完成了自身。”

芬德利（J. N. Findlay）是黑格尔最伟大的诠释者之一，他曾经说：“理解了这一点才算是真正理解了黑格尔。有一些诠释者虽然非常努力，非常有学问，但是还是没有彻底领悟黑格尔的思想，他们还在寻求浮华的高潮，绝对正在到来……伴随着那群飞翔的鸽子，当每一次回归绝对地平常，绝对就在那里（我们知道，平常的语言往往是不二哲学的标志）。此时此地有限的存在，黑格尔告诉我们，只要能够正确对待它们的有限性，正确接纳它们的有限性，并且能够总是如此以正确的精神生活，那么居住在小镇上就是居住在天堂。”[7]

普罗提诺和龙树反复告诉我们：彼岸世界就在眼前。

这是一种真正伟大的整合。（通常认为这个整合的过程应归功于奥洛宾

多。除了奥洛宾多的巨大贡献之外，一个世纪以来的先驱还有谢林。）但是最后，理想主义者没有坚持自己的诺言，没有实现自己伟大的潜力。尽管我曾经说过，这个问题我将在本三部曲的第三部中详细讨论，但是我还是想在这里略微总结一下，把理想主义的失败分为两个部分。

第一个失败在于没有提供可以执行的修行方式——也就是没有提出真正的范式，可以重复的例证。换句话说，没有提出瑜伽修行、没有冥想的方法、没有沉思的途径、没有经验的方法可以重复理想主义的创始人自己的那种超越人类的经验。伟大的理想主义思想被误认为是形而上学——从这个意义上——它们当然也就难逃形而上学的厄运。

第二个失败是，尽管大多数理想主义者我说的是大多数真的证悟了深刻的直觉，进入了超越人类的领域，这种力量推动了理想主义运动，但是这种深刻的证悟几乎完全用视觉逻辑的方式表达，这让理性不堪重负。[8]特别是在黑格尔那里，超越人类的超越理性的大精神完全等同为视觉逻辑或者成熟的理性，从而谴责理性，结果理性在重压之下坍塌。

在 1796 年，黑格尔给赫尔德林写了一首诗，其中有这么一段："思想无 510
法捕捉灵魂，灵魂居于超越时空的无限预感，现在灵魂醒来了。无论谁，如果想把这种觉醒告诉别人，尽管拥有天使般的口才，仍会感到语词的贫乏。"

是否黑格尔也会感到这种贫乏（柏拉图说："我所关心的在我的论文中是找不到的，也不可能找到。"），但是黑格尔决定理性可以、也应该承担天使之舌的任务——也是对生态阵营滑向退行和自我中心的深渊的一种反应。这本来也没有问题，如果黑格尔能提供更可靠的范式、可复制的、通向更高的、超越人类的阶段的发展方法的话。我们说过，禅师天天谈论空的问题！但是他们有自己的修行方法（参禅），从而他们可以通过自己的发展出来的所指，关联超越人类的阶段的能指，因此他们的话（能指）仍然满足经验标准、可复制标准和可证伪标准。

但是理想主义者没有一个能够做到。他们的见证非常不容易复制，因此无法证明，所以被视为"纯粹的形而上学"，这样一来，西方本来可以拥有的一个非常宝贵的机会消失了。当然我们现在也可以重新尝试，如果未来的无所不包的世界精神现在已经开始到来的话。

同时，理想主义的衰落使得下行者肆无忌惮地成了现代性的铸造者，再没有人能够挑战他们。

阴影

达尔文的"自然主义"似乎完全统治了平面的世界观，占领了一切的基础，而这种自然主义是"去自然的自然主义"。单一的自然成了人们需要的“精神”，所有的“精神”都有赖于此。

但是在下行者的革命胜利中起决定作用的还不是达尔文主义。不管怎么说，达尔文主义还只是为已知的、并且广为接受的结构提供经验的证据而已，尽管他们自己可能不承认。人们当时已经接受进化就是上帝创造万物的过程，人类之爱不仅追寻大精神，而且通过不断攀升的上行者表达大精神，达尔文不过把这个次序排列出来，没有什么好奇怪的。

问题不在于达尔文，问题在于卡诺（N. L. S. Carnot，1796—1832）、
511 克劳修斯（R. J. E. Clausius，1822—1888）和开尔文（Kelvin. L）。当年达尔文还在英国皇家海军“贝格尔号”考察船上的时候，开尔文和克劳修斯就开始勾画两个版本的热力学第二定律了，后来这两个版本被认为是对等的，它们两个的意思都是：宇宙在衰减。在一切物理过程中，无序逐渐增加。

这样就把科学界分成了不相容的两个阵营：一个是生物学，说世界正在不断向上，走向有序；另一个是物理学，说世界正在不断向下，走向无序。这就是时间的“两只箭”……

这样，当然我们就说圆满了，我们在第一章就是从这个点出发的。这不是微细的还原论——把大宇宙塌陷为经验的相互关联的秩序，这是粗疏的还原论——进一步把相互关联的秩序塌陷为原子组成，这种状态根本就是精神病一样的疯狂。（如果大宇宙多维度的美妙的现实和普罗提诺、谢林、大乘佛学、吠陀印度教甚至康德和罗素说得相似，那么可以想象那种认为大宇宙只是原子的说法是多么浅陋。）

热力学的定律似乎完全破坏了各种“有机统一”、“自我组织的自然”或者“自我显现完整的统一的过程”（谢林、黑格尔）——更不用说任何形式的（“最低级的物质之中都会存在的”）人类之爱的活动（康德）。如果理想主义者连进化的第一个级别都不能说清楚，那么我们怎么相信他们说的“高级状态”呢？如果在物质世界没有人类之爱，如果物质世界又是大精神显现的片段，那么在大精神中就没有人类之爱。也就是说，实际上就没有大精神，如此而已。

这样对任何形式的理想主义和灵性主义来说对进化或者显现的观点都是釜底抽薪。理想主义大厦的第一层塌了，当然整个大厦的其他层级立刻效尤。（黑格尔死后几十年，理想主义几乎绝迹。）

这个摆脱洞穴、包容洞穴的伟大努力塌陷的直接结果是上行再次被人怀疑。人们到处呼喊“回到康德”，最终甚至说，回到理性，回到理性的感官基础，“以谦卑为师，跟随科学的脚步”。

512 回到现象，回到影子，回到“此岸世界”。理想主义的崩塌使得下行者

完全一统天下，成了现代性的铸造者和控制者，不仅抛弃了任何形式的超越性的精神，而且把视觉逻辑本身也抛弃了，变成了各种形式的工具理性和主体中心的理性。“结果，”哈贝马斯提醒我们，“从黑格尔之后，只有以更谦卑的方式接纳理性才有发言权。”他说，从而现代性“把推理逼迫到理解，把理性逼迫到目的理性”——也就是说，把视觉逻辑逼迫到反映论范式，进一步退回到主体中心的工具理性。[9]

黑格尔的学生费尔巴哈很快就说，任何形式的精神、任何形式的上行都是人类潜能的投射，是对一个想象中的“彼岸世界”的投射。并且，根据费尔巴哈的说法，恰恰是这种对神的领域的投射阻碍了人类的进步，这是人类自我异化的根源。然后，任何形式的社会进步，不是精神回归精神，而是人类回归自身。费尔巴哈说：“宗教是人和自身的分裂：人类把上帝放到一个高高在上的对立面。上帝不是人，人不是上帝。上帝是无限的，人是有限的；上帝是完美的，人是不完美的；上帝是永恒的，人是短暂的；上帝是全能的，人是懦弱的；上帝是神圣的，人是罪恶的。上帝和人是两个极端。”

无论这种对神秘经验论分裂的描述有多么正确，这种描述本身和人类的超越潜能的实现之间的关系不是很大。人类实现自己纵向的潜能的时候并不是通过平面的投射，人类的超越潜能是不可能通过把这个有限的世界投射到一个无限的乌托邦就可以实现的：那种高高在上的无限已经塌陷成了远远在前的无限，那种前面的无限可能是科学的无限进步，可能是财产的无限增加，也可能是政治的无限扩张的理想国，也就是最终的自由。这些都是在有限世界里稀里糊涂地去找寻无限，对有限世界造成了不可逆转的伤害，因为在这个过程中给有限的世界施加了太大的压力，以至于有限世界不堪重负。

实际上，整个现代（和后现代）世界都是费尔巴哈的信徒。 513

洞穴的边界

所以我相信，下行者恰恰是饱受挫折的上行者的继承人——那饱受挫折的上行的欲望转而成了不断向前的欲望。一个蹩脚的神取代了另一个神，一味向上的上行者如今在影子之中快步前行。

在“拒斥上行”的口号之下，对纵向的无限的追求转而成了对无限的物质的和“自然的”东西的追求。本来对无限的那种正确的直觉被抛弃了，转而成了对这种转瞬即逝的平面世界中的物质永无餍足的追求。两种追求的驱动力都是一样的，都是追求无限，不同的不过是上帝的眼睛所看的方向。

那就是现代和后现代心灵的居所。在这些现代的时代，人们本来有、现在也有两个基本的选择：神话或者自然。保留在神话的发展水平，接纳这种或者那种专制的原教旨主义的（饱受挫折的）上行；或者发展到理性时代，抛弃神话，拥抱完全的下行世界，在影子里面享受太阳浴，不用担心想象中的多样性带来的晒斑，“以谦卑为师，跟随科学的脚步”，不断试图改变现象，修补阴影，不断以影子为食。

在自然主义内部，同样存在这样一个维持了两个世纪之久的老掉牙的“范式”，进行着老调重弹的论辩：自我与生态相对，两个背后都是同一个充满陷阱的毁灭悖论。自我，尽管它的世界中心的立场非常让人尊敬，但是仍然不能解决如何在更高的层面上整合生物层面和人类利益的问题，所以在不停地退行的过程中到处留下尸首，仍旧完全混淆超越理性的精神和前理性的神话，因此正在竭尽全力地远离自己解脱的源泉。

如果说自我阵营仍旧把人类层面绝对化，那么生态阵营就是仍然把生物层面绝对化，完全没有意识到这样做对生物层面本身所造成的伤害和自
514 我阵营有什么两样。“拯救生物层面”首先需要让人类达到一种共识，自然自愿地为同样的目标奋斗。那种主体间的共识只能在人类层面中才能实现。只要没有实现人类层面的这种共识，那么任何的努力都是增加对生物层面的破坏。

因此，如果说自我阵营以自己的使命感（commission）在破坏生物层面，那么生态阵营就是在以自己的疏忽（omission）在破坏生物层面。

盖亚的头号问题和主要威胁不是来自“污染”，不是来自工业化、过度开垦、水土流失、人口过密、臭氧稀薄或者其他诸如此类的东西。盖亚的主要问题在于人类层面没有形成一种共识，没有达到相互的理解。

问题不在于如何用独白的、科学的证据来说明盖亚目前的问题多么严重。这种证据早就已经过剩了，任何一个白痴都可以列举很多，大多数白痴的愚笨之处在于他们根本就不在乎。

换句话说，真正的问题不在外部，而在内部。真正的问题是如何帮助人们在内部实现从自我中心向社会中心、向世界中心意识的转化，这才是整个问题的第一步、关键点，只有做到这一点，人们才愿意、甚至急切接纳这种对全球问题的解决。

关于这种内部的转化，关于实现这种转化的复杂的内部心理的变化，生态阵营只字未提，或者无话可说。它们仅仅关注外部，关注那种独白的反映论的范式，因此它们对内部变化的理解知之甚少，几乎完全无知：它们对拯救盖亚做的工作在根本上没有任何实质性的贡献。

因此，它们唯一可以说的转化就是它们让每个人都接纳它们对实在独

白的、客观的观点，接受了“生命之网”的概念，似乎这就是它们所带来的唯一的内部改变。不但这种“生命之网”的观念是退行（限定在神圣自我主义的那种生物中心情感中），并且我要强调的是，即便这种“生命之网”的本体论是正确的，这种客观的信念仍然不可能成为内部发展的动力。

（比如，所有的生态预言都是或然，或者“如果如何……将会如何……”这样的科学推断，很多都是计算模型。这种东西只有在形式运算的认知水平才能理解。把这些东西讲给前运算阶段的任何具体运算阶段的人听，无论他们对这些说法背诵得多么流利都不可能真正理解这些话真正的所指，更不可能晓得指称的对象究竟是什么。对全球的或者世界中心意 515
识的真正体会没有形式运算的认识水平是不可想象的。换句话说，这种全球意识根本不可能作为一种客观信念教授给任何人，只有人们自己的内部意识结构实现了这种转化，才可能自然而然地出现这种信念。）

我们提供了大量的关于这种内部心理转化如何出现的信息（从自我中心到社会中心再到世界中心），生态阵营基本上对这些内部动力机制完全没有注意，或者完全没有兴趣，而是一门心思地以整体论的方式去描述外部。

这实在是太幼稚了，竟然相信通过咄咄逼人的思想攻势就可以把人类客体转变，而不需要主体内部的转化。仅仅关注独白的、客观的和科学的外部——无论多么正确——都是对于问题没有什么助益的，因为这偏离了基本的问题，隐藏了基本问题，用意识形态说教和修辞的口水把基本问题埋没了。[10]

因此，通过把生物层面绝对化将生物层面放在退行的本体论上最高的位置，生态阵营几乎对人类层面的整合没有任何贡献（因此对生物层面所做的任何工作都是分裂）。

到处存在这种悖论：把生物层面绝对化不可避免地破坏了生物层面。

到处上演这个同样的故事：自我和生态两个龌龊的双胞胎在盖亚的遗骸上跳着蹩脚的舞蹈。

自我和生态：恐惧和死亡

这样，我们回到我在这一章开始的观点：受到这两种平面意识形态的限制，任何更深的或者更高的直觉都会自然以这两种范式中的一种被误读。人们仍旧会对超越精神和世界精神产生直觉，但是立刻就会误读这些直觉，本来这些直觉非常正确，但是用这两种范式中的任何一种来解读都会歪曲这种直觉，从而或者解释成飘浮不定的“高层次的自我”（费希特的观点），或者解释成“重新回到生物层面的统一”（斯宾诺莎的观点）。

“高层次的自我”的阵营对社会问题丝毫不关心，当然也因此臭名昭 516

著。发生在某个人身上的任何事情都被看作是“个人的选择”——具有高度自主性的高层次的自我对任何事情负责——这种观点是非常专横的，完全依赖于一个不着边际的自我，非常恐怖，像一个杀人狂，完全生活在自我的幻想中。这样只能压抑共享性，其实共享性和主体性对大精神的显现而言同样重要。

这不是人类之爱，而是恐惧——是一种逃避社会责任和主体间活动的行为。所有这些行为完全忽略了大精神不仅仅表现为自我（“我”），而且还表现为主体间的团体（“我们”），还表现为事物的客观状态（“它”）——表现为佛、法、僧——这些是不可分割的，和善性及善行也是不可分割的。

生态阵营同样经常误会对世界精神的直觉，但是角度不同，它是从某种盖亚—自我的角度误解的，但是在平面性和独白性的方面和前者没有什么不同。它们热爱的男神和女神是小自然而不是大自然。实际上存在的任何层级都被否认，否认的理由是不符合多样性的立场，这种多样性的立场明显否认其本身隐含的立场。尽管它们激情澎湃地要追求超理性，实际上它们是在回归前理性，因为它们根本就没有理性——每一种努力都是生物中心的，从采集时期的神话到猖獗的部落主义到血魔术到有情众生的感官满足，但是所有这些都是以拯救盖亚的名义做的。

生态理性的自我被误认为是生态学的自我（生物层面的绝对化）——完全忽略了这样一个事实，就是任何生态学的自我都是不可能替代其他的自我的。结果会后退到神圣的自我主义，这和自我咄咄逼人地滑向压抑同样令人心痛。这不是上帝之爱，这是毁灭，通过毁灭高级的存在来保护低级的存在。

在这种条件下——自我对生态——我们永远不可能把独白的自然导向对话的文化，然后把自然和文化导向超越对话的精神。在后面的两部书中，我会首先完成后现代性的界定的问题。

正确的直觉已经出现了，它们就在那里；大精神实际上就是高层次的自我，存在于一个由一切有情众生构成的大团体中。但是以目前的任何一种方式来解读这种大精神都会把它狭窄化，把它扭曲，在怪异的意识形态
517 中把它破坏，所以说我们的拯救者还没有到来。

环境伦理

按照我的观点，后现代性的当务之急——目前最要紧的事情是去建立和发展真正的环境伦理，或者一种面向非人类全子的伦理立场。

在生态阵营中，最大的困难莫过于去建立一种环境伦理，但是这本来应该是他们的强项。当然也有些例外［比如伯奇和科布（Birch & Cobb）的

《生命的解放》，迈克·齐默曼（Michael Zimmerman）的工作，还有其他一些人的作品][11]，但是总体上而言，大多数思路还是完全限制在“生物平等性”上，这就是对下行道路的充分性原则的改头换面（远离任何真正的上行）。

关键是，至少他们认为的关键是，一切全子的形式，当然包括一切生物的形式都是平等无异的，都有完全相同的价值，这又是一种通过性质的差别否认一切性质的差别的方式。这种环境伦理本身是非常优雅的，通常也是对世界精神直觉的结果，是生态理性的反映，但是还是在平面范式中被完全扭曲了。

在本三部曲的第二部中，我会对这些思路进行详细的阐述，提出另外一种层级体系，现在可以简单概括一下：

1. 一切事物，无论性质如何，都是大精神完美的显现。无论传统上认为是高是低，是贵是贱，是简单还是复杂，一切全子都和基础（ground）的距离是相等的，因此一切全子的终极和基础价值都是相等的。一切全子都是纯粹的空性，是原初的纯真，在这一点上是平等的。

2. 但是在基础价值之外，我们还应该看到，任何一个全子本身也是特定的整体和特定的部分。作为一个整体，任何全子都有“整体价值”。它有自身的价值，不是对别的全子有什么价值；它本身有自己的底线，不是作为其他全子的手段而存在；它有自己的主动性，不仅仅是工具价值。这通常被称为“内部价值”，我也同意；我也称之为“自身价值”、“自主性价值”、“整体价值”。所有的全子，作为整体都具有内部价值。 518

根据以上论述，整体性越大，内部价值也就越大。换句话说，整体价值与深度价值相同，深度越大，价值越大（潜在深度越大，潜在价值越大）。

这也意味着重要性是有很多层面的，我们已经反复提到这一点：深度越大或者整体性越大，那种整体对整个宇宙的重要性也就越大，因为那种深度和整体中所包含的大宇宙成分更多。

类似地，作为一个整体（自主性），所有的全子都有表达其保持完整所必需的条件的权利。整体性越大，维持其整体性所必需的权利也就越多（也就说，整体的重要性越大，维持其重要性所需的权利网络就越大）。这些权利不是附加给全子的东西，而是对维持特定全子性所必需的各种（客观的、主观的、客体间的、主体间的）条件的描述。如果这些条件不能完全具备，全子就会消融或分裂。

3. 一切全子同时都是部分，作为一个部分，一切全子都具有工具价值（也被叫做外部价值）。也就是说，一切全子对别的全子都有价值。每个全子都有部分的价值，或者构成性价值（作为更大的全子的一个部分的价值，那个整体和那个整体的组成部分依赖其他所有的部分：每个部分对整体而言都有工具性价值，每个部分都有外部价值，不仅对自己有价值，而且对其他部分也有价值）。一个全子的部分价值越大，也就意味着这个全子参与构成的整体越多，这个全子对整个大宇宙而言就更基础，因为大宇宙中的更多构成部分需要依赖这种全子才能存在（从而我们就可以看到，越基础重要性也就越小，反之亦然）。

类似地，作为一个部分（在团体之中），每个全子存在于一个关注和责任的网络中。责任和权利一样，并不是全子外在的东西。责任的网络决定由这些部分构成的这个整体的存在状况。一个全子的深度越大，它参与的关系网就越大，它的责任就越大（和它相对较大的权利和主体性相称）。[12]

519 因此大宇宙中的每一个全子作为大精神或空性的显现具有平等的基础价值。进一步讲，作为特定的整体，每个全子又具有内部价值，具有深度的价值，之所以这种价值存在就是因为它包含两大宇宙中的其他成分，作为自身的构成部分（它包含的越多，它的深度就越大，它也就越重要）。最后，作为一个部分，每个全子具有一个外部价值或者工具性价值，因为外在于它的全子的存在也以各自的方式依赖它。（一个全子参与构成的更大全子越多，它的外部价值也就越大，它的基础性也就越高：它的存在有利于那么多其他全子的存在。）[13]

现在我提到这一点的原因是，这种多维度的环境伦理完全被如此流行的平面整体论压制了，被歪曲在盖亚中心的思路中。一切全子具有平等的基础价值和它们一定具有平等的内部价值混淆了（“一切物种平等”），这样就完全破坏了任何可行的活动。

杀死一个萝卜比杀死一头牛要好，尽管它们都是大精神完美的显现。它们的基础价值是平等的，但是一个的内部价值比另一个要高，因为一个比另一个更有深度（因此也更具意识性）。生态阵营一般而言就是通过突出生物层面的重要，否认物种的差异性来拯救生态，这样实际上完全阻碍了我们改变自己的人类中心的立场。

而且情况更糟：在平面世界中，只有“生命之网”或者作为整体的系统具有内部价值（伟大的相互关联的秩序）——从而我们在根本上就不过是“生命之网”中的一个节点。这样就用“整体性”把我们都“工具化”了，把任何一个有生命的存在都工具化了，因为这样一来，所有的生命体就只有部分价值，只有外部价值、工具性价值。整体论总是把一切都工具化！（平面主义内在的破坏性悖论的另外一个例子是，试图把一切整体化的时候实际上是把一切都部分化了，把一切都变成了片段，除了伟大的网络之外没有整体价值，没有内部价值。)[14]

简而言之，这种思路把平等的基础价值和平等的内部价值混淆了（“一切物种平等”），这样就只有生物层面是一个整体，具有内部价值，这样就 520
把每个个体变成了部分，变成了节点，变成了伟大的网络的工具，也就是，成了生态法西斯。

我说过，我相信很多情况下，那些思想家的直觉是真实的，是美好的，也就是说，他们直觉到的实际上是一切全子具有平等的基础价值（我相信，这是任何试图去人类中心化的高尚的尝试的前提）。但是在运用平面整体论把这个高贵的直觉进行展开的时候（也就是纯粹的右手道路，总是用一种性质差别否认其他的性质差别：在这种情况下就是“一切物种平等”），结果我们就把一切都变成了工具：启蒙运动的基本范式应该对此负责，现在仍然在破坏着盖亚，并且还在新的伪装下声称要拯救盖亚。[15]

因此，通常对世界精神和生态理性正确高贵的直觉被平面整体论曲解，取消了物种之间性质的差别，阻止了进一步让世界精神来临的行动。并且在这个情况下，这种说法仍然是正确的：如果能解决问题，只能增加问题。

自我和生态：上行者和下行者

除了灵魂没有谁可以疗救感觉；
除了感觉没有谁可以疗救灵魂。

——奥斯卡·威尔德

那么我的观点是，世界精神通常会被正确地直觉，但是往往不能被正确地诠释。人们倾向于把它解释为高层次的自我，或者一个盖亚自我，两个解释在根本上都是二元论的，两个都想通过规劝让对方服从自己。它们并非分别是人类之爱和上帝之爱的代表，而是恐惧和毁灭的代表。

也就是说，现代性中的个体尽管试图寻找真正的灵性，它们仍然倾向于堕入纯粹的上行高层次自我或者一种纯粹的下行生物中心的自我。

上行者总是表现为各种形式的诺斯替教、小乘佛教、吠陀不二哲学的
一种、“高级的内部声音”、神圣的内部精神、原型心理学、对灵魂的关注、 521
与高级自我的相遇——都是正确的，也都非常重要。但是它们是有偏颇的，它们一味地上行，它们试图通过否认平面而超越平面：恐惧症、否认世俗、否认身体、否认日常生活的团体、否认感觉、逃避。

相反，下行者一味追求可以观察、可以感觉的神/女神，完全排斥上行，堕入盖亚中心、自我中心、高度的个人主义、反对任何权威的立场，试图在不受压制的自由显现的影子中保存自己。[16]通过和其中的一个影子认同，然后把自己嵌入去自然的自然之中，然后就得救了，如果不行，就

嵌入得更深一些。

这个观念还有点类似说，如果我深情地拥吻影子，就可以看到光明。一切超越都被还原为这种对此岸世界的拥抱：毁灭，死亡，还原和退行的沉重的手。

这种纯粹的下行当然完全排斥上行，并且说它们是一切人类问题和盖亚问题的罪魁祸首。但是不用担心，诋毁总是双方的：上行这就会说下行者只是自我消散，在向外追求的过程中迷失了自己，非常无知，说它们才是一切人类混乱的根源。

两千年之后，上行者和下行者仍然在进行口水战——每个都自称是全部真理，每个都说对方是邪恶的，每个都和对方一样犯了以偏赅全的错误。

上行者和下行者，多年之后依然疯狂执著。

在历史的边缘

后现代性最伟大的追求，我认为，就是身心的整合，实现世界中心的视觉逻辑水平的半人半马阶段，很多证据表明这的确正在发生着。但是更重要的是，从半人半马的内部和外部现在开始出现对超越精神的一瞥，把超越精神看作世界精神。（我相信，这一点的证据也非常充分。）[17]

522 但是对大精神的错误解释阻碍了它的进一步到来；用平地的方式和独白的方式来解释大精神阻碍了它的进一步诞生和福祉的实现。我们不能在正在出现的世界精神中整合上行和下行，只是在意识形态的选择中让它们之间进行争斗。这的确是一种残酷的折磨。

但是对我们而言，关键的困境已经被打通了。对二元论的突破在西方已经被普罗提诺实现，在东方则被龙树实现（并且不仅仅是他们）。对不二哲学的进化论的理解已经在西方被谢林实现，在东方被奥洛宾多实现（也不仅仅是他们）。他们（和他们的继承者）所完成的工作，已经为世界大同社会和全部存在议会的建立提供了基础。尽管在他们的时代，他们的思想还比较罕见，只属于少数人，不能被大众接受，但是在今天，他们的思想可以作为我们集体的进路。

当然，还有很多工作要做。但是基础已经有了，已经为我们准备好了，基本的东西已经有了。这些道路已经为我们敞开：路有了，只是没有人走过；路已经被清理出来了，但是没有人选择。

我们怎么能不要这些根基呢？我们怎么能不把大精神看作进化的生命，不把它看作大宇宙的爱呢？难道不是大精神的善性、它的人类之爱，从判断究竟何者是永恒的价值对我们的折磨中释放了自然和心灵？难道不是大精神的善行、它的上帝之爱，包容了心灵和自然，抚平了我们自己内在冲突带来的创伤？难道不是男神的创造和女神的回归包容了上行和下行整个的回环？我们怎么能绕过最初的直觉，看不到大精神平等地显现在四个象限之中呢？难道此时此地的大精神的荣耀不是完全平等地显现在每个“我”、“我们”和“它”之中？我们难道不要用更充分的诠释，帮助大精神更好地解救我们？

普罗提诺曾经说：让世界平静。让天空、大地和海洋平静。让世界等待。让自我收缩完全放松，回到作为基础的觉察，让自我在那里静静地死亡。看看大精神是如何让整个混乱流光溢彩，看它如何赐予落日、大地和天地万物光彩。看大宇宙在空性中跳舞；看光明在大大小小的众生中舞蹈；看有限的世界在神圣中歌唱，在辉煌中漂流，一切透明无碍，充满快乐，没有恐惧，没有缺乏爱心的自我，把自私的自我埋葬在光明之中。 523

如是，如是：让自我收缩放松，回到自己本来清净的觉察的空性之中，让它静静地死亡。在自我死亡的地方，看到大宇宙的升起，疯狂地跳舞，自我明澈，自我解放，被一种无生无灭的光明照彻。看世界升落，不被时间和混乱所限，透明的图景在深渊中闪耀。看山行水上，一口饮尽太平洋，眨眼之间，万千宇宙生灭，在呼气中创造世界万物，在吸气中看万物消失。

让狂喜淹没自我的冷漠，自我的执著实在让人发狂；给轮回无尽的痛苦一个有力的拥抱，和圣卡特林那共同演唱胜利的凯歌：“我的存在就是上帝，不是参与其中，而是完完全全。我的我，就是神！”我们和圣朱利安夫人一起高歌：“看！我就是神！看！我无处不在！看！我无所不为！”让这种愉悦和白隐（Hakuin）分享：“此身是佛身，此土是净土！”

这个地球就成了福的海洋，每个“我”都成了神，每个“我们”都成了忠诚的朝圣者，每个“它”都成了光明的神庙。

无神的追寻者停止了，他们曾经饱受折磨，并且正在受着折磨。大宇宙的心结放松了，让它唯一的上帝进来，被失而复得的、深爱的存在剥夺和欢欣的精神流光溢彩。无神者的死亡和绝望消失了，时间操控的无数个日日夜夜中的眼泪和恐惧以及冷漠的疯狂的生活消失了。

当我—我开始觉醒、开始品味黎明，发现今天爱独自闪耀。并且光明说：去爱一切，疯狂地去爱一切，没有终结，永远热烈，不加选择。于是进入一切，给它们无心的大爱，从而成为一切，拥抱唯一的光明的神圣：当下就是空，当下就是色，永无穷尽，相伴而生，无神的追求不曾解决，今天闪耀的唯有大爱。

即将到来的“一”

今天的现代性有点疯狂了：农民们处于神话阶段，知识分子处于平面

524 自然主义。既然这不仅仅是一种讽刺，那么，这就是科学，下行的科学，这科学在20世纪最后的几十年重新发现了进化本身具备自我组织和自我超越的本性。在整合时间的“两支箭”的时候，它把人类之爱视为精神显现的唯一的普遍的原则，这可不是无关痛痒的讽刺。既然科学已经证明了进化绝对不会止步，每个阶段都会走向明天更高的阶段，可是它却要阻止①进化超越理性的进程，这种讽刺也够味儿。如果今天是理性阶段，那么说明天将是超越理性的阶段，这在今天的科学界应该没有什么争议，任何的论证都应该是支持这个观点的。

因此，现在我们站在理性上，即将进入超越理性的知觉，这是一种科学视野（scientia visionis），它正在四处开花，对各种人、对各个地方而言都是越来越清晰，普遍的世界精神正在到来，它的闪耀中蕴含了无穷的力量。

注释

[1] 我也不相信把大精神简单地解释成“无我”会有多大帮助。

众所周知，小乘佛学（也就是阿毗达摩教法，最早的佛教派别，后来被称为小乘，意思是“比较小的交通工具”，这么称呼似乎有点不友好）就把无我（antta，梵文为anatman，在英文中字面上的意思就是no-self）作为基本教义。心理流被认为是五蕴和合而成，五蕴都是没有自性的，但是它们聚集到一起会形成一种有分别执著和欲望的“我”的假象。据说通过仔细地观照可以看到，五蕴本身虽然真实，但是它们构成的私我却是虚妄（只有一些支离破碎的经验而已），从而不必为一个不存在的东西防御，由此从苦中解脱出来。

这种无我教法和婆罗门教及数论派针锋相对，它们认为存在一个永恒不变的绝对经验主体（梵我和男性）。和梵我传统相比较，无我教法在各个方面都是另外一个极端：在物质实体方面，主张瞬息生灭；在自我方面，主张无我；在统一方面，主张多元；在连贯性方面，主张片段。

因此阿毗达摩派认为他们那种片段的、多元的、分裂的和原子论的蕴是真实
692 的，认为他们的无相是真实不虚的（相互依存）。这个无相链（业力）可以让相续状态产生一种连贯的、持续的、自我的幻象，就像在夜里拿一支火把摇晃就可以得到一个火环的幻象一样。这个可以感觉得到的连续性自我被恐惧、执著和无明推动（特别是不明白事实是片断的，不是连贯的）。

无论这种理论的正确程度如何，它终究给后来的佛学带来了很多矛盾。几乎所有后起的佛教流派（包括大乘佛学、藏传佛教）都把阿毗达摩作为自己的起点，但是都不会满足于阿毗达摩作为自己的全部教法：可以说他们都不把阿毗达摩作为最

---

① 此处原文的意思似乎说科学不阻止进化超越理性的脚步，跟上下文不符，所以改为“要阻止”。——译者注

后音。实际上阿毗达摩作为一个整个的教法通常会受到强烈的批判，认为它既不能包含全部的现象实在，也不能彰显绝对实在。实际上有的学派甚至认为整个的阿毗达摩教法本身在根本上是对现象世界和绝对世界的误会，无论对相对真理还是对绝对真理都没有说清楚：完全是错误的。

因此，龙树开始对蕴和法本身进行严厉的批判（它们仅仅是表面的实在），瑜伽行派和金刚乘严厉斥责蕴的思想，因为它仅仅讨论了粗重意识的水平（Coarse）（粗重领域，或者化身佛的境界），没有包括“微细意识”和“极细意识”（就是我们所说的微细水平和无相水平，藏传佛教称为报身佛和法身佛）。藏传佛教认为经过勇猛修行，可以证悟“微细意识”和“极细意识”（尤其是无上瑜伽怛特罗派的教法特别强调，我们后面会讨论），而阿毗达摩作为一个理论体系完全没有论述这两个水平的内容：它仅仅包含了化身佛的水平（主要是粗重的色和感知运动层面的意识）。

人们可能会认为龙树作为一个佛教徒肯定会在批判梵我和数论上忙得不可开交，实际上龙树的主要攻击对象还是阿毗达摩。“龙树本人用辩证的方法（批判分析）来批判阿毗达摩的理论体系——论述元素的体系（法）。《中论》（*Madhyamaka-karika*，龙树的代表作）中一直通过批判早期佛教的实在论和教条主义来提出自己的空论思想。他对数论和其他关于梵我的思想的批判不是很多，一般都是隐含的”。（穆蒂，165 页）。

印度哲学家穆蒂的《佛教中心思想》，尽管也有自己的困境和不准确的地方，但是仍然是这个领域的经典作品，在这个领域提出了几个重要方面的定论［很多学者指出它的重要性，比如大卫·洛伊认为“穆蒂的研究可能还是关于这个问题的最好的英语文献”（59 页）］。我不会采纳他的全部观点，但是我想把他的一些基本观点梳理一下，他的这些论述是开创性的。所有这些论述都可以帮助我们看到运用“无我”思想来理解大精神可能存在的真正问题。

因为对龙树而言，首先绝对的实在（空性）是不二的——本身既不是我也不是 *693*
无我，既不是永恒也不是断灭。他的辩证法就是要指出这些思想都是没有自性的，因为他们都是通过相互对立来论述实在，这是二元论的，是不能成立的（所有的现象、所有的观点都是空性）。这种辩证分析对于任何观点、任何实物、任何分类都是成立的：它们都是因缘而生，没有自性。它们在世俗谛上都是正确的，但是在胜义谛上都是不正确的（空性在不二般若中可以看到，般若不离有色的世界，但是它本身是空性，或者是一切形式的真如）。

“在《心经》和中观学派（龙树建立的学派）中，有个反复论述的基本观念就是寂静：无变、无生、无灭、无来无去；真实既不是一个也不是很多；既不是我也不是无我；它本来如此”。

“生灭等等（阿毗达摩的缘起法）只是无相的幻想，它们是愚人沉迷的思想。真实是消灭了这些观念以及其他任何观念之后才显现的，只有证悟不二境界才能超越思想——这就是般若或者直觉，也就是绝对的真如。”

“他反复提醒我们不要认为空性是另外一种理论，不要认为法（真实）和现象世界是两个。从一个意义上说，绝对是超越现象的，因为它是无知无觉的，但是从更重要的方面来看，它又是和现象世界完全等同的，因为现象世界正是空性的体现。”

“批判的对象是早期佛教教条主义的静虑修行（认为蕴、界、处是真实的），五蕴不是流转的，但它们是空性，是无自性的。缘起不是实体的生灭（阿毗达摩学派认为是），而是种种实体本质上的相互依存性”——也就是说，一切实体都必须依赖其他的实体才能存在，因此本身不是任何东西：它在最终的意义上总是不真实的——仅仅属于现象的范围。因此整个的无我和缘起教法“就从更深的意义上被理解为现象，同时因为没有摆脱现象的范围而受到无情的批判”（86 页）。

因此所有在阿毗达摩看来是真实（无常、无我、流转）的标志的东西，在龙树看来恰恰是不真实的标志：它们都是对立相成的观念，必须依靠其对立面才能成立，所以本身什么也不是。龙树认为一切现象（也就是现象之间相互作为无相的概念）都不是独立的，都是有条件的，不能自生，而是相互依存的，看上去很像系统论，其实也就是系统论。但是龙树接着加了一个很重要的观点：相互依存是不真实的标志之一，因为相互依存的东西本身是没有自性的——它们只有表面的或者相对的真实，没有无条件的或者绝对的真实：“现象是不真实的或者是空性，因为它们是相互依存的；相互依存就是这种不真实的标志”（106 页）。

694 即便我们把缘起本身作为绝对真实也不行，因为龙树说缘起共生也可以用来解释缘起本身：如果一切都是共生的，那么共生的生要不要生？如果它需要生起，那么它就是不真实的；如果它不生，那么它就和自身矛盾，也是不真实的——无论怎么说都是不真实的。

因此在龙树看来，一切观点，无论本性如何，统统可以用这种辩证一扫而空。“相对性或者相互依存性是不真实的标志。任何现象、任何认识的对象都无法逃脱这种普遍的相对性。真实是可以独立的，是自明的、自然的。只有作为无条件的真实的绝对才是真实的，也正因为此，不可以把它看作是存在还是不存在、我还是无我”（139 页）。

并且，根据龙树的观点（奥古斯丁的观点也是完全一样），我们可以批判那些片面的观点，因为我们在自己的觉知中可以找到般若或者不二的圆满智慧，在这种智慧的观照之下那些有瑕疵的观点就像秃子头上的虱子一样明显（在后面的注释[4]中还有关于龙树的辩证法的论述）。

那么绝对的真实既不是我也不是非我，既不是实体也不是流转，既不是常也不是无常，不是任何这种相互对立的观念，而是一切现象、一切观点、一切立场的不二空性。《大宝积经》（*maha-ratnakuta-sutra*，大乘佛教早期的一部经典）说：“说常是一端，无常亦一端…… 说我是一端，无我也一端，但是我和非我之间的中道又不可说。”那是空性。

因此，“在中观学派看来，真实既不是‘一’也不是‘多’，既不是常也不是无常，既不是主也不是客…… 因为所有这些都是相互依存的，因此同样是不真实的。龙树说：‘如果说把无常认作常是幻觉，难道把无决定认作无常就不是幻觉了？’”

(239 页)。

于是问题出来了，如果无我和无常不能在绝对层面上成立（绝对层面既不是我也不是无我，也不是两个并存，也不是两个都无等等），那么这种无常和无我的观念是否能够在现象的流变我相上成立（阿毗达摩就是这么认为的）？如果说无我不是绝对真理，能不能说它至少是相对的真理？如果说它在本体上是不能成立的，那么在现象上能否成立呢？

在这个问题上无我的说法还是不成立。龙树（和他的几个弟子）指出，在现象的水平上，状态（蕴）不能脱离自我而存在，自我不能脱离状态而存在，它们是相互依存的。类似地，物质不能脱离流变而存在，反之亦然。无论状态本身（如果没有自我），还是转瞬即逝的流变，都是连现象都无法解释明白！

“如果我们把自己限定在现象的角度，如果我们只是说从日常经验中获得的体会是真实的，我们不得不在接受这些状态或者片段的同时接受有一个认识行为和认识主体存在。从本体的无条件真理的角度来看，这些刹那的经验片段和认识行为一样是不真实的，这一点早期佛教就已经驳斥了，他们的批驳是正确的。正确的中观立场是状态本身不能充分解释现象。它必须同时接受物质”(187 页)。 695

同样，自我在现象流变中是连续的主体：“龙树清楚地说明，没有主体就不可能有行动，反之亦然。他说那些仅仅认为梵我是真实或者认为我所是真实的人都是谤佛的白痴，如果没有可以脱离我所的梵我，也就没有可以脱离梵我的我所。实际上整个中观的思想就是建立在对阿毗达摩的离我所说的我的片面观点的猛烈批判上(那种观点认为离我的流转是真实)，中观的理论工具就是经验领域对象与主体的不可分割性。”

“所以月称（Chandrakirti，龙树的主要继承人）就按照同样的思路指责阿毗达摩学说甚至连现象世界都没有说清楚。‘如果要说现象的真实，不但要接受流转的刹那，而且要承认主体和行动。’月称认为那些认为属性或者状态本身可以脱离自我而存在的说法是有悖常理的，它不能正确解释经验现象，也不能说它是无条件的真理(我们已经论述过)。”——无论如何它是错误的，的确如此（249～250 页）。

这些批评提到了“运用元素之流来解释体验、记忆、道德责任感、精神生活等基本事实是不够的：状态（蕴）不能完全取代我；永恒的整体必须接受”（作为一种相对真理；81 页)。“形式上（无我，无一我）只有各种转瞬即逝的片段状态，没有统一的原则。但是心理生活如果没有自我的统一，就无法理解”(205 页)。

但是反过来说，在现象的层面，并不是说单单说我的观点就可以充分解释：“（早期）波罗门教中的我是纯白无瑕，无分别无变化的，因此也就是不能有意义的。”而根据龙树的说法：“离开我所，我就没有意义…… 并且无我也就无我所。两者是相互依存的。”——因此两者都是，在现象的层面是真实的而在绝对的层面是不真实的，在绝对的层面只有空性（204～206、249 页)。

简而言之，连续的自我和片段的状态在经验的层面都是真实的，但在终极的方面都是空：绝对的真实不是我，也不是无我（也不是两者兼具，也不是两者俱无)，不是流转不是常存（不是两者兼具，也不是两者俱无)，而是不二般若和本来觉知所显现的“如彼（thatness）”，那种“如彼”是不可界定的，不能用任何概念来思考。

（我们可以说，对于“空”这个能指，只有那些发展出般若智慧的所指的人才能理解，只有如此，作为指称物的空才能被理解为不离色，不是特定的哪一种色或者概念，比如无我，或者无我的反面——我。但是能指“空”的指称物只有在证悟般若智慧的时候才能显现，般若不是一种观念，不是一种理论，而是一种行动的境
696 界，一种范式：修证的起点就是驳斥一切思想，一味修证真实或者法性。这种分类驳斥——辩证——可以创造一种觉知中的明镜，在这明镜中不受任何障碍的真如本性可以普照一切现象。在实际上证悟那种明镜之前所有的说法还都是能指，它们的指称物只有在那明镜中才能看到，此前的所有说法统统是落边见的。即使“空性是离知见的”这样的说法也要被驳斥为那不过是添些说辞而已，那么，真实的指称物在哪里？此刻你的本来面目在哪里？）

学界对于龙树具体如何影响了后世的东方思想尚存争议，但是基本上同意他的不二中观是一场思想革命，不同程度的影响（或者直接影响或者间接影响）了亚洲思想的几乎所有后起的传统。因为空性并不是在其他的领域之外另立一个天地，而是各个世界的真如本性，所以涅槃就不是到经验世界之外去找，也不可能找得到。这的确是一场革命。

因此大多数纯粹上行的思想和类似诺斯替教的思想，比如数论、瑜伽和阿毗达摩思想（认为涅槃就是死亡，或者根本上从轮回中脱离），都由各种各样的不二思想（瑜伽行派、吠檀多和藏传佛教）取代，后者各自以自己的方式主张“色不异空，空不异色”——上行和下行、智慧和慈悲、人类之爱和上帝之爱、上而合成为一（无余涅槃）和下而成化为万（轮回和色）的完美整合。

在所有这些发展中，上行的（禁欲的）纯粹化和弃绝（在闭关的过程当中消除掉污秽）这样的道路被精神蜕变的道路取代（后者把污秽看作是种子或者是智慧的显现，因为涅槃和轮回在究竟意义上是不二的：上行的智慧和下行的慈悲是相应的，所以污秽——实际上整个有形的领域——都被视为绝对的显现，而不是对绝对的偏离：整合了上行和下行、空和色、智慧和慈悲）。后者进而让位给自我解放之路，此时这些污秽就被看作已经是自我解脱了的本来面目，它们只不过在生生灭灭而已，其本性是本来清净的（即在纯粹的在场之中的纯粹的空性：已经完全自主统一了的空和觉察/清晰性/色，已经完成了的上行和下行的统一，即空即觉、即空即明、即空即色）。

从某种意义上说，所有这些都是由龙树所展开的。在《中论》中我们可以看到般若（智慧）和悲（慈悲）两个原则，前者看到一切的色都是空，后者看到一切的空都显现为色，因此所有的空都应该被关怀，都应该得到慈悲和关注［关于这个上行的智慧（善）和下行的慈悲（善行）的详细讨论，请参阅第九章和第十章］。“空
697 和悲是菩提心（觉悟了的心）的两条基本原则。空即是般若（智慧或者直觉），和绝对是同一个。悲是慈悲的行动原则，使得空性在现象界中有具体表现……是把慈悲和庄严自由表现出来的行为（下行/退化或者表现本身是上帝之爱/慈悲的行为）。

如果说前者（般若）是超越，指向绝对（人类之爱），那么第二个原则（悲）就是完全的下行和指向现象（上帝之爱；因此合起来就是上行和下行，进化和退化）。前者是普遍的现实，没有什么条件是可以预先决定的（空表现为般若，即般若本身），它超越了善恶、爱恨、好坏等二分；后者则是善行、爱和纯粹的行为。佛和菩萨因此都是具有两面的存在，一只脚踏在绝对的领域，另一只脚踏在现象的领域（最终是不二的）。它们是绝对的善（人类之爱）和这个世界上一切善行的源泉（上帝之爱）。在现象化的方面，悲（空）自身显现为具体的世界。但是色既不会穷尽绝对，也不会把绝对拉下来。只有通过这些色，人才能上行，以达到与宇宙的真的圆满合一”（264、109 页）。

这种不二观念是非常深刻的，其影响同样深刻。“空是佛教的基本概念。整个的佛教哲学都是依靠这个概念的。早期的实在论阶段的佛教，否认事物的本性，提出未加批判的四大理论，很明显是对龙树的充分批判和为自觉的辩证逻辑作准备。不但瑜伽派的唯心主义（空意识）明显接受空的概念，而且吠檀多传统（即乔荼波陀、商羯罗、拉马纳的传承）中的批判和绝对主义者（不二）也可以追溯到这个观念”（59 页）。

藏传佛教的兴起也是一样的。尽管一般的藏传佛教的修行有很长的历史，但是“空提供了藏传佛教兴起的形而上学基础”。主要是因为，我已经说过，涅槃不再被认为是远离轮回（和身体、性、肉及一般意义上的感官），而是和它们不可分割的。“《中论》中的空观为藏传佛教的产生提供了可能，因此可以说空观为佛教哲学和佛教教理打开了一片新天地，并且它也对婆罗门教同时期的发展产生了相应的影响。”正如他所指出的：“在印度文献当中，几乎任何关于密教哲学的文献都是受到佛教思想的影响的。如果说印度教中的许多密教哲学完全是从佛教中产生的，这一点都不夸张。这就充分证明了佛教的密教思想对印度教的密教思想产生了重大的影响”（所有这些引文均来自 109 页）。

以上这些是我早先提出龙树对东方的影响类似于普罗提诺对西方的影响这种观点的几条理由：他们都带来了不二思想的革命。

可能中观学派和后起的不二传统之间的主要区别就在于中观学派［作为具缘派（梵语 Prasangika）］仍然是纯粹的否定之路：任何概念都是不能应用于真实的（包括关于无概念的概念本身）。那真实才是般若，在概念性的言辞表达之中是找不到
这种真实的（下面我会回到这个问题上来，这实际上是关于能指和指称物以及相应 698
的指令/范式的问题）。空性不是一个概念上的观点，而是要空掉所有的观点，它本身不是另外一个观点，龙树反复提出这一点。“空掉所有的观点是佛所说的解脱之路。如果有人把空性本身还作为一个观点，他就没救了。这就好比说，有人告诉另一个人没有什么东西可以给他，那个人还要这个所谓没有的东西”（163 页）。

因此最终空性在概念的论争中不同意任何一边的立场。空不是任何一个观点，它给出了任何的观点，不能用空来支持或者批驳任何观点：它是要空掉任何观点，就这么简单。各种观点的优点（相对正确性）都是由特定的条件作为依据的。

后续的不二学派就会以各种方式放下否定派的断灭空，也会以各种方式寻找一

种比喻来表达现象中的空。不二吠陀和瑜伽行派/唯识宗“都达到了不二境界（无分别）——纯粹存在的无分别状态（梵）和纯粹意识的不二状态[1]，它们的途径就是通过辩证的方法否认现象的真实性——通过破斥。它们的绝对境界和中观派的空是一致的，都超越了思维，只有通过不二的经验直觉才能触及（般若，智慧）。它们也都是借助两条道路（绝对和相对）”（59 页）。

因此，“在中观、唯识和吠陀思想体系中，绝对境界不是概念性的，不是体验性的（只能通过正法眼才能见证，用心眼和肉眼都是不可以的）。只有在一种超越的、无分别的体验中才能证得，它们分别被称之为般若波罗蜜多、出世间智慧、觉慧。它们都强调不能通过体验来把握绝对的境界，不能用破斥的语言来表达。它们都同意绝对具有有形的一面（也就是说，绝对境界不能仅仅通过现象界的分类来确定）”。

但是，“吠陀和唯识宗认为绝对和经验中的某种东西是一致的——在吠陀思想中是梵我，在唯识宗中就是识。它们认为自己的说法是真实的，然后破斥其他任何通过有限经验中的某种东西来限定绝对的做法。可是，当说梵我或者识是绝对的时候，这又是一种对这种称谓的误用，因为它没有用来参照的他者，没有分别的依据。因此它们也可以（在这一点上）等同于中观派的立场，即绝对境界不可说。词语只能以比喻的方式来暗示它”（236 页）。

但是在这种暗示中潜藏了后续的不二学派所遵循的方向（尽管最终总是安住在空中，的确如此）。“吠檀多和唯识宗（和密宗）都认可梵我或者识（或者密宗的大圆满）（比喻性）的真实，这样似乎更容易提供一个接通现象世界和绝对世界的桥
699 梁。两者的交通似乎更容易些。中论派坚决坚持超越绝对，否认经验中的任何东西的真实性，这有点突兀，让人很难接受。但是从根本上说，这三个思想体系关于绝对境界的说法并没有不同。空代表一切不二思想的形式”（237 页）。

至于绝对和现象之间的桥梁的问题：“吠檀多和唯识宗都会分析幻觉（轮回），阐明幻觉在一个真实的基础上生灭，这个真实的基础本身不可能是幻觉（再次转引自奥古斯丁）。因此世界幻觉是对婆罗门或者识的强加。说中观派认为幻觉无基础是不对的，作为法性（Dharmata，真实界）的真性（tattva）在中观派看来是现象背后的基础。但是龙树并没有（真正）说明它是内在于经验的，没有说明法性是如何激活和照亮经验中的万物的。不是说中观派认为绝对和现象世界是两个不同的实体，而是说绝对性不是万物构成其自身的真实性的现象中的一个。两者之间的关系并不是非常清楚。这可以说是中观关于绝对的概念的缺陷”（237 页）。

吠陀、瑜伽行派和密宗就抓住这个缺陷进一步深入纠正。在它们的各种概念中，纯粹的自性是通向绝对的桥梁（吠陀），纯粹无分别的意识是那个绝对境界（瑜伽行派），日常的欲望和觉察构造了这个桥梁（密宗）。因此，在吠陀思想中“婆罗门无疑是没有束缚的（是纯粹的空），不能像某个东西一样成为思考的对象。

---

① Vijnapti-matrata：音译毗若底摩坦喇多。梵语倒置，称为（识唯），汉土译为（唯识）。——译者注

但是它是自明的（对梵的不二的证悟是自明的，是自证的当下），并且因此一切都是自明的，它内在地、不分别地、无条件地照亮万物。唯识宗的说法略微不同，它认为万法唯识，而不是识以万物为基础（因此真实就是现象，表现为现象）”。类似地，密宗也说，即便是日常的欲望、情绪和混乱，如果用开放的觉察深入进去，也可以证悟作为其基础的智慧。如此纠正了中观的缺憾，尽管“中观也认为绝对境界是内在的，但是在知识论上没有说清楚”——所谓缺陷（237 页）。

在我们继续讨论下一个比较接近的话题之前（也就是小乘佛教的五蕴之外更微细的意识阶段），让我先用穆蒂的话来总结一下，他曾经用西方唯心主义的某些思想来对唯识宗进行判教：“可与唯识宗相媲美的西方哲学思想当推黑格尔和费希特的思想，他们两个都认为纯粹的自我（费希特）或者理性（黑格尔）是为自身立法的，他们都包含并且创造了某种分类以及依据这些分类而实现其功能的各种物。黑格尔和唯识宗的区别在于，黑格尔所讲的绝对是思想或者理性（视觉逻辑），唯识宗所讲的绝对是超越理性的，是无分别的”（317 页）。我相信，在本章后面我自己所提出来的评价更具体更准确，不过，总起来说，我还是基本同意穆蒂的观点的，这一点很明显。

藏传佛教的密宗（金刚乘）会把整个佛教分为九乘（水平、阶段）：前两个是 700
小乘佛教，第三个是大乘佛教，剩下的六个是密教，密教分为密法下三部或者外密（作部、行部、瑜伽部）、密法上三部或者内密（玛哈、阿努、阿底）。

现在我想简单讨论一下最高的两个级别即阿努（或者说“最高的密宗瑜伽”）和阿底，或者大圆满，“伟大的圆满”。

阿努瑜伽（Anuyoga）认为日常的粗重心和具有妙明净光的觉悟心之间的“桥梁”是微细的意识状态以及与它们相关的“能量”或者“风”。意识据说可以被分成“粗重意识”、“微细意识”和“极细意识”（无相），每一个意识都有一个“身”或者“界”或者“能量”，通常被叫做“风”（我们可以说有粗重身心、微细身心和极细身心）。禅定会相继进入粗重心、微细心和极细心（无相），通过在禅定的过程中来调理“风”或者“能量”或者“身”来支持每种心。因此就完全承认五蕴的存在，和阿毗达摩一样，只不过这些蕴是修行历程的开端而已。五蕴通常是指身体、感觉、知觉/冲动、情绪/意象（分位差别）和符号的/概念的意识（注意那恰恰是我在正文中所说的左上象限中的意识的五个基本结构，比如可以参阅图 4—1、图 5—1 和图 9—1）。

对于更高的密宗阶段而言，最后一个蕴——或者一般意义上的心理意识——还可以进一步被分成三个一般的领域：粗重、微细和极细。粗重意识是感知运动的领域，粗重心就是限于感知运动世界或者反映感知运动世界的心（由粗重或者命风来支撑）。在微细境界中，心可以从所有的粗重概念中解放出来（在禅定的高级阶段就会出现某种类似梦一样的状态），它是由微细风所支撑的（脉或者络），所有这些都是对意识的“微细解剖”。极细境界是妙明净心，它是由“永恒的不可说的脉道”作为支撑的，在心的中央是极细的风。

这三个领域（粗重、微细和极细或者无相）也被认为分别与化身、报身和法身相对应，和醒觉、睡梦和熟睡相对应［在这个地方和吠陀的类似性是非常令人吃惊的；参阅寇扎特（Cozart，1986）和格西·索巴（Geshe Kelsang Gyatso，1982）］。

格西·索巴解释道："五种身体感觉意识——即眼睛的、耳朵的、鼻子的、舌头的和身体的——肯定是心的粗重水平。第六意识——心理意识本身——也分为三种，粗重、微细和极细。在心的这个粗重水平上一共有 80 种隐含的概念（觉醒状态的概念和蕴）。这些都是'心所'，包括我们所记忆、所思维等的各种不同的观念。之所以说它们是心所，因为它们认识、攀缘并且理解它们的对象（都在粗重境
701 界里面），它们思考或者沉思，我们——人——使用它们。补充一句，禅定的前四个标志（和五种元素相关的早期阶段）都属于粗重心，因为它们所依靠的风都是粗重风"（139 页）。

随着粗重心（和"风"）在进一步的禅定过程当中慢慢消失，微细境界（有三个这样的境界）开始慢慢出现。

按照我的说法，这三种微细心（超越了粗重定向的自我/半人半马）从灵性水平开始出现（在这个水平上，灵性的关于微细风或脉的解剖结构开始出现），进一步进入微细境界本身（我们会看到在这个时候会出现各种各样的内明体验），逐渐积累，一直到非想非非想处定，或者说纯白无瑕的无相定（会出现一种"极为寂静，心想虽有如无"的体验）。

于是格西·索巴说："随着禅定的第五个标志的出现（禅定的高级阶段也被称为白光显现）就可以体验到微细心。它们首先出现一种白光心，然后出现一种红光增长心（这两个都属于微细水平的光明），最后到黑色的寂灭定（无相定）。出现的越晚的心微细的水平越高。每一个心都是微细心，因为它们出现的时候都不伴随粗重的、有分别的概念思维"（139 页）。（可以在这个注和第八章的注释[8]之间作个比较，我在第八章的注释[8]中把微细水平定义为没有粗重指称物的认知；可是微细的主客二分还是存在的，这点阿努瑜伽也明确指出了。）

这种微细水平的发展的顶峰是"黑色寂灭定"，"黑色"是因为所有的客体性的觉知都消失了，"寂灭"是因为它接近纯粹的无分别空/觉察（或者清净光）。按照我的说法，黑色寂灭定是无相和无分别两种境界之间的过渡阶段。"等黑色寂灭定消失之后，清净光心就出现了。这叫做极细心（无相/无分别），因为再没有比这个心更细的了"（139 页）。

这种极细（无相/无分别）心就是空无边处，因此也被称作"根本心"或者"基础心"，它是和极细风相应的，这种风是心中"永恒的、不可破坏的脉或者空无实质的"。格西·索巴说："极细心和极细的风处在心的中央。这种极细的风在不可破坏的脉道中流动"（74 页）。"在那个时候，极细的原初风和具有清净光的心开始出现，被称为'永恒不灭的脉'，因为这种极细风在脉道中等流不断"（寇扎特，76、72 页）。格西·索巴说："如果没有出现这种极细的风和极细的心，就绝无可能达到佛地的究竟圆满的证悟"（140 页）。

格西·索巴继续说："极细心住在心脏中，这种极细心被称作根本心和常住心。常住心这种称呼可以把它和粗重心以及微细心区分开来，因为它们都是无常的。粗

重身和粗重心是‘我’所寄居的地方，它们都是无常的（被误认为是真实），原初的连续不断的基础却是极细心以及与之相应的极细风”（137、195 页）。

然后格西·索巴提出了以下论点：“极细身常住不灭（它无始无终）。同样，常住身——极细风——永远不会和连续不断的常住我分离。你过去从来不曾与它分离，将来也不会”（195 页）。 702

注意“连续不断的常住我”这种用法，后面我们还会回到这个术语上来。目前我们只需要注意，作为一种比喻（在一个人自己直接证悟到之前它也只能是一个比喻），用“连续不断的常住我”来表示这种状态是非常恰当的。

这种极细心（和连续不断的常住我）——也就是对于纯粹空的觉察，关于清净光的体验——是其他一切低级状态和领域的根本因与基本依据（所以被叫做“无相”）。“秘密手印（金刚乘）的独特之处在于，他认为处于迷惑之中的我执心是以粗重风为依托的。这种粗重风是从微细风中生发出来的，微细风又是从极细风中生发出来的，极细风是空心的产物，空心中只有清净光。”这里对退化（involution）或者涌出（efflux）提供了一种极为精确的描述（从无相到微细再到粗重）（194 页）。

所以当一个人已经发展或者进化到对极细意识（无分别的空/觉察）的证悟之后，他就可以继续进化，把上行之路颠倒过来，细心地重新创造一个完整的下行之路：一个人他可以从无相到微细到粗重重新走过，重新进入由各种禅定标志和各种真实的境界所构成的那条成长之路，只不过和他在由粗重到微细再到无相的过程的方向相反。因此可以整合上行之路和下行之路（密教的真正秘密所在），以心轮中不可毁灭的空性作为平衡和支撑。

于是格西·索巴继续说：“当你从清净光中升起，你的第一个体验将是反向的黑色寂灭定。然后是红色增长心，然后是白色显现心，然后是八个粗重概念心（和感觉）等等，按照原来心消散的相反次第出现。清净光心是所有其他心的基础，对粗细两心和风散尽心轮中不可毁灭的明点（drop）（纯粹的上行），你只能感受到清净光，和从这种清净光中衍生出来的其他的心——每一个心都比先前出现的心更粗重——的生成过程（纯粹的下行）”（76 页）。

至于把真实（空）叫做连续不断的常住我（或者真我或者纯粹意识等），是由于龙树已经说明了，真实既不是我也不是非我，而是在那种现象域中，无我无境界，无境界无我，于是这个真我的比喻实际上作为一种桥梁更好一些。

并不是说一种现象自我让位给一种无我（因为纯粹的空既不是我也不是非我），也不是说一种现象的非我让位给纯粹的空（不存在现象的非我），而是说一种现象的自我让位给纯粹的空（严格地说既不是我也不是非我也不是两者都不是）。

由于在现象域中自我是必须的也是有用的（龙树和月称都已经指出过了），所以作为一种过渡性的比喻（用它来描述现象的自我只具备相对的真实性，在终极意义上是虚幻的或者仅仅是现象的），让位给一个真我（这是一种无现象/自我，严格地说，它既不是我也不是非我，而是纯粹的空），不落概念表述之窠臼。 703

因此，空就是真我，就是纯粹意识，就是无相（纯粹的觉），就是原初的智慧

(般若、智慧、耶舍)，就是原初的纯白，甚至是绝对的主体性：所有这一些过渡性的概念在大乘佛学和金刚乘佛学中都被广泛运用，作为无我这个概念的补充（甚至替代)。因为严格地说，无论从现象上还是从本体上这个概念都是不对的。

实际上从大般涅槃经开始，绝对的真实就经常被比喻性地叫做“宇宙大灵”(mahatman)、“大我”或者“真我”，其实就是无现象/自我：无我的我，可以这么说（仍然是一种比喻性的说法)。到今天，柴山禅师（shibayama）认为，那种终极的境界最好被隐喻性地称为“绝对主体性”。他说：“师不说主客对立，主胜于客。而是‘绝对的主体性’，既超越主体性和客体性，又可以自如地创造并运用它们。这是‘基本的主体性’，它本身不能够被对象化，也不能够被概念化，并且它本身是完整的，其存在的意义是本然的”[柴山禅师（《无门关禅解》*Zen Comments on the Mumonkan*)，92 页]。

类似地，柴山禅师也用“真我”来指称无分别我：“所以无门慧开禅师（Mumon Ekai）说，‘真我无处藏’。当世界即是我自己，就没有我了，当无我出现，整个世界就只是我自己了。这就是禅的真正的无心状态。古代的禅师反复指出‘无位真人’（真我就是无我）就是师，或者绝对主体性，这就是一个人的本来真我。要认识一个人的真心就是唤醒‘父母未生时’的真我，也就是一个人的绝对主体性获得新生”(173、123、338 页)。按照铃木禅师的说法，小我在大我中找到自己。

类似地，在我们到达金刚乘（也就是大阿底瑜伽或者大圆满，“伟大的完美”)中的最上乘之前，绝对往往被称为是常、“一”、自由、不可分割的续、本然存在的等流。所以伟大的大圆满上师洽度珠古仁波切［Chagdud Tulku，他是能够完整传授整个大圆满法门的为数不多的上师之一，包括心部（rushan)、界部（togyal）和要门部（trekchod)］曾经说：“从生到死我们的生命体验都是变动不居的相对真理，但是我们常常执为真实，可是它却不是绝对的真实或者常。这很重要。当你从人生之梦中醒来的时候，所有你的体验，本来看起来真实的体验，在绝对意义上都不是真实的。”

704 “我们判断真实与非真实的依据是常。如果某种东西是恒常不变的，那么它就是真实的。如果某种东西是无常的，那么它就不是真实的，因为它会消失。唤醒了我们自己，我们才能看到相对真实的虚幻性，并且能够理解我们基本的绝对本性是佛法的目标。完全觉醒的状态就是觉悟，在觉悟状态可以对我们存在的绝对本性产生坚定不移的认识。绝对本性遍存于万事万物之中，不是隔绝于事物之外的东西，但是我们在意识的二元错觉中陷得太深，以至于我们失去了对绝对的洞察力。认为它存在于万物之外的空无之处，我们承受着我们内在体验的或者是相对真实的折磨，只有永恒、长生无死和不动的觉悟带来的福报才能结束我们的痛苦”[《生死相连》(*Life In Relation To Death*)，10、11、14 页]。

类似地，大圆满教法的大师谢诺布活佛（Namkhai Norbu）描述了自我认识的绝对，或者纯粹存在的本来状态（耶舍/无相)，他指出本来的状态（或者说纯粹的存在，纯粹的空）不是某种体验，既不是乐受，也不是“空受”本身，而是一种可以认识一切体验的状态（或者任何体验的纯粹存在)：“在乐受和空受之间有很大区别，但是两者在内在本性上是一个，没有区别。当我们处于空中（无念），（还是）会有一种相续不断的存在在那里，这种相续不断的存在和乐受（和其他任何感受）中的存在是完全相同的。这种在场是独特的，是超越心的。这是一种无分别状态，这是一切有形象的显现形式的基础。”

因此，他接着说：“所有在我们看来是某种物的东西（‘在那里的东西’）实际上并没有自性，只不过是我们本来状态显现给我们的一个方面。我们可能会有各种各样的体验，但是在场本身永远不会变化”（《大圆满》，52、53、50 页）。

不同的冥想修行手段可以操作不同的境界，但是纯粹的在场本身是永恒不动的，因此大圆满的最高修行手段是“不假禅定的佛性”：不是去创造一种本来的纯在、当下以及一切纯粹的空，而是直接去见证本来圆满具足的本来面目，平等包容一切色即接纳我、接纳非我、接纳升起的一切。

但是无论如何，本来的空不是和任何状态相对的某种状态，也不是和别的概念相对的某个概念，也不是和别的观点相对的某个观点：它是这一切生灭的基础和前提。它肯定不是与“我”相对的“非我”，而是当下意识的敞开，一切在这种当下的觉察中升起、短暂停留，然后消失：这种敞开本身如如不动，不会进入时间之流，但一切都在它的直觉之中，至纯至善，坚定包容。

谁都不能进入这种如如不动的状态，既不可能进入，也不可能出来。诸佛从来不曾进入这种状态，凡夫也从来不曾失去这种状态（之所以说诸佛从来不曾进入这种状态，恰是因为凡夫从来不曾脱离这种状态）。它完全不是一种体验——不是对生灭状态的体验，不是自我体验，不是一种对无我的体验，不是一种放松的体验，不是一种对屈服的体验，而是一种敞开或空地，在这片空地上，所有这些体验来来 705
往往，如果没有这片空地完美地在那里，一切体验都不能存在。

这种纯粹的“在场”（presensce）不是一种状态的改变，不是意识改变状态的一种，不是一种平和、平静或者安乐的体验（也不是气愤或恐惧或嫉妒）。它是那种简单、直接、纯粹的“在场”的觉知，在这种觉知中，各种体验生生灭灭，在这片空地上各种体验出现、停驻、消散，再次出现、停驻、消散……

但有种东西不曾出现、停驻、消散——即那种敞开，那种当下的直接觉知。在这种觉知中，各种体验粉墨登场，又寂然消失，如同天空中的云彩，不断聚积，又不断消散…… 而你是天空，你不是在眼睛后面看云卷云舒，而彻头彻尾地是天空本身，在天空中云可以永无休止地飘游，无拘无束，自由自在：在一个人的本性中无动，无住。春有雨，冬有雪，这简单的空就是奇迹。

你不需变成这种敞开，你不需变成天空。不能说你已经成了天空，也不能说你总是天空，而应该说你总是已经成了天空：本来如此，不需造作，这是云可以来回往复的前提。阳光在水面上自由舞动，奇迹！鸟儿在树林中歌唱，创举！海浪冲击沙滩，湿润了岸边的卵石与贝壳。有什么不圆满？听到远方的钟声了吗？谁还没有开悟？

还有，还有，如何可以最好地言说这本来已经如此的空？鱼儿可以用什么样的字眼来表达它的水？你又如何为鱼儿指出这水？本来融入其中，一刻不曾分离，——我们能做什么？难道要在它的身上泼一些水给它看？如果它的本来面目就是水本身，我们又如何能够泼水呢？

对于这种语言的困境，大乘佛学/金刚乘佛教通常会用下面这些等式：大心＝无心，真我＝无我，本来面目＝无面目，不灭金刚＝无常，等等。但它们立刻便会补充的“我”和“非我”都不过是词汇而已，也就是说，只不过是能指。因此倘若要把其中的任何一个变成真的（真实），就必须见证纯粹的空，在这纯粹的敞开中，一切词汇、一切物、一切过程，自主地升落，最终“空”或者“真我”或“无我”或“无心”都不过是能指，其指称物在冥想过程中展现自身。冥想过程通过辨认本来一直存在的空，或者可以说一个人的“真性”来展现所指，指称物是“一味”的宇宙。但是，禅师们可不想听你给他们解释什么空性或者不二，他们只要你拿个空性给他们看，有可能只是一声呵欠，或者一个响指：就是这个！

706 因此柴山禅师反复说真实就是“绝对主体性”之后，立刻补上一句：“它是绝对主体性，是人的真我。但是如果你试图去描述它，无论描述得多么准确，终究不能把握它，如果你真的想知道它是什么，只有自己去抓住它。用这些名字（绝对主体性、无心、真我、无我）来称呼它，已经错了，因为这样就已经开始了客体化和概念化，所以荣西大师（Eisai，1141—1215）说，‘它本来无名’”（309、93 页）。

并且洽度珠古仁波切补充道：“按照佛的教法，在绝对境界，无来无去，无生无灭。既不是有，也不是无，（纯粹的存在）既不是一，也不是异。绝对真理超越一切普遍的概念，不可以用语词来命名它。”——除非它真正证悟了这种境界，那时才能自由表达：山花盛开，春风凉爽。

在此我提到这些的原因是无我已经被误认为是对现象心理意识流的准确表述（特别是一些西方理论家，这是非常错误的：自我和状态都只是具有相对的真实性），还被误认为是对终极的真实的标准描述（这也是错误的：终极的真实是空掉自我和无我），这导致了很多误解，这种巨大的误会对佛法西传非常不利。

当把“无我”视为对绝对或原初状态或空的准确描述时，就会把空限定在一种极度的二元论的概念中。无论是对我的体验还是对无我的体验都是原初状态的平等显现，是自我辨识（self-recognizing）的空，或自主观照的表现，“空”并不是一个用来以无我反对某些自我推动理论推理的概念——可是很多西方理论家恰恰是这么用的。

类似地，很多西方理论家也会用“无我”这个“理论概念”来描述被切身体验着的现象世界中的意识流；据说现象之流是没有连续的自我的。在这里这种混乱的、脆弱的概念便被淹没在大量的精神病学与心理学的证据之中，这些证据都力图说明缺乏这种连贯自我的时候，现象之流是什么样子：被称为边缘神经症和精神病。自我系统在形成阶段（特别是第二阶段）不能清楚地区分自我和客体，因此自我的边界就总是一方面处于情绪的洪流中，另一方面处于空虚感和抑郁之中。连贯的自我无法形成和加强，因此意识之流仍是一系列的片段性的“无连续的自我”的状态。

因此当经典心理学家听到“心理的确没有连贯的自我”这种说法的时候，他们自然会目瞪口呆，难道你说人们都想成为边缘型神经症？的确，他们无法想象佛教都在说些什么，因为按他们的理解，自我的真实性被否定了，可是他们所理解的自我层面上这种真实性恰恰是不能被否定的——在这个层面上失去了所谓的自我不是导向觉悟，而是造成已知的许多痛苦的心理问题。

这些西方的佛教诠释者们试图整合西方和东方的思想的初衷是很好的，但是， 707
因为他们对“无我”的理解是不充分的，因此只能参照很少几个西方理论家。他们只能引用休谟的《论人性》中的一些段落［只能说明一个让人沮丧的事实，即如果我只看外物，则失去主体；对一个学者理论家来说，试图整合这一点，恰如要一片氰化银（yanide capsule)；或者简略引用雅克·拉康的思想（他本人就无法摆脱单边论，不会对空性有多少好感；参阅第六章注释[3]和第十三章注释[13]］。最近有些人试图把无我和后结构主义（也是休谟的思想）以及“无我”的认知科学（后详）结合。

但是，这些传说之外，无论东方还是西方（却没有糊涂到否认连贯的自我在现象界中的确存在的程度）完全完成他们的“整合”，这很不幸地导致了一种佛教的自大狂和帝国主义：他们自以为自己的“无我”理论唯一正确（然而只能导致小乘佛教)，其他任何理论都是错误的（如果你向他们提奥洛宾多或拉马纳大师，他们会完全疯掉了）。

这也就是像杰克·恩格勒等理论家的工作之所以显得十分重要的原因：恩格勒曾受过佛教的内观（觉）禅训练和西方心理治疗训练（他是一位职业治疗师）。他提出了一个非常有用的理论桥梁：“在成为超越的我之前，首先要有个自我。”也就是说，在超越自我而达到空性之前，首先要形成一个连贯稳定的自我。责怪自我不是空性，就像埋怨橡树的种子不是橡树——我们已经看到，这无论从现象上说还是从本体上说都是不成立的。(恩格勒的思想和我所说的前/超生存论是一致的——前自我—自我—超自我，一个人要稳定地进入超自我的水平，就首先要形成稳定的自我——还有丹尼尔·布朗关于禅定高级阶段的研究，因此我们三个就成了《意识的蜕变》的主要作者。对恩格勒的引文出自 49 页。)

但是，恩格勒的分析还有一个非常重要的洞见。他根据自己的临床经验，开始怀疑某些缺乏连贯自我的人实际上被误导了，他们说“无我”的概念与他们的情况非常接近，这可以说是一种合理化。由于很多研究者感到在美国边缘型神经症实际上在增加［不仅仅是报道得多了（马斯特森，Masterson)］，这种“无我”热也就渐渐理解了。这种小乘佛教的“无我”刚好迎合了许多对连贯自我有不确定感的人的口味。

进一步说，既然阿毗达摩的纯粹的排他性的“无我”概念是排他性的上行与诺斯替教式的思路的主要观念对轮回和有形世界的逃避（和责难），那么这对那些本来就不喜欢轮回的人来说可是一件大好事。他们不是以上帝之爱来包容整个有形的世界，而只是完全抛弃它（由性爱导向恐惧）。正如一个小乘的师父所说的，如果 708
有人问他如何对待别人的痛苦，他会说：“我不管，反正我已经超脱了。”

恩格勒和我都不是说凡是接受字面上的“无我”观念的理论家本人就一定是边

缘型神经症，我们想说的是，这种观点除了难以摆脱现象和本体上的不足之外，还非常容易与边缘型世界观相混淆，并且这实际上对那些本来就难以形成连贯自我的人而言就非常有吸引力。这种现象中的“无我”理论给东西方思想的整合带来了困境。或许我们应该放下佛教帝国主义，把整合的网撒得再大一点，更大方一点。如果佛性真的存在的话，它应该不会置别的文化中的人于不顾，在不同的地方不同的时间都应该找到见证才对：在那些根性猛利的人的耳中，佛性低语的是“大我”而不是“梵我”。

最后，让我们回到《心灵赋形》这本书上来，它的作者是瓦莱拉、汤普森和罗施（可以参阅其他评论：第二章注释[49]和注释[52]，第四章注释[13]）。我曾经说过，在我个人看来，他们的思路从整体上而言非常有建树，非常有价值。他们的表演性范式（enactive paradiagm）不仅是为数不多的几个在认知科学中试图整合左手道路和右手道路的做法之一，而且是唯一采取冥想/觉察力训练的方式来整合左手象限和右手象限的（说他们是唯一的，在技术上实质指的是只有他们主张需要通过实修），只有这样才能真正科学地实现认知科学对觉知力的科学的整合（可重复、可交流、可操作）。

我对他们观点的批评是以这种诚挚的尊敬为前提的，我要说的都是和以上几个问题相关的：

（1）瓦莱拉等人试图把阿毗达摩理论的“无我心”、断续的自我状态和五蕴聚合理论作为切身体验（左手象限）和认知科学（右手象限）之间的桥梁。但是我已经说过，这种小乘佛学的做法在一个本来连贯自我应该真实不虚、不可或缺的层面上否认了自我的真实性。几位作者都反复强调，对大多数人而言，连贯的自我是不可避免的、习惯性的、不可逃避的，只有通过觉知力训练我们才能打破在片段的状态中产生出一个虚假的、自我幻象的过程：一个两岁的孩子应该无法接受这种觉知力训练，所以在人的发展过程中，自我的形成是不可避免的（既然是一个不可避免的幻象，这个幻象就应该不只是一种幻象，其存在肯定有其目的性，实际上它的存在恰恰是为了避免边缘型障碍，此外当然还具有其他功能）。

（阿毗达摩的）这种原子论的分析无法解释在一个极为重要的阶段连贯的自我为什么是十分关键的。

（2）它倾向于一种边缘型的世界观（我前面说过了），从而采取一种回归—浪
709 漫主义的观念，认为我们在某个发展阶段出现了错误，我们只有后退到错误出现之前的状态才能得到解脱，而不是要向前进一步发展，在一个更高的发展水平上整合这些偏颇的观点。

每一个自我成长的阶段实际上是对前一个阶段的自我感的解构，不是通过一下子跳到纯粹的空性，而是通过形成一个比以前相对更广、更深的自我来取代原来较为狭隘的自我，直到最后一切自我都被取代，进入空性（空性既不是我，也不是非我）。毕竟，心理流不会解构自身，只有更加细微的注意和意志才能解构心理流，也可以说心理流只有在空性之中才能消失，这需要有一个足够强壮的自我，仅仅靠一个动不动就退到“支离破碎”的原子论的片段经验的、那种弱不禁风的自我是不

行的。

（3）我们已经看到（第四章注释[43]）现代认知科学提出一种能运算的心的观念，认为这种心本身完全不具备任何意识。也就是说，现代认知科学相信存在一个完全无意识的意向性的运算（或者某种类似的东西），可以完成全部必须的认知功能，人的在场不是必须的。你的“心”里面所发生的一系列知识的客观功能，完全没有意识；意识仍然是一个让人迷惑的概念，或者说“百无一用”。

学者们认为这就是发现的无我心，因此他们希望把这个发现和阿毗达摩的“无我”相结合，阿毗达摩就是运用这个“无我”的概念来分析现象体验的。因此他们认为可以通过觉知力训练（揭示无我）与认知科学关于无我心的发现整合起来。

但是认知科学并未发现无我心，它发现的是无心的心。在认知科学领域之中，无论觉知/觉识还是意识自我都无立足之地，所有这些都是禁止讨论的，根本否认其真实存在，这是由其研究方式决定了的。我已经说过“无心之心”的观念并不是什么重大发现，而是把客观化的表征范式发展到了极致，认知科学就是以这种基本范式为指导的。瓦莱拉等人实际上是在试图整合一种他们自己的不完整（甚至是完全错误）的五蕴理论和认知科学的还原论部分。

（4）因为他们采取的是阿毗达摩对体验的无我式的、原子论的分析，学者们总是把它和“空”混淆，和认知科学的无我心混淆。这两种还原论的思路（阿毗达摩和认知科学）都被认为是对“空”的探索。但是我想说的是，如果把“空”建立在某种观点——一铁锹挖出的是某一个观点（而不是全部的观点）——实际上就把空性和其他观点混为一谈了，这就是产生一种走向不可救药的断灭空的观点的危险性。

根据以上四点，我们不难得出这样一种印象，学者们从所有四个方面提出了不
充分的（甚至是完全错误的）方面，然后试图整合这些不充分的方面：片段的/原 710
子论的小乘佛学的心理学与认知科学的还原论方面相结合，为一种无可救药的断灭空欢呼雀跃，倾向于一种边缘障碍的世界观。

这些学者们对这些困境实际上是非常清楚的，因此在费尽周折得出这些观点之后，开始仔细地去界定它们，或者小心翼翼地和它们划清界限。关于认知科学的“无我”的“发现”，他们最后说：“在认知科学和实验心理学中，自我被片段化了，因为这些领域都试图科学化、客观化。正是因为自我被认为是一个物，和世界上任何其他外物一样需要接受科学的检视，正是因为如此，自我就从视野中消失了”（230 页）。

关于“空”和“无我”分析及认知科学的“无我的心”的“并列”，学者们说：“这一点非常重要。这是中观学派只破不立的重要原因。任何的观点立场都可以成为一个基础，损害中道的力量（这也是实用主义和中观学派的不同之处）。倘若我们让人相信认知科学的表现范式的主张和中观所说的体验完全相同，那么我们会给所有相关的人带来伤害——包括接受觉察力/醒觉训练的人、科学家、学者以及任何对此感兴趣的人”（228 页）。

关于阿毗达摩的元素理论（蕴、状态、法），学者们当然非常清楚它们在后世

的佛学中的命运："基本的元素理论受到龙树等哲学家致命的批判"（117 页）。当然，禅宗的思想在这一点上尤其典型："它们的传统最终在禅宗中湮没"（121 页）。

学者们接着说，他们实际上只是想利用这些分析（无我心、无我的现象之流、表现等）来帮助他们唤醒不需要奠基的纯粹空。"中观的言说方式是在相对世界的方便法门、世俗谛说法，是超越文字本身的，我们希望能用表现这个观念的方式达到类似的效果，至少能给某些认知科学家，乃至整个的科学思考的环境提供一种超越文字本身的、对无根基的'空'的更确切的理解"（228 页）。

我个人认为表现范式本身是非常有吸引力的，是真正的学术进步，但并不是因为他们以上这种说法，因为他们所说的"无根基"在我看来往往是原子论的、还原论的、边缘型的、片段的。他们实际上在各种本来应该被破斥而不是被整合的理论中建起了桥梁。

711 因为这些学者们对关于现象界的心理流的"无我"分析具有这种偏见，所以他们也看不到表现范式的优点所在（这是很有讽刺意味的），实际上这种范式在解决他们的"无我"分析过早地夭折所带来的不幸的问题方面很有力度。仅举几个例子说明这点：

这些学者们起初试图在阿毗达摩的原子论方面和认知科学的还原论方面建立理论桥梁的时候提到，明斯基关于作为一个"社会"的心（心的社会）的观念，同样认为我们无法找到当下的自我：个体的心实际上是一个主体性的社会。尽管这种观点有一些正确的成分（人们不再相信自我是唯一的控制觉知力的魔鬼，启蒙运动的思想家们好像是这么理解的），但是，个体和社会之间还是有深刻的差别的（尽管两者都是全子，都镶嵌在更大的全子之中）：个体具有一种自我觉知的中心。也就是说，个体的组合构成社会，社会进一步成为自我感的中心。无论那种自我感是"真实的"还是"虚幻的"，都无法改变这样一种事实，也就是个体有这种自我感，社会没有。

进一步说，这种自我感还会发展。我们已经看到它的发展要经历九个（左右）的主要阶梯，每个阶梯都包含分化/整合（直到最终完全辨认出空性）。这种左手象限的发展过程不仅仅是一个独白的和感知运动认知的问题（尽管这是基础）。它还是，而且尤其是一个对话的交流与相互理解的主体之间的问题（最终走向超越对话的空性）。在那种主体间的和对话的问题上，感觉运动的现象学开始欺骗我们，这一点非常不幸（当然，首先它们还是作为认识的基础出现的）。

这实际上是现象学作为一个学科通常会让位给各种形式的结构主义和新结构主义（甚至后结构主义）的主要原因之一：认知的主体间的功能表现出某种单纯的现象学的摄受所无法或者无法明确认识的样式。（也就是说，它们遵循某种样式，而这种样式在感官体验与直接的亲身体验之中是不存在的。）现象学家只是把这些东西看作语言学上的交互主体性及其所展现的样式，这些样式在现象学本身之中并不存在。

福柯曾经回忆他有一次听到梅洛·庞蒂在上课的时候说（瓦莱拉等人认为梅洛·庞蒂的思想和他们自己的思路最为接近）："所以语言的问题就出现了，很明显，现象学在揭示意义的效果方面是无法和结构分析相比的，意义的效果实际上可能是一种语言学上的某种结构类型所产生的。很自然，现象学的伴侣发现它无法处理语言的问题时，结构主义就成了新的新娘”（米勒：《激情》，52 页）。这就会进一步导向皮亚杰和哈贝马斯的思想，他们对主体间发展的说明更加充分（参阅第四章的注释[48]，其中对现象学的不足进行了充分的讨论）。

我不是说我们要抛弃现象学（也不是要完全接受生成的结构主义），而是说，现象学（特别是梅洛·庞蒂的现象学）构成了一种类似瓦莱拉等人所提出的那种认识基础。但是它的这种独白性的觉解需要有对话式的认可来补充，这就开始让我们 712
从感觉运动的束缚之下解脱出来，似乎瓦莱拉和他的同事们过于倚重感觉运动，以至于压得他们喘不过气来。

我相信这种对感觉运动的倚重在学者们的表达之中是存在的，他们经常混淆机体/环境和内部/外部，实际上它们是两种非常不同的交互作用和表达（前者是右上象限与右下象限的交流，后者是左手象限与右手象限的交流）。他们引用雷威丁（Lewontin）和欧亚玛（Oyama）的观点来支持机体和环境相互生成这种说法（我也同意这种观点）。但是这两个人的说法（和大多数类似的微观/宏观论述）都是以纯粹的外部（或者客观）术语为基础的：他们所讨论的是右上和右下两个象限之间的交流和相互决定，也就是说，机体（它的基因物质、生理结构、神经系统等）及其生态环境之间的相互决定。

但是那肯定和内部的切身体验（左手象限）与外部的物质形式（右手象限）不相同，无论那些外部形式是机体还是环境（把这两个东西混同实际上是再一次走向了平面的/启蒙运动的范式），尽管我们试图通过右上象限（机体）和右下象限（环境）之间的相互决定来回归这种范式。这种辩解非常重要但是仍然没有摆脱启蒙运动的范式：它把左手象限的体验简化成了对右手象限的描述，最终是独白的（所以在雷威丁那里主观客观和机体环境这两组概念是可以混用的，这就是问题所在）。

这就会使得学者们在理论呈现的过程中误认为感知运动就是机体结构（右上象限），认为感知运动就是直接的切身体验（左上象限中的低级水平），因此他们的表现范式就会非常倚重生物学偏见，以生物学偏见为基础。因此对于“什么是认知”这个问题学者们的回答是“行动（enaction）：结构匹配的历史造就了一个世界”。的确如此。但是，如果接着问他们“这是怎样的过程”，他们会说，“通过一个网络来进行，这个网络中包含不同层面的相互联系的刺激感知运动网络”。

那并不是仅仅把觉知力奠基于感知运动网络基础之上，而是把觉知力的许多重要方面消解掉了，只留下其最基本的基础：把对话式的相互理解削减成了独白式的摄受（206 页）。

我不否认基本的感知运动认知以及早期的心理分类过程具有行动范式所描绘的许多特征。但是尽管如此，那只能包括觉知的九个阶梯中的三个而已。

因此这些学者们引用马克·约翰的研究作为例证［《心中之身》（*The Body in the Mind*）］。在他们所说的范围之内，我完全同意他们的观点：“（约翰认为）人类具备非常一般的认知结构，可以称之为肌肉运动知觉的意象图式。这些图式来自身

体经验，可以用某些结构元素来界定，具有一个基本的逻辑，可以被隐喻性地投射
713 到很多不同的认知领域。”这些都只是感知运动/身体的图式，说的只是那些内部外部边界等等这些基本的区分（都没有摆脱前运动阶段的感知运动世界空间）。

“根据对这些例子的详细研究，约翰提出，意象图式来自特定的基本感知运动活动形式和交互作用，从而给我们的经验提供了一个前概念的结构”——这和皮亚杰的感知运动图式中后续的认知的角色非常类似。约翰认为，“由于我们的概念性的理解是由体验决定的，我们也会有意象图式性的概念。这些概念有基本的逻辑，它会给（更高的）认知领域提供一种结构，非常具有想象力地投射到这些领域。最后，这些投射并不是主观随意的，而是通过隐喻性的和转喻性的描摹过程，这些描摹过程本身是由身体经验的结构所推动的”（175～176页）。

在他们的理论范围之内，我完全同意他们的观点。但是，我说过，这正是因为心理会超越且包含感知运动的身体，但是心理的（更高级的概念/形式思维的）基本结构实际上并不是在前概念的身体感知运动上止步不前（这只是“包含”的部分）。但是那些基础并不能充分揭示或者解释更高的结构本身的功能和样式（“超越”的部分）。所以约翰的书名《心中之身》取得恰如其分。也正是因为这个原因，心理认知和觉知的重要方面就不仅仅是感知运动网络，甚至和感知运动网络之间的关系也并不是特别重要。

（类似地，精神不是在心理里面，心理也不是在精神之中，因此心理的诠释可以给精神事实涂上不同色彩，但是并不能创造精神事实本身。）

学者们的这种感知运动/生物学的倾向，进一步诱导我们去忽视左手象限和右手象限之间的结构匹配，而这种结构匹配同样重要。也就是说，不仅感知运动机体和它的环境之间有相互交流（右上象限和右下象限之间有交流，这两者都可以通过独白的单向的方式来研究），而且内部的主体性与主体之间的相互理解所构成的共识之库间也存在交流（也就是说左上象限和左下象限之间也存在交流），并且这种主体间的东西不能通过简单的描述来研究：这不是机体和环境之间的简单的交流或行动，它是一个人关于他对别人所作的理解、所作的行动，双方对这种共识产生的过程的体验是相同的。所有这些都会有经验的、感知运动的相应表现，但是两者都不是寄寓在那种对应之中。

这也就是瓦莱拉的结构匹配概念之所以更有用的原因，尽管学者们并没有完全看到这种有用性：不仅是客观的机体“它”对环境的表现之间的结构匹配，而且还是机体的主观体验和主体之间对文化世界空间的共识之间的结构匹配（在这种世界空间中它创造自己的交互主体性，同时也被自己的交互主体性创造，而不仅仅是它的客体之间的交互作用的形式）。

因此瓦莱拉等人攻击表征范式，批评他们预先假定存在一个世界，等着一个预
714 先假定其存在的机体在知觉中去认识（我认为这种攻击是恰当的），可是他们提供的出路还是独白的：独白的（特别是感知运动的）机体表现（enact）一个独白的世界（他们最喜欢的一个例子就是颜色知觉）。所有这些都是正确的，但是都是非常基本的（或者说仅仅是作为起点的感知运动），而且所有这些都完全忽视了主体之

间的领域的进一步发展，这种进一步的发展是不能消解的，可是在独白式的表现范式中是不能看到的，必须还要有一个对话的表现范式。

因此，学者们是从一个预先假定的世界跳到了一个预先假定的表现的世界（我认为这也是正确的，但是要限定在他们的理论范围之内）。但是非常可惜，他们没有进一步揭示对话的表现的文化世界的重要方面，这在对独白的、表面的、知觉的表现中是找不到的（比如对一种颜色的知觉），主体之间对深度的诠释并不是仅仅由表层决定的。学者们试图逃避粗糙的反映论范式（独白的且预先给定的），但是实际上攻击的只是其预先给定的一面，并没有逃脱独白的一面：理论范式由对感知运动世界的独白的反应，转向了对感知运动世界的独白的表现。他们看到了主体表现客体这一点，但是没有看到主体通过主体间性相互表现，这不是通过对表层的知觉可以认识的，只能通过对对话的深度的诠释才能认识（这种深度本身也不是一成不变的，而是在文化世界空间中随着结构匹配发展阶段的不同而不同，不仅仅是自然/环境/感知运动世界空间中的结构匹配）。

并且，进一步说，并不是可以通过对话的表现可以达到超越对话的空，也不是通过一种退行，把对话的主体间性简化成原子论的独白的意识状态和还原论的无心的认知机制，学者们经常会对这两条道路比较青睐。

（同样，还原论意味更弱一些的思路更会认识到发展本身中的目的/涌出的力量。就像漂流一样，在自然界中只有存在某种激流的时候才可能存在漂流的可能，在这种情况下，激流就是大宇宙，或者人类之爱。对目前存在的给定的世界的表现不是仅仅建立在过去的结构匹配上，而且也建立在未来的涌出的力量上。）

说了这么多，现在让我重复一下表现范式的力量，这的确是一个范式，因为它代表了一种特殊的实修研究思路（也就是一种对直接的切身体验的开放式的研究，试图整合切身体验和各种理论模式）。我们似乎可以这么看：

在金刚乘佛教中（学者们采纳它的观点），典型的做法是接受全部三乘佛教，整合在一种发展的次第中。从而一个人可以从小乘佛教修定开始，这是一种对当下的觉的独白性的研究。然后进入大乘佛学，这是在自我和他人之间进行交换的思路（tonglen），也就是说，研究觉的主体间的回环方面。然后进入金刚乘，这时全部排他性的独白性的摄受和对话性的交换都消失了，进入无分别的空性的光明之中，在 715
这光明之中所有的世界显现出来，得大喜乐（超越对话）。

现代认知科学实在是太粗糙，可以说学者们除了提供一个小乘水平的理论之外没有别的选择，我认为这可以说是更高的认知发展的起点，毫无疑问，在这本书中学者们对进一步的发展的贡献可是不小。

[2] 把独白的科学拿来，把它做成一个普适的“新范式”——这是一个灾难，在“新物理学和神秘经验论”的理论家那里表现得尤为明显，他们的名字实在是太著名了，没有必要一一罗列。当还原论者自己出现一点灵性体验（物理教科书里面所不曾讲过的体验），就往往成为一种刺激，鼓舞他们去染指哲学，然后可能会带来令人不敢想象的严重后果。

无论他们的初衷如何好，这些理论的大多数——以“新物理学”（量子物理和相对论物理）所支持、主张、暗示或者证明的、具有神秘的统一性的世界观为基本主题——都是试图把平面独白范式延伸到对话的和超越对话的领域，这就决定了其理论的严重缺陷（这有点像“大饼虽臭，毕竟个儿大”）。

他们多半采用一种数学的形式主义（特别是薛定谔波动方程及其在测量的时候就会不能成立），然后赋予它一种非常宽泛的诠释（尽管这些物理学家们本身对于如何诠释这种数学形式分歧很大），然后把这种非常宽泛的诠释和他们的那种同样宽泛的灵性体验结合在一起，结果似乎新物理学支持甚至证明了一种神秘经验论的世界观（物理学和神秘经验论本来就是近亲，尽管我们知道近亲结婚会带来什么样的后果）。

当然这种近亲婚姻立刻就被冠以“新范式”，然后把其他的一切都扫到了旁边，然后就宣布了新时代的到来。达纳·佐哈说：“‘量子社会’的观念来自对新范式的信仰，认为我们对量子现实的描述可以带来新的范式，这种新范式几乎可以延伸到各个领域，完全可以改变我们对自己的知觉和我们对生活于其中的世界的知觉。对量子现实的普遍接纳可以给我们提供一种概念基础，从而可以带来社会的积极革命。”（《量子社会》）。

从形式主义对最浅、最低、意识性最小、深度最浅的全子的描述，到“推演范式”对交流的、主体之间的以及相互理解和相互接纳为基础的文化交流：这不仅仅是一种量子跃迁，它算得上是吉尼斯世界纪录的信仰跃迁，而且是一种通向不好的信仰的跃迁。

量子形式主义连基本的生物学和自组织现象都不能解释，遑论经济学、心理学、文学、诗歌、道德和伦理学，以及其他类似的学问。可是，物理学家们非常习
716 惯于认为“最基础的就是最重要的”，从而他们认为其他所有的高级学科都必须以深度最小的全子为基础，否则就会失去根基。因此便总是倾向于“把物理学”（无论对物理学的诠释如何富有想象力）直接推广到其他所有的领域。

因此佛瑞德·阿兰·沃尔夫说：“我相信量子物理是当今世界上最有力、最活跃的科学”——注意“有力”这个词：这个词总是意味着预言能力强大、重构能力更强的、更高级的科学都成了预言性的科学，也正是最浅陋的科学。但是没有关系，因为这些“最有力的科学”，沃尔夫说“可以为新的心理学提供一个基础——一个真正的人本心理学”。

这是一件令人非常痛心的事情。绝对不止沃尔夫博士这么认为：真正的人本主义的心理学应当建立在主体间的相互理解的过程和相互尊重的基础上，对于这些方面量子物理学根本无话可说，即便模糊、非常间接的解释也无法做。但是，先让我们把新人本主义建立在这种与石头之间的独立言语之上，这种基础最有话语权。

这种独白言语的推广是强权的、攻击性的、甚至是暴力的。简化论对双方都没有好处（对两者之间的任何思想也没有好处）。它不但自然地会认为实在总是围绕那些全子，认为这是最重要的，可实际上是最不重要的，而且神秘经验论本身——我们看到，至少有四种非常不同的神秘经验论——也被认为只是某种形式的、统一的场或者动态的网或者量子真空（或者其他形式的对数学形式的解读），这两种伴

生的混乱（“量子”和“神秘”）被强扭到一起，被认为包括了一切的基础。

除了扭曲存在的谱系的两端之外（物的一端和神的一端），这还破坏了中间的各点。佛瑞德·阿兰·沃尔夫的药物诱发的神秘体验使他得出了一种惊人的证悟：“我过去一直试图（用这种具有心理迷幻作用的死藤水）从新物理学的角度去理解萨满教。我发现仅仅从物理学的角度去理解它是不可能的。”只有一个虔诚的物理文化论者才会这么说——何止萨满教，甚至生物学都不能“仅仅从物理学的角度来理解”，艺术或经济学或心理学…… 都不可能。物理学不能解释萨满教是非常自然的，但沃尔夫博士却认为很难理解，因为他认为物理学是无所不包的。他的这种困惑在那些物理学家身上非常常见，沃尔夫博士不是一个特例。

我们在本书中反复看到，意义越浅，信仰体系中的自我中心的成分就越大，因为自我中心是人类学整体相对应的最浅的地方。因为缺乏任何形式的真正的深度/高度，一个人会感到一切都在自己的观照之下，突然一切都开始与你有关，自我中心开始看上去十分深刻，十分惬意。

“当我的意向清晰的时候，”沃尔夫解释道，“通道就像被施了魔法一样出现了，把我从一个地方带到另一个地方。某种关联开始出现，重要的信息如同电话般传进来。”可能那的确是某种必然性的关联；精神分析家可能会说那是一种自恋性的口 717
头禅（word-magic）。谁知道呢？对沃尔夫而言，它当然是建立在量子波包（wave packet）崩溃的基础上的，从而采访他的人对他的立场作了如下总结：“如果你想在面前出现一个烟灰缸，那么浩如烟海的可能性就会把它变成现实。”

沃尔夫充分运用了这种“幻变”。在出现死藤水所导致的幻觉体验出现之前，他在秘鲁的利马（Lima，秘鲁的一个地方）看了一场电影，片名叫做《死藤水的风》，在这部电影中有一个老套的情节，讲述了一个美国学者，他吸毒然后自己的体验完全推翻了自己的理论范式，当然后来又爱上了当地的一个美丽的女孩（接受我的范式吧，求你了!）。的确，沃尔夫吸毒，出现过心理崩溃，而且也真的和一位秘鲁姑娘陷入了浪漫的爱情。

“似乎这部片子就是写给我的，这太令人震惊了，无法理解。”沃尔夫激动不已地说：“那是神话的世界，它抓着我的衣领说，醒来吧，佛瑞德！我们将告诉你为什么你会在这里，为什么会到秘鲁来。”我个人也会觉得药物和爱情都是美妙的，但是很明显不会就此满足。“就是这部片子，”他接着说，“在你来利马的好几年前就已经拍出来了，可是在这部影片中，你可以看到你自己——事先已经被编排好了的自己的生活。难道整个影片都是为我拍的?”

他立刻得出了肯定的答案，从而接着问道：“如果是的话，那么这个编排者又是谁呢?”也就是说，究竟是何许人为他自己编排了这部片子，在他到来之前就已经预先安排好了他的生活？他认为“澳大利亚的土著人所作出的解答是最好的。他们告诉我们，这个编排者就是大精神（Great Spirit），我们都是生活在大精神的梦境之中，所有的物质实在都是在大精神的梦中存在。”先让我们假定这是真的，那么大精神所编排的是正在发生着的一切，没有什么电影或者事件是完全专门为沃尔夫一个人编排的。实际上那部影片的导演只不过是当地的一些平庸的电影制作人，如果它“完美地讲述了我的生活”，我会感到担忧而不是兴奋。

或许它真的是具有灵性的，但是也可能不是。我的观点是，无论如何它总归是一种独白的描摹图，无论这种诠释如何真诚，它总是会歪曲我们的诠释，会把我们带到神圣的自我中心的状态，因为在这种描摹图中找不到任何可以帮助我们提升到对话的水平的东西，要提升到超越对话的水平就更是绝无可能。最终只有一件事：我有一个新范式，你改变你的信仰，来顺从我就好了。至于其他的内部发展如何，在新范式中不推荐、不提及，甚至找不到丝毫关于它们存在的线索（接受这种新的独白范式自然会让人陷入一种主张均质的神秘经验论的泥潭，从而吸毒也可以算作是一种精神成长的途径）。

我说过，独白的观点总是神圣自我中心及其权力机构的玩物，福柯和哈贝马斯都讨论过这个问题。只有双方面的、相互尊重的对话范式，才能让人摆脱自我中心，产生真正以世界为中心的慈悲心，然后进一步进入超越灵魂，即世界灵魂，然
718 后完全融入深意识。否则就只能去观看一个由神圣自我编排的、为神圣自我编排的、而且往往是关于神圣自我的生活片，这就是所谓的光彩照人的新范式。在我看来，这正是各种“新物理和神秘经验论”观念的实质——其核心是纯粹独白的。

这一点毫无疑问。沃尔夫博士是试图突破物理学的领域去寻求知识，这种探索精神我们举双手赞成。我也不是要说沃尔夫博士本人是自我中心。但是在我看来，如果我们对这种知识探索的扩张进行诠释的时候不够小心的话——如果我们不从四个象限完整地进行解释，而是仅仅根据右上象限之中深度最小的“全子”来诠释的话——那么我们就总是存在一种危险性，不是走向超理性，而是走向前理性。

［理查德·莱文顿：《穿越萨满之门：和佛瑞德·阿兰·沃尔夫一起梦幻宇宙》，载《瑜伽》，1992（7～8）。］

［3］最近几十年里美国文化的这种一致性越来越差，并有加剧的趋势，结果导致这个国家中的每个阶层或者某种类型的居民都想成为自己的民族（nation），希望自己的团体具备法律承认的特权。获得这种权利的最简单、最快捷的手段就是去争取一种受害者的社会地位，成为弱势群体，互相攀比，看谁更惨，因为如此一来，就可以为自己的团体争取战争赔偿（从而成为自己的民族）。这种权利炒作有点过火了，以致各种社会阶层在法庭门口排起长队，争执究竟谁应该得到最大的补偿份额。结果出现了各种千奇百怪的欠条，每个人都希望向别人索取补偿，但是谁都不想给任何人提供补偿。

起初这种权利之争的矛头一致指向白人男性，人人都有权向他们索取补偿，他们是战争补偿资金的唯一来源，谁都想分得一杯羹。但是这种看起来永远都没有止境的赔偿已经完全被分割殆尽了，因为美国白人男性自己也开始为自己争取补偿了，他们也成了受害者了：瘾君子、情绪障碍、肥胖病、身材矮小、听力障碍、残疾、恶魔般的仪式虐待。现在就缺一种为坏蛋提供补偿的基金了。似乎每个人都被别人伤害过，因而每个人都要求得到特殊的保护，以避免别人的伤害。

没有义务就不可能有权利，没有共享就不可能有自主，无论从物理上、理论上、存在论上还是从实际生活中说，在任何情况下两者都是不可分割的。但是在美

国的这种割裂的文化中，每个团体却都希望得到不需要任何义务的权利（无合群性的自主性）。我可能对某些权利感兴趣，可是如果没有一个广泛的、更有力的共识——如果这些权利脱离了相关的义务和合群性——如果没有这些，那些权利只能加剧国家的分裂，只有这种分裂存在，这种新的权利才有孳生的土壤。欠条的支付期限就要到了……

[4] 我们现在可以结束对解构的讨论，把这个问题放在龙树关于空的讨论中来看。（在第三部中我会详细讨论，后文可以看作是简单的综述。）

我们已经看到，解构的理论基础是两条基本原则，按照库勒的说法，就是说意义是由背景决定的，而背景是无止境的——恰恰又是一种打欠条的思路（背景是完整的，但是永远都不能完成，如果完成了就会出现内部矛盾：要么连贯一致，要么完整，两者不可兼得）。一部文学作品试图成为“一件完整的作品”、“一种艺术品”、“自恰的整体”，就会具备某种程度的完整性，无论这种完整性的完整程度如何，都会存在一张隐蔽的欠条，一种内在的欠条——说它是内在的、隐藏的是因为语言倾向于认为自己的本质是给定的、没有问题的，因此不需要检视（稍后我们还会回到这个问题）。 719

但是首先我们提出一个反例：数学。数学本身把超越有限性的欠条明显化了——背景必须无限扩张，否则数学就会自我解构——数学家们是公开这么做的，因为数学家的工作可以说就是逐字逐句地去检视数学的语言，去检查数学语言的结构，最终不得不把这些欠条揪出来。数学在过去并没有发现这种欠条，实际上在过去数学的这种欠条也是隐藏的、内在的，在塔斯基和哥德尔的数学革命之前是不为人知的，可以说他们的数学革命给数学作了一次精神分析，从其基础的深处挖出了一点不光彩的秘密：数学不是，也永远不可能是连贯并且完整的。

当塔斯基和哥德尔指出数学思想深处的这个秘密的时候，立刻激起了数学界的公愤，甚至可以说是动乱，因为整个数学的基础被动摇了——本来数学被视为一种真正的自洽的、完整的人类知识形式，现在被指出一方面具有深刻的内部矛盾，另一方面又有严重的不完整性（自身的不确定性）。但是现在数学已经又昂首挺胸了：让背景永远这样扩张下去，我们和以前一样，该做什么还继续做什么。按照我的话说，所有的全子都会给大宇宙打个欠条，数学打个欠条有什么新鲜的呢？

在对日常语言本身，特别是文学语言的研究中，还真的出了新鲜事儿，实际上在本质上和以前的欠条是相同的。语言使用者甚至语言学家很长时间以来都没有揭示这个隐藏的欠条，也就是认为语言就像一扇透明的窗户，透过它就可以直接看到被给出了的世界，一点都不会走样。这种假设实际上是非常幼稚的（比如，福柯曾经把这种假设归于经典时代：语言不是问题）。随着“语言学转向”的到来（大约从索绪尔开始），语言开始反观自身，混乱的和系统生成的意义成了大问题：如果每个词本来就可以代表一样东西，那么语言如何可能表征一个世界？符号之间的关系本身取代符号和实物之间的关系开始成为研究的中心。

我们可以看到，语言学转向有两个基本的方向。或者按照左手道路：诠释学（主张意义是由背景产生的，背景不是随意的社会实践，只能从背景本身的内部来

把握）；或者是右手道路：结构主义（主张意义是由超越个人的语言行为的样式产
720 生的，这种样式是由结构或者规则控制的）。诠释学关心的是所指（LH，左手），只有通过感同身受的参与才能把握；结构主义关心的是能指（RH，右手），只有保持距离，从外部来研究才能很好地把握。

这种右手的结构主义很快就让位给新结构主义和后结构主义（福柯、巴特、拉康和德里达），后者的基本思想即能指本身基本上是“自由漂移”的，在任何给定的经验世界中都找不到根基，它是基于政治、权利和偏见的。也就是说意义不像一种颜色那样，不是表层现象，不能直白无误地去知觉（经验主义的理论就是愚蠢地这么认为的），而是一个复杂的自我指涉系统，对背景的依赖性非常强，背景是没有止境的。

那就是后结构主义者们气势汹汹（有时候往往十分粗鲁）地去解构以前所认为的、由背景所决定的具体意义，这种意义总有一个共同的特点，认为“事情本来就是如此”：现在意义——乃至整个意义世界都被认为不是一个知觉的问题，而是一种建构。如果有人胆敢认为意义是永恒的真理（verity），只要指出其“给定的真理是如何不可靠就可以从文本上解构它，它们对语篇的依赖性非常强，而语篇（context）总是无休止地游移，因此它们是根本无法把握的……”

解构主义者们（特别是从耶鲁大学发迹的那些人，耶鲁大学是教授三重唱的舞台——德里达本人、出色的保罗·德曼和J·米勒都被冠以解构主义的毒蛇[①]的名号），他们是从对文学文本的检视开始的（德里达对罗素关于“nature”这个词的双重用法的讨论还是最经典的）。我早先说过，一个文学文本根据其欲成为“完整的作品”、“艺术品”、“自洽的整体”的程度的不同，会出现一个或者几个隐藏的“欠条”和内在的“欠条”——说它是隐藏的或者内在的是因为语言倾向于认为自身是给定的和透明的。尽管解构主义者最初不明确说明他们自己的工作程式（他们不明确揭示欠条的原则，尽管他们自己在用），但是他们还是充分发挥了它的效用，也就是说，文学文本和所有的全子一样，同样具有某种欠条：在某些关键点上它是自相矛盾的。它会运用某些关键词，但是在文本中对这些关键词的定义会自相矛盾；它会假定有一种真理，可是它自己并不能产生这种真理；它会反复自我检查，因此忽略了关于自己本身的消息；它会创造一个意义的等级体系，只有这个文本本身才能破坏这种体系；它会创造对立的两极，它们装作互相分离，实际上是相互驳斥；它会把某些观念边缘化，可这些观念恰恰是界定中心观念的依据——这种例子还可以无限地列举下去，解构主义者们就是拿这些欠条开刀，说任何文本本身肯定隐含了这种矛盾、不一致和自我暴露。这恰恰是这些解构主义者要做的事情：找到文本中的那些指涉自身的点，揭露它如何最终自相矛盾，从而自我解构（正如数学试图兼顾连贯性和完整性的时候所造成的困境一样）。

721 数学刚刚发现这种欠条原则的时候出现了极度的恐慌，这些解构主义者也像语

① 原文是“boa-deconstructionist”。——译者注

言学界的恐怖分子一样，给学术界带来了巨大的震动，引起了激烈的反响。每一个文本，无一例外，都可以被解构（因为每个全子都会写一个欠条；在文学文本中只需找到文本所要表达的意思，然后揭示这个意思对语篇的依赖，然后说明语篇有依赖更大的语篇，以此类推，没有止境，因此文本在根本上是没有办法控制意思的，从而文本就“破灭了”，不再是自足、连贯的艺术作品，而仅仅是超出其控制能力的语篇通过它所发出的无意识的呓语。这些语篇把文本泡在漂流不定的能指的海洋中，而文本对这个能指的海洋并不是多么清楚：文本根本不是什么艺术和尊贵的载体，而是被语篇欺骗了的小丑，语篇在利用文本、剥削文本，很明显文本在语篇面前是无知的，根本没有办法掌控它们）。

解构主义者们（不自觉地）在文学全子的欠条原则上跌了跟头，最终还是失去了对这条真理的控制能力，这条真理本身否认任何真理性——因此最终自食苦果，解构开始解构解构主义者自身。我们在本书中反复看到，语篇的游移并非意味着语篇完全是主观随意的，偏见和权利并不能完全控制语篇。语篇的确在游移，但是它们游移的方式是相对稳定的；意义的确依赖语篇，但是语篇是共享的或者是普遍的（在相互理解中可以看到这一点）；语篇的确是没有边界的，但是那并不是说它们就不具备相对稳定的嵌套规则；社会文化现实基本上是建构的，但是这并非意味着建构的过程是随意的混乱的，因为语意本身受到超越语言的因素的约束（在“我”、“我们”和“它”的领域之中都是如此），这就使得意义总是和合理性声称捆绑在一起，其随意性可以通过主体之间的回环之中的真实性声称、真诚性声称、文化公正性声称和功能适应得到补偿。我在第五章中总结过，解构主义者（和极端相对主义者）开始说任何视角最终都没有优先权，后来说所有的视角都是平等的——后来在这种立场上开始自我攻击，断了自己的后路，解构了自己的合理性声称，在自己不稳定的自重作用下瓦解了。

数学公开揭示欠条原则之后，从一个封闭的自足真理体系变成了稳定、开放、相对的真理体系（经过一段时间的混乱），文学界也在经历一个类似的转变（同样在经历刚刚开始的混乱和恐慌）。但是很快就清楚了，解构主义文学批评的结果总是一样的：文本被炸毁了。解构成了一个普适的、全能的解决方案，它告诉我们关于全部文学全子以及整个语言的某些东西（所有的文本都包含了欠条），但是关于某个特定的文本，它却无话可说。作为文学批评，它几乎毫无价值（甚至福柯都说德里达是一位文学上的恐怖分子）。

但是这里有一种60年代的极端分子的“文学批评”：没有能力建造一座房子吗？没关系，找一个房子把它炸掉。美国的大学中出了几千篇以解构主义为主题的博士论文，其中以史坦利·费什（Stanley Fish）之流为代表，他是后现代昏庸学者 722
中最昏庸的一个。在1979年以前提交给《现代语言学会报》（*Modern Language Association*）的论文中，德里达是被提到的次数最多的名字。

解构作为一种运动在德国或者法国或者英国从来没有被重视过（在别处也没有），因此德里达有种曲高和寡的惆怅，于是他情急之中宣称“美国就是解构！”解构之所以在别的地方不能引起人们的关注，是因为除了提出文学中的欠条原则这个当之无愧的贡献之外，它再没有什么实质的内容：它只能破坏那些有创造力的人们所建设的一切，因此在根本上它是寄生的。人们经常指出，解构的结局将是纯粹的虚无主义，会失去其立场，当然也就被人们唾弃。

严肃的解构运动终于被保罗·德曼画上了句号。在 1987 年 12 月 1 日的早晨，《纽约时报》发表了一个叫做奥德文·德·格列夫（Ortwin de Graef）的比利时青年学者的报告，他发现了确切证据证明保罗·德曼这位才华横溢的美国解构主义者在 20 世纪 40 年代曾经是纳粹的同情者（曾经为比利时的报纸写文章和评论支持纳粹事业——他曾经绞尽脑汁地去掩盖），曾经写过《当代文学中的犹太人》这样的文章，曾经说过“解决犹太人的问题…… 不会给西方带来严重的后果。可以说，消灭几个没有什么突出价值的人是可行的…… ”之类的话。

解构主义者们立刻拿起概念的武器为保罗·德曼辩护，按照他们圆滑的说法声嘶力竭地去辩解，说语篇的内在游移性意味着当时德曼的那种支持纳粹的行动实际上是反对纳粹的，他对纳粹的帮助实际上不是帮助，他对犹太人的反对其实是对犹太人的支持，罪犯实际上是受害者，诸如此类的“是”实际上的意思是“非”的说法，因为语篇是没有边界的……（有趣的是，解构主义者们并不认为“降薪”实际上意味着“提薪”，或者“没有土地”就是“拥有土地”。当你态度真诚的时候语言立刻就会挺立，这种力量让人震惊。）

坦率地说，解构主义者们的辩护导致了以下结果：由于真理和正确（right）失去了依托，谬误和过错也就不复存在，所以保罗·德曼的罪行实际上是它的反面，即清白——又解构了一个可恶的价值，又推翻了一种等级，这种推翻使得罪恶的行为成了一种语言学上的困境，本体上的魔鬼成了文学上的失言，就像悬垂分词，虽然不好，但是是可以容忍的。

否认视角的疯子——最终不可避免地会混淆语篇的游移和随机性，认为语篇完全是主观的，不可避免地最终会认为意义和合理性声称没有关系，合理性声称抓住那些语篇，掌控这些语篇的时间长度足以说明究竟谁帮助了纳粹，谁没有帮助。

我前面说过，理解解构主义困境的片面性的最好的途径是把它放在龙树的解构
723 思想中，他的解构思想更加极端（并且反而更加健全），他做了一种让步，认为相对真理在相对意义上还是真理（数学在一定限度内是没有问题的，只要承认自己的欠条，不去充当绝对真理就可以了）。但是龙树说，如果某种相对真理要充当绝对真理的角色，就会自相矛盾，解构自身（解构主义就是这么做的，认为自己是绝对真理了）（参阅上文注释[1]）。

对龙树而言，解构了相对真理剩下的不是虚无，而是空性，它扫清了心中的名相羁绊，无分别的知觉就会自然显现，从而表达了欠条游戏的真谛：如果你不想陷入完全的自我矛盾的境地，那么就进入无限的空性，只有空性可以偿还全部的欠条，只有空性可以让灵魂进入无限的神秘海洋，获得真正的自由。

[5] 泰勒：《黑格尔》，39 页。

[6] 同上书，44 页。我把“人”改成了“男人和女人”。

[7] 转引自维斯：《黑格尔》，15 页。我前面已经说得很清楚（第八章），高层

次的发展之所以重要并非因为它们真的更加接近基础，而是它们使得基础无时不在这个事实无法被否认。

[8] 他们对视觉逻辑的运用：康德曾非常仔细地区分了三大领域（理论、道德、判断），理论上表达为经验—分析的研究，时间上表达为道德的分类（“在法律许可的范围内行事可能是普适的”——也就是说处于后习俗阶段的道德水平）。尽管他非常强调美学判断可能在理论和实践之间架起沟通的桥梁，而且他本人的努力对整个时代都产生了深刻的影响，但是很遗憾，他在这一点上做得并不是十分令人满意。

费希特要做的第一件事就是力图通过抛弃康德的物自体来打破形式理性的束缚。如果，诚如康德所说，物自体永远都不可能以任何方式被认识，那么，费希特说，它便不存在。在物自体的位置上，他安放了一个高于个体的自性（Self），这个自性具有对无限的生产性的想象力，实际上也就是说，不是说有那么一个永远不可知的物自体，它影响意识从而“造成”知觉，而是说只有一个动态的生命过程，这个生命过程从不同的角度对自身有不同程度的认识。这个可以用各种不同的方式认识自己的世界，为了认识自己首先把自己分割成有限的主体和有限的客体——但是主体和客体都是来自同一个基础，所以两者之间表面上的冲突绝对不是终极性的，并且在纯粹的无分别的直觉中两者的基础是可以恢复的。

可是费希特所说的基础几乎总是超灵，是一种灵性水平的见证（他所谓的纯粹自我）。他总是说这个自我“不断地退缩”，这是典型的灵性水平的证悟中的直觉（无相水平的证悟是不会退缩的）。他以半人半马的视觉逻辑表达了这种灵性水平的所见，在他的道德立场上表现得尤为明显。他主张建立一个“超越任何一个国家的全球政府，也就是一个地球国”，这意味着全世界的人类都是一个国家的公民，也就是世界公民。谢林的观点也比较类似。

至于存在意义，我们经常看到它通常是和半人半马的视觉逻辑相伴而生的： 724
“在这些团体里面存在一种具有讽刺意味的超越，要超越社会存在的既定形式。这是个悖论，但是又很典型，往往导致一种生活的无意义感。你看，现在 20 世纪的核心问题，也就是生活意义的问题，在浪漫主义的第二个阶段表现得非常突出”（蒂利希，385 页）。

黑格尔的理性（Vernunft）——和形式运算的理解（Verstand）是相对的——是纯粹视觉逻辑的一种：辩证的，联合两端，成员在任何一点上“相互穿透”，任何一个成员都可以暗示/包含其他所有成员（网络—逻辑）。这种“对立面的相互渗透”是对视觉逻辑的著名总结（恩格斯）。

至于他们对更高的或者超个人的领域的一瞥，我刚刚说过，费希特似乎有一种非常强的灵性水平的立场，他的纯粹自我几乎就是纯粹的灵性水平的见证（或者超灵）。费希特总是通过这种做法来见证“观察谁在观察”，当然你无法做到，但是正是因为你做不到，你才认识到观察的人“总是在退缩”，你无法看到那个观察者，但是一切都在他的眼前运动。我相信费希特的方法可以引导人到达灵性水平的见证，但是不能到达稳定的微细水平或者无相水平的见证。不过这相对形式运算而言已经是非常了不起的一步，是真正的西方吠檀多智慧的绽放。

黑格尔的“绝对”非常接近低水平的无相阶段的无属性的梵（saguna Brahman）——神的“果位”（consequent Nature），终极（但是总处于过程之中）的、包含了全部有形的全子（也就是在这个意义上说依赖那些全子）的全子。他的分类和高水平的微细阶段（“原初本性”）的原型非常类似，尽管很多传统都把原型看作是习气的记忆而不是永恒的色，比如无著（Asanga）和世亲（Vasubandhu）的瑜伽行派，但是都同意原型是先于有形的存在，而不是可以和任何特定的有形的存在并列的。似乎黑格尔对纯粹的无形无相的无相没有经验，也没有概念，他对谢林的戏谑在这里用在他的身上非常确切（“漆黑的夜晚，所有的奶牛看上去都一样”）。因此他的“有限中的无限”就是“有限中的低水平的无相”，不是“有限中的终极”。

还可以通过高级水平的无相的两个方面来说明这一点，黑格尔否认这两个方面的存在，因此两个方面在他的无限性的别处（也就是在低水平的无相而不是高水平的无相中）。一方面，无形无相的或者高水平的无相阶段绝对不会依赖任何显现或者受显现的影响——显现本身不会给它带来任何的增减（埃克哈特说，整个世界不会使神性增加一丝一毫；这也是普罗提诺和拉马纳大师的观点）。另一方面，我们不能说创造必须从无相产生。可是我们也不能说它不是从无相中产生——这是对大精神的两种理解，但是大精神不能和其中的任何一个等同（它是无分别的）。当圣人们说“一沙一世界”和“月映万川”的时候，那是一种对语言世界的诗意的让
725 步，它绝对不是充分理由原则的基础。当“自发的丰富性”被简化成了充分性原则（斯宾诺莎、莱布尼茨、圣托马斯、黑格尔等很多思想家都这么做），很明显他们就是“以自己的方式思考”从万物如何达到大精神或者如何从大精神达到万物，这是永远永远都不可能成功的。

现在回到低级的无相阶段（梵）。作为所有显现的全子的上级全子（不断退避），它参与每一个全子的体验，并且从某种意义上说，在每个阶段都是所有在那个显现的点上全部全子的体验的总和的“结果”，尽管它本身并不是所有显现的总和（而是那个组织过程）。当然这非常接近怀特海的“后得性”（consequent Nature）和黑格尔的自我实现的大精神，在其中一切都被保留下来（连同它高水平无相阶段的形成过程的“原初本性”，它先于任何显现，但是不和任何显现并列）。

谢林对高水平无相的短暂但是容易出错的体验出现在他对纯粹的无分别的深渊（Urgrund）的描述中——纯粹的空性——的确是一个漆黑的夜晚，的确所有的奶牛看起来都一样。可是他和黑格尔一样，似乎对终极的各个阶段没有清晰的体验或者概念。他的“有限中的无限”实际上是“有限中的高水平的无相”。

我说过，所有这些体验（或者直觉）都被翻译成了浅陋的视觉逻辑，从而没有实践的方法来证明它们的存在——这是唯心论/理想主义（Idealism）致命的缺陷。毫无疑问，这些理想主义者肯定看到了超个人领域的某些内容，至少他们的见证为他们的理论体系提供了基石。但是一瞥并不等于生活于其中——理想主义没有冥想的方法来保证其偶尔出现的直觉可以重复。而且由于他们实际上所习惯的实际水平

是视觉逻辑，所以容易把大精神和视觉逻辑本身混为一谈，实际上，黑格尔就是这么做的［“真实的就是理性的（理性＝符合视觉逻辑的或者辩证网络的），理性的就是真实的”］。

从这个意义上说，理想主义者们实际上是“观念主义者”或者“心理主义者”而不是“元神主义者”和“大精神主义者”。按照瑜伽行派的说法，理想主义者认为真实和末那识（Manas）（或者最多和杂染的阿赖耶识）等同，不能清晰地证悟清静的阿赖耶识（或者阿末罗识：Amala）或者无相/无分别真如。

这就使得黑格尔得出这样一种观点，认为有形的世界的所有本质都是可以通过辩证推理推演出来的，从而他把逻辑推理和历史进程混为一谈。

要驳斥那个命题根本不需要罗素或者莫尔出手。很多人都看到了它的“生硬”或者“机械”性。与其说黑格尔的整个结论都是错误的，不如说他的方法论对于超理性的领域而言并不适合。但是即便在他自己的理论体系中，黑格尔也还是不能把自己要做的“调和”的工作完成（我们可以称之为“终极的整合”）。按照我的说法，这种辩证法可能能够引导一个人达到视觉逻辑的水平，然后急于指向更高的（甚至无相的）情况——技艺超群——但是它不可能真正把你带到那些更高的水平，因此它不可能最终或者以任何终极的方式整合人类的上行和下行（尽管我们可以说，其方向还是正确的，而且沿着正确的方向前进了一步）。

谢林意识到了这种理论缺陷，因此在风烛残年致力于发展一种存在（“积极”） 726
哲学，我认为这是非常恰当的，因为半人半马的视觉逻辑过去是并且一直是理想主义者的家园。半人半马的视觉逻辑可以整合那个水平之下的上行和下行，但是不能超越他们的基本资源实现实际上的“调和”。谢林的老友席勒曾经说，“现实中这两个元素（上行和下行）总是有一个是具有优势的；经验所能达到的制高点（他们所知道的最高点）在这两个原则之间摇摆”——也就是在逃避阴影和拥抱阴影之间摇摆，看不到在无选择的觉察的行动中，无分别的觉察把超越和包容联合在一起的情况。

［9］我在第三部中会论证，对后现代性的探求曾经是半人半马水平的视觉逻辑，或者把超越视角的身心整合作为社会集体的重心这种追求的最早的和最重要的支持——我会说这种发展尚待计算机和信息技术的进化，工业基础只能支持一种工具理性。

简而言之，我会这么解释：对现代性的追求是为了理性中的自我；对后现代性的追求是为了超越视角的视觉逻辑中的半人半马（我会在第二部中讨论它们和工业基础及信息基础之间的关系）。

根据第十一章的注释［5］，我们可以粗略地界定现代性，现代性具备以下因素的全部或者部分：（1）三大领域的区分（康德）；（2）自我—主体哲学的兴起（哈贝马斯）；（3）工具理性及其工业化基础的兴起（海德格尔）；（4）认为语言是透明的（语言本身“没有问题”）（早期的索绪尔）；（5）广泛出现内部转变（泰勒）；（6）单线进步观——所有这些我都已经归为“理性中的自我”。类似地，后现代性就可以粗略地定义为对以上这些因素的突破（或者以某种方式对这些因素做反应）

的努力（特别是以“视觉逻辑中的半人半马”为核心）。

从很多方面来说，第一个因素（三大领域的划分）仍然是关键的一点，既然三大领域已经不可逆转地被分开，那么在从现代性向后现代性发展的过程中对三大领域的整合仍然是核心问题。在一个自然科学的语言（还有类似的独白的“它语言”，无论在经济、信息、金融上还是生态学上都是一样）逐渐一统天下的全球化的世界中，最为顽固的困境是如何在普遍的自然科学（“它”）背景中把越来越被隔离的个体（“我”）和有意义的社会形式（“我们”）整合起来。在某些社会中，集体的发展水平已经超越了部落式的巫术阶段，超越了神话—帝国主义（也就是说三大领域实际上已经被区分开来），在这些社会中个体和文化的整合仍然是一个令人头疼的问题。

这一点在美国表现得最为清楚（且严峻），对美国生活的敏锐的观察者们反复
727 指出整合新出现的自我（及其“个人主义”）和社会生活的洪流的难题和困境——可以说从埃里克西斯·德·托克威尔（Alexis de Tocqueville）开始受到关注。托克威尔可以说实际上为当代潮流提供了一个关键词。“‘个人主义’是一个新造的词，”他写道，“这个词表达了一种新的观念。个人主义是一种平静的和被尊重的感情，它鼓励每个公民都远离大众，退到家庭和朋友的圈子中。这个小社会满足了他自己的品位，所以他非常乐于脱离大社会来照顾这个小社会。”在美国出现了这种极端启蒙运动的脱离社会的自主的自我，它严格限制自己的社会圈子，崇尚一种清教徒—牛仔式的自立。

罗伯特·巴拉（Robert Bellah）和他的同事们（理查德·迈德森、威廉·沙利文、安·斯文德勒、斯蒂文·悌普敦）对这种“新个人主义”进行了透彻的研究，集中表现在《心的习惯》（*Habit of the Heart*）和《美好社会》（*Good Society*）两本书中。在《心的习惯》中，巴拉等人提出了塑造美国性格的四大主要文化潮流：《圣经》的潮流、共和的潮流、实用主义的潮流和表达性的潮流（比如，它们分别可以以温思罗普、杰斐逊、富兰克林和惠特曼为代表）。所有这四个潮流对个人都有很深的影响：前两个（《圣经》和共和）被学者们称为“社会现实主义”，相信社会至少和个人同样真实、同样重要，可以从人际关系和社区中得到意义和报偿；而后两者（实用主义和表达性）是“本体论的个人主义”的形式，相信社会是一个“第二位的、派生的或者人为造作的”，而个人才是首要的现实。从某种意义上说，前两者强调的是合群性，后两者强调的是个人的自主性。

巴拉及其同伴会把属于社会现实主义的两条（或者强调合群性的两条）看作是对猖獗的个人主义（和过度自主）的抗议方式的“更新”和“磨合”，可是究竟应该如何完成还是个问题，他们的分析尽管很深刻但是完全没有力量。在我看来难题在于强调合群性的两大潮流都是从农业社会派生的（它们具有强烈的神话—成员特征和耕作—父权特征），因此这些“社会黏合剂”充满了性别歧视、种族主义、精英主义、专制等等（所有这些巴拉等人都承认）。

后两个潮流——高度个人化的两股潮流——当然是从现代性和启蒙运动派生出来的：实用主义的个人主义（强调计算的理性）来自实用主义的英国启蒙运动（洛

克和边沁）；表达性的潮流（强调情感的表达和“感觉良好”的伦理）来自生态浪漫主义的反叛。根据巴拉的思想，这两股潮流（实用主义和表达性）总是非常具有讽刺意味地混合在一起产生极端的自主、高度个人主义和几乎“原子论”的个人主义的美国（我认为非常正确）。

根据我自己的分析，这种“高度自我（hyper-Ego）”（包括实用主义的理性自我和表达性的神圣自我）共同促成了大宇宙的瓦解，把大宇宙变成了完全没有（明显的）性质上的差别的平面世界，这非常接近于三大领域被不可逆转的分离之后缺乏整合的情况。巴拉说：“如果大众文化以缺乏任何的性质上的区分为能事，而学术文化也支离破碎，不能为更大的存在的问题建言，那么我们的文化何以能够延续 728
其完整性”（281 页）？

答案是“很细的”：“分化的文化提供了两种整合的方案——或者我们可以说是虚伪的整合方案——最终毫不奇怪，都是从实用主义的个人主义和表达性的个人主义派生出来的。一个是个人成功的梦…… 另一个是对个人感情的生动描述…… 但是这是一种怪异的整合，因为整合的结果就是世界在奋斗和休闲之间痉挛摇摆，完全没有时空、善恶、有意义和无意义之类的性质上的差别”（281 页）。

根据巴拉等人的思想，一个完全缺乏性质差别的世界不能通过何者有价值来理解，只能通过何者有用来理解（按照我的说法，就是把“它是什么意思”简化成了“它做了什么”：高效的手段替代了任何关于价值目的的标准）。巴拉说：“对我们大多数人而言，思考我们如何得到我们想要的比起思考我们究竟想要什么来要容易一些”（21 页）。

在两种主要“人物”的身上，这种分裂的文化体现得淋漓尽致：经理人（实用主义）和治疗师（表达性）。“治疗师和经理人一样，他们都认为工业社会的功能性组织是自然而然的，作为生活的境遇是没有问题的。生活的目标就是找个工作，按照某种生活风格去过日子，只要经济上和身体上允许就可以了，这个目标‘实在’。治疗师和经理人一样，都认为目的是既定的，他们关心的问题是如何充分发挥手段的效用。”（47 页。可以参阅第四章的注释[42]，其中讨论了“适应”实际上是默认了生活境遇“没有问题”的话题。）

“就在他们之间，经理人和治疗师基本上体现了 20 世纪美国文化的风貌。”他们关心的都是个人，“假定个体可以选择自己的角色和承诺，不是根据更高的真理，而是根据个体所判断的生活的效率的标准”（47 页）。

特别是根据个体的感觉，由于所有的“价值”都被认为是平等的（没有明显的性质差别），所以无论什么东西，只要我感觉好就一定是好的，至少没有明显的给别人带来伤害。“道德标准，”巴拉说，“让位给了审美的品位”（60 页）。

接着巴拉触及问题的核心：“如果自我就是选择自己的价值观的能力，那么它的那些选择本身是建立在什么东西之上的？对很多人来说，究竟应该选择何种价值观和行为方式并没有一个客观的标准。个体自己的偏好就是他们自己的判断标准。正确的行动只是那些可以给行动者带来最大的兴奋或者最好的自我感觉的活动”（75～76 页）。

“现在如果自我可以通过它们的偏好来定义，而那些偏好完全是随意的，那么每个自我就构成了自己的道德宇宙，最终也就没有办法调和究竟何者为善的冲突”（76 页）。

729 在这里，我们很容易想到比较熟悉的表达主义者（生态浪漫主义者）的潮流滑向神圣自我中心和生物中心的情感——“自恋的文化”（赖什）。毫不奇怪，美国文化的一大部分会从感官/物质追求出发，沉迷于性、消费，自我中心/生物中心的部落文化披上了新范式的外衣，以身体为基础的表达性“治疗”盛行，“做你自己的事情”，弘扬个人“价值”，情感随生态中心潮流的意义“波动”，“爱情”的主要目标就是“感觉不错”，那种关系的形成和破灭与推动它的驱动力一样转瞬即逝。

巴拉等人进一步指出，在这种“感觉良好”的氛围中，所有的价值最终都被简化为经济价值。因为在感觉控制一切的时候，只有货币可以购买时间的自由来享受这种感觉——你的钱越多，你的感情的自由就越多。“任何客观的善恶和对错的标准都没有了，自我及其感情成了我们唯一的道德指南。这种自我所栖居的是怎样一个世界，到处是永无休止的发展，可是没有任何固定的道德目标。在这里每个个体都限定在自己的‘狭小空间’中，在它的边界之内是完全自由的。尽管每个个体都有自己的私人空间，可是实际上只有那些有钱的人才能做得起自己想做的事情”（76 页）。在这些情况下，“适用性替代了责任；‘是好的’成了‘感觉是好的’”——并且这些都是要靠一个东西，就是钱。

因此出现了分裂的文化的“怪异的痉挛的整合”：尽最大努力去工作（实用主义）。然后可以到自己的小天地里去享受“自由”，这个小天地里是个人的自我感觉（表达性）或者一些兴趣相同的人的共同的感觉。

如此一来我们再回到我最初的观点，很可惜，三大领域的整合还是没有实现（美国的表现最为突出，而整个现代性都存在这个问题）。特别是在神圣自我中心（和退行）的冲击下，巴拉发现实用主义—个人主义“在任何水平上都没有完成整合，从国际社会到国家，再到社区和家庭：我们把自己作为一个个体、团体、国家的利益放在普遍利益之上”（285 页）。

最后他得出一个一般的结论，他的书里的分析当然是支持这个结论的：我们发现现代世界极端的分裂对我们的个体化而言是一种威胁，这一点不容易看到；我们的分裂和整合、我们作为人的尊严和自主性要求一种新的整合的出现，否则就无法维系。

“过渡到一个新的社会整合水平的观念可能也会遭到抵制，认为它是要创造一个完美社会。但是我们所说的这种蜕变既是必须的，也是保守的。真的，如果没有它，前途不可想象”（286 页）。

巴拉等人的《美好社会》将在第三部书中讨论。在我看来，他们（和后现代
730 性）所抓住的一个难题正是两股“共享的”潮流（《圣经》的和共和的）和两股高度自主潮流（实用主义和表现性）之间的张力。以农业社会为基础的《圣经》和共和这两股潮流似乎是唯一可以和现代性的高度个人主义与“绝对自由的自我”对抗的力量——两者都是建立在神话—成员文化的责任伦理之上的。并且，实际上这种

紧张在自由个人主义（绝对自由的自我）和各种形式的共产主义理论家（主张自我是饱和的/有立场的）之间无休止的争执中也有所表现。

仅仅剥去《圣经》和共和两股思潮的民族主义成分、性别主义成分、专制成分等，似乎“更新”得还是不够，它们仍然不能承担整合三大领域的重任，而个人主义的“整合”的确往往是“虚伪的整合”。这两种困境——后现代性的困境是第二部和第三部书将要讨论的内容。

关于巴拉对宗教体系的进化所做的前瞻性的研究，参阅他的《超越信仰》。巴拉的很多观点与我们所说的 20 条原则中的某一些非常接近，当然我也基本同意他的那些观点。比如，他说，“在每个系统水平，我对进化的定义都是一样的，即所谓进化就是一个分化程度增加和组织的复杂性增强的过程，从而一个机体、一个社会体系或者任何别的什么单位（任何全子）适应环境的能力就会增强，从某种意义上也可以说它们的自主性也增强”，当然，“较为简单的系统形式和较为复杂的系统形式还是可以共存共荣的”（21 页）。

巴拉进一步指出：“长期以来人们已经很清楚，社会和文化的复杂程度最好从进化论的框架中来理解，现在看来宗教似乎也必须从这样一种框架中来看”（16 页）。

巴拉说，宗教象征“随着时间的推移往往会有所变化，至少有一些宗教是变化的，分化程度会越来越高，形式也越来越复杂（原则 12）”。接着巴拉梳理出了宗教进化的五个主要阶段，他称之为原始阶段、原型阶段、历史阶段、前现代宗教阶段和现代宗教阶段，非常接近我们所说的原型/巫术阶段、神话阶段、神话—理性阶段、早期理性/自我阶段和理性/存在阶段。深入地比较他的阶段划分和我的描述，可以发现类似或者相关之处。

巴拉最后得出的结论是：“自由在提高，因为随着每一个新的进化阶段的到来，人类与其生存环境之间的关系就会更加复杂、更加开放、更容易发展变化。几乎在每一个一般的社会进化理论中的任何一点上都可以看到这种隐含的宗教进化的格式。”这也就是哈贝马斯说巴拉的工作很有启发意义的原因（24、44 页）。

同时巴拉对我们所说的进化的辩证法也很清楚，进化并非只带来好处不带来坏处：“在每个阶段自由程度会增加，同时选择毁灭的自由程度也会增加”（16 页）。

除了以上对这些大的方面的赞成之外，我对这种思路的主要批评是它对社会行
动系统的分析几乎完全根据一般控制论模式（主要根据帕尔森的观点）：这是典型 731
的右下系统论，总是倾向于抹杀质的深度，代之以功能性的行为方式和行为变量，从而失去了真诚和合法性之间的区别（纵向的蜕变和深度的揭示成了横向的翻译和功能的适应：典型的右手道路，把“是什么”变成了“做什么”）。

巴拉说：“行动系统可以定义为一个或者多个生物有机体受象征控制的、系统的有组织的行为。”最终象征性的信息还是被简化成了对内部或者外部消息的表征性、独白性的复原：“这种系统中的信息主要由象征性的消息组成，表示（表征）了有关行为系统内部状态或外部情况”（9、10 页）。

这是标准的独白还原论，它自然会把整个左手维度的内容归于系统分析之后所

"残留"的东西："因此，一个系统中的象征样式会部分地由外部世界的性质决定，系统必须和外部世界发生关系，部分地由大脑控制认知过程的规律决定（完全是右手的）。除了这些局限之外就是广阔的自由，在自由之中其他的象征样式可能具有同等或者接近同等效果"——因此在功能适应和合法性的限制下那些"具有同等效果"的东西的真实性和价值的问题就不被注意（10页）。

这种还原论自然会把"象征行动"看作行为系统之中意义和动机之间的独白的桥梁，因此宗教也就被简化成"行动系统中整合意义和动机的最一般的机制"，因此任何可以提供这种"整合"的象征体系都属于"宗教"，无论我们是否把它们称为"真正"的宗教（12页）。所有的宗教命题的真正价值被简化成一种功能，说这些命题似乎是真实的有意义的，从而可以为动机提供一种意义的"整合"关联。但是把真理简化成功能价值——随便拿什么东西假定它是真实的——这样的做法恰恰消解了这个理论本身的真理性声称。

因此巴拉对于"控制论模型"对左手道路和右手道路进行整合的能力似乎过于乐观。"正是对自主性、学习能力、决策能力和控制能力的强调使得控制论模型可以在不放弃科学思路的前提下整合人文学科的贡献（也就是精神科学）——这些能力以前的机械模型和生物模型是不具备的"（10页）。

可是在整合对话的、主体之间的和诠释的问题时，正是它的独白、控制论、表征系统论表现得越来越苍白无力。主体空间建立了那些表征的控制论范式，但是主体空间本身的建立并不仅仅通过表征，而且还通过诠释和主体之间的共识，诠释和
732 主体之间的共识本身在控制论模型中并没有包含，可是却要用控制论模型来对它们进行解释。对这种独白的模型可以解释那些内容的信念，正是启蒙运动的基本范式的全部问题所在，是没有根基的笛卡儿式的自我的全部罪过所在。

宗教试图整合左手维度的意义和右手维度的行为动机，这是没有问题的，但是意义的成分不能被简化为独白的表征，否则就会完全破坏所追求的整合它们的理想。

我不是在否认巴拉的理论，他的功能性的、右手的分析的大部分内容是具有其独特的价值的。但是如果说他的分析是对宗教唯一的甚至是最基本的分析，我是不敢苟同的。巴拉已经对这些观点做了很多修改，在《超越信仰》的导言里可以看到。并且就像《心的习惯》一书的前半部分所说的那样，巴拉对于为理想的整合的意义成分提供性质上的区分和本体论价值的重要性十分敏感，这些都是控制论或者系统论所没有涵盖的。

[10] 我们早先说过，坚持人类层面是生物层面的一部分，就阻断了真正的整合的道路，因为人类层面不是生物层面的一部分，生物层面是人类层面的一部分才对（人类身上的一部分是两者共有的）。生态阵营的"整合"是本体上的退行伪造的，混淆了最大广度和最大深度，因此对两者都有威胁。

[11] 生态女性主义者中有一小部分人已经在反对这种平面的生物平等性，我将在第二部中对他们的贡献进行讨论（比如说齐默曼就从他们那里吸收了不少内容，还有切尼也是，我对他们的工作都将进行仔细的评估）。

可是整体而言，生态女性主义者基本上使用自我中心的自主性取代了自我中心的合群性，还是没有摆脱启蒙范式的另一端、也就是生态合群性的一端。因此，当他们试图摆脱平面观点的暴力和平面化的时候，实际上是以一种更为微妙的方式延续平面的观点，和他们同样阴险狡诈。

查伦·斯普瑞特奈克就是一个例子。她在《有尊严的国度》（*States of Grace*）一书中连篇累牍地攻击任何强调自主性的观点（她认为这是生态男性主义的基本观点，当然这是她的误解），强调完全以合群性为基础的思路（生态女性主义的意味更浓，的确如此）。但是后来当谈到疗救这种过于强调自主性的“男权的”世界观的精神取向时，她非常令人费解地选择了一般意义上的内观/小乘佛学（vipassana/Theravadin Buddhism），而实际上小乘佛学是东方原型水平的纯粹上行的思路，极端的二元论，过于强调自主性，完全否认女神、下行、善行和慈悲，在历史上否认身体、尘世（轮回）、性（认为女人是最大的邪恶诱惑）。她的立场被认为是超越了锅沿，掉到了火中，这火就是二元论的、过于强调自主性和大男子主义的尘世恐惧①。

同时我相信，查伦·斯普瑞特奈克和其他女性主义者所说的男性价值域（value sphere）和女性价值域之间存在天生的普遍区别这一观点，是十分正确的。但是大多数试图阐发这种“强烈的性别普遍性”的做法没有采取多维度的视角。在 733
第二部中，我根据大量的证据和论证提出一个更充分的观点，至少可以更好地阐发男性和女性之间的转译和蜕变。根据这条思路，我们会发现男人和女人除了有力量/运动能力、性放纵、生育和哺育、触觉差异等普遍的不同（以及其他高级的普遍存在的生物因素差别）之外，还有以下不同：一般而言，男性在转译的时候倾向于强调自主性，女性倾向于强调合群性；男性在转变的时候倾向于强调人类之爱（超越），女性倾向于强调上帝之爱（内在性）。

这两条“基本的普遍性”（指男性/女性之间在转译和蜕变方式上的内在差异）可以帮助我们解释大量的跨文化资料和男女价值观的不同。我在第二部中将通过重新分析当今男性和女性身上所表现出来的心理阶段、道德阶段、认知阶段和客体关系发展的阶段（有时候差别很大）来阐发这条思路的应用价值（男性和女性都通过自主性和合群性来转译，但是我说过，男性倾向于更强调自主性，女性更强调合群性。类似地，在蜕变上也是一样：男性和女性都有上帝之爱和人类之爱，只不过男性更强调后者，女性更强调前者）。同样，我还考察了这些普遍性在历史发展中的表现（在六个左右的基本技术/世界观进化的阶段中的表现）。

至于这么做的目的，我在第五章中已经暗示过，就是梳理出一系列的共同的、普遍的差别，然后看这些普遍性因世界观的进化、生产方式的变化和经济技术内部结构的变化等等而出现怎样的相应的不同表现——因为这些不同的结构、在不同的进化阶段对男性领域和女性领域各有侧重，有时候强调这个，有时候又强调那个，

① Phobos，天文学上是火卫一。——译者注

有时候两者都关注（当然后者是我们尤其感兴趣的）。但是在这个理论架构中性别压迫的解释根本找不到立足之地，因此我们不必在“男性是猪，女性是被欺骗的羊”之类的观点上纠缠。

在关于男性和女性的历史地位的问题上（直到今天），大多数激进的女性主义者和生态女性主义者都受到一维观点的严重（有时候甚至是致命的）影响（仅仅分析横向的转译方面的差别，不顾纵向的蜕变方面的差别：自主性与合群性是他们唯一的尺度）。他们没有看到各个进化阶段的历史性超越和蜕变（上行），因此他们只能用自主性和合群性来涵盖差别的基础，实际上这个基础应该属于人类之爱和上帝之爱。因此他们只能认为自主性（和“男性”）是“坏的”，合群性（和“女性”）是“好的”。自主性不好，所以肯定会压迫合群性，因为后者是好的，因此女性肯定就是由他者所塑造的。说女性是在男性的压迫下成为这个样子的也就是说女性是弱者；说女性因为被洗了脑所以不能反抗这种压迫就是说女性比较愚蠢。这是没有用的，是自我摧残。如果运用比一个维度更多的分析，这些塑造/弱者/愚蠢者之类的分类就不需要了。

734 最后，这些基本的普遍性给我们提供了很多启示：关于大精神的男性一面和女性一面的启示，关于男性灵性和女性灵性的区别的启示，关于精神修性和灵性目标的启示等（所有这些问题都将进行详细的考察）。

我对大多数生态女性主义的基本态度可以简单地归结如下：大多数生态女性主义者否认任何真正的超越和上行（人类之爱），仅仅强调内在性和下行（上帝之爱）。他们否认任何真正的上行，所以完全嫁给了平面，因此他们用女性成分多一点的合群性取代了男性成分多一点的自主性：他们不主张平面，而是和平面共享。

同样缺乏纵向的深度和超越，同样反对层级，同样不能蜕变，而只是换了一种方式来转译同一个老套的平面世界观：现在单一的自然不是男神了，它是女神。

与其说这种思路完全是错误的，不如说它需要不断地被补充。因为西方文化中居于优势地位的主题，当然从自我—启蒙运动开始，就一直过于强调自主性（我们已经看到过很多资料），一般的生态浪漫主义的革命（这是生态女性主义的直接渊源）总是倾向于强调合群性，因此更强调女性（有时候完全倒向女性）。但是我们还看到，生态浪漫主义对女性/合群性的强调不过是启蒙运动基本范式的另一个极端（和单一的、自然的、相互关联的秩序共享）：平面大街的对面。

自我（自主性）和生态（合群性）所缺乏的是平衡——目前它们仍然非常缺乏，以致存在病态——不仅缺乏自主性和合群性之间的平衡，而且缺乏上行和下行、人类之爱和上帝之爱、超越和内在等的平衡。同样的二元论观点已经不再需要了，不必再去看同一个硬币的另一面：只有上帝之爱高于人类之爱，只有内在性高于超越性。这只不过还是生态女性主义（以及其他生态平面主义者）中另外一些对柏拉图所作的片面的精神分裂的注解，还是陷在片段的和二元的世界观之中。

[12] 在第二部书中我将从男性/女性模式的角度来考察自主性/合群性表现为权利/义务的问题，当然，要参考吉利根的观点，他发现男性倾向于自主性/权利，女性则倾向于合群性/关联性/义务。这是在伟大的存在层级背景下对大精神的男性

一面和女性一面的单独考量。这不仅仅是一个理论上的探险，而且对男性和女性在五个或者六个主要技术时代实际上的社会地位进行了详细的考察，其依据是各个阶段本身存在的各种线索。

[13] 那些重要性差的全子比重要性强的全子的权利少一些（责任也小一些），并非意味着它们就没有权利，肯定它们的相对权利是生命的解放（伯奇和科布）的一部分，是内在于生态智慧自性（Eco-Noetic Self）及其众生群集的。

在前面的注释（特别参阅第八章注释[23]），基本道德直觉是"为最大的广度保护和提升最大的深度"。也就是说，当我们直觉到大精神的时候，我们实际上就 735
可以直觉到它在全部四个象限中的显现（因为大精神表现为四个象限——或者简单地说，表现为"我"、"我们"和"它"）。因此，当我清楚地直觉到大精神的时候，不是仅仅在我自己身上可以直觉到它的尊贵，不仅仅在我自己的深度、自己的领域中体会到，而且可以体会到它在所有其他众生身上平等存在，它们和我共享一个大精神（它们就是我）。因此我希望保护和提升那种大精神，它不仅在我身上存在，而且在所有的具备这种大精神的众生身上存在，如果我清晰地直觉到大精神，就会让它在尽可能多的众生身上展开：我直觉到这种大精神，不仅仅作为我个人，也不仅仅作为我们，而且作为一种实施那种证悟，使之成为世界上的事物的客观状态（Objective State of Affairs，它）。

因此，正是因为大精神实际上平等地表现在四个象限中（或者表现为"我"、"我们"和"它"），所以对大精神的直觉，如果能够清晰地理解的话，就应该是一种把我的这个深度延伸到我们的广度，使之成为事物的客观状态（它）：佛、法、僧。因此要为最大的广度保护和提升最大的深度。

的确，如何实施这种基本道德直觉——具体应该怎么做——在纯粹的直觉中是没有被给出的。具体的做法是我们的任务，我们要通过开放的、没有权力压迫的交流来讨论决定，这是一项主体之间的文化课题和社会课题。这也就是为什么人类的道德反应是人神同在的绝妙体现。我能够清晰地直觉到大精神并非意味着我自然就能知道各个细节究竟应该如何做（比如科学、哲学、伦理、文化等）。实际上，我很可能对大精神有非常清晰的直觉，可是对相对的理解和相对的知识比较缺乏，所以对这种直觉的解释会非常差。

比如，一个禅师可能对一体同悲具有很深的证悟，知道盖亚以及盖亚之上的所有居民都和自己无分别，因此尽全力避免伤害任何生命，但是这并非意味着他就知道泡沫聚苯乙烯可以杀死生物。基本道德直觉是把神性引入我们的觉察，而不是告诉我们具体的细节应该如何。

早先我曾经举过一个非常让人头疼的现代道德困境——堕胎。在自我中心的发展水平上看来（前习俗阶段），堕胎在多数情况下是完全可以接受的，因为这个发展水平只能认识到它自身的深度（它的深度仅仅延伸到一个广度，即神圣的自我中心。根据科尔伯格的研究，这个阶段上道德的标准是"我的意愿"）。这个阶段也可以直觉到大精神（每个阶段都能），但是受到它的意识的限制，基本道德直觉（为最大的广度保护和提升最大的深度）表现为：首先照顾一号，然后照顾任何支持一号的人。（溺婴在处于前习俗道德发展阶段的部落里面是非常普遍的，伦斯基曾报告在这些社会中大约三分之一的孩子刚出生就被“扔掉了”，这对那个水平而言是完全可取的，因为生态的承载能力是有限的——最多可以承载40个人——溺婴是人口控制的最佳方案，这种做法是符合为最大广度保护和提升最大深度的原则的。）

736 随着觉察的领域扩大到社会中心/习俗水平，广度被扩展到一个人的文化、团体或者民族。基本道德直觉（为最大的广度保护和提升最大的深度）开始表现为“我的国家的对错”（深度开始推广到所选择的团体中所有的人，但是对团体之外的人则排斥）。在大多数以农业为生产方式的神话—成员文化中，堕胎被认为是一种罪过，因为胎儿是那个神话中的神的潜在的皈依者，因此也就是被选择的团体中的成员之一，溺婴实际上也就是一种对神的伤害，因此可能会带来神的报复（在神话圈子里，这种信仰是非常合法的）。

另一方面，在早一些的采集阶段的神话社会里，杀害婴儿的行为是作为敬奉女神的牺牲出现的——这被认为是可取的，甚至是必须的，因为这种特殊的深度牺牲可以为最大的广度带来最大的深度（比如说可以带来更好的收成）。在那种采集/神话结构中，这也是一种可以接受的对基本道德直觉的合法揭示（只有当更大的集体深度已经真正实现才会变成“不道德的事情”，那种更大的集体深度本身就会把这种行为斥为不可取：经典的例子就是亚伯拉罕的故事，起初让他把儿子献给神，后来又收回了成命，这实际上正是从采集/神话阶段向农耕/神话—理性阶段的过渡时期）。

随着觉察范围扩大到后习俗阶段水平（理性—世界中心），广度被延伸到全人类，而不仅仅是自己的民族（不再考虑“被选择的团体”的神话地位），在这里堕胎开始成了深深的困境：有时候可能可以接受，有时候可能不能接受。

我相信困境的根源在于基本道德直觉形式是为最大的广度保护和提升最大的深度，而这意味着为了最大广度的最大深度的实现，某些深度总是要作出牺牲。主张堕胎合法化（或者堕胎选择合法化）的女性主义者尽管不直接这么说，但是基本的思想却是：母亲的深度（乃至社会的深度）可能会因为留下孩子而遭到严重的伤害，所以如果堕胎合法的话，那么实际上是能够为最大的广度保护和提升最大的深度的（比如苏联就是公开运用这种推论的，从而三分之一以上的成年女性都曾经堕过胎）。

这种（支持选择合法化的）论调直接与生育权的问题相关：为了突破家长制社会（男性在人类层面中具有自主性的优势，过去是可取的，现在过时了），必须赋予女性在自己的生育能力的问题上的选择权。由于“权利”总是意味着“完整的价值观”或者“自主的价值选择”（在文中已经作了解释），生育权也就意味着妇女自己做主，完全自主，不再作为其他主体的一部分（或者向别的主体负责，比如听从政府或社会的安排）。并且，如果这些权利得不到保障，那么这些权利所宣称的完整性、自主性也就无法维系：在这个问题上妇女还是不完整的，不能为自己做主（也就是说，如果权利得不到承认，那种完整性就消失了，妇女的权利就又被另一个主体收回了，在这种情况下是被政府收回，妇女如果堕胎还是会被定为有罪）。

所有这些都是支持堕胎/选择的论调，都是合法的（通常以妊娠的前三个月为限度，这又是一个对基本道德直觉进行阐发的例子：在前三个月胎儿的深度相对还 737
很小，所以为了更大的深度牺牲它比较可取；可是等到胎儿“稳定了”——也就是说能够维持自己的生命了——它成了一个具有自主性的整体了，我们就不得不承认它作为一个独立整体的权利了，如果再牺牲它的话就是谋杀了）。

我的观点是，无论对这个（或者别的）问题做出何种决定，基本的道德直觉都不会给出直接的答案，而只是引入大精神所关注的内容。至于如何揭示还要根据去直觉大精神的人所达到的深度的水平，它总是表现为一种形式，就是“为最大的广度保护和提升最大的深度”（就看那个人能够理解到何种深度）。

动物权利和我们对其理解也是如此。动物的权利（深度）和人类相比相对较少，但并不是说它们就没有权利。也就是说，它们也有一定的深度，一定的完整性，就其本身而言，它们具备内部价值。究竟应该给予动物权利多大权重，需要通过公平的讨论来决定。我的意思是，随着觉察范围超越自我中心—理性水平（世界中心的人类）到达半人半马水平，甚至到达灵性水平（所有的生命形式），更广的（更深更宽的）基本道德直觉会采取承认人类之外的存在的权利的特定形式。

这并不是说我们无论如何都不能杀生，而是说如果我们在不是必需的情况下杀生，或者没有节制地杀生，就会让某些人感到悲伤。我们所杀的生物的深度越大（比如类人猿和虫子相比较），我们所破坏的内部价值就越大。这种杀戮行为就会让进化水平更高的人悲伤，因为现在为最大广度而保证最大深度的这个广度已经延伸到了非人类的生命。

当然，这并不是说所有因为杀生而悲伤的人都达到了半人半马或者灵性水平——实际上，恰恰相反，太多的动物权益保护者似乎充满意识形态的愤怒，这就说明他们并非出于道德的敏感，而是出于神圣自我中心，其行动是这种自我中心和某种便利的动机勾结的结果。

进一步讲，很多动物权益保护者暗地里——有时候是非常公开地——把动物生命置于人的生命之上，如果我的分析不是完全错误的话，那么只能说这些人出现了严重的倒退性的道德病态，好像受了硫酸腐蚀，完全没有为自己的“我比你高尚”的修辞留什么空间。

我们试图把某些基本的权利延伸到动物身上（特别是比较高级的动物，所有的哺乳动物和全部灵长类动物），最多意味着作为一种文化，我们已经进化到了这样一个阶段，可以把觉察的范围延伸到非人类的生命，基本道德直觉可以承认它们的权利，我们把这些基本权利延伸到动物身上，意味着我们已经进化到了具备认识那些全子的整体价值和内部价值的能力的水平，这些权利可以保护那个全子的完整性，那种特定的动物（无论把这种权利向下延伸多远，性质不变）。如果我们不承 738
认那些权利，那么那种完整性就得不到尊重，我们肯定会不加分别地抹杀那种完整性（比如，就会觉得杀死那种动物没有什么）。

这是支持动物权益的论调的内在价值的一面（它本身是错误的，因为它破坏了深度），其外部价值的一面是说我们自己的生命依赖生物的多样性（生态系统论的多样性)。我们最终是在伤害自己。

但是基本道德直觉的有趣之处不在于它说“只保护深度”，它要我们“尽量保护全部四个象限”，这就是说，不仅仅保护深度，而是保护深度×广度（这总是要求做出各种牺牲，对于一个有限的世界而言，不可能像天堂那样万物共荣)。比如，这个问题在动物数量控制中也存在。我们早就发现，对动物种群的数量进行控制（比如通过杀掉一些动物）可以使得更多的动物更容易繁荣：我们为更大的深度×广度而牺牲某些深度。(这一点动物权益保护主义者完全无法理解，他们希望把所有的权利都绝对化，而这永远都是行不通的。)

并且在一个有限的时代，在人类身上我们开始也面临同样的困境。在医疗界，我们在决定国家医疗保险究竟应该包含哪些疾病的时候就出现了这个问题的缩影。简单地说，是花费 100 000 美元去救活一个罹患罕见疾病的人，还是用这些钱去治疗十几个罹患“花钱少一些”的疾病的人？在一个有限的时代，我们不得不作出选择（可能选择后者)。进一步说，如果那一个人是总统，或者爱因斯坦，或者莫扎特，而那十几个是等着被处决的罪犯呢？现在你知道这个困境是怎么回事了吧。我们应该如何揭示为最大广度保护和提升最大深度？直觉就在那里，至于如何揭示就是我们的道德困境，总是如此。

因此，基本道德直觉引入了对所有四个象限的关注，但是并不提供具体的操作指导，就像刻在石碑上的教条那样。类人猿和青蛙哪一个价值更大？可能是类人猿。但是我要说的是我们所有的道德决定（和道德困境）最终都是那种形式，因为它们都被一种直觉推动，即“为最大广度保证最大深度”，为了保证更大的深度×广度，必须牺牲某些类型的深度和某种程度的广度。至于我们如何选择那些被牺牲掉的深度和广度，这就是我们的道德困境，这是对轮回的二元性及其欠条的准确反映。(认识到深度的不同类型——一个深度的谱系——这是和平面实用主义者不同的地方，他们把所有的深度都理解成单一的感官快乐，这样他们就无法指出究竟何者更为可取，无法区分猪的快乐和苏格拉底的快乐。我前面说过实用主义者的立场就像平面独白理性心目中的基本道德直觉。)

类似地，因为基本道德直觉说要保护深度×广度，而不仅仅保护深度，这就大大限制了仅仅通过内部价值来作评判的倾向。完整性更高，深度更大，的确内部价值也越大，但是那只说了一半，权且这么说。回到一只类人猿和一千只青蛙的例
739 子，如果仅仅从内部价值看，我们会选择保留类人猿。但是类人猿和青蛙都存在于外部共享的网络中（广度)，如果我们发现那些青蛙是一个非常脆弱的生态系统的一部分，它们的死亡可能破坏整个生态系统（因为它们比类人猿更基础)，那么我们将选择保留青蛙，因为这么做可以为最大的广度保证最大的深度，可能会保住其他类人猿的生命（这说明它是一个很灵活的事情，还是基本道德直觉只提供关怀不提供具体指导的原因)。

人类事物中的一些复杂的问题也是如此，比如表示肯定的行为。如果一个团体的深度被证明受到另一个团体有组织的压迫，那么为最大广度保证最大深度的直觉实际上就会已经开始重新恢复平衡。这说明它的确是一个很灵活的问题。

我提到这些例子并不是说我喜欢哪个，而是要说明基本道德直觉并不仅仅关注深度（这样容易成为法西斯），也不仅仅关注广度（这样容易成为极权主义或暴民专制），而是同时关注两者。基本道德直觉给我们提供一个直觉，要去保证最大深度的最大广度，对所有四个象限的精神关怀，同时给我们带来了痛苦的困境，究竟应该如何实现这种直觉，这是有限的存在在有限的环境中表达对无限的关怀的困境。

所有这些问题，和我所提出的一些对策（尽管"对策"这个词有点语气太强）将在第三部书中详细讨论。在此我只想提醒读者注意，每个全子都具备一定程度的深度，具有相应的权利，存在于一定的广度中，具有相应的责任，并且随着我们自己的觉察深度本身的进化，它对基本道德直觉的揭示会越来越充分。这会给我们注入一种觉察、驱动力和要求，让我们把最大的深度延伸到最大的广度，在可笑的轮回中尽我们最大的努力去实践这个使命。

[14] 并且我们已经看到，由于平面的生态整体论把广度的大和深度的大混为一谈，它使得工具化本身给搞反了。不是生物层面的存在依赖人类层面，而是人类层面的存在要依赖生物层面（换种说法就是人类层面不是生物层面的一部分，而是相反，生物层面是人类层面的一部分）。也就是说生物层面对人类层面（对人类层面中的人们）而言具有工具性价值，而不是相反。

但是我的理论并不在任何领域的工具性价值上止步。尽管生物层面对于人类层面而言是工具性的，生物层面本身还具备平等的基础价值（Ground-value，也就是可见可感的神/女神），并且进一步说，每个生物层面的全子还具备和自己的水平相对应的内部价值（一个类人猿的内部价值比一个原子要大，但是后者的外部价值比前者则大得多）。因此，整个大宇宙作为一个和不同程度的深度和意识相对应的权利和义务的网络而存在。没有什么东西对别的东西而言仅仅具备工具性价值，并且最终任何东西都具有完美的基础价值，都是本来清净的光芒四射的空性的完美体现。

[15] 大多数生态阵营的成员在呈现其经验整体论的时候，都认为巨大的主体 740
之间的意义之网和对话情境是本来如此的，因此完全看不到这两者，而这两者是他们得以呈现乃至理解一种整体论的网络的前提。他们对主体之间的交流对话的复杂机制不甚了了，不知道那是他们的客观的"生命之网"系统理论的基础和前提，因此他们对于如何让别人或者让整个世界复制那种主体之间的共识和相互理解提不出切实可行的方案——他们只能咄咄逼人地叫别人接受他们的理论，同意他们的系统观点，完全忽视主体之间的世界空间从自我中心到社会中心再到世界中心的理解的发展规律。他们本身成为最好斗的团体也就不足为奇了——想让各种生态团体团结到一起和把猫放在一起放牧一样困难，因为他们相互之间几乎没有什么共识，遑论由他们来引领整个世界实现全球的相互理解蜕变了。

他们认为内部的、主体之间的世界空间（大宇宙的左手维度）是自然而然的（因此也忽略了它），从而相信人们只需要对自然世界作出一张更"精确"的地图就可以了，这恰恰是启蒙运动的基本范式（笛卡儿的范式），是一种傲慢的反映论文化。这种“被困的发展之猛兽”实际上对于大宇宙的碎裂与瓦解所犯的罪孽是不可饶恕的，它无法进行内部的蜕变过程，而这个过程是反映本身的前提，是共识和共同行动的前提，只有这种共识才是唯一能够拯救盖亚的途径，因为它不能形成这种共识，才导致了盖亚被掠夺的惨状。他们缺乏以上所有这些，只剩下一些气势汹汹的、自说自话的神圣自我，在那里叫嚣着系统理论，他们不能理解为什么整个世界对他们的拯救行动怎么会毫无感激之情。

[16]《古鲁书》(*The Guru Papers*) 是克莱默和阿斯德写的一本书，这是一个纯粹下行的道路自封为全部真理的典型例子。学者们对上行的道路十分无知，从而批判任何上行的做法，并且把任何对他们的神圣自我中心的挑战都解释成“专权独裁”(Authoritarian)。他们的努力如果仅仅从他们所看到的现实领域来看还是值得尊重的，但是由于他们的理论非常偏颇，主张下行的独裁和暴力，这样是不合理的。

类似地，戈德史密斯的《道：一种生态学世界观》是生态系统论的世界观的一部绝唱，在他所讨论的范围之内，我对他的很多观点是非常赞同的。但是他也是咄咄逼人地一意孤行，是纯粹的下行，因此充满了退行的诉求，向往所谓的“世界各地的人类无不通晓如何与自然界和谐共存的远古时代”(这种立场的幼稚程度令人震惊)。进一步说，这种自以为是的观点往往对大宇宙的整个左手维度的实际机制缺乏概念，从这个角度说，它是二元论的、分裂的，因此当然会自封为“道”(the way)。他的书名取得很别致，也很大胆：“这些原则构成了无所不包的自圆其说的
741 模型……”(似乎从来没有听说过哥德尔或者塔斯基的思想。)

这两本书是当今世界的下行道路的《圣经》，是所有穴居人的指南书。尽管这些思路完全没有什么深度，可是他们无知无畏、假装深沉，同样的无知浅薄在各地的下行者身上也表现得淋漓尽致。他们热情洋溢，对自己的还原论生命深信不疑，不知道在他们背后，死神在欢喜雀跃，手舞足蹈。并且两者不约而同地自称找到了新范式。这是一种对大宇宙的谋杀行动——用它的一半来替代它的全体。

这两本书都完全缺乏任何的上行，缺乏任何真正的内在的蜕变，因此采取这种世界观的人可以在其神圣的自我中心中无拘无束，肆意妄为。他们认为没有什么意识会比他们当前的状态更高或者更深，所以它只是另外一种独白的世界观，别人只能接受。自我的蜕变结束了。他们的拯救不是超越自身，而是改变别人的观点。因此下行必定是独裁的；因此这种独裁专制自称要与独裁作斗争；因此平面自封为全体；因此神圣的自我中心成了我们的光荣的救世主，他们自己已经得救了。

[17] 关于这两个观点的论据将在第二部和第三部中呈现。

在这一点上我们对格罗夫和盖保瑟的思想作一下总结，同时对理查德·塔纳斯(Richard Tarnas) 的工作作一些评论。评说从格罗夫开始（这些评论以前面我对格罗夫的研究的讨论为基础——参阅第六章的注释[6]——读者应该已经读过了)。

有很多人关注格罗夫模型和威尔伯模型的“整合”的问题，实在说，我曾经觉得很纳闷，因为这种整合太容易了，不太值得兴师动众。我对这个领域之所以不关注，有的人说是因为我不感兴趣（或者说我对格罗夫的思想在深层次上有不同意

见，但是没有明说），这都是误解，绝对没有那么回事；之所以没有去关注这个问题是因为我低估了它的难度，现在我就在下面这些注释中处理一下这个问题。

在《超越大脑》（*Beyond the Brain*）这本书里，格罗夫本人指出了我们两个人的模型的两个主要领域的“矛盾”或者至少是“不一致”（“尽管别的地方基本一致”）。第一个是关于基本围产期经验（Basic Perinatal Matrices，即 BPM）的。“按照我的观点，”他说，“如果对（围产期和死亡经验的）重要性没有一个真正的体验，对人性的理解注定是不完整的、不能令人满意的。如果威尔伯的模型里整合这些因素的话，就可以增强其一致性和实际操作的力量；如果缺乏这些，他的模型在解释一些重要的临床资料的时候就会力不从心。他对自己模型的治疗性应用的描述，在以前处理过心理疾病的实际问题的临床心理学家看来，是他的研究中说服力最弱的部分”（136～137 页）。

我对阶梯-0 的解释（第六章注释[3]）可以基本上回答这些指责的大部分，可以在这个领域实现和格罗夫的一致。从 1982 年开始我就把阶梯-0 和阶梯-1 视为整个模型谱系中的一部分（主要参考格罗夫的研究和约翰·罗万的澄清），我本来 742
已经准备写一些东西详细讨论阶梯-0 的次级阶段和各种围产期经验之间的关系，可是没想到出了件事情，致使我的写作中断了好多年［我在《恩宠与勇气》（*Grace and Grit*）中已经说过］，所以这本书是从那以后第一次有机会来作些评论。

格罗夫和其他人所提到的第二个主要“矛盾”之处是我的模型的线性问题。格罗夫说：“我个人的观察发现，意识从半人半马阶段进化到微细水平乃至更高的过程中，并不是按照一个线性的轨道顺序，而有点像是包进自身之中。在这个过程中，人会回到早期的发展阶段，但是会从一个成熟成人的水平上来重新评价那些经验。同时，他或者她很清楚这些阶段的某些隐含方面，但是如果用线性进化的背景来对质的时候就又看不到了。因此，‘前-’和‘超-’的区分存在一个悖论，它们既不是完全相同，又不是完全不同”（137 页）。

我整个这本书的基本观点已经很清楚，我基本上是同意这种说法的，不过可能比格罗夫更激进——不仅在自我/半人半马之上的阶段，而且任何一个阶段都会展开/包容它前面的阶段。卢文格、科尔伯格、皮亚杰等发展心理学家早就指出，每个阶段都包含对前面样式的各种形式的重整，会重拾它们、包容并整合进新的结构。各种阶段的“线性”仅仅是指稳定的适应的基本样式而言（不仅是暂时的经验），这种展开的线性类似一粒橡树种子展开成为一个橡树的线性。很多暂时的经验可以在整个可能的经验谱系中冲撞，但是稳定的连续顺应依靠进行中的有等级的结构化，它必须分化/整合前面的阶段：展开，合上（格罗夫所谓的“包进自身之中”）。

同时，因为个体都可以出现粗重/微细/无相状态（清醒/做梦/深眠），就像我说的，暂时的经验可以是整个可能存在的经验谱系的任何一点。在格罗夫的研究中这些暂时的“高峰”经验得到重视，这是没有问题的（它们可能有相当大的治疗效果，也很好）。

我完全同意上面这些看法，我一直都同意（但是从《来自伊甸园》开始，我就指出这些暂时的体验/状态只有变成稳定的样式才可能实现真正的成长，我们后面会回到这个问题)。一些批评家只看到我的模型中“分阶段”的部分，认为我心目中的进化是集成块、刻版、单行线，发展只能一次一小步地进行。但是这种狭隘的单行线从来都不是任何发展理论家的观念，这些阶段不仅是螺旋的、蜿蜒的、摇摆的、回旋的，而且它们本身只是弯曲的成长道路上的里程碑（并且尽管非常重要，但是绝非僵化的集成块)。发展理论家们都觉得这是自然而然的，所以我本以为不需要重复了。

743 进一步讲，从我个人的观点看来，自我系统可以涵盖整个潜在的经验的谱系(等一下我会详细说明)。至少——这几乎是不容辩驳的——自我在三种基本意识状态中都是存在的，即粗重意识、微细意识和无相意识（也就是说至少在清醒、做梦和深眠的时候是存在的)。因此，在任何一个稳定的成长和发展的阶段上，自我都是可以出现来自三种状态的各种暂时体验的（“涌入”或者“灌输”或者“注入”)。

这些暂时的经验流本身不一定是一种稳定的、永恒的适应和结构化（等一下我们就可以看到)，但是这些一般的高峰体验能够、也的确在自我发展和成长的任何一个阶段出现（因为自我的发展在任何阶段上都是沉浸在三个状态之中、被三个状态环绕的)。这也就是我说儿童实际上可以产生一种超个人的经验流（往往是微细状态）的原因；并且也是在任何发展阶段都可能与微细境界“贯通”的原因所在；是超常现象不仅仅是特定成长阶段独有而且是几乎可以在任何一个发展阶段出现（或者缺失）的经验流的原因；也是精神病患者有时候会突然出现神秘体验的原因[实际上大约20多年前出版的《大我工程》(*Atman Project*）这本书可以说是最早试图说明，在某些精神病状态下自我转译的断裂可能带来超个人能量流的现象的著作之一]。

但是很多理论家对这些戏剧性的暂时的注入体验过于关注，以至于对真正的成长和发展过程的解读出现了严重的偏差，甚至出现严重误解，暂时的注入体验（有时候的确非常深刻、非常重要）被误认为意识状态的全部。这使得不止一个理论家去歌颂精神病，说它是神秘成长的最好途径（比如，莱恩)，说它是被成长过程破坏了的童年那种天堂式的神秘状态（比如，布朗、沃什本)。

高峰体验的确可以对各种无分别的状态有那么一瞥，但是稳定的适应过程是要经历一个类似成长的过程的（这也就是为什么无论儿童、精神病患者还是通灵的人都不能“拥有”和稳定地适应这种注入体验的原因。所有这些“超个人”的体验都是以分裂为基础的，所以它们总是不受自我系统的自主控制，我在后文将马上讨论这个问题)。

但是最重要的是，过于关注高峰体验已经导致了对这些经验究竟可以带来什么的严重误会。因为和高峰体验的理论家们的观点相反，不是所有的意识谱系都是躺在那里，完全形成但是潜伏在前面，就像没有受到丝毫损坏的百宝箱沉在水底，等着人们去挖出来，为之欢呼。意识不但被揭示而且被创造，因此我们会看到，对于如何诠释高峰体验，我们必须加倍小心——并且这些经验出现于其中的主体间空间如何最为重要。

首先，超个人的体验可能包含对个人经验的“重新进入”或者“重新组织”或者“重新体验”（原型意象，中柱原阶段的未分化体验，对系统发生史的继承，动物/植物认同，围产期经验等等），这并非意味着超个人的觉察驻留在那些陈旧的结构中：去实施这个“重新进入”的过程的是超个人的觉察，而不是陈旧的形式——问题在于，那些陈旧的经验形式本身可以做什么呢？任何个人经验结构本身，在本身之中，都不可能产生超个人的觉察，但是它却可以成为超个人意识的对象（权且叫做对象），因而可以被“重新进入”和“重新组织”，然后就成了超个人觉察用完了的交通工具，被弃置不用，但是永远不可能成为超个人觉察的源泉。前/超悖论无论有时候看起来多么奇怪，还是铁板钉钉地在那里。 744

进一步说，我在《友善的上帝》（*A Sociable God*）里说过，我们必须在高峰体验、高原体验和稳定的适应之间作出区分。我在《未来几十年中超越自我的道路》（收入沃什和沃恩的《超越自我之路》）中说过，将暂时的状态蜕变为对稳定持久的结构的适应高级的发展的一部分。我们可以进入（有限但灵活的）超个人状态，但并不能因此就看不到这实际上不是稳定的智慧—适应的内容（欲了解关于这些问题的富有卓见的反思，参阅雷诺兹，1994）。

所以我们对于所有的心理境界都可以很容易地进入这样的观点要加倍小心。雷诺兹（1994）总结格罗夫学派的观点的时候说：“格罗夫从致幻剂和全回归呼吸治疗中搜集的临床资料表明，所有的意识境界都是很容易进入的。”

但是某个特定的意识主体通过（全回归呼吸或者别的什么手段）根本不可能获得所有的意识境界。比如，一个道德发展处于第二阶段的成年人不可能进入第六阶段才有的意识状态。处于第二道德发展阶段的人是不可能体会第六道德发展阶段的意识（巨大丰富特征）的，无论多大量的致幻剂还是呼吸训练或者别的存在性的心理剧都不可能让一个人建立主体之间的结构，让他从别的角度思考问题，反思别人的角色，批判别人的角色，进入普遍的慈悲，而只有这样才能感受超个人觉察的光彩。

（有一种说法认为，高级阶段的深层结构实际上是潜伏在个人身上的——我称之为“根本意识”——比如说有点像乔姆斯基所说的大脑具有内在的学习各种语言的能力。但是这并非意味着一个两个月大的孩子就可以自由地讲法文，所以一个处于第二道德发展水平的人不可能出现第六道德发展水平上的体验。）

因此，处于第二道德发展水平的人可能偶尔会体验到自我/他人边界的消失（可能回到围产期经验之后的确会出现），但是那个人只能对这种“无分别”体验作出或者保持一种前习俗阶段的理解，从而会有所表现：也就是说这个人可以说完全不理解那种体验。一个处于第二道德发展水平的人无法从普遍化的他者的角度看问题，不可能稳定地适应普遍的心理。如果说有那么一瞥，可以；如果说这就是整合，不可以。

现在格罗夫意识到了这些基本问题，但是正如我曾经忽略了围产期经验的重要性，我觉得他可能也忽视了这个领域的重要性。他的作品倾向于把这种主体之间的世界空间看作是自然而然的（等一下我会解释）从而仅仅描述独白的主体，认为它 745

们具有独白的经验：笛卡儿式的主体有体验，看到原型性的意象，体验到火山喷发式的痛和快乐，和植物产生认同，出现离体经验，重新激活出生过程，或者感到完全消失。格罗夫对这些现象学的经验作了非常出色的分类（对于大多数分类，作为一种现象学我是衷心地佩服）。

但是所有这些现象学默认因而忽略了非常重要的一点，就是这些体验的主体只能通过一个主体之间的对话过程才能形成，只能存在于那些（隐藏的）主体之间的结构中，它们本身不可能通过致幻剂或者呼吸训练或者瑜伽或者现象学的觉察获得。格罗夫学派所罗列出来的超个人体验只是经验的现象学，尽管非常精确、非常重要，但是他在其他任何形式的现象学跌倒的地方（缺陷）同样摔了跤：它默认了主体和主体之间的样式，它们是现象的施动者，因此不能揭示这个现象运作的过程和主体之间的样式，而这些是经验得以展开的前提（参阅上文注释[1]）。

因为这些体验（包括任何体验）在既定的主体空间中是不存在的，所以这种主体空间只能存在于通过相互理解和相互尊重的发展过程形成的主体之间的空间之中，这才是主体经验的真正空间或者“背景”（也就是说体验来来往往的场所是主体之间的空间）。这个背景本身不会作为一种体验进入觉察的范围，因此不可能通过现象学的方法发现，因此在格罗夫的分类中是找不到的（除此之外这些分类还是非常重要的）。

（欲了解关于背景和意识的结构的讨论——肢体之间的空间中隐藏的样式——请参阅第四章的注释[28]。关于主体之间的空间的建构的发现是真正的后笛卡儿范式的实质所在，从结构主义到诠释学，到系谱学，再到考古学和语法学——这一点我们在后文会继续讨论。）

默认这种主体之间的空间之后，隔离的个体的主体似乎就拥有了一系列的独白的体验，格罗夫为我们提供了关于其中的很多体验的现象学。但是他的分析对那种被默认的主体之间的空间丝毫没有触及（特定的主体和客体正是在这个空间中生起）。这个思路并没有摆脱启蒙运动的基本范式，只是修改了一下，把主体可以体验到的内容延伸了（包含了不寻常的体验），但是它并没有考察主体之间的空间，这是特定主体和特定经验产生的支撑和前提。这些体验出现的主体空间不是既定的、没有问题的，它在发展。

746 这种考察可以看到发展和形成的过程，这在现象学中是看不到的；这种考察可以揭示个体主体形成的阶段，从而揭示对于那些戏剧性的强烈的经验的轰炸（呼吸训练、致幻剂等等），那个主体可以同化（和稳定地适应）什么。这个方面的考察不仅仅会得到一种对寻常和不寻常经验的描绘图和现象学，而且可以得出一个主体之间的空间的发展过程的图式，在这个空间中体验生起，而且才具备生起的可能性（因此能够稳定地整合进这种空间）。

因此，在我个人的思路中，对现象中的高峰（暂时）体验（重要但是有限）的研究是放在一个更大的框架中来进行的，包含了稳定的适应结构的形成阶段：具有这些经验的主体并不是完全形成之后被抛到地球上来的，因此它所能够产生的各种体验不全是预先给定的，不是每个主体都可以自由获得的（如果说这些经验是一般的超个人经验的范围，是的；如果说这是稳定地适应和同化，不可以。稍后我们将回到这个问题）。

简而言之，要克服启蒙运动的基本范式（洛克和笛卡儿的范式）仅仅靠给出一个对世界更大的描述是不行的，还要看到意识的主体间性的架构，是它在做描述，主体空间的展开是主体和客体显现的场所（参阅上文注释[15]）。我认为我已经在这本书中充分说明了这一点，几乎所有的新范式理论家（他们大声宣称自己不是笛卡儿主义，格罗夫经常引用他们的观点，并且表示同意）在核心上还是笛卡儿主义的：意识的主体只是对世界给出了一个新的、更大的、过程定向的、非原子论的、非机械论的描述，完全没有看到这个做描述的主体本身是由一个对话的过程创造的，这个过程不会作为一个直接的对象进入觉察的范围，因此永远不会进入新范式的描述中。（它们完全没有看到我在第四章的注释[28]中所说的各种“结构潜意识”、“背景诠释学的潜意识”和“功能潜意识”的各个类型，所有这些都是真正的后笛卡儿主义的范式突破所具备的，比如海德格尔、福柯和哈贝马斯。）

正是这些主体之间的空间的形成过程创造了一个空面或者场所，在那里各种类型的主体和客体可以稳定地出现：这些发展过程是意识进化和适应的主要桥梁(arc)。这些过程没有一个能够进入新范式，没有一个能够在格罗夫对现象经验的扩大了范围的描述中出现。

在某种意义上说，高峰体验可以在整个可能的经验谱系中的任何地方出现：一般的成年人都可以出现整个的系统发生的意象形式（原型性的）、各种围产期经验、心理动力学的潜意识以及整个的粗重/微细/无相（清醒/做梦/深眠）等各个状态，因此在平常的一天 24 个小时中，一个普通人的意识就会横扫整个意识的谱系（从粗重到微细到无相，再回来；上行和下行、进化和退行，这个大回环一天一次，还 747
不用说有时候还出现缩影）。但是那些状态（以及它们所产生的暂时体验）要被蜕变成稳定的意识适应，必须通过一个有层级的结构化的过程即把状态变成特质。

高峰体验或者高原体验可以给人们的生活带来深刻的改变，这一点都不奇怪，因为它们都可以让人摆脱原来所接受的世界观，可以对原来的信念弃之如弊帚。但是，然后怎么处理这些体验呢？把这些体验放在哪里呢？在他们的意识结构中如何镶嵌这些新的体验呢？他们如何显现它呢？他们准备好稳定的适应和有意识地承担超个人的意识结构所要求的智慧和慈悲的重任了吗？或者只那么一会儿，等下一个感官体验到来的时候这些“洞见”就随之消失了，消失在夜空中，或许只留下某种美好的模糊的记忆？

在一种十分看重离体经验的文化里，毫无疑问穿越七层天的奇妙经历肯定是具有极大的吸引力。在老练的指导者的手中，毫无疑问很多这样的体验可能具有很强的治疗作用（我们稍后会讨论这个问题）。但是有一点和这种经验的揭示同样关键、同样重要，那就是只有它们最终被同化进入主体结构，继续进化以满足相应的要求，才能实现真正的成长，抛向主体的经验不一定或者不一定深刻地使得主体本身成长。

再举一个例子，还是用道德阶段的例子（因为这些理论说明了人们实际上如何在人际空间中为自己定位，和他们自己的“私人”体验相对)：科尔伯格的道德发展阶段中的前四个和第五个的一部分已经在40个以上差别非常大的文化背景中进行了验证，目前尚未发现特例（存在细微的不同，但是没有突破基本的结构)。到目前为止，我们可以说它们是真正的普遍的深层结构（吉利根改变了表层形式，没有改变深层结构)。

因此，如果一个道德发展水平处在第二个阶段的人出现了一次深刻的开悟体验（比如说暂时感到自我消失在无形无相的无相中，这实际上是很可能的)，那么他的信仰体系和世界观可能受到深刻的震动，这可能真的引导他转变在世界上的道德取向，这意味着他可能到达…… 第三个阶段。不可能到别的地方去。他不会直接跳到永恒不变的第六个阶段（或者更高）的道德适应（除了其他的一些东西之外，第六阶段的存在依赖第四、第五阶段的某些结构，这些结构还没有显现，还不存在，这有点像装配一只手表可是没有齿轮)。

我们把注意力放在片段的开悟式的体验可以发生在每个人身上（“自由出入”)，就倾向于忽视一个关键的事实，等到经验的焰火落下，意识的彩虹还是会回到自己的结构样式，这些结构样式在主体之间的形成过程中进化发展。我绝不是说这些体验的揭示不重要（恰恰相反)，而是说他们关注的是客观/现象的领域，容易认为体验的主体是独白的、没问题的，是觉察的中心，我们将向它不断抛掷体验，直到它
748 投降为止，而看不到主体之间的世界空间是主体和客体在稳定的觉察中生灭的前提。改变客观的体验，不管作为主体和客体生成的场所的主体之间的发展空间，其效果不会延续很久。(这就是那些真正的后笛卡儿范式的全部观点!)

在这个方面阿巴沙曾经做过一个非常精彩的试验。他开始教学的时候把学生抛入强烈的超个人体验之中，结果发现他们没有办法稳固地把握这些洞见：这种“转变”维持了一个周末、一个星期或者一个月之后就淡漠了。或者有时候一个人出现了类似开悟的体验之后就开始拿来支持先前已经达到的适应阶段：一个商人回到办公室，利用这种新的自由咄咄逼人地对同事颐指气使。于是阿巴沙开始运用一种系统的思路通过它的“七阶段成长”教学来实现蜕变（可以粗略地和九个阶梯对照)，把每一个阶段的稳定适应视为进一步的成长和体验揭示的前提，从而可以更稳定地被同化和负责任地实施。主体必须通过成长来和客体相遇，直到两者都成熟到可以消失的程度，然后如同熟透的果子从树上落下，融入稳定的无分别真如。

这就进一步指出体验的深刻不同：一方面实际上是一个对过去的恢复（或者重新活过）的过程，另一方面实际上是对未来的发现或者发展建构。按顺序解释如下：

比如，有一半的成年人已经具有出生创伤过程中的所有结构。这些围产期的经验结构已经在那里了，它们只是潜意识的，或者没有被揭示，可以说只需要降低压抑或者遗忘的阈限（对此可能有不同的理解)。弗洛伊德的个人心理动力学的潜意识和系统生成或者古老的继承认为，他们已经以实际的结构形式在那里（只不过是被遗忘了或者“被压抑”了)。

对那些已经形成的结构在经验中恢复或者重新体验，不用说本身就是具有治疗

作用的（在这个问题上我完全同意格罗夫的观点）。当然，这些体验还是要被突破，它们也将不得不被放进所有的进化和成长都存在的结构化的进程之中，并且它们也必将被同化进自我感的主体空间中。因此，仍然可以用道德发展阶段的例子来说明：处于第六道德发展阶段的人可能体验到和植物一体，把这视为普遍的生命一体；处于第一道德发展阶段的人可能把它视为自己美妙的自我的延伸，从而提出一种本体论，进而颂扬成为我的光荣。

但是那些在进化中已经形成的结构（系统生成和个体发生的结构），通过可以充分破坏压抑/遗忘的技术的确是可以被恢复的（比如致幻剂、瑜伽、呼吸训练、高压力等等），因此突破这些体验本身并不需要自我感的巨大蜕变。重新体验或者 749
突破那些体验的确可以消解各种因为压抑那些过去的结构所导致的病态，并且这种恢复（除了消除某些疾病之外）可能还可以带来自我的蜕变，比如从第二阶段到第三阶段，或者从第三阶段到第四阶段等等，我们前面说过。

但是前提是，这是一种对已经存在但是被压抑的结构的重组（往往具有治疗作用）：主要的威胁是取消这种痛苦（或者遗忘）的障碍，这种障碍构成了压抑；威胁并不在于自我必须向上蜕变，必须从根本上让出当下的主体空间，只是需要进入这个空间，如果不是因为压抑，某些内容本来早就应该已经在那个空间中了。即便自我改变了自己的客观的世界观（比如因为体验到和植物的认同），这种客观的世界观的转变对那个主观空间而言也并不是必须的。圣人和白痴都可以赞扬“生命的一体”。

但是那只是对已经（被系统发生或者个体发生的发展）铺排好了之后又被压抑了的（或者被某种程度上遗忘了的）过去的结构的恢复——那和建立将来的结构使之展开、让它第一次在意识中显现是不同的。在这种情况下，强烈的体验出现的时候并不需要去把它植入一个已经存在的主体结构之中，而是要把它放在一个主体和主体之间的过程中，去参与建构一个尚不存在的结构：体验不是成为打开结构的一部分，而是成为建构结构的一部分。

简而言之，挖掘过去的事实和开发未来的潜力差别是很大的。过去的事实（已经在进化中被铺陈好之后又被压抑的结构）包括系统发生的遗传和个体发生的遗传（从物质、植物、动物认同到围产期经验到弗洛伊德的心理动力学的潜意识到集体的古老的无意识）。当然切入这些比较久远的结构需要借助超个人的觉知，关键是它们已经形成了，其进化已经完成了，已经在那里了，所以我们可以“自由出入”它们（一旦通过某种手段突破了遗忘的障碍就可以进入了）。

但是未来的潜力只能作为潜在的可能：这些结构本身尚未在特定个体的进化中建立（恰如高级道德阶段对处于低级道德阶段的人而言只是一种可能性）。因此，普通人最多只能切入随机的、暂时的体验（包括整个的状态的谱系、粗重/微细/无相）——这些体验如果要作为永恒的稳定的负责任的特质，必须纳入主体和主体之间的结构化的进程。一个在第二道德发展水平上的人不可能简单地揭示和切入第六道德水平上的所有特点——这些将来的潜力必须通过主体之间的过程来架构和创造，它们不是已经完成的，躺在那里等着被强力换气之后的表面的主体发现的藏宝箱。

语言和语法上的结构、认知发展的结构、卢文格的自我发展、哈贝马斯的交往
750 能力、精神分析的课题关系都是一样的——具有同样特征的结构举不胜举，没有一个是可以“自由出入”（和揭示）的本来存在的东西，而是人际的主体间的建构和创造。所有这些在享受挖掘过去的实施（比如植物认同）或者体验微细或者无相状态的注入的快感（比如类似开悟的体验）时都被忽略了。

来自高级意识领域的暂时的高峰体验（微细或者无相）的确可以加速向这些领域的蜕变，但是并不是说一个人就可以直接从第二道德发展阶段跳到第六阶段或者更高。完全没有证据可以证明那种情况可能发生，除非你忽略主体之间的空间，那样的话似乎一个简单的超个人体验就已经创造了一个超个人的主体，从而跨越主体和主体之间的成长必须经历的阶段。

我前面曾经给出过一个例子，说一个处于第一道德发展阶段的人出现了暂时的高峰体验，体验到系统发生的与所有的植物/动物一体的经验：这种体验最终不可避免地会从第一道德发展阶段的自我结构来解释，也就是说，成为我的荣耀。我们经常会看到这种“周末开悟讨论会”，在那里人可以沉浸在超个人的幸福之中，做一回“解脱了”的人，也就是一个没有痛苦的自我中心主义者，世界围着他转，因为他现在已经“充满了力量”。这并不是笛卡儿式的自我消失了，而是那种高强度的自我扩张到了宇宙那么大：暂时的高级领域的体验输入造就了一个魔鬼。

[这些体验可能真的——通常可以——通过让人重新接触过去的现实来缓解某些病态，这些过去的现实过去被压抑了，现在通过精巧的、戏剧性的恢复体验重新唤醒。并且这些体验可能最多帮助人在人际的尺度上提升一到两个层次。但是通常，它们仅仅通过一种精神的震动来加强这个人已经存在的适应水平，也就是说它们很可能造就更多自以为是、精力充沛的白痴，一个道德上的单胞体（monad）现在相信自己是东方不败，然后肆无忌惮地用自己可以带来力量的新宗教去侮辱他们的朋友。]

如果把两种不同的过程（过去的事实和未来的潜力）混为一谈，两者都用“已经存在的可以触及”的范式来解释（只有对那些被压抑了的关于过去现实的潜意识和某些暂时的超个人体验和状态来说是成立的），于是操纵更微细的客观体验似乎就成了当务之急，而不是去关注主体和主体间的成长和发展的过程，只有这个过程才能稳定地接纳新出现的体验。

在主体结构的成长问题上，西方经典发展心理学才与通向更高/更深的成长和进化的冥想道路（东西方的神秘经验论传统）相遇，这些结构本身是以主体间的相互理解和相互承认的方式为背景的。我说过，我知道格罗夫对这些问题很敏感，我
751 们之间并不是在这些问题上观点不一致，而是我相信他完全忽视了这一领域。我对格罗夫的尊重和敬仰是众所周知的，而且我本身也是他的全回归呼吸训练的主要崇拜者（我认为这是对揭示体验技术做出的巨大贡献）。我只是觉得格罗夫是不是可以在这些经验应该放在主体（和主体间）空间进化发展过程的何处的问题上再敏感那么一点，这些体验在这种空间中生生灭灭。

同时这可以打开格罗夫的模型的研究空间，可以对这些主体之间能力的结构（皮亚杰、奥斯丁、塞尔、塞尔曼、卢文格、科尔伯格、G. H. 米德、海德格尔、伽达默尔、哈贝马斯等）的形成进行大量的研究（临床研究、哲学研究、试验研究、对话研究和治疗研究），这些研究可以包括很多领域，不应忽略任何综合的理论模型——这种研究是真正的后笛卡儿革命的核心所在。

因此，我本人并没有发现我们两个的模型之间有什么深刻的差别，只是我们都忽略了某些方面（很容易补救），并且在一些小地方的确存在不一致的地方：在半人半马和围产期经验的问题上我们还会继续争论；最终的状态不是一种体验而是一切体验生灭的处所；并且我可能永远不会像他那样，比如说对占星术产生那么大热情（因为还是那样，我相信由于格罗夫默认了理性的主体间世界空间，所以可能对占星术作出与其创造者不同的理解，我相信那是一种强加，但是没有关系——这些不一致在我看来是非常健康的）。

格罗夫的书在参考文献中都被列出来了，它们每一本都值得高度推荐。

我是众多发现理查德·塔纳斯的《西方心理的热情》这本著作十分精彩、深刻且富有洞见的读者之一，他的表述和我的看法有很多地方相互呼应（我们后面会看到）。但是在结束语里塔纳斯的表述中提到的极为困难和微妙的问题，实际上对现代性作了深度的让步，包括它所完成的和它所破坏的。

根据塔纳斯的说法，基本的观点是现代的心来自一个早期的前现代的神秘参与（participation mystique）（他也称之为“未分化的统一意识”），通过一个痛苦的异化和分离和二元论（现代性的自我），现在已经处在一个对话性的整合及主体和客体、心理和自然、男性和女性、内部和外部、能指和所指的统一的边缘。

塔纳斯相信这种格式可以在深度心理学的发现中找到支持（弗洛伊德、荣格、西尔曼、格罗夫），因为这些思路已经破坏了无根基的理性自我的自主性（我们已经看到，深度心理学的确是开始把自我去中心化的很多思路之一）。

在这一点上塔纳斯借助格罗夫的思想作为基本的围产期经验的根据（或者阶梯-0，从胎儿和子宫最初的未分化状态，经过火山喷发式的痛苦的分化过程，从子宫出 752
生之后的整合）。塔纳斯从这三个基本阶段的围产期创伤中看到整个西方的历史。

尽管塔纳斯非常小心地指出，这种西方心理的“出生创伤”不能简单地简化为生物学上的出生创伤，但是总是有这样一种一致的倾向去那么理解。“（西方的集体心理）的这种原型性的发展的机制看上去实质上和围产期过程的机制是相同的。”（所有的引文均来自 430～444 页。）

这意味着所有分化/整合的阶梯将瓦解为一个拱形的围产期阶梯。阶梯-0 成了整个西方心理的唯一的阶梯。这意味着塔纳斯想从这条由三个阶段组成的漫长的“元轨道”中看到整个西方的历史。他说西方的集体心灵从一个和自然及整个宇宙未分化的状态开始（“和整体的关联”，但是我不知道“整体”在这里意味着什么，或者可能意味着什么，我们稍候再回到这个问题）。然后这个集体心灵开始了一个痛苦的分离、分化和异化的过程（在这里没有对分化和分裂作区分，只有异化）。并且这种二元异化带来了今天现代和后现代的心理（正处在边缘上，明天将会统一，通过异化的历史进程中所丢失的东西实现这种统一)。

因此，“作为现代意识的基本内涵和决定力量的、基本的主客二分——它构成了现代意识，一般被认为是绝对真理，被认为是任何对世界的‘真实’的视角和体验的自然而然的基础——其根源似乎和某种没有得到解决的人类诞生时的原型状态的创伤有关”。

因为这种没有得到解决的出生创伤（西方的集体心理固着在了阶梯-0的第二个阶段上，的确如此)，“原来那种与母亲有机的统一的本初意识，那种与自然的神秘参与，因为成长而被放弃、破坏和丢失了”。

注意这种“因为成长而被放弃”和“破坏和丢失”的混用。当我们平常说什么东西“因为成长而被放弃”的时候（比如，我已经长大了，不再吮吸手指了)，往往这种“放弃”是一件好事，是理想的变化，而被“破坏和丢失”的往往是坏事，是异化。但是对这两者的混淆似乎表明了塔纳斯对分化和分裂的混淆。现代性把主体从一个没有反思能力的巫术神话的协同性分化出来是必须的，可是在塔纳斯看来似乎这实际上成了没有得到解决的出生创伤，成了主要的异化作用。

塔纳斯非常清楚现代性运动的“分裂”是必须的，但是因为他没有区分开分裂和分化，所以多半是在指责现代性的异化形式。他总是说“分离”、“二分”和“二元论”是一个东西。“在这里（未得到解决的出生创伤)，包括个人水平和集体水
753 平，可以看到现代心理的深度的二元论：人与自然、心与物、自我和他人、经验和现实——这是一种泛滥的分裂的自我感，不可逆转地从包容的世界中分裂了出来。”

所有的分化都被变成了分裂，这主要是因为塔纳斯起初把所有的阶梯瓦解成了一个阶梯-0的缘故。也就是说，在我看来，最大的混淆是一般意义上的阶梯的机制——这个机制就是从混沌走向分化然后走向整合（这是我们所考察过的所有九个阶梯的共同形式，我在《意识的蜕变》中详细描述了这个机制，并在第六章的注释[3]中作了总结）——所有阶梯的一般机制被仅仅视为基本的围产期经验（仅仅因为围产期的阶梯也遵循这个机制，并且是第一个遵循这个机制的阶段)。因此，只要出现任何强烈的分化/整合过程（只要看到任何阶梯)，就把它叫做围产期过程。结果，所有其他的重要阶梯就被瓦解成了最基本的阶梯（阶梯-0)。

这样一来，塔纳斯就只能看到三个主要的成长和发展阶段，他不得不把整个西方历史塞进去，看不到这个出生/重生（或者分化/整合）的过程在集体水平上已经出现了至少五次到六次，每一次都发生非常重要、非常深刻的蜕变，并创造了世界，生成了世界。说这些发展的每一个都在不同的水平上重复围产期的故事，实际上只不过过于突出最基本的阶梯的重要性，试图用它来解释后来的更重要的阶梯（从而他强烈反对还原论的危险，可是反过来自己又总是拿它来作为解释的工具)。

同样，把所有的阶梯瓦解成一个围产期阶梯使得塔纳斯无法避免单边悖论（single boundary fallacy)，我以前说过（参阅第六章注释[3]、第十三章注释[13]）这种悖论是任何回归性的（和还原论的）发展理论的基本标志：由于在意识中只有一个边界（或者只有一个分化/整合的阶梯，而不是九个左右的更能充分阐明发展过程的边界或者阶梯)，于是那个“单一”的边界的产生就容易被视为一个基本的

异化、基本的损失，而不是成长所必需的、适当的过程（因此把“因为成长而放弃”和“破坏”混为一谈，就好比说一棵橡树是对橡树种子的异化和破坏）。

根据这种单边悖论，塔纳斯可以把所有的分化（和所有的分裂）都简化为围产期的边界和未得到解决的创伤，这创伤深深地埋藏在整个西方心理的深处。

就像我说的，这完全是把现代性的边界现象简化为围产期的边界。但是现代性的决定性边界（现代性的自我/世界边界）是阶梯-5的边界：已经跨越阶梯-0的出生创伤整整五个阶梯了。（前面所有的边界都包含在具有现代性的个体的意识中，它们含藏在自己的个体发生学中，但是它们并不是现代性所增加的新出现的特征。）那种现代性的特定分裂可能真的激活了类似围产期创伤的体验（阶梯-0的第二个次级阶梯），这当然是可能的，但是这和塔纳斯的因果关系恰恰相反。塔纳斯是在 754
说因，实际上是果，进一步说，他的“因”完全被误会成了围产期的经验（根据单边悖论）。

因此，现代性的特定边界（阶梯-5）具备标准的成长机制，在从以前相对未分化的状态（此处是神话—共时性）向分化（三大领域）再到整合（尚在整合的过程中）的时候，要经过一个痛苦的历程，（一方面）可能出现混沌状态或者不能分化的病态，（另一方面）可能出现分裂或者过度分化的病态。但是阶梯-5的问题不能简化为阶梯-0的灾难：那抹杀了为了现代性作准备的五万年的蜕变历程。

如果在阶梯-0上出了问题，的确可以影响到后来的发展。但是阶梯-0的出生创伤并不是现代性的因，因为那么说暗示着前现代的社会没有这种出生创伤（因为它们肯定没有现代性）。相反，阶梯-5上现代性的边界分裂可能把自身锚定在阶梯-0的“存在”次阶段（第2次级阶段），其锚定的方式在前现代是没有的，因为在前现代根本不具备这种阶梯-5上的边界本身，尽管它们在本质上要经历同样的围产期过程。

无论从哪个角度说，围产期经验都不是现代性的因。另外，现代性具有自己的问题，在阶梯-5和阶梯-6上产生，可能会唤醒阶梯-0的次级阶段，选择这个阶段作为自己自生的困境的身体基础：从子宫里出生是人生的第一天，每个人都经历过，可是现代性只是最近为数不多的人的经历。

因此，作为一般意义上的共识，我会说现代性的确是在一个发展阶梯的第2次级阶段（分化阶段）上出了问题，但是那是阶梯-5的第2次级阶段，而不是阶梯-0的。黑格尔所谓的“被困的发展的魔鬼”是阶梯-5的第2次级阶段（不是围产期的Ⅱ/Ⅲ之间，或者阶梯-0的第2次级阶段），在这里是发展的死胎。我在文中反复强调，现代性自己的分化之所以成了分裂，是因为缺乏更高、更具整合力和分解能力的视觉逻辑（它会完成阶梯-5，并成为阶梯-6的基础，从而可以整合“魔鬼”，我们稍后再回到这个真实的异化上来）。

由于生物的出生过程和所有其他的阶梯一样具备一个第2次级阶段（痛苦的分化），所以有一个比较宽泛的说法说明现代性的“出生的痛苦”，我认为那就是塔纳斯（和格罗夫）在一般意义上对围产期经验的运用。但是他们在严厉反对任何生物学的还原论之后，自己往往立刻陷入其中。

这当然看起来有点像把一个非常复杂的、多维的情境简化成了一个极为简单、高度“有序”的状态，好像复杂性必须被去掉，只留下简单的1—2—3行动，而看不到我所说的这个“1—2—3”行动（一个发展的阶梯）在漫长的历史上的深刻蜕变中重复了无数次。

755 于是跟着会出现标准的回归浪漫主义的前/超悖论：“最初和子宫/世界的统一”，在进化的历史上被“破坏并且丢失了”，现在必须以一个成熟的形式被再度唤醒，塔纳斯就是这么说的。

这种观点的一个致命的问题是，那种所谓的“最初的统一”既不是“统一”，也不能涵盖“整个世界”。即便发展真的仅仅是单一的1—2—3行动（只有一个阶梯作为发展历史的“元轨道”），在我看来这个观点在这两个方面还是错误的。

最初的“统一”状态（无论被理解为真的子宫还是被理解为史前的神秘参与）不是一种统一，因为它只是一种未分化。这就好比说一个橡树种子里面聚集了一棵橡树所有的枝叶，实际上这些枝叶还没有分化出来：它不是后来的那些元素的统一，因为那些元素还不存在。（可能我们可以说它以潜在的方式“统一”它们，可是这么说还是说某种整合是一种潜力，而不是一种事实，所以在将来不会出现过去的事实复活的情况。因此，无论如何不可能重新触及真实的统一。橡树种子所统一的只能是组成其自身的细胞，并且橡树也必须继续维持这种统一，否则就会死亡，橡树种子不可能去处理将来的“异化”；橡树所面对的“问题”是如何去统一自己的根、茎、叶，橡树种子则根本不会去管这些。所以，无论是子宫还是前现代的状态都不是三大领域的统一，因为三大领域尚未被分化出来，也就不可能进行什么统一——它们要么不存在，要么根本没有被分化。）

同样，这个原始的“统一”并非和“整个世界”是一个东西，因为叶子和枝条尚不是世界中的一部分，实际存在的“整个世界”相对而言还是极小的。对人而言，子宫中的胎儿和具备主体之间的道德、艺术、逻辑、诗歌、历史、经济等的“整个世界”不是同一个东西，在出生的时候并不是像那些理论家们所说的与那样一个世界“分裂”和“异化”，相反，它只是一团生物体，必须在成长中分化。（前现代的母体并没有整合三大领域，也没有实现三大领域的分化。这是一种混沌，不是一种整合，更不是一种实际的统一。）

无论从哪个角度看，都不会有真正的统一再次复活的说法。只有前分化的状态，比如吮吸手指，等着被成长放弃。把这种极小的未分化的状态叫做“与整个世界的统一”，这是一种巨大的语义错误。

无独有偶，沃什本在《自我和动态的基础》（*Ego and the Dynamic Ground*，1998）这本书中从心理学的角度提出了一种以这种混乱为基础的发展理论，这个那时要把橡树定义为橡树种子的重生；类似地，尼尔森在《疗救裂痕》（*Healing the Split*，1994）一书中的立场也是一样，试图把一个发展模型和沃什本的回归定向“整合”，这有点像试图整合托勒密和哥白尼——对以前的模型的错误我们不应该整
756 合，而是应该抛弃。沃什本和尼尔森的做法都是基于单边悖论的不同形式，总是会造成大量的前/超混乱。儿童“原初的统一”被认为是“和大地或者全体的无意识

的统一”，被认为是灵性状态的实质，当自我回到这种状态并和这种状态重新统一的时候，它就会以一种有意识的、成熟的形式出现。婴儿比成人更“接近”这种灵性状态。

但是谁都会承认，婴儿不能为别人设身处地地考虑，因此不会对别人有真正的爱和慈悲，不会真正体现人际的关心。真正的爱和慈悲至少需要具备站在别人的立场上、有意识地代表别人的意志的能力，通常和自己的意志不同，而这是自我中心的婴儿自我所不能做到的——他们甚至意识不到别人的存在，遑论替别人考虑。

换句话说，这种“原初的统一”不能超越自己的自我中心的轨道，完全缺乏主体之间的爱和慈悲。到底为什么这种缺乏爱和慈悲的自我中心是灵性的，为什么我们要重新回到那种状态？如果大精神除了包含其他的东西之外还包含爱的话，那么试问一个不具备真正的爱和慈悲的能力的孩子和“一”谁更接近大精神？如果说那是因为婴儿的自我还没有出现主客的分离，所以是灵性的，那么这恰恰陷入了单边悖论，这些理论的动力正是这种悖论。

很多成年人在回归之类的意识状态中，的确可以回忆童年的记忆，但是他们是把那些记忆置于现在的理性和具有不同视角的认知之中的。也就是说，他们可能“回忆”作为一个两三岁的孩子的他者的角色的经历，然后形象地说出这是什么意思。奇怪的是临床资料和经验资料证明，实际上处于那个年龄阶段的孩子不会也不能采取别人的角色（比如，三山试验）。

成人对童年记忆的痕迹有一些基本上是准确的（有一些也不准确），这些记忆实际上是成年人使用一种具有不同视角的不可逆的意识重新唤醒、重新编排的。这些记忆被那种高级进化阶段上的意识“解读”为似乎曾经体验过的经历。人学会了从别人的角度看事情之后，那种能力并没有丢失（除非受到严重的疾病的影响），所以无论成人如何“回顾”，这些记忆中的“记忆”都是在一种主体之间的多视角的空间中被恢复的，然后立刻自动地在那种空间中对它们进行诠释，把它们重新解读为童年的事，就好像它们是原来经历的纪录片那样真实，即便处于那个年龄阶段的儿童并没有表现出任何可以这么做的征兆（更不用说现在因为对过去的意识虐待和 UFO 诱拐的痕迹的误会带来的焦虑了——这是另一回事，我在这里不多说，我现在讨论的是“高度灵性”的“早期经验”的“重拾”的问题，我认为这些并非对过去事实的忠实回忆，而多半是一种对过去事实的重构）。

某些类型的记忆痕迹的确是存在的，甚至可以包括回归子宫的记忆（很多研究 757
者都这么说），我们可以假定这些痕迹给心灵留下了印记，比如淤血。但是当成年人“回忆”这些印记的时候，是用一种当时所不具备的意识来激活这些印记的。所以这些印记可以引出一些它们被留下的时候所不具备的隐含意义和审视的角度，这种“引发”被错误地认为是一种“恢复”，是对现在处于高级进化阶段的、具备复杂结构的意识所重构的过去事实的恢复，这完全超越了当时的事实。所有这些都强加给了那些低级结构很多能力，而大量的经验证据表明它们是不具备这些能力的。

我们说过，婴儿和儿童出现超个人状态的注入一点都不奇怪（通常是微细水平的体验），但是所注入的空间是一种基本上处于前习俗阶段和自我中心的主体间空间，而不是后习俗阶段的和慈悲的空间。无论对这种前习俗阶段自由的回忆从慈悲的角度所作的重新解释如何美妙，它们都是不能被称之为灵性的。

自我的地位被贬得越低，这种婴儿的“灵性统一”就越具有吸引力：根据典型的回归浪漫主义，自我被定义为一种分裂，而不是蜕变和具有超越性的分化。成熟的自我被称为“分别的”、“抽象的”和“分析的”，这样称谓是因为完全没有看到成熟的自我最终创造了一个普遍的世界中心的意识，这是所有的发展中第一个真正的后习俗的普遍的爱可以得到发扬的意识，这种世界中心的视角的统一性、整合性、包含的统一和整体之多是婴儿的自我无法想象的（根本无法想象）。

那么，作为一种推论，对灵性状态更“开放”的不是婴儿的自我，而是自我(Ego)。（超自我的状态就更开放，并且这种“更”并不是说为了“重拾”那种“失去了的”“灵性境遇”去回归那种缺乏爱和慈悲的婴儿状态——只有单边悖论才支持那种观念。）

（沃什本和尼尔森的表述都有富有见地的一面——实际上我是沃什本的出版物的支持者之一，也很愿意为尼尔森的书写序——但是这种具有自己的历史渊源的回归浪漫主义潮流，可以说是美玉中的瑕疵。参阅沃什本，1988；尼尔森，1994。）

有时候这些理论家们（塔纳斯是其中之一）说，在他们那里“整个世界”实际上是存在的基础或者“宇宙的母体”。的确，未分化的子宫状态（无论如何去理解）确实是和存在的基础一体的，但是其他任何东西也绝对是一样，因此，在这个方面没有任何理由特别强调这种状态的重要。进一步说，一旦有意识地证悟这个存在的
758 基础，这种状态是被舍弃得最彻底的，因为为了有意识地觉悟到空性的基础和作为空性出现，它只是万里长征的第一步，前面的成长阶段是最多的。因此，从意识统一的角度说，它并不比其他任何状态更好；从意识统一的角度说，它是统一程度最低的。无论如何谁都不希望回到那种状态的任何成分，遑论整个“恢复”。

（我们稍后就会看到，和那种未分化的状态相比，自我真正缺乏的只是对从大意识的精神中异化出来的痛苦的无知。但是自我不能通过恢复那种未分化的状态中真实存在的、某种东西来克服这种痛苦：它不能恢复那种状态的无知，也不能恢复那种状态的未分化的本性。它只能向着大精神的意识进一步成长，从而可以克服其最高处的无知，不是运用自我，而是运用那种原始的未分化的母体经验。同样，它无论如何都不会恢复实际上未分化的状态中的任何东西。我们稍后再回到这个问题。）

如果（完全作为另外一个问题）在未分化的过程中出现了某些病态（或者固着在混沌的状态中，或者过度分化导致分裂），那么对这种病态的疗救实际上往往并非意味着重新接触被异化的方面（过去的事实），但是那些过去的事实属于那些水平本身，本来存在后来被异化了：它们不是从来没有过、尚未出现，但是一旦出现就可以整合整个系统的水平的实质。这个更高的发展水平的实质不是某个已经存在的、可以接触那些过去事实的水平，而是一个更高的、可以整合它们两个的水平：这不是一种复活（复活可能是必需的也可能不是），而实际上是一种全新的东西的涌现（在历史上从来没有存在过，也就谈不上曾经失去）。

但是所有这些因素被塔纳斯瓦解成了 1—2—3 格式（围绕唯一的边界）：起初和“整个世界”或者“宇宙母体”一体，后来从“那个”世界异化，再后来重新和“那个”世界统一。“可是对这个两难困境的充分体验——一方面对原初的一体（‘整个世界’）的体验，另一方面对出生和主客二分的体验——不期然带来第三种状况：个体化了的自我补偿性地重新和宇宙母体合一。”

这似乎是还原过程本身和某些进化过程中的事件之间常见的前/超混淆。还原，或者说“一”，无限衍生出万物，和生物的出生混淆了。“宇宙母体”（“一”）于是成了真实的子宫，生物学上的出生过程成了个体（和万物）从“一”中分离的过程，于是造成了“二元论的世界”，这个世界通过母亲对孩子的拥抱对出生创伤的“修复”而模模糊糊地和“一”成了一体（成了“不二”的状态）。

这种还原论真够彻底：“一种个体化了的自我和宇宙母体之间补偿性的重新合一。于是孩子被生出来了，母亲抱着孩子，被解放了的英雄从底层世界上来了，在经历了长途的跋涉后回到了家园。个体和宇宙和谐了。苦难、异化和死亡（出生创 759
伤）现在被认为是出生所必需的，是创造自我所必需的。本来根本无法理解的情况现在被看作是一个更大更深的可读性语篇必需的元素。整个辩证的过程实现了，异化得到了补偿，与存在的决裂的创伤得到了抚慰。世界重新在原初的胜境中出现。自主的个体自我已经形成，现在与它存在的根基重新合一了。”

事实上，的确有一种和“一”的恢复和重新统一（向“一”上行的整个过程，我们已经看到了，我们稍候再来看这个过程）。但是首先必须注意的是，在这个重新统一的过程中，我们要恢复的那个“一”或者“整体”在以前的进化过程中的任何地方都不曾存在过。集体的现代性的历史上的“子宫”就是所谓的“原初的胜境”，它可不是和整个大宇宙和“一”的整体的整合：那是野蛮的未分化状态，人有七窍天上就得有七颗星星，谁敢不信就烧死他。不可能——也没有理由——去和那个阶段“重新统一”，正如成年人完全不必重新和“成熟”的吮吸手指的行为统一。

作为现代性的标志的异化不是和先前的神话及所谓“统一的”结构（实际上是野蛮的共时性）的异化，而是在三大领域不可逆的分化之后目前尚没有明显可以调和它们、整合它们的方法：没有丢失什么东西，而是有些东西还没有找到，因此造成了三大领域成为碎片的结局。在现代性的整个新的世界空间中，为了那个新的世界空间中统一新出现的成分而作的奋斗还没有结束。这种奋斗的胜利本身并不需要和任何丢失的东西去重新统一，而是要有一个新出现的整合，这将带来一种前所未有的综合。

那种现代性也包含某些本来具备可是后来被压抑了的结构：神话只要有机会就会压抑巫术。现代性同样有自己的压抑对象，但是那些压抑的对象并不是现代性的内涵——现代性的内涵是三大领域的分化——因此仅靠恢复它所压抑的旧的结构不会带来更高的结构（比如，视觉逻辑），将来出现的更高的结构才能整合真正属于现代性本身的各个领域。说现代性的内涵就是它所压抑的对象，这是标准的回归浪漫主义立场，是混淆分化和分裂的前/超悖论，因此把得救看作是恢复在罪孽中丢失的东西，而不是向着新生前进。

因此，现代性并没有使本来在前现代性中是整合的自然异化。在前现代性中这个分化的自然从来就不存在，也就不需要整合。现代性分化了这个自然，但是没有办法整合它：它的失败之处并不是前现代的成功之处，而是说，它在一项史无前例的任务的第二个阶段上失败了。它并没有丢失什么东西可供重拾，它只是还没找到可以整合新的差异的东西。

760 不但没有办法回归，而且没有理由去这么想。只有稀里糊涂地认为今天分化了的世界不如过去所谓整合的世界（实际上是未分化的世界）——只有这么糊涂的人才会觉得新的整合首先必须重新找回以前的成就，它已经被坏透了的现代性给野蛮地毁了；只有这么糊涂的橡树才会觉得今天的困境需要回到做种子的美好时光才能解决。

但是，正如很多陷入前/超悖论的理论家一样，塔纳斯也意识到这个可以“疗救现代性”新的整合不可能真的是一种回归，所以在不辞劳苦地阐明它是一种回归之后，又立刻小心地和这种观点保持距离。实际上，他说，“对整体的恢复”将会是“一个新的和原初的一体意识具有很大差别的水平”。他说，其中包含了“人类历史上全新”的东西。

差别很大、全新，的确如此。橡树发现自己不是和橡树籽儿合一，而是和森林合一。但是塔纳斯还是忘不了溜回去，去恢复过去的事实：这个新的状态是“与过去的一体、胜利和统一的调和”（和历史上早期或者史前曾经拥有的东西调和）。

从普罗提诺到谢林到黑格尔，从金刚手到奥洛宾多到罗达吉须南，从最广义上说，进化就是恢复，但是恢复的内容不是早期的进化，而是更早的退化。它在怀孕之前、住胎之前就已经完成了：它已经发生了。基本的已经被完整地经历过了；与“一”的分离造就已经完成了；基本的异化造就已经完全被演绎了。在子宫中缺乏的不是这种异化，而是对这种异化的觉察。

因此，实际上，对每个人来说，母亲怀孕的那一刻是与意识的大精神的真正异化的开始，因为这个人自己的意识最终要实现大精神，此时的成长还需要经历的阶段最多。然后通过上行回到“一”，这个过程在进化中发生，作为进化的过程出现。它所恢复的不是进化的早期的内容，而是此前的退化——在怀孕之前、在大爆炸之前、在显现本身之前——而不是说显现之中有什么东西丢失了。

这些成长进化的阶段的机制中的确包含一系列的死亡和重生：一系列的未分化、分化和整合；每一个新的整合都会以自己的方式和进一步的成长混合，因此成为进一步的混沌、分化、整合的基础（每次整合都要跨越一个成长的阶梯）。出生创伤和围产期的过程是构成通向上帝的蜿蜒小路的阶梯中最基础的，也是最不重要的部分。

说它最基础是因为它是个体进化的第一个阶梯。它是基础，是回归自性的第一
761 个成长的显现；它提供了基本的围产期经验和样式，这将是意识显现的基础（并且我一点都不怀疑在强烈的体验揭示中可能出现身体形式上的重构，比如在致幻剂或者呼吸训练的作用下，格罗夫经常这么说）。但是这种体验本身还是最不重要的，因为何种与母体的生物物理学的分离/个体化根本不能解释任何与文化、心理、社

会、艺术、经济、政治、科学等等相关的现象，所有这些都是诞生剧（natal drama）的演出结束之后出现的世界。是的，在阶梯-0上出现的病态可能影响更高的阶梯，但是并不是直接导致更高级的阶梯的病态。每个更高级的阶梯都是一个新的"涌现"，带来新的能力、新的欲望、新的认知、新的动机和新的病态，这些都不能被简化为出生阶梯，也不能用出生阶梯来解释。

如果更高的界限和阶梯都被瓦解成最基本的阶梯（阶梯-0），就是接受了单边悖论，那么所有后续的混沌、分化、整合必须被视为第一个级别的重复：在我看来这是最极端的还原论。

西方心理（包括东方心理）的热情并不是去恢复进化之中的早期的东西，而是去恢复进化之前的东西——回到显现本身之前，回到整个回旋之前，回到时间、二元、子宫、坟墓、生、死所有这些之前，回到自在、自明、自显、自形的大精神，它空掉自身，融入大宇宙，成为大宇宙。回到那里，这才是西方心理的热望所在。

西方的心理的进化不是一种异化的行为，不是与答案远离，而是一系列迈向答案的深刻（英勇而且痛苦）的步伐，这答案就是混沌的引力（chaotic attractor），它是一种未来的潜能，是整个显现的源泉和归宿，这种未来的潜能会在每个跳出显现落入深渊的人身上成为现实，它们在这种潜能中得到重生，不是从子宫中，而是从空性本身中——成为整个大宇宙。

同时，在究竟何者为西方的心理所希望恢复的东西的问题上，我和塔纳斯的观点可以说差别极大，但是这并不妨碍我们在很多方面的观点的一致，我非常欣赏他的作品的清晰和广博。塔纳斯已经从超个人的角度写了很多讨论现代和后现代困境的作品，他现在正在写一本非常重要的书，有望对这个基本问题提供更多的指引。

下面对盖保瑟的作品稍作总结，他已经写了大量作品讨论即将到来的整合的—超越视角的自我的蜕变，现在正在蹒跚前进。

盖保瑟相信整合的—超越视角的结构的最佳状态是一种对那个整体、它本身、完满的大精神、通向圆满视野的坦途、整体（das ganze）的透明。我们应该不会感到奇怪，因为我们已经看到很多把个人的完满感误认为就是大圆满本身的现象，其实个人的完满感只是一个不断展开的过程的一个阶段。当他说耶稣和埃克哈特体现着整合的结构时，我们知道他的认识不够（整合之外还有灵性、微细、无相和终 762
极）。尽管菲尔斯汀似乎在这个方面支持盖保瑟，这一点很让人费解，可是他还是指出，在说到持续的开悟状态时（这的确是终极或者无分别阶段的标志），"似乎盖保瑟对它只是稍微觉察到一点，并且可能已经误解它了"，并且有一种"深刻的精神证悟，埃克哈特身上有，但是盖保瑟身上没有"。

盖保瑟对原型结构和本根（origin 或者本源 ursprung）的混淆也是一样。对于原型结构，盖保瑟说它"最接近本根或者可以假定它本来就是本根"。实际上原型结构所接近的不是本根，而是类人猿和原人。菲尔斯汀严厉批评我对盖保瑟思想的前/超悖论的批判，尽管盖保瑟并不是做得很明显，但是他混淆了前理性的原型和超理性的无相、前理性的巫术和超理性的灵性以及前理性的神话和超理性的微细，在这一点上他的前/超悖论是很明显的。比如无相的见证，它和"原型"一点都不接近，两者方向恰恰相反。微细阶段的原型也不会在神话结构中出现：所有的维度都是以超理性的形式为基础的，它紧挨着无相阶段，而不是巫术阶段。

按照阿巴沙的说法，整合的—超越视角的结构是介于第三阶段和第四阶段之间的结构。在它之外还有第四阶段（灵性）、第五阶段（微细）、第六阶段（无相）和第七阶段（不二）。难道我们会认为盖保瑟所举的具备整合的结构的例子——斯特拉文斯基、塞尚、F. L. 怀特——中的哪一个能接近第七个阶段吗？

菲尔斯汀试图为盖保瑟所说的原型意识"最接近本根或者可以假定它本来就是本根"这个说法辩护，他的理由是"它至少在内部结构的简洁性这一点上最接近永远存在的意识本根"。但是那也是不行的。首先，本根既不简洁也不复杂，它只是一个分类：它既不会离简洁更近，也不会离复杂更近，而是在透明中平等地含藏两者。那不能作为一个路标石，即便它是，那么为何不退一步看？既然猿猴的心更简洁，是不是说它们就更接近本根？那恰恰是把方向给弄反了。但是没有任何理由在这个方面特别强调原型阶段的人类的地位：虫子比他们离那种本根要近得多。

于是菲尔斯汀指出盖保瑟的真实意思，可能有一部分是要说原型在潜能上接近本原，但是费尔斯汀本人立刻指出这一点适合任何结构，因为本源在作为任何结构的基础这一点上是无差别的。我会增加一点，由于每一个结构在潜能上和本源非常接近，另外唯一的标准就成了实际上（或者从自我实现的角度看）接近本源的程度，根据这个唯一可以接受的标准，原型阶段当然是离本源最遥远的。

菲尔斯汀注意到了所有这些难题，他说："盖保瑟的说法有点禅宗公案的味道。"不是，我认为他就是完全弄混了，就是一种前/超的混淆。

763 我是菲尔斯汀的忠实崇拜者，很荣幸曾经为他的很多著作写过序言，这是我们两个唯一针锋相对的地方，一种友好的意见差异（菲尔斯汀已经在慢慢疏远盖保瑟的著作中的某些语焉不详的方面）。可是，这个意见冲突的真正核心是一个非常困难、非常深奥的观念，有关原型/无相、巫术/灵性、微细/神话等阶段之间隐含的功能关联，以及第四个轮的层面上的三个维度的整合［用真正的第七个或者从大圆环（great circle）中流出的心的存在来整合，在右边］——可是我说过这是个非常深奥的对话。

同时，菲尔斯汀和我都同意在理性自我之外的确还有一个整合的—超越视角的心，其本质也是全子，也是辩证的、对话的，具有身心整合，可以通过语言交流，通过真正的意识精神修炼是可以见证的。我们都看到一些证据可以证明那个心的涌现是集体的，而那将是下一部书讨论的话题。

参考文献

Abend, S.; M. Porder; and M. Willick. 1983. *Borderline patients: Psychoanalytic perspectives*. New York: International Univ. Press.

Abhinavagupta. 1988, *A trident of wisdom*. Trans. J. Singh. Albany: SUNY Press.

Abraham, R.; and C. Shaw. 1985. *Dynamics*. 3 vols. Santa Cruz: Aerial.

Abrams, M. 1971. *Natural supernaturalism*. New York: Norton.

Abrose, E. 1990. *The mirror of creation*. Edinburgh: Scottish Academic Press.

Achterberg, J. 1985. *Imagery in healing*. Boston: Shambhala.

——. 1990. *Woman as healer*. Boston: Shambhala.

Adair, R. 1987. *The great design*. New York: Oxford Univ. Press.

Adler, G. 1979. *Dynamics of the self*. London: Coventure.

Adorno, T. 1973. *Negative dialectics*. New York: Continuum

Albert, M., et al. 1986. *Liberating theory*. Boston: South End Press.

Alexander, F. 1931. Buddhist training as an artificial catatonia. *Psychoanalytic Review* 18: 129—45.

Alexander, S. 1950. *Space, time and deity*. New York: Humanities Press.

Alkan l, D. 1992. *Memory's voice*. New York: HarperCollins.

Allaey, M. 1989. *Green facts*. London: Hamlyn.

Allison, J. 1968. Adaptive regression and intense religious experiences. *J. Nervous Mental Disease* 145: 452—63.

Allport, G. 1955. *Becoming*. New Haven: Yale Univ. Press.

Almaas, A. 1986. *Essence*. York Beach, Maine: Samuel Weiser.

——. 1988. *The pearl beyond price*. Berkeley: Diamond Books.

Anderson, L. 1991. *Sisters of the earth*. New York: Vintage.

Anderson, S., and P. Hopkins. 1991. *The feminine face of God*. New

York: Bantam.

Anthony, D.; B. Ecker; and K. Wilber, eds. 1987. *Spiritual choices*. New York: Paragon.

Apel, K. 1980. *Towards a transformation of philosophy*. London: Routledge & Kegan Paul.

Aquinas, T. 1969. *Summa theologiae*. 2 vols. New York: Doubleday/Anchor.

Arieti, S. 1955. *Interpretation of schizophrenia*. New York: Brunner.

——. 1976. *The intrapsychic self*. New York: Basic Books.

Aristotle. 1984. *The complete works of Aristotle*. Ed. J. Barnes. Princeton: Princeton Univ. Press.

Armstrong, A., ed. 1953. *Plotinus*. London: George Allen & Unwin.

Artaud, A. 1965. *Artaud anthology*. San Francisco: City Lights Books.

Assagioli, R. 1965. *Psychosynthesis*. New York: Viking.

Astavakra. 1982. *The song of the self supreme*. Clearlake, Calif.: Dawn Horse Press.

Augros, R., and G. Stanciu. 1988: *The new biology*. Boston: Shambhala.

Aurobindo. n. d. *The life divine* and *The synthesis of yoga*. Pondicherry: Centenary Library, XVIII—XXI.

Avalon, A. 1974 (1931). *The serpent power*. New York: Dover.

Ayala, F., and J. Valentine. 1979. *Evolving*. New York: Benjamin-Cummings.

Baars, B. 1988. *A cognitive theory of consciousness*. Cambridge: Cambridge Univ. Press.

Bachelard, G. 1987. *On poetic imagination and reverie*. Dallas: Spring.

Badiner, A. 1990. *Dharma Gaia*. Berkeley: Parallax.

Bailey, R. 1993. *Eco-scam*. New York: St. Martin's Press.

Baldwin, J. 1975 (1906—1915). *Thought and things*. New York: Arno Press.

Bandura, A. 1971. *Social learning theory*. New York: General Learning Press.

——. 1977. Self-efficacy: Toward a unifying theory of behavioral change. *Psychological Review* 34: 191—215.

Barbour, I. 1990. *Religion in an age of science*. San Francisco: Harper.

Barbour, I., ed. 1973. *Western man and environmental ethics*. Reading, Mass. · Addison-Wesley.

Baring, A., and J. Cashford. 1991. *The myth of the Goddess*. New York: Viking Arkana.

Barnstone, W., ed. 1984. *The other bible*. San Francisco: Harper.

Barrow, J., and F. Tipler. 1988. *The anthropic cosmological principle*. Oxford: Oxford Univ. Press.

Barthes, R. 1972. *Critical essays*. Evanston, Ill.: Northwestern Univ. Press.

——. 1975. *S/Z*. London: Cape.

——. 1976. *The pleasure of the text*. London: Cape.

——. 1982. *A Barthes reader*. Ed. S. Sontag. New York: Hill & Wang.

Bataille, G. 1985 (1927—1939). *Visions of excess*. Ed. A. Stoekl. Minneapolis: Univ. of Minnesota Press.

Bateson, G. 1979. *Mind and nature*. New York: Dutton.

Bateson, M. 1990. *Composing a life*. New York: Plume.

Baynes, K.; J. Bohman; and T. McCarthy. 1987. *After philosophy*. Cambridge: MIT Press.

Beall, A., and R. Sternberg, eds. 1993. *The psychology of gender*. New York: Guilford Press.

Beard, M. 1946. *Woman as a force in history*. New York: Macmillan.

Beck, A.; A. Rush; B. Shaw; and G. Emery. 1979. *Cognitive therapy of depression*. New York: Guilford Press.

Becker, E. 1973. *The denial ofdeath*. New York: Free Press.

Belenky, M., et al. 1986. *Women's ways of knowing*. New York: Basic.

Bellah, R. 1970. *Beyond belief*. New York: Harper & Row.

Bellah, R.; R. Madsen; W. Sullivan; A. Swindler; and S. Tipton. 1993. *The good society*. New York: Vintage.

——. 1985. *Habits of the heart*. Berkeley: Univ. of California Press.

Benoit, H. 1955. *The supreme doctrine*. New York: Viking.

Bentham, J. 1990. *The principles of morals and legislation*. Buffalo,

N. Y. : Prometheus Books.

Benton, T. 1984. *The rise and fall of structural Marxism*. New York: St. Martin's Press.

Benvenuto, B. , and R. Kennedy. 1986. *The works of Jacques Lacan*. London: Free Association Books.

Berger, P. 1977. *Facing up to modernity*. New York: Basic Books.

——. 1979. *The heretical imperative*. New York: Doubleday.

Berger, P. , and H. Kellner. 1981. *Sociology reinterpreted*. Garden City, N. Y. : Doubleday.

Berger, P. , and T. Luckmann. 1966. *The social construction of reality*. Garden City, N. Y. : Doubleday.

Bergson, H. 1944. *Creative evolution*. New York: Random House.

Berkeley, G. 1982 (1710) . *A treatise concerning the principles of human* knowledge. Cambridge: Hackett.

Berman, M. 1981. *The reenchantment of the world*. Ithaca, N. Y. : Cornell Univ. Press.

——. 1989. *Coming to our senses*. New York: Simon & Schuster.

Berne, E. 1972. *What do you say after you say hello*? New York: Bantam.

Bernstein, R. 1983. *Beyond objectivism and relativism*. Philadelphia: Univ. of Penn. Press.

——, ed. 1985. *Habermas and modernity*. Cambridge: MIT Press.

Berry, T. 1988. *The dream of the earth*. San Francisco: Sierra Club.

Berry, W. 1977. *The unsettling of America*. San Francisco: Sierra Club.

Bertalanffy, L. von. 1968. *General system theory*. New York: Braziller.

Binswanger, L. 1956. Existential analysis and psychotherapy. In F. Fromm-Reichmann and J. Moreno, eds. , *Progress in psychotherapy*. New York: Grune & Stratton.

Birch, C. , and J. Cobb. 1990. *The liberation of life*. Denton, Tex. : Environmental Ethics Books.

Bird, D. 1974. *Born female*. New York: David McKay.

Capra, F. , and D. Steindl-Rast. 1991. *Belonging to the universe*. San Francisco: Harper.

Caputo, J. 1986. *The mystical elements in Heidegger's thought*. New York: Fordham Univ. Press.

Cassirer, E. 1951. *The philosophy of the Enlightenment*. Boston: Beacon.

Casti, J. 1989. *Paradigms lost*. New York: Avon.

——. 1990. *Searching for certainty*. New York: William Morrow.

Chafetz, J. 1984. *Sex and advantage*. Totowa, N. J.: Rowman & Alanheld.

Chagdud Tulku. 1987. *Life in relation to death*. Cottage Grove, Ore.: Padma.

——. 1991. *Mirror of freedom*. Various volumes. Junction City, Calif.: Padma.

Chang, G. 1971. *The Buddhist teaching of totality*. University Park: Pennsylvania State Univ. Press.

——. 1974. *Teachings of Tibetan yoga*. Secaucus, N. J.: Citadel.

Chase, S., ed. 1991. *Defending the earth*. Boston: South End Press.

Chaudhuri, H. 1981. *Integral yoga*. Wheaton, Ill.: Quest.

Chirban, J. 1981. *Human growth and faith*. Washington, D. C.: University Press of America.

Chittick, W. 1992. *Faith and practice of Islam*. Albany: SUNY Press.

Chodorow, N. 1978. *The reproduction of mothering*. Berkeley: Univ. of Calif. Press.

——. 1989. *Feminism and psychoanalytic theory*. New Haven: Yale Univ. Press.

Chomsky, N. 1980. *Rules and representations*. New York: Columbia Univ. Press.

——. 1984. *Modular approaches to the study of mind*. San Diego: San Diego Univ. Press.

——. 1986. *Knowledge of language*. New York: Praeger.

Chopel, G. 1992. *Tibetan arts of love*. Ithaca, N. Y.: Snow Lion.

Chopra, D. 1992. *Unconditional life*. New York: Bantam.

Churchland, P. 1984. *Matter and consciousness*. Cambridge: MIT Press.

——. 1986. *Neuorphilosophy*. Cambridge: MIT Press.

Churchman, C. W. 1979. *The systems approach and its enemies*. New York: Basic Books.

Clifford, T. 1984. *Tibetan Buddhist medicine and psychiatry*. York Beach, Maine: Samuel Weiser.

Collins, A. 1987. *The nature of mental things*. Nortre Dame, Ind.: Univ. of Notre Dame Press.

Collins, R., ed. 1984. *Sociological theory*. San Francisco: Jossey-Bass.

Commoner, B. 1990. *Making peace with the planet*. New York: Pantheon.

Commons, M.; F. Richards; and C. Armon. *Beyond formal operations*. New York: Praeger.

Connell, R. 1987. *Gender and power*. Stanford: Stanford Univ. Press.

Copleston, F. 1960—1977. *A history of philosophy*. 9 vols. New York: Image.

——. 1982. *Religion and the one*. New York: Crossroad.

Corballis, M. 1991. *The lopsided ape*. New York: Oxford Univ. Press.

Cornell, D.; M. Rosenfeld; and D. Carlson. 1992. *Deconstruction and the possibility of justice*. London: Routledge.

Cornell, J., ed. 1988. *Bumps, voids, and bubbles in time*. Cambridge: Cambridge Univ. Press.

Cott, N., and E. Pleck, eds. 1979. *A heritage of her own*. New York: Simon & Schuster.

Cousins, M., and A. Hussein. 1984. *Michel Foucault*. London: Macmillan.

Coveney, P., and R. Highfield. 1990. *The arrow of time*. New York: Fawcett Columbine.

Cowan, P. 1978. *Piaget with feeling*. New York: Holt.

Coward, H. 1990. *Derrida and Indian philosophy*. Albany: SUNY Press.

Cozort, D. 1986. *Highest tantra yoga*. Ithaca, N. Y.: Snow Lion.

Crittenden, J. 1992. *Beyond individualism*. Oxford: Oxford Univ. Press.

Culler, J. 1982. *On deconstruction*. Ithaca, N. Y.: Cornell Univ.

Press.

Da Avabhasa. 1977. *The paradox of instruction*. San Francisco: Dawn Horse.

. 1978. *The enlightenment of the whole body*. San Francisco: Dawn Horse.

——. 1982. *The liberator*. Clearlake, Calif. : Dawn Horse.

——. 1989a. *The basket of tolerance*. Clearlake, Calif. : Dawn Horse.

——. 1989b. *The Da upanishad*. Clearlake, Calif. : The Dawn Horse.

——. 1991. *The dawn horse testament*. Clearlake, Calif. : Dawn Horse.

——. 1992. *The method of the siddhas*. Clearlake, Calif. : Dawn Horse.

Daly, M. 1973. *Beyond God the father*. Boston: Beacon.

——. 1978. *Gyn/ecology*. Boston: Beacon.

Dargyay, E. 1978. *The rise of esoteric Buddhism in Tibet*. New York: Weiser.

Darwin, C. 1872. *Origin of species* and *The descent of man*. New York: Modern Library.

Dattatreya. 1980. *Tripura rahasya*. Tiruvannamalai, India: Sri Ramanasramam.

——. n. d.. *Avadhuta gita*. Mylapore, Madras: Sri Ramakrishna Math.

Davies, P. 1991. *The cosmic blueprint*. New York: Simaon & Schuster.

——. 1992. *The mind of god*. New York: Simon & Schuster.

Davies, P. , and J. Gribbin. 1991. *The matter myth*. London: Viking.

Dawkins, R. 1976. *The selfish gene*. New York: Oxford Univ. Press.

Deatherage, O. 1975. The clinical use of "mindfulness" meditation techniques in short-term psychotherapy. *J. Transpersonal Psychology* 72: 133—43.

de Beauvoir, S. 1952. *The second sex*. New York: Bantam.

Deikman, A. 1982. *The observing self*. Boston : Beacon.

Delaney, G. , ed.. 1993. *New directions in dream interpretation*. Albany: SUNY Press.

Deleuze, G. , and F. Guattari. 1983. *Anti-Oedipus*. Minneapolis: Univ. of Minnesota Press.

Delphy, C. 1984. *Close to home*. Amherst: Univ. of Mass. Press.

Dennett, D. 1978. *Brainstorms*. Cambridge: MIT Press.

——. 1984. *Elbow room*. Cambridge: MIT Press.

——. 1991. *Consciousness explained*. Boston: Little, Brown.

Derrida, J. 1976. *Of grammatology*. Baltimore: Johns Hopkins.

——. 1978. *Writing and difference*. Chicago: Univ. of Chicago Press.

——. 1981. *Positions*. Chicago: Univ. Chicago Press.

——. 1982. *Margins of philosophy*. Chicago: Univ. of Chicago Press.

Descartes, R. 1911. *The philosophical works of Descartes*. 2 vols. Cambridge: Cambridge Univ. Press.

Deutsche, E. 1969. *Advaita Vedanta*. Honolulu: East-West Center.

Devall, B., and G. Sessions, eds. 1985. *Deep ecology*. Layton, Utah: Gibbs Smith.

Dew, P. 1987. *Logics of disintegration*. London: Verso.

Dewey, J. 1981. *The philosophy of John Dewey*. Ed. J. McDermott. Chicago: Univ. of Chicago Press.

Diamond, I., and G. Orenstein. 1990. *Reweaving the world*. San Francisco: Sierra Club.

Diamond, M. 1974. *Contemporary philosophy and religious thought*. New York: McGraw-Hill.

Dinnerstein, D. 1976. *The mermaid and the minotaur*. New York: Harper & Row.

Dionysius the Areopagite. 1965. *The mystical theology and celestial hierarchy*. Surrey: Shrine of Wisdom.

Dogen. 1993. *Rational Zen*. Trans. T. Cleary. Boston: Shambhala.

Doore, G., ed. 1988. *Shaman's path*. Boston: Shambhala.

Doresse, J. 1986. *The secret books of the Egyptian Gnostics*. Rochester, Vt: Inner Traditions.

Dossey, L. 1993. *Healing words*. San Francisco: Harper.

Douglas, M. 1966. *Purity and danger*. London: Routledge.

——. 1978. *Implicit meanings*. London: Routledge.

——. 1982. *In the active voice*. London: Routledge.

Dozier, R. 1992. *Codes of evolution*. New York: Crown.

Dretske, F. 1988. *Explaining behavior*. Cambridge: MIT Press.

Dreyfus, H. 1979. *What computers can't do*. New York: Harper

& Row.

——. 1982. *Husserl: Intentionality and cognitive science*. Cambridge: MIT Press.

Dreyfus, H., and P. Rabinow. 1983. *Michel Foucault, Beyond structuralism and hermeneutics*. Chicago: Univ. Chicago Press.

Dudjom Lingpa. 1994. *Buddhahood without meditation*. Junction City, Calif.: Padma.

Dudjom, J. 1991. *The Nyingma school of Tibetan Buddhism*. 2 vols. Boston: Wisdom.

Durkheim, E. 1990. *Ethics and the sociology of morals*. Buffalo, N. Y.: Prometheus Books.

Dyer, D. 1991. *Cross-currents of Jungian thought*. Boston: Shambhala.

Eccles, J. 1984. *The human mystery*. London: Routledge.

Eckersley, R. 1992. *Environmentalism and political theory*. Albany: SUNY Press.

Eckhart, Meister. 1941. *Meister Eckhart*. Trans. R. Blakney. New York: Harper.

——. 1980. *Breakthrough*. Trans. M. Fox. New York: Image.

Eco, U. 1976. *A theory of semiotics*. Bloomington: Indiana Univ. Press.

——. 1984. *Semiotics and the philosophy of language*. Bloomington: Indiana Univ. Press.

Edinger, E. F. 1992. *Ego and archetype*. Boston: Shambhala.

Edwards, P., ed. 1967. *The encylopedia of philosophy*. New York: Collier Macmillan.

Ehrlich, P., and A. Ehrlich. 1991. *Healing the planet*. New York: Addison-Wesley.

Eichenbaum, L., and S. Orbach. 1983. *Understanding women*. New York: Basic Books.

Eisler, R. 1987. *The chalice and the blade*. San Francisco: Harper.

Eliade, M. 1964. *Shamanism*. Princeton: Princeton Univ. Press.

——. 1969. *Yoga: Immortality and freedom*. Princeton: Princeton Univ. Press.

Elior, R. 1998 *The paradoxical ascent* to God. Albany: SUNY Press.

Ellenberger, H. 1970. *The discovery of the unconscious*. New York: Basic Books.

Emerson, R. 1969 (1909—1914). *Ralph Waldo Emerson: Selected prose and poetry*. Ed. R. Cook. San Francisco: Rinehart.

Engels, F. 1942 (1884). *The origin of the family, private property, and the state*. New York: International Publishers.

Engler, J. 1983. Buddhist satipatthana-vipassana meditation and an object relations model of therapeutic developmental change: A clinical case study. Doctoral dissertation, University of Chicago.

——. 1984. Therapeutic aims in psychotherapy and meditation: Developmental stages in the representation of self. *J. Transpersonal Psychology* 16 1: 25—61.

Erdelyi, M. 1985. *Psychoanalysis: Freud's cognitive psychology*. New York: Freeman.

Erdmann, E., and D. Stover. 1991. *Beyond a world divided*. Boston: Shambhala.

Eribon, D. 1991. *Michel Foucault*. Cambridge: Harvard Univ. Press.

Erikson, E. H. 1950, 1963. *Childhood and society*. New York: Norton.

——. 1959. *Identity and the life cycle*. New York: International Univ. Press.

Evans, D. 1993. *Spirituality and human nature*. Albany: SUNY Press.

Evans-Wentz, W. 1971. *Tibetan yoga and secret doctrines*. London: Oxford Univ. Press.

Fairbairn, W. 1952. *Psychoanalytic studies of the personality*. New York: Basic Books.

——. 1954. *An object relations theory of the personality*. New York: Basic Books.

Fausto-Sterling, A. 1985. *Myths of gender*. New York: Basic Books.

Feigl, H. 1967. *The 'mental' and the 'physical'*. Minneapolis: Univ. of Minnesota Press.

Fenichel, O. 1945. *The psychoanalytic theory of neurosis*. New York: Norton.

Ferrucci, P. 1982. *What we may be*. Los Angeles: Tarcher.

Feuerbach, L. 1990. *The essence of Christianity*. Buffalo, N. Y.: Prometheus Books.

Feuerstein, G. 1987. *Structures of consciousness*. Lower Lake, Calif.: Integral.

——. 1989. *Yoga*. Los Angeles: Tarcher.

——, ed. 1989. *Enlightened sexuality*. Freedom, Calif.: Crossing.

Feuerstein, G., and T. L. Feuerstein, eds. 1993. *Voices on the threshold of tomorrow*. Wheaton, Ill.: Quest.

Feyerabend, P. 1978. *Against method*. London: Verso.

Fields, R. 1991. *The code of the warrior*. New York: Harper.

Fingarette, H. 1958. The ego and mystic selflessness. *Psychoanalytic Review* 45: 5—40.

Fischer, R. 1971. A cartography of the ecstatic and meditative states: The experimental and experiential features of a perception-hallucination continuum. *Science* 174: 897—904.

Flanagan, O. 1984. *The science of the mind*. Cambridge: MIT Press.

Flavell, J. 1963. *The developmental psychology of Jean Piaget*. Princeton, N. J.: Van Nostrand.

——. 1970. Concept development. In P. Mussen (ed.), *Carmichel's manual of child psychology*. Vol. 1. New York: Wiley.

Fodor, J. 1975. *The language of thought*. Cambridge: Harvard Univ. Press.

——. 1983. *The modularity of mind*. Cambridge: MIT Press.

Fodor, J., and E. Lepore. 1992. *Holism*. Oxford: Blackwell.

Forman, R., ed. 1990. *The problem of pure consciousness*. New York: Oxford Univ. Press.

Foss, L. and K. Rothenberg. 1987. *The second medical revolution: From biomedicine to infomedicine*. Boston: Shambhala.

Foucault, M. 1965. *Madness and civilization*. New York: Random House.

——. 1970. *The order of things*. New York: Random House.

——. 1972. *The archaeology of knowledge*. New York: Random House.

——. 1975. *The birth of the clinic*. New York: Random House.

——. 1978. *The history of sexuality*. Vol. 1. New York: Random

House.

——. 1979. *Discipline and punish*. New York: Vintage.

——. 1980. *Power/knowledge*. New York: Pantheon.

Fowler, J. 1981, *Stages of faith: The psychology of human development and the quest for meaning*. San Francisco: Harper & Row.

Fox, M. 1979. *A spirituality named compassion*. San Francisco: Harper.

——. 1991. *Creation spirituality*. San Francisco: Harper.

Fox, W. 1990. *Toward a transpersonal ecology*. Boston: Shambhala.

Frager, R., and J. Fadiman, 1984. *Personality and personal growth*. New York: Harper & Row.

Frank, J. 1961. *Persuasion and healing: A comparative study ofpsychotherapy*. Baltimore: Johns Hopkins.

Frankfurt, H. 1988. *The importance of what we care about*. Cambridge: Cambridge Univ. Press.

Frankl, V. 1963. *Man's search for meaning*. Boston: Beacon.

——. 1969. *The will to meaning*. Cleveland: New American Library.

French, M. 1985. *Beyond power: On women, men, and morals*. New York: Ballantine.

Freud, A. 1946. *The ego and the mechanisms of defense*. New York: International Univ. Press.

——. 1963. The concept of developmental lines. In *The psychoanalytic study of the child*, vol. 8, pp. 245—65. New York: International Univ. Press.

——. 1965. *Normality and pathology-in childhood*. New York: International Univ. Press.

Freud, S. 1937. Analysis terminable and interminable. *Standard Edition* (SE). 23, pp. 209—53. London: Hogarth Press.

——. 1959 (1926). Inhibitions, symptoms and anxiety, SE 20. London: Hogarth Press.

——. 1961 (1923). *The ego and the id*. se 19. London: Hogarth Press.

——. 1961 (1930). *Civilization and its discontents*. New York: Norton.

——. 1964 (1940). *An outline of psychoanalysis*. SE 23. London:

Hogarth Press.

——. 1971. *A general introduction to psychoanalysis*. New York: Pocket Books

——. 1974. *New introductory lectures in psychoanalysis*. New York: Norton.

Frey-Rohn, L. 1974. *From Freud to Jung*. New York: Delta.

Friedan, B. 1963. *The feminine mystique*. New York: Dell.

Friedl, E. 1984. *Women and men*. Prospect Heights, Ill.: Waveland Press.

Fromm, E.; D. T. Suzuki; and R. DeMartino, 1970. *Zen Buddhism and psychoanalysis*. New York: Harper & Row.

Fukuyama, F. 1992. *The end of history and the last man*. New York: Avon.

Futuyma, D. 1986. *Evolutionary biology*. 2nd ed. Sunderland, Mass.: Sinauer.

Gadamer, H. 1976. *Philosophical hermeneutics*. Berkeley: Univ. of Calif. Press.

——. 1992. *Truth and method*. 2nd ed. New York: Crossroad.

Gadon, E. 1989. *The once and future goddess*. New York: Harper.

Galileo, G. 1990. *Dialogues concerning two new sciences*. Buffalo, N. Y.: Prometheus Books.

Gallup, G. 1982. *Adventures in immortality*. New York: McGraw-Hill.

Gard, R. 1962. *Buddhism*. New York: Braziller.

Gardner, H. 1972. *The quest for mind*. New York: Vintage.

——. 1991. *The unschooled mind*. New York: Basic Books.

Gardner, M. 1985. *The mind's neiv science*. New York: Basic Books.

Gazzaniga, M. 1985. *The social brain*. New York: Basic Books.

——. 1992. *Nature's mind*. New York: Basic Books.

Gebser, J. 1985. *The ever-present origin*. Athens: Ohio Univ. Press.

Gedo, J. 1979. *Beyond interpretation: Toward a revised theory for psychoanalysis*. New York: International Univ. Press.

——. 1981. *Advances in clinical psychoanalysis*. New York: International Univ. Press.

Geertz, C. 1973. *The interpretation of cultures*. New York: Harper &

Row.

Gergen, K. 1991. *The saturated self*. New York: Basic Books.

Gibson, J. 1979. *The ecological approach to visual perception*. Boston: Houghton Mifflin.

Giddens, A. 1971. *Capitalism and modern social theory*. Cambridge: Cambridge Univ. Press.

——. 1977. *Studies in social and political theory*. London: Hutchinson.

Gilligan, C. 1982. *In a different voice*. Cambridge: Harvard Univ. Press.

Gilson, E. 1941. *God and philosophy*. New Haven, Conn.: Yale Univ. Press.

Gimbutas, M. 1991. *The civilization of the Goddess*. San Francisco: Harper Collins.

Gleick, J. 1987. *Chaos*. New York: Viking.

Globus, G. 1990. Heidegger and cognitive science. *Philosophy Today* (Spring), 20—30.

Goldberg, A., ed. 1980. *Advances in self psychology*. New York: International Univ. Press.

Goldsmith, E. 1993. *The way: An ecological world-view*. Boston: Shambhala.

Goldstein, J. 1983. *The experience of insight*. Boston: Shambhala.

Goleman, D. 1988. *The meditative mind*. Los Angeles: Tarcher.

Goleman, D., and M. Epstein. 1980. Meditation and well-being: An Eastern model of psychological health. *ReVision* 3: 73—85.

Goodwin, B.; N. Holder; and C. Wyles, eds. 1983. *Development and evolution*. Cambridge: Cambridge Univ. Press.

Gore, A. 1992. *Earth in the balance*. New York: Houghton Mifflin.

Gossman, L. 1990. *Between history and literature*. Cambridge: Harvard Univ. Press.

Gottesman, I., and M. Schields. 1972. *Schizophrenia and genetics: A twin study vantage point*. New York: Academic Press.

Gottlieb, R., ed. 1990. New York: Crossroad.

Gould, S. 1977. *Ontogeny and phylogeny*. Cambridge: Harvard Univ. Press.

Green, E. ; A. Green; and D. Walters. 1970. Voluntary control of internal states: Psychological and physiological. *J. Transpersonal Psychology* 2: 1—26.

Greenson, R. 1967. *The technique and practice of psychoanalysis*. New York: International Univ. Press.

Greenstein, G. 1988. *The symbiotic universe*. New York: Morrow.

Greist, J. ; J. Jefferson; and R. Spitzer, eds.. 1982. *Treatment of mental disorders*. New York: Oxford Univ. Press.

Griffin, D. 1989. *God and religion in the postmodern world*. Albany: SUNY Press.

——, ed. 1988. *The reenchantment of science*. Albany: SUNY Press.

Griffin, D. , and R. Falk, eds. 1993. *Postmodern politics for a planet in crisis*. Albany: SUNY Press.

Griffin, D. , et al. 1989. *Varieties of postmodern theology*. Albany: SUNY Press.

Griffin, S. 1978. *Woman and nature*. New York: Harper.

Groddeck, G. 1949. *The book of the It*. New York: Vintage.

Grof, C. , and S. Grof. 1990. *The stormy search for the self*. Los Angeles: Tarcher.

Grof, S. 1975. *Realms of the human unconscious*. New York: Viking.

——. 1985. *Beyond the brain*. Albany: SUNY Press.

——. 1988. *The adventure of self-discovery*. Albany: SUNY Press.

Grof, S. , with H. Bennett. 1992. *The holotrophic mind*. San Francisco: Harper.

Gross, R. 1993. *Buddhism after patriarchy*. Albany: SUNY Press.

Group for the Advancement of Psychiatry (GAP) . 1976. *Mysticism: Spiritual quest or psychic disorder*? New York: GAP (publication 97) .

Guénon, R. 1945. *Man and his becoming according to Veaaion* London: Luzac.

Guenther, H. V. 1989. *From reductionism to creativity: rDzogs-chen and the new sciences of mind*. Boston: Shambhala.

Guntrip, H. 1969. *Schizoid phenomena, object relations and the self*. New York: International Univ. Press.

——. 1971. *Psychoanalytic theory, therapy, and the self*. New York: Basic Books.

Gupta, B., ed. 1987. *Sexual archetypes, East and West*. New York: Paragon House.

Gyatso, K. 1986. *Progressive stages of meditation on emptiness*. Oxford: Longchen Foundation.

——. 1982. *Clear light of bliss*. London: Wisdom.

Habermas, J. 1971. *Knowledge and human interests*. Boston: Beacon.

——. 1973. *Theory and practice*. Boston: Beacon.

——. 1975. *Legitimation crisis*. Boston: Beacon.

——. 1979. *Communication and the evolution of society*. Trans. T. McCarthy. Boston: Beacon Press.

——. 1984—1985. *The theory of communicative action*. 2 vols. Trans. T. McCarthy. Boston: Beacon.

——. 1990. *The philosophical discourse of modernity*. Trans. F. Lawrence. Cambridge: MIT Press.

Haley, J., and L. Hoffman, eds. 1968. *Techniques of family therapy*. New York: Basic Books.

Hall, E. 1959. *The silent language*. New York: Doubleday.

Halliwell, J. 1992. *Quantum cosmology*. Cambridge: Cambridge Univ. Press.

Hampshire, S. 1975. *Freedom of the individual*. Princeton: Princeton Univ. Press.

Hanly, C. and J. Masson. A critical examination of the new narcissism. *International J. Psychoanalysis* 57: 49—65.

Hargrove, E. 1989. *Foundations of environmental ethics*. New Jersey: Prentice Hall.

Harland, R. 1987. *Superstructuralism*. London: Methuen.

Harman, W. 1988. *Global mind change*. New York: Warner.

Harner, M. 1980. *The way of the shaman*. New York: Harper.

Harris, E. 1991. *Cosmos and anthropos*. Atlantic Highlands, N.J.: Humanities Press International.

——, ed. 1992. *Cosmos and theos*. Atlantic Highlands, N.J.: Humanities Press International.

Harris, K. 1978. *Carlyle and Emerson*. Cambridge: Harvard Univ. Press.

Harris, M. 1974. *Cows, pigs, wars and witches*. New York: Random

House.

——. 1977. *Cannibals and kings*. New York: Random House.

Harris, R. 1993. *The linguistics wars*. New York: Oxford Univ. Press.

Hartmann, H. 1958 (1939) . *Ego psychology and the problem of adaptation*. New York: International Univ. Press.

Hartmann, N. 1932. *Ethics*. New York: Macmillan.

Hartshorne, C. 1984. *Omnipotence and other theological mistakes*. Albany: SUNY Press.

Hartsock, N. 1985. *Money, sex, and power*. Boston: Northeastern Univ. Press.

Hastings, A. 1990. *Tongues of men and angels*. New York: Holt, Rinehart & Winston.

Haught, J. 1984. *The cosmic adventure*. Ramsey: Paulist Press.

Hawkes, T. 1977. *Structuralism and semiotics*. Berkeley: Univ. California Press.

Hawking, S. 1988. *A brief history of time*. New York: Bantam.

Hayward, J. 1987. *Shifting worlds, changing minds*. Boston: Shambhala.

Hayward, J. , and F. Varela, 1992. *Gentle bridges: Conversations with the Dalai Lama on the sciences of mind*. Boston: Shambhala.

Heard, G. 1963. *The five ages of man*. New York: Julian.

Hebb, D. O. 1949. *The organization of behavior: A neuropsychological theory*. New York: Wiley & Sons.

Hegel, G. 1949. *The phenomenology of mind*. Trans. J. Baille. New York: Humanities Press.

——. 1971. *Hegel's philosophy of mind*. Oxford: Clarendon.

——. 1974. *Hegel: The essential writings*. Ed. F. Weiss. New York: Harper Torchbooks.

——. 1977. *Phenomenology of spirit*. Trans. A. Miller. Analysis by J. Findlay. Oxford: Oxford Univ. Press.

——. 1993. *Hegel's science of logic*. New Jersey: Humanities Press International.

Heidegger, M. 1959. *Introduction to metaphysics*. New Haven: Yale Univ. Press.

——. 1962. *Being and time*. New York: Harper & Row.

——. 1968. *What is called thinking?* New York: Harper & Row.

Heidegger, M. 1977. *Basic writings*. Ed. D. Krell. New York: Harper & Row.

Hill, G. 1992. *Masculine and feminine*. Boston: Shambhala.

Hillman, J. 1972. *The myth of analysis*. New York: Harper & Row.

——. 1975. *Re-visioning psychology*. New York: Harper & Row.

——. 1989. *A blue fire*. Ed. Thomas Moore. New York: Harper & Row.

Hinding, A. 1986. *Feminism*. Minnesota: Greenhaven.

Hixon, L. 1989. *Coming home*. Los Angeles: Tarcher.

Hobbes, T. 1990. *The Leviathan*. Buffalo, N. Y.: Prometheus Books.

Hockett, C. 1987. *Refurbishing our foundations*. Philadelphia: John Benjamins.

Hoeller, K. 1982. *Merleau-Ponty and psychology*. New Jersey: Humanities Press.

Hoffman, E. 1981. *The way of splendor*. Boston: Shambhala.

Hofstadter, D. 1989. *Gödel, Escher, Bach*. New York: Vintage.

Holton, G. 1988. *Thematic origins of scientific thought*. Cambridge: Harvard Univ. Press.

Horkheimer, M., and T. Adorno. 1972 (1944). *Dialectic of enlightenment*. New York: Continuum.

Horner, A. 1979. *Object relations and the developing ego in therapy*. New York: Aronson.

Horney, K. 1950. *Neurosis and human growth*. New York: Norton.

——. 1967. *Feminine psychology*. New York: Norton.

Horowitz, M. 1988. *Introduction to psychodynamics*. New York: Basic.

Houston, J. 1980. *Life force*. New York: Delta.

Hoy, D., ed. 1991. *Foucault: A critical reader*. Cambridge, Mass.: Basil Blackwell.

Hume, D. 1964. *A treatise of human nature*. Oxford: Clarendon.

——. 1990. *An enquiry concerning human understanding*. Buffalo, N. Y.: Prometheus Books.

Hume, R., trans. 1974. *The thirteen principal Upanishads*. London:

Oxford.

Humphrey, N. 1983. *Consciousness regained*. New York: Oxford Univ. Press.

Husserl, E. 1962 (1931) . *Ideas*. New York: Collier.

——. 1965. *Phenomenology and the crisis of philosohphy*. New York: Harper& Row.

——. 1970. *The crisis of European sciences and transcendental phenomenology*. Evanston, Ill. : Northwestern Univ. Press.

——. 1991 (1950) . *Cartesian meditations*. Boston: Kluwer.

Huxley, A. 1944. *The perennial philosophy*. New York: Harper & Row.

Huxley, J. 1990. *Evolutionary humanism*. Buffalo, N. Y. : Prometheus Books.

Inada, K. 1970. *Nagarjuna*. Tokyo: Hokusiedo Press.

Inge, W. R. 1968 (1929) . *The philosophy of Plotinus*. vols. 1 & 2. Westport, Conn. : Greenwood.

Jackendoff, R. 1987. *Consciousness and the computational mind*. Cambridge: MIT Press.

Jacobi, J. 1942. *The psychology of C. G. Jung*. London: Routledge.

Jacobson, E. 1964. *The self and the Object world*. New York: IUP.

Jaggar, A. 1988. *Feminist politics and human nature*. New Jersey: Rowman & Littlefield.

Jahn, R. , and B. Dunn. 1989. *Margins of reality*. San Diego: Harcourt Brace Jovanovich.

Jaki, S. 1978. *The road of science and the ways to God*. Chicago: Univ. of Chicago Press.

Jakobson, R. 1980. *The framework of language*. Michigan Studies in the Humanities.

——. 1990. *On language*. Cambridge: Harvard Univ. Press.

James, W. 1950 (1890) . *Principles of psychology*. 2 vols. New York: Dover.

——. 1961 (1901) . *The varieties of religious experience*. New York: Colliers.

Jameson, F. 1972. *The prison-house of language*. Princeton: Princeton Univ. Press.

——. 1981. *The political unconscious*. Ithaca, N. Y.: Cornell Univ. Press.

Jamgon Kongtrul the Third. 1992. *Cloudless sky*. Boston: Shambhala.

Janeway, E. 1980. *Powers of the weak*. New York: Knopf.

Jantsch, E. 1980. *The self-organizing universe*. New York: Pergamon.

Jantsch, E., and C. Waddington, eds. 1976. *Evolution and consciousness*. Reading, Mass.: Addison-Wesley.

Jantzen, G. 1984. *God's world, God's body*. Philadelphia: Westminster Press.

Jaspers, K. 1966. *The great philosophers*. New York: Harcourt.

Jee, L. 1988. *Kashmir Shaivism*. Albany: SUNY Press.

John of the Cross. 1979. *The collected works of St. John of the Cross*. Trans. K. Kavanaugh and O. Rodriguez. Washington, D. C.: ICS Publications.

Johnson, C. 1993. *System and writing in the philosophy of Jacques Derrida*. Cambridge: Cambridge Univ. Press.

Johnson, M. 1987. *The body in the mind*. Chicago: Univ. of Chicago Press.

Jonas, H. 1958. *The gnostic religion*. Boston: Beacon.

Jordan, J., et al. 1991. *Women's growth in connection*. New York: Guilford.

Jung, C. G. 1957. *The undiscovered self*. New York: Mentor.

——. 1961. *Analytical psychology: Its theory and practice*. New York: Vintage.

——. 1964. *Man and his symbols*. New York: Dell.

——. 1971. *The portable Jung*. Ed. J. Campbell. New York: Viking.

Khan, Inayat. 1977. *The soul: Whence and wither*. New York: Sufi Order.

Kakar, S. 1982. *Shamans, mystics, and doctors*. New York: Knopf.

Kalupahana, D. 1986. *Nagarjuna*. Albany: SUNY Press.

Kalweit, H. 1992. *Shamans, healers, and medicine men*. Boston: Shambhala.

Kant, I. 1949. *Kant's Critique of Practical Reason and other writings in moral philosophy*. Trans. L. Beck. Chicago: Univ. of Chicago Press.

——. 1951. *Critique of judgement*. New York: Hafner.

——. 1990. *Critique of pure reason*. Buffalo, N. Y.: Prometheus Books.

——. 1993. *Prologomena*. Chicago: Open Court.

Kaplan, R. D. 1994. The coming anarchy. *Atlantic*, Feb.

Kapleau, P. 1965. *The three pillars of Zen*. Boston: Beacon.

Katz, J. 1972. *Semantic theory*. New York: Harper & Row.

——. 1990. *The metaphysics of meaning*. Cambridge: MIT Press.

Katz, S., ed. 1978. *Mysticism and philosophical analysis*. Oxford: Oxford Univ. Press.

——, ed. 1983. *Mysticism and religious traditions*. Oxford: Oxford Univ. Press.

Kaufman, G. 1985. *Theology for a nuclear age*. Oxford: Manchester Univ. Press.

Kaufmann, W. 1974. *Nietzsche*. Princeton: Princeton Univ. Press.

Keegan, J. 1993. *A history of warfare*. New York: Knopf.

Keeton, W., and J. Gould. 1986. *Biological Science*. 4th ed. New York: Norton.

Kelley, G. 1955. *The psychology of personal constructs*. 2 vols. New York: Norton.

Kelly, J. 1982. Early feminist theory and the *Querelles des femmes*, 1400—1789. *Signs* 8 (Autumn): 4—28.

Kernberg, O. 1975. *Borderline conditions and pathological narcissism*. New York: Aronson.

——. 1976. *Object relations theory and clinical psychoanalysis*. New York: Aronson.

Kessler, S., and W. McKenna. 1978. *Gender*. Chicago: Univ. of Chicago Press.

Khyentse, D. 1992. *The heart treasure of the enlightened ones*. Boston: Shambhala.

Kierkegaard, S. 1953. *Fear and trembling* and *The sickness unto death*. New York: Anchor.

——. 1957. *The concept of dread*. Princeton: Princeton Univ. Press.

——. 1992. *The concept of irony* and *Notes of Schelling's Berlin lectures*. Trans. Hong and Hong. Princeton: Princeton Univ. Press.

Kimball, R. 1991. *Tenured radicals*. New York: Harper.

King, A., and B. Schneider. 1991. *The first global revolution*. New York: Pantheon.

Klein, A. 1986. *Knowledge and liberation*. Ithaca, N. Y.: Snow Lion.

Klein, M. 1932. *The psychoanalysis of children*. London: Hogarth.

Koestenbaum, P. 1976. *Is there an answer to death?* New York: Prentice-Hall.

Koestler, A. 1964. *The act of creation*. New York: Dell.

——. 1976. *The ghost in the machine*. New York: Random House.

Kohlberg, L. 1981. *Essays on moral development*. Vol. 1. San Francisco: Harper.

Kohut, H. 1971. *The analysis of the self*. New York: IUP.

——. 1977. *The restoration of the self*. New York: IUP.

Kojeve, A. 1969. *Introduction to the reading of Hegel*. Ithaca, N. Y.: Cornell Univ. Press.

Kramer, J., and D. Alstad. 1993. *The guru papers*. Berkeley: North Atlantic Books.

Krishna, G. 1972. *The secret of yoga*. London: Turnstone.

Kroy, M. 1982. *The rationality of mysticism*. Privately published.

Kuhn, T. 1970. *The structure of scientific revolutions*. Chicago: Univ. of Chicago Press.

Kunsang, E., trans. and ed. 1986. *The flight of the garuda*, Kathmandu: Rangjung Yeshe Publications.

Kurzweil, E. 1980. *The age ofstructuralism*. New York: Columbia Univ. Press.

LaBerge, S. 1985. *Lucid dreaming*. Los Angeles: Tarcher.

Lacan, J. 1968. *The language of the self*. Baltimore: Johns Hopkins.

Lacan, J. 1982. *Feminine sexuality*. New York: Norton.

Laing, R. D. 1969. *The divided self*. New York: Pantheon.

Lake, M. 1991. *Native healer*. Wheaton, Ill.: Quest.

Lakoff, G. 1987. *Women, fire and dangerous things*. Chicago: Univ. of Chicago Press

Lakoff, G., and M. Johnson. 1980. *Metaphors we live by*. Chicago: Univ. of Chicago Press.

Lakoff, R. 1975. *Language and woman's place*. New York: Octagon

Books.

Lancaster, B. 1991. *Mind, brain, and human potential*. Rockport, Mass. : Element.

Lasch, C. 1979. *The culture of narcissism*. New York: Norton.

Laszlo, E. 1972. *Introduction to systems philosophy*. New York: Harper & Row.

——. 1987. *Evolution: The grand synthesis*. Boston: Shambhala.

——. 1994. *The choice: Evolution or extinction?* Los Angeles: Tarcher.

Laughlin, C. , J. McManus, and E. d'Aquili. 1992. *Brain, symbol and experience*. New York: Columbia Univ. Press.

Lawson, H. 1985. *Reflexivity*. La Salle, Ill. : Open Court.

Layzer, D. 1990. *Cosmogenesis*. New York: Oxford Univ. Press.

Leach, E. 1974. *Claude Lévi-Strauss*. Chicago: Univ. of Chicago Press.

Lecky, P. 1961. *Self-consistency*. Hamden, Conn. : Shoe String Press.

Lehman, D. 1991. *Signs of the times*. New York. Poseidon.

Leibniz, G. 1990. *Discourse on method and Monadology*. Buffalo, N. Y. : Prometheus Books.

Lenski. G. 1970. *Human societies*. New York: McGraw-Hill.

Leopold, A. 1981 (1949) . *A sand county almanac*. Oxford: Oxford Univ. Press.

Lerman, H. 1986. *A mote in Freud's eye*. New York: Springer.

Lerner, G. 1979. *The majority finds its past: Placing women in history*. New York: Oxford Univ. Press.

——. 1986. *The creation of patriarchy*. New York: Oxford Univ. Press.

Leslie, J. , ed. 1989. *Physical cosmology and philosophy*. New York: Macmillan.

Lévi-Strauss, C. 1966. *The savage mind*. London: Weidenfeld.

——. 1972. *Structural anthropology*. New York: Penguin Books.

Levin, M. 1979. *Metaphysics and the mind-body problem*. Oxford: Oxford Univ. Press.

Levinson, D. , et al. 1978. *The season's of a man's life*. New York: Knopf.

Levy, H. , and A. Ishihara. 1989. *The tao of sex*. Lower Lake, Calif. :

Integral.

Lewontin, R. 1983. The organism as the subject and object of evolution. *Scientia* 118: 63-82.

Liebes, Y. 1993. *Studies in the Zohar*. Albany: SUNny Press.

Lightman, A. 1991. *Ancient light*. Cambrdige: Harvard Univ. Press.

Locke, J. 1990. *A letter concerning toleration*. Buffalo, N. Y.: Prometheus Books.

——. 1990. *Second treatise on civil government*. Buffalo, N. Y.: Prometheus Books.

Loevinger, J. 1977. *Ego development*. San Francisco: Jossey-Bass.

Loewald, H. 1978. *Psychoanalysis and the history of the individual*. New Haven: Yale Univ. Press.

Longchenpa. 1977. *Kindly bent to ease us*. 3 vols. Trans. H. V. Guenther. Emeryville, Calif.: Dharma Press.

Lovejoy, A. 1964 (1936). *The great chain of being*. Cambridge: Harvard Univ. Press.

Lovelock, J. 1988. *The ages of Gaia*. New York: Norton.

Lowe, V. 1966. *Understanding Whitehead*. Baltimore: Johns Hopkins Press.

Lowen, A. 1967. *The betrayal of the body*. New York: Macmillan.

Loy, D. 1987. The cloture of deconstruction. *International Phil. Quarterly* 27: 1, 60—80.

——. 1989. *Non-Duality*. New Haven: Yale Univ. Press.

Luk, C. 1962. *Ch'an and Zen teaching*. 3 vols. London: Rider.

Lukacs, G. 1971. *History and class consciousness*. Cambridge: MIT Press.

Lukoff, D.; F. Lu; and R. Turner. 1992. Toward a more culturally sensitive DSMIV. *Journal of Nervous and Mental Diseases* 80: 673—82.

Lycan, W. 1987. *Consciousness*. Cambridge: MIT Press.

Lyons, J. 1991. *Chomsky*. Cambridge: Cambridge Univ. Press.

Lyons, W. 1986. *The disappearance of introspection*. Cambridge: MIT Press.

Lyotard, J. 1984. *The postmodern condition*. Minneapolis: Univ. of Minnesota Press.

Lyotard, J., and J. Thebaud. 1986. *Just gaming*. Manchester: Manchester Univ. Press.

Maccoby, E., and C. Jacklin. 1974. *The psychology of sex differences*. Stanford: Stanford Univ. Press.

Machiavelli, N. 1990. *The prince*. Buffalo, N. Y.: Prometheus Books.

MacIntyre, A. 1984. *After virtue*. 2nd ed. Notre Dame, Ind.: Univ. of Notre Dame Press.

——. 1990. *Three rival versions of moral enquiry*. Nortre Dame, Ind.: Univ. of Notre Dame Press.

Macy, J. 1991. *World as lover, world as self*. Berkeley: Parallax.

Madison, G., ed. 1993. *Working through Derrida*. Evanston, Ill.: Northwestern Univ. Press.

Mahasi Sayadaw. 1972. *Practical insight meditation*. Santa Cruz, Calif.: Unity Press.

Mahler, M. 1968, *On human symbiosis and the vicissitudes of individuation*. New York: IUP.

Mahler, M.; F. Pine; and A. Bergman. 1975. *The psychological birth of the human infant*. New York: Basic Books.

Mahoney, M. 1991. *Human change processes: The scientific foundations of psychotherapy*. New York: Basic Books.

Maliszewski, M.; S. Twemlow; D. Brown; and J. Engler. 1981. A phenomenological typology of intensive meditation. *ReVision* 4.

Mander, J. 1991. *In the absence of the sacred*. San Francisco: Sierra Club.

Manes, C. 1990. *Green rage*. Boston: Little, Brown.

Manjusrimitra. 1987. *Primordial experience*. Boston: Shambhala.

Marcel, A., and E. Bisiach, eds. 1988. *Consciousness in contemporary science*. Oxford: Oxford Univ. Press.

Marcuse, H. 1955. *Eros and civilization*. Boston: Beacon Press.

Margenau, H. 1987. *The miracle of existence*. Boston: Shambhala.

Matin, P. 1975. The new narcissism. *Harper's*. Oct.

Marsh, J.; J. Caputo; and M. Westphal. 1992. *Modernity and its discontents*. New York: Fordham Univ. Press.

Martin, M., and B. Voorhies. 1975. *Female of the species*. New York: Columbia Univ. Press.

Marx, K. 1974. *Political writing*. 3 vols. New York: Random House.

——. 1977. *Capital*. 3 vols. New York: Random House.

Maslow, A. 1968. *Toward a psychology of being*. New York: Van Nostrand Reinhold.

——. 1970. *Religions, values, and peak experiences*. New York: Viking.

Maslow, A. 1971. *The farther reaches of human nature*. New York: Viking.

Masterson, J. 1981. *The narcissistic and borderline disorders*. New York: Bruner/ Mazel.

——. 1988. *The search for the real self*. New York: Free Press.

Maturana, H., and F. Varela. 1992. *The tree of knowledge*. Rev. ed. Boston: Shambhala.

May, R. 1969. *Love and will*. New York: Norton.

——. 1977. *The meaning of anxiety*. Rev. ed. New York: Norton.

——, ed. 1969. *Existential psychology*. New York: Random House.

May, R.; E. Angel; and H. Ellenberger, eds. 1958. *Existence*. New York: Basic.

Mayr, E. 1982. *The growth of biological thought*. Cambridge: Harvard Univ. Press.

McCarthy, T. 1978. *The critical theory of Jurgen Habermas*. Cambridge: MIT Press.

McCawley, J. 1988. *Thirty million theories of grammar*. Chicago: Univ. of Chicago Press.

McCulloh, W. 1965. *Embodiments of mind*. Cambridge: MIT Press.

McFague, S. 1987. *Models of God*. Philadelphia: Fortress Press.

McGaa, E. 1990. *Mother earth spirituality*. San Francisco: Harper.

McKibben, B. 1989. *The end of nature*. New York: Random House.

McMullin, E., ed. 1985. *Evolution and creation*. Notre Dame, Ind.: Univ. of Notre Dame Press.

Mead, G. H. 1934. *Mind, self, and society*. Chicago: Univ. Chicago Press.

Merchant, C. 1983. *The death of nature*. San Francisco: Harper.

——. 1989. *Ecological revolutions*. Chapel Hill: Univ. of North Carolina Press.

——. 1992. *Radical ecology*. London: Routledge.

Merleau-Ponty, M. 1962. *Phenomenology of perception*. London: Routledge & Kegan Paul.

——. 1963. *The structure of behavior*. Boston: Beacon.

Merquior, J. 1985. *Foucault*. London: Fontana.

——. 1986. *From Prague to Paris*. London: Verso.

Metzner, R. 1986. *Opening to inner light*. Los Angeles: Tarcher.

——. 1993. The split between spirit and nature in European consciousness. *ReVision* 15 (4): 177—84.

Meyendorff, J. 1975. *Byzantine theology*. New York: Fordham Univ. Press.

Meyer, J. 1975. *Death and neurosis*. New York: IUP.

Midgley, M. 1978. *Beast and man*. Ithaca, N. Y.: Cornell Univ. Press.

Milbrath, L. 1989. *Envisioning a sustainable society*. Albany: SUNY Press.

Mill, J. S. 1990. *On liberty*. Buffalo, N. Y.: Prometheus Books.

——. 1990a. *The subjection of women*. Buffalo, N. Y.: Prometheus Books.

——. 1990b. *Utilitarianism*. Buffalo, N. Y.: Prometheus Books.

Miller, J. 1976. *Toward a new psychology of women*. Boston: Beacon.

——. 1993. *The passion of Michel Foucault*. New York: Simon & Schuster.

Minsky, M. 1985. *The society of mind*. New York: Touchstone.

Minsky, M., and S. Papert. 1987. *Perceptrons*. Cambridge: MIT Press.

Mitchell, N., ed. 1985. *Nobel prize conversations*. San Francisco: Saybrook.

Moltmann, J. 1985. *God in creation*. London: SCM Press.

Money, J., and A. Ehrhardt. 1972. *Man and woman, boy and girl*. Baltimore: Johns Hopkins.

Monod, J. 1971. *Chance and necessity*. New York: Knopf.

Monroe, R. 1971. *Journeys out of the body*. New York: Doubleday.

Moody, R. 1988. *The light beyond*. New York: Bantam.

Mookerjee, A. 1982. *Kundalini*. New York: Destiny Books.

Morris, C. 1971. *Writings on the general theory of signs*. The Hague:

Mouton.

Muller-Ortega, P. 1989. *The triadic heart of Shiva*. Albany: SUNY Press.

Mumford, L. 1966. *The myth of the machine*. New York: Harcourt.

Murphy, M. 1992. *The future of the body*. Los Angeles: Tarcher.

Murphy, M., and S. Donovan. 1989. *The physical and psychological effects of meditation*. San Rafael, . Calif.: Esalen.

Murphy, N. 1990. *Theology in the age of scientific reasoning*. Ithaca, N. Y.: Cornell Univ. Press.

Murti, T. 1970. *The central philosophy of Buddhism*. London: Allen & Unwin.

Naess, A. 1989. *Ecology, community, and lifestyle*. Cambridge: Cambridge Univ. Press.

Nagao, G. 1989. *The foundational standpoint of Madhyamika philosophy*. Albany: SUNY Press.

——. 1991. *Madhyamika and Yogacara*. Albany: SUNY Press.

Nagel, T. 1986. *The view from nowhere*. New York: Oxford Univ. Press.

Narada. 1975. *A manual ofAbhidhamma*. Kandy: Buddhist Publication Society.

Nash, R. 1989. *The rights of nature*. Madison: Univ. of Wisconsin Press.

Needham, J. 1956. *Science and civilization in China*. Vol. 2. Cambridge: Cambridge Univ. Press.

Needleman, J. 1980. *Lost Christianity*. Garden City, N. Y.: Doubleday.

Neisser, U. 1976. *Cognition and reality*. Ithaca, N. Y.: Cornell Univ. Press.

Nelson, J. 1994. *Healing the split*. Albany: SUNY Press.

Nerval, G. de 1993. *Aurelia and Sylvie*. Santa Maria: Asylum Arts.

Nenfeldt, R. 1986. *Karma and rebirth*. Albany: SUNY Press.

Neumann, E. 1954. *The orgins and history of consciousness*. Princeton: Princeton Univ. Press.

Newmeyer, F. 1986. *Linguistic theory in America*. New York: Academic Press.

Nicholson, S., and B. Rosen. 1992. *Gaia's hidden life*. Wheaton, Ill.: Quest.

Nielsen, J. 1990. *Sex and gender in society*. 2nd ed. Prospect Heights, Ill.: Waveland Press.

Nietzsche, F. 1965. *The portable Nietzsche*. Ed. W. Kaufmann. New York: Viking.

——. 1968. *Basic writings of Nietzsche*. Trans. and ed. W. Kaufmann. New York: Modern Library.

Nisbet, R. 1980. *History of the idea of progress*. New York: Basic Books.

Nishitani, K. 1982. *Religion and nothingness*. Berkeley: Univ. of California Press.

Norbu, N. 1989. *Dzogchen: The self-perfected state*. London: Arkana Penguin.

——. 1989. *Self-liberation through seeing with naked awareness*. Barrytown, N. Y.: Station Hill.

——. 1992. *Dream yoga and the practice of natural light*. Ithaca, N. Y.: Snow Lion.

Norris, C. 1987. *Derrida*. London: Fontana.

Novak, P. 1993. Tao how? Asian religions and the problem of environmental degradation. *ReVision*, 16 (2): 77—82.

Nyanaponika. 1973. *The heart of Buddhist meditation*. New York: Weiser.

Nye, A. 1988. *Feminist theory and the philosophies of man*. London: Routledge.

Nyima, C. 1989. *The union of Mahamudra and Dzogchen*. Kathmandu: Rangjung Yeshe Publications.

Nyima, C. 1991. *The bardo guidebook*. Kathmandu: Rangjung Yeshe Publications.

O'Brien, T., ed. 1988. *The spiral path*. St. Paul, Minn.: Yes International.

Ochs, C. 1983. *Women and spirituality*. New Jersey: Rowman & Allanheld.

Odajnyk, V. 1993. *Gathering the light*. Boston: Shambhala.

Ornstein, R. 1991. *The evolution of consciousness*. New York: Prentice

Hall.

Ortner, S., and H. Whitehead, eds. 1981. *Sexual meanings*. Cambridge: Cambridge Univ. Press.

Otto, R. 1969. *The idea of the holy*. New York: Oxford Univ. Press.

Oyama, S. 1985. *The ontogeny of information*. Cambridge: Cambridge Univ. Press.

Paehlke, R. 1989. *Environmentalism and the future of progressive politics*. New Haven: Yale Univ. Press.

Paine, T. 1990. *Rights of man*. Buffalo, N. Y.: Prometheus Books.

Palmer, H. 1988. *The enneagram*. San Francisco: Harper.

Parfit, D. 1984. *Reasons and persons*. Oxford: Oxford Univ. Press.

Parkin, S. 1989. *Green parties*. London: Heretic Books.

Parsons, T. 1951. *The social system*. New York: Free Press.

Parsons, T. 1966. *Societies*. Engelwood Cliffs, N. J.: Prentice-Hall.

Passmore, J. 1980. *Man's responsibility for nature*. London: Duckworth.

Peacocke, A. 1986. *God and the new biology*. London: J. M. Dent & Sons.

Peacocke, A., ed. 1981. *The sciences and theology in the twentieth century*. Stocksfield: Oriel/Routledge.

Pearce, J. C. 1992. *Evolution's end*. San Francisco: Harper.

Peat, F. 1991. *The philosopher's stone*. New York: Bantam.

Peirce, C. 1931—1958. *Collected papers*. 8 vols. Cambridge: Harvard Univ. Press.

Peirce, C. 1955. *Philosophical writings of Peirce*. Ed. J. Buchler. New York: Dover.

Penrose, R. 1990. *The emperor's new mind*. New York: Oxford Univ. Press.

Perls, F.; R. Hefferli; and P. Goodman. 1951. *Gestalt therapy*. New York: Delta.

Peters, T., ed. 1989. *Cosmos as creation*. Nashville: Abingdon Press.

Phillips, A. 1988. *Winnicott*. Cambridge: Harvard Univ. Press.

Piaget, J. 1977. *The essential Piaget*. Eds. H. Gruber and J. Voneche. New York: Basic Books.

Plant, J., ed. 1989. *Healing the wounds*. Philadelphia: New Society.

Plaskow, J. , and C. Christ, eds. 1989. *Weaving the visions*. San Francisco: Harper.

Plato. 1973. *Phaedrus and letters VII & VIII*. Trans. W. Hamilton. New York. Penguin.

Polkinghorne, D. 1983. *Methodology for the human sciences*. Albany: SUNY Press.

Polkinghorne, J. 1989. *Science and providence*. Boston: Shambhala.

Popper, K. 1974. *Objective knowledge*. Oxford: Clarendon.

Popper, K. , and J. Eccles. 1983. *The self and its brain*. London: Routledge.

Porritt, J. , and D. Winner. 1988. *The coming of the greens*. London: Fontana.

Post, S. C. , ed. 1972. *Moral values and the superego concept in psychoanalysis*. New York: International Univ. Press.

Postal, P. 1974. *On raising*. Cambridge: MIT Press.

Priest, S. 1991. *Theories of the mind*. Boston: Houghton Mifflin.

Prigogine, I. 1980. *From being to becoming*. San Francisco: Freeman.

Prigogine, I. , and I. Stengers. 1984. *Order out of chaos*. New York: Bantam.

Putnam, H. 1987. *The faces of realism*. LaSalle, Ill. : Open Court.

——. 1988. *Representation and reality*. Cambridge: MIT Press.

Pylyshyn, Z. 1984. *Computation and cognition*. Cambridge: MIT Press.

Quine, W. 1985. *The time of my life*. Cambridge: MIT Press.

Rabinow, P. , ed. 1984. *The Foucault reader*. New York: Pantheon.

Radha, S. 1992. *From the mating dance to the cosmic dance*. Palo Alto: Timeless Books.

Ram Dass and P. Gorman. 1985. *How can I help?* New York: Knopf.

Ramana Maharshi. 1984. *Talks with Sri Ramana Maharshi*. Tiruvannamalai: Sri Ramanasramam.

——. 1972. *The collected works*. London: Rider.

Rangdrol, T. 1989. *Lamp of Mahamudra*. Trans. Erik Pema Kunsang. Boston: Shambhala.

——. 1990. *The circle of the sun*. Kathmandu: Rangjung Yeshe Publications. Rangjung Dorje. 1992. *Song of Karmapa*. Kathmandu: Rangjung

Yeshe Publications.

Regan, T., ed. 1986. *Matters of life and death*. New York: Random House.

Reich, W. 1971. *The function of the orgasm*. New York: World Publishing.

Reiter, R., ed. 1975. *Toward an anthropology of women*. New York: Monthly Review Press.

Reynolds, B. 1994. A consideration of the transpersonal models of Stanislav Grof and Ken Wilber. Unpublished manuscript.

Ricoeur, P. 1978. *The philosophy of Paul Ricoeur*. Boston: Beacon.

——. 1981. *Hermeneutics and the human sciences*. Cambridge: Cambridge Univ. Press.

Rifkin, J. 1984. *Algeny*. New York: Penguin.

——. 1991. *Biosphere politics*. San Francisco: Harper.

Ring, K. 1980. *Life at death*. New York: Coward McCann & Geoghegan.

——. 1984. *Heading toward omega*. New York: Morrow.

Rizzuto, A. 1979. *The birth of the living God*. Chicago: Univ. Chicago Press.

Roberts, B. 1989. *What is self*? Austin: Goens.

Robinson, H. 1982. *Matter and sense*. Cambridge: Cambridge Univ. Press.

Rodgers-Rose, L. F., ed. 1980. *The black woman*. Beverly Hills: Sage.

Rogers, C. 1961. *On becoming a person*. Boston: Houghton Mifflin.

Rolston, H. 1987. *Science and religion*. New York: Random House.

——. 1988. *Environmental ethics*. Philadelphia: Temple Univ. Press.

Roos, P. 1985. *Gender and work*. Albany: SUNY Press.

Rorty, R. 1979. *Philosophy and the mirror of nature*. Princeton: Princeton Univ. Press.

——. 1982. *Consequences of pragmatism*. Minneapolis: Univ. of Minnesota Press.

Rosaldo, M., and L. Lamphere, eds. 1974. *Woman, culture, and society*. Stanford: Stanford Univ. Press.

Rosen, H. 1985. *Piagetian dimensions of clinical relevance*. New

York: Columbia Univ. Press.

Rosenthal, D., ed. 1991. *The nature of mind*. New York: Oxford Univ. Press.

Rosewater, L., and L. Walker, eds. 1985. *Handbook of feminist therapy*. New York: Springer.

Rossi, A. 1977. A biosocial perspective on parenting. *Daedalus*, 106 (2): 1—31.

Rossman, N. 1991. *Consciousness*. Albany: SUNY Press.

Roszak, T. 1992. *The voice of the earth*. New York: Touchstone.

Rothberg, D. 1986. Philosophical fondations of transpersonal psychology. *Journal of Transpersonal Psych*. 18: 1—34.

Rothberg, D. 1986. Rationality and religion in Habermas' recent work. *Philosophy and Social Criticism* 11: 221—43.

——. 1990. Contemporary epistemology and the study of mysticism. In R.

Forman (ed.), *The problem of pure consciousness*. New York: Oxford Univ. Press.

——. 1992. Buddhist nonviolence. *Journal of Humanistic Psychology* 32 (4): 41—75.

——. 1993. The crisis of modernity and the emergence of socially engaged spirituality. *ReVision* 15 (3): 105—15.

Rothenberg, P., ed. 1988. *Racism and sexism*. New York: St. Martin's Press.

Rothschild, J., ed. 1989. *Machina ex dea*. New York: Pergamon.

Rousseau, J. 1983. *The essential Rousseau*. New York: Meridian.

Rowan, J. 1990. *Subpersonalities*. London: Routledge.

——. 1993. *The transpersonal*. London: Routledge.

Rowbotham, S. 1974. *Women, resistance and revolution*. New York: Vintage.

Rubin, G. 1975. The traffic in women. In Reiter 1975: 157—210.

Ruether, R. 1983. *Sexism and God-talk*. Boston: Beacon.

Russell, P. 1992. *The white hole in time*. San Francisco: Harper.

Rutter, M., and M. Rutter. 1993. *Developing minds*. New York: Basic Books.

Sabom, M. 1982. *Recollections at death*. New York: Harper & Row.

Sadawii, N. 1980. *The hidden face of Eve: Women in the Arab world*. London: ZED Press.

Sade, M. de. 1965. *Justine, Philosophy in the bedroom, and other writings*. New York: Grove Weidenfeld.

Sadock, J. 1991. *Autolexical syntax*. Chicago: Univ. of Chicago Press.

Sahlins, M. 1972. *Stone age economics*. New York: Aldine.

Sanday, P. 1981. *Female power and male dominance*. Cambridge: Cambridge Univ. Press.

Sanday, P., and R. Goodenough, eds. 1989. *Beyond the second sex*. Philadelphia: Univ. of Penn. Press.

Sandel, M. 1982. *Liberalism and the limits of justice*. Cambridge: Cambridge Univ. Press.

Sandel, M., ed. 1984. *Liberalism and its critics*. New York: New York Univ. Press.

Sannella, L. 1976. *Kundalini: Psychosis or transcendence*? San Francisco: Dakin.

Sarup, M. 1989. *An introductory guide to post-structuralism and postmodernism*. Athens: Univ. of Georgia Press.

Saussure, F. 1966 (1915). *Course in general linguistics*. New York: McGraw-Hill.

Sayers, J. 1982. *Biological politics*. New York: Tavistock.

Scarce, R. 1990. *Eco-warriors*. Chicago: Noble.

Schafer, R. 1976. *A new language for psychoanalysis*. New Haven: Yale Univ. Press.

Scharfstein, B., ed. 1978. *Philosophy East/Philosophy West*. London: Basil Black-Well.

Schaya, L. 1973. *The universal meaning of the Kabbalah*. Baltimore: Penguin.

Scheffer, V. 1991. *The shaping of environmentalism in America*. Seattle: Univ. of Washington Press.

Schelling, F. 1978 (1800). *System of transcendental idealism*. Trans. P. Heath. Charlottesville: Univ. Press of Virginia.

Schmitt, C., and Q. Skinner, eds. 1988. *The Cambridge history of Renaissance philosophy*. Cambridge: Cambridge Univ. Press.

Schneider, S. 1989. *Global warming*. New York: Vintage.

Schneiderman, S. 1983. *Jacques Lacan*. Cambridge: Harvard Univ. Press.

Schopenhauer, A. 1969. *The world as will and representation*. 2 vols. New York: Dover

Schumacher, E. F. 1977. *A guide for the perplexed*. New York: Harper & Row.

Schuon, F. 1975. *Logic and transcendence*. New York: Harper.

——. 1976. *The transcendent unity of religions*. New York: Harper & Row.

——. 1986. *The essential writings of Fritjof Schuon*. Ed. S. Nasr. Shaftesbury: Element.

Searle, J. 1969. *Speech acts*. Cambridge Univ. Press.

——. 1983. *Intentionality*. Cambridge: Cambridge Univ. Press.

——. 1984. *Minds, brains, and science*. Cambridge: Harvard Univ. Press.

——. 1992. *The rediscovery of the mind*. Cambridge: MIT Press.

Searles, H. 1960. *The nonhuman environment in normal development and in schizophrenia*. New York: IUP.

Segal, H. 1976. *Introduction to the work of Melanie Klein*. London: Hogarth.

Selman, R. , and D. Byrne. 1974. A structural analysis of levels of role-taking in middle childhood. *Child Development* 45.

Shapiro, D. , and R. Walsh, eds. 1984. *Meditation: Classic and contemporary perspectives*. New York: Aldine.

Sheldrake, R. 1981. *A new science of life*. Los Angeles: Tarcher.

——. 1989. *The presence of the past: Morphic resonance and the habits of nature*. New York: Viking.

——. 1990. *The rebirth of nature*. London: Century.

Shepherd, L. 1993. *Lifting the veil: The feminine face of science*. Boston: Shambhala.

Shibayama, Z. 1974. *Zen comments on the Mumonkan*. New York: Harper & Row.

Shoemaker, S. , and R. Swinburne. 1984. *Personal identity*. London: Basil Blackwell.

Silburn, L. 1988. *Kundalini*. Albany: SUNY Press.

Singer, P. 1977. *Animal rights*. New York: Avon.

Singh, K. 1975. *Surat shabd yoga*. Berkeley: Images.

Sivard, R. 1985. *Women: A world survey*. Washington, D.C.: World Priorities.

Sjoo, M., and B. Mor. 1987. *The great cosmic mother*. San Francisco: Harper.

Skolimowski, H. 1981. *Eco-philosophy*. Salem, N.H.: Marion Boyars.

Slater, P. 1991. *A dream deferred*. Boston: Beacon.

Smith, A. 1990. *Wealth of nations*. Buffalo, N.Y.: Prometheus Books.

Smith, H. 1976. *Forgotten truth*. New York: Harper & Row.

——. 1989. *Beyond the postmodern mind*. Wheaton, Ill.: Quest.

——. 1991. *The world's religions*. San Francisco: Harper.

Smith, P., and O. Jones. 1986. *The philosophy of mind*. Cambridge: Cambridge Univ. Press.

Smuts, J. 1926. *Holism and evolution*. London: Macmillan.

Sogyal Rinpoche. 1990. *Dzogchen and Padmasambhava*. California: Rigpa Fellowship.

Sorokin, P. 1937—1941. *Social and cultural dynamics*. 4 vols. New York: American Book Co.

Spence, J., and R. Helmreich. 1978. *Masculinity and feminity*. Austin: Univ. of Texas Press.

Spengler, O. 1939. *The decline of the West*. New York: Knopf.

Sperry, R. 1983a. *Science and moral priority*. New York: Columbia Univ. Press.

——. 1983b. *Science and moral priority*. New York: Columbia Univ. Press.

Spinoza, B. 1985. *The collected works of Spinoza*. Princeton: Princeton Univ. Press.

Spiro, M., ed. 1965. *Context and meaning in cultural anthropology*. New York: Free Press.

Spitz, R. 1959. *A genetic field theory of ego formation*. New York: IUP.

——. 1965. *The first year of life*. New York: IUP.

Spragens, T. 1990. *Reason and democracy*. Durham: Duke Univ. Press.

Spretnak, C. 1991. *States of grace*. San Francisco: Harper.

——, ed. 1982. *The politics of women's spirituality*. New York: Anchor.

Spretnak, C., and F. Capra. 1985. *Green politics*. London: Paladin.

Stace, W. 1987. *Mysticism and philosophy*. Los Angeles: Tarcher.

Stavenhagen, R. 1975. *Social classes in agrarian societies*. Garden City, N. Y.: Doubleday.

Steinberg, D., ed. 1992. *The erotic impulse*. Los Angeles: Tarcher.

Stephanou, E. 1976. *Charisma and gnosis in Orthodox thought*. Fort Wayne, Ind.: LMOR.

Stern, D. 1985. *The interpersonal world of the infant*. New York: Basic.

Stevens, A. 1983. *Archetypes*. New York: Quill.

Stich, S. 1983. *From folk psychology to cognitive science*. Cambridge: MIT Press.

Stone, C. 1987. *Earth and other ethics*. New York: Harper & Row.

Stone, M. 1976. *When God was a woman*. New York: Harvest.

——. 1980. *The borderline syndromes*. New York: McGraw-Hill.

Strauss, L. 1989. *Liberalism ancient and modern*. Ithaca, N. Y.: Cornell Univ. Press.

Stuard, S., ed. 1976. *Women in medieval society*. Philadelphia: Univ. of Penn. Press.

Sturrock, J. 1979. *Structuralism and since*. Oxford: Oxford Univ. Press.

Sullivan, H. 1953. *The interpersonal theory of psychiatry*. New York: Norton.

Suzuki, D. T. 1959. *Zen and Japanese culture*. Princeton: Princeton Univ. Press.

——. 1968. *Studies in the Lankavatara Sutra*. London: Routledge.

——. 1970. *Essays in Zen Buddhism*. 3 vols. London: Rider.

Swimme, B., and T. Berry. 1992. *The universe story*. San Francisco: Harper.

Szarmach, P., ed. 1984. *Introduction to the medieval mystics of Eu-*

rope. Albany: SUNY Press.

Taimni, I. 1975. *The science of yoga*. Wheaton, Ill.: Quest Books.

Takakusu, J. 1956. *The essentials of Buddhist philosophy*. Honolulu: Univ. Hawaii Press.

Tannahill, R. 1992. *Sex in history*. Scarborough House.

Tannen, D. 1990. *You just aon't understand*. New York: Morrow.

Tarnas, R. 1991. *The passion of the Western mind*. New York: Harmony.

Tarnas, R. 1993. The Western mind at the threshold. *Quest*. 6 2 (Summer): 25—31.

Tart, C. T. 1975. *States of consciousness*. New York: Dutton.

——. 1986. *Waking up*. Boston: Shambhala.

——. 1989. *Open mind, discriminating mind*. San Francisco: Harper.

——, ed. 1992. *Transpersonal psychologies*. New York: Harper Collins.

Taylor, C. 1975. *Hegel*. Cambridge: Harvard Univ. Press.

——. 1985. *Philosophy and the human sciences—philosophical papers 2*. Cambridge: Cambridge Univ. Press.

——. 1989. *Sources of the self*. Cambridge: Harvard Univ. Press.

Taylor, P. 1986. *Respect for nature*. Princeton: Princeton Univ. Press.

Teilhard de Chardin, P. 1961. *The phenomenon of man*. New York: Harper Torchbooks.

——. 1964. *The future of man*. New York: Harper Torchbooks.

Teresa of Avila. 1961. *Interior castle*. Trans. E. Peers. Garden City, N. Y.: Image.

Thompson, W. I. 1989. *Imaginary landscapes*. New York: St. Martin's Press.

——, ed. 1987. *Gaia: A way of knowing*. Hudson, N. Y.: Lindisfarne Press.

——, ed. 1991. *Gaia 2: Emergence*. Hudson, N. Y.: Lindisfarne Press.

Thondrup, T. 1989. *Buddha mind*. Ithaca, N. Y.: Snow Lion.

Thornton, M. 1989. *Folk psychology*. Toronto: Univ. of Toronto Press.

Thurman, R. 1984. *Tsong Khapa's speech of gold in the essence of true eloquence*. Princeton: Princeton Univ. Press.

Tillich, P. 1967. *A history of Christian thought*. New York: Simon & Schuster.

Tocqueville, A. de. 1969. *Democracy in America*. New York: Anchor.

Tolstoy, L. 1929. *My confession, my religion, the gospel in brief*. New York: Scribners.

Tong, R. 1989. *Feminist thought*. San Francisco: Westview.

Torrance, T. 1981. *Divine and contingent order*. Oxford: Oxford Univ. Press.

——. 1989. *The Christian frame of mind*. Colorado Springs: Helmers & Howard.

Toulmin, S. 1982. *The return to cosmology*. California: Univ. of California Press.

Toynbee, A. 1972. *A study of history*. Oxford: Oxford Univ. Press.

Trungpa, C. 1976. *The myth of freedom*. Boston: Shambhala.

——. 1981. *Glimpses of Abhidharma*. Boulder: Prajna Press.

——. 1988. *Shambhala: The sacred path of the warrior*. Boston: Shambhala.

——. 1991. *Crazy wisdom*. Boston: Shambhala.

Turkle, S. 1984. *The second self*. New York: Simon & Schuster.

Ulanov, A. 1971. *The feminine*. Evanston, Ill.: Northwestern Univ. Press.

Underhill, E. 1955. *Mysticism*. New York: Meridian.

Unger, R. 1975. *Hölderlin's major poetry: The dialectics of unity*. Bloomington: Indiana Univ. Press.

Unno, T., ed. 1989. *The religious philosophy of Nishitani Keiji*. Berkeley: Asian Humanities Press.

Urgyen, Tulku. 1988. *Vajra heart*. Kathmandu: Rangjung Yeshe Publications.

Vaillant, G. 1977. *Adaptation to life*. Boston: Little, Brown.

Varela, F. 1979. *Principles of biological autonomy*. New York: North Holland.

Varela, F.; E. Thompson; and E. Rosch. 1993. *The embodied mind*. Cambridge: MIT Press.

Varenne, J. 1976. *Yoga and the Hindu tradition*. Chicago: Univ. Chicago Press.

Vattimo, G. 1989. *The end of modernity*. Baltimore: Johns Hopkins.

Vaughan, F. 1979. *Awakening intuition*. New York: Doubleday.

——. 1986. *The inward arc*. Boston: Shambhala.

Venkatesananda, trans. 1981. *The supreme yoga*. Australia: Chiltern.

Verman, M. 1992. *The books of contemplation*. Albany: SUNY Press.

Vicinus, M., ed. 1972. *Suffer and be still: Women in the Victorian age*. Bloomington: Indiana Univ. Press.

Waldrop, M. 1992. *Complexity*. New York: Simon & Schuster.

Walsh, M., ed. 1987. *The psychology of women*. New Haven: Yale Univ. Press.

Walsh, R. 1977. Initial meditative experiences: I. *J. Transpersonal Psychology* 9: 151—192.

——. 1978. Initial meditative experiences: II. *J. Transpersonal Psychology* 10: 1—28.

——. 1980. Meditation. In R. Corsini (ed.), *A handbook of innovative psychotherapies*. New York: Wiley.

——. 1984. *Staying alive: The psychology of human survival*. Boston: Shambhala.

——. 1989. Can Western philosophers understand Asian philosophies? *Crosscurrents* 34: 281—99.

——. 1990. *The spirit of shamanism*. Los Angeles.: Tarcher.

Walsh, R., and F. Vaughan, eds. 1993. *Paths beyond ego*. Los Angeles: Tarcher.

Warren, K. 1987. Feminism and ecology. *Environmental Ethics* 9: 3—20.

Washburn, M. 1988. *The ego and the dynamic ground*. Albany: SUNY Press.

Watts, A. 1968. *Myth and ritual in Christianity*. Boston: Beacon.

——. 1972. *The supreme identity*. New York: Vintage.

——. 1975. *Tao: The watercourse way*. New York: Pantheon.

Weber, M. 1963. *The sociology of religion*. Boston: Beacon.

Weil, A. 1972. *The natural mind*. Boston: Houghton Mifflin.

Weinberg, S. 1992. *Dreams of a final theory*. New York: Pantheon.

Welwood, J. 1990. *Journey of the heart*. New York: Harper Collins.

Werner, H. 1964 (1940) . *Comparative psychology of mental development*. New York: IUP.

West, C. 1989. *The American evasion of philosophy*. Madison: Univ. of Wisconsin Press.

West, M. , ed. 1987. *The Psychology of meditation*. Oxford: Clarendon.

White, J. 1979. *Kundalini, evolution, and enlightenment*. New York: Anchor.

White, L. 1973. The historical roots of our ecologic crisis. In Barbour 1973: 18—30.

Whitehead, A. 1957 (1929) . *Process and reality*. New York: Macmillan.

——. 1966. *Modes of thought*. New York: Macmillan.

——. 1967. *Adventures of ideas*. New York: Macmillan.

——. 1967. *Science and the modern world*. New York: Macmillan.

Whitmont, E. 1982. *Return of the goddess*. New York: Crossroad.

Whorf, B. 1956. *Language, thought and reality*. Cambridge: MIT Press.

Whyte, L. L. 1950. *The next development in man*. New York: Mentor.

——. 1954. *Accent on form*. New York: Harpers.

Wilber, K. 1977. *The spectrum of consciousness*. Wheaton, Ill. : Quest.

——. 1980. *The Atman project: A transpersonal view of human development*. Wheaton, Ill. : Quest.

——. 1981. *Up from Eden*. New York: Doubleday/Anchor.

——. 1986. *A sociable god*. Boston: Shambhala.

——. 1989. *Eye to eye*. Boston: Shambhala.

——. 1991. *Grace and grit*. Boston: Shambhala.

Wilber, K. ; J. Engler; and D. P. Brown. 1986. *Transformations of consciousness: Conventional and contemplative perspectives on development*. Boston: Shambhala.

Willis, J. , ed. 1987. *Feminine ground* Ithaca, N. Y. : Snow Lion.

Winkelman, M. 1990. The evolution of consciousness. *Anthropology of*

Consciousness, 1 (3/4): 24—32.

——. 1993. The evolution of consciousness? *Anthropology of Consciousness*, 4 (3): 3—10.

Winnicott, D. 1958. *Collected papers*. New York: Basic Books.

Winograd, T., and F. Flores 1986. *Understanding computers and cognition*. Norwood, N.J.: Ablex.

Wit, H. 1991. *Contemplative psychology*. Pittsburgh: Duquesne Univ. Press.

Wittgenstein, L. 1953. *Philosophical investigations*. London: Basil Blackwell.

Wollstonecraft, M. 1990. *A vindication of the rights of women*. Buffalo, N.Y.: Prometheus Books.

Wolman, B., and M. Ullman, eds. 1986. *Handbook of states of consciousness*. New York: Van Nostrand Reinhold.

Woolhouse, R. 1983. *Locke*. Minneapolis: Univ. of Minnesota Press.

Wright, E. 1984. *Psychoanalytic criticism*. London: Methuen.

Wulff, D. 1991. *Psychology of religion*. New York: Wiley.

Wuthnow, R.; J. Hunter; A. Bergesen; and E. Kurzwell. 1984. *Cultural analysis*. London: Routledge.

Yalom, I. 1980. *Existential psychotherapy*. New York: Basic.

Yogeshwarand Saraswati. 1972. *Science of the soul*. India: Yoga Niketan.

Young, D. 1991. *Origins of the sacred*. New York: St. Martin's Press.

Yuasa, Y. 1987. *Tbe body*. Albany: SUNY Press.

Ywahoo, D. 1987. *Voices of our ancestors*. Boston: Shambhala.

Zadeh, L. 1987. *Fuzy sets and applications*. New York: Wiley.

Zaehner, R. 1957. *Mysticism, sacred and profane*. New York: Oxford Univ. Press.

Zammito, J. 1992. *The genesis of Kant's critique of judgement*. Chicago: Univ. of Chicago Press.

Zanardi, C., ed. 1990. *Essential papers on the psychology of women*. New York: New York Univ. Press.

Zimmerman, M. 1981. *Eclipse of the self*. Athens: Ohio Univ. Press.

Zimmerman, M. 1990. *Heidegger's confrontation with modernity*.

Bloomington：Indiana Univ. Press.

Zoeteman，K. 1991. *Gaiasophy*. Hudson，N. Y.：Lindisfarne.

Zohar，D. 1990. *The quantum self*. New York：Morrow.

Zweig，C.，ed. 1990. *To be a woman*. Los Angeles：Tarcher.

索引

（所注页码为英文原书页码，即本书边码）

译后记

肯·威尔伯（1949—　）是百科全书式的人物——《性、生态、灵性》是最充分的体现。

读这本书，如同品茗，起初苦涩，继而百味纷呈，继而种种法味融了、散了，只留下淡淡的喜悦——似有所得，又不可言说。

这是学识与智慧之旅。作者探索了由物质到生命，由生命到心智，由心智再到灵性的演化过程。从心智出现开始，作者梳理了人类意识主要成长阶段的演进。尤其值得注意的是，作者在这样深广的语境中集中探讨了现代性与后现代性的含义，探讨了它们对性别问题、心理治疗、生态危机和各种各样的解放运动的影响，同时，还比较了现代世界和后现代世界对大精神（Spirit）的不同理解。

这样的宏篇巨著，不但闪耀着智慧的光芒，更承载着历史的厚重。《超越个人主义》（*Beyond Individualism*）的作者杰克·克里腾博士（Jack Crittenden）说："21世纪只有三个选择：亚里士多德、尼采或者肯·威尔伯。这本书的学术深度和广度令人震惊，是医治新世纪和新千禧种种弊病的良药。它会让我们感到心安，但这还不是理由，这么说的理由主要在于它会令我们从迷梦中惊醒。"如果历史诚如克里腾博士所言，那么读、译、出版，乃至批判这本著作的人可能不期而遇地碰触了未来思想的命脉。除了感谢这种幸运之外，我们还能说什么？

现在看来，本书的影响是广泛的。在西方，科学、医学、人文社科，诸多领域都已从中受益。无怪乎《网络：科学与医学网络评论》（*Network: The Scientific and Medical Network Review*）评论道："威尔伯无疑是当代最重要的思想家，他不但对我们的文化境遇提供了全新的理解，而且为下个世纪提供了一个整合的世界观。他的博学……深刻和分析能力令人震惊。他的诸种智慧加在一起令人仰止……任何关心宏观未来的思想家都会发现，威尔伯的著作是智慧的金矿，是21世纪的必读书。"

之所以产生这么大的影响，是因为本书不是纯粹的思辨，它的论据是严谨的、科学的，是诸多领域普遍认可的。所以罗杰·沃什说："这本书的视野是非凡的。能够通览如此众多进化思想的思想家屈指可数，比如东方的奥洛宾多，西方的黑格尔。威尔伯的独特之处，还不仅仅在于提供了一个深远的视角，更在于他可以从当代的研究当中为这种视角找到依托，比如宇宙论、生物学、人类学、社会学、心理学和生态学。”这种植根性给了《性、生态、灵性》巨大的说服力。支持威尔伯的人会读这本书，因为她充分体现了威尔伯的渊博；反对威尔伯的人会读这本书，因为她充分体现了威尔伯的精确。

本书的翻译是集体劳动的成果。其中第一卷的第一、二、三、四、七章，第二卷的全部六章内容及注释部分由李明翻译；第一卷的第五、六章由吴文安翻译，第八章由张辑翻译。全书由李明统稿。本译丛主编许金声先生在整个翻译过程中组织协调，并对译文提出了重要的修改意见。

《旧金山纪事》（*San Francisco Chronicle*）的评论说，本书是“对全人类勇敢、及时的唤醒”。但愿其中译本可以唤醒更多国人的心灵，让我们更清醒地面向未来！

李　明

Sex，Ecology，Spirituality by Ken Wilber

Published by arrangement with Shambhala Publications，Inc.

图书在版编目（CIP）数据

性、生态、灵性/（美）威尔伯著；李明等译.
北京：中国人民大学出版社，2008
（心理学译丛·学术系列/许金声主编）
ISBN 978-7-300-09927-9

Ⅰ.性…
Ⅱ.①威…②李…
Ⅲ.精神分析-研究
Ⅳ.B84-065

中国版本图书馆 CIP 数据核字（2008）第 172494 号

心理学译丛·学术系列
主编　许金声
性、生态、灵性
［美］肯·威尔伯　著
　　　李　明　等译

出版发行	中国人民大学出版社		
社　　址	北京中关村大街 31 号	邮政编码	100080
电　　话	010－62511242（总编室）		010－62511770（质管部）
	010－82501766（邮购部）		010－62514148（门市部）
	010－62511173（发行公司）		010－62515275（盗版举报）
网　　址	http：//www. crup. com. cn		
经　　销	新华书店		
印　　刷	天津鑫丰华印务有限公司		
开　　本	720 mm×1000 mm　1/16	版　　次	2009 年 6 月第 1 版
印　　张	46 插页 1	印　　次	2025 年 11 月第 11 次印刷
字　　数	820 000	定　　价	148.00 元